넓은 정보 넓은 이해
철도시스템의 모든 것을 한 권에

- 철도신호 설계 시공 감리
- 운영기관 신호설비 보수기술
- 철도분야 국가기술자격시험

기초부터 실무까지

와이드 WIDE
철도신호기술
Railway signal professional skill

이만필 지음

도서출판 세화

저자의 글

철도신호기술은 미래 철도의 혁신이다.

철도는 고속도로와 달리 대량수송을 위해 여러 차량들로 연결하여 구성된 열차가 궤도 위를 주행하는 교통시스템으로서, 궤도·전기·신호·통신·열차·관제 등의 설비들이 융합하여 열차의 운행을 안전하게 유도하는 철도교통시스템을 기반으로 한다.

열차는 특성상 한 번 사고가 발생하면 막대한 인명피해와 재산손실이 발생되므로 안전운행이 선행 되어야 한다. 오늘날의 철도는 고속화, 고밀도화, 무인화 등으로 인하여 정밀한 운전제어가 요구됨으로써 열차운행의 안전성과 수송효율에 기여할 수 있는 제어시스템이 중요한 관심사가 되고 있다. 철도신호시스템은 이러한 요구에 의해서 매우 중요한 역할을 한다.

다시 말해서, 철도신호시스템은 철도사고를 방지하고 열차의 운행효율을 향상하기 위해서 열차의 운행을 정밀하고 합리적으로 제어하는 시스템이다. 이러한 관점에서 철도의 발전은 곧 철도신호의 발전을 의미하는 것과 같이 철도시스템을 대표하는 핵심 기술이다.

이를 위해서 철도신호시스템은 끊임없이 개발되어야 하고, 안전성과 가용성을 위해 유지관리에도 적극적으로 임해야 한다. 예전까지는 철도신호시스템에 있어서 궤도회로장치는 없어서는 안 되는 가장 근본이 되는 열차제어설비였으나, 오늘날에는 고정폐색 개념에서 신개념 신기술을 위한 시스템이 날로 발전되고 있다.

예전에는 철도선진국으로부터 철도신호시스템의 핵심설비를 도입하여 철도운영기관에서 유지보수기술을 교육받아 운영하거나 일부 현장설비만을 국산화하는 추세였으나, 오늘날에는 국산화 열차제어시스템 개발에 가파른 기술성장으로 한국형열차제어시스템인 KTCS-M과 KTCS-2가 상용화되고 있는 추세이다.

저자는 철도신호시스템에 대한 관심과 정보를 지속적으로 수집하고 학습하여 원고를 편집하였으며, 객관적인 근거를 위해서 많은 검토를 하였습니다. 일부 사실과 다른 내용이나 부적절한 부분이 있더라도 독자 여러분의 지적에 깊은 관심으로 받아들여 더욱 향상된 학습서가 되도록 노력하겠습니다.

저자 씀

와이드 철도신호기술

차 례

01 CHAPTER 철도실무기술

1. 철도건설과 운영 ········· 10
   철도변천사 ┃ 철도건설 ┃ SOC사업 ┃ 정거장
2. 궤도설비 ········· 26
   궤도구성 ┃ 궤간 ┃ 분기장치
3. 선로실무이론 ········· 36
   곡선 ┃ 기울기 ┃ 슬랙,캔트 ┃ 틀림현상 ┃ 탈선
4. 철도차량 ········· 50
   열차구성 ┃ 틸팅열차 ┃ 대차 ┃ 윤축
5. 열차주행이론 ········· 66
   열차속도 ┃ 열차저항 ┃ 열차제동 ┃ 속도제어
6. 철도급전방식 ········· 83
   급전방식 ┃ 가공전차선로 ┃ 제3궤조 ┃ 송변전
7. 철도통합무선통신망 ········· 98
   VHF ┃ TRS ┃ LTE-R 무선통신
8. 역무자동화설비(AFC) ········· 106
   역무자동화 ┃ 구성 ┃ 개집표기 산출
9. RAMS ········· 112
   요소 ┃ 신뢰도 산정 ┃ RCM ┃ SIL ┃ 리던던시
10. 시스템 품질관리 ········· 128
    VE ┃ LCC ┃ PLM ┃ 확인,검증 ┃ ISO9000

02 CHAPTER 철도신호일반

1. 철도신호의 변천사 ········· 142
   철도신호 발전과정 ┃ 신호장치 변천사
2. 열차제어시스템 ········· 149
   주요 시스템 ┃ 운행제어 ┃ 시스템 비교
3. 국외 열차제어시스템 ········· 157
   ETCS ┃ CTCS ┃ PTC ┃ ATACS ┃ CARAT
4. 신호시스템의 구성 ········· 170
   신호장치 역할 ┃ 구성 ┃ 인터페이스
5. 폐색취급방식 ········· 179
   폐색제어 ┃ 상용폐색식 ┃ 대용폐색식

와이드 철도신호기술 / 차 례

6. 고정폐색방식 ·················· 187
   간격제어 ▎열차제어 ▎제어특징
7. 이동폐색방식 ·················· 193
   이동폐색 제어 ▎제어특징
8. 속도신호 전송방식 ············ 199
   지상신호 ▎차상신호 ▎간격제어 ▎폐색제어
9. 신호장치 안전측 동작 ········· 213
   안전측 기법 ▎안전측동작 실례

03 CHAPTER 철도신호기장치

1. 상치 신호기 ··················· 220
   주신호기 ▎종속신호기 ▎신호부속기
2. 기타 신호기 ··················· 229
   임시신호기 ▎특수신호
3. 철도표지 ······················· 233
   철도표지 설치 ▎표지종류
4. 철도신호기 설치 ··············· 239
   설치사항 ▎설치방법 ▎건식방법 ▎간격
5. 신호기와 절연구분장치 ········ 250
   절연구분장치 ▎설치위치
6. 신호기의 현시 ················· 258
   확인거리 ▎신호체계 ▎LED신호기

04 CHAPTER 궤도회로장치

1. 궤도회로의 구성 ··············· 266
   궤도회로 역할 ▎분할 ▎동작방식
2. 궤도회로의 방식 ··············· 272
   궤도회로 선정 ▎구성방식 ▎비교
3. 궤도회로 현장설비 ············· 281
   궤조절연 ▎임피던스본드 ▎본드선
4. 차축검지기(Axle Counter) ····· 291
   검지원리 ▎검지방식 ▎적용사례
5. 궤도회로 현장특성 ············· 298
   전기적 특성 ▎전류불평형 ▎사구간

6. 고압임펄스 궤도회로장치 ·················· 307
  궤도회로 특징 ┃ 설비구성
7. PF궤도회로장치 ························· 313
  궤도회로 특징 ┃ 설비구성
8. AF궤도회로장치 ························· 317
  아날로그 ┃ 디지털 ┃ 분기궤도 제어
9. AF궤도회로 경계설비 ···················· 324
  미니본드 ┃ S본드 ┃ 프리션트

05 CHAPTER 연동장치

1. 전기쇄정법 ···························· 330
  철사쇄정 ┃ 진로쇄정 ┃ 접근쇄정
2. 쇄정과 연쇄 ··························· 339
  쇄정 ┃ 연쇄 ┃ 과주방지대책(Overlap)
3. 열차의 과주 ··························· 345
  과주 ┃ 안전측선 ┃ 탈선장치 ┃ 과주방지대책
4. 연동도표 ······························ 353
  연동도표 부호 ┃ 연동도표 기재사항
5. 전기연동장치 ·························· 360
  구성 ┃ 제어과정 ┃ 진로취급방식 ┃ 제어회로
6. 전자연동장치 ·························· 373
  구성 ┃ 제어과정 ┃ 연산처리 ┃ IP전자연동장치
7. 철도신호용 계전기 ····················· 390
  일반 ┃ 신호용계전기 종류 ┃ 접점구성

06 CHAPTER 선로전환기 제어

1. 선로전환기 분류 ······················· 400
  분류 ┃ 선로전환기 ┃ 차상 선로전환기
2. 선로전환기 기내설비 ·················· 409
  전동기 ┃ 클러치 ┃ 제어설비 ┃ 치차
3. 모터제어회로 ·························· 419
  모터제어 ┃ 전원공급 ┃ 전원차단
4. 표시제어회로 ·························· 425
  회로구성 ┃ 제어과정 ┃ 밀착검지기

차 례

5. 전환제어과정 ·· 434
   전기회로 동작과정 ▮ 제어과정 실례
6. 선로전환기 설치관리 ································· 441
   설치 ▮ 유지보수 ▮ 밀착쇄정 ▮ 정위결정
7. MJ81 선로전환기 ······································· 449
   유지보수 ▮ 제어회로 ▮ 모터회로 ▮ 표시회로
8. 하이드로스타 선로전환기 ·························· 459
   설비구성 ▮ 유압 오일펌핑
9. 통합형선로전환기(KPM-16) ······················ 462
   장치제원 ▮ 구성설비 별 기능

07 CHAPTER 일반철도 신호시스템

1. 지상신호 폐색방식 ····································· 468
   통표폐색 ▮ 연동폐색 ▮ 자동폐색
2. ATS(열차자동정지장치) ···························· 478
   역할 ▮ 신호현시체계 ▮ 절연구간예고장치
3. ATP(열차자동방호장치) ···························· 498
   ATP개념 ▮ ATP기능 ▮ 설비구성
4. KRTCS-2 시스템 ······································· 509
   개요 ▮ 설비구성 ▮ 설비기능 ▮ 차상장치
5. 건널목보안장치 ·· 521
   지장물검지 ▮ 출구측차단간검지 ▮ 정시간제어
6. 철도교통관제센터 ······································· 532
   관제시스템 구성 ▮ 주요기능

08 CHAPTER 도시철도 신호시스템

1. 도시철도 신호제어방식 ····························· 538
   시스템 발전 ▮ ATC 제어방식
2. ATC(열차자동제어장치) ···························· 547
   ATC구성 ▮ ATC제어 ▮ ATC차상장치
3. ATC 속도코드방식 ···································· 559
   열차운행제어 ▮ 폐색제어 ▮ ATC속도코드
4. ATO(열차자동운행장치) ···························· 570
   ATO기능 ▮ TWC장치 ▮ ATO 운전모드

차 례

5. Distance to go 방식 580
   운행제어 ▌설비구성 ▌열차제어 ▌비컨
6. KTCS-M 시스템 593
   개발현황 ▌시스템 구성
7. 승강장 인터페이스 596
   정위치정지 ▌출입문 제어 ▌승강장안전문 제어
8. ATS(자동열차감시장치) 610
   취급제어 ▌LATS,CATS ▌주요역할
9. 경전철 시스템 617
   자기부상 ▌모노레일 ▌AGT ▌LIM
10. 경전철 신호제어 624
    CBTC제어 ▌무선통신제어
11. CBTC 시스템 632
    IL CBTC ▌RF CBTC ▌무선열차제어
12. 자기부상철도 643
    부상원리 ▌추진원리 ▌분기기장치
13. 트램 신호제어 650
    신호 인터페이스 ▌우선신호
14. 무인운전 655
    무인운전 사항 ▌자동화등급
15. CTC & TTC 662
    CTC기능 ▌CTC구성 ▌TTC

09 CHAPTER 고속철도 신호시스템

1. 고속철도 신호설비 일반 670
   노선별 ATC 특징 ▌차상장치
2. 고속철도 안전설비 680
   차축온도검지 ▌지장물검지 ▌기상검지
3. ATC장치(TVM430) 697
   주요기능 ▌구성 ▌노선별 시스템
4. 궤도회로장치 706
   UM71C,KD2000 ▌UM2000 ▌현장설비
5. 연동장치 (IXL) 716
   시스템 구성 ▌설비기능

6. 고속철도 폐색분할 ·· 721
   폐색분할 사항 ▮ 속도코드 ▮ 운전시격
7. ATC / ATP 운전특성 ·· 727
   ATC 운전특성 ▮ ATP 운전특성

 CHAPTER

신호시공 및 운영

1. 공사관리 및 종합시험 ······································· 734
   공사관계자 임무 ▮ 철도종합시험
2. 신호설비 배선공사 ·· 743
   케이블 ▮ 전선로 ▮ 배선함
3. 신호설비 명칭부여 ·· 749
   궤도회로 ▮ 신호기 ▮ 선로전환기
4. 선로의 배차용량 ·· 755
   수송능력 ▮ 선로이용율 ▮ 최소운전시격
5. 폐색구간 분할 ··· 767
   폐색분할 방법 ▮ 폐색신호기 선정
6. 선로의 공간한계 ·· 775
   건축한계 ▮ 차량한계 ▮ 궤도중심간격 ▮ 유효장
7. 정보전송장치 ·· 783
   OSI 7계층 ▮ 광통신 ▮ 꼬임선 ▮ 랜설비
8. 전원장치 ·· 796
   UPS ▮ 축전지 ▮ 인버터
9. 서지(Surge) 및 유도장애 ································· 807
   서지 ▮ 유도장애 ▮ 전동차노이즈
10. 접지(Ground) ·· 815
    접지방식 ▮ 시공방법 ▮ 신호설비접지
11. 전식(Electrolytic corrosion) ························· 823
    발생원인 ▮ 방지대책

철도전문 실용 용어 해설   부록 : 829

01 철도실무기술

Railway Signal System

- 철도건설과 운영
- 궤도설비
- 선로실무이론
- 철도차량
- 열차주행이론
- 철도급전방식
- 철도통합무선통신망
- 역무자동화설비
- RAMS
- 시스템 품질관리

기본 설명

'철도' 용어는 혼용하여 사용하는데 영국식으로 'Railway' 미국식으로 'Railroad' 라고 표현하고 있다. 철도는 1회당 대량수송과 전용로 운행에 의한 정시성이라는 장점이 있어 여객수송과 산업물자 수송에 국가와 사회적으로 매우 유용한 운송수단이다.

1 철도의 어원

철도가 탄생하면서 열차의 개념도 함께 나타났다. 열차는 철도에서 사람이나 물자의 수송을 위하여 궤도 위를 달리는 차로 정의된다. 본래 증기 동력을 사용하는 차라는 뜻에서 '기차(汽車)'라는 말이 열차의 의미로 유래되어 오늘날에도 기관차가 운행하는 관계로 일반적인 의미로 널리 쓰이고 있다.

철도선로를 호칭할 때 한국과 일본에서는 철도, 중국에서는 철로(鐵路), 미국에서는 레일로드(Railroad), 영국에서는 레일웨이(Railway), 독일에서는 아이젠반(Eisenbahn), 프랑스에서는 슈맹 드 페르(chemin de fer) 등으로 불리고 있듯이, 그 어원이 철길이라는 뜻에서 유래하였다. 철길은 곧 포괄적인 의미에서 철도를 뜻하는 말이다.

(그림1-1). 유럽의 철도

1장 철도실무기술

2 한국철도의 변천

우리나라는 일본 열강의 침탈로 1910년부터 1945년까지 일본에 점령당하며 군사·정치적 목적으로 철도가 부설되었다.

최초의 열차는 모가지형 증기기관차였고 경부선 건설 이후 증기기관차가 많이 들어오게 되었다. 1920년대에는 용산역 일대에서 증기기관차를 제작하기 시작하였다. 1951년에 우리나라에 처음으로 유엔군에 의해 50여대 정도의 디젤기관차가 운행되었으며 주로 군사장비 수송에 쓰여졌다.

본격적인 디젤기관차 운송은 1956년에 충북 제천읍에 기관차 공장이 창설되면서 시작 되었으며, 이후 1978년에 현대차량(주)에서 우리나라 최초의 디젤기관차를 만들게 되었다.

전기철도는 1972년에 전기기관차가 들어섰고 1970년대에 중앙선·태백선·영동선에 전철화가 완료되면서 시작되었다.

이후에 각 대도시에서는 도시철도라고 불리는 자체적인 철도 교통망을 갖추게 되어 1974년에는 서울시에, 1985년에는 부산시에, 1999년에는 인천시에서 개통되었다.

2004년에는 우리나라에 고속전동차 KTX가 개통되면서 고속철도 시대를 개막하였다.

(그림 1-2). 증기기관차 운행

▓ 여객열차의 등급

1974년 열차등급 개정 이전까지 노선마다 다양한 열차 명칭들이 있었는데 명칭만 통일되지 않았던 것일 뿐 차량은 비둘기호나 통일호 객차였다.

열반열차의 등급은 폐지된 열차부터 현재 열차까지 다음과 같다.

비둘기호 ⇨ 통일호 ⇨ 무궁화호 ⇨ 새마을호 ⇨ 누리로 ⇨ ITX새마을 ⇨ ITX청춘 ⇨ KTX ⇨ GTX

- 1984년 : 새마을호, 무궁화호, 통일호, 비둘기호의 4등급 체계 정함
- 2000년 : 비둘기호 열차 폐지
- 2004년 : 통일호 열차 폐지, 경부고속철도 KTX 개통

(표 1-1). 한국철도의 시대적 변천

발생년도	주요 변천내용
1899년	■ 서대문~청량리 서울전차 개통, 제물포~노량진 간 개통
1900년	■ 한강철교 준공
1901년	■ 영등포에서 경부선 북부구간, 초량에서 경부선 남부구간 기공식
1902년	■ 경의선 서울~개성 구간 착공
1904년	■ 마산선 착공, 경의선 개성~평양~신의주 착공
1905년	■ 경부선 서울~부산 전구간 개통, 경의선 서울~신의주 개통
1906년	■ 남대문정거장 준공, 경의선 완전개통. 초량~서대문 최초 급행열차 운행
1908년	■ 초량~부산 구간 완공으로 경부선 전 구간 개통, 부산정거장 영업개시
1909년	■ 경의선 문산~신의주(전구간) 개통, 부산에서 전차 운행개시
1910년	■ 호남선 및 경원선 착공, 평남선 개통
1911년	■ 한강철교 준공, 호남선 대전~연산 준공, 경원선 용산~의정부 준공
1912년	■ 군산선(익산~군산) 개통
1913년	■ 최초의 야간열차 운행, 경원선 원산 이북구간 착공
1914년	■ 호남선 대전~목포 개통, 경원선 서울~원산(전구간) 개통
1915년	■ 함경선 원산~문천 구간 개통
1916년	■ 함경선 문천~영흥, 청진~창평 구간 개통
1917년	■ 경동선 대구~하양 개통, 함경선 풍산~회령 개통
1918년	■ 경동선 하양~포항, 영천~경주 구간 개통
1919년	■ 함경선 함흥~영흥 구간 개통
1921년	■ 진해선 진해~창원 착공, 충북선 조치원~청주 개통
1922년	■ 경남철도 천안~온양 개통, 전남선 송정리~광주(전구간) 개통
1923년	■ 경남철도 온양~광천 구간 개통
1925년	■ 서울역사 준공, 경남선 개통
1928년	■ 함경선(함남 원산~함북 청진) 완공
1929년	■ 충북선 조치원~충주 구간 개통
1930년	■ 광려선(광주~여수) 착공(1929)~개통(1930)
1931년	■ 장항선 천안~장항 구간 개통

1장 철도실무기술

발생년도	주요 변천내용
1936년	■ 전라선 이리~여수 구간 개통
1937년	■ 혜산선(함북 길주~함남 혜산) 완공
1939년	■ 경춘선 개통(성동~춘천)
1941년	■ 경경선(서울~경주) 개통
1942년	■ 중앙선 청량리~경주 구간 개통
1949년	■ 영암선·함백선·영월선 건설공사 착수(6.25전쟁 피해)
1955년	■ 석탄 운송을 위한 영암선(삼척)·영월선·단양선 개통
1965년	■ 수도권 교통망의 일환으로 경인 간 복선이 개통
1967년	■ 증기기관차가 국내에서 퇴장하고 디젤기관차로 교체시작
1973년	■ 전기기관차 최초 도입, 중앙선 청량리~제천 구간 전철화
1974년	■ 서울지하철 1호선 개통, 경부선 서울~수원, 경원선 용산~성북 개통,
1975년	■ 영동선 황지~백산 구간 전철화
1977년	■ 경부선 독실 침대열차 운행, 서울 지하역에 최초 승차권 발매기 설치
1978년	■ 호남선 대전조차장~익산 구간 복선화
1980년	■ 충북선과 호남선의 복선화
1982년	■ 경원선 성북~의정부 구간 복선 전철개통
1986년	■ 수도권 교통난 해소를 위한 성북~의정부 사이 복복전철 개통
1988년	■ 경기도 의왕시에 철도박물관 개관
1991년	■ 영등포~구로 구간 3복선 개통
1992년	■ 경부고속철도 기공식
2004년	■ 경부고속철도(KTX) 개통으로 고속철도시대 개막
2005년	■ 한국철도시설공단 한국철도공사(코레일) 분리 운영
2009년	■ 호남고속철도 오송역~광주송정역 착공~2015년 개통

3 철도건설사업

현재 우리나라 고속철도, 일반철도, 광역철도의 건설은 국가철도시설공단이 담당하고, 도시철도(경전철)은 각 시도에서 직접 건설한다. 민간사업의 경우 민자사업자가 건설한다.

철도건설을 위해서 기본적인 구성이 나오면 정부에 자금을 요청하게 되고 정부는 원칙에 맞게 체계적으로 돈을 지급하기 위해서 그 사업이 정말 타당한지를 위하여 예비타당성조사를 한다.

그 결과에 따라 자금지원 여부를 결정한다. 예비타당성조사에서 합당한 결론이 나오면 기획예산처는 예산을 편성하여 사업주체에 자금을 지원하게 되어 사업이 정상적으로 추진하게 된다.

(그림 1-3). 철도건설

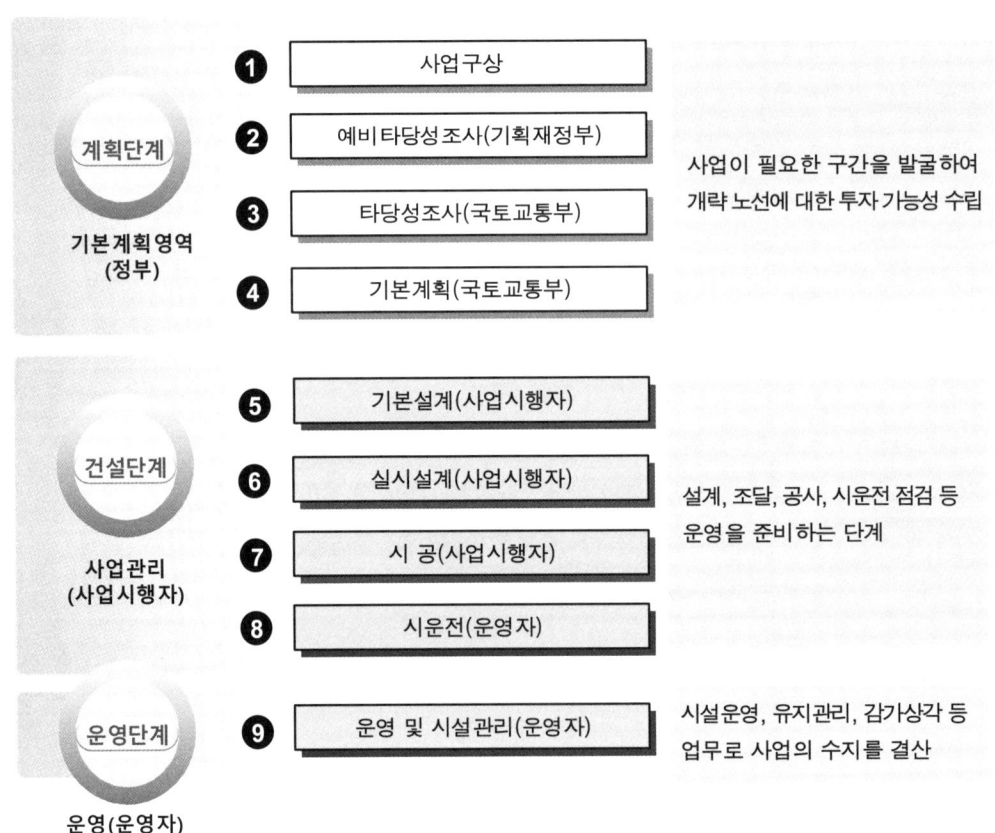

(그림1-4). 철도건설 흐름도

1장 철도실무기술

▨ 철도건설의 단계

❶ 사업구상 및 예비타당성 조사
- 시설범위 구상 및 시설기준 조사·검토
- 관련 상위계획, 법, 사업계획 검토, 경제성·정책적 타당성 검토

❷ 타당성조사 및 기본계획
- 철도시스템, 노선, 정거장 입지 선정
- 공사비, 보상비 등 건설비 적정성 검토
- 수송수요 예측 및 열차운전계획 검토

❸ 기본설계
- 시설물 계획, 공사비, 공기 등을 고려하여 최적안 선정
- 최적안에 대한 기술자료 작성(구조물 형식, 설계도서 및 시방서 작성 등)
- 상세측량 및 지반조사(약 30%)에 따른 구조물 계획 상세화

❹ 실시설계
- 기본설계 결과를 토대로 최적안 선정
- 지반조사(약 70%) 및 상세측량에 따른 구조물 계획 확정
- 지자체 요구 및 민원사항 반영, 환경 및 교통영향평가 결과 반영

❺ 시공
- 실시설계 결과에 의한 공사 시행
- 터널보강 등(직접조사 곤란 부분)

▨ 기본설계 및 실시설계

기본설계

타당성조사 및 기본계획을 감안하여 시설물의 규모, 배치, 형태, 개략공사방법 및 기간, 개략 공사비 등에 관한 최적안을 선정하여 이를 설계도서로 표현하고 제시하는 설계업무로서 각종 인허가를 위한 설계를 포함하며, 설계기준 및 조건 등 실시설계 용역에 필요한 기술자료를 작성한다.

❖ 기본설계를 하지 않아도 되는 경우

- 기술공모방식 또는 일괄 입찰방식으로 시행하는 경우
- 기본설계에 반영될 내용을 포함하여 타당성 조사를 한 경우
- 기본설계의 내용을 포함하여 실시설계를 하는 경우

* 기본설계와 실시설계를 동시에 할 수 있음.

실시설계

기본설계 결과를 토대로 시설물의 규모, 배치, 형태, 공사방법과 기간, 공사비, 유지관리 등에 관하여 세부조사 및 분석을 통하여 최적안을 선정하며 시공 및 유지관리에 필요한 설계도서, 도면, 시방서, 내역서, 구조 및 수리계산서 등을 작성한다.

(표 1-2). 기본설계 및 실시설계 사항

구분	기 본 설 계	실 시 설 계
설계 사항	▪ 예비타당성 및 타당성조사 결과 검토 ▪ 문화재 조사 및 설계반영 필요성 검토 ▪ 기본적인 구조물 형식 비교·검토 ▪ 구조물 형식별 적용 공법 비교·검토 ▪ 기술적 대안 비교·검토 ▪ 대안별 시설물 규모 검토 ▪ 대안별 시설물 경제성 비교 ▪ 시설물 기능별 배치 검토 ▪ 개략 공사비 및 공기 산정 ▪ 측량 및 지반, 지질, 기상, 기후조사 ▪ 주요 자재·장비 사용성 검토 ▪ 설계도서, 개략 공사시방서 작성 ▪ 설계 설명서, 계산서 작성 ▪ 계약서, 과업지시서에서 정하는 사항	▪ 설계 개요 및 법령, 재기준 검토 ▪ 기본설계 결과의 검토 ▪ 공사비 및 공사기간 산정 ▪ 기본공정표 및 상세공정표의 작성 ▪ 계약서, 과업지시서에서 정하는 사항 ▪ 구조물 형식 결정 및 설계 ▪ 구조물별 적용 공법 결정 및 설계 ▪ 시설물의 기능별 배치 결정 ▪ 토취장, 골재원 등 조사확인 및 자재 공급계획 ▪ 시방서, 물량내역서, 구조계산서, 단가 및 수량 산출서 작성 ▪ 철근 배근도 및 상세도면 작성 ▪ 환경·교통영향평가

4 SOC 민간투자사업

철도, 도로, 항만, 공항 등 교통시설과 댐, 공업단지 등 사회간접자본(SOC) 시설의 투자는 그 규모가 매우 커서 사회 전반에 효과가 미치게 되므로 사기업에 의해서 이루어지지 않고 일반적으로 정부나 공공기관의 주도로 이루어진다.

그러나 국가 재원으로 투자를 모두 충당하기에는 너무나 막대한 비용이 소요되므로 국가와 지방자치단체에서 현실적으로 재원이 부족할 경우 부득이 민자 자본의 투자를 유치하여 이러한 시설을 만들기도 한다. 하지만, 이러한 시설은 대규모의 자금이 투자되는 반면 그에 따른 투자금 및 수익금 회수가 늦어지고, 잘못하면 손해를 볼 우려가 있기 때문에 이를 보완하기 위한 제도가 바로 BTO 및 BTL과 같은 SOC사업이다.

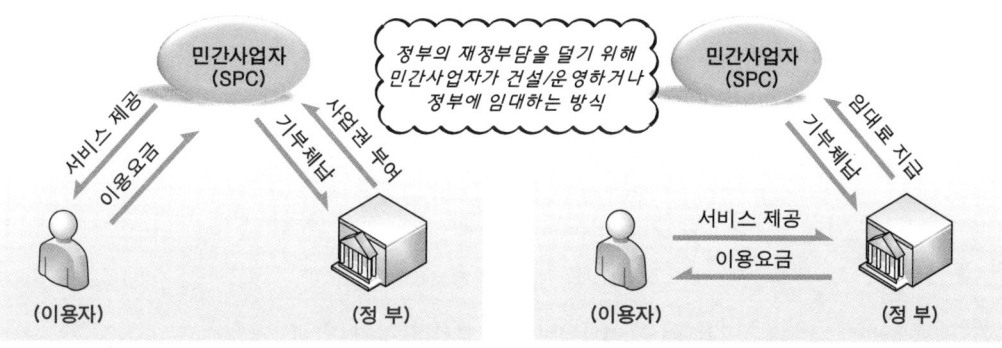

(그림 1-5). BTO방식의 사업구조   (그림 1-6). BTL방식의 사업구조

▓ BTO (Build-Transfer-Operate, 건설-양도-운영)

BTO방식은 민간사업자가 국가나 지방자치단체에 제안하여 채택되면 그에 따른 비용을 부담하여 공사를 한 후 사회기반시설의 준공과 동시 시설의 소유권이 국가 또는 지방자치단체에 이전된다. 그 후 민간 사업자에게 일정기간 동안 관리운영권을 인정하고, 민간사업자는 시설을 운영함으로써 투자비를 회수하는 방식이다.

(표 1-3). 철도분야 BTO 사업현황

BTO 구간	연장(km)	시행기간(년)	철도운영사	사업자
인천공항철도	60.1	2010~2040	공항철도(주)	현대건설(2006~10)
신분당선	20.8	2011~2041	신분당선(주)	두산건설
신분당선	12.8	2016~2046	경기철도(주)	두산건설
서울지하철9호선	25.5	2009~2039	서울시메트로	9호선(주)
부산김해경전철	23.2	2011~2031	부산김해경전철(주)	현대산업개발
의정부경전철	11.1	2012~2032	(주)의정부경전철	GS건설
용인경전철	18.1	2013~2033	용인경전철(주)	BTIH

BTL (Build-Transfer-Lease, 건설-이전-임대)

정부나 지방자치단체가 분야를 선정하여 제안하면 민간사업자가 자기자금과 경영기법을 투입하여 시설을 건설한 뒤 정부나 지방자치단체에서 10~30년 간 임대하여 시설을 운영하는 방식이다. 민간사업자는 정부와 약정한 임대기간 동안 시설 사용료를 징수하여 투자비를 회수하는 민간투자사업의 한 방식을 말한다.

(표 1-4). BTO방식과 BTL방식의 비교

구 분	BTO방식	BTL방식
대상시설	• 대상 : 고속도로, 터널, 공항, 댐, 항만, 지하철, 경전철, 환경시설 등	• 대상 : 학교, 도서관, 박물관, 일반철도, 군인아파트, 복지시설, 문화시설 등
투자비 회수	• 최종 이용자의 사용료 • 수익자 부담원칙	• 정부의 시설 임대료 • 정부 재정부담
사업 리스크	• 민간이 수요위험 부담 • 높은 사업위험과 높은 예상 수익률 • 운영수입의 변동 위험	• 민간의 수요위험 배제 • 낮은 사업위험과 낮은 예상 수익률 • 운영수입의 확정
사용료 산정	• 총사업비 기준으로 산정 • 고시, 협약체결 시점 가격 • 기준사용료 산정 후 물가변동분 반영	• 총 민간투자비 기준으로 산정 • 시설의 준공시점 가격 • 임대료 산정 후 균등 분할지급

최소운영수입보장(MRG)

최소운영수입보장 MRG(Minimum Revenue Guarantee)이란 SOC사업에 민간투자를 유치하기 위한 유인책으로서, 민간투자사업에 있어서 민간자본으로 지은 시설이 운영단계에 들어갔을 때 사업시행자의 운영수입이 실제 수입이 당초 협약에서 정한 추정 운영수입의 일정 비율에 미치지 못할 경우에 정부가 사업시행자에게 재정지원을 약속하고 보조금을 지급하는 제도이다.

초기 민자사업(1999년~2005년까지)의 경우 민간투자 유치에는 성공적이었다고는 하나, 민간투자사업의 추정수입이 대부분 당초 약정보다 못 미쳐 이후 막대한 운영수입 보장금이 지출되는 부작용이 발생하였다.

이에 편승하는 사업시행자의 도덕적 해이의 문제점도 불거져 정부는 2006년 1월과 2009년 10월 민간투자사업 기본계획 개정을 통해 민간제안사업과 정부고시사업에 대하여 적용되던 MRG 제도를 각각 폐지하였다.

도로·철도 등 사회기반시설을 건설한 민간사업자에 일정 기간 운영권을 인정하는 수익형 민자사업(BTO) 방식에 적용되고 있다.

IMF 외환위기 활발한 직후 부족한 정부 재정을 대신하여 막대한 예산이 드는 SOC사업에 대한 민자자본을 끌어들여 사회간접자본(SOC)을 건설하려는 목적으로 1999년에 도입되었다. 하지만 2002년부터 민자사업에 지원해야 할 정부 재정 부담이 눈덩이처럼 늘어나자 2006년과 2009년에 각각 폐기 결정이 내려졌다.

MRG와 SCS

최소수입보장방식(MRG)

- 협약에서 정한 수입에 미치지 못할 경우 부족분만큼 주무관청에서 보조해 주는 방식
- 보장수입을 정해놓고 실제 운임수입 미달시 정부가 차액지급(수입보장액-실제수입)

비용보존방식(SCS)

- 사업운영에 소요되는 표준 운영비를 산정하고 부족한 경우 부족한 만큼 주무관청에서 보조하고, 표준 운영비 이상의 수익이 생길 경우에 환수하는 방식으로 표준운송원가를 산정하여 보조하는 방식
- 운영에 필요한 최소비용을 표준운영비로 정해놓고 실제 운임수입 미달 시 차액지급(표준운영비-실제수입)

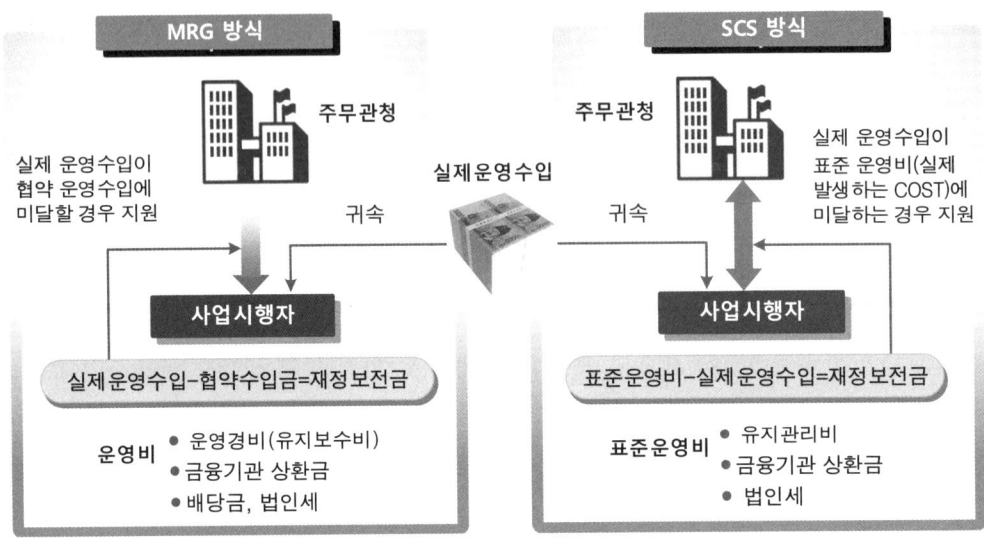

(그림 1-7). MRG방식과 SCS방식의 사업구조

5 정거장 (station)

철도의 정거장(역)은 승객의 매표와 승·하차 등 여객업무는 물론 화물의 적하, 급수 연료의 공급, 열차의 교행과 대피, 차량의 점검, 열차의 입환 등 운전상 필요한 모든 작업을 하는 장소로써 사용 목적상 역, 신호장, 신호소, 조차장으로 구분된다.

(표 1-5). 정거장의 종류와 역할

구 분	정거장의 역할
정거장 (역)	철도나 지하철에서 여객을 승하차시키거나 화물을 취급하기 위해서 열차가 출발하거나 정차하는 장소를 말한다.
조차장	객차나 화차를 분리하거나 연결을 조절하는 곳으로써, 차량의 입환이나 열차의 조성을 위해서 설치한 정거장을 말한다.
신호장	역간 거리가 긴 구간에서 역과 역 사이에서 도중에 열차의 교행 및 대피(대기)를 위한 장소로써 여객 및 화물의 취급은 하지 않는다.
신호소 (신호취급소)	본선에서 역간 도중에 열차의 운행선 변경을 위해 분기기를 설치한 장소로써, 여객 및 화물의 취급은 하지 않는다.

1장 철도실무기술

구내 선로명

노선의 종점과 같이 입환을 위한 역구내 또는 차량 작업이 많은 차량기지의 경우에는 다양한 목적에 따라 열차를 이동시키기 위해 여러 선로가 설치되며, 열차의 운행목적에 따라 선로에는 여러 선로명칭이 부여된다.

(표 1-6). 구내 선로 별 역할

선로명	선로의 역할
본 선 (주본선)	정거장 내에서 동일 방향의 열차를 운전하는 선로가 2개 이상 있을 경우 가장 중요한 선로로서 주본선이라고 함. 상본선, 하본선, 도착선, 출발선, 여객본선, 통과선, 대피선 등으로 구분
부본선 (측선)	본선(주본선) 이외의 모든 선로를 말함. 유치선, 입환선, 인상선, 화물적하선, 세차선, 검사선, 수선선, 기회선, 기대선, 안전측선, 피난측선으로 구분
유치선	차량을 일시 유치하는 선로로서 수용선 이라고도 함. 도착선, 출발선, 세척선, 검사선, 기회선을 제외한 선
입환선	열차를 조성하거나 분리하기 위하여 차량의 입환을 위한 측선
인상선 (정리선)	열차운행에 지장없이 화물취급선 또는 유치선에서 입환하도록 따로 설치한 선으로 입환선을 사용하여 입환할 때 차량을 끌어올리기 위한 측선
화물적하선	화물차를 화물홈으로 이동시켜 분리한 후 화물을 적재·하차 작업하는 측선
세차선	차량의 차체를 세척하기 위하여 사용하는 측선
검사선	차량을 정기적으로 검사하기 위하여 사용하는 측선
수선선	차량의 수선작업을 수시로 하는 측선
기회선	기관차를 바꿔탈 때 착발하는 본선 근처에서 기관차가 일시 대기하는 측선
안전측선	정거장 구내에서 2개 이상의 열차를 동시에 진입시킬 때 만일 열차가 정지위치에서 과주하더라도 열차가 접촉하거나 충돌을 방지하기 위한 측선
피난측선	차량의 위급시 충돌을 방지하기 위해 설치하는 측선
반복선	열차를 반복운전하기 위하여 설치하는 선로으로서, 회차선이라고도 함.
분별선	차량을 행선별 또는 역 순위별로 조성하기 위한 선로

(그림 1-8). 노선연계 정거장의 분류

(표 1-7). 정거장 선로의 배선분류

정거장명	선로의 역할
종단 정거장	선로의 종단에 위치한 정거장, 운송운영상 열차운행의 종단 정거장
중간 정거장	종단정거장의 중간에 위치한 정거장으로 대부분의 정거장이 이에 해당
분기 정거장	본선과 지선 간에 열차의 통과 운전을 하는 정거장
교차 정거장	2 이상의 선로가 교차하는 지점에 설치한 정거장
연락 정거장	2 이상의 선로가 집합하여 연락운송을 하는 정거장
접촉 정거장	2 이상의 선로가 접촉한 지점에 공통으로 설치된 정거장

승강장(Platform)

❖ 승강장은 다음의 사항을 고려하여 설치한다.

① 승강장은 직선 구간에 설치하여야 한다. 다만, 지형여건 등으로 부득이한 경우에는 곡선반경 600m 이상의 곡선구간에 설치할 수 있다.
② 승강장의 수는 수송수요, 열차운행 회수, 열차의 종류 등을 고려하여 산출한 규모로 설치하며, 승강장 길이는 여객열차 최대 편성길이에 다음 여유길이를 확보한다.
- 일반 여객열차, 간선 전기동차 : 지상구간은 10m, 지하구간은 5m
- 전기동차 : 지상구간은 5m, 지하구간은 1m
③ 승강장의 높이는 다음 각 호에 따른다.
- 일반 여객열차로 객차에 승강 계단이 있는 열차가 정차하는 구간의 승강장의 높이는 레일 면에서 500mm, 화물 적하장의 높이는 레일 면에서 1,100mm
- 전기동차전용선 등 객차에 승강계단이 없는 열차가 정차하는 구간의 승강장(고상 승강장)의 높이는 레일 면에서 1,135mm로 하고 자갈도상인 경우 1,150mm
- 곡선구간에서 설치하는 고상 승강장의 높이는 캔트에 따른 차량 경사량 고려
④ 승강장의 폭은 수송수요, 승강장 내의 구조물 및 설비 등을 고려하여 설치한다.

1장 철도실무기술

(표 1-8). 대표적인 승강장의 형태와 특징

구분	상대식 승강장	섬식 승강장
형태	선로 / 승강장 (양측)	선로 / 승강장 (중앙)
장점	■ 단순한 선로구조 ■ 평면 선형의 제약이 없음 ■ 공간 활용도 좋음 ■ 승강장 폭이나 길이 확장 용이 ■ 전도주시 시야확보 용이	■ 상행과 하행의 시간대 별 이용인원 차이가 클 때 승강장을 효율적으로 사용 ■ 승강장 전후를 회차선 공간으로 활용 용이 ■ 지하철 구조물의 폭을 줄일 수 있음 ■ 상·하행 간 평면환승이 용이
단점	■ 상·하행의 시간대별 이용 인원 차이가 클 때 승강장 이용율 저하 ■ 종착역일 경우 열차 도착선로 선택의 유연성이 떨어짐	■ 승강장 전후부에 선로곡선 발생 ■ 승강장 전후부 선로에 불필요한 공간 발생 ■ 승강장 폭이나 길이 확장 곤란 ■ 구조물 폭원이 좁음

▎정거장 유효길이 및 폭원 산정

① 1차적으로 승강장 형식, 계단위치, 첨두시간의 최대승차인원 및 열차운전간격 등으로 결정되며 2차적으로 열차 대피폭, 기둥 및 의자 등의 너비를 고려하여 보정한다.
② 상대식일 경우 일방향 중 최대 승차인원을 기준으로 폭을 산정한다.
③ 정거장의 유효길이는 다음에 의하여 산정한다.

$$L = 열차길이(l) \times 편성량수(N) + 과주여유거리(5m)$$

* 과주여유거리는 전동차의 경우 지상구간 10m, 지하구간 5m, 일반은 20m를 기준

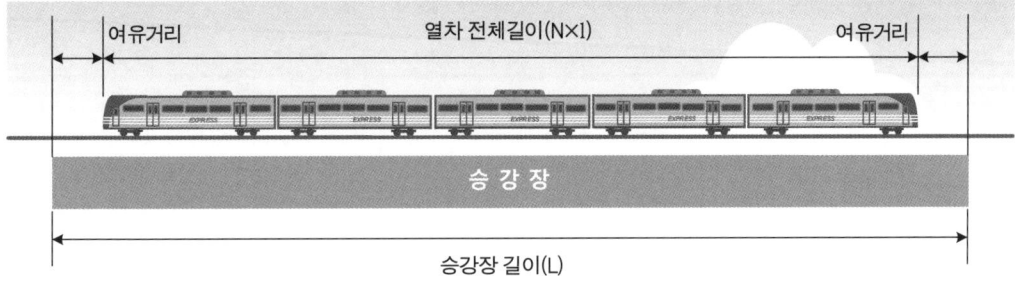

(그림 1-9). 승강장의 길이

6 열차의 통행방향

열차 통행방향의 유래

오래 전 주된 운송수단이었던 마차는 마부가 채찍할 때 보행자에게 피해를 주지 않기 위해서 오른쪽에 앉아 있었다. 영국에서 최초로 철도를 발명하였는데 영국은 마차를 대신하여 열차의 기관차 운전석도 오른쪽에 만들었다.

일본은 이러한 영국의 좌측통행 방식을 받아들였다. 이로써 일본의 자동차 교통은 좌측통행과 우측 운전석을 유지하고 있으며 철도 또한 좌측통행을 하고 있다.

우리나라 최초의 철도는 1899년 경인선(구로역~인천역)으로서 이 철도는 일제의 식민지 수탈과 더불어 군사적인 목적에 의해 개통 되었다. 그렇다 보니 일제의 영향에 의해 오늘날에도 일반철도 및 고속철도는 좌측통행으로 건설되고 있다.

반면, 도시철도는 우측통행이다. 자동차가 새로 등장했을 당시에는 마차처럼 운전석도 오른쪽이었지만 운전하는 데 불편함을 느끼고 독일 회사가 운전석을 왼쪽으로 바꿈으로써 이에 우측통행을 하게 되었다.

미국은 독일의 열차운행 방식을 받아들여 좌측 운전과 우측통행을 하였다. 우리나라의 경우 일제 강점기를 벗어났을 때 미국 철도의 영향을 받아 지하철 통행방식도 우측통행으로 만들어 오늘날에도 우측통행을 하고 있다.

(그림 1-10). 일반철도의 좌측통행

(표 1-9). 열차의 영업운행 통행방향

통행방향	열차운행 국가
좌측통행	한국, 북한, 중국, 대만, 일본, 프랑스, 이탈리아, 영국, 스위스, 벨기에 (도시철도는 대부분 우측통행)
우측통행	미국, 러시아, 독일, 네덜란드, 노르웨이, 터키, 폴란드

 ☎ 왜, 일반철도는 "좌측통행" 도시철도는 "우측통행"하는 걸까?

우리나라는 일제 강점기에 좌측통행으로 철도가 부설되었는데 오늘날까지 그 좌측통행방식을 이어오고 있다. 우리나라는 예로부터 자동차와 도시철도는 우측통행을 시행하여 왔으며, 88년만인 2009년부터는 좌측보행에서 우측보행으로 시행하였다.

1장 철도실무기술

철도에서 열차의 운행방향은 그 나라의 도로의 운행방향을 채용하는 것이 자연스러운 일이지만, 어떤 나라에서는 철도가 도입될 때의 사정에 따라 도로의 통행방향과 일치하지 않는 철도도 대부분 있다.

(표 1-10). 국가별 도로와 철도의 통행방향

국 가 명	도로 통행	철도 통행
영국, 인도, 오스트레일리아, 일본	좌측	좌측
한국, 프랑스, 이탈리아, 스웨덴, 중국, 대만	우측	좌측
독일, 스페인, 러시아, 미국	우측	우측

▨ 동력차의 견인방식

❶ **추진운전** : 기관차나 동차를 최전부에 연결하지 않고 중간이나 후부에 연결하여 기관사가 운전하는 경우를 말한다.
❷ **퇴행운전(후진운전)** : 열차가 도중에 최초의 진행 방향과 반대의 방향으로 운전하는 경우를 말한다.
❸ **타행운전(무동력운전)** : 동력에 의해 진행하던 열차가 관성에 의해서 무동력으로 운전하는 경우를 말한다. (타력운전), 서울역(지하)~남영역 간 전차선 사구간(AC/DC변환)
❹ **역행운전(동력운전)** : 동력을 이용하여 차량이나 열차를 운전하는 것으로서 동력을 발휘하여 열차를 움직이게 하는 운전을 말한다. (타행운전의 반대)
❺ **구원열차** : 고장 기타 사유로 정차한 열차를 견인하기 위한 열차를 말한다.

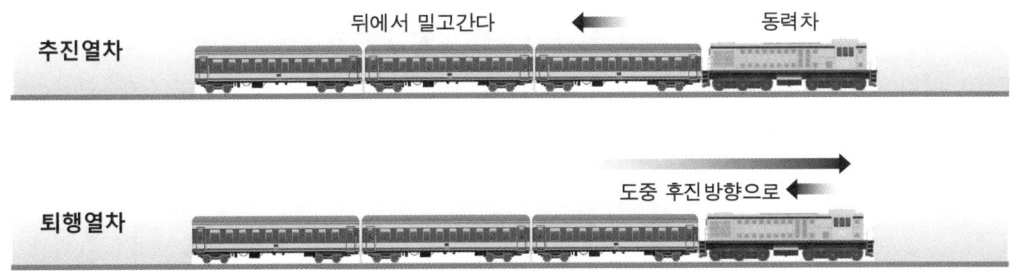

(그림 1-11). 열차의 추진운전과 퇴행운전

기본 설명

궤도는 도상, 침목, 레일로 구성된다. 도상은 레일과 침목에서 전달되는 열차하중을 분포시켜 노반에 전달하며, 침목은 레일을 고정하고 레일에 전달되는 열차하중을 도상에 분포시키고, 레일은 차륜을 유도하고 전류를 전송하는 전도체 역할을 한다.

1 궤도의 구성

열차가 이동하기 위한 주행로를 선로라고 하며, 선로에는 궤도와 전차선로가 설비되어 동력으로 열차를 운행한다.

궤도는 도상, 침목, 레일과 그 부속품으로 구성된다. 견고한 노반 위에 도상을 정해진 두께로 포설하고 그 위에 침목과 레일을 일정한 간격으로 체결한다. 열차 하중을 직접 지지 역할을 하는 도상 윗부분을 총칭하여 궤도라고 한다.

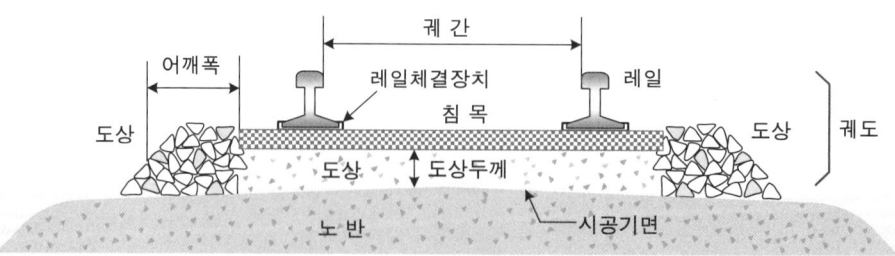

(그림 1-12). 궤도의 구성도

궤도의 구조

레일(Rail)

레일은 차량의 하중을 침목과 도상을 통하여 넓게 분포시키면서 차륜을 유도하고, 신호용 궤도회로 전류와 전차 전류의 전도체 역할을 한다.

레일의 크기는 1m당 중량[kg]으로 표시하며, 우리나라에서는 주로 37kg, 50kg, 60kg 레일이 사용되며 경부 본선용 레일로는 50kgN, 60kg 레일이 주로 사용되고 교량과 터널 등의 취약 구간은 60kg 레일을 주로 사용한다.

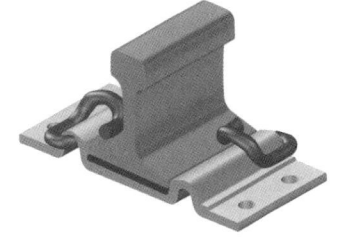
(그림1-13). 60kg레일 플레이트

- 장대레일 : 200m 이상, 고속철도는 300m 이상
- 장척레일 : 25~200m 미만
- 정척레일 : 25m
- 단척레일 : 5~25m 미만

(표 1-11). 레일의 종류 및 크기

구 분	70kg 레일	60kg 레일	50kg 레일	37kg 레일
크 기	148mm	174mm	153mm	122mm
장 소	분기기	수도권, 장대교량	본선, 주요측선	측 선

레일의 중량은 아래 표에서 정하는 크기 이상으로 하는 것을 원칙으로 하되 열차 통과 톤수, 축중 및 속도 등을 고려하여 경제적인 설계가 되도록 조종할 수 있다.

(표 1-12). 설계속도 별 레일의 중량

설계속도V[km/h]	본선 레일의 중량[kg/m]	측선 레일의 중량[kg/m]
V > 120	60	50
V ≤ 120	50	50

도상 (Ballast)

도상은 레일 및 침목으로부터 전달되는 열차 하중을 넓게 분산시켜 노반에 전달하고 침목을 소정 위치에 고정시키는 자갈 또는 콘크리트 등의 궤도재료를 말한다.

도상에는 자갈, 콘크리트, 슬래브(침목과 도상 일체형) 도상이 있다. 도상은 침목을 탄성적으로 지지하고 충격을 완화하여야 한다.

(표 1-13). 도상의 분류와 특징

도상구분	도상의 특징
자갈도상	① 열차하중 분산, 침목이동 방지, 진동 흡수, 배수가 기능하다. ② 건설비가 저렴하나, 궤도 정정에 따른 유지보수 노력이 필요하다. ③ 풍부한 탄성으로 진동과 소음이 적어 승차감이 우수하다. ④ 열차의 반복하중 시 궤도변형이 발생하나, 궤도 정정이 용이하다.
콘크리트도상	① 궤도틀림 진행이 적고, 궤도 횡방향의 안전성이 높다. ② 궤도다짐이 불필요하고 유지보수가 감소된다. ③ 궤도 탄성이 적으므로 충격과 소음이 크다. ④ 건설비와 교체비용이 많이 소요되며, 궤도 변형시 보수가 어렵다. ⑤ 속도향상, 안전성, 보수노력 감소, 환경성 등에서 유리하다.

침목 (Concrete)

침목은 레일을 소정 위치에 고정시키고 지지하며, 레일을 통하여 전달되는 차량의 하중을 도상에 넓게 분포시키는 역할을 한다. 침목은 레일과 견고하게 체결되어 하중을 지지하여야 하며, 내충격성과 완충성이 있어야 한다.

- RC(Reinforced Concrete) 침목 : 콘크리트는 압축은 강하지만 인장이 약하므로 철근을 보강한 콘크리트 침목을 말한다.
- PC(Prestressed Concrete) 침목 : 강선을 내장한 콘크리트제 침목으로서 콘크리트에 스트레스를 주어 굽힘력에 대한 저항력을 강화한 구조이다. PC침목의 성공으로 RC침목은 거의 사용하지 않으며 선로전환기 분기침목도 PC침목이 사용되고 있다.

시공기면

'시공기면'이란 시공의 기준이 되는 높이를 말한다. 시공기면(F.L)은 다음의 그림과 같이 선로 중심선에서 노반의 높이를 표시하는 기준면이다. 1개 선구의 레일면(E.L)을 기준으로 노반 기울기에 의한 자갈도상 두께를 고려한다.

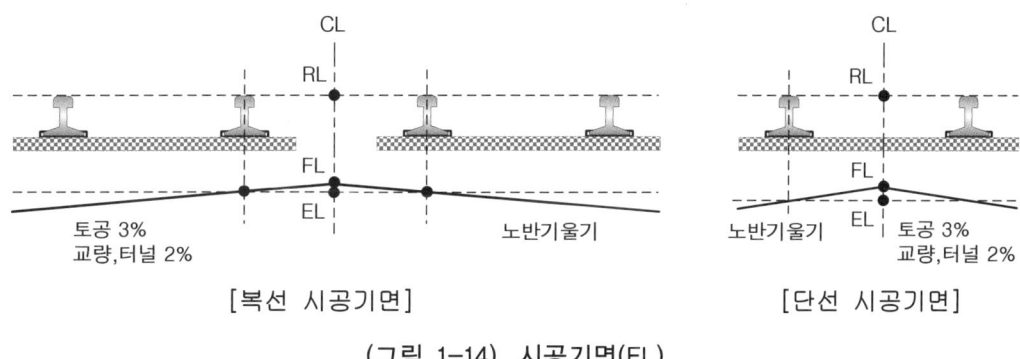

[복선 시공기면]   [단선 시공기면]

(그림 1-14). 시공기면(FL)

(표 1-14). RL에서 FL까지 높이

설계속도 V(km/h)	장대레일, 장척레일			정척레일	
	200<V≤350	120<V≤200	70<V≤120	70<V≤120	V≤70
단 선	710	660	640	610	590
복 선	690	650	630	600	580

철도에 있어서는 레일, 침목 및 도상으로 되어있는 궤도를 받치는 노반의 높이를 나타내는 기준면을 말하며 레일 레벨로부터 결정된다.

시공기면 폭은 궤도중심선에서 기면 턱까지의 수평거리를 말한다. 시공기면은 도상의 두께, 침목의 길이, 보선 작업성, 열차대피 여유 등을 고려하여 결정하며, 곡선 구간은 α만큼 곡선 외측으로 확대한다. 다만 콘크리트 도상의 경우에는 확대하지 않는다.

선로의 등급

선로는 수송량과 열차속도에 따라 선로의 등급을 정하고 각 등급에 해당하는 선로구조로 설계하여 경제적이고 효율적인 건설과 유지보수를 하여야 한다.

철도건설규칙에서는 고속선 외 4등급으로 구분하여 고속선과 1급선, 2급선, 3급선, 4급선으로 구분하여 등급별 선로제원을 규정하고 있다.

(표 1-15). 선로등급 별 선로제원   ( )는 부득이한 경우

선로등급	레일종류 [kg]	설계속도 [km/h]	시공기면 폭 (선로중심)[m]	최급기울기 (본선)[%]	최소곡선반경 (본선)[m]
고속선	60	350	4.5	25(30)	5,000
1등급	60	200	4.0	10(15)	2,000
2등급	60	150	4.0	12.5(15)	1,200
3등급	50	120	3.5	15(20)	800
4등급	50	70	3.0	25(30)	400

궤도간격(궤간)

철도의 궤간은 레일두부 상면에서 하방으로 16mm(지하철 14mm) 지점에서 양쪽 레일 머리 부분 내측 간의 최단 거리로 정하고 있다.

그 이유는 차륜 플랜지와 레일 두부와의 접촉 부분은 보통 레일 면에서 16mm 이내의 거리에 있으며, 30kg 레일의 경우 그 두부의 두께는 24mm이며 7mm의 마모를 허용하므로 레일 두부의 두께는 17mm가 남는 수치를 궤간 측정의 기초로 하였다.

(표 1-16). 철도의 궤간에 의한 종류

분류	궤 간 (궤도간격)	사용국가
협궤	1,067[mm]	한국 수인선 인도, 일본 재래선
표준궤	1,435[mm]	한국철도, 중국 일본철도 신간선
광궤	1,524[mm]	시베리아 철도
광궤	1,676[mm]	방글라데시, 스리랑카, 파키스탄, 인도 아르헨티나, 칠레

표준궤간

궤간은 1,435mm로 하는 것이 보통이며 세계 각국의 철도에서 가장 많이 사용하고 있는 궤간이다. 실제로 궤간은 여기에 다시 슬랙 공차를 가산하여야 한다.
궤간은 1,435mm를 기준으로 하는데 이것을 '표준궤간'이라 하며, 표준궤간보다 넓은 것을 광궤, 좁은 것을 협궤라고 한다. 한국의 경우 대부분의 표준궤간으로 설치한다.

광 궤

광궤는 양 레일 폭이 1,524mm 이상으로써 표준궤간보다 넓으며 러시아에서 사용되고 있다. 협궤에 비하여 대형 기관차와 차량을 운전할 수 있기 때문에, 수송력을 증대시키고 높은 운전속도를 낼 수 있으며 열차의 안전도가 훨씬 크다. 그러나 건설비와 유지비가 많이 들며, 인접 국가 간 상호 열차운행에 불리한 면도 있다.

협 궤

협궤는 양 레일 폭이 1,062mm로서 영국과 일본에서 사용되고 있다. 협궤는 차량의 시설 규모가 적어지므로 건설비, 유지비 측면에서 유리하며, 급곡선에서 곡선저항이 적고 산악지대의 선로선정이 용이하다.
궤간은 수송량, 속도, 지형 및 안전도 등을 고려하여 결정하며 철도 건설비, 유지비, 수송력 등에 영향을 준다.

(그림 1-15). 협궤의 선로전환기

(표 1-17). 광궤와 협궤의 특징 비교

구 분	궤도의 특징
광 궤	① 고속도 운행 시 안정감 있다. ② 수송능률 향상 및 수송력 증대된다. ③ 운행의 안전도 증대 및 동요가 감소된다.
협 궤	① 시설물, 건설비, 유지비 등이 적게 든다. ② 급곡선 운행 시 곡선저항이 적다. ③ 산악지대에 선로 선정이 용이하다.

2 분기부장치

분기기는 하나의 선로에서 다른 선로로 분기하기 위한 궤도설비로서, 선로가 두 방향으로 분리되는 지점에서 열차의 운행방향을 전환하는 역할을 한다.

분기기는 열차를 유도하는 방향으로 전환시켜 주는 포인트부, 두 개의 선로가 동일 평면에서 교차하는 크로싱부, 포인트부와 크로싱 중간부분의 리드부로 구성된다.

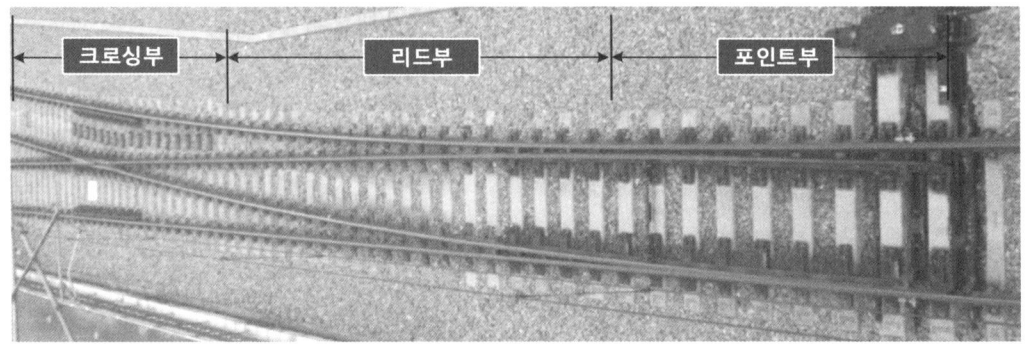

(그림 1-16). 분기장치의 구성

고정 크로싱

일반적으로 사용되고 있는 고정 크로싱은 크로싱의 각부가 고정된 구조로써 차량이 결선부를 통과하여야 하므로 차량의 진동과 소음이 발생하게 되어 승차감이 떨어진다. 고정크로싱은 일반적으로 일반철도와 도시철도에서 널리 사용되고 있다.

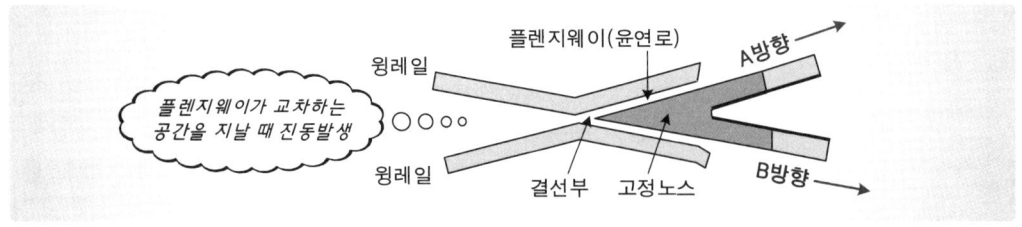

(그림 1-17). 고정 크로싱의 구성

고정크로싱 특징

① 크로싱 각부가 고정되어 있으므로 윤연로가 고정되어 있다.
② 차량은 항시 결선부를 통과하므로 고속운전에 불리하다.
③ 결선부에서 소음과 진동이 크므로 승차감이 좋지 않다.

1장 철도실무기술

가동 크로싱

가동 크로싱은 고정 크로싱의 최대 약점인 결선부를 없게 하여 레일을 연속시킴으로써 차량의 충격, 동요, 소음 등을 해소하여 승차감을 개선하고, 분기부에서의 속도향상과 고속열차 운행의 안전도 향상을 도모하는 데 목적이 있다.

가동크로싱 특징

① 리드부가 길고 진동이 없으므로 열차 통과속도를 향상할 수 있다.
② 열차의 이선 진입이 없으므로 고속열차 운행의 안전도가 향상된다.
③ 분기곡선은 일반 곡선과 유사하게 취급되므로 열차운행이 원활하다.

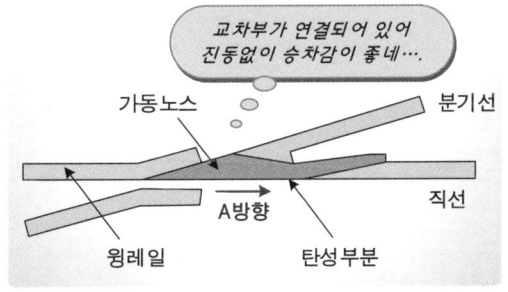

(A) 직선측(A방향)으로 개통할 때　　(B) 분기선측(B방향)으로 개통할 때

(그림 1-18). 가동 크로싱의 구성

노스가동 분기기

가동 분기기는 일반 분기기의 최대 결점인 결선부를 없애고 레일을 매듭 없이 연속시키는 것이 특징이다. 따라서 차량의 충격 및 동요, 소음 등을 해소함으로써 승차감을 개선하여 고속열차 운행의 안전도를 향상한다.

분기기에는 MJ81 선로전환기를 주로 사용되며 크로싱부에도 선로전환기가 설치되어 진로전환 시 가동된다.

노스가동 분기기는 크로싱 번호가 큼으로써 분기각이 작고 리드 곡선반경이 커서 열차의 속도를 향상하고 분기 구간에서 레일의 연속으로 승차감을 높일 수 있다.

(그림 1-19). 노스가동분기기

(표 1-18). 일반 분기기와 노스가동 분기기의 특성

구 분	노스 가동 분기기	일반 분기기
크로싱 분류	F18.5~F65	F8~F15
통과속도	100~230km/h	22~55km/h 이상
분기기 길이	68m~193m	26~47m
구 성	고망간 크래들 및 크로싱 노스레일	볼트 조립식 또는 망간 크로싱
포인트	탄성 포인트	관절식 또는 탄성 포인트
선 형	포인트~크로싱 후단까지 일정 곡률	리드부만 곡선
안전성	안전성 및 승차감이 좋음	선로 취약부로 열차 진동이 많음

크로싱 번호

분기선로에서 2개의 선로가 서로 교차하는 부분을 '크로싱부'라고 하며 크로싱은 각도의 크기에 따라 크로싱 번호도 달라진다. 예를 들면, AB가 1m가 되는 지점에서 CD의 거리가 8m이면 '8번 크로싱'이라 하고, 12m이면 '12번 크로싱'이라 한다.

분기기를 통과하는 열차의 속도는 리드곡선 및 입사각, 크로싱 번호 등에 따라 영향을 받게 되는데 종래에는 12~15번 등의 고번화 영향을 받게 되는데, 종래에 사용한 것은 대분기기로서 열차 주행이 원활하고 고속화에도 유리하다.

16번 이상의 크로싱이 되면 각도가 예리하여 차륜이 통과하는 텅레일의 길이도 길어져 이선 진입의 우려가 있으므로 가동크로싱에 사용된다.

(그림 1-20). 분기부 고정크로싱

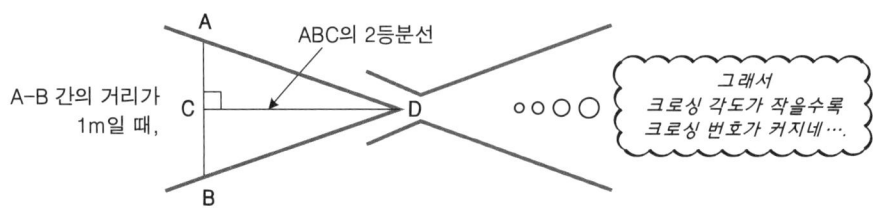

(그림 1-21). 크로싱의 번호

1장 철도실무기술

☎ 왜, 선로마다 서로 다른 크로싱 번호를 사용하는 걸까?

크로싱 각도가 크면 분기부가 짧아져 저속구간인 차량기지, 정거장 등에 사용되고, 각도가 작으면 분기부가 길어져 속도를 향상할 수 있는 주요 영업 본선에 사용된다. 정거장에서는 제한적인 공간에서 분기부가 설치되므로 분기각이 달라질 수 있다.

크로싱 번호가 크면

① 리드 길이 및 리드 반경이 길어진다.
② 리드 길이가 길어지므로 크로싱 각이 작아진다.
③ 리드부의 반경이 완만하여 분기부의 통과속도가 향상된다.

(표 1-19). 크로싱 번호와 열차속도

분기기의 번수	편 개		양 개	
	곡선반경[m]	속도[km/h]	곡선반경[m]	속도[km/h]
8#	145	20	295	35
10#	245	30	490	45
12#	350	40	720	55
15#	565	50	–	–

(표 1-20). 국철 분기기의 분기선 통과속도

구간	분기기	구 분	분기기 번수(철차번호)						
			8	10	12	15	18.5	26	45
지상 구간	편개	곡선반경[m]	145	245	350	565	1,200	2,500	3,500
		속도[km/h]	25	35	45	55	90	130	170
	양개	곡선반경[m]	295	490	720	1,140	–	–	–
		속도[km/h]	40	50	60	70	–	–	–
지하 구간	편개	속도[km/h]	25	30	40	–	–	–	–
	양개	속도[km/h]	35	45	55	–	–	–	–

기본 설명

열차가 평평한 직선 궤도 위를 주행할 경우 최적의 운행효율을 발휘할 수 있지만 지형에 따라 부득이하게 곡선, 기울기 등의 열악한 선로조건이 발생되며, 여러 선로 조건에 부적합하게 시설될 경우 주행효율이 저하되거나 탈선사고를 일으킬 수 있다.

1 선로의 특징

선로는 열차를 안전하고 승차감이 좋게 달리도록 튼튼하고 고도의 정밀성이 요구된다. 레일은 레일강이라고 하는 양질의 강철로 만들어진다. 레일의 수명은 수송량이 많은 노선에서는 10년이며, 일반적으로 평균 20년 정도이다. 급곡선에서는 반년에서 1년 이내에 교체하는 경우도 있다. 최근에는 여러 레일을 용접하여 길게 이은 롱레일이 사용되고 있다. 롱레일은 레일의 신축하는 힘을 침목과 자갈로 누르고 있으며, 이음매가 없으므로 승차감이 좋고 고속철도에서도 주로 사용된다.

침목은 옛날부터 밤나무, 졸참나무 등의 목재가 사용되었으나, 현재는 피아노선을 심으로 넣어 만든 콘크리트 침목이 쓰이며 튼튼하고 수명도 수배로 길어지므로 주요 간선에 사용되고 있다.

(그림 1-22). 콘크리트궤도 건설

2 선로곡선

직선 선로에서는 열차의 속도향상과 운행의 안전성을 확보할 수 있어 운전효율이 높으나, 열차가 곡선부를 주행하는 경우에 속도를 제한하는 이유는 열차의 쏠림으로 인하여 승차감이 저하되고 열차가 전복할 위험성 및 궤도 손상이 커지기 때문이다.
또한, 곡선반경의 크기에 따라 속도제한이 다르며 곡선반경에 따라 건설비 또는 개량비, 유지보수비에 차이가 있다.

(그림 1-23). 곡선선로

최소곡선반경

'최소곡선반경'은 설계속도 별 곡선구간에서 열차가 최고속도로 안전하게 주행할 수 있는 최소한의 곡선반경을 말하며, 열차속도와 캔트와의 상관관계에 의해 설정한다.
철도선로는 가능하다면 직선이어야 하지만 지형과 구조물 등으로 방향을 전환하는 지점에는 곡선을 삽입하여야 한다.
최소곡선반경은 궤간, 열차의 속도, 차량의 고정거리 등에 따라 결정되며, 한국철도에서는 4,750mm 이하로 규정하고 있다.

완화곡선

열차가 직선에서 원곡선으로 바로 진입하거나 원곡선에서 바로 직선으로 진입할 경우에는 열차의 진행 방향이 급변하여 차량의 동요가 발생된다. 그러므로 직선과 원곡선 사이에 곡률이 변화하는 곡선을 넣어 캔트와 슬랙의 곡률을 서서히 변화하게 하는데 이 곡선을 '완화곡선'이라 한다.
완화곡선은 직선과 원곡선 사이에 놓여서 캔트 및 불균형 원심력의 급격한 변화를 완화하는 역할을 하여 차량의 통과를 원활하게 한다.

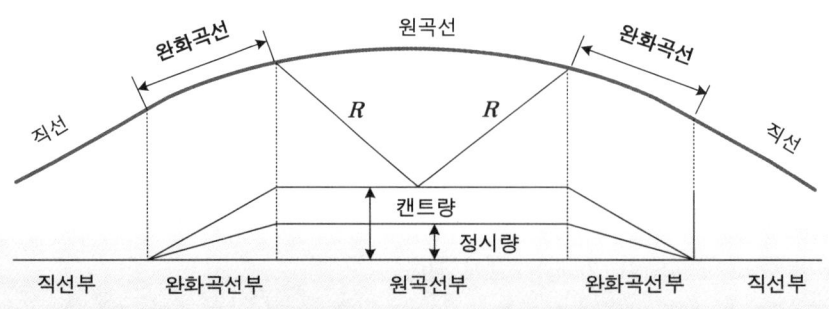

(그림 1-24). 완화곡선의 개념

반향곡선

'반향곡선'은 곡선의 방향이 서로 다른 두 개의 인접한 곡선을 말하며, 곡선의 방향이 급변하여 차량의 원활한 운행을 기하기 어려우므로 두 개의 양 곡선 사이에는 상당 길이의 직선을 삽입하여야 한다. 반향곡선 구간에서는 열차의 속도를 향상하기가 어려우며, 레일과 차륜의 마찰이 발생되어 설비의 마모가 빠르게 진행된다.

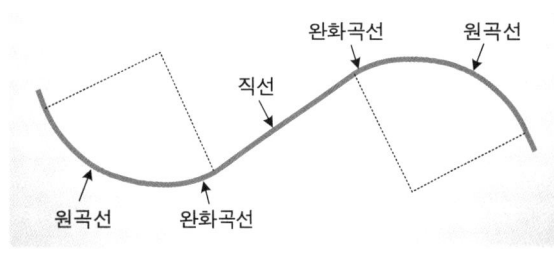 

(그림 1-25). 반향곡선 상간의 직선 삽입

종곡선

열차가 선로 기울기(구배)의 변경점을 통과하는 경우 굴곡이 급하면 차량에 충격을 주어 승객에게 불쾌감을 주며, 속도가 빠른 열차에서는 좌굴현상으로 부상탈선의 위험을 동반하게 된다. 이 때문에 기울기의 변경점에 종방향(수직방향)의 곡선을 삽입하여 기울기의 급굴곡을 완화한다. 이것을 '종곡선'이라 한다.

종곡선의 크기는 기존선에서는 반경 4,000m(반경 800m 이하의 곡선), 3,000m(그 외의 경우), 신간선에서는 10,000m를 넣는다.

1장 철도실무기술

3 선로기울기

열차가 운행하는 방향에 대하여 선로의 경사를 '기울기'라고 한다. 최급기울기는 열차 운전구간 중 가장 심한 기울기를 뜻한다. 기울기는 최소 곡선반경보다도 수송력에 직접적인 영향을 주므로 가능한 수평에 가깝게 하는 것이 좋으나, 수평으로 하면 큰 토공과 장대터널을 필요로 하게 되어 건설비가 많이 소요된다.

우리나라에서 선로의 기울기는 수평거리 1,000에 대한 고저 차로 천분율 [‰]을 사용하고 10/1,000 또는 10‰로 표기한다.

기울기 이론

기울기 표기

- **천분율 [‰]** : 수평거리 1,000에 대한 고저 차로 20/1,000 또는 20‰로 표기하고 한국, 프랑스, 독일, 일본 등 세계 각국 철도에 널리 사용되고 있다.
- **백분율 [%]** : 수평거리 100에 대한 고저 차로 표시하며 2/100 또는 20‰로 표기하고, 미국철도에 사용되고 있으며 한국에서도 도로에서는 백분율을 사용하고 있다.
- **고저 차** : 1에 대한 수평거리를 표시하며 영국에서 고저 차를 사용한다. 일반적으로 고저 차는 분자로, 수평거리를 분모로 하여 고저 차와 수평거리의 비율로 표기한다.

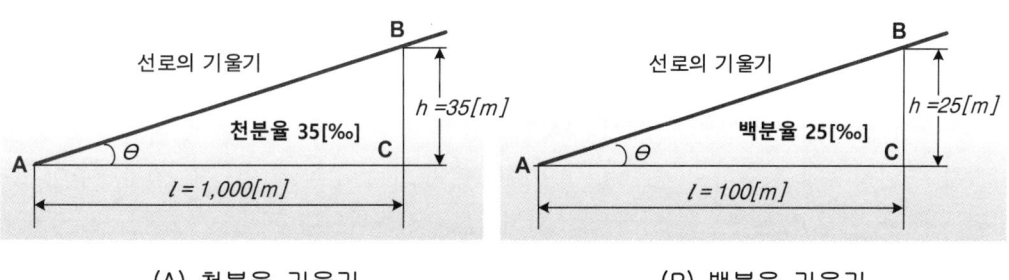

(A) 천분율 기울기   (B) 백분율 기울기

(그림 1-26). 선로의 기울기 표시법

기울기 산정

선로의 기울기는 다음의 예에서 선로의 길이 1,000m에 대한 고저 차(높이)를 나타낸다. 따라서 기울기율(구배율)의 숫자가 높을수록 기울기는 크다.

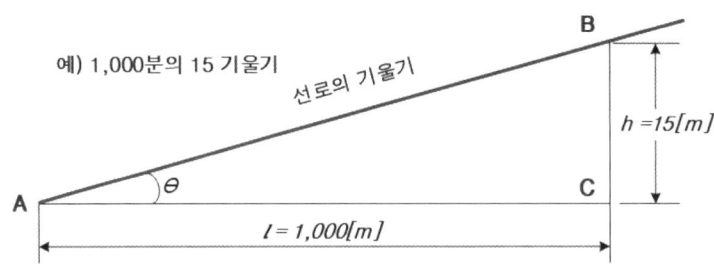

(그림 1-27). 선로의 기울기 계산법

$$기울기 = \frac{h\,[m]}{l\,[m]}\,[‰]$$

A, B 양 지점의 고저 차를 거리차로 나눈 값의 천분율 = $\frac{15}{1,000} \times 1,000 = 15‰$

정거장 내 기울기

정거장 내의 본선의 기울기는 2‰ 이하로 한다. 다만, 차량을 해방하지 않은 본선은 8‰ 이하로 하고, 차량을 유치하지 않는 측선 및 전차 전용선로에서는 35‰ 이하로 규정한다. 정거장 내 선로의 기울기는 열차의 출발저항과 차량을 인력으로 움직이는 작업 및 정지 중에 차량이 이동하는 위험 등을 고려하여 20‰ 이하로 규정하고 있다.

기울기의 분류

❶ **제한기울기(사정기울기)** : 제한기울기는 운전구간의 견인중량을 제한하는 기울기로서 그 구간에서 열차의 운전에 대해 가장 큰 저항을 주는 상기울기를 말한다.
기관차 견인정수에 상당하는 중량을 견인하여 주행하는 경우 견인력과 열차저항이 소정의 균형을 이루고 균형속도 이상으로 되지 않는 기울기이다.
❷ **최급기울기** : 최급기울기는 열차의 운행구간 중 가장 급한 기울기이며, 일반적으로 선로 등급별로 최급기울기를 기울기 한도로 표시한다. 전차전용 선로는 선로 종별과 관계없이 35/1,000 이하로 한다. 정거장 내에서 선로 기울기는 2‰ 이하로 한다.
❸ **표준기울기** : 표준기울기는 어느 구간 내에서 1km를 이격한 2지점을 연결하는 많은 직선 기울기 중에 가장 급한 기울기를 말한다. 구간장이 1km 이하인 경우에는 양단을 연결하는 기울기를 '표준기울기'라고 한다.

❹ **타력기울기(타행기울기)** : 타력기울기는 제한기울기보다 급한 기울기라도 연장이 짧은 경우 열차의 주행 타력에 의하여 기울기를 통과할 수 있는 기울기이다.
❺ **가상기울기** : 선로 기울기 구간을 열차가 주행할 때 열차의 속도 Head의 변화를 기울기로 환산하여 실제 기울기에 대수적으로 가산된 기울기이다.

4 슬랙 및 캔트

▓ 슬랙(Slack)

철도차량은 2~3개의 차축이 평형하게 한 프레임에 연결되어 일체형으로 고정되어 있어 곡선을 통과할 때 각각 차축이 자유롭게 움직이지 못하므로 차축의 중심선과 선로의 중심선이 편기되어 차륜의 플랜지가 레일과 밀착으로 차륜이 긁히게 된다.
이로 인하여 차량이 곡선부를 원활하게 통과할 수 있도록 바깥쪽 레일을 기준으로 안쪽 레일을 외측으로 확대하는 것을 슬랙(Slack)이라 한다.

슬랙의 산출

궤간의 표준치수가 1,435mm인 경우 곡선반경 600m 이하인 곡선구간에 다음의 공식에 의하여 슬랙을 산출한다. 다만, 슬랙은 최대값 30mm 이하로 한다.
곡선부에서의 확대량 S는,

$$S = \frac{2,400}{R} - S'$$

여기서,
S : 슬랙으로서 최대 30[mm],
R : 곡선반경[m]
S' : 현장에 따라 결정되는 조정치(0~15mm)

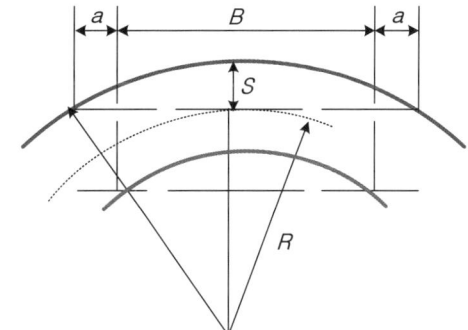

(그림 1-28). 슬랙의 확대

슬랙이 부적절하면 사행운동을 유발하여 승차감 저하 및 탈선의 우려가 있으며, 레일 마모량이 증가하와 궤간틀림이 발생된다.

캔트(Cant)

캔트(Cant)란 열차가 선로의 곡선부를 통과할 때는 외측으로 원심력이 작용함으로써 승객에게 불안감을 주고 열차운행 및 유지보수에 악영향을 미치는데, 이러한 것을 방지하기 위해 내측 레일을 기준으로 외측 레일을 높게 하여 원심력과 중력과의 힘이 궤간의 중앙부에 작용하도록 하여 열차의 안전한 주행을 도모한다.

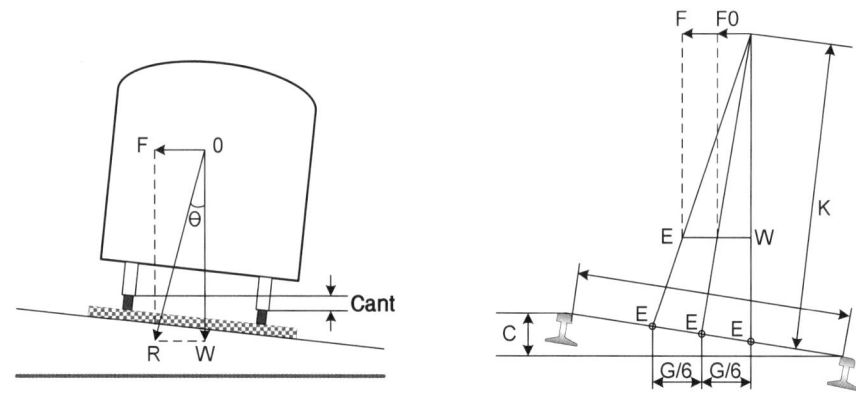

(그림 1-29). 곡선에서의 캔트(좌), 최대캔트(우)

원심력은 열차속도와 곡선반경의 크기에 따라 그 값이 변하므로 열차속도 및 곡선반경에 따라서 캔트는 변화하며 완화곡선에서는 저감한다.
열차가 정지 상태에서도 차량이 곡선 안쪽으로 전복하지 않도록 중력 W가 궤간의 중심 1/3의 범위 이내를 고려하여 캔트의 최대량을 결정하며, 곡선반경과 열차의 최고속도를 고려하여 캔트량을 조절한다.

캔트의 산출

열차의 실제 운행속도와 설계속도의 차이가 큰 경우에는 다음의 공식에 의하여 초과캔트를 검토하여야 하며, 이때 초과캔트는 110mm를 초과하지 않도록 한다.

Why ☎ 왜, 열차는 곡선구간에서 승객이 외측으로 쏠리지 않는 걸까?

열차는 곡선을 통과할 때 곡선 크기에 따라 적합한 속도로 제한하고 있으며, 곡선 운행 시 원심력에 준하는 구심점을 잡기 위하여 바깥쪽 레일을 약간 높이고 있다. 이에 따라 열차의 탈선과 승객의 쏠림을 방지하여 승차감과 안정감을 향상 시킨다.

- 궤간이 1,435[mm]인 경우

$$C = \frac{GV^2}{127R} - C'[mm] = 11.3 \frac{V^2}{R} - C'$$

- 궤간이 1,500[mm]인 경우

$$C = \frac{1500V^2}{127R} - C'[mm] = 11.8 \frac{V^2}{R} - C'$$

여기서, C : 설정캔트 [mm]
R : 곡선반경 [m]
G : 표준궤간(1,435mm)
V : 그 곡선을 통과하는 열차의 최고속도[km/h]
C' : 캔트 조정량(0~100mm, 다만 고속선의 경우 0~110mm)

(그림 1-30). 곡선과 캔트

분기기의 내측 곡선, 그 후 전후의 곡선, 측선 내의 곡선과 그 밖의 캔트를 부설하기 곤란한 개소에 있어서 열차의 운행 안전성을 확보한 경우에는 캔트를 두지 않을 수 있다.

5 선로제표(선로표지)

선로제표는 철도의 궤도 주변에 설치되는 표지로서 기울기, 곡선, km정 등 운전상 필요한 선로조건 상태를 승무원, 역무원, 유지보수자 등에게 알리고 일반 공중을 상대로 알려야 할 시설 및 용지경계, 건널목 등의 위치를 알려주는 기능을 한다.
선로제표는 시설부문의 관리 하에 있으며, 운수 또는 전기 등의 타 직무분야에서 관할하는 표지류는 운전규정상 "안전표지"에 포함되어 있다.

거리표

선로 기점으로부터의 거리(km정)을 표시한다. 흔히 킬로정표라고도 한다. 이 거리표가 있는 경우 해당 지점이 그 노선 기점으로부터 얼마나 떨어져 있는지 거리를 알 수 있다.
- 하단 숫자 : km 표시, 1km마다 설치
- 상단 숫자 : m 표시, 200m마다 설치(지하는 100m)

(그림 1-31), 거리표 (239km.800m)

기울기표

기울기표는 선로의 기울기(구배)의 정도를 나타내는 것으로써, 기울기가 변경되는 지점에서 선로의 좌측에 설치한다. 보통 퍼밀(‰) 값 숫자로 기재하며 단위는 생략하여 표시하고, 해당 구간의 총연장을 부기한다. 단 평탄한 구간은 "L"(Level)로 표기한다.

(그림 1-32). 기울기표(좌: 기울기구간, 우: 평탄구간)

곡선표

곡선표는 해당 구간의 선로곡선의 정도를 표시하는 것으로써 선로의 좌측에 설치한다.
곡선표에는 곡선반경 값을 표기하는 것으로써 보통 100m 단위로 표시하며(외적으로 10m 단위), 곡선반경(r=) 표기나 미터(m)는 포함하지 않고 숫자만 표기한다.

(그림 1-33). 곡선표

6 궤도 틀림현상

궤도가 열차의 반복하중에 의해 궤도의 각부 특히 도상부분에 각종 변위와 변형이 발생되는데 이것을 궤도틀림이라 한다.

궤도틀림은 궤도 각부의 재료가 차량운전 및 기상 영향에 의하여 마모, 훼손, 부식 등을 일으킴과 동시에 도상침하, 레일변형 등 소성변형을 일으키는 현상으로 탈선현상에 가장 큰 원인이 되며, 열차의 주행에 있어서 안전성, 승차감에도 큰 영향을 준다.

(그림 1-34). 궤도 보수작업

궤간틀림

'궤간틀림'이란 좌우레일 간격의 틀림을 말한다. 궤간틀림은 일반적으로 레일마모, 레일체결장치의 밀어냄 등으로 인해 확대된다. 그러나 간혹 레일플레이트, 침목의 직각틀림 등으로 인해 축소되는 경우도 있다.

궤간틀림이 큰 경우에는 주행 차량이 사행동을 일으킨다.

수평틀림

'수평틀림'이란 궤간의 기본 치수에서의 좌우 레일이 높이차를 말한다. 수평틀림은 레일의 고저차로 표시하고, 곡선부에 캔트가 있을 경우 설정된 캔트량을 더한 것을 기준으로 하여 그 증·감량으로 나타낸다.

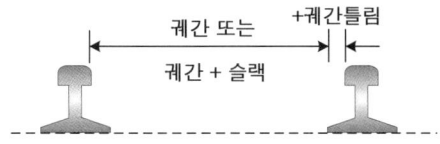

(그림1-35). 궤간틀림

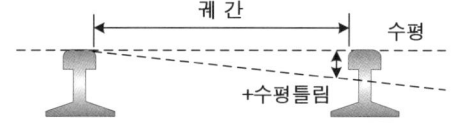

(그림1-36). 수평틀림

면틀림 (고저틀림)

'면(고저)틀림'이란 레일 상면의 길이방향 요철을 말하며, 일반적으로 길이 10m의 실을 레일 두부 상면에 잡아당겨, 그 중앙부에서의 실과 레일의 수직거리로 나타낸다.

면틀림은 궤도의 길이 방향의 불균등 침하 특히 레일이음부의 침하로 인해 발생하기 쉽고 주행 차륜의 플랜지가 레일을 올라타서 탈선의 원인이 된다.

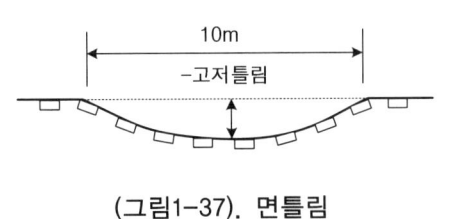
(그림1-37). 면틀림

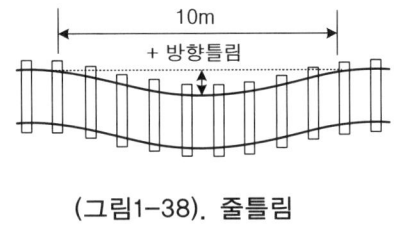
(그림1-38). 줄틀림

줄틀림 (방향틀림)

줄틀림이란 레일 측면의 길이 방향의 요철면을 말하며, 면틀림과 같이 일반적으로 10m의 실을 레일 측면에서 잡아당겨 그 중앙부의 실과 레일과의 수평거리를 말한다.

줄틀림은 곡선부의 경우 곡선반경에 의한 중앙 종거량을 뺀 값을 의미한다. 줄틀림은 횡압에 의한 궤간의 횡이동, 레일의 편마모 등에 의해서 발생되며, 차량의 사행동을 일으킨다.

(그림 1-39). 레일의 장출

평면성 틀림

'평면성 틀림'이란 평면에 대한 궤도의 비틀림 상태를 나타낸다. 궤도상의 일정거리에 있는 2점 간의 수평틀림의 대수차이로 나타낸다. 평면성 틀림은 궤도면의 비틀림으로 인하여 주행 안전성이 손상되는 것을 피하기 위해서 관리한다.

평면성 틀림은 주행차륜의 플랜지가 레일을 올라타서 탈선의 원인이 된다.

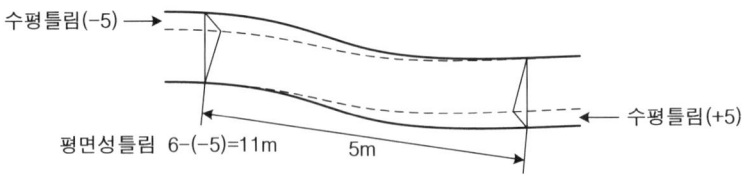
(그림 1-40). 평면성 틀림

7 궤도의 현상

▌복 진

복진이란 열차의 주행과 기온변화의 영향으로 레일이 전후 방향으로 이동하는 현상을 말한다. 복진현상은 동절기에 심하게 발생하며, 복진이 일어나는 개소는 일정하지 않으며 불규칙적이다. 복진이 발생하면 침목 배치가 흐트러지고 도상이 이완되며, 궤간틀림과 이음매 유간이 고르지 못하게 되어 열차 운행에 지장을 초래한다.

발생원인

① 열차의 견인과 진동에 있어 차륜과 레일 간의 마찰에 의해 발생한다.
② 열차 주행 시 레일에 파상진동이 생겨 레일이 전방으로 이동되기 쉽다.
③ 차륜이 레일 단부에 부딪쳐 레일을 전방으로 떠민다.
④ 열차의 구동륜이 회전하는 반작용으로 레일이 후방으로 밀리기 쉽다.
⑤ 온도상승으로 레일의 중간부가 치솟아 차륜이 레일을 전방으로 떠민다.

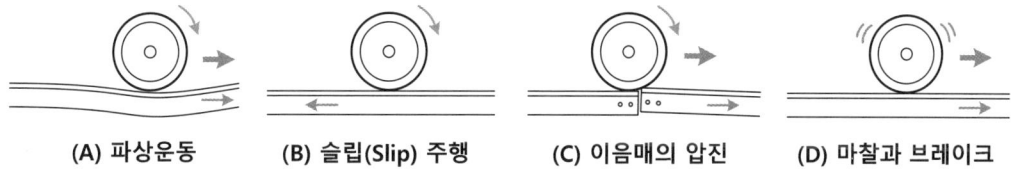

(A) 파상운동   (B) 슬립(Slip) 주행   (C) 이음매의 압진   (D) 마찰과 브레이크

(그림 1-41). 복진의 원인

▌분니현상

분니는 노반강도의 부족으로 도상자갈이 노반면에 박히고 반복하중에 의해 노반토의 교란, 침목의 상하운동에 의한 펌핑(Pumping) 작용이 원인이다.
즉, 뜬 침목에 열차하중이 작용되면 침목 하면의 도상을 가압하므로 노반 내 간극수압이 증가하여 노반 강도가 저하된다.
다시 열차 통과 후 급격한 제하(除荷)에 의해 침목 하면에 부압이 발생하므로 그 부근의 간극 수 및 니트가 상승, 노반이 자갈 위로 뿜어 올라가 배수성이 나빠지고 도상 오염과 궤도강도를 약화시켜 열차의 정상 운행에 지장을 준다.

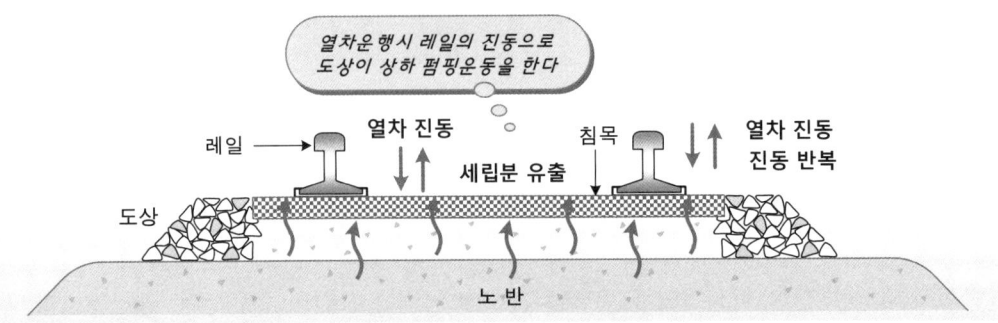

(그림 1-42). 도상의 분니현상

7 열차 탈선

올라탐 탈선

올라탐 탈선은 어택각이 플러스(+)인 경우에 발생되며 차륜이 레일을 향하여 가해 차륜의 플랜지가 레일의 어깨 부분을 굴러 올라타는 탈선이다.

올라탐 탈선은 곡선구간에서 많이 일어나고 저속에서도 일어나는 것으로써 실제 일어나는 대부분의 탈선은 올라탐 탈선이다.

미끄러져오름 탈선

미끄러져오름 탈선은 어택각이 마이너스(-)인 경우에 생기며, 한쪽 차륜은 레일에서 멀어지는 안전한 방향으로 향하고 있음에도 불구하고 이것을 초월하는 레일방향으로 큰 좌우 힘이 작용하여 탈선하는 것을 말한다. 올라탐 탈선에 비해 발생이 어렵다.

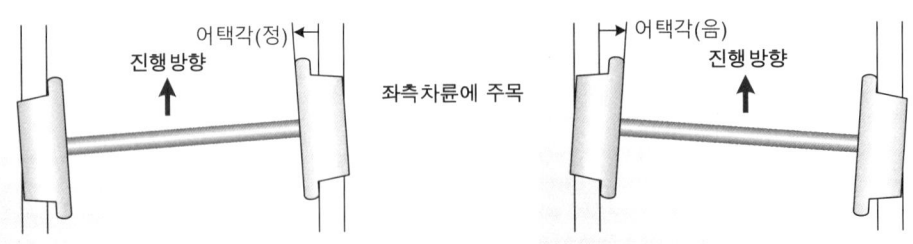

(그림1-43). 올라탐 탈선　　　(그림1-44). 미끄러져오름 탈선

1장 철도실무기술

> 튀어오름 탈선

튀어오름 탈선은 사행동 등의 차량 진동이나 지진 등의 궤도 진동에 의한 차륜 플랜지의 충돌, 레일 이음매의 어긋남 등으로 차륜 플랜지의 충돌 등에 따라 발생 가능성이 있다.

차륜이 높게 상승하여 좌우로 바퀴축이 이동하지 않는 한 탈선하지 않기 때문에 차륜과 레일 사이 작용력에 착안하면 바퀴 무게 빠짐과 가로압이 겹쳐 발생할 때 탈선의 위험이 증가한다.

(그림 1-45). 열차의 탈선

열차의 사행동 (Snake motion)

사행동은 철도차량이 주행 중 차륜과 레일의 상호작용으로써, 선로조건 등에 따라 상하좌우 진동과 흔들림이 발생하게 되는데 이러한 현상은 진행 방향으로 볼 때 뱀이 기어가는 형상과 같다하여 '사행동'이라고 한다.

철도차량의 차륜 답면(바퀴접촉면)의 경사는 곡선 선로의 통과를 원활히 하기 위하여 적용되었으나, 사행동의 주요 원인으로써 작용하고 있으며 윤축이 S자 형태의 사행동 파장을 갖게 한다.

사행동은 승차감 저하는 물론 궤도를 파괴하여 열차의 탈선을 일으킬 수 있다.

(그림1-46). 탈선방지 가드레일

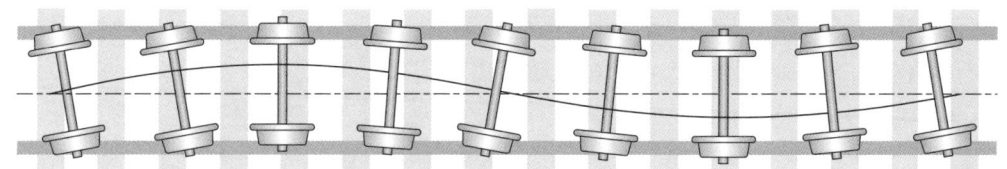

(그림 1-47). 열차의 사행동(S파장)

49

1 철도차량 종류

동력 추진차량

열차는 여러 차량으로 연결된 차량 중에 여러 객차를 이끌 수 있는 견인차량이 있으며, 견인차량에 장착된 모터의 회전력에 의해 가감속하는 차량을 동력차라고 한다.
동력차는 중량의 여러 차량을 이끌기 위해서 전기나 경유 등의 연료를 사용하는데 견인 에너지를 발생하는 방법에 따라 다음과 같이 여러 차량으로 구분된다.

❶ **기관차** : 동력집중식 열차에서 동력원 및 운전장치가 탑재되어 있지만, 여객 또는 화물 수송설비를 갖추지 않고 객차 또는 화차를 견인하여 운행하는 차를 말한다.
❷ **증기기관차** : 연료를 연소시키거나 다른 열원을 바탕으로 증기를 사용하여 그 분압을 이용하여 동력을 얻는 기관차를 말한다.
❸ **디젤기관차** : 디젤기관을 구동시켜 객차와 화차를 견인하는 기관차이다. 국내의 모든 디젤기관차는 디젤엔진에서 전기를 만들어 구동력으로 쓰는 형태이다.
❹ **전기기관차** : 궤도 위에 전차선을 가설하고 교류 25kV 전기를 공급받아 전동기를 돌려서 운행하는 집중동력식 기관차이다. 디젤기관차보다 출력이 월등히 높다.
❺ **동차** : 동력분산식 열차로서 동력원이 분산 배치되어 있는 차를 말한다.
❻ **전기동차(전동차)** : 전기를 이용한 동력분산식 열차로서 '전기 동력분산식 열차'를 줄여서 '전동차' 또는 '전기동차'라고도 부른다.
❼ **디젤동차** : 경유를 연료로 하여 디젤기관의 원동기를 사용한 철도차량을 말한다.

1장 철도실무기술

(그림1-48). 디젤기관차

(그림1-49). 전기동차

▌ 철도유지관리 장비차량

궤도는 육안으로 점검하기 어려운 부분을 차량에 탑재된 철도장비를 이용하여 정밀하게 진단하고 유지보수관리를 함으로써 열차가 레일 안전하게 주행하도록 한다. 이와 같이 궤도 보수관리를 위하여 다음과 같은 철도장비차량이 있다.

❶ **레일탐상차** : 육안으로 점검하기 어려운 레일 내부의 균열, 기포 및 구조적 결함상태 등을 초음파를 이용하여 정밀하게 탐상하는 장비이다
❷ **궤도검측차** : 궤도의 궤간, 수평, 고저, 방향 등 틀림과 레일마모 상태를 정밀하게 측정하는 장비이다.
❸ **멀티플타이탬퍼(궤도다짐장비)** : 기계진동방식에 의한 약한 도상자갈을 다짐으로 궤도의 안정화 및 궤도틀림을 정정하는 장비이다.
❹ **레일연마차** : 레일 수명연장 및 소음·진동 감소를 위하여 손상된 레일 표면을 연마하여 승차감을 향상시키는 장비이다.
❺ **고압살수차** : 레일 및 침목, 도상, 벽체 등을 고압살수 및 배수로 흡입으로 지하 터널 내 공기질을 개선하는 장비이다.
❻ **모터카** : 궤도설비, 전기설비, 신호설비 등 철도 선로변의 현장 시설물을 작업하려는 목적으로 작업자와 각종 자재를 운반하기 위한 철도작업차량이다.

(그림 1-50). 멀티플타이탬퍼

51

동력차량의 열차구성

견인력을 발생하는 동력차량이 동력원이 없는 차량과 어떻게 조성이 되는가에 따라서 동력집중식과 동력분산식으로 차량이 연결되어 열차를 구성한다.

❶ 동력집중식 열차

동력원이 탑재된 기관차가 동력원이 탑재되지 않은 객차 또는 화차를 견인하도록 구성된 열차를 '동력집중식 열차'라고 한다. 동력집중식은 KTX-1, KTX-산천, 새마을호, 무궁화호 등이 대표적이다.

(그림 1-51). 동력집중식 열차구성

❷ 동력분산식 열차

다수의 차량에 동력원이 분산 배치되어 구성된 열차를 '동력분산식 열차'라고 한다. 동력분산식은 전기동차(전동차, 경전철 포함), 디젤동차가 대표적이다.

(그림 1-52). 동력분산식 열차구성

(표 1-21). 동력집중식과 동력분산식의 비교

구 분	동력집중식 열차	동력분산식 열차
가감속성	▪ 가감속 성능이 낮다. ▪ 전기 제동력이 작다.	▪ 가감속 성능이 우수하다. ▪ 전기 제동력이 크다.
입환성	▪ 구내에서 기관차의 바꿔달기 입환이 필요하다.(유연한 열차편성 불리)	▪ 구내에서 반복운전이 용이하며, 편성의 분할 및 합병이 용이하다.
선로영향	▪ 기관차의 무게로 부담하중이 크다.	▪ 기기의 분산으로 부담하중이 낮다.
경제성	▪ 동력차가 적으므로 싸다. ▪ 기관차를 여객, 화물 양용할 수 있다. ▪ 동력장치 수가 적어 유지보수 유리	▪ 동력차가 많으므로 비싸다. ▪ 가감속이 좋아 역이 많은 노선 유리 ▪ 동력장치가 많아 유지보수 불리

EMU 차량

EMU(Election Multiple Unit)는 동력분산식 열차를 뜻하며, 동력분산식 전기차량, 전동차, 전기동차로 표현된다. EMU는 2008년에 도입된 간선형 전동차 TEC(Trunkline Electric Car)의 운행 시작과 함께 새롭게 등장한 차량 형식의 명칭이다.

열차의 앞뒤에 동력이 집중 배치되어 있는 KTX와 다르게 동력을 분산 배치하여 동력집중식에 비해 빠른 가속과 감속이 가능하며 차량을 움직일 수 있는 최소 묶음 단위(Unit)가 2개로 나누어지기 때문에 하나의 유닛이 고장이 나도 나머지 유닛으로 어느 정도 운행이 가능한 것이 동력분산식의 특징이다.

EMU라는 명칭은 수도권과 지하철 구간에서 운행되고 있는 동력분산식 전동차로서 주동력으로 전기를 사용하고 고정된 차량편성에 승객탑승설비를 가진 전기동차로 분류되는 차량들을 아우르는 것으로 누리로를 비롯하여 현재 운행 중인 모든 수도권 및 지방의 중대형 지하철 전동차량이 여기에 포함된다.

EMU 차량의 장점

① 전기동차는 일반 기관차보다 축중이 가볍다.
② 운행고장이 적으므로 신뢰도가 높다.
③ 가감속도가 매우 높다.
④ 간선구간에 최적화된 준 고속성능이다.

(그림 1-53). 경춘선 EMU

EMU 차량의 종류

① 일반 EMU(무궁화호급, 150km/h) 누리로
② 쾌속 EMU(새마을호급, 180km/h)
③ 광역형 EMU-ITX 청춘
④ DMU (Diesel Multiple Unit)
⑤ 고속열차 EMU-260(이음),
⑥ EMU-320, HEMU-430

(그림 1-54). EMU-260

2 열차 구성

전동차량의 조성

여러 차량의 구성된 1개 편성의 열차는 동력장치와 집전장치를 구비한 구동차, 승객을 수용하는 객차, 운전을 제어하는 제어차 등을 조합하여 구성한다.

(표 1-22). 전기동차의 기능 별 분류

차량구분	열차 기기의 구성	
	운전실	차 체
TC1, TC2	주간제어기, 제동제어기, 운전보안장치, 출입문제어장치, 중앙방송장치	제동장치, 보조전원장치, 주공기압축기, 축전지
MC1, MC2	주간제어기, 제동제어기, 운전보안장치, 출입문제어장치, 중앙방송장치	견인전동기/제어장치, 제동장치, 보조전원장치, 주공기압축기, 축전지
M, M2	운전실 없음	견인전동기/제어장치, 제동장치
M'. M1	운전실 없음	견인전동기/제어장치, 제동장치, 집전장치
T	운전실 없음	제동장치, 연장급전접촉기
T1	운전실 없음	전원보조장치, 주공기압축기, 축전지, 제동장치, 연장급전접촉기

전동차가 열차로서의 기능을 갖는 최소 편성 단위는 4량으로 그 형태는 TC+M+M+TC 이나 편성량 수를 증가하여 운행함에 따라 6량 편성, 8량 편성, 10량 편성으로 구성하여 운행할 수 있다.
"M+M" 2량을 1유니트(unit) 단위로 편성하여 4량 편성열차는 1개 유니트, 6량 편성열차는 2개 유니트, 8량과 10량 열차는 3개 유니트로 되어있다.

☎ 열차의 각 차량에는 각자의 역할이 있다.

열차는 여러 역할과 기능을 가진 차량들로 연결(조성)하여 편성된다. 선두 차량에는 열차의 운행을 판단/제어하는 신호제어 및 차량제어 컴퓨터차(TC차), 중간에는 밀고 당기며 힘쓰는 모터차(M차), 하는 일 없이 끌려가는 객차(T차)가 서로 연결된다.

1장 철도실무기술

동력분산식 열차 조성(배치)

- 구동 전동기를 차량에 분산배치하는 방식으로서 주로 여객수송 전용열차에 사용되며, 수도권 전동차, 지하철 전동차, 이탈리아의 ETR, 일반의 신간선 등에 사용되는 방식이다.
- 수도권 전동차(동력 분산형)의 기본 편성방법은 다음과 같다.

(표 1-23). 전동열차의 편성방법

편성 량	열차의 편성(구성)
4량 편성(2M2T)	TC1-M1-M2-TC2
	MC1-M2-M1-TC1
6량 편성(3M3T)	TC1-M-M'-T-M'-TC2
	TC1-M1-M2-T1-M1-TC2
8량 편성(4M4T)	TC1-M-M'-T-T-M-M'-TC2
	TC1-M1-M2-T1-T2-M1-M2-TC2
10량 편성(5M5T)	TC1-M-M'-T-M'-T1-T-M-M'-TC2

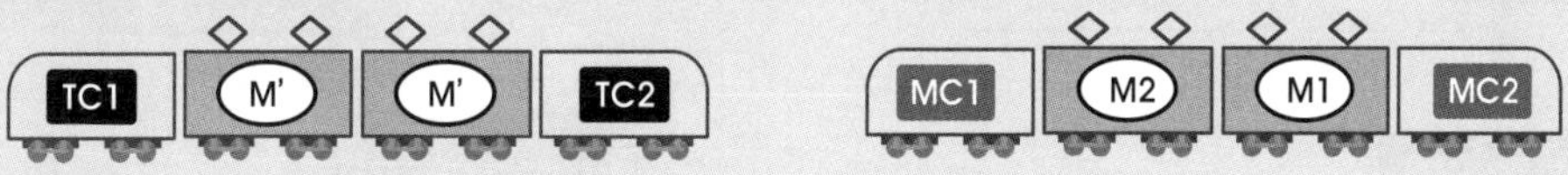

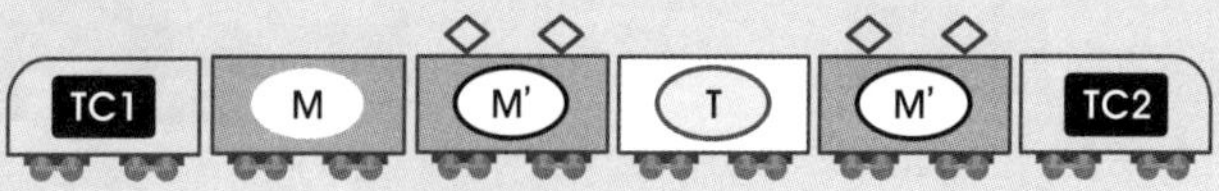

3 열차의 전기공급

▓ 전기차의 전원공급 경로

국내 전기철도는 직류방식 DC1,500V와 교류방식 25kV를 표준으로 하며, 전기차를 구동하는 주전동기의 전기방식에 따라 전기차의 구조 및 전원공급 경로에 차이가 있다.

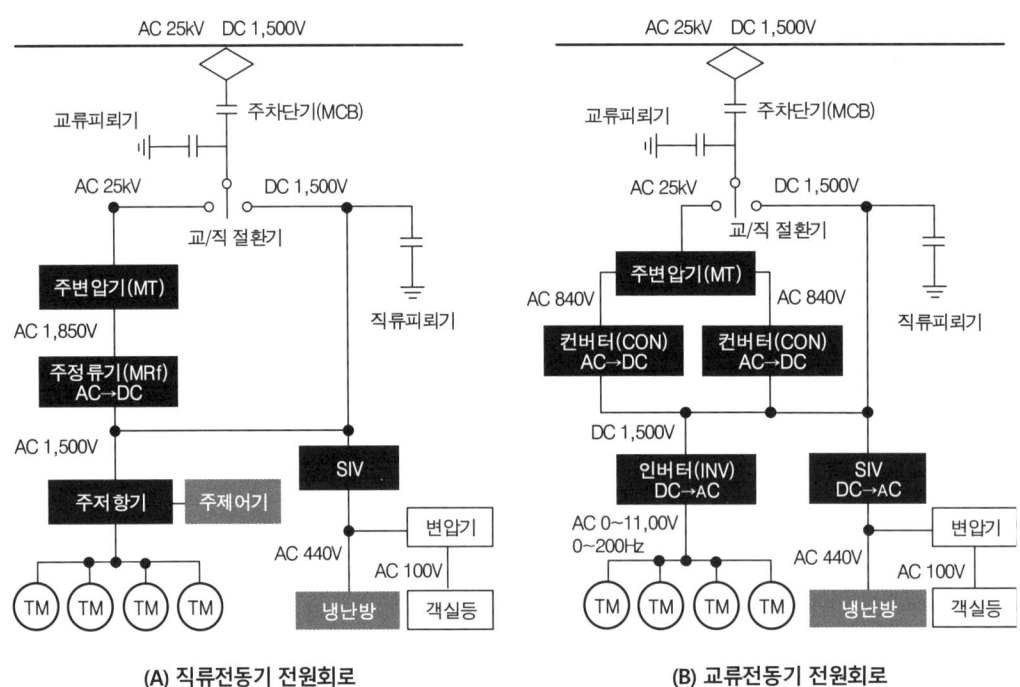

(그림 1-55). 직류/교류 겸용차 전원공급 경로

직류전동기 열차 전원공급

❶ DC 1,500V 전철구간에서 차량 전원공급

1장 철도실무기술

❷ AC 25kV 전철구간에서 차량 전원공급

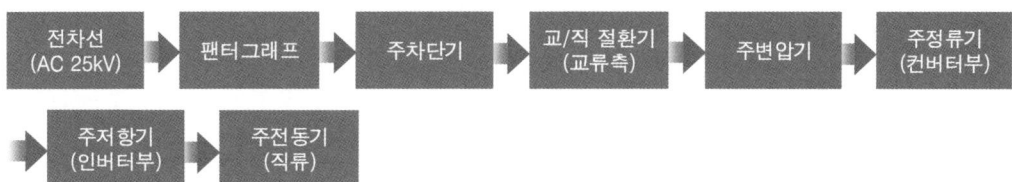

교류전동기 열차 전원공급

❶ DC 1,500V 전철구간에서 차량 전원공급

❷ DC 1,500V 전철구간에서 차량 전원공급

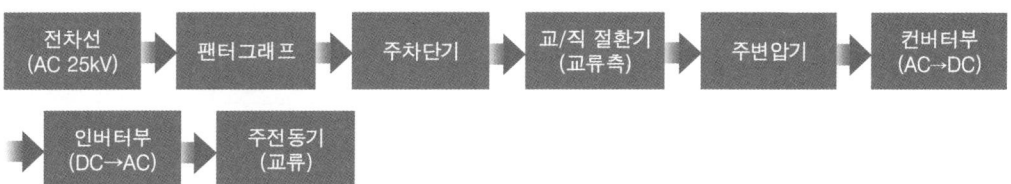

(표 1-24). 직류전기차량과 교류전기차량 비교

구 분	AC 25kV	DC 1,500V
집전장치	• 소형경량, 추종성 양호	• 대형, 추종성 불량
기기보호	• 선택차단 용이, 보호설비 간단	• 선택차단 및 보호곤란
속도제어	• 속도제어 용이 (변압기 탭절환, 사이리스터, 인버터 재어 등)	• 속도제어 복잡(직류전동기)
점착성능	• 점착성능 우수 • 소형으로 큰 하중 견인	• AC차에 비해 성능저하 • 대출력 필요
부속기기	• 변압기 사용으로 전원을 얻어 성능이 우수한 유도전동기 사용 가능 • 전기차 전원설비 전원 간단	• 가선전압(DC 1,500V)으로 직류 직권전동기 직접구동 • 전원설비 전원 복잡
차량비	• 고가	• 저렴

(표 1-25). 전기기관차의 특징 비교

구 분	8000대	8200대	8500대
최고속도[km/h]	88	150	150
견인출력[kw]	3,900	5,200	6.600
제어방식	사이리스터 위상제어 + 3단 약계자제어	VVVF제어 1C1M제어	VVVF제어 1C1M제어
차량중량[ton]	132	88	132
견인기동력	426kN(6축)	320kN(4축)	450kN(6축)
대차배열	BO-BO-BO(2축3대차)	BO-BO(2축2대차)	CO-CO(3축2대차)
연결기높이[mm]	880	880	880
차륜직경[mm]	1250(1170)	1250(1170)	1250(1170)
제동배율	4.85	2.7	-
기어비	6.4(96/15)	5.89(112/19)	5.087(117/23)

철도차량의 내구연한

내구연한이 도래한 차량은 차량으로서 재사용을 하지 않는 것이 원칙이었으나 해외에서는 더 오랜 기간 사용하는 예가 많아 국내에서는 자원 낭비라는 지적이 제기되기도 하였다. 한국의 법령에 의해 지정된 철도차량 종류별 내구연한은 다음 표와 같았으나 현재는 법령 개정으로 인하여 명목상 내구연한은 폐지되어 있는 상태이다.

(표 1-26). 철도차량의 내구연한

차량 종류	내구연한(내용연수)
고속철도차량	30년, 일본 신칸센의 경우 15년
일반철도차량	30년
디젤기관차	25년(재생 시 연장가능)
전기기관차	30년
디젤동차	20년
전기동차	25년(내구연한 연장시 최대 40년)
객 차	25년
화 차	30년(화학 수로용 조차는 25년)

4 틸팅열차

차량이 곡선구간을 주행 시 캔트에 따라 제한을 받게 되며, 이 제한속도를 초과하면 캔트 부족량만큼의 초과 원심력이 발생하여 승차감 불량 및 전복의 위험이 있다. 곡선에서 열차의 운행속도를 향상시키기 위하여 선로를 개량하는 대신 이러한 초과 원심력을 감소시키기 위하여 곡선을 통과할 때 차량이 진자(추)처럼 곡선 내측으로 경사시키도록 한 것이 틸팅차량의 기본 원리로써 열차의 운행속도가 향상된다.

곡선에서의 열차속도 향상을 위해 직선화, 선로개량 등 비용이 많이 드는 방법 대신 열차시스템을 개선하여 열차속도를 향상시키는 틸팅열차가 효과적이다.

(그림1-56). 틸팅열차

틸팅열차의 개발동향

유럽에서는 이미 1970년대에 이탈리아의 ETR이나 스페인의 Talgo, 영국의 ATP 등으로 기술개발을 시작하였다. 1980년대에는 일본에서도 틸팅시험을 하였으며 우리나라의 경우 1990년대 후반 TTX를 개발하면서 틸팅열차 기술을 일단 확보한 상태이다.
상업운전의 경우 이탈리아, 스페인, 캐나다에서 먼저 시작하였다. 1990년대에 스웨덴에서 X2000, 1992년 독일에서는 VT610, 1995년에 핀란드에서, 1996년에 독일과 스위스를 연결하는 신성에서 상업운전을 하였다.

틸팅열차의 원리

열차는 곡선 주행 시 원심력의 영향을 받아 바깥쪽으로 기울어지려는 경향이 있다. 속도를 높일수록 이러한 경향이 커지며 이러한 경향이 한계를 넘게 되면 차량은 전도 혹은 탈선하기 때문에 궤도를 곡선 안쪽으로 기울인다.
원심력을 상쇄하는데 저속열차 혹은 신호관계로 정지나 서행할 경우 높은 캔트는 역으로 곡선 내측으로 전도될 위험이 있어 승차감에서도 상당한 악영향을 미치게 된다.

(그림 1-57). 틸팅의 일반적 원리

틸팅열차의 원리는 열차가 곡선구간을 주행할 때 바깥쪽 수평방향으로 작용하는 원심력과 수직방향 중력의 합력이 바깥쪽 대각선 방향으로 작용한다. 이때 열차를 안쪽으로 기울여 주면 합력이 수직방향의 중력과 거의 일치하므로 원심력이 상쇄되는 효과가 있다. 틸팅열차를 이용하면 재래 열차보다 곡선에서 약 20%의 속도 증가를 달성한다.

틸팅열차의 최대속력은 모든 전기 틸팅열차는 200~250km/h의 범위까지 고속운행이 가능하다. 디젤방식의 경우에는 160km/h 정도의 최고 속력을 가진다.

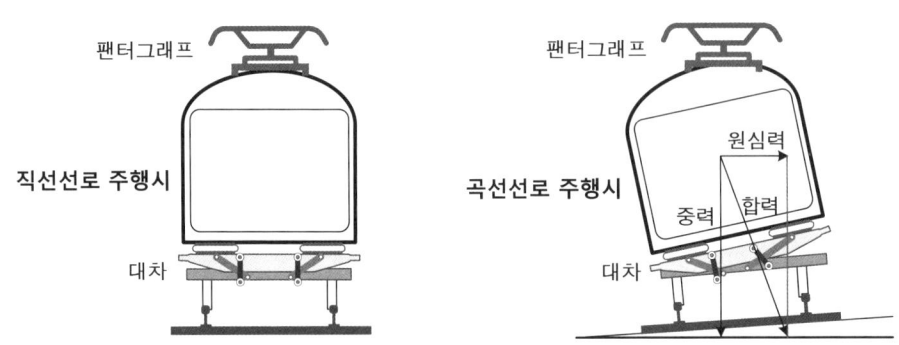

(그림 1-58). 틸팅열차의 곡선주행

❶ **차상의 곡선탐지(데이터 전달시스템)** : 차량 내에 설치된 가속도를 탐지하는 방법으로 차체에 자이로스코프를 설치하여 이것이 기울어지는 정도를 계산하여 차체의 틸팅을 실시하는 시점을 결정한다.

❷ **전자석 곡선탐지 시스템** : 곡선선로의 일정 지점에서 틸팅 시작 신호를 주는 전자석에 의해서 해당 시점을 지나면 틸팅이 이루어진다. 상당히 정확한 시점에 틸팅이 이루어지지만 선로 내에 별도의 탐지장비를 가져다 두어야 하는 단점이 있다.

1장 철도실무기술

수동 틸팅방식

객실을 좌우로 자유롭게 흔들리는 상태로 두고 그 회전축을 객실의 무게 중심보다 위에 두면 원심력이 우측으로 작용할 경우 무게 중심보다 위는 왼쪽으로, 아래는 오른쪽으로 힘을 받아 자연적인 틸팅이 발생된다. 수동적 틸팅에는 별도의 동력이나 제어장치가 필요 없지만 얻을 수 있는 경사각이 작고 임의로 경사를 조절할 수 없다.

자동 틸팅방식

대차 부위에 별도의 동력과 제어장치를 추가하여 객실을 떠받치다가 차량 내부의 컴퓨터, 자체 GPS 시스템, 선로에 설치된 중계장치의 신호에 의해 틸팅이 발생된다. 최근의 틸팅열차는 자동틸팅을 사용하고 있으며 비교적 큰 경사각(최대 8°)을 얻을 수 있다.

한국형 틸팅열차(TTX)

한국형 틸팅열차(TTX : Tilting Train eXpress)는 2000년 8월부터 진행 중인 철도기술연구사업 개발사업과 기존선 고속화 실용기술개발사업의 일환으로 개발 중인 우리나라 최초의 틸팅열차이다.

틸팅 구동을 위한 곡선 감지는 가속도 및 자이로 센서뿐만 아니라 GPS를 이용한 위성신호에 의해서도 가능하다. 곡선 진입 전 미리 차체를 기울여(최대 8도) 진입함으로써 원심력을 상쇄하여 기존 차량보다 곡선에서 약 20km/h 이상의 속도를 높일 수 있다.

집전장치는 틸팅시 이선현상을 방지하기 위해서 대차와 연동되어 역틸팅 기능을 한다. 집전장치의 하부는 역틸팅을 위해 모터와 벨트에 의해 구동되는 슬러지 구조이다. 전장품은 200km/h 운행이 가능하다.

2001년부터 개발이 시작된 한국형 틸팅열차는 2007년 4월부터 시험운행을 실시했다. 이후 틸팅열차의 주행속도를 올리는 시험을 실시하고 안전성을 검증받은 뒤 2013년 상용화에 들어갈 예정이었으나 개발 완료 1년 만인 2011년 '제2차 국가철도망 구축계획'에서 곡선선로의 직선화 작업으로 변경되면서 폐기되었다.

(그림 1-59). 한국형 틸팅열차(TTX)

5 대차(Truck)

철도차량의 대차는 윤축을 지탱하여 차량의 중량을 지지하는 것과 동시에 주행 및 제동기능을 갖춘 기구로서 주행 시에 생기는 진동과 충격을 흡수 완화시킨다. 2개의 대차 위에 객차를 올려놓고 대차 장착된 모터회전에 의해 열차가 이동한다. 대차는 크게 프레임, 윤축, 구동장치, 현수장치, 제동장치, 견인장치 등으로 구성된다. 철도차량이 곡선 선로에 진입할 경우에는 대차 차체가 회전하여 원활한 주행을 할 수 있도록 하여야 한다.

(그림 1-60). 철도차량 대차

보기대차 (Bogie truck)

'보기대차'란 차체에 대하여 수평 방향으로 회전 가능한 장치를 가진 대차의 총칭이다. 또 보기대차를 채용한 차량을 보기차라고 한다. 차체가 짧은 소형차량의 경우 차체로부터 서스펜션을 통해 2개의 차축을 직접 잇는 고정 2축차로 대응할 수 있었지만, 점차 대량 수송수단으로 보급되면서 차체장을 대형화해도 곡선 통과에 지장이 없도록 차체와 독립되는 것과 같이 회전할 수 있는 기구를 채용한 대차가 등장하였다.

2개의 대차가 1개의 차량을 지지하고 있는 형태

(그림 1-61). 보기대차, 보기차

(그림 1-62). 보기대차

(그림 1-63). 연접대차

연접대차 (Articulated truck)

'연접대차'란 철도차량의 대차 중 두 차체 사이에 1개의 대차를 설치한 것을 가리키는 것으로써, 연접대차를 '관절대차'라고도 한다. 연접대차를 채용하고 있는 차량을 '연접차'라고 한다. 연접대차는 보기대차에 비해 여러 장점을 가지고 있어 최근 들어 경전철이나 KTX 등에 채용되고 있는 추세이다.
연접대차는 곡선부의 통과가 우수하고 주행시 진동과 소음이 적다.

차량의 연결부에서 대차가 지지하고 있는 형태

(그림 1-64). 연접대차, 연접차

6 윤축(차축)

차륜과 차축의 구성

곡선선로는 내측 레일과 외측 레일의 반경이 다르므로 곡선저항은 레일과 차륜 사이에 미끄러짐이 원인으로써 차륜(Wheel)과 차축(Rigid)이 고정되어 있기 때문이다.
차축에 고정된 두 개의 차륜은 같은 속도로 회전하여야 한다.
주행 표면에서 차축과 차륜의 각은 미국과 러시아는 1:20, 유럽은 1:40이다. 만약 차륜과 차축 세트가 궤도의 중앙에 정확히 맞지 않으면 두 차륜의 레일과 차륜의 접촉점의 반지름은 달라진다.
2개의 차륜은 차축과 고정되어 있어 별도의 회전을 할 수 없어 언제나 같은 횟수로 회전한다.

(그림 1-65). 차량의 윤축(차축)

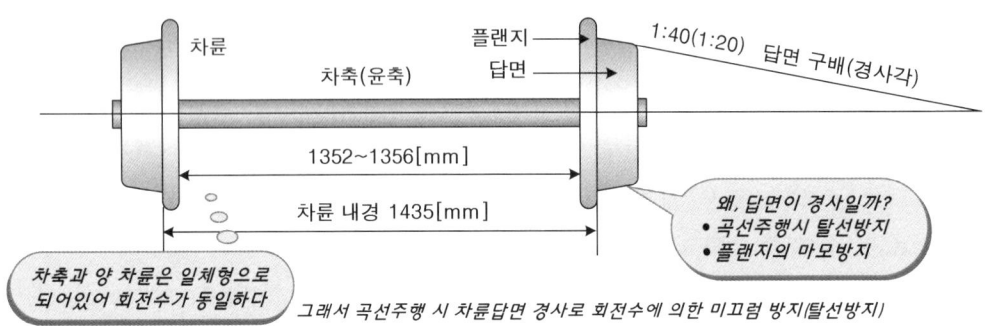

(그림 1-66). 열차의 차륜과 차축

차륜의 치수제한

- 답면(바퀴접촉면)은 원뿔 형상으로 표준치수 높이는 차륜 한 쌍의 중심선에서 725mm의 거리에 있는 답면에서 측정하여 25~35mm, 두께는 23mm 이상으로 설정한다.
- 차륜 한 쌍의 중심선에서 외면까지의 거리는 앞의 기준 답면에서 10mm 아래쪽에서 697~713mm 이하 이어야 한다.

(표 1-27). 차량의 종류와 차륜 직경

전기기관차	디젤전기기관차	고속철도	객차, 화차
1,250mm	1,016mm	920mm	860mm

차축의 중량제한

모든 철도차량은 규제된 차축의 중량을 초과해서 운행할 수 없다. 차축의 중량은 차량당 중량을 차축의 수로 나눈 축당 하중으로서 속도와 선로에 부담력을 주기 때문이다.

❶ **기관차** : 1급선에서 최대 축중이 25톤이므로 4축은 100톤, 6축은 160톤을 초과할 수 없다. 2급선은 22톤, 3급선은 19톤, 4급선은 16톤으로 규제한다.
❷ **동차, 전동차, 객차, 화차** : 최대 축중은 1, 2급선에서 22톤, 3급선에서 18톤, 4급선에서 15톤을 초과할 수 없다.

▦ 차축거리 (고정축거 Rigid Wheelbase)

'차축거리(고정축거)'란 둘 이상의 차축이 고정된 프레임으로서 일체로 된 좌우동 유간이 없는 차축 중 첫째 차축과 맨 마지막 차축과의 중심 간 수평거리를 말한다.
차축 사이에 거리가 크면 주행 안전성이 좋아져 승차감이 향상되고 곡선 통과가 원활하지 못하게 되므로 차축거리를 규제한다.

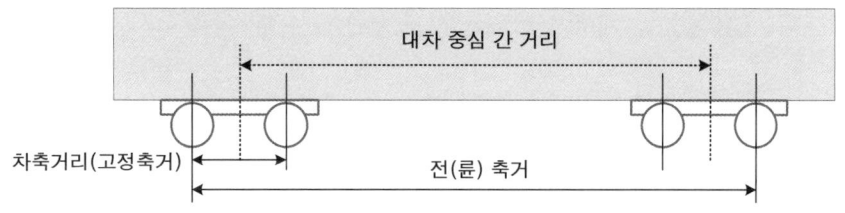

(그림 1-67). 대차와 차축거리

플랜지와 레일 두부의 접촉 부분은 보통 레일 면에서 14mm 이내의 거리를 둔다.
철도건설 규정상 30mm 슬랙을 갖는 반경 145m의 곡선선로에 있어서도 통과되어야 하는 규정이 있으므로 최장의 차축거리는 4.75m 이하로 설정한다.

> ☎ 왜, 열차는 곡선 운행시 쇠를 깎는 마찰음이 들리는 걸까?
>
> 열차 바퀴(차륜)는 차축에 고정된 일체형으로서 양쪽 바퀴의 회전수가 각각 자유롭지 않고 동일하게 회전한다. 이 때문에 곡선 궤도에서는 안쪽 레일과 바깥쪽 레일의 반경이 다르므로 회전수가 각각 달라야 하나, 한쪽 차륜이 끌리며 레일을 긁기 때문이다.

기본 설명

열차저항은 열차의 속도를 방해하고 에너지 소비를 증가시킨다. 열차저항의 원인은 열차가 정지상태에서 출발할 때, 주행 시 공기 및 접촉부의 마찰, 곡선운행 시 레일과 차륜의 굽힘, 상기울기 주행 시 중력 등에 의해서 열차의 운행속도를 저하시킨다.

1 열차속도

열차의 운전속도는 선로 및 차량 구조, 운전취급 상의 여러 조건이나 당해 구간의 장래에 있어서의 이용 상황 등을 고려하여 결정한다, 열차의 속도는 선로의 조건, 차량의 조건, 신호제어시스템의 조건 등에 의해서 근본적으로 최고속도를 향상할 수 있다.

최고속도

열차운행 구간의 선로의 상태 및 궤도회로의 조건, 차량의 성능에 의거한 최고 설계속도(5초 이상 지속)로써 영업운전 상의 최고속도를 말한다. 최고속도는 열차의 종류, 열차의 성능, 선로의 상태(선로등급, 곡선반경, 하기울기)에 따라 다르며 이를 고려하여 최고속도를 지정하고 있다. 곡선이나 기울기에서는 최고속도가 제한된다.

(표 1-28). 선로 등급 별 설계속도

선로등급	고속선	1급선	2급선	3급선	4급선
설계속도(km/h)	350	200	150	120	70

1장 철도실무기술

평균속도

평균속도는 정거장과 정거장 사이를 주행하는 열차속도로써, 일정 구간의 운전거리를 중간의 정차역 등에서 정차시분을 제외한 순수 주행시간으로 나눈 속도이다.
평균속도는 순수 운행한 거리를 운행한 시간으로 나눈 속도로써, 정거장 간의 거리가 길수록 평균속도는 올라간다.

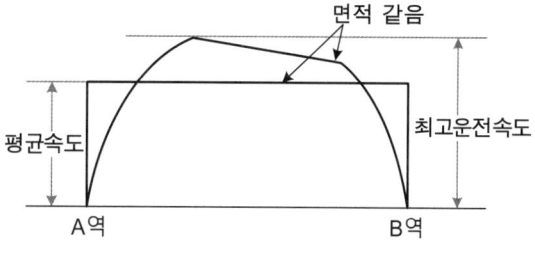

(그림1-68). 표정속도

$$평균속도 = \frac{운전거리[km]}{순주행시간[h]} \; [km/h]$$

$$= \frac{60}{100} \times \frac{운전거리[m]}{순주행시간[분]} \; [km/h]$$

표정속도

'표정속도'는 일정 운전구간의 거리를 도중의 정차역 등에서의 정차시간을 포함한 전체 운전시간으로 나눈 속도를 말한다. 즉, 선구의 시발역에서부터 종착역까지의 평균속도에 도중 역에서의 정차시분도 계산에 포함한 속도이다.
표정속도는 열차운행 다이아를 작성할 때 바탕이 된다. 일반적으로 열차운행도표에 표시된 운전시간은 순주행시간과 정차시간을 포함한 시간으로 표시한다.

$$표정속도(V) = \frac{운전거리[Km]}{순주행시간[h]+정차시간[h]} \; [km/h]$$

$$= \frac{운전거리[m]}{순주행시간[초]+정차시간[초]} \times 3.6 \; [km/h]$$

$$= \frac{L - I[m]}{(n-2)t + T[sec]} \times 3.6 \; [km/h]$$

여기서, L : 시발역 중심에서 도착역 중심거리[km]
I : 열차장[m]
n : 정거장 수(정차역)
t : 정차시간[sec]
T : 순주행시간[sec]

(표 1-29). 표정속도의 향상방안

구 분		표정속도 향상 방안	효 과
선로기술	궤도강화	• 장대 레일화, 콘크리트 받침 사용	• 주행의 안정성
	곡선개량	• 캔트 각도의 높임	• 평균속도 향상
		• 곡선 양단에 완화곡선 설치	• 속도증진, 제한구간 단축
	노반보강	• 자갈두께 증대, 노반에 고정제 주입	• 주행의 안정성
	분기장치	• 탄성 분기기 설치	• 출발 후 가속한 신속
차량기술	속도향상	• 최고속도의 향상,	• 역간 속도향상
	제동향상	• 가감속 향상, 제동성능 향상	• 신속한 출발 및 정지
신호기술	성능향상	• 고밀도운행 및 정밀제어 기술, 폐색분할 세분	• 고밀도/고속운행 • 대피선 고속진입
혼용운행	완행열차	• 출입문 수 늘림	• 정차시간 단축
	급행열차	• 대피역 적극 증설	• 혼용운행 용이

균형속도

'균형속도'는 견인력과 열차저항이 똑같이 되는 등속주행의 속도로써 더 이상 속도를 증가시킬 수 없다. 최고속도는 균형속도에 의해 좌우된다. 견인력이 열차저항보다 크면 열차가 가속되고 적으면 감속되지만, 서로 같게 되면 등속운전을 한다.

제한속도

제한속도는 열차운행의 안전을 위해 제약상의 조건으로 속도를 제한하는 것이다. 선로의 등급, 차량의 종류, 제동축 배율, 하기울기, 선로 곡선반경 등에 의해 제한된다.
그 외에 사고·장애구간 또는 선로 작업구간 등 열차운행의 제약에 의해 특정 구간에 대해서 열차속도를 제한할 필요가 있을 때 관제사가 임의로 설정할 수 있다.

설계속도

'설계속도'란 해당 선로를 설계할 때 기준이 되는 상한속도를 말한다. 선로의 설계속도는 해당 선로의 경제적 사회적 여건, 건설비, 선로의 기능 및 앞으로의 교통수요 등을 고려하여 결정한다.

철도운행의 안전성이 인정되는 경우에는 철도건설의 경제성 또는 지형적 여건을 고려하여 해당 선로의 구간별로 설계속도를 다르게 정할 수 있다.

2 열차저항

열차가 출발 또는 주행을 할 때 열차의 진행과 반대방향으로 이를 방해하는 힘이 발생하는데 이를 '열차저항'이라고 한다. 열차저항은 차량의 구조, 열차의 속도, 선로의 조건, 날씨 및 기온 등에 의해 크게 영향을 받는다.
열차저항의 단위는 차량중량 1ton 당 kg으로 표시하며 열차중량에 비례한다.

(표 1-30). 열차저항에 영향을 주는 인자

구 분	선로 상태	차량 상태
열차저항의 영향	① 구배 경사도 ② 곡선반경의 크기 ③ 선로의 보수상태 ④ 터널 단면적(내공단면적)	① 차량의 종류 및 구조 ② 차량의 중량 ③ 차량의 보수상태 ④ 기온에 따른 감마유의 점도 변화

출발저항 (Starting Resistance)

출발저항은 정지 중인 열차가 출발할 때 발생하는 저항이다. 정차 시 회전 접촉부의 윤활유가 아래 부분으로 모이게 됨으로써 금속끼리 접촉저항이 높아지는 것이 주요 발생 원인이다.

열차가 장시간 정지 상태는 차축과 축수 사이, 전기자 축과 축수 사이, 대소치차에 급유된 기름이 온도 저하와 더불어 유막이 파괴되어 금속면이 직접 접촉하게 되므로 열차 기동 시 마찰저항이 크다.

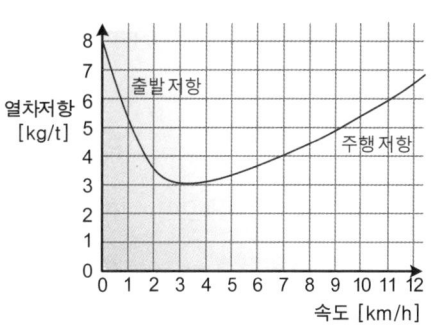

(그림 1-69). 출발저항과 주행저항

$$Rs = rs \cdot W \ [N]$$

여기서 Rs : 전 출발저항 [kg],
rs : 출발저항[kg/t],
W : 열차중량[ton]

주행저항 (Running Resistance)

열차가 구배가 없는 평탄한 직선구간에서 무풍 시 등속도로 주행할 때 회전 접촉부의 마찰저항, 차륜과 레일 사이의 구름마찰저항, 공기저항 등을 합하여 열차에 가하는 저항을 '주행저항'이라 한다. 주행저항은 속도가 증가함에 따라 커진다. 주행저항(Rr)은,

$$Rr = 9.8(a + bV)W + cV^2 \,[kg]$$

여기서, a : 속도에 관계없는 베어링 부분의 마찰저항
b : 속도에 비례하는 차륜과 레일 사이의 마찰저항
c : 속도 제곱에 비례하는 공시저항
V : 주행속도 [km/h], W : 열차질량 [t]

구배저항 (Gradient Resistance)

열차가 상기울기 선로에서는 지구의 중력과 반대 방향으로 진행하므로 이 중력을 이기기 위한 힘의 저항을 '구배저항'이라고 한다.
구배저항은 중력에 의하여 생기므로 그 크기는 열차의 중량과 구배 경사에 정비례한다. 구배저항이 열차운전에 주는 영향은 구배구간 길이와 열차장에 따라 서로 다르며, 급구배에서도 열차장에 비례하여 짧으면 영향이 작으며 길면 큰 영향을 미친다.
열차중량 1ton당 구배저항은 다음 식과 같다.

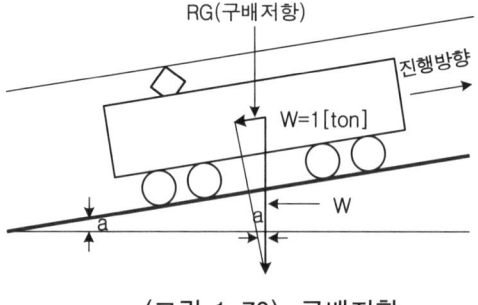

(그림 1-70). 구배저항

$$Rg = \pm n \,[kg/t]$$

여기서, Rg : 구배저항, n : 구배[‰]

곡선저항 (Curve Resistance)

차량이 곡선을 주행할 때 직선보다 더 큰 견인력을 필요하며 차륜과 레일사이의 마찰과 대차의 회전으로 인하여 마찰음이 생긴다. 이처럼 곡선 상에서 차량의 주행을 방해하는 힘을 '곡선저항'이라 한다. 곡선저항은 곡선반경, 캔트, 슬랙, 대차 구조, 레일의 마찰 및 운전속도 등에 따라 다르다.

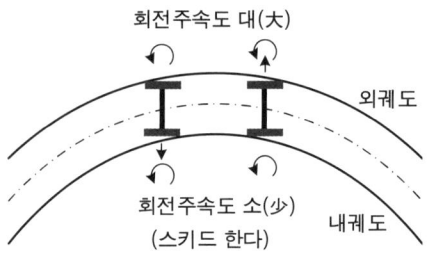

(그림 1-71). 곡선저항

1장 철도실무기술

곡선반경이 짧을수록 곡선저항은 커진다.
표준궤간에서 곡선저항(Rc)은 다음 식에 의해 구한다.

$$Rc = 9.8W \left(\frac{K}{R}\right) \; [kg/ton]$$

여기서, R : 궤도의 곡선반경[m]
W : 열차의 하중[ton]
K : 600~800 정도의 계수값

▧ 가속도저항 (Inertia Resistance)

정지하고 있는 열차가 견인력을 발휘하여 출발 후 더욱 속도를 높여 어떤 속도에 도달하기까지는 출발저항, 주행저항, 구배저항, 곡선저항 등 열차저항에 반하여 가속하여야 한다. 이때 저항과 견인력이 일치하면 등가속 운동을 하게 된다.
이 등가속 운동에서 속도를 가속하려면 여분의 견인력이 필요하게 된다. 이때 여분의 견인력을 필요로 하는 저항을 '가속도저항'이라고 한다.

3 열차제동

운행 중인 열차의 제동 시 처음에는 전기제동이 체결되어 저속도가 되면 공기제동으로 절환하여 열차를 정지시킨다. 일반적으로 전기제동은 응하중에 비례하여 한류치 일정(감속도 일정) 제어하는데, 제동 한류 치부터는 전기제동으로만 감속이 이루어짐으로 전기제동

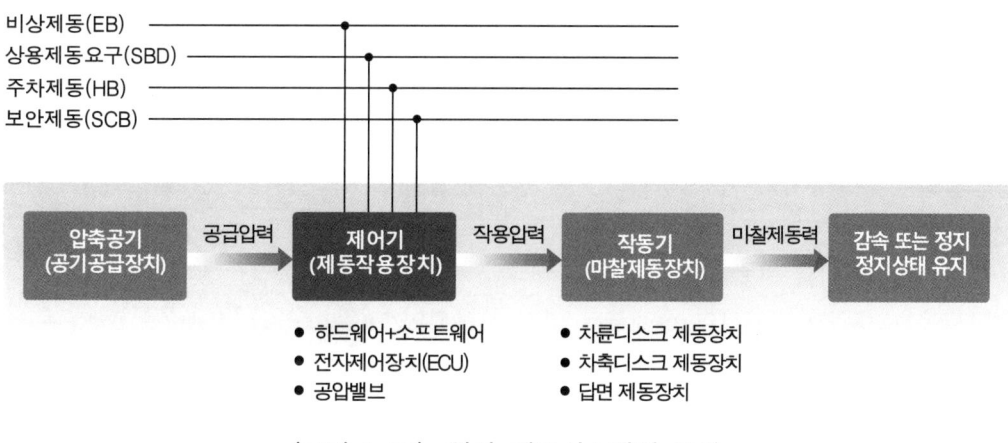

(그림 1-72). 열차 제동시스템의 구성

71

의 실효 시 공기제동으로 신속한 절환이 되도록 제륜자가 차륜 또는 디스크에 닿은 상태에서 제동력이 발휘하지 않을 정도의 공기 제동력이 작용한다. 상용제동 시에는 공기제동과 전기제동이 모두 작용하고 비상제동 시에는 공기제동만 작용한다.

공기제동(마찰제동)

공기제동은 압축공기의 힘으로 브레이크 실린더를 밀어 차륜과 회전체를 압착하여 감속 또는 정지하는 제동방식이다. 공기압축 펌프를 가지고 공기주머니에 저장된 압축공기를 제동 실린더로 보내어 피스톤 봉을 움직이고 이 피스톤 봉 압력은 기초제동장치에 의해 제륜자로 전달된다.

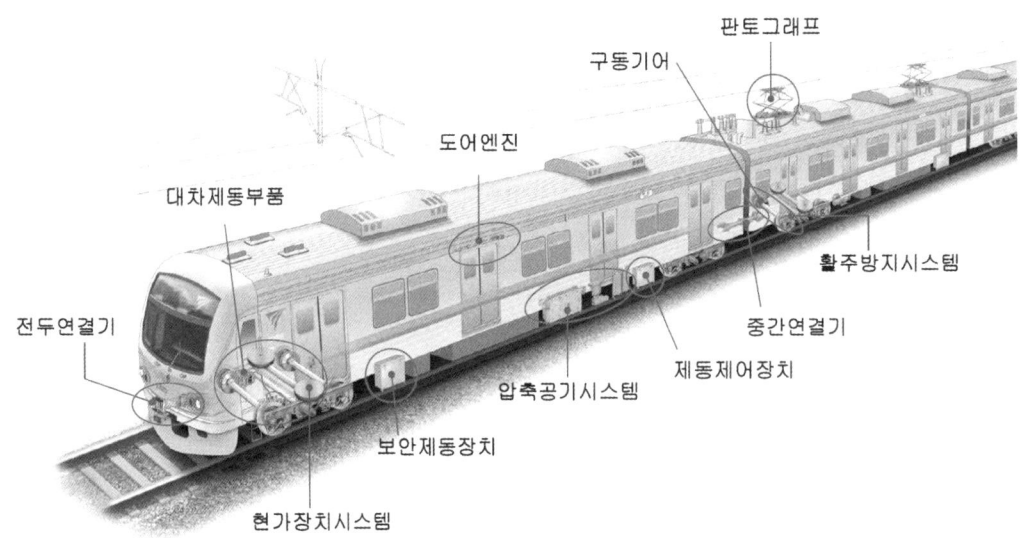

(그림 1-73). 열차의 제동장치 설비구성

답면제동

답면제동은 압축공기의 힘으로 제륜자를 차륜의 답면(바퀴 접촉면)에 직접 압착시켜 마찰력으로 열차를 감속 또는 정지시키는 방법이다.

답면제동은 기구가 간단하여 종래부터 널리 사용되었으며, 제동시 가열에 의한 차륜과 틈새 발생 및 차륜 브러시 크랙을 야기하기도 한다.

(그림1-74). 답면제동

1장 철도실무기술

디스크제동

디스크제동은 차축에 차륜과 나란히 장착된 디스크 원판에 제륜자를 압착시켜 제동하는 방법이다. 디스크제동은 발전제동장치를 가진 전기차와의 연결 운전에 적합하지만, 답면제동은 속도에 따른 마찰력이 크므로 부적합하다.

디스크제동은 답면(바퀴 접촉면)이 제동열의 영향을 받지 않으며 차륜이 이완될 위험이 없고 안전도가 높다. 최근에는 고속용 신형 전기차에 주로 사용된다.

(그림1-75). 디스크 제동

▓ 전기제동

전기제동은 주전동기를 발전기로 동작시켜 전기에너지를 전기자 역회전력을 차축에 작동시켜서 제동한다. 이때 전기에너지를 저항기 내에서 열에너지로 방산하는 것을 '발전제동'이라하고, 전차선에 반환시켜 회생하는 것을 '회생제동'이라 한다.

전기제동은 정지제동과 속도억제제동에 사용된다. 정지제동에서는 충격 없이 일정 감속도로 매끄럽게 제동이 작용하고, 속도억제제동에서는 일정 속도로 구배를 하강하기 위하여 속도변화에 대응해서 제동력이 크게 변화한다.

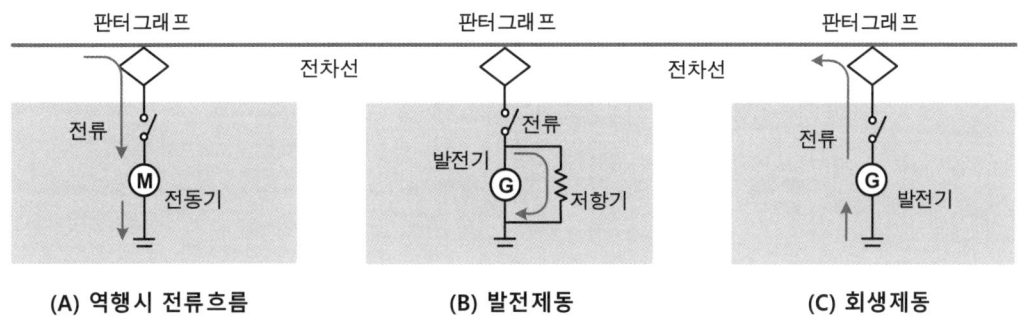

(그림 1-76). 전기 제동방식의 제어

회생제동

회생제동은 전동차가 가지고 있는 주행 중의 운동에너지를 제동 시 전기로 변환시켜 발생한 전력을 전원 측에 반환하는 방식으로서, 전기차의 주전동기를 발전기로 사용하고 발생한 전력을 전차선에 반환하므로 소비전력이 절감된다.

역행 시 교류 전력회생의 경우에는 전차선 전압이 교류이므로 직류 발생전력을 교류전력으로 변환하여 전원 측으로 반환한다. 이 때문에 보통 직류-교류의 변환을 위하여 정류기를 인버터로 운전한다.

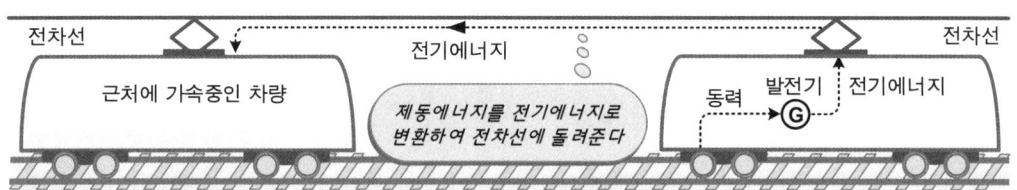

(그림 1-77). 회생제동의 원리

발전제동

발전제동은 직류직권전동기의 계자 또는 전기자의 단자를 반대로 접속해서 발전기로 작동하여 타행운전(무동역운전) 중의 차량의 운동에너지→전기에너지로 변환해서 저항으로 열에너지를 소비시켜 제동하는 방법이다.

발전제동은 제동이 확실하며 전기+공기제동 혼합에 의해 승차감에 문제가 없으나, 저항기에 의한 차량중량 및 소비전력 증가, 발열에 의해 지하구간에 온도가 상승한다.

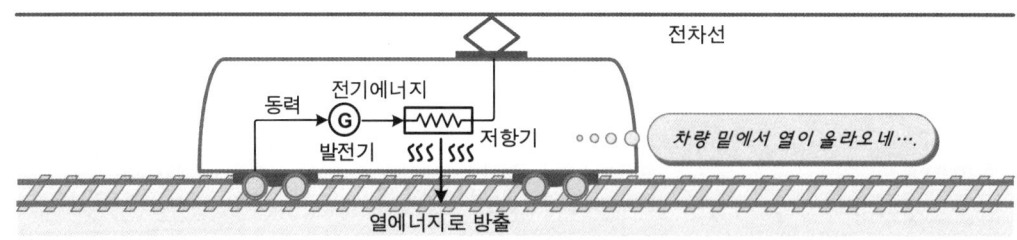

(그림 1-78). 발전제동의 원리

Why ☎ 왜, 열차는 바로 멈추지 못하는 걸까?

열차의 제동성능은 감속도(sec당 감속거리)로 나타내며, 열차의 제동거리는 열차 중량과 속도에 따라 달라지는데 열차가 자동차보다 제동거리(수백 km)가 긴 이유는 제동시 철바퀴와 레일간 마찰력이 적어 제동력을 많이 걸리지 않기 때문이다.

1장 철도실무기술

(표 1-31). 전기제동방식의 비교

구분	발전제동	회생제동
장점	▪ 넓은 범위에서 일정한 제동력 ▪ 조작 간단 및 원활한 제동력 확보 ▪ 연속 하구배에서 속도제어 용이	▪ 대용량의 저항기가 필요 없음 ▪ 회생전류에 의한 소비전력이 절감 ▪ 지하구간 온도상승 억제
단점	▪ 저항기가 별도로 필요함 ▪ 견인전동기 부하율이 높기 때문에 큰 용량의 전동기가 필요함	▪ 제어장치가 복잡함 ▪ 다수차량 동시 회생 시 회생실효 ▪ 광범위한 속도에서 사용이 제한됨

▨ 열차의 제동거리

열차의 제동거리란 기관사가 주행 중인 열차를 제동 취급한 후 제동장치에 의해 임의의 속도까지 감속하거나 정지할 때까지의 시간 동안 열차가 주행한 거리를 말한다.
기관사가 제동을 취급하더라도 공기압을 이용하는 기초제동장치에서의 공기 이동과 밸브 개폐 등에는 얼마만큼의 시간이 필요하기 때문에 공주거리가 길어지게 된다. 따라서 전체 제동거리도 길어지게 된다.

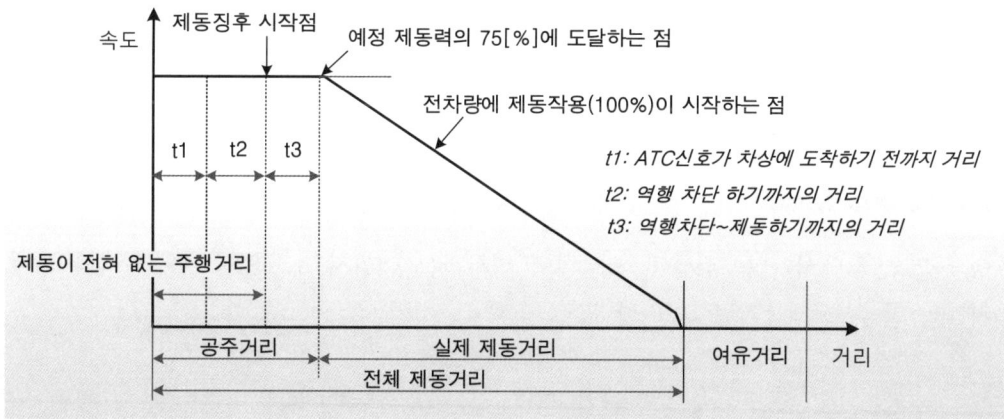

(그림 1-79). 열차의 제동거리곡선

공주거리

기관사가 제동밸브핸들을 제동위치에 둘 때 제동 개시부터 제동력이 유효하게 작동하는 데까지의 시간을 '공주시간(Dead time)'이라 하고, 열차가 이 시간 동안에 주행한 거리를 '공주거리'라고 한다.

공기제동장치에서 제동밸브핸들을 제동위치에 이동시켜 공기의 전달속도와 공기관, 밸브, 제동통 등의 공기유동 저항 및 밸브의 작동지연에 따라 제동통의 압력이 상승하게 되기에는 얼마 동안의 시간(초)이 소요된다. 공주거리는 기관사가 제동을 취급한 후 예정 제동력의 75%에 도달할 때까지의 열차 주행거리를 말한다.

$$\text{공주거리 } S_1 = V \times t_1 \text{ [m/s.sec]} = \frac{V}{3.6} \times t_1 \text{ [km/h.sec]}$$

단, 평탄한 선구일 때 S_1: 공주거리, t_1: 공주거리

공주시간

- 제동취급 후 최전부 차량(기관차)까지 제동관 압력공기가 이동하는데 소요되는 시간 : 약 0.9sec(보통제동기)
- 최전부 차량으로부터 최후부 차량까지 제동관 압력공기가 이동하는데 소요되는 시간 : 제동축수 n, 축간거리를 약 5m로 할 때 약 0.025n sec
- 차량 당 제동시점부터 완료시점까지 소요되는 시간 : 약 3sec

실제동거리

제동기장치가 작동을 시작하여 감속 개시한 시간 중 주행한 거리를 말하며, 예정 제동력의 75% 이상으로 제동력이 충분히 상승한 후 열차가 정지할 때까지의 주행거리이다.

전체제동거리 산출

주행 중인 열차에서 제동 취급이 시작되어 정차하는 데까지 소요되는 공주거리와 실제동거리의 합을 '전제동거리'라고 한다.

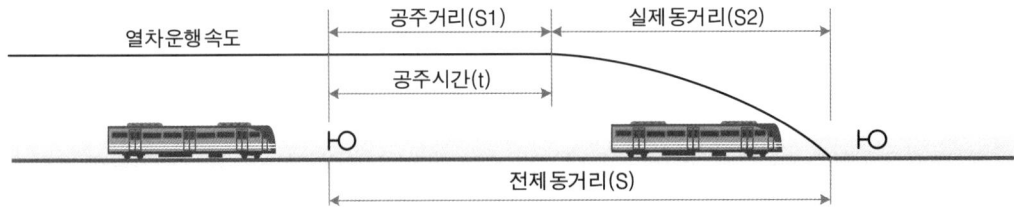

(그림 1-80). 열차의 제동거리

1장 철도실무기술

$$S = S_1 + S_2 + L$$
$$= \frac{V}{3.6}t + \frac{V^2}{7.2\beta} + L$$

여기서, S : 제동거리[m]
S_1 : 공주거리[m],
S_2 : 실제동거리[m]
 t : 공주시간[초], 과속검지 후 실제 감속시작 전까지의 모든 시간
 L : 제동 여유거리[m]
 V : 제동 개시 전 속도[km/h]
 β : 감속도[km/h/s], 1[m/s/s] = 3.6[km/h/s]

열차의 비상제동거리

비상제동은 열차제어시스템의 고장감지 시 자동으로 비상제동이 되거나 승객이나 화물에 충격우려 등 긴급상황 시에 기관사의 비상제동 취급에 의해서 작동된다.
열차제어장치에 의한 비상제동지령, 열차분리 및 제동제어회로 이상 등과 같은 비정상적인 상황에서 비상제동 기능이 자동적으로 작동되어야 한다.
비상제동은 상용제동보다 강력하게 제동작용을 하므로 최단거리에서 신속히 정지할 목적으로 응답성이 크다.
비상제동을 하는 경우에는 공기 제동력만으로도 열차가 안전하게 정지될 수 있어야 한다. 이 경우에 차량 내의 압축공기를 모두 사용하게 되어 공기를 다시 채워서 정상적인 운행을 하려면 회복 시간이 필요하다.

(표 1-32). 공주거리+실제동거리 비상제동거리

차량 구분	속 도	비상제동거리	비 고
고속철도차량	300km/h	3,300m	부하기준
	200km/h	1,600m	
일반철도차량	180km/h	1,400m	부하기준
	160km/h	1,000m	
	110km/h	600m	

4 전동차 속도제어

전동차 속도제어법

열차의 속도제어는 전기철도에서 공급하는 전류를 이용하여 전동기를 적절히 제어함으로써 열차속도를 제어한다. 이러한 방식에는 저항제어, 초퍼제어, VVVF제어가 있으며, 제어방법은 전동차 전동기의 속도와 토크를 제어하는 방법으로 구분한다.

저항 제어차

국내에 처음으로 도입된 전동차로서, 견인전동기인 직류직권전동기를 제어할 때 견인전동기 회로에 저항기를 접속하여 저항치를 조정하면 전동기에 공급되는 전압과 전류에 의해 전동기의 속도를 제어한다.
열차속도 증가에 따라 견인전동기의 전기자에 발생되는 역기전력은 발전제동과 마찬가지로 전동기가 발전기로 변환하는 기존 전류방향과 반대방향으로 흐르는 저항성 전류이다. 저항제어는 전력의 일부를 저항기를 통해 열을 방산하여 에너지를 소비한다.

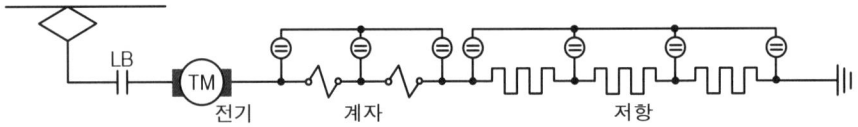

* 주회로에 저항기를 계자회로에 분로를 설치하여 공급전원을 단락하여 속도를 조절

(그림 1-81). 저항제어차의 속도제어

초퍼 제어차

초퍼제어차는 사이리스터를 이용하여 전차전압을 조절하면 견인전동기의 속도를 제어할 수 있으며, 회생제동을 사용하므로 저항제어차에 비해 전력소비가 절감된다.
초퍼제어는 사이리스터의 on-off에 의해 전류를 일정한 크기로 제어하여 전동기 전압을 제어한다. 직류전동기가 부착된 전기차량의 동력제어로서 사이리스터의 on, off로 전압을 잘게 잘라 수행한다. 이 경우에 on, off의 시간 간격을 적당히 바꾸어 전기가 흐르는 시간을 저속에서는 적고 고속에서는 많게 한다.

1장 철도실무기술

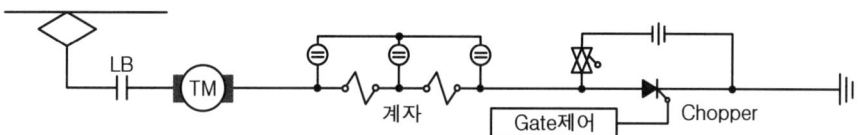

반도체 소자인 사이리스터와 약계자를 제어하여 통유율을 조정

(그림 1-82). 초퍼제어차의 속도제어

VVF 제어차

가변전압 가변주파수제어방식으로서, 유도전동기에 공급하는 전류를 대용량 반도체에 의해 전압과 주파수를 조절하여 전동차의 속도를 제어하는 방식이다. 가변주파수의 전력으로 전차를 역동하므로 저주파에서 고주파에 걸친 전차잡음이 발생되어 궤도회로에 영향을 끼칠 수 있다.

최신 전기차량의 대부분이 3상 교류유도전동기를 채용한다. 이것은 전압, 회전수, 슬립을 제어할 수 있는 VVVF 인버터장치의 개발로 실용화가 되었기 때문이다.

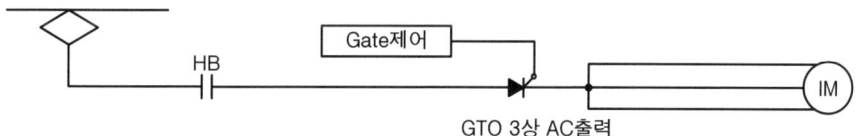

반도체 소자인 GTO를 이용하여 전압과 주파수를 제어하여 통유율을 조정

(그림 1-83). VVVF 제어차의 속도제어

VVVF 전동차 제어

1990년대 이전까지 우리나라의 철도 동력차에 사용되는 견인전동기는 모두 직류직권전동기를 사용하였다. 직류직권전동기가 교류유도전동기에 비해 성능이 좋아서가 아니라 비교적 간단한 제어장치로 속도를 제어할 수 있는 특성 때문이다.

브러시가 없는 교류유도전동기는 보수점검이 거의 필요가 없을 만큼 성능이 우수하지만 전동기의 특성상 속도제어가 매우 까다로워 당시의 기술로는 열차를 견인하는 전동기로 사용하기 어려웠기 때문에 차선의 선택을 했던 것이다.

90년대 들어 전력용 반도체 기술과 마이크로프로세서의 발전에 힘입어 열차 견인용 교류유도전동기의 실용화로 고속 스위칭 교류유도전동기의 속도제어가 가능해졌다.

속도제어 방법

VVVF(3VF, Variable Voltage Variable Frequency)는 교류유도전동기를 가변속하기 위한 인버터 제어기술이다. 교류유도전동기는 직류전동기와 같은 브러시가 없으므로 구조가 간단하지만, 전압의 세기로 회전속도를 제어하는 직류전동기와는 달리 회전속도를 주파수로 제어한다. 이 때문에 VVVF는 유도전동기에 가해지는 전압과 주파수를 동시에 조절하여 교류전동기의 토크와 회전속도를 제어한다. 유도전동기는 회전속도를 주파수에 의존하기 때문에 가변속도가 필요한 곳에는 사용이 불가능하므로 유도전동기의 극수를 변환하여 속도를 변환하였다.

VVVF는 이러한 단점을 개선하여 인버터의 출력전압과 주파수를 연속적으로 변화시켜 교류전동기의 속도를 연속적으로 제어한다.

(그림1-84). 전동차의 VVVF인버터

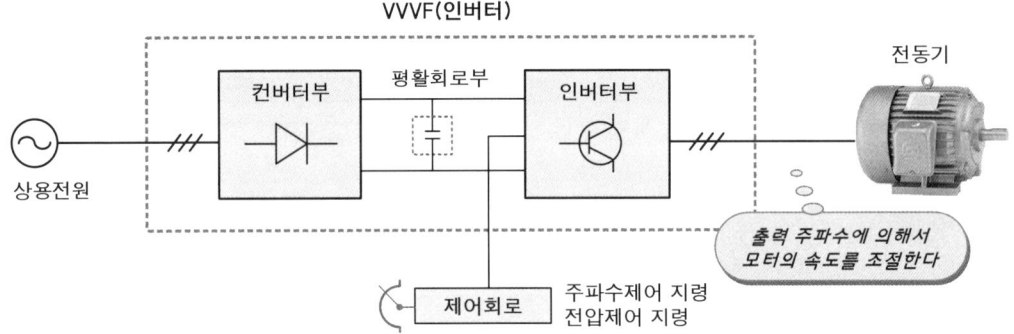

(그림 1-85). 인버터의 구성회로

VVVF 차량 노이즈

전기열차에서 고주파 잡음은 초퍼제어, 인버터제어의 GTO 및 IGBT 사용, 회생제동장치 제어, 정류장치, 에어컨 등의 전력변환장치의 제어과정에서 발생한다.

VVVF 제어차는 가변전압 가변주파수형 인버터로서, 전차선 단상 AC25kV 또는 DC 1,500V를 수전하여 이를 GTO, IGBT를 사용한 인버터회로에서 3상 교류로 변환하여 견인전동기의 3상 농형유도전동기를 구동한다.

이 과정에서 발생하는 주파수는 초퍼제어와 같이 일정하지 않고 운행속도에 따라서

1장 철도실무기술

10Hz의 저주파에서 2,000Hz의 가청주파수까지 존재하게 되어 인버터 전류에 의해 고주파 잡음이 궤도회로에 영향을 준다.

VVVF 차량의 유도잡음은 특정 주파수에 머물지 않고 시시각각 속도와 함께 변하면서 일시적이고 순간적인 불규칙 장애를 유발한다. 특히 열차의 출발이나 제동 시에 견인전류와 회생전류에 포함된 노이즈가 궤도회로에 장애를 일으킨다.

5 점착력

점착력은 열차의 차륜과 레일 간에 생기는 마찰력을 말한다. 차륜이 레일에서 미끄러지지 않고 회전을 계속할 수 있는 것은 점착력 때문이다. 점착계수는 레일 및 차륜 답면(바퀴 접촉면) 사이의 마찰계수를 말한다. 차량과 레일의 상태 등에 따라 그 값의 변동이 크다.

점착계수의 값은 차륜이나 레일의 재질, 접촉면 부착물의 종류, 축중의 크기 속도 등에 따라 영향을 받는다.

(그림1-86). 차륜과 레일의 점착력

$$점착력 = 점착계수 \times 동륜량의 중량$$

'점착력'이란 회전하는 차륜의 원주 속도 V_p와 회전중심의 진행속도 V_c에 속도차이 V_s가 생기는 경우에 차륜과 레일의 접촉부에서 접선 방향으로 전달되는 힘의 성분을 말한다. 점착력은 속도 차이와 함께 크게 된다.

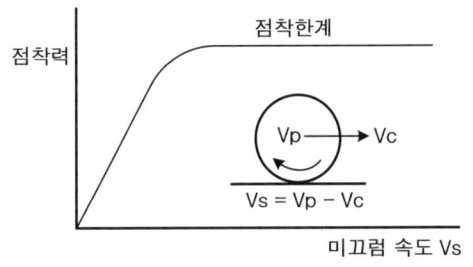
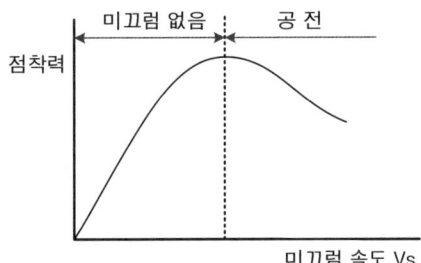

(그림 1-87). 미끄럼 속도와 점착력의 관계

즉, 어느 점착력 이상으로 되면 속도 차이가 증가하며 가속 시에는 차륜이 공전하게 되고, 브레이크 시동 시에는 활주하게 된다. 점착력이 최대로 되는 미끄럼 속도는 극히 작고 미끄럼률(속도 차이를 회전중심의 진행속도로 나눈 값)이 1% 이하로 한다.

구동력과 점착력의 관계

점착력은 열차의 진행 방향과는 반대 방향으로 작용하여 열차를 가속시켜 움직이게 하는 것으로써 열차의 가감속도를 향상시키는 중요한 열쇠가 된다.

점착력의 한계 내에서는 구동력이 크면 클수록 열차를 빠르게 가속할 수 있지만 점착의 한계를 벗어나면 아무리 구동력을 크게 하여도 차륜이 슬립(공전)하여 가속도가 증가하지 못하게 된다.

따라서 구동력의 최대 값은 최대 점착력에 의해 제한되므로 열차의 가속도와 점착력은 다음 식과 같은 관계를 가지며, 최대 가속도는 점착계수에 의해 결정된다.

$$F = m \times a = \mu \times m \times g$$

$$a = \mu \times g$$

여기서, F : 구동력,
a : 열차가속도,
m : 열차질량,
μ : 점착계수,
g : 중력가속도

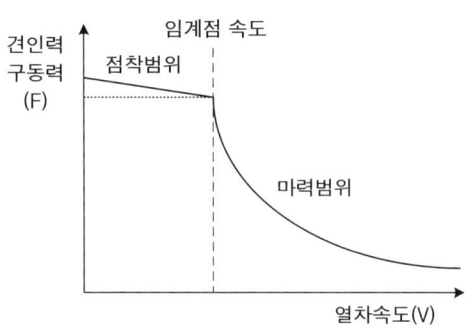

(그림1-88). 견인력 점착력 관계

열차의 제동력이 점착력의 한계를 초과하는 경우에는 활주(Slide)가 발생하며, 활주가 심한 경우에는 차륜이 레일과 마찰에 의해 찰상이 되어 열차 안전성에 문제가 된다.

☎ 열차의 슬립(Slip)과 슬라이딩(Sliding) 차이가 뭔가요?

레일과 차륜의 점착력의 문제로서 슬립은 차륜이 레일 위에서 헛도는 현상(공전)을 말하고, 슬라이딩은 차륜이 미끄러지는 현상(활주)을 말한다. 슬립/슬라이딩은 특히 비나 눈이 올 때 주로 발생되며, 이때 차상거리연산 오류로 비상제동이 체결된다.

1장 철도실무기술

기본 설명

일반철도, 고속철도, 도시철도 지상구간에서는 카터나리 방식의 가공 전차선로를 사용하고, 지하구간에서는 가선 강체전차선로를 사용한다. 경전철에서는 주행 궤도의 중앙이나 측면에 설치된 급전 레일을 통해 차량에 전기를 공급하는 제3궤조방식을 사용한다.

1 급전방식

▮ 직류 급전방식

직류회로 변전소는 전식대책으로 전차선 측을 정(正), 레일 측을 부(負)로 하여 급전 한다. 전류가 크기 때문에 전차선과 병행하여 급전선을 설치하며, 급전선은 변전소와 상호간을 병렬로 연결하여 부하로 인한 전압강하를 경감한다. 변전소의 중간에 급전 구분소를 두어 사고나 보수작업 시에 급전구분을 한다.

전기철도에서 직류 사용전압에는 600V, 750V, 1,500V, 3,000V 등이 있으며, 절연과 정류문제 등으로 DC1,500V 방식이 많이 사용되고 있다. 직류 전철구간의 귀선전류는 열차 주행용 레일과 대지전류로 흘러 임피던스본드의 중성점에 접속된 인입 귀선을 통해서 변전소의 부극(-) 모선에 돌아가는 회로로 구성된다.

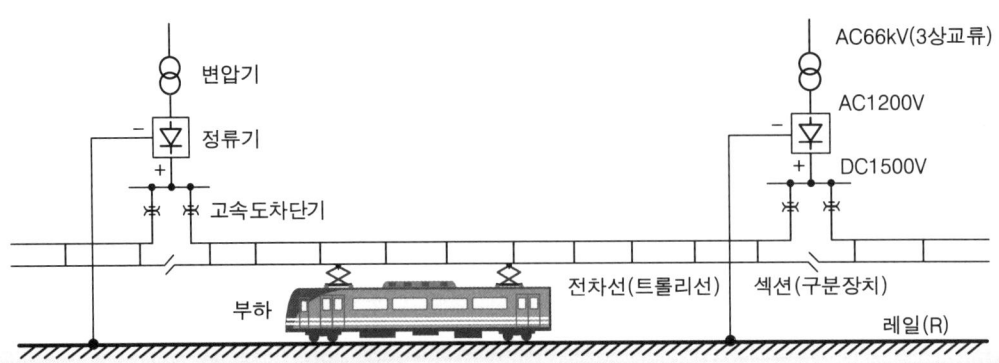

(그림 1-89). 직류 전철방식

교류 급전방식

교류 전철방식은 변전소의 간격이 길고 부하 전류가 직류방식보다 1/10 이하로 작다.

교류 전철방식의 단상교류 급전에서는 통신선에 전자유도를 발생시키기 때문에 BT급전 또는 AT 급전방식을 채용하고 있다. 즉, 급전전류가 레일로 흐를 때 유도전류가 대지로 흐르는 것을 억제하기 위하여 수 km 마다 특수 변압기를 설치하여 전류를 강제적으로 흡상한다.

(그림 1-90). 교류 전철방식

직접 급전방식

직접 급전방식은 가장 간단한 급전회로로 전차선로 구성은 전차선과 레일만으로 된 것과 레일과 병렬로 별도의 귀선을 설치하는 방법이 있다. 직접 급전방식은 대지 누설전류에 의한 통신유도장애가 크며, 레일전위가 크므로 거의 사용하지 않는다.

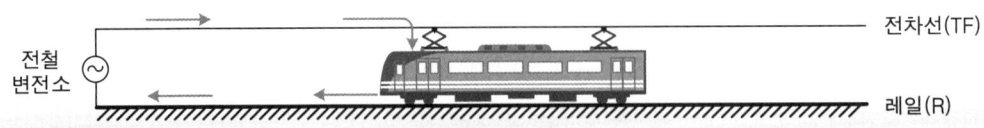

(그림 1-91). 직접 급전방식

AT 급전방식

단권변압기(AT: Auto Transformer) 급전방식에서는 급전선과 전차선과의 사이에 1:1 권선비의 단권변압기를 병렬로 삽입하고 중성점은 레일 및 비절연보호선(FPW)에 접속되어 전기차의 부하전류의 귀선회로를 구성한다.

권선의 중앙을 레일에 접속하고 양 단자의 어느 한 편과 레일과의 사이에 전압을 25kV로 전차선에 급전하고 다른 한 단의 급전선에 접속한다. 급전전압이 차량 공급전압의 2배이므로 전압 강하율이 적고 대전력 공급측면에서 유리하다.

우리나라에서는 수도권에서 주로 사용하고 있고 고속철도에서도 채용하고 있다.

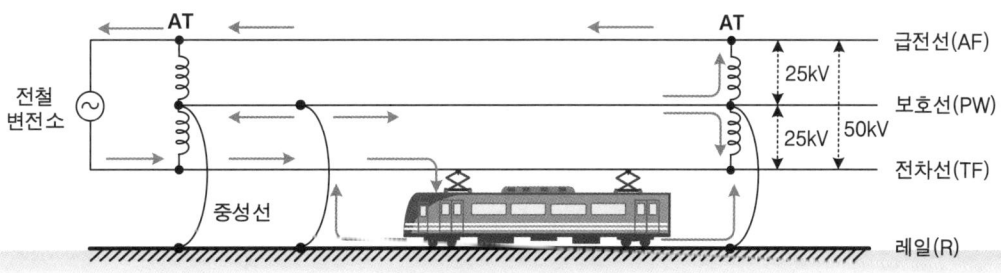

(그림 1-92). AT급전방식의 귀선로

BT 급전방식

흡상변압기(BT: Booster Transformer) 급전방식은 전차선 부급전선을 시설하고 약 4km마다 흡상변압기를 직렬로 시설하여 레일의 귀선전류를 부급전선에 흡상시켜 전차선 전류에 의한 통신선의 유도장애를 감소시키기 위해 사용된다.

흡상변압기는 교류 전차선과 직렬로 설치되며 유도작용을 경감하기 위해 대지로 흐르는 전류를 경감시키고 이것을 부급전선에 총체적으로 흡상시킨다.

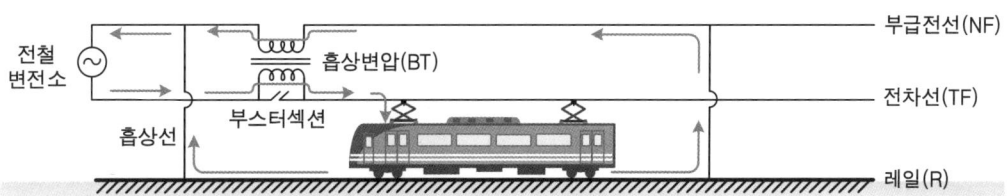

(그림 1-93). BT급전방식의 귀선로

흡상변압기의 권선비는 1:1의 변압기로서 1차 측을 전차선(TF)에 접속하며 2차 측은 부급전선(NF) 또는 레일에 접속한다. BT급전방식은 우리나라에서 산업선에 사용하고 있으며 현재 AT급전방식으로 개량하고 있는 추세이다.

(표 1-33). BT방식과 AT방식의 비교

구 분	BT급전방식	AT급전방식
급전전압 급전거리	• 급전전압 AC 25kV • 변전소 간격이 짧다.(약 30~40km)	• 급전전압(급전선-전차선) AC 50kV • 변전소 간격이 길다.(80~100km)
부스터섹션	• 부스터섹션을 통과할 때 아크의 발생 억제대책이 필요하다.	• 부스터섹션의 아크 억제대책으로 아킹혼 설치와 저항섹션 설치가 있다.
통신유도장애	• 유도장애 영향을 준다.	• BT방식보다 영향이 적다.
전압강하	• 급전전압이 AT에 비해 낮으므로, 공급전류가 크면 전압강하가 크다.	• BT방식의 1/3이면 된다. (대용량 장거리 급전에 적합하다)
회로보호	• 급전전압이 낮으므로 고장전류가 적어 보호가 어렵다.	• 급전전압이 높으므로 보호가 비교적 용이하다.

변전설비의 구성과 기능

한전 변전소에서 전철변전소까지 전력수송을 위하여 시설된 특고압(154kV) 전선로로서, 2회선을 가공 또는 지중으로 시설한다. 변전설비는 송전선로에서 공급받은 특고압(154kv)을 전기철도에 적합한 전기로 변성하여 전차선로에 공급하거나 단전한다.

❶ 변전소(SS : Sub Station)

송전선로에서 공급받는 특고압(154kV)을 전차선로에 공급하기 위해 55kV로 변성한다.

❷ 급전구분소(SP : Section Post)

변전소와 변전소 사이에 설치하여 한쪽 변전소가 정전이나 고장 등으로 인하여 전기 공급이 중단되는 경우에 급전구분소에서 차단기를 투입하여 연장 급전한다.
SP 앞에는 이상용 절연구분장치가 설치된다.

(그림 1-94). 구분소

❸ 보조급전구분소(SSP : Sub Section Post)

1장 철도실무기술

변전소와 구분소 간격이 멀어서 전차선 작업이나 장애 발생 시 정전구간이 길어지게 되므로 정전구간을 한정하기 위해 일정 간격으로 설치된다. SSP 앞에는 SP와는 달리 에어섹션 같은 구분장치가 설치된다.

❹ 단말보조급전구분소(ATP : Auto Transformer Post)

전차선로의 말단에 가공전차선의 전압강하 보상과 유도장해의 경감을 위하여 단권변압기를 설치한다.

❺ 병렬급전소(PP : Parallel Post)

교류 전차선로에서 발생하는 통신유도장애를 경감시키고 전압강하를 보상할 목적으로 전차선로의 상선과 하선을 병렬로 연결하기 위하여 개폐장치와 단권변압기를 설치한다.

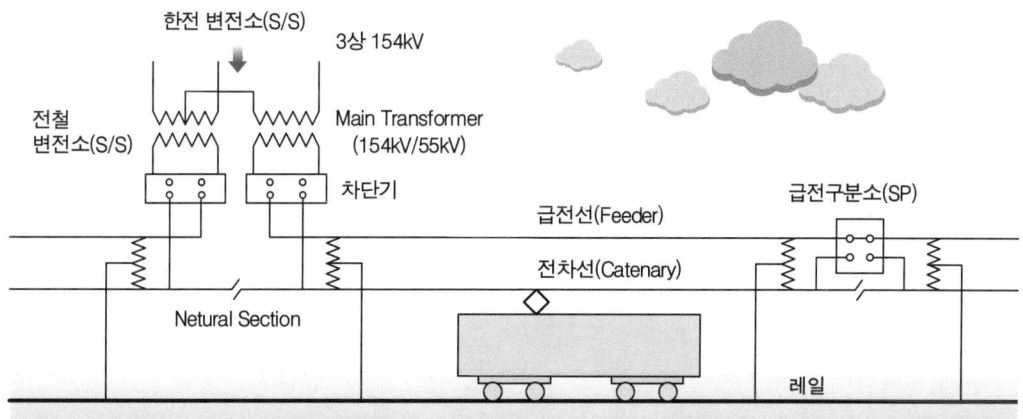

(그림 1-95). 전기철도의 급전 계통도

> **How** ☎ 어떻게, 하나의 전차선으로 열차에 전원을 공급하는 걸까?
>
> 전기철도는 레일과 전차선에 의해서 전위차가 발생되며 이 전위차를 전압이라고 하는데, 전차선(25kV)과 레일(0V)의 전위차에 의하여 열차에 25kV 전원을 공급한다, 레일은 차체를 통하여 모터에 전원을 공급하지만 접지측이므로 인체에는 무해하다.

가공 전차선로의 구성과 역할

- **전차선** : 전기차량의 팬터그래프(집전장치)가 접촉하여 전기를 공급하는 가공전선이다.
- **조가선** : 전차선을 지지하는 전선(강체포함)이다.
- **급전선** : 전철용 변전소로부터 합성 전차선에 전기를 공급하는 전선이다.
- **부급전선** : 통신유도장애 경감을 위하여 귀선레일에 병렬로 접속하여 운전용 귀선전류를 변전소로 통하도록 하는 전선이다.
- **중성선** : 단권변압기의 중성점과 귀선레일을 접촉하는 전선이다.
- **보호선(PW)** : 단권변압기 방식에서 애자의 부(-)측 또는 비임 등을 연접하여 귀선레일에 접속하는 가공전선으로서 대지에 대하여 절연한 전선이다.
- **비절연보호선(FPW)** : 대지에 대하여 절연하지 않는 보호선이다.
- **가공지선** : 가공전선로의 뇌격장치를 위하여 전선로 상부에 설치하는 접지전선이다.
- **가공전차선** : 합성전차선과 이에 부속된 곡선당김장치, 건넘선장치, 장력조정장치, 구분장치, 급전분기장치, 균압장치, 흐름방지장치 등을 총괄한 것을 말한다.
- **흡상선** : 흡상변압기방식에서 부급전선과 귀선레일을 접속하는 전선이다.
- **섬락보호선** : 섬락보호를 위해 철지지물(비임, 철주)을 연접하여 접지하는 전선이다.
- **행거(드로퍼)** : 가공전차선로에서 조가선에 전차선을 지지하기 위하여 양선 사이에 설치하는 설비이다. AT급전방식에서는 행거, BT방식에는 드로퍼를 사용한다.

(그림1-96). 전차선의 단면

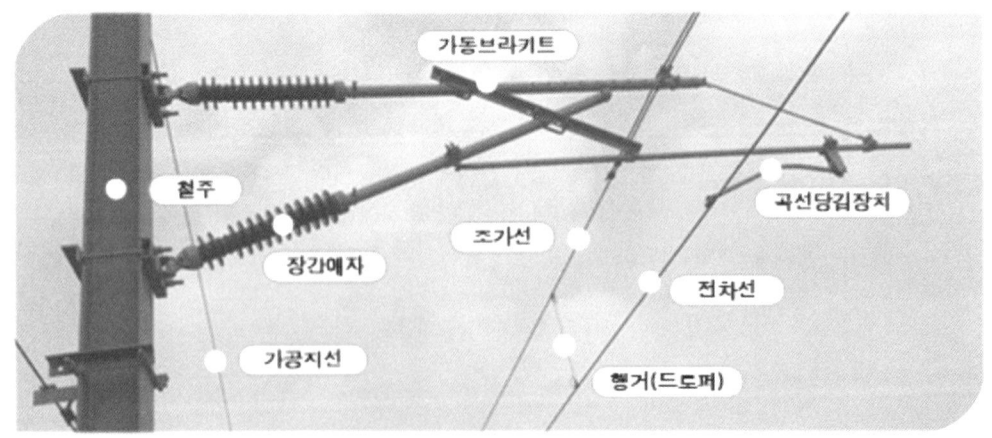

(그림 1-97). 전차선로 설비의 명칭

- **지락도선** : 애자의 부(-)측을 섬락보호지선, 부급전선 또는 보호선에 접속하는 전선 (애자보호선)과 콘크리트주 등에 취부한 가동브라키트, 비임 등의 설치밴드와 섬락보호지선, 부급전선 또는 보호선에 접속하는 전선(지락 유도선)
- **구분장치(Section)** : 사고 또는 작업으로 인해 정전시켜야 할 경우 그 영향을 사고구간 또는 작업구간에 한정시키고 기타 구간은 가압상태를 유지하기 위한 장치이다.
- **장력조정장치** : 온도변화 및 신축, 진동, 전차선 마모에 따른 탄성 신장 등으로 발생되는 전차선, 조가선, 보조 조가선의 장력을 자동으로 조정하는 장치이다.

(그림1-98). 장력조정장치

(그림1-99). 구분장치

- **흐름방지장치** : 전차선의 양쪽 방향 중 한쪽으로 흐르는 것을 방지하기 위하여 전차선의 중심에서 고정하는 설비를 한다.
- **균압장치** : 균압선(균압장치)는 두 개의 전선 간에 전류를 흐르도록 하며 전선 상호간에 전위차가 발생하지 않도록 전압을 등전위로 하는 데 목적이 있다.
- **흡상변압기** : 통신 유도장애의 경감을 위하여 급전회로에 직렬로 연결하여 레일에 통하는 운전전류를 부급전선으로 흐르게 하기 위한 변압기이다.
- **단권변압기** : 교류 전차선로에서 전압강하 및 유도장애 등을 경감시킬 목적으로 전차선로에 설치하는 변압기이다.

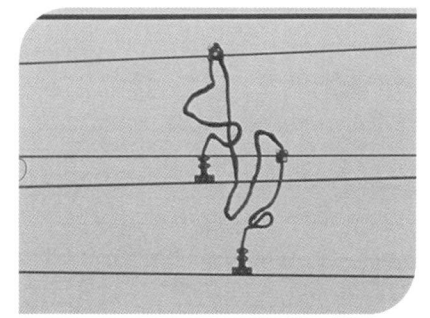
(그림 1-100). 균압장치

가공 전차선로의 정점	가공 전차선로의 단점
• 공중에 설치하므로 안전하므로 높은 전압을 사용할 수 있다. • 가선방식의 특성상 집전장치에 가해지는 충격이 적으므로 고속주행이 가능하다. • 감전사고 및 합선사고가 적다.	• 차량 상부 전차선이 존재하므로 차량, 구조물의 규격 제한을 야기한다. • 공중에 설치하기 위해 별도의 지지대 구조물이 필요하다.(강풍과 낙뢰에 민감) • 높이 제한이 있으며 사고가 발생할 수 있다.

가공 전차선의 설치기준

전차선의 높이

레일면 상에서 5,200mm를 표준으로 하며 최고 5,400mm, 최저 5,100mm로 한다. 단 구름다리, 육교, 교량, 역사 등 부득이한 경우에는 그 높이를 산업선에 한하여 4,850mm 까지 허용한다. 강체 가선구간에서는 레일면상 4,750mm를 표준으로 한다.

전차선의 편위

전차선과 궤도 중심선과의 수평거리를 편위라고 한다. 전차선이 궤도 중심선에서 너무 이탈하면 운행 중 팬터그래프가 전차선에 끼어 사고를 일으키므로 편위의 한계는 팬터그래프의 집전 유효 폭을 약 1m로 보고 있으며 차량의 동요에 따른 팬터그래프 경사를 고려하여 최대치를 좌우 250mm로 하고, 표준 편위를 200mm로 정하고 있다.

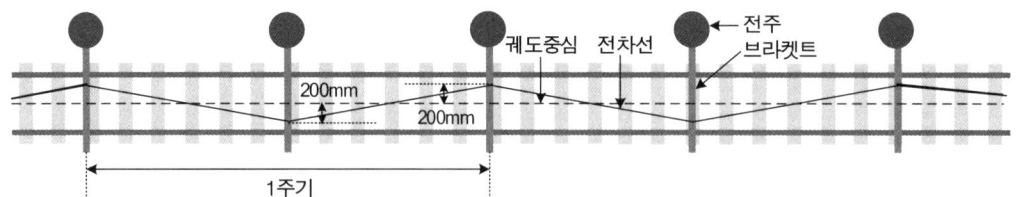

(그림 1-101). 전차선의 편위

또한, 팬터그래프가 습동판의 한 부분만을 연속하여 전차선과 접촉하면서 미끄러지면 편마모의 원인이 되며 접촉판이 파손될 위험이 있으므로 직선로 및 곡선반경 1,600m 이상의 선로에서는 전주 2개 사이를 1주기로 좌우 교대로 200mm의 편위를 두도록 하여 지그재그(Zigzag)로 가선 한다.

2 가공 강체전차선로

가공 강체전차선로는 전차선을 알루미늄 합금강체에 완전히 일체화시켜 급전선을 겸하며, 지하구간 및 터널구간 등의 측면 또는 상부에 브래킷을 취부하여 고정하는 방식이다. 터널 전철구간에서는 커터나리 방식을 적용하게 되면 터널의 단면적이 커질 수밖에 없으며 단선 등의 보안상 문제 때문에 강체가선식이 사용된다.

국내에서 일반적으로 R-Bar는 AC 25kV 급전방식에 사용되며, T-Bar는 DC 1,500V 급전방식에 사용되고 있다. 해외에서는 AC 또는 DC 급전방식에 상관없이 터널 및 지하구간에 R-Bar를 사용한다.

가공 강체전차선로의 장점	가공 강체전차선로의 단점
• 전차선의 단선사고를 방지할 수 있다. • 건넘선 등 교차 개소에서 팬터그래프가 가선에 끼는 것이 방지된다. • 전차선의 입상이 적고 터널단면을 적게 한다. • 장력유지가 불필요하며 강풍의 영향이 적다.	• 전차선의 탄성이 적어 전기차량의 고속운전시 이선현상이 발생하기 쉽다. • 유연성이 적어 전차선과 팬터그래프의 습동판이 쉽게 손상되거나 마모된다. • 높은 시공 정밀성이 요구된다.

▌ T-Bar식

일본에서 개발된 가공 강체전차선로로서 T자 형태의 구조이다. 1961년 일본에서 처음으로 채용되어 건설되었다. 지하철뿐만 아니라 협소한 터널에서도 사용하고 있다.
서울메트로 1호선 구간을 시작으로 이후 직류 1,500V를 사용하는 지하철 구간의 표준적인 가공 강체선으로 사용되고 있다.

(그림 1-102). 가선강체식 T-Bar

(그림 1-103). 가선강체식 R-Bar

적용 노선구간

국내에서는 직류를 사용하는 지하철 구간으로 서울지하철 1~8호선 인천지하철 1호선, 대구지하철 1호선, 광주지하철 1호선, 대전지하철 1호선에서 사용하고 있다.

R-Bar식

1984년에는 스위스에서 교류 1,500V 상용운전에 성공한 이후 유럽에서 가장 보편적인 가공강체가선으로 사용되고 있다. R-Bar는 직류와 교류 전철구간에서 모두 사용되며 교류 전철구간에서 가공 강체전차선로의 경우에 사용한다.
R-Bar는 전차선이 강체에 삽입되는 구조로 전차선의 장력조절을 위해 별도의 장치가 필요 없으며 전차선의 절단 위험이 없다. R-Bar는 T-Bar에 비해 가선특성, 속도특성이 우수하며 건설비 및 보수비용이 매우 경제적이다.

적용 노선구간

가공 강체전차선로는 국내에서 교류철도(코레일)의 지하철 구간 또는 터널에서 사용되며 분당선, 과천선 등에 사용되고 있다.

(표 1-34). T-Bar와 R-Bar의 특성 비교

구 분	T-Bar 강체식	R-Bar 강체식
단면적	2,624mm	2,214mm
구조 / 시공	복잡함 / 어려움	간단함 / 용이함
전차선 지지방식	롱이어 부착	R-Bar 자체 지지
강체 지지간격	5m	10m
적용속도	100km/h 이하	120km/h 이하

왜, 도시철도는 열차에 DC 전철전압을 사용하는 걸까?

도시철도는 역간 거리가 짧고 곡선궤도가 많아 차량 모터의 빈번한 가감속 제어 특성 때문이다. 일반철도는 AC 가선전압을 열차에서 DC로 변경하여 사용하지만, 도시철도 열차는 DC 가선에서 집전한 전기를 그대로 사용하므로 차량 중량이 경감된다.

3 제3궤조 가선방식

제3궤조는 주행용 레일 외에 가이드 레일을 따라 별도로 급전레일을 가설하여 차량에 탑재되어 있는 집전판이 습동하면서 전기를 공급받는 구조이다. 열차의 차륜이 올려져 있는 2개의 주행궤도 이외의 3번째 급전용 궤도를 사용하므로 '제3궤조'라고 한다.

제3궤조방식은 우리나라에서 대표적으로 경전철에 흔히 사용되는 급전가선방식으로서 가공전차선이 없는 것이 특징이다.

급전 궤도는 차륜 가운데, 차륜용 궤도 옆, 차량 옆 등 다양한 위치에 설치된다. 감전 위험성이 높기 때문에 직류 1,500V 이상의 고전압은 사용하지 않는다. 큰 전류를 흘려보내야 하므로 급전소를 상대적으로 가깝게 설치한다.

고전압은 기전력에 의한 감전 우려가 있으므로 주로 DC750V 정도의 전류만 가압된다.

(그림 1-104). 제3궤조의 급전레일

(표 1-35). 제3궤조 접촉방식의 비교

구 분	하면접촉식	측면접촉식	상면접촉식
형 태			
습동방식	차량의 집전자가 도체의 상부면을 습동함	차량의 집전자가 도체의 측면을 습동함	차량의 집전자가 도체의 하부면을 습동함
통전용량	작음	작음	많음
안전성	보통	보통	낮음
적용차량	철제차륜에 유리	고무차륜에 유리	철제차륜에 유리
적용사례	경전철에 주로 사용	경전철에 주로 사용 부산김해 경전철	중전철 지하에 주로 사용 부산지하철 반송선

▓ 제3궤조의 주요설비 구성

- **급전레일** : 차량 측면에 주행선로와 평행으로 설치되며 전동차의 집전장치와 접촉하여 전기를 공급하는 레일이다.
- **램프** : 분기기 개소나 에어섹션 등 급전레일이 끊기는 곳에서 급전레일 끝을 경사지게 하여 차량의 집전슈가 원활하게 타고 올라가 습동하게 한다.
- **흐름방지장치** : 온도 변화에 의해 급전레일이 이동할 경우 램프와 신축장치 사이, 신축장치와 신축장치 사이, 램프와 램프 사이의 중앙 부근에 설치한다.
- **신축장치** : 급전레일이 주위 온도 및 전류에 따른 발열로 길이 방향으로 신축하는데, 이러한 신축량을 흡수하여 급전레일의 변형을 방지한다.
- **절연지지대** : 급전레일을 차량의 습동면과 일정하게 유지시켜 주는 역할을 한다. 충분한 강도를 가지며 온도변화에 의한 급전레일의 수월한 팽창 수축이 허용되도록 한다.

4 철도의 송변전

전기열차를 운전하기 위해서는 일반 전력계통의 전력을 전기운전에 적합하게 변성하는 변전소와 전력을 변전소로부터 전기차량으로 공급하는 전차선로가 필요하다.

이들 지상설비를 전기운전설비라 하며, 변전소에서 전차선로를 거쳐 전기차량에 급전하는 회로를 급전계통이라 한다.

급전된 전기는 급전선을 통하여 전차선으로 전기를 공급한다. 급전회로를 구성하기 위하여 전기차로부터의 전기를 레일로 흘려 변전소에 귀선전류로 되돌린다. 교류급전에서는 변압기를 이용하여 1차 측은 전차선에 접속하고 2차 측은 부급전선에 접속한다.

(그림 1-105). 옥외 변전소

▓ 철도의 급전계통

수전전압

전기사업자와 협의하여 공칭전압 22.9kV, 154kV, 345kV을 선정한다. 기존선 개량 및 주변여건이 지침에서 정하는 공칭전압에 속하지 않은 경우에는 66kV를 적용할 수 있다.

계통전압

현재 한국전력공사의 송전 표준전압은 66kV, 154kV, 345kV, 765kV가 있다. 전기철도에서는 154kV를 표준으로 하고 있으며 일부에서는 66kV도 사용 중에 있다.

직류급전방식

한전 전력계통에서 상용주파수 3상 교류전력을 수전하여 전철변압기로 강압하고 이를 정류기에서 직류 1,500V 전기를 전차선로에 공급하는 방식이다. 국내의 도시철도 구간에서는 이러한 DC 전철방식을 사용하고 있다.

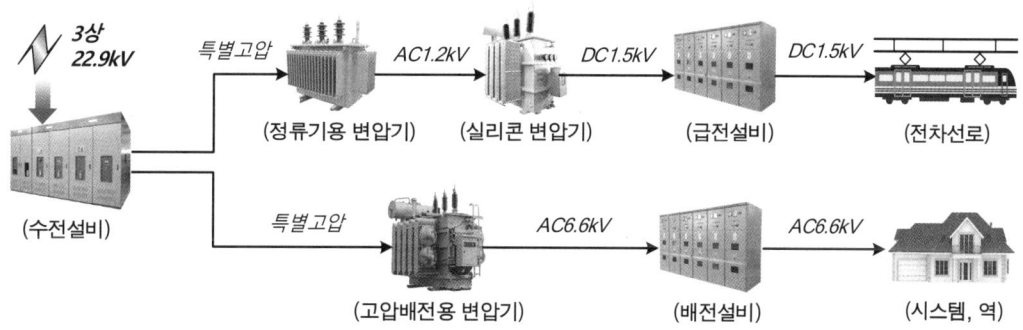

(그림 1-106). 철도 직류급전방식

교류급전방식

한전 전력계통에서 상용주파수 3상 전원을 수전하여 단상변압기 또는 스코트변압기로 3상을 2상으로 변환하여 교류단상 전기를 전차선로에 공급한다.
교류 전기철도의 급전방식은 단권변압기(AT방식)로서 급전선과 레일 사이 및 전차선과 레일 사이는 25kV, 전차선과 급전선 사이는 50kV가 급전된다.
교류급전 전철방식은 도시철도를 제외한 일반철도와 고속철도에서 사용된다.

(표 1-36). 교류급전 전철방식

급전방식	교류 급전방식의 전력변환
AT방식	발전소(한전)/354KV ⇨ 변전소(한전)/154KV ⇨ 전철변전소(철도)/50KV ⇨ 전차선/25KV ⇨ 열차
BT방식	발전소(한전)/354KV ⇨ 변전소(한전)/66~154KV ⇨ 전철변전소(철도)/25KV ⇨ 전차선/25KV ⇨ 열차

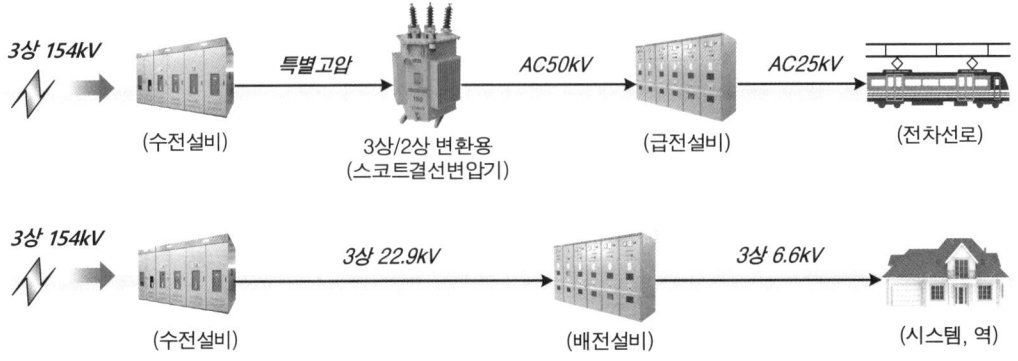

(그림 1-107). 철도 교류급전방식

철도 송배전설비

전차선로 급전설비

한전에서 공급받은 높은 전기(154kV)를 전기차에 적합한 전기(25kV)로 변환하여 전차선로에 공급한다. 전철변전소는 정전이나 비상시 급전구분소에서 (A) 또는 (B) 변전소까지 공급할 수 있도록 이중화로 운용한다.

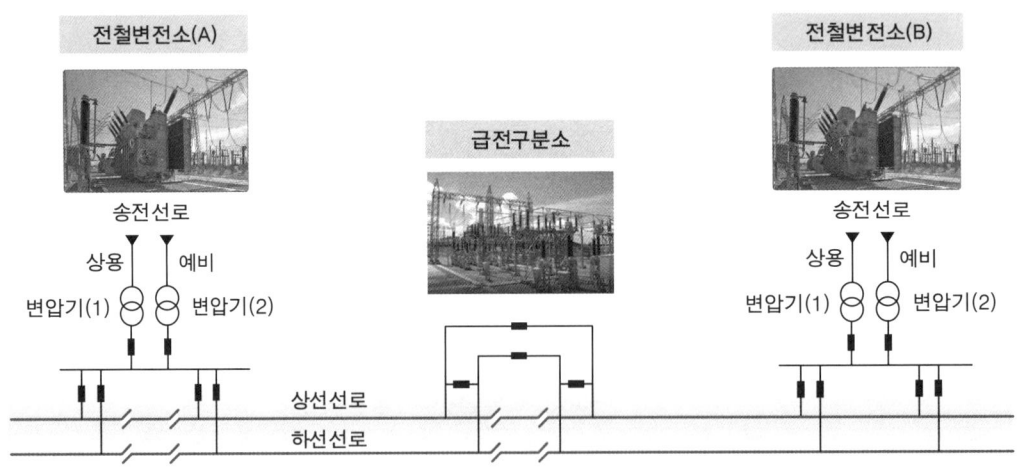

(그림 1-108). 전차선로 전원공급 이중화

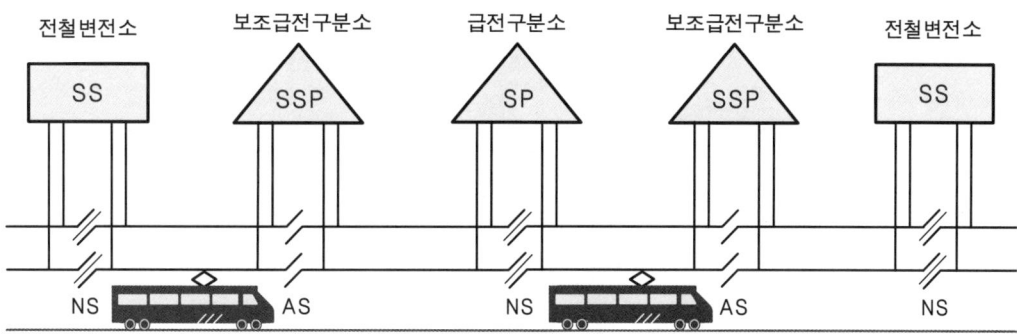

(그림 1-109). 교류 급전계통도(복선기준)

역사설비 급전설비

역사 조명 및 동력설비, 신호설비, 통신설비에 전원을 공급하는 설비로 이례사항 발생시 예비선로로 비상전원을 공급한다. 고속철도는 이중화율 100%이며, 일반철도는 복선전철구간에 이중화로 구성되었으나 단선구간은 건설사업 등에 반영 중이다.

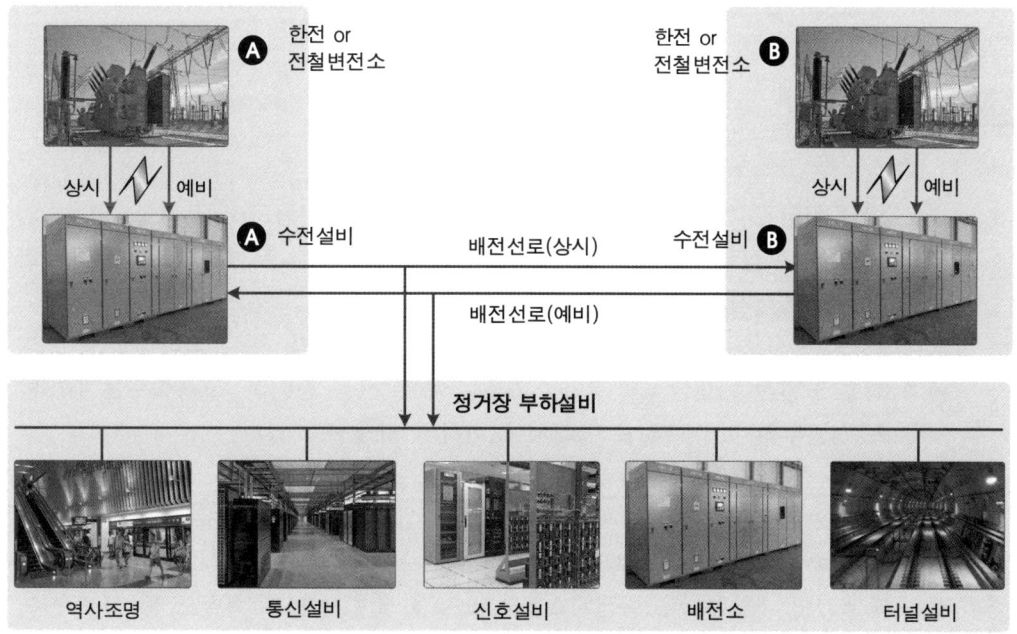

(그림 1-110). 정거장 설비 전원공급 이중화

기본 설명

철도통합무선망은 코어장비, 기지국 장비, 관제장치, 차량 이동국장치, 휴대용 무선장치, 철도통신서비스를 제공하는 어플리케이션 서버 및 열차제어서비스를 제공한다. 근래에는 TRS 통신방식에서 LTE-R 방식으로 점차 확대하고 있는 추세이다.

1 머리 기술

철도무선통신망은 철도운영에 있어서 이동통신기술을 이용하여 관제실, 열차, 역(현업사무실), 현장작업자, 재난방재센터 등 상호간 신속한 무선통화로 업무효율화를 위한 무선통신시스템이다.

국내에서 대표적으로 VHF, TRS, LTE-R이 사용되고 있다. 현재 국내철도는 1969년에 최초 도입된 VHF방식의 통신시스템을 주로 사용 중이며, 고속철도는 TRS방식을 2004년부터 미국(모토로라)에서 도입하여 사용되어 왔다.

현재 음성통신 위주의 통신시스템인 VHR, TRS를 사용하고 있는 국내 철도통신시스템을 교체하여 영상, 고속, 대용량 정보전송이 가능한 LTE-R을 적용하여 사용하고 있는 추세이다. 지하철과 고속철도 일부 노선에 설치되어 사용 중이며, 앞으로도 국내에서 개발한 철도통신시스템 LTE-R을 일반철도, 고속철도 등 전 노선에 확대하여 적용할 계획이다.

2 VHF 무선통신망

▌VHF 무선통신방식의 역할

VHF(Very High Frequency)는 아날로그 방식으로서 통화품질이 낮고 통신이 단절되는 음성지역이 존재하는 등 일부 구간에서 안정적인 통신 운영이 제한되고, 일반철도 구간을 운행하는 고속철도 차량은 VHF와 TRS를 혼용하여 사용하여 왔다.

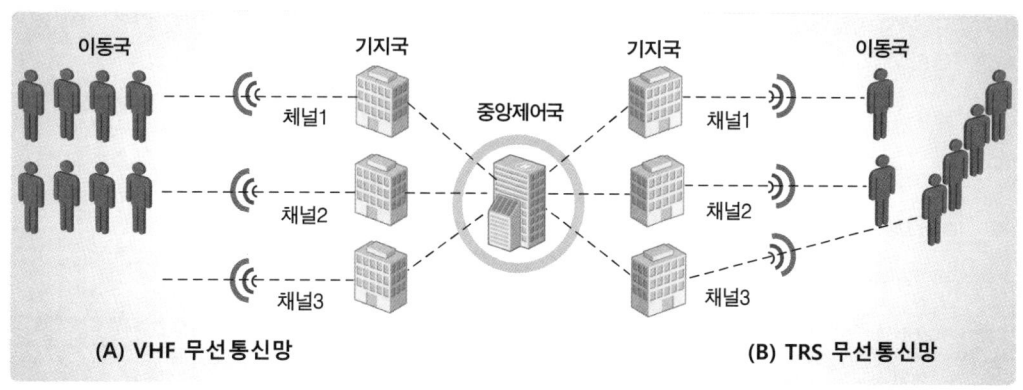

(그림 1-111). VHF와 TRS의 무선통화

VHF 무선통신은 사용자들은 자신의 정보를 송수신의 형태에 따라 대기상태가 된다. 일부 대기자가 길게 늘어선 반면 다른 채널은 비어 있을 수 있다.
VHF 무선통신은 국내에서 일반철도에 사용하고 있으며, 관제센터와 열차 이동국 및 역 사용 기지국 간 열차의 안전운행 확보에 필요한 무선통화를 목적으로 사용하고 있다.
VHF는 30~300MHz 대역의 초단파를 이용하는 무선통신기술로서 단순 무전기에 의한 Point-to Point(1:1통신) 통신방식이다.

▌VHF 무선통신방식의 특징

① 고정채널방식으로서 사용자의 통화가 완료될 때까지 대기모드이다.
② VHF는 수 km 이내의 단일 통화권역 내에서만 통화가 가능하다.
③ 혼선, 간섭 배제기능이 없으며 사용 중에 통화가 단절될 수 있다.
④ 동일 주파수를 이용하는 사용자에게 통화내용 공개되므로 보안성이 낮다.
⑤ VHF의 1:1 통신방식은 그룹통화, 우선순위 통화 등이 불가능하다.

3 TRS 무선통신망

TRS(Trunked Radio System)는 기존 VHF/UHF 방식에서 주파수 효율, 혼신 및 간섭, 긴급통화 기능을 해결하기 위한 기술로서 미국과 일본에서는 MCA(Multi Channel Access)라고 부르고, 유럽에서는 TRS라고 부르며 사용한다.

TRS는 하나의 주파수만 사용하던 기존 이동통신과는 다르게 여러 채널 중 사용하지 않는 빈 채널을 자동으로 연결하여 다수의 사용자가 공용하는 무선이동통신이다.

초기 아날로그 TRS는 1990년대 후반부터 공공안전 및 긴급구조기관 중심으로 공급되었으며, 디지털 TRS로 발전되면서 미국의 ASTRO방식과 유럽의 TETRA방식이 있다.

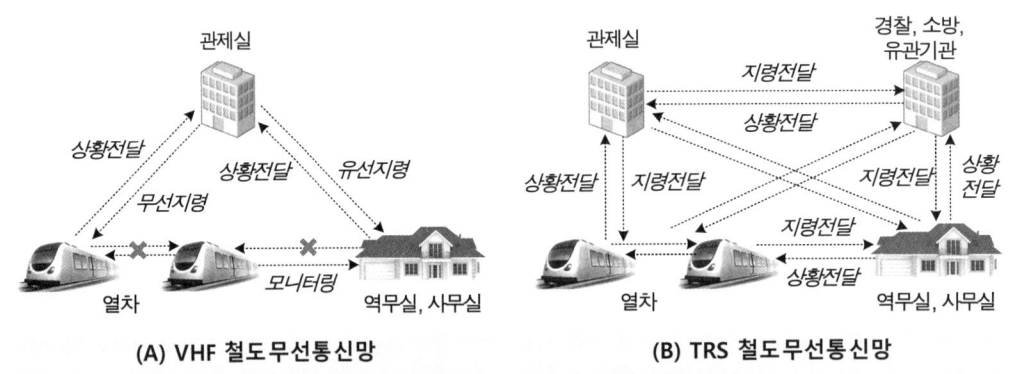

(그림 1-112). VHF와 TRS의 철도통신망

TRS-ASTRO

TSR-ASTRO는 미국 공공안전 통신담당관들의 협의체인 APCO에서 제정되었으며, 공공안전을 위한 미국식 디지털 TRS 표준이다. 협대역화/디지털화를 통한 주파수 부족 문제 해결, 복수경쟁을 통한 시스템 및 장비가격 인하, 아날로그에서 디지털 시스템으로의 전환 촉진, 비용절감 도모 등의 목적으로 제정되었다.

TSR-ASTRO는 북미, 호주에서 공안 및 소방 무선통신으로 많이 사용되고 있으며, 한국의 경우 경부고속철도의 일부 구간에 적용되고 있다.

TSR-ASTRO의 1단계는 채널변조방식에서 12.5kHz 당 단일 채널만을 사용하는 FDMA 방식이었으나 2단계부터 채널접속방식에 TDMA방식 도입과 변조방식에 CQPSK방식을 도입하여 주파수 효율을 증가하였다.

1장 철도실무기술

TRS-TETRA

TRS-TETRA는 이동통신과 무전기를 결집한 통신시스템으로서 한 사람이 말하면 여러 사람이 한꺼번에 듣는 무전기와 비슷한 것으로 전국 규모 통신이 가능하다.
거대한 셀을 각 개소에 배치하고 그 셀을 이용하여 통신하되 동시 사용으로 입력된 여러 사용자들에게 동시에 통신한다.
디지털방식으로서 일반 무전기에 비해서 통화품질이 좋으며 잡음 및 혼선에도 강하다. TRS-TETRA는 개별통화, 그룹통화, 전화접속통화, 일제통화, 비상통화, 무전기 간 통화 같은 음성서비스를 제공하며, 상태 메시지, 단문, 패킷, 멀티채널 패킷 같은 데이터 서비스도 제공한다.

▌TRS 방식의 특징 (VHF와 비교)

① 통화 음질이 좋고 잡음이 없으며, 통화내용의 보안성이 유지된다.
② 통화 폭주 시에도 대기시간이 단축되며, 예약등록이 가능하다.
③ 중계국의 병렬접속을 통한 원거리(60km~100km) 통화가 가능하다.
④ 다양한 통신기능이 다양하다. (일제통화, 그룹통화, 개별통화, 긴급통화 등)
⑤ 무선통신, 무선데이터, 무선호출, 단문메시지 등 부가서비스가 다양하다.
⑥ 통화시간이 제한적이며 같은 망의 가입자 이외의 불특정 통신을 할 수 없다.

(표 1-37) 철도무선통신망 특성 비교

구 분	VHF방식	TRS방식	LTE-R방식
기 능	▪ 1:1 음성통화 ▪ 문자/데이터 불가 ▪ 무전기형 단말	▪ 1:N 음성통화 ▪ 단문/음성 전송 ▪ 영상 전송 불가	▪ 1:N 음성통화 ▪ 문자/음성/영상 전송 ▪ 재난안전망 연동
주파수	▪ 150~170MHz	▪ 800MHz(UHF)	▪ 700MHz
전송속도	▪ 2.4Kbps	▪ 28.8~523Kbps	▪ 75,000Kbps
서비스	▪ 아날로그/음성	▪ 디지털/음성, 데이터	▪ 디지털/음성. 데이터, 영상
특 징	▪ 1세대 통신방식 ▪ 단순기능 시공용이 ▪ 구축비용 낮음 ▪ 아날로그 방식	▪ 1.5세대 통신방식 ▪ 저속 저용량 데이터 전송 (용량 200kbps 이하) ▪ 디지털 방식	▪ 4세대 통신방식 ▪ 고속 대용량 데이터 전송 (용량 75Mbps) ▪ 철도신호통신망 적용

4 LTE-R 무선통신망

LTE 기반 철도통신시스템은 철도통신서비스 제공을 위해 음성, 데이터 및 영상서비스를 제공하고 열차의 안전한 운행을 위한 열차제어 데이터 서비스를 제공한다.

열차제어 데이터 서비스는 관제센터, LTE-R 무선통신망, 폐색센터, 위치검지장치 및 열차이동국이 연동하여 서비스가 제공된다. 현재 국내 일부 철도구간에서는 국내에서 개발된 4세대 통신 LTR-R 철도무선통신망이 사용 중에 있으며, 장기적으로 LTR-R 철도무선통신망을 전국적으로 확대하여 설치한다는 계획이다.

LTE-R 시스템의 구성과 제어

LTE-R 단말은 개인 휴대형태의 휴대단말과 열차운전실에 설치된 열차이동국으로 구분된다. 열차제어시스템은 관제센터 내의 중앙제어장치와 폐색센터 및 지상에 설치되는 위치검지장치로 구성되고, 열차의 현재 위치를 모니터링하여 열차의 안전운행을 위한 제어정보를 생성하고 전송한다.

관제센터에는 열차신호제어를 위한 중앙제어장치와 관제사를 위한 통신장치를 포함한다. 관제센터는 LTE-R 무선통신망을 통하여 LTE-R 단말과 접속이 되며, 열차제어를 위한 폐색센터와 접속된다.

LTE 기반 철도통신시스템은 700MHz 대역 LTE 통신의 광대역 전송으로 인하여 음성, 영상, 통화 및 데이터 서비스, 열차제어 데이터 서비스를 동시에 제공할 수 있으며, 서비스의 중요도에 따라 서비스 품질을 보장하는 우선순위 정책이 제공된다.

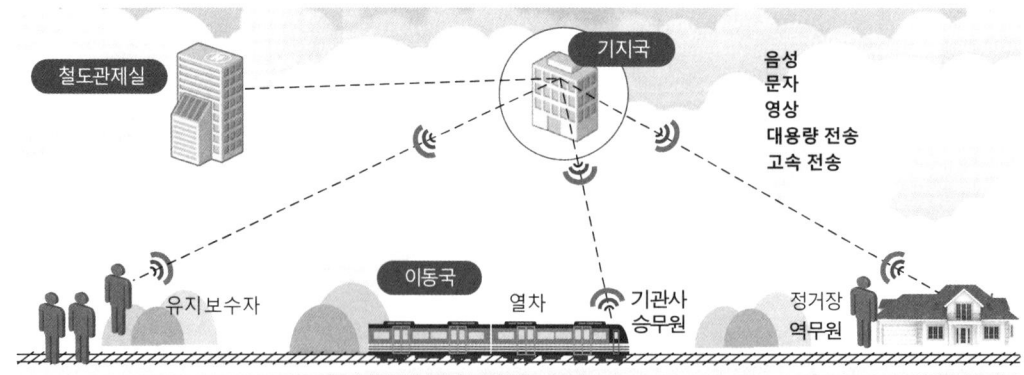

(그림 1-113). LTE-R의 철도통신망 구성도

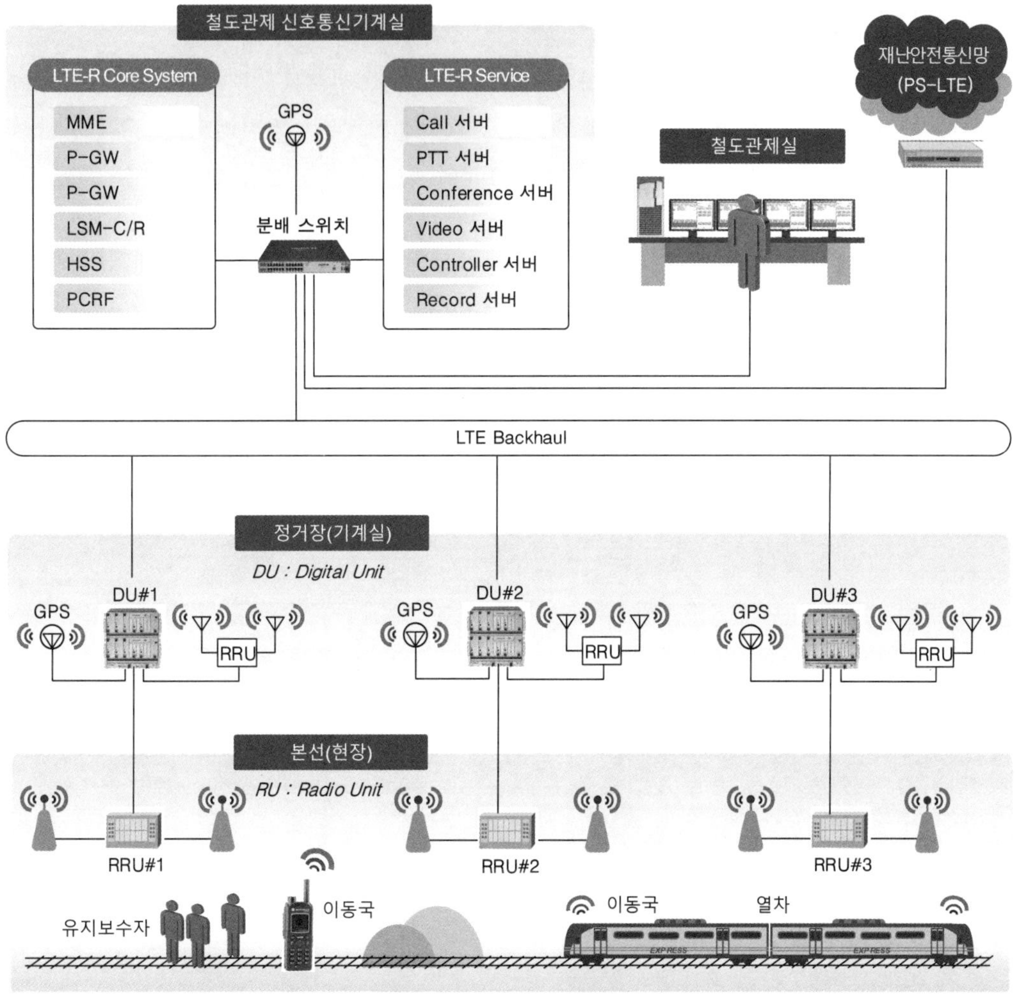

1장 철도실무기술

(그림 1-114). LTE-R 철도통신망 시스템 구성도

▓ LTE-R 철도통신시스템의 특징

LTE 철도통신시스템은 700MHz 대역 LTE 통신의 광대역 전송으로 인하여 음성, 영상, 통화 및 데이터 서비스, 열차제어 데이터 서비스를 동시에 제공할 수 있으며, 서비스의 중요도에 따라 서비스 품질을 보장하는 우선순위 정책이 제공된다.

LTE 철도통신서비스가 350km/h 속도에서도 이루어지기 위해 무선구간의 셀 간 핸드오버와 기지국 간 핸드오버 중에서도 음성, 영상, 데이터 서비스가 끊김 없이 제공된다.

103

❶ 고속 핸드오버

LTE-R 무선 엑세스망은 하나의 DU와 다수의 RRU가 유선으로 연결되어 있고 RRU의 안테나 방사패턴에 의해 무선 셀이 형성된다. 무선 셀의 무선 커버리지는 셀 가장자리에서 중첩되어 있으므로 셀 간 핸드오버에 의해서 단말과 DU간 통신이 끊김 없이 이루어진다. 이러한 무선망에서는 셀 간 핸드오버, DU간 핸드오버가 이루어져야 하고 핸드오버에 의해 소요되는 핸드오버 스위칭 시간을 최소화 한다.

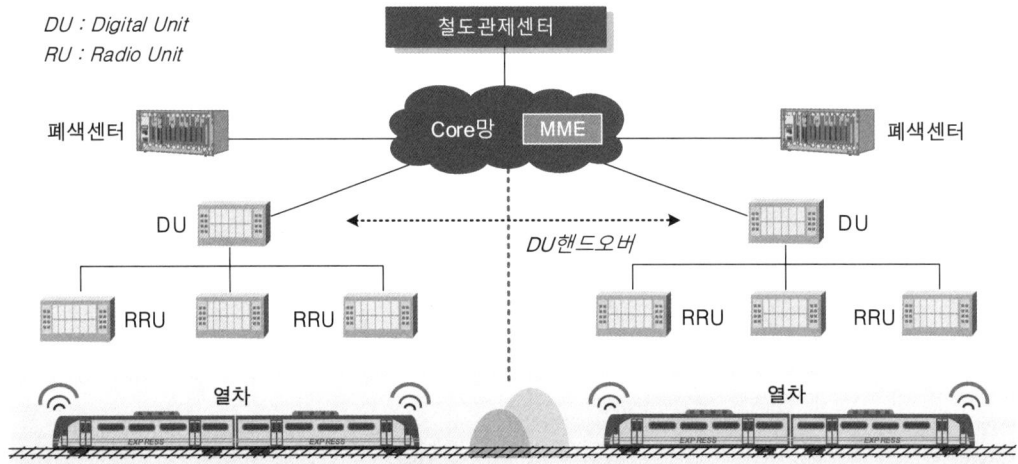

(그림 1-115). 무선통신망의 핸드오버

❷ 시스템의 이중화

LTE 기반 철도통신시스템은 관제센터와 백본망, LTE-R 코어망, DU, RRU, LTE-R 단말로 구성되며 이러한 시스템은 이중화를 통하여 시스템의 가용성과 신뢰성을 향상시킬 수 있다. 시스템의 이중화는 유선망 구간은 LTE-R 코아망을 의미하고 LTE-R 무선 엑세스망은 DU 및 RRU 구간을 의미한다.

❸ 재난안전 통신망과의 접속

LTE-R 기반 철도통신시스템은 공공 안전통합망의 철도분야에 적용되는 네트워크 시스템으로서 LTR-R 서비스에 영향이 없는 범위에서 IMS 기반의 재난안전통신망과 연동 및 로밍서비스를 제공하도록 한다.

1장 철도실무기술

❹ 폐색센터와의 연동

LTE-R 기반 철도통신시스템은 열차운행정보의 수집 및 열차제어정보의 전달을 위하여 폐색센터와 LTE-R 코어망과의 인터페이스를 제공한다.

❺ 데이터 저장장치와의 연동

LTE-R 기반 철도통신시스템은 철도의 운영을 위하여 음성, 영상, 데이터 서비스를 제공하므로 해당 정보의 저장장치를 구성하여 발생 및 수집되는 정보를 저장, 조회 및 삭제할 수 있도록 한다.

(표 1-38). LTRE-R 철도통신망의 서비스 특징

서비스 분류	세부 서비스
열차제어 데이터서비스	① 열차이동국과 폐색센터 간 접속서비스 ② 열차운행 모니터링 서비스 ③ 열차제어권 데이터 정보전송 서비스
음성서비스	① 개별 음성통화 서비스 ② 긴급통화 서비스 ③ 음성 방송통화 서비스 ④ 그룹 음성통화 서비스 ⑤ 열차호출 서비스(기능 어드레싱) ⑥ 위치기반 통화 서비스(위치기반 어드레싱) ⑦ 입환모드 통신 서비스 ⑧ 직접 통신 서비스 ⑨ 음성통화 녹취 서비스 ⑩ 재난 안전통신망 연동 서비스 ⑪ 기존 통신망 연동 서비스
데이터 서비스	① 데이터 우선순위 서비스 ② 재난안전 통신망 연동 서비스
영상 서비스	① 영상정보 전송 서비스 ② 영상 녹취 서비스 ③ 그룹 간 영상통화 서비스

역무자동화설비(AFC)

> **기본 설명**
> 역무자동화설비(AFC)는 승차권 발매관리에 편의를 제공하고 역무의 통계 전산업무를 자동화하여 신속하고 정확하게 데이터를 처리함으로써 업무효율을 향상시킨다. 도시철도, 버스 등과 통합하여 요금을 자동으로 정산하고 운송실적을 분석할 수 있다.

1 머리 기술

1974년에 개통된 수도권 전철은 수도권 교통난 해소와 수도권 인구 분산정책의 일환으로 추진되었으며, 개통 초기 승차권 발매와 개집표 업무는 인력에 의해 처리되었다. 그러나 수도권 주변 도심개발로 이용객이 증가하면서 전철 이용의 편리성을 도모하기 위하여 1977년 최초로 서울 지하역에 승차권발매기를 설치하여 인력에 의한 매표는 다소나마 해소되었다. 1984년 프랑스 제작사와 장비도입 계약에 의하여 1986년부터 본격적인 역무자동화가 시작되었다.

역무자동화설비는 승객이 자동개집표기를 통과해 열차에 탑승하고 하차할 수 있도록 하는 시스템으로서 기존 지하철, 버스 등과 통합하여 요금을 자동으로 정산하고 각종 운송 통계집표를 이용해 운송실적과 이용현황 등을 분석할 수 있도록 한다. 오늘날에 도입된 지하철 승차권제도는 이용승객의 편리성·신속성 등 서비스 향상 및 대중교통수단으로서의 효율성을 극대화하기 위하여 최신 기술방식인 RFID 비접촉 IC카드 시스템으로 되어있다.

1장 철도실무기술

2 역무자동화 체계

승차권의 매표 및 집표는 인력으로 처리하는 인력 발매처리체계와 자동발매기 및 자동개집표기에 의한 자동 발매처리체계로 구분된다. 역무자동화 처리체계는 승차권의 매표에서부터 개집표에 이르기까지 모든 역무를 자동화기기에 의해서 수행하는 밀폐형 역무자동화 처리체계와 승차권 매표업무만 자동화기기를 이용하고 개표 및 집표 업무는 인력으로 처리하는 개방형 발매자동화 처리체계로 구분된다.

(그림 1-116). 역무자동화설비

역무자동화체계 분류

❶ 밀폐형 역무자동화체계(Closed Afc System)

승차권에 사용기간, 구역, 회수 또는 금액 등 승차권에 대한 정보가 수록되어 개집표에 의하여 자동 검표하는 유형으로 이 체계의 특징은 정액권 및 복수권 등과 같은 승차권을 사용할 수 있다. 이 방식은 세계 주요 도시에서도 운용되고 있으며 어떠한 운임체계에서도 적용이 가능하고 부정 승차율을 감소시키는 장점이 있다.

❷ 개방형 역무자동화체계(Open AFC System)

승차권의 발행은 자동화기기에 의해 수행되나 개표 및 집표는 무인 또는 인력에 의해 처리되는 체계로서 모든 승차권의 자기띠에 출발지, 목적지, 사용회수 또는 유효기간 등이 기록되고 표지 부분에도 이와 유사한 내용들을 인쇄하여 목적지에 집표기가 없을 때나 출발지에 개표기가 없는 경우에도 역무원에 의하여 처리할 수 있게 한다.

3 자동화시스템의 구성

수도권 전철구간에서 운영되고 있는 역무자동화설비는 중앙전산기(DB서버)에서 각 역에 설치된 역 단위 전산기로부터 수신한 각종 정보 즉, 승차권 판매현황과 승객이용 현황 등의 회계·통계자료들이 통신제어전산기를 거쳐 종합 집계되는 전산시스템이다.

- **자동개집표기**(AG Automatic Gate) : 전철 승차권의 자상 띠에 기록된 정보를 판독 및 기록하여 승차 구간의 여객 이동을 통제하는 기기이다.
- **자동발권기**(TOM Ticket Office Machine) : 여객이 사용하는 전철 승차권을 철도 종사자가 조작하여 발권하는 기기이다.
- **자동발매기**(POM Passenger Operated ticked issuing Machine) : 여객이 직접 주화 또는 지폐를 사용하여 전철 승차권을 발행하는 기기이다.
- **역단위 전산기**(SMS Station Monitoring System) : 각 역의 역무실에 설치되어 해당 역에 설치된 AFC장비들을 감시·통제하고 AFC장비로부터 전송된 회계·통계자료를 중앙전산기로 전송하며, 기기 운영에 필요한 정보를 각 장비로 전송하는 시스템이다.

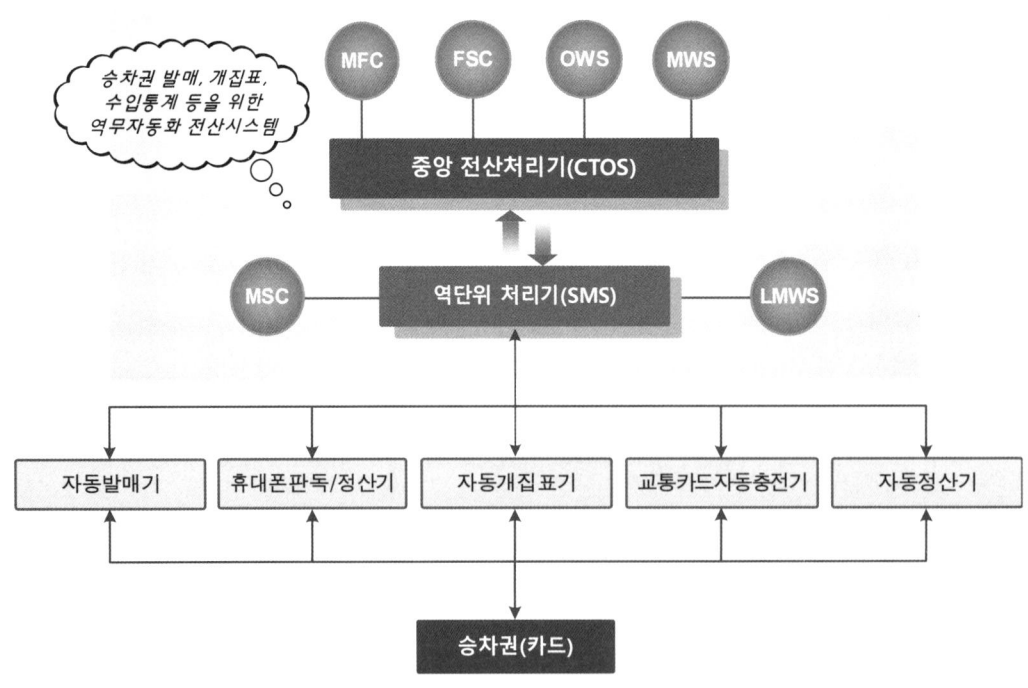

(그림 1-117). 역무자동화설비의 흐름도

- **중앙 전산기(MFC Main Frame Computer)** : 모든 역에 대한 시스템 운영상태 및 회계·통계자료 등의 운영 자료를 종합처리하고, 보고서 발행 및 고장정보 등을 수집 분석하는 전산기이다.
- **운영자전산기(OWS Operation Work Station)** : 역무자동화 시스템 운영에 필요한 역정보·역간 운임정보·장비정보·파라미터 전송정보 등의 작업을 운영자가 처리하고 각종 운영에 관한 회계 및 통계보고서 등을 출력하는 전산기이다.
- **유지보수전산기(MWS Maintenance Work Station)** : 역무자동화장비의 고장 및 장비에 대한 현황·통계자료 등을 처리하여 유지보수 정보를 실시간으로 조회할 수 있는 전산기이다.
- **자동발매기(ATVM Automatic Ticket Vending Machine)** : 승객이 지폐 또는 동전을 투입한 후 버튼을 조작하여 승차권을 자동 발매하는 장비이다.
- **자동개집표기(AGM Automatic Gate Machine)** : 승차권에 기록된 정보를 판독 및 기록하고 유효한 승차권을 소지한 승객들이 요금지불지역과 자유통행지역을 왕래할 수 있도록 하는 장비이다.

(그림 1-118). 자동발매기(좌), 자동개집표기(우)

- **중앙발권시스템(CTOS Central Ticket Office System)** : 승차권 발급시스템의 명령에 의하여 모든 종류의 승차권을 발행하고, 승차권에 키입력과 정보의 초기화 내용 기록·확인 및 보안모듈에 승차권 발급에 필요한 보안 알고리즘·보안키 입력이 가능하다.
- **자동발권기(TOM Ticket Office Machine)** : 승객이 요구하는 승차권을 역무원이 직접 기기를 조작하여 1회권 발권, 승차권에 대한 정산·충전·회계내역 조회 등을 수행할 수 있는 장비이다.

- **무인보충기(SSC Self Service Charger)** : 자유 통행지역 내에 설치되어 있으며 승객이 소지한 승차권 카드의 금액이 소진되었을 경우에 금액을 보충하여 지하철을 이용하기 위한 장비이다.
- **자동정산기(AAM Automatic Addfare Machine)** : 이동한 구간에 부족한 금액의 승차권을 판독하여 승객이 직접 부족한 금액을 투입한 후 버튼을 조작하여 승차권을 정산하는 장비이다.
- **감시반(MP Monitoring Panel)** : 해당 역의 역사구조에 따라 매표소가 2곳 이상인 경우 감시반을 이용하여 역사 내의 AFC장비를 감시 및 통제하는 기능을 한다.

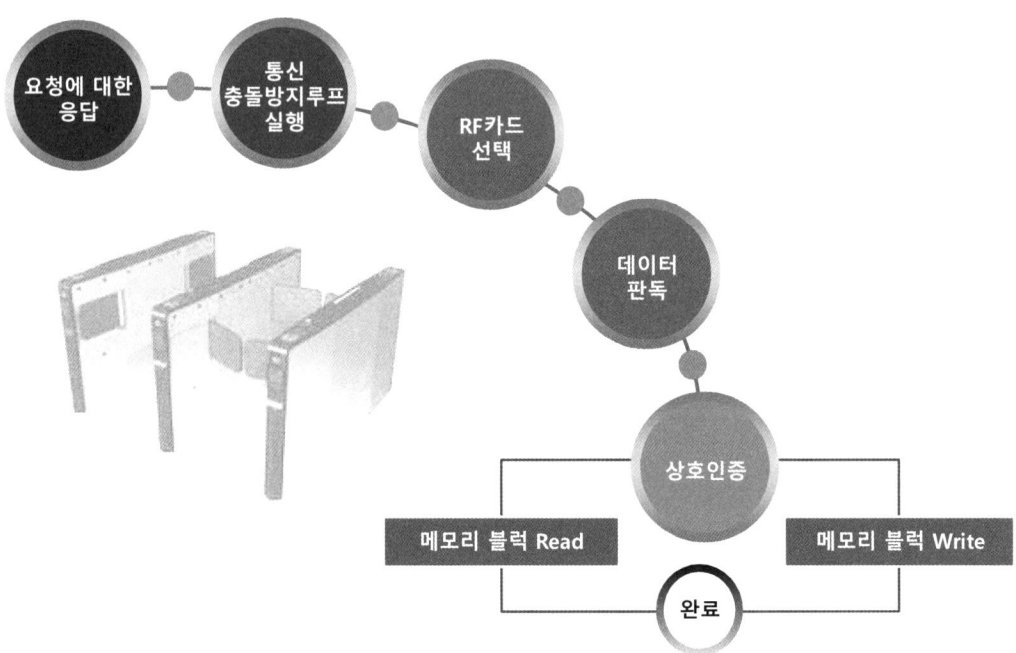

(그림 1-119). 교통카드와 판독기 간의 통신처리

4 자동개집표기의 산출

운영자가 탄력적으로 개집표기를 운영할 수 있도록 양방향 통행이 가능한 개집표기 설치를 원칙으로 하되 승차 인원과 하차 인원을 고려하여 단방향으로 운영하는 경우에는 개표기 또는 집표기를 설치할 수 있다. 한편, 개집표구 형태 및 철도사업자와의 협의에 의하여 개집표기 수량을 조정할 수 있다.

(그림1-120). 자동개집표기

(표 1-39). 자동개집표기 통로 수 산출

통로 수	첨두시 승하차 인원
4개	3,500명 미만
5개	3,500명 이상 ~ 5,200명 미만
6개	5,200명 이상 ~ 7,000명 미만
7개	7,000명 이상 ~ 8,500명 미만
8개	8,500명 이상 ~ 10,000명 미만
9개	10,000명 이상 ~ 12,000명 미만
10개	12,000명 이상 ~ 14,000명 미만
11개	14,000명 이상

$$개표통로 = \frac{첨두시\ 최대승차승객 \times 1.3}{2,880명} + 1통로(예비)$$

$$집표통로 = \frac{첨두시\ 최대승차승객 \times 1.5}{1,920명} + 1통로(예비)$$

여기서, 2,880명 : 개표시 처리 승객(48명/분),
1,920명 : 집표시 처리 승객(32명/분)
1통로 : 고장대비 예비통로

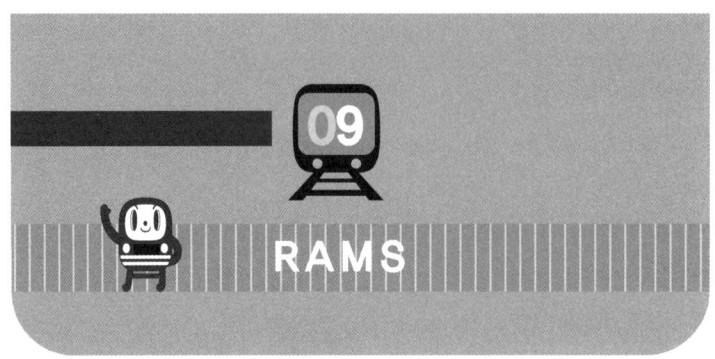

기본 설명

RAMS는 철도 서비스의 품질을 결정하는 중요한 요소로서 시험, 통계분석, 신뢰성공학 및 안전공학 등의 요소 기술과 데이터베이스, 정보시스템과 같은 정보화 기술을 결합하여 시스템의 신뢰성, 가용성, 유지보수성, 안전성 향상을 지원한다.

1 RAMS의 개요

철도 RAMS의 목적은 성능지표, 성능평가, 중요 요소 발굴, 발생 가능한 위험요소의 분석 및 개선조치 등을 정량적으로 평가하는 활동을 통하여 제품의 신뢰성을 객관적으로 증명하고 경쟁력을 강화하며, 재설계 비용을 감축하는 것이다.
시스템의 설계단계에서부터 제작 그리고 시스템을 설치하고 운용하기까지 철저한 검증 작업을 통하여 설계자와 사용자가 원하는 동작과 안전성을 갖고 있는지에 대해서 확인하는 것이 중요하며, 이러한 검증 작업을 통해 시스템을 신뢰할 수 있어야 한다.
RAMS는 IEC 61508을 기본 규격으로 산업분야 별로 차별화하여 신뢰성, 안전성의 확보에 필요한 분석, 설계, 구현, 테스트, 유지보수 활동과 관련된 기술적, 절차적 요구사항을 안전무결성 수준별로 차별화하여 적용한다.

(표 1-40). RAMS 산업분야 별 규격

기본규격	철도(Railway)	핵원자력(Nuclear)
IEC 61508	IEC 62278 IEC 62279 IEC 62425	IEC 61513
자동차(Automotive)	선박(Marine)	항공우주(Aerospace)
ISO 26262	ISO 178946	DO-178 DO-254

2 RAMS의 요소

RAMS는 Reliability(신뢰성) Availability(가용성) Maintainability(유지보수성) Safety(안전성)의 첫글자를 딴 복합어이다.

RAMS는 한 시스템에서 장기간 운영에 대한 특성으로써 사용자가 시스템에 대해서 신뢰를 갖고 어느 정도로 시스템이 가동되며 또 고장발생에 대한 어떤 동작을 하며 이러한 일련의 활동이 어느 정도의 안전성을 갖고 있는지에 대해서 연구하는 것을 의미한다.

즉, RAMS는 제품의 설계단계부터 폐기 때까지 최상의 품질과 안정된 시스템을 구현하고자 하는 활동을 말한다.

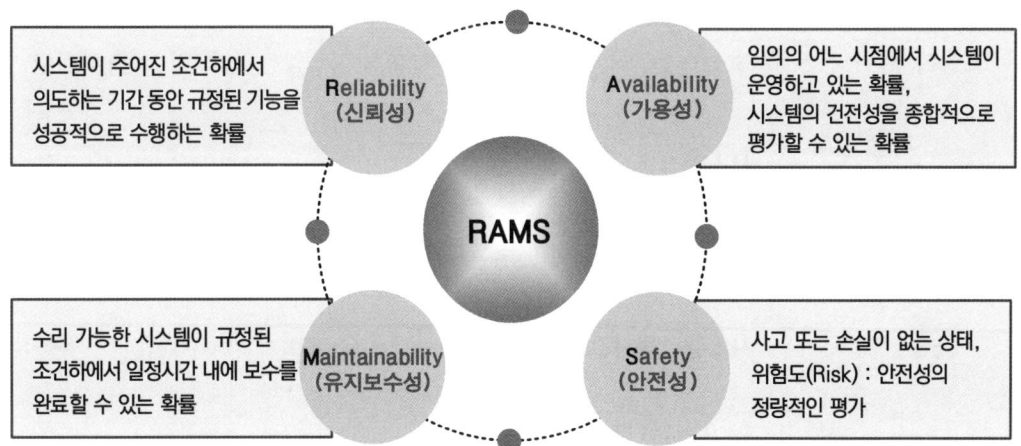

(그림 1-121). RAMS와 구성요소 용어 정의

신뢰성 (Reliability)

신뢰성은 어떤 재료, 부품, 시스템 등이 규정된 조건(사용, 환경)에서 정해진 기간 동안 고장 없이 의도한 기능을 만족스럽게 수행하는 성질을 의미하는 것으로써, 해당 품질의 시간적 안전성으로 제품이 출하된 후 폐기되기까지 고장 없이 사용될 가능성이다.

신뢰성은 평균고장간격(MTBF)으로 제시된다.

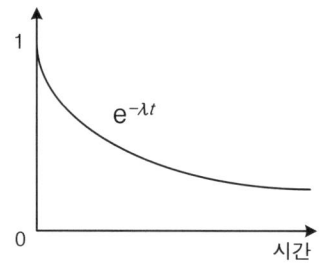

(그림1-122). 신뢰성과 무고장

$$MTBF = \frac{1}{\lambda}$$

$$신뢰성(R) = e^{-\lambda t}$$

신뢰성이 높다는 것은 정상적으로 작동할 확률이 높다는 것이다. 시스템의 기능이 복잡해지면 요구조건도 높아지므로 신뢰성이 떨어지게 된다.

가용성 (Availability)

가용성은 시스템이 어떤 사용조건에서 특정의 시기에 주어진 기능을 올바르게 동작하여 시스템의 기능을 이용할 수 있는 확률로서, 신뢰도와 보수율을 종합하여 평가의 척도로 사용된다.

신뢰성은 시간 간격에 의해 결정되지만 가용성은 순간적인 시간에 의해 결정된다. 가용성은 고장이 얼마나 자주 발생하는가와 얼마나 빨리 회복할 수 있는가에 의해 측정된다.

$$가용성(A) = \frac{시스템작동시간}{시스템작동시간 + 시스템정지시간}$$

$$= \frac{시스템작동시간}{시스템작동시간 + (고장수 \times MTTR)}$$

$$= \frac{시스템작동시간}{시스템작동시간 + (시스템작동시간 \times MTTR)}$$

$$= \frac{1}{1 + (\lambda \times MTTR)}$$

$$= \frac{MTBF}{MTBF + MTTR}, \quad \lambda = \frac{1}{MTBF}$$

1장 철도실무기술

▓ 유지보수성 (Maintainability)

'유지보수성'이란 시스템에 고장이 발생했을 때 필요한 외적자원이 공급된다는 가정에서 시스템을 정비하여 원상복구 할 수 있는 확률이다.

▓ 안전성 (Safety)

안전성은 인간을 위험으로부터 보호하고 시스템의 오동작을 방지하기 위한 시스템의 확률이다.

안전의 향상은 위험측 고장의 발생 확률을 줄이고 취급 부주의 시에도 사고를 줄이는 것이다. 이와 같이 신뢰성을 확보하기 위하여 시스템을 가급적 결함허용 시스템으로 구성하여야 하며 예측되는 결함이나 위험에 대비하여 대책을 강구해야 한다.

안전성은 시스템의 위험한 출력을 차단하고 유한한 범위 안에 한정되는 제어시스템의 기본적인 성질이다.

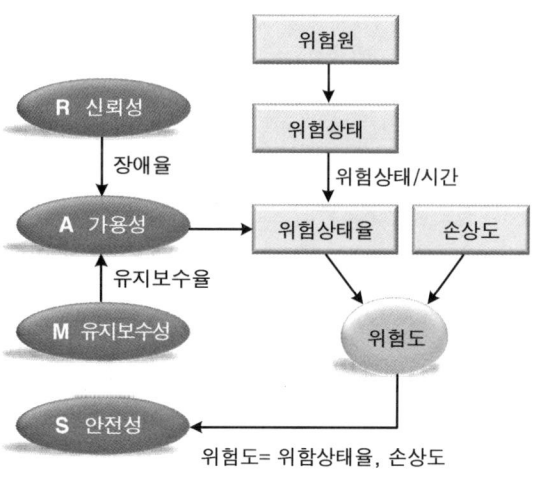

(그림1-123). RAMS와 위험도의 관계

3 신뢰도 산정

신뢰성과 신뢰도는 영어로 'Reliability'라고 하지만, 신뢰성은 정성적인 뜻을 나타내고 신뢰도는 정량적인 의미를 나타낸다. 신뢰도의 의미에서 중요한 것은 정량화하기 위하여 확률로 표현한 것이다. 따라서 신뢰도란 어떤 정해진 기간, 정해진 사용조건 하에서 정해진 대로 고장 없이 기능을 발휘할 수 있는 확률이다.

▓ MTBF (Mean Time Between Failure : 평균고장간격)

MTBF는 시스템이 한번 고장이 발생한 후 다음번 고장이 발생하기까지의 기간으로써, 사용과 수리를 반복하여 사용되는 기기의 경우 평균적인 고장발생 간격이다.

MTBF는 어떤 하드웨어 제품이나 구성요소가 고장이 없는 시간이 얼마나 되는지에 관한 척도이다. 이 척도는 대부분의 하드웨어나 구성요소들을 선택하는데 있어 중요한 요소로 작용한다. 제품의 결함을 보완한 후부터는 구성요소 등에 의한 우발고장이기 때문에 평균고장간격 또는 이 역수인 고장률이 적용된다.

MTBF는 고장에서부터 다음 고장까지의 동작시간의 평균치이다.

$$MTBF = \frac{총가동시간 - 총고장시간}{고장 횟수}$$

MTTF (Mean Time To Failure : 평균고장수명)

어떤 하드웨어 제품이나 구성요소가 고장 수리 후 다음 고장까지의 시간을 의미하는 것으로써 수리하지 않은 부품 등의 사용 시작으로부터 고장이 발생할 때까지의 동작시간의 평균치이다. 이 척도는 대부분의 하드웨어나 구성 요소들을 선택하는 데 있어 중요한 요소로 작용한다.

MTBF와 MTTR

MTTF는 고장까지의 평균시간으로 이는 수리 불가능한 경우에 해당하며, MTBF는 수리 가능한 경우로써 평균고장간격 시간으로 표현되고, 수리 가능과 불가능의 경우를 나누어 표현은 하되 같은 개념으로 사용된다.

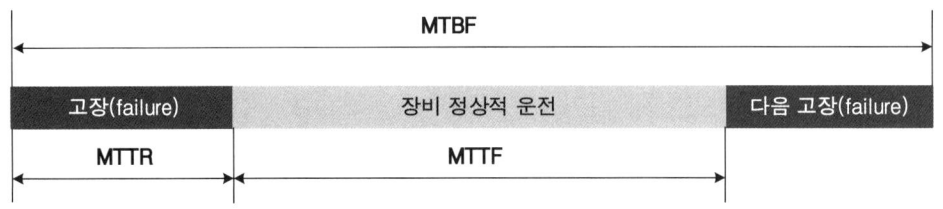

(그림 1-124). MTBF의 상호관계

MTBF와 MTTF는 고장을 분석하고 그 원인을 찾아내며 신뢰성을 추구하는데 아주 중요하고 많이 활용되어지는 개념이다.

$$MTBF = MTTF + MTTR$$

MTBF가 증가하면 신뢰도가 증가한다. 어떤 기간에서 MTBF는 그 기간 중의 총 동작시간을 총 고장 수로 나눈 값으로 추정된다. 예를 들면, 600시간 중에 3회의 고장이 발생했을 때 그 기간의 MTBF는 600/3 = 200시간이 된다.

▓ MTTR (Mean Time To Repair : 평균수리시간)

MTTR은 수리시간의 평균치로서 고장유지 시간을 말한다. 즉, 고장이 발생하여 가동하지 못한 수리시간의 평균치이다. MTTR은 부품, 시스템 등의 보전성을 나타낼 때에 사용하며, 이것이 짧을수록 보전성이 높은 것으로 된다.

$$MTTR = \frac{총\ 고장시간}{고장\ 횟수}$$

▓ 가용도 (Availability)

가용도란 시스템의 전체 운영시간에서 고장 없이 운영되는 시간의 비율을 의미한다.

$$가용도 = \frac{MTTF}{MTBF} \times 100 = \frac{MTTF}{MTTF + MTTR} \times 100$$

예를 들어, 100분 가동·20분 고장, 150분 가동·18분 고장, 80분 가동·25분 고장으로 가동과 고장이 반복하여 발생하였다면,

- 총 가동시간 : 100+150+80 = 330분, 총 고장시간 : 20+18+25 = 63분
- MTBF = $\frac{330-63}{3}$ = 89분
- MTTR = $\frac{63}{3}$ = 21분

4 RCM(신뢰성중심유지보수)

RCM이란 Reliability Centered Maintenance의 약어로써 신뢰성을 기반으로 하는 유지보수를 말한다. RCM은 1960년 미국에서 군용 항공기 보전계획수단으로 처음 개발되었고, 우리나라에서는 1980년대 군장비 현대화에 따라 전차개발에 최초로 RAMS의 신뢰성 개념이 적용되었으며, 1990년대에 원자력 분야에서 RCM을 도입하였다.
RCM은 설비보전방식의 하나로 설비의 각 부품 단위별로 고장기능을 분석하고 부품의 교체시기를 사전에 판명하고 교체함으로써 사전에 고장을 예방하고 시스템이 정상기능을 유지하여 생산성을 향상시킬 수 있다.

▓ RCM 필요성

철도차량정비를 포함한 모든 정비분야에 RCM을 바탕으로 유지보수하는 이유는 기존의 예방정비 위주의 유지보수는 과잉정비로 인한 비용의 낭비 요소가 많고, 부품이나 정비주기에 대한 신뢰도가 부족한 측면이 있기 때문이다.

RCM은 기능정비에 역점을 두는 것으로 시스템이 주어진 상태에서 정상적인 작동을 보장하기 위해 시스템의 특성을 고려하여 효과적인 정비를 하기 위함이다.

시스템의 고장내용이나 부품교환 등 정비내용을 정확하게 기록·분석하여 체계적인 정비정책에 반영함으로써 안전성과 가용성을 보장하는 신뢰성 개념으로 정비할 수 있다.

▓ RCM 분석

RCM 분석은 논리적인 선택 표준을 기초로 하여 장비의 수명주기 동안 신뢰도를 증가시키기 위한 정비업무가 무엇인가를 도출해 내는 것이다.

RCM은 최소의 순기 비용으로 장비에 설계된 고유 신뢰도와 안전도를 유지하는데 필수적인 정비업무 소요와 업무량을 결정하기 위한 해석이다. RCM 분석을 수행하기 위한 요소는 중요품목 선정, 고장유형 및 영향분석(FMEA), 신뢰도 중심 정비논리, 운용자료 수집 및 분석이다.

중요 품목 선정	FMEA	RCM 논리	운용자료 수집/분석
• 기능분해 • 중요기능 품목 • 중요구조 품목	• 기능고장 • 고장유형 • 고장영향	• 고장결과 • 정비형태 선정	• 운용경험 • 최신화 • 생산향상

(그림 1-125). RCM 분석단계

5 SIL(안전무결성수준)

IEC-63508에서의 안전무결성 수준은 주어진 조건에서 안전 관련 시스템이 주어진 시간 내에 요구되는 안전기능을 만족스럽게 수행할 수 있는 확률로 정의하고 있다.

SIL(Safety Integrity Level, 안전무결성수준)은 시스템의 최초 개념 설계부터 폐기까지를 예측하여 설계와 생산에 접목시키는 기술로서 설계, 시험 및 운용 자료를 수집·분석하여 데이터베이스화하고 RAMS 요소 별 예측 및 분석활동을 실시하여, 설계지원·평가, 설계 개선 및 대책방안 도출로 최고의 품질과 안전성을 확보하는 기술이다.

안전성의 확보에 필요한 분석, 설계, 구현, 테스트, 유지보수 활동과 관련된 기술적, 절차적 요구사항을 안전무결성 수준별로 차별하여 적용한다.

SIL은 전기 전자 제어시스템에 대한 안전성 기본규격인 IEC61508에서 뿐만 아니라 자동차, 선박, 우주항공 핵원자력 등 여러 산업분야 별로 차별화하여 관련 규격을 적용하고 있다. 유럽철도규격인 CENELEC의 EN50126(IEC62278), EN50128(IEC62279), EN50129(IEC62425)에서도 언급하고 있다.

(표 1-41). 산업분야 별 SIL규격

기본규격	철도(RAILWAY)	자동차(AUTOMOTIVE)
ICE 61508	EN 50126(IEC 62278) EN 50128(IEC 62279) EN 50129(IEC 62425)	ISO 26262
선박(MARINE)	핵원자력(NUCLEAR)	항공우주(AEROSPACE)
ISO 17894	IEC 61513	DO-178 DO-254

SIL의 탄생배경

2005년 12월 11일 영국 Buncefield 연료저장소에 폭발이 발생하였다. 이곳은 영국에서 5번째로 큰 연료저장 Terminal로서 총 저장능력이 7,700만 리터이고 영국 자동차 연료의 5%를 공급하는 규모이다.

이날 폭발로 헤멜 헴스테드 인근의 수 많은 주민들이 소개되고, 다른 주민들은 타는 연료에서 나오는 화염을 피하기 위해 외출을 삼가도록 당부하였다. 사고 당시 휘발유 및 경유 3,850리터가 26개 탱크에 보관 중이었으며, 이들 탱크 중 21기가 파손되었다.

이 사고로 인하여 사고조사위원회는 제품의 안전성 검증요구 및 체계적인 안전무결성 수준(SIL) 확보와 높은 안전무결성을 지닌 저장소 시스템의의 오작동·결함 등을 사전 탐지하는 설계 운영에 대한 시스템을 제안하였다.

SIL 산업분야 규격

SIL은 IEC61508을 기본 규격으로 산업분야별로 차별화하여 관련 규격을 적용하고 있다. 각 분야 별로 규격 기준으로 안전성 확보에 필요한 분석, 설계, 구현, 테스트, 유지보수 활동과 관련된 기술적, 절차적 요구사항을 안전무결성 수준 별로 차별화하여 적용한다.

SIL의 실패확률 및 등급

- 각 Safety function에 대하여 표준에 따라 약간씩 상이하게 안전무결성 등급이 정의되며, 각 등급은 해당 function의 위험스런 실패의 허용 가능한 수준을 의미한다.
- SIL등급의 숫자가 높을수록 요구되는 안전무결성의 수준이 높다. 그만큼 위험하므로 안전성 관리의 수준 또한 높아져야 한다.
- 현재 4등급으로 구분되어 SIL1~SIL4로 구분되어 있으며 SIL이 높을수록 시스템의 신뢰성이나 효율성이 더 높다.

(표 1-42). SIL등급의 고장확률

등 급	안전성 확보수준	실패확률	예상치 못할 장애발생 가능성
SIL1	90%~99%	1%~10%	1년~100년 사이
SIL2	99%~99.9%	0.1%~1%	100~1,000년 사이
SIL3	99.9%~99.99%	0.01%~0.1%	1,000~10,000년 사이
SIL4	99.99% 이상	0.01% 이하	10,000~100,000년 사이

* ANS/ISA-S84.01 및 국제전기위원회 IEC 61508에서 규정

SIL 기준 장애확률

- SIL1 (1/10~1/100) : 1~100년 사이에 예상치 못한 장애발생 가능
- SIL2 (1/100~1/1,000) : 100~1,000년 사이에 예상치 못한 장애발생 가능
- SIL3 (1/1,000~1/10,000) : 1,000~10,000년 사이에 예상치 못한 장애발생 가능
- SIL4 (1/10,000~1/100,000) : 10,000~100,000년 사이에 예상치 못한 장애발생 가능

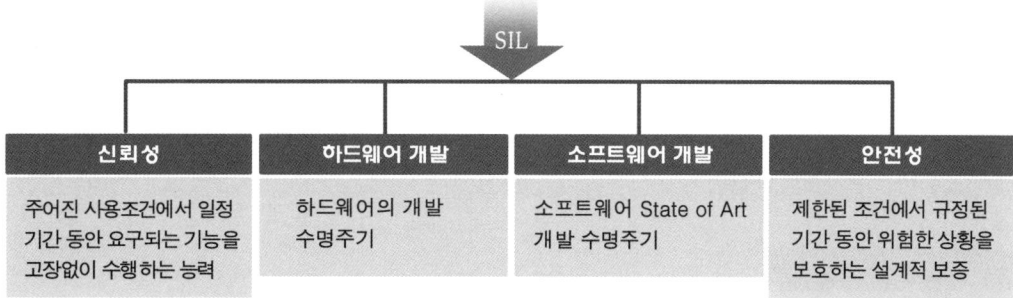

(그림 1-126). SIL과 시스템의 성능구현

SIL(안전무결성수준)의 산정

SIL 개념은 전기 전자 제어시스템에 대한 안전성 기본규격인 IEC61508에서 뿐만 아니라 유럽철도규격인 CENELEC의 EN50126, 50128, 50129에서도 언급하고 있다.

SIL 단계가 높으면 높을수록 시스템 안전기능에 대한 요구사항은 더욱 어려워진다. 즉, SIL 4가 가장 높으며 반면에 SIL1은 가장 낮은 요구사항을 가진다. 또한, SIL1에도 들지 않는 위험이 낮은 기능은 SIL0으로 둔다.

(표 1-43). 철도신호시스템에서 SIL 정도

SIL	안전성 요구되는 무결성 단계	가혹도	사람 또는 기기에 대한 결과	서비스의 결과
4	매우 높음	catastrophic	▪ 다수 사망 ▪ 기기의 매우 큰 손실	주요 시스템 상실
3	높음	critical	▪ 사망 및 부상 ▪ 기기의 중대손실	주요 시스템 상실
2	중간	marginal	▪ 부상 ▪ 기기에 중대손실	시스템의 심한 손상
1	낮음	insignificant	▪ 사소한 손상	시스템의 사소한 손상
0	안전성 무관	negligible	▪ 손상 없음	사소한 고장

THR

시스템의 SIL을 도출하기 위해서는 먼저 시스템이 갖고 있는 허용 가능한 위험률, 즉 THR(Tolerable Hazard Rate)을 도출해야 하는데 THR이란 장치로 인해 야기될 수 있는 위험한 상황의 확률을 말한다. 또한, 시스템의 위험측 고장발생률을 Dangerous Failure Rate라고 하는데 이는 THR보다 작을 경우 장치는 안전하다.

SIL은 시스템 안전도의 지침이 되는 값으로 시스템의 dangerous failure rate 또는 THR로부터 SIL을 도출된다.

무결성수준 모드

(표 1-44). 저요구 모드와 고요구 모드의 무결성 수준

안전무결성 등급	저요구 작동모드에서 운영되는 안전기능 고장기준	고요구 및 연속 작동모드에서 운영되는 안전기능 고장기준
SIL4	$\geq 10^{-5}$, $< 10^{-4}$	$\geq 10^{-9}$, $< 10^{-8}$
SIL3	$\geq 10^{-4}$, $< 10^{-3}$	$\geq 10^{-8}$, $< 10^{-7}$
SIL2	$\geq 10^{-3}$, $< 10^{-2}$	$\geq 10^{-7}$, $< 10^{-6}$
SIL1	$\geq 10^{-2}$, $< 10^{-1}$	$\geq 10^{-6}$, $< 10^{-5}$

- 저요구 작동모드 : 안전관련 시스템에서 이루어진 작동요구 빈도가 연간 1회 이거나 1회 이하인 기능동작 (예시 : 에어백, 비상정지시스템)
- 고요구 연속 작동모드 : 안전관련 시스템에서 작동요구 빈도가 연간 1회 이상인 기능동작
  (예시, 고요구 작동모드 : 브레이크 시스템, 연속 작동모드 : 가스 검지기)

위의 표에서, 안전기능 운영의 목표 고장률은 요구된 설계 기능의 수행을 위한 평균 고장의 확률로써 에어백과 같은 시스템은 SIL2 수준 달성을 위해 평균적으로 100개 중의 1개의 고장을 일으킬 수 있음을 허용하는 허용고장률이다.

위의 표에서 예를 들면, SIL4의 목표를 가지는 시스템은 1억 시간, 즉 10만 년에 한 번의 고장이 일어날 수 있음을 허용하는 것이며, 이것은 주로 항공, 우주 분야의 전자 시스템의 목표고장률로 정의된다.

높은 수준의 SIL은 미션시간 동안 안전기능의 요구된 고장 확률을 결정하고, 시간 당 고장발생 가능한 확률을 결정하기 위하여 요구된 SIL을 유도하기 위하여 미션기간에 따라 SIL을 정의한다.

> **SIL의 계산 예**

열차 충돌에 의한 등가사망자의 기준 위험도 허용수준이 연간 10^{-5} 이하이다. 충돌의 주원인이 비상제동 실패라고 가정하고 비상제동기능 고장에 의한 충돌 시 20회 마다 1명의 기관사가 사망할 경우 허용 위험도 수준을 달성하려면 비상제동기능 실패의 최대 허용고장율을 계산하면,
(연간 동작시간을 20시간 × 365일 = 7,300 시간으로 가정)
10^{-5} / (1/20) = 2 × 10^{-4} /년 또는 2.74 × 10^{-8} /시간
위의 계산에 의해서, SIL3(10^{-8}<THR10^{-7})의 안전무결성에 해당된다.

6 리던던시(Redundancy)

리던던시란 구성품의 일부가 고장이 나더라도 그 구성 부분이 고장나지 않도록 하는 것이다. 이러한 리던던시 설계의 특징은 구성품의 구성 요소를 예비로 가지고 있기 때문에 그 구성품의 고장이 반드시 전체의 고장을 일으키지 않는다. 이와 같이 고도의 신뢰도가 요구되는 특정 부분에 여분의 구성품을 더 설치함으로써 그 부분의 신뢰도를 높이는 방법을 리던던시(Redundancy)라고 한다.

이 방법에는 처음부터 여분의 구성품이 주구성품과 함께 작동하는 병렬 리던던시, 여분의 구성품은 대기 상태에 있다가 주구성품이 고장 나면 그 기능을 인계받아 계속 수행하는 대기 리던던시 다수의 결과에 의하는 n 중 k (k out of n) 리던던시가 있다.

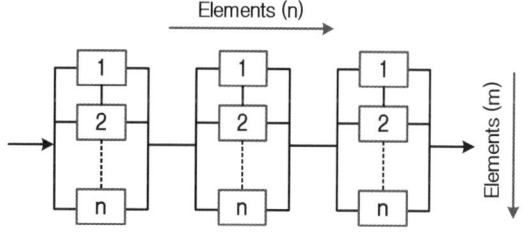

(그림 1-127). 병렬 리던던시 방법

하드웨어의 여분(Redundancy) 구조

결함허용은 시스템에서 발생할 수 있는 결함을 예측하여 결함에 대한 대처방안을 설계에 적용하고, 시스템의 설계요구 사항 중 대표적인 것은 신뢰성, 가용성, 안전성, 성능성, 독립성, 유지보수성 그리고 테스트의 용이성으로서 결함허용은 이러한 요구사항을 이행할 수 있는 능력이다. 여분은 시스템이 정상 동작하는 데 필요한 요소 외에 정보, 자원, 시간을 추가하는 것으로 정의된다.

결함허용에서 하드웨어 여분은 물리적으로 같은 시스템 또는 모듈을 중복해서 사용하는

방법으로 디지털 시스템에서 가장 많이 사용되고 있다. 전자회로 시스템의 물리적인 크기가 작아지고 가격이 저렴해지면서 가장 유용한 방법으로 선택되고 있다.

2중계 시스템

최근 신호설비에 적용되고 있는 이중화 시스템은 마이크로프로세서를 기반으로 안전성을 확보하고 있으며, 이중화 시스템의 개념은 두 출력을 동일하게 요구하는 것이다.
이중화 시스템은 동일한 입력에 두 개의 프로세서가 연결되어 같은 기능을 수행하며 비교기에서 두 출력이 동일할 때만 출력을 발생한다.
결함은 두 출력이 불일치할 때에만 검출되며 두 프로세서가 동작하는 동안 각 프로세서의 내부 상태정보를 상호 비교한다.

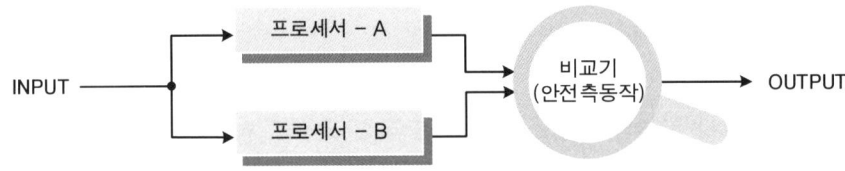

(그림 1-128). 시스템 이중계의 개념

이중 시스템의 전형적인 두 하부 시스템은 통신채널 레벨에서 내부 상태정보의 교환과 비교한 후 시스템의 출력 상태를 궤환시켜 다시 입력으로 제공한다.
이중화 회로는 특별한 하드웨어로 구성되어 각 프로세서가 안전상태의 출력을 낼 수 있도록 하고 자기진단 기능은 물론 필요한 경우 시스템을 종료시키는 기능을 한다.

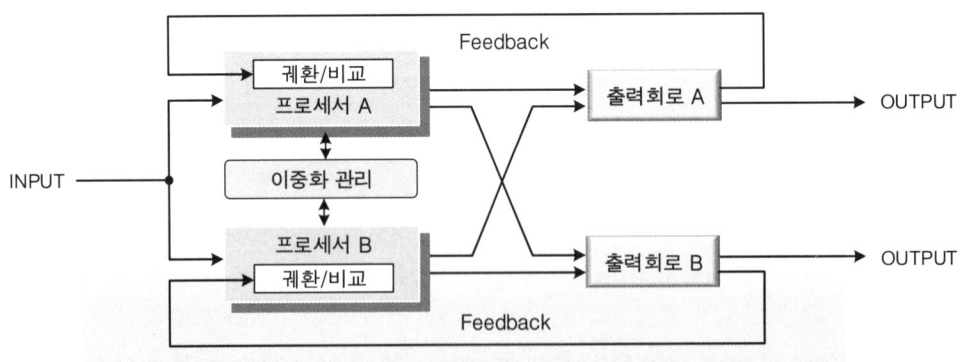

(그림 1-129). 이중계를 통한 안전성

2 out of 3 방식

2 out of 3 방식은 전자연동장치 또는 ATC장치 등에 사용되는 다중처리 모듈방식이다. 프로세서의 연산결과에 대한 오류 확률을 줄여 데이터의 정확도를 높여 시스템을 제어하기 위한 것이다. 이 방식은 동일한 기능을 하는 3개의 프로세서가 병렬로 동작하여 그 연산결과가 2개 이상의 프로세서에서 동일한 값이 출력하여야만 인정하는 방식이다.

출력 값에 대한 높은 안전도를 요구하는 시스템에서 연산 결과가 동일한지 여부를 다중으로 비교 검토함으로써 안전도의 확률을 높이는 방식이다.

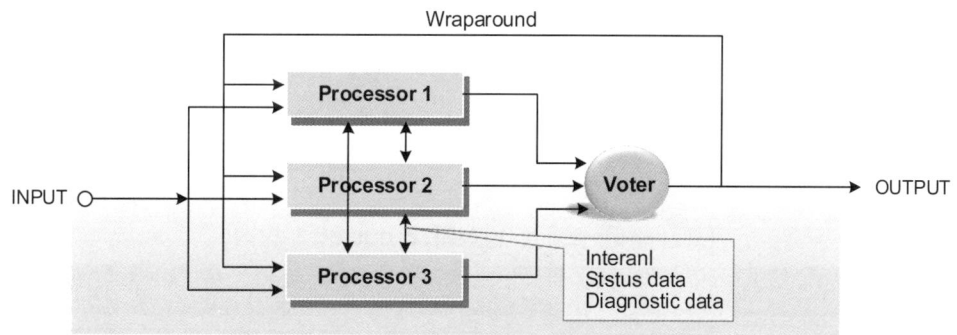

(그림 1-130). Fail operational controller

3중화의 시스템으로 구성되어 있지만 하드웨어의 리던던시 개념으로 볼 때 2중계의 역할과 동일하다. 하나의 프로세서 고장 시에도 운영 중인 2개 프로세서에서 연산된 결과를 비교하여 출력하기 때문에 고장률에 있어 안전성 레벨의 감소는 없다. 2개의 프로세서 고장으로 1개의 프로세서만이 동작할 경우 안전성 확보를 위해 시스템의 출력은 차단되어 기능이 정지된다.

 ☎ 왜, 실내설비만 2중계로 구성하고 현장설비는 단일계로 하는 걸까?

신호기계실 설비는 모든 현장설비를 대상으로 논리제어를 하므로 장애시 모든 현장설비에 지대한 영향을 끼치게 된다. 현장설비는 각 포지션에 설치되고 대부분 2중계가 불가능한 구조로서, 장애가 발생된 구간을 통제(지령)하여 열차를 운행할 수 있다.

신호시스템의 Redundancy

전자기술의 발달로 인하여 신호분야에 획기적인 기술발전이 진행되고 있지만, 이런 마이크로프로세서들은 안전한 동작을 확신할 수 없으므로 신호설비의 안전성을 위해 이중화 개념 도입이 필요하다.

Fail-safe는 시스템이 고장 나는 경우 절대 안전측으로 동작하게 하는 것이 원칙이지만 고장 자체는 신뢰성을 상실하는 것이다.

신호장치의 고장은 수동취급으로 인한 2차 사고를 유발하게 되므로 신호장치는 신뢰성 높은 시스템이 요구되고 있다. 이와 같이 Fail-safe 장치의 신뢰성을 높이기 위하여 2중계 이상의 다중계로 구성하는 것이다.

(그림1-131). ATC의 2 out of 3

(표 1-45). 2중계 방식과 2 out of 3 방식

구분	2중계 방식	2 out of 3 방식
설비구성	INPUT → 프로세서-A, 프로세서-A → 비교 → OUTPUT	INPUT → 프로세서-A, 프로세서-A, 프로세서-A → 비교 → OUTPUT
연산출력	동작측과 대기측의 CPU는 동일하게 동작하나 논리연산 결과는 동작측만 출력하고 대기측은 출력제어를 하지 않는다.	3개의 프로세서가 동일하게 동작하여 2개 이상의 프로세서에서 연산결과가 동일한 경우에만 출력으로 인정된다.
신뢰성	주계 고장시 예비계로 자동절체 되어 동작을 지속할 수 있으며, 2계 모두 고장 시에만 출력이 중단되어 기능을 상실한다.	3개의 프로세서 중 2개 이상의 고장이 발생하면 기능이 정지됨으로써 2중계의 역할과 동일하다(단일 프로세서 사용불가)
안전성	연산오류가 나타날 확률은 희박하지만 2 out of 3 방식보다 안전도는 낮다.	연산오류에 대한 출력 값의 안전도가 2중계 방식보다 높다. 안전도가 향상된다.

KTX의 연동처리장치의 연동프로세싱은 2 out of 3 방식으로써 사용 중 하나의 프로세서에 고장이 발생하여도 나머지 2개의 마이크로프로세서가 서로 연산결과를 비교하여 동일한 경우에 출력하여 시스템의 유용성을 보장한다.

다중처리모듈은 신호의 기본연동을 관리하며 하나의 연동처리 논리부에는 동일한 다중처리모듈이 3중으로 구성되어 있어 2 out of 3 방식으로 동작한다.

거리연산방식에서 지상 ATC는 열차의 정밀한 운전제어를 위해 데이터(프로파일)를 생성하여 차상 ATC로 전송하는 열차제어시스템으로써 2 out of 3 방식을 채용한다.

연속정보에 의해서 열차 간의 간격제어가 되기 때문에 잘못된 정보에 의해 열차제어 시 중대사고가 발생할 수 있다. 따라서 데이터의 안전성 강화를 위한 조치이다.

기본 설명

시스템 구축 시 비용을 최소화하여 최상의 성능을 확보하기 위하여 여러 대안들을 발굴함으로써 불필요한 설비를 줄일 수 있다. 높은 비용을 들이지 않고 시스템의 품질을 보증하기 해서 VE, 생애주기비용, 생애수명주기관리 등의 비용분석이 필요하다.

1 VE(Value Engineering)

VE(Value Engineering : 가치분석, 가치공학)이란 최소의 생애주기비용(LCC)으로 대상 시설물에 대해 최상의 가치를 얻기 위하여 설계 내용에 대한 경제성 및 현장 적용의 타당성을 여러 전문분야의 협력을 통해 기능별, 대안별로 검토하는 체계적인 프로세스이다. 또한, 창조를 통하여 최저의 생애 비용으로 사용자의 요구 기능을 확실히 달성하기 위한 설비의 기능분석과 설계에 의거한 조직적인 개선 노력과 연구 활동이다.

VE의 가치비용

VE에서는 사용가치와 비용가치를 사용한다. 사용가치는 수행능력에 기여하는 제품이나 서비스에 필요한 기능적 특성의 화폐가치의 척도이고, 비용가치는 어떤 제품들을 생산 또는 서비스를 제공하는 필요로 하는 모든 비용의 합계를 의미한다.

$$가치(V) = \frac{기능(F)}{비용(C)} = \frac{사용자\ 요구기능을\ 위한\ 최저비용}{총\ 생애주기비용(LCC)} = \frac{기능비용}{현장비용}$$

1장 철도실무기술

제품 구성요소 별 기능 연구를 통한 가치혁신을 통하여 제품기능을 향상하고 불필요하거나 과인 또는 중복된 요소를 제거함으로써 원가절감을 달성한다

VE의 가치향상 유형

① 모든 기능을 일정하게 유지하면서 비용을 줄인다. (비용절감형)
② 기능 수준을 향상시키면서 비용을 줄인다. (기능혁신형)
③ 기능 수준을 향상시키고 비용을 그대로 유지한다. (기능향상형)
④ 기능 수준도 향상시키고 비용도 증가시킨다. (기능강조형)

Value : 가치
Function : 기능
Cost : 비용

(그림 1-132). VE의 기능과 비용 관계

VE의 시행대상 (철도건설사업 VE업무지침, 개정 2017.4)

① 총공사비 100억 이상인 건설공사의 기본설계, 실시설계,
② 총공사비 100억 이상인 건설공사의 실시설계 완료 후 3년 이상 지난 뒤 발주하는 건설공사
③ 총공사비 100억 이상인 토목공사, 30억 이상인 토목의 신규 착수공사
④ 총공사비 100억 이상인 토목공사 및 30억 이상인 토목 외의 공사로 현장설계 심의위원회에서 규정한 건설공사 설계변경 사항
⑤ 그 밖에 공단이 실시설계 또는 시공단계에서 설계의 경제성 등 검토가 필요하다고 인정하는 건설공사
⑥ 시공자가 도급받은 건설공사에 대하여 설계의 경제성 등 검토가 필요하다고 인정하는 건설공사

설계VE와 시공VE

설계 VE

계획단계에서 발주자가 당해 프로젝트에 종사하지 않는 사람들로 하여금 새로운 VE팀을 구성하고 당초 설계를 재검토하여 LCC 절감을 위한 대체안을 작성하여 채택된 건에 대해서는 최종 설계에 반영하도록 하는 활동을 말한다.

- ■ 설계자에 의한 VE 활동 과정
  - 설계의 단순화 및 규격화
  - 가능한 기성 재료의 모듈에 맞게 설계
  - 설계 시 경험, 판단력이 풍부한 현장 기술자의 자문
  - 불필요한 특수 시공 요소의 최소화

시공 VE

시공단계에서 최초 설계에 종사하지 않은 외부 전문가를 중심으로 시공 VE팀을 구성하여 LCC 절감을 위하여 시공 공정을 재검토하여 대체안을 작성하고 시공단계에 적용하는 것을 말한다.

- ■ 시공자에 의한 VE 활동 과정
  - 경제적인 안전대책 및 장비 활용
  - 실질적인 안전대책 수립
  - 원가절감 시공에 따른 인센티브 지급
  - 입찰 전 현지여건, 인력공급 등의 사업검토

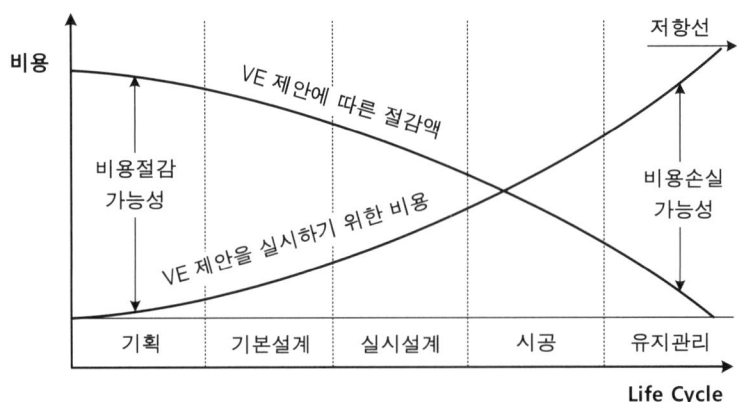

(그림 1-133). VE 시행시기 별 효과 예측

1장 철도실무기술

▓ VE의 수행절차

VE제도는 계획, 기본설계 및 실시설계 단계에서 발주자가 당초 설계 시 당해 프로젝트에 참여하지 않는 사람들로 하여금 새로이 VE 검토팀을 구성하여 프로젝트의 생애주기 비용을 절감하도록 당초 설계를 재검토하여 대체안을 작성하는 것이다.

1단계 준비단계
VE 실무반 구성, 대상선정, 기간결정, 사전교육 및 현장답사 수행, 토론회 계획 수립, 사전 정보분석, 관련 자료의 수집 등

2단계 분석단계
선정한 대상의 정보수집, 아이디어의 창출, 아이디어의 평가, 대안의 구체화, 제안서의 작성 및 발표

3단계 설계단계
VE 실무반은 VE에 따른 비용절감액과 관련 자료(외주 VE시 별도의 보고서)를 VE주관 부서장에게 제출

(그림 1-134). VE 절차, 철도건설사업 VE업무지침

이론과 경험을 토대로 확립된 기법을 체계적으로 사용하여 설계자가 작성한 프로젝트 설계를 설계자 이외의 사람들이 그 프로젝트 또는 그 프로젝트의 구성요소가 요구하는 기능과 비용의 관점에서 분석하여 정리한 후 VE를 제안하여 실제 설계에 반영한다.

2 생애주기비용 (LCC : Life Cycle Cost)

생애주기비용(LCC)이란 시설물의 탄생에서 종말에 이르기 전 과정에 소요되는 전체비용의 종합을 의미한다. 즉, 설계 전 단계(기획 및 타당성 조사단계), 설계단계, 조달(구매)단계, 시공단계, 시공 후 단계(사용 및 유지관리 단계), 폐기처분 단계까지 건설물의 생명주기 동안에 발생되는 전체비용의 총합이다.
LCC는 하나 또는 복수의 대안에 대하여 경제적 주기에 걸쳐서 발생하는 비용을 체계적으로 결정하기 위해 구조물의 경제수명 범위 내에서 각 대안의 경제성에 대하여 일정한 기준을 적용하여 등가 환산한 값으로 평가한다.

LCC 구성항목 조사

① 기획비용 : 계획비, 타당성 조사비
② 설계비용 : 설계자 비용, 엔지니어링 비용
③ 시공비용 : 직접공사비, 간접공사비, 일반관리비
④ 운영비용 : 운영 및 일상수선비(일반관리, 청소비, 전기료, 수도료 난방비 등), 장기 수선비(건축, 토목, 조경, 전기설비, 기계설비, 통신공사)
⑤ 폐기 비용

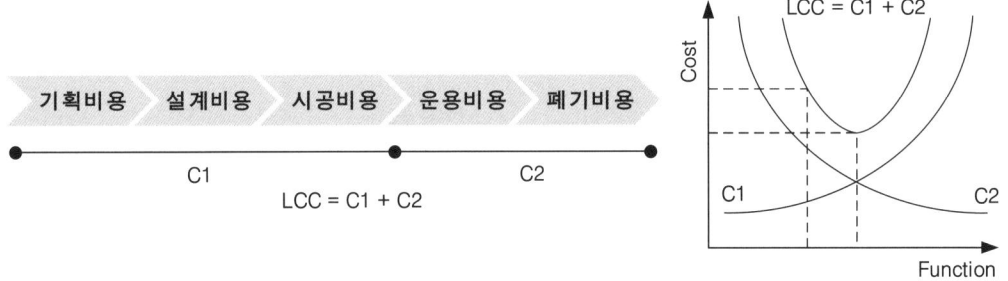

(그림 1-135). LCC 비용항목 구성

VE와 LCC의 관계

LCC 분석은 최소한의 기능과 기술적인 요구조건을 충족시키는 실현 가능한 대안 중에 가장 비용이 적게 드는 대안을 선택하는 것이며, 설계 VE는 기능 자체에 초점을 맞추어 필수 불가결한 기능과 그렇지 않은 기능을 가려냄으로써 불필요한 기능을 제거하여 비용을 절감하기 위한 것이다.

(표 1-46). 설계 VE와 LCC 분석 비교

구 분	공통점	차 이 점	비 고
설계 VE	비용절감 분석	▪ 기능 자체에 초점을 맞추어 불필요한 기능을 제거하여 비용을 절감하기 위한 분석방법	불필요한 기능 제거
LCC분석		▪ 최소한의 기능과 기술적 요구를 충족하는 실현 가능한 대안 중에서 가장 비용이 적게 드는 대안을 선택	대안 선택

1장 철도실무기술

3 제품 수명주기 관리(PLM)

제품수명주기 관리(PLM : Product Life cycle Management)는 제품의 전체 기간에 걸쳐 제품 설계에서부터 제조, 전개 및 유지보수, 그리고 서비스에서 마지막 제품 폐기에 의한 제거까지의 전체 수명주기에 걸친 제품정보를 관리하고 이 정보를 고객 및 협력사에 협업 프로세스를 지원하는 제품 중심의 연구개발 지원 시스템이다.

이미 수많은 유수의 국내외 기업은 점차 기업의 생존이 연구개발에 성과에 따라 달라짐을 인식하고 이에 대한 비중을 높여가고 있고, 이에 따라 연구개발 성과의 재활용성, 효율성을 올리는 것과 아울러, 지적 재산을 보호하고, 연구개발의 관리 및 평가방식의 고도화를 이루기 위한 목적으로 PLM 시스템을 사용하고 있다.

수명주기 단계

일반적으로 제품수명주기는 도입기, 성장기, 성숙기, 쇠퇴기로 구분되며, 제품의 각 주기에 따라 기업 내의 수익성, 경쟁력, 위험도 등이 다르게 영향을 받기 때문에 기업이 생산하고 있는 제품이 수명주기의 어느 단계인가를 알아야 한다.

산업에서 그 산업의 주종을 이루는 제품이 어느 단계에 있는지 제품의 수명주기를 통해 분석할 수 있지만, 제품의 수명주기는 기업들의 경영전략 변화에 대한 대처능력에 따라 다르므로 시장 전반의 명확한 분석이 불가능하다.

도입기 (Introduction)

도입기는 신제품이 시장에 소개되는 시기로 제품의 가격과 이윤율이 높음에도 불구하고 제품 광고비의 과다한 지출 및 판매량의 부진, 그리고 높은 개발비 등으로 기업의 위험 또한 높다.

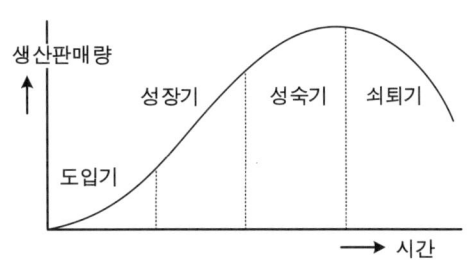

(그림 1-136). 제품수명주기 그래프

성장기 (Growth)

제품에 대한 수요가 점점 증가함에 따라 시장 규모가 확대되고 제조 원가가 하락하여 기업의 이윤율이 증가하는 성장기에 접어들면 기업의 위험이 현격하게 줄어든다.

성숙기 (Maturity)

높은 수익성으로 인하여 새로운 기업이 시장에 속속 진입하기 시작하고 수요가 포화상태로 접어들면 가격의 인하를 통한 경쟁이 시작되는 성숙기이므로 경쟁력이 약한 기업은 산업에서 도태되는 위험한 시기이다.

쇠퇴기 (Decline)

이 시기를 지나면 판매량이 급격히 줄어들고 이윤이 하락하며 기존의 제품은 시대에 뒤떨어진 상품으로 전락하는 쇠퇴기가 된다.

▌수명주기 요구사항 분석 14단계

신호시스템의 안전관련 전자설비에 대한 기준인 IEC62425는 신호설비의 기능, 품질, 안전에 대한 수락 및 승인조건 내용을 제시한다.
소프트웨어 안전 규격인 IEC62279는 철도시스템의 소프트웨어 무결성 레벨에 따른 구조, 설계, 실행, 확인, 검증시험, 통합에 대한 각각의 요구사항과 검증기준을 제시한다. IEC62278은 설비의 수명주기를 개념수립에서 폐기까지 14단계로 구분하여 각 단계별로 목적, 입력요건, 요구사항, 산출문서, 검증기준 등을 제시한다.

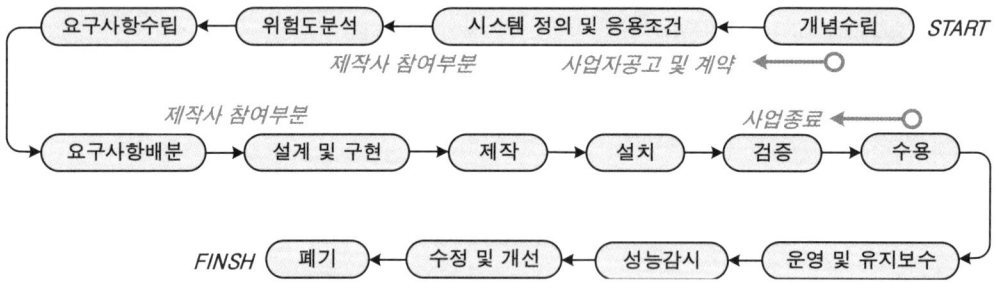

(그림 1-137). IEC62278의 설비 수명주기 14단계

4 확인과 검증

활동절차 및 활동사항은 14개의 단계로써 V-Cycle 모델을 하고 있으며, 설계 및 구현은 다음과 같이 구성되며 RAMS 엔지니어는 이를 수행하여야 한다. IEC62278에서는 시스템 수명주기를 14단계로 분류하여 확인(Verification)과 검증(Validation) 활동을 적용한 V모델을 언급하고 있으며, 실체로 많은 RAMS 활동들이 V모델을 적용하여 수행되고 있다.

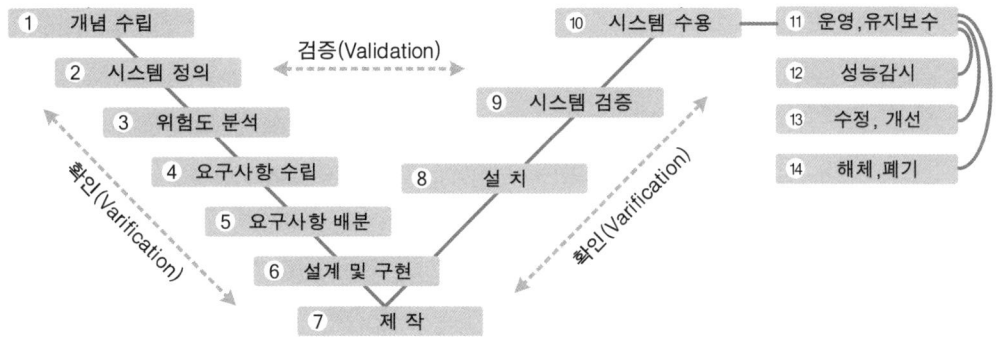

(그림 1-138). 시스템 수명주기 V-Cycle 모델

대부분의 기업에서 막대한 비용이 소요되는 리콜, 제품 재작업 등 문제의 주요 원인으로는 효과적인 제품설계의 Verification(확인) 및 Validation(검증) 프로세서의 부족을 들 수 있다. 설계가 진행됨에 따라 디지털 또는 물리적 방법을 통하여 고객의 요구사항이 충족되었는지 확인하는 작업은 제품 개발에서 매우 중요한 부분이며 이로써 막대한 지출과 시간 지연을 방지할 수 있다.

Verification(확인)과 Validation(검증)은 설계가 요구사항을 충족하는지 확인하는 프로세서이다.

Verification에서는 구체적인 요구사항이 제품에 제대로 반영이 되었는지 확인하며 제품이 올바르게 제작되었음을 보장한다. Validation에서는 제공된 제품이 의도했던 대로 작동했는지 확인하며 올바른 제품을 제작하였음을 보장한다.

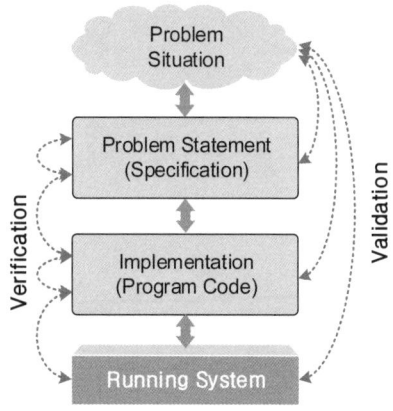

(그림 1-139). 확인과 검증 절차

Verification (확인)

Verification(확인)은 개발단계의 산출물이 그 단계의 초기에 설정된 조건을 만족하는지 여부를 결정하기 위해 구성요소나 시스템을 평가하는 프로세스이다.

Verification은 need(요구, 명세)에 따라 제품이 설계에 맞게 만들어 지는가 혹은 제품이 명세서를 충족하는가를 검사하는 절차이다. 만약 어떤 프로세스에서 Validation 과정이 이루어지지 않았다고 하더라도 Verification 절차는 100% 올바르다는 결과를 도출할 수 있으므로 오류를 범하게 된다.

개발자들은 엉뚱한 명세를 가지고 열심히 개발하고 테스트를 계속하여 결국 명세에 일치하는 제품이 나오게 되고 Verification 측면에서 우수한 품질이라고 단정한다.

Verification은 본격적인 구축단계 이전에 요구사항 명세서, 설계 명세서, 코드 등과 같은 산출물을 대상으로 평가, 검토, 점검 등을 하는 프로세스이다.

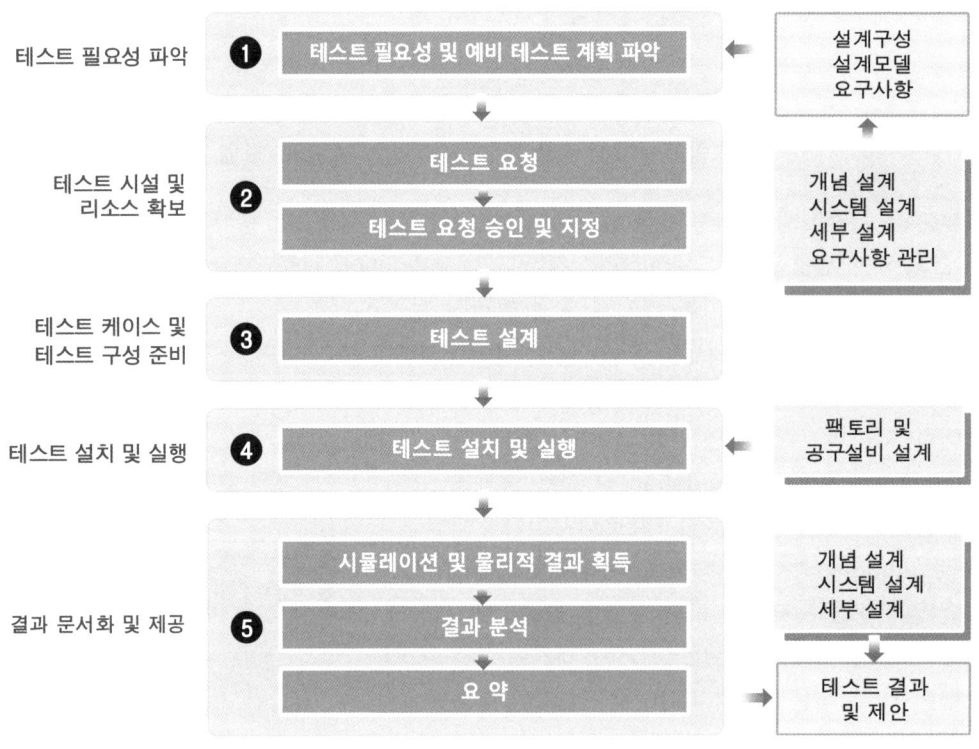

(그림 1-140). 확인 및 검증 프로세스 흐름도

1장 철도실무기술

Validation (검증)

Validation(검증)은 명시된 요구사항들을 만족하는지 여부를 확인하기 위해 개발단계 말이나 중간에 구성요소나 시스템을 평가하는 프로세스이며, 실제적으로 소프트웨어를 실행하기 때문에 '컴퓨터 기반 테스팅'이라 불린다.

Validation은 고객의 need(요구, 명세)를 분석가가 받아들이는 데 혹여나 주관적인 관점이 발생할 수 있는 문제가 있는지를 검사하는 절차이다.

제작 단계에서 고객의 니드에 부합하는지 아닌지를 판단하지 않는 그러한 확인 과정이 생략된 프로세스는 매우 큰 Risk를 안게 된다.

Validation 활동

- **하위레벨 테스트** : 각 프로그램 단위를 한 번에 하나씩 또는 합쳐서 수행하는 것으로 프로그램 내부 구조의 상세한 지식을 요구하며, 이에 단위 테스팅과 통합 테스팅이 있다.
- **상위레벨 테스트** : 전체를 대상으로 완성된 제품을 대상으로 테스팅을 실시하는 것이다. 여기에는 사용성 테스팅, 기능 테스팅, 시스템 테스팅, 인수 테스팅이 있다.

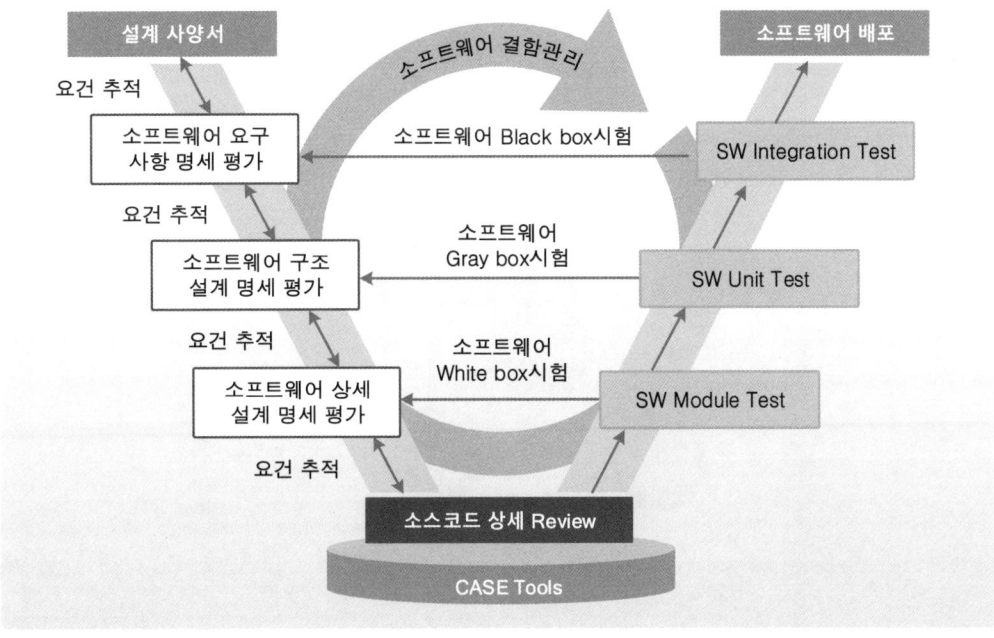

(그림 1-141). 소프트웨어 V&V 방법론, V모델 테스팅

(표 1-47). 확인과 검증의 특징 비교

구분	Verification(확인)	Validation(검증)
정의	① 올바른 제품을 생성하고 있는가? ② 소프트웨어가 정확한 요구사항에 부합하여 구현되었음을 보장하는 활동이다. ③ 요구사항 명세서에 맞게 올바른 방법으로 제품을 만들고 있음을 보장한다.	① 제품이 올바르게 생성되고 있는가? ② 소프트웨어가 고객이 의도한 요구사항에 따라 구현되었음을 보장하는 활동이다. ③ 사용자의 요구환경이나 사용 목적에 맞게 올바른 제품을 만들고 있음을 보장한다.
테스트	① 정적인 테스트 과정이다. ② 예방과정이다. ③ 인간에 의한 테스팅(human testing) ④ 2~3 사람이나 그룹에 의한다.	① 동적인 테스트 과정이다. ② 수정과정이다. ③ 컴퓨터 기반 테스팅(computer testing) ④ 평가자, 사용자에 의한다.

5 ISO9000(품질경영시스템)

ISO 품질경영시스템이란 ISO(국제표준화기구)에서 제정한 품질경영시스템에 관한 국제규격으로서, 고객에게 제공되는 제품이나 서비스 실현 체계가 규정된 요구사항을 만족하고 지속적으로 유지하고 관리되고 있음을 제3자 인증기관에서 객관적으로 평가하여 인증해 주는 제도이다.

제3자 인증기관은 조직이 ISO9001의 요구사항을 충족한다는 독립적인 확인을 제공한다. ISO9001은 오늘날 전 세계적으로 가장 널리 사용되는 관리 도구 중 하나로 여겨진다.

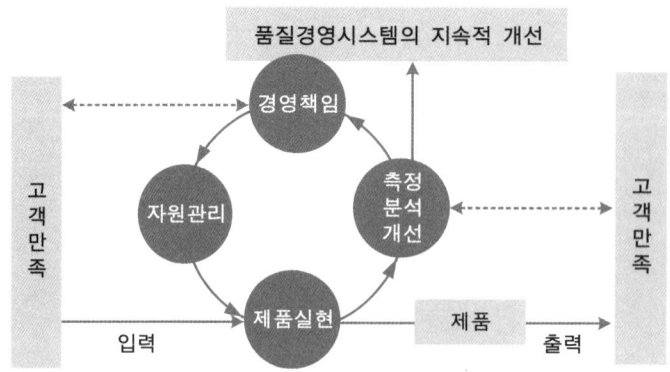

(그림 1-142). 프로세서 기반 품질경영시스템

이 제도는 국제적으로 인정받을 수 있는 품질시스템에 대한 기준을 설정하여 국가 간 기술 장벽을 제거하고 상호 인정할 수 있는 여건을 조성하여 세계시장에서 공급자와 수요자 모두에게 품질에 대한 신뢰감을 제공한다.

ISO 9001 인증의 필요성

① 직원의 업무효율화 추구 및 사무생산성 향상
② 고객만족 경영의 실현, 고객 불만의 최소화, 고객과 의사전달 명확화
③ 비용절감 및 회사 경쟁력 제고
④ 조직에 대한 교육 및 on line 서비스 품질향상
⑤ 계획, 실행, 평가, 개선(PDCA)

ISO 인증의 규격체계

- ISO9000은 품질 무결점을 통한 고객만족을 목적으로 하고, 제품과 서비스에 관한 기준으로 무한경쟁의 급변하는 시대의 기업경영을 위한 혁신적인 툴이며, 해외무역 및 상거래의 필수적인 요소이다.
- ISO 인증은 국제표준화기구(ISO)가 정한 품질이나 환경규정을 충족시킨다는 사실을 보증하는 것이다. ISO 규격은 품질보증체제인 SIO9000 시리즈와 환경경영체제인 ISO4000 시리즈로 나뉜다.
- ISO9000은 제품과 서비스에 관한 품질시스템 기준이다. 이 체계는 규격화 정도나 대상부문에 따라 9001에서 9004까지 4종류로 나뉜다.
  ① **ISO9001** : 제품 설계에서부터 개발과 설치 서비스에 이르기까지 전 생산 과정에 걸쳐 품질보증체계이다
  ② **ISO9002** : 설계, 개발 부문의 품질시스템이 존재하지 않으며, 제조와 설치 부문에 한정된 품질보증체제이다.
  ③ **ISO9003** : 최종검사 및 시험에 관한 품질보증체제이다.
  ④ **ISO9004** : 품질경영시스템에 관한 자문을 대상으로 한다.
- ISO4000은 환경관리 방법과 체제를 통일하기 위해 제정한 국제규격이다. ISO4001을 제외한 나머지 ISO4000 시리즈는 모두 지침이다.

[Message Text]

철도신호일반
Railway Signal System

- 철도신호의 변천사
- 열차제어시스템
- 국외 열차제어시스템
- 신호시스템의 구성
- 폐색취급방식
- 고정폐색방식
- 이동폐색방식
- 속도신호 전송방식
- 신호설비 안전측 동작

01 철도신호의 변천사

기본 설명

1899년도 노량진역~제물포역 개통 구간에 기계신호식인 완목신호기의 설치로 본격적인 철도신호장치의 역할이 부각되었으며, 기계식→전기식→전자식(컴퓨터)→통신식(정보 인터페이스)으로 발전을 거듭한 끝에 오늘날에는 무인운전이 상용화 되었다.

1 철도신호의 발전과정

신호보안장치는 1825년 철도의 발명을 시발점으로 하여 영국에서 기마수가 적색 신호깃발을 가지고 열차보다 먼저 출발하여 신호의 이상 유무를 기관사에게 통보한 것을 시초로 수많은 철도신호의 변천을 거듭한 끝에 오늘날에는 마이크로프로세서와 무선통신 기술을 융합한 첨단 신호제어설비가 개발되어 열차의 운행을 지능적으로 제어하고 있다.

과거의 신호보안장치는 기계식으로서 취급자의 실수를 방지하기 위한 안전기능의 역할에만 중점을 두었으나, 오늘날에는 열차의 안전운행뿐만 아니라 고속화, 고밀도, 자동화 및 무인운전까지 제어하는 지능형 시스템으로 발전을 거듭하여 열차의 운행효율과 철도 경영효율에 크게 이바지 하고 있다.

(그림2-1). AF궤도, 최초1985 서울3호선

2장 철도신호일반

(표 2-1). 주요 철도신호장치의 적용 년도

발전년도	주요 발전내용
1825년	▪ 영국 철도개통, 기마수가 열차보다 앞서 신호기수로 선로 이상 유무 알림
1842년	▪ 영국에서 완목신호기 사용으로 최초의 철도신호기 등장
1843년	▪ 기계연동장치 등장, 영국에서 선로전환기와 신호기용 레버를 한 개소에 집중
1853년	▪ 영국에서 신호기를 Wire로 원격제어하는 기계연동장치 고안
1872년	▪ 궤도회로장치 발명 (미국, 윌리엄 로빈스)
1893년	▪ 전동기에 의해 구동되는 완목신호기 고안
1899년	▪ 노량진~제물포 개통, 기계식(완목) 신호기, 수동선로전환기, 통표폐색기 사용
1905년	▪ 영등포역~서대문구역 평정식 쌍신폐색기 및 폐색회선 설치
1907년	▪ 경부선을 시작으로 전 구간에 통표폐색기 설치
1926년	▪ 미국에서 계전연동장치 개발하여 최초로 사용
1942년	▪ 서울, 영등포, 천안, 조치원역에 전기기 연동장치 사용(기계와 전기 병행) 영등포역~대전역 간 자동폐색장치(ABS) 3현시 사용
1954년	▪ 경부선 대구역에 1종 전공계전연동장치(전공전철기) 사용
1968년	▪ 중앙선 망우제어사무소 망우~봉양 31개 역 CTC 사용(영국 Westing House사)
1969년	▪ 경부선 서울역~부산역 ATS 지상신호방식 사용
1974년	▪ 서울 1호선 서울역~청량리역 ATS 4현시 사용, 일본 Kyosan signal 계전연동
1977년	▪ 수도권 전철포함 열차집중제어장치(CTC) 사용, 지멘스(Seimens)사
1982년	▪ 건널목에 전동차단기 사용
1985년	▪ 국내 최초 3,4호선에 ATC 차상신호방식 사용, 미국 WABCO 제품 부산지하철 1호선 계전연동장치, ATC/ATO 사용
1989년	▪ 경부선 서울역~부산역 ATS 5현시 사용, 동대부~부산 CTC 사용
1991년	▪ 중앙선 덕소역 전자연동장치 사용(컴퓨터 신호시대)
1994년	▪ 철도청 과천선 열차자동제어장치(ATC) 국산화 사용
1996년	▪ 철도청 일산선 계전연동장치, ATC 사용
1995년	▪ 서울지하철 5호선 전자연동장치, ATO 사용
1997년	▪ 중앙선 망우역~구학역 전자연동장치 국산화 설치 사용 대구지하철 전자연동장치, ATO 사용

국외 신호장치의 발명

1825년에 영국의 스티븐슨이 스톡턴~다링톤 구간을 처음으로 열차를 운행하였을 때의 신호설비는 기마수가 신호깃발을 들고 열차보다 먼저 앞에서 달리며 선로의 이상 유무를 알려주는 것으로부터 시작되었다. 당시의 열차 운전은 기관사가 전방의 선로 운행조건을 눈으로 확인하면서 운전을 할 수 있는 25km/h 정도의 서행 속도였다.

점차 열차 운행 횟수가 늘어나고 사고가 발생함에 따라 1841년도에 완목신호기가 등장하고 전신을 사용하게 되었다.

이후 철도신호 근대화 작업은 1872년 윌리암 로빈슨이 궤도회로를 발명하였으며, 1907년도에 연동폐색 개발, 1927년도에는 열차집중제어장치를 실용화하게 되었다.

(그림 2-2). 증기 기관차

2 신호장치의 변천사

신호장치 별 적용 변천사

궤도회로의 과거와 발명

궤도회로는 폐색취급에 있어서 중요한 설비로서 1872년도에 미국의 윌리암 로빈슨이 처음으로 발명한 궤도회로는 직류 궤도회로이며 각국의 철도에서 사용하게 되었다.

일본에서는 1904년에 처음으로 궤도회로가 사용되었으며, 우리나라는 서울역에 전기연동장치로 개량되었던 1922년부터 교류 궤도회로가 처음으로 사용되었다.

그 후 교류 전철화로 인하여 교류 궤도회로는 교류 전철구간과 동일한 상용 주파수로 인하여 더 이상 사용할 수 없게 되었다.

궤도회로는 ATC의 등장으로 인하여 지상의 정보를 차상으로 전송하기 위하여 전자회로에 의한 여러 가지 방법을 개발하게 되었다.

(그림 2-3). 전기연동장치

2장 철도신호일반

폐색장치의 과거와 발명

전신이 최초로 폐색방식에 사용한 것은 시간 간격법을 시행한 터널 구간이었다. 간단한 단침식 전신기를 사용하여 터널 내에서 추돌하지 않도록 선행열차가 터널 통과를 완료했음을 알리는 것을 목적으로 하였다.

그러나 이 방법은 취급이 복잡하고 충돌위험이 있어 전신을 사용하였으며 모자를 착용한 운전원을 각 역 간에 배치하였다.

1874년 그레이트 웨스턴 철도에서 대형 열차충돌사고가 발생한 것을 계기로 1878년 에드워드 타이어는 단선구간의 폐색방식에 있어 문제점을 보완하여 전기를 사용한 통표폐색장치를 고안하였다.

이것으로 그 후 전기적으로 쇄정된 단선폐색장치 설계의 기본이 되고 단선구간에서 열차운전의 단전 확보에 사용되었다.

(그림 2-4). 폐색장치

(표 2-2). 국내 철도신호장치 별 발전과정

장치구분	철도신호 발전과정
신호방식	▪ 수신호→기계신호→전기신호→자동신호 ▪ 유등→색등조차→단등형→다등형→LED
궤도회로	▪ DC/AC궤도회로→임펄스궤도회로→AF궤도회로→무궤도(MBS)
선로전환기	▪ 수동식 : 추병→표지→전환쇄정기→전기쇄정기 ▪ 전기식 : 전공(압축공기)→NS형(전기/일반형)→MJ81형(전기/고속형)
폐색방식	▪ 통표폐색식→쌍신폐색식→연동폐색식→자동폐색식→ATP ▪ 고정폐색방식(FBS)→이동폐색방식(MBS)
속도신호	▪ 지상신호방식→차상신호방식→차상연산방식
연동장치	▪ 기계연동장치→전기연동장치(계전기)→전자연동장치(컴퓨터)
열차제어	▪ ATS→ATC→ATC(ATP/ATO)→ATP(ETCS1) ▪ CTC→TTC→ATS/OCC

(표 2-3). 철도신호장치의 변천사, 일반철도

장치명	발생년도	발전내용
통표폐색식 기계연동장치	1899년	노량진역~제물포역에 기계연동장치(완목신호기) 사용
	1905년	서울역~신의주역에 표권식 사용
	1905년	영등포역~서대문역에 쌍신폐색기, 폐색회선 설치
	1906년	경의선 문산역~신의주역에 폐색기, 폐색회선 설치
	1906년	철도관리국 설치 후 통표폐색기로 폐색방식 통일
	1932년	통표폐색기 및 쌍신폐색기를 널리 사용하기 시작
연동폐색식 자동폐색식 전기연동장치	1931년	전라선에 1종 연동장치 설치
	1942년	영등포역~대전역 자동폐색식 사용(용산역은 계전연동장치)
	1954년	대구역(북부)에 제2종 전기갑 연동장치 사용
	1955년	대구역(남부)에 제1종 전공(압축공기) 계전연동장치 설치 시작
	1962년	대전역~연동역에 조작반에 의해 전기쇄정기 붙은 전철리버 취급
	1968년	중앙선 망우역~봉양역에 제1종 전기연동장치로 개량
	1970년	제1종 전기계전연동장치의 전공 전철기를 NS형 전기전철기로 개량
	1977년	중앙선, 태백선, 영동선에 전철화로 제1종 전기연동장치 설치
	1978년	세류역~부산역에 삽입형 전기연동장치 설치(~1980)
	1981년	구로역~수원역에 전기연동장치 개량
	1988년	호남선 이리역~송정리에 전기연동장치 설치
열차자동정지 장치(ATS)	1969년	경부선 서울역~부산역에 ATS장치(S-1형) 설치
	1969년	경원선 용산~청량리, 중앙선 청량리~영주, 호남선 대전~목포 ATS 설치
	1971년	전라선 이리역~여주역에 ATS 설치
	1975년	태백선 제천역~백산역에 ATS 설치
	1976년	중앙선 영주~제천, 장항선 천안~장항, 영동선 찰암~부평 ATS 설치
	1977년	대구선 동대구역~연천역, 동해남부선 부산진역~포항역 ATS 설치
	1980년	충북선 조치원역~봉양역에 ATS 설치
	1982년	경부선 서울역~대전역에 점제어식 ATS를 속도제어식으로 개량
	1983년	경부선 대전~동대구, 대구~부산 점제어식 ATS를 속도제어식으로 개량
	1988년	호남복선 이리~송정리 3현시 구간에 점제어식방식 ATS 지상자 설치

2장 철도신호일반

장치명	발생년도	발전내용
CTC장치	1968년	중앙선 망우역~봉양역 간 CTC장치 사용
	1972년	중앙선 신원역에 CTC장치 설치
	1977년	수도권 CTC장치 사용 개시
	1981년	경부선 구로역~수원역에 2복선 CTC장치 사용 개시
	1981년	신원역에 전자집적회로의 CTC장치 설치
	1986년	경원선 성북역~의정부역에 CTC장치 사용
	1988년	태백선 제천역~철암역에 CTC장치 사용
	1989년	경부선 동대구역~부산역에 부산 사령설비 완공
	1997년	서울 CTC가 통합사령실 설비에 수용되어 통합사용 개시

국내 신호장치

우리나라는 일제강점기 시대인 1899년도에 경인선 노량진~제물포 간 철도가 개통되면서 완목신호기와 통표폐색방식을 사용하기 시작하였으며, 1942년도에 자동폐색기가 설치되었다.

1955년도에 대구역에 계전연동장치를 처음으로 사용하였고, 1968년도에는 중앙선 망우~봉양 간에 열차집중제어장치(CTC)가 개통되었다.

1969년도에는 경부선 서울역~부산역 간 ATS장치가 설치되었다.

신호설비는 그동안 열차 안전운행을 목적으로 한 보안설비로서 발전되어 왔으나, 오늘날에는 시대적으로 열차의 고속도, 고밀도 운전을 요구함에 따라 선로의 효율적 이용은 물론 다양한 운전정보까지 제공하는 등 철도통합관리 시스템의 연계가 이루어지고 있다.

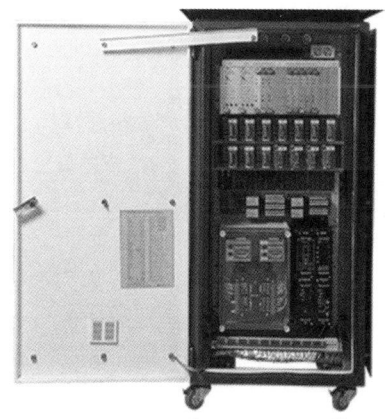

(그림2-5). 자동폐색장치(ABS)

(표 2-4). 주요 신호제어방식의 변천사

신호방식	신호제어설명
통표폐색식 (1899년)	1899년 경인선 노량진~제물포 간 철도가 개통되면서 완목신호기와 통표폐색식을 처음 사용하였다. 완목신호기는 주간에는 완목의 위치에 의하고, 야간에는 등색에 의해 신호를 표시하였다. 통표폐색식은 단선구간 폐색구간의 양쪽 역에 서로 전기적으로 쇄정된 통표폐색기에 의해 양쪽 역의 협의와 폐색수속을 한다.
연동폐색식 (1905년)	1905년 1월 경부선이 개통되면서 연동폐색식이 사용되었다. 연동폐색식은 역간을 1폐색으로 하고 폐색구간의 양 끝에 폐색 취급버튼을 설치하여 이를 신호기와 연동시켜 신호현시와 폐색의 이중 취급을 단일화한 방식이다. 출발신호기와 폐색신호기를 폐색장치와 상호 연동시킴으로써 조건이 충족되면 열차를 출발시킨다.
자동폐색식 (1942년)	1942년에 경부선 영등포역~대전역 구간이 개통되면서 자동폐색방식이 처음으로 사용되었다. 또한, 자동폐색방식이 사용되면서 전기연동장치도 일원화되어 사용되었다. 자동폐색식은 폐색구간 내의 궤도회로 상에 열차 유무를 검지하여 폐색신호기를 자동으로 제어한다. 복선과 단선구간에서 모두 사용된다.
전기연동장치 (1968년)	1968년에 중앙선 망우역~봉양역간 CTC 사용이 시작되면서 이 구간에 1종 전기연동장치를 처음으로 사용하였으며 이로써 전기에 의해 선로전환기를 전환할 수 있게 되었다. 전기연동장치는 정거장 구내에 열차를 안전하고 신속하게 운행하기 위하여 기계적, 전기적으로 상호 쇄정하여 동작한다.
CTC장치 (1968년)	1968년에 중앙선 망우역~봉양역간 31개 역에 CTC방식이 사용되었다. 이로써 각 역에서 신호취급하던 방식을 중앙에 집중화하여 한 곳에서 모든 구역을 취급하게 되었다. 이후 CTC방식에서 더 나아가 컴퓨터에 입력된 운행스케줄에 의해서 자동으로 진로를 제어하는 TTC방식이 도시철도에서 사용되었다.
전자연동장치 (1995년)	국내에서 1990년도부터 컴퓨터를 이용한 전자연동장치가 연구되었으며, 이후 마이크로컴퓨터에 의해 전자건널목, 전자폐색장치 등이 마이크로컴퓨터의 기술이 적용되어 실용화 되었다. 전기연동장치는 1995년에 서울지하철 5호선에 처음 적용되었다.

2장 철도신호일반

기본 설명

열차제어장치는 열차가 운행해야 할 전방의 궤도조건을 고려하여 열차 간의 적절한 안전 운행거리와 최적의 속도신호를 연산하여 열차에 신호정보를 전송하는 역할을 하는 핵심 신호제어장치이다. 이러한 주요 신호제어장치에는 ATS, ATC, ATP가 있다.

1 머리 기술

신호시스템의 주요 역할은 열차를 최적의 속도로 안전하게 주행하도록 제어하는 것이다. 이를 위해서는 열차가 운행해야 할 전방 궤도의 열차점유정보와 진로구성 상태를 조합하여 열차에게 적절한 신호정보를 전송하는 것이다. 여기서 적절한 신호정보를 연산하여 열차를 제어하는 주요 장치가 열차제어장치이다.

열차제어장치는 대표적으로 열차자동정지장치(ATS), 열차자동제어장치(ATC), 열차자동방호장치(ATP)가 있다. 열차제어장치는 전방의 궤도 조건에 의해 자동으로 열차의 속도신호를 계산하고 신호기(지상신호방식) 또는 열차 운전실(차상신호방식)을 통해서 허용속도를 나타낸다.

열차제어장치는 마이크로프로세서에서 연산한 속도신호정보를 궤도회로장치 또는 비컨(지상자), 무선통신(RF) 등을 통해서 열차에 보내거나, 기관사에게 신호기 또는 차상에 속도신호를 현시하는 방식에 따라 신호시스템의 기종이 구분된다.

이러한 열차제어시스템은 고속철도, 일반철도, 도시철도마다 적합한 특성의 시스템을 선정하여 열차를 제어하고 있다.

2 주요 열차제어시스템

열차제어시스템의 기종

열차제어장치는 분기부의 진로정보, 검지된 열차의 위치정보 등 궤도제어장치들의 정보를 수집하여 열차가 운행해야 할 전방의 철길 상황에 대해 안전을 검증하고 적절한 간격으로 운행할 수 있도록 최적의 목표속도를 계산하여 열차의 운행을 직접 지휘하는 운행제어설비이다.

이렇게 자동으로 열차의 운행을 제어하는 신호장치의 기종에는 ATS(열차자동정지장치), ATC(열차자동제어장치), ATP(열차자동방호장치)가 있다. 열차의 핵심제어가 되는 3대 열차제어장치는 일반철도, 도시철도, 고속철도마다 각각의 운행특성과 열차제어의 특성을 고려하여 적절한 열차제어방식을 선택하고 있다.

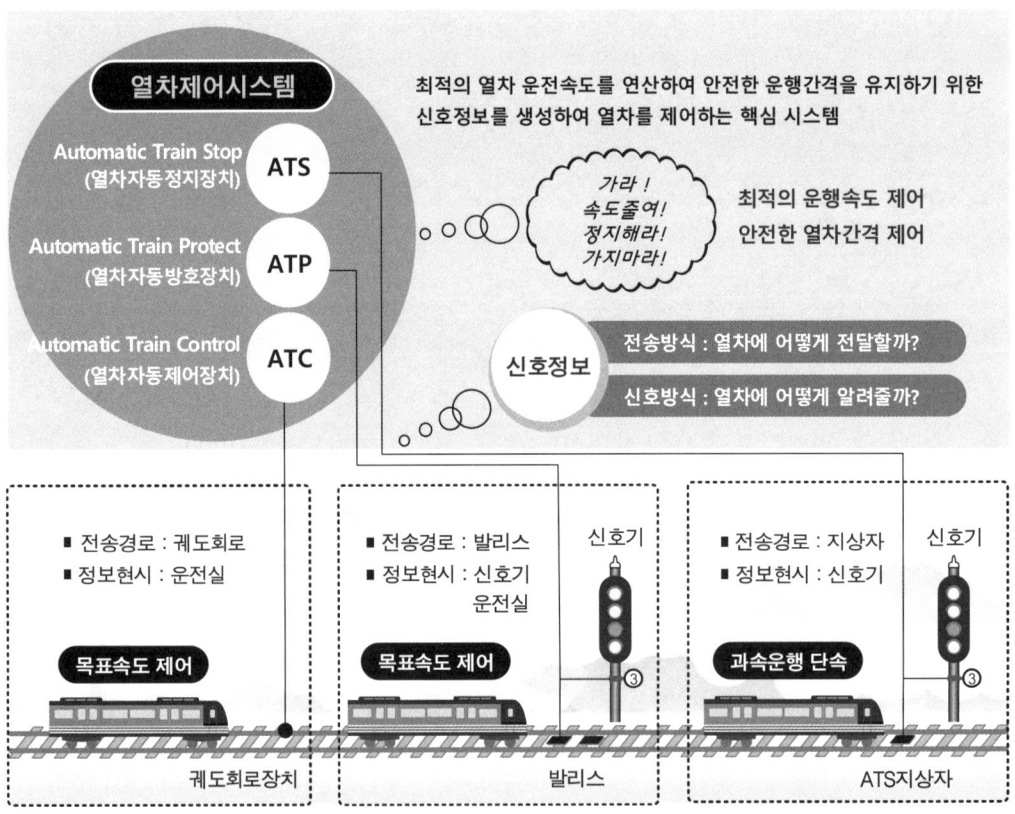

(그림 2-6). 열차제어시스템의 기종과 제어특징

2장 철도신호일반

여러 기종과 제어방식

(표 2-5). 열차제어장치의 기종과 특징

구 분	제어장치의 종류 및 특징	
ATS Automatic Train Stop	운전자가 신호기의 속도현시에 따라 수동으로 운전하는 방식으로서, 제한속도를 초과하여 지상자를 통과할 경우 5초간 경보가 발생하는데 이 시간 내에 감속하지 않으면 비상제동을 체결하는 장치	
	3현시 방식	주의신호 초과시 경보만 하고, 정지신호에 대해서만 진행을 계속할 경우에 비상제동 체결함(진행, 주의, 정지)
	4현시 방식	각 속도신호 단계별로 지상자에서 속도를 검지하여 과속을 지속할 경우 비상제동을 체결함(진행, 감속, 주의, 정지, 절대정지)
	5현시 방식	각 속도신호 단계별로 지상자에서 속도를 검지하여 과속을 지속할 경우 비상제동을 체결함(진행, 감속, 주의, 경계, 정지)
ATC Automatic Train Control	전방 궤도의 조건에 의하여 구간별로 허용속도신호를 산출하여 AF궤도회로를 통해서 속도신호정보를 열차에 전송하는 시스템으로서, 일정시간 이상 제한속도를 초과하면 비상정지 하거나 자동으로 감속제어를 하는 장치	
	속도코드방식	전방 궤도조건을 고려하여 연산한 단계적인 속도의 코드주파수를 열차에 전송하여 속도신호를 제어하는 방식
	DTG방식	(Distance to go), 열차검지는 궤도회로에 의하고 접근거리는 차상거리 연산에 의해 열차의 간격을 제어하는 방식
	RF-CBTC방식	궤도회로장치 없이 차상에서 연산한 열차위치와 지상에서 연산한 신호정보를 지상-차상간 무선통신을 통해서 제어하는 방식
ATP Automatic Train Protection	유럽표준 ERTMS/ETCS 방식의 자동방호시스템으로 선행열차의 위치와 선로의 곡선 및 기울기 등의 선로정보를 고려한 속도프로파일을 자동으로 계산하고 허용속도를 제어하여 안전운행을 확보하는 장치	
	ETCS_Level 1	각 고정폐색구간 입구마다 발리스와 신호기를 설치하며, 발리스에서 열차에 신호정보를 전송하여 열차를 제어하는 방식
	ETCS_Level 2	각 고정폐색구간에 의해 열차를 검지하고 무선통신장치를 통해 열차에 신호정보를 전송하여 열차를 제어하는 방식
	ETCS_Level 3	궤도회로장치 없이 차상거리에 의해서 검지된 열차위치와 열차에 전송할 신호정보를 무선을 통해 전송하는 방식(RF-CBTC)

> ☎ "열차제어시스템"이란 어떤 신호장치를 말하는 걸까?
>
> **What** 진로정보(연동장치), 열차점유정보(궤도회로장치), 기타 정보를 수집하여 열차 운행에 대한 폐색논리를 연산하고 각 열차에게 적절한 속도를 제시하여 안전운행 하도록 제어하는 핵심 제어장치를 말한다.(ATS, ATC, ATP, ATO 외 KTCS-2. KTCS-M)

3 열차제어장치의 운행제어

열차제어의 특징

열차 간에 안전을 고려하여 적절한 속도로 운행하기 위해서 전방의 궤도 구간에 대하여 정보를 수집하고 연산된 신호정보를 열차에 전송한다.
이 과정에서 어떠한 시스템에 의해서 어떻게 신호정보를 전달하는가에 따라 열차제어장치의 기종이 분류된다. ATS는 신호기에 전달되며 지상자를 통해 비상제동을 체결한다. ATC는 고정폐색방식에서 궤도회로를 통해 지속적으로 전송하며 속도를 제어한다. 일반철도의 ATP는 발리스를 통해서 순간적으로 전송하며 기억된 정보에 의해 속도를 제어한다.

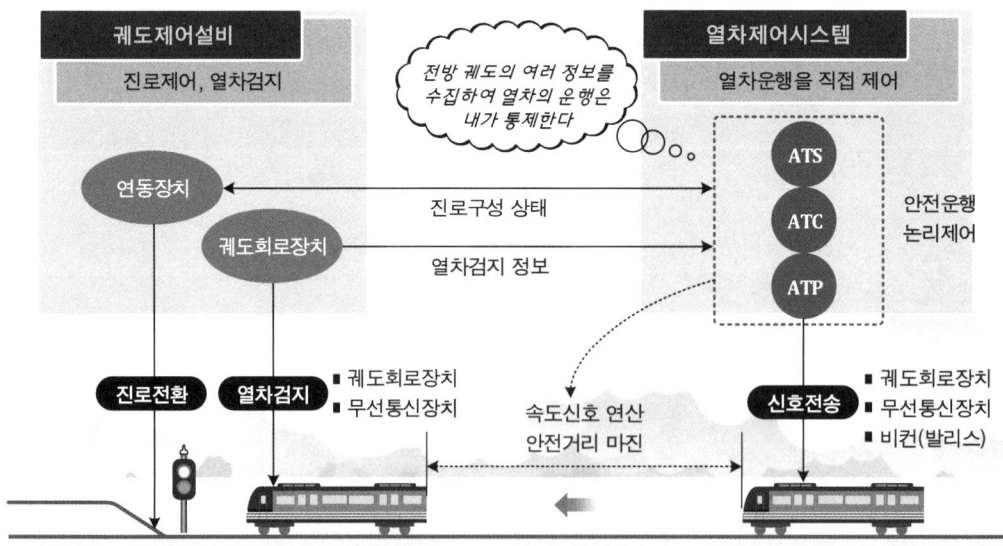

(그림 2-7). 열차제어장치의 운행제어

2장 철도신호일반

속도신호의 변수

열차제어장치는 열차의 안전한 운행간격을 제어하기 위한 적절한 열차속도를 산정하기 위해서 다음과 같은 여러 요인에 따라 열차의 운행을 변속한다.

- 전방의 궤도 상에 선행열차의 위치(주요 변수)
- 전방의 분기구간에서 진로의 구성상태(주요 변수)
- 전방 선로의 지리적 구조적 운행조건
- 운영자의 운전취급에 따른 제어조건

열차제어시스템은 ATS, ATP, ATC가 대표적으로서, 신호기계실에서 연산한 열차제어장보를 열차에 전송하는 방식에 따라 큰 차이가 있다.

(표 2-6). 열차제어장치의 특징 요약

구 분	ATS (열차자동정지장치)	ATC (열차자동제어장치)	ATP (열차자동방호장치)
열차검지	궤도회로장치	궤도회로장치, RF	궤도회로장치
신호전송	궤도회로장치	궤도회로장치, RF	발리스(비컨)
신호현시	신호기	차상운전실	차상운전실, 신호기
신호제어	점제어 방식	연속제어 방식	점제어 방식
적용철도	일반철도	도시철도, 고속철도	준고속철도
제어특징	신호기에 현시된 속도신호에 따라 기관사가 수동운전, 과속시 비상제동	궤도회로를 통해 차상에 전송된 제한속도에 따라 자동으로 속도를 제어	발리스를 통해 차상에 전송된 제한속도에 따라 자동으로 속도를 제어

> **How** ❓ 열차 운전 중 기관사가 의식을 잃으면 열차사고 위험은 없는 걸까?
>
> 주간제어기(차량 동력제어장치)에는 "데드맨 스위치"라 불리는 운전자 경계장치가 적용되어 있다. 주행 중에 기관사가 주간제어기 핸들에서 손을 떼었을 경우 경보음이 울리고 일정 시간 동안 상태가 복귀되지 않을 경우 비상제동이 동작된다.

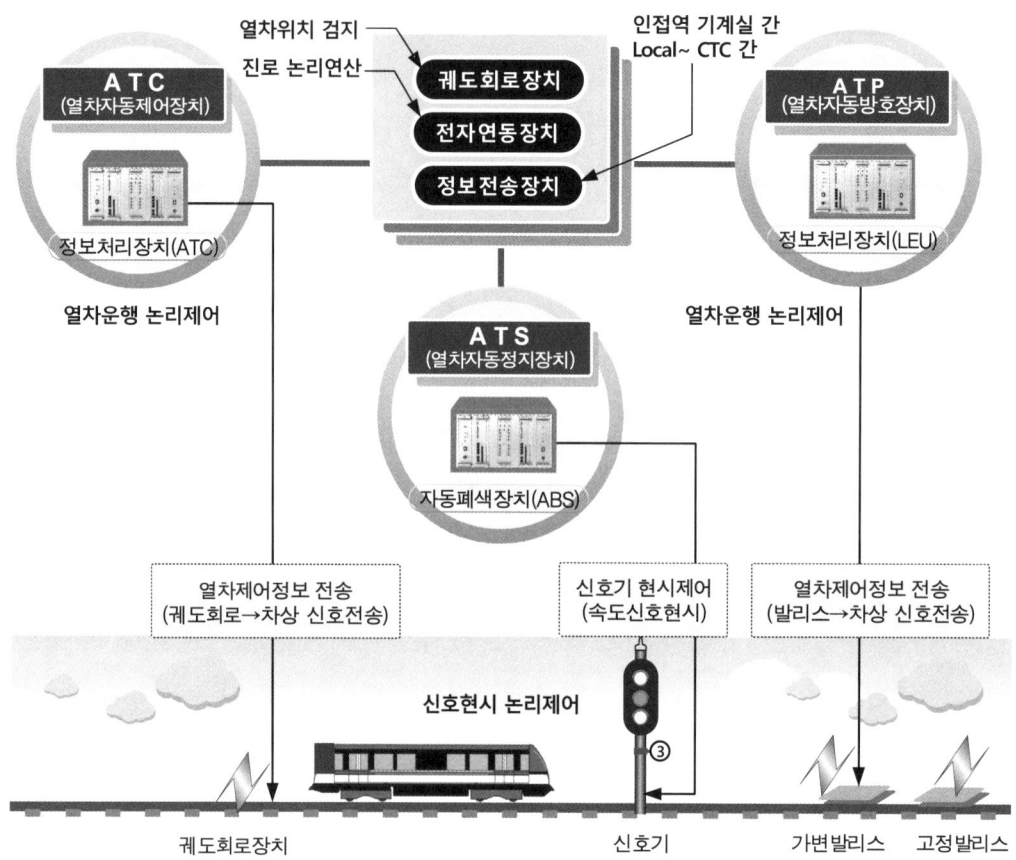

(그림 2-8). 주요 열차제어장치 별 열차제어 개념

▓ 한국형 열차제어시스템

우리나라는 주로 해외 열차제어시스템에 의존하여 왔으나 국내에서도 ATP에 이어 KTCS-2와 KTCS-M 등 한국형 열차제어시스템을 개발하여 2022년부터 상용운행이 현실화 되었다. 이로써 국내에서 한국형 열차제어시스템의 청신호와 함께 확대 설치하는 등 향후 탄력을 받을 전망이다.

한국형 열차제어시스템(KTCS)은 궤도회로나 발리스를 이용하여 지상장치→차상장치로 신호정보를 전송하던 방식을 개선하여, 철도통합무선통신망(LTE-R)을 이용함으로써 슬림화된 신호시스템에 의해 차상에 지속적으로 신호정보를 전송하는 방식이다.

2장 철도신호일반

(표 2-7). 한국형 열차제어시스템 추진현황

구 분	KTCS-2	KTCS-M	KTCS-3
원 어	Korea Train Control System-Level 2 (한국형 열차제어시스템)	Korea Train Control System-Metro (한국형 도시철도 열차제어시스템)	Korea Train Control System-Level 3 (한국형 고속철도 열차제어시스템)
ETCS수준	ETCS-Level 2	ETCS-Level 3	ETCS-Level 3
적용철도	일반철도, 고속철도	도시철도	고속철도
폐색방식	고정폐색	이동폐색	이동폐색
열차검지	궤도회로장치	테그+차상거리연산	테그+차상거리연산
정보전송	무선통신	무선통신	무선통신
적용노선	■ 전라선(익산~오수), ■ 경부고속선 개량 ■ GTX-C노선 등	■ 신림선 ■ 동북선 ■ 일산선(시범설치) 등	개발 중

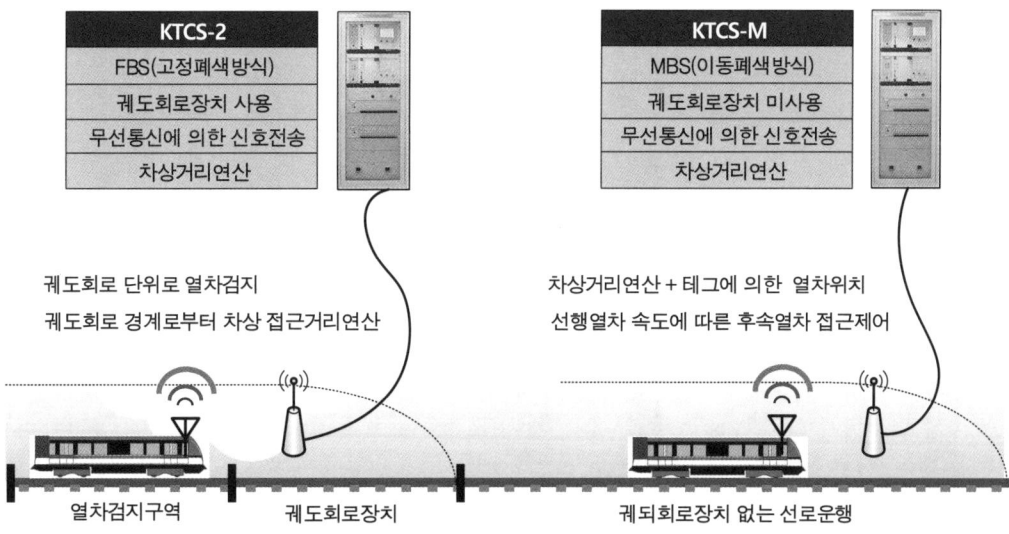

(그림 2-9). KTCS-2와 KTCS-M 열차제어시스템 비교

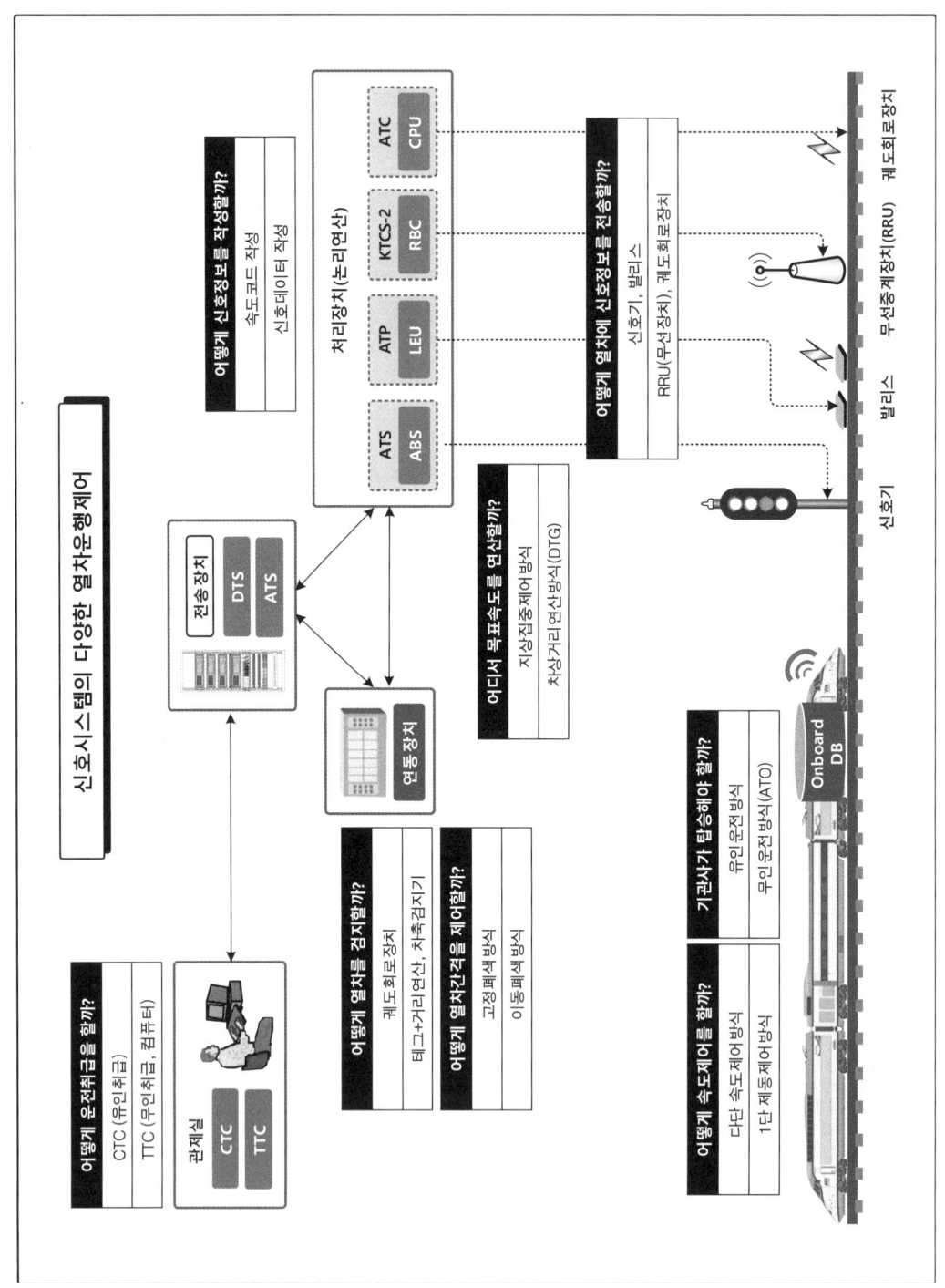

(그림 2-10) 다양한 열차제어시스템의 신호제어방식

2장 철도신호일반

03 국외 열차제어시스템

기본 설명

철도개발국이라 할 수 있은 유럽에서 ETCS(유럽형 열차제어시스템)이 널리 확산되어 있는 사용되고 있는 추세이고, 세계에서 최장거리 고속철도 노선을 보유하고 있는 중국의 CTCS와 일본의 ATACS, 미국의 PTC 등이 대표적인 열차제어시스템이다.

1 국외 철도동향

열차제어기술 부부분에서 세계 최고의 기술을 보유한 기관은 Ansaldo, Alstom, Thales, Siemens, Bombardier로 나타나며, ETCS(유럽열차제어시스템)의 도입이 현재 각 국가의 프로젝트로 많이 추진되고 있다.

프랑스, 독일의 경우에는 제작사인 CSEE, Bombardier, Thales, Siemens, Alstom 과 함께 유럽 통합형 열차제어시스템 ETCS를 상용화하여 전 세계에 공급 중이다. 대만, 일본, 미국 등을 제외한 대부분의 국가에서 GMS-R을 이용한 철도제어시스템의 중장기적으로 구축이 지속될 것으로 전망된다.

세계 주요 철도개발국가에서는 무선통신방식을 열차제어기술에 적용하여 상용화에 추진 중에 있으며, 유럽의 ETCS, 중국의 CTCS, 일본의 ATACS 등이 대표적이다.

(표 2-8). 국외 철도무선통신망 현황

국가	제어방식	통신방식	주파수	주요 내용
유럽	ETCS Level 2	GSM-R	800MHz	영국 : 2000년에 LTE-R 도입하여 멀티기술 도입 제안 스페인 : LTE-R에 대한 개발협력 추진 프랑스 : GSM-R 구축에 PPP 방식 활용
중국	CTCS-3	GSM-R	900MHz	2002년 CTCS 개발을 시작하고 GSM-R을 무선통신기술로 채택하여 2005년에 처음 구축
인도	ETCS Level 2	GSM-R	900MHz	One Indian One ATC 정책에 의해 2020년까지 GSM-R로 통합
대만	D-ATC (유선)	TETRA	400MHz	TETRA 철도무선망을 최초로 구축, 고속철도에서 LTE-R 운영을 시험검증
일본	ATACS	별도	400MHz	2011년부터 동일본 철도에 의해 도시형 철도에 적용되어 운행 시작
사우디	ETCS Level 2	GSM-R	-	총 2,400km에 달하는 North South Railway 프로젝트에 GSM-R 방식 채택
미국	PTC	별도	200MHz	캘리포니아 고속철도의 기술방식은 GSM-R 기반 ETCS Level2를 선정하여 700MHz 대역확보 추진
브라질	ETCS Level 2	GSM-R	-	GSM-R 기반 ETCS Level 2를 고속철도에 도입하기로 결정

(표 2-9). 통신기반 열차제어시스템 국외 개발사례

프로젝트	개발주체	무선방식	위치/속도검지	개발년도
ATCS	미국+캐나다	전용 900MHz	오도미터/지상자	1983
ASTREE	프랑스 국철	전용 400MHz	도플러안테나	1986
ERTMS	독일, 프랑스, 이탈리아, EU	이동통신 900MHz	지상자	1995
AATC	샌프란시스코 연안철도	SS 2.4MHz	무선전송시간	1994
CBTC	뉴욕 지하철	SS 2.4MHz	지상자 및 기타	1997
CARAT	철도종합기술연구소	LCX 400MHz	오도미터/지상자	1985
ATACS	JR 동일본	전용 400MHz	오도미터 도플러안테나	1884
CCST	RAPT	GSM-R	오도미터/지상자	1999

세계 고속철도의 열차속도

고속철도 운행을 위한 신호시스템은 일본, 독일, 프랑스 등 철도선진국에서는 모두 자국에서 개발한 시스템을 사용하고 있으며, 우리나라를 비롯한 이태리, 스페인, 벨기에, 중국 등은 선진 철도기술을 도입하여 사용하고 있는 실정이다.
국외 철도국가의 고속열차 운행은 영업노선에서 최고속도 400km/h 이상으로 상용운행하는 나라는 아직 없으며, 실제 영업운행에서는 운행의 안전성을 고려하여 350km/h 이하의 속도로 영업운행을 하고 있다.

(표 2-10). 해외 고속철도 최고속도 운영사례

국가	열차	최고속도(km/h)	
일본	SCMaglev	300km/h	603km/h
프랑스	TGV	320 km/h	575 km/h
중국	Shanghai Maglev Train	350km/h	501km/h
한국	KTX	300km/h	421km/h
스페인	AVE	320km/h	404km/h
이탈리아	Frecciarossa 1000	300km/h	400km/h
독일 벨기에	ICE	320km/h	368km/h
이탈리아	Italo	300km/h	362km/h
터키	YHT	250km/h	303km/h
스웨덴	SJ	200km/h	303km/h

■ Maximum Operating Speed   ■ Speed Record

프랑스(TGV)

독일(ICE)

중국(CRH)

(그림 2-11). 국외 고속철도 열차

2 ETCS (유럽 열차제어시스템)

ERTMS(European Railway Traffic Management System)는 유럽 각국 철도에서는 열차제어시스템이 서로 달라 인접 국가들 간에 국경을 넘어 연계운행을 위해 ETCS 즉 유럽 열차제어시스템 개발을 위한 컨소시엄을 구성하여 상이한 열차제어시스템을 통합할 목적으로 개발된 유럽철도교통 운영규정이다.
ERTMS는 ETCS(European Train Control System) + GSM-R(철도분야 무선통신시스템)으로 구성되어 있다.
ERTMS/ETCS는 유럽에서 나라마다 다른 신호시스템을 통합하는 것으로 국제 열차의 운행을 연속적으로 하는 상호 운영성의 실현을 목적으로 1990년대 처음으로 개발이 진행되었다. 유럽 열차수송관리 시스템인 ERTMS/ETCS는 열차제어에 있어서 각국마다 다른 시스템의 호환성을 실현하기 위하여 기능별 차이점은 정보를 무선장치와 발리스를 통해 수신하는 방법과 데이터의 양을 표준화하였다.

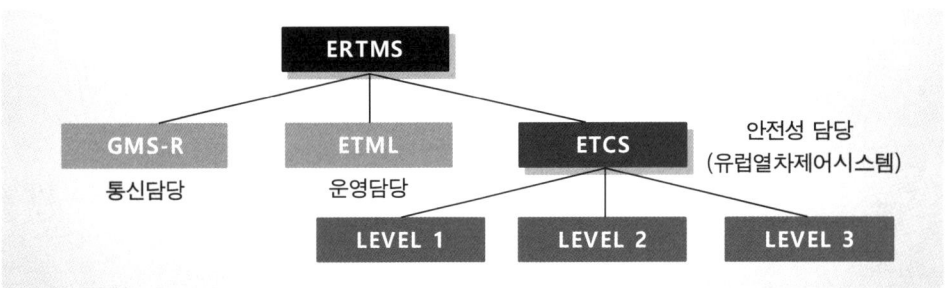

(그림 2-12). 유럽 열차제어시스템 운영체계

기술적으로 상호 운용성을 위해서는 정의된 규정에 따라 텔레그램을 생성하고 전송하여야 하며, 수신된 정보는 일정한 방식에 의해 반응하는 등 상세한 수준의 표준화된 사양을 요구한다.
ETCS는 국제철도연맹을 중심으로 유럽 전역에 적용이 가능하도록 표준화된 철도신호시스템으로 제어개념에 따라 3단계로 분류된다.

(표 2-11). ETCS Level 특징 비교

구 분	ETCS Level 1	ETCS Level 2	ETCS Level 3
정보전송	발리스, 루프	무선통신(GMS-R), 발리스, 루프	무선통신(GMS-R), 발리스, 루프
열차검지	궤도회로장치, 차축계수기	궤도회로장치, 차축계수기	무선(차상), 위성
속도검지	차상 타코미터	차상 타코미터	차상 타코미터, Radar, 위성
적용사례	2001년 불가리아에서 상용화	2004년 스위스에서 상용화	2010년 스웨덴에서 Level3 Regional 기능시험
제어특징	발리스에 의해 신호정보전송, 운전자는 신호기 현시정보를 확인하여 운행함. 고정폐색원리에 따라 제한되는 신호기까지 폐색구간 부여.	무선장치에 의해 신호정보전송, 발리스는 위치확인을 위해 사용, 고정폐색원리에 따라 선행열차가 점유한 폐색구간 종단까지 이동권한 부여	궤도회로 사용하지 않음, 지상-차상 간 모든 신호정보가 무선으로 전송, 이동권한은 이동폐색원리에 따라 안전거리를 포함한 선행열차 종단까지 부여.

(표 2-12). ETCS 발전과 신호설비 적용

구 분	궤도회로 (열차검지)	신호기	LEU	데이터 전용			RBC	열차분리 검지장치
				발리스	인필	무선장치		
ETCS-1	○	○	○	○	○	×	×	×
ETCS-2	○	×	×	○	×	○	○	×
ETCS-3	×	×	×	○	×	○	○	○

ERTMS/ETCS 1단계 (Level-1)

열차검지 및 열차폐색은 궤도회로나 차축계수기에 의해 실행되며, 열차운행 제한은 고정폐색에 의하여 다음 폐색구간의 신호기가 있는 곳까지 열차운행이 허용된다.
열차의 운행에 필요한 운전정보는 운전실 제어반의 화면에 현시되며, 이때 기관사는 통상의 지상 신호기도 확인하여야 한다.
열차의 속도제어를 위해서 불연속정보전송을 실행하는 발리스 또는 반연속정보를 전송하는 루프가 궤도에서 차량으로 정보를 전송한다.(지상→차상 단방향 전송)

발리스는 LEU로부터 신호정보를 받아 차상으로 정보를 전송하며, 발리스 그룹 당 가변 발리스와 고정발리스가 설치된다. 가변발리스는 가변신호를 전송하며 고정발리스는 폐색구간 길이, 선로구배, 곡선반경, 분기기 정보 등을 전송한다.

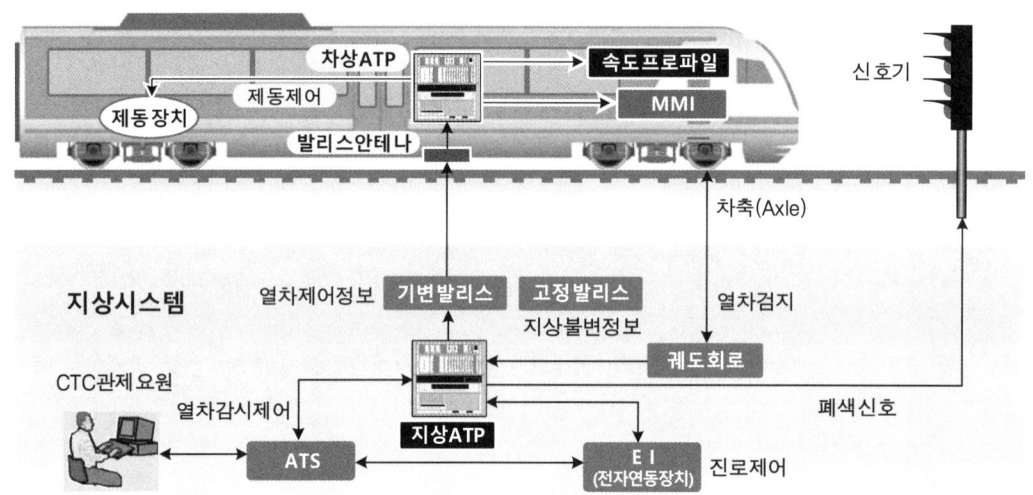

(그림 2-13). ETCS Level1 시스템 구성

ERTMS/ETCS 2단계 (Level-2)

1단계와 마찬가지로 고정폐색방식으로서 궤도회로가 설치되며, 열차검지 및 열차폐색은 궤도회로나 차축계수기에 의해 실행된다. 지상신호기는 2단계 시스템만 단독으로 사용 시에는 사용하지 않으나, 기존 시스템의 이중화 시에는 필요로 한다. 열차운행에 필요한 정보는 운전실 화면에 현시된다.
2단계에서 열차운행 제한은 고정폐색 원리에 의하여 쇄정된 진로의 종단 또는 선행열차가 있는 경우 선행열차가 점유한 고정폐색의 종단까지 열차운행이 허용된다.
지상장치와 차상장치 간 신호정보 전송은 무선장치 GSM-R을 활용하여 양방향 통신에 의해 연속적으로 전송된다.
열차 운행제어를 위한 지상→차상으로 신호정보는 무선장치에 의해서 전송된다. 2단계에서 발리스는 거리보정용으로 사용된다.

2장 철도신호일반

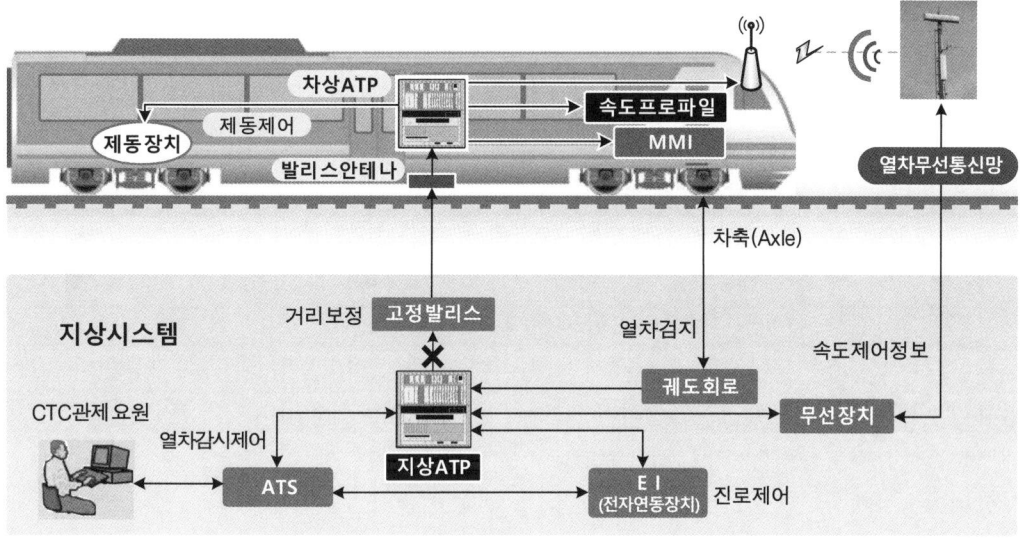

(그림 2-14). ETCS Level 2 시스템 구성

(표 7-13). 해외 ETCS-2 신호시스템 적용 사례

구 분	적용 국가	ETCS Level
유 럽	• 프랑스, 독일, 이태리, 스페인, 스위스, 러시아 등 27개국	Level 1, 2
아시아	• 대한민국, 중국, 대만, 사우디아라비아, 인도 등 11개국	Level 1, 2
기 타	• 아메리카 : 브라질, 멕시코 등 4개국 • 아프리카 : 리비아, 나이지리아 등 10개국 • 오세아니아 : 호주, 뉴질랜드 등 2개국	Level 1, 2

▨ ERTMS/ETCS 3단계 (Level-3)

1、2단계에서는 고정폐색방식으로서 지상신호기, 궤도회로장치(차축계수기)를 사용하여 왔으나, 3단계에서 열차운행은 이동폐색방식 (CBTC)으로 완전 전환되며 열차운행에 필요한 정보는 운전실 제어반에 현시된다.

지상과 차상 간의 정보전송은 2단계와 동일하게 GSM-R을 활용하여 양방향으로 전송되며, 완전한 무선통신시스템을 구축하는 단계로써 열차의 위치와 열차 운행에 필요한 모든 정보는 열차-지상 간 무선통신장치를 통해서 전송된다.

3단계에서 발리스는 2단계와 마찬가지로 지리적 기준점(거리보정용)으로 사용된다. 열차의 위치검지는 차상거리연산과 테그에 의해 위치가 확인되며, 차상거리연산에 의해 열차의 간격이 탄력적으로 조절된다.

지상제어장치에서 연산된 이동권한은 각 열차에 전송되며, 후속열차는 선행열차의 후미까지 최소안전거리가 허용되므로 운전시격이 단축된다.

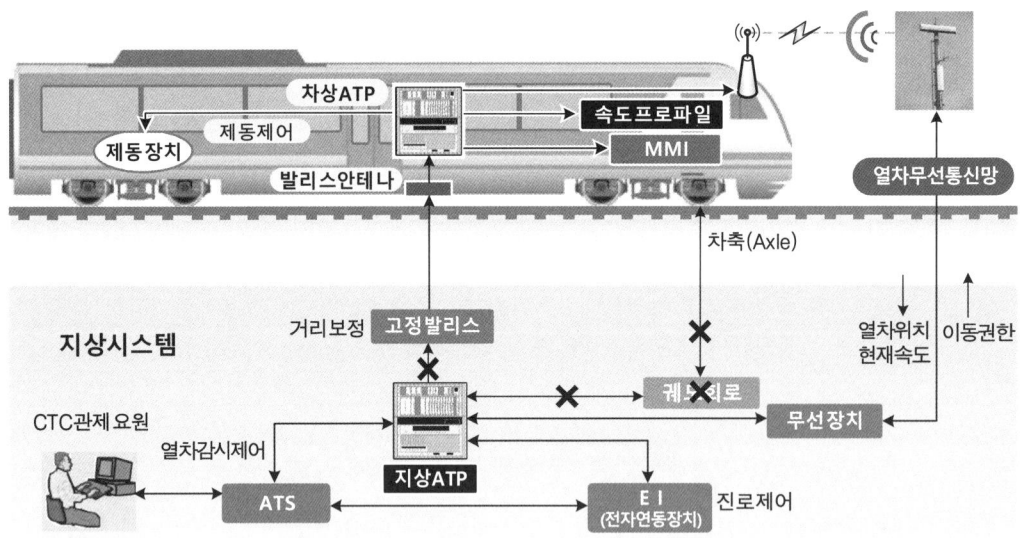

(그림 2-15). ETCS Level 3 시스템 구성

3 CTCS (중국 열차제어시스템)

중국의 열차제어시스템은 고속철도 초기에는 프랑스 기술을 도입하여 사용하였으나, 중국정부의 철도시스템 현대화 및 철도인프라 구축을 위한 집중적인 투자에 의해 대규모 철도건설을 추진 중이며, 고속선은 최고속도 300~350km/h를 목표로 하고 있다.

중국의 신호시스템은 평상시 CTCS Level 3를 적용하고 Level 2를 백업시스템으로 사용하며, 평상시에 Level 3의 최고속도 300~350km/h로 상업운행 중이다.

Level 3의 고장 등의 경우 백업 시스템인 Level 2를 사용하며, 이때 Level 2만 적용되었을 경우 최고속도는 250km/h이지만 Level 3의 백업시스템으로 사용하는 경우에는 최고속도 300km/h의 적용이 가능하다.

(표 2-14). 중국의 CTCS 고속운행 현황

운행노선	공 급 사	Level 2 속도(km/h)	Level 3 속도(km/h)	노선길이 (Km)
베이징-상하이	Alstom/Bombardier/CRSCD	300	350	2636
베이징-스자좡	Alstom/Bombardier/CRSCD	300	350	938
항저우-창사	Bombardier/CRSCD	300	350	1866
항저우-난창	Bombardier/CRSCD	300	350	1182
하얼빈-다롄	Alstom/Bombardier/CRSCD	300	350	1842
화이화-쿤밍	Bombardier/CRSCD	300	350	1734
스자좡-우한	Alstom/Bombardier/CRSCD	300	350	1520
우한-신광저우	Alstom/Bombardier/CRSCD	300	350	2138

CTCS(Chinese Train Control System)의 목적은 중국철도의 신호장치 표준화이며, 향후 모든 신호장치의 국산화, 지상·차상장치들은 CTCS 표준에 부합하도록 개량하는 것이다.

❖ 중국철도의 CTCS는 기능요구 및 설비 구성에 따라서 0~4등급으로 분류한다.

(표 2-15). CTCS Level 설비구성

CTCS Level	주요 구성설비
Level 0	기존 궤도회로장치 + 통합 기관사실 신호 및 열차운행감시장치, 지상신호방식(지상신호기는 주신호, 기관사실 신호는 보조신호) 120km/h 이하로 운행하는 열차에 적용
Level 1	기존 궤도회로장치 + 자동무선(발리스) 및 ATP장치, 차상신호 120~160km/h로 운행하는 열차에 적용
Level 2	디지털궤도회로 + 자동무선(발리스) 및 ATP장치 지상신호기는 사용하지 않으며 차상운행거리에 의해 ATP제어 160km 이상 운행하는 열차에 적용
Level 3	궤도회로장치 + 자동무선(발리스) 및 GMS-R이 장착된 ATP장치 궤도회로에 의해 열차검지, GMS-R에 의해 신호정보 전송
Level 4	궤도회로를 사용하지 않는 이동폐색방식 차상거리연산에 의한 열차위치검지 및 발리스에 의한 열차위치확인 GMS-R에 의해 신호정보 전송

(표 2-16). ETCS와 CTCS Level 비교

CTCS(중국)		ETCS(유럽)	
Level	설비 구성	Level	설비 구성
레벨 0	궤도회로(열차검지) + 지상신호	레벨 0	궤도회로(열차검지) + 지상신호
레벨 1	기존 궤도회로 + 차상신호		
레벨 2	디지털궤도회로(신호정보전송) + 발리스(선로변정보전송)	레벨 1	궤도회로(열차검지) + 발리스(신호정보/선로변정보전송)
레벨 3	궤도회로(열차검지) + 발리스(선로변정보전송) + GSM-R(이동권한전송)	레벨 2	궤도회로(열차검지) + 발리스(선로변정보전송) + GSM-R(이동권한전송)
레벨 4	이동폐색 : 발리스(선로변정보전송) + GSM-R(이동권한전송)	레벨 3	이동폐색 : 발리스(선로변정보전송) + GSM-R(이동권한전송)

4 미국/일본 열차제어시스템

PTC (미국 열차제어시스템)

PTC(Positive Train Control)는 1990년대 중반부터 미국에서 연구되어 왔으며, 1997년도에 와서 PTC 목적에 중점을 두어 개발하기 시작하였다.

PTC 주요 서브시스템 간은 유무선 링크로 연결된다. 현장설비는 보수시설, 선로전환기, 연동장치 등으로 구성되고, 이동차량 서브시스템은 차상컴퓨터와 위치검지시스템 등으로 구성되며, 전송제어 서브시스템은 열차제어를 위한 중앙제어국에 해당된다.

이동차량 서브시스템과 전송제어 서브시스템 간의 통신은 차량 위치데이터, 차량 진단데이터, 차량 이동권한, 통신망 관리데이터 등을 송수신한다. 이동차량 서브시스템은 위성으로부터 GPS 신호를 수신하여 현재 위치를 인식하는 위치검지 방법을 사용한다.

PTC의 기능적 요구사항은 크게 4가지 단계로 분류된다.

(표 2-17). 철도신호설비 장치별 주요 역할

PTC Level	설비의 주요 목적
Level 1	열차 간 충돌방지와 속도를 제한하며, 선로상의 유지보수자 보호기능 구현
Level 2	열차정보와 선로 진입권한을 무선통신으로 전송하는 것을 요구
Level 3	모든 열차제어 구간의 선로전환기, 신호장치, 보호장치들에 대한 감시기능 구현
Level 4	추가적인 선로보호장치 요구, 상위 레벨은 하위 레벨의 모든 요구사항을 충족

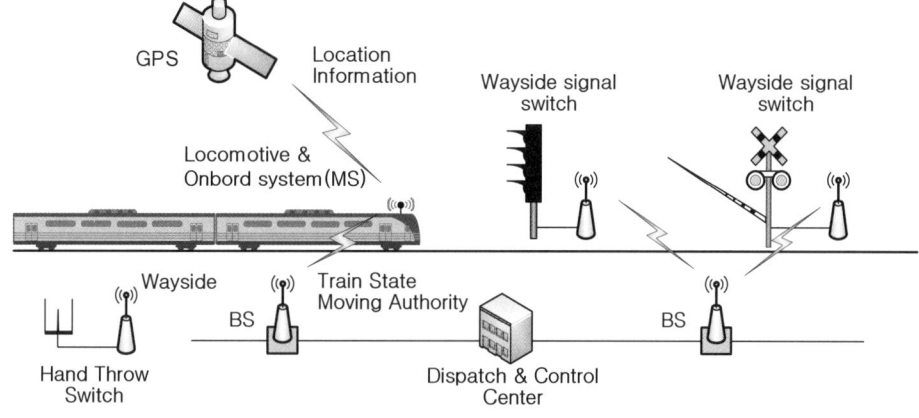

(그림 2-16). PTC의 통신망 구성도

ATACS (일본 열차제어시스템)

기존의 노선에서 열차검지를 위해서 궤도회로장치를 사용하는 고정폐색방식의 문제점을 보완하기 위해서 일본에서는 1995년부터 ATACS(Advanced Train Administration and Communications System) 개발이 시작되었다.

ATACS 개발은 크게 2단계로 구분된다. 1단계에는 열차위치검지, 열차간격제어, 디지털통신을 이용한 열차제어데이터 송수신과 같은 기능을 개발하였으며, 2단계에는 구내 진로제어, 평면 교차로제어 등의 기능을 개발하고 기술검증을 수행하였다.

시스템 제어원리

ATACS의 구조에서 자상제어장치는 열차추적, 간격제어, 구내 진로제어, 평면교차로 제어 등의 기능을 담당하며 여러 기지국과 연결되어 있다. 기지국은 약 3km 간격으로 설치되어 차상장치와 무선통신으로 데이터를 송·수신한다.

차상장치는 지상장치로부터 수신된 신호정보에 따라 열차운행을 제어하고, 열차 자신의 위치 및 속도정보를 차상무선장치를 통해 지상장치로 전송한다.

열차제어를 위해 속도측정기에 기록되는 속도 값을 시간 축으로 적분함으로써 속도계에 의해 지나온 차상거리가 연산된다.

열차의 간격제어를 위해 지상장치는 제어영역 내 열차위치를 수집하여 진행 가능한 위치까지 이동권한을 열차에 전송한다. 이동권한을 수신한 열차는 선행열차와 거리를 고려하여 제한속도, 제동성능, 노선 기울기 및 경사 등에 의해 산출된 속도패턴으로 운행된다.

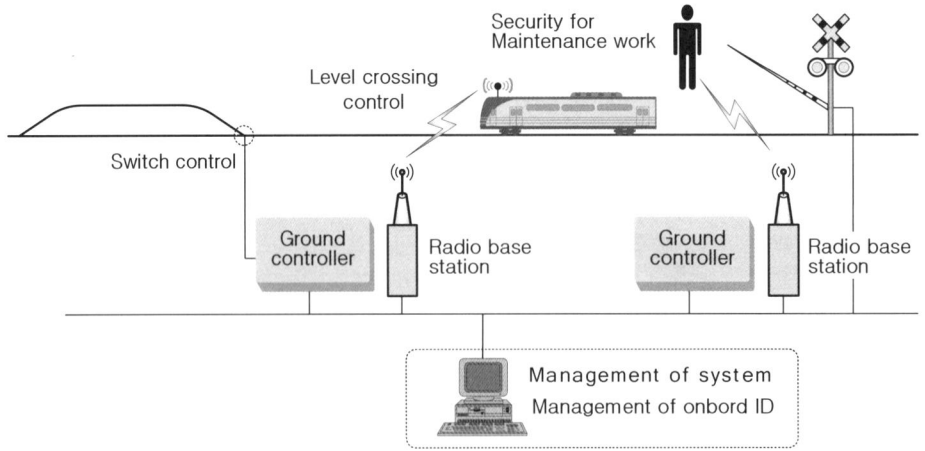

(그림 2-17). ATACS의 통신망 구성도

2장 철도신호일반

CARAT (일본 열차제어시스템)

일본의 CARAT(Computer and Radio Aided Train Control) 열차제어시스템은 위성통신 기능을 가진 마이크로컴퓨터를 탑재한 열차를 위성에서 무인으로 제어하는 장치로써, 열차운전의 고속·고밀도 운전에 유연하고 경제적으로 대응할 목적으로 연구개발 및 실용화를 진행하고 있는 차세대 열차제어시스템이다.

지상장치에는 폐색제어, 포인트제어, 경보제어를 시행하고, 그 외의 기능들은 차상에서 실행한다. 지상과 차상 간의 정보전송은 무선을 이용하고 차상에서 검출한 위치와 속도정보를 근거로 지상에서는 폐색제어와 포인트 제어를 실행한다.

지상의 정보는 신호제어를 지상시스템을 이용하거나 직접 위성을 통해 정보를 수신할 수 있도록 구성한 이중화 시스템이다. 이중화시스템의 목적은 위성의 사각지대 또는 통신장애 등으로 인하여 열차가 제어되지 못하는 경우가 발생하지 않도록 하기 위해서이다.

시스템 제어원리

열차는 출발 전에 출발시간, 출발역, 정차역, 종착역, 거리별 지장시설물 등 기본적인 정보를 가지고 있으며, 운행 중인 열차의 위치 및 속도 등을 위성에 의해 검출하여 지상 기지국을 통해 지상 관제실로 전달된다.

전달된 열차의 위치와 속도정보는 미리 계획된 열차운행계획, 선행열차 정보, 후속열차 정보, 기상상태 등을 종합하여 위성 및 송수신 중계안테나를 통하여 운행 중인 열차의 차상컴퓨터에 전송된다. 전송된 정보는 모니터 및 각종 표시장치를 통하여 기관사에게 전달되며 수동 및 자동으로 열차를 제어할 수 있다.

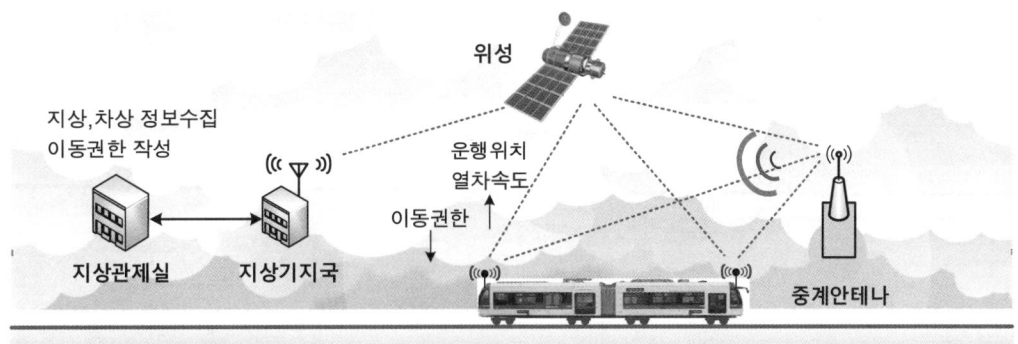

(그림 2-18). GPS를 이용한 열차제어 시스템

04 신호시스템의 구성

기본 설명

철도신호장치는 하나의 선로에서 여러 열차가 운행하기 위해서 안전하고 원활하게 열차의 주행을 제어한다. 즉 열차의 진로를 안전하게 제어하고, 열차 간 적절한 운행간격과 속도제어를 통해 최소운전시격을 단축함으로써 운행효율을 향상한다.

1 신호장치의 역할

철도는 외부 차량의 간섭 없이 지정된 하나의 선로에서 사전에 계획된 운행 프로그램에 의하여 순차적으로 운행함으로써 정시성을 확보하는 데 매우 유리한 운송수단이다. 이를 위해서 신호제어장치는 열차의 진로와 운행 간격을 안전하고 원활하게 철도교통을 제어한다.

신호제어장치의 결함이나 취급자의 실수가 있더라도 잘못된 출력이 발생하지 않도록 Fail-safe의에 의해서 동작을 불허하는 등 위험측 동작을 방지함으로써 안전한 열차운행을 보장한다.

또한, 열차 상호간의 안전거리를 확보하고 운행 간격을 적절하게 조절하여 운행 공간의 마진 없이 줄임으로써 열차를 원활하고 빈번하게 운행하게 한다.

(그림 2-19). 철도신호시스템

2장 철도신호일반

철도신호시스템

- 궤도회로장치
- 전자연동장치
- 열차제어장치
- 정보전송장치
- DTS & ATS
- 인터페이스설비

철도신호시스템의 주요 역할
- 안전한 열차운행 제어
- 열차 운행효율 향상

자동진로제어
- 정당한 진로 설정
- 부당한 진로 쇄정
- 부당한 진로 '0'속도

열차간격제어
- 열차 간 운행간격 제어
- 열차 간 적절한 속도연산
- 제어 이상 시 비상제동

자동화제어
- 진로의 자동화(관제실)
- 운전의 자동화(기관사)
- 데이터 자동관리(유지보수)

(그림 2-20). 철도신호설비의 역할

▓ 신호장치의 주요 역할

① 정당한 진로는 설정하고 부당한 진로는 쇄정하여 안전을 확보한다.
② 적합한 열차속도와 열차간격을 제공하여 운전시격을 단축한다.
③ 정확하고 유연한 운전제어로 열차운행의 정시성과 경제성을 확보한다.
④ 설비 고장, 인간 실수 등 이례상황 시 안전측 동작을 실현한다.
⑤ 기관사의 운전부담 경감으로 피로도를 줄이고 실수를 방지한다.
⑥ 열차운행의 고속화 및 무인화 운전으로 인한 주행성능을 향상한다.

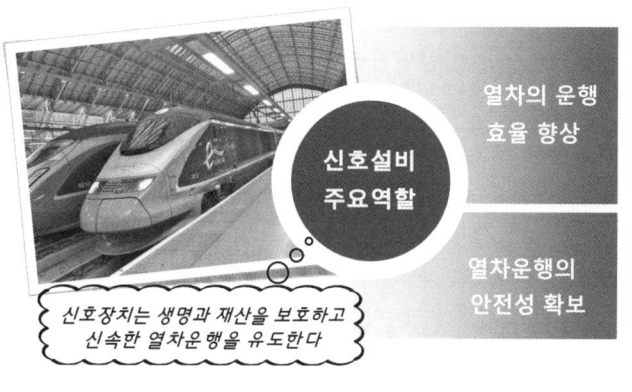

신호설비 주요역할

열차의 운행 효율 향상
- 열차 간 운행간격 제어
- 적합한 운행속도 제어
- 운전효율을 위한 자동운행 제어

열차운행의 안전성 확보
- 사고방지를 위한 안전한 진로제어
- 이례상황 시 안전측 동작

신호장치는 생명과 재산을 보호하고 신속한 열차운행을 유도한다

(그림 2-21). 철도신호설비의 역할

WIDE 철도신호기술

과거에는 열차의 운행빈도가 적고 인력에 의하여 운전하였기 때문에 열차운행의 밀집도 보다는 안전을 우선하여 신호보안장치가 개발되었다.

이후 복선과 함께 전철이 개통되고 수요가 급증함에 따라 열차의 안전운행과 운행의 밀집을 높이기 위해서 점차 신호시스템의 중요성이 강조되기 시작하였다. 이에 따라서 신호의 발전은 철도의 발전이라 할 만큼 신호시스템이 부각되고 있다.

열차제어 자동화의 필요성

① 열차운행의 고속화로 인한 안전설비와 인터페이스
② 고밀도 운행의 요구에 따른 최소운전시격의 단축
③ 안전을 고려한 적절한 열차 운행간격 및 운행속도 제시
④ 자동화로 기관사의 피로도 감소 및 운전실수 방지
⑤ 시스템에 의해 유연하고 체계적인 운행제어로 운전효율 증가
⑥ 자동화 기술의 발달로 무인화에 의한 운영비 절감

신호설비는 열차의 안전운행과 최적의 운행조건을 산출하여 제어한다

1. 안전운행 제어 (안전한 진로, 안전한 속도, 안전한 간격, 안전한 제동)

- 부당한 진로는 쇄정하고 정당한 진로만을 제어하는 안전측 진로제어
- 열차간 추돌방지를 위하여 적정속도와 운행간격을 제어하는 안전운행 제어
- 비안전측 동작 시 사고방지를 위하여 열차의 정지유지 및 비상제동 체결

2. 효율적인 운행제어 (최고속도 제시, 최소 운행간격제시 = 최소운전시격 단축)

- 최소운행간격에 의한 밀집운전제어로 승객 대기시간 단축 및 수송량 증대
- 정보수집에 의한 열차간 최고속도제어로 저속손실 억제 및 운행시간 단축
- 최적의 운행간격과 속도제어로 인한 최소운전시격 단축으로 운행효율 향상

(그림 2-22). 철도신호제어장치의 역할

2장 철도신호일반

2. 주요 신호장치 구성

주요 신호설비는 신호기계실에 설치되어 신호처리를 하며, 처리된 신호에 의해서 현장의 진로설비 또는 열차를 제어한다. 이러한 정보를 전송하고 감시하는 장치도 부가된다.

(표 2-18). 철도신호설비 장치별 주요 역할

신호장치	신호장치의 역할
궤도회로장치	■ 고정폐색에서 열차검지 및 ATC정보 전송 고정폐색방식에서 폐색제어를 위해 궤도를 전기적으로 분할한다. 열차의 위치검지, ATC 구간에서 레일을 통해 열차에 신호정보를 전송한다.
연동장치	■ 연동역에서 분기부 진로제어 분기선로의 진로제어장치로서 선로전환기, 신호기를 제어한다. 논리적인 검증을 통해 안전측 진로는 제어하고 비안전측 진로는 쇄정한다.
ATS (열차자동 정지장치)	■ 일반철도에서 지상신호 폐색제어용 신호기를 통해서 제한속도를 현시하고 기관사가 제한속도 초과 시 일정 시간 경보할 때까지 감속취급하지 않으면 비상제동을 체결한다.
ATC (열차자동 제어장치)	■ 열차속도 및 열차간격을 위한 열차운행제어 지상의 정보를 수집하여 생성된 신호정보를 차상에 전송하여 열차의 속도를 제어하는 장치이다. 도시철도에서는 ATP/ATO를 포함한다.
ATP (열차자동 방호장치)	■ 열차 상호간의 안전운행을 위한 폐색제어 열차 상호간 안전한 폐색제어를 위해서 적절한 운행간격과 운행속도를 제시하는 컴퓨터 시스템으로서 열차의 운전을 방호한다.
ATO (열차자동 운전장치)	■ 도시철도 구간에서 기관사를 대신하여 자동운전제어 사전에 입력된 컴퓨터 프로그램에 의해서 기관사의 취급 없이 가감속, 정위치정차, 출입문 개폐, 승강장 발차 등을 자동으로 제어한다.
CTC (열차집중 제어장치)	■ 각 역의 취급실 취급업무를 관제에서 통합취급 각 역에 신호취급설비를 관제실로 집중화하여 한 곳에서 현장 전체상황을 감시하고 취급할 수 있도록 한다. 컴퓨터 스케줄에 의한 자동제어를 TTC라 한다.
ATS (열차자동 감시장치)	■ 열차운행 스케줄에 프로그램에 의하여 자동진로취급 현장의 상태정보와 관제의 열차지령을 인터페이스하는 서버컴퓨터로서 열차운행 프로그램에 의하여 자동으로 열차운행 스케줄을 제어한다.

철도신호설비는 궤도회로장치, 연동장치 및 기타 논리제어장치, 현장설비(신호기, 선로 전환기) 등 여러 시스템은 각각의 역할을 수행하고, 그 결과를 관계 시스템과 인터페이스를 통해 정보를 공유하여 또 다른 논리제어 수행에 반영된다.

실내설비
- 열차제어장치(ATC/ATP/ATO/ATS), 연동장치, 궤도회로장치.
  ① 열차제어 데이터 작성 및 폐색논리 제어(속도, 간격)
  ② 안전하고 합리적인 진로제어 논리연산.
  ③ 현장설비 구동을 위한 전원제어 및 동작감시
  ④ 상태정보 수집 및 인터페이스 (열차정보, 진로상태, 시스템 상태)

현장설비
- 신호기, 선로전환기, AF본드, 튜닝유니트, 비컨, 케이블, 접속함
  ① 진로전환 시 진로제어설비 구동(선로전환기, 신호기).
  ② 운행 중인 열차의 선로상 이동위치 검지.
  ③ 지상설비-차상설비 간 정보 인터페이스

관제설비
- ATS, LDP(대형표시반), 워크스테이션(취급컴퓨터, 감시컴퓨터)
  ① 진로취급제어(TTC : 스케줄 자동제어, CTC : 수동취급)
  ② 상태정보 표시(열차운행상황, 설비동작상태)
  ③ 운행통계, 시스템 감시 및 경보, 운영기록

(표 2-20). 철도신호제어장치의 구성 및 역할

일반철도와 도시철도 신호시스템

- 일반철도 신호시스템은 지상신호방식으로서 시스템 국산화에 의한 비용 절감과 여러 기종의 열차를 혼용제어하는 데 효과적이다.
- 도시철도 시스템은 철도선진국으로부터 여러 최신기술을 도입함으로써 개통 시기에 따라 각 지자체마다 제작사 및 열차제어방식이 다른 시스템이 적용되고 있다.
- 주요 열차제어시스템은 일반철도에서는 ATS(열차자동정지장치)를 이용한 자동폐색장치(ABS)를 사용하는 반면, 도시철도에서는 ATC(ATP/ATO)를 사용한다.
- 도시철도에는 정거장 간 잦은 운행취급에 의한 실수와 빈번한 사고예방을 위해 ATO를 적용하는 반면에, 일반철도는 역간 장거리 운행으로 ATO를 적용하지 않는다.

2장 철도신호일반

▋ 신호설비 내구연한

도시철도 신호시스템은 대부분 국외산 열차제어시스템으로서 대체로 내구연한을 15년 이하로 규정하고 있으나, 일반철도의 신호시스템은 10년으로 규정하고 있다.

(표 2-19). 신호설비 내용연수(내구연한)

내 역	내구연한	세 부 항 목
신호기장치	10년	출발·장내·유도·입환·폐색·원방·유도·중계·엄호신호기, 입환표지, 고속철도신호표지(SM,AM,P), 출발전호기, 진로표시기
선로전환기장치	10년	전기선로전환기, 선로전환기(MJ81), 차상전환장치, 기계선로전환기, 전철표지, 간류
궤도회로장치	10년	임펄스궤도회로, AF궤도회로, 바이어스궤도회로, 직류궤도회로, PF궤도회로, 주파수궤도회로, 궤도단락스위치, 궤도회로기능검지장치
연동장치	10년	전기연동장치(일반,고속), 기계연동장치, 기기집중제어장치
폐색장치	10년	자동폐색장치, 연동폐색장치, 통표폐색장치
ATS장치	10년	점제어식,속도조사식
ATC장치	10년	ATC지상장치(고속,일반), ATC차상장치(고속,일반), 불연속정보전송장치
CTC장치	10년	사령설비(고속,일반), 현장정보전송장치
원격제어(RC)장치	10년	ERC,ERC-1,원격감시장치
건널목보안장치	10년	제어유니트, 경보기, 차단기, 고장감시장치, 지장물검지장치, 출구측차단간검지기, 정시간제어기, 정보분석장치, 원격감시장치, 영상감시장치, 조명등, 고장신고전화, 건널목전자식제어장치
안전설비	10년	지장물검지장치, 차축온도검지장치, 차축온도중앙감시장치, 기상설비, 끌림검지장치, 레일온도검지장치, 레일온도중앙장치, 보수자횡단장치, 원격감시장치,분기히팅장치, 터널경보장치, 안전설비집중감시시스템
기타설비	10년	전선로, 열차번호인식기, 사구간(절연구간)예고지상장치, 접지설비, 정류기, UPS,축전지 등

* 출처 : 국가철도공단, 회계규정시행세칙 제59조

3 신호장치의 인터페이스

신호기계실에는 진로를 제어하는 연동장치, 열차의 위치를 검지하는 궤도회로장치, 모든 정보를 수집하여 열차를 적절하게 간격제어하는 ATC장치, 관제실 및 취급실에 상태정보를 전송하는 ATS(자동열차감시장치)가 주요 설비로 설치되며, 각각의 시스템 간에 정보를 협력하여 인터페이스 한다.

각 역의 신호기계실 설비는 관제실 및 운전취급실로부터 운전지령을 수신하고, 현장으로부터 상태표시를 수신하여 적합한 운행간격과 운행속도를 연산한다.

연산된 신호정보는 현장으로 전송되며, 지상의 신호기 또는 운행 중인 차상에 직접 전송하여 열차 간 운행간격에 따른 가감속도를 제어하며 안전운행을 유도한다.

(그림 2-23). 신호기계실 주요설비

▌ 주요 설비의 역할과 인터페이스

도시철도는 ATC에 의해 열차를 제어한다. ATC는 간격제어를 위해 속도신호를 작성하여 열차에 지속적으로 전송함으로써 밀집 운전하는 구간에서 안전을 확보하는데 유리한 시스템이다.

신호기계실에는 제어목적이 각각 다른 설비가 제어상태를 상호 인터페이스하고 취득한 정보는 ATC에 집중화하여 적절한 속도신호를 생성함으로써 열차의 안전운행을 제어한다. 따라서 ATC는 열차의 간격제어를 총괄하는 주요 시스템이다.

> **주요 열차제어설비의 역할**

- 궤도회로장치 : 선로 상의 열차의 운행위치 검지
- 전자연동장치 : 분기부 진로제어장치(선로전환기, 신호기) 제어
- ATC(열차자동제어장치) : 열차 간격 및 속도제어를 위한 열차 신호정보 생성
- ATS(자동열차감시장치) : 스케줄 제어 및 감시, 역과 관제실 간 정보 인터페이스
- L-ATS : 각 역에 설치, 시스템 및 현장설비 상태정보 수신
- C-ATS : 관제실에 설치, 원격 진로제어 및 스케줄 제어

2장 철도신호일반

신호장치 제어흐름도

신호시스템은 각 제어설비에 따라 논리제어장치(처리장치)가 신호기계실에 설치되며, 이들 주요 시스템은 정보를 상호 인터페이스하여 합리적으로 열차운행을 제어한다.

(그림 2-24). 신호시스템의 구성과 인터페이스

177

WIDE 철도신호기술

How 📞 신호시스템은 어떻게 열차운행을 제어하는 걸까?

신호시스템은 열차운행을 효율적이고 안전하게 제어하기 위하여 열차검지장치(궤도회로장치), 진로제어장치(연동장치), 열차제어시스템(ATP/ATC)이 상호간 정보를 인터페이스하여 논리연산 결과에 의해 안전한 열차진로와 최적의 속도로 제어한다.

(표 2-20). 열차제어시스템의 비교

제어장치	기능 설명	선로 시스템
ATS (Automatic Train Stop)	• 속도초과 시 기관사에게 경고 • 감속제어 미취급 시 비상제동 • 최고속도 150km/h 이하 • 속도중심제어(다단속도감속) • 지상신호방식	
ATP (Automatic Train Protection)	• 기관사 운전지원 • 자동감속 및 정지 • 운행속도 230km/h 이하 • 1단 제동제어방식 • 차상거리연산방식	
ATC (Automatic Train Control)	• 열차운행 자동제어 • 자동감속 및 정지 • 고속선 300km/h • 동종 단일패턴의 열차운행 • 차상신호 연속제어방식	

05 폐색취급방식

기본 설명

폐색이란 열차 상호 간의 안전속도와 안전거리를 확보하며 운행하기 위한 열차의 운행구역을 말한다. 고정폐색방식은 궤도회로장치에 의하여 일정 구간으로 분할되며, 가변되는 전방의 궤도정보와 진로정보에 따라 안전거리와 제한속도가 설정된다.

1 폐색제어

철도는 하나의 선로에서 2 이상의 열차가 순차적으로 운행할 경우 제동거리를 고려하여 선행열차와의 안전거리와 효율적인 배차 간격을 위해서 적절한 운행거리와 제한속도를 유지하여야 한다. 이와 같이 열차 상호간의 일정한 운행간격을 유지하기 위하여 구분한 궤도의 간격을 '폐색(Blocking)'이라 한다.

전방 폐색구간의 가변정보와 운행조건에 의해서 열차의 접근구간과 제한속도가 연산되어 열차의 운행을 제어한다. 이러한 폐색제어는 열차의 안전과 운행효율 향상을 위해 핵심이 되는 제어로써 열차운행의 포괄적인 제어를 의미한다.

폐색취급의 역사

전신이 최초로 폐색방식에 사용한 것은 시간 간격법을 시행한 터널 구간이었다. 간단한 단침식 전신기를 사용하여 터널 내에서 추돌하지 않도록 선행열차의 터널 통과 완료를 알리는 것이 목적이었다. 그러나 이 시간 간격법은 취급이 복잡하고 단선구간에서 충돌할 위험이 많으므로 단선구간에서 전신을 사용하게 되었다.

이 취급을 확실하게 하기 위하여 모자를 착용한 전원을 각 역간에 배치하였다. 운전원은 속행열차가 있을 때에는 선행열차를 먼저 출발시키고 이어 본인이 후속열차에 승차하여 자신이 통표가 되어 단선구간의 폐색취급을 보다 확실하게 하였다.

1874년 그레이트 웨스턴 철도에서 열차가 충돌하는 대형사고가 발생하였다.

이를 계기로 1878년 에드워드 타이어는 단선구간 폐색방식의 문제점을 전기를 사용한 통표폐색장치를 고안하였다. 이것이 그 후 전기적으로 쇄정된 단선폐색장치 설계의 기본이 되고 단선구간에서 열차운전의 안전확보에 사용되었다.

(그림 2-25). 쌍신 폐색기

☎ "폐색"이 뭔 말인가?

열차가 운행하는 모든 궤도를 여러 구간으로 분할하고, 하나의 운행구간에는 하나의 열차만이 점유하도록 함으로써 열차 간 안전거리를 유지하도록 하는 제어구간을 말한다. 고정폐색식은 블록단위로 분할되고, 이동폐색식은 거리연산에 의해 제어된다.

폐색제어의 발전과 필요성

폐색제어는 철도에 있어서 여러 열차가 상생하기 위한 핵심제어로서 열차의 운행효율을 좌우한다. 폐색기를 취급하던 과거의 기계식 신호방식은 수동 폐색추급에 의하여 역간 1대의 열차만이 운행하도록 함으로써 운행간격이 길어지며 열차사고만을 방지하기 위한 목적이 기술의 한계였다.

신호시스템의 발전은 폐색제어의 발전을 의미하는 것이다. 폐색제어의 기술이 발전함에 따라 도심 구간에서 첨두시간에 열차의 운행간격을 단축함으로써 승객의 대기시간과 혼잡도를 해소할 수 있다.

오늘날에는 고속화, 고밀도화, 자동화된 열차제어시스템으로 인하여 운영의 효율성과 편의성, 안전성을 바탕으로 폐색제어 기능을 향상함으로써 철도 운영면에서 경제성에 많은 이점이 있다.

2장 철도신호일반

열차운행 간격법

철도는 도로의 자동차 운전과 달라서 지정된 단일 선로에서 여러 열차가 순차적으로 운행하는 관계로 선행열차와 후속열차 상호간 추돌사고가 없도록 항상 안전한 간격을 유지하도록 한다. 이를 위하여 운행속도에 따라 안전거리를 두고 한 폐색구간에 한 편성의 열차만이 운행할 수 있도록 한다.

따라서 폐색구간의 길이에 의해서 열차의 간격이 좌우되며, 이러한 고정폐색에서 궤도회로에 의해 열차의 운행 간격이 제한받는 점을 보완하기 위해서 이동폐색이 실용화되어 열차의 운행밀도를 높이고 있다.

시간 간격법

시간 간격법(Time Interval System)은 일정한 시간 간격을 두고 연속적으로 열차를 출발시키는 방법이다. 선행열차가 도중에 정차한 경우 그 상황을 알지 못하는 후속열차가 일정한 시간이 지나 출발하면 추돌사고가 우려되므로 주의를 요한다.

시간 간격법은 보안도가 낮기 때문에 오늘날에는 사용하지 않으며, 천재지변 등으로 통신이 두절되는 경우와 같은 특수한 상황에만 사용한다.

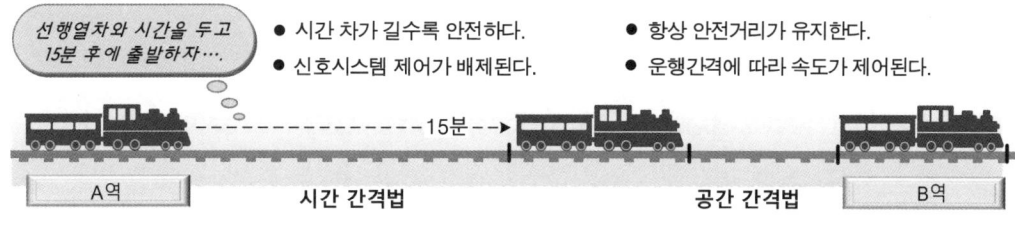

(그림 2-26). 시간 간격법과 공간 간격법

공간 간격법

공간 간격법(Space Interval System)은 열차 상호간 일정한 거리를 두고 운행하는 방법이다. 일정한 폐색구간을 분할하여 정해진 1폐색 구간에는 1개의 열차만이 운행할 수 있도록 하며, 선행열차의 위치에 따라 후속열차의 운행간격이 제어된다.

공간 간격법은 안전도가 향상되므로 고밀도 고속도 운행에 적합하다. 오늘날에 신호제어장치에 의해서 자동으로 열차의 운행간격을 제어한다.

2 상용폐색방식

상용폐색방식은 한 구간에 고정 설치되어 평상시 신호시스템에 의하여 열차운행을 제어하는 방식이다. 폐색방식은 열차운행의 운전시격 제어와 밀접한 관계가 있다.

- **복선구간** : 차상신호폐색식, 자동폐색식, 연동폐색식
- **단선구간** : 자동폐색식, 연동폐색식, 통표폐색식

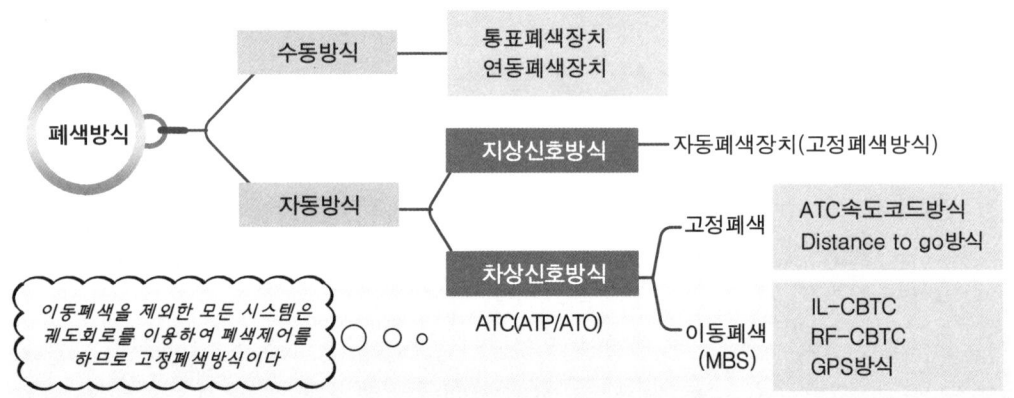

(그림 2-27). 폐색방식의 분류

(표 2-21). 열차운행을 위한 폐색방식

폐색방식 구분		폐색 취급방식
상용폐색방식	단선	• 자동폐색식, 연동폐색식, 통표폐색식
	복선	• 자동폐색식, 연동폐색식, 차내신호폐색식
대용폐색방식	단선	• 지도식, 지도통신식
	복선	• 통신식
시계운전에 의한 방법 (폐색준용법)	단선	• 지도격시법, 전령법
	복선	• 격시법, 전령법

수동폐색방식

수동폐색방식은 과거에 단선구간에서 시행하던 것으로써, 인접하는 양쪽 정거장 간 종사원의 상호간 협의에 의하여 폐색취급하는 방식이다.

통표폐색식

통표폐색식은 단선구간에서 시행하는 상용폐색방식의 일종으로 단선 폐색구간의 양쪽 역에서 서로 전기적으로 쇄정된 한 쌍의 통표폐색기를 설치하고, 양쪽 역의 합의에 의해서 폐색절차를 완료하면 어느 한쪽 출발역의 통표폐색기에서 1개의 통표가 빠져 나오도록 한다. 기관사는 일종의 운전허가증과 같은 이 통표를 휴대하고 운행한다.
기관사는 이 통표를 도착역에 건네주고 양 역의 공동 조작으로 도착역의 통표폐색기에 넣어 원래의 상태로 되돌린다.

연동폐색식

연동폐색방식은 복선과 단선구간에서 모두 사용된다. 각 정거장에 연동폐색장치를 설치하고 폐색구간의 양 역에서 폐색 취급버튼을 취급한다.
연동폐색장치와 출발신호기를 양쪽 역장이 합동으로 상호 취급하여 출발신호기에 진행지시 신호를 현시하면 열차를 운행 시킨다.
폐색구간의 양단에 설치된 폐색버튼을 신호기와 연동시켜 신호현시와 폐색취급의 2중 취급을 단일화 하였다. 출발신호기와 폐색신호기를 연동시켜 안전을 확보하였다.

자동폐색방식

자동폐색방식은 단선과 복선구간에서 모두 사용된다. 선행열차가 폐색구간을 통과함에 따라 종사원의 개입 없이 후속 폐색구간의 신호기에 속도신호 현시를 자동으로 제어하는 방식이다. 또한, 역구내의 연동장치와 연동되어 폐색제어를 하므로 안전하다.
역 간 궤도회로에 의하여 여러 폐색구간으로 분할하고 각 폐색구간마다 신호기를 설치하여 열차의 운행 간격에 따라 정지, 주의, 진행 등 적합한 신호를 제어한다.
자동폐색방식은 일반철도 구간에서 널리 사용되며, ATS(자동정지장치)를 적용하여 신호현시체계를 제어하고 열차가 폐색구간에 지정된 제한속도를 초과하여 과속을 계속할 경우 안전운행을 위해 비상제동을 체결하도록 한다.

차내신호폐색방식

차내신호 폐색방식은 폐색구간을 운행하는 열차에 대해서 현재 구간의 속도신호 정보를 운전실 표시반에 현시하면 기관사가 제한속도 내로 운전을 취급하거나 열차 스스로가 속도를 제어하도록 하는 방식이다.

차내신호 폐색방식은 ATC(열차자동제어장치) 구간에서 선행열차와의 간격 및 진로의 조건에 따라 차내 운전실에 열차운전에 적합한 허용지시속도를 나타내고 그 지시속도보다 낮은 속도로 열차의 속도를 제한하면서 열차를 운행할 수 있도록 한다.

3 대용폐색방식

폐색구간에 어떠한 사유로 인하여 변동이 생기거나 일부 장치의 고장 등으로 상용폐색방식을 사용할 수 없게 되었을 때 그 원인이 없어질 때까지 임시로 사용하는 폐색방식이다. 이 방식은 보안도가 극히 낮으므로 사용 시간은 최소한으로 줄여야 한다.

- **복선운전을 할 때**: 통신식
- **단선운전을 할 때**: 지도통신식, 지도식

통신식

복선구간의 상·하선의 정상 방향 선로에서 상용폐색방식을 시행할 수 없는 경우에 사용한다. 폐색구간 양쪽에 설치된 폐색전용 직통전화기를 사용하여 양 역 역장이 폐색수속을 협의한 후 열차를 운행 시킨다.
폐색수속은 열차를 출발시키려는 역과 열차가 도착하려는 역에서 역장이 '열차폐색'과 '열차폐색승인'을 확인하고, 열차가 도착한 후 역장에게 '열차도착'과 '열차도착승인'을 확인한 후에 폐색수속을 마친다.

지도통신식

지도통신식은 단선 및 복선구간의 상·하선 중 한쪽 선로의 사용이 정지되어 일시 단선운전을 하는 구간에서 상용폐색방식을 시행할 수 없는 경우에 사용한다.
지도통신식은 지도표 또는 지도권을 발급받은 열차만 해당 폐색구간을 운전할 수 있으며, 시행하는 구간에는 폐색구간 양 끝의 정거장 또는 신호소(신호취급소)의 통신설비를 사용하여 서로 협의한 후에 시행한다.

지도식

지도식은 철도사고 등의 수습 또는 선로보수공사 등으로 현장과 가장 가까운 정거장 또는 신호소(신호치급소) 간을 1폐색 구간으로 하여 열차를 운전하는 경우에 후속열차를 운전할 필요가 없을 때에 한하여 시행한다. 단선구간에서 사용하는 폐색방식으로 지도식을 시행하는 구간에는 지도표를 발행하여야 한다.

지도표는 1폐색 구간에 1매로 하며 열차는 당해 구간의 지도표를 휴대하고 운전하여야 한다.

 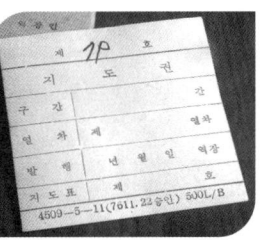

(그림 2-28). 지도표(좌)와 지도권(우)

4 시계운전에 의한 방법(폐색준용법)

이 방법은 신호기 또는 통신장치의 고장 등으로 상용폐색방식과 대용폐색방식을 사용할 수 없을 때 시행한다. 차량의 운행속도는 전방 가시거리 범위 내에서 열차를 정지시킬 수 있는 속도 이하로 운전하여야 하며, 동일 방향으로 운전하는 열차는 선행열차와 충분한 간격을 유지하여야 한다. 단선구간에서 한 방향으로 열차를 운전하는 경우에는 반대방향에서 열차를 운전시키지 않아야 한다.

- **복선운전을 할 때** : 격시법, 전령법
- **단선운전을 할 때** : 지도격시법, 전령법

격시법

격시법은 복선구간에서 사용하며 일정한 시간 간격으로 열차를 운행하는 방식이다. 평상시 폐색구간을 운전하는 시간보다 길어야 하며, 선행열차가 도중에 정거할 경우에는 정거시간 그리고 차량고장, 서행, 기후 악화 등으로 지연이 예상될 경우에는 지연예상 시간을 충분히 고려해야 한다. 격시법은 폐색구간의 한 끝에 있는 정거장 또는 신호소(신호취급소)의 차량운전취급 책임자가 시행하여야 한다.

지도격시법

지도격시법은 폐색구간의 한 끝에 있는 정거장 또는 신호소의 차량운전취급 책임자가 적임자로 파견하여 상대의 정거장 또는 신호소 차량운전취급 책임자와 협의한 후 기관사에게 지도표 또는 지도권을 교부하여 운행하는 것이다.

다만, 지도통신식 시행 중의 구간에서 전화 불통이 된 경우 지도표를 가지고 있는 정거장 또는 신호소에서 최초의 열차를 운행하는 때에는 예외이다.

전령법

열차(차량)이 정차되어 있는 폐색구간에 다른 열차를 진입시킬 때에는 전령법에 의하여 운전하여야 한다. 전령법은 그 폐색구간 양 끝에 있는 정거장 또는 신호소의 차량운전취급 책임자가 합의하여 이를 시행하여야 한다.

전령자는 1폐색 구간 1인에 한하며, 전령법을 시행하는 구간에서는 당해 구간 전령자가 동승하여 열차를 운전하여야 한다.

2장 철도신호일반

기본 설명

고정폐색방식은 곧 궤도회로장치의 역할을 의미하는 것으로써 궤도회로에 의해서 폐색구간을 고정하여 분할한다. 궤도회로장치는 폐색구간에 대하여 열차의 유무를 검지한 정보를 주요 연산장치로 보내어 폐색구간 단위로 열차운행을 제어한다.

1 머리 기술

고정폐색방식이란 열차 상호 간의 안전한 운행간격을 고려하여 궤도회로장치에 의해서 사전에 폐색구간을 일정하게 분할하고 그 폐색구간 내에 운행하는 열차의 점유를 검지하여 각 폐색구간마다 열차 상호간 운행속도를 제어하는 것을 말한다.
고정폐색방식은 절삭된 폐색구간으로 인해서 열차점유 구역에 있어 여분의 손실이 발생되므로 운행간격 손실과 신속한 속도변화의 대응에 불리하다.
이에 따라 고정폐색방식에 있어서 폐색구간은 열차 상호간에 간격제어 시 한정된 구간 내에서 운행효율을 좌우하는 중요한 요소가 된다.

고정폐색방식(TBTC)은 여러 발전을 거듭하여 신호제어방식에 따라 일반철도에서 사용되는 ATS지상신호방식, 도시철도에서 사용되는 ATC 속도코드방식과 Distance to go 방식이 있다. 철노에 있어서 고정폐색은 과거로부터 오랜 역사를 이어 내려오고 있어 오늘날 까지 지속적으로 사용되고 있다. 도시철도 구간에서 신호제어기술은 열차의 운행간격을 단축하여 선로용량을 증대하기 위한 기술에 중점을 두고 있는 편이다.

왜, "고정폐색"이라 하는가?

궤도회로장치를 이용하여 모든 선로를 일정한 거리마다 열차의 운행구역을 분할하고, 고정 분할된 선로구간에 열차 진입시 열차검지 및 제한속도를 부여함으로써 열차간격을 제어하는 폐색방식을 말한다.(고정폐색에는 궤도회로가 필수 설비임).

고정폐색은 분할된 폐색영역 별로 열차의 점유구역과 운행속도가 설정되어 운행간격을 제어함으로써 여분의 손실구역이 발생하며 제어의 융통성에 한계가 있다.
① 고정된 궤도회로의 구간 단위로 열차의 점유구간과 허용속도가 결정된다.
② 궤도회로의 구역에 구속되므로 탄력적인 속도제어와 밀집운전에 불리하다.
③ 전방 궤도조건에 따라 궤도회로마다 다단속도로 가감속 제어를 한다.
④ 열차장에 외에 불필요한 궤도회로 여장이 발생하므로 폐색손실이 발생된다.
⑤ 궤도회로에 의해 폐색구간 별로 열차점유 구역을 명확하게 검지된다.

고정폐색의 단점

선행열차의 후미가 궤도회로 경계에서 2개의 궤도회로를 점유하고 있을 때 후속열차는 열차운행 간격손실에 신속히 대응할 수 없으므로 열차간 거리손실이 발생한다.
이와 같은 경우 열차길이 외 잔여 점유구간으로 인하여 열차 간격이 더욱 멀어지게 되므로 열차가 밀집된 서행구간에서는 속도단계가 저하되어 더욱 지장을 받게 된다.
고정폐색은 궤도회로의 절삭된 점유구간 단위에 의해서 열차의 운행간격과 운행속도가 좌우되므로 간격제어에 유연성이 떨어지는 결점이 있다.

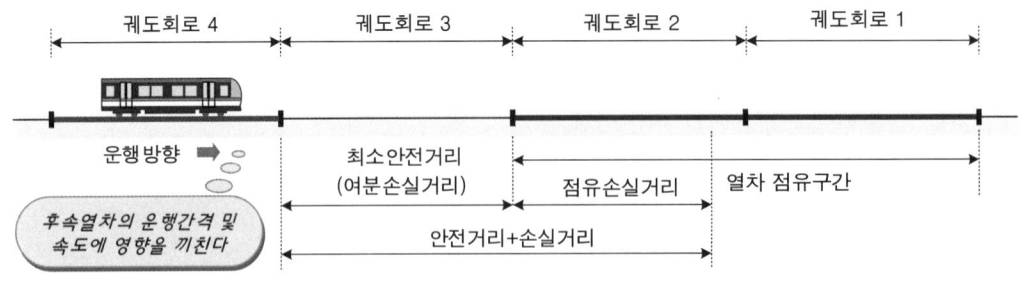

(그림 2-29). 고정폐색의 간격제어 손실거리

2장 철도신호일반

2 고정폐색의 간격제어

모든 고정폐색방식의 모든 제어 기종은 궤도회로장치에 의해서 사전에 분할된 폐색구역 내의 열차를 검지하여 운행 중인 열차위치의 기초정보로 활용한다.

고정폐색방식에는 자동폐색방식, ATC속도코드방식, ATP(ETCS), DTG방식 등 여러 제어 시스템 기종이 있지만, 열차의 간격제어를 위해서 지상에서 속도신호를 연산하는 방법과 열차에서 신호정보를 수신하여 연산 제어하는 방법이 있다.

① 1개의 폐색구간에는 2 이상의 열차가 운행할 수 없으며, 1개의 열차만이 점유하도록 운행간격을 제어한다.
② ATS 제어방식과 ATC 속도코드방식은 각 폐색구간마다 발생되는 단계적인 속도패턴으로 가감속 제어를 하므로 신속한 속도제어에 불리하다.
③ ATS 방식은 각 폐색신호기에 속도신호를 현시하며, ATC 속도코드방식은 각 폐색 구역에서 차상 운전실에 속도신호를 현시한다.
④ Distance to go방식은 단계적인 속도패턴 없이 1단 제동제어를 하며, 열차가 점유된 폐색구간 경계로부터 후속열차의 최소 접근거리를 연산한다.

□ 고정폐색방식에서 폐색구간이 길면,

① 폐색 당 열차의 점유구간이 길어지므로 열차 간격이 멀어진다. (열차간격 손실)
② 접근운행시 저속구간이 길어지며, 속도변화 대응에 불리하다 (평균속도 손실)
③ 점유구역과 속도제한이 연장되므로 밀집운전에 한계가 있다. (최소운전시격 손실)
④ 열차간 안전거리가 확대, 궤도회로장치 비용이 절감된다. (안전성, 경제성 향상)

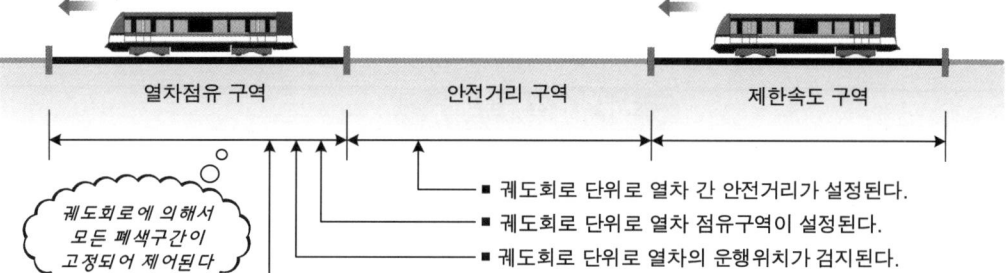

(그림 2-30). 고정폐색의 폐색제어

고정폐색의 밀집제어

폐색은 열차를 효율적이고 안전한 간격으로 운행하기 위해 선로를 일정한 거리로 운행구역을 각각 분할한 것으로써, 1개의 폐색구간에는 1개의 열차만이 점유할 수 있다. 고정폐색에서 폐색구간은 궤도회로장치에 의하여 분할되며, 이동폐색은 궤도회로장치 없이 이동거리 연산에 의해 폐색구간을 제어한다. 폐색제어 기술은 열차 간격을 정밀하게 제어하고 간격 대비 속도손실을 줄이는 열차제어기술이다.

폐색제어는 최소운전시격과 밀접한 관련이 있어 첨두시간에 열차간 밀집운행 효율을 좌우하게 된다. 열차의 운행간격을 단축하기 위해서는 궤도회로 점유구역에서 발생되는 열차길이 외에 여분의 점유손실을 줄여야 한다.

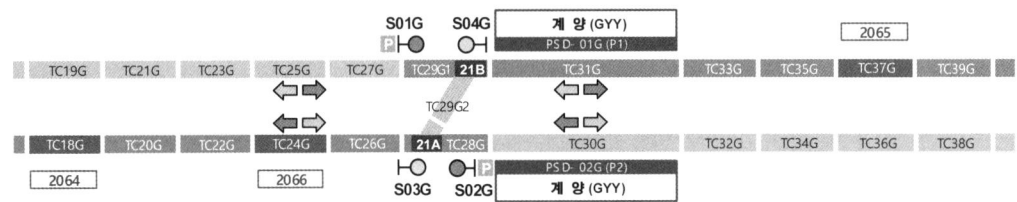

(그림 2-31). 고정폐색 열차운행

고정폐색제어

□ 고정폐색은 1개의 폐색구간에는 1개 열차만이 점유하며, 후속열차는 선행열차가 점유한 후부 궤도회로에서 "0" 속도코드를 수신하여 열차의 접근을 제한한다.

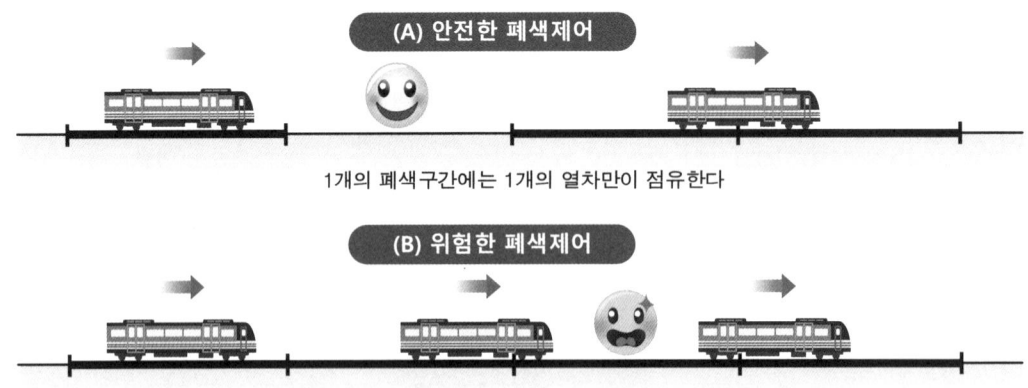

(그림 2-32). 고정폐색구간의 열차점유 제어

(표 2-22). 고정폐색과 이동폐색의 비교

폐색구분	세부설명	적용철도
고정폐색 (FBS)	■ 선로를 일정거리 마다 고정 분할하여 1개의 폐색구간에는 1개의 열차만이 운행하는 방식 ■ 궤도회로장치를 이용하여 폐색구간을 분할하며 열차를 검지함 ■ 고정 분할된 폐색구간 단위로 열차의 운행간격과 속도가 제어됨 ■ 궤도회로장치를 이용하여 지상→차상으로 단방향 통신을 함	일반철도 고속철도 도시철도
이동폐색 (MBS)	■ 도로 위를 달리는 자동차와 같이 선행열차의 위치와 속도에 따라서 후속열차의 안전거리와 최고속도를 제어하는 방식 ■ 운행간격을 탄력적으로 제어하므로 운전시격이 단축됨 ■ 궤도회로장치 없이 폐색구간이 전진 이동하며 탄력적으로 설정됨 ■ 무선통신을 이용하여 지상↔차상 간 양방향 통신을 함	도시철도 (경전철)

- **고정폐색** : 절단된 궤도회로 구간 단위로 열차점유를 검지하여 허용속도를 제시함으로써 불필요한 여분의 폐색구간이 발생된다. 또한, 접근제어는 폐색구간 단위로 적합한 지시속도 이하로 다단 제동제어를 한다.

- **이동폐색** : 구분된 궤도회로 없이 선행열차의 위치와 속도에 따라서 후속열차에게 이동권한을 전송하여 열차 간에 적절하게 속도를 제어하는 방식이다.

  그러므로 안전 접근거리(폐색구간)가 자유롭게 이동하며 전진한다. 접근제어는 최소 안전거리까지 운행하여 1단으로 제동제어를 한다.

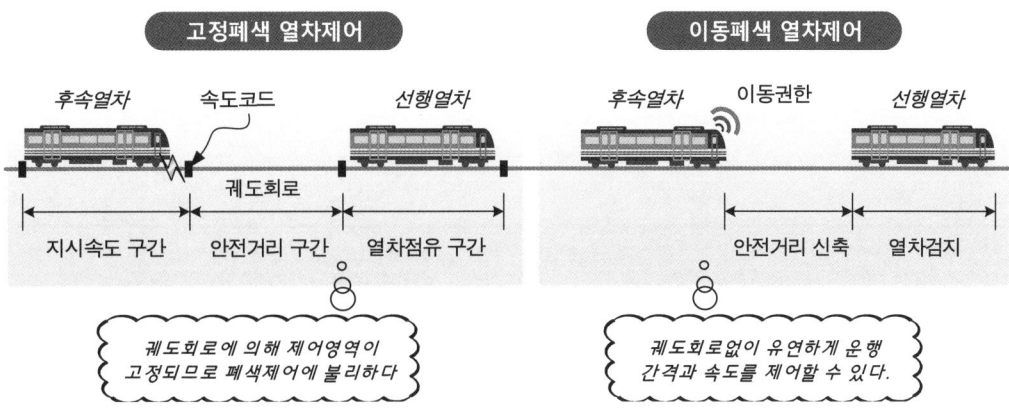

(그림 2-33). 고정폐색과 이동폐색의 비교

폐색제어의 특징

① 폐색제어는 열차운행에 가장 기본이 되는 제어로써, 열차 상호간 접근하여야 할 안전한 거리의 운행간격을 제어한다.
② 폐색구간은 열차가 접근하여야 할 제한속도를 지상신호 또는 차상신호를 통해 나타내며, 신호를 무시하고 운행하면 비상제동이 체결된다.
③ 고정폐색은 궤도회로장치를 이용하여 폐색구간을 분할하며 제어하며, 이동폐색은 테그와 타코미터에 의한 거리연산으로 폐색구간이 자유롭게 설정된다.
④ ATC제어에 있어서 고정폐색은 궤도회로를 통해 차상에 신호정보를 전송하고, 이동폐색은 무선통신(RF)을 통해서 차상에 신호정보(이동권한)을 전송한다.

(표 2-23). 폐색방식의 열차제어 특징 비교

구 분	고정폐색방식			이동폐색방식
	ATS장치	ATC 속도코드	Distance to go	
현시방식	지상신호	차상신호	차상신호	차상신호
적용철도	일반철도	도시철도	도시철도	도시철도(경전철)
운전방식	수동운전	자동운전	자동운전	무인운전
열차검지	궤도회로	궤도회로	궤도회로	무선통신
신호정보전송	기능 없음	궤도회로	궤도회로	무선통신
신호정보	신호기 현시	속도코드	지상데이터	이동권한
감속제어	다단제어	다단제어	1단제어	1단제어
운행논리연산	지상장치	지상장치	차상장치	지상+차상

2장 철도신호일반

기본 설명

궤도회로를 이용하여 폐색구간을 분할하던 고정폐색의 문제점을 해결하여 운행효율을 높이고자 선행열차의 운행위치와 현재속도를 고려하여 후속열차에게 적절한 이동권한을 부여함으로써 도로 위의 자동차와 같이 탄력적으로 운행을 제어한다.

1 머리 기술

고정폐색방식은 모든 노선을 궤도회로장치에 의하여 여러 폐색구간으로 분할하고 1개의 폐색구간에는 1개의 열차만이 점유하도록 하여 열차를 검지하고 속도정보를 전송하여 열차의 운행을 제어하였다.

이동폐색방식(MBS: Moving Black System)은 고정폐색과 같이 궤도회로를 이용하여 폐색구간을 고정 분할하지 않고 선로를 운행하는 선행열차의 위치와 속도에 따라서 후속열차의 폐색구간이 도로 위의 자동차와 같이 자유롭게 탄력적으로 전진 이동하며 설정되는 가변형식이다.

고정폐색방식에서 결점으로 작용하는 궤도회로장치로 구성된 폐색구간의 운행간격 손실을 최대한 줄여 수송능률을 극대화하고자 차상거리연산과 무선통신방식을 적용한 이동폐색방식이 개발되었다.

(그림2-34). 이동폐색방식의 경전철

193

WIDE 철도신호기술

> **Why** ☎ 왜, "이동폐색"이라 하는가?
>
> 궤도회로와 같이 선로를 일정 구간마다 폐색구간을 분할하지 않고, 도로 위의 자동차와 같이 선행열차의 위치와 속도에 따라 후속열차의 폐색구간이 정해진 궤도경계 없이 전진 이동하며 탄력적으로 제어하도록 하는 폐색방식을 말한다.

이동폐색방식은 보통 20km 내외의 중·단거리 구간에서 가감속이 우수한 경량전철을 이용하여 운전시격을 최대한 단축함으로써 2~3량의 적은 수송차량으로 운행 밀집도를 향상시켜 수송량을 증대할 수 있다.

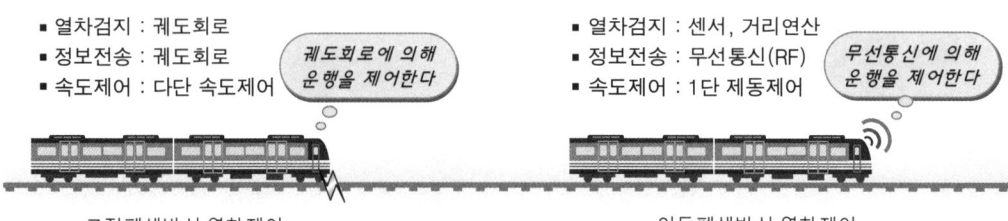

(그림 2-35). 이동폐색과 고정폐색의 제어방식

2 이동폐색의 열차제어

지상무선통신장치에 의해서 선행열차의 현재속도와 차상거리연산에 의한 위치를 파악하여 지상제어장치에서 이동권한(데이터)를 작성하여 지상무선통신장치에 의해 후속열차에게 전송하여 열차의 운행을 제어한다.

궤도회로를 이용하여 폐색구간을 확보하는 고정폐색 개념과는 달리 궤도회로 없이 차상-지상 간 무선통신장치를 이용하여 지상장치에서 선행열차의 위치와 속도를 수신하고 선로정보(지상정보)와 조합하여 후속열차에게 적절한 이동권한을 부여한다.

(그림 2-36). 이동폐색방식의 폐색제어

2장 철도신호일반

폐색구간이 연속적으로 가변 하면서 설정되므로 고밀도 운전에 대한 대응력이 우수하여 도심 구간에서 수송력을 극대화할 수 있는 장점이 있다.

차량의 안전은 능동적이므로 보다 진보된 안전운행 확보가 가능하고 차량이 정차할 목표를 기억하므로 저크제어의 개선 등으로 운전제어가 용이하다.

▣ 이동폐색방식의 운행

열차는 자신의 운행거리를 연산하여 선로상의 위치를 파악하며 선행열차와 안전거리를 유지한다. 최소안전거리는 궤도회로와 같은 폐색구간의 제약 없이 거리연산에 의하여 열차 대 열차의 간격으로 운행간격을 제어한다.

지상의 거점에 위치하는 컴퓨터가 열차로부터 위치와 속도를 주기적으로 수집하고 선행열차와 근접한 속도제한 지점까지의 거리를 열차로 전송하면 차상의 제어장치가 열차성능에 맞는 최적의 속도로 제어한다.

이동폐색은 단계적인 속도패턴 없이 탄력적인 운행속도로 목표정지점에서 1단 제동제어를 함으로써 불필요한 감속제어 없이 평균속도와 안전거리를 단축할 수 있다.

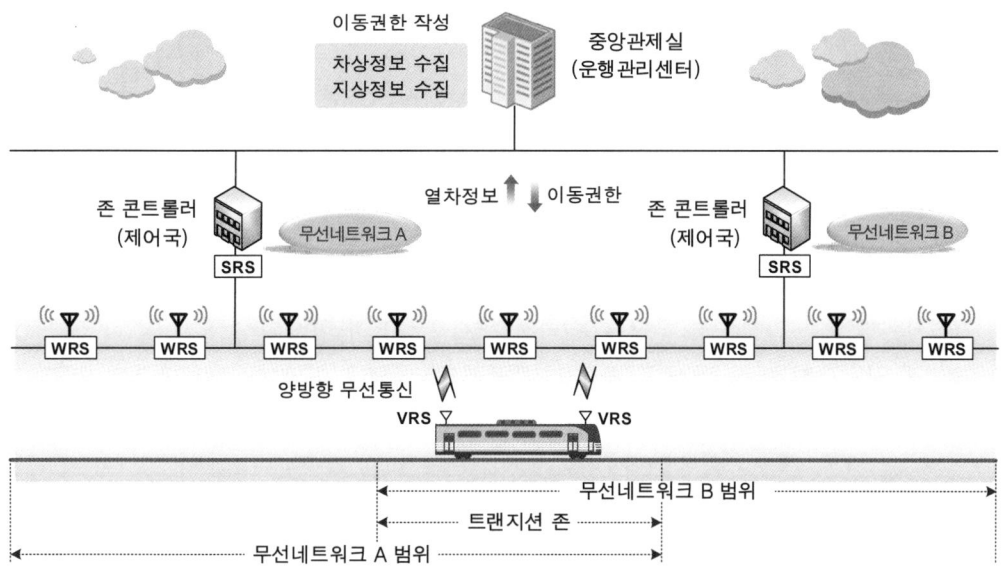

SRS : Station Radio Set (역무선기)　　VRS : Vehicle Radio Set (차상용무선기)
WRS : Wayside Radio Set (연선무선기)　TOA : Time of Arrival
ZC : Zone Controller

(그림 2-37). RF(무선통신방식)의 열차제어

3 이동폐색의 특징

열차의 점유구간은 궤도회로에 의해 설정되지 않고 열차의 운행간격은 거리연산에 의한다. 따라서 이동폐색에서는 고정폐색에서 발생하는 궤도회로 대 궤도회로의 운행간격에서 발생되는 여분의 거리손실을 해소함으로써 밀집운전이 가능하다.

이동폐색 구간에서 열차의 안전거리는 차량의 제원특성을 감안하여 설정되므로 상대적으로 제동거리가 짧은 경전철에 이동폐색방식을 이용한다. 따라서 역간 거리가 짧고 밀집운전이 요구되는 구간에 효과적이다.

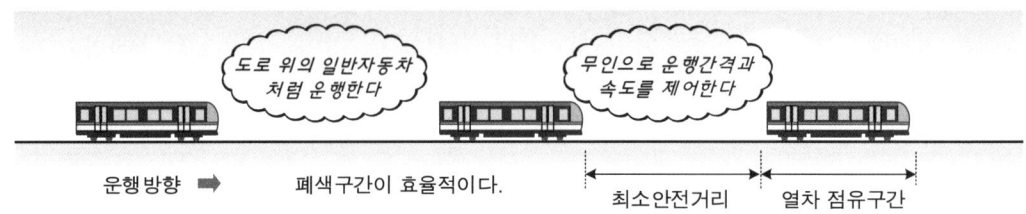

(그림 2-38). 이동폐색의 간격제어

이동폐색 장점

① 지상장치와 차상장치 간의 정보전송은 무선통신(RF) 장치에 의하며, 데이터양을 표준화할 수 있기 때문에 기존 신호제어시스템과 혼용이 용이하다.
② 선행열차의 운행위치와 속도에 따라 후속열차의 운행간격을 제어함으로써 융통성 있는 정밀한 열차제어로 최소운전시격을 단축할 수 있다.
③ 고정폐색식과 같이 각 궤도회로에서 단계적인 감속운전이 불필요하며, 최소안전거리에서 1단 제동곡선으로 운전을 제어하므로 승차감이 향상된다.
④ 열차의 위치검지는 선로 상에 자신의 운행거리 연산에 의하며, 간격제어는 열차 대 열차의 거리연산에 의해 운행을 제어한다.

이동폐색 단점

① 설비의 고장, 주파수 교란, 해킹 등 무선통신계통에 장애가 발생할 경우 열차의 주행위치를 전혀 알 수 없으므로 이에 대한 대비책이 필요하다.
② 선로 변에 일정 거리마다 무선 송수신 중계장치(AP)를 설치하고, 광케이블과 전원선을 설치해야 하므로 무선통신 설비량이 가중된다.

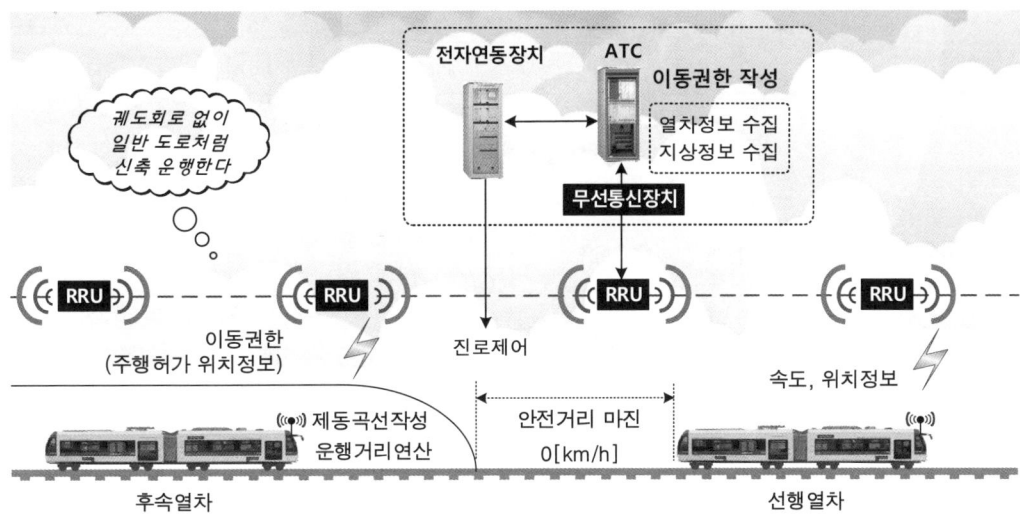

(그림 2-39). 이동폐색방식의 열차접근

이동폐색방식의 비교

고정폐색과 이동폐색

궤도회로장치의 의해 분할된 구간 단위로 열차의 속도와 안전거리가 제어되는 고정폐색방식과 궤도회로 없이 전방의 열차정보에 의해서 속도와 안전거리가 탄력적으로 가변되는 이동폐색방식을 비교하면 여러 차이가 있다.

(표 2-24). 고정폐색과 이동폐색의 특징

구 분	고정폐색방식	이동폐색방식
열차검출 정보전송	궤도회로에 의하여 열차 위치검출과 속도정보를 전송한다. 단방향 전송	무선통신을 이용하여 열차의 위치검출과 이동권한을 부여한다. 양방향 전송
열차검지 간격제어	궤도회로 단위로 열차 점유구간과 열차 운행간격이 설정된다. 즉, 궤도회로 대 궤도회로의 간격이다.	열차 길이만큼 점유구간이 검지되며, 거리 연산에 의해 운행간격이 설정된다. 즉, 열차 대 열차의 간격이다.
속도제어 제동제어	각 궤도회로 구간에서 단계적인 가감속 제어를 한다. 따라서 감속제어 구간이 길어지고 속도효율이 감소된다.	일정하고 탄력적인 속도로 운행하며 1단 제동제어를 한다. 따라서 감속구간이 단축되므로 평균속도가 향상된다.
운전시격	궤도회로에 의한 접근거리 제약과 다단 제어로 운전시격에 불리하다.	일정하고 탄력적인 속도제어와 제동단계 단축으로 운전시격이 단축된다.

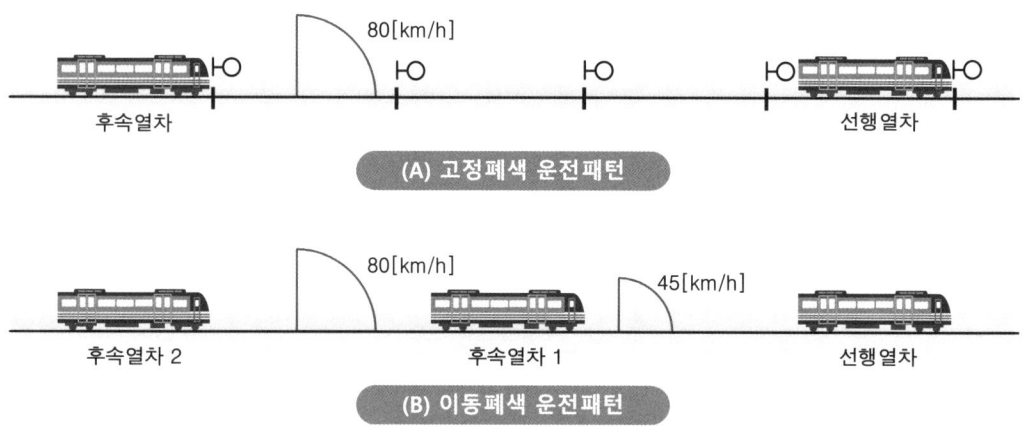

(그림 2-40). 고정폐색과 이동폐색의 운전패턴

DTG방식과 이동폐색방식

DTG(Distance to go)방식과 이동폐색방식은 선로 상에 운행하는 열차 자신의 운행거리 연산에 의해서 간격제어를 하는 것은 공통점이지만, 이동폐색방식은 궤도회로장치를 이용하지 않는다는 점에서 다음과 같은 특징을 비교할 수 있다.

(표 2-25). 고정폐색 DTG방식과 이동폐색방식 비교

구 분	고정폐색 Distance to go방식	이동폐색(MBS)방식
정보 전송	궤도회로를 이용하여 선로에서 차상의 Pick-up Coil로 신호정보를 전송한다. 지상에서 차상으로 단방향 통신을 한다.	무선통신망을 사용하여 지상설비와 차상설비 간 신호정보를 전송한다. 지상-차상 간 양방향 통신을 한다.
열차 거리 연산	궤도회로 구간에 열차를 검지한다. 열차의 간격제어는 전방 점유 궤도회로의 경계점부터 거리연산 된다.	열차의 검지와 주행위치는 거리센서와 주행거리계에 의해 결정된다. 열차의 간격제어는 열차간 거리연산에 의한다.
운행 제어	궤도회로장치를 이용하여 연속정보를 차상에 전송하면 차상에서 목표속도와 제동곡선을 작성하여 제어한다.	지상제어장치에서 작성한 이동권한을 지상무선통신장치를 통해 후속열차에게 전송하여 운행을 제어한다.
설비 특징	궤도회로 설치로 기계실 및 선로변의 지상장치 설비량이 가중된다.	선로변에 광케이블, 전원, 무선중계장치(AP)를 설치해야 한다.

2장 철도신호일반

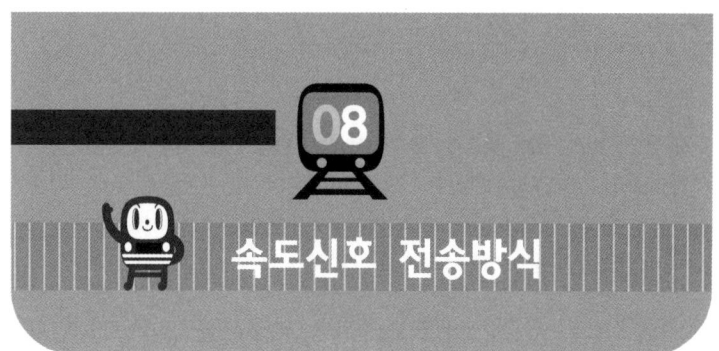

속도신호 전송방식

기본 설명

열차를 안전하고 효율적으로 제어하기 위해서는 급변하는 신호정보를 지상장치와 차상장치 간 신속히 전송하여 대응하여야 한다. 지상에서 연산된 속도신호정보를 신호기에 현시하는 지상신호방식과 열차의 운전실에 현시하는 차상신호방식이 있다.

1 머리 기술

신호방식에는 기관사에게 신호정보를 제공하는 신호장치의 장소에 따라서 지상신호방식과 차상신호방식으로 구분된다.

지상신호방식은 각 폐색구간마다 선로변에 설치된 신호기를 통해서 현시되는 신호 색상에 따라 기관사가 지시속도정보를 직접 인지하여 운전조건을 식별한다.

지상신호방식은 기관사에 의해서 제한속도를 초과하지 않도록 수동운전으로 열차의 속도를 취급하며, 일반철도 구간에서 널리 사용된다.

차상신호방식은 지상구간의 폐색신호기 없이 차상 운전실에 설치된 MMI를 통해서 직접 신호정보를 확인할 수 있도록 하는 방법으로 시스템의 사양과 운전모드 선택에 따라 수동운전 또는 자동운전이 가능하다. 차상신호방식은 도시철도 또는 고속철도 구간에서 널리 사용되며 주로 ATC 제어에 의한다.

2 지상신호방식

지상신호방식은 선로변에 장내, 출발, 폐색, 중계, 엄호, 입환신호기 등과 같은 상치신호기를 설치하고, 궤도회로 열차점유 조건이나 진로구성 조건에 의하여 지상의 신호기에서 지시속도 신호를 현시하면, 기관사가 신호를 확인한 후 신호현시에 적합한 제한속도 이하로 열차를 운행하는 방식이다.

지상신호방식은 1942년 경부선에서 영등포~대전 간 자동폐색장치(ABS)를 처음 설치하였다. 이러한 지상신호방식은 정거장 사이를 여러 개의 폐색구간으로 분할하여 폐색구간의 경계점마다 폐색신호기를 설치하고 전방의 궤도 조건에 따라 자동으로 폐색신호기가 지시속도 신호를 현시되도록 한다. 기관사는 폐색신호기의 현시에 따라 지시속도를 초과하지 않도록 열차를 가·감속 취급한다.

지상신호방식은 주로 일반철도에서 ATS에 의해서 제어하는 반면에 도시철도에서는 ATC에 의해서 차상신호방식으로 제어되고 더 나아가 자동화에 의해 운행을 제어한다.

(그림 2-41). 지상신호방식 신호기

지상신호방식의 열차운행제어

지상의 신호현시에 따라 열차가 일정 지점을 통과 시 정지 또는 주의신호가 지상자를 통해 차상 ATS장치로 전달되고, 차상장치는 열차의 실제 운전속도가 제한속도를 일정 시간 이상 초과할 경우 비상제동을 가하는 열차 안전운행 설비이다.

기관사는 지상의 신호기로부터 신호정보를 인식하여 수동으로 속도를 제어하는 것으로써, 기관사의 주위 상황에 대한 정확한 판단과 적합한 행동이 요구된다.

지상신호방식은 3현시, 4현시, 5현시 방식이 있다.

4현시방식은 경인선이나 경부2선, 안산선, 경원선 등 전동차가 운행하고 있는 구간에서 사용되며, 5현시방식은 경부선과 호남선 등 고속열차와 일반열차가 병행운전하고 있는 선구에서 사용되고 있다.

2장 철도신호일반

(표 2-26). 신호현시 별 속도 비교

신호현시	3현시 방식	4현시 방식	5현시 방식
진행신호(G)	Free	Free	Free
감속신호(Y/G)	없음	65km/h	105km/h
주의신호(Y)	45km/h	45km/h	65km/h
경계신호(Y/Y)	없음	없음	25km/h
정지신호(R1)	없음	일단정지 후 25km/h	없음
정지신호(R0)	정지	정지	정지

4현시 방식과 5현시 방식의 신호현시별 제한속도를 비교한 결과 5현시 신호방식이 4현시 신호방식에 비해 동일한 신호현시일 경우 운전속도가 높기 때문에 일반열차에 대한 운전효율을 증가시킬 수 있다.

하지만 최고운행속도가 110km/h에 불과한 전동차는 150km/h의 신호가 불필요할 뿐만 아니라 운행속도가 높음에 따른 폐색구간장이 길어져 운전효율이 극도로 감소하고 최소운전시격이 길어지는 단점이 있다.

(표 2-27). 지상신호방식의 특징

구분	지상신호방식의 특징
장점	① 시스템 설치 및 운영비가 저렴하다. ② 지선으로 분기되는 구간이 많거나 저속으로 운행되는 구간에 적합하다. ③ 인접 설비와 인터페이스가 적어 시스템 고장 시 파급영향이 적다. ④ 여러 혼용 차종이 수동 운전하는 데 적합하다.
단점	① 기후의 악조건에서 신호현시 확인이 어려울 경우 감속운행이 불가피하다. ② 고속운행이 불가능하며 운전시격 단축에 한계가 있다. ③ 역간 폐색구간마다 지상자 및 신호기 설치로 현장 시설물이 가중된다. ④ 차상신호방식에 비해 안전성과 신뢰성이 떨어진다. ⑤ ATO 자동화 시스템과 호환이 불리하다.

지상신호방식의 안전거리

지상신호방식은 지상신호기의 현시상태를 열차에서 기관사가 육안으로 확인하며 속도를 제어하는 것으로써, 일정한 거리의 폐색간격으로 설치되어 있는 신호기의 현시조건에 따라 선행열차와 후속열차가 운행간격을 제어한다.

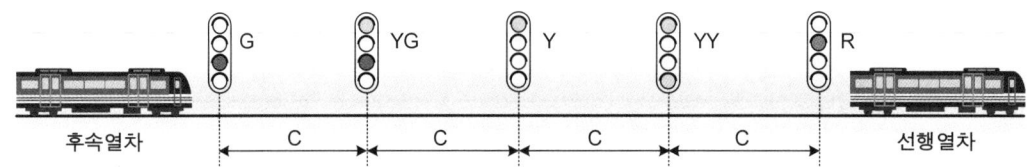

(그림 2-42). 지상신호방식의 열차 간 운행거리

위의 그림과 같이 선행열차와 후속열차의 가장 안전하고 정상적인 열차 간의 간격은 4개 폐색구간 이상이고 진행신호 투시확인거리 약 600m 이상 확보하여야 하므로, 경부선의 1개 폐색구간을 평균 800m로 계산할 경우 800m×4+600m=3,800m 이상의 거리를 유지하면서 주행하여야 한다.

그러나 실제 정지에 필요한 여객열차의 제동거리를 계산하면 다음과 같다.

$$제동거리(L) = \left(\frac{V^2}{20} + 2 \times \frac{V}{3.6}\right) + \left(5 \times \frac{V}{3.6} + \frac{V}{3.6}\right)$$

여기서, 경부선 표준선 구간의 열차운행 최고속도 150km/h를 적용하면,

$$제동거리(L) = \left(\frac{150^2}{20} + 2 \times \frac{150}{3.6}\right) + \left(5 \times \frac{150}{3.6} + \frac{150}{3.6}\right) = 1,458.33m$$

여기서 제동여유거리 20%를 가산하면, 1,458.33×1.2 = 1,749.99≒1,750m가 된다.
위에서 나타난 바와 같이 최소 1,750m 정도의 안전정지거리를 확보하여야 한다.

2장 철도신호일반

3 차상신호방식

지상신호에 의한 열차의 수동운전은 고속주행 시 신호기 확인에 어려움이 있고, 기상조건ㆍ지리적 조건으로 인해 기관사가 신호 현시를 오인할 수 있는 문제점을 해결하기 위하여, 지상 신호기에 대한 지시속도 신호정보를 차상으로 이동시켜 차내의 운전실에서 신호감시 및 열차제어가 가능하도록 한 것이 차상신호방식이다.

고속화ㆍ고밀도 열차운행이 필요함에 따라 지상신호기를 확인하며 운전제어를 하는 것은 안전에 한계가 있기 때문에 차상신호방식은 차상컴퓨터가 제동목표지점을 계산하여 운행하며 차내 운전실에 열차운행에 필요한 신호정보를 현시한다.

열차의 고속화, 고밀도 추세에 따라 지상신호의 신호정보를 차상에 직접 현시하고 열차 스스로가 제어하며 안전을 확보하는 자동제어시스템이 필요하게 되었다.

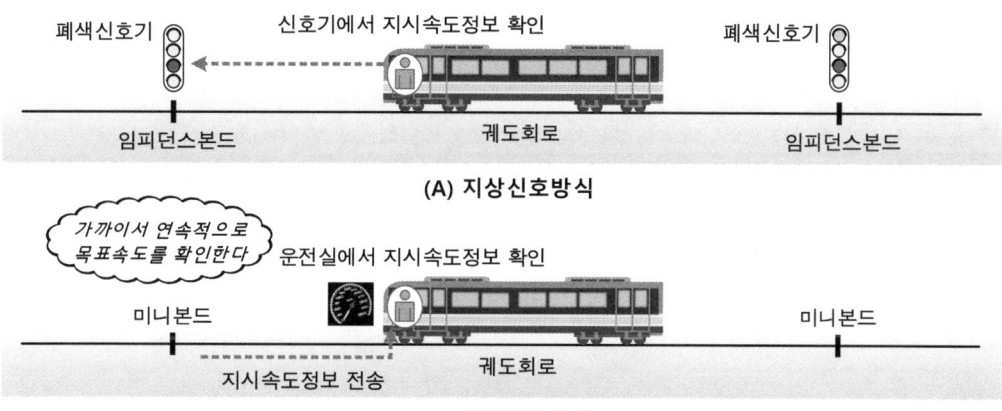

(그림 2-43). 지상신호방식과 차상신호방식

[운전실 신호정보]
① 목표속도(최고지시속도)
② 현재속도(운행속도)
③ 운전모드(선택된 모드)
④ 출입문, 승강장 안전문(PSD) 개폐정보
⑤ 정위치정차 인터페이스
⑥ 기타 ATO 정보(열차번호, 현재역, 다음역)
⑦ 고장정보(차상설비, 인터페이스)

(그림 2-44). 차상신호방식의 차상신호정보

차상신호방식의 열차운전제어

차상신호방식은 지상으로부터 수신한 신호정보에 의하여 차상컴퓨터가 제동목표지점을 자동으로 계산하여 운행한다. 운전실에 주행속도를 표시하고 주행속도와 신호속도를 비교하여 가감속 제어를 한다. 차상신호방식은 열차의 운행속도와 안전도를 높이고 선로의 이용효율을 증대할 수 있다.

(표 2-28). 지상신호방식과 차상신호방식

구 분	지상신호방식	차상신호방식
적용방식	▪ ATS장치 적용 ▪ 신호기에 의한 점제어식 ▪ 기관사의 백업기능	▪ 고정폐색 ATC속도코드방식 ▪ 고정폐색 Distance to go방식 ▪ 이동폐색(MBS)방식
운전취급	▪ 신호기의 지시속도 현시에 따라 기관사가 수동으로 속도제어를 한다. ▪ 수동운전에 의한 기관사의 오인으로 신호 모진이 있을 수 있다.	▪ 차내 운전실에 제한속도 및 운전정보가 현시되며 자동화 운전이 가능하다. ▪ ATO 자동화 운전으로 기관사의 오인은 없으며 피로도가 경감된다.
적합성	▪ 지상 신호기에 따른 운행제어로 고속도와 고밀도 운전에 불리하다. ▪ 차상으로 정보전송이 없으므로 분기부가 많은 정거장 구내에 적합하다.	▪ 차내신호를 통해 운행제어를 하므로 고속도·고밀도 운전에 적합하다. ▪ 분기기가 많은 정거장 구내에는 차상으로 정보전송이 불가하므로 부적합하다.
시공성 보수성	▪ 시스템의 국산화가 가능하며, 시스템 설치비용이 저렴하다. ▪ 현장설비의 가중으로 건축한계를 고려해야 하며, 유지보수가 가중된다.	▪ 실내설비 중 일부 해외품이 적용되며, 시스템 설치비용이 다소 비싸다. ▪ 신호설비의 집중설치로 건축한계와 무관하며, 유지보수 효율이 높다.
안전성 신뢰성	▪ 악천후로 신호확인이 곤란한 경우 안전도가 떨어진다. ▪ ATO 자동화 운전이 불가하다.	▪ 차내 신호현시 기후의 영향을 받지 않아 안전성과 신뢰성이 높다. ▪ ATO 자동화 운전이 가능하다.

2장 철도신호일반

4 열차간격 제어방식

열차 운행간격을 위한 폐색제어에 있어서 속도중심 제어방식은 계단식과 같은 속도패턴의 Speed step 제어방식을 의미하며, 거리중심 제어방식은 열차 스스로 자신의 운행위치를 정밀하게 연산하여 운행간격을 제어하는 방식이다.

(표 2-29). 속도중심과 거리중심 제어방식

구 분	열차제어방식	정보전송(지상→차상)
속도중심 제어방식	ATS(열차자동정지장치)	지상자(과속검지용)
	ATC속도코드방식	아날로그 궤도회로(속도코드주파수)
거리중심 제어방식	Distance to go방식	디지털 궤도회로(디지털 연속정보)
	CBTC 이동폐색방식	무궤도회로 무선통신, (이동권한 전송)

▌ 속도중심제어방식 (Speed step)

속도중심제어방식은 궤도회로로 구성된 폐색구간에서 전방의 선로조건에 따라 단계적인 속도패턴으로 운행한다. 대표적으로 ATS장치는 지상신호기에서 현시하는 제한속도 신호정보에 의하여 계단식과 같이 기관사가 순차적으로 지정된 속도단계에 따라 가·감속을 취급한다.

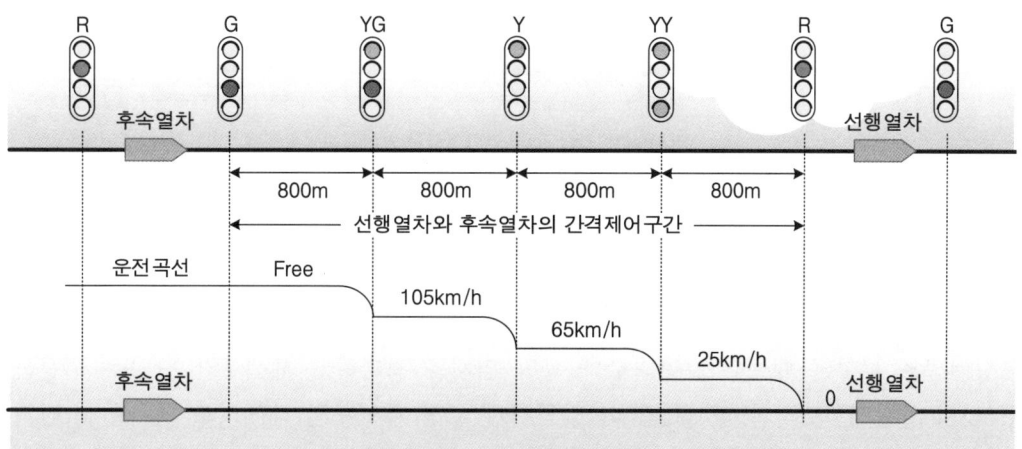

(그림 2-45). 속도중심제어방식의 신호패턴

지상신호기가 제한하는 속도 이상으로 운행할 경우 경고음을 발한 후 일정 시간 내에 감속운행을 하지 않으면 비상제동을 하는 고정폐색식 신호체계이다.

이러한 신호체계는 지정된 속도에 대하여 기관사의 과속운행을 단속하는 안전운행만을 목적으로 함으로써, 고정된 폐색구간에 따라 열차 상호간 제동거리를 충분히 확보하기 위하여 열차의 운행간격이 길어진다.

거리중심제어방식 (Distance to go)

거리중심제어방식에서 열차는 자신의 운행 누적거리를 연산하고 노선 상의 주행위치를 정확히 파악하여 목표정지점 또는 선행열차와의 간격을 제어하는 방식이다.

거리중심제어방식에는 고정폐색 Distance to go방식과 이동폐색방식이 있다.

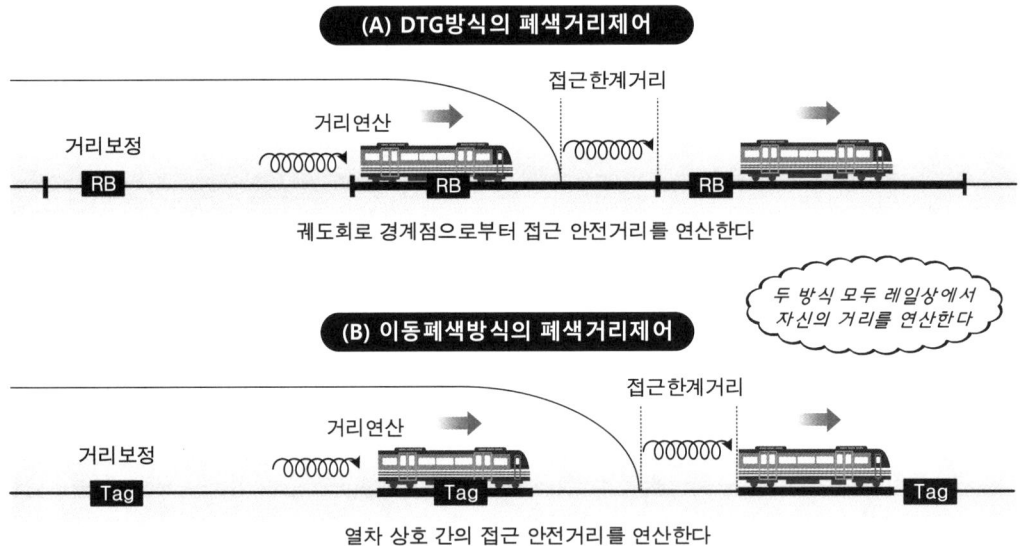

(그림 2-46). 거리중심 폐색제어방식

Distance to go방식

고정폐색은 분할된 폐색구간 단위로 열차의 위치를 검지하고 폐색구간 단위로 접근하는 것이 일반적이었지만, 이를 좀 더 발전시켜 고정 폐색구간 내에서도 열차는 자신의 운행거리를 정밀하게 연산하며 접근 운행하는 고정폐색 Distance to go방식이 도시철도에서 일반적으로 적용되고 있다.

이러한 거리를 연산하여 운행하는 방식에는 거리오차를 보정하기 위해서 선로에 일정한 간격으로 위치보정확인용 비컨(Beacon)이 설치된다.

열차는 자신의 운행거리를 스스로 연산한 위치정보와 궤도로부터 수신한 지상정보를 조합하여 목표속도와 제동곡선을 작성하며 안전거리를 확보하는 차상연산방식이다.

각 궤도회로 구간에서 단계적인 속도제어 없이 일정하고 탄력적인 속도로 운행 후에 목표정지점에서 한 번의 제동으로 정지한다. 따라서 고정폐색방식 일지라도 감속제어 구간이 짧기 때문에 평균속도 및 선로이용률이 향상된다.

(표 2-30). 고정폐색 Speed step방식과 Distance to go방식

구 분	Speed step 방식	Distance to go방식
신호방식	■ 고정폐색방식이다. ■ 지상신호방식이다.(ATS)	■ 고정폐색방식이다. ■ 차상신호방식, 차상연산방식이다.
적용노선	■ 일반철도 ■ 서울 3~8호선 그 외 도시철도	■ 인천1호선, 대전지하철, 대구2호선 공항철도, 서울9호선
운전모드	■ 아날로그, 전기·전자방식이다. ■ 자동운전과 호환이 불리하다.	■ 디지털, 전자·통신방식이다. ■ 자동운전모드(ATO) 기능이 있다.
운전패턴	■ 각 폐색구간에서 지정된 속도에 따라 단계적인 감속운전 패턴을 유지한다.	■ 일정 속도로 운행한 후 1단 제동으로 목표 정지점에 정차한다.
폐색제어	■ 궤도회로에 의하여 열차의 점유구간과 폐색구간이 설정된다. 폐색구간은 지상신호기와 연동한다.	■ 궤도회로에 의하여 열차의 점유구간이 설정되고, 차상거리연산에 의하여 폐색구간이 설정된다.
운행제어	■ 밀집운행 시 서행구간이 길다. ■ 절대거리 제어를 한다. ■ 궤도회로의 길이 길다.(약 800m)	■ 거리연산에 의하여 접근한다. ■ 열차간격중심 제어를 한다. ■ 궤도회로의 길이 짧다.(약 320m)
안전성 신뢰성	■ 안전성과 신뢰성이 저하된다. ■ 일부 다중계방식에 불리하다.	■ 안전성과 신뢰성이 향상된다. ■ 시스템의 다중계방식이 가능하다.
운전시격	■ 다단 속도제어로 저속구간 손실이 가중되므로 평균속도가 저하된다. ■ 따라서 운전시격 단축에 불리하다.	■ 일정속도의 운행과 곡선형태의 제동으로 속도구간이 향상된다. ■ 따라서 운전시격이 단축된다.

이동폐색(MBS)

궤도회로에 의하여 1개의 폐색구간에는 1개의 열차만이 운행하는 고정폐색 구간의 개념 없이 선로 상에 운행하는 열차는 무선통신 전송매체에 의하여 신호정보를 파악하고, 선행열차의 운행위치와 속도에 의해 후속열차의 폐색구간이 자유롭게 탄력적으로 전진 이동하며 연속적으로 설정된다.

이동폐색방식은 차량의 특성상 제동거리가 짧고 1단제동 곡선형태의 감속제어를 하기 때문에 속도손실 감소와 선로를 고밀도로 이용할 수 있다.

다음의 그림에서 열차 간의 안전거리는 선행열차와 후속열차 속도차(V_2-V_1)에 따라 좌우되며, 운전시격은 매우 유연하게 V_2-V_1의 값에 따라 변화된다. 이론적으로 $V_2=V_1$이면 열차 간의 안전거리는 확보된다.

(그림 2-47). 이동폐색의 개념

2장 철도신호일반

5 열차제어방식 별 폐색제어 이해

❖ 열차제어시스템의 성능과 운행제어방식에 따라 신호설비의 수송능력을 좌우한다.

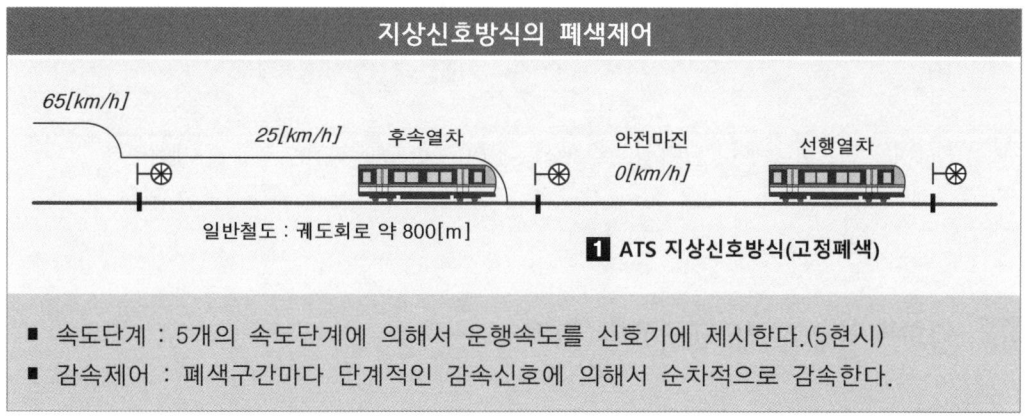

- 속도단계 : 5개의 속도단계에 의해서 운행속도를 신호기에 제시한다.(5현시)
- 감속제어 : 폐색구간마다 단계적인 감속신호에 의해서 순차적으로 감속한다.

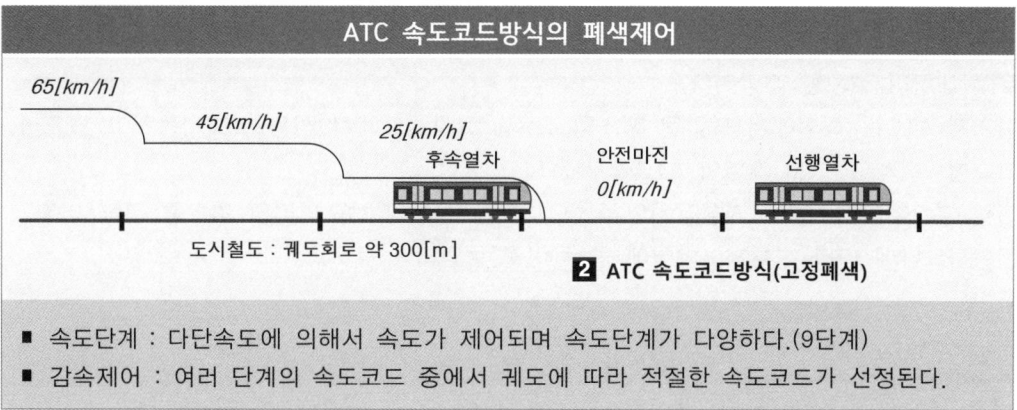

- 속도단계 : 다단속도에 의해서 속도가 제어되며 속도단계가 다양하다.(9단계)
- 감속제어 : 여러 단계의 속도코드 중에서 궤도에 따라 적절한 속도코드가 선정된다.

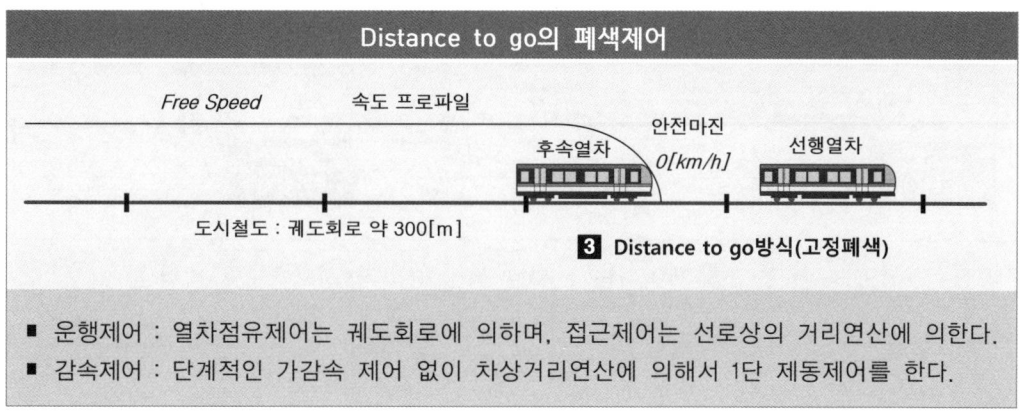

- 운행제어 : 열차점유제어는 궤도회로에 의하며, 접근제어는 선로상의 거리연산에 의한다.
- 감속제어 : 단계적인 가감속 제어 없이 차상거리연산에 의해서 1단 제동제어를 한다.

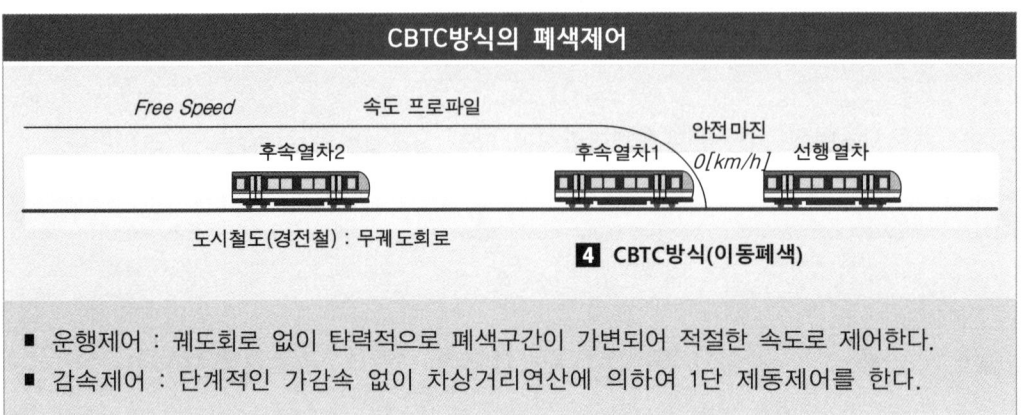

- 운행제어 : 궤도회로 없이 탄력적으로 폐색구간이 가변되어 적절한 속도로 제어한다.
- 감속제어 : 단계적인 가감속 없이 차상거리연산에 의하여 1단 제동제어를 한다.

6 열차제어방식 별 폐색제어 이해

국내 철도에서의 열차제어시스템은 지상신호방식인 ATS와 차상신호방식인 ATC, ATP가 구축되어 있으며, KTCS-2 시스템은 향후 일반철도는 물론 고속철도 구간에도 범용적으로 확대하여 설치할 전망이다.

여기서 ATC는 해외에서 도입된 시스템으로서 도시철도에서 전용으로 사용하고 있으나, 고속철도에서도 TVM 계열의 ATC가 사용되고 있다.

이들 열차제어시스템은 지상장치와 차상징치 간 신호정보를 어떠한 경로를 통해 어떻게 전송하느냐에 따라 신호제어방식에 큰 차이를 보인다.

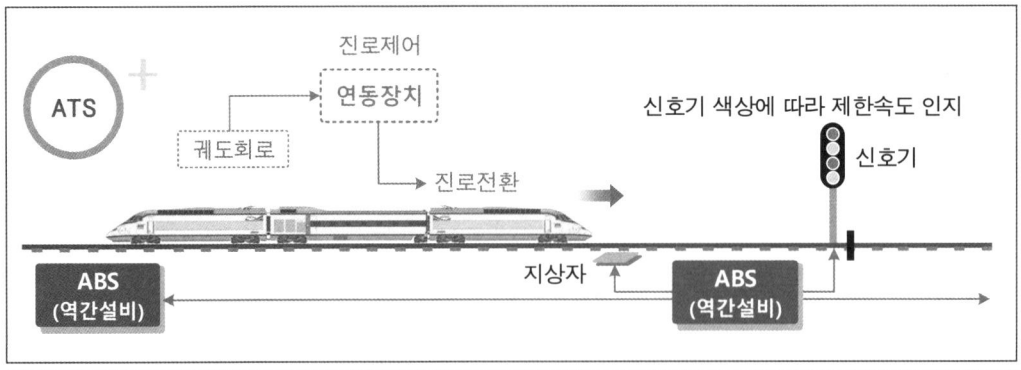

ATS : ABS에서 신호기를 제어하면 현시된 색상에 따라 제한속도를 나타냄

2장 철도신호일반

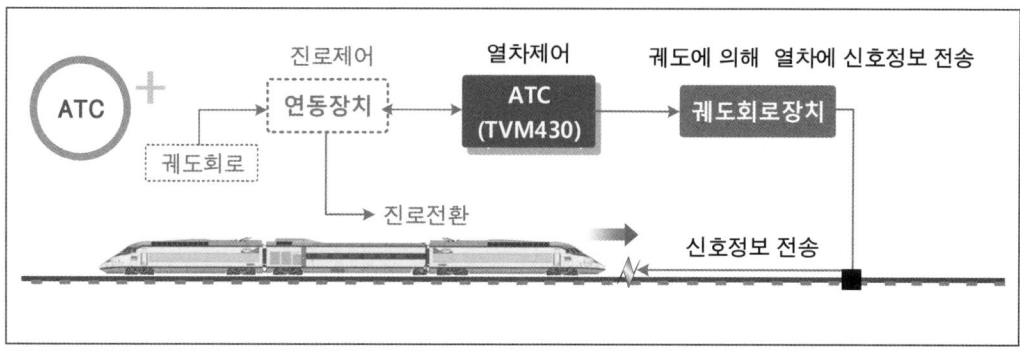

ATC : 지상장치-차상장치 간 궤도회로장치를 통해 연속적으로 신호정보 전송

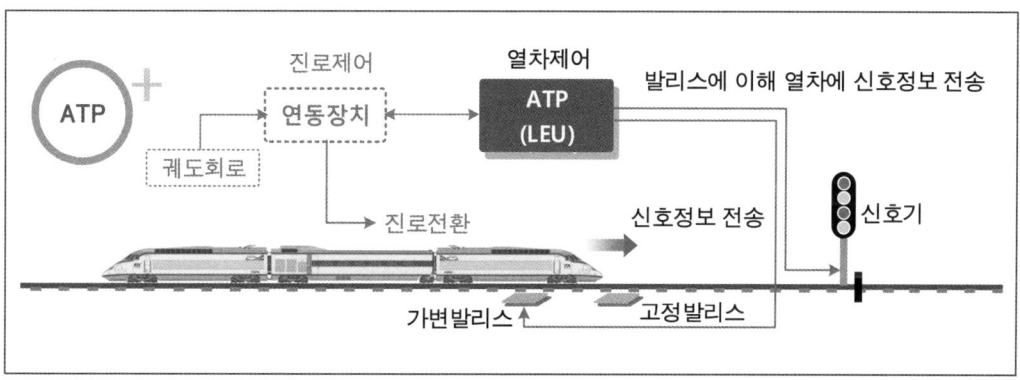

ATP : 지상장치-차상장치 간 발리스를 통해 불연속으로 신호정보 전송

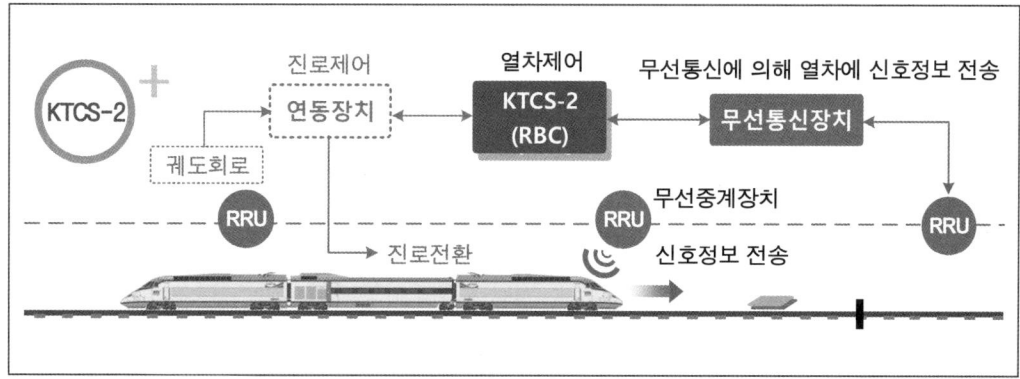

KTCS-2 : 지상장치-차상장치 간 무선통신(LTE-R)을 통해 연속적으로 신호정보 전송

(표 2-31). 일반/고속철도 열차제어장치 특징

구 분	ATC(열차자동제어장치) Automatic Train Control	ATP (열차자동방호장치) Automatic Train Protection	KTCS-2(한국형열차제어시스템) Korea Train Control System
제작사	프랑스(안살도STS)	국산화(3사)	국산화(3사)
장치구성	ATC 차상안테나 / ATC / 궤도회로장치	ETCS / 고정발리스 / 가변발리스 / 신호기 / 차상안테나 / LEU / 연동장치	ETCS / 고정발리스 / RBC / 연동장치
운행패턴	Speed Step	Distance to go	Distance to go
적용속도	• 300km/h	• ~300km/h	• ~350km/h
제어방식	• 연속신호제어방식	• 불연속신호제어방식	• 연속신호제어방식
열차검지	• 궤도회로장치	• 궤도회로장치	• 궤도회로장치
열차제어	• 속도코드방식	• 차상거리연산방식	• 차상거리연산방식
정보전송	• 궤도회로장치→차상장치	• 발리스→차상장치	• 무선통신(RRU)→차상장치
경제성	• 설치 및 개량비용 고가	• 설치 및 개량비용 저가	• 설치 및 개량비용 저가
확장성	• 국내 설비와 호환성 불리	• 국내 표준화, 호환성	• 국내 표준화, 호환성
안전성	• 연속제어방식(유리)	• 점제어방식(불리)	• 연속제어방식(유리)
적용노선	<고속철도 전용선> • 경부고속철도, • 호남고속철도, • 수도권고속철도	<일반철도, 준고속> • 경부선, 호남선, 경춘선, 강릉선, 경강선, 전라선 등	<일반철도, 고속철도> • 전라선(여수엑스포~오수) • GTX-C • 경부고속선(개량)
향후전망	• 국산 시스템의 개발과 경제적인 사업비로 국외 시스템을 점차 외면함.	• 현재는 ATP가 대세이지만 점차 ATP<KTCS-2로 전환하는 단계임.	• 철도정책의 일환으로 향후 신설, 개량 노선에 점진적으로 확대하여 설치

2장 철도신호일반

신호장치 안전측 동작

기본 설명

철도는 특수성으로 인하여 한번 사고가 나면 대형사고의 위험과 우회로가 없어 열차 지연이 불가피하다. 이 때문에 신호설비는 위험감지, 시스템 고장, 정보오류, 취급자의 실수 등 여러 위험상황에서 열차를 비상정지 시키는 등 안전측 동작을 실현한다.

1 머리 기술

철도신호설비는 선로 상의 열차를 원활하게 운행하도록 한다. 열차의 운행효율을 확보하는 것 외에 가장 중요한 것은 열차의 안전운행을 위한 안전측 동작이다. 신호설비는 열차의 안전운행을 유도하여야 하며 설비의 고장 시 열차사고를 유발할 수 있으므로 고장이 발생하지 않도록 시스템의 신뢰성을 확보하고, 고장이 발생하는 경우 안전측 동작이 선행되어야 한다.

신호설비는 높은 안전성과 신뢰도가 요구되며, 고장이 발생할 경우 어떠한 경우라도 위험을 제거하여야 한다.

Fail-safe의 기본 개념은 기기의 각종 부품들의 결함이나 열화 등으로 기기의 기능고장 또는 취급자의 실수에도 위험 측으로 동작하지 않도록 하여 피해가 전혀 없거나 최소화 하도록 유지하는 것이다.

(그림 2-48). 철도사고

2 안전측 기법

철도신호장치의 1차적인 역할은 열차사고의 방지하는 것이다. 장치는 고장 날 수 있지만 고장을 예방하기 위해서 시스템에 대한 정확한 지식과 점검이 우선되어야 하며, 고장시 절대 안전측으로 동작하도록 하는 Fail-safe 원칙이 적용되어야 한다.

Fail-Safe

Fail-safe는 설비의 일부에 고장이 발생하여도 위험한 오류 출력이 나오지 않도록 하여 기기의 안전 측으로 동작하도록 하는 것을 말한다. 즉, 기기를 취급할 때 사람의 착각 등의 잘못으로 제어명령을 잘못 주거나 제어장치 고장의 경우에도 인체에 대한 위험이나 치명적인 손해가 발생하지 않도록 하는 것이다.

적용사례

① 궤도회로 장애발생 시 궤도계전기가 무여자 함으로써 궤도 내에 열차가 점유한 것과 같은 원리로 접근하는 열차에게 정지하도록 신호정보를 전송한다. (폐전로식)
② 쇄정계전기는 회로의 단선·단락 등 고장이 발생하면 전자흡입력을 잃게 되어 접점이 낙하 측으로 동작하여 선로전환기를 쇄정한다. (WLR, TRSR, TLSR, ASR 등)
③ 건널목 차단기는 정전, 전원고장, 단선 등으로 건널목의 동작이 불가능한 경우 차단간이 자체 무게로 하강하여 건널목을 차단하는 방법이다.
④ 과거의 폐색방식에서 주로 사용하던 완목식 신호기는 고장 시 위치에너지를 이용하여 낙하되는 특성을 이용하여 정지신호를 현시한다.

(그림2-49). 건널목장치   (그림2-50). 완목신호기   (그림2-51). 신호용계전기

Fail-Proof

Fool은 어리석고 어이없이 행동하는 사람을 의미하는 것으로써 인간의 실수를 말한다. 기기의 취급자가 착각 등의 실수로 인하여 위험 측으로 잘못 조작하였을 때 기기는 사고의 위험을 감지하고 위험한 상태가 되지 않도록 함으로써 안전측 동작을 실행하는 것이다. 일반적인 예로써, 자동차의 기어는 전진 또는 후진 위치에 있을 때 시동이 되지 않거나 세탁기의 회전동작 중에 뚜껑을 열면 모터의 회전이 정지한다.

적용사례

① 신호취급자가 이미 설정된 진로와 다른 진로를 교차하도록 잘못 취급하면 진로가 구성되지 않도록 쇄정함으로써 열차의 충돌을 방지한다.
② 열차가 분기궤도를 통과하는 중 진로를 취급하면 연동장치가 진로를 쇄정하여 선로전환기가 전환되지 않도록 함으로써 탈선을 방지한다.
③ 열차가 주행 도중에 열차 출입문이 열리거나 승객이 비상열림스위치를 취급하는 경우 열차는 비상제동을 실행한다.
④ 데드맨(Deadman) : 운전자가 육체적 장애가 생겼을 경우 열차의 폭주를 방지하도록 주간제어기의 핸들에서 기관사가 일정 시간 손을 떼면 비상제동이 되도록 한다.
⑤ 열차가 승강장 진·출입 중 승강장안전문(PSD)이 열리거나 기관사가 PSD를 닫지 않을 경우 열차는 출발을 허용하지 않는다.

(그림 2-52). 주간제어기

Fail-Soft

Fail-soft는 장애완화 시스템으로서 일부 설비에 고장이 발생한 경우 기능의 저하를 초래해도 전체의 기능을 저하시키지 않는 것을 말한다. 예를 들어, 컴퓨터의 경우 하드웨어나 소프트웨어에 기능이 일부 상실한 경우 시스템 전체가 동작을 정지하지 않고 그 문제가 해결될 때까지 어느 정도의 동작을 계속할 수 있도록 한다.

고장을 탐지하면 그것이 해결될 때까지 일부 불필요한 기능을 중단시키거나 문제 있는 기능을 분리하여 축소된 모드로 동작을 계속함으로써 전체 시스템에 영향 없이 운전 효율이 저하되는 것을 방지할 수 있다.

적용사례

① 건널목보안장치의 단속계전기는 좌우의 경보등을 번갈아 점등하기 위한 계전기로서 계전기가 고장이 나면 단속 동작은 할 수 없지만 계속 점등함으로써 통행자에게 주의를 전달한다.
② 전자연동장치의 2중계 시스템에서 입력모듈이나 출력모듈은 일부 데이터가 서로 상이하거나 고장이 발생할 경우 장애가 발생된 포트 단위로 안전측으로 고정(출력차단)하고 나머지는 계속하여 동작하도록 한다.

(그림 2-53). 전자연동장치

3 신호장치 안전측 동작 실례

신호장치는 고장이 발생하거나 조작자의 실수가 있을 경우에 동작을 정지하거나 열차에 정지신호를 전송함으로써 안전측 동작을 실현한다.

신호기

① 완목신호기는 위치에너지를 신호기에 이용한 것으로써, 중력에 의한 물체의 낙하동작 개념을 이용하여 정지신호를 현시하게 된다.
② 5현시 신호기에서 GY신호 또는 YY신호에서 Y등이 단심되면 G신호 또는 Y신호로 오인하여 과속하므로 하위신호 또는 정지신호를 현시하게 한다.

연동장치

① 쇄정계전기는 평상시에는 여자하여 해정상태를 유지하고 있다가 계전기 낙하 시 쇄정상태를 유지한다. 회로의 단선 등 고장이 발생하면 계전기는 전자흡입력을 잃게 되어 중력에 의해 접점이 낙하되어 쇄정한다.
② 시스템 고장으로 계전기 낙하 시 위험 측으로 동작되는 회로의 경우 자기유지계전기를 이용하여 계전기의 상태가 변하지 않도록 유지한다.
③ 진로 상호간 열차의 충돌을 방지하기 위해 먼저 취급된 진로는 진행신호를 현시하고 먼저 취급한 진로와 교차하는 다른 진로는 쇄정한다.

2장 철도신호일반

궤도회로장치

① 궤도회로의 고장이 발생한 경우 장에 궤도회로에 구간에 열차가 점유한 것과 같이 안전측 동작을 위해 접근하는 열차에 정지신호를 전송한다.
② ATC에 의해 제어되는 열차는 순간 또는 고장으로 궤도로부터 연속적으로 신호정보를 수신하지 못하면 비상제동을 체결한다.

선로전환기

① 선로전환기의 제어계전기는 유극 자기유지계전기로서, 제어전원이 인가되면 동작하고 제어전원이 차단되어도 전자기적인 유지력에 의해 현상 유지한다.
② 선로전환기는 레일의 밀착불량이나 회로고장으로 선로전환기의 불일치표시가 현시되면 신호기는 정지신호를 현시하여 열차의 진입을 불허한다.
③ 정위 및 반위 표시계전기가 여자하기 위해서 상대측 표시계전기의 낙하접점을 경유하는 조건으로 동작일치 상태를 확인한다.

건널목장치

① 건널목 차단기는 전원 고장으로 건널목이 동작불능 상태가 되면 차단간이 중력에 의해 자체 무게로 하강하여 통행자에게 주의를 요한다.
② 건널목 단속계전기가 고장나면 단속동작은 할 수 없지만, 계속하여 좌우측 경보등이 번갈아 점멸함으로써 통행자에게 주의를 요한다.

☎ 왜, 열차에는 안전벨트가 없는 걸까?

열차는 자동차와 달리 제동거리가 길며 사고발생 시 연결된 차량이 지그재그로 선로를 이탈하는 형태로서 승객이 튕겨나가기 보다는 몸이 깔리는 경우가 많은데 이때 탈출하기가 어려워 안전벨트를 매지 않는 것이 오히려 안전하다는 연구 결과도 있다.

WIDE 철도신호기술

[Message Text]

03 철도신호기장치

Railway Signal System

- 상치 신호기
- 기타 신호기
- 철도표지
- 철도신호기 설치
- 신호기와 절연구분장치
- 신호기의 현시

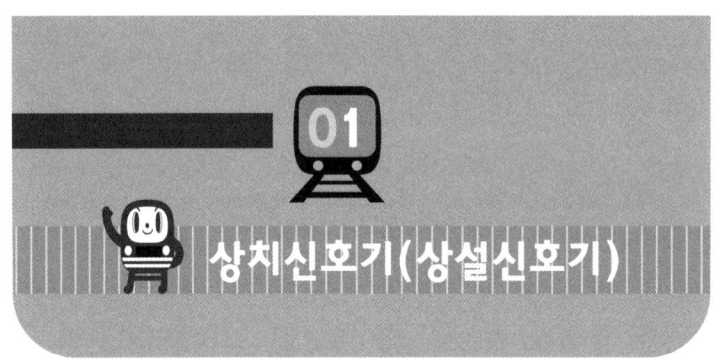

01 상치신호기(상설신호기)

기본 설명

지상신호방식에서 신호기는 열차운행에 있어 기관사가 준수해야 할 속도신호를 현시하므로 신호기의 의존도가 매우 높다. 지상신호방식에서는 선로의 장소와 구조, 운행 목적에 따라 다양한 형태의 신호기가 설치되며 신호현시 방법 또한 다양하다.

1 머리 기술

지상신호방식은 차상신호방식과 달리 차상장치에 속도신호정보를 제공하지 않는 시스템으로서 자동운전을 할 수 없으며, 모든 운행제어는 신호기에 현시된 정보에 의해서 기관사는 수동운전으로 제한속도를 준수하여야 한다.

따라서 지상신호방식에서 신호기는 기관사에게 운전정보를 알려주는 매우 중요한 역할을 하며, 운행 장소와 운행 목적에 따라 모든 선로 변에는 다양한 형태의 신호기가 설치되어 있다. 차상신호방식에서는 폐색신호기는 사용하지 않지만 분기부에서는 진로의 진출입 가부를 현시하는 절대신호기가 설치되어 있다. 이때 신호기는 보조 역할을 하며 차상장치에서 속도신호를 제어한다.

(그림 3-1). 철도신호기

3장 철도신호기장치

철도신호기

철도신호는 기관사에게 열차의 운행조건을 제시하여 주는 설비로서, 열차의 진행 가부를 색이나 형 또는 음으로 표시하는 것이다. 철도신호는 다음과 같이 분류한다.

- **신호** : 열차의 운행조건을 제시하는 신호
- **전호** : 종사원 상호 간의 의사를 전달
- **표지** : 장소의 상태를 표시

(표 3-1). 형, 색, 음에 의한 철도신호의 분류

구분	형에 의한 것	색에 의한 것	형, 색에 의한 것	음에 의한 것
신호	▪ 중계신호기 ▪ 진로표시기	▪ 색등식신호기 ▪ 수신호	▪ 완목식신호기 ▪ 특수신호발광기	▪ 발뇌신호 ▪ 발보신호
전호	▪ 제동시험전호	▪ 이동금지전호 ▪ 추진운전전호	▪ 입환전호	▪ 기적전호
표지	▪ 차막이표지	▪ 서행허용표지 ▪ 입환표지	▪ 선로전환기표지 ▪ 가선종단표지	–

철도신호기의 종류

지상신호방식에서는 전방의 선로상황에 따라 신호기를 통해서 속도신호를 현시하면 기관사가 신호기를 확인하여 지시속도 내로 가감속 운전취급을 하는 방식으로써, 사용 목적과 장소에 따라서 다양한 형태의 신호기가 선로변에 설치된다.

(표 3-2). 철도신호기의 종류

신호기 구분		신호기 종류
상치신호기	주신호기	▪ 장내, 출발, 폐색, 엄호, 입환, 유도신호기
	종속신호기	▪ 원방신호기, 통과신호기, 중계신호기
	신호부속기	▪ 진로표시기
임시신호기		▪ 서행예고신호기, 서행신호기, 서행해제신호기
수신호		▪ 대용수신호, 통과수신호, 임시수신호
특수신호		▪ 발보신호, 발광신호, 화염신호, 발뇌신호
차상신호		▪ ATC 차상신호

절대 신호기와 허용신호기

절대신호기

정거장 구내의 신호기는 그 진로에 열차가 있거나 선로전환기가 정당한 방향으로 개통되어 있지 않을 때에는 비안전측 진로에 대해서 정지신호를 현시한다. 이때 열차가 반드시 정지해야 하는 신호를 현시하는 신호기를 '절대신호기'라고 한다.

허용신호기

허용신호기는 정지신호를 현시하였더라도 열차가 일단 정지한 다음에 제한속도(15km/h 이하)로 신호기 내방에 진입할 수 있다. 이 경우는 기관사가 신호기의 내방 상황을 확인할 수 있기 때문에 서행으로 진행하게 함으로써 열차의 소통을 원활히 할 수 있다.
허용신호기는 절대신호기와 구분하기 위해서 자동폐색식별표지가 부착된다.

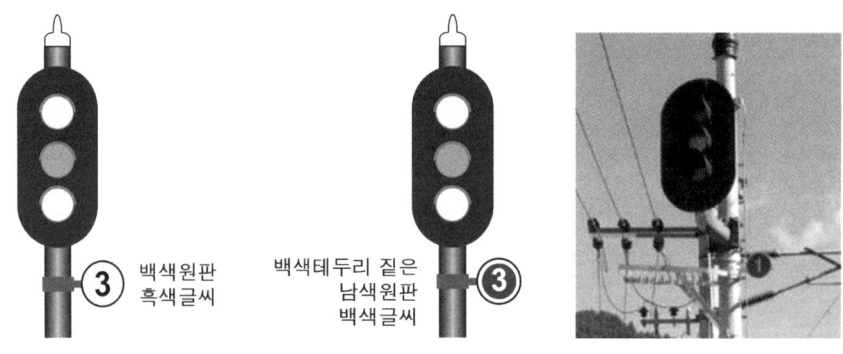

(A) 자동식별표지 — 백색원판 흑색글씨
(B) 서행허용표지 — 백색테두리 짙은 남색원판 백색글씨

(그림 3-2). 자동폐색식별표지와 서행허용표지

(표 3-3). 절대신호기와 허용신호기 비교

신호방식	신호기의 특징
절대신호기 (Absolute Signal)	■ 종류 : 장내신호기, 출발신호기, 엄호신호기, 유도신호기, 입환신호기 ■ 정지신호 시 절대적 정지(진로와 연동하여 신호제어) ■ 선로조건, 선로전환기와 연동하여 신호기 현시
허용신호기 (Permissive signal)	■ 종류 : 자동폐색신호기 ■ 정지신호 시 일단정지 후 서행운행(15km/h 이하) 허용 ■ 정지신호 시에도 운행의 융통성 발휘하여 시간이 단축된다.

2 주신호기

주신호기는 지정된 위치에 상시 고정되어 있는 상용 신호기로서 신호의 주체가 되어 일정 구역에 대해 항상 방호구역을 가진다. 지형이나 선로의 특성을 고려하여 주신호기의 현시를 명확히 보조하기 위한 종속신호기와 신호부속기가 사용된다.

장내신호기 (Home signal)

장내신호기는 정거장으로 진입하려는 열차에 대하여 신호기 내방(정거장 안쪽)으로 진입 가부를 지시하는 신호기이다. 따라서 구내의 정거장 외측에 설치된다.

출발신호기 (Starting signal)

출발신호기는 정거장에서 출발하려는 열차에 대하여 신호기 내방(정거장 바깥쪽)으로 진출 가부를 지시하는 신호기이다. 따라서 구내의 정거장 내측에 설치된다.
장내신호기와 출발신호기의 형태는 동일하지만 정거장 중심을 향해서 설치위치에 따라 구분된다.

(그림 3-3). 장내신호기

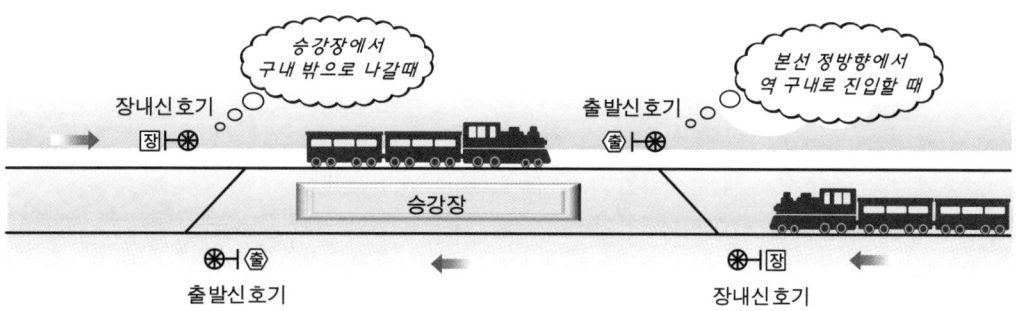

(그림 3-4). 장내신호기와 출발신호기

폐색신호기 (Block signal)

폐색신호기는 폐색구간에 진입하려는 열차에 대하여 폐색구간의 진입 가부를 지시하는 신호기로서 제한속도 정보를 현시한다. 폐색신호기는 지상신호방식에서 폐색구간에 사용되며, 각 폐색구간마다 1개의 폐색신호기가 설치된다.
폐색신호기는 색등식 다등형 신호기로서 3현시·4현시·5현시가 있다.

엄호신호기 (Protecting signal)

엄호신호기는 정거장 외에 있어서 특별히 방호를 요하는 지점(평면교차 분기 등)을 통과할 열차에 대하여 그 신호기 내방으로 진입 가부를 지시하는 신호기이다.
엄호신호기는 특별한 방호를 요하는 장소로부터 전방 100m 이상 지점에 사용한다.

유도신호기 (Caller signal)

장내신호기에 진행을 지시하는 신호를 현시할 수 없는 경우에 유도를 받을 열차에 대하여 그 신호기의 안쪽으로 진입하는 것을 지시하는 신호기이다.
유도신호기는 장내신호기 하위에 설치되며, 평상시 소등되어 있다가 유도를 위해 진행신호를 현시할 때에만 45도로 경사진 2개의 백색등이 동시에 점등된다. 이때 열차는 25km/h 이하의 속도로 진행할 수 있다.

입환신호기 (Shunting signal)

차량의 분리 및 결합, 차량의 선로변경, 차량의 연결순서 변경 등을 하는 작업을 '입환'이라 하며, 입환(차량정리) 작업은 입환표지와 입환신호기에 의해 정거장 구내 및 차량기지 내에서 시행된다.
주로 입환표지는 차량의 분리 및 연결 시에 사용되고 입환신호기는 운행 차량의 선로 변경 시에 사용된다. 복잡한 다진로의 경우에는 하단에 진로표시기를 추가 설치하여 사용한다.

(그림 3-5). 열차 입환

3장 철도신호기장치

입환표지

입환표지는 색등식 단등형 또는 다등형 2현시(진행, 정지) 신호등이 설치하여 신호가 가변되는 신호기의 일종이다. 열차의 도착선에 궤도회로가 설비되지 않은 경우 열차를 검지할 수 없기 때문에 도착선에 열차가 있더라도 선로전환기가 개통되면 입환표지는 진행신호를 현시한다.

이 경우 입환표지에 진행신호가 현시되어도 수송원이 유도를 하여 진행하여야 하며 무유도 표시등이 필요하지 않다.

입환표지는 차량을 연결 또는 분리하는 위해 1폐색 구간에 2이상의 차량이 진입하여야 하므로 입환작업 시 주의를 요하기 때문에 수송원의 유도가 필요하다.

(그림 3-6). 다등형 입환표지

입환신호기

입환신호기는 진로의 도착선에 궤도회로장치가 설치되어 있으므로 도착선의 확인이 가능하다.

진행 신호등 하단에 무유도등이 설치되어 있기 때문에 차량의 입환작업시 수송원의 유도는 필요하지 않다.

입환신호기는 입환표지에 무유도 신호등이 추가로 설치된 형태로써 무유도등은 백색등 1개의 구조로 되어 있다.

열차가 진입할 방호구역 내에 열차가 미점유 하여야 진행 신호등과 무유도등이 모두 현시되며 이 경우 기관사는 이를 확인하고 신호기 내방으로 진입할 수 있다.

(그림 3-7). 입환신호기

225

3 종속신호기

종속신호기는 주신호기의 인식거리를 보충하기 위하여 주신호기의 외방에 설치한다.

원방신호기 (Distance signal)

원방신호기는 비자동 구간의 장내신호기, 엄호신호기에 종속하고 주체 신호기에 향해 진행하려는 열차에 대한 것으로 주체 신호기가 정지일 때는 주의신호를 현시한다. 현재는 원방신호기를 대신하여 중계신호기가 주로 설치된다.

중계신호기 (Repeating signal)

중계신호기는 자동구간의 장내신호기·출발신호기·폐색신호기 및 엄호신호기의 바깥쪽에서 주체의 신호현시를 확인하기 곤란한 경우 설비하는 신호기로서 주체 신호기의 신호현시를 중계한다.
최근에는 비자동 구간에서도 중계신호기를 설치한다.

통과신호기 (Passing signal)

(그림 3-8). 중계신호기

통과신호기는 기계연동장치의 완목식 출발신호기에 종속된다. 장내신호기의 하위에 설치하며, 주신호기인 출발신호기의 신호현시에 따라 정거장의 통과 여부를 예고한다.

입환중계신호기 (Shunt repeating signal)

입환신호기에 종속되며, 그 바깥쪽에서 주체 신호기의 신호현시를 확인하기 곤란한 경우에 설치한다.

보조신호기 (assist signal)

보조신호기는 장내신호기, 출발신호기, 엄호신호기를 선로의 상부 또는 좌측에 설치할 수 없을 때 그 소속하는 선로의 좌측에 설치한다. 단 2복선 이상의 동일 선상에 건식된 폐색신호기에 대해서는 생략할 수 있다.
보조신호기는 주체신호기와 동일하게 동작하도록 한다.

(그림 3-9) 보조신호기

3장 철도신호기장치

4 신호부속기

주신호기의 지시내용을 보충하기 위한 것으로써 진로 개통 방향을 나타낸다. 1기의 주신호기를 2 이상의 선로에 공용하는 경우 주신호기의 하단에 설치한다.

- **진로표시기, 진로예고기** : 장내신호기 · 출발신호기 · 진로개통표시기 및 입환신호기에 부속하여 열차(차량)에 대하여 그 진로를 표시한다.
- **진로개통표시기** : 장내 · 출발, 입환신호기를 2 이상의 선로에 공용하는 경우에 주신호기의 하단에 설치하여 그 신호기의 진로 개통방향기의 진로 개통방향을 나타낸다.

진로표시기

문자식 진로표시기

주신호기에서 4진로 이상의 여러 진로를 문자로 표시하는 경우에 사용되는 것으로써 열차가 진입할 선로명을 문자로 현시한다. 단, 3진로 이하라도 선구를 달리하는 출발신호기는 문자식으로 한다.

등렬식 진로표시기

3진로 이하의 좌진로 · 중앙진로 · 우진로를 표시하는 경우에 사용되며, 3개의 등이 점등된 배열에 의해서 진로 방향을 나타낸다.

(A) 문자식 진로표시기

(B) 등렬식 진로표시기

(C) 단등형 진로표시등

(그림 3-10). 진로표시기의 다양한 형태

단등형 진로표시기

주로 차상신호방식을 사용하는 분기구간에서 색등식 다등형 신호기(2현시) 하단에 배열하여 사용한다. 진로가 복잡하지 않는 3진로 이하에서 진행신호를 현시할 때 단등을 이용하여 좌진로, 중앙진로, 우진로의 방향을 화살표로 함께 현시한다.

수신호등

장내신호기 또는 출발신호기 장애, 사고 등으로 장시간 수신호를 취급해야 할 경우 설치할 수 있다. 차단작업 등으로 수신호를 현시하기 곤란하거나 수신호 출장에 시간이 많이 소요되어 열차 안전운전에 지장을 초래하는 신호기에 설치한다.

수신호등은 단일 진로용으로 사용하고 해당 진로의 선로전환기는 키볼트로 쇄정한다. 수신호등은 장내신호기 또는 출발신호기의 하위에 설치한다. 이 경우 유도신호기 또는 진로표시기가 설치된 경우는 그 하위로 한다.

출발반응등

승무원 등이 출발신호를 확인하기 어려운 경우 승무원이 출발신호를 확인하기 가장 용이한 곳에 출발반응등을 설치할 수 있다.
ATC 또는 CBTC 시스템의 경우 열차제어기능에 ATO 기능이 포함되어 있으면 출발반응등은 설치하지 않을 수 있다.

(그림 3-11). 출발반응등

왜, 철도에는 일반도로도 아닌데 신호기가 필요한 걸까?

철도는 갈까(진행) 말까(정지)를 나타내는 신호기와, 제한속도를 나타내는 신호기로 구분된다. 일반 교차로와 같이 갈까 말까 신호는 분기부에서 진행가부와 진로방향을 나타내고, 제한속도 신호는 지상신호방식에서 폐색구간마다 폐색신호기가 설치된다.

3장 철도신호기장치

기본 설명

지상신호방식에서 신호기는 속도신호 현시를 목적으로 하며 차상신호방식에서는 분기진로의 진행방향 가부를 현시한다. 상치신호기는 상시 고정 설치되어 신호현시를 위해 사용되며, 그 외의 이례상황 시에 사용하는 임시신호기와 특수신호가 있다.

1 임시신호기

임시신호기(Temporary signal)는 선로에 고장이 발생하거나 그 외의 특별한 사유로 인하여 열차가 정상적인 영업속도로 운전할 수 없을 경우에 임시로 설치하여 열차가 제한속도 이하로 서행을 하기 위한 신호기이다.
임시신호기에는 지장개소로부터 각 위치 별로 열차가 그 구역을 진입하고 통과함에 따라 서행예고신호기, 서행신호기, 서행해제신호기로 구분하여 설치한다.

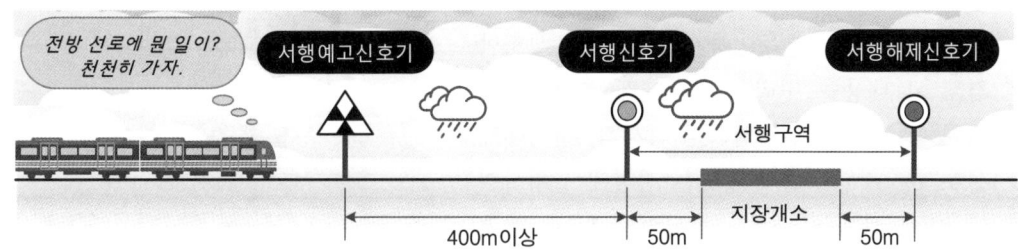

(그림 3-12). 임시신호기 현시와 설치거리

서행예고신호기

서행예고신호기는 서행구역을 진행하려는 열차에 대하여 전방에 설치된 서행신호기에서 서행신호가 현시되어 있음을 예고하는 신호기이다. 서행예고신호기는 서행신호기로부터 400m 지점의 외방에 설치한다.

서행신호기

서행신호기는 서행구역을 통과하려는 열차에 대하여 그 구역을 제한속도로 서행할 것을 지시하는 신호기이다. 서행신호기는 지장 개소로부터 50m 지점의 외방에 설치한다.

서행해제신호기

서행해제신호기는 서행구역을 벗어나려는 열차에 대하여 서행이 해제되었음을 지시하는 신호기이다. 서행해제신호기는 지장 개소로부터 50m 통과지점에 설치한다.

(표 3-4). 임시신호기의 형태 · 색 및 신호방식

구 분	서행신호	서행예고신호	서행해제신호
주간	백색 테두리의 황색 원판	흑색 삼각형 무늬 3개의 3각원판	백색 테두리의 녹색 원판
야간	등황색등	흑색 삼각형 무늬 3개의 백색등	녹색등

▨ 임시신호기의 설치방법

① 임시신호기는 서행 개소가 있는 동일 운행선로 양방향에 설치한다.
② 임시신호기는 선로의 좌측(우측 운행구간은 우측)에 설치한다. 부득이하게 반대 측에 설치한 경우 그 내용을 미리 기관사에게 통보한다.
③ 서행신호기는 서행구역의 시작지점, 서행해제신호기는 서행구역이 끝나는 지점에 설치하여야 하며, 서행구역은 지장 지점으로부터 전후 방향으로 각각 50m를 연장한 거리이다.

(그림 3-13). 임시신호기 설치

④ 서행예고신호기는 서행신호기의 외방 400m 이상의 위치에 설치한다. 다만, 선로 최고속도 130km/h 이상 선구에서는 700m, 지하구간에서는 200m 이상의 위치에 설치한다. 이 경우 터널 내에서 서행예고신호기의 인식이 곤란한 경우 거리를 연장하여 터널 입구에 설치할 수 있다.
⑤ 복선구간에서 일시 단선 운전취급을 하고 선로작업을 시행할 경우에는 작업개소 양방향 선로에 서행신호기를 설치한다. 다만, 서행이 필요 없는 경우 예외로 한다.
⑥ 위 ⑤항의 속도는 60km/h 이하로 한다. 다만, 인접선로의 간격이 협소하거나 필요시에는 40km/h 이하로 할 수 있다.

2 특수신호

특수신호란 낙석, 낙뢰, 강풍, 지진 등의 자연재해 또는 예고하지 않은 사고지점에 접근하는 열차를 긴급히 방호하기 위해 빛 또는 음향에 의해서 신호를 하는 것이다.

발보신호

발보신호는 열차방호무선의 일종으로 경보음으로 열차 또는 차량을 비상정지 시키기 위한 것으로써, 긴급사태 발생시 1km 이내의 다른 열차에게 알려주는 신호이다.

발광신호

발광신호는 건널목 선로의 지장, 궤도 불량, 강풍, 지진 등의 자연재해 발생 시 열차를 운행하는 데에 있어 경계를 요하는 장소에 특수 발광기를 설치하여 평상시에는 소등되어 있다가 경계의 필요가 있을 때 적색등을 순환 점등하는 신호방식이다.

폭음신호

폭음신호(발뢰신호)는 악천후로 인하여 정지신호를 확인하기가 어려운 경우 또는 예고치 않은 사고지점에 접근하는 열차를 비상정지 시키기 위해서이다.
화약뇌관을 레일 위에 설치하여 운행하는 열차의 차륜과 접촉할 경우에 발생하는 폭음으로 기관사에게 신호를 전달하는 방식이다.

(그림 3-14). 폭음신호뇌관

화염신호

예고하지 않은 사고지점에 접근하는 열차에 대하여 적색 화염을 이용하여 신호를 보냄으로써 열차를 비상 지지 시키기 위한 신호방식을 말한다.

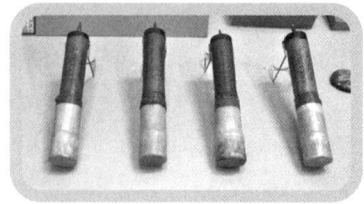

(그림 3-15). 화염신호염관

신호뇌관(폭음신호탄)의 설치

폭음신호는 악천후로 인하여 기관사가 정지신호를 확인하기가 어려운 경우 또는 예고치 않은 사고지점에 접근하려는 열차를 긴급하게 비상정지 시키기 위하여 폭음신호탄(화약뇌관)을 레일 위에 설치하여 운행하는 열차의 차륜과 접촉 시 발생하는 폭음으로 기관사에게 신호를 전달하는 방식이다.

설치방법

사고지점으로부터 800m 이상의 전방 레일 위에 30m 간격으로 신호뇌관을 2개 이상 설치한다. 800m 이상은 그 구간에 주행하는 열차의 최고속도에 대하여 비상제동거리를 고려한 것이고, 신호뇌관 2개 이상으로 설치하는 것은 안전성 기법이다.

방호할 지점에서 10m 이상을 격리하고, 접근 열차에서 향하여 레일의 좌측 또는 중앙에 설치한다. 열차에서 인식이 곤란한 경우에는 적당한 위치에 설치한다.

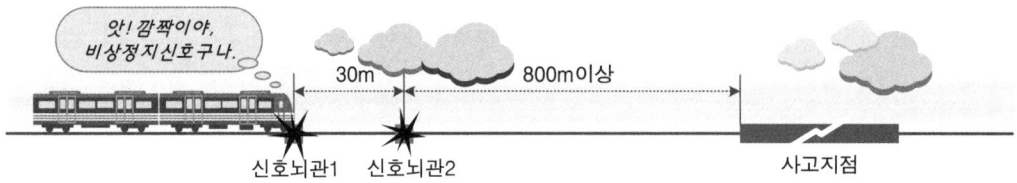

(그림 3-16). 신호뇌관의 설치위치

3장 철도신호기장치

기본 설명

철도표지는 신호기를 대신하여 고정된 불변의 정보를 제공한다. 선로의 형태나 상황, 선로 조건, 운행조건 등을 도식화하여 선로 변에 설치함으로써 열차의 안전운행과 철도 종사자의 안전을 위하여 주의를 요하거나 조건을 제시하는 역할을 한다.

1 철도표지의 설치

철도표지(Railroad maker)는 선로변에 설치되어 장소의 상태를 나타내는 불변 신호의 일종으로써, 전방 선로구간의 지리적 조건, 운전조건 등의 상황을 철도종사자에게 사전에 알려주어 열차의 안전운행에 주의를 환기하기 위해 설치한다.

▌ 선로표지 설치기준

① 매 20m, 매 km 마다 그 거리를 표시하는 표지
② 선로의 기울기가 변경되는 장소에는 그 기울기를 표시하는 표지
③ 열차속도를 제한하거나 그 밖에 운전상 특히 주의할 곳에는 이를 표시하는 표지
④ 선로가 분기하는 곳에는 차량의 접촉한계를 표시하는 표지
⑤ 장내신호기가 설치되지 않아 정거장 내외의 경계를 표시하기 곤란한 정거장에는 그 한계를 표시하는 표지

⑥ 건널목에는 필요에 따라 통행인에게 주의를 환기시키는 표지
⑦ 전차선로 구간 중 감전에 대한 주의가 필요한 곳에 전기위험 표지
⑧ 정거장 중심표 등 철도운영상 필요한 표지

(그림 3-17). 구내의 각종 철도표지

2 분야별 철도표지

시설, 영업분야 표지

✚	**열차정지표지** 정거장에서 열차 또는 구내운전 차량을 상시 정차할 한계를 표시하는 지점에 설치	⋰⋱	**차량정지표지** 정거장에서 입환전호를 생략하고 입환시 운전구간의 끝 지점이나 정지위치를 표시
㊵	**속도제한표지** ATC(ATP) 구간의 분기기에서 속도제한 필요가 있는 제한구역의 시작 지점에 설치	◯	**속도제한해제표지** 곡선, 분기기 등에 대하여 속도제한 구역 끝에서 열차길이 이상의 지점에 설치
정거장경계표	**정거장경계표지** 인접한 두 정거장간 경계구역임을 알리는 표시	무인역	**무인역 표지** 역무원을 배치하지 않은 간이역의 장내신호기 하단에 표지를 설치
✺	**차막이표지** 본선 또는 주요한 측선의 끝 지점에 있는 정차위치에 설치	⌒	**차량접촉한계표지** 분기 또는 교차 지점에 차량이 인접 선로를 운행 차량을 지장하지 않는 한계를 표시

3장 철도신호기장치

	열차정지위치표지(지상용) 정거장에서 열차의 정지위치에 설치. 바닥에 기둥을 세워 설치		**열차정지위치표지(천정달대용)** 정거장에서 열차의 정지위치에 설치. 천정에서 기둥을 아래로 매달아 설치
	열차정지위치표지(벽면돌출용) 정거장에서 열차의 정지위치에 설치. 벽면에 기둥을 가로로 고정하여 설치		**열차정지위치표지(벽면부착용)** 정거장에서 열차의 정지위치에 설치. 벽면에 기둥 없이 표지면을 부착
	열차정지위치표지(선로중앙용) 정거장에서 열차의 정지위치에 설치. 선로 중앙에 고정		**일단정지표지(지상용)** 열차가 일단 정지하는 구역의 선로 지점에 기둥을 세워 설치
	일단정지표지 (지하구간용) 열차가 일단 정지하는 구역의 선로 지점 바닥에 설치		**서행구역통과측정표지** 서행구역 운전시 서행해제신호기의 열차 끝지점 통과를 표시
	곡선예고표지 전방의 선로가 곡선구간이므로 주의운전을 예고하는 표지		**선로작업표지** 전방의 선로에 작업이 있으므로 주의운전을 예고하는 표지
	제동취급주의표지 제동취급시 열차운행에 주의를 알리는 표지		**제동취급경고표지** 제동취급시 열차운행에 경고를 알리는 표지
	속도제한표지(분기기용) 분기기에서 속도를 제한할 필요가 있는 구역에 제한구역 시작 지점에 설치		**속도제한해제표지(일반용)** 제한속도 구역의 끝에서 전동열차 편성 수의 열차 길이 이상 지점에 설치
	속도제한해제표지(분기기용) 분기기에 대한 제한속도를 해제하는 지점에 설치		**기적표지** 건널목, 터널, 교량, 곡선, 깎기 비탈 등으로 전도 인식이 곤란한 지점에 400m 전방에 설치
	기적제한표지 열차의 기적을 금지하는 구간임을 알리는 표지, 기적제한구역 진입지점에 설치		**기적제한해제표지** 열차의 기적 금지를 해제함을 알리는 표지, 기적제한 해제구역 시작지점에 설치

전기, 신호분야 표지

	표지부선로전환기 정위(주간) 개통 시 표지가 회전되어 원형 표지가 현시됨		**표지부선로전환기 정위(야간)** 개통 시 원형표지의 상단에 청색표시등이 현시됨
	표지부선로전환기 반위(주간) 개통 시 표지가 회전되어 V자형 표지가 현시됨		**표지부선로전환기 반위(야간)** 개통 시 V자형 표지의 상단애 황색 표시등이 현시됨
	차상전기선로전환기 (개통표시등 대향좌측) 개통 시 좌측에 청색 표시등이 점등		**차상전기선로전환기 (개통표시등 대향우측)** 개통 시 우측에 황색 표시등이 점등
	차상전기선로전환기 (개통표시등 배향우측) 개통 시 우측에 황색 표시등이 점등		**차상전기선로전환기 (개통표시등 배향좌측)** 개통 시 좌측에 청색 표시등이 점등
	차상전기선로전환기 (레버표시등 좌측개통) 개통시 우측에 ㄱ자 황색 표시등이 점등		**차상전기선로전환기 (레버표시등 우측개통)** 개통 시 좌측에 「자 황색 표시등이 점등
	상치신호기 선별식별표지 신호기 확인에 오인의 우려가 있는 상치신호기가 설치된 신호기에 설치		**궤도회로경계표지** 원격제어구간의 자동폐색구간 궤도회로 경계지점 운행선로의 좌측에 설치
	역행표지(전기기관차용) 전차선로의 절연구간을 지난 지점에 역행표지를 설치		**역행표지(전기동차용)** 전차선로의 절연구간을 지난 지점에 역행표지를 설치
	역행표지(고속기관차용) 전차선로의 절연구간을 지난 지점에 역행표지를 설치		**타행표지** 전차선로의 절연구간에서 AC/DC구간은 150~200m, AC/AC구간은 100~200m 전방지점에 설치

3장 철도신호기장치

	자동식별표지 자동폐색신호기를 나타내며 자동폐색신호기의 하부에 설치		**서행허용표지** 급한 상구배 그 밖에 필요하다고 인정되는 지점에 있는 폐색신호기에 설치
	가선절연구간표지(교류용) 전차선로의 절연구간을 표시할 경우 절연구간 시작점에 설치		**가선절연구간표지(교직류용)** 전차선로의 절연구간을 표시할 경우 절연구간 시작점에 설치
	가선종단표지 전차선로가 끝나는 지점에 전방에 설치하여 전차선로가 없음을 표시		**가선절연구간예고표지** 가선절연구간표지 전방 400m 이상의 지점에 설치 (200km/h 이상 시 1,100m 이상)
	전차선구분표지 전차선로 급전 구분장치의 지점에 설치하여 구분장치가 있음을 표시		**팬터 내림예고표지** 해당 지점으로부터 200m(경부선 200m, 고속선 1400m) 이상의 전방에 설치, 팬터내림표지 있음 예고
	팬터 내림표지 해당 지점으로부터 200m(고속선 500m) 이상의 전방에 설치, 팬터그래프를 내릴 것을 표시		**팬터 올림표지** 해당 지점으로부터 200m(고속선 500m) 이상의 후방에 설치, 팬터그래프를 올릴 것을 표시
	전차선로 작업표지 전차선로 작업구간임을 알리는 표지, 선로의 진출입개소에 설치		**장내경계표지** 차내신호폐색식 구간에서 장내 진로 시작점에 설치
	출발경계표지 차내신호폐색식 구간에서 출발 진로 시작점에 설치		**폐색경계표지** 폐색구간 시작지점에 설치하며, 도착역 쪽에서부터 순차적으로 폐색 번호를 표시
	ATC·ATS경계표지 경계표지는 ATC와 ATS의 경계구간으로 진입하는 열차에 대하여 각각 설치		**ATC·ATS예고표지** 예고표지는 경계표지 전방 200m 이상 지점에 설치하여 경계표지가 있음을 예고

고속철도 표지

① 신호표지(허용신호, 절대신호) 또는 입환신호표지에는 표지번호표를 설치한다.
② 절대표지와 고속선입환표지에는 진입허용표시등을 첨장한다.
③ 폐색경계표지의 절대표지와 허용표지의 황색 삼각형은 폐색경계지점을 표시한다.

HSR	**고속선 진입표지** 기존선 구간에서 고속선 구간으로 진입하는 경계지점	HSR	**고속선 진출표지** 고속선 구간에서 기존선 구간으로 진출하는 경계지점
▷ Np	**절대표지(Np표지)** 정거장 진출입하기 전 정거장과 정거장 사이 건넘선이 있는 폐색구간을 방호하는 지점에 설치	▷ P	**허용표지(P표지)** 특수한 시설이 없는 폐색구간을 방호하는 지점에 설치
◇	**고속선전선표지** 입환작업의 시점 또는 역방향 운전을 시작하는 지점에 설치	Dd 200m	**끌림물체확인 일단정지예고표지** 전방에 끌림물체확인 일단정지표지가 있음을 예고
Dd	**끌림물체확인 일단정지표지** 끌림물체검지장치의 동작여부를 확인하기 위하여 열차를 일단 정차시킬 지점을 표시	‖‖‖	**거리예고표지** 곡선 등으로 확인거리가 짧은 신호기 또는 표지 앞에 약 100m 간격으로 1개 이상 설치
△	**방호스위치표지** 선로횡단자를 위해 방호스위치의 설치지점을 표시	▽	**방호해제스위치표지** 지장물검지장치, 끌림물체검지장치의 동작에 의한 정지신호를 해제하는 스위치의 설치지점 표시
CAB	**차량기지 진입표지** 차량기지로 진입하는 선로임을 나타내는 표시	CAB	**차량기지 진출표지** 차량기지에서 진출하는 선로임을 나타내는 표시

3장 철도신호기장치

철도신호기 설치

기본 설명

철도신호기는 열차의 진행 가부를 기관사에게 알려주는 것으로써 열차의 운행에 지장이 없도록 건축한계를 고려하여 신호 확인이 용이한 곳에 설치해야 한다. 사용 목적에 따라 신호기의 명칭이 주어지며 신호기의 설치위치와 설치방법이 명시되어 있다.

1 신호기 설치사항

신호기는 기관사에게 운행조건을 지시하는 것으로써 투시거리를 확보할 수 있는 지점에 설치하여야 한다. 따라서 신호현시 확인거리를 확보할 수 있도록 하고 선로의 곡선부, 터널, 교량, 노반의 절취부 등은 가급적 피한다.

신호기의 설치는 전차선 절연구분장치, 궤조절연 등의 관계를 감안하여 운전에 지장이 없어야 한다.

차량기지나 정거장 구내 등에 여러 신호기를 설치할 경우에 기관사가 해당 운행선로에 대한 신호식별이 용이하도록 설치하여야 한다.

신호기는 신호확인이 쉽도록 고정된 장소에 설치하고 그 소속하는 선로의 좌측에 설치하는 것을 원칙으로 한다.

(그림 3-18). 신호기 설치

2 신호기 설치방법

▒ 장내신호기 설치

① 장내신호기는 정거장에 진입할 열차에 대하여 정거장으로 열차를 진입시키는 선로에 설치한다. 다만, 다음의 경우에는 예외로 한다.
- 분기설비가 없는 경우
- 선로전환기에 통표쇄정기를 설비하는 경우

② 장내신호기는 1기로 하고 그 하단에 진로표시기 및 신호부속기를 설치하고, 부득이한 경우에는 진입선을 구분하여 장내신호기를 2기 이상 설치할 수 있다.

③ 제2 장내신호기에 대해서는 다음의 경우에 그 간격을 단축할 수 있다.
- 반복선의 경우
- 바깥쪽 신호기에 경계신호기를 현시하는 설비를 하는 경우
- 제2 장내신호기에 진행을 현시한 후가 아니면 그 바깥쪽의 장내신호기에 진행을 지시하는 신호기를 현시할 수 없는 장치로 한 경우

설치위치

① 가장 바깥쪽 선로전환기가 열차에 대하여 대향이 되는 경우는 그 첨단레일의 선단에서 100m 이상의 거리를 확보한다.

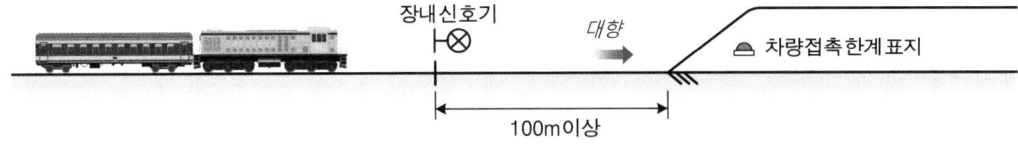

(그림 3-19). 대향 장내신호기 설치

② 장내신호기 안쪽에 안전측선이 설비된 경우는 100m 이내로 할 수 있다.
③ 가장 바깥쪽 선로전환기가 열차에 대하여 배향이 되는 경우 또는 선로의 교차가 있을 때 이에 부대하는 차량접촉한계표지에서 60m 이상의 간격을 두어야 한다.

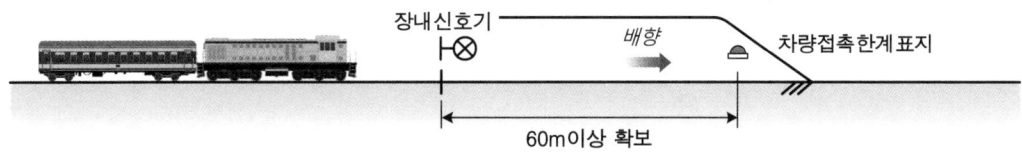

(그림 3-20). 배향 장내신호기 설치

④ 시속 180km/h 이상의 고속화 구간에서의 장내신호기 설치 위치는 차량성능, 속도 및 선구에 따라 가장 바깥쪽 선로전환기로부터 시스템이 요구하는 적정거리 이상 확보하여야 한다.

출발신호기 설치

① 출발신호기는 정거장에서 출발하는 열차에 대하여 신호기 내방으로 진출 가부를 지시하는 신호기로서 정거장에서 열차를 진출시키는 선로의 출발선에 설치한다. 다만, 다음의 경우에는 예외로 한다.
- 분기기 설비가 없는 경우
- 선로전환기에 통표쇄정기를 설비하는 경우

설치위치

① 출발선 가장 안쪽에 대향이 되는 선로전환기가 있을 경우에는 그 첨단레일 선단의 앞으로 한다.
② 출발선 가장 안쪽에 배향이 되는 선로전환기 또는 선로 교차가 있는 경우에는 차량접촉한계표지 안쪽으로 한다.

(그림 3-21). 차량접촉한계표지]

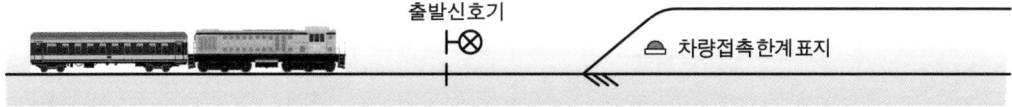

(그림 3-22). 배향 출발신호기의 설치

③ 제①항, 제②항에 불구하고 ATP 및 ATS/ATP 혼용구간의 경우에는 차량접촉한계표지 안쪽 33m 이상으로 한다. 다만 차량기지의 출발대용 입환신호기는 예외로 한다.

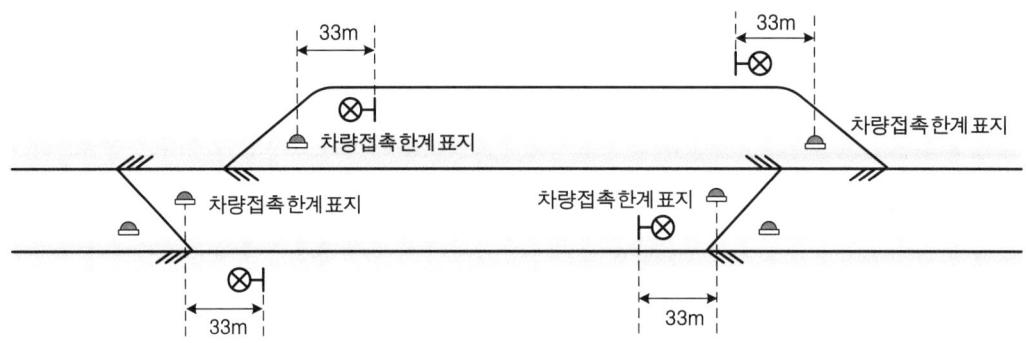

(그림 3-23). ATP 및 ATS/ATP 혼용구간

④ 선로전환기 또는 선로의 교차가 없는 경우는 열차가 정지하는 구역의 전방으로 한다.
⑤ 제①항에 불구하고 그 위치에 출발신호기를 설치할 수 없을 경우에는 열차정지표지를 설치하고 그 안쪽에 설치하는 것으로 한다.

폐색신호기 설치

① 폐색신호기는 폐색구간의 시발점에 설치한다. 다만, 그 지점에 장내신호기 또는 출발신호기를 설치하는 경우에는 폐색신호기를 설치하지 않는다.
② 정거장 구내 동일 선로의 장내신호기에서 출발신호기, 출발신호기와 정거장 간 첫 번째 폐색신호기 사이에는 구내 폐색신호기를 설치할 수 있다. 이 신호기는 장내신호기 또는 출발신호기의 취급에 의해 간접제어 되는 것으로 한다.
③ 폐색신호기 하위에는 신호기 번호를 나타내는 식별표지를 설치한다.
④ 폐색신호기 하위에 설치되는 폐색신호기 식별표지의 번호는 도착역 장내신호기(엄호신호기) 바깥쪽 폐색신호기를 1호로 하고 순차적으로 식별표지를 표기한다. 구내 폐색신호기는 별도로 정한다.

엄호신호기 설치

① 정거장 또는 폐색구간 도중에 평면교차분기, 기타 특수시설로 인하여 열차방호를 요하는 경우에 설치한다.
② 엄호신호기의 설치위치는 장내신호기의 설치 위치에 준한다.
③ 엄호신호기 신호현시 조건으로 엄호구간 방호조건과 폐색조건을 삽입한다.

3장 철도신호기장치

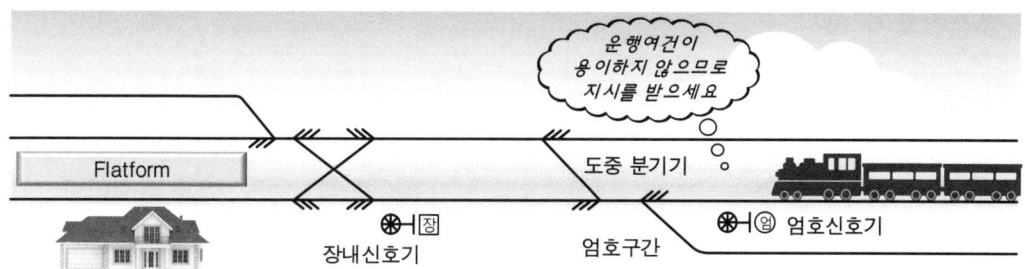

(그림 3-24). 엄호신호기 설치 위치

유도신호기 설치

① 장내신호기에 진행신호를 현시할 수 없을 때에 그 신호기의 방호구역에 열차를 진입시키고자 하는 경우에 설치한다.
② 동일 선로에서 분기하는 열차의 진로에 대하여 장내 신호기가 2기 이상 설치된 경우에는 각각 별도로 유도신호기를 설치한다.
③ 유도신호기는 장내신호기 하위에 설치한다.
④ 장내신호기에 진로표시기가 설치되어 있는 경우에는 신호기와 진로표시기 사이에 설치한다.
⑤ 비자동 구간에서 유도신호기를 설치하는 경우에는 장내신호기의 방호구역에 궤도회로를 설치한다.
⑥ 장내신호기 하위에 설치하며, 이 경우 신호기구와 진로선별등 사이(신호기구 바로 밑)에 설치한다.

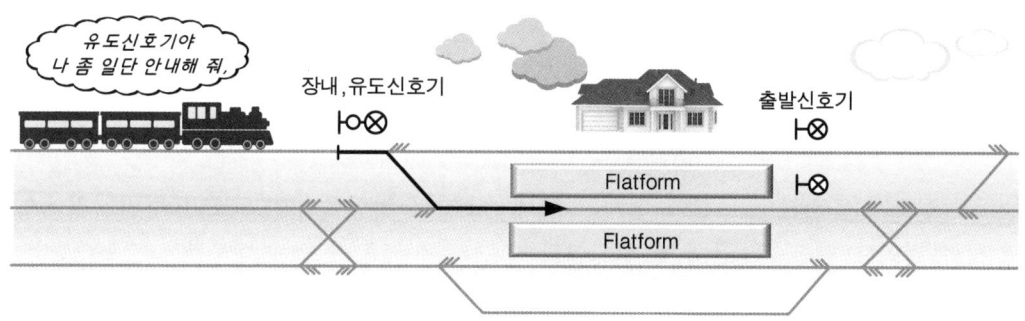

(그림 3-25). 유도신호기와 진로 유도

243

중계신호기 설치

① 장내·출발·폐색·엄호·입환신호기의 확인거리가 부족할 경우에 설치한다.
② 장내신호기 또는 출발신호기가 2기 이상으로 설치된 경우 각각 별도로 설치한다.
③ 주체 신호기(장내, 출발, 엄호신호기)로부터 확인거리를 확보한 지점에 설치한다.
④ 자동폐색 구간의 중계신호기 안쪽에는 궤도회로를 설치하여 궤도회로 낙하시 정지신호를 현시하도록 한다. 다만, 역간 1폐색 구간인 경우에는 생략할 수 있다.
⑤ 비자동 구간의 중계신호기는 필요시 안쪽에 궤도회로를 설치한다.
⑥ 반복식 정거장에서 추진운전하는 열차에 대한 것은 열차가 정지해야 할 위치의 후방에서 그 중계신호기의 현시를 확인할 수 있는 위치에 설치한다.

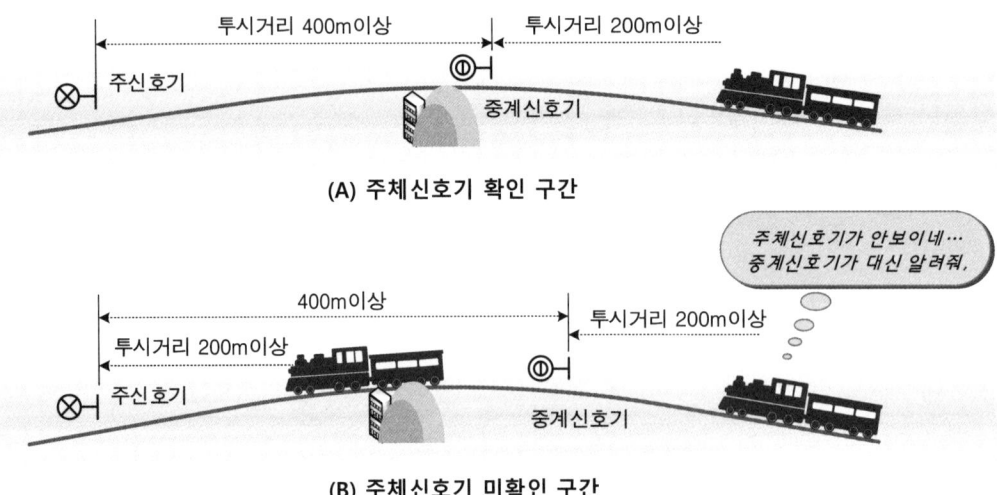

(그림 3-26). 중계신호기의 설치 관계

원방신호기 설치

① 원방신호기는 비자동 구간에 설치된 장내신호기의 확인거리가 신호기 확인거리에서 정한 거리보다 부족할 경우에 설치한다.
② 동일 선로에서 분기하는 열차의 진로에 대하여 장내신호기가 2기 이상 설치되어 있는 경우 1기로 공용할 수 없다. 다만, 진로표시기를 설치한 경우에는 예외로 한다.
③ 원방신호기는 장내신호기의 바깥쪽 400m 이상의 지점에 설치한다.

3장 철도신호기장치

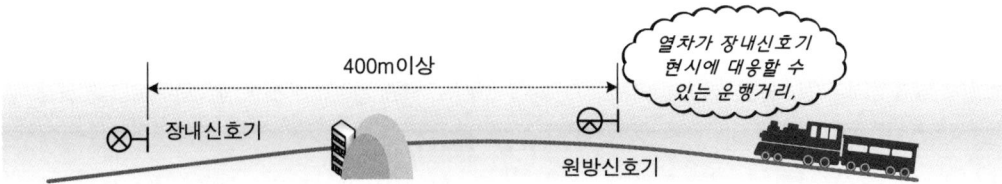

(그림 3-27). 원방신호기의 설치 위치]

▓ 진로표시기 설치

① 장내, 출발, 입환신호기(입환표지)를 1기로 공통으로 사용하는 경우에 설치한다.
② 진로표시기는 해당 신호기의 하위에 설치한다.
③ 등렬식은 최하위 신호등 렌즈 중심에서 진로선별등 최하위 렌즈 중심까지의 거리, 다기능 신호부속기는 상면까지의 거리는 600mm를 이격하여 설치한다.
④ 입환용 진로표시기는 최하위 신호등 렌지와 최대한 가깝게 설치한다.

▓ 입환신호기(입환표지)의 설치

① 동일 선로에서 구내운전을 하는 차량의 진로가 2 이상으로 분기하는 경우 1기로 공용할 수 있다. 이 경우에는 진로표시기를 설치한다.
② 입환표지 하위에 무유도 표시등을 설치하여 입환신호기로 사용한다.
③ 입환신호기는 그 소속하는 신호기의 좌측에 설치하는 것으로 한다.
④ 진로표시식의 입환표지는 차량의 인상선군과 입환선군에 대하여 1기로 공용하여 설치하며 진로별 표시등을 포함한다.
⑤ 입환신호기는 동일 선로에서 2 이상의 선로로 분기하는 경우는 분기기 첨단 끝에서 입환신호기까지 12m 이상 되도록 설치한다. 다만, 지형 또는 기타의 사정이 있을 경우에는 예외로 한다.
⑥ 2 이상의 선로에서 동일 선로에 진출하는 경우는 차량접촉한계 안쪽에 설치한다.
⑦ 선로표시식 입환표지의 선로별 표시등은 관계되는 인상선군과 입환선군에서 확인할 수 있는 위치에 설치한다.

(그림3-28). 단등형 입환표지

245

입환신호기 진로선별등 설치위치

① 입환표지는 동일 선로에서 차량의 입환을 하는 선로가 2 이상으로 분기하는 경우에는 1기로 공용하고, 이 경우 진로표시기를 설치한다.
② 입환표지에 부설하는 진로표시기는 입환표지 하위에 설치하며, 다음 각호와 같다.
- 차량 도착지점에 따라 해당 선로번호 또는 선로명을 숫자 또는 문자로 표시한다.
- 진로표시기 1개로 전체 진로를 표시할 수 없을 경우에는 건축한계에 유의하여 병렬로 2기를 설치한다.

출발반응등 설치

① 표시등은 백색 LED등으로 하고 렌즈는 평면렌즈로 한다.
② 출발신호기가 현시되었을 때에는 표시등이 점등되도록 한다.
③ 선로중심에서 2,400±100mm, 높이는 레일면 2,800mm 이상에 설치하며, 반복선 또는 열차별 정차위치 차이가 많은 승강장의 경우에는 2개까지 설치할 수 있다.

출발전호기 설치

① 출발신호기의 하위 또는 승강장 끝부분 등에 기관사가 확인 가능한 위치에 설치하여야 하며 녹색등으로 한다.
② 레일 면으로부터 2,200~2,500mm 높이에 설치하며, 출발신호등 하위에 설치하는 경우에 출발선 식별표지 또는 진로표시기가 있는 때에는 그 하위에 설치한다.

왜, 도시철도에는 신호기가 없는 걸까?

도시철도 열차제어시스템은 ATC로서 차상신호방식이다. 지상신호방식에서 제한속도를 나타내는 폐색신호기를 대신하여 열차 운전실 속도계에 제한속도가 표시된다. 분기부에 설치하는 신호기는 2현시(정지,진행)로서 분기부의 진입 가부를 나타낸다.

3 신호기의 건식방법

신호기주 건식방법

① 역구내 신호기주는 콘크리트주 또는 무광택 스텐레스주로 설치한다.
② 역간의 전철구간은 전철주 취부형으로 하고 비전철구간은 콘크리트주로 설치함을 원칙으로 하고, 교량 등 부득이한 경우에는 무광택 스텐레스주로 설치한다.
③ **무광택 스텐레스주의 건식** : 무광택 스텐레스주 배선용 구멍은 전선에 무리를 주지 않을 정도의 크기 40~50mm로 한다.
④ **7~9m 콘크리트주 설치** : 콘크리트주 설치는 구덩이를 판 후에 소정의 근가를 U볼트로 견고하게 설치하고 7~9m 주에 있어서는 기준선까지 매설하여 수직임을 확인한다. 수직임을 확인한다. 지반 연약 개소의 경우 전주 기초 틀을 제작 설치한다.
⑤ **10m 콘크리트주 설치** : 기초의 전도에 대한 저항모멘트가 작게 되기 때문에 다음 그림과 같이 시공한다.

$$l \geqq 2[m] < a 는 33° 정도이므로,$$
$$t = 2[m] \times \tan 33° = 1.3[m]$$
$$H = 2[m] + t = 3.3[m]$$

⑥ **신호기주의 강도** : 신호기주의 안전율은 2 이상이다.
⑦ 콘크리트주의 매입 깊이는 다음 표와 같다.

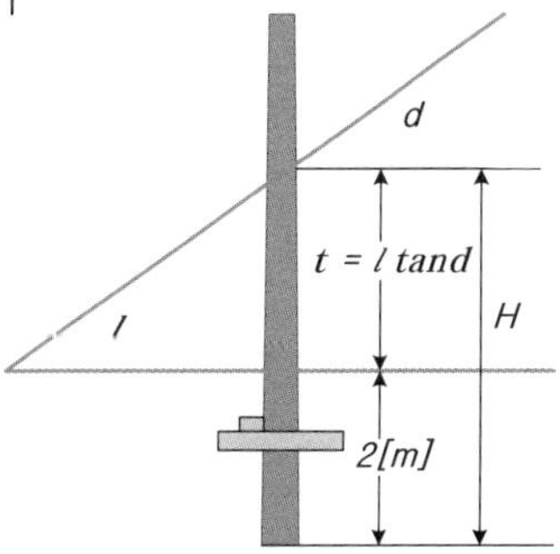

(그림3-29). 콘크리트 신호기주

(표 3-5). 콘크리트주의 길이에 따른 매입 깊이

콘크리트주 길이	매입 깊이	근 가
7m	1.4m	신호기주용 U볼트 2개가 부착한 것 사용
8m	1.6m	
9m	1.8m	
10m	2.0m 이상	

점검대, 사다리 설치

① 점검대는 최하위의 렌즈 중심에서부터 하방 0.7m를 기준으로 설치하고 사다리 하부에는 사다리 블록 등을 사용하고 충분히 다진다.
② 기주, 사다리, 점검대 등에는 위험방지를 위한 접지설비를 한다.

신호기의 설치 높이

* 신호기의 높이는 레일의 상면에서 최하단 렌즈의 중심까지 거리를 말한다.

- 주본선의 장내, 출발, 구내폐색 신호기 : 4,200mm 이상으로 한다.
- 부본선의 장내, 출발, 구내폐색 신호기 : 3,300mm 이상으로 한다.
- 폐색신호기 : 3,300m 이상으로 한다.
- 중계신호기 : 일반용 4,200mm 이상, 특수용 2,000mm 이상으로 한다.
- 입환신호기 : 1,000mm 이상으로 한다.
- 입환표지 : 700mm 이상으로 한다.
  (입환신호기 및 입환표지는 자립식, 첨장식, 부착식 모두 동일한 높이로 설치된다)

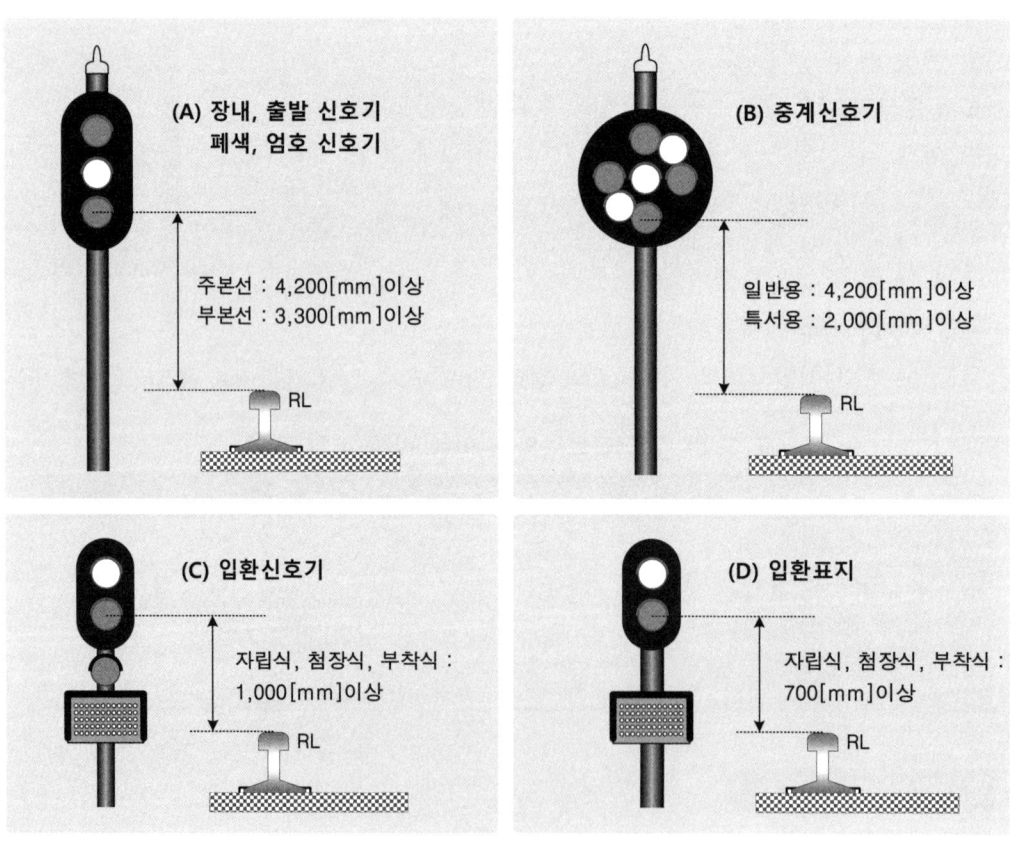

(그림 3-30). 신호기의 높이

3장 철도신호기장치

신호기 상호간의 간격

선로가 분기하거나 나란히 병행하는 경우 신호기 간격은 다음에 의하며, 신호기의 간격은 신호기의 중심 간의 간격을 말한다.

- 동일 선로에서 2 진로에 분기하는 경우
    장내신호기 간에는 500mm 이상,
    출발신호기 간에는 400mm 이상으로 한다.

- 선로가 병행하는 경우
    장내신호기 간에는 2,000mm 이상,
    출발신호기 간에는 1,000mm 이상으로 한다.

(그림3-31). 선로가 병행하는 경우

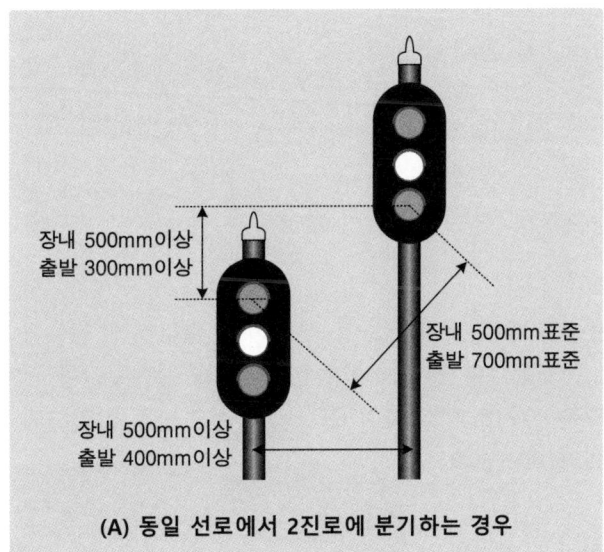

(A) 동일 선로에서 2진로에 분기하는 경우

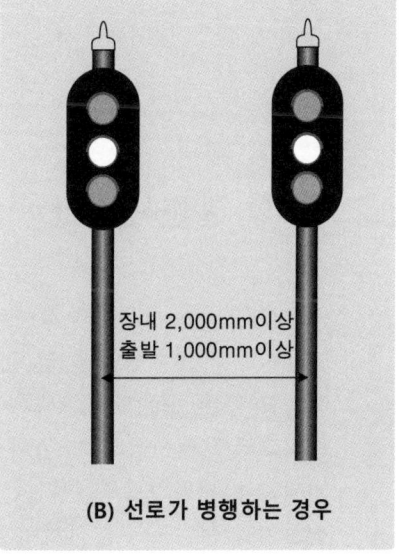

(B) 선로가 병행하는 경우

(그림 3-32). 인접한 신호기의 상호간 간격

05 신호기와 절연구분장치

기본 설명

절연구분장치는 전차선로를 전기적으로 구분하여 필요한 일부 구간만 단전하고 그 외의 구간은 급전을 지속하는 절연구조이다. 절연구분장치와 신호기의 위치가 부적절한 경우 열차의 정지점에서 팬터그래프를 통해 급전사고가 발생할 수 있다.

1 전차선 절연구분장치

구분장치(Section)는 전차선로를 전기적으로 구분하여 전차선로 일부분에 장애가 발생하거나 보수작업을 할 경우 전차선로를 단전시켜야 한다. 이때 단전구간을 단축하고 다른 구간에는 가압 상태를 유지하기 위하여 전차선에 절연체를 삽입하되 팬터그래프(집전장치)가 전차선과 접촉하면서 원활하게 습동하도록 한다.

신호기와 전기적 구분장치의 위치가 부적당할 경우 단전 중에 신호기의 정지 현시에 의하여 열차의 팬터그래프가 구분장치 위치에서 정지하게 되면 열차의 기동불능으로 열차운전에 지장을 초래한다. 또한, 열차에 의해 전차선이 단락되어 단전작업 시 전차선의 용손사고로 인하여 단선되거나 보수작업자의 감전사고가 발생 될 수 있다.

(그림3-33). 전차선 절연구분장치

250

절연구분장치의 설치위치

절연구분장치는 운전보안확보, 선로운용, 급전계통 운용 및 보수를 고려하고, 팬터그래프의 섹션오버에 의한 사고방지를 위하여 신호기와의 위치를 충분히 고려해야 한다.

설치장소

① 정거장의 상·하선 및 방면 별로 건넘선에서 구분한다.
② 큰 구내와 차량기지는 본선 구간으로부터 분리하여 계통을 구분한다.
③ 차량기지와 검수고 선으로부터 분리하여 계통을 구분한다.
④ 직통운전에서 교류·직류 구간으로부터 분리하여 계통을 구분한다.
⑤ 교류 구간에서 위상이 다른 경우 계통을 구분한다.
⑥ 국부적인 정전구간의 필요성 및 사고 시 보수작업 구간을 확보한다.

설치금지장소

① 신호기를 고려하여 섹션 직하에서 팬터그래프가 정지하는 것을 피한다.
② 상구배와 역의 발차지점 부근 등의 역행 구간은 피한다.
③ 보수를 감안하여 곡선, 터널, 교량 개소 등은 피한다.

절연구분장치의 종류

에어섹션 (Air section)

전차선에 절연물을 삽입하지 않고 공기로 절연한 것으로 두 전원이 같은 종류로써 위상이 동일하여 팬터그래프가 양쪽 전차선을 같이 접촉하여도 무방한 경우에 설치하며 이 구간을 통과할 때 열차는 계속 가압 상태를 유지한다.

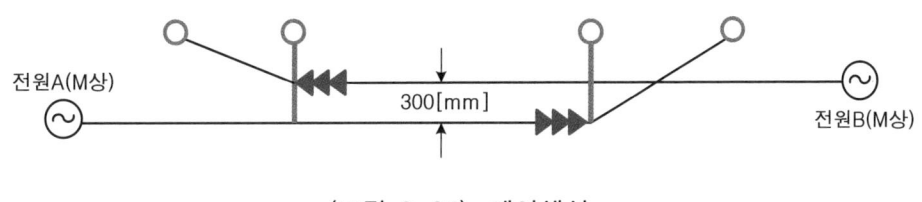

(그림 3-34). 에어섹션

에어조인트 (Air joint)

에어조인트는 다른 구분장치들이 전기적 구분을 목적으로 하고 있음에 반해 전기적으로는 접촉하면서 전차선을 기계적으로 구분하여 주는 장치이다.

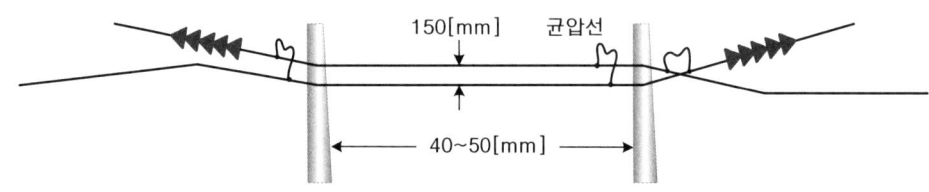

(그림 3-35). 에어조인트

애자섹션 (Section insulator)

애자섹션은 각종 애자를 절연물로 전차선에 삽입해서 구분하고 팬터그래프의 집전장치에는 지장이 없도록 슬라이더를 취부하는 구조로 동 위상의 상하선 구분, 본선과 측선의 구분 등에 사용된다.

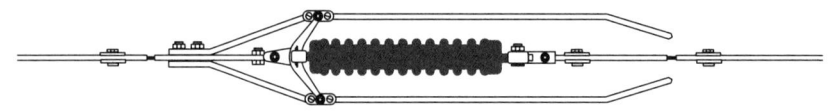

(그림 3-36). 애자섹션

비상용섹션

비상용섹션의 설비구조는 에어섹션과 동일하나 평상시에는 회로적으로 연결된 상태로 사용하며, 화재 또는 장애사고 발생 시에는 전차선을 전기적으로 구분한다. 비상용 섹션은 SP, SSP 사이에 1개소 이상 설치한다.

데드섹션 (Dead section)

전차선로에서 전기방식이 서로 다른 경우 즉 교류와 직류가 만나게 되는 부분 또는 같은 교류 구간이라도 위상(M상과 T상)이 서로 다른 부분에서는 일정한 절연 간격을 두어 두 계통을 구분하게 된다.

이 경우 절연된 구간을 사구간(Dead section) 또는 절연구간(Neutral section)이라 하며, 전기차량이 이 지점을 지날 때는 동력공급 없이 타력으로 운행을 하여야 한다.

3장 철도신호기장치

2 절연구간의 길이 산정

절연구간을 통과할 때에는 전기차량은 동력이 없는 상태로 타행으로 운행하여야 하므로 타행운전(무동력운전)을 원활히 하기 위하여 절연구간은 가급적 평탄지 또는 완만한 하구배 및 직선구간에 설치하게 되는데 부득이 하더라도 곡선반경(R)은 800m 이상, 상구배는 5‰ 이내가 되는 장소를 선정하여야 한다.

한편 차량 구조에 따른 팬터그래프 간 거리 · 팬터그래프의 수 및 차량이 절연구간을 통과할 때 발생하는 아크의 길이 등을 고려하여 절연구간의 길이를 산정한다.

교류/교류 구간(수도권)

섹션을 통과할 때 Notch-off 상태로 통과한다면 아크 발생이 없으나 절연구간의 길이를 선정할 때는 가혹 조건이라 할 수 있는 Notch-on의 상태를 가정한다. 실험에 의한 결과는 25kV 전차선로에서 전기차량 부하 1.0kVA 당 3.0mm의 아크가 발호하는 것으로 알려져 있어 섹션 통과 시의 운전 부하량을 최대 2,600kVA로 하면 아크는,

2,600[kVA] × 3[mm/kVA] = 7,800[mm], 약 8m

또한, 수도권 운행 VVF 전동차량의 팬터그래프 간 거리 13m와 여유길이 1mm를 고려하여 절연구간의 길이는, 8m + 13m + 1m = 22m로 정하고 있다.

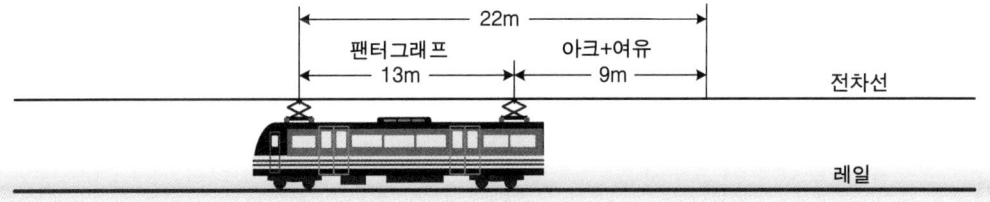

(그림 3-37). 수도권의 교류/교류 구간

교류/교류 구간(산업선)

아크의 발호 길이는 위 수도권의 경우와 동일하게 8m로 보고 있으며, 다만 전기기관차를 2대 연결하였을 경우를 산정하여 전기기관차의 길이 20m와 팬터그래프 간 거리 12m를 고려하여,

8m + 20m + 12m = 40m

로 정하고 있으나 최근 이를 50m로 확장하였다.

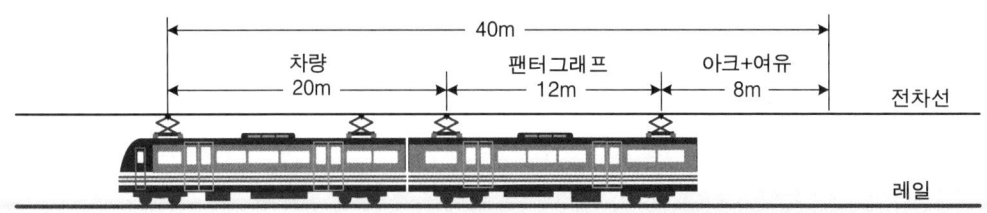

(그림 3-38). 산업선의 교류/교류 구간

교류/직류 구간

위의 두 경우와는 다른 방식으로 절연구간의 길이를 산정한다. 차량은 교류→직류로 통과하는 경우보다는 직류→교류로 통과하는 경우가 계전기 및 MCB의 동작시간 소요가 크므로 직류→교류 통과를 산정한다.

전동차의 최대속도를 80km/h로 가정하면 이는 초속으로 22m/s로써 MCB 동작시간을 2sec로 할 때의 진행 거리는 2sec×22m/s = 44m가 된다. 여기에 여유분 6m를 고려하여 최소 절연구간 길이는 50m로 한다. 한편, VVVF 전동차의 팬터그래프 간 거리 13m까지를 고려하면 실제 절연구간 길이는,

50m + 13m + 3m = 66m로 정하고 있다.

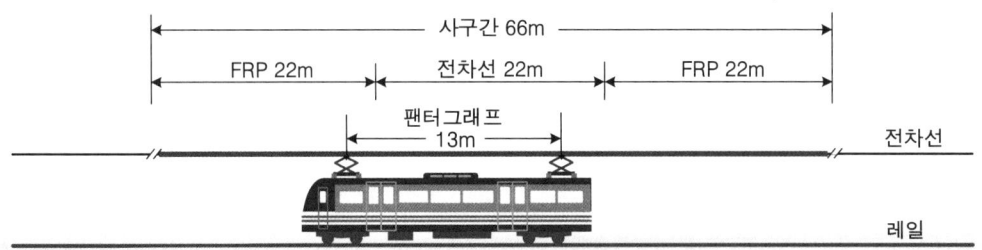

(그림 3-39). 교류/직류 구간

사구간 설정기준

① 열차가 사구간 통과 시 동력이 없는 상태의 타력으로 운행이 가능하여야 한다.
② 가능한 평탄지, 하기울기, 직선 구간에 두는 것이 이상적이다.
- 곡선반경 800m 이상
- 상기울기 5‰ 이하
- 직선구간 500m 이상
- 열차속도 40km/h 이상

3 신호기와 절연구분장치의 설치

전철구간에서 신호기와 구분장치의 위치는 일치시키는 것이 바람직하다. 그러나 건축한계 및 차량접촉한계 등으로 인하여 부득이하게 일치시키지 못하는 경우에는 다음 사항에 의하여 설치한다.

집전장치 : 열차의 외부로부터 전기차 내부로 전력을 인입하는 장치를 '집전장치'라고 한다.
일반적으로 팬터그래프가 널리 사용되고 있다.

(그림 3-40). 팬터그래프

▨ 신호기와 절연구분장치의 설치위치

① **타행표지로부터 신호기의 거리** : 타행표지부터 역행표지까지 타행으로 통과할 수 있도록 속도를 낼 수 있는 거리 이상
② **전차선 절연구분장치와 신호기의 거리** : 선구에 운행되는 열차의 맨 앞에서부터 최후방 팬터그래프까지 거리에 50m를 더한 거리 이상

> 신호기-절연구분장치 거리

❶ 복선구간에서 장내신호기 부근에 설치하는 절연구분장치는 장내신호기와 일치시키거나 그 장내신호기의 내방으로 한다.

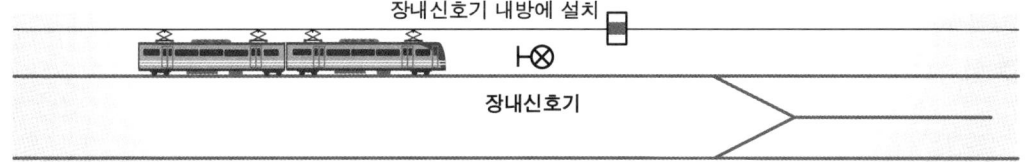

(그림 3-41). 복선구간 장내신호기 부근

❷ 복선구간에 있어서 출발신호기 부근에 설치하는 절연구분장치는 입환에 사용하는 최외방 선로전환기에서 인상 열차길이에 50m 더한 길이 이상의 외방에 설치한다.

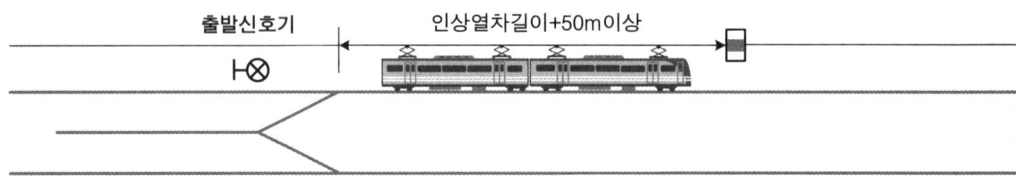

(그림 3-42). 복선구간 출발신호기 부근

❸ 앞 ②의 항에서 그 전방의 폐색신호기까지의 거리가 해당 구간을 운행하는 열차의 집전장치 최대거리 +50m 이하일 때는 전방의 폐색신호기의 내방에 설치한다.

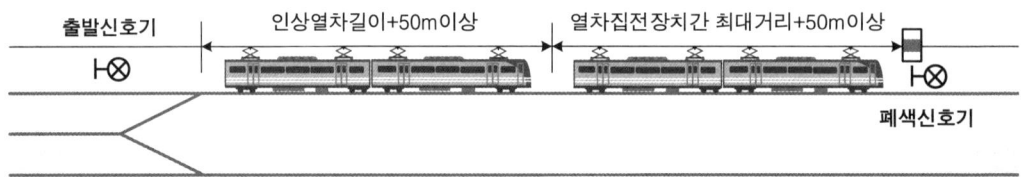

(그림 3-43). 출발, 폐색신호기 부근

❹ 단선구간에 있어서 장내신호기 부근에 설치할 절연구분장치는 장내신호기의 외방에 운전하는 열차의 집전장치 최대거리 +50m 길이 이상 이격한 위치에 설치한다.

(그림 3-44). 단선구간 장내신호기 부근

❺ 역 간의 절연구분장치는 폐색신호기와 일치시킨다.

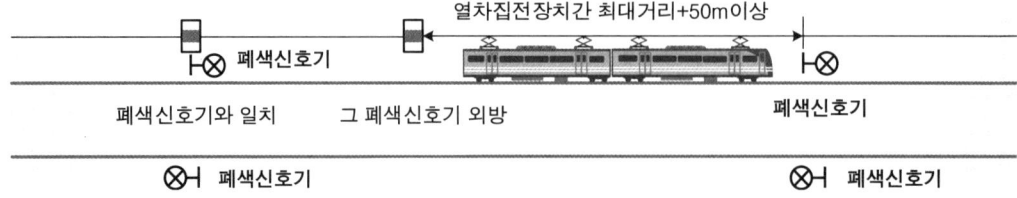

(그림 3-45). 복선구간 폐색신호기 부근

- 다만, 단선구간에서 상·하 폐색신호기의 외방이 중복할 경우에는 반대 방향의 어느 신호기에도 열차의 집전장치 간 최대거리 +50m 이상 이격한 외방에 설치한다.

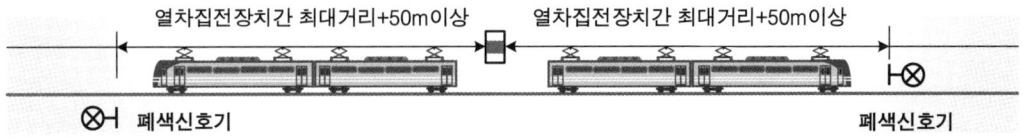

(그림 3-46). 단선구간 폐색신호기 부근

❻ 전차선 절연구분장치 근처의 신호기는 절연구분장치 설치위치를 고려하여 열차운행에 지장이 없도록 하며, 타행표지로부터 신호기의 거리는 타행표지부터 역행표지까지 타행으로 통과할 수 있는 속도의 거리 이상으로 한다.

외방의 신호기에서 정차 후에 진입시 절연구간을 타력으로 운행하여 속도를 낼 수 있는 거리를 확보해야 하며 이때 선로의 구배, 곡선 등을 고려한다.

기본 설명

지상신호방식은 모든 선로 변에서 선로의 위치와 운행조건에 따라서 여러 종류의 신호기가 설치되며, 평상시 신호기를 취급하지 않은 현시 상태를 신호기 정위라 하고 신호기를 취급한 현시상태를 신호기 반위라 하는데 그 현시방식이 각각 다르다.

1 신호기의 정위현시

정위란 평상시의 그 위치나 상태로 동작된 상태를 말하며, 반위란 그 반대로 필요에 의해서 동작된 상태를 말한다. 일반적으로 선로전환기에서 정위와 반위의 표현을 널리 사용하지만, 신호기 정위란 열차가 신호기를 통과하지 않을 때 평상시 신호기 취급 전의 신호기 현시상태를 말하고, 신호기 반위란 신호기를 취급한 현시상태를 말한다.

(표 3-6). 신호기의 정위방식

신호기 정위방식	신호기의 정위현시
정지 정위식 신호기	▪ 열차가 신호기를 통과하지 않을 경우 평상시 정지신호를 현시
진행 정위식 신호기	▪ 열차가 신호기를 통과하지 않을 경우 상시 진행신호를 현시. 단선구간에서는 열차를 운행시킬 때에만 진행신호를 현시
주의 정위식 신호기	▪ 열차가 신호기를 통과하지 않을 경우 평상시 주의신호를 현시
소등 정위식 신호기	▪ 평상시 소등되며, 정거장 도착본선에 열차를 유도시킬 때에 신호현시

3장 철도신호기장치

(표 3-7). 신호기의 정위현시 신호기

신호기 종류	신호기의 정위현시
비자동구간의 장내, 출발, 엄호, 입환신호기	■ 정지신호 현시
유도신호기	■ 소등(무현시)
원방신호기	■ 주의신호 현시
폐색신호기	■ 복선구간 : 진행신호 현시 ■ 단선구간 : 정지신호 현시
복선 자동폐색구간의 장내신호기, 출발신호기	■ 주본선에 소속된 신호기 : 진행신호 현시 ■ 부본선에 소속된 신호기 : 정지신호 현시

2 신호기의 확인거리

열차의 운전실에서 기관사가 전방 신호기의 신호현시 상태를 다음과 같이 일정 거리에서 정확히 확인할 수 있도록 하여 열차의 안전운행을 확보한다.

① **장내신호기, 출발신호기, 폐색신호기, 엄호신호기** : 600m 이상
- 다만, 폐색구간이 600m 이하인 경우는 그 길이 이상으로 한다.
- 출발신호기의 경우 통과신호 취급을 할 수 없거나 장내신호기 진입속도를 제한하는 경우에는 200m 이상으로 한다.
- 중계신호기가 설치된 경우 그 중계신호기로부터 주체의 신호기를 확인할 수 있는 거리 이상으로 한다.
- 지형 기타 특수한 경우로써, 선로가 곡선으로 필요한 확인거리에서 확인할 수 없는 경우에는 보완조치를 한다.
- ✓ 열차가 시발하는 선로에 대하는 출발신호기는 100m 이상으로 한다.
- ✓ 그 밖의 신호기는 200m 이상으로 한다. 다만 유도신호기는 제외한다.

② **원방신호기, 중계신호기, 입환신호기** : 200m 이상
③ **유도신호기** : 100m 이상
④ **진로표시기** : 신호용 200m 이상, 입환신호용 100m 이상
⑤ **수신호등** : 400m 이상

3 신호기의 신호체계

▓ 신호기의 속도신호 현시

적색(R) · 노랑(Y) · 녹색(G) 3색등을 이용한 현시 방법에 따라 3 · 4 · 5현시가 있다.
장내 · 출발 · 폐색 · 원방신호기는 다음의 신호현시를 할 수 있는 신호기로 한다.
상치신호기에 고장이 발생하였을 경우 그 신호기가 현시하는 신호 중에서 열차의 운전에 최대로 제한을 주는 신호를 현시하거나 신호를 현시하지 않는 것으로 한다.

(표 3-8). 신호기의 신호현시

구 분	신호기	신호 현시
자동구간	장내신호기, 출발신호기, 폐색신호기	G, YG, Y, YY, R
비자동구간	장내신호기	G, Y, R(기계식 G, R)
	출발신호기	G, R
	원방신호기	G, Y

(표 3-9). 신호현시별 속도

신호현시별	절대정지 R	절대정지 R_0	정지 R_1	경계 YY	주의 Y	감속 YG	진행 G
3현시(기관차용)	0		없음		45	없음	없음
4현시(전동차용)	R_0, R_1	0	15	없음	45	Free	
5현시(일반열차)	0	없음		25	65	105	Free
5현시(전동차)	0	없음		25	45	Free	

▓ 신호기의 현시 형태

① 장내신호기 · 출발신호기 · 엄호신호기 · 폐색신호기 · 원방신호기는 색등식 신호기로 한다. 다만, 원방신호기의 색등은 황색 또는 녹색으로 한다.
② 유도신호기와 중계신호기는 등렬식으로 한다.
③ 입환신호기는(입환표지 포함) 색등식으로 한다.
④ 입환신호 중계기는 등렬식으로 한다.
⑤ 열차 진행방향이 같은 두 선로에서 폐색신호기 소속선의 확인을 용이하도록 하기 위하여 진행신호를 녹색과 청색으로 구분하여 사용할 수 있다.

3장 철도신호기장치

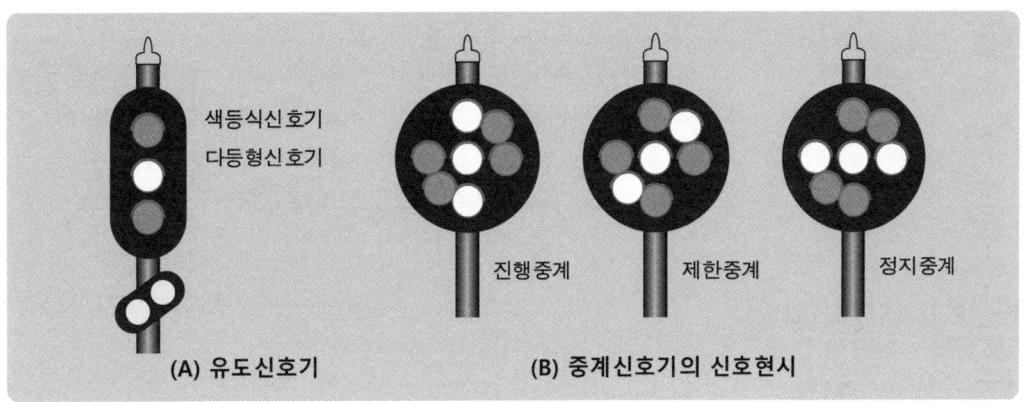

(그림 3-47). 등렬식 신호기

신호기의 현시색상

① 신호기 등색은 등황색, 적색, 녹색을 원칙으로 한다.
② 열차 진행방향이 같은 두 선로에서 선로별 신호현시 시인성 확보를 위하여 신호기의 진행 신호등은 주요 선로는 녹색 기타 선로는 청색으로 구분하여 사용할 수 있다.
③ 역방향용 신호기의 진행 신호등은 청색으로 구분하여 사용한다.

(표 3-10). 신호기구의 종류 별 용도

품 명	신호등기구	신호기 용도	LRD형
색등식 신호기	다등형 현시(3,4,5현시)	장내, 출발, 원방, 폐색, 엄호신호기	고휘도 LED
	다등형 현시(2현시)	입환신호기(입환표지)	
	단등형 현시(2현시)	입환신호기(입환표지)	
중계 신호기	3현시	중계신호기	
	터널용	중계신호기	

4 신호기의 내방과 외방

신호기는 폐색구간에서 내방으로 진입 가부를 기관사에게 알리는 역할을 한다.
기관사가 정지신호를 지키지 않으면 지상신호방식에서는 지상자 통과시 열차를 비상정지 시키며, 차상신호방식에서는 차상에 정지신호를 전송하여 속도를 제어하기 때문에 신호기는 분기부에서 진입 가부만을 현시하는 보조설비가 된다.

What "내방"과 "외방"이 무슨 말인가?

안쪽과 바깥쪽을 의미하며, 진행 방향으로 보아 어떤 목표물을 기준으로 그 설비를 통과한 구간과 통과하지 않은 구간을 말한다, 예로써 선로전환기, 신호기 등을 향하여 대상물을 통과한 안쪽 지점을 내방, 통과하기 전인 바깥쪽 지점을 외방이라 한다.

신호기 내방과 외방

신호기 외방

신호기의 안쪽(내방)과 바깥쪽(외방)의 혼동되는 것이 일반적인데, 대상물의 방향을 기준점으로 정하여 칭하고 있다. 열차가 진행하고자 하는 진로 방향의 관계 신호기를 향하여 신호기를 통과하기 전의 구역을 '신호기 외방'이라고 한다. 즉 신호기 현시를 확인할 수 있는 구역을 말한다.

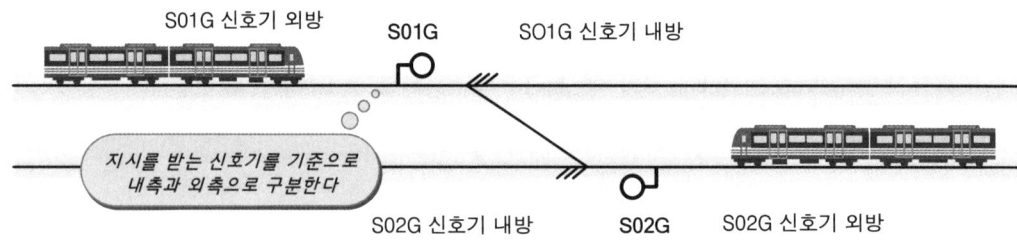

(그림 3-48). 신호기 내방과 외방

신호기 내방

열차가 진행하고자 하는 진로 방향의 관계 신호기에 대해서 통과한 구역을 '신호기 내방'이라고 한다. 즉 신호기 현시를 확인할 수 없는 신호기 뒤쪽 구역을 말한다.
신호기 내방에 열차가 진입하면 정지신호를 현시하여 후속 열차의 진입을 방지한다.

(그림 3-49). 신호기 외방

(그림 3-50). 신호기 내방

5 LED 신호기

색등식 신호기는 등의 색상과 배치 및 수량에 따라 단등형과 다등형 신호기가 있다. 단등형은 1개 등기구로 반사경, 색유리, 제어계전기, 렌즈 등이 1개의 신호기구를 구성한다.

다등형은 등황색, 적색, 녹색의 2~4개 등을 수직으로 설치하여 2현시에서 5현시까지 사용하고 있으며 투시가 단등형에 비해 월등히 우수하다.

다등형 색등식 신호기는 초고휘도 발광다이오드(LED)형 신호등을 사용하여 수명이 반영구적으로 유지보수 절감 효과가 있으며, 신호등 현시 능력이 매우 향상됨으로써 열차의 운행속도 증가에 따라 1km 이상의 신호현시 확인 거리를 확보할 수 있다.

(그림 3-51). LED 신호등

LED의 발광원리

LED(발광다이오드)는 음의 성격을 띤 N형 반도체와 양의 성격을 띤 P형 반도체가 얇은 층 형태로 붙어 있는 구조이다. 여기에 전압을 걸어주면 N층의 전자가 P층으로 이동해 정공과 결합하면서 에너지, 즉 빛을 발한다.

이때 N층과 P층의 에너지 차이가 클 경우 단파장, 즉 파란색 계통의 빛이 나오고 에너지 차이가 작을 경우 붉은색 계통의 빛이 나온다.

(그림3-52). LED 신호등 유니트

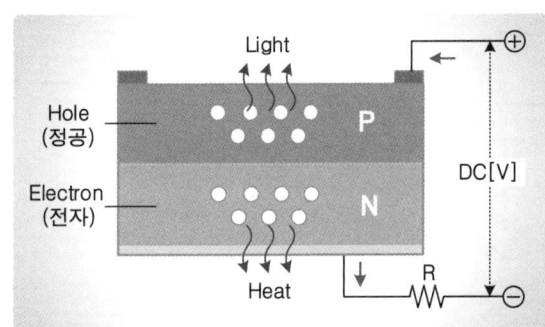 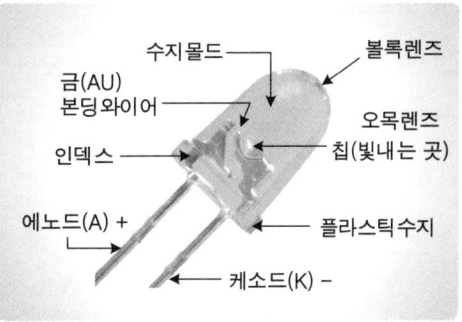

(그림 3-53). LED의 원리(좌), LED의 구조(우)

WIDE 철도 신호기술

[Message Text]

04 궤도회로장치

Railway Signal System

- 궤도회로의 구성
- 궤도회로의 방식
- 궤도회로 현장설비
- 차축검지기(Axle Counter)
- 궤도회로 현장특성
- 임펄스 궤도회로장치
- PF궤도회로장치
- AF궤도회로장치
- AF궤도회로 경계설비

기본 설명

궤도회로장치는 고정폐색방식을 대표하는 설비이다. 궤도회로장치에 의하여 폐색구간을 구성하고 각각의 폐색구간마다 운행하는 열차의 점유를 검지하며, ATC 제어구간에서는 궤도를 통해 차상에 ATC 신호정보를 전송하는 역할을 추가한다.

1 머리 기술

1872년 미국의 윌리암 로빈슨이 처음 발명한 궤도회로는 직류 궤도회로이며 각국의 철도에서 실용화 되었다. 일본에서는 1904년에 처음 채용되었으며 우리나라는 서울역에 전기연동장치로 개량되던 1922년부터 교류궤도회로가 처음 사용되었다. 그 이후 교류 전철화를 검토하게 되어 이제까지의 상용 주파수에 의한 교류궤도회로는 사용할 수 없게 되어 직류단궤조식 궤도회로, 교류코드 궤도회로 등의 현지 시험을 하게 되었다.

고속열차의 신호제어설비로서 차내신호와 ATC가 필요하게 되어 당시 개발되었던 교류코드 궤도회로나 A형 차내경보기술을 기반으로 연구되었다. ATC는 신호의 심장부로 전자회로를 도입한 점에서 획기적이며 이후 ATC는 각국에서 순차 도입되어 왔다.

(그림 4-1). **통표폐색장치**

2 궤도회로의 역할

궤도회로의 기초원리

열차가 없을 때

궤도회로장치의 송신부에서 평상시 현장의 궤도의 양 레일에 전압을 전송하고 열차가 없을 때 양 레일에 전송된 궤도전압을 수신부에서 다시 수전되는 전원에 의해서 궤도계전기를 여자시킨다. 궤도계전기의 여자로 인하여 열차가 없음을 검지한다.

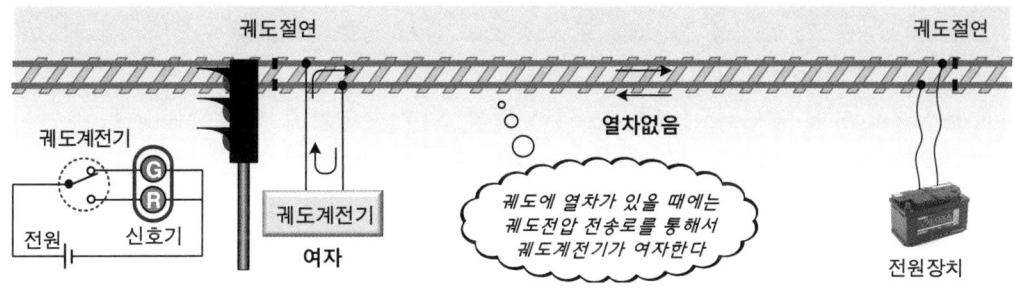

(그림 4-2). 궤도에 열차가 없을 때

열차가 있을 때

평상시 송신부에서 현장의 양 레일에 전압이 전송되며 열차가 궤도회로 내에 진입하여 양 레일을 단락하면 수신부에서 평상시 수전하던 궤도전압이 단전됨으로써 궤도계전기가 소자된다. 궤도계전기의 소자로 인하여 열차가 있음을 검지한다.

(그림 4-3). 궤도에 열차가 있을 때

267

> **How** ☎ "열차검지" 정보는 어디에 활용되는 걸까?
>
> 열차가 선로상에 운행할 때 궤도회로장치, 차축검지기, 테그, 오도미터 등을 이용하여 열차위치를 검지하여 선행열차와의 안전거리, 분기부의 위험진로 쇄정, 열차접근 정보, 열차인식(열차번호) 등에 활용되며, 신호제어에서 가장 근본이 되는 자료이다.

▌ 궤도회로의 역할

궤도회로는 고정폐색방식에서 폐색구간을 설정하여 열차검지와 속도제어정보를 전송하는 역할을 한다. 궤도회로는 궤도를 여러 구간으로 분할하여 신호기계실의 송신부에서 레일로 전압을 전송하고, 레일을 전송매체로 이용하여 다시 신호기계실의 수신부에서 전압을 수전하여 궤도계전기를 여자시킨다.

이때 현장에서 인접 궤도회로와의 궤도영역 간섭, 외부의 영향에 의한 오동작 등을 방지하기 위해서 궤도전압에 특정한 궤도주파수가 적용된다.

현장으로부터 다시 되돌린 궤도전압으로 궤도계전기가 여자하면 열차가 미점유한 것으로 판단하고, 열차에 의해 궤도가 단락되어 궤도계전기가 소자하면 열차가 점유한 것으로 판단한다.

궤도회로장치는 열차검지가 주요 목적이지만, ATC 제어구간에서는 속도신호정보를 궤도회로를 통해 열차에 전송하는 기능을 추가한다.

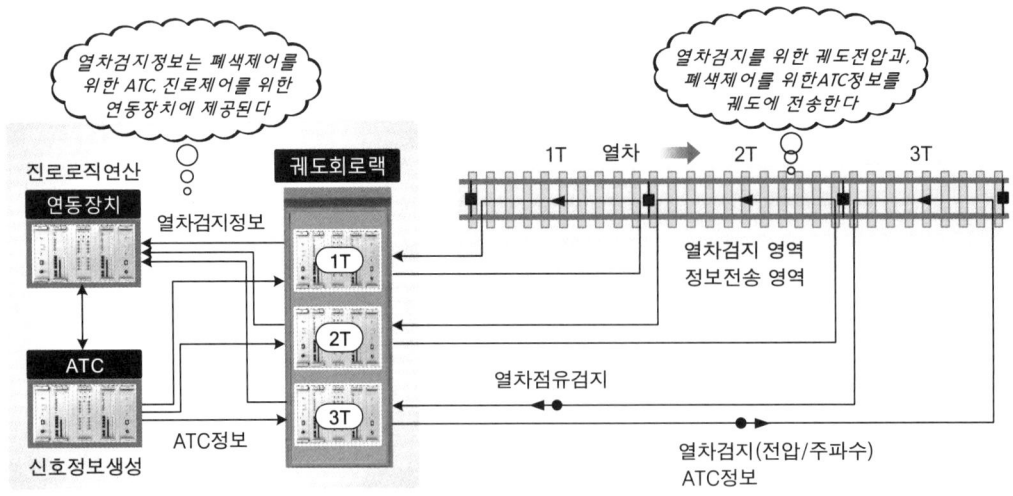

(그림 4-4). 궤도회로의 역할과 인터페이스

4장 궤도회로장치

궤도회로장치의 역할

① 궤도회로는 열차를 검지하는 것을 목적으로 신호조건의 기초가 된다.
- 열차 간의 운행간격제어 및 허용속도 선정에 기초자료가 된다.
- 진로의 안전측 동작을 위한 연동장치의 진로로직에 기초자료가 된다.

② 열차의 속도제어를 위한 ATC 신호정보를 차상으로 전송한다.
- ATC속도코드방식 : 지상→차상장치에 지시속도주파수를 전송한다.
- 차상연산방식 : 지상→차상ATC에 연속 데이터를 전송한다.

③ 전기적 회로의 구성으로 레일의 균열·절단 등 선로의 고장을 검지한다.

열차검지의 목적

궤도회로장치는 열차검지를 목적으로 한다. 궤도를 폐색구간으로 분할하고 폐색구간을 운행하는 열차를 검지한다. 열차를 검지한 폐색정보는 다음의 제어에 활용된다.
- 폐색제어 : 열차의 운행간격과 목표속도를 제어한다.
- 진로제어 : 선로전환기의 쇄정, 신호기의 진행가부 현시, 자동진로제어를 한다.

(그림 4-5). 궤도회로 열차검지 목적

3 궤도회로의 분할

궤도회로의 분할은 신호기, 열차정지표지, 차량접촉한계 등을 고려하여야 하며, 정지신호에 의한 열차정지위치와 구분장치의 위치를 고려하여 궤도회로를 분할하여야 한다.

정거장 구간

① 장내, 출발, 입환신호기(입환표지 포함) 등의 위치에서 분할한다.
② 도착선에 대해서는 차량접촉한계 위치에서 분할한다. 단, 장내신호기에서 출발신호기까지의 사이에 선로전환기가 없는 경우에는 분할하지 않는다.
③ 도착선의 유효거리 이내에 선로전환기가 있는 경우는 그 선로전환기를 포함하는 궤도회로를 설치할 수 있다.
④ 차량을 유치하는 선로 및 차량이 대기하는 선로에 대해서는 필요에 따라 구간을 분할하여 열차운전 및 입환작업에 지장이 없도록 한다.
⑤ 선로전환기를 포함하는 구간의 분할은 다음에 의하고 최소의 궤도회로 수로 하여 구내작업에 지장이 없도록 설치한다.
 • 동시 운전 작업이 될 수 있도록 분할한다.
 • 열차운전 및 입환작업의 빈도에 따라 진로구분쇄정을 하고 그 구분마다 분할한다.
⑥ 구내본선 및 입환선군 또는 인상선군과 연결되는 측선은 궤도회로를 구성한다.
⑦ 건널목 경보장치의 제어 및 궤도회로의 제어 길이 등 부득이한 경우에는 궤도회로를 분할할 수 있다.
⑧ 쌍동 이상의 선로전환기 및 시샤스 등의 경우는 아래 그림과 같이 분할한다.

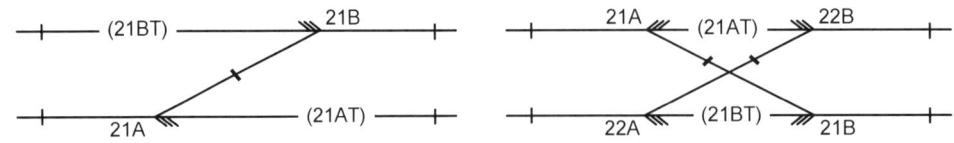

(그림 4-6). 궤도회로의 명칭 부여

역간 자동폐색 구간

① 열차운전곡선에 따른 최소운전시격을 확보하여 구분한다.
② 최고속도 열차의 감속, 제동거리 기준을 적용하여 구분한다.
③ 궤도회로의 성능에 따른 최대 제어거리를 확보하여 구분한다.

4 궤도회로의 동작방식 구성

개전로식 궤도회로 (Open Track Circuit)

개전로식 궤도회로는 평상시 전기회로의 차단으로 궤도계전기가 무여자 되어 열차가 미점유 상태임을 알리고, 궤도회로 구간에 열차가 진입하면 차축에 의해 양측 레일의 단락으로 회로가 구성되어 궤도계전기가 여자 되면 열차가 점유했음을 검지한다.

개전로식은 평상시 회로가 구성되지 않으므로 전력소모가 적지만, 회로 고장시 열차가 점유하여도 검지동작을 하지 않으므로 안전도가 떨어진다.

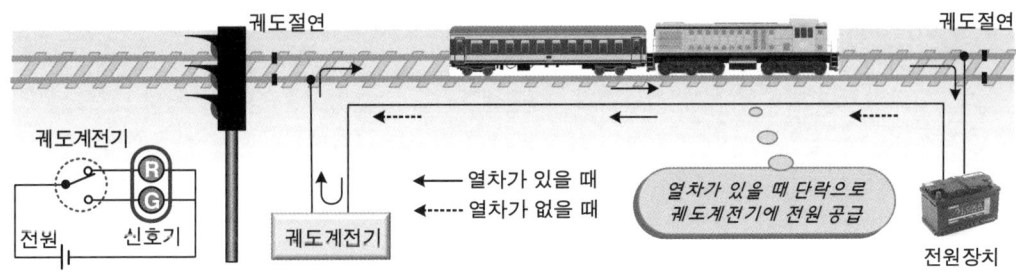

(그림 4-7). 개전로식 궤도회로 원리

폐전로식 궤도회로 (Closed Track Circuit)

폐전로식 궤도회로는 평상시 궤도계전기에 전류가 흘러 궤도계전기는 여자 상태를 유지하고 있으며, 열차가 궤도회로 내에 진입하면 열차의 차축에 의하여 양측 레일의 단락으로 궤도계전기가 무여자되어 열차가 점유했음을 검지하는 회로이다.

폐전로식은 상시 궤도전류가 흐르므로 전력소모가 많지만, 회로 고장 시에도 열차점유와 동작과 같이 안전도가 우수하므로 널리 사용되고 있다.

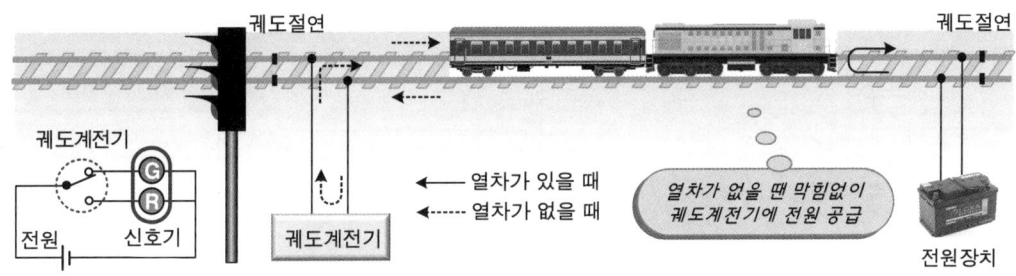

(그림 4-8). 폐전로식 궤도회로 원리

기본 설명

궤도회로장치의 방식은 AC전철구간과 DC전철구간을 구분하여 선정해야 하며, 지상신호방식과 차상신호방식을 구분하여 선정해야 한다. AC전철구간에서는 상용주파수와 동일한 궤도신호를 사용할 수 없으며, 차상신호에서는 AF궤도회로를 사용해야 한다.

1 궤도회로방식 개념

궤도회로는 신호간섭에 따라 AC전철구간용과 DC전철구간용으로 구분되고, 열차검지와 신호전송 기능에 따라 지상신호방식용과 차상신호방식용으로 회로특성을 구분함으로써 다음과 같이 다양한 궤도회로장치가 사용된다.

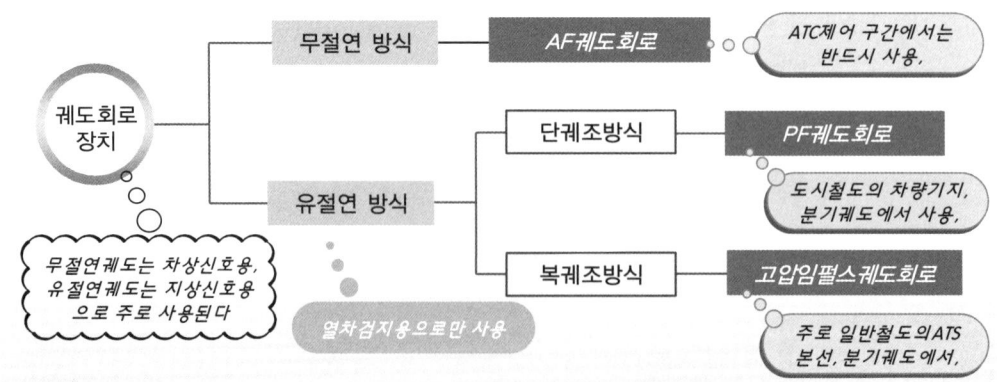

(그림 4-9). 궤도회로의 분류와 적용구간

4장 궤도회로장치

궤도회로방식의 선정

궤도회로장치는 부정한 전원에 의한 오동작 방지를 위해 AC전철구간과 DC전철구간을 고려해야 한다. 즉 AC전철구간(상용주파수)은 상용주파수를 이용한 궤도전압을 사용할 수 없으며, DC전철구간은 주파수가 없으므로 어떠한 궤도신호를 사용해도 무관하다.

예를 들어, 상용주파수가 흐르는 AC전철구간에는 PF궤도회로(상용주파수 궤도회로)를 사용할 경우 궤도회로장치의 수신부에 어떠한 상용주파수가 외부로부터 흘러들어 온 부정전압에 의해서 궤도에 '열차 없음'으로 오동작할 수 있다.

이러한 이유로 AC전철구간에서는 PF궤도회로를 사용할 수 없으며, 이를 대신하여 임펄스 전압을 궤도에 흘려서 사용하는 임펄스 궤도회로장치를 주로 사용한다. AF궤도회로의 궤도주파수는 상용주파수와 구별되므로 AC전철구간에서도 사용이 가능하다.

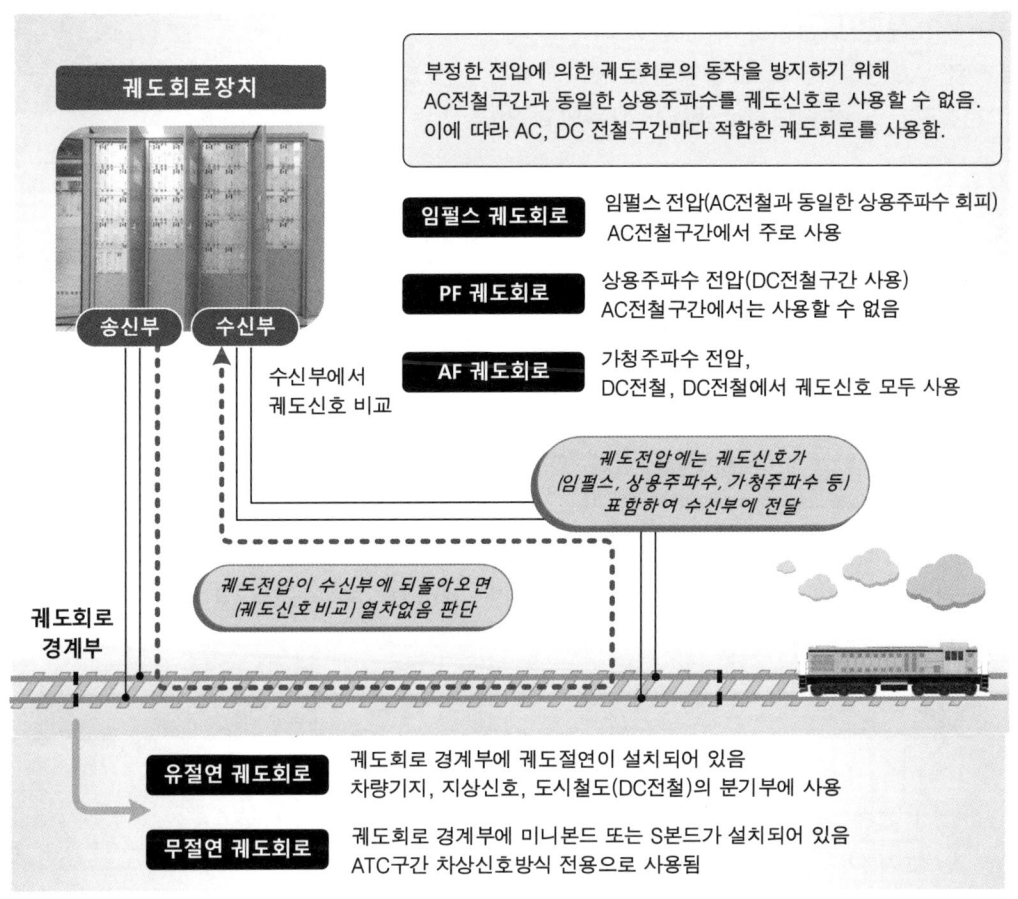

(그림 4-10). 궤도회로방식의 선정 개념

DC전철구간에서는 주파수가 없기 때문에 선택이 자유로우며 본선에서는 AF궤도회로장치, 분기부나 차량기지에서는 PF궤도회로장치를 사용하고 있다.

2 궤조절연에 의한 구성방식

▓ 유절연식 궤도회로

유절연식은 궤도회로의 경계지점을 구분하기 위해 궤조절연물을 설치하여 신호전류는 차단하고 경계점에서 귀선전류는 임피던스본드를 이용하여 레일의 전기적 연속성을 확보한다.
국내 철도에는 비전철화 구간의 바이어스 궤도회로장치, AC전철구간의 고압임펄스 궤도회로장치, DC전철구간의 PF궤도회로장치가 사용되고 있다.

(그림 4-11). 궤도회로 궤조절연

❏ 유절연식 궤도회로의 특징

① 레일 복진현상(레일밀림) 및 기온변화로 신축현상 시 궤조절연 장애 우려가 있다.
② 궤조절연 설치로 장대레일 설치가 불가능하므로 승차감이 떨어진다.

단궤조식 궤도회로

단궤조식 궤도회로는 양측 레일 중에 한쪽 레일만 절연하는 방식으로써, 절연측 레일에는 신호전류를 흘리고 비절연측 레일에는 전차전류를 흘려서 신호전류는 차단하고 전차전류는 연속적으로 회로를 구성한다. 단궤조식 궤도회로는 DC전철구간(도시철도)에서 분기구간의 PF궤도회로에 주로 사용되며, 제어거리가 비교적 짧다.

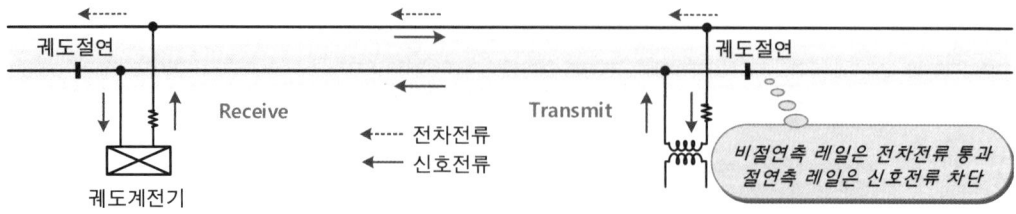

(그림 4-12). 단궤조식 궤도회로의 구성

4장 궤도회로장치

❏ 단궤조식 궤도회로의 특징

① 궤조절연 수가 적으며 임피던스본드를 사용하지 않으므로 현장설비가 간단하다.
② 궤조절연이 불량이거나 비절연측 레일 절손시 안전성이 떨어질 우려가 있다.
③ 비절연측 레일에 전차전류가 흐르기 때문에 불평형 전류의 영향을 받기 쉽다.

복궤조식 궤도회로

복궤조식 궤도회로는 선로의 경계점에 양쪽의 궤도를 모두 절연하는 방식이다. 신호전류와 전차전류를 양 레일에 동등하게 흐르게 하고 경계점에 설치된 임피던스본드를 통하여 전차전류만 통과시키고 신호전류는 궤조절연에 의해 차단된다.
복궤조식 궤도회로는 AC전철구간에서 고압임펄스 궤도회로에 널리 사용된다.

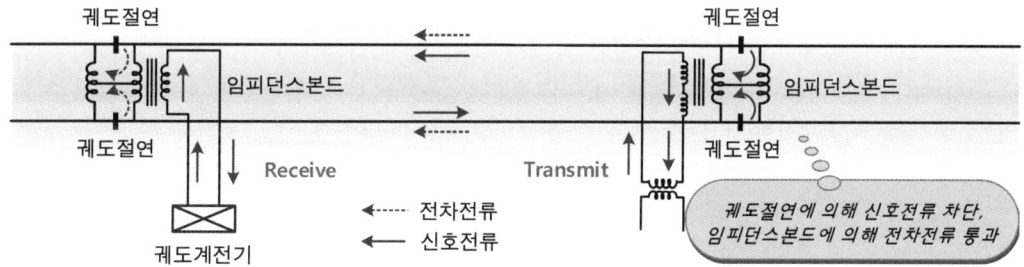

(그림 4-13). 복궤조식 궤도회로의 구성

❏ 복궤조식 궤도회로의 특징

① 2조의 궤조절연과 임피던스본드를 설치함으로써 현장설비가 복잡하다.
② 각 궤도회로마다 송신용 임피던스본드와 수신용 임피던스본드가 필요하다.
③ 단궤조식보다 안전하며, 전철구간과 비전철 구간에 널리 사용된다.

무절연식 궤도회로

무절연 궤도회로는 AF궤도회로를 의미하는 것으로써, 인접 궤도회로와 구분하기 위하여 서로 다른 영역의 궤도주파수를 할당하고, 궤도회로의 경계부의 레일에 궤조절연 없이 미니본드(AF본드)를 설치한다. 궤도회로의 경계점에서 귀선전류는 연속되는 레일에 의하여 통과하고, 신호전류는

(그림4-14). 무절연식 미니본드

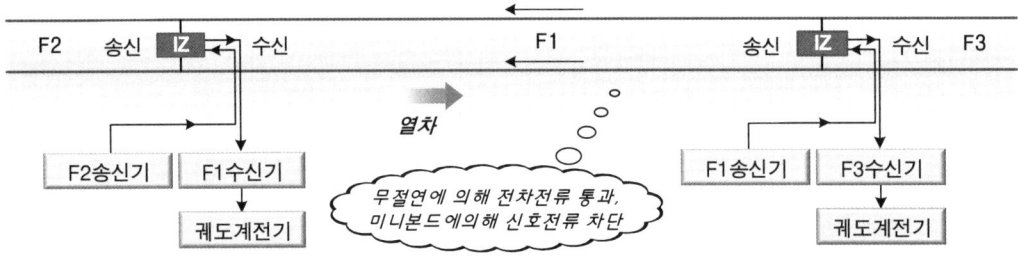

(그림 4-15). 무절연 궤도회로의 구성

미니본드(AF본드)에서 각 궤도회로의 주파수 특성을 이용하여 차단한다. 1개의 미니본드에 2개의 동조유니트(공진회로)를 사용하여 특정 주파수에서 레일 임피던스와 공진하여 임피던스가 최소 또는 최대가 되도록 한다.

(표 4-1). 유절연과 무절연 궤도회로의 특성

장치구분	궤도회로의 특성	대표장치
유절연 궤도회로	[궤도회로의 특징] ① 궤조절연에 의해 차상에 연속적으로 전송할 수 없음 ② 지상신호방식의 궤도회로에 사용 ③ 차상신호방식의 분기부에서 열차 검지용에 사용	고압임펄스 궤도회로장치 PF 궤도회로장치
	[장점] ① 궤도회로 경계가 명확하게 구분된다. ② 가격이 저렴하고 국산품으로서 사후관리가 용이하다. [단점] ① 중량품인 임피던스본드와 궤조절연이 궤도회로마다 설치된다. ② 장대레일 사용이 불가능하므로 승차감이 저하된다.	
무절연 궤도회로	[궤도회로의 특징] ① 지상신호를 차상에 연속적으로 전송할 수 있음 ② 차상신호방식의 궤도회로에 사용 ③ 지상신호방식에는 열차 검지용으로만 사용	AF 궤도회로장치
	[장점] ① 장대레일 사용이 가능하므로 승차감이 좋다. ② 전철구간에서 귀선전류 복귀회로가 용이하다. [단점] ① 궤도회로 경계지점에 Overlap 구간이 발생된다. ② 독과점 품목으로 가격이 비싸다.	

3 궤도주파수에 의한 궤도회로방식

궤도회로장치는 전철구간의 상용주파수와 서로 다른 궤도주파수 신호를 사용하여야 하므로 AC전철구간과 DC전철구간에 따라 다른 궤도회로장치를 사용하고 있다.

(표 4-2). 대표적인 궤도회로장치의 특징

구 분	임펄스궤도회로	AF궤도회로	PF궤도회로
이미지			

전철 적용구간	▪ AC 전철구간
	▪ DC 전철구간 불리
	  (PF궤도보다 복잡)
		▪ AC 전철구간
		▪ DC 전철구간
			▪ DC 전철구간
			▪ AC 전철구간 불가
			  (상용주파수 때문)

철도 적용구간	▪ 일반철도
	  (지상신호방식)
		▪ 일반철도, 고속철도
		▪ 도시철도
		  (차상신호 ATC)
			▪ 도시철도
			  (차량기지, 본선 분기)

선로 적용구간	▪ 본선 궤도회로 ▪ 분기 궤도회로	▪ 본선 궤도회로	▪ 분기 궤도회로 (차량기지, 역구내)
주요기능	▪ 열차검지	▪ 열차검지 ATC속도정보 전송	▪ 열차검지
궤도경계점	▪ 유절연(복궤조) ▪ 장대레일 사용불가	▪ 무절연 ▪ 장대레일 사용가능	▪ 유절연(단궤조) ▪ 장대레일 사용불가

임피던스본드	▪ 1개 궤도회로 당
	  임피던스본드×2
		▪ 1개 궤도회로 당
		  AF본드(미니본드)×1
			▪ 임피던스본드
			  사용안함

검지파	▪ 펄스파(3Hz)	▪ AF(가청주파수)	▪ 위상(60Hz)
신호방식	▪ 지상신호방식	▪ 차상신호방식	▪ 차상신호방식(분기)
궤도길이	▪ 장거리 유리	▪ 단거리 유리	▪ 중거리 유리
안전도	▪ 안전도 유리	▪ 안전도 유리	▪ 약간 불리(단궤조)
시스템 구성	▪ 현장설비 복잡 ▪ 전기식 궤도회로	▪ 기계실 집중화 ▪ 전자식 궤도회로	▪ 현장설비 간단 ▪ 전기식 궤도회로

궤도회로의 전차전류와 신호전류 구성

레일은 단순히 차량의 운행을 유도하는 기능 외에 전차선로와 궤도회로의 전도체로 함께 사용하므로 이를 고려하여 궤도회로장치의 검지회로에 지장이 없도록 구성하여야 한다.

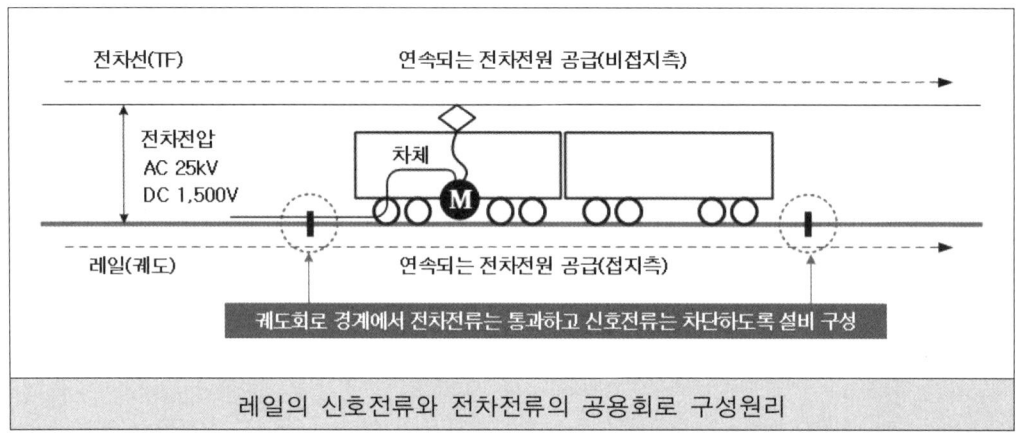

레일의 신호전류와 전차전류의 공용회로 구성원리

열차는 동력전원을 연속적으로 수전하며 운행하기 위해 전차선(비접지측)과 레일(접지측)로부터 전차전압을 수전하는데, 궤도회로 구성시 궤조절연이 레일에 흐르는 전차전류를 차단하게 된다. 이에 따라 궤도회로 경계지점에서 무절연, 단궤조, 복궤조로 등으로 구성하여 전차전류는 통과하고 신호전류는 차단하도록 궤도회로방식을 달리하고 있다.

주요 궤도회로장치의 현장설비 경계구성

구 분	AF궤도회로장치(무절연 궤도회로)-1
경계구성	전차전류 → S본드 ← 궤도회로 AF(가청주파수) → S본드 ← 전차전류 송신 수신 / 송신 수신
전차전류	• 궤조절연 없이 레일의 연속성에 의해 열차에 공급
신호전류	• S본드의 공진회로에 의한 신호전류 차단으로 궤도경계 구성
적용설비	• Distance to go 방식(차상거리연산방식)
적용노선	• 본선 궤도회로 구간 도시철도(열차검지+데이터 전송)

4장 궤도회로장치

구 분	AF궤도회로장치(무절연 궤도회로)-2
경계구성	전차전류 → AF본드(미니본드) — 궤도회로 AF(가청주파수) — AF본드(미니본드) 전차전류 → / 송신/수신
전차전류	▪ 궤조절연 없이 레일의 연속성에 의해 열차에 전차전류 공급
신호전류	▪ AF본드(미니본드)의 공진회로에 의한 신호전류 차단으로 궤도경계 구성
적용설비	▪ Speed Code방식(ATC속도코드방식)
적용노선	▪ 본선 궤도회로 구간, 도시철도 및 고속철도(열차검지+속도코드 전송), 일반철도(열차검지용)

구 분	PF궤도회로장치(단궤조 궤도회로)
경계구성	전차전류 → 궤도절연	신호전류	궤도회로 PF(상용주파수)	궤도절연	전차전류 → / 송신	수신	송신	수신
전차전류	▪ 레일1 : 궤조절연 없이 레일의 연속성에 의해 열차에 공급
신호전류	▪ 레일2 : 궤조절연에 의한 신호전류 차단으로 궤도경계 구성
적용설비	▪ DC 전철구간의 열차검지용
적용노선	▪ 분기 궤도회로 구간 도시철도 차량기지 및 정거장 구내

구 분	고압임펄스궤도회로장치(복궤조 궤도회로)
경계구성	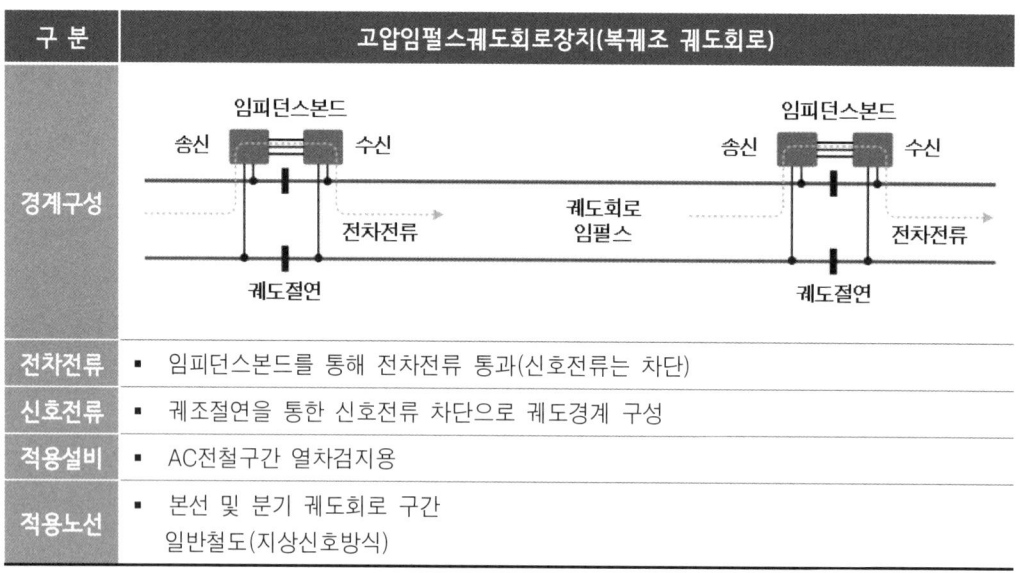
전차전류	- 임피던스본드를 통해 전차전류 통과(신호전류는 차단)
신호전류	- 궤조절연을 통한 신호전류 차단으로 궤도경계 구성
적용설비	- AC전철구간 열차검지용
적용노선	- 본선 및 분기 궤도회로 구간 일반철도(지상신호방식)

Why ☎ 왜, 노선마다 서로 다른 궤도회로장치를 사용하는 걸까?

유절연방식은 분기부에서 열차검지만을 목적으로 하며, 전차선 주파수로부터 오동작을 피하기 위해 AC전철구간은 임펄스, DC전철은 상용주파수(PF) 궤도회로를 사용한다, 무절연 AF궤도회로는 가청주파수를 사용하므로 AC, DC 구간에서 가능하다.

4장 궤도회로장치

궤도회로 현장설비

기본 설명

궤도회로장치의 기계실 설비는 신호처리 역할을 하며 현장설비는 궤도회로의 경계부에서 물리적 또는 전기적으로 구분하여 신호전류를 차단하는 역할을 한다. 또한, 궤도회로에서 레일의 연결부에는 본드선이 접속되어 신호전류의 흐름을 향상시킨다.

1 궤조절연 (Rail insulation)

궤도회로는 레일을 전도체로 이용하여 전기회로를 구성하는 것으로써, 유절연 궤도회로에서 인접 궤도회로와 전기적으로 구분하기 위하여 레일을 절단하고 절단된 레일 사이에 물리적으로 궤조절연을 삽입하여 레일의 연속성을 구성한다.
또한, 무절연 궤도회로에서도 분기선로 구간에서는 서로 다른 극성의 양 레일이 단락되지 안도록 회로를 구성하고 인접 궤도회로와의 경계를 구성하기 위하여 다수의 궤조절연이 집중 설치된다.
궤조절연은 레일이음 개소에 삽입하는 것이므로, 열차의 진동에 충분한 기계적 강도를 가져야 하며 선로의 상태, 기후 변동 등에 변형되지 않고 수명이 길어야 한다.
근래에는 이러한 결점과 강도를 보완하기 위하여 접착식 궤조절연이 사용되고 있다.

(그림 4-16). 궤조절연 구성

> ☎ 왜, 유절연 궤도회로장치의 절연을 "궤조절연"이라 할까?
>
> 궤도는 레일, 침목, 도상으로 구성되는 것을 총칭하는 말이다. 궤조는 이 중에서 철로 구성된 레일을 이르는 말로써, 궤조(軌바퀴궤 條가지조)의 한자 뜻은 모호하지만 분기궤도를 이르는 말에 가까움, 우리말 용어 순화에서는 "궤도절연" 이라 한다.

궤조절연의 설치

신호기와 궤조절연

신호기와 궤조절연의 설치위치는 일치시키는 것이 원칙이나 부득이하게 일치시키기 어려운 경우에는 다음과 같이 할 수 있다.

① 신호기 내방으로부터 정거장 내에서는 6m 이내, 정거장 외에서는 12m 이내로 한다.
② 신호기 외방은 2m 이내에 궤조절연을 설치한다.

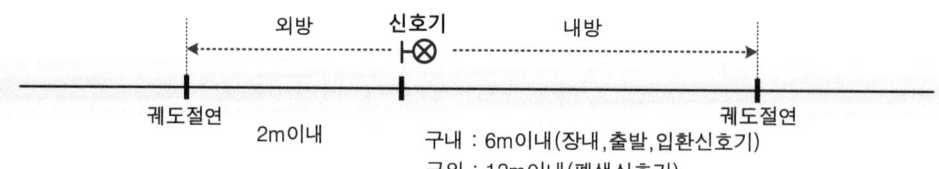

(그림 4-17). 신호기와 궤조절연의 설치

③ AF궤도회로의 경우에는 튜닝유니트 설치위치에서 5m 지점에 설치한다.

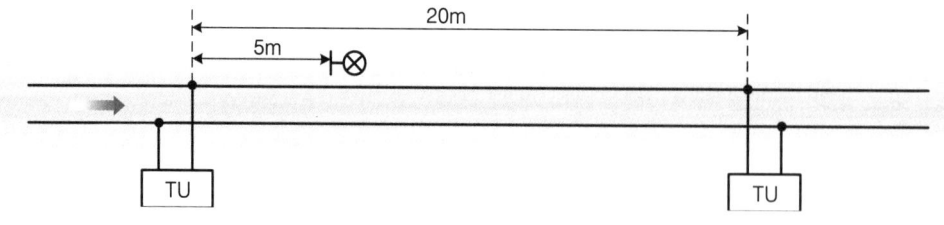

(그림 4-18). AF궤도회로의 신호기와 TU 거리

차량접촉한계표와 궤조절연

차량접촉한계표지는 분기구간의 합류지점으로부터 일정거리를 확보하는 지점에 설치하는 것으로써 양 선로에서 열차의 접촉한계점을 표시한 것이다.

❖ 차량접촉한계표와 궤조절연의 위치는 일치시키는 것을 원칙으로 하나 부득이하게 일치시키기 어려운 경우 다음과 같이 할 수 있다.

① 차량접촉한계표지는 내방으로부터 유효장에 지장이 없는 범위에서 설치한다.

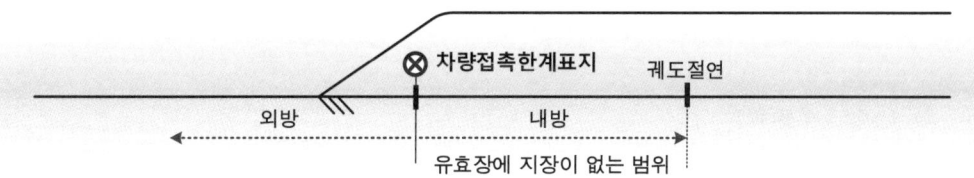

(그림 4-19). 차량접촉한계와 궤조절연의 설치

신축이음매부와 궤조절연

'신축이음매'란 레일의 이음매 부분을 비스듬히 사선으로 겹쳐놓은 것을 말한다. 그 이유는 레일의 이음매 부분이 추운 겨울에 간격이 벌어져서 열차 차륜이 지나갈 때 발생되는 물리적 충격과 소음을 완화시키고 차체 바퀴의 손상도 예방하기 위한 것이다.

(그림4-20). 신축이음매   (그림4-21). 신축점퍼선

① 장대레일 구간에서 신축이음매부 부근의 궤조절연은 기본레일 측에 삽입한다.
② 신축이음매에서 접촉하는 두 레일 간에는 2중의 신축 점퍼선을 접속한다.

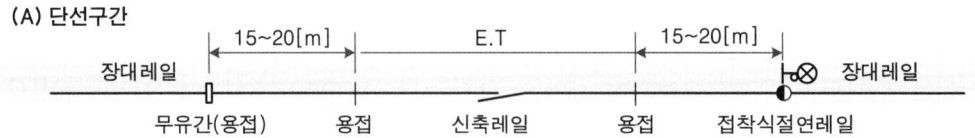

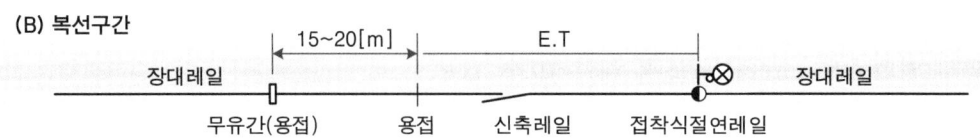

(그림 4-22). 신축이음매의 궤조절연 설치

분기부의 궤조절연

고정폐색방식에서 분기부 구간의 궤도회로장치는 지상신호방식과 차상신호방식 구분 없이 모두 유절연 궤도회로로 구성한다. 분기구간의 궤조절연은 평상시 교차 선로 간 단락이 되지 않도록 구성하고 열차가 통과시 통과 진로만 단락 되도록 구성하여 열차를 검지한다.

분기부의 복잡한 구성과 다수의 절연으로 인하여 차상신호방식의 경우 궤도를 통한 연속적인 정보가 불가능하므로 별도의 루프코일을 분기 진로에 설치하여 신호정보를 전송하도록 한다.

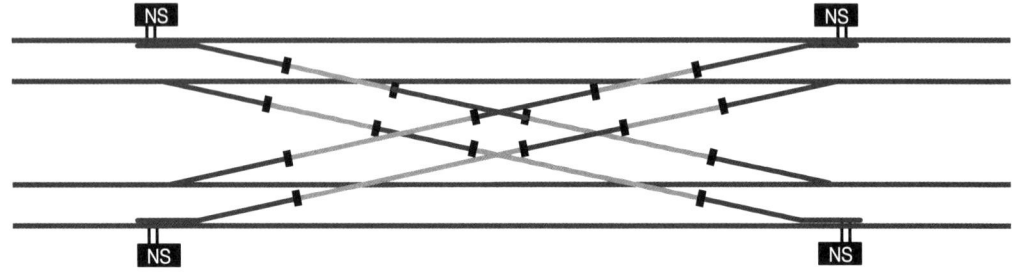

(그림 4-23). 시셔스 분기기의 궤조절연(절연 16조의 경우)

4장 궤도회로장치

2 임피던스본드 (Impedancebond)

전철구간에서는 전차선의 귀선전류와 신호전류가 동일 궤도에 공통으로 사용한 전기회로로 구성되어 있다. 궤도에 있어서 신호전류는 1개의 궤도회로에만 흘려야 하고 귀선전류는 임피던스 중성점을 통하여 변전소까지 연속적으로 전기회로가 구성되어야 한다.

따라서 임피던스본드는 복궤조식 궤도회로의 경계점에 설치하는 것으로써, 궤도회로 경계에서 신호전류는 차단시키고 귀선전류는 통과시키는 역할을 한다. 궤도회로를 구성하여 열차를 진행하기 위해서는 레일에 신호전류가 흘러야 되는데, 귀선전류에 비해서 상대적으로 약한 전류가 흐르게 되므로 유도장애와 전류 불평형 등으로 신호설비에 지장을 받을 우려가 있다.

(그림4-24). 임펄스궤도 임피던스본드

▓ 임피던스본드의 원리

임펄스궤도회로용 임피던스본드는 내철형의 성층철심에 귀선전류용 1차코일과 신호전류(궤도회로)용 2차코일의 권선비가 1:1인 트랜스이다. 1차코일은 L1과 L2의 두 개의 코일로 구성되며 중성선은 서로 연결되고 한쪽 단은 레일에 연결된다.

귀선전류는 양 레일에 연결된 L1, L2 코일과 중성선을 통하여 서로 반대방향으로 흘러서 자속은 완전히 상쇄되어 철심은 자화하지 않으므로 귀선전류의 균형을 잡는다. 신호전류는 임피던스본드의 L1, L2를 관통하여 흘러서 자속만은 철심에 투자되어 2차코일에 유기됨으로써 트랜스포머(1:1)의 기능을 하는 구조이다.

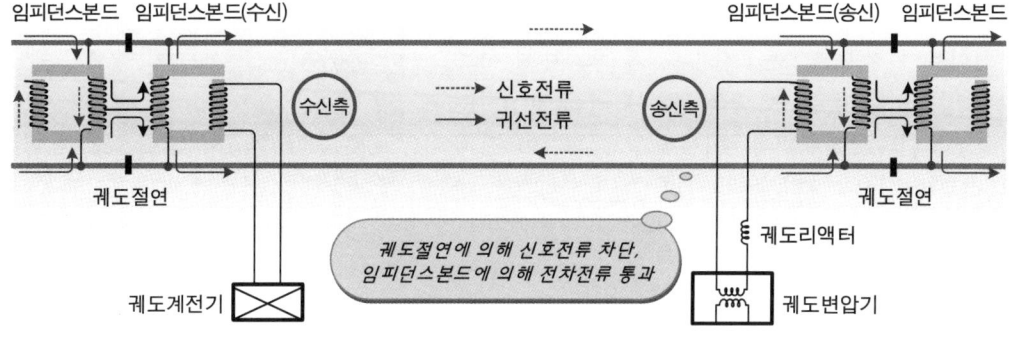

(그림 4-25). 임피던스본드 구조와 원리

임피던스본드의 자기포화현상

궤도회로 불평형은 임피던스본드에 흐르는 전차전류에 의해 발생된다. 전철구간에서 레일을 귀선으로 사용하므로 점퍼선의 접속불량이나 탈락 등으로 양쪽 레일에 흐르는 귀선전류의 양이 균형을 이루지 못할 때 궤도회로의 전류 불평형이 발생된다.

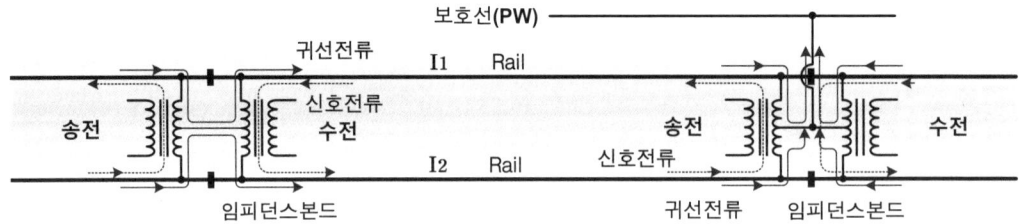

(그림 4-26). 궤도회로의 레일전류 흐름도

복궤조식 궤도회로에서는 2본의 레일이 전기적으로 평형이 되어야 하며, 좌우 전류가 평형일 때는 신호전류는 좌우 양 레일이 반대 방향으로 같은 크기로 흐르고 전차선 전류는 좌우 동일한 방향으로 같은 크기로 흐른다.

자기포화 발생

임피던스본드의 양쪽 레일에 흐르는 전류가 불평형인 경우 L1, L2에 흐르는 철심에는 귀선전류에 의한 자속이 남게 된다. 여기에 신호전류에 의한 자속이 추가되어 철심에는 자속밀도가 지나치게 커져 자기포화가 발생한다.

자기포화가 발생하면 자화로 여자 임피던스가 저하하게 되면서 신호전류에 대한 트랜스포머의 기능을 상실하여 궤도회로 장애가 발생된다.

귀선전류가 임피던스본드의 L1, L2 코일에서 서로 반대 방향으로 흐르므로 귀선전류에 의해 발생하는 자속을 서로 상쇄되지만, 귀선전류가 레일의 접지 또는 저항의 차이 등으로 인하여 L1, L2 전류의 평형을 유지할 수 없는 요인이 많다.

(그림4-27). 임피던스본드 내부

3 궤도 본드선

궤도회로장치는 선로를 운행하는 열차를 검지하거나 열차에 정보전송을 하기 위하여 레일을 전도체로 사용한다. 레일은 장대레일로만 구성되는 것이 아니라 레일의 이음매부에서는 전기적으로 저항이 발생하여 전류를 잘 흘려보내지 못하거나 양 측 레일 간 전차전류의 불평형이 발생하여 궤도회로에 장애를 일으키게 된다. 이를 방지하기 위하여 레일 간에 케이블을 접속하는 것이 본드선(점퍼선 포함)이다.

즉, 본드란 레일 이음매의 양 레일 또는 동극의 양 레일에 전차전류 또는 신호전류를 잘 흐르게 하게 위하여(전기저항 경감) 레일에 별도로 접속하는 전선을 말한다.

(그림 4-28). 레일본드   (그림 4-29). 첨단본드

본드선의 구성 및 역할

❖ 본드선은 레일의 접합부에 설치되며 대부분 분기부의 궤도에 집중되어 설치된다.
본드선은 레일을 전기회로로 이용하여 전차전류 또는 신호전류의 흐름을 좋게 한다.

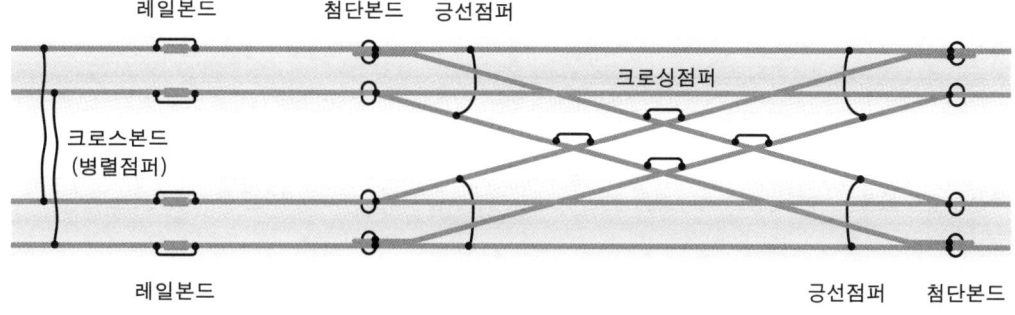

(그림 4-30). 본드의 종류와 구성

❶ **레일본드** : 두 레일을 연결하는 레일 이음매부에서 전기(전차전류, 신호전류)의 흐름을 좋게 하기 위해서 이음매 개소의 양 레일에 동선을 접속한 것.

(그림 4-31). 크로싱점퍼

(그림 4-32). 레일천공 본드접속

❷ 긍선본드 : 분기부의 궤도회로에서 떨어진 동일 극성의 레일 간 신호전류를 흘려주고자 할 때 전기적으로 케이블을 접속한 것.

❸ 첨단본드 : 분기부의 첨단부에서 기본레일과 첨단레일의 기계적인 이음 부분에 전기의 흐름을 좋게 하기 위하여 케이블을 접속한 것.

❹ 크로스본드 : 열차운행에 의하여 레일전류가 흐를 때 평행한 레일을 통하여 전차전류를 평형 시키기 위해 이들 레일 간 케이블을 접속한 것.

❺ 크로싱점퍼 : 분기부 궤도에서 크로싱 부분의 레일 이음매부에 전기적인 흐름이 좋게 하기 위하여 케이블을 접속한 것.

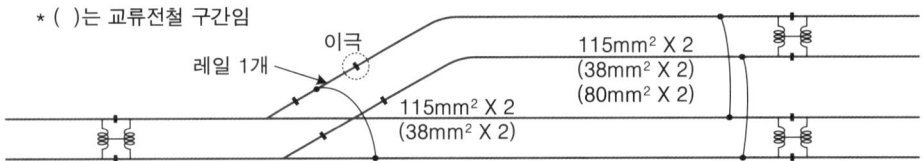

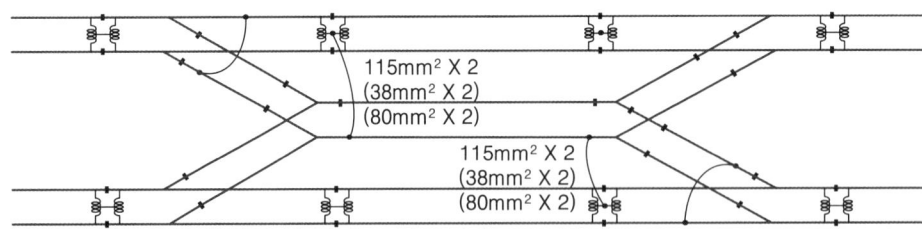

(그림 4-33). 크로스본드의 설치방법

❖ 송·착 점퍼선의 규격은 상세도면의 명시에 따라 송착·중성점퍼, 긍선점퍼, 긍선점퍼, 임피던스본드용은 MLFC80mm²×1C를 사용하며, 첨단·크로싱점퍼선은 F-CVV 25mm²×1C 사용하여 2본씩 견고히 취부한다.

점퍼선 회로구성

점퍼선은 궤도회로의 어느 한 쪽으로부터 떨어진 같은 극성의 궤도 상호간을 접속시켜 동일한 극성의 궤도회로를 구성하고 균등한 전류가 흐르도록 하는 역할을 한다.

역 구내의 분기궤도에서는 인접한 궤도회로와 점퍼선에 의하여 궤도회로를 구성하는 방법에 따라 직렬법, 병렬법, 직병렬법으로 구분된다. 직렬법은 사구간이 없으므로 병렬법과 직병렬법에 비하여 안전도가 높다.

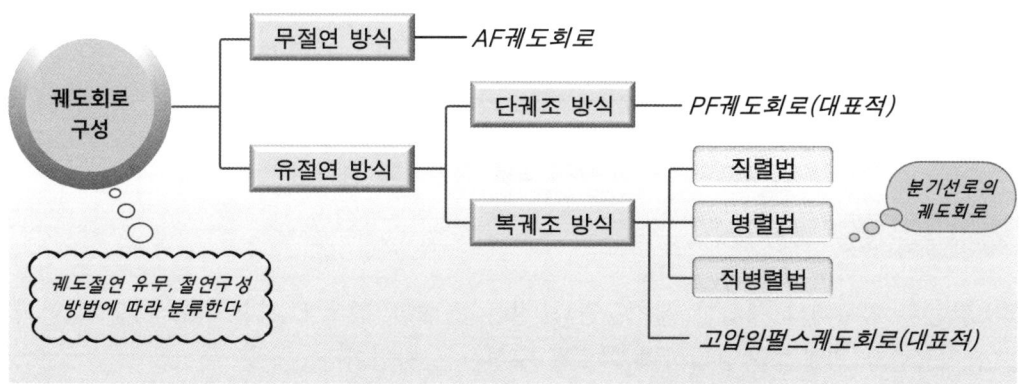

(그림 4-34). 궤조절연에 의한 궤도회로 방법

직렬법

직렬법은 분기부에서 나란히 분기된 양 레일을 일렬로 각각 본드를 연결하여 궤도전원이 흐르도록 구성한 것이다.

직렬법은 직렬로 연결할 수 없는 분기기의 크로싱 부분과 중간 구간을 제외하고 레일 절손 검지가 용이하여 안전도가 가장 높으나 궤도회로가 긴 단점이 있다.

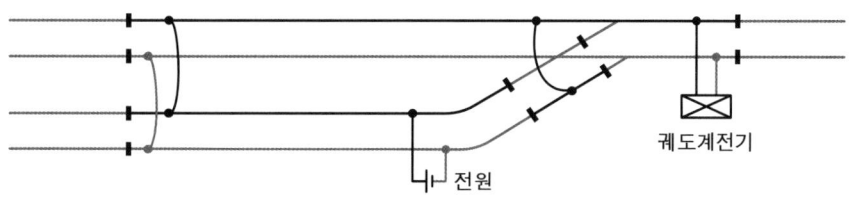

(그림 4-35). 궤도회로 직렬법의 점퍼선

병렬법

병렬법은 병렬분기의 궤도회로 구간은 점퍼선을 이용하여 주 궤도회로에 병렬로 연결된다. 병렬법은 궤도회로의 레일 길이가 짧은 장점은 있으나 병렬구간에서 절손된 레일을 검지하지 못하는 경우가 발생할 수 있어 직렬법에 비하여 안전도가 낮다.

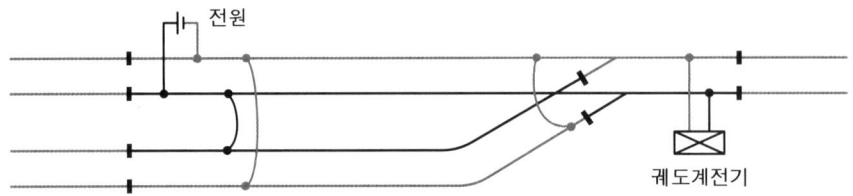

(그림 4-36). 궤도회로 병렬법의 점퍼선

직병렬법

직병렬법은 역구내의 복잡한 분기구간과 같은 특별한 경우에 사용되며, 다음 그림과 같이 직렬법과 병렬법을 혼합하여 회로를 구성하는 방법이다.

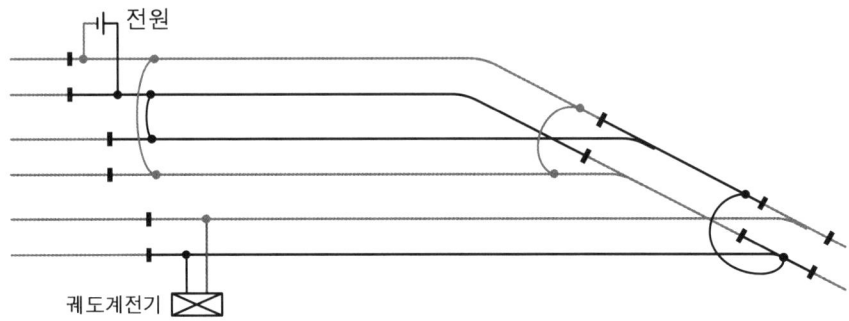

(그림 4-37). 궤도회로 직병렬법의 점퍼선

기본 설명

일반적으로 양 레일을 전기회로로 구성하여 궤도가 단락되면 열차를 검지하는 궤도회로장치를 사용하지만, 특정 구간에서는 레일의 측면에 설치된 차축센서에 의해 차륜의 진출입을 판단하여 열차를 검지하는 방법으로 차축검지기를 사용하기도 한다.

1 차축검지기 개요

차축검지기(Axle Counter : 차축계수기)는 해안가나 선로의 사용 빈도가 낮아 녹이 자주 발생하는 곳에 사용하거나 이동폐색방식에서 분기부 등 특정 구간 등에 차축검지기를 사용하기도 한다. 또한, 자동열차검지장치나 재래선의 건널목장치에서 열차검지 및 열차속도 검출에 사용하기도 한다. 해외에서는 궤도회로장치 대체 기술로 간선 및 지방철도 외에도 차축검지기의 설치가 증가하고 있는 추세이다.

차축검지기는 철도선로 위를 운행하는 열차의 유무를 일정 구간에서 확인하는 방법의 하나로써 레일의 내측에 설치한다.

열차의 통과 시 열차 차륜의 플렌지에 의해 동작하게 되며, 차륜의 통과 수를 계수하여 열차의 유무를 검지하고 CPU와 결합하여 열차의 통과 속도를 지상에서 검지할 수 있다.

(그림 4-38). 차축검지기

차축검지기 장점

① 레일에 절연이음매를 설치하지 않아도 되므로 레일의 연속성을 유지할 수 있다.
② 절연대책 없이도 기기의 방수처리가 용이하므로 절연 불량 우려가 없다.
③ 레일에 상시 전류를 흘리지 않으므로 전식이나 유도에 의한 영향이 없다.

차축검지기 단점

① 정전 시에 메모리는 차축의 수를 기억하지 못하며 인력에 의해 리셋해야 한다.
② 분기 구간에서는 진행 방향마다 차축검지기를 설치하므로 기기 구성이 복잡하다.
③ 차량의 증결, 해결 등의 입환작업으로 차축 수가 바뀌면 오동작 우려가 있다.

2 차축검지기 원리

▮ 차축검지기의 기초 원리

차축검지기는 센서 위를 통과하는 차륜에 의해서 자계의 변화를 검지하여 열차의 진·출입을 검지한다.

차축검지기는 궤도의 입구점 센서에 열차의 차축이 통과하면 열차가 존재하였음을 인지하고 그 통과하는 차축의 수를 세어 일시 기억하며, 차축이 출구점 센서를 통과할 때 통과하는 차축의 수를 비교하여 일치하면 해당 구간에 차량이 없음을 판단한다.

입구점과 출구점의 차축의 수가 동일하지 않으면 비정상으로 판단하여 안전측 동작을 한다.

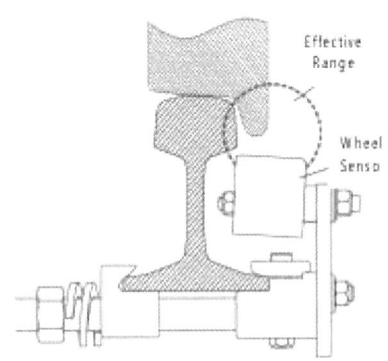
(그림4-39). 휠센서의 자계발생

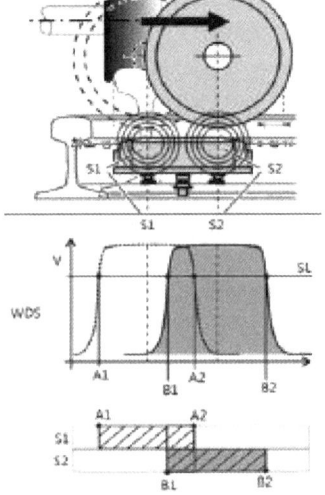
(그림4-40). 휠센서의 신호펄스

차축검지기는 자계신호를 이용하여 열차의 차륜을 검지하는 시스템으로 자속의 변화를 전기적으로 바꾸어 레일 상의 차륜 수를 계수한다. 궤도의 일정 구간에 설치되어 있는 차륜을 검지하는 휠센서를 통해 검지된 차륜이 들어오고 나간 수를 계산하여 그 구간에 열차의 존재 여부를 결정한다.

센서 S1과 S2를 지나는 차륜의 시간 차에 따라 발생되는 신호펄스도 시간 차가 생기게 된다. 차륜계수장치에서 발생된 펄스의 시간 차이를 판단하여 진행 방향을 판단하고 차륜의 계수를 한다.

차축검지기의 자계 원리

차축검지기는 독일에서 개발한 제품으로서 지뢰탐지기에서 유래된 고주파 LC발진회로이다. 고주파 자계중심에 금속물체가 접근하면 전자유도 현상에 의하여 와전류가 흐르며 와전류 I와 고유저항 R에 의하여 I^2R의 에너지 손실이 발생한다.

이에 따라 검출부 발진코드의 임피던스 변화로 발진상태를 유지할 수 없게 되어 발진 정지 또는 발진 진폭의 감소가 발생한다.

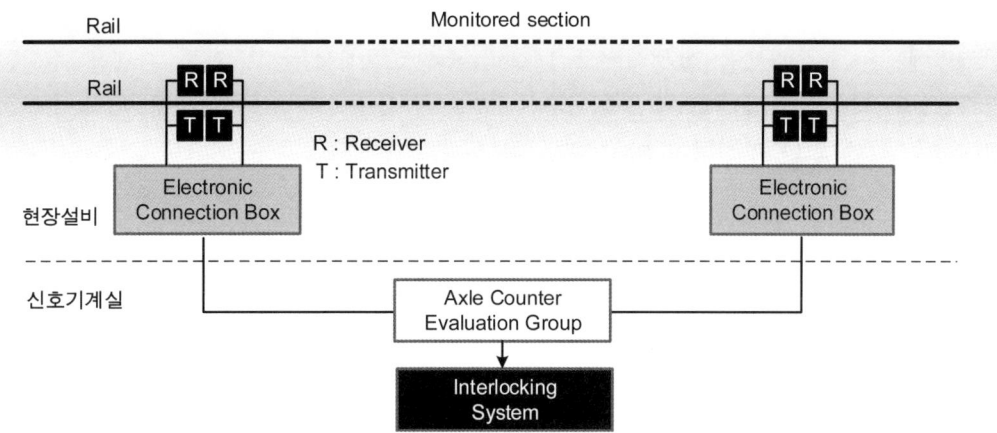

(그림 4-41). 차축검지기의 구성도(AC용)

이 발진에너지의 변화량을 검출하여 출력신호를 발생하는 원리를 응용한 것이다. 자기임피던스 발생기와 이를 검지하는 요소로 구성된다. 자기임피던스 발생기 구조는 주자석과 이와 반대되는 자속을 발생하는 부자석으로 구성된다.

평상시 주자석에 의해 유극계전기는 일정 방향으로 동작하고 있다가 열차가 주자석 위를 통과 시 차륜의 플랜지로 인한 주자석의 분로가 만들어지고, 분로로 인하여 주자석의 자속이 약해지면 상대적으로 부자석의 자속이 강해지므로 유극계전기는 극성이 되고 자기임피던스가 발생하게 된다.

3 차축검지기 검지방식

차축검지기는 레일 부근에 차축검지를 위한 송·수신 한 쌍의 코일을 부착하여 이 검지코일에 차륜이 접근하면 자속분포가 변화하는 원리를 응용하여 차축을 검출한다.
초기에는 레일의 양면을 두고 송수신기를 분리한 구조였지만 최근에는 송·수신 기능이 하나로 합쳐진 형태로 사용하고 있으며, 단선일 경우 열차의 운행 방향을 검지의 필요성에 의해 휠센서가 2개 또는 3개의 형태도 구성되어 있다.

차축검지기의 분류

위상검지 방식

레일을 끼고 외궤 측에 송신코일, 내궤 측에 수신코일이 배치되어 레일 외궤 측의 송신코일에서는 교류자계를 발생시키고 내측의 수신코일에서는 그 교류 자계를 수신한다. 코일은 차륜의 없을 때 $\phi_1 > \phi_2$가 되는 위치에 설정하면 차륜이 없을 때의 수신전압(V_0)은 ϕ_1에 의한 기전력이 발생한다.

차륜이 있을 때는 차륜에 의해 ϕ_1의 자로가 차단되어 ϕ_2의 자로가 플랜지부에서 구성되므로 $\phi_2 > \phi_1$이 되고 수신코일에서는 차륜이 없을 때와 역위상의 기전력이 발생한다. 이 수신신호를 송신신호 위상과 비교하여 검지 결과를 출력한다. 이 때문에 위상검지 방향을 바꿈으로써 검지가 가능하다.

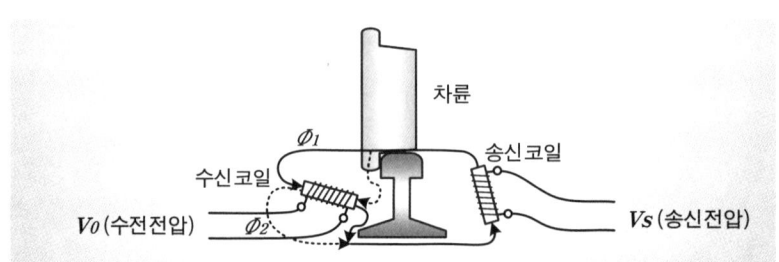

(그림 4-42). 위상검지방식 차축검지기

노멀클로즈 방식

아래 그림과 같이 항상 레일 외측에 배치된 송신코일에서 교류자기를 발생시켜 레일 내측에 설치한 수신코일로 수신한다. 차륜 검출시 그림과 같이 뒤이어 차륜이 자계의 강도 H_0 지점에 진입하면 차륜에는 H_0에 비례한 유도전류가 흐르고 그 전류에 의해 자계(H_r)가 H_0를 상쇄하는 방향으로 발생한다.

따라서 차륜을 통과하는 자계의 강도는 (H_0-H_r)이 되고 수신 레벨은 감소한다. 이 수신 레벨의 변화를 검출하여 통과 차륜을 검출하고 있다. 평상시에는 잡음 등에 의해 자계 H_0를 상쇄하는 자계가 발생하고 있는 경우는 차륜 통과 시와 동일하게 수신 전압이 저하하여 '차륜이 있음'이라고 판단한다.

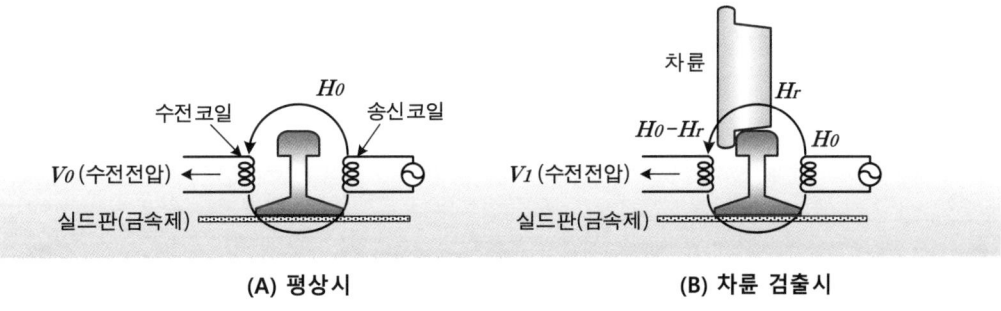

(A) 평상시 (B) 차륜 검출시

(그림 4-43). 노멀크로즈 방식의 동작원리

차축검지기의 차륜 검지

차축검지기의 구성은 레일에 장착되는 차축검지 헤더(센서부)와 차축검지 헤더로부터 입력되는 신호를 Axel counter로 장거리 전송하기 위하여 광통신 또는 모뎀 통신 기능을 갖춘 차축검지장치로 구성된다.

검지 헤더는 레일의 내측에 설치되어 열차 차륜의 플렌지를 검지하는 방식이 일반적이며, 자기 임펄스 발생기 구조로서 주자석과 부자석으로 구성된다.

임펄스 발생에 의해 열차의 유무를 판단하고 차축을 계산하는 방식이기 때문에 다양한 외부 환경 등으로 검지에 대한 신뢰도가 저하되기도 하며, 기능에 이상 시 안전성을 위해 현장에서 Reset(초기화) 해야 하는 문제가 있다.

❏ 다음은 차축검지기의 입구점과 출구점에서 차륜을 검출하는 계수 과정을 설명한다.

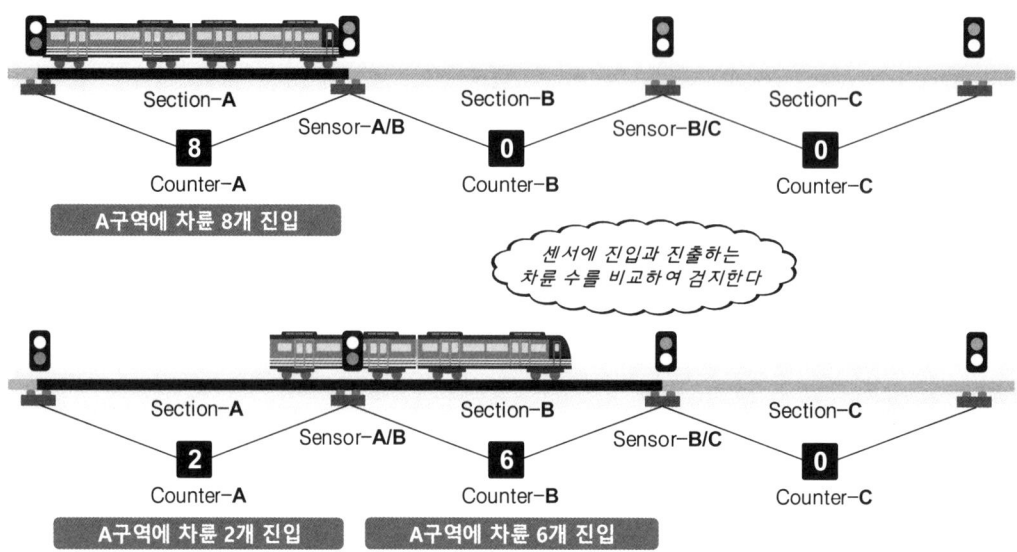

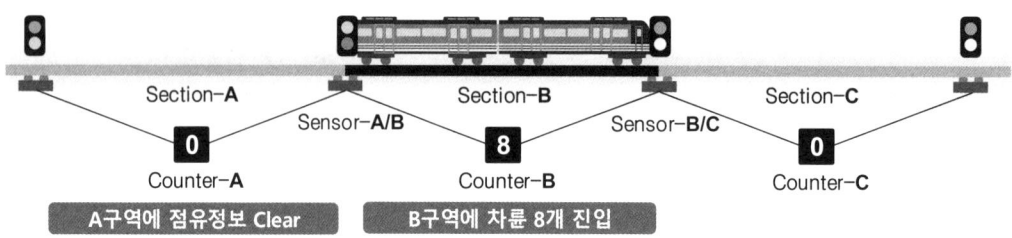

(그림 4-44). 차축검지기의 차륜 카운터

4 차축검지기 적용사례

특수궤도의 열차검지

궤도회로를 구성할 수 없는 사구간이나 특수한 궤도 구간에서 궤도회로의 대용으로 사용되며, 차륜검지기 센서를 이용하여 Check-in과 Check-out 검출을 함으로써 정해진 궤도구역 내에 열차의 진입과 진출상태를 검지한다. 해외에서는 차축검지기를 이용하여 궤도 내의 열차를 검지하는 사례가 점차 증가하고 있는 추세이다.

분기궤도의 열차검지

궤도회로를 사용하지 않는 이동폐색식에서 열차가 아래 그림과 같이 진행방향으로 1번 차축검지기를 통해서 진입하면 EAK를 통해서 열차 차축의 정보를 수신한 ACE는 열차의 진입여부를 인식하고, 2번 차축검지기를 통과하여 진출하면 ACE는 진입한 열차의 차축을 인식하고 있는 수와 진출하는 차축의 수를 계산한다.

진입한 차축의 수와 진출한 차축의 수가 동일하면 이상 없음을 판단하여 미점유 상태를 현시하고, 동일하지 않으면 열차가 블록 내에 점유 또는 이상 있음을 판단한다.

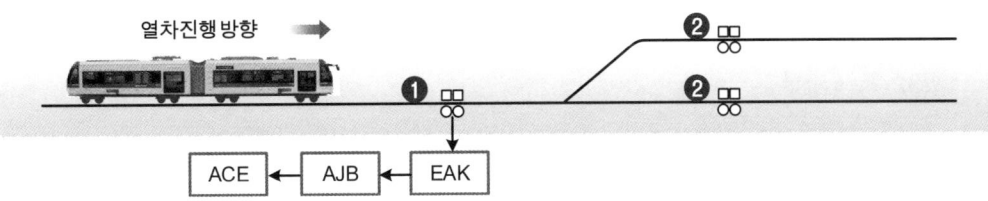

(그림 4-45). 분기선로에서 열차검지 사례

건널목 정시간제어

건널목 보안장치 경보시점에 2개의 차륜검지기(센서)를 일정한 간격으로 설치하여 열차의 통과속도를 검지한다. 열차의 차륜이 2개의 차륜검지기 센서를 통과할 때 발생되는 펄스 간의 시간을 측정하여 열차의 속도를 연산한다.

차륜검지기에서 검지한 통과속도를 근거로 고속열차와 저속열차를 구분하고 건널목 도착까지의 소요 시간을 감안하여 경보개시 시점을 조정한다.

차축온도검지장치

선로의 양측에 설치된 적외선 센서로 고속으로 운행하는 열차의 차축온도를 측정하는 방식으로써, 차축의 온도가 일정한 온도 이상으로 과열될 경우 이를 검지하여 운행 중인 열차를 감속 또는 정지시킨다.

기본 설명

궤도회로장치는 열차를 검지하기 위해서 레일을 전기회로로 구성하여 현장으로 전송된 궤도전압을 다시 되돌린다. 이때 도상의 특성에 의해서 궤도전압이 감쇠되거나 주변의 전기적 영향에 의하여 수신전압에 악영향을 끼칠 경우 장애를 일으킨다.

1 궤도의 전기적 특성

직류 궤도회로의 특성

직류 궤도회로의 분포정수는 비교적 단순하다. 양 레일 간에 존재하는 절연저항은 레일 규격에 따른 저항 값과 대지에 대한 누설전류 값 $Ri[\Omega]$에 따라서 정해지며, 대지에 대한 누설컨덕턴스, 레일과 침목사이 절연재, 자갈, 도상의 재질 등으로 결정되고 환경, 기후조건에 따라 변화한다.

궤도회로 길이 L에 대한 절연저항 $R_0[\Omega/km]$는 다음 식으로 계산된다.

$$R_0[\Omega/km] = \frac{Ri[\Omega]}{L[km]}$$

R_0는 수$[\Omega/km]$부터 수백$[\Omega/km]$까지 다양하다.

직렬저항 r은 레일 저항 값을 나타내며 60kg형 레일의 경우 약 0.04~0.08Ω/km이다. 절연저항 Ri는 궤도회로 길이에 반비례하며, 해당 궤도회로 특성에 대한 임계값 이하인 경우 궤도회로가 동작하지 않거나 불안정하게 된다.

4장 궤도회로장치

교류 궤도회로의 특성

궤도회로 정수

교류 궤도회로는 직류 궤도회로에 비하여 전기적 특성이 복잡하다. DC구간이나 상용주파수 궤도회로에서는 정전용량의 영향은 거의 없으나 AF궤도회로 등의 고주파에서는 도상의 재질에 의해 발생하는 누설 컨덕턴스는 궤도회로 제어거리에 영향을 준다. 궤도회로에는 레일 단면적에 의한 고유저항, 대지의 저항, 자갈 및 도상의 누설저항 등의 변수로 여러 가지 회로정수가 존재한다. 교류 궤도회로에서는 인덕턴스와 컨덕턴스가 분포하여 합성 임피던스와 어드미턴스를 구성한다.

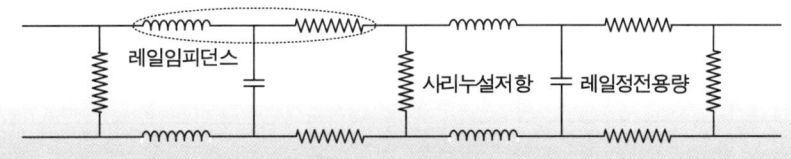

(그림 4-46). 궤도회로 정수

궤도회로는 회로정수로서 저항, 인덕턴스, 정전용량이 선로에 분포되어 있다. 직렬부분은 레일 임피던스에 해당하고 병렬부분은 사리누설저항과 레일 정전용량이라 부른다.

$$레일임피던스\ Z = R + jwL\ [\Omega/m]$$
$$누설어드미턴스\ Y = G - jwC\ [\Omega/m]$$

여기서, R : 레일저항 [Ω/km]   L : 인덕턴스 [H/km]
C : 정전용량 [F/km]   G : 누설 컨덕턴스 [s/km]

전송특성을 좋게 하기 위해서는 R과 L의 값을 줄이고 1/G의 값을 크게 하며 C의 값을 줄이면 된다. 현실적으로 R의 값에 대해서는 레일본드 등으로 레일저항에 가까운 값으로 할 수 있으나 주파수 특성에 기인하는 L, C의 값은 조정이 불가능하며 G값에 대해서는 레일 절연시공, 도상재질, 누수, 습기제거 등을 고려하여 시공하면 가능하다.

누설 컨덕턴스

궤도회로의 레일에 흐르는 전류는 계전기를 여자시키는 것 외에 침목, 자갈 등을 통하여 대지로 누설된다. 이것은 양 궤도 간의 저항이 극히 적기 때문에 이 저항을 '사리누설저항' 또는 '누설 컨덕턴스'라 한다. 다음과 같은 원인에 의해 누설 컨덕턴스가 증가하고 감쇠가 늘어 궤도계전기의 전압이 낮아진다.

- **선로조건** : 노반의 토질구조, 도상재료, 침목 등
- **기상조건** : 눈, 비 등의 수분 함수량

송전단의 전압은 레일의 전압강하나 도상자갈의 누설전류에 의하여 감쇠되면서 수전단에 도달된다. 누설 컨덕턴스는 레일 간의 누설전류를 흐르게 하는 누설저항으로 누설 컨덕턴스가 작으면 누설저항은 크고, 누설 컨덕턴스가 크면 누설저항은 작은 반비례의 관계이다. 누설저항과 누설 컨덕턴스는 역수 관계이다.

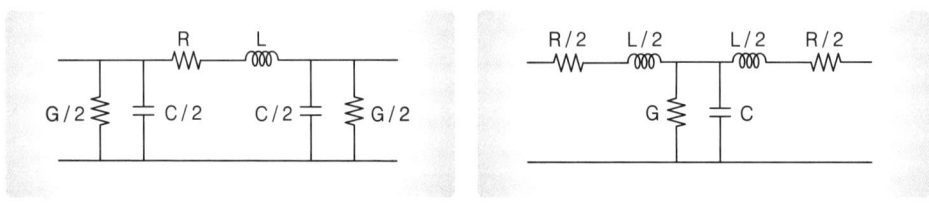

(그림 4-47). 궤도회로의 등가회로

위의 그림에서 선로의 방향에는 레일저항 R과 레일 인덕턴스 L이 있으며 침목 방향에는 누설 컨덕턴스 G와 정전용량 C가 있지만 보통 C는 무시할 수 있고 직류인 경우에는 L과 C가 불필요하다.

AF궤도회로 장치의 누설저항 값은 특별히 지정하지 않는 한 날씨 또는 환경의 변화에 따라 장치에 지장이 없도록 다음 값 이상 되어야 한다.

- **자갈도상** : 3Ω.km 이상
- **콘크리트도상** : 8Ω.km 이상

(표 4-3). 날씨 변동에 따른 임피던스의 변화

구 분	계속해서 건조한 날씨	호우, 장마, 눈 날씨
누설 컨덕턴스	• 작다 (0.01~0.1 S/km)	• 커진다(0.3~19 S/km)
누설저항	• 크다 (100~10 Ω/km)	• 작아진다(3~1 Ω/km)
감쇠량	• 적다	• 많아진다.
궤도계전기 전압	• 높다	• 낮아진다.

4장 궤도회로장치

2 궤도회로의 전류불평형

전철구간에서는 전차선의 귀선전류와 신호전류가 동일한 궤도에 공통으로 전기회로를 구성한다. 동일한 궤도에서 레일에 흐르는 신호전류는 귀선전류에 비해서 상대적으로 미약한 전류가 흐르게 되므로 유도장애와 전류 불평형 등으로 인해 신호설비에 지장을 받을 우려가 있다.

궤도회로는 레일 좌우의 임피던스가 동일하고 좌우 레일에서 대지에 닿는 누설 임피던스가 같을 때 이상적인 평형 전송로가 된다. 레일상의 여러 조건으로 인하여 좌측과 대지, 우측과 대지 간의 회로정수가 다를 때 평형이 파괴되어 대지의 영향이 작용한다.

전류 불평형률 계산

$$K = \frac{|I_{n1} - I_{n2}|}{I_{n1} + I_{n2}} \times 100$$

K : 전류 불평형률,　I_{n1}, I_{n2} : 각 레일에 흐르는 전류

예를 들면, 다음 그림과 같이 각각의 양측 레일에 각각 525A와 475A의 전류가 흐르게 되면 불평형 상태이다. 이 전류 불평형률을 위의 식으로 계산하면 5%가 된다.

임피던스본드의 불평형 전류는 양쪽 레일전류의 합이 10% 이하로 유지되어야 한다. 다만, AF궤도회로에서는 12% 이하이다.

불평형 전류에 의한 영향으로 임피던스본드에 사용되고 있는 철심은 자속밀도가 커지면 자기적으로 포화하는 성질이 있다.

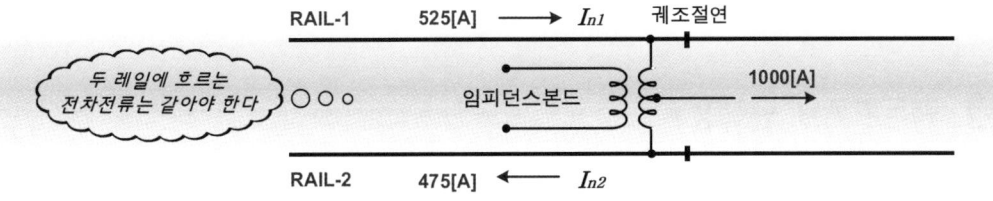

(그림 4-48). 레일전류의 불평형

다음의 그림은 궤도회로와 차상자(ATC 등)가 불평형 전류에 의해 신호장치가 영향을 받는 원리를 나타낸 것이다. I_{n1}은 레일의 좌측을 흐르는 전류를 나타내고, I_{n2}는 레일의 우측을 흐르는 전류를 나타내고 있다.

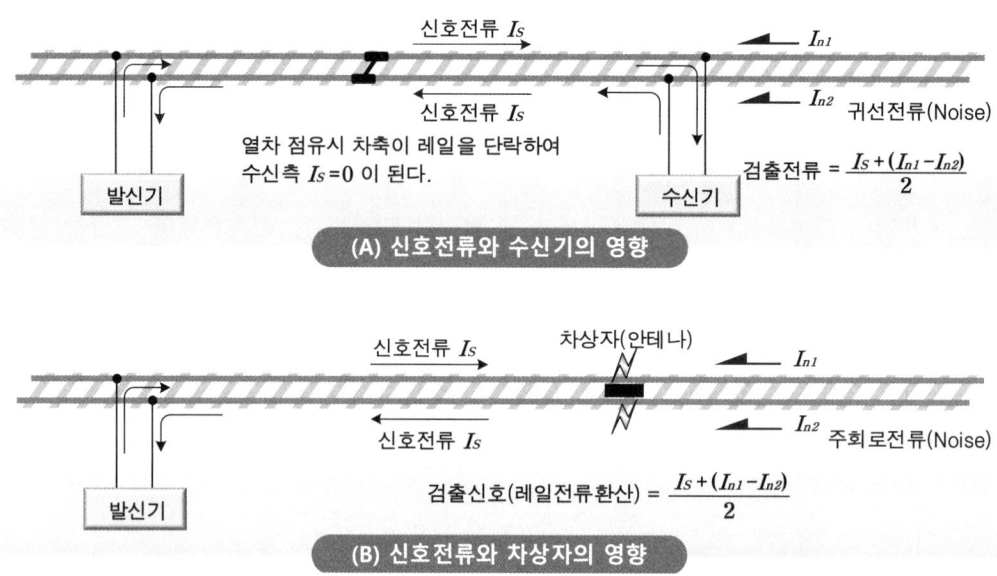

(그림 4-49). 불평형 전류의 신호기기에 대한 영향

전류 불평형의 원인

① 레일이 파손될 경우 임피던스본드의 자기포화로 궤도 수신전압이 저하된다.
② 레일의 고정볼트 절연파괴시 철구조물에 전류가 흘러 레일지락이 발생된다.
③ 레일 근처에 평형으로 긴 도체가 있으면 레일에 유도되거나 귀선 역할을 한다.
④ 레일이 낮은 접지저항의 구조물에 접촉되었을 경우 발생된다.
⑤ 궤조절연 불량, 레일본드가 탈락하였거나 접속불량일 경우 발생된다.
⑥ 레일의 대지 누설 어드미턴스가 좌우 상이할 경우 발생된다.

3 궤도회로의 단락감도

단락저항은 레일면의 접촉저항을 포함한 차축의 전기저항이며, 열차 대신에 그 장소의 양 레일을 저항기로 단락시켰을 때에 열차 차축단락 시의 수신점 전압이 되는 저항 값이다. 단락감도는 궤도계전기를 소자시킬 수 있는 단락저항의 최대값 즉, 궤도회로의 열차검지 성능에 관한 평가척도이며 조정상태에 따라 크게 변한다. 당연히 열차의 단락저항은 궤도회로의 단락감도보다 작아야 한다.

- 다음의 그림에서 단락저항은 R1 + R2 + R3이다.

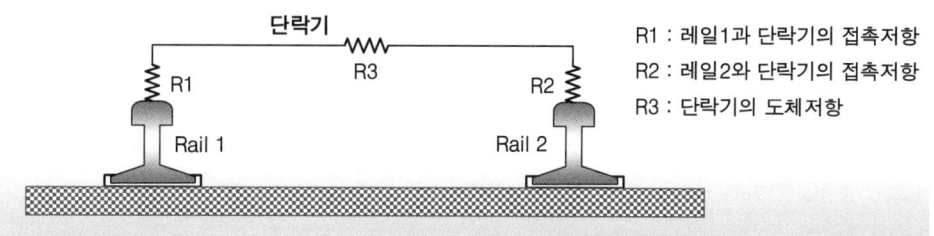

(그림 4-50). 단락저항의 이해

▓ 단락감도 측정

단락감도는 궤도회로에서 단락기 동선을 이용하여 선로 위를 단락하였을 때 궤도계전기의 여자상태를 확인하여 회로의 기능을 시험하는 것이다. 폐전로식에서는 궤도계전기의 무여자 시 접점이 낙하 하려고 할 때, 개전로식에서는 여자 시 접점이 강상하려고 할 때의 단락저항 값을 나타낸다.

단락감도가 너무 높으면 근소한 전압강하에서도 궤도계전기가 낙하하여 동작이 불안정하므로 사리누설저항의 변동에 주의해야 한다. 궤도회로 내의 임의의 점에서 단락감도를 Rm이라 하면,

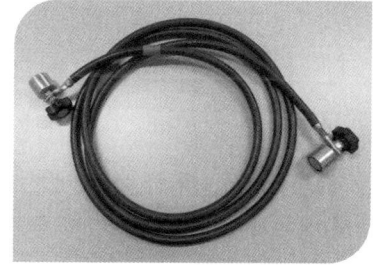

(그림 4-51). 궤도단락기

$$R_m = \frac{1}{(F-1)G} \ [\Omega]$$

여기서, F : 동작전압/낙하전압
G : 임의의 점에서 전체 어드미턴스

궤도회로의 단락은 실제로 그 궤도를 통과하는 열차의 차륜에 의하여 단락하게 되고, 그때의 단락저항은 레일 표면과의 접촉저항에 따라 다르게 된다.

실제 단락감도는 맑은 날 측정하였을 때 다음과 같은 기준값 이상으로 조정한다.

- AF궤도회로, 임피던스 구간 : 0.06Ω 이상
- 기타 구간 : 0.1Ω 이상

4 궤도회로 사구간

궤도회로는 그 구간 내의 어떠한 지점에서 단락 하더라도 계전기는 정확하게 무여자 되는 것이 이상적이지만 선로의 분기 교차지점, 크로싱 부분, 교량 등에 있어서는 좌우의 레일 극성이 같게 되어 열차에 의한 궤도회로의 단락이 불가능한 곳이 생기게 된다. 이러한 구간을 '사구간(Dead section)' 이라고 한다.

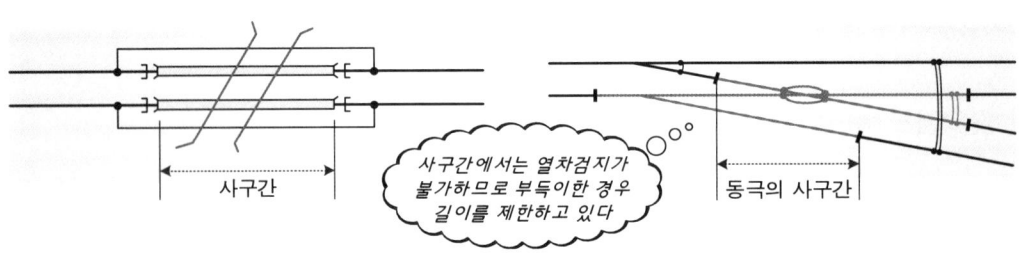

(그림 4-52). 궤도회로의 사구간

▌ 사구간의 길이

사구간이 너무 길면 짧은 차량이 사구간에 빠져서 실제는 차량이 점유하고 있는데도 궤도계전기가 여자되면 철사쇄정, 진로쇄정의 해정으로 인해 착오전환 등의 원인이 되어 매우 위험한 상태가 된다. 따라서 궤도회로에는 사구간을 두지 않는다.
부득이 사구간이 되는 경우는 다음과 같이 사구간의 길이를 제한하고 있다.

① 차량의 차축간격에 대응하여 단독의 사구간 길이는 7m를 넘지 않도록 한다. 사구간 길이가 7m를 넘는 곳에서는 1량 이상의 차량이 완전히 빠질 경우 궤도회로가 검지할 수 없으므로 사구간 보완회로를 구성한다.
② 사구간이 1,210mm 이상인 경우 사구간과 사구간 및 서로 접하는 다른 궤도회로와의 상호거리는 15m 이상으로 한다. 단, 사구간 길이가 1,210mm 미만이면 사구간으로 고려할 필요는 없다.
③ 역구내 분기부는 모터카 등 짧은 차량운행으로 궤도계전기가 순간적으로 여자할 경우 부정동작이 될 수 있어 이 경우 사구간의 길이를 3m 미만으로 한다.

분기부와 사구간의 관계

인접 궤도와 사구간

- D=1,210mm 이상인 경우 A는 15m 이상으로 하고, D=1,210mm 미만인 경우 사구간으로 고려할 필요가 없다.

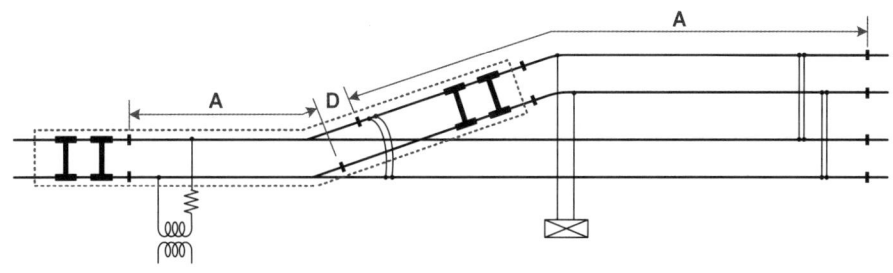

(그림 4-53). 인접 궤도회로와 사구간 관계

사구간과 사구간

- A는 D가 1,210mm 이상인 경우 15mm 이상으로 한다.

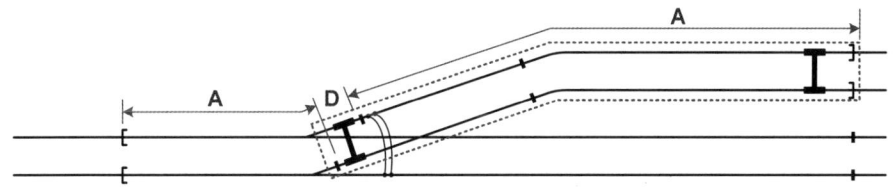

(그림 4-54). 분기기 부분의 사구간 위치

- 2개 축의 차량에서 D가 1,210mm 미만이면 사구간으로서 고려할 필요가 없다.
- 1개 축의 차량에서 13m의 긴 차량은 없으므로 단독 사구간 7m 길이에 고려한다.

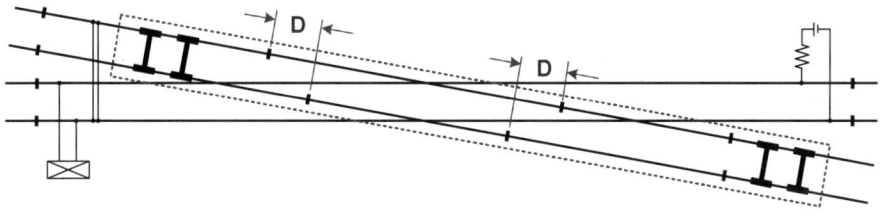

(그림 4-55). 교차 부분의 사구간 위치

사구간 보완회로

사구간 보완회로는 사구간의 길이가 특수사정에 의해 규정치인 7m를 넘어서 차량이 그 구간을 점유하였을 때 궤도계전기가 동작할 수 있는 개소에 설치한다.

사구간을 포함하는 궤도회로의 양단에 짧은 복귀회로와 자기유지회로를 설치한다. 궤도회로 속에 또 하나의 회로를 설치하여 차량이 진입할 때 궤도회로를 무여자시키고 열차가 그 구간을 빠져 나올 때 다시 여자시키는 회로이다.

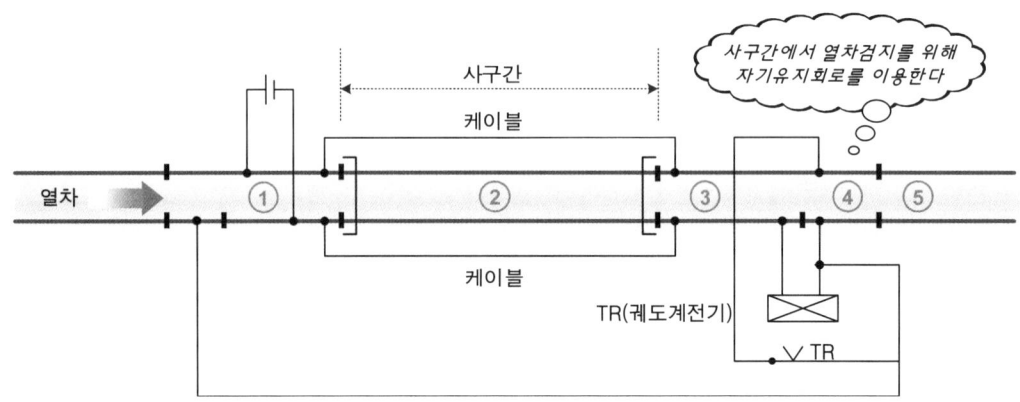

(그림 4-56). 사구간 보완회로

사구간회로 동작과정

① 위의 그림에서 ①구간에 열차의 선두부가 점유 시 궤도회로는 전원부의 단락으로 궤도계전기가 무여자 되고 자기유지 접점이 차단(낙하)된다.
② 열차의 후부가 ①구간에서 ②구간에 진입하여 ②구간(사구간) 내에서 열차의 전후부가 완전히 빠지면 궤도계전기의 자기유지 접점이 낙하되어 궤도계전기는 무여자 상태를 계속 유지한다.
③ 열차가 ③구간에 점유시 궤도회로 전원이 단락되어 궤도계전기는 계속하여 소자상태를 유지하며, 열차 후부가 ③구간을 완전히 벗어나 ④구간을 점유하면 궤도회로 전원(+)이 차축에 의해 궤도계전기를 여자시키고 자기접점으로 자기유지한다.
④ 차축을 통한 전원으로 궤도계전기가 한번 여자하면 열차가 전원회로를 벗어나도 궤도계전기는 자기유지 접점을 통해 계속 여자한다.
⑤ 열차의 후부가 회로구간을 완전히 벗어나 ⑤구간으로 진출하여도 궤도계전기는 자기유지회로로 계속 여자상태를 유지한다.

4장 궤도회로장치

기본 설명

고압임펄스 궤도회로장치는 도시철도(DC전철) 구간에서는 사용하지 않는다. 국철 구간에서 AC 전철구간과 동일한 상용주파수에 의해 궤도회로를 구성할 수 없는 문제점을 해결하기 위하여 현장 궤도에 펄스파 전압을 전송하여 열차의 단락을 검지한다.

1 머리 기술

고압임펄스 궤도회로장치는 프랑스 국철에서 개발하여 사용하기 시작하였다. 국내에서는 지상신호방식을 사용하는 철도공사의 AC25KV 전철구간에서 주로 사용하는 궤도회로 시스템으로서 열차검지 목적으로 사용하며, 궤도를 통해 차상으로 신호정보 전송기능은 불가능하므로 ATC구간의 차상신호방식에서는 부적합하다.

고압임펄스 궤도회로는 복궤조식 유절연 궤도회로장치로서 전차전류는 궤조절연으로 인하여 레일을 우회하여 임피던스본드를 통해서 변전소로 흘려보내고 신호전류는 궤조절연에 의해서 차단한다.

고압임펄스 궤도회로장치의 최대 연장은 1,000m 이내로 한다.

(그림 4-57). 임펄스 궤도회로장치

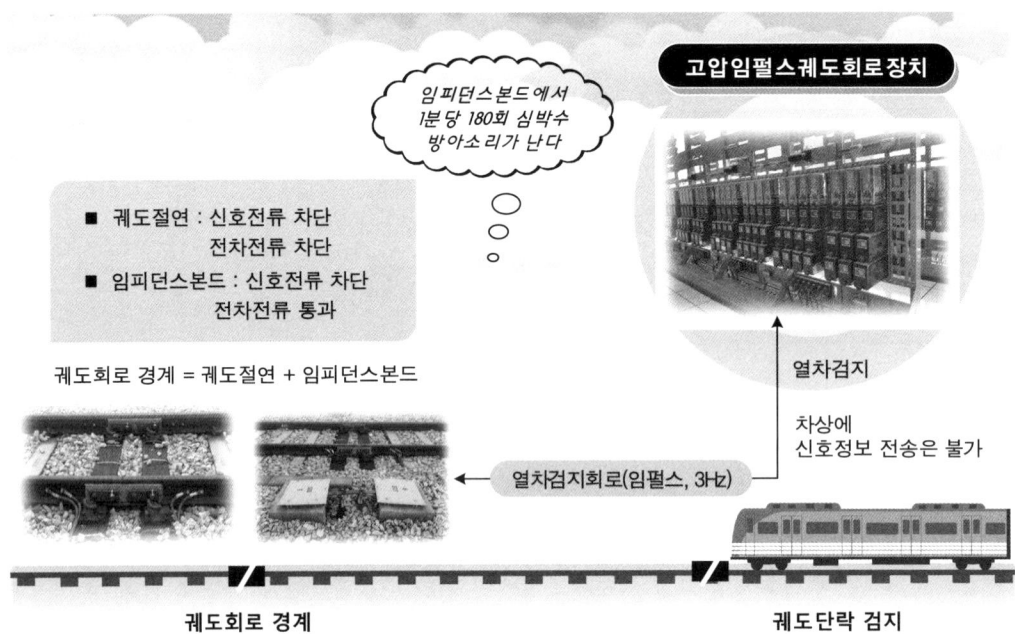

(그림 4-58). 고압임펄스 궤도회로의 현장설비

2 고압임펄스 궤도회로의 구성

고압임펄스 궤도회로장치는 선로상의 열차를 검지를 하고 인접한 궤도회로의 궤조절연 구간에서 귀선전류의 연속성을 유지한다. 구성품으로는 전압안정기(EGT-600), 송신기(EAT-600), 수신기(RVT 600), 임피던스본드, 궤도계전기(CV TH2-404)가 있다.

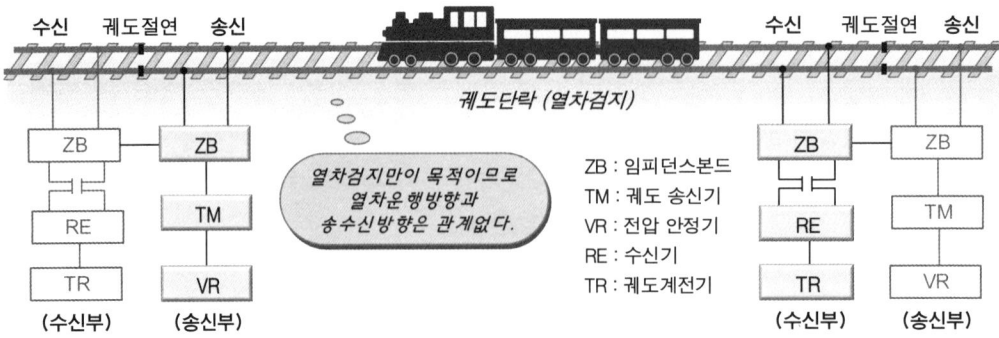

(그림 4-59). 고압임펄스 궤도회로 구성도

4장 궤도회로장치

전압안정기

전압안정기는 송신기에 AC전원을 안정되게 공급하기 위한 장치이며, 입력전압은 AC 110V와 220V를 공용으로 사용하도록 되어 있다.

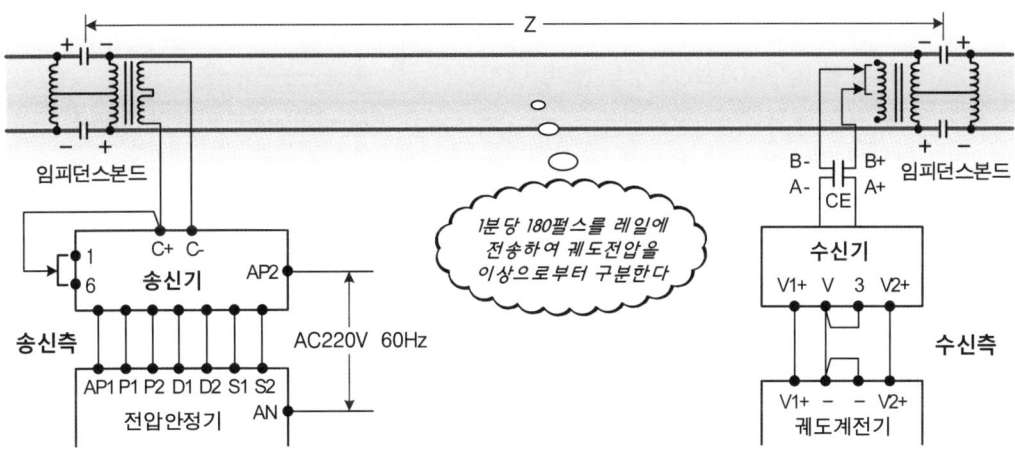

(그림 4-60). 임펄스궤도회로의 구성품 배선

전압안정기는 출력 AC660V±10%를 만들어 D1, D2 단자로 출력 → 송신기의 펄스 발생부인 D1다이오드에 공급 → P1, P2 단자로 출력 → 송신기의 SCR 게이트 신호를 제어하기 위한 UJT 단속회로 D2다이오드에 공급한다. S2 초크코일은 SCR이 스위칭 하여 펄스를 발생할 때 무부하시 송신회로를 보호한다.

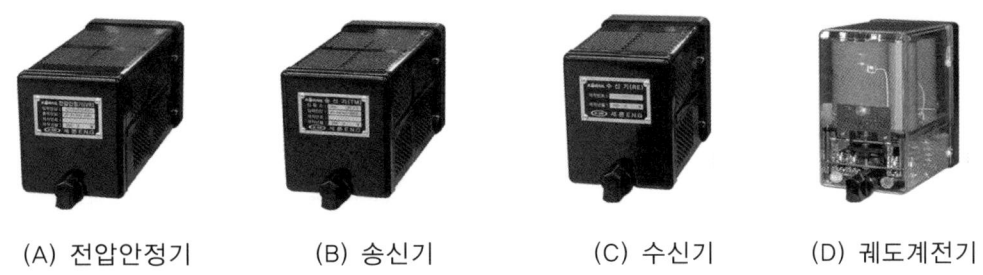

(A) 전압안정기   (B) 송신기   (C) 수신기   (D) 궤도계전기

(그림 4-61). 고압임펄스 궤도회로장치의 구성품

송신기

송신기는 정류부, 제어부, 송신부로 구성된다. 정류부는 제어부와 송신부에 DC전원을 공급한다. 송신부는 RC충전 및 방전회로에 의해 1분당 180 펄스의 펄스를 만들어 임피던스본드를 통해서 정펄스와 부펄스가 3:1로 구성되는 비대칭 파형의 임펄스를 궤도에 전송한다.

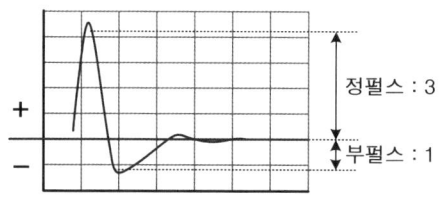

(그림4-62). 궤도회로의 임펄스

수신기

임피던스본드로부터 수신된 비대칭 파형의 임펄스는 궤도계전기를 동작시킨다.
인접 궤도회로에서 송신기와 수신기 파형은 상호 반대가 되도록 접속되기 때문에 인접 궤도회로와의 궤조절연이 파괴될 경우 정펄스와 부펄스가 대칭이 됨으로써 궤도계전기는 낙하하여 안전측 동작을 확보한다.

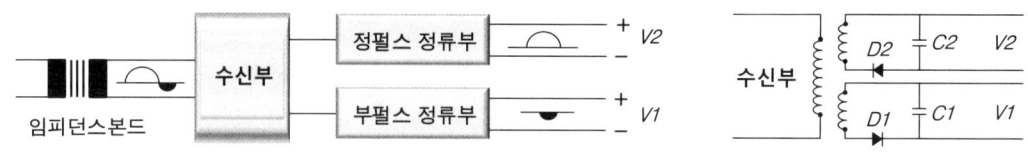

(그림4-63). 수신기 구성도   (그림4-64). 수신기 등가회로

임피던스본드

임피던스본드는 각 궤도회로를 구분하는 현장 궤도의 절연개소 마다 설치되며, 전차선로의 귀선전류를 흐르게 하고 인접 궤도회로에서는 신호전류의 흐름은 차단한다.

임피던스본드는 인출단자의 탭을 조정하여 송신 및 수신 임펄스전압을 조정할 수 있으며, 전차선 귀선전류의 허용범위는 평상시 200A이며 피크시 800A를 흘릴 수 있다.

(그림 4-65). 임피던스본드

궤도계전기

궤도계전기는 수신기와 연결되어 전원을 공급받으며 충분한 진폭 및 정확한 비대칭파 펄스에 의해 동작한다. 궤도계전기의 V1, V2 단자의 입력전압이 높게 조정되면 레일 절손이나 송·수신단의 점퍼선이 단선될 경우 임피던스본드의 반권선 쪽으로 유기된 신호전류가 중성선을 통해 궤도계전기를 여자시킬 수도 있다.

(표 4-4). 궤도계전기의 특성

권선저항[Ω±10%]		동작전류[mA]		낙하전류[mA]		낙하시간[ms]	접점수
V1	V2	V1	V2	V1	V2	500 미만	4B4F
6,700	24,000	3.0이하	1.2이하	1.2이상	0.5이상		

[설치사항]

- 임펄스 궤도회로장치는 궤도회로 극성에 유의하여 설치하고, 송·착 케이블은 MLFC80mm^2 ×1C 케이블을 사용한다.
- 송신기와 송전 임피던스본드 간의 전원저항은 20Ω을 기준으로 하고, 수신기와 궤도계전기가 각각 다른 곳에 설치되어 있을 때에는 60Ω을 초과할 수 없다.
- 궤도회로의 최대 연장은 1,000m로 한다.

고압임펄스 궤도회로의 특징

① 낙뢰 및 전차선의 이상전압에 의한 절연내력이 크다.
② 초퍼, VVVF차량 운행 시 고조파 잡음에 의한 오동작이 발생하지 않는다.
③ DC임펄스 사용으로 송·수신 거리에 따른 전압강하가 거의 없다.
④ 한 개 궤도회로의 소비전력이 50~60VA 정도로 작아 에너지가 절감된다.
⑤ 우천 시에도 자갈 누설저항의 변화가 적어 안정성이 우수하다.
⑥ 부품별 구성으로 장애발생 시 고장지점 발견이나 부품교환이 용이하다.

(표 4-5). 고압임펄스 궤도회로와 AF궤도회로 비교

궤도회로	궤도회로의 특징
고압임펄스 궤도회로 (유절연궤도)	[장점] ① 물리적인 절연으로 궤도회로 경계가 명확하게 구분된다. ② 비교적 궤도 단락감도가 양호하다. ③ AF궤도회로에 비하여 상대적으로 저가이다.(국산품) [단점] ① 궤조절연 이음매로 인하여 승차감 저하된다.(차량소음, 진동 발생) ② 지상→차상으로 정보전송이 불가능하므로 차상신호방식에 부적합하다. ③ 단일계 회로로 구성된다.(2중계 회로구성 불가)
AF궤도회로 (무절연궤도)	[장점] ① 2중계 구성이 용이하며, 절연불량으로 인한 장애요인이 해소된다. ② 장대레일 설치로 승차감 향상 및 차륜마모를 감소시킬 수 있다. ③ 지상→차상으로 정보전송이 가능하므로 차상신호방식에 적합하다. ④ 열차검지 외에 차상으로 신호전송이 가능하다. [단점] ① 고조파의 영향을 받을 수 있으며, 궤도회로 경계구분이 불명확하다. ② 임펄스궤도회로에 비하여 비교적 고가이다.(국산.해외품)

4장 궤도회로장치

기본 설명

도시철도 본선구간에서는 AF궤도회로를 사용하여 ATC속도코드를 전송한다. 분기부에서는 PF궤도회로를 통해 열차를 검지하고 그 유절연 구간에 루프코일을 설치하여 ATC속도코드를 전송한다. 차량기지에서도 열차검지 목적으로 PF궤도회로를 사용한다.

1 머리 기술

AC 전철구간의 고압임펄스궤도회로와 DC 전철구간에서의 PF궤도회로는 차량기지에서 유사한 열차검지기능을 한다. PF궤도회로는 상용주파수(PF: 60Hz)를 이용하여 궤도에 전압을 송전하고 열차에 의해 궤도가 단락되면 열차를 검지하는 원리로써 차량기지나 본선 분기부에서 열차검지를 목적으로 사용한다.

PF궤도회로는 차상으로 ATC속도코드 전송기능은 없다. ATC 차상신호방식에서 본선구간의 회차선 등 분기부에서 속도코드를 전송하기 위해서는 PDT설비(Loop coil : AF설비)를 추가로 구성하여야 한다.

복궤조방식에서는 임피던스본드를 통해 양쪽 레일로 귀선전류와 신호전류가 흐르게 되지만, PF궤도회로는 단궤조방식으로서 절연측 레일에는 신호전류가 흐르게 하고 비절연측 레일에는 전차선 전류가 흐르게 한다.

PF궤도회로는 중량물인 임피던스본드를 설치하지 않으므로 전기회로 구성이 용이하며, 기계실 및 현장설비가 비교적 간단하여 시스템의 신뢰도가 높다.

2 PF궤도회로의 구성

궤도변압기(TT)

궤도변압기는 각 궤도회로 길이 및 궤도 특성에 따라 적절한 전압으로 전송하기 위하여 낮은 전압으로(강압) 변화시키는 역할을 한다.

궤도변압기 1차측 입력에는 ABX 120V 전원을 공급받으며 입력전압에 따라 연결할 수 있도록 탭이 구성되어 있다. 2차측은 현장 궤도회로의 길이와 선로조건에 따라 전압을 조정할 수 있도록 탭이 구성되어 있다.

한류저항(R)

송전측의 한류저항은 열차점유로 궤도가 단락되면 전원에 과대한 역전류가 흐르게 됨으로써 전원측 궤도변압기가 고장날 수 있어 과전류를 한류저항에서 열로서 소모시킨다.

착전측의 한류저항은 궤조절연의 파손으로 인한 귀선전류의 유입이나 레일로부터 들어올 수 있는 이상전압 등으로부터 설비를 보호한다.

□ 궤도회로 한류장치의 역할

① 단락 시 과전류에 의한 회로의 소손을 방지한다.
② 궤도회로의 단락감도를 향상 시킨다.
③ 2원형 궤도계전기의 회전역률 위상을 조정한다.
④ 궤도계전기에 가해지는 방해 전원을 억제한다.

(그림4-66). PF궤도회로

퓨즈(Fuse)

한류저항이 있더라도 외부로부터 순간적인 대전류가 유입되면 PF궤도회로 설비를 보호할 수 없다. 따라서 과전류가 유입되면 퓨즈가 소손되어 기계실의 PF설비를 보호한다. 귀환레일, 레일본드의 손상으로 높은 귀환전류가 유입되거나 궤도회로 양단에 전차전압 유입 시 변압기를 보호한다.

4장 궤도회로장치

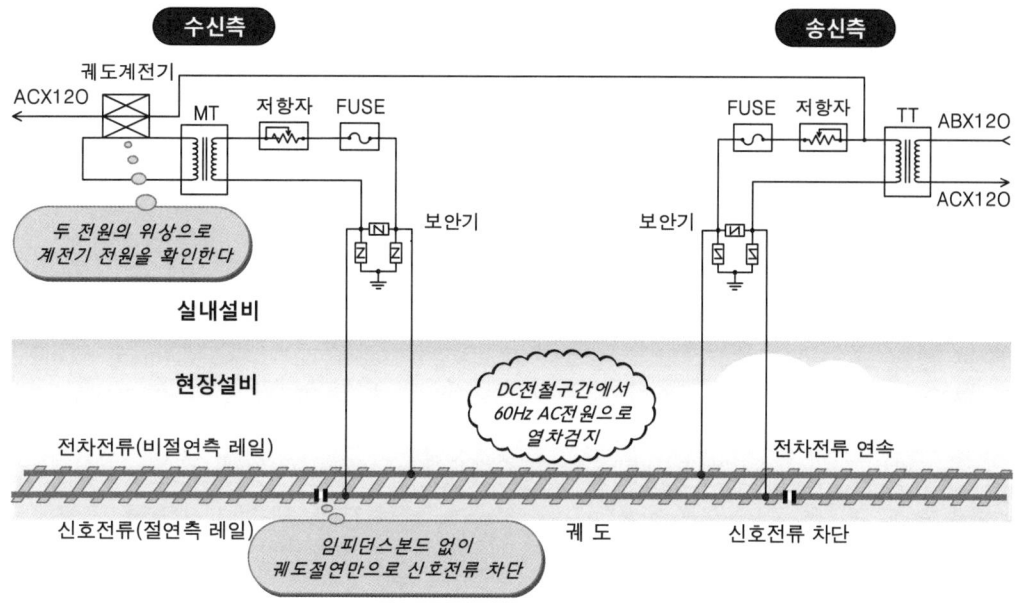

(그림 4-67). PF궤도회로의 구성도

보안기

보안기는 바리스타를 이용한 것으로 서지전압(낙뢰 등)이 현장의 레일을 통해 유입되는 이상전압을 접지설비를 통해 대지로 흘려보내 기계실의 설비를 보호한다.

계전기변압기(MT)

계전기변압기는 궤도의 착전전압을 임피던스를 비교하여 출력전압 AC1.0~1.2V를 궤도계전기의 전원으로 공급한다. 권수비는 1:1로 현장과 기계실 설비 간의 임피던스 매칭이 이루어지지 않으면 2차측 전압이 낮아져 궤도계전기를 소자 시킨다.

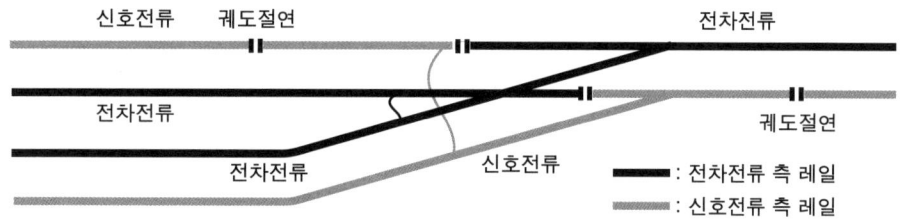

(그림 4-68). PF궤도회로의 단궤조 구성

315

궤도계전기

PF궤도회로의 궤도계전기는 교류 2원형 계전기로서 국부코일과 궤도코일 2조의 코일로 구성되어 있으며 양 코일의 여자전류에 의한 위상차에 의하여 동작한다. 따라서 현장으로부터 유입되는 부정전압에 의한 계전기의 동작을 방지할 수 있다.

[표 4-6). PF궤도회로와 AF궤도회로의 비교]

구 분	PF궤도회로장치	AF궤도회로장치
궤도주파수	• 상용주파수(50Hz, 60Hz)	• 가청주파수(20~20,000Hz)
궤도특징	• 본선 분기궤도에서 사용 • 차량기지에서 사용 • 열차검지용으로 사용 • 유절연 궤도방식	• ATC구간에서 사용 • 본선구간에서 사용(분기궤도에도 가능) • 열차검지용, ATC정보 전송용 • 무절연 궤도방식
적용구간	• 분기궤도 • 도시철도(DC전철)	• 본선궤도 • 일반철도, 고속철도(AC전철) • 도시철도(DC전철)

☎ 본선에서 널리 사용되는 AF궤도회로장치의 진짜 장점은?

열차의 차륜이 레일 이음매 및 궤조절연 이음매 부분을 통과할 때 열차가 충격을 가하므로 진동과 소음이 발생되는데, AF궤도회로는 무절연 궤도회로장치로서 레일 이음매와 궤조절연이 없는 장대레일을 사용할 수 있어 부드러운 승차감을 제공한다.

4장 궤도회로장치

AF궤도회로장치

기본 설명

AF궤도회로장치는 상용주파수를 사용하지 않으므로 AC와 DC전철 구간에서 모두 사용되며, 가청주파수를 포함한 궤도전압을 이용하여 회로를 분할한다. ATC 구간에서 열차를 검지하는 기능 외에 ATC 정보를 궤도를 통해 열차에 전송하는 역할을 한다.

1 머리 기술

열차가 200km/h 이상의 속도로 운행하게 되면 기관사가 지상신호기의 확인거리에 한계가 있기 때문에, AF(Audio Frequency) 궤도회로는 신호정보를 차상에 직접 전송하는 차상신호방식에 적용한다.

AF궤도회로는 16~20,000Hz 대의 가청주파수를 이용하여 분할된 각 궤도마다 고유영역의 궤도주파수를 순차적으로 반복하여 설정하고 전압을 전송하여 열차를 검지하며 궤도회로 내에 운행하는 열차에게 궤도를 통해 ATC 신호정보를 전송하는 역할을 한다. 궤도회로를 통해 레일로 전송된 ATC신호정보는 열차의 선두차륜 앞에 설치된 픽업코일에 의해 운행 중 지속적으로 수신한다.

(그림4-69). 궤도회로 처리장치

PF궤도회로와 임펄스궤도회로의 경우 열차를 검지하기 위한 목적만으로 사용하고 차상으로 신호정보를 전송할 수 없지만, AF궤도회로는 열차검지 외에 차상으로 신호정보를 전송할 수 있다. ATC제어는 차상신호방식으로서 지상ATC에서 작성한 신호정보를 레일을 통해 차상 ATC에 전송하기 위해 AF궤도회로장치를 이용한다.

레일로 전송된 정보는 차상의 선두부에 설치된 픽업코일(안테나)을 통해 연속적으로 수신한다. AF궤도회로장치는 ATC 제어를 하는 일반철도, 도시철도, 고속철도에서 모두 사용된다. ATC제어가 아니더라도 지상신호방식을 사용하는 일반철도에서도 열차 검지만을 목적으로 AF궤도회로장치를 사용하는 경우가 있다.

(그림 4-70). 차상 Pickup coil

AF궤도회로의 궤도주파수 역할

궤도주파수의 사용하는 이유는 부정동작을 방지하기 위함이며, 인접한 궤도회로와 서로 다른 영역의 주파수를 순번에 의해 반복하여 사용한다. 동일한 전압이 수신부에 입력되더라도 자신의 궤도주파수와 상이하면 부정한 동작을 방지한다.

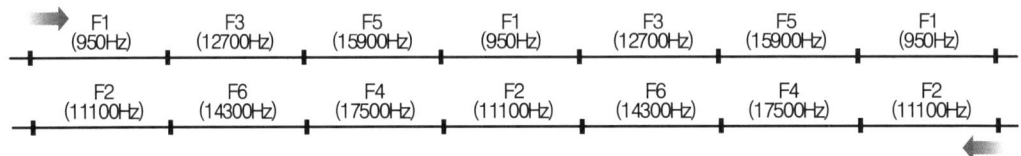

(그림 4-70). AF궤도회로의 궤도회로 주파수 배열 예

AF궤도회로의 특징

① 열차검지와 궤도를 통해 차상으로 ATC 정보전송 기능을 한다.
② 도시철도 구간에서 ATC(ATP/ATO) 자동화 시스템과 호환이 용이하다.
③ 변조파를 사용하므로 귀선전류에 의해 방해받을 우려가 없다.
④ 궤조절연 없이 궤도 임계점에서 상호 주파수에 대한 공진회로를 이용한다.
⑤ 무절연 궤도회로로서 장대레일을 사용하므로 승차감이 향상된다.
⑥ 현장설비가 비교적 간단하며, 기계실 설비는 PCB구조로서 관리가 쉽다.
⑦ 궤도회로 처리장치를 2중계로 구성할 수 있다. (현장설비는 단일계)

2 아날로그 AF궤도회로

모든 궤도회로는 전기적 단락을 이용한 열차검지 원리는 동일하나, 아날로그 AF궤도회로는 차상에 전송하는 차상신호정보를 속도코드 주파수로 전송하는 방식이다.
다음 그림은 도시철도(지하철) DC1,500V 전철구간에 주로 사용하고 있는 아날로그 궤도회로장치로서 ATC 속도코드방식에서 사용되고 있는 시스템이다.

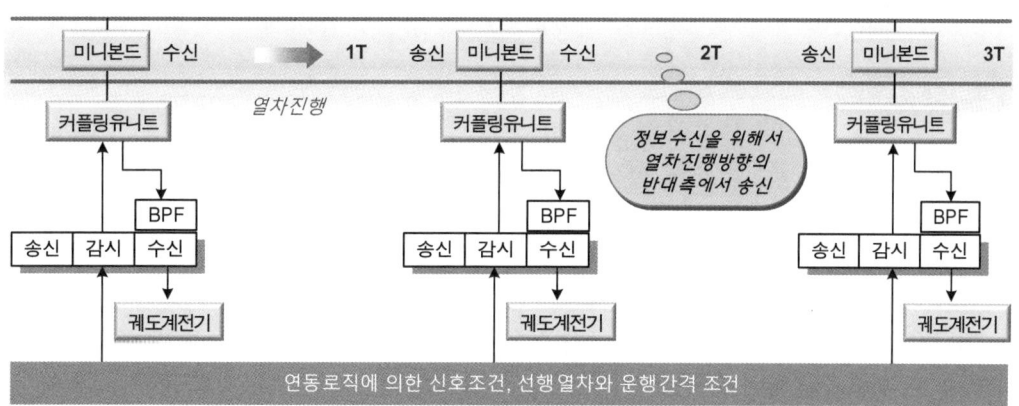

(그림 4-71). AF궤도회로 구성도

송신부

송신부는 발진PCB에서 열차검지주파수(F1~F4)와 신호현시 조건에 따른 지시속도 코드 주파수를 발진하며 On-Off 변조와 증폭 과정을 거쳐 현장의 궤도회로 경계점에 설치된 AF본드를 통해 레일로 신호를 전송한다. 열차검지주파수 및 차상신호주파수 발진부와 입력된 신호를 코드화하는 코드발생부로 구성되며, 자기진단 기능을 한다.

수신부

수신부는 BPF PCB와 수신용 PCB 및 궤도계전기로 구성되어 있다. 수신 PCB는 수신 신호에 대하여 해당 궤도회로주파수에 동조하는 저역여파기로 전차선 귀선전류 신호간섭을 배제하며 증폭과 복조 과정을 거쳐 코드주파수를 재생한다.
송신된 코드주파수와 수신 재생된 코드주파수를 비교하여 위상이 일치하면 동기정류전압이 발생하며 일정한 값 이상이 되면 궤도계전기 구동회로가 작동한다.

감시부

2중계로 구성된 궤도회로에서 송신 및 수신카드는 감시회로를 가지고 있어 자체 고장진단을 하며, 출력을 감시카드로 전달하면 감시부에서는 송신카드나 수신카드 고장 시 절체회로를 자동으로 동작시켜 예비계로 절체된다.

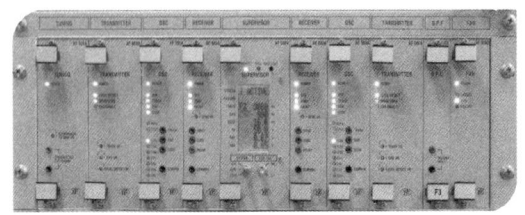

(그림4-72). AF궤도회로 처리장치

미니본드

미니본드는 인접한 궤도회로와 서로 다른 궤도주파수 대역을 확보하기 위해 궤도회로의 경계점에 설치하며, 인접 궤도회로의 다른 대역주파수를 차단한다. 전차전류는 미니본드를 거치지 않고 레일의 연속성을 통해 변전소로 귀환된다.

미니본드 내부에 수용된 커플링유니트는 두 개의 열차검지주파수와 차상신호주파수에서 사용하도록 유도코일과 콘덴서로 필터회로를 구성한다. 또한, LC 조합회로로 구성되며 해당 주파수만 공진함으로써 무절연 궤도회로의 기본이 된다.

(그림 4-73). AF궤도회로 미니본드

궤도계전기는 궤도회로의 수신부(PCB)에 접속하여 평상시 수신부에서 전원을 공급받아 여자하고 있다가 열차가 궤도를 단락하면 수신부로부터 전원이 차단되어 궤도계전기가 낙하하게 된다.

궤도회로 상에 열차의 점유 여부를 궤도계전기의 여자와 무여자로 최종적으로 판별하는 것으로써 궤도회로의 열차 검지용으로 사용된다.

4장 궤도회로장치

3 디지털 AF궤도회로

AF궤도회로의 시초인 ATC속도코드방식에서는 열차의 속도제어를 위해서 차상에 속도코드주파수를 전송하는 아날로그 AF궤도회로였으나, Distance to go방식에서는 연속정보데이터(디지털 정보)를 차상에 전송하는 디지털 AF궤도회로이다.

AF궤도회로는 궤도주파수를 이용하여 인접 궤도회로 간 영역을 확보하고 궤도의 단락여부에 의하여 선로상의 열차를 검지한다.

지상 ATC에서 작성된 연속정보를 AF궤도회로에서 레일로 전송하면 열차의 차상 ATC는 지속적으로 수신한다. 궤도를 전송매체로 이용하여 디지털 정보를 전송하고 운행 중인 열차는 선두부에 설치된 픽업코일(안테나)을 통해 정보를 수신한다.

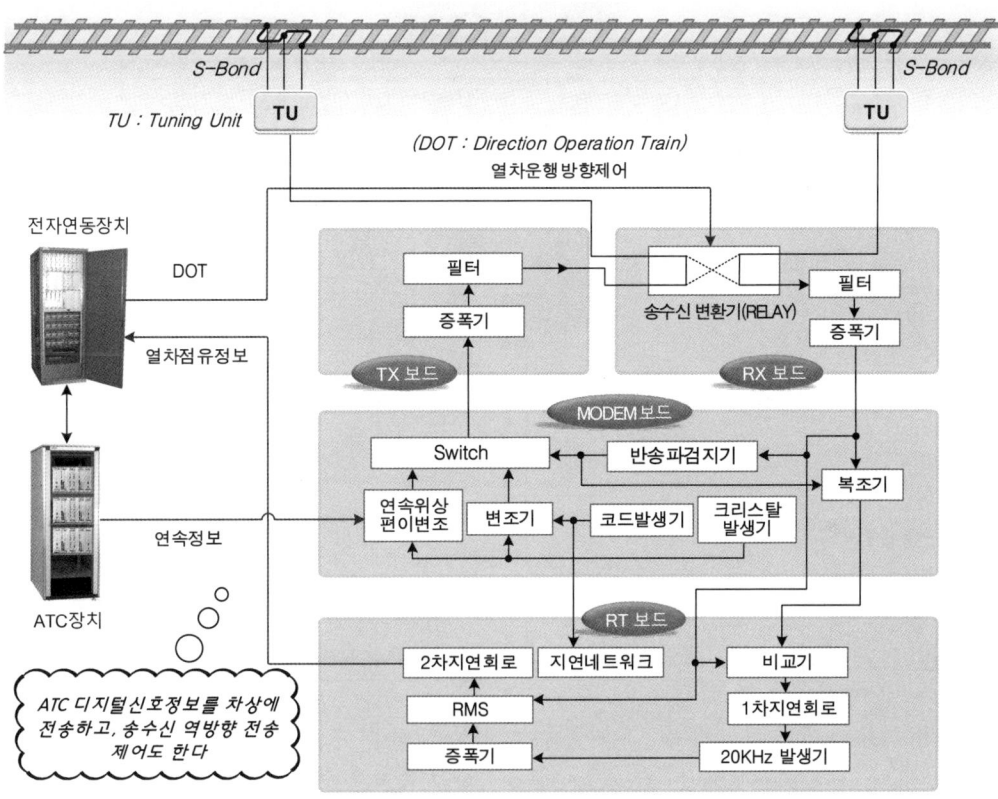

(그림 4-74). 디지털 AF궤도회로장치 처리과정

4 AF궤도회로의 분기궤도 제어

고정폐색방식에서 ATC제어는 ATC장치에서 지상정보를 수집하여 차상에 연속적으로 전송하여야 한다. 이를 위해서는 AF궤도회로를 이용하여 본선구간 외에 분기구간에서도 지속적으로 ATC정보를 전송하기 위해서 별도의 장치를 구성한다.

AF궤도회로는 ATC구간에서 열차검지기능 외에 신호정보를 레일을 통하여 연속적으로 열차에 전송하는 역할을 한다.

본선구간에서는 양 레일을 이용하여 무절연으로 궤도회로를 용이하게 구성하지만, 분기구간에서는 복잡한 궤도의 구조상 무절연 궤도회로 구성이 불가하므로 많은 궤조절연을 사용하여 열차검지회로를 구성하고 있다.

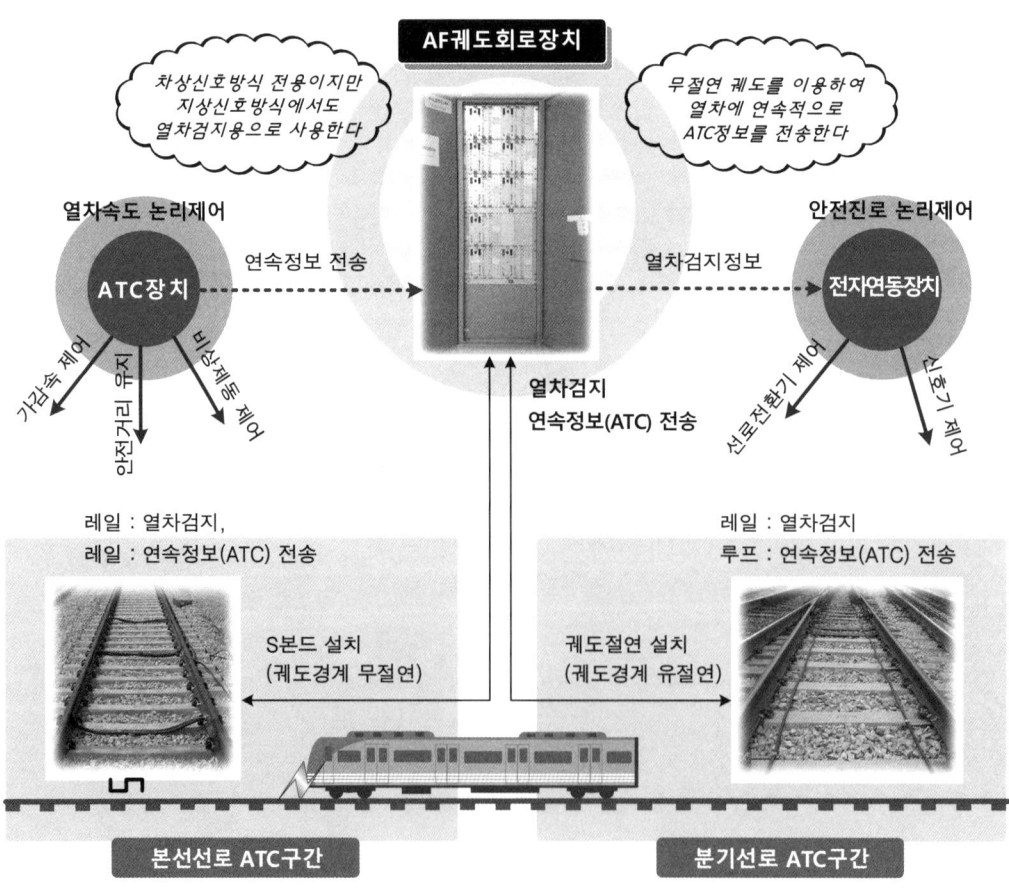

(그림 4-75). 본선과 분기의 궤도회로 제어

분기부 AF궤도회로의 정보전송

루프코일 구성

분기기가 없는 무절연 구간의 본선에서는 레일을 전기적으로 이용하여 열차검지는 물론이고 연속정보(ATC정보)도 지속적으로 전송한다. 분기부에서는 분기선로 내측에 궤도를 따라 설치된 루프코일(케이블)에 의하여 ATC정보를 열차에 전송한다. 이때 분기선로에서 레일은 정보전송기능 없이 별도의 열차검지 역할만 한다.

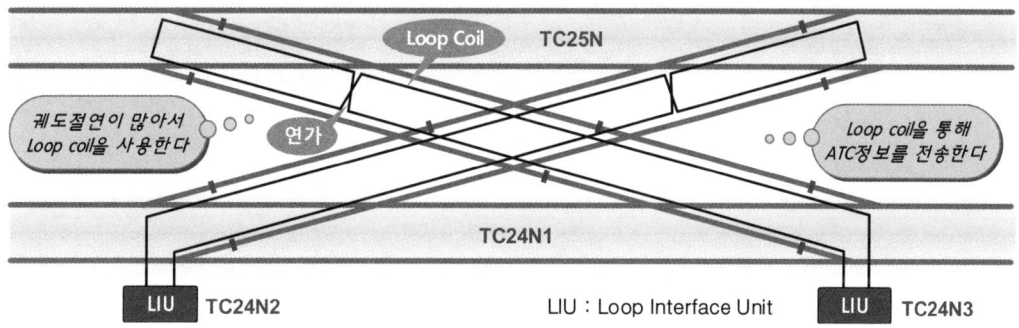

(그림 4-76). AF궤도회로의 분기구간 Loop Coil 구성

루프코일 설치

열차검지를 위해 궤조절연이 복잡하게 설치된 궤도회로 특성상 레일의 연속성을 이용하여 ATC 신호정보를 전송할 수 없으므로 ATC 신호정보 전송을 위해 별도의 루프코일을 설치한다.
열차검지는 절연된 레일구간을 이용하고, ATC 신호정보는 레일 면을 따라 나란히 설치된 별도의 루프코일에 의하여 전송한다. 루프코일은 분기 궤도회로의 반위측 진로에 설치된다.

(그림 4-77). 분기부의 루프코일

AF궤도회로 경계설비

기본 설명

AF궤도회로장치는 궤도의 경계에서 궤조절연을 사용하지 않는 무절연식이다. 가청주파수 특성을 이용하여 인접 궤도회로와 영역을 구분하는데, 이를 위해 ATC 속도코드방식(아날로그 ATC)에서는 미니본드, DTG방식(디지털 ATC)에서는 S본드가 사용된다.

1 미니본드(Mini Bond, AF본드)

ATC속도코드방식에서 사용되는 AF궤도회로는 궤도의 경계지점에 무절연으로 구성하기 위하여 미니본드(Mini Bond)를 사용한다.

DC전철구간에서 사용되는 AF궤도회로는 미니본드를 이용하여 전기적으로 구분하기 위해서 LC공진회로로서 동작한다. 2개의 동조유니트와 그 사이에 공심인덕터로 구성되며, 두 개의 동조유니트는 각각 직렬 공진회로와 병렬 공진회로로 작용한다.

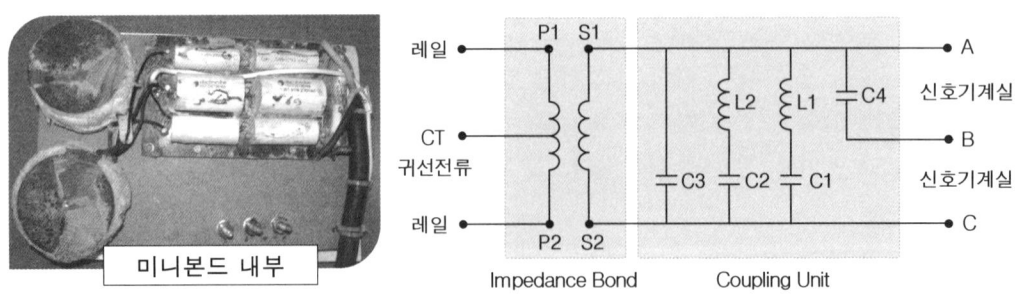

(그림 4-78). 미니본드의 내부회로 구성도

4장 궤도회로장치

공진할 때는 임피던스가 최대이며 회로에 저항이 없으면 무한대로 된다.

동조(공진)하면 임피던스가 커지기 때문에 안테나로부터 미약한 신호전류로 비교적 큰 전압을 얻을 수 있고, 다른 주파수의 전파에 대해서는 임피던스가 작기 때문에 거의 전압이 발생하지 않는다. 따라서 인접한 궤도 구간의 궤도신호는 무절연 접속부에서 서로 중첩되므로 열차검지의 연속성을 보장한다.

▓ AF궤도의 공진

AF궤도회로는 인접회로와 궤도 경계점에서 코일과 콘덴서를 조합하며 주파수 특성을 이용한다. 공진주파수는 회로에 포함된 L과 C에 의해 정해지는 고유주파수와 전원의 주파수가 일치함으로써 공진현상을 일으켜 전류 또는 전압의 최대가 되는 주파수이다. RLC를 직렬 또는 병렬로 연결하여 회로를 구성하였을 때 특정한 주파수에 대하여 유도성 저항(X_L)과 용량성 저항(X_C)의 값이 같아졌을 때 공진된다.

공진할 경우 합성임피던스 Z는,

$$Z = \sqrt{R^2 + (X_L - X_C)^2} \ [\Omega]$$

공진주파수는, $f_0 = \dfrac{1}{2\pi\sqrt{LC}} \ [Hz]$

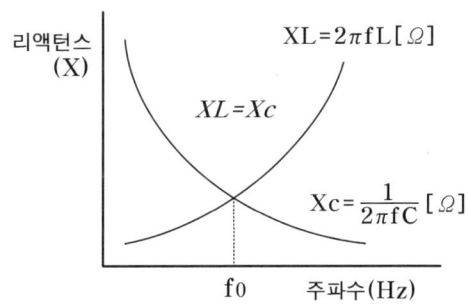

(그림4-79). 공진의 특성 이해

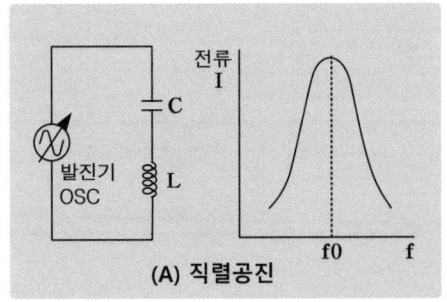
(A) 직렬공진

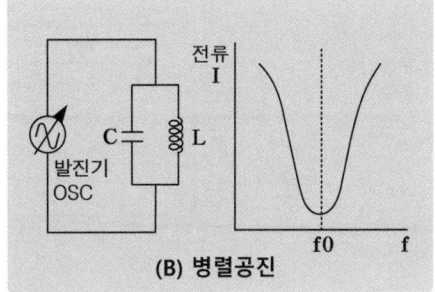
(B) 병렬공진

(그림 4-80). LC회로의 직렬공진과 병렬공진

- **직렬공진** : 임피던스는 최소, 전류는 최대가 된다.
- **병렬공진** : 임피던스는 최대, 전류는 최소가 된다.

직렬공진과 병렬공진회로에서 큰 L값을 가진 코일(AFC)에 맥류를 공급하면 교류에서만 저항이 커진다. L값이 적은 코일(RFC)에 고주파와 저주파가 합성된 혼합파를 공급하면 코일은 높은 고주파에 대해서는 저항이 커지므로 고주파는 통과하지 못하고 저주파에서는 비교적 적은 저항으로 작용한다.

2 S본드(전기적 이음매)

S본드는 Distance to go방식에서 AF궤도회로의 선로 경계부에 설치한다. AF본드처럼 인접 궤도회로의 다른 대역 주파수를 전기적으로 차단한다.
양방향 운전을 위해 궤도회로의 경계점에서 송신과 수신의 반전에 대해 방향성을 가진다.
아날로그 궤도회로의 궤도 경계점에는 미니본드를 설치하였으나, 디지털 궤도회로에서는 S본드를 설치하므로 현장 시설물을 간소화할 수 있다.

(그림4-81). 궤도회로 S본드

▓ S본드의 구성

S본드는 '전기적 이음매'라고도 불리며, 궤도회로 경계지점에 양쪽 레일 사이의 선로 가운데에 S자 모양의 케이블을 레일과 마주 보게 설치한다.

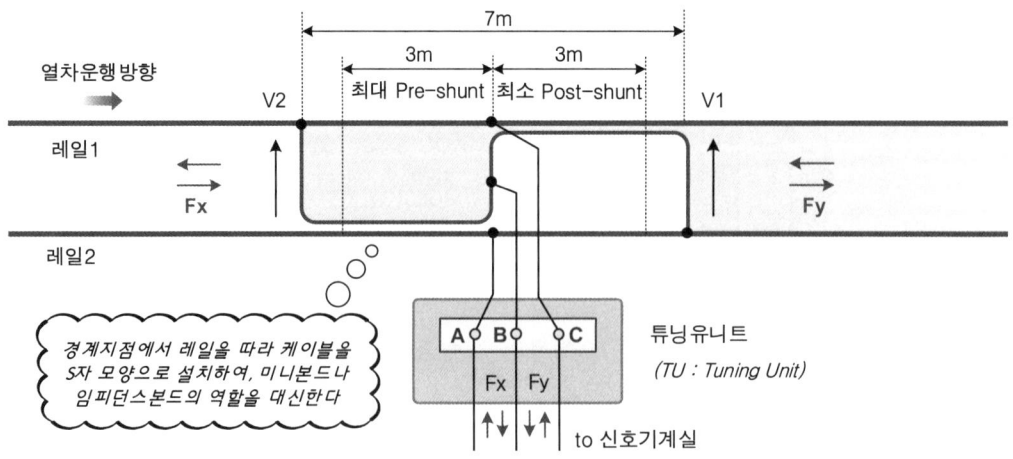

(그림 4-82). S본드의 구성과 동작원리

4장 궤도회로장치

S본드는 튜닝유니트와 연결되어 레일의 양 궤도회로 간 경계지점에서 인접 궤도와 회로를 분리하며, 열차의 전기적 견인력에 대하여 귀선 전류의 평형을 유지한다.

S본드는 A, B, C로 표시된 세 개의 케이블은 튜닝유니트와 연결된다. 케이블 B는 S본드 중앙과 연결되어 양쪽 궤도회로의 중성선으로 사용되고 A와 C는 양쪽 레일 측과 연결된다.

(그림 4-83). 튜닝유니트

S본드의 공진회로

S본드의 동작원리는 병렬 RLC공진회로를 기초로 한다. 병렬 RLC회로는 궤도회로의 동작주파수에 맞춰져 있어 궤도에 전송된 신호는 수신부에서 가능한 최대 임피던스를 유지한다. 또한, 오류로 인해 전압이 오르지 않도록 안전기능을 하며, 만일 오류가 발생하면 임피던스가 강하하고 전압이 내려간다.

병렬공진 구성은 S본드/튜닝유니트의 등가 임피던스를 높여 궤도신호의 송·수신 과정에서 전력손실을 최소화하고 단락을 향상한다.

S본드는 Pre-shunt 현상이 일어난다. Rx(수신) 반이음매에 도착한 신호의 일부가 차축에 의해 발생되는 임피던스로 인해 상실되고 열차가 접근함에 따라 선로의 Dpr 구간(Dpr : 거리기능)이 줄어든다.

수신부로 작용하는 S본드는 TC-x 동작주파수에 맞춰진 RLC 병렬회로로 구성된다.

저항은 병렬공진회로의 Q-factor를 감안한다. 차축과 선로의 작은 Dpr 부분은 매우 작은 저항을 가지는 RC회로로 구성된다. S본드의 전체 길이는 7m이며, Pre-shunt 및 Post-shunt의 범위는 S본드 중심으로부터 전후 3m이다.

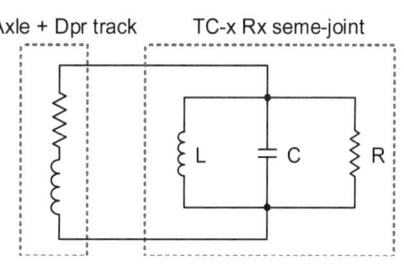

(그림4-84). S본드의 Pre-shunt

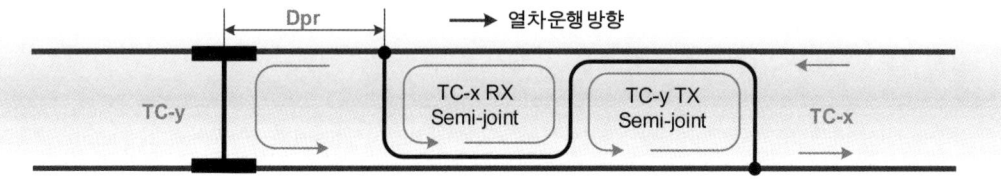

(그림 4-85). S본드의 Pre shunt 현상

3 Pre-shunt와 Post-shunt

Pre-shunt(사전단락)와 Post-shunt(사후단락)는 AF궤도회로 구간의 무절연 경계지점에서 발생한다. Pre-shunt는 궤도회로 경계지점에서 열차가 다음 궤도회로 구간에 진입하려고 할 때 궤도회로가 미리 낙하하여 단락이 발생하는 현상이다.
또한, 열차가 궤도회로의 경계를 일정 구간 통과한 후에도 지나온 일정 구간까지 궤도회로가 계속하여 낙하하는 현상이 Post-shunt 이다.

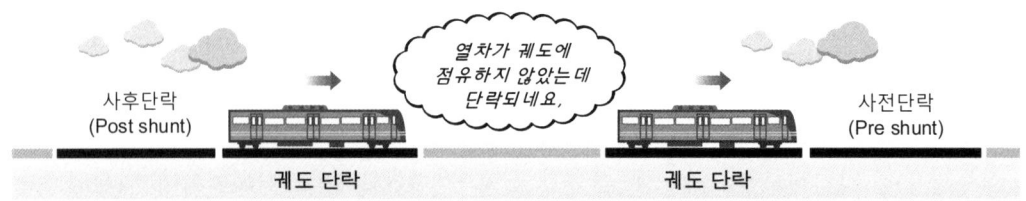

(그림 4-86). 궤도회로의 Pre-shunt와 post-shunt

▒ 발생 효과

궤도로 송신하는 ATC속도코드는 해당 구간 궤도계전기의 낙하접점을 경유하여 레일로 송신되면 차상에서 픽업코일을 통하여 수신한다. 이는 무절연 궤도회로의 구간에서 전방의 ATC속도코드가 궤도회로 경계를 넘어서 서로 혼신되는 것을 방지하기 위한 방법이지만 열차속도에 따른 Timing이 문제가 된다.
pre-shunt는 ATC속도코드방식에서 픽업코일을 통해 ATC속도코드신호를 수신하는데 있어서 궤도회로 전방에 속도코드가 경계를 넘어 혼신되는 것을 방지하고, 연속적인 속도코드 수신이 되도록 한다.
post-shunt 현상에서는 경계 구간의 통과속도가 너무 느리면 후속열차에 지장을 주므로 AF궤도회로의 송신레벨과 단락감도를 조정하여 열차 통과와 속도 Timing을 일치시켜 열차운전을 원활하게 하고 있다.
ATC속도코드방식은 각 궤도회로의 경계점에서 단계적인 속도코드가 변화한다. 따라서 pre-shunt와 post-shunt는 궤도회로의 경계점에서 연속적인 지시속도가 수신되게 하여 지시속도 변화로 인한 열차 충격을 감소시켜 승차감을 개선한다.

05 연동장치

Railway Signal System

- 전기쇄정법
- 쇄정과 연쇄
- 열차의 과주
- 연동도표
- 전기연동장치
- 전자연동장치
- 철도신호용 계전기

기본 설명

열차가 운행 중인 진로를 취급하여 변경하거나 부당한 진로가 구성되면 다른 열차와 충돌을 하거나 진로의 불일치로 탈선사고가 발생된다. 이를 위해서 모든 분기진로에는 다양한 위험측 상황에서 쇄정회로를 구성하여 열차의 안전운행을 도모하고 있다.

1 머리 기술

전기쇄정법은 분기선로에서 진로제어 시 기본적인 쇄정법으로서 연동장치의 논리회로에 의해서 안전측 진로의 설정과 위험측 진로의 쇄정이 실행된다.

연동장치는 관계 궤도회로의 열차점유와 관계 진로의 선로전환기 및 신호기의 동작상태를 고려하여 전환할 진로가 안전한가를 연산하고 그 결과에 따라서 진로를 전환하거나 쇄정한다.

정거장 구내에서 안전한 진로설정으로 원활하게 열차운전이 되기 위해서 궤도회로, 선로전환기, 신호기 등과 상호 직접적으로 관계를 맺고 일정한 순서나 제어조건에 의해 기계적 혹은 전기적 방법에 의해 여러 가지 쇄정이 이루어지며, 이 중에서 전기를 사용하여 연동하는 방법을 '전기쇄정법'이라 한다.

전기쇄정법은 취급자의 조작 실수나 부정한 방법으로 진로를 취급할 경우 연동장치가 서로 관계되는 동작을 쇄정하거나 신호장치가 안전 측으로 동작하여 충돌 및 추돌 기타 탈선사고를 예방할 수 있도록 한다.

5장 연동장치

2 전개쇄정법의 종류

▓ 철사쇄정 (Detector locking)

'철사쇄정'이란 선로전환기를 포함하는 분기부 궤도회로 내에 열차가 점유하여 궤도회로가 단락하였을 때 진로취급을 하여도 선로전환기가 전환되지 않도록 쇄정하는 것을 말한다. 이 경우 쌍동 이상의 선로전환기에서 2개 이상의 궤도회로로 구성된 경우 하나의 궤도회로만 단락되어도 선로전환기는 전환되지 않아야 한다.

열차가 분기궤도 통과 중 선로전환기가 전환하게 된다면 열차의 사고가 발생되므로 선로전환기를 포함하는 궤도회로에 열차점유 시 연동장치에서 선로전환기 제어전원을 차단하여 선로전환기가 전환되지 않도록 안전을 확보한다.

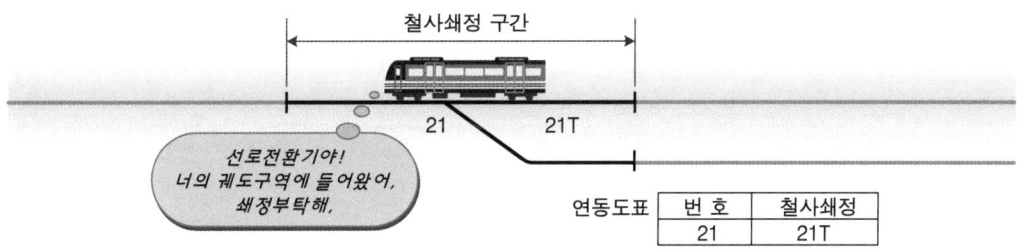

(그림 5-1). 철사쇄정의 애해

(표 5-1). 철사쇄정과 진로쇄정의 비교

구분	철 사 쇄 정	진 로 쇄 정
목적	■ 열차가 그 분기궤도 내의 선로전환기를 안전하게 통과하는 데 있다.	■ 철사쇄정 만으로 충분한 목적을 달성할 수 없는 경우에 해당 진로를 제어한다.
제어 구간	■ 1개 분기궤도회로 ■ 쌍동은 2개 중 1개 궤도회로 이상	■ 해당 진로 내 모든 궤도회로 (진행신호 구간 전체궤도)
쇄정 범위	■ 관계 궤도회로 내의 그 선로전환기만을 쇄정한다. ■ 선로전환기가 포함된 궤도회로를 통과해야만 해정된다.	■ 그 진로의 선로전환기를 쇄정하며, 지장되는 다른 관계 진로도 쇄정한다. ■ 그 진로 내의 모든 궤도에서 열차가 완전히 통과해야만 해정된다.

진로쇄정 (Route locking)

'진로쇄정'이란 신호기의 진행신호 현시에 따라 열차가 그 진로에 진입하였을 경우에 그 진로 내에 관계 선로전환기가 있는 모든 궤도회로를 열차가 완전히 통과할 때까지 선로전환기를 전환하지 못하도록 그 진로를 쇄정하는 것을 말한다.

진로쇄정에서 이미 현시된 진행신호를 취소할 경우 그 진로 내에 열차가 진입하지 않았다면 즉시 정지신호로 현시한다.

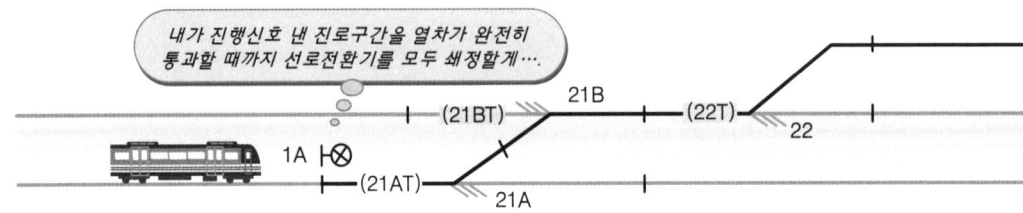

(그림 5-2). 진로쇄정의 이해

진로구분쇄정 (Section route locking)

진로구분쇄정은 신호기의 진행신호 현시에 따라 열차가 그 진로에 진입하였을 때 열차에 의해서 관계 선로전환기가 전환되지 않도록 쇄정하고, 열차가 구분된 궤도회로 구간을 통과함에 따라 그 후미 구간의 선로전환기를 순차적으로 해정한다.

진로쇄정과 같이 열차의 후미가 그 진로의 마지막 선로전환기를 통과할 때까지 진로 내의 모든 선로전환기를 쇄정한다면 큰 구내에서는 입환 능률이 저하된다. 진로구분쇄정은 선로전환기가 많고 열차의 운행빈도가 높은 큰 구내에서 신속하고 안전한 진로취급으로 열차의 운용효율을 높일 수 있다.

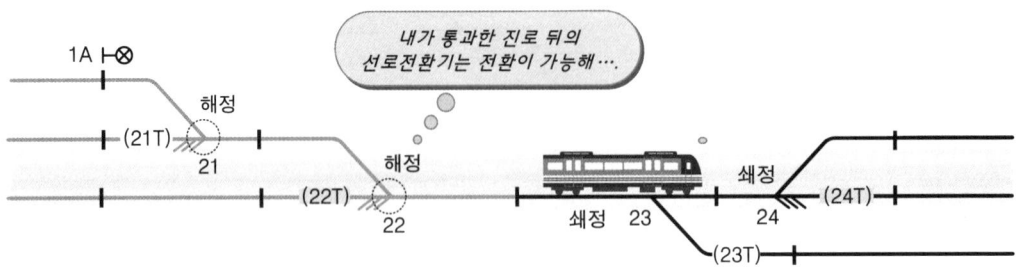

(그림 5-3). 진로구분쇄정

5장 연동장치

(표 5-2). 진로쇄정과 진로구분쇄정의 비교

구 분	진 로 쇄 정	진로구분쇄정
쇄정구간	▪ 열차가 그 진로의 모든 궤도회로 구간을 완전히 통과할 때까지 진로(선로전환기)를 쇄정한다.	▪ 열차가 구분된 궤도회로를 통과함에 따라 후미 진로의 선로전환기가 순차적으로 해정된다.
적용개소	▪ 비교적 작은 구내	▪ 차량기지 및 큰 정거장 구내
취급시간	▪ 다음 후속열차의 신호취급 시까지 대기 시간이 길어진다.	▪ 다음 후속열차의 신호취급 대기시간이 단축된다.
효율성	▪ 열차 운용 비효율성	▪ 열차 운용 효율성 증가
안전도	▪ 안전도 유리	▪ 안전도 불리

▌접근쇄정 (Approach locking)

'접근쇄정'이란 장내신호기가 진행신호를 현시하고 있을 때 열차가 신호기 외방 일정 구간에 진입 또는 정차하고 있을 경우에, 그 진행신호를 취소하여도 열차가 해당 신호기 내방으로 진입하거나 신호기를 정지 현시한 후 상당 시간이 경과할 때까지는 열차에 의하여 그 진로상의 선로전환기가 전환되지 않도록 쇄정하는 것이다.

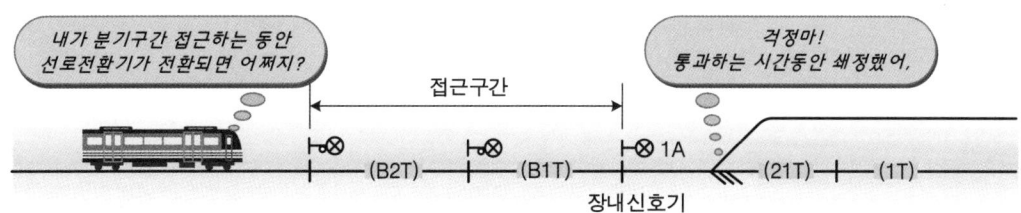

(그림 5-4). 접근쇄정의 이해

쇄정시간

접근쇄정이 걸렸을 경우 접근쇄정 해정 시간은 신호기의 확인거리 및 그 구간을 운행하는 열차의 제동거리 등을 감안하여 다음과 같이 정하고 있다.

- 장내신호기 : 90초 ±10%
- 출발신호기, 입환 신호기 : 30초 ±10%
- 고속철도 구간 : 3분

복선 접근쇄정구간

❶ **장내신호기** : 그 후방 2개의 궤도회로 구간부터 한다. 다만, 폐색구간이 짧아 거리가 부족한 경우에는 후방 3개의 궤도회로 구간부터 한다.

❷ **출발신호기** : 통과 열차가 있는 경우 장내신호기의 접근구간에 장내신호기로부터 출발신호기까지의 거리를 더한 거리로 한다. 출발신호기에 통과 열차가 없는 경우는 해당 신호기 외방 유효장 내의 궤도회로 구간으로 한다.

단선 접근쇄정구간

❶ **자동 폐색구간** : 궤도 분할이 없는 경우 상대역의 장내신호기까지의 구간으로 하며, 2개 이상의 폐색으로 분할된 경우에는 장내신호기 외방 1폐색 구간으로 한다.

❷ **비자동 폐색구간** : 장내신호기의 외방에 궤도회로를 구성한 경우에는 다음 그림과 같이 구성된 궤도회로 구간으로 할 수 있다.

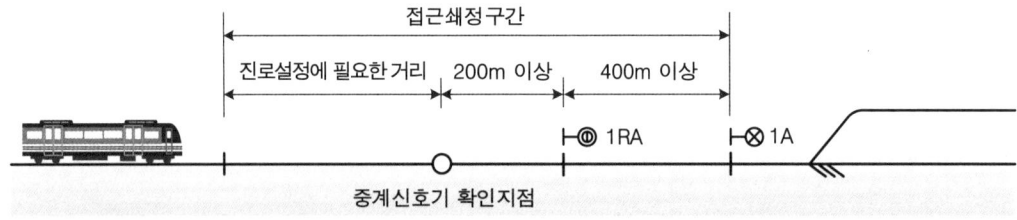

(그림 5-5). 단선의 접근쇄정구간

접근쇄정구간 산정

- 자동폐색구간에서 선구의 최대속도 150km/h 구간의 접근구간 설정 방법
- 장내신호기 확인거리 : 600m
- 진로설정에 필요한 시간 : 10~15초

$$L = \frac{150 \times 1,000}{3,600} \times 15 + 600 = 1,225m$$

* 접근구간은 위 계산식에서 산출된 거리 이상의 궤도회로 구간부터로 한다.

보류쇄정 (Stick locking)

'보류쇄정'은 신호기의 진행신호 현시 후에 진행신호를 취소한 경우 정지신호를 현시하고 일정시간 동안 진로상에 있는 선로전환기를 전환할 수 없도록 쇄정하는 것이다.
보류쇄정과 접근쇄정은 유사한 면이 있지만, 접근쇄정은 접근쇄정구간의 궤도회로에 열차가 진입하지 않았을 때 진행신호를 취소하면 즉시 해정되지만, 보류쇄정은 진행신호를 취소하면 관계 신호기 외방에 열차점유와 관계없이 일정시간 후에 해정된다.
보류쇄정 해정시간은 접근쇄정 해정 시간에 준한다.
보류쇄정은 검수고 및 차고, 유치선 등에 궤도회로장치가 설비되지 않아 열차의 점유상태를 확인할 수 없는 선로 종단의 신호기에 적용된다.

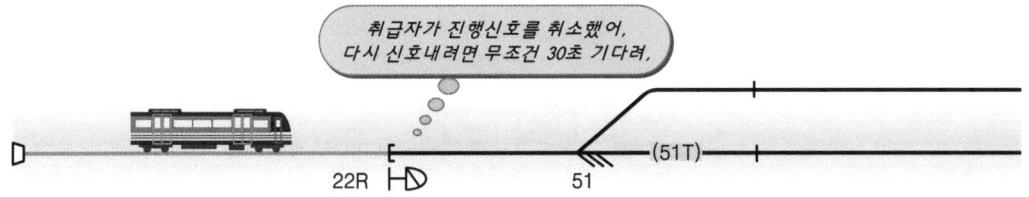

(그림 5-6). 보류쇄정의 이해

(표 5-3). 접근쇄정과 보류쇄정의 비교

구 분	접근쇄정	보류쇄정
적용개소	■ 주로 본선 진출입 구간 ■ 장내신호기, 출발신호기, 입환신호기	■ 구내 선로의 종단 ■ 차량기지 및 정거장 구내
적용대상	■ 주행 중인 열차를 대상	■ 출발하려는 열차를 대상
열차검지	■ 궤도회로 설치(열차검지 가능)	■ 궤도회로 미설치(열차검지 불가능)
해정조건	■ 열차 미점유시 즉시 해정 ■ 열차 점유시 일정시간 후 해정	■ 열차검지 불능으로 열차점유와 관계없이 무조건 일정시간 후 해정
쇄정구간	■ 신호기 외방 2궤도 (하구배 3궤도)	■ 신호기 외방 1궤도
쇄정시간	■ 장내신호기 : 90초 ■ 출발신호기, 입환신호기 : 30초	■ 접근쇄정 시간에 의한다.

시간쇄정 (Overlap)

'시간쇄정'이란 갑과 을의 취급버튼 상호간에 쇄정하는 갑의 취급버튼을 정위로 복귀하여도 을의 취급버튼은 일정시간 경과할 때까지 쇄정하는 것이다. 즉, 도착선의 유효장 내에 선로전환기를 포함한 궤도회로가 구성되었을 때 열차가 해당 도착선에 완전히 정차할 수 있는 시간이 경과해야 유효장 내의 선로전환기를 해정한다.

❏ 시간쇄정을 적용하는 선로전환기
① 진로 내의 선로전환기로 진로쇄정을 설비할 수 없는 선로전환기
② 진로 내의 선로전환기가 열차 도착 전에 해정될 수 있는 선로전환기
③ 과주여유거리 내에 있는 선로전환기

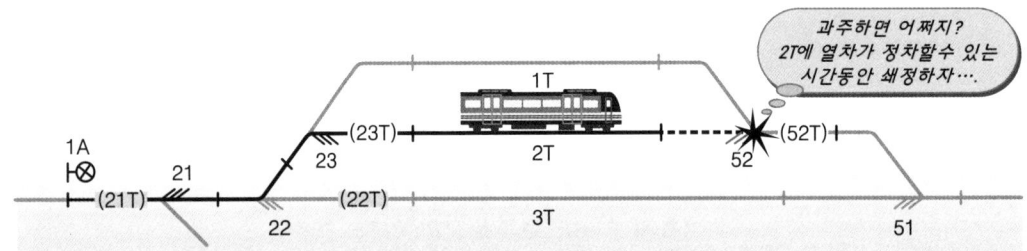

(그림 5-7). 시간쇄정의 이해

도착선 유효장 내에 열차가 1A 장내신호기를 지나 진로쇄정 구간인 22T, 23T를 통과한 후에도 열차는 계속 진행하여 2T 내에서 완전히 정차하지 못하고 지나칠 경우 52호 선로전환기가 정위 상태에서 해정되어 전환되면 사고 우려가 있다.
따라서 52호 선로전환기는 쇄정되어야 하며, 열차가 23T를 완전히 통과하면 2T에 진입 후 완전히 정차할 수 있는 시간이 경과 후 52호 선로전환기가 해정된다.

폐로쇄정 (Section locking)

건축한계 등의 사유로 정해진 위치에 출발, 입환신호기를 설치할 수 없을 때 그 위치에 열차정지표지를 설치하고 출발, 입환신호기를 전방에 건식하는 경우가 있다.
이 경우 열차가 열차정지표지로부터 출발신호기 또는 입환신호기까지의 궤도회로 내에 점유하고 있을 때 그 취급버튼을 정위로 쇄정하여 진로가 구성되지 않도록 하는 것을 '폐로쇄정'이라 한다.

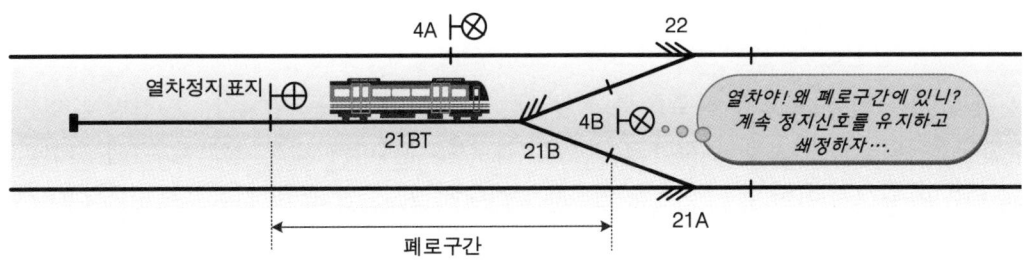

(그림 5-8). 폐로쇄정의 이해

❏ 폐로쇄정을 적용하는 경우
① 출발신호기를 소정의 위치에 설치할 수 없어 그 위치에 열차정지표지를 설비한 경우
② 지형 기타 사유로 인하여 신호기 취급자로부터 열차의 유무를 확인하기 곤란한 신호기

표시쇄정 (Indication locking)

'표시쇄정'은 신호기 또는 선로전환기의 취급버튼으로 진로를 구성할 때 표시구성이 완전히 될 때까지 그 취급버튼을 쇄정하여 전환 중에 다른 진로를 구성할 수 없도록 한다.

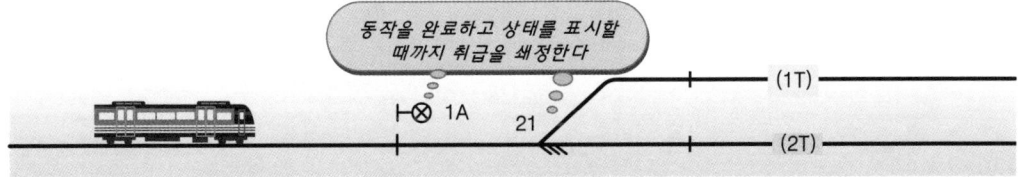

(그림 5-9). 표시쇄정의 이해

신호기 표시쇄정

신호취급버튼에 의해 신호를 반위(진행)에서 정위(정지)로 복귀할 때 신호기가 정지신호로 현시할 때까지 그 취급버튼을 정위로 할 수 없도록 쇄정을 한다. 즉, 정지 정위인 신호기가 정지신호로 복귀되어 그 표시가 확인될 때까지 관계 진로를 쇄정하는 것이다.

선로전환기 표시쇄정

선로전환기 취급버튼을 정위에서 반위로 또는 반위에서 정위로 취급할 때 선로전환기가 반위 또는 정위로 전환을 완료하여 표시가 구성될 때까지 그 취급버튼을 완전히 반위 또는 정위로 할 수 없도록 쇄정하는 것이다.

조사쇄정 (Check locking)

'조사쇄정'은 장내 쪽으로 진로를 취급할 때 장내에 진입하는 열차가 그 전방에 있는 출발신호기의 정지신호를 무시하고 과주할 경우를 대비하여 안전 확보를 위해 출발신호기 전방 일정거리(비상 제동거리 약 200m) 내에 있는 선로전환기를 안전 측으로 개통하고 쇄정하는 것을 말한다.

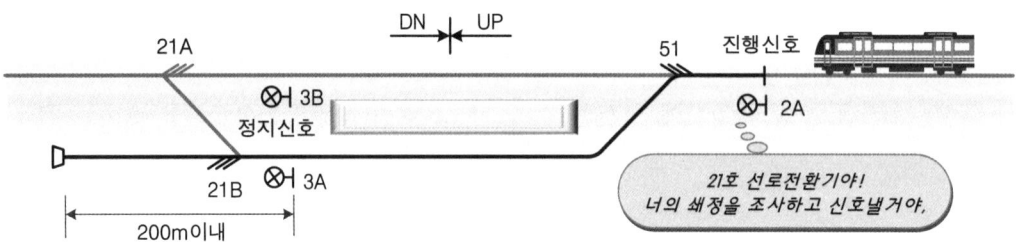

(그림 5-10). 조사쇄정의 이해

선로에서 200m 이내에 있는 21호 선로전환기가 반위일 때 또는 다른 진로취급에 따른 진로쇄정이 이루어졌을 때에는 서로 상충되는 진로가 구성되어 열차의 충돌 및 추돌 등의 사고가 발생할 수 있다.

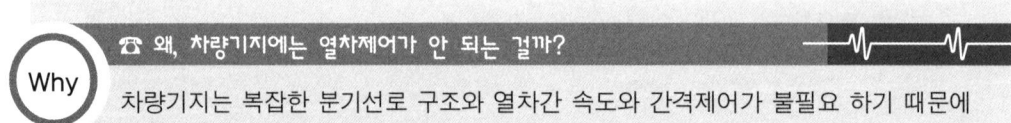

5장 연동장치

쇄정과 연쇄

기본 설명

쇄정과 연쇄는 유사한 용어로서, 쇄정은 신호기의 진행신호를 현시할 수 없도록 하거나 선로전환기를 전환할 수 없도록 하는 잠금 상태를 말하며, 연쇄는 2대 이상의 신호기 또는 선로전환기가 서로 연동하여 진로를 전환할 수 없도록 쇄정하는 것을 말한다.

1 쇄정(Interlocking)

▓ 정위쇄정

'정위쇄정'은 상충되는 진로를 양 방향에서 동시에 설정할 경우 열차 충돌을 방지하기 위한 쇄정으로서 진로가 상대되는 신호기 간에 서로 연동하여 쇄정하는 것이다.
아래의 그림에서 갑의 신호기가 반위(G)일 때 을의 신호기를 정위(R)로 쇄정하고, 을의 신호기가 반위(G)일 때 갑의 신호기가 정위(R)로 쇄정되는 것이다.

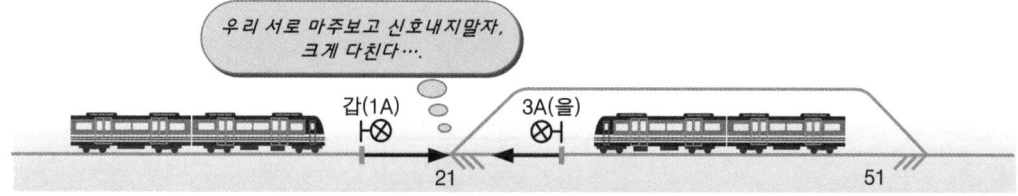

(그림 5-11). 정위쇄정

339

반위쇄정

아래 그림에서, 갑의 신호기가 반위(G)일 때 51(을)호 선로전환기가 정위이면 안전측선으로 열차가 진입하여 사고가 발생하게 된다. 갑의 신호기를 반위(G)로 하면 을(51)의 선로전환기를 반위로 쇄정하는 것을 '반위쇄정'이라고 한다.

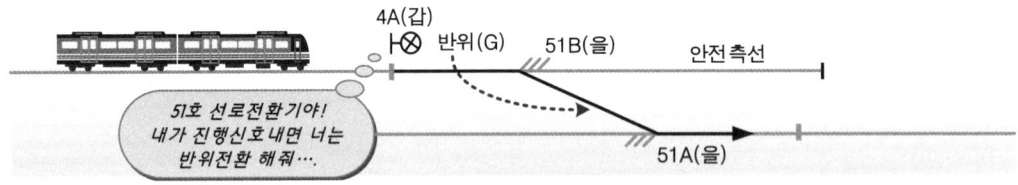

(그림 5-12). 반위쇄정

아래 그림에서, 원방신호기의 정위(Y), 장내신호기의 정위(R)일 때 원방신호기는 장내신호기의 종속신호기로 장내신호기를 반위(R)로 하면 원방신호기(G)로 쇄정되고, 원방신호기가 반위(Y)가 되면 장내신호기도 반위(R)로 쇄정되는 것을 '반위쇄정'이라 한다.

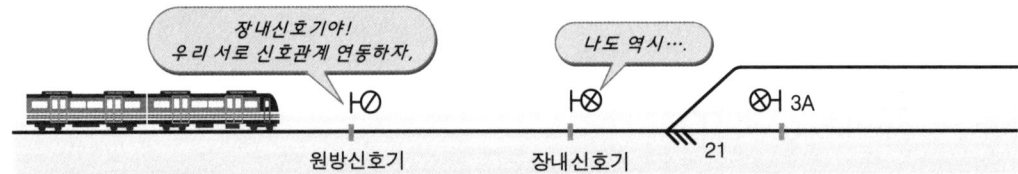

(그림 5-13). 반위쇄정

정반위 쇄정

갑의 신호기가 반위(G)로 구성할 수 있는 진로는 A선과 B선이다. 이때 갑의 신호기가 A선으로 진로구성 시 을(21)의 선로전환기는 반위로 쇄정되고, 갑의 신호기가 B선으로 진로구성시 을(21)의 선로전환기는 정위로 쇄정되는 것을 '정반위 쇄정'이라 한다.

(그림 5-14). 정반위 쇄정

5장 연동장치

조건부 쇄정

갑과 을의 상호 간에 갑을 반위로 하였을 경우 을은 다른 취급 조건이 충족되었을 때만 쇄정되고 조건이 충족되지 않으면 쇄정되지 않는 것을 말한다.

아래의 그림에서 신호기 1A 또는 1B가 B선과 A선으로 진로를 구성하기 위해서는 선로전환기 21호의 방향에 따라 정해지며 21호가 정위일 때는 23호는 정위이어야 하며 21호가 반위일 때는 22호가 정위에 있어야 한다.

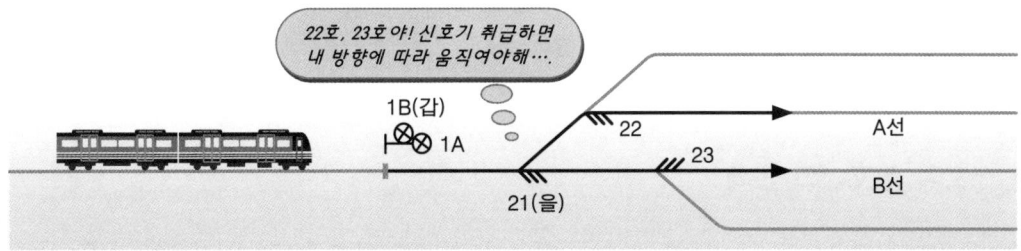

(그림 5-15). 조건부 쇄정

편쇄정

갑과 을의 취급된 상호간에 갑의 취급버튼을 반위로 하였을 때 을의 취급버튼은 정위 또는 반위 중 한쪽에만 쇄정되며 정위에 쇄정되는 것은 반위, 반위에 쇄정되는 것은 정위에서 쇄정되지 않으며 갑의 취급버튼은 을의 취급버튼이 정위 또는 반위 어느 위치에서나 쇄정되지 않는 것을 말한다.

2 연쇄(Chain Interlocking)

연동장치는 궤도회로장치로부터 열차검지정보를 통해 검증된 진로를 전환하고 열차가 통과하기까지 진로를 전환하지 못하도록 쇄정하고 있다.
연쇄는 정거장 구내에서 열차의 도착, 출발 혹은 차량의 입환 등 복잡한 작업을 하는 경우와 같이 2대 이상의 신호기 및 선로전환기 등의 기기 상호 간에 일정한 순서에 의해 직접 또는 간접적으로 쇄정 관계를 갖도록 한다.

(그림 5-16). 연쇄장애의 충돌

신호기 상호간의 연쇄

그 신호의 진로 내에 있는 다른 신호를 취급하거나 그 신호의 도착지점으로 다른 신호를 취급하였을 때 진로선별이나 신호기에 진행신호의 현시가 되지 않아야 하고, 이미 현시된 신호 및 진로구성 상태는 변화가 없어야 한다.

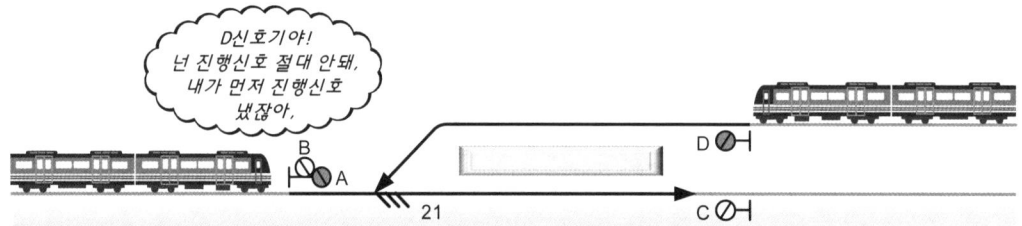

(그림 5-17). 신호기 상호간의 연쇄

위의 그림에서, A신호기의 진행신호로 열차가 21호 선로전환기를 통과 중 D신호기에 진행이 현시되어 진입되는 열차가 정지위치를 지나서 계속 진행할 때 사고를 일으킨다. 그러므로 A와 D는 쇄정하여야 하며 신호기 B와 C도 같은 이유로 쇄정한다.

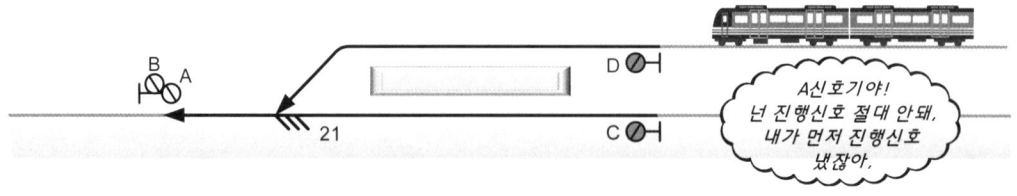

(그림 5-18). 신호기 상호간의 연쇄

위의 그림에서, C와 D신호기의 진행현시에 의하여 2개 열차가 동시 진입 중 정지위치를 지나서 계속 진행할 경우 사고가 발생하므로 양쪽 신호기 간에는 쇄정을 하여야 한다. 다만, 과주여유거리 이상으로 위험이 없을 경우에는 쇄정을 생략할 수 있다.

신호기와 선로전환기 간의 연쇄

신호기와 선로전환기 간의 연쇄는 신호기의 진로에 대한 선로전환기를 정당한 방향으로 전환하여 쇄정하고, 진로 외의 다른 열차가 진입할 우려가 있는 선로전환기는 위험하지 않은 방향으로 신호기와 연쇄 관계를 구성하여야 한다.

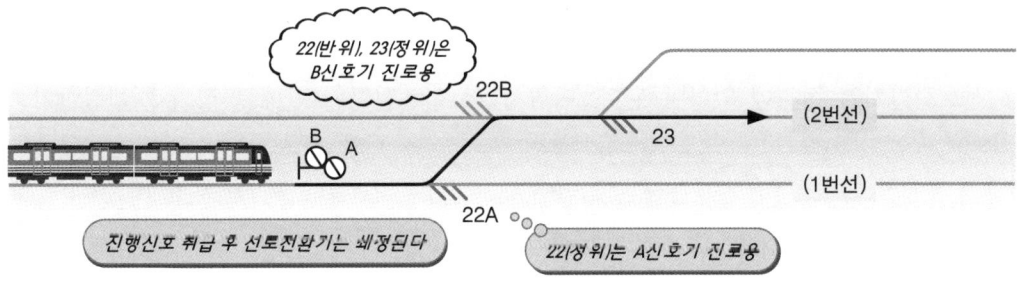

(그림 5-19). 신호기와 선로전환기의 연쇄

위의 그림에서, A신호기는 1번선, B신호기는 2번선 진로용이다. 22호 선로전환기를 정위로 전환하면 진로가 1번선으로 개통되고 A신호기의 취급버튼을 반위로 하면 22호는 정위로 쇄정된다.
B신호기의 진로상에 있는 선로전환기 22호 반위, 23호 정위로 하고 B신호기의 버튼취급을 반위로 하면 22, 23호가 현재의 상태에서 쇄정된다.

선로전환기 상호간 연쇄

신호기를 사용하는 경우 관계 선로전환기를 정당한 방향으로 개통하고 쇄정하므로 안전하게 진로가 확보되지만, 신호기를 사용하지 않고 각 선로전환기를 단독으로 취급하는 경우 취급자가 잘못 취급시 사고 우려가 있다. 선로전환기 취급 시 열차의 진로에 관계되는 다른 선로전환기도 연쇄하여 신호취급자의 오취급을 방지한다.

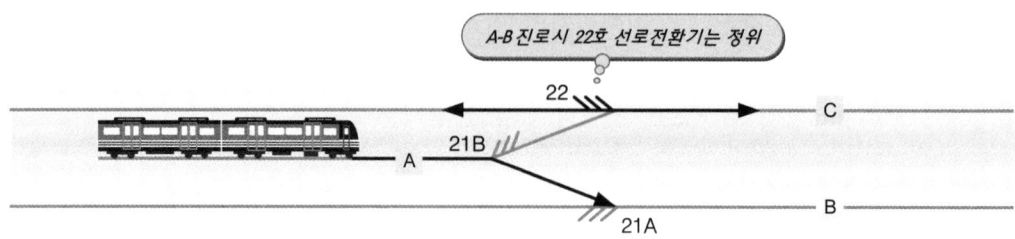

(그림 5-20). 선로전환기 상호 간의 연쇄

위의 그림과 같이 21호 선로전환기를 반위로 하는 것은 A-B간에 진로를 설정하기 위한 것으로 22호 선로전환기를 정위 또는 반위 어느 쪽으로도 전환할 수가 있다면 반위에서는 위험이 있으므로 정위에 있어야 된다.

또한, 22호 선로전환기를 반위로 하는 것은 A-C간의 진로를 설정하기 위한 것으로 21호 선로전환기는 정위에 있어야 된다. 따라서 두 선로전환기 간에는 정위로 쇄정한다.

5장 연동장치

기본 설명

과주는 열차가 사전에 정차해야 할 위치를 지나쳐 정차하는 것을 말하며, 과주로 인하여 탈선을 하거나 다른 열차와 충돌을 할 우려가 있다. 이에 대한 대책으로 과주거리 내의 선로전환기를 일정시간 쇄정하거나, 탈선선로전환기, 차막이 등이 설치된다.

1 과주여유거리

과주여유거리란 차량의 성능저하, 기관사의 과실 등의 이유로 열차 또는 차량을 정해진 정지위치에 정지시키지 못하고 그 위치를 지나칠 경우 제동취급 후 지나쳐도 이로 인한 사고를 방지하기 위하여 설정한 여유구간을 말한다.
과주거리는 제동이 작동되어 열차가 가진 운동에너지가 제륜자와 차륜과의 마찰에 의해 열에너지로 변환되면서 열차가 정차할 때까지 주행한 거리로서 제동가속도의 자승에 비례하고 중량에 비례한다.
열차가 승강장 등의 정차할 위치에서 정차하지 못하고 전방의 분기부를 지나치게 되면 탈선하거나 합류하는 선로에서 접근하는 열차와 충돌할 위험이 있어 신호시스템은 안전측 동작을 실행하여 안전하게 진로를 유도한다. 신호시스템은 과주에 의한 사고를 방지를 위하여 진로취급 시 연동장치에서 과주우려가 있는 관계 진로의 선로전환기를 일정 시간 동안 쇄정하여 안전한 진로를 유도하고 있다.

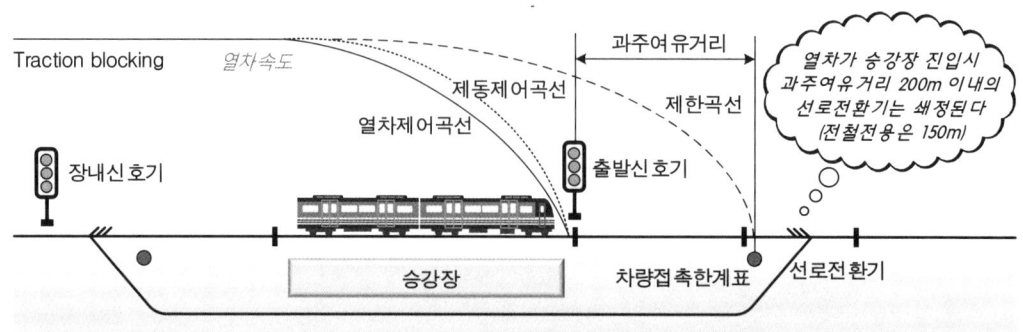

(그림 5-21). 정거장의 절대정지 구간

▓ 과주여유거리 산정

① 정거장에서 열차의 도착을 목적으로 부설된 유효장의 객차 전용선 및 전동차선은 다음에 의해서 정한다. (대피선, 착발선, 도착선 등의 본선 유효장은 다음에 준한다)

도착열차의 최대길이 + C (20m)

여기서, C : 과주여유길이(5m)+제동여유길이(5m)+신호주시 거리(10m) 등의 합계

② 화물열차 과주여유거리 : 20m(전후 각 10m)
③ 여객열차 과주여유거리 : 4량 편성 이하 10m, 5량 편성 이상 20m

(그림 5-22). 뚝식 차막이

(그림 5-23). 유압식 차막이

5장 연동장치

2 안전측선의 설치

▓ 안전측선의 설치개소

① 2개 이상의 열차 또는 차량을 동시에 진입·진출시키는 경우에 열차의 진로에 지장 우려가 있는 개소
② 본선 또는 중요한 측선이 다른 본선과 평면교차 또는 전환하는 경우에 열차 상호간 충돌 가능성을 고려하여 방호할 필요가 있는 개소
  • 대향 열차를 취급할 때,
  • 동일 방향의 열차를 취급할 때,
③ 구내운전으로 차량이 과주하여 다른 열차에 지장을 줄 우려가 있는 개소
④ 안전측선의 길이는 안전측선을 설치하는 분기기의 차량접촉한계에서 75m 이상을 표준으로 한다.

▓ 안전측선의 생략

❖ **다음의 경우에는 안전측선을 생략할 수 있다.**

① 방호를 위해 신호기 외방의 신호기가 경계신호를 현시하는 장치를 가졌을 때,
② ATS 신호기 정지위치에서 전방으로 200m(동차·전동차는 150m 이상) 이상의 과주여유거리를 설정했을 때, 단 정거장 내 측선의 경우는 입환신호기 또는 차량정지표지의 전방으로 50m 이상의 과주여유거리를 설치했을 때,
③ ATC 구간에서 한쪽의 장내신호가 진행 신호현시일 때 다른 쪽의 장내신호기가 반드시 정지신호가 현시되도록 연동을 설치하며, 동시 진입이 되지 않도록 하는 경우.

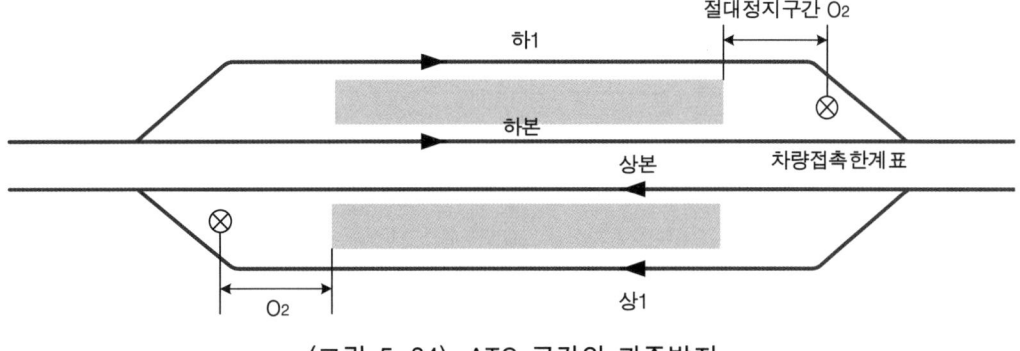

(그림 5-24). ATC 구간의 과주방지

347

안전측선의 설치

아래의 그림과 같이 열차가 교행하는 장소에서 열차가 정차하지 못하고 과주여유거리를 지날 경우 반대 방향에서 진입하는 열차와 충돌할 우려가 있다.

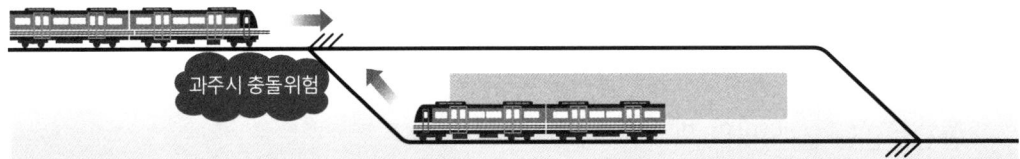

(그림 5-25). 과주시 사고위험

이를 위해서 아래의 그림과 같이 안전측선을 설치하여 열차의 충돌을 방지하여야 하며 안전측선의 종단부에는 차막이표지를 설치하여 열차의 진행을 저지한다.

(그림 5-26). 과주시 사고방지

❖ 다음의 개소에는 안전측선(인상선 포함)을 설치한다.

① 2개 이상의 열차 또는 차량을 동시에 진입, 진출시킬 경우에 열차의 진로에 지장 우려가 있는 개소
② 본선 또는 중요한 측선이 다른 본선과 평면교차 또는 전환하는 경우에 열차 상호간 충돌 가능성을 고려하여 방호할 필요가 있는 개소
  • 대향열차를 취급할 때
  • 동방향 열차를 취급할 때
③ 구내운전으로 차량이 과주하여 다른 열차에 지장을 줄 우려가 있는 개소
④ 안전측선 길이는 안전측선을 설치하는 분기기의 차량접촉한계에서 75m 이상을 기준으로 하며, 안전측선과 인접선로간의 궤도 중심간격은 5.5m 이상 확보한다.

3 탈선장치

탈선선로전환기

탈선선로전환기는 공간 확보 등의 이유로 안전측선을 설치하지 못할 경우 텅레일만 설치하고 리드부 및 크로싱부를 설치하지 않는 분기기를 말한다.

열차가 정차위치에서 정차하지 못하고 과주할 경우 안전측선을 설치하지 않은 구내에서 상대 열차와 충돌할 위험을 방지하기 위해 탈선선로전환기에 의해서 열차를 탈선시켜 대형사고를 방지한다.

유사시 열차가 탈선 되더라도 더 큰 충돌로 인한 대형사고를 방지하는 데 목적이 있으며, 완전한 분기기 구성은 되지 못하고 첨단의 전환 기능만 가지고 있다.

(그림 5-27). 탈선선로전환기

탈선기

탈선기는 말 그대로 열차를 강제로 탈선시키는 장치로서 탈선을 하는 쪽이 더 작은 사고일 때 사용한다. 웬만하면 안전측선을 이용하지만 최후의 보류인 셈이다.

기본적으로 안전측선이나 피난선을 설치하지만 부득이하게 안전측선을 설비할 수 없을 때에만 설치할 수 있다. 75m 이상의 길이를 요구하는 안전측선과 다르게 4.24m만 확보하면 설치가 가능하다.

(그림 5-28). 탈선기

4　과주사고 방지대책

열차의 과주방지 대책

과주여유거리가 없을 경우

열차의 도착점 외방 선로전환기를 열차가 과주하여도 지장이 없는 길이를 확보한 방향으로 전환하는 경우 해당 진로의 신호취급 시 선로전환기는 해당 방향으로 전환 쇄정하고 진로구성 표시는 하지 않는 것을 원칙으로 한다.

선로전환기의 쇄정

열차가 도착하여 진로쇄정구간의 모든 구분진로가 해정된 후 해정되어야 한다. 도착지점의 궤도를 제외한 후방의 진로가 모두 해정된 후 일정 시간이 경과한 다음에 해정되어야 하며 해정 시간은 연동도표에 의한다.
과주여유거리 내의 선로전환기가 쇄정되지 않았을 경우 신호기는 진행신호를 현시하지 않아야 한다.

과주에 의해 다른 열차에 지장 우려가 있을 경우

① 과주여유거리 내의 선로전환기와 신호기, 입환신호기 상호간에는 쇄정한다.
② 입환신호기 또는 열차정지표지 내방에 200m(전동차 전용선은 150m) 이상의 과주여유거리를 설치한다.
③ 25km/h를 초과하여 구내운전을 하는 경우에는 입환신호기 또는 차량정지표지 안쪽에 다음의 설비를 한다.
- 안전측선
- 50m 이상의 과주여유 거리

④ 외방의 신호기에 경계신호를 현시하는 설비를 한다.
⑤ 구내 운전속도 이하로 운전할 때는 안전측선, 과주여유거리를 생략할 수 있다.

5장 연동장치

5 과주사고 방지회로(Overlap)

단서조건에 의한 쇄정

아래의 그림에서 21호 선로전환기가 정위상태에서 4A 신호기의 제어 없이 열차가 과주하여 전방의 선로전환기를 지나칠 경우 사고가 우려된다. 따라서 단서조건 [51단4A]에 의하여 쇄정할 경우 신호취급 후 그 단서조건이 만족하지 않았을 때에는 그 신호기는 정지신호를 현시하여야 하고 진로의 상태는 변함이 없어야 한다.

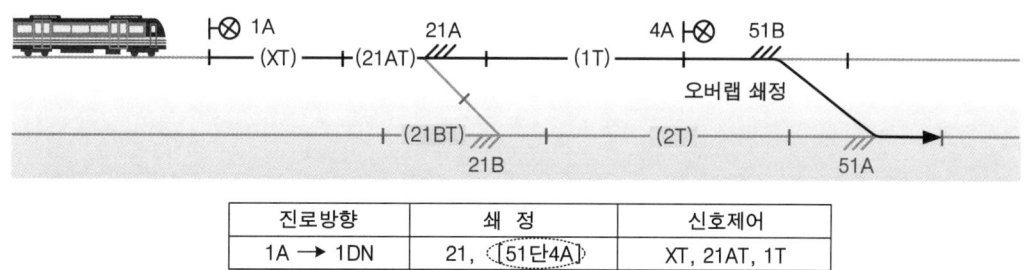

진로방향	쇄 정	신호제어
1A → 1DN	21, [51단4A]	XT, 21AT, 1T

(그림 5-29). 단서조건에 의한 쇄정

오버랩의 진로제어

아래의 그림에서 하장내신호기를 진행현시 하여 구내 1번선 또는 2번선으로 열차가 진입할 경우 출발신호기로부터 200m 이내의 선로전환기 51호는 쇄정되어야 하며, 연동도표의 쇄정란에 이를 표기한다.

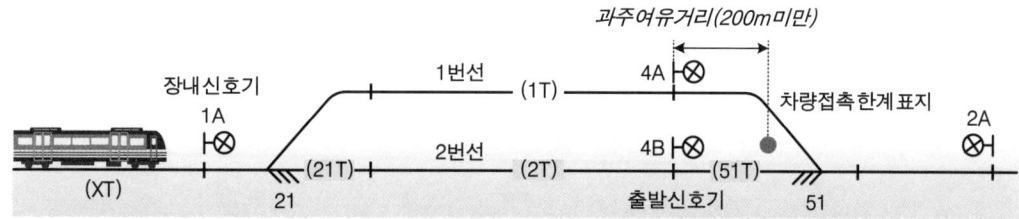

명칭	취급버튼		쇄 정	신호제어 또는 철사제어	진로(구분)쇄정
	출발점	도착점			
장내	1A	1DN	21, 51 [2A]	XT, 21T, 1T	(XT), (21T)
		2DN	21, 51 [2A]	XT, 21T, 1T	(XT), (21T)

(그림 5-30). 오버랩과 과주여유거리

351

쇄정란에 51호 정위 또는 반위조건을 오버랩(Overlap)이라고 한다. 오버랩은 진로구성이 해제되는 시점에서 해정된다.

예를 들어 장내신호기 진행(1A→2번선)에 의해 열차가 진행 중에는 진로(구분)쇄정의 마지막 궤도를 벗어나야 해정된다. 다만 유효장 내에 분기가 있는 경우 진로(구분)쇄정란의 시간쇄정이 걸린 직전의 궤도를 열차 후부가 완전히 벗어나야 오버랩이 해정된다.

5장 연동장치

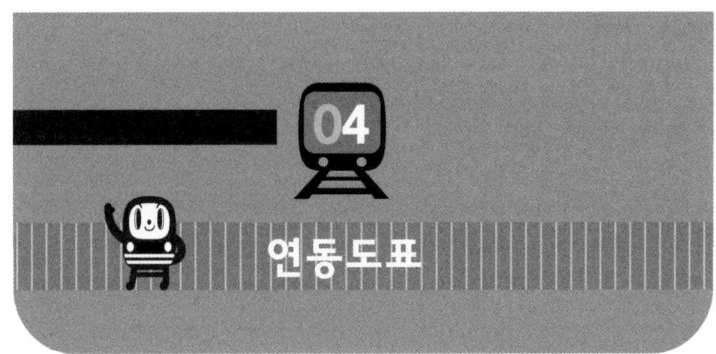

기본 설명

연동도표는 연동역(분기역) 구내에서 각 진로의 조건에 따라 연동장치가 제어하는 진로의 전환과 쇄정 관계를 한 눈에 알기 쉽게 작성한 도표이다. 연동도표는 역 구내의 진로 전환조건을 이해하거나 유지보수 하는데 기본이 되는 자료이다.

1 연동도표의 개요

연동도표는 역구내 신호기계실의 결선도와 연동로직 구성 등을 기본으로 하여 신호시스템의 연동관계를 도표로 나타낸 것으로써 연동역(분기역) 구내의 선로배선에 따라 진로의 쇄정 관계를 쉽게 알 수 있도록 작성한 것이다.

연동도표는 진로와 취급버튼, 선로전환기 쇄정, 신호제어진로(구분) 쇄정, 접근·보류쇄정에 관한 내용이 체계적으로 구성되어 구내에서 열차운행이 안전하게 이루어지도록 여러 가지 방법의 연쇄 및 쇄정 등을 일목요연하게 도표로 알 수 있다.

▧ 연동도표의 작성 시기

① 역구내 연동장치 신설 및 개량
② 신호기, 입환표지, 신설(폐지) 또는 진로변경
③ 궤도회로 신설 또는 폐지
④ 신호장치가 설치되는 선로전환기 신설 또는 폐지
⑤ 기타 연동조건 변경

2 연동도표의 기재

▎ 연동도표 작성 시 기재사항

연동도표는 진로제어 관계를 나타내며 1개의 역 구내를 단위로 한 장으로 작성하는 것을 원칙으로 하며, 연동도표 작성 시 다음의 내용을 기재한다.

① 소속선 및 역명 또는 신호소(신호취급소)명
② 배선약도(기점을 좌측으로 한다)
③ 연동도표
④ 연동장치 종별
⑤ 기계연동장치의 경우 리버 배열도
⑥ 작성년월 및 부서명과 작성 관계자는 연동도표 결재란에 서명

▎ 연동도표의 부호

연동도표는 여러 가지 부호나 연동내용을 일정하게 정하여 누가 작성하더라도 동일하게 만들어지도록 신호설비 시공표준에 명시되어 있다. 과거에는 인력을 필요로 하는 기계식 신호보안설비를 사용하였으나, 오늘날에는 광통신을 이용하여 데이터를 고속 전송하는 신호시스템으로 발전함에 따라 연동도표 부호에 일부 무관한 내용이 있을 수 있다.

번 호

① ( )를 붙인 것은 그 번호의 취급버튼에 의하여 간접으로 쇄정되어지는 것을 표시한다.
② A, B, C 등은 전기 또는 전자연동장치에 있어 취급버튼임을 표시한다.
③ L, R 등은 조작반 또는 운전취급용 모니터 기준으로 운전취급자의 위치에서 열차 운전방향 우측은 R, 좌측은 L로 표시한다.

쇄 정

① 번호만을 표시한 것은 정위쇄정된 것을 표시한다.
② ○를 붙인 것은 반위쇄정 되어지는 것을 표시한다.
③ [ ]를 붙인 것은 다른 운전취급실 또는 상호쇄정임을 표시한다.
④ < >를 붙인 것은 기계연동장치에서 기계적인 리버쇄정 연쇄에 의한 것을 표시한다.
⑤ { }를 붙인 것은 취급버튼이 전기적인 연쇄에 의한 것을 표시한다.

5장 연동장치

⑥ (21 단 4A)는 4A 신호기가 정위일 때 한하여 21호를 정위로 쇄정하는 것을 표시한다.
⑦ ◎은 전기 또는 전자연동장치에 있어서 총괄제어 되는 것을 표시한다.

신호제어, 철사쇄정

① 궤도회로명을 표시한 것은,
- 신호기에 있어서 신호현시가 해당 궤도회로에 의한 철사쇄정이 되는 것을 말한다.
- 운전방향 또는 진로조사 시 해당 궤도회로에 의해 취급버튼이 쇄정되는 것을 말한다.

② 번호만을 표시한 것은 정위에 있어서 제어회로를 구성하는 것을 표시한다.
③ ○을 붙인 것은 반위에 있어서 제어회로를 구성하는 것을 표시한다.
④ (2T 단 3)은 3번 취급버튼이 정위에 있을 때에 한하여 궤도회로 2T에 의하여 제어되는 것을 표시한다.
⑤ 장내, 출발, 구내 폐색신호기는 제한신호를 명시한다.(일반구간은 G, YG, Y, YY로 표기하고 ATC구간은 속도코드에 의한다)

진로(구분)쇄정

① 궤도회로명을 표시한 것은 궤도회로에 의하여 관계신호 및 운전방향에 대하여 진로쇄정이 되는 것을 표시한다.
② ( )를 붙인 것은 해당 궤도회로에 의하여 그 구간 중의 선로전환기에 직접 진로쇄정이 되는 것을 표시한다.
③ (( ))의 이중괄호구간은 열차가 도착하여도 열차 또는 차량이 다시 벗어날 때까지 계속 쇄정하고 있음을 표시한다.
④ 2T (3T) 또는 (2T), (3T)는 진로구분쇄정이 붙어 있는 것을 표시한다.
⑤ (5 단 30초)는 그 번호의 취급버튼을 정위로 한 후 30초 동안 취급버튼 5번을 정위로 쇄정하는 것을 표시한다.

접근쇄정, 보류쇄정

① 궤도회로명을 표시한 것은 해당 궤도회로에 의한 접근쇄정 및 보류쇄정이 붙어 있는 것을 표시한다.
② (90초) 또는 (30초)와 같은 것은 시소계전기를 사용하여 신호기가 정지신호를 현시한 때부터 90초 또는 30초를 경과 후 접근쇄정 또는 보류쇄정이 해정된 것을 표시한다.

배선약도 기재사항

각 신호설비의 위치는 선로평면도 위치와 유사하도록 작성하고 주요 본선은 굵은 선, 기타 선은 가는 선으로 표기한다.

기재사항 세부내용

① 본선의 양단에 선로의 기점, 종점 및 인접 역명
② 본 역사 홈 및 필요에 따라 건널목 및 과선교
③ 열차운행방향
④ 선로명칭 및 본선, 부본선의 표시
⑤ 궤도회로명 및 그의 경계
⑥ 연동관계가 있는 선로전환기, 탈선기 및 차막이표지 및 그의 번호
⑦ 신호기, 진로표시기, 선로표시표지, 무유도표지의 번호
⑧ 현장취급 선로전환기 및 종별 약호
⑨ 열차정지표지, 차량정지표지, 차량접촉한계표지
⑩ 신호 취급소 외에 있는 전철리버에 붙어 있는 전기쇄정기, 선로전환기, 전철쇄정기
⑪ 기계연동장치에 있어서 전철쇄정기 철사간 및 접속간의 번호

쇄정란 기재사항

연동도표란에는 명칭, 진로방향, 출발점 및 도착점의 취급버튼, 쇄정, 신호제어 및 철사쇄정, 진로(구분) 쇄정, 접근 또는 보류쇄정란을 두어 다음 내용을 기재한다.

명칭

① 신호기의 종별, 선로전환기의 구분, 취급버튼, 통과신호기 등을 표기하며 운전방향에 따른 관계 진로명을 기재한다.

진로방향

① 해당 신호기의 출발 및 도착지의 궤도회로명을 기재한다.

출발점, 도착점 취급버튼

① 출발점은 해당 신호기 또는 입환표지 취급버튼 번호 및 진로상태를 표시한다.
② 도착점은 해당 신호기의 여러 진로 중 해당 도착점 번호를 표시한다.

5장 연동장치

쇄 정

① 그 번호의 폐로쇄정에 관계가 있는 궤도회로명
② 그 번호의 취급버튼으로 진로를 구성할 때 쇄정되는 선로전환기 또는 취급버튼 번호
③ 그 번호의 취급버튼을 반위로 하였을 때 해정되는 다른 운전취급실의 취급버튼 번호
④ 그 번호의 취급버튼이 편쇄정 되는 다른 운전취급실의 취급버튼 번호
⑤ 전기, 전자연동장치에서 관계 진로구성 후 상호 쇄정되는 신호기는 다음과 같다.
- 장내·출발 및 입환신호기의 진로구성이 동일한 경우 또는 관계 진로 안에 있는 상대 신호기는 상호 쇄정한다.
- 도착지점을 공유하는 상대 신호기는 해당 진로만 상호 쇄정하는 것으로 한다. 다만, 동일 선상 2 이상의 신호기가 상호 연동되어 있는 개소에서 먼저 취급한 신호기에 의하여 상대 신호기가 상호 쇄정될 때는 이를 생략할 수 있다.

신호제어, 철사쇄정

① 열차 진행 순서별로 도착점까지 신호제어에 관계있는 궤도회로명
  입환표지 및 유도신호기의 도착점 궤도회로는 표기하지 않는다.
② 선로전환기 철사쇄정에 관계있는 궤도회로명
③ 운전방향 및 진로조사에 관계있는 궤도회로명
④ 전기연동장치에 있어서 단선구간에 한해 다음과 같은 조건은 신호제어란에 표기한다.
- 연동폐색구간에 있어서 폐색조건(최외방 선로전환기를 포함한 궤도회로명 TPS)
- 자동폐색구간에 있어서 출발신호기 폐색완료 계전기 조건(BR)
- 도중 분기가 있는 개소는 양 역에 같이 표시한다.

진로쇄정

① 진로쇄정란에는 신호기 진로, 운전방향 및 조사와 관련된 진로 또는 진로구분쇄정에 관계있는 궤도회로명을 기재한다.

접근쇄정, 보류쇄정

① 접근쇄정, 보류쇄정란에는 쇄정에 관계있는 궤도회로명과 쇄정시간을 기입한다.
② 보류쇄정의 해정 시간은 접근쇄정에 준한다.

일반철도 연동도표 예시

○○역 연동도표
○○ INTERLOCKING PLAN

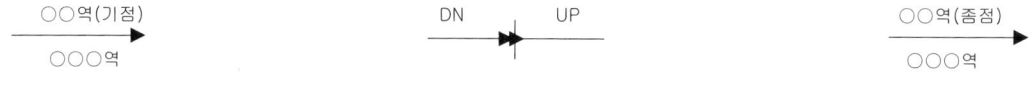

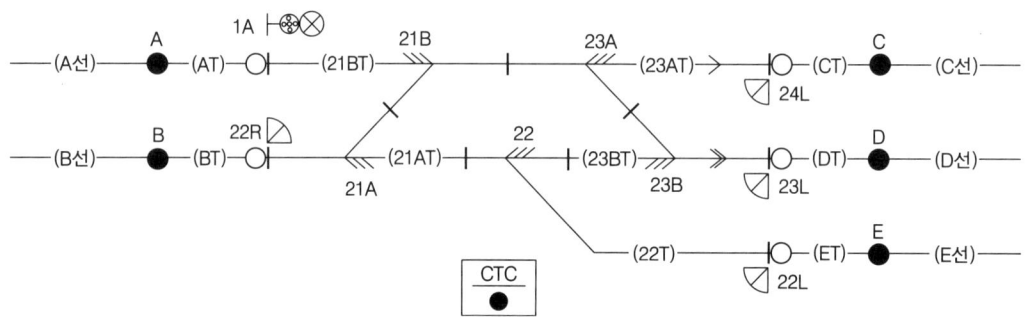

전자연동장치

명 칭	진로방향	취급버튼		쇄 정		신호제어 및 철사쇄정	진로(구분)쇄정	접근 또는 보류쇄정	
		출발점	도착점						
장내 신호기	AT→CT	1A	C	21 23	[24L]	21BT 23AT CT	(21BT) (23AT)	AT	90초
	AT→DT		D	21 ㉓	[23L]	21BT 23AT 23BT DT	(21BT) (23AT) (23BT)		
입환 표지	BT→DT	21R	C	㉑ 23	[24L]	21AT 21BT 23AT	(21AT) (21BT) (23AT)	BT	30초
	BT→DT		D	21 22 23	[23L]	21AT 22T 23BT	(21AT) (22T) (23BT)		
	BT→ET		E	21 ㉒	[22L]	21AT 22T	(21AT) (22T)		
	ET→BT	22L	B	㉒ 21	[21R]	22T 21AT	(22T) (21AT)	ET	30초
	DT→AT	23L	A	㉓ 21	[1A]	23BT 23AT 21BT	(23BT) (23AT) (21BT)	DT	30초
	DT→BT		B	23 22 21	[21R]	23BT 22T 21AT	(23BT) (22T) (21AT)		
	CT→AT	24L	A	23 21	[1A]	23AT 21BT	(23AT) (21BT)	CT	30초
	CT→BT		B	23 ㉑	[21R]	23AT 21BT 21AT	(23AT) (21BT) (21AT)		

명 칭		번 호	철 사 쇄 정
전기선로전환기	쌍 동	21	21AT 21BT
	단 동	22	22T
	쌍 동	23	23AT 23BT

5장 연동장치

ATC 구간 연동도표 예시

계양역 연동도표
GYULHYUN INTERLOCKING PLAN

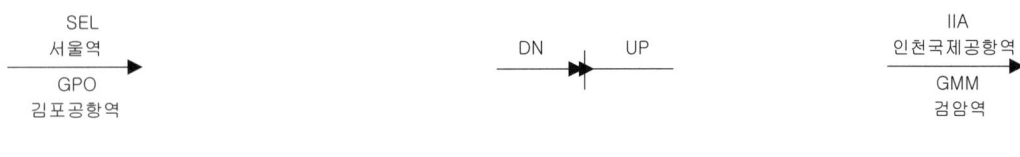

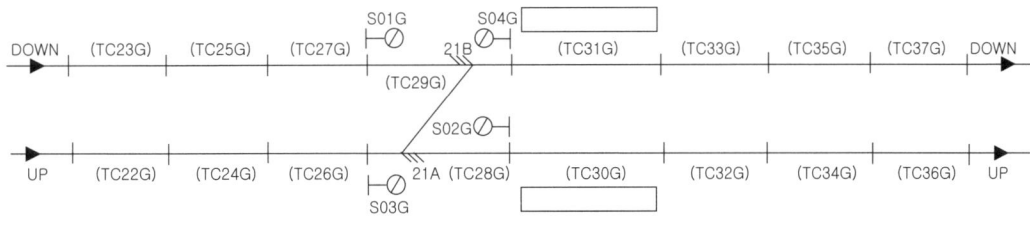

전자연동장치

명 칭	진로방향	취급버튼		쇄 정	신호제어 및 철사쇄정	진로(구분)쇄정	접근 또는 보류쇄정	
		출발점	도착점					
입환 신호기	TC27G-TC37G	S01G	S04G	21 [S04G] [S06F] [S12F] [S18F] [S24F]	TC29G	(TC29G) (TC31G) (TC33G-53G)	TC21G TC23G TC25G	
						(TC17F-19F) (TC21F)		
	TC30G-TC22G	S02G	S03G	21 [S03G] [S05H] [S11H]	TC28G	(TC28G) (TC26G) (TC10G-24G)	TC34G TC32G TC30G	
						(TC54H-62H) (TC52H)		
	TC26G-TC36G	S03G	↑ S02G	21 [S02G] [S06F] [S12F]	TC28G	(TC28G) (TC30G) (TC32G-52G)	TC22G TC24G TC26G	30초
						(TC16F-18F) (TC20F)		
	TC26G-TC37G		← S04G	㉑ [S04G] [S06F] [S12F] [S18F] [S24F]	TC28G TC29G	(TC28G) (TC29G) (TC31G)		
						(TC33G-53G) (TC17F-19F) (TC21F)		
	TC31G-TC23G	S04G	↑ S01G	21 [S01G] [S05H] [S11H]	TC29G	(TC29G) (TC27G) (TC11G-25G)	TC39G TC37G TC35G TC33G TC31G	
						(TC55H-63H) (TC53H)		
	TC31G-TC22G		← S03G	㉑ [S03G] [S05H] [S11H]	TC29G TC28G	(TC29G) (TC28G) (TC26G) (TC10G-24G)		
						(TC54H-62H) (TC52H)		

명 칭		번 호	철 사 쇄 정
전기선로전환기	쌍 동	21	TC28G TC29G

기본 설명

전기연동장치는 다량의 계전기를 이용하여 강상접점과 낙하접점에 의해 ON-OFF제어를 로직회로로 구성하여 진로의 전환과 쇄정회로를 논리적으로 제어하도록 하였다. 따라서 계전기의 동작에 의해 논리제어를 하므로 계전연동장치라고도 한다.

1 전기연동장치의 발전

계전기의 탄생은 신호제어설비 발전에 획기적인 계기가 되었다. 1825년 아마추어 연구가인 윌리암 스토전은 전자석을 발명하였으며, 이 전자석은 연철을 U자로 구부리고 니스를 도장하였다. 그러나 1829년 죠셉핸리는 니스를 도장하지 아니하고 절연동선을 연철 위에 빈틈없이 감은 강력한 전자석을 제작하였다.

1835년 자기유도의 발견으로 전자석을 이용한 계전기가 개발되고 1836년경에 그 원형이 생성되었다. 1926년 미국에서 많은 종류의 계전기를 사용하여 철도분야에서 신호기와 선로전환기 상호 간에 필요한 쇄정 관계를 신호제어회로에 직접 적용하는 계전연동장치가 개발되었다.

(그림 5-31). 전기연동장치

5장 연동장치

기계연동장치 · 전기연동장치 기종

신호제어가 발달하지 않은 신호기와 선로전환기를 한 곳에서 집중해서 취급하는 방식과 개별적으로 분산해서 취급하는 방식으로 구분하였으며, 동작 방식과 연결해서 1종 전기연동, 2종 기계연동 등으로 부르기도 하였다.

- **제1종 계전연동장치** : 신호기와 선로전환기의 연쇄동작을 집중하는 장치이다. 신호취급실 등에 모든 조작설비가 집중되어 있다.
- **제2종 계전연동장치** : 신호기와 선로전환기의 연쇄동작을 분산하는 장치이다. 통상적으로 신호는 집중해서 취급하지만, 선로전환기의 동작은 개별 분기기에서 취급하는 방식이다. 과거의 소규모 역에서는 이런 방식이 사용되기도 하였다.

1종 계전연동장치

우리나라에서 많이 사용하고 있는 제1종 전기계전연동장치는 신호기와 선로전환기는 모두 전기적으로 제어된다. 이 장치의 취급방법은 재래식 연동장치와 같이 정자 1개씩을 취급하는 것이 아니라 정자와 버튼에 의해서 모두 제어되며, 정지 상호 간의 쇄정은 기계쇄정에서 계전기의 동작에 의한 전기쇄정으로 이루어진다. 이것을 '제1종 계전연동기'라고 한다.

이 연동기를 사용해서 선로전환기를 전기로 전환하는 연동장치를 '제1종 전기연동장치'라 하며, 압축공기로 선로전환기를 전환하는 장치를 '제1종 전공계전연동장치'라 한다.

2종 계전연동장치

신호기와 입환표지 등의 정자를 집중한 제어반과 계전기군을 사용하여 현장에서 취급하는 선로전환기 정자에는 전기쇄정기를 설치하여 신호기 및 입환신호기와 선로전환기 상호 간의 연쇄를 맺어주는 장치를 제2종 계전연동장치라고 한다.

2 전기연동장치 구성

전원장치

UPS를 통한 AC전원과 정류기를 통한 DC전원을 신호제어설비에 공급한다. 정전 시에도 평상시 부동충전 된 축전지가 일정 전압 이하로 방전될 때까지 UPS로부터 지속적으로 부하 측에 전원을 공급한다.

계전기랙

전기연동장치의 주요 설비로서 다량의 계전기로 구성되어 있다. 관계 계전기들이 동작되는 강상 접점과 낙하접점에 의하여 AND, OR 논리회로를 전기적으로 구성하고 진로 취급시 안전측 진로제어를 수행한다.

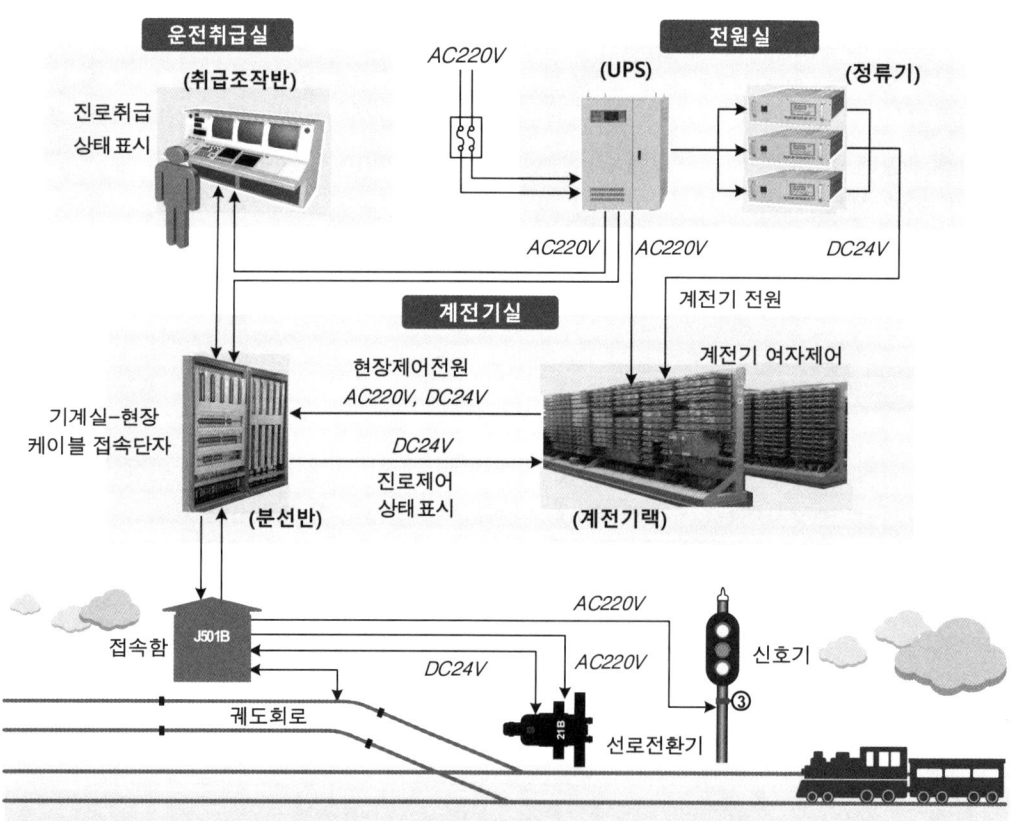

(그림 5-32). 전기연동장치의 진로제어 인터페이스

분선반

신호기계실 설비와 현장설비의 인터페이스를 위하여 배선을 집중화한 접속단자 및 커넥터 설비로서 회로의 점검 및 유지보수를 용이하도록 한다.

취급설비

취급 운영자가 진로를 취급하기 위한 설비로서 신호취급정보를 계전기랙으로 전송하고, 계전기랙으로부터 현장설비의 상태정보를 수신하여 표시한다. 취급설비는 모자이크 판넬로 제작되어 있어 압구버튼에 의해서 진로를 취급한다.

현장설비

계전기랙으로부터 제어되는 최종 출력에 의하여 현장설비에 전원이 공급되며 진로제어에 따라 선로전환기, 신호기 등을 동작시킨다.

3 전기연동장치의 제어과정

전기연동장치의 특징은 Network 회로로 구성되어 있다. 일반적인 전기회로에서는 Step by step(순차적) 동작에 의하여 출력되지만, 전기연동장치에서는 한 동작을 하기 위하여 여러 가지 입력조건이 필요하며 논리적인 동작에 의하여 출력된 결과를 다시 입력으로 되돌리는 Feed_Back을 이용함으로써 안전측 동작회로를 구성한다.
전기연동장치는 계전기의 집중적인 사용으로 접점 마모와 기계적 피로에 의하여 접촉력이 약화될 수 있으므로 계전기 수명에 의해 장치의 신뢰도가 좌우된다.

전기연동장치 동작과정

❶ 신호취급버튼 취급(RPR, LPR)

- 진로취급자가 취급제어반에서 출발점과 도착점 취급버튼을 취급하면 취급버튼반응계전기(RPR 또는 LPR)가 처음으로 동작한다.
- 도착점 압구는 진로선별회로에서 동작하여 선별계전기를 동작시킨다.

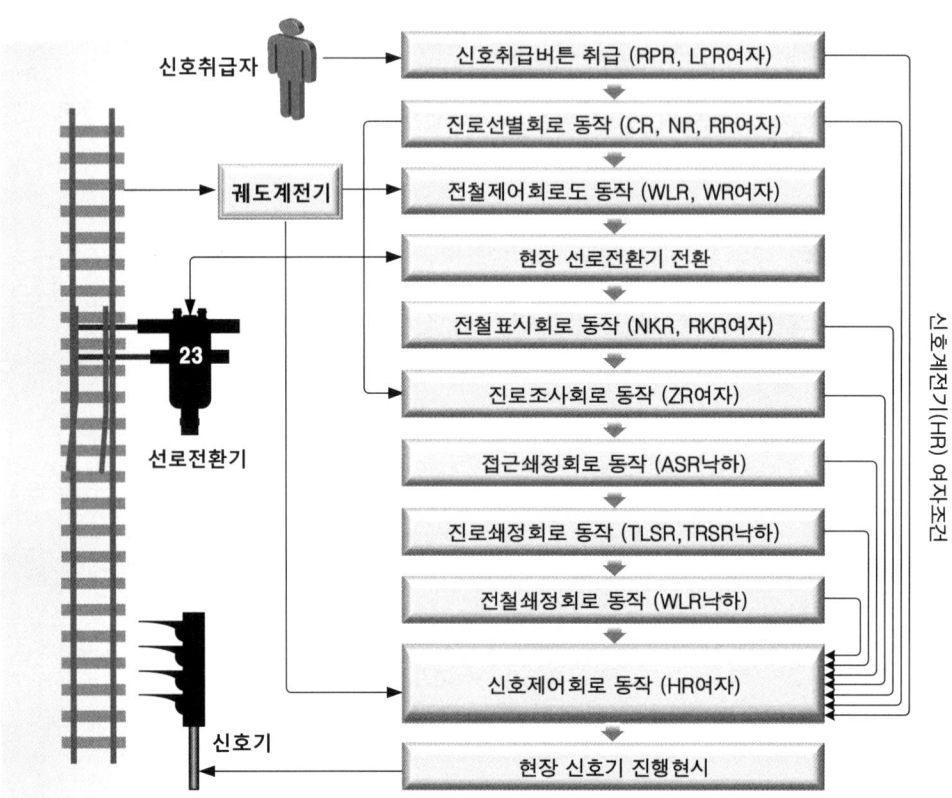

(그림 5-33). 전기연동장치 제어회로 흐름도

❷ 진로선별회로 동작(CR, NR, RR)

- 진로선별계전기(CR)는 분기점에서 진로를 선별하기 위하여 사용하며 착점부터 계전기가 동작한다. 진행방향 기준으로 두 선로가 만나는 부분만 선별한다.
- CR이 여자하면 전철선별계전기(NR 또는 RR)가 여자함으로써 선로전환기가 전환하여야 할 방향을 정해준다.

❸ 전철제어회로 동작(WLR, WR)

- 전철선별계전기(NR 또는 RR)의 여자로 전철쇄정계전기(WLR)가 여자한다.
- 이때 관계 궤도회로 내에 열차가 없음을 확인하는 궤도계전기(TR)가 여자되어 있어야 하고 해당 진로를 지장하는 다른 진로가 구성되어 있지 않아야 안전측 동작에 의하여 관계진로가 구성된다.
- 따라서 관계 진로쇄정계전기(TRSR 또는 TLSR)가 여자되어 있어야 하며 이러한 조

건이 만족되면 WLR이 여자(해정)한다.
- WLR의 여자조건으로 선로전환기는 해정되며, 선로전환기 내의 전철제어계전기(WR)가 동작하여 접점이 반전한다. WR의 반전된 접점을 통해 모터회로가 구성된다.

❹ 선로전환기 전환(모터, 제어계전기, 회로제어기)
- 전철제어계전기(WR)가 동작하면 반전된 접점을 통하여 전동기는 회전을 시작한다.
- 전동기의 회전력이 클러치를 통하여 전환기어부에 전달되어 선로전환기가 전환된다.
- 치차의 일전회전으로 레버를 이동시켜 접점이 개방되고 전동기의 전원이 차단되어 선로전환기의 전환을 종료시킨다.

❺ 전철표시계전기 동작(NKR, RKR)
- 선로전환기가 전환 종료되면 기내에 위치한 회로제어기의 접점이 반전되어 표시전원의 극성이 변환된다.
- 현장으로부터 수신한 표시전원의 극성에 따라 NKR(정위표시계전기) 또는 RKR(반위표시계전기)을 여자시켜 선로전환기가 정위 또는 반위로 전환되었음을 표시한다.

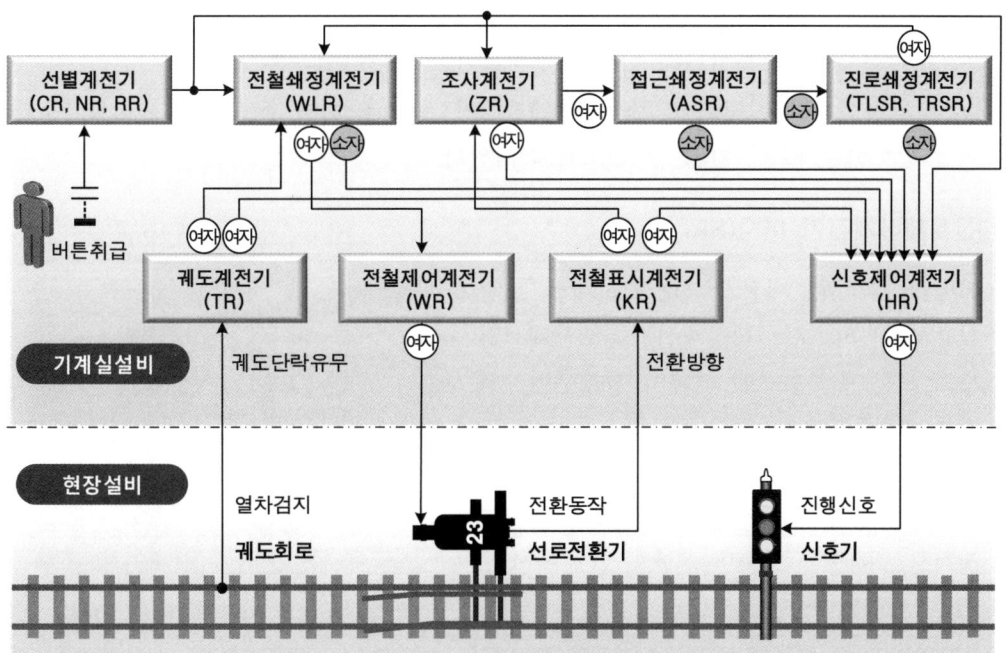

(그림 5-34). 전기연동장치의 계전회로 동작

❻ 진로조사계전기 여자(ZR)

- 진로에 해당된 관계되는 모든 선로전환기가 취급된 방향으로 전환되면 진로조사계전기(ZR)가 여자한다. ZR의 여자는 모든 선로전환기가 전환되었다는 확인이다.
- 진로가 전환되고 진로조사계전기가 여자하면 진로를 쇄정하는 단계가 진행된다.

❼ 접근쇄정계전기 낙하(ASR)

- 접근쇄정계전기(ASR)는 평상시 여자하고 있으며, 진로조사계전기가 여자하고 ASR이 낙하되어 진로쇄정계전기인 TRSR 또는 TLSR이 낙하하게 된다.

❽ 진로구분쇄정계전기 낙하(TRSR, TLSR)

- TRSR(우행진로쇄정계전기) 또는 TLSR(좌행진로쇄정계전기)의 낙하로 진로상의 관계 선로전환기를 쇄정한다.
- 진로선별식의 경우 진로쇄정에서 열차가 진로를 완전히 통과할 때까지 모든 선로전환기를 쇄정하면 운행효율이 저하되므로 진로구분쇄정이 되도록 세분화 한다.

❾ 전철쇄정계전기 낙하(WLR)

- 전철쇄정계전기(WLR)의 접점이 낙하하면 전철제어계전기(WR)의 전원을 차단함과 동시에 단락시켜 부정전류에 의한 선로전환기의 오동작을 방지한다.
- WLR 낙하점점의 단락으로 전철제어계전기가 동작을 하지 못하도록 쇄정함으로써 현장 선로전환기도 전환할 수 없도록 쇄정된다.

❿ 신호제어계전기 여자(HR)

- 선별계전기, 궤도계전기, 전철쇄정계전기, 전철표시계전기, 접근쇄정계전기, 조사계전기 등의 모든 동작조건에 의해서 신호제어계전기는 여자된다.
- 신호제어계전기의 여자접점을 통해서 현장 선로변의 신호기에 전원이 공급되어 평상시 정지신호(R)를 유지하던 신호기가 진행신호(G)를 현시한다.

(그림5-35). 신호계전기실 제어

5장 연동장치

4 진로제어 취급방식

과거의 전기연동장치는 오늘날과 같이 컴퓨터를 이용하여 진로를 취급하는 방식이 아닌 선로의 배선모양을 모자이크식 판넬로 구성하였으며, 여기에 각 진로마다 설치된 출구점과 도착점의 버튼(압구)을 취급하여 진로를 구성하는 방식이었다.

전기연동장치는 신호기, 입환표지, 선로전환기 등의 정자 또는 진로선별 압구를 집중시키고 상호간 연쇄를 계전기를 이용하여 전기적으로 행하도록 하는 장치이다.

취급제어반에서 진로를 취급하는 방식에 따라 진로선별식, 진로정자식, 단독정자식으로 분류한다. 전기연동장치는 연쇄하는 방법과 진로설정 방식에 따라 다음과 같이 설명한다.

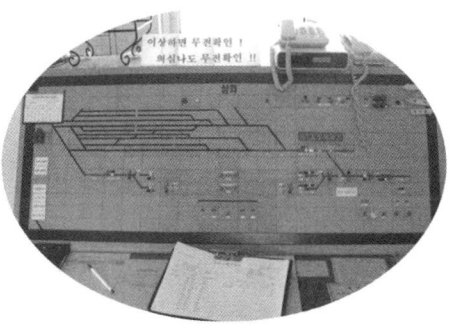

(그림5-36). 모자이크식 취급조작반

진로선별식

각 진로의 신호기마다 설치된 출발점 취급버튼과 도착점 취급버튼의 조작에 의해 진로를 선별한 후 진로상의 모든 선로전환기를 제어하고 쇄정하여 신호기에 진행신호를 현시하는 것이다.

대규모의 정거장 구내에서 진로정자식을 사용하면 신호정자의 수가 많아져 취급이 복잡하므로 이것을 간소화하여 진로를 구성하는 것이다. 이 방식은 큰 구내에서 조작이 간단하며 현재 대부분의 연동장치는 이와 같은 방식이 사용되고 있다.

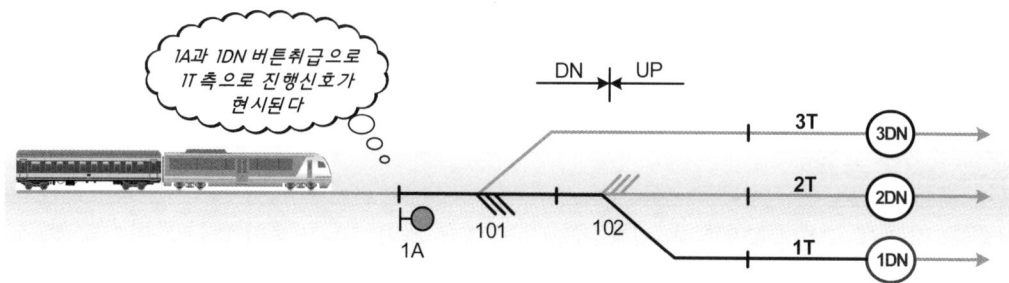

(그림 5-37). 진로선별식

진로취급설명

위의 그림에서, 1DN 방향으로 진행신호를 현시하고자 하면, 1A 버튼과 도착점 1DN 버튼을 동시에 눌러야 전기회로의 연동장치가 동작하게 되어 선로전환기 101호를 정위로, 102호를 반위로 자동제어하고 쇄정을 한다. 모든 분기기의 안전조건이 만족하고 진로가 쇄정되면 1번 신호가 진행을 현시하게 된다.

또한, 3DN 방향으로 진행신호를 현시하고자 하면, 1A 버튼과 도착점 3DN 버튼을 동시에 누르면 101호가 반위로 자동으로 전환되고 1A 신호기의 진행신호가 현시된다.

▌ 진로정자식 (진로 취급버튼식)

각각의 진로마다 신호기 정자 1개가 설치되며, 이 신호기 정자를 취급하면 진로상의 각 선로전환기는 정해진 방향으로 동시에 전환하여 진로를 구성하는 방식이다.

진로선별식과 달리 진로의 종단에 진로선별 압구가 설치되지 않고, 각 진로의 신호기 출발점에 설치된 신호기 정자를 취급하면 진로상의 모든 선로전환기는 정해진 방향으로 개통되며 진로를 지장하는 다른 진로를 쇄정한 다음 진행신호를 현시한다.

진로취급버튼식은 정거장 구내가 비교적 단순한 개소에 사용한다.

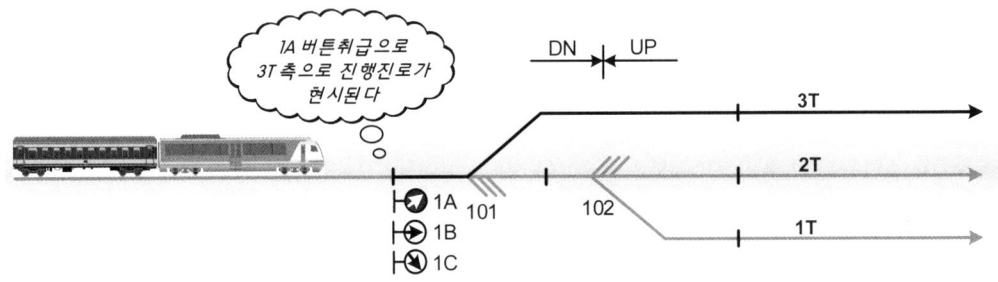

(그림 5-38). 진로정자식

진로취급설명

위의 그림에서, 3T 방향으로 열차를 운행시키고자 하면 1A 버튼만 취급하면 101호 선로전환기는 자동으로 반위로 전환되고 반위전환이 완료되면 1번 신호는 진행을 현시하게 된다. 또한, 1T 방향으로 열차를 운행시키고자 하면 1C 버튼만 취급하면 101호 선로전환기는 정위로 전환되고 102호 선로전환기는 반위로 자동 전환된 후 1번 신호기는 진행을 현시한다.

5장 연동장치

단독정자식 (단독 취급버튼식)

단독정자식은 계전연동기에서 진로상의 선로전환기를 전철정자에 의해 개별 전환한 후에 신호정자의 조작으로 전환된 진로에 진행신호를 현시하는 방식이다.

큰 구내에서는 취급버튼 수가 많게 되어 조작이 불편함으로 본선의 중간 역과 같이 구내배선이 간단하고 신호기의 진로가 적은 개소에 사용한다.

진로취급자가 분기기의 방향을 잘못 인식하였을 때는 원하지 않은 방향으로 진로가 제어되고 신호가 진행으로 현시될 수 있기 때문에 안전도가 떨어진다.

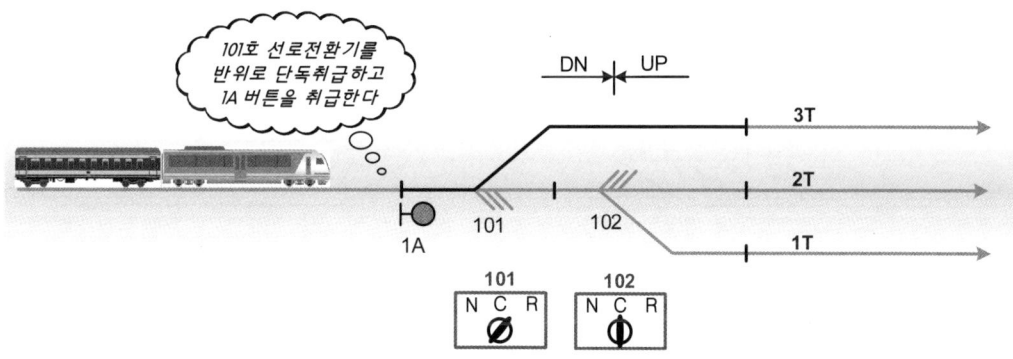

(그림 5-39). 단독정자식

진로취급설명

선로전환기의 전환을 개별로 제어하고 진로제어를 위해 신호기 버튼을 누르는 방식으로써 3T 방향으로 진로를 제어하고자 하면, 우선 101호 선로전환기 단독제어 레버에 의해 101호 분기기를 반위로 전환한 후 1A 버튼을 누르면 신호가 진행으로 현시하게 되고 열차는 3T 방향으로 안전하게 진행할 수 있도록 한다.

5 전기연동장치 제어회로

▓ 전철제어회로

전철제어계전기회로에는 절대 안전성 원칙이 적용된다. 즉, 먼저 WLR 동작을 확인한 후 그 여자접점을 통하여 WR이 동작한다. 전철제어회로는 압구반응계전기 또는 전철선별계전기의 여자접점에 의해 선로전환기를 제어하고 진로쇄정계전기, 궤도계전기의 무여자 접점으로 회로를 차단하여 선로전환기를 쇄정한다.

일단 동작한 후 전원의 차단(TLSR, TRSR 낙하)은 물론 WLR의 낙하접점으로 WR이 단락회로를 구성하여 부정전류가 흘러들어도 WR은 동작하지 않는다.

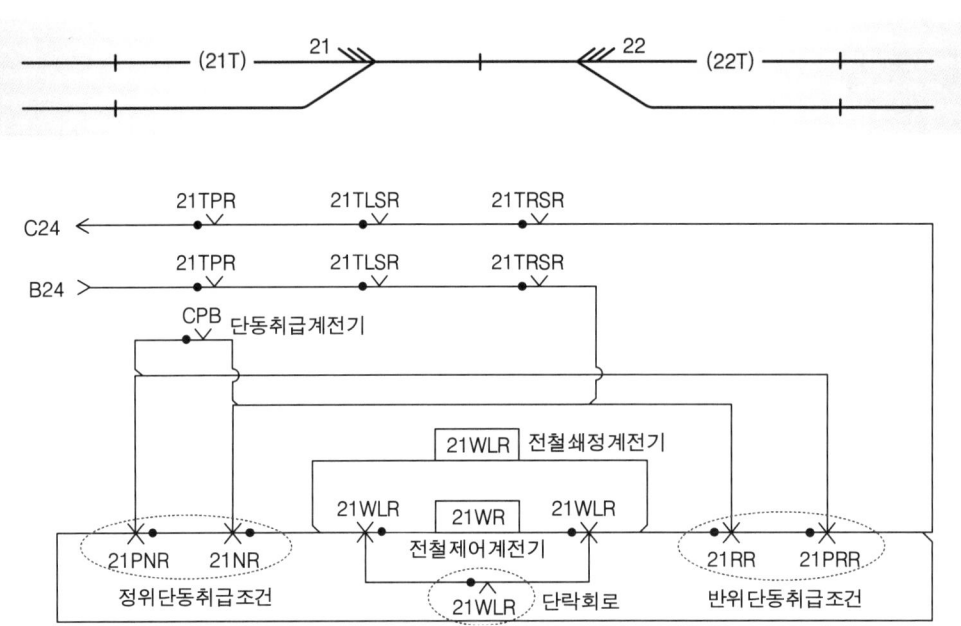

(그림 5-40). 전철제어회로

제어과정

① 선로전환기의 정위측 진로취급 시 진로선별회로가 구성되고 21NR의 동작접점에 의해 정위전환이 명령된다. 이때 관계 궤도에 열차가 없어야 하고 관계 진로가 취급되지 않아야 한다. (21TPR 여자, 21TRSR 여자, 21TLSR 여자)
② 이 조건이 만족되면 21WLR은 여자하고 이 여자접점을 통해서 현장의 선로전환기 내에 있는 21WR을 정위(90도)접점으로 동작시킨다.

③ 21WR이 정위(90도)접점으로 동작하면 전기 선로전환기는 정위 측으로 전환된다.
④ 선로전환기 전환이 완료되면 진로가 구성되고 진로쇄정이 된다. (21TRSR 낙하)
⑤ 21TRSR 낙하(쇄정)로 21WLR이 낙하(쇄정)되어 선로전환기는 쇄정된다.
⑥ 21WLR 낙하접점을 통해 21WR 제어전원을 차단함과 동시에 단락회로를 구성하여 부정전류에 의한 전환을 방지한다.

전철표시계전기회로

제어조건에 의하여 선로전환기의 전철제어계전기(21WR)가 정위접점으로 구성되어 21호 선로전환기가 정위 전환이 시작된다. 치차의 일정 회전에 의하여 회로제어기(21KR) 접점이 반전되어 정위접점으로 구성되고 모터전원은 차단된다.

회로제어기(21KR)의 정위접점을 경유한 표시전원은 21RKR 낙하접점을 통하여 21호 선로전환기가 반위상태가 아님을 확인하고 21NKR(정위표시계전기)이 여자된다. 최종적으로 21NKR 여자접점을 통해서 21호 전기 선로전환기가 해당 진로의 정위방향으로 전환되었음을 표시한다.

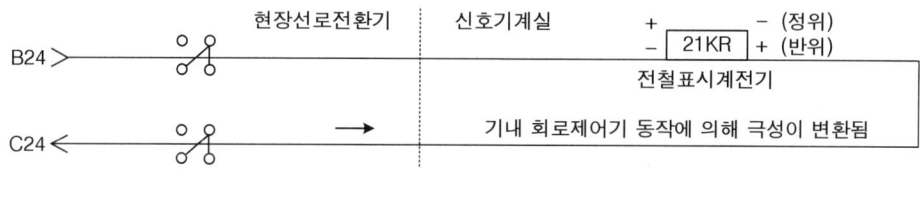

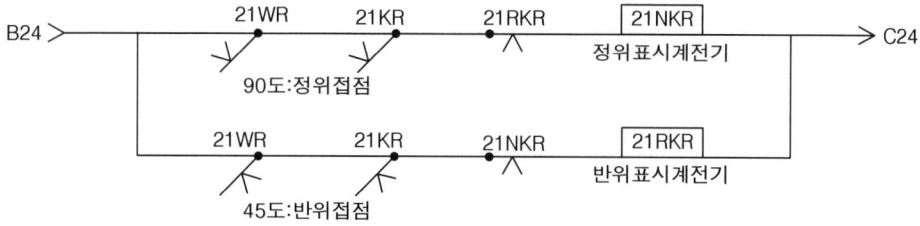

(그림 5-41). 전철표시회로

진로선별회로

전기연동장치는 기본적으로 진로선별식으로 한다. 진로선별회로는 진로선별식 계전연동장치에서 출발점 정자와 도착점 압구에 의하여 선택되는 진로의 선로전환기 개통방향을 결정하는 회로이다.

진로선별회로는 진로선별식에서 출발점 정자와 도착점 압구의 취급에 의하여 진로의 선로전환기 개통방향을 결정하는 회로이다.

진로선별계전기는 신호정자를 취급하면 전원에 의하여 직접 여자하며, 이 여자접점을 경유하여 전방 회로에 전원을 공급하는 한편, 무여자 접점을 반위 쪽에 삽입하여 전류가 반대 방향으로 흐르지 못하도록 진로를 구분한다.

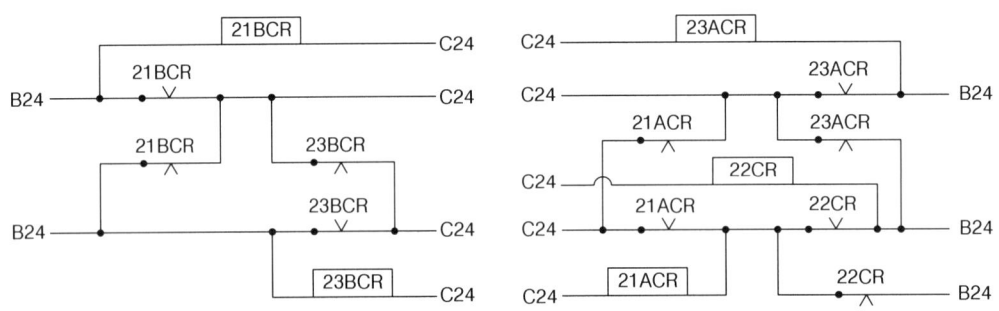

(그림 5-42). 진로선별계전기 결선방법

신호제어회로 조건

신호제어회로는 일련의 각 전기회로군의 동작을 최종적으로 확인하는 회로이다. 즉, 진로의 종별, 선로전환기의 전환명령, 선로전환기의 전환에 의한 진로구성, 진로쇄정 등의 완료 및 진로상에 열차가 없음을 조사해서 신호기를 제어한다.

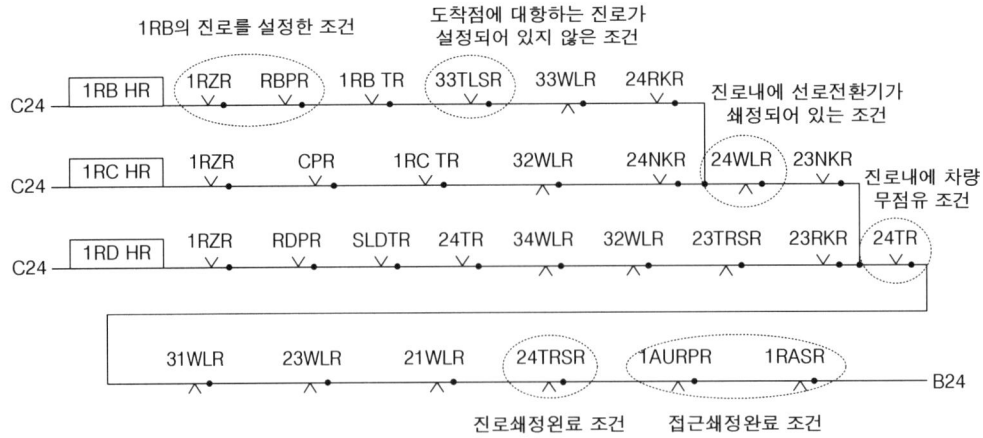

(그림 5-43). 신호제어계전기회로

5장 연동장치

전자연동장치

기본 설명

전자연동장치는 전기연동장치에서 계전기에 의해 전기적으로 논리회로를 구성하여 진로를 제어하던 방식을 마이크로프로세서에 의해 논리연산을 하는 장치이다. 따라서 장치 면적감소, 장애감소, 2중계 구성, 고장감시기록 등의 장점이 있다.

1 전자연동장치의 발전

전자연동장치(Electronic Interlocking)는 일본에서 1957년부터 연구가 진행되었다. 당시에는 어떻게 계전연동장치의 계전기 회로를 전자적인 회로로 변환하는 것이 과제였으며 계전기 회로를 논리식으로 기술해서 전자회로에 의한 연동기의 실현성 등을 검토하였다. 연구를 계속하여 자기증폭기를 이용한 안전측 동작원칙과 무접점 계전기에 의한 전자연동장치가 1962년에 시험 제작하게 되었다.

한편 영국, 프랑스 등에서 무접점 계전기 방식의 전자연동장치가 개발되어 1961년에 시험되었고, 1978년에 스웨덴에서 컴퓨터식의 전자연동장치가 개발되어 예테보리역에 사용되었다. 이에 자극받아 컴퓨터를 이용한 전자연동장치가 다시 연구되어 마이크로컴퓨터를 기반으로 하는 전자연동장치가 신호설비 전반에 있어 근대화에 큰 변화를 주었다.

그 이후 전자건널목, 전자폐색장치 등이 이 기술을 기초로 해서 차례로 실용화 되었으며 신호설비의 전자화에 돌파구가 되었다.

전자연동장치의 기능

전자연동장치는 기존의 전기연동장치에서 계전기의 접점을 전기적으로 결선하여 여러 계전기들의 동작과정에 의하여 논리제어를 하는 방식을 대신하여 전자설비의 프로그램에 의하여 로직처리를 하는 방법으로 연동논리회로를 구현한 것이다.

전자연동장치는 연동장치에서 사용되는 모든 정보를 데이터베이스로 구축하고 선로 모양에 따른 연동로직은 별도의 프로그램으로 구성되어 있어 진로제어 시마다 프로그램을 실행하면서 필요한 데이터를 데이터베이스에서 찾아 사용하는 방식이다.

역 구내 별로 연동로직을 별도로 작성할 필요가 없고 화면에 표시할 역 모양만 입력함으로써 자동으로 데이터베이스가 생성되어 작업의 효율을 높일 수 있다.

전자연동장치는 마이크로컴퓨터를 응용한 자동화 기능, 시스템의 2중계 제어 및 운영 및 제어 기록 등이 가능하도록 한다.

(그림 5-44). 전자연동장치

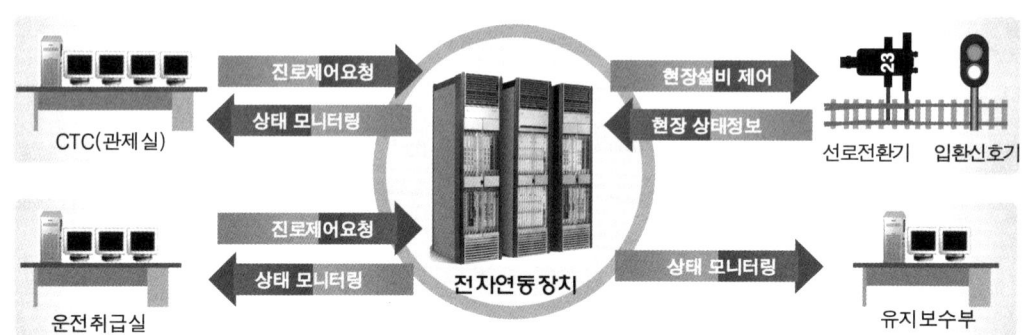

(그림 5-45). 전자연동장치의 인터페이스

5장 연동장치

2 전자연동장치의 구성

▎연동논리부

연동논리부는 하나의 서브랙에 전원모듈, CPU모듈, 인터페이스모듈, 입출력제어모듈을 수용하여 2중계로 구성되어 있다. 연동논리부의 각 모듈은 시스템 버스를 통하여 CPU 모듈과 상호 정보를 공유한다.

CPU모듈은 진로취급 진로지령을 수신하여 연동로직 연산을 수행하며, IF모듈에서 연산결과를 비교하여 동등할 때 주계에서만 출력한다. 연산에 장애시 정상적으로 운용이 가능한 쪽이 주계가 되어 기존의 출력을 그대로 유지한다.

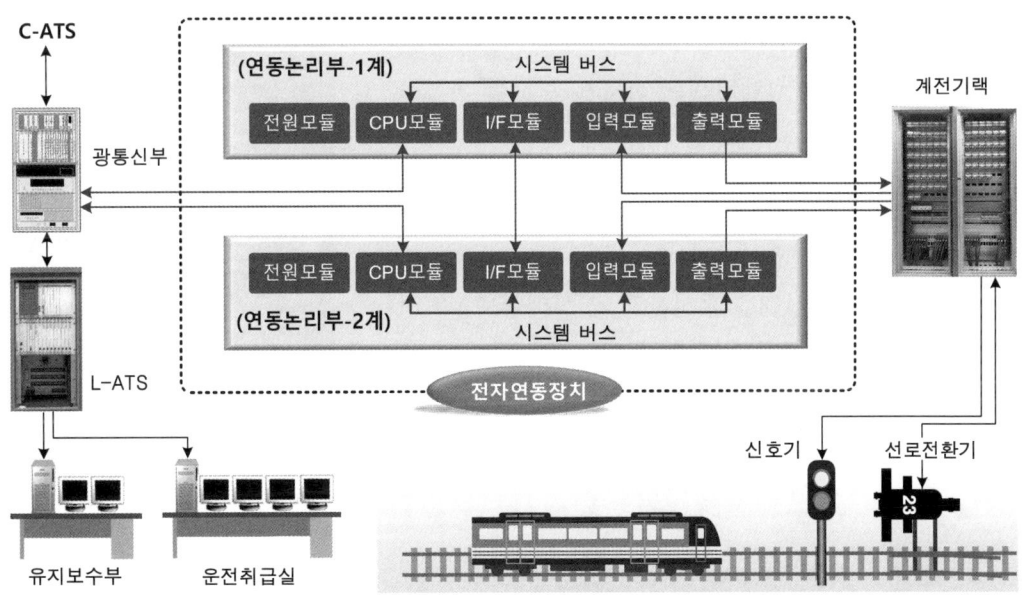

(그림 5-46). 전자연동장치의 구성

CPU모듈

CPU모듈은 실시간 운영체제로서 연동처리, 버스 및 입출력 모듈의 제어, 외부장치와의 통신, 시스템의 상태감시 및 절체기능을 한다.

CPU모듈은 운전취급자의 제어정보와 현장설비의 동작 상태정보를 입력받아 안전측 진로설정을 위한 로직을 연산한다. 이 모듈은 인터페이스(IF)모듈과 시스템버스로 데이터 통신을 하면서 연동로직을 수행한다.

인터페이스모듈

인터페이스(IF) 모듈은 1계와 2계 간 정보를 교환하여 데이터를 비교하기 위해 시스템 버스 상호간 연결하며, 어느 시스템이 고장나면 주계·부계 간 절체 시킨다.

이 모듈은 자기진단, CPU의 연동로직, 연산결과 데이터 교환, 입출력 모듈제어, 그리고 외부장치와 통신을 담당하는 각종 프로그램이 내장되어 있다.

출력모듈

출력모듈은 CPU로부터의 주기적인 출력신호에 의하여 동작하며, 신호기, 선로전환기 등의 관계 계전기를 동작시켜 전원을 제어한다.

오류가 발생하면 소프트웨어와 연계하는 출력검증용 Feed-Back 회로에 의해 자체적으로 안전측 동작을 한다.

입력모듈

입력모듈은 현장으로부터 입력된 관계 계전기의 동작에 의하여 현장기기의 상태를 수신하고 그 상태정보를 CPU 모듈의 프로세서 보드로 전송한다.

부정입력이 검지될 경우 입력포트 단위로 안전 측으로 고정하고 고장정보를 표출한다.

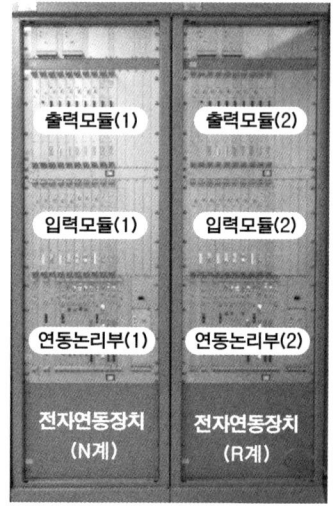

(그림5-47). 논리연산부 모듈

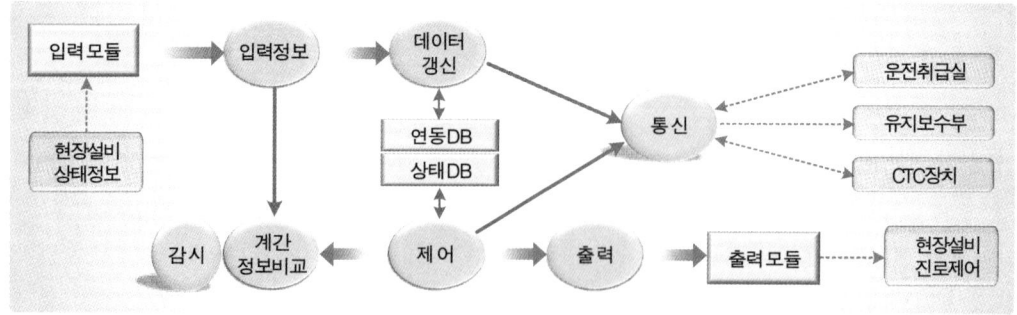

(그림 5-48). 소프트웨어의 연동처리

5장 연동장치

시스템버스

시스템버스는 시스템 전체의 데이터와 어드레스, 그리고 각종 컨트롤 신호를 CPU모듈에서 입·출력모듈로 혹은 입·출력 모듈에서 CPU모듈로 전송해 준다.

▌ 광통신 장치부

광통신 장치부는 표시제어부, CTC, 원격제어, 열차번호 송수신, 유지보수부, 기타 외부장치와 인터페이스를 한다. 표시제어부와 광통신을 사용하고, 주변장치와의 통신방식은 RS-422를 표준으로 한다.

▌ 인터페이스 계전기 랙(Rack)

선로전환기, 신호기 등의 분기부 현장설비를 동작시키기 위해서 CPU의 결과에 따라 출력모듈에서 전원(DC24V)이 출력되어 관계 계전기를 여자시킨다.
출력모듈에 의하여 제어된 계전기는 여자접점에 의하여 현장설비의 전원을 On/Off 제어한다.

(그림5-49). 계전기랙

▌ 표시제어부 (신호취급설비)

표시제어부는 연동논리부로부터 역 구내의 신호기, 선로전환기, 궤도회로, 진로의 상태, 열차번호 및 운행상황 등 제어상태를 수신하여 실시간으로 모니터링 할 수 있다. 관제 시스템의 고장으로 취급이 불가할 경우 각 역에서 진로취급을 할 수 있다.

▌ 유지보수부

유지보수부는 연동논리부와 접속되어 역구내 화면표시, 시스템 감시, 연동데이터의 변경 및 오류검증, 상태재현 등 시스템의 운영정보와 고장정보를 기록하고 인쇄할 수 있다.
을 한다. 유지보수부는 표시제어부와는 달리 취급에 의한 출력제어는 할 수 없으며, 시스템 운영 상황을 실시간으로 모니터링 및 저장한다.

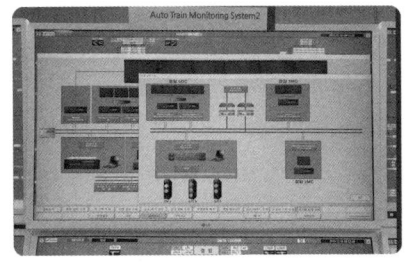

(그림 5-50). 유지보수부

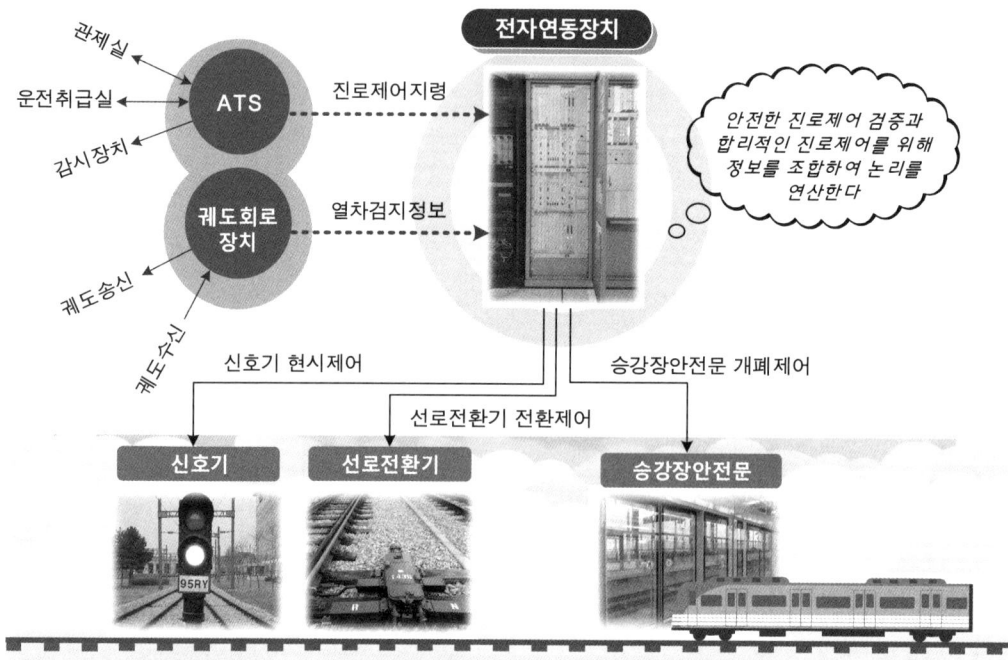

(그림 5-51). 전자연동장치 현장설비 제어

3 전자연동장치의 제어과정

전자연동장치는 선로전환기와 신호기를 제어하여 진로의 전환과정을 처리한다. 안전측 동작을 위해 논리연산을 통해 검증한 후 현장설비에 전원을 출력한다.

❶ 진로취급 명령 및 전송

관제실 또는 역취급실 운영자가 진로를 취급하면 진로제어명령은 광통신을 이용하여 연동역 신호기계실에 위치한 전자연동장치의 CPU모듈에 제어명령 정보가 전송된다.

❷ CPU모듈에서 연동로직의 연산

CPU모듈은 입력모듈로부터 현장정보를 수신하고 연동로직을 처리하여 안전측 진로조건이 되지 않으면 관계 진로를 쇄정한다. CPU모듈은 인터페이스(IF)모듈과 시스템버스를 통해 데이터통신을 한다. 연동데이터는 ROM에 저장하고 연동로직을 처리한다.

5장 연동장치

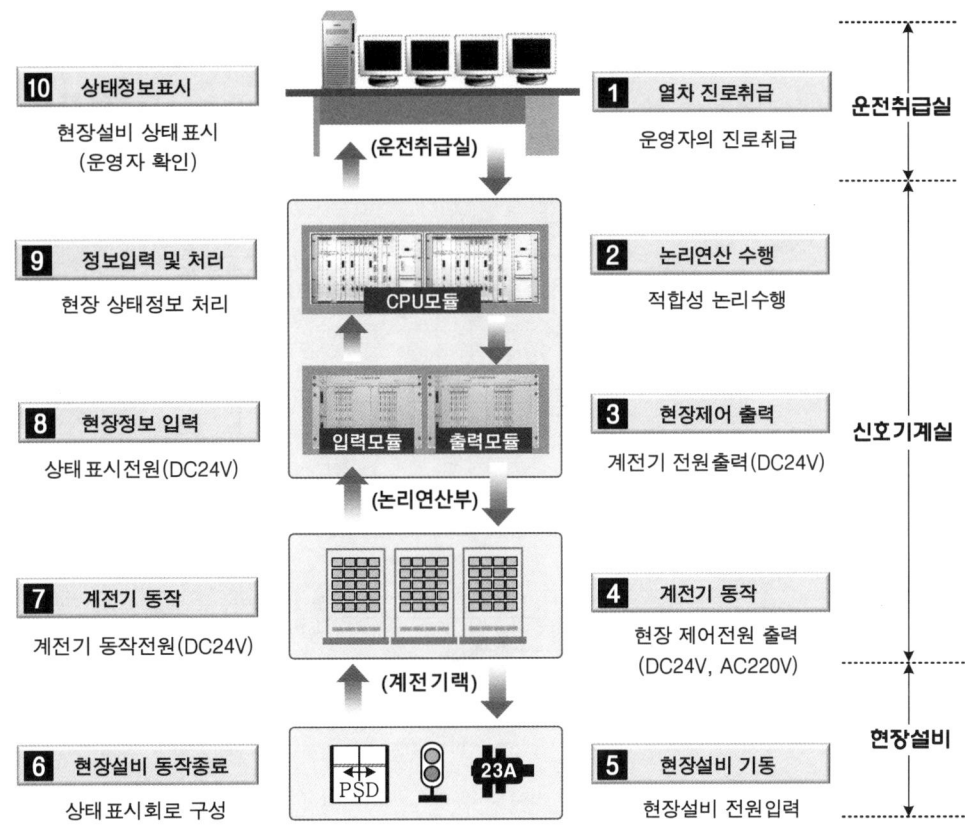

(그림 5-52). 전자연동장치의 제어과정

❸ 연산결과를 출력모듈로 전송

CPU모듈에서 연산결과에 대하여 안전측 진로를 구성할 수 있을 때에만 출력모듈을 제어한다. 출력모듈은 CPU로부터 주기적인 출력신호를 수신하여 신호기, 선로전환기 등 현장기기의 전원을 제어한다.

❹ 출력모듈에서 제어계전기와 인터페이스

출력모듈은 신호기, 진로표시기, 선로전환기, PSD 등 각각의 포트에서 현장설비 제어를 위해 DC24[V]의 출력전압에 의하여 관계 계전기를 여자시킨다. 계전기의 동작에 의하여 현장설비에 전원을 전송하여 동작시킨다.

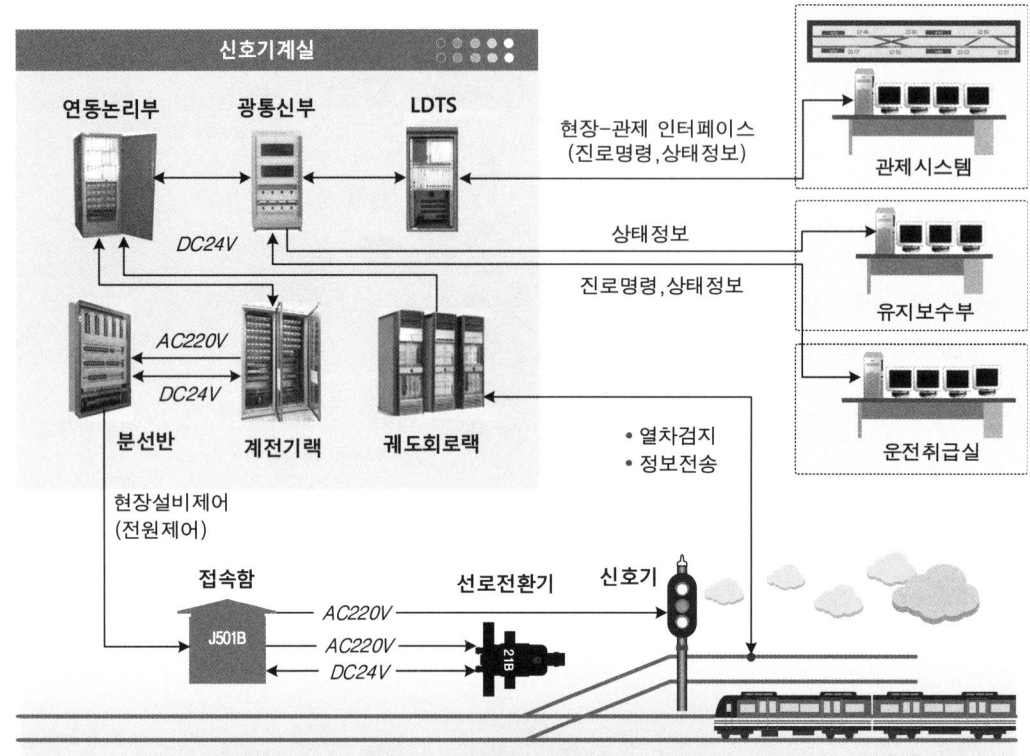

(그림 5-53). 전자연동장치의 인터페이스

❺ 입력모듈에서 현장정보 수신

현장설비로부터 전원을 수전하여 신호기계실의 해당 계전기를 여자시키고 계전기의 동작접점을 통해 입력모듈에서 DC24V를 수전하여 현장설비의 상태를 분별한다.

입력모듈에서 검지된 현장설비의 상태정보는 CPU모듈로 전송한다. 이 현장정보는 다음 진로 전환시 정당한 논리제어에 반영된다.

❻ MMI에 현장정보 표시

CPU모듈에서 광통신부를 통하여 표시제어부, 유지보수부 등에 현장의 상태정보를 제공한다.

표시제어부 및 유지보수부는 연동논리부의 CPU모듈과 연결되어 신호기, 선로전환기, 궤도회로장치 등 현장설비 상태를 실시간으로 표시한다.

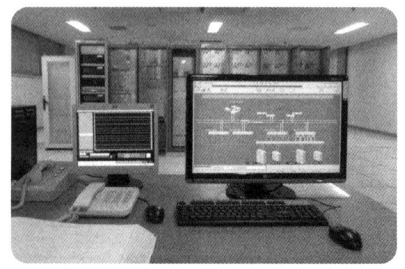

(그림 5-54). 신호기계실 MMI

5장 연동장치

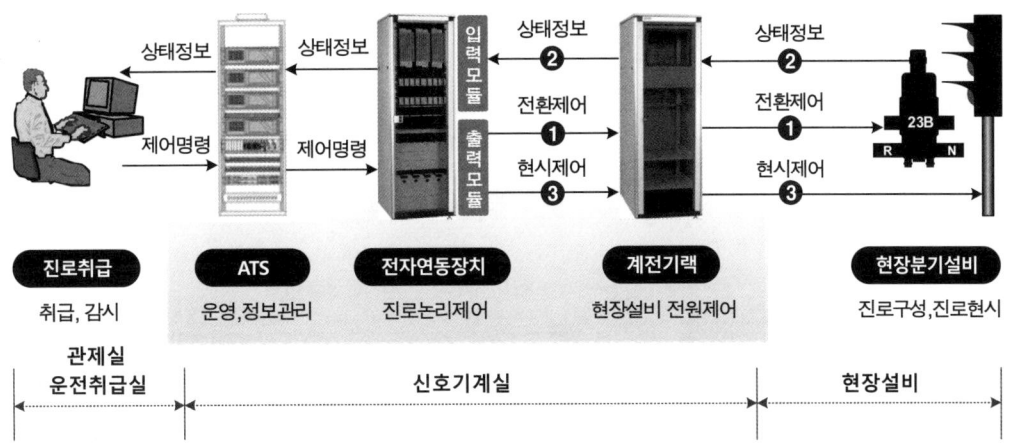

(그림 5-55). 분기부에서 선로전환기 및 신호제어 과정

4 전자연동장치의 분류

집중형 전자연동장치

집중형 전자연동장치는 연동장치를 신호기계실의 한 장소에 집중 설치하여 제어한다. 2중화로 구성된 한 곳의 현장제어부에서 입출력부에 계전기를 직접 사용하여 현장의 선로전환기 및 신호기 등과 1:1로 연결하여 제어한다. 집중형 전자연동장치는 일반적으로 많이 사용하는 방식이며, 시스템의 집중화로 유지보수 점검이 용이하다.

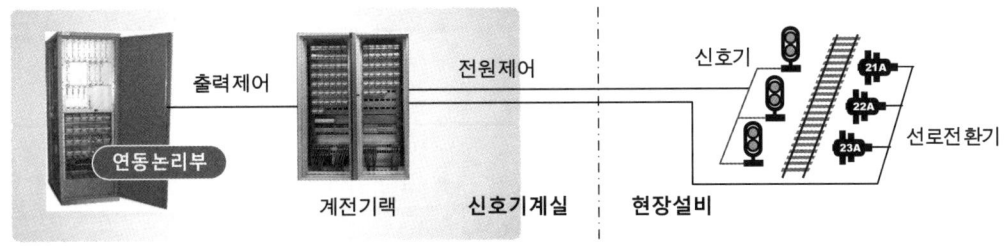

(그림 5-56). 집중형 연동장치의 구성

분산형 전자연동장치

분산형 전자연동장치는 입출력부에 현장제어모듈을 두어 광통신방식으로 제어하는 구조로써 연동장치 설치역과 인근 다수의 역을 제어한다. 각 연동역에는 연동논리부가 설치되며 기기 집중역에는 현장제어부가 설치된다.

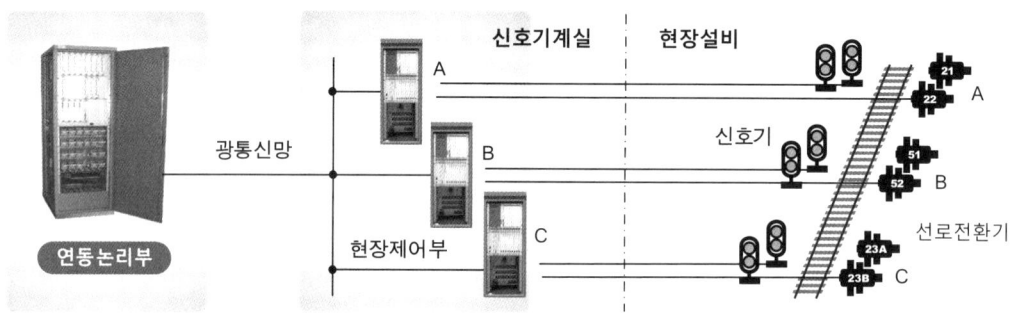

(그림 5-57). 분산형 연동장치의 구성

모든 진로설비의 연동논리처리는 연동논리부에서 수행되며 광통신망을 통해서 신호기계실의 현장제어부로 전송된다.

현장제어부는 2중계 모듈로 구성되며, 현장제어함에 제어명령을 송신하여 선로전환기, 신호기 등의 현장 신호설비를 제어하고, 현장정보를 수신하여 표시반에 전송한다.

(표 5-4). 집중형과 분산형 전자연동장치 비교

구 분	집중형 전자연동장치	분산형 전자연동장치
장치구조	■ 마이크로프로세서 PCB 구조 ■ 집중배치 할 넓은 설치면적 필요	■ 마이크로프로세서 PCB 구조 ■ 시스템 분산화로 설치면적 적음
확장성	■ 분산형에 비해 다소 불리	■ 현장설비의 확장성 용이
시공성	■ 다중 케이블 및 전선관로 시설시공으로 공사기간 과다 소요 ■ 현장설비 인터페이스용 계전기 필요	■ 그룹별 담당 분산제어기를 현장에 설치하므로 가설물 설치가 필요 ■ 현장설비 인터페이스용 계전기 불필요
유지 보수성	■ 기기 집중화로 시스템 점검이 용이 ■ 외부 서지, 유도로부터 인입 가능	■ 자체 통신점검에 의한 고장점검 용이 ■ 외부 서지, 유도로부터 시스템 안정화
경제성	■ 다중케이블 포설로 투자비 증액	■ 다중케이블 시설 축소로 투자비 절약

5 연동논리부의 연산처리

연동논리부의 안전측 동작

연동장치는 부적합한 진로는 열차가 진입을 할 수 없도록 쇄정하여 정지신호를 현시하고, 적합한 진로에 대해서만 선로전환기를 전환하여 진행신호를 현시할 수 있도록 연동로직을 수행한다. 연동장치에서 잘못된 연산이나 출력으로 시스템을 제어할 경우 운행 중인 열차에게 대형 사고를 유발할 수 있으므로 이에 대해 시스템 고장이나 연산 오류 시 안전측 동작이 최우선으로 선행되어야 한다.

전자연동장치는 하나의 고장이 또 다른 장애를 유발시키지 않아야 한다. 따라서 전자연동장치는 정당한 입력에서 처리결과에 의해 정당한 출력을 도출하기 위해서 다음과 같은 연동처리 및 부정출력을 차단하여야 한다.

안전측 동작처리

① 매 Cycle 별 입력, 출력 데이터를 실시간 비교
② 1, 2계 간 입력정보가 상이한 경우 해당 포트 단위로 안전측 고정
③ 1, 2계 간 출력정보가 상이한 경우 안전측으로 처리
④ 부정입력을 감시처리하며, 부정출력 및 출력단 과전류 검지처리
⑤ 통신 데이터 검증을 위한 CRC 처리
⑥ 자기진단에 의한 시스템 운영

연동논리부의 연동처리

① 연동논리부 CPU모듈은 정해진 시간 내에 처리 결과를 출력하는 실시간 시스템으로 구성하고, 운영체제는 성능이 입증된 상용 실시간 운영체제를 사용하여야 한다.
② CPU모듈의 초기 기동 시 각 모듈에 대한 자기진단과 1계와 2계의 연동 데이터 비교 후에 기동되어야 하며 기동에 소요되는 시간은 20초 이내로 한다.
③ 연동논리부 주계·부계 절체 소요시간은 출력을 기준하여 20msec 이내로 하며, 절체 순간 및 절체 후 시스템의 상태는 변화가 없어야 한다.
④ 연동논리부는 입력되는 정보로부터 정당한 출력을 발생하기까지 소요되는 시스템 동작 주기는 200msec 이하로 한다.

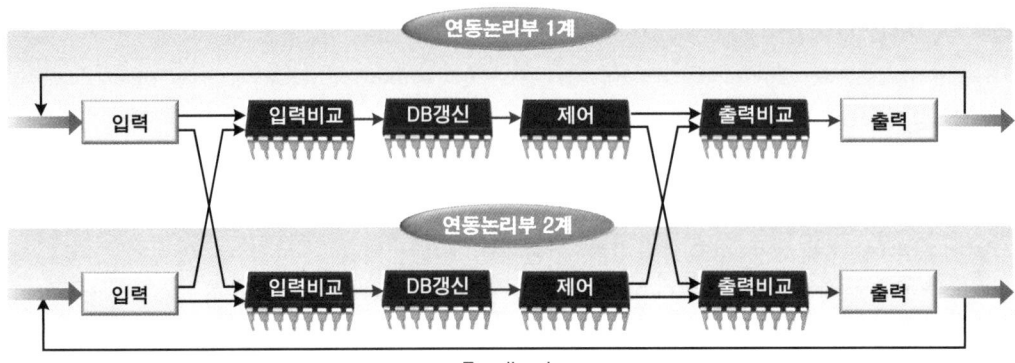

(그림 5-58). 연동논리부의 연동처리 절차

⑤ 1계와 2계 두 시스템은 표시제어부의 취급요구 정보와 입력된 데이터에 대하여 두 시스템이 동시에 처리되고 현장의 제어출력은 주계에서만 출력하여야 한다.
⑥ 1계와 2계의 입력모듈로 입력되는 데이터를 상호 비교하여 동일한 경우에만 정상적인 입력 데이터로 처리하고, 서로 상이한 경우에는 입력포트 단위로 안전 측(off)으로 고정하고 계속 운용한다.
⑦ 연동논리부 시스템의 고장이 검지될 경우 부계로 처리 및 출력을 전환하고, 모든 출력은 안전 측으로 처리한 후 1계와 2계의 데이터 비교 없이 단독으로 운전한다.
⑧ 주계와 부계의 처리 결과를 비교하여 일치할 경우에 주계의 출력을 제어하여야 한다. 처리 결과가 상이할 경우 2회까지 반복 처리한 후 불일치할 경우 해당 출력에 대하여 안전 측으로 제어한다.
⑨ 1계와 2계 시스템 상호간 통신이 불가능할 경우에는 부계는 고장으로 처리하고 주계 단독으로 운전한다.
⑩ 하드웨어 또는 소프트웨어의 오류로 인하여 시스템이 더 이상 정상적인 처리를 수행할 수 없어 동작이 중단되는 경우가 발생하지 않도록 한다.
⑪ 전자연동장치는 선로전환기 장애시 공회전 방지를 위하여 전철제어쇄정계전기를 10초~14초 후 낙하하도록 한다.
⑫ 입환작업의 유무에 따라 모든 입환 신호기(입환표지 포함)를 일괄 점등 및 소등할 수 있도록 구성한다.

연동논리부의 부정출력 차단

부정출력 차단은 연산처리의 오류, 하드웨어의 소손, 기타 외부요인 등으로 인하여 CPU 모듈 또는 입출력모듈 스스로 안전측 처리가 불가능한 부정출력 또는 입력이 검지되는 경우에 이를 외부에서 강제적으로 차단하기 위한 회로이다.

부정출력 차단 사유

❖ 부정출력 차단은 연산처리의 오류, 하드웨어 소손, 기타 외부요인 등으로 인하여 CPU 모듈 또는 입출력모듈 스스로 안전측 처리가 불가능한 부정출력 또는 입력이 검지되는 경우에 외부에서 경제적으로 차단하기 위한 회로로서 다음의 경우에 동작한다.

① 전철제어계전기(WR)가 CPU모듈의 제어와 무관하게 반대측 접점이 구성되는 경우
② 출력모듈에서 안전측 처리가 불가능한 부정출력이 발생되는 경우
③ 제어회로의 무극선조계전기가 CPU모듈의 제어와 무관하게 여자접점이 구성되는 경우
④ 선로전환기 제어모듈에서 안전측 처리가 불가능
    한 부정출력이 발생되는 경우
⑤ CPU모듈에서 정상적인 연산처리가 되지 않을 경우
⑥ 시스템의 동작이 정지되거나 고장으로 정상 운용이 불가능한 경우
⑦ 기타 안전측 동작에 위반하여 위험한 상태의 출력이 발생되는 경우

부정출력 차단회로 동작

① 부정출력의 발생으로부터 부정출력 차단회로가 동작하여 차단에 소요되기까지의 시간은 2초 이내로 한다.
② 부정출력 차단회로 동작 후 부정출력의 원인이 해소되더라도 시스템 스스로 복구되지 않아야 하고, 부정출력의 원인이 해소되지 않은 경우에는 사용자가 확인 취급을 하더라도 복구되지 않아야 한다.
③ 부정출력 차단회로 동작 시에는 외부 계전기 동작용 전원을 차단하고 출력모듈에 의하여 출력 중인 데이터는 삭제한다.
④ 전자부정출력 차단회로 동작 시에도 출력제어와 관계되지 않은 모든 기능은 정상적으로 동작한다.
⑤ 전자연동장치는 부정출력 발생 시에도 운영중단 없이 단독운전이 가능하도록 안전계전기 회로는 1계와 2계를 별도로 분리하여야 한다.

6 전기, 전자연동장치 비교

논리제어의 특징

1950년대에 전기연동장치의 도입으로 계전기의 접점에 배선을 하고 로직회로를 구현하여 진로제어를 하였다.

그 이후 계전기를 대체하기 위하여 마그네틱 로직을 사용하는 실험을 거듭한 끝에 1980년 후반부터 컴퓨터 기술의 발전으로 로직회로 구성이 프로그램으로 이용되기 시작하여 오늘날에 현장설비를 제어하는데 핵심 역할을 하고 있다.

전자연동장치의 개발로 신호시스템의 자동화가 본격화되었으며, 마이크로컴퓨터와 광통신이 이용하여 대량의 정보를 고속으로 전송하는 제어의 중심축이 되었다.

전기연동장치는 다량의 계전기를 이용하여 전기적으로 회로를 결선하고 계전기의 접점 개폐에 의하여 논리회로를 구성시키는 반면, 전자연동장치는 계전기의 전기적인 결선을 대신하여 프로그램으로 논리화하여 연동논리회로를 구성한 것이다.

전자연동장치는 마이크로프로세서를 이용하여 ATC(ATP/ATO) 제어와 호환이 용이하게 구현되고 있다.

(그림5-59). 전기(좌) 전자(우) 연동장치

(표 5-5). 전기연동장치와 전자연동장치 특징

구 분	전기연동장치	전자연동장치
장치구성	계전기와 전기배선	전자보드와 소프트웨어
논리구성	계전기 ON/OFF에 의한 논리제어	프로그램에 의한 논리연산
처리속도	느리다 (계전기 동작속도)	빠르다 (프로그램 처리속도)
다중계화	단일계 시스템 구성	2중계 시스템 구성
진단관리	운영기록관리 불가	운영기록관리 가능
호환성	자동화 시스템과 호환 불가	자동화 시스템과 호환 가능
안전성	안전측 동작 우수(무전원)	안전측 동작 우수(입출력 검출)

(표 5-6). 전기연동장치와 전자연동장치 비교

구 분	전기연동장치	전자연동장치
형태		
장치 구성	▪ 계전기와 전선을 이용한 배선중심 ▪ 계전기 ON-OFF 작동에 의한 논리 구성으로 처리속도가 느림	▪ 마이크로프로세서 모듈과 광통신 구성 ▪ 프로그램에 의한 논리연산으로 데이터 처리속도가 빠름
안전성	▪ 계전기의 낙하동작 특성을 이용하므로 안전측 동작 우수 ▪ 계전기 피로에 의한 수명 한계	▪ 시스템 고장 및 논리연산 오류검출로 안전측 동작 우수 ▪ 특정회로의 결함 발생 시 격리
신뢰성	▪ 단일계 시스템으로 구성 ▪ 특정 계전기 고장시 파급적 장애	▪ 2중계 시스템으로 구성 ▪ 특정 고장시 예비계로 자동절체
경제성	▪ 설비의 초기 투자비용이 많이 들며, 노후에 따른 추가비용 부담 ▪ 필요시 특정회로에 추가 배선 및 계전기의 부분 교체가 가능	▪ 설비 초기비용이 많이 드나, 전체 교체가 아니면 추가비용 절감 ▪ PCB 교체 또는 전체 교체가 필요하나, 로직 변경이 용이
시공성	▪ 고속제어처리를 요구하는 ATP/ATO의 자동화 설비와 호환에 불리 ▪ 확장성이 없으며, 부분 개량 시 계전기 랙 추가설치 및 결선변경	▪ 고속제어처리를 요구하는 ATP/ATO의 자동화 설비와 호환에 적합 ▪ 부분개량 시 소프트웨어 변경 및 I/O 카드 추가 설치
유지 보수성	▪ 단일계 시스템으로서 기기 운용 중 보수점검 불가능 ▪ 진단 프로그램 및 시스템 운영기록 정보가 없어 고장진단이 불리	▪ 고장발생 시에도 예비계를 통해 시스템 정지 없이 보수점검 가능 ▪ 설비상태 감시와 자기진단기능으로 장애발생시 원인분석 용이

7 IP기반 전자연동장치

연동장치 개발목적

2004년 경부고속철도 개통이후 신호설비의 개량사업을 시행하고 있으나 ATC와 전자연동장치의 핵심기술은 해외 제작사에 의존하고 있는 실정이며, 전자연동장치를 중심으로 한 신호시스템 인터페이스의 표준화 개발 및 실용화를 확보하지 못하고 있어 사업추진 및 운영을 원활히 할 수 있도록 IP 기술을 접목하여 상용화할 계획으로 'IP기반 전자연동장치 실용화 연구사업'(2019~2020)을 진행하였다.

연구 목표

- 고속철도용 IP기반 전자연동장치의 인터페이스를 표준화하여 신뢰성 및 안전성 입증
- KTCS-1,2 및 신호시스템 인터페이스 표준 실용화
- CTC, RBC, 원격 유지보수부, 전자연동장치(인접역) 등과 전자연동장치의 인터페이스

해외 실용화 사례

유럽에서는 최근에 국가 간 상호 운영성 및 안전성 향상을 위해 IP기반 전자연동장치 표준화 및 실용화 필요성을 느끼고 있어 EURO 프로젝트 및 INESS 프로젝트를 유럽연합차원에서 철도 운영회사 중심으로 추진하고 있다.

EURO의 IP기반 전자연동장치는 CTC, 무선폐색센터, 인접연동장치, 선로변장치(선로전환기 외) 및 유지보수장치와 주요 장치를 교환한다.

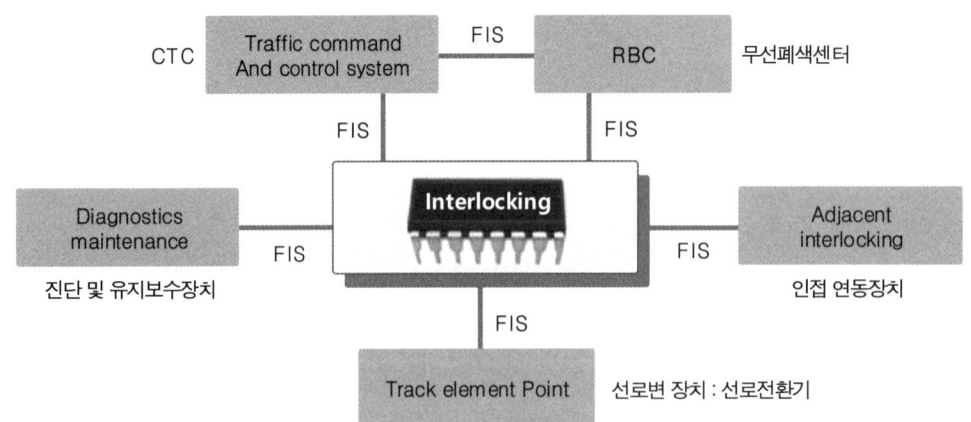

(그림 5-60). 유럽 IP기반 전자연동장치의 인터페이스

5장 연동장치

기술적 기대효과

- 현재 고속철도에 설치되어 있는 해외 시스템을 본 실용화 과제로 제품 개량
- 국외 시장에서 유연하고 다양한 인터페이스에 의한 기존 설비와 연결사업 수행 가능
- SIL4인증 제품사양으로 해외시장 장벽 진입 가능

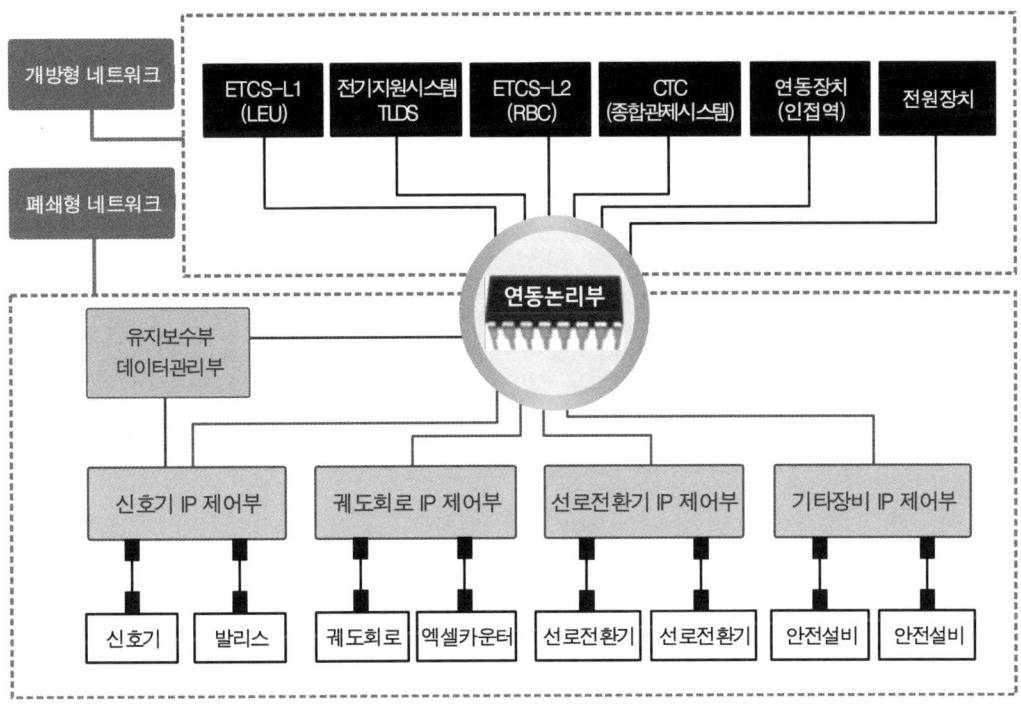

(그림 5-61). IP기반 전자연동장치 구성도

(표 5-7). IP기반 전기연동장치 네트워크

구 분	네트워크 정의
개방형 네트워크	개방형 네트워크(Open Network) : 전자연동장치 시스템 내부 네트워크가 아닌 전자연동장치와 외부의 타 시스템(ETCS L1, ETCS L2, CTC, TLDS 등)과 연결되는 외부망 네트워크
폐쇄형 네트워크	폐쇄형 네트워크(Closed Network) : 전자연동장치와 IP제어부(신호기, 궤도회로장치, 선로전환기, 기타장치) 및 유지보수 및 데이터 관리부를 포함하는 전자연동장치 시스템 내부망 네트워크

07 철도신호용 계전기

기본 설명

과거에는 전기연동장치에 의해 수많은 계전기를 이용하여 로직회로를 구성하고 전원을 제어함으로써 철도신호에서 계전기의 의존도가 매우 높았으나, 오늘날에는 전자연동장치의 현장제어설비에만 국한됨으로써 점차 활용도가 감소되는 추세이다.

1 계전기 일반

계전기는 전기적인 입력을 기계적인 일로 변환하여 접점을 구동시켜 회로를 구성하는 기기로서 전자석에 의해 철편의 흡입력을 이용하여 접점을 개폐하는 기능을 가진다. 계전기는 접점 개폐동작에 의한 ON-OFF 스위칭 작용을 이용하여 다른 전기회로에 중계 역할을 한다. 이렇게 연속적인 중계회로에 사용되므로 Relay라고도 한다.

계전기는 일반적으로 시퀀스회로(순차회로)에 사용하고 있으며, 철도신호에서는 전기연동장치의 회로조건 또는 전자연동장치의 현장설비와 인터페이스용으로 주로 사용되고 있다.

철도신호에서는 시스템의 디지털화로 인하여 계전기의 역할이 점차 감소되고 있는 추세이다.

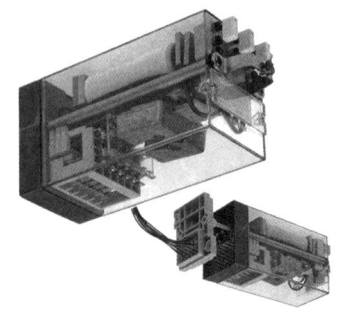

(그림5-62). 철도신호용계전기

계전기의 접점 구동

계전기는 전자석에 의한 철편의 흡입력을 이용하여 접점을 개폐한다. 계전기의 동작원리는 봉상의 철심에 코일을 감아서 여기에 스위치와 전원을 연결한다. 스위치를 닫으면 코일에 전류가 흘러서 봉상의 철심은 전자석이 되어 철편을 흡인한다.

자기식 계전기는 전자석, 접극자, 접점으로 구성되며, 계전기가 여자되면 자석의 흡인력이 발생하여 접극자(가동편)를 흡인함으로써 접점을 구성하게 된다.

(표 5-8). 계전기의 접점구동 방식

접점방식	계전기 접점구동 설명
직접구동방식	C접점 스프링이 직접 접극자에 고정되어 있는 방식
굴곡방식	접점을 구성하기 위해서 탄력을 필요로 하며 구동가드에서 C접점 스프링을 움직여서 접점을 개폐함. 이 방식은 접점 습동량이 많음
Lift-off방식	스프링 자체로 접점을 구성하며 구동가드에서 N, R 접점스프링을 움직여 접점을 개폐함. 이 방식은 접점이 완전히 마모될 때까지 접촉을 유지함

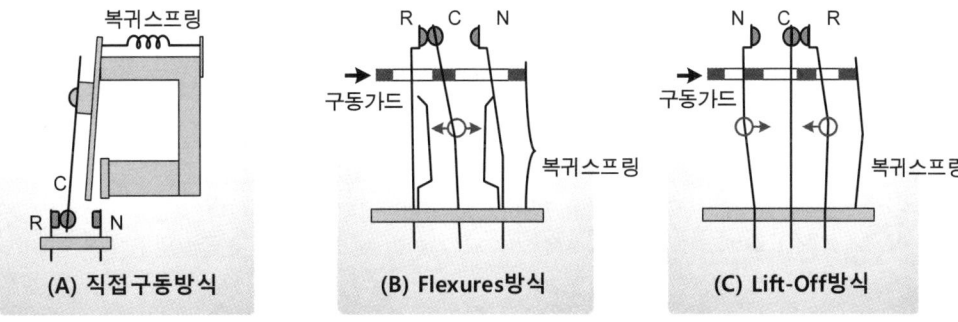

(그림 5-63). 계전기의 접점구동방식

2 철도신호용 계전기

계전기 수량산출 및 결선

전기연동장치에서는 계전기와 각종 기기 등을 수용하기 위한 계전기 랙(Rack)이 사용된다. 필요한 계전기 랙 수는 역구내 선로모양과 진로 수에 따라 소용되는 계전기 수량을 산출하여 다음 식에 적용한다.

$$\text{필요한 계전기랙 수} = \frac{\text{계전기 산출 총수}}{\text{랙의 계전기 수용 수}} \times 1.2$$

계전기 배열은 상단부터 시작하고 랙 간의 연결 케이블은 가능한 짧게 구성한다. 또 무극선조계전기는 역구내 시설량에 따라 반응계전기의 수량이 다르므로 산출 수량의 10% 이내로 추가로 적용한다.

계전기회로 결선

① 계전기의 결선에 있어서 회로의 부하를 균등하게 하기 위하여 단위회로를 구성하되, 회로 별로 1.6A를 초과하지 않도록 배치한다.
② 매 회로에는 2A 이하의 퓨즈를 설치하며, 계전기 상호 간의 결선은 난연성 케이블을 사용한다.
③ 계전기 취부 시에는 고정볼트 등으로 단단히 고정하고, 외부의 압력에도 빠지지 않도록 접속핀으로 쇄정하는 구조로 한다.

(그림5-64). 계전기 시스템

(표 5-9). 계전기의 장단점(반도체와 비교)

구 분	계전기의 장단점
장 점	• 입력회로와 출력회로가 완전히 절연되어 동작이 확실하다. • 다수의 전기회로 제어가 가능하며, 접점 간에 절연이 되어 있다. • 주재질이 철과 동으로 되어 있어 경제적이며 양산이 가능하다. • 완동과 완방 등의 시간특성을 비교적 간단한 회로로 구현할 수 있다.
단 점	• 제어에 필요한 입력 사용전압이 크다. • 계전기 구조상 동작속도가 비교적 느리다. (ms 이하의 동작 불가) • 접점의 마모와 기계적 피로에 의해 접촉력 약화되어 수명에 한계가 있다. • 대부분의 계전기는 DC전압에 의해 동작하므로 정류기가 별도로 필요하다.

☎ 신호에서 계전기는 어떤 용도로 사용되는 걸까?

계전기는 전원을 이용한 자력으로 스위치를 ON/OFF 하는 원리로써, 제어장치에서 계전기에 전원을 보내면 접점이 변환되어 스위치 역할을 하여 현장설비에 전원이 투입된다. 주로 전자연동장치의 입,출력 모듈에서 DC24V 신호정보로 널리 사용된다.

일반용 계전기

일반용 계전기는 A접점과 B접점이 있다. 계전기에 여자전원 무입력 시에 A접점은 낙하접점을 유지하고 B접점은 강상접점을 유지한다. 또한, 계전기에 여자전원 입력 시에는 반대로 A접점은 강상접점을 유지하고 B접점은 낙하접점을 유지한다. 일반용 계전기의 접점기호는 ─○ ○─ (A접점), ─○▬○─ (B접점)으로 표기한다.

(A) 일반계전기   (B) 무접점계전기   (C) 전자접촉기   (D) 전자개폐기

(그림 5-65). 계전장치의 다양한 종류

❶ **전자접촉기(MC, Magnetic Contractor)** : 전자석의 흡입력을 이용하여 접점을 개폐하는 계전기로서 릴레이보다 접점용량이 크고 주접점 외에 보조접점을 가지고 있다.
❷ **전자개폐기(MS, Magnetic Switch)** : 전자접촉기의 기능과 과부하 계전기를 결합하여 일정 이상의 전류가 흐르면 이를 감지하여 전원을 OFF 한다.

3 신호용 계전기의 종류

교류 2원형 계전기

교류계전기는 가동 플레이트에 생기는 와전류를 이용하여 플레이트를 회전시켜서 접점을 움직인다. 직류 전철화 선구에서 사용하는 PF궤도회로에서 궤도계전기는 Fail Safe 개념을 도입하여 2원의 전원을 사용한다.

교류 2원형 궤도계전기는 레일을 통하여 입력되는 전원 Track측과 송전 궤도변압기에서 직접 입력되는 전원 코일측의 위상차에 의해 동작하는 계전기이다.

(그림5-66). 교류2원형계전기

궤도코일에 있어서 궤도회로의 수전단에 국부코일은 AC110V를 직접 인가한다. 국부전압과 궤도전압의 위상차는 궤도저항자, 임피던스본드, 레일저항, 레일임피던스, 도상에 의한 누설저항과 궤도계전기 전압 및 전류의 위상에 따라서 좌우된다.

2원형 계전기는 인접 궤도회로와의 극성이 역극성이 되도록 궤도회로를 구성하여 레일절연이 파괴될 경우 인접 궤도회로에 의한 궤도계전기의 부정동작을 방지한다.

직류 계전기

무극계전기

무극계전기를 통칭하여 '선조계전기'라 부르며, 가장 널리 사용되는 일반적인 직류계전기로서 보통 복수의 정위(N)접점과 반위(R)접점을 갖는다. 전원이 전자석부에 인가되면 전류의 방향(극성)과 상관없이 전자석의 흡인력이 발생하고 N접점이 구성된다.

반대로 전원이 차단되면 스프링 힘으로 원상으로 되돌아가서 R접점을 구성된다. 영구자석의 N극과 S극이 철편을 동등한 힘으로 흡입하는 것과 같이 자속의 방향(극성)에 관계없이 동작하는 것을 '무극계전기'라 한다.

유극계전기

유극선조계전기는 자기차동형으로 1개의 영구자석과 2개의 코일로 구성되며 코일은 직렬로 접속된다. 코일에 인가되는 전류의 방향에 따라서 그 동작이 달라지고 접점이 변환된다. 즉, 여자코일에 인가되는 전류가 +에서 -로 흐르면 N접점이 구성되고, 그 반대로 흐르면 R접점이 구성되고 N접점은 개방된다. 무전원이면 N접점과 R접점 모두 개방됨으로써 3위식 동작을 한다.

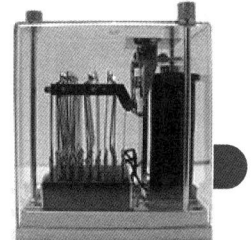
(A) 무극선조계전기

(B) 유극선조계전기

(C) 자기유지계전기

(D) 시소계전기

(그림 5-67). 직류계전기의 형태

자기유지계전기는 유극계전기와 같이 2개의 코일이 직렬로 접속되어 계전기의 전원 극성을 바꾸면 N, R 접점이 반전하여 접촉한다. 전원을 차단해도 그 접점이 접촉된 상태를 계속 유지한다.

또한, 전자부의 자기저항과 누설자속을 작게 하여 영구자석의 효율을 높게 한다. 그러므로 여자 동작시킨 후 여자를 차단해도 영구자석의 흡인력이 접점 스프링의 복귀력을 이겨서 접극자를 흡인하여 동작상태를 계속 유지한다.

시소계전기

시소계전기는 동작에 완동성을 갖는다. 대표적으로는 동기 전동기를 이용하는 방법, 저항·콘덴서를 접속하는 방법, 전자회로와 조합하는 방법이 있다.

무여자일 때는 상시 R접점은 ON, N접점은 OFF상태이며 여자전류를 흘리면 흐른 순간부터 접점이 반전할 때까지 미리 설정한 시소를 갖는 계전기이다. 반대로 여자전류를 끊으면 곧바로 접점은 무여자의 상태로 되돌아온다.

완동계전기

완동계전기는 여자전류가 흐르고부터 N접점이 접촉할 때까지 다소간 시간을 지연시킨다. 자기단락회로가 있어 전원이 차단되면 접극자는 급속하게 낙하되므로 완방성을 방지한다. 자기회로는 동작시간을 지연시키기 위하여 철심에 동스리브를 부가하였으며, 자기 단락회로를 설치하여 여자가 차단된 후 잔류자속의 중요한 통로가 되어 접극자는 급속하게 낙하되는 것을 방지한다.

완방계전기

완방계전기는 여자전류가 끊어진 후 얼마의 시간이 경과한 후 N접점이 낙하한다. 선조계전기와 같은 구조이지만 복구시간을 지연하기 위한 것이다. 선조계전기 동작 시의 절체시간(R→N)에서 낙하하지 않도록 100ms 이상의 복구시간을 갖는다.

연동장치에서 진로취소를 할 때 시소계전기의 동작 시간이 규정치보다 짧아지면 위험하기 때문에 동기 모터형은 치차 구조로 되어 있다.

바이어스계전기

바이어스 계전기는 계전기의 코일에 전류를 흐르게 하면 계전기 내에 설치된 영구자석의 자속이 없어지고 코일에 의한 주자속에 의해 접극자 흡입력이 접점바 내의 힘을 극복하여 계전기를 작동시킨다.

계전기가 작동된 상태에서는 영구자석의 자기회로는 차단되며 낙하상태에서 역방향으로 코일전류가 흘러도 영구자석을 강하게 하여 움직이지 않는다.

(표 5-10). 신호용 직류계전기의 용도

계전기 종류	계전기의 용도
무극계전기	▪ 진로선별회로, 전철제어회로, 진로쇄정회로, 신호현시회로 등
유극계전기	▪ 전철표시계전기
자기유지계전기	▪ 전철제어계전기, 운전방향회로
완동계전기	▪ 저전압 방호회로
완방계전기	▪ 보류쇄정, 해정용 보조계전기(MSLR)
시소계전기	▪ 접근쇄정의 시간제어
바이어스계전기	▪ 단선 폐색회로의 방향계전기(FR)

4 신호용 계전기의 접점구성

계전기에 전원이 공급되어 코일에 여자전류가 흐르면 자력이 발생됨으로써 접점이 가동되어 스위칭 역할을 한다. 접점구성은 전원의 투입 여부에 따라 동작하는 가동접점(C)의 강상과 낙하 동작에 의해서 NR, N, R 접점으로 분류한다.

계전기의 전원 투입과 차단에 의해 모든 C접점이 일시에 가동하여 모든 접점이 변환된다.

국내에서 제작한 계전기의 케이스 전면에는 계전기의 종류 및 형식, 정격, 접점수량이 표기되어 있다.

(그림 5-68). 신호용 계전기

5장 연동장치

※ 국내에서 제작한 신호용 계전기에는 다음과 같이 접점구성과 접점수량이 표기되어 있다.

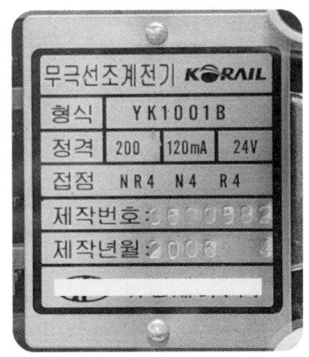 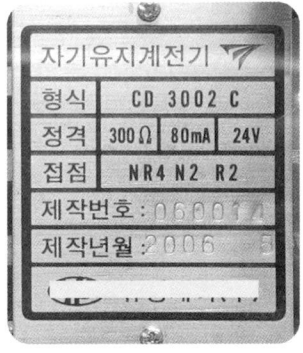 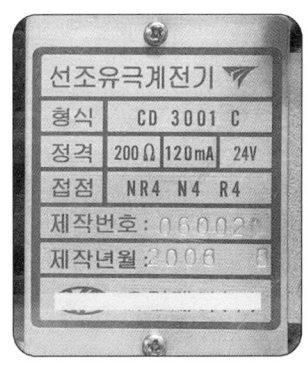

(그림 5-69) 계전기 명판에 표기된 접점구성

(표 5-10). 신호용 계전기의 접점구성 이해

접점	가동원리	도면표기	접점동작 설명
NR접점	N C R	C — N / R	여자시 C접점이 강상(CN), 소자시 낙하(CR)하여 2개의 접점으로 구성됨(NCR접점)
N접점	N C	C — N	NR접점을 분리한 형태로서, 여자시 C접점이 강상하여 CN접점이 구성됨(CN접점)
R접점	C R	C — R	NR접점을 분리한 형태로서, 소자시 C접점이 낙하하여 CR점점이 구성됨(CR접점)

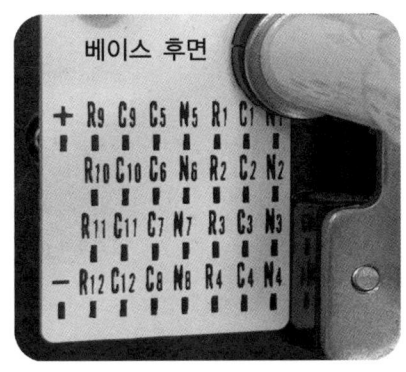 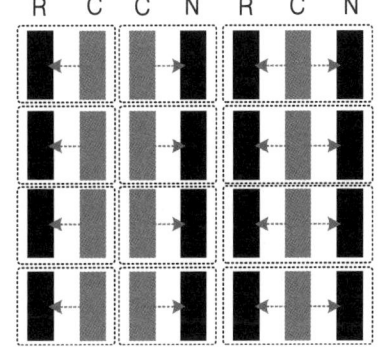

R(CR)접점 4개(R4)
N(CN)접점 4개(N4)
NR(NCR)접점 4개(NR4)
= NR4 N4 R4

(그림 5-70) NR4 N4 R4접점(무극선조계전기)의 경우

WIDE 철도신호기술

[Message Text]

06 선로전환기 제어

Railway Signal System

- 선로전환기 분류
- 선로전환기 기내설비
- 모터제어회로
- 표시제어회로
- 전환제어과정
- 선로전환기 설치관리
- MJ81 선로전환기
- 하이드로스타 선로전환기
- 통합형선로전환기(KPM-16)

> **기본 설명**
>
> 수동전환에 의한 기계식 선로전환기에서 전기식 선로전환기로 발전한 1960년대 말 이후부터 오늘날까지 일반 선로전환기(NS형)의 근본 형태를 그대로 사용하고 있으며, 전자연동장치의 출력제어에 의한 계전기의 전기제어회로 또한 대동소이하다.

1 머리 기술

하나의 선로에서 다른 선로로 분기하여 열차의 진로를 전환하기 위한 설비를 분기기라고 하며, 분기기의 진로 방향을 변환시키는 장치를 선로전환기라고 한다.
선로전환기는 열차가 구내에 진출입할 때 인력으로 선로를 전환하는 방식이었으나 1960년도에 전기연동장치 제어에 의해 동력으로 전환되는 전기연동장치가 처음으로 설치되면서 신호설비의 변화를 맞이하였다.
과거에 일본에서 유래되어 전철기(轉轍機)라고 불리던 명칭은 현재는 사용하지 않으며, 용어 순화의 일환으로 공식명칭은 선로전환기라하며, 유럽에서는 포인트머신(Point machine) 이라고 한다.
선로전환기는 완벽한 전환성능과 견고한 구조로 안전한 열차운행이 되도록 하여야 하며, 진동 및 충격으로 인하여 연결부에 이완이 생기거나 부정하게 취급할 경우 열차의 탈선사고 위험을 초래할 수 있다.

2 선로전환기의 분류

선로전환기의 구조별 분류

보통 선로전환기

일반적으로 주요 운행선로에 널리 사용되는 선로전환기로서, 좌측 레일과 우측 레일에 각각 1개의 텅레일로 구성되며 2개의 진로로서 좌진로와 우진로로 분기된다.
보통 선로전환기는 단동 선로전환기와 쌍동 선로전환기가 있다.

탈선 선로전환기

탈선 선로전환기는 열차의 과주 시 중대 사고가 우려되는 장소에서 공간 확보를 하지 못하여 안전측선을 설치하지 못하는 경우 유사시 탈선되더라도 대형사고를 방지한다. 탈선 선로전환기는 텅레일만 설치하고 리드부 및 크로싱부를 설치하지 않은 분기기이며, 완전한 분기기 구성은 되지 못하고 첨단만 전환된다.

(그림6-1). 일반 선로전환기

(그림6-2). 탈선 선로전환기

삼지 선로전환기

삼지 선로전환기는 텅레일이 4본으로 구성되어 있다. 3개 분기기에 사용되는 것으로써 좌측진로, 중앙진로, 우측진로 전환에 사용된다.

노스가동 선로전환기

분기기에 있는 크로싱부의 노스레일이 첨단부의 텅레일과 동일한 시간 내에 좌,우로 움직일 수 있도록 사용하는 선로전환기이다. 주로 고속철도 구간에서 사용된다.

선로전환기의 사용력에 의한 분류

기계식(수동) 선로전환기

❶ 추병식 선로전환기

조작레버에 달려있는 추의 무게를 이용하여 진로를 전환하는 선로전환기로 신뢰도가 낮아 주로 운행 빈도가 낮은 측선 등에 사용된다.

❷ 핸들부 선로전환기

전환력이 크지 않은 곳에 사용되며 사람이 직접 핸들을 돌려서 진로를 변경한다. 정반 위 표시를 위한 표지 및 광원이 추가되어 있다.

(그림6-3). 추병 선로전환기

(그림6-4). 핸들부 선로전환기표지

❸ 레버식 선로전환기

1~2m 정도의 레버를 당겨서 동작시키는 선로전환기로서 레버는 이중 구조로 되어 있어 보조레버를 통해 레버가 임의로 동작하지 않도록 레치를 풀고 본레버를 당겨야 동작한다. 전환에 상당한 힘이 필요하다.

❹ 스프링(발조) 선로전환기

대향으로 운행하는 열차에 대해서는 스프링 압력으로 밀착하고, 배향 열차에 대해서는 스프링을 눌러 텅레일을 할출한다.
배향으로 운행하는 열차가 통과 후에는 스프링의 힘에 의하여 자동으로 복귀한다.

(그림6-5). 스프링 선로전환기

전기식(동력) 선로전환기

❶ NS형 선로전환기

일반적으로 널리 사용되는 선로전환기로서, 전동기를 동작시켜 진로를 변경하며 높은 신뢰도와 안전성을 가지고 있다. 마찰클러치를 사용하기 때문에 전환력 조절이 필요하나 전환력 조절이 필요 없는 전자클러치를 적용한 NS-AM 선로전환기도 있다.

❷ MJ81 선로전환기

프랑스 알스톰사에서 개발하여 국산화한 전기식 선로전환기이다. 전환력이 우수하고 전환속가 빨라 리드부가 긴 고속선용에 적합하며, 노스가동분기기에 사용된다.

❸ 하이드로스타

유압 모터를 이용하여 진로를 변경하는 선로전환기로서 오스트리아 제품이다. 국내에서 경부고속선 2단계에 적용되었다.

❹ 침목형 선로전환기

침목 형태로 되어 있어 침목의 역할과 선로전환기의 역할을 모두 수행하는 선로전환기이다. 첨단 밀착검지 및 쇄정검출기능을 추가적으로 제공한다. 한국에서는 부산도시철도 2호선에 적용되어 있다.

(그림 6-6). 침목형 선로전환기

❺ 차상선로전환기

철도 차량에 탑승한 상태에서 취급할 수 있는 선로전환기로, 열차의 진행 방향이 분기기에 대해 대향일 경우 스위치를 조작하여 진로를 전환한다. 배향일 경우 레일에 설치된 스위치가 눌리면서 자동으로 선로가 전환된다. 주로 조차장 등에 설치되어 있다

선로전환기 전환수에 의한 분류

단동 선로전환기

주요 선로에서 다른 하나의 선로로 분기하는 구간에 설치되며, 단동 선로전환기는 하나의 선로전환기 전환취급에 의해 1대의 선로전환기를 전환하는 것을 말한다.

쌍동 선로전환기

인접한 두 선로와 상호 연결되는 분기구간에 설치되며, 하나의 전환취급으로 2대의 선로전환기를 동시에 전환하는 것을 말한다.

삼동 선로전환기

3개의 분기구간에 각각 선로전환기를 설치하여, 하나의 선로전환기 전환취급에 의해 3대의 선로전환기를 동시에 전환되는 것을 말한다.

3 일반형(NS) 전기선로전환기

NS형 전기선로전환기는 1960년대 말 일본에서 도입되었으며, 이후에 국산화로 개량되어 오늘날까지 국내에서 일반철도 및 도시철도 구간에 널리 사용하고 있는 대표적인 전기선로전환기이다. NS란 N레일용 분기기에 사용하는 N-rail Standard의 약자를 의미한다. NS-AM형 전기선로전환기에서 AM이란 동작간의 동정(stroke) 220mm 움직이는 A타입과 Magnetic clutch(전자클러치)의 약자를 의미한다.

NS형 전기선로전환기

NS형 전기선로전환기는 레일의 중량화(60kg)에 따라 현재는 사용 추세가 점차 줄어들어 측선에만 주로 설치되고 있다.

도시철도 구간에서는 본선보다는 차량기지에 주로 사용되고 있으나 차량기지에도 NS형의 성능을 개량한 NS-AM형 선로전환기로 교체하고 있는 추세이다.

(그림 6-7). NS형 선로전환기

6장 선로전환기 제어

NS형 전기선로전환기는 단상 AC110/220V, 60Hz를 정격하는 단상유도전동기와 과부하 또는 전동기 공회전 시 전동기를 보호하기 위하여 마찰클러치를 사용한다.

NS형은 높은 신뢰성과 안전성이 있으나 마찰클러치를 사용하므로 온도 변화에 민감하여 주기적인 보수점검이 필요하며 주물에 의한 중량물 구조로 되어 있다. 레일과 별도로 목침목 위에 고정하므로 열차 진동으로 쇄정이 틀어질 수 있으며, 클러치가 공회전할 경우 라이닝이 마모된다.

(표 6-1). NS형과 NS-AM형의 동작특성 비교

구 분	NS형 전기선로전환기	NS-AM형 전기선로전환기
개발년도	▪ 1964년	▪ 1990년
모터제어	▪ 모터전압 : AC105/220V 60Hz, 콘덴서 기동형 4극	
제어전압	▪ 제어계전기 : DC 24V, 표시제어 : DC 24V	
클러치	▪ 마찰클러치	▪ 전자클러치
운전전류	▪ 7.5A 이하	▪ 8.5A 이하
슬립전류	▪ 슬립 1분 이상 경과 후 8.5A 이하	▪ 슬립 시작 후: 15A 이하
동 정	▪ 동작간 : 185mm, 쇄정간 : 130~185mm	
동작시간	▪ 6초 이하	▪ 7초 이하
최대 전환력	▪ 300 kgf	▪ 400 kgf
밀착도	▪ 정지 상태에서 1mm 벌리는데 100kg 기준으로 한다.	

NS-AM형 전기선로전환기

NS-AM형 선로전환기는 NS형 선로전환기의 성능을 개량한 것으로써 기본레일 위에 직접 체결하므로 쇄정이 틀어지지 않으며, 안전성과 신뢰성을 향상하였다.

NS-AM형은 NS형의 문제점인 온도 변화에 민감한 마찰클러치를 전자(마그네틱) 클러치로 성능을 개선한 것으로써 그리스를 충전할 필요가 없으며 과부하 또는 전환 도중 방해를 받을 시 모터를 보호한다.

NS-AM형은 전환 종료 시 충격 흡수와 역회전을 억제하며 전달 토크가 안정되어 있으므로 클러치 조정이 필요 없으며, 클러치의 공회전 시 자력을 이용하므로 부품의 마모가 없으며 소음이 감소된다.

(표 6-2). 선로전환기의 특징 비교

구 분	NS형	NS-AM형	MJ81형	하이드로스타
사용전원	1Ø220V AC		1Ø220/380V AC 3Ø220/380V AC	3Ø380V AC
동작전류	1Ø220V =3.85A	1Ø220V =4.25A	3상 380V=2.0A 이하 단상 220V=7A 이하	3.7A/6.4A
동 정	동작간 : 185mm 쇄정간 : 130~180mm		110~260mm	160mm 이하
전환력	300kgf	400kgf	최대 : 400 daN 정상 : 200 daN	5,000~30,000N 사전 조정기능
밀착력	100kg		–	첨단: 2,000~2,500N 가동: 최대 2,000N
중량	330kgm		91kg	–
동작시간	6초 이하	7초 이하	4.2초	평균 5.4초
밀착/쇄정 검출기능	없음(별도 설치)		없음(별도 설치)	있음
설치조건	기본레일에서 1,200mm		기본레일에서 2,100mm	레일 안쪽

4 차상 선로전환기

선로전환기를 전환하고자 할 경우 운전취급실에 운전협의와 전환요청을 하여야 하므로 빈번한 입환작업에서는 비효율적일 수 있어 입환운전이 많은 조차장 및 대형구내, 입환 전용선이 있는 일반역 구내, 민간회사 접속선 등에서 해당 선로전환기를 현장에서 기관사가 직접 정위 및 반위로 전환할 수 있도록 하는 장치이다.

차상 선로전환장치는 배향운전의 경우에는 차량의 차륜에 의해 레일 스위치를 밟으면 자동으로 전환되고, 대향으로 운전할 때는 진행 중인 열차 위에서 수송원 또는 열차 승무원이 조작리버를 취급하여 분기기를 전환하는 전기 선로전환기이다.

(그림 6-8). 차상 선로전환기

6장 선로전환기 제어

▌ 차상 선로전환장치의 특징

① 주행 중인 열차를 정차할 필요 없이 분기기를 전환 조작할 수 있다.
① 전기선로전환기는 대향측은 완전히 쇄정하며, 배향측은 만일 할출 하더라도 전기선로전환기를 손상하는 일이 없도록 할출이 가능한 구조로 되어 있다.
① 수동 취급의 경우에는 전기선로전환기의 수동핸들로 동작하여 전환한다.

▌ 차상 선로전환장치의 구성

차상선로전환기

차상 선로전환기는 대향으로 쇄정을 하고 있으며 배향 시에는 할출이 가능한 구조로 되어있다. 제어방식으로는 차상전환장치용, 계전연동기용으로 사용할 수 있다.
차상 전환장치용에는 전동기 상부에 차상 선로전환기의 전환방향을 표시하는 개통방향 표시등을 붙일 수 있으며, 계전연동용에는 개통방향 표시등 없이 사용할 수 있다.

조작 리버

열차가 선로전환기와 대향으로 운전할 경우 차상에서 조작리버를 좌측 또는 우측으로 당김으로써 전기회로가 구성되며 진행 방향으로 분기기를 전환시키는 장치이다. 조작리버는 조작 후 직립으로 자동복귀 되는 구조이다.

(그림 6-9). 조작리버

레일 스위치

열차가 선로전환기와 배향 운전할 경우 차륜이 배향측 레일에 설치된 레일 스위치를 밟으면 전기회로가 구성되어 원하는 진행 방향으로 분기기를 전환한다.

제어 유니트

전환장치 제어에 필요한 계전기, 전원장치, 기타 부품 등을 신호 기구함에 수용한 것으로 분기기 1조분을 제어하는 단동용과 분기기 2조분을 제어하는 쌍동용 2종류가 있다.

407

개통방향 표시등

- 차상 선로전환기의 전동기 상부에 붙어 있는 3위 전환방향을 나타내는 표시등이다.
① 차상 선로전환기가 대향 측으로 개통되어 있을 때 : 청색
② 차상 선로전환기가 배향 측으로 개통되어 있을 때 : 등황색
③ 차상 선로전환기가 전환 도중일 때 : 적색 점멸

선로장치의 운전방법

대향운전의 경우

차상에서 분기기의 조작리버를 조작하여 진행방향으로 차상선로전환기를 동작시켜 개통방향표시등에 전환을 확인하고 진입한다. 조작방법으로는 리버 표시등 및 개통방향 표시등 확인→조작리버 조작→선로전환기 개통방향 표시등 확인→진입 순으로 한다.

배향운전의 경우

차량의 진행에 의해 차륜이 배향측 레일 스위치의 리버를 밟으면 분기기의 개통방향이 다를 때에만 분기기는 자동 전환한다.

반복운전의 경우

배향으로부터 반복 운전할 경우는 궤도회로 구간을 지나 차량이 조작리버 위치를 지나갈 때까지 조작리버 취급에 의해 개통방향 표시등을 확인 후 진입해야 한다.

후속운전 이선진입

후속 차량은 다른 차량이 완전히 궤도회로 구간을 통과할 때까지 기다리고 그 후 궤도회로를 완전히 통과한 것을 확인하고 진입하여야 한다.

도중 전환방지

차량이 궤도회로 구간에 있을 때는 차상취급 또는 배향측 레일스위치를 조작해도 분기기는 전환되지 않는다. 단 차상선로전환기의 전환 도중에 차량이 들어 온 경우는 전환 방향으로 밀착할 때까지 동작한다.

6장 선로전환기 제어

02 선로전환기 기내설비

기본 설명

선로전환기는 전기회로를 구성하기 위한 기내 구성품과, 기내로부터 동력을 전달받아 텅레일 가동하여 기본레일에 밀착시키기 위한 간류장치로 구성된다. 선로전환기의 내부장치와 간류장치는 복잡하게 구성되어 있어 제어원리의 이해가 필요하다.

1 전동기(Motor)

▨ 전동기의 동작특성

선로전환기용 전동기는 단상 권선에 의한 자계가 회전자계를 만들지 못하고 단순하게 교번작용만 하므로 기동 보조장치에 의해 전환되는 콘덴서 기동형 단상유도전동기로 불리며, 단상 4극으로서 정격전압의 80%에서도 동작이 확실하다.

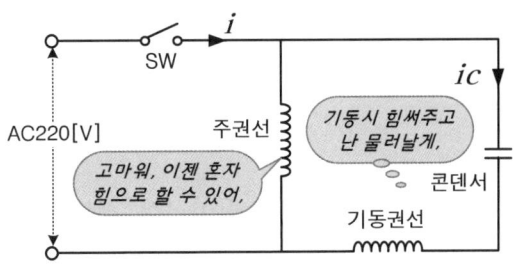

(그림 6-10). 선로전환기 전동기와 콘덴서 구성

선로전환기의 전동기는 자력으로 선로전환기를 전환할 수가 없어 전원 투입 시 전동기의 콘덴서에 의해 기동 토크를 발생시켜 전동기가 기동된다. 전동기는 한번 회전이 시작되면 콘덴서가 단선이 되어도 자력으로 계속 회전할 수 있다.

콘덴서 기동형 단상유도전동기는 기동권선(보조권선)에 직렬로 콘덴서가 접속되어 있다.

기동 시에는 주권선과 기동권선 및 콘덴서에 전류가 흐르며, 일단 기동되면 원심력 S/W에 의해 보조권선과 콘덴서를 분리하고 주권선만으로 운전한다.

주권선과 기동권선에 흐르는 전류의 위상차가 약 90도가 되어 기동전류가 작고 기동 토크가 크며 역률이 좋아 소음이 적다.

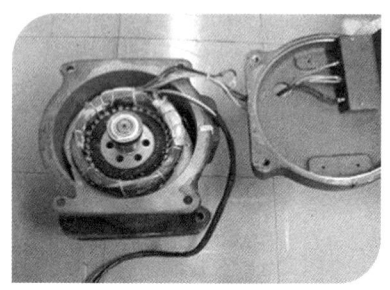

(그림6-11). 선로전환기 전동기

전동기와 콘덴서의 동작관계

아래의 그림 (A)와 같이 앞선 전류(Ia)의 위상각을 만들어 기동토크를 발생시키는 콘덴서의 역할과 콘덴서로 인해 일단 기동된 전동기는 회전자가 움직이기 시작하여 일정한 회전수까지 속도가 상승하면 원심력스위치에 의하여 콘덴서를 분리하고 주권선 만으로 전동기의 운전을 계속한다.

콘덴서회로는 회전자가 가속된 후에는 필요하지 않으므로 속도가 빨라지면 원심력으로 작용하는 스위치를 사용하여 콘덴서 회로를 차단한다.

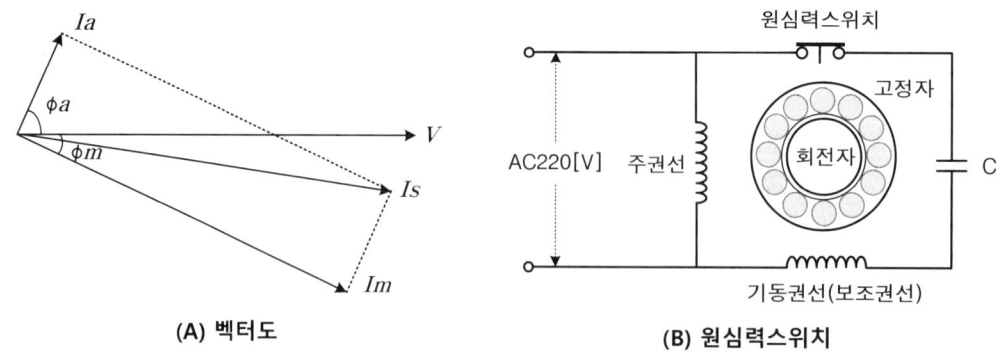

(A) 벡터도   (B) 원심력스위치

(그림 6-12). 선로전환기 전동기의 전환원리

선로전환기의 전환력

선로전환기의 전환력은 모터의 회전력에 의하여 텅레일에 전달되며 기계적 저항이 포함된다. NS형 선로전환기의 전환 시분은 6초 이내로 하고 슬립전류는 마찰연축기가 미끄러지기 시작하여 1분 이상 경과한 뒤 측정하였을 때 8.5A 이하로 한다.

NS-AM형 선로전환기의 전환 시분은 7초 이하로 하고 NS-AM형 전동기의 슬립전류는 마찰연축기가 미끄러지기 시작하여 바로 측정하였을 때 15A 이하로 한다.

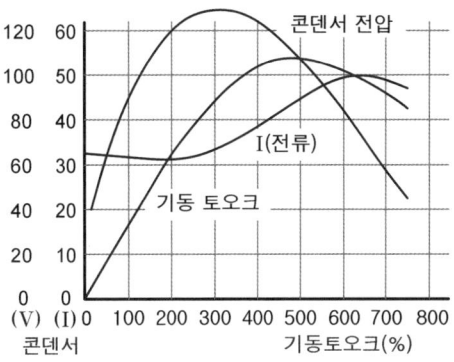

(그림6-13). 전동기 콘덴서의 기동특성

선로전환기 공회전

기본레일과 텅레일 사이에 이물질이 끼여 선로전환기의 전환롤러가 도중 회전을 멈추면 쇄정자(캠버)의 작용이 정지되어 회로제어기의 접점을 변환시켜주지 못하므로 회전 상태의 접점이 계속 유지하게 되어 전동기는 공회전을 계속한다.

전동기의 전환을 방해받으면 클러치가 전동기의 동력을 치차와 분리시켜 어느 정도 전동기의 과부하를 경감시켜 주지만 공회전 시 마찰연축기에서 발생하는 열에 의해 기내 온도가 상승할 뿐 아니라 전동기도 최대전류로 회전하게 되어 장기간 공회전할 때는 전동기에 손상 우려가 있다.

최근에는 주어진 일정시간(7초) 경과 후에도 전환완료 표시가 되지 않으면 추가 연장 시간 동안 전원이 주어진다. 이때 공회전이 계속되더라도 전원을 차단하며 불일치 표시는 계속 하도록 한다.

> ☎ 선로전환기 "공회전"이 뭔가요?
>
> 공회전이란 선로전환기가 완전히 전환되지 않은 상태에서 모터는 기기에 힘을 계속 가하지만 선로의 저항력으로 인해 모터 회전만 계속하는 상태이다. 선로 사이에 물체가 끼이면 일정 회전에 의한 회로제어기의 접점이 전원을 차단하지 못하기 때문이다.

2 클러치(Clutch)

교류 NS형 전기선로전환기에는 마찰클러치가 사용되고, 교류 NS-AM형 전기선로전환기에는 전자클러치가 사용되며, 이들 클러치는 다음과 같은 기능을 한다.

① 전동기에서 발생하는 동력을 동작간에 전달한다.
② 전동기가 회전 또는 정지할 때 기어에 충격을 주지 않도록 관성을 흡수한다.
③ 과부하 또는 전환 도중에 방해를 받았을 때 공회전을 발생시켜 전동기를 보호한다.

(그림6-14). 밀봉형 클러치

마찰클러치 (Friction Clutch)

그리스가 봉입된 다중 합판식으로서 회전 마찰판과 고정 마찰판을 서로 겹쳐서 스프링으로 눌러 만든 구조이며 마찰 회전력을 전달하여 쉽게 회전력을 가감할 수 있다.
클러치의 내부에 충전된 그리스는 온도에 의해 점도가 변화하므로 이에 따라서 관성 흡수력이 변하게 된다. 여름철에 기온이 높아져 전환력이 약해질 경우 클러치를 조이고, 겨울철에 전환력이 강해질 경우 클러치를 풀어주면 관성 흡수력이 작용하여 전환치차가 정지할 때 일어나는 충격을 방지한다.

클러치 유지보수

① 클러치 공회전 시험을 하였을 때 안에는 그리스가 충전되어 있으며 그리스가 주위 온도, 회전 시 마찰온도에 의해 점도가 변화하므로 관성 흡수력이 변하게 된다.
② 선로전환기 전환 시 최고운전전류를 읽은 다음 클러치를 공회전하여 1분 이상 경과한 뒤 측정하였을 때 8.5A 이하로 한다. 다만, 동작전류의 1.2배 이상으로 한다.
③ 겨울철에 급격히 온도가 내려가는 경우에는 슬립전류를 운전 최고 전류의 1.08배 이하로 조정하여야 한다.
④ 클러치의 점검주기는 일교 차가 심한 봄과 초가을로 연 2회이다.
⑤ 하절기에는 고온으로 전환력이 약해지므로 클러치를 조여 주고, 동절기에는 클러치를 풀어주어 준다. 겨울철에 풀어주지 않으면 클러치가 공회전을 하지 않아 전동기의 손상을 주며 여름철에 조여 주지 않으면 전환력이 약해진다.

6장 선로전환기 제어

(표 6-3). 마찰클러치와 전자클러치 특성 비교

종 류	클러치의 특성
마찰클러치	① NS형 선로전환기에 사용된다. ② 기계적 마찰력을 이용하며, 기온 급변 시 조정이 필요하다. ③ 겨울철에 관성 흡수력이 적어 전환종료 시 충격이 발생한다. ④ 그리스 충전이 필요하다.
전자클러치	① NS-AM형 선로전환기에 사용된다. ② 전환방해 시 영구자석의 자력을 이용한 비접촉 타입으로 안전하다. ③ 온도변화에 상관없이 조정이 불필요하며 전달토크가 일정하다. ④ 마그네틱브레이크 사용으로 전환종료 시 충격 및 회전반발을 억제한다.

▌전자클러치 (Magnetic Clutch)

전자클러치는 영구자석을 이용하여 비접촉구조로 전달토크를 발생시킨다. 모터에 연결된 입력 측에는 영구자석을, 출력 측에는 전자석을 사용하여 공극을 두고 마주보는 구조이다. 입력 측과 출력 측의 회전 차이에 의해 발생되는 소용돌이 모양의 와전류에 의해서 전달토크가 발생되는 원리이다.

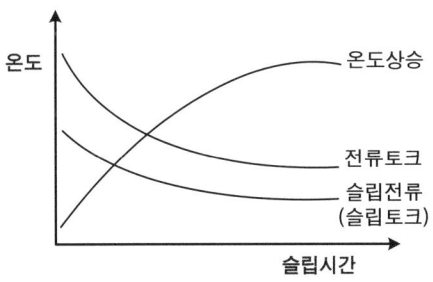

(그림 6-15). 전자클러치(좌), 전자클러치의 슬립(우)

전자클러치는 동작 전압에 의하여 전달토크가 변하므로 토크가 일정하다. 즉 전달토크가 일정하므로 클러치 조정이 필요 없으며, 외부 온도 변화에도 일정한 동작을 한다. 전환 방해 시에는 마그네트 클러치부에서 슬립하면서 모터는 공회전하며, 슬립이 계속되면 온도가 내려가서 전달 토크는 되돌아간다.

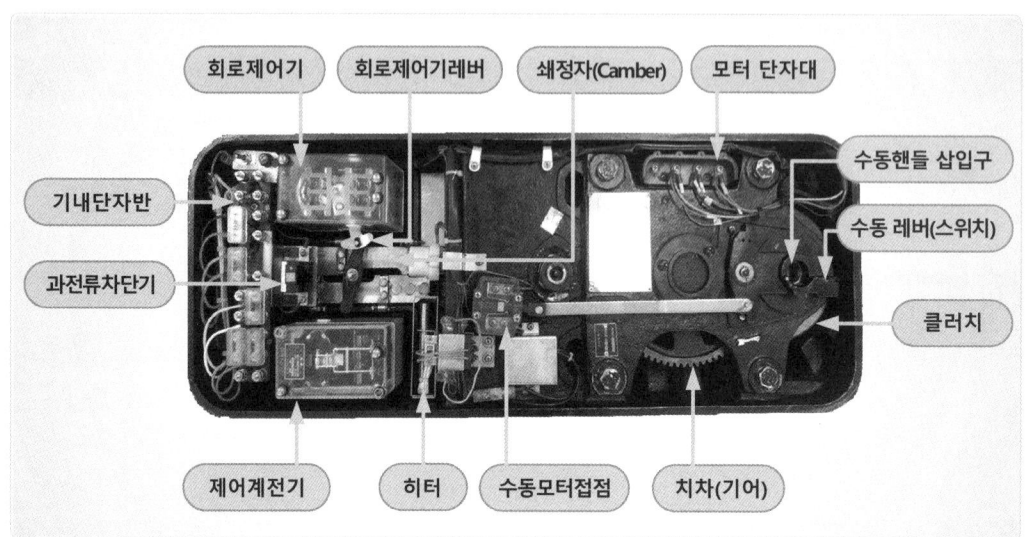

(그림 6-16). NS형 선로전환기 내부 구성설비

(표 6-4). 선로전환기의 기내 구성품

구성품	구성품의 역할
제어계전기	▪ 진로취급 시 변환되는 제어전원의 극성에 의하여 접점이 변환한다. 또한 제어계전기의 on접점을 통하여 전동기를 기동하며, 표시전원도 경유한다.
회로제어기	▪ 모터가 전환하는 중에 기계적인 위치에너지를 이용하여 접점을 변환한다. 전환종료 시점에는 전동기의 전환회로(접점)를 차단하고 표시회로를 구성한다.
쇄정자	▪ 치차의 회전운동을 수직운동으로 변환하여 회로제어기를 동작시킨다. 전환종료 후에는 쇄정자와 쇄정간이 기계적으로 조합하여 유동을 쇄정한다.
수동스위치	▪ 현장에서 수동핸들을 이용하여 선로전환기를 수동전환 시 사용되며, 스위치를 전환하면 모터 동력회로를 차단하고 수동핸들 삽입구를 개방한다.

 선로전환기 기내에서 전환 중에 회로변경은 어떻게 하는 걸까?

How 회로제어기는 선로전환기의 모터가 기동되면 기계적인 동작에 의해 접점을 밀어주는 구조이다. 전환동작을 위해 "시작-도중-종료" 3번의 전기회로를 변경하는 지능형 접점으로서 모터전원구성회로, 표시회로변경, 모터전원차단회로 접점을 구성한다.

6장 선로전환기 제어

3 전원회로설비

제어계전기 (Control Relay)

제어계전기는 삽입형으로 유극 2위식 자기유지계전기로서 DC전원의 극성변환에 따라 접점이 반전되어 동작하며, 한번 동작하면 전원이 차단되어도 영구자석이 되어 전원의 극성이 반대로 공급될 때까지 동작된 접점방향으로 현상유지를 한다. (접점수 : 정반위 4조, NR4)

제어계전기는 접점유지 상태에서 열차 통과 시에도 충격(10g 정도)에 대하여 전환 동작하지 않는다.

(그림6-17). 제어계전기

제어계전기의 기능

- 제어전원(DC24V)에 의하여 제어계전기가 동작(여자) 된다.
- 제어전원의 극성에 따라 접점이 반전 동작하는 유극 2위식 자기유지계전기이다.
- 진로취급 시 접점이 반전(ON)하여 준비된 전동기 회로를 기동하는 역할을 한다.
- 제어전원이 차단되어도 전원 극성을 반대로 공급할 때까지 접점상태를 유지한다.

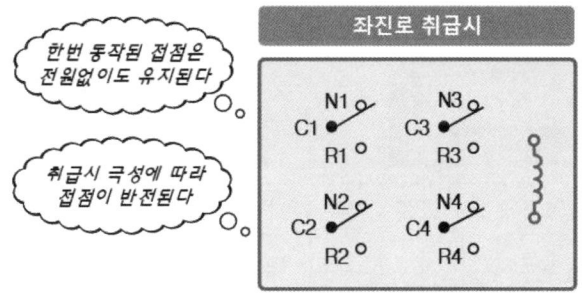
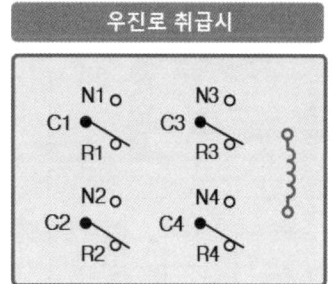

(그림 6-18). 제어계전기의 접점구성

회로제어기 (Circuit Controller)

- 회로제어기는 전원이 필요하지 않으며 치차의 회전과정에서 이동하는 캠바(쇄정자)와 물리적으로 접속하여 접점을 변환한다. (접점 : 정위4조 반위4조, N4R4)
- 치차가 일정 회전을 하면 회로제어기 접점변환으로 전동기의 전원이 차단되고 또 다른 접점에서는 선로전환기의 표시접점이 구성되어 전환상태를 알린다.

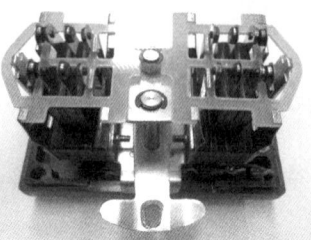

(그림 6-19). 회로제어기 외관 및 내부구조

회로제어기의 기능

- 회로제어기는 전환동작 진행에 따라 단계적으로 3위식 접점 동작을 이용하여 전기회로를 변환하는 것으로써 기내 전기회로의 중추적인 역할을 한다.
- 기내에서 기계적인 동작과 연결시켜 접점이 변환하도록 하여 전기회로를 구성한다.
- 모터 전환시 기계적인 쇄정자의 상호운동을 회로제어기의 레버와 연결하여 접점을 3위식(좌진로, 우진로, 중립)으로 변환한다.
- 기어(치차)의 일정 회전 후에 전환종료 시점에서 전동기의 전원을 차단하는 역할을 하며, 이와 동시에 전환된 방향의 표시접점을 구성한다.

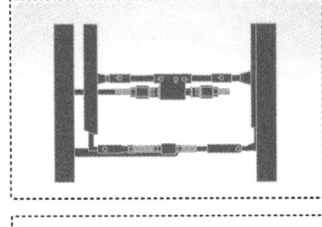
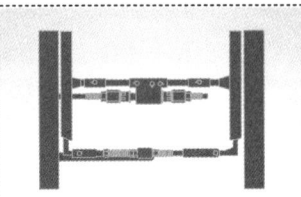
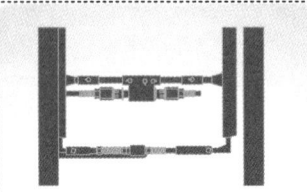

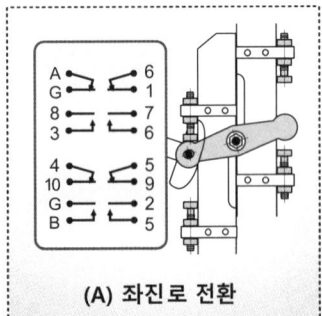
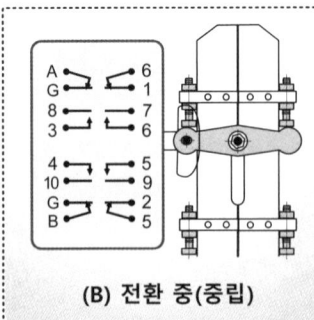
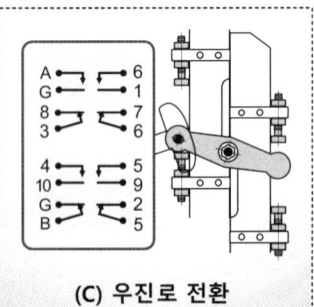

(A) 좌진로 전환　　(B) 전환 중(중립)　　(C) 우진로 전환

(그림 6-20). 진로에 따른 회로제어기 접점구성

6장 선로전환기 제어

제어계전기와 회로제어기의 접점

- 제어계전기와 회로제어기는 기내에 유사한 구조로 나란히 설치되며, 기내에서 전기회로를 변환시켜 전동기회로와 표시회로를 제어하는 주요 구성품이다.
- 제어계전기는 진로취급 시 기계실로부터 제어전원을 수전하여 전기적으로 접점을 변환시켜 모터를 전환시킨다. 또 다른 접점에서는 취급된 방향의 접점과 회로제어기의 기계적 접점을 직렬회로로 구성하여 표시회로를 구성한다.
- 회로제어기는 전동기가 전환하는 중에 기계적인 에너지가 전달되어 접점을 변환시켜 전기회로를 변환시킨다. 전환 도중 반대 측 모터전원 접점을 구성하고 일정 회전 후 모터전원 접점을 차단한다.

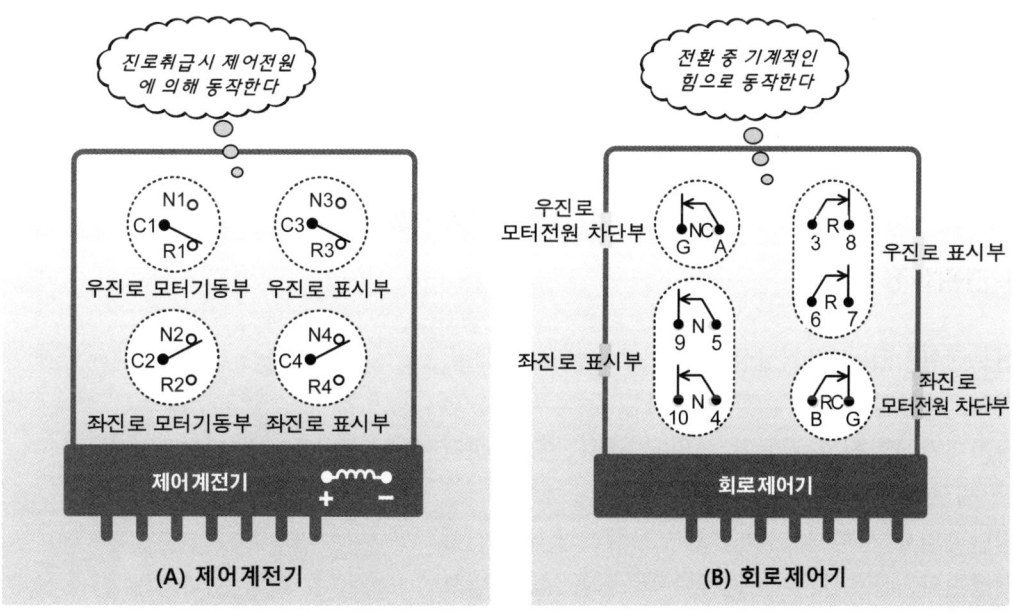

(그림 6-21). 접점의 구성과 사용처

수동전환 스위치

수동핸들을 이용하여 선로전환기를 수동전환하기 위해서 수동핸들 삽입구와 일치하도록 레버를 전환하면 모타전원 회로가 차단되고 이때 전기에 의한 전환이 불가하다.

4 치차(기어)설비

감속기어장치

감속기어장치는 3개의 기어(치차)를 사용하여 높은 회전수를 갖는 전동기의 출력을 감속하여 저속의 강한 회전력을 발휘하도록 하는 전달장치이다. 최후부에 위치한 치차는 전환치차라 하여 롤러가 부착되며 전환쇄정장치에 동력을 전달한다.

(그림 6-22). 기내의 치차(기어)와 클러치

전환쇄정장치

선로전환기의 전환쇄정장치는 선로전환기의 해정, 전환, 쇄정의 세 가지 적용을 하는 동작부로서 전환기어가 1회전하는 동안 삽입된 쇄정간의 쇄정자를 해정한다.
첨단레일을 전환시킨 다음에는 동작간과 쇄정간을 쇄정한다. 선로전환기 동작부분의 힘을 직접 받으므로 충분한 강도가 필요하며 쇄정자와 쇄정간의 동작은 정밀한 간격을 요한다.
쇄정자(Cam ber)의 동정은 6mm이며, 쇄정간 홈부와의 상호간격은 3mm이다.

(그림6-23). 선로전환기 치차

6장 선로전환기 제어

기본 설명

선로전환기의 모터제어회로는 모터 회전에 의해 텅레일을 움직이기 위해서 전원을 제어한다. 여기에 선로전환기 정위와 반위의 진로방향에 따라 모터가 정회전 또는 역회전을 제어한다. 모터전원은 표시회로와 연동없이 별도로 구성하여 제어한다.

1 모터제어 과정

모터 전환을 위한 AC220V의 전원은 평상시 제어계전기의 접점에 의해서 차단되어 있다. 따라서 제어계전기의 동작으로 접점만 반전시키면 모터의 전환이 시작된다.

전자연동장치

선로전환기를 정위 또는 반위로 전환제어하는 동안에만 전자연동장치의 출력모듈에서 7초간 전원(DC24V)을 출력하여 NWR 또는 RWR 계전기를 여자 시킨다.

NWR, RWR 계전기

평상시 NWR, RWR 모두 낙하상태를 유지하며 진로제어 시 정·반위 중 해당 계전기만 여자한다. 이 역시 전자연동장치의 출력에 의해서 7초간 여자한다.

(그림6-24). 계전기랙

LR, 제어계전기

NWR・RWR 중 전환측 계전기의 여자에 의해서 LR(모터전원제어)과 제어계전기에 전원를 동시 공급한다. 따라서 선로전환기의 모터전원과 제어전원은 7초간 공급된다.

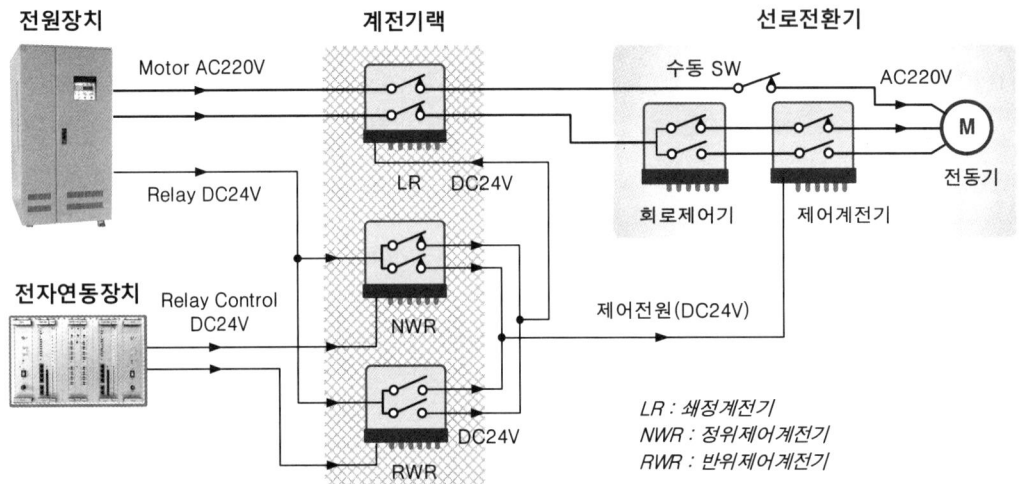

(그림 6-25). 선로전환기 모터 제어과정

▓ 제어전원의 극성변환

제어전원(DC24V)의 극성변환은 신호기계실의 NWR・RWR 계전기에 의해서 실행되며, 전자연동장치의 출력으로부터 제어되는 NWR・RWR 계전기는 평상시 모두 낙하상태를 유지하다가 출력제어 시 전환제어 측 계전기만 7초 동안 여자한다.
어느 한쪽이 여자하면 상대 계전기는 평상시 그대로 낙하상태를 유지하게 되어 상반되는 동작을 하며, 변환된 극성은 기내의 제어계전기로 전송된다.

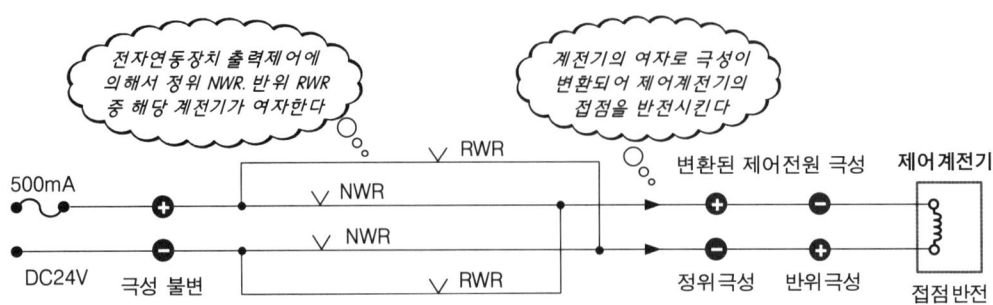

(그림 6-26). 제어전원의 극성변환 회로

6장 선로전환기 제어

2 모터전원 공급회로

▌ 모터전원 회로구성

평상시 전환된 반대측 방향으로 전환 준비상태를 유지하고 있는 모터전환회로에서 전환제어에 의해 제어계전기가 동작하면 모터기동부 ON 접점을 통하여 모터에 AC220V의 전원이 공급되어 선로전환기의 전환이 시작된다.

아래 그림과 같이 회로제어기와 제어계전기는 서로 상반된 접점을 유지하고 있다. 이때 진로취급에 따라 모터의 정회전과 역회전으로 운전된다. 여기서 회로제어기는 전환 도중에 기계적으로 접점이 변환되며, 제어계전기는 취급제어에 의해서 접점이 변환된다.

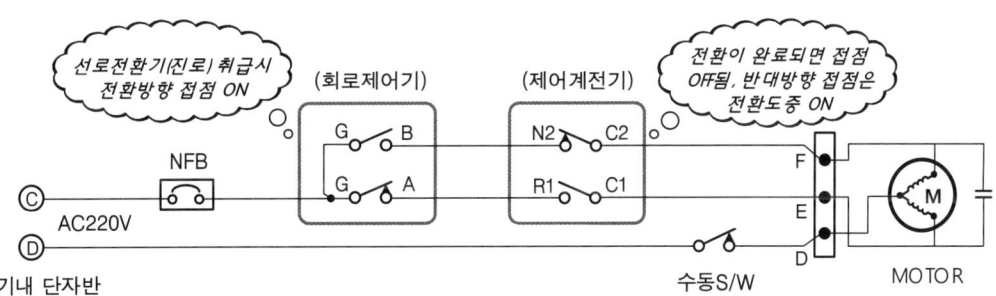

(그림 6-27). 선로전환기 모터전환 회로

정반위 회로결정

현장의 선로전환기는 정위와 반위에 따라 제어계진기와 회로제어기의 접점이 구분되는 것이 아니다. 대향으로 보아 주요 진로에 따라 좌측이 정위일 수가 있고 우측이 정위일 수가 있다. 따라서 현장에서는 좌진로와 우진로로 구분하며 기계실에서는 주요 진로에 따라 정위표시계전기와 반위표시계전기를 선정하여 배선한다.

 **왜, 선로전환기 기내에 3가지 전원이 필요한 걸까?**

기내에 공급되는 제어전원, 모터전원, 표시전원은 각각의 역할이 있다. 먼저 제어전원이 공급되면 기내의 제어계전기 동작접점을 통해 모터전원이 공급되어 선로전환기가 전환된다. 전환이 완료되면 표시전원이 정,반위를 검지하여 상태정보를 나타낸다.

좌진로 모터전원 회로

아래 그림에서, 우진로 상태에서 이미 접촉된 회로제어기의 B·G 접점과 좌진로 취급 시 제어계전기의 접점반전으로 C2·N2 접점을 통해 모터전원이 공급된다.

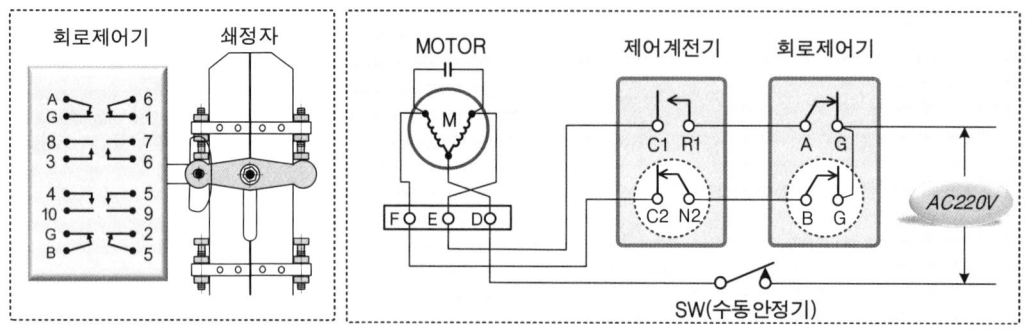

(그림 6-28). 좌진로 모터전원 공급회로

우진로 모터전원 회로

아래 그림에서, 좌진로 상태에서 이미 접촉된 회로제어기의 A·G 접점과 우진로 취급 시 제어계전기의 접점반전으로 C1·R1 접점을 통해 모터전원이 공급된다.

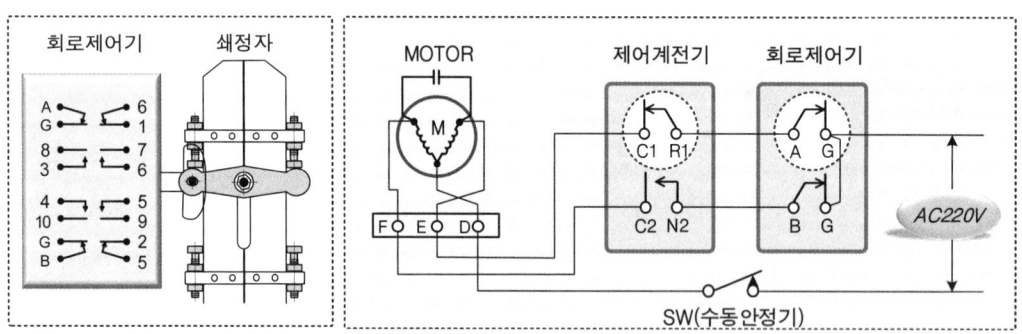

(그림 6-29). 우진로 모터전원 공급회로

6장 선로전환기 제어

3 모터전원 차단회로

선로전환기의 전환이 종료되었다는 것은 기본레일과 텅레일이 밀착되었기 때문에 종료되는 것이 아니다. 1차적으로 모터의 전원을 차단하였기 때문이다. 이에 따라서 모터가 정지되는 지점에서 유지보수자가 기본레일과 텅레일이 밀착되도록 기계적으로 조절하여 유지하여야 한다.

모터의 회전으로 선로전환기가 전환을 시작하여 치차가 일정한 회전을 하고나면 물리적으로 회로제어기에 힘이 전달되어 접점이 변화함으로써 모터전원의 차단으로 선로전환기의 전환이 종료된다.

이 지점에 기본레일과 텅레일이 밀착되도록 조절하고 회로제어기의 접점을 통해서 밀착상태를 검지하고 표시회로를 구성한다.

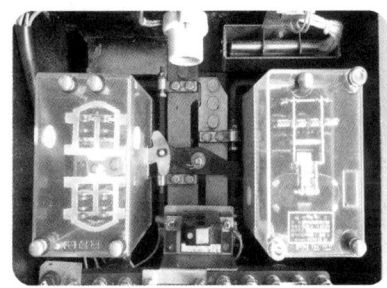

(그림 6-30). 회로제어기와 캠바

▨ 모터전원 전환 및 차단

모터 회전 ⇨ 치차 일정회전 ⇨ 캠버 상호이동 ⇨ 회로제어기 레버이동 ⇨ 회로제어기 접점변환 ⇨ 모터 회전정지 ⇨ 선로전환기 전환종료

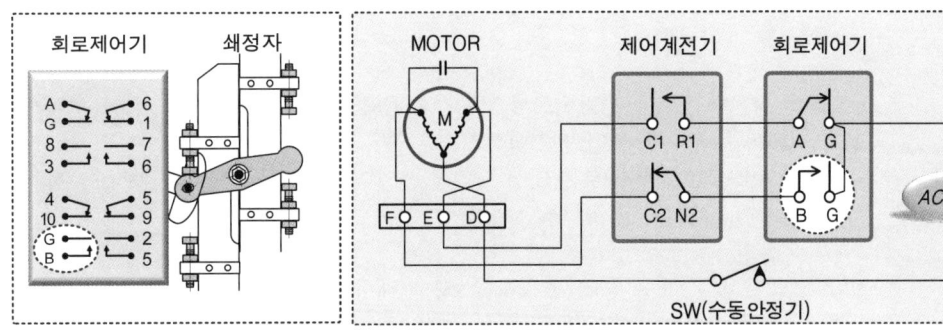

(그림 6-31). 좌진로 전환 후 모터전원 차단회로

위의 그림에서, 치차(기어)의 일정한 회전에 의해서 회로제어기의 레버를 이동시켜주고 레버의 이동으로 접점을 변화시켜(B·G접점 OFF) 전동기의 전원이 차단된다.

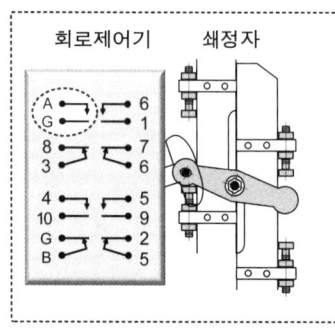 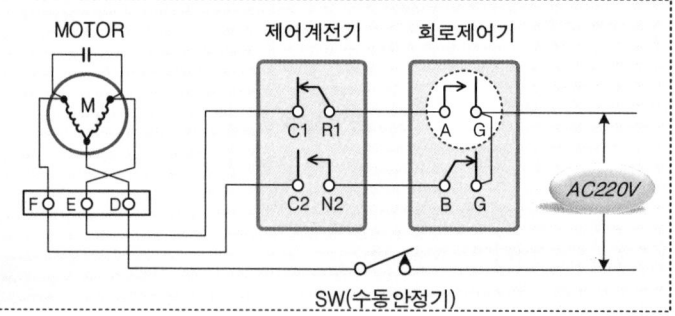

(그림 6-32). 우진로 전환 후 모터전원 차단회로

위의 그림에서, 치차(기어)의 일정한 회전에 의해서 회로제어기의 레버를 이동시켜주고 레버의 이동으로 접점을 변화시켜(A·G접점 OFF) 전동기의 전원이 차단된다.

❖ 모터를 전환하고 전환표시를 검지하기 위하여 신호기계실에서 현장의 선로전환기 내 단자반에 3개지 전원이 송전된다.

(표 6-5). 선로전환기의 3대 전원

3대전원	구성품의 전원제어
제어전원 (DC24V)	▪ 기내의 제어계전기를 동작시키기 위한 전원으로써, 기계실로부터 극성이 변환된 제어전원을 통해 제어계전기 동작시 접점을 반전시킨다. ▪ 접점이 반전되면 모터에 전원이 공급된다. 쌍동 선로전환기는 각각 개별(병렬)로 제어전원이 공급된다.
모터전원 (AC220V)	▪ 모터를 회전하기 위한 전원으로서 진로가 취급되면 선로전환기 내의 제어계전기의 접점을 반전시켜 모터가 기동된다. ▪ 평상시 모터회로의 장애로 인하여 모터에 전원이 인가되지 않을 경우에 표시회로는 이를 감지하지 못하므로 불일치 표시는 되지 않는다.
표시전원 (DC24V)	▪ 모터 전환 후 정반위 또는 불일치(장애) 상태를 검지하기 위한 전원이다. ▪ 표시전원은 상시 현장에 공급되어 정·반위 전환에 따라 극성을 변환하여 전원을 기계실로 되돌린다. 이때 도중 불일치 및 기타 사유로 전원이 차단되면 장애를 현시한다. 되돌린 표시전원은 표시계전기를 여자시킨다.

6장 선로전환기 제어

기본 설명

선로전환기의 표시회로는 기계실에서 현장으로 전원을 전송하여 기내의 제어접점을 거쳐 다시 되돌리는 폐회로를 적용하여 안전도를 향상하고 있다. 표시회로는 선로전환기가 정위, 반위, 불일치(고장)를 검지하여 동작상태를 기계실로 알리는 회로이다.

1 선로전환기 표시제어

표시회로 이해

- 표시회로는 선로전환기의 정위와 반위, 밀착불량, 불일치 여부를 표시전원으로 검지하여 상태표시를 나타내는 회로이다.
- 표시전원(DC24V)은 신호기계실에서 선로전환기로 상시 전송되며, 선로전환기의 전환방향에 따라 표시전원 극성을 변환하여 신호기계실에 입력으로 되돌린다.
- 현장에서 되돌린 표시전원 DC24[V]의 극성에 의해서 신호기계실의 정위 또는 반위 표시계전기를 여자시켜 전환된 상태를 판별한다.
- 도중 불일치 상태를 유지하거나 기타 사유로 표시회로 전원이 차단되면 표시계전기가 낙하되어 선로전환기는 불일치(고장)를 현시한다.
- 기내에서 좌진로와 우진로 표시를 구분하며, 신호기계실에서는 주요 선로에 따라 정위표시계전기와 반위표시계전기를 정하여 배선한다.
- NKR과 RKR 표시계전기는 부정동작을 방지하기 위하여 여자전원은 극성이 순방향 전류일 경우에만 동작(여자)한다.

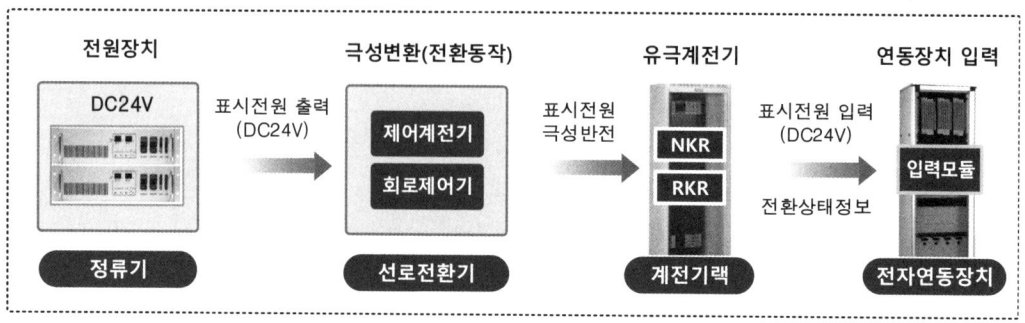

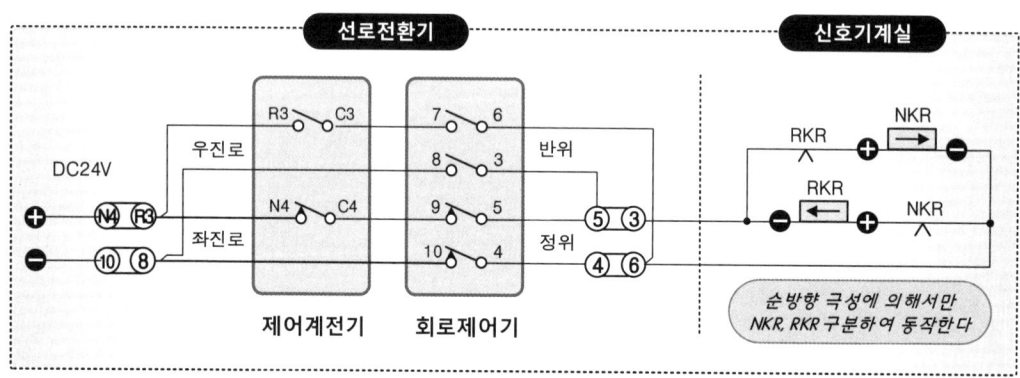

(그림 6-33). 표시회로 전원제어

표시회로 고장

표시전원은 선로전환기의 전환상태를 검지하는 회로로서 선로전환기의 전환제어는 하지 않고 별도의 회로로 구성한다. 표시회로가 단선되거나 선로전환기가 전환 도중에는 표시회로가 차단되어 정위도 반위도 아닌 중립상태로서 감시장치에 선로전환기 장애를 알리는 점멸표시를 한다.

선로전환기의 기본레일과 텅레일 사이에 물체가 끼여 도중 전환이 되지 않으면 표시회로에서 검지된 불일치 상태정보를 전자연동장치의 입력모듈로 전송하여 관계 진로의 선로전환기를 쇄정함으로써 안전측 동작을 유도한다.

> **Why** ☎ 왜, 선로전환기 장애를 "불일치"라고 하는 걸까?
>
> 선로전환기는 진로를 전환하는 설비로서, 관계되는 진로설비들의 동작이 한 방향으로 일치하여 레일이 밀착되어야 안전한 진로를 구성할 수 있다. 이에 따라서 선로전환기를 취급한 방향대로 표시회로를 구성하지 못할 경우 불일치(장애)라고 표현하고 있다.

6장 선로전환기 제어

▓ 표시회로의 단자극성 판별

표시회로 장애점검 시 기내 단자대에서 전압을 측정할 수 있으며, 장애 시 입력에서 출력에 이르기까지 표시전압을 순차적으로 측정하여 단전된 개소를 찾는다. 불일치(장애) 현시할 경우에는 제어전원과 모터전원은 무관하므로 표시회로 점검에서 제외한다.

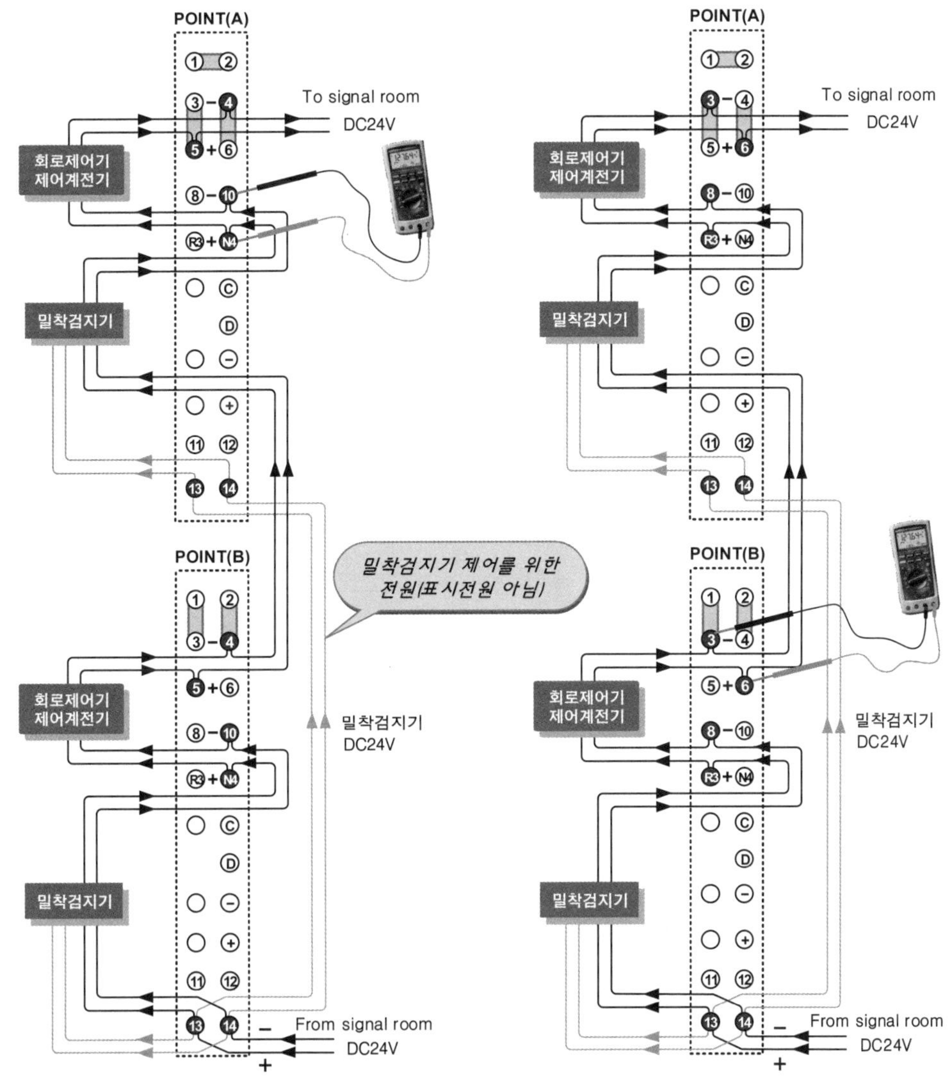

(A) 좌진로시 단자 표시회로   (B) 우진로시 단자 표시회로

(그림 6-34). 표시회로 기내단자 극성 포인트

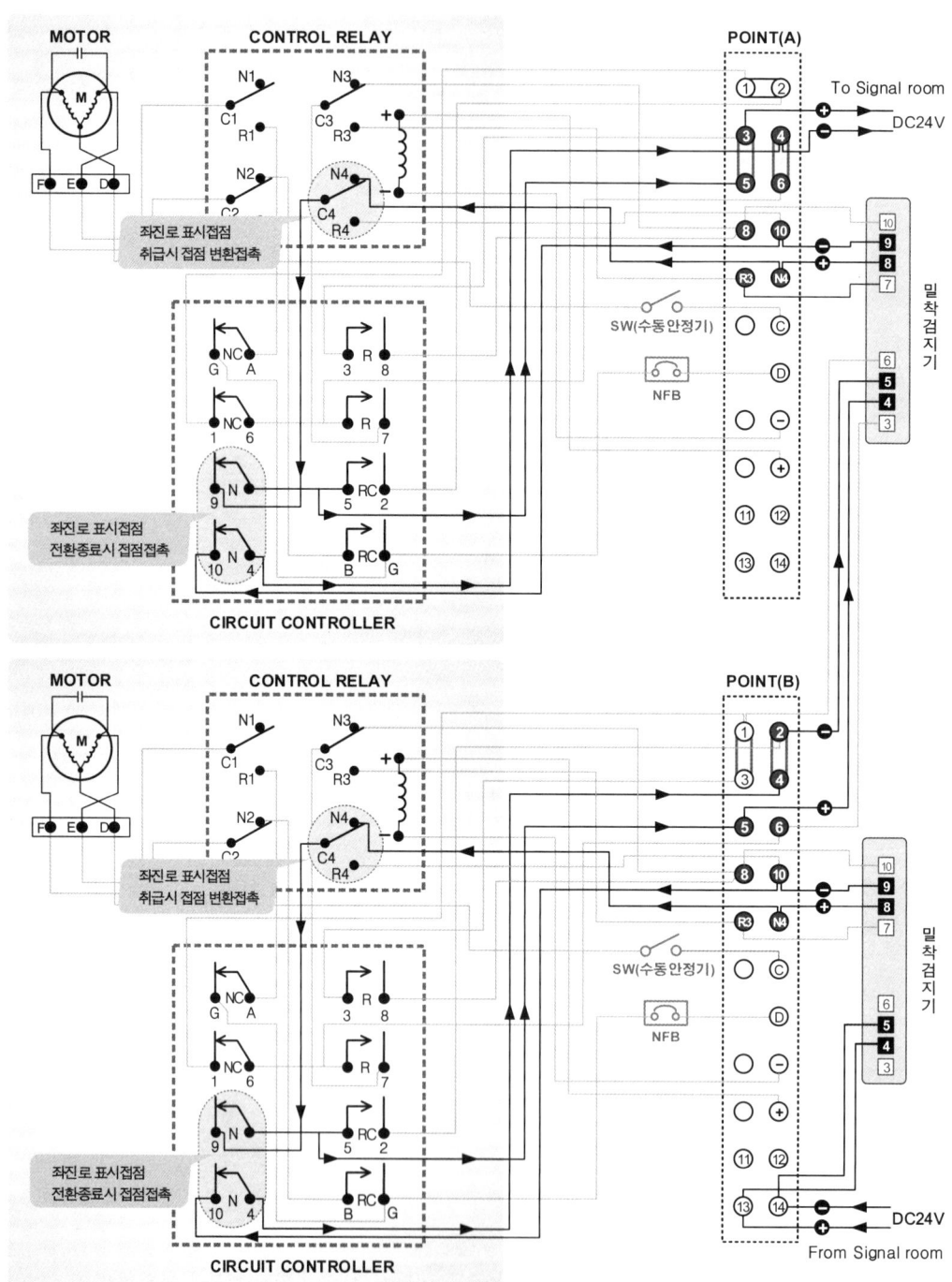

(그림 6-35). 선로전환기 좌진로 기내 표시회로

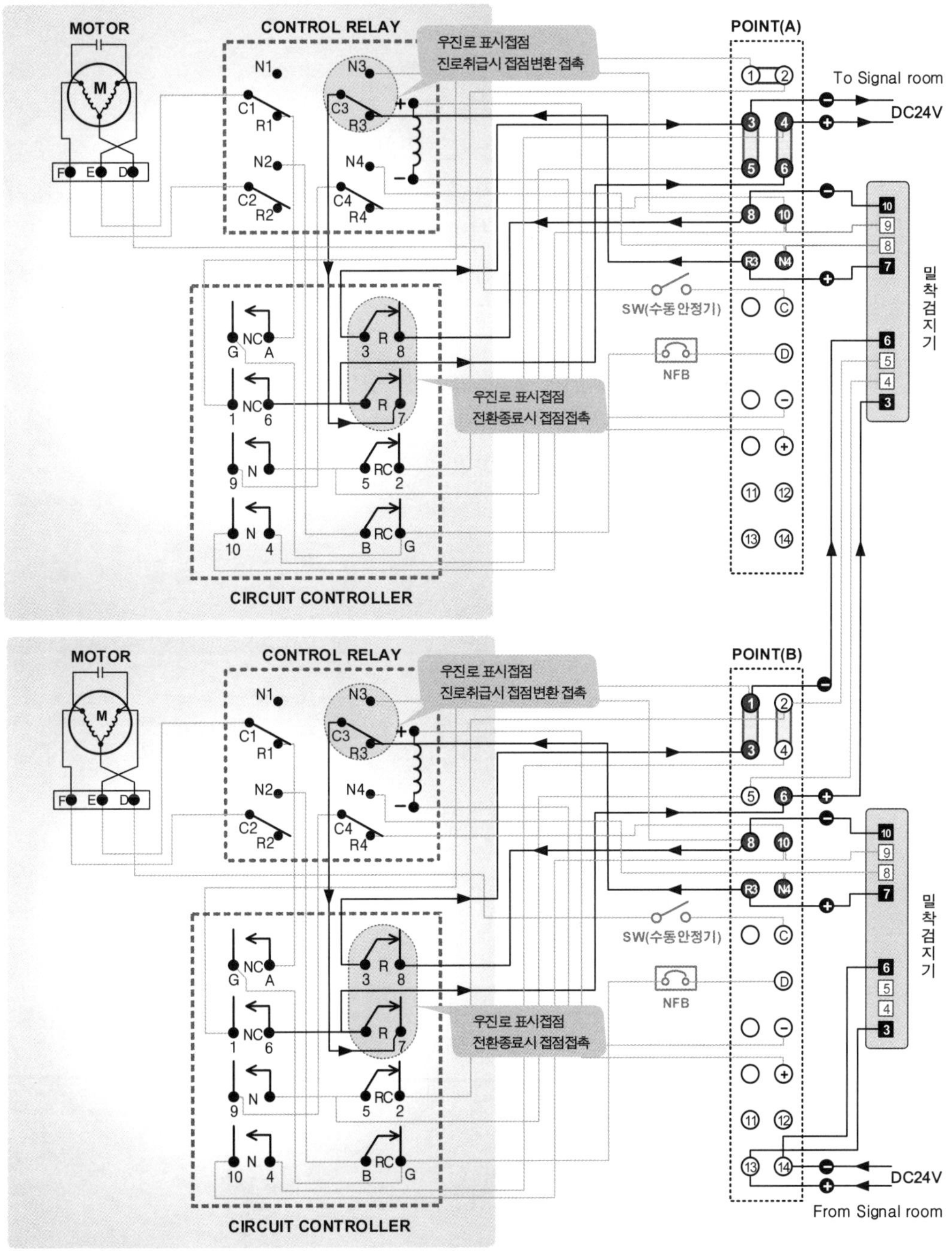

6장 선로전환기 제어

(그림 6-36). 선로전환기 우진로 기내 표시회로

2 선로전환기 밀착검지기

선로전환기의 표시는 열차의 사고와 직결되는 매우 중요한 사항이기에 고장시 반드시 안전측 동작이 되도록 하기 위해서 항상 전원을 인가하여 되돌리는 폐회로식으로 구성하고 있다. 여기에 직렬로 도중에 밀착검지기 회로를 삽입하여 밀착검지기에서 불일치가 검지되면 표시전원이 도중 차단함으로써 표시회로와 연동된다.

밀착검지기 미설치의 밀착검지 방법

밀착검지기가 없이도 밀착을 검지하여 정위, 반위를 상태를 검지하는 기존의 방식(밀착검지기 미설치)은 기본레일과 텅레일의 직접적인 밀착을 검지하지는 않는다. 유지보수에 의해 사전에 밀착을 조절하여 간류와 캠바가 일체되어 움직이는 구조에 회로제어기의 접점과 연결하여 간접적으로 검지하는 방식이다.

회로제어기에 의한 밀착검지방식은 선로전환기의 부가설비를 배제함으로써 동작의 신뢰도가 높다는 장점이 있지만, 유지보수를 소홀히 하면 안전측 동작에 취약할 수 있다.

도시철도 구간에는 일반적으로 밀착검지기의 고장에 의한 선로전환기의 신뢰성을 우려하여 밀착검지기를 설치하지 않고 있다.

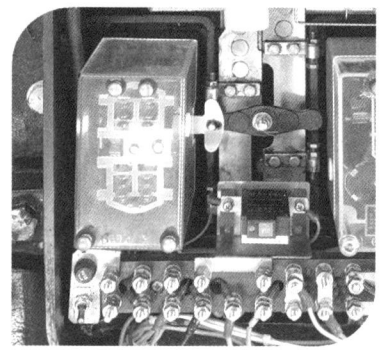

(그림6-37). 회로제어기

밀착검지기 설치의 밀착검지 방법

밀착검지기는 기본레일에 금속접근 센서를 설치하고 고주파를 방사하여 텅레일이 기본레일에 접촉하면 밀착상태를 직접적으로 검지함으로써 선로전환기 안전도를 향상한다. 밀착검지기의 검지 외에도 밀착검지기를 설치하지 않은 방식과 같이 회로제어기에 의해서도 밀착을 검지한다.

밀착검지기는 일반철도에서 주로 설치되며, 빈번하게 고장이 발생되어 신뢰성을 높이고자 밀착검지기를 이중화로 설치하는 사례가 늘고 있다.

(그림6-38). 밀착검지기 2중화

6장 선로전환기 제어

밀착검지기 설치사항

① 밀착검지기 센서의 설치위치는 텅레일 첨단 끝에서 350mm(밀착조절간과 일치)로 하고 지장물이 있을 경우에는 350mm 이내에 설치한다.
② 밀착검지 센서로 첨단레일과 기본레일이 4mm 이상 불밀착시 검지하도록 한다.
③ 밀착검지기의 제어케이블 보호관은 레일과 선로전환기 간은 절연이 되도록 한다.
④ 기본레일과 텅레일 간의 간격을 고려하고 복진(레일밀림)에 의한 장애가 없도록 한다.

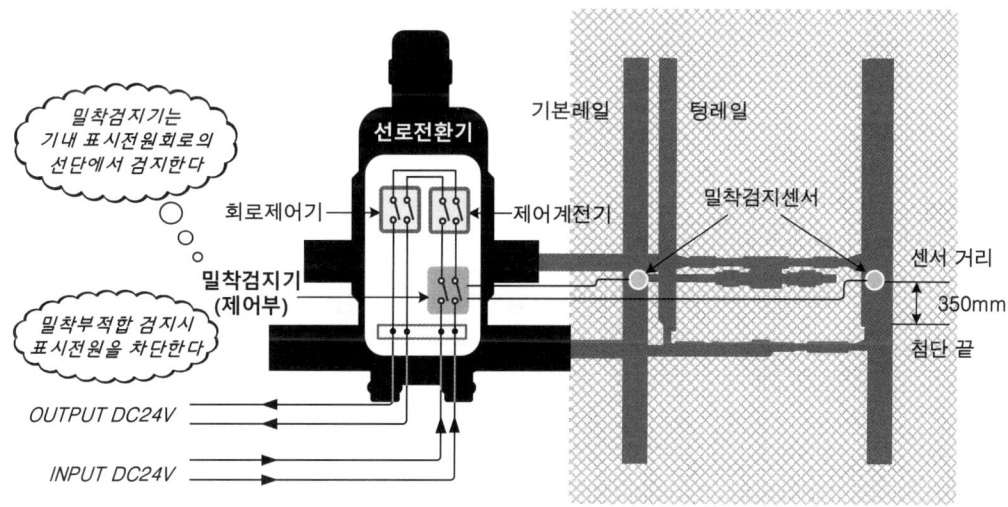

(그림 6-39). 밀착검지기 검지센서 설치

밀착검지기 동작원리

근접센서는 기계적인 접촉 없이 검출체가 센서별로 정해진 검출거리를 접근 여부에 따라 ON/OFF 출력을 한다.

발진회로에서 정파의 고주파를 발진하다가 검출물체가 센서 검출면에 접근하면 발진회로의 발진 진폭이 서서히 감쇠하다가 검출거리에 접근하면 정지한다. 이러한 변화를 전기적 신호로 전환하여 검출체의 유무를 검출한다.

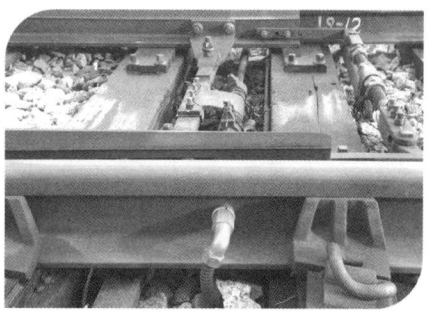

(그림6-40). 밀착검지기 센서

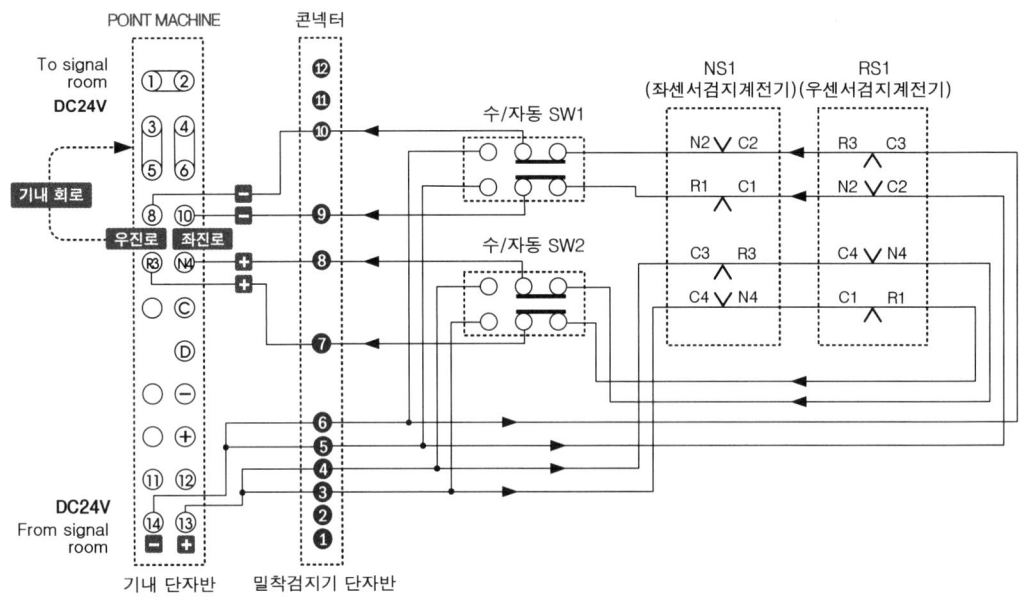

(그림 6-41). 밀착검지기 계전회로(단동)

밀착검지기 제어

① 밀착검지기 제어부를 위한 별도의 DC24V의 입력전압으로 평상시 검출부의 발진코일에서 LC조합에 의해 고주파 자계장이 방사된다.
② 고주파 자계중심에 금속체가 접근하면 전자유도현상에 의해 금속에 와전류가 생기며, 와전류와 금속이 가지는 고유저항에 의하여 I^2R의 에너지 손실이 생긴다.
③ 이러한 에너지 손실에 의하여 발진코일의 임피던스가 변화하며, 임피던스 변화에 의해 발진상태를 유지할 수 없게 되어 발진폭이 정지 또는 감소한다.
④ 슈미트트리거 회로에서 발진부의 발진에너지 변화량을 검출하여 발진정지 또는 감소되는 즉시 출력신호를 발생한다.

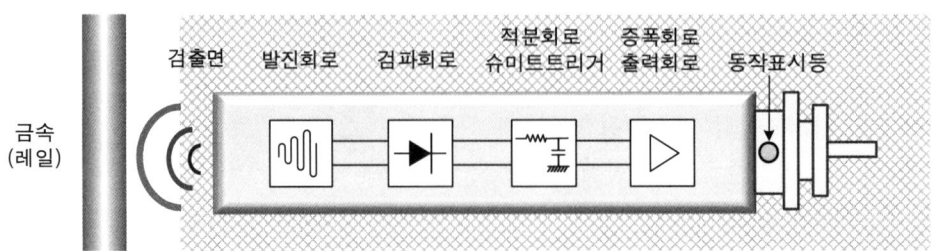

(그림 6-42). 밀착검지기의 제어회로 구성

⑤ 센서 검출면 부근에 검출물체가 위치하면 발진회로의 진폭이 서서히 감소하다가 검출거리에 근접하면 정지하는 변화를 전기적신호로 전환하여 검출체의 유무를 검출한다. 반복 정밀도가 높으며 응답속도가 빠른 특징이 있다.

(그림6-43). 밀착검지 제어기

(그림6-44). 밀착검지 센서

(표 6-6) 밀착검지기 설치 여부 비교

설치여부	구성품의 역할
밀착검지기 미설치	① 기내 회로제어기의 동작에 의해 밀착 표시접점이 구성된다. ② 심플한 구성으로 밀착검지 장애가 없어 신뢰도를 향상한다. ③ 회로제어기에 의한 간접적인 밀착검지로 안전성이 떨어진다. ④ 유지보수 시 정확한 밀착상태 점검이 필요하다. ⑤ 도시철도에는 대부분 밀착검지기를 사용하지 않는다.
밀착검지기 설치	① 기내의 회로제어기의 동작에 의해 밀착 표시접점이 구성된다. ② 기본레일과 텅레일의 밀착상태를 센서에 의해 직접 검지한다. ③ 센서에 의해 직접적으로 밀착을 검지함으로써 안전성이 높다. ④ 설비가 부가됨으로써 유지보수 및 장애가 가중된다. ⑤ 일반철도에 주로 사용되며, 신뢰성을 위해 2중화도 구성한다.

기본 설명

전자연동장치가 선로전환기의 제어를 출력하여 계전기 회로가 동작하고 계전기의 동작에 의해서 현장설비에 전원이 인가되는 과정은 여러 운영기관이 거의 동일하다. 계전기 회로에서 제어구성과 계전기의 명칭도 유사하지만 그 원리 또한 대동소이하다

1 선로전환기의 동작과정

전기선로전환기는 '전환명령→해정→전환→쇄정→표시'의 과정에 의하여 동작한다. 운영자가 진로취급 시 선로전환기 내에 있는 제어계전기의 접점구성이 변환되어 전동기에 전원이 인가되어 회전한다. 모터의 회전력으로 인하여 치차가 일정한 회전을 하고나면 2개의 캠버가 상호 교체하며 위치를 이동한다.

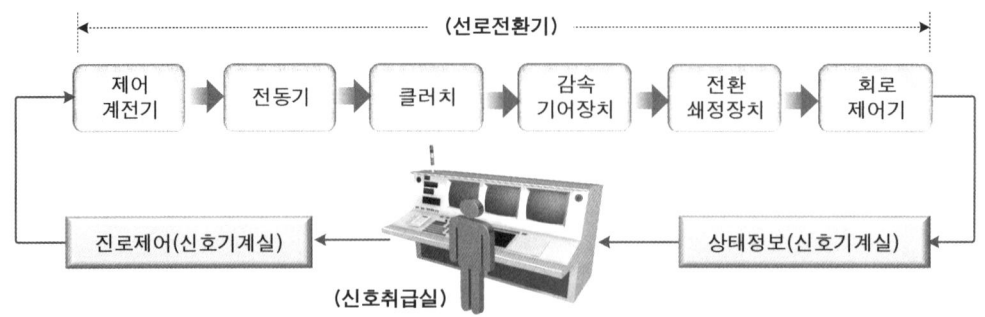

(그림 6-45). 선로전환기 동작계통도

6장 선로전환기 제어

캠버의 상호운동으로 회로제어기의 레버에 물리적으로 힘이 전달되어 접점구성이 변환되고 변환된 접점에 의해 전동기의 전원이 차단되어 선로전환기의 전환이 종료된다.

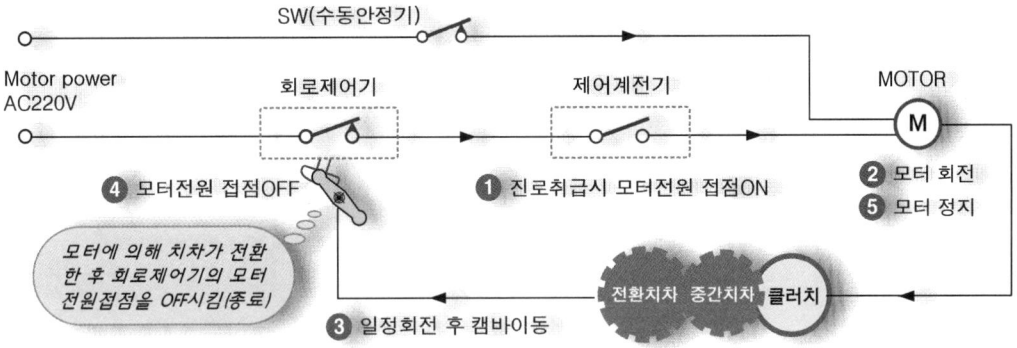

(그림 6-46). 선로전환기 내부 전환과정

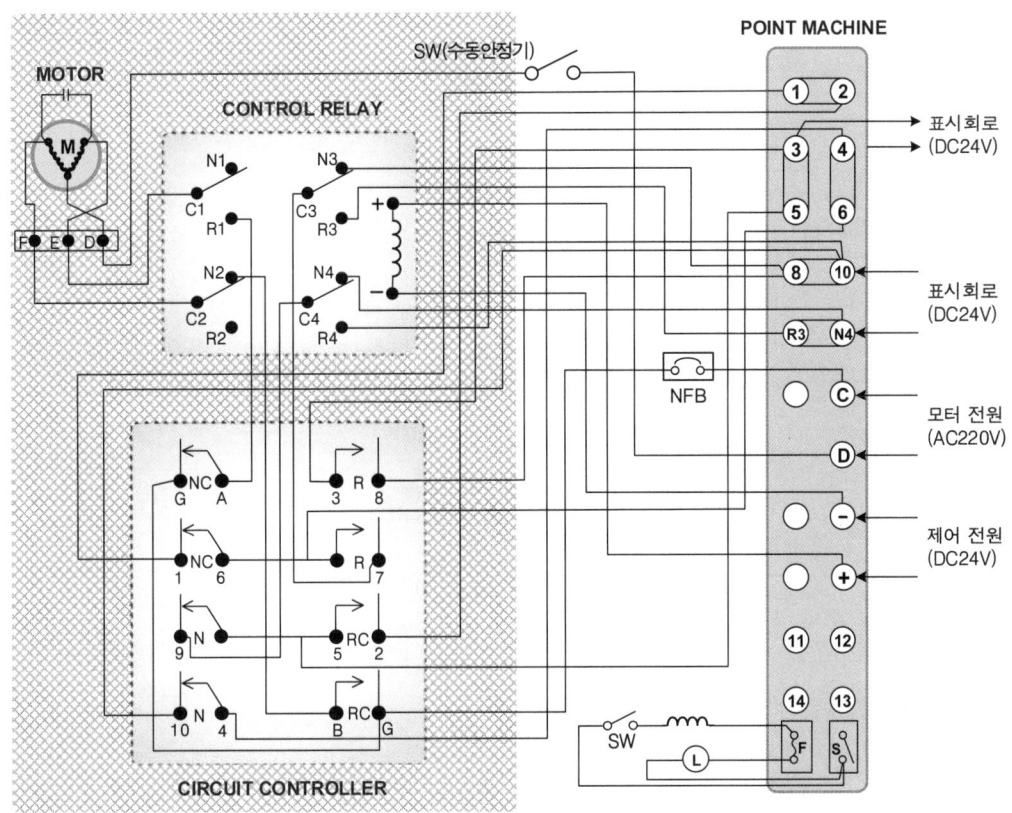

(그림 6-47). 선로전환기 기내 결선도

기계실(제어전원 DC24V) ⇨ 제어계전기 동작 ⇨ 모터전환 ⇨ 회로제어기 동작 ⇨ 모터전원 차단(회로제어기) ⇨ 표시회로 구성(회로제어기) ⇨ 종료 ⇨ 기계실로 표시전원

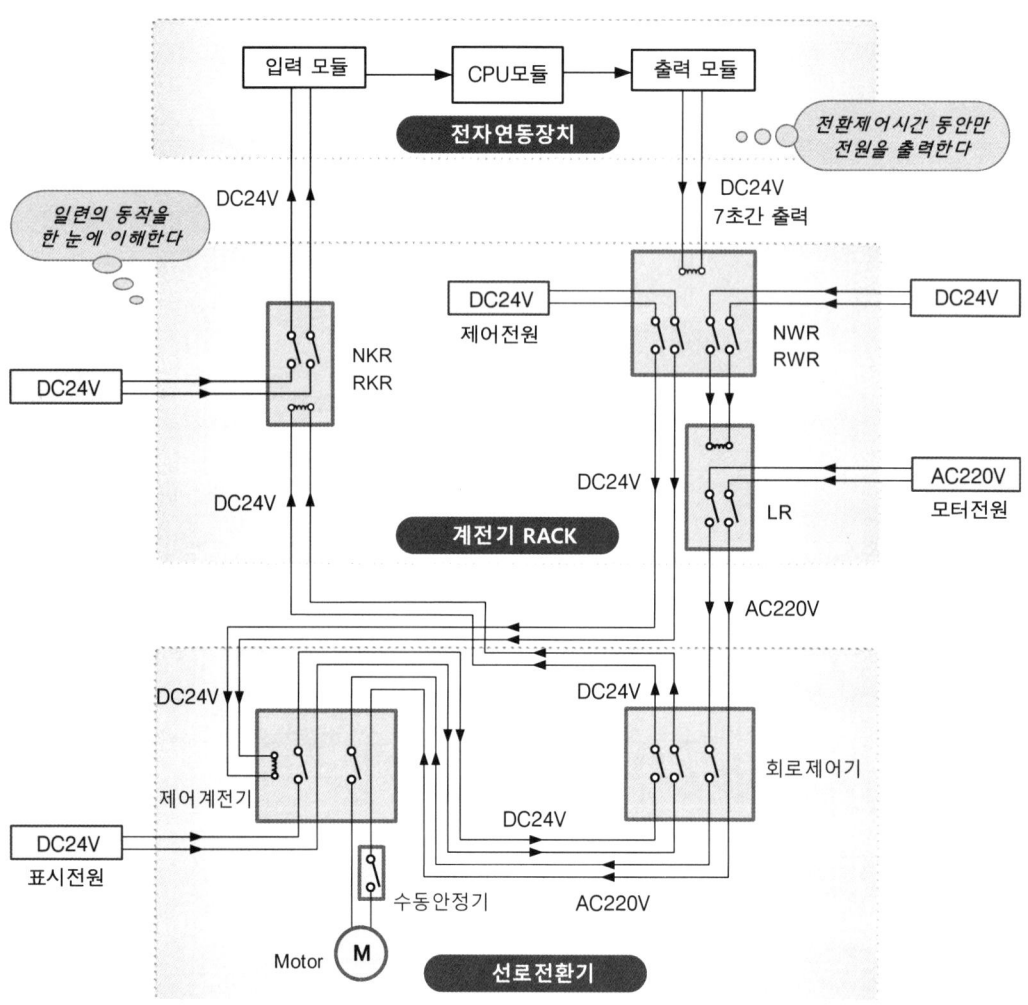

(그림 6-48). 선로전환기 동작 제어과정 시퀀스

2 선로전환기의 제어과정 실례

공항철도 선로전환기 제어

1 운영자의 진로취급 명령전송

실례로써, 관제실 또는 역(Local) 신호취급실에서 운영자가 51호 선로전환기를 반위(S11H→S06H)로 진로를 취급한다. 취급된 제어명령은 ATS장치를 통하여 연동역 신호기계실에 설치된 전자연동장치로 제어명령이 전송된다.

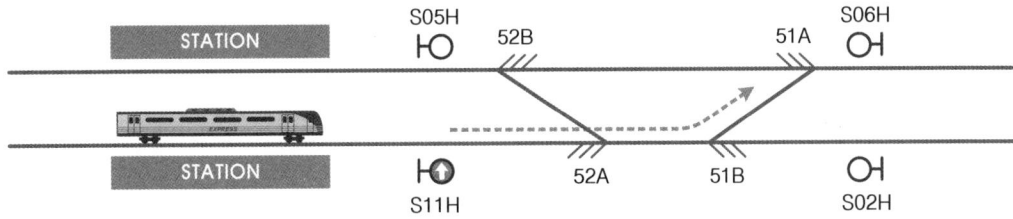

(그림 6-49). 진로취급 선로도

2 전자연동장치에서 논리연산 및 출력제어

전자연동장치는 정당한 논리에 의해 안전한 진로전환 조건이 되면 출력모듈에서 관련 포트에 LED가 현시되고, RWR51A-51B(반위제어계전기)에 전원(DC24V)을 송전한다.

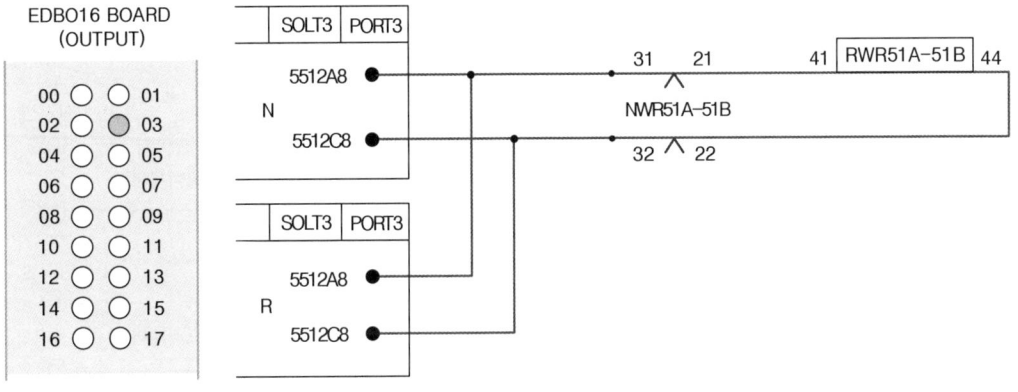

(그림 6-50). RWR계전기 여자회로

437

③ 제어전원 극성변환 및 LR계전기 제어

평상시 NWR·RWR은 모두 소자상태를 유지하다가 진로취급시 전자연동장치의 출력 모듈에서 7초 동안 전원을 송전하여 RWR51A-51B 계전기가 여자하면 제어전원의 극성이 반전하여 기내로 송전되고, 평상시 낙하해 있던 LR(쇄정계전기)가 여자(해정)한다. 따라서 제어전원과 모터전원은 7초 동안만 송전된다.

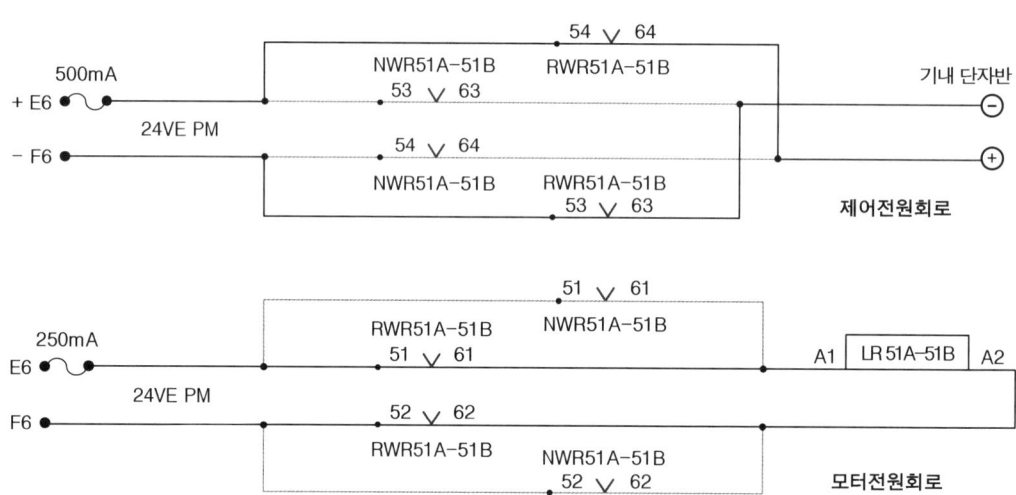

(그림 6-51). 제어전원 극성변환 및 LR여자 회로

④ 기계실에서 현장으로 모터전원 전송

평상시 차단되어 있던 모터전원(AC220V)은 LR계전기의 여자접접을 통하여 51A 및 51B 선로전환기에 병렬로 동시에 각각 공급된다.

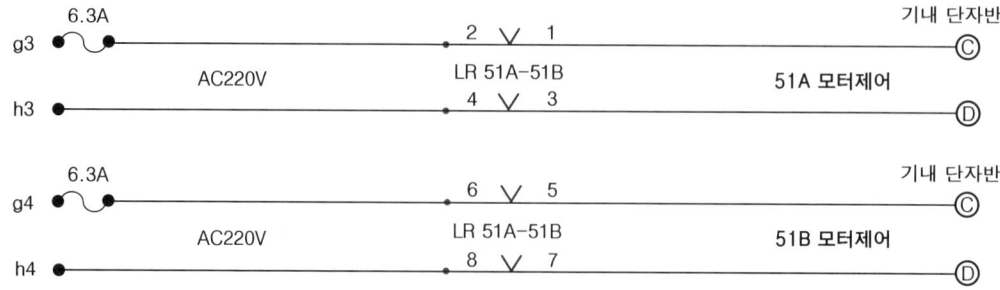

(그림 6-52). LR 강상접점을 통한 모터전원 전송회로

5 전동기 전환 및 회로제어기 접점변환

RWR51A-51B의 여자로 반전된 극성의 제어전원이 기내의 제어계전기의 접점을 반전시켜 모터전원 회로를 ON시킨다. 이로 인하여 모터가 일정 회전한 후 회로제어기 레버를 이동시켜 모터회로를 차단함으로써 선로전환기의 전환을 종료시킨다.

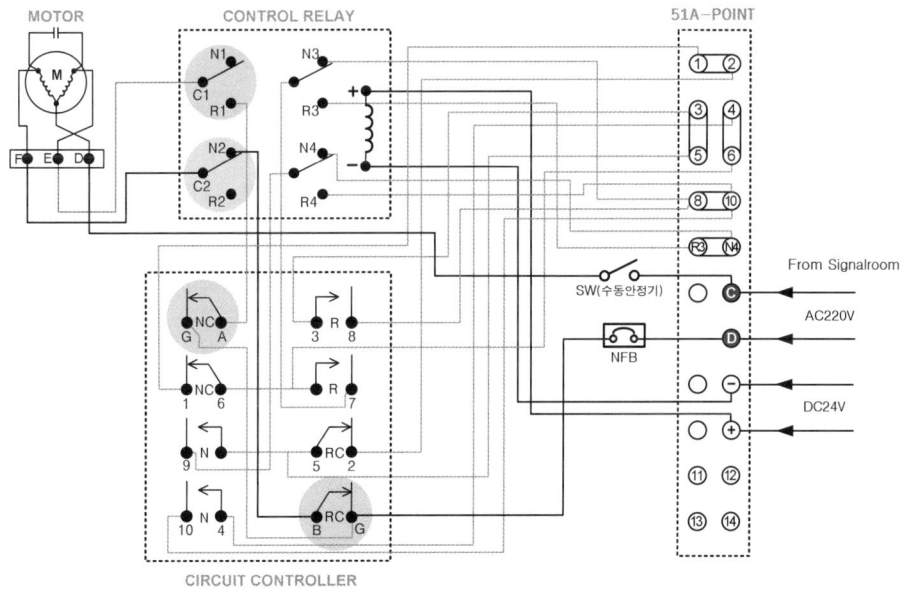

(그림 6-53). 제어전원 및 모터전원 회로

6 표시회로 구성으로 반위표시계전기 여자

회전 종료시에 회로제어기의 접점이 반전되어 표시회로 극성이 변환된다. 변환된 극성은 순방향 전류에 의하여 신호기계실의 RKR51A-51B 표시계전기를 여자시킨다.

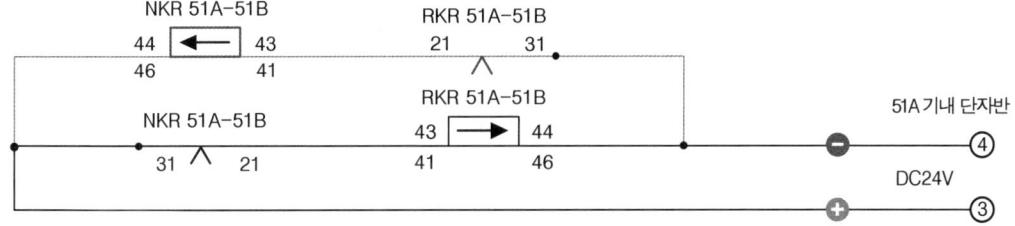

(그림 6-54). 표시계전기 여자회로

7 전자연동장치 입력모듈로 표시전원 전송

표시계전기(RKR51A-51B)가 여자하면 전자연동장치의 입력모듈의 지정된 포트에 표시신호(DC24V)를 전송하여 반위상태임을 알린다. 전자연동장치는 선로전환기가 정상적으로 전환하였음을 인식하고 입력보드(EVIN16)에 관계 LED를 현시한다.

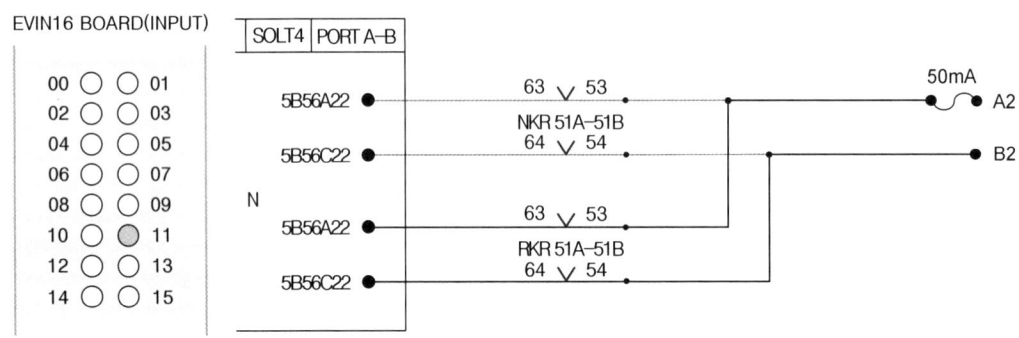

(그림 6-55). 전자연동장치 표시입력회로

기본 설명

선로전환기는 진로를 전환하여 열차를 유도하는 중요한 설비로서 불합리하게 진로가 구성되면 열차의 탈선으로 대형사고를 유발할 수 있다. 선로전환기는 열차에 의하여 분기장치에 진동과 충격을 가하기 때문에 유지보수관리가 매우 중요하다.

1 선로전환기의 설치기준

▨ 전기 선로전환기의 설치기준

① NS형, NS-AM형, 침목형, MJ81형 등 각각 특성과 용도에 맞도록 선별하여 설치한다.
② 본선 연동장치에 연동되지 않는 측선 또는 차량기지의 수동전환 분기부에 전기선로전환기를 설치할 경우 차상전환으로 할 수 있다.
③ 전기 선로전환기의 설치위치는 소속하는 분기부의 정위측에 설치한다. 다만, 보수점검 및 구내작업상 안전한 위치에 설치할 수 있다.
④ 본선과 중요한 측선의 선로전환기에는 전환장치 및 쇄정장치를 설치한다. 단, 상시 쇄정하는 선로전환기는 쇄정장치를 생략할 수 있다.
⑤ 할출 등의 사고우려가 있는 본선 및 주요 측선에는 밀착검지기를 설치한다.
⑥ 선로전환기 밀착은 기본레일이 움직이지 않는 상태에는 1mm를 벌리는데 정위·반위 균등하게 100kg 이상을 기준으로 한다.

⑦ 텅레일이 연결간 붙인 부분과 기본레일과의 사이에 두께 5mm의 철편을 삽입하여 전환하였을 때 정위 또는 반위의 표시접점이 구성되지 않아야 한다.
⑧ 수도권 전철구간 및 주요 간선 중 분기부의 결빙이 우려되거나 폭설 취약개소에는 선로전환기 융설장치를 설치할 수 있다.
⑨ 전기선로전환기는 보통 대향으로 보아 왼쪽에 설치한다. 이 경우 부쇄정간을 위쪽에 주쇄정간을 아래쪽에 오도록 하며, 오른쪽에 설치할 경우 이와 반대로 주쇄정간이 위쪽에 부쇄정간이 아래쪽에 오도록 한다.
⑩ 전기선로전환기는 건축한계 및 차량한계를 고려하며, 설치측 레일의 내측에서 선로전환기 중심까지의 거리는 1,200mm이다.
⑪ 편개 분기기에서는 직선레일에, 양개 분기기는 분기 각도의 2등분선에 선로전환기 본체가 평행하도록 한다.

(그림6-56). 선로전환기 본체

2 선로전환기의 설치사항

① 선로전환기는 깔판에 볼트로 체결하고 스크루 볼트로 고정시킨다. 신설하는 분기부는 조립 시에 설치하고, 가설 분기부는 침목을 교환한 후에 설치한다.
② 레일 간격간은 시설측의 궤간 정정 후 텅레일의 선단에서 약 300mm의 위치에 설치하고, 절연이 있는 것은 너트가 상부에 오도록 한다.
③ 선로전환기의 설치는 다음과 같이 건축한계를 고려하여 설치한다.

(표 6-7). 분기부 종별 건축한계와의 거리

분기부 종별	W [mm]	X [mm]	Y [mm]	Z [mm]
37kg 8# 보통형	169.2	45	9	158.74
50kg 8# 보통형	169.6	66	31	180.96
57kg 8# 보통형	190.7	49	35	194.00

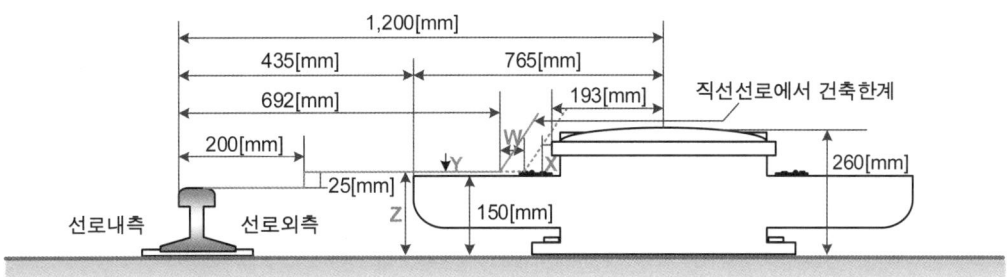

(그림 6-57). NS형 전기 선로전환기와 건축한계

    W : 건축한계의 확대
    X : 전기선로전환기 본체와 건축한계의 거리
    Y : 쇄정간 덮개 상면과 건축한계와의 거리

④ 전기선로전환기의 설치는 다음에 의한다.
- 레일 두부 내측에서 1,200mm를 표준으로 하고 침수방지용 깔판이 설치된 선로전환기는 분기부 철차번호에 따른 값을 더한다.
 (#8 : 345mm, #10 : 270mm, #12 : 224mm, #15 : 198mm)
- 편개분기기는 직선레일에 평행(양개분기기는 분기각도의 2등분선에 평행)하고 밀착조절간이 직선측 레일(분기각도의 2등분선)에 직각이 되도록 설치한다.

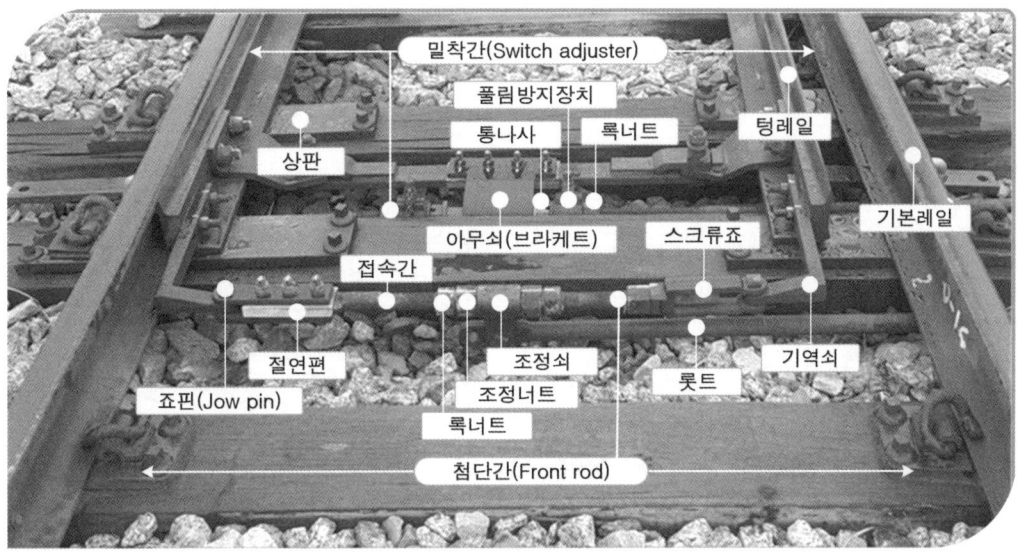

(그림 6-58). NS형 선로전환기 구성품의 명칭

⑤ 밀착조절간의 설치는 다음에 의한다.
- 밀착조절간과 레일 밑면과의 여유거리는 15mm 이상으로 한다.
- 밀착조절간의 옵셋은 롯드와 중심선과 죠(Jow) 부분이 평행하고 꼬이거나 구부러지지 않도록 한다.
- 브라켓트와 통나사 6각 너트부와의 사이에 3mm 이상의 조정범위를 갖는다.
- 정위·반위 모두 균등한 밀착력이 되도록 조정한다. 표준밀착력은 첨단 1mm 개구에서 100kg, 60KN 탄성분기기는 첨단 0.5mm 개구에서 100kg으로 한다.

⑥ 첨단간 설치는 다음에 의한다.
- 롯드 절연위치는 선로전환기에서 먼 쪽 레일 측으로 하고 텅레일 첨단의 동정에 맞춘다.
- 접속간과 레일 밑면과의 여유거리는 15mm 이상으로 한다.
- 조정쇠는 조정여유 나사부의 중앙이 되도록 조정한다.

⑦ 쇄정간의 쇄정홈 간격을 첨단간 조정쇠의 동정에 맞추어 조정하고, 쇄정자와 쇄정홈의 간격은 좌우 균등하게 유지시키며 간격의 합은 4mm 이하로 한다.

(그림6-59). 선로전환기 교체작업

3 선로전환기의 유지보수

선로전환기 점검

① 선로전환기는 정·반위 밀착상태, 주·부쇄정의 확인, 각종 할핀·조핀·볼트류의 탈락, 마모·균열 등이 있는지를 1~2일 1회 정도는 육안점검을 실시한다.
② NS형 선로전환기 전동기의 동작 시간은 6초 이내로 하고, 전동기의 슬립전류는 마찰연축기가 미끄러지기 시작하여 1분 이상 경과한 뒤 측정하였을 때 8.5A 이하로 한다. 전환 종료 시에는 역회전이 생기지 않도록 한다.
③ NS-AM형 선로전환기 전동기의 동작시간은 7초 이내로 하고, 전동기의 슬립전류는 전환 중 마찰연축기가 미끄러지기 시작하여 측정하였을 때 15A 이하로 한다.

6장 선로전환기 제어

④ 텅레일과 기본레일의 밀착력은 선로전환기의 정위와 반위 시에 균등하게 유지하고, 레일의 종별과 크로싱 번호에 알맞은 압력으로 조정하여야 한다.

⑤ 쇄정창에서 보아 쇄정자와 쇄정간 간의 홈 간격은 3mm로 하고, 여기에 1mm를 여유를 두어 4mm를 가지고 쇄정을 조정한다. 쇄정자와 쇄정간 홈의 모서리는 둥글게 마모되기 전에 교체하여야 한다.

⑥ 보통 선로전환기의 밀착력은 200~400kg이 적당하며, 선로전환기의 밀착조정과 표시는 텅레일과 기본레일 간에 동작간 삼각쇠가 붙은 부분의 위치에서 두께 5mm 철편을 삽입하여 전환을 하였을 때 표시접점이 구성되지 않아야 한다.

(그림 6-60). 선로전환기의 밀착

4 선로전환기의 밀착과 쇄정

선로전환기의 밀착

선로전환기의 밀착이란 텅레일이 이동하여 기본레일과 접촉하고 있는 압력을 말하며, 밀착조절간의 6각 너트를 회전하여 압력을 조절한 정도를 밀착의 세기를 '밀착도'라고 한다. 밀착도는 기본레일이 움직이지 않는 상태에서 1mm를 벌리는데 정위·반위 균등하게 100kg을 기준으로 한다.

밀착을 조절할 경우 밀착조절간은 브래킷과 통나사 6각 너트부의 사이에 3mm 이상으로 한다. 밀착이 지나치게 약하면 텅레일의 끝부분이 벌어지거나 기본레일과 텅레일 사이에 이물질이 끼이게 되어 대향으로 운행하는 열차는 탈선 우려가 있다.

(그림6-61). 선로전환기 밀착상태

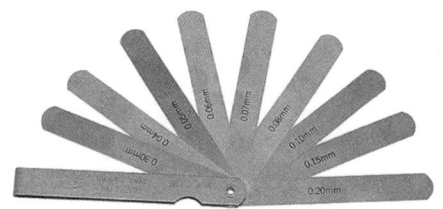

(그림6-62). 밀착 철편 게이지

선로전환기의 밀착력은 200~400kg으로써 밀착력이 지나치면 선로전환기 각부에 마모가 촉진되어 수명이 단축될 수 있다.

선로전환기 전환과 쇄정은 기본레일의 유동이 없는 상태에서 텅레일의 연결간 붙인 부분과 기본레일 사이에 두께 5mm의 철편 게이지를 삽입하여 전환하였을 때 정위와 반위 표시접점이 모두 구성되지 않아야 하고 불일치 표시가 되어야 한다.

선로전환기의 쇄정

선로전환기의 내부에서 쇄정간과 쇄정자가 +자 형태로 교차하도록 하여 치차의 회전이 아니면 외력에 의해서 선로전환기가 전환하지 못하도록 쇄정하는 구조로 되어있다.

기계선로전환기는 기계 리버를 취급하였을 때 쇄정이 되어서는 안 되며, 또한 추달린 선로전환기는 손잡이가 완전하게 정위 또는 반위로 떨어져서는 안 된다.

쇄정자와 쇄정간 홈과의 간격은 좌우 균등하게 하고 합한 치수가 전기선로전환기는 4mm, 전환쇄정기 및 통표 쇄정기는 3mm 이하여야 하며 쇄정자와 쇄정간 홈의 모서리는 둥글게 마모되기 전에 보수하여야 한다.

(그림6-63). 쇄정자와 쇄정간

5 선로전환기의 진로방향

분기선로에서 선로전환기에 의해 전환되는 2개의 진로는 원칙에 의하여 각각 정위와 반위로 구분하여 명칭한다. 즉, 본선에 있어서 열차의 출발지에서 목적지까지 주요 진로를 정위라고 하고, 본선에서 다른 선으로 분기되거나 상·하선으로 건넘 방향을 반위라고 한다.

또한, 선로전환기가 상시 정해진 위치로 과반시간 이상 개통되는 방향을 정위라고 하고 그 반대방향을 반위라고 한다.

(그림6-64). 선로전환기 개통방향

6장 선로전환기 제어

선로전환기 정위 결정법

선로전환기는 주요 방향을 정위로 개통한다. 본선과 부본선의 경우에는 주요 선로와 주요 방향을 짐작할 수 있지만, 선로가 복잡하게 구성된 입환구내 또는 차량기지의 경우에는 정위와 반위의 구분이 쉽지 않다. 일반적인 구내에서 정위 결정은 다음과 같다.

(표 6-8). 선로전환기 정위 결정

정위결정	정위측 진로 구성 예시
① 본선과 측선과의 경우에는 본선 방향	본선 / 측선
② 본선과 본선 또는 측선과 측선의 경우에는 주요한 방향	본선 (경부선) / 본선 (전라선) / 측선 (주요측선) / 측선
③ 단선에서 상하 본선은 열차가 구내에 진행하는 방향	하본선 / 상본선
④ 본선 또는 측선과 안전측선(피난선 포함)의 경우에는 안전측선 방향	하본선 / 상본선 / 안전측선
⑤ 탈선 선로전환기는 탈선시키는 방향	탈선선로전환기

분기선로의 방향

분기부의 대향

분기선로를 향하여 진행하는 방향에 따라 대향(Facing)과 배향(Trailing)으로 구분된다. 분기기를 중심으로 대향과 배향은 서로 반대되는 방향으로써 포인트부에서 크로싱부의 방향으로 진입하는 분기방향을 '대향'이라 한다.

선로전환기의 밀착이 불완전한 상태에서 대향으로 차량이 진입하면 탈선되는 선로구조로 되어있다. 이때 선로의 운행 방향을 '할입'이라고 한다.

(그림6-65). 분기기의 대향   (그림6-66). 분기기의 배향

분기부의 배향

분기선로의 크로싱부에서 첨단부를 향하는 분기의 방향을 '배향'이라 한다.

선로전환기의 밀착이 불완전한 상태에서 차량이 배향으로 진입하면 첨단부의 밀착부분을 차륜이 벌리며 진행하게 되므로 탈선은 되지 않으나 선로전환기의 간류가 굴곡되는 손상을 일으킨다. 이때 선로의 운행 방향을 '할출'이라 하며, 할출사고는 할입사고보다 긴급복구가 용이하다.

(그림6-67). 할출사고 선로전환기

6장 선로전환기 제어

기본 설명

MJ81선로전환기는 81년도에 프랑스에서 개발된 장치로서 고속철도용에 적합하도록 제작되었다. 고속운행을 위해 리드부가 길고 진로 전환시간이 짧으며, 크로싱부의 가동을 위해서 크로싱부에도 선로전환기가 설치되는 것이 특징이다.

1 MJ81의 특징

MJ81 선로전환기는 노스가동분기기에 사용되는 선로전환기로서 81년도에 프랑스 Alstom사에 의해 개발하였다. MJ81은 모터(Motor)의 약자 M과 쥐몽(JEUMONT) 회사의 약자 J이고 81은 81년도에 개발하였다는 것을 뜻한다.

MJ81 선로전환기는 고속철도(KTX) 구간에 설치되고 있으며, 고속철도의 분기는 리드부의 길이가 길어 높은 전환력과 전환시간이 짧아 고속열차가 통과하기에 용이하다. 또한, 전자클러치를 사용하므로 전환종료 시 충격이나 반발을 방지하고, 기온변화에 관계없이 동작토크가 일정하다.

경부고속철도와 기존선의 연결선에 접속되는 분기기(F26번 이상)는 건넘선의 길이가 길어 높은 전환력을 필요로 하며, 선로전환기 동작 시 리드부에 전환력을 균등하게 전달하기 위해서 철관장치가 설치되어 있다.

MJ81 선로전환기는 고속철도뿐만 아니라 일반철도에서 사용하기도 한다.

선로전환기(MJ81)는 기온변화나 첨단 반발에 의한 영향이 없도록 하며, 크로싱부에도 선로전환기가 설치되어 연결부 없이 운행속도와 승차감을 향상하고 있다.

주로 26번과 46번 고속철도 분기기가 사용된다. 26번 분기는 기존선과 고속선의 연결 구간에 사용되고, 46번 분기는 고속선 간의 건넘선에서 열차속도를 향상시킨다.

(그림 6-68). MJ81 선로전환기

MJ81 선로전환기의 특징

① 선로전환기의 선로전환 동작시간이 NS형보다 짧다.
② 리드부가 길며 곡선반경이 크므로 고속운전에 용이하다.
③ 고정 연결부 없이 크로싱부가 가동되므로 통과 중 진동이 없다.
④ 간류가 간단한 구조이며 기계작업 보수에 유리하다.
⑤ 경량·방수 구조로서 설치와 보수가 용이하다.
⑥ 표시회로는 기계적으로 이동되는 접점 구성만으로 전기회로가 구성된다.
⑦ 회로제어기와 제어계전기 없이 기계실에서 모터전원을 직접 출력한다.
⑧ 쌍동 선로전환기는 각각 검지하고 기계실에서 직렬회로를 구성한다.

(표 6-9). MJ81선로전환기의 동작특성

동작 특성	제원 특성
정격전압	▪ AC220V 단상, AC220V/380V 3상(50Hz, 60Hz)
동작전류	▪ AC220V 4A, AC380V 1.5A
구동방식/동작시간	▪ 모터 직접제어 / 5초 이하
동정	▪ 110~260mm
적용 분기기	▪ F8.5~F65
최대 전환력	▪ 정격부하 200kg, 최대부하 400kg

2 조정과 유지보수

▌기계적인 유지보수(조정)

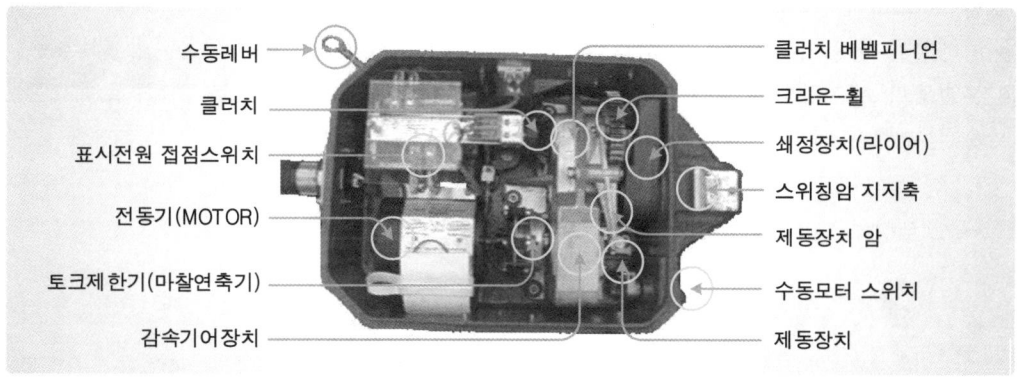

(그림 6-69). MJ81 선로전환기 내부기기 구성

① 기본레일과 텅레일의 밀착간격은 1mm 이하로 유지하여야 한다. 다만, 최초 설치 시에는 0.5mm 이하로 한다. 밀착간격이 이 기준 값을 초과할 경우 조정철편을 삽입하여 조정하며, 이때 조정철편의 두께는 한 쪽에 6mm 이하로 한다.
② 쇄정장치를 설치할 때는 텅레일의 신축을 감안하여야 하며 20℃를 기준으로 했을 때 취부볼트가 이동 여유 공간의 중심에 위치하여야 한다.
③ 쇄정부 너트는 온도 변화에 따른 C클램프의 유동을 고려하여 코니컬와샤 사이 간격을 1mm로 하며, 코니컬와셔는 첨단부(VCC) 취부볼트와 C클램프 간에 위치한다.
④ 쇄정장치 취부볼트의 할핀용 구멍은 코니컬 와샤의 간격 조정이 끝난 후에 천공해야 하며 조정철편의 증감을 고려하여 타원형으로 한다.

(그림 6-70). 간류장치

(그림 6-71). C클램프와 VCC

⑤ 선로전환기의 전환시 클램프 내의 롤러가 쇄정에서 해제될 때부터 표시확인이 되지 않아야 하며 축이 완전히 이동하여 롤러가 반고정될 때 전환표시를 확인할 수 있어야 한다. 또한 롤러가 반고정되면 제어전원이 차단되어야 한다.
⑥ 선로전환기의 전환시간은 5초 이하여야 하며, 텅레일 전환에 따른 분기기의 전환력은 400daN을 초과하지 않아야 한다.
⑦ 텅레일을 중앙에 위치한 후 좌측과 우측의 개구가 동일하도록 조정하여야 한다.
⑧ 분기부의 동정길이는 다음과 같이 하고, 그 허용오차는 ±1mm로 하나 동작 실행을 보장하기 위한 최대허용 동정길이 한계는 4mm로 한다.
- 첨단부(VCC) : 204mm+4mm = 208mm
- 크로싱부(VPM) : 181mm+4mm = 185mm

(그림6-72). VCC 외형   (그림6-73). VPM 외형

⑨ 분기부의 쇄정장치형식 M형(첨단부 R=89mm, 크로싱부 R=66mm)으로 한다.
⑩ 쇄정장치 클램프와 미끄럼틀의 간격은 2mm로 하고 레일 수축 시에도 C클램프가 정위치에 있도록 고정쇠로 고정시켜야 한다.
⑪ 첨단쇄정장치 간격간의 길이는 좌우측 연결고리 간격을 최대로 하여 측정한 고리중심 간 길이에서 2mm를 뺀 값으로 한다. 단, 그 허용범위는 ±1mm로 한다.

(그림6-74). 크로싱부 선로전환기   (그림6-75). 철관장치

6장 선로전환기 제어

⑫ 첨단쇄정장치의 열림 간격(개구)은 115mm±1mm로 한다.
⑬ 철관장치는 뒤틀림이나 굴곡, 고저가 없어야 한다.
- 크랭크의 신장보상기는 항상 중간에 설치하여야 한다.
- 파이프의 조절범위는 좌우측 모두 20mm 이상 확보하여야 한다.

▌전기적인 유지보수(조정)

① 간격간에 설치된 각 밀착검지기의 접점은 기본레일과 텅레일이 6mm 이내로 떨어지면 구성되고 8mm 이상 이격 시 낙하되어야 한다.
② 전환제어 시 9초 이상 표시가 확인되지 않으면 제어전원이 차단되어야 한다.
③ 표시회로는 선로전환기 수동키스위치, 선로전환기 내의 회로제어기, 쇄정장치, 밀착검지기가 정상 동작한 조건으로 구성되어야 한다.
④ 수동과 자동 제어레버를 자동위치로 했을 때는 전동기로 제어되고 이때에는 수동레버에 의한 전환이 이루어지지 않아야 한다. 또 수동스위치로 했을 때는 전동기 전원의 회로가 차단되어야 한다.
⑤ 접점 구성 순간에 C헤드와 쇄정장치의 겹치지 않는 부분은 13~26mm 이하로 한다.
⑥ 텅레일 밀착 시에 접점 조정게이지의 6mm 부분은 펑거에 삽입되어야 하고 7mm 부분은 삽입되지 않아야 한다.
- 첨단부(VCC)에 접점 조정게이지 6mm 부분이 삽입되는 경우에는 VCC의 접점이 정상임을 나타내고, 7mm 부분이 삽입될 경우에는 피스톤 접점을 조정한다.
- 첨단부(VCC) 접점 조정게이지 6mm 부분의 삽입이 불가능할 경우 피스톤 접촉볼트 고정나사를 조정하여 삽입되도록 접점을 재조정한다.

(표 6-10). VCC와 VPM의 동작 특성

구 분	VCC(포인트 쇄정장치)	VPM(크로싱 쇄정장치)
쇄정기능	▪ 기계적 고정으로 강력한 2중 쇄정	▪ 기계적 고정으로 강력한 2중 쇄정
구동장치	▪ 별도 구동장치 필요	▪ 전환력으로 작동(별도 없음)
별도장치	▪ 히팅장치, 쇄정감시장치 내장	▪ 히팅장치, 쇄정감시장치 내장
벌림량	▪ 국철 145mm, 고속철 115mm	▪ 국철 145mm, 고속철 115mm
밀착조정	▪ 0.5mm(첨단 500mm 구간)	▪ 0.5mm(첨단 500mm 구간)

3 MJ81의 제어회로

MJ81 선로전환기는 NS형과 같이 제어계전기나 회로제어기 없이 모터를 직접 정회전과 역회전으로 제어한다. 표시회로는 텅레일 이동에 의하여 검지기(뽈베)의 접점을 직접 변환시켜 작용한다. 또한, 표시회로에 있어서 NS형 선로전환기는 쌍동의 경우 현장에서 직렬회로를 구성하지만, MJ81 선로전환기는 포인트부와 크로싱부에서 검지된 각 선로전환기의 표시회로는 기계실에서 직렬회로로 조합한다.

MJ81 선로전환기는 포인트부와 크로싱부의 선로변에 각각 PB단자함이 설치된다. PB단자함에는 배선 블록단자가 설치되어 있어 모터전원, 뽈베 표시회로, 히터전원 등 선로전환기에 필요한 전원 배선을 집중화시켜 점검이 용이하다.

(그림 6-76). PB 단자함

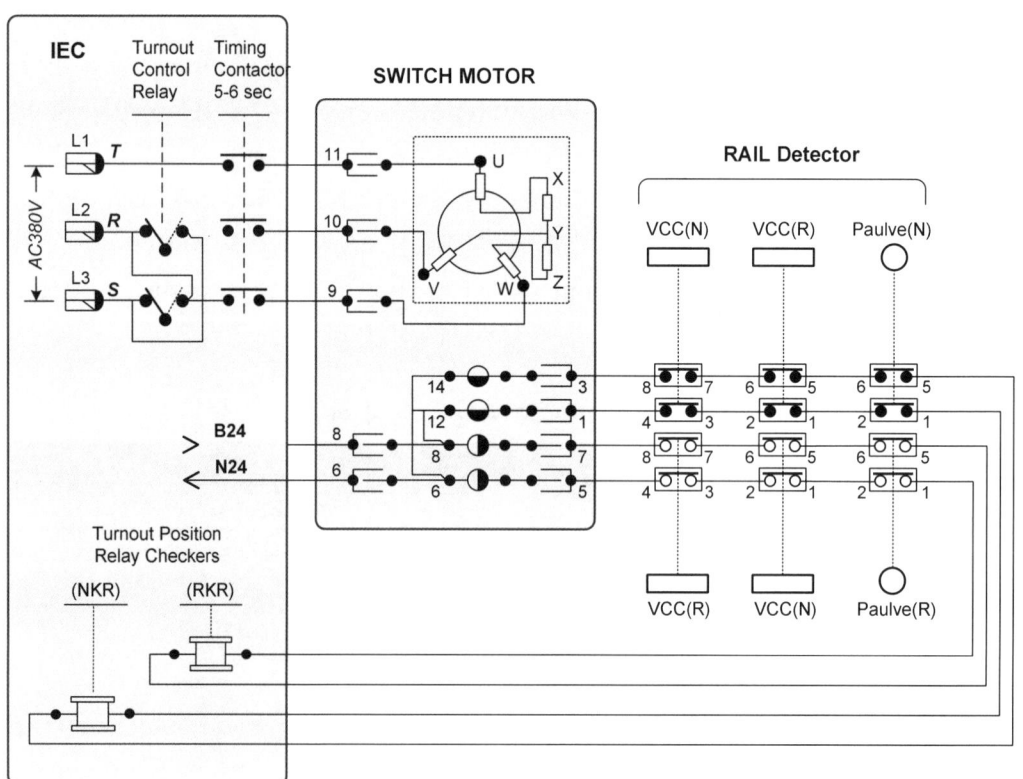

(그림 6-77). MJ81선로전환기 회로

4 MJ81의 모터회로

전자연동장치는 선로전환기를 정위 또는 반위로 전환하기 위하여 정회전·역회전으로 작동하도록 모터전원을 제어한다.

선로전환기의 단상 모터는 단자 U1, U2에 전원 AC220V가 공급되면 역회전을 하고, 모터단자 U1, W2에 전원 AC220V가 공급되면 정회전을 한다.

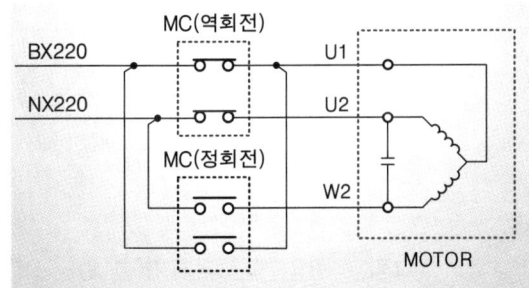
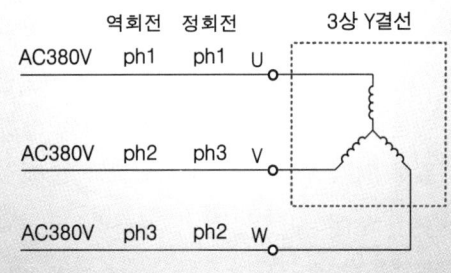

(그림6-78). 단상 모터회로 (그림6-79). 3상 모터회로

아래의 그림에서 6-80에서 NWPR은 49호 선로전환기 포인트부를 나타내며 RWPR은 크로싱부를 나타낸 것이다. 그림 6-80에서 아래는 포인트부의 모터를 기동하기 위한 회로로서 신호기계실의 계전기 동작과정에 의해서 모터전원이 현장으로 전송된다.

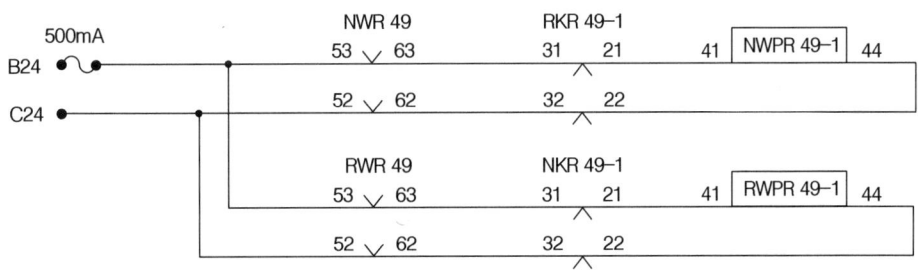

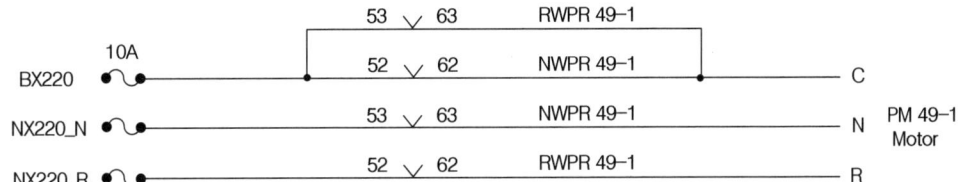

(그림 6-80). 모터제어회로(포인트부)

5 MJ81의 표시회로

▓ 밀착검지기(뽈베)의 역할

MJ81 선로전환기는 크로싱부가 추가로 가동됨으로써 포인트부와 크로싱부에 각각 밀착검지회로가 구성된다.

밀착검지기를 뽈베(불어: Paulve)라고 하며 밀착상태를 검지하는 뽈베는 텅레일의 이동에 따라 기계적으로 접점이 변환되는 원리이다.

포인트부의 뽈베는 리드부의 길이에 따라 양측 레일에 각각 2~3개가 설치되고 기본레일과 텅레일의 밀착 간격이 각각 다르며, 크로싱부에는 1개만이 설치된다.

(그림 6-81). 밀착검지기(뽈베)

▓ 기내의 표시회로 구성

표시전원은 선로전환기 기내에 있는 캠스위치 접점을 통해 외부의 VCC, VPM으로 연결된다. 캠스위치는 선로전환기의 모터가 정회전이 완료되면 'd' 스위치 접점이 구성되고, 역회전이 완료되면 'a' 스위치 접점이 접촉된다. 모터가 동작 중에는 'd', 'a' 스위치 접점 모두 접촉되지 않는다. 레일이 전환하면 레일에 부착된 뽈베의 움직임으로 접점이 변환하여 표시회로가 구성된다.

뽈베는 텅레일의 움직임에 의해 전기적 접점을 구성하여 밀착을 검지한다.

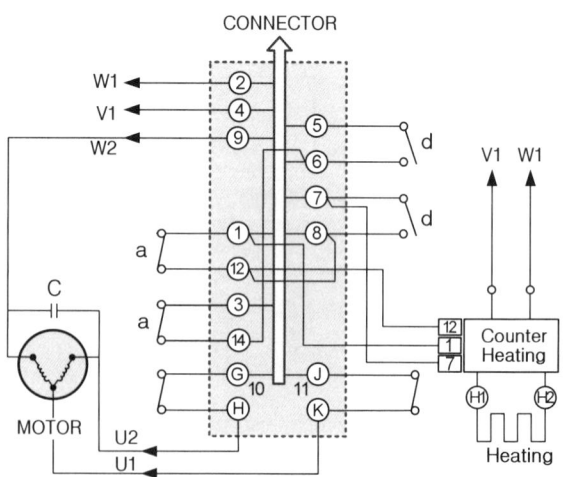

(그림 6-82). 선로전환기 캠스위치의 표시단자

6장 선로전환기 제어

▓ 현장의 표시회로 구성

양측의 두 레일에 설치된 각 검지기를 기준으로 정위와 반위의 밀착을 검지한다. 해당 레일 측의 모든 접점이 전환된 방향으로 접촉하여야 표시전압(DC24V)이 되돌아 올 수 있도록 하여 안전하게 진로가 구성되어 있음을 검지한다.

MJ81 선로전환기에는 뽈베(밀착검지기)가 기본으로 설치되어 있으나 여기에 일반 선로전환기와 같이 밀착검지기를 추가로 설치하는 사례가 있다.

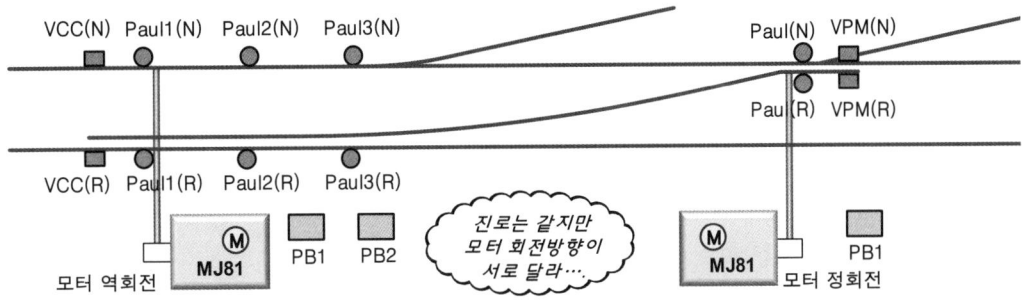

(그림 6-83). MJ81선로전환기의 배치도

❖ 여러 밀착검지기(뽈베)는 좌측과 우측의 양 레일에 설치되며, 첨단부와 크로싱부에 각각 직렬회로로 구성된다.

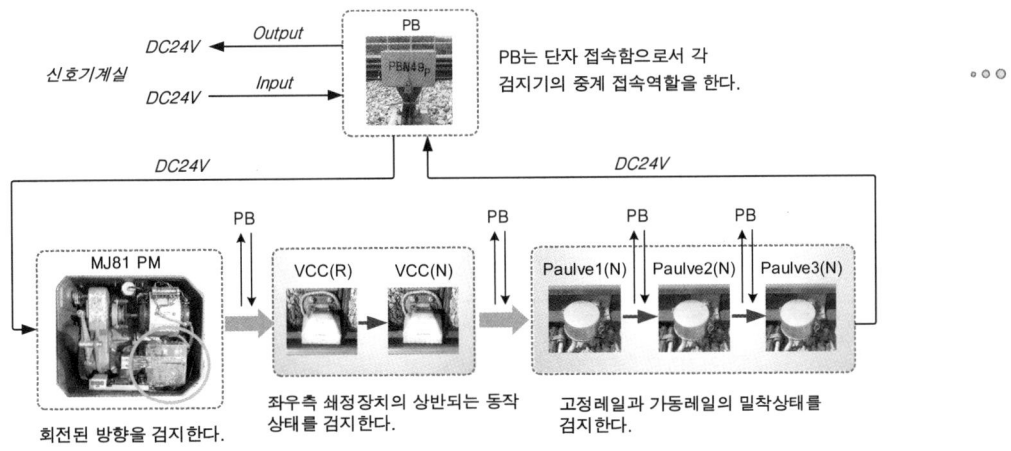

(그림 6-84). MJ81 현장설비의 표시회로 경로

신호기계실의 표시회로 구성

현장설비의 표시회로는 포인트부와 크로싱부에서 각각 동작한 후 신호기계실로 각각 입력되어 정위 또는 반위 측으로 전환된 동일한 방향끼리 직렬회로로 조합하여 하나로 통합된 표시회로 정보는 전자연동장치의 입력모듈에 전송된다.
아래 그림에서 49호 선로전환기의 포인트부는 49-1, 크로싱부는 49-2로 표기되며 직렬조건에 의하여 전환된 방향이 일치하였을 때에만 전자연동장치에 입력된다.

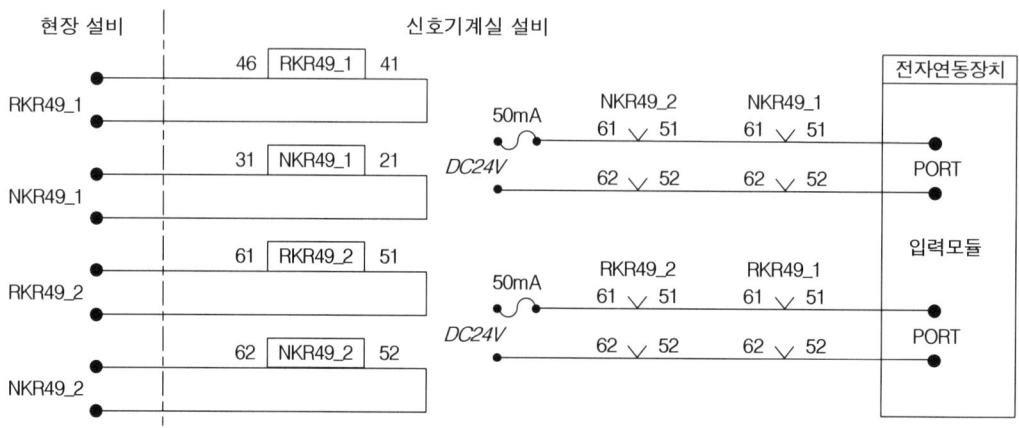

(그림 6-85). MJ81선로전환기 신호기계실 표시회로

 What ☎ MJ81 선로전환기의 장점이 뭘까?

고정크로싱은 열차가 분기부를 통과할 때 크로싱부에서 충격이 발생하여 좌우 진동과 소음이 발생 된다. MJ81 선로전환기는 크로싱부에도 추가로 설치하여 노스(연결부)를 전환함으로써 매끄러운 주행으로 안정감, 승차감, 속도감을 높일 수 있다.

6장 선로전환기 제어

08 하이드로스타 선로전환기

기본 설명

유압을 이용하여 진로를 전환하는 하이드로스타 선로전환기는 오스트리아에서 제작한 것으로써 250km/h 이하의 속도에서 사용하였으나, 국내의 고속철도 300km/h 속도에서는 검증이 되지 않은 채 도입되어 지속되는 장애의 원인 파악에 논란이 있었다.

1 하이드로스타 선로전환기 개요

하이드로스타(Hydrostar) 선로전환기는 유압 모터 구동형 전기선로전환기로서 경부고속철도 KTX 2단계 구간인 동대구역~부산역에 모두 46대가 설치되어 있다. KTX 2단계 구간 철로에는 자갈 대신 콘크리트 궤도를 깔기로 결정하면서 콘크리트 궤도에 적합한 분기기와 선로를 결정하였으며, 이에 오스트리아의 VAEE사가 제작한 하이드로스타 선로전환기가 콘크리트 궤도에 적합한 것으로 선정되었다. 국내에 고속철도 콘크리트 궤도구간에 신기종으로 도입된 하이드로스타는 서양에서 250km/h 이하의 고속철도 구간에서 사용실적이 있으나 300km/h 이상 고속철도 구간에서 성능이 검증되지 않았다는 비판을 받았다.
이 때문에 국내의 콘크리트 고속철도 구간에서 장애가 빈번하게 발생하여 논란이 되었으며 한때 장애 해결에 난항이 있었다.
하이드로스타 선로전환기는 일부 구간에만 국한되어 설치되어 있고 현재 국내에서 널리 사용되지 않고 있다.

(표 6-11). 하이드로스타 동작 사양

동작 특성	첨단부	가동 크로싱부
피스톤 동적	• 72~118mm	• 134mm
전환력	• 3,500~6,500N	• 3,500~6,000N
밀착력	• 2,000~2,500N	• 2,000N
쇄정력	• 100,000N	• 100,000N
전환시간	• 5.4초	• 5.4초
쇄정턱	• 16mm(개방), 20mm(쇄정)	• 16mm(개방), 20mm(쇄정)
텅레일과 기본레일 간격	• 1,200mm(넓은 쪽), • 23~25mm(좁은 쪽)	• 1,200mm(넓은 쪽), • 23~25mm(좁은 쪽)

2 하이드로스타의 구성

- **첨단부** : 첨단 설정을 위한 모터, 선로전환기 쇄정 및 검지장치 세트로 구성된다.
- **가동크로싱부** : 모터가 장착된 HDD장치, 크로싱부 설정을 위한 모터, 선로전환기 쇄정 및 검지장치로 구성된다. HDD는 가동크로싱부의 노스레일의 처짐을 방지한다.

선로전환장치

AC380V의 전원 공급으로 모터를 구동하여 유압을 생성시키는 기능을 하며, 유압으로 선로전환기를 전환시킨다.
전기적인 전원이 차단된 상태에서도 수동펌프 조작에 의하여 유압을 발생시킨다.

(그림 6-86). 하이드로스타 선로전환기

쇄정장치

- **선단 쇄정장치** : 포인트 선단부의 텅레일의 전환 및 쇄정과 쇄정검지기능을 한다.
- **중앙 쇄정장치** : 선단 쇄정장치 이후에 설치되며, 선로전환장치로부터 발생된 유압의 힘으로 텅레일은 좌측 또는 우측으로 전환하는 기능을 한다.

6장 선로전환기 제어

연결로드

포인트 선단부에서 기본레일과 텅레일의 밀착검지 기능과 선단 쇄정실린더와 함께 쇄정 역할을 하며, 유압에 의한 전환시 로드 양단에 내장된 계전기의 접점을 구성시킨다.

밀착검지기 (IE2010)

- **첨단부 밀착검지기** : 쇄정장치 간 그리고 마지막 쇄정장치 다음에 설치된다. 좌측 또는 우측으로 전환 시에 전환되는 텅레일과 기본레일 간의 밀착을 검지한다.
- **가동크로싱부 밀착검지기** : 가동되는 크로싱부의 밀착상태를 검지한다.

3 유압장치를 통한 오일 펌핑

① 초기의 무가압 상태에서 최첨단 유압 구동기의 하나는 스위치레일의 접촉 및 쇄정의 상태를 유지하기 위해 확장된다.
② 제어밸브핸들은 중앙 위치에 놓여 오일 흐름과 회수라인을 차단하며 확장된 구동기를 쇄정한다. 포인트를 정위에서 반위로 전환 요구에 따라 펌프모터와 역방향 밸브의 솔레노이드를 동시에 동작시킨다.
③ 밸브핸들은 구동기의 공급/회수 라인을 개방하고 고압상태의 오일은 반위 구동기에 공급된다.
④ 반위 구동기는 확장하고 구동쇄정 슬라이드 사이의 연결바의 동작에 의해서 정위구동기가 수축한다. 수축되는 구동기의 오일은 탱크로 회수된다.
⑤ 전환의 끝과 포인트의 위치 검지가 완료될 때 검지 릴레이는 모터의 솔레노이드 제어밸브의 에너지를 차단한다.
⑥ 파워팩 에너지를 차단할 때 콘트롤밸브핸들은 중앙위치에서 유압구동기를 쇄정한다.

 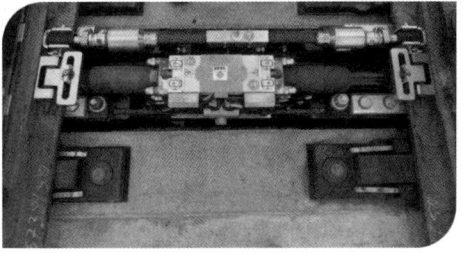

(그림 6-87). 하이드로스타 유압스위치

기본 설명

통합형 선로전환기는 동작상태를 감시하고 원격감시설비와 인터페이스하여 각종 검측 상태와 수집된 정보를 이용하여 원인분석, 추이분석을 통한 예방보수가 가능하다. 처음으로 2021년부터 서울역, 용산역 외에 기타 역에도 확대 설치되어 운영 중이다.

1 통합형 선로전환기(KPM-16) 개요

KPM-16(Korea Point Machine)은 순수 국내기술에 의해 개발된 통합형 선로전환기로서, 레일밀착검지기, 레일쇄정장치, 빅데이터 기반 자기진단기능을 포함하며 목침목과 콘크리트침목뿐 아니라 고속선과 일반선에서도 사용이 가능하다.
기존 선로전환기가 교체가 동일 형식만 설치할 수 있었던 것과 달리 모든 형식의 선로전환기로 대체할 수 있어 가용성을 높였다. 특히 다양한 분기기에 적용 가능한 레일쇄정장치와 레일의 밀착 여부 및 밀착정도를 mm 단위 수치로 표시해 주는 거리검지형 밀착검지기를 처음으로 적용해 안정성을 높였다.

2 통합형 선로전환기의 구성

통합형 선로전환기는 분기기 별 호환(일반, 고속)과 안전성(직접쇄정, 자기진단)이 향상되었으며 선로전환기 본체, 쇄정장치, 쇄정검지기, 자기진단장치로 구성되어 있다.

6장 선로전환기 제어

(표 6-12). 통합형 선로전환기 제원

구 분	선로전환기 제원
설치형태	(사진)
사용전압	■ 단상: AC220V ■ 3상: AC380V
소비전류	■ 6A 이내(400kg)
동작전류	■ 단상: 4A ■ 3상: AC 1.5A
전환력	■ 정격: 250kg ■ 최대: 240kg
전환시간	■ 5초 이내
구동방식	■ 단상: 콘덴서 기동형 4극 ■ 3상: 모터 직접제어
클러치	■ 전자식(마그네틱) 클러치
중량	■ 130kg 이하

표시전원은 기내의 밀착검지기→제어계전기→회로제어기→쇄정검지장치를 경유하여 표시계전기를 여자시키며, 모터전원은 밀착검지 계전기의 여자접점을 경유하여 공급된다.

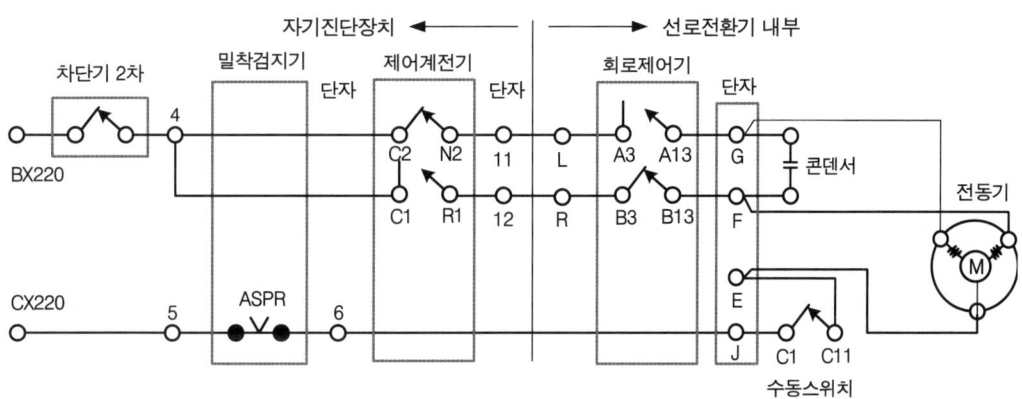

(그림 6-88). 통합형 선로전환기 회로도

463

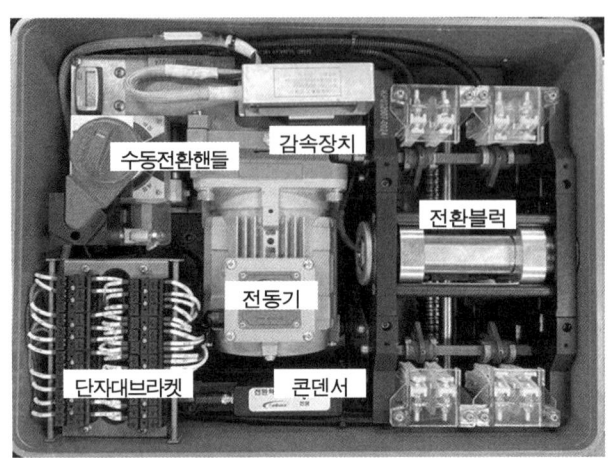

(그림 6-89). 통합형 선로전환기 내부

쇄정장치

선로전환기에 의해 가동레일이 정상적으로 전환이 완료되고 선로전환기의 동작이 정지했을 때 기본레일과 가동레일이 떨어져서 열차가 탈선되지 않도록 레일을 고정시켜주는 장치이다.

쇄정장치는 선로 양쪽에 설치되어 쇄정→해정→역쇄정 순으로 동작된다. 직접쇄정방식을 사용하고, 쇄정과 역쇄정을 사용한 이중쇄정방식으로 안정성이 뛰어나다. 또한 탄성분기기, 절곡분기기, 노수가동분기기 등 여러 분기기에 호환이 가능하다.

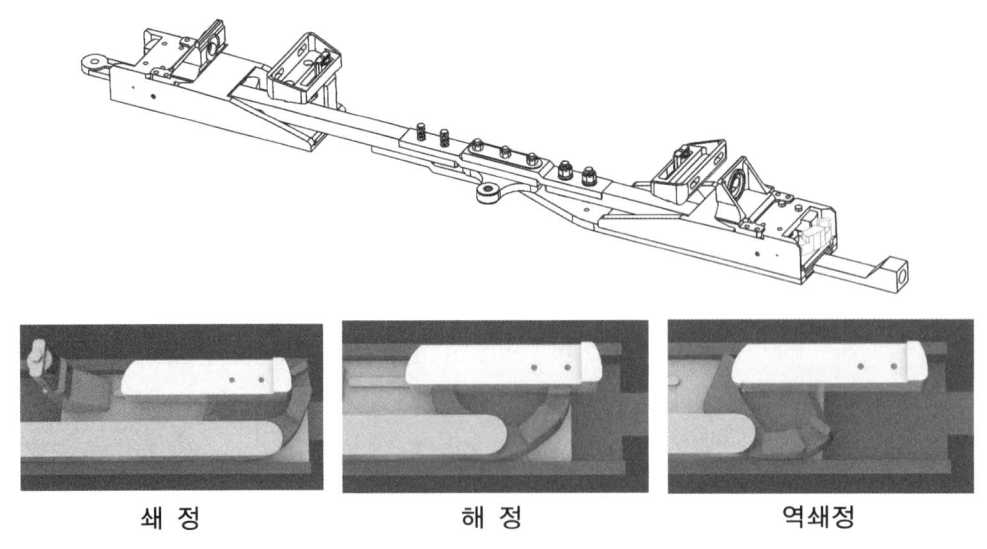

(그림 6-90). 쇄정장치의 동작

전기쇄정기

선로전환기에 의해 가동레일이 전환되고 쇄정장치가 정상적으로 쇄정을 완료했을 때 쇄정검지기의 접점이 여자되어 회로를 구성하고 자기진단장치로 접점정보를 전송하여 사용자가 쇄정상태를 확인할 수 있도록 한다.

쇄정검지기

선로전환기에 의해 가동레일이 전환되고 쇄정장치가 정상적으로 쇄정을 완료했을 때 쇄정검지기의 접점이 여자되어 회로를 구성하고 자기진단장치로 검지정보를 전송하여 사용자가 쇄정상태를 확인할 수 있도록 한다.

(그림 6-91). 쇄정검지기 설치

선로전환기의 전환력은 물론 회로제어기 점점, 모터접점, 표시회로 구성, AC차단 등을 모니터링하고 주변장비 상태를 인터페이스 화면에 표출하여 사용자에게 즉각적인 정보 전달과 함께 유지보수의 용이성을 향상시켰다.

레일의 하중이 최끝단에 걸리는 동작압과 선로전환기의 회전토크가 발생되는 동작블록의 샤프트 지점에 토크센서를 배치하여 선로전환 시 동작압과 동작블록의 샤프트 사이의 비틀림을 토크로 측정, 실시간 전환력 측정값을 토크센서 모듈에서 최종적으로 4~20m/A를 검출하여 전환력을 최대 500kgf까지 검측할 수 있다.

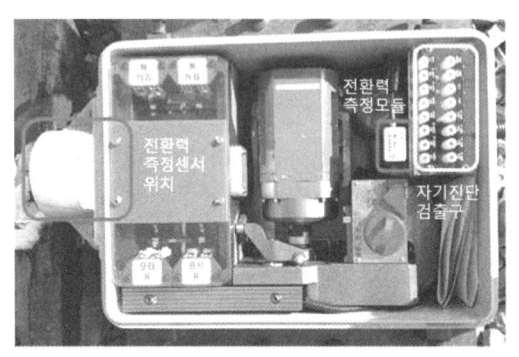
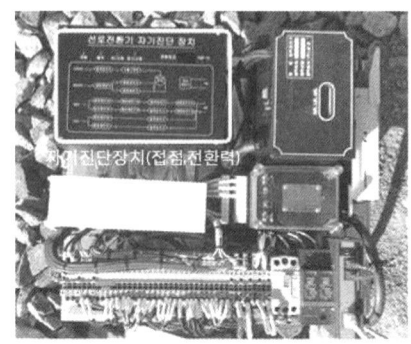

(그림 6-92). 자기진단장치 현장설비

아래의 전기배선도에 의하면, KPM-16의 전기회로에서 표시회로는 NS형과 유사하게 구성되어 있으며, 모터회로는 NS형과 달리 제어계전기와 회로제어기의 접점을 경유하지 않고 밀착검지계전기 접점만을 경유하여 모터에 공급한다.

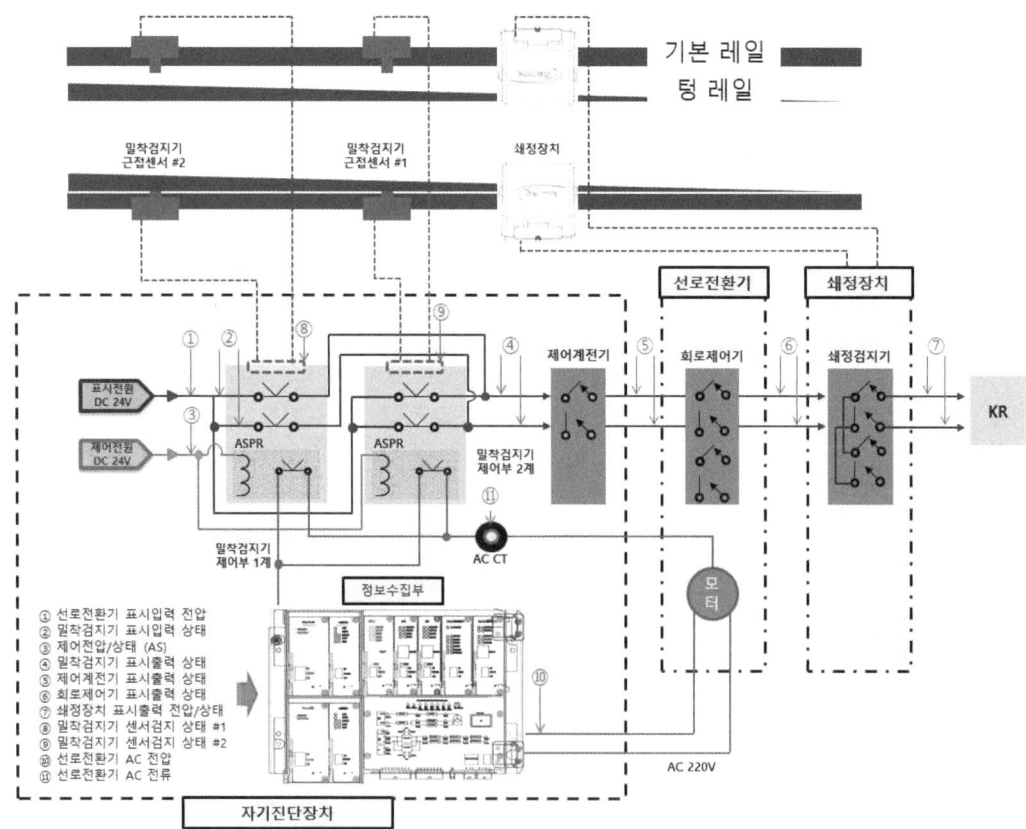

(그림 6-93). KPM-16 선로전환기 구성도

466

07 일반철도 신호시스템

Railway Signal System

- 지상신호 폐색방식
- ATS 시스템
- ATP 시스템
- KTCS-2 시스템
- 건널목보안장치
- 철도교통관제센터

기본 설명

단선구간에서는 통표에 의해 역간 폐색구간에는 1개의 열차만을 운행하였으나, 선로 용량이 증대됨에 따라 복선화와 전철사업으로 신호시스템도 변화가 생겼다. 이로 인하여 역간 2개 이상의 열차가 운행할 수 있도록 자동폐색장치가 널리 사용되었다.

1 머리 기술

폐색장치는 1개의 폐색구간에 1개의 열차만을 운행시킬 수 있도록 폐색구간 또는 역 간에 시설하는 장치를 말하며, 폐색방식은 단선과 복선, 폐색장치, 수송량 등의 노선 특성에 따라 폐색구간 운용방식을 달리한다.

폐색장치는 열차 간의 상호 안전운행을 위해 필수적인 장치이다. 폐색장치는 역과 역 사이에서 선행열차 및 후속열차가 서로 지장되지 않도록 일정한 시간 또는 공간의 간격을 두고 한 폐색구간에 한 개의 열차만 운행하도록 하여 안전하고 신속, 정확하게 운행하기 위한 설비로서 통표폐색식, 연동폐색식, 자동폐색식이 있다.

폐색장치에 의해 역간 열차의 운행을 취급하던 재래식 방식은 인력에 의한 취급 또는 신호기와 연쇄되는 지상신호방식에 의해 운용되었다. 현재에는 대부분 낮은 투자 비용을 적용하여 단선구간에서 운영되고 있다.

2 통표폐색방식

통표폐색방식은 많은 사고의 교훈으로부터 영국에서 철도 성장기라 할 수 있는 1870년경에 개발된 이후 세계적으로 보급되어 여러 나라에서 사용되었다.

이 방식은 단선구간에서 사용되는 상용폐색방식으로 단선 폐색구간의 양쪽 역에 서로 전기적으로 쇄정된 통표폐색기를 설치하고 양쪽 역이 합의하여 폐색수속을 완료하면 어느 한쪽 역의 통표폐색기에서 1개의 통표가 빠져 나오도록 하여 기관사가 통표를 휴대하고 운행한다. 통표폐색장치는 출발신호기와 연쇄가 불가능하다.

통표는 폐색식 운전구간에서 사용하는 운전허가증으로서 통표의 모양은 원형, 사각형, 십자형, 삼각형, 마름모형 등으로 폐색구간에 따라 모양을 달리하여 사용한다.

통표폐색식으로 운행하는 노선은 타 노선과 연계가 불가능한 지선의 말단구간으로서 며칠에 한 두번 운행하는 화물노선에 운행하여 왔다.

▓ 폐색 수속방법

통표폐색식은 양쪽 역의 합의에 의해서 폐색절차를 완료하면 어느 한쪽 출발역의 통표폐색기에서 1개의 통표가 빠져나올 수 있다. 기관사는 일종의 운전허가증과 같은 이 통표를 휴대하고 다음 역까지 운행한다. 기관사는 휴대한 통표를 도착역에 건네주고 양 역의 공동 조작으로 도착역의 통표폐색기에 넣어 원래의 상태로 돌린다.

통표폐색식은 기계연동장치 구간에서만 사용하며 1개 구간의 역 간에는 1개의 통표만 인출된다. 인출된 통표는 양쪽 역 중에서 어느 역의 통표폐색기에 다시 삽입되지 않으면 다음 폐색수속을 할 수 없는 구조이다.

(A) 통표폐색기

(B) 통표걸이

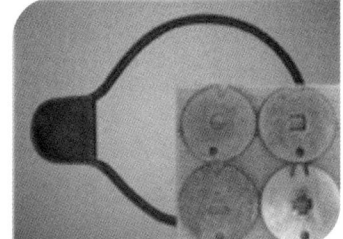
(C) 통 표

(그림 7-1). 통표폐색식 취급장치

착오방지를 위해 역 간 통표폐색기에는 고유의 홈이 있기 때문에 다른 구간의 통표를 넣을 수 없다. 통표폐색장치는 신호기와 연쇄가 없어 역장의 취급으로 보충된다.

3 연동폐색방식

연동폐색방식(Controlled Manual System)은 폐색구간 양쪽 정거장의 출발신호기를 서로 연동시켜 취급하는 방식으로서 복선과 단선 구간에서 모두 사용된다.
복선구간의 쌍신폐색기와 단선구간의 통표폐색기의 단점을 보완한 것으로써, 폐색구간의 양단에 설치된 폐색버튼을 신호기와 연동시켜 신호현시와 폐색취급의 2중 취급을 단일화 하였다. 출발신호기와 폐색신호기를 연동시켜 안전을 확보함으로써 한 가지라도 조건이 충족되지 않으면 열차를 출발시킬 수 없다.

열차 운행방법

각 정거장에 연동폐색장치를 설치하고 폐색구간의 양 역에서 폐색취급버튼을 취급한다. 연동폐색장치와 출발신호기를 양쪽 역장이 합동으로 취급하여 출발신호기에 진행신호를 현시하면 열차를 운행시킨다.
연동폐색방식은 출발역의 출발선 부근에 궤도회로를 설치하여, 출발신호기와 장내신호기를 연동폐색기와 함께 제어한다. 궤도회로는 열차의 출발과 도착을 실시간으로 확보하기 위하여 각 정거장마다 2개소가 설치된다. 정거장과 간 사이 중간에는 궤도회로가 생략되므로 1 개 폐색구간으로 운행된다.

(A) 기계식 선로전환기   (B) 완목신호기 조작레버   (C) 완목신호기

(그림 7-2). 연동폐색식 기계신호장치

7장 일반철도 신호시스템

연동폐색장치 일반사항

연동폐색장치의 폐색수속

연동폐색장치는 폐색구간의 양 끝 정거장에 상호 상대하는 연동폐색기 및 전화기를 설치한다. 이 경우 정당한 방법에 의한 폐색취소가 아닌 이상, 반드시 열차가 폐색정거장 간 출발, 도착했음을 확인한 후 개통 수속이 이루어져야 한다.

- **출발폐색** : A정거장 출발폐색버튼 취급 시 B정거장 장내폐색버튼 취급
- **개통수속** : A정거장 출발폐색버튼 취급 시 B정거장 개통폐색버튼 취급

연동폐색장치 취급사항

복선구간 연동폐색장치

폐색구간 양 끝에(각역 조작판) 폐색취급버튼을 설치하고 이를 신호기와 연동시켜 신호현시와 폐색취급의 2중 취급을 단일화한 방식이다.
폐색장치는 연동장치 조작판에 설치하여 출발압구(폐색승인요구), 장내버튼(폐색승인허락), 개통버튼, 취소버튼이 있고 출발폐색등, 장내폐색등, 진행 중의 표시등이 있다. 출발역에서 폐색승인을 요구하면 도착역의 전원에 의해 승인이 허락된다.

단선구간 연동폐색장치

❖ 단선구간 연동폐색장치의 폐색제어 취급절차는 다음의 예와 같다.

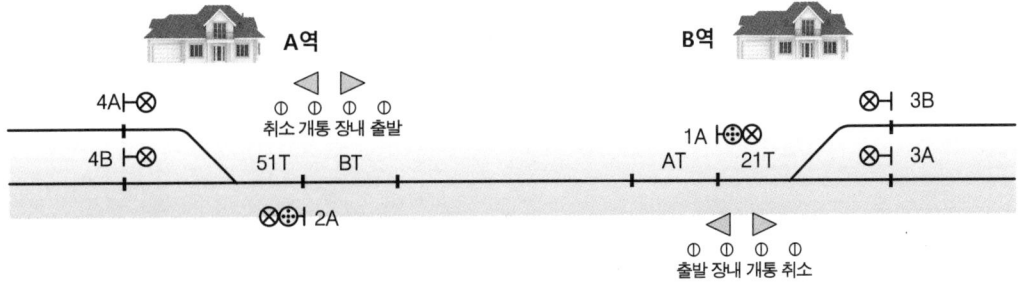

(그림 7-3). 단선구간 연동폐색 취급

[표 7-1). 단선구간 연동폐색 취급 예]

운전상태	A 역	역 간	B 역
정상 운행 시	① 폐색승인요구버튼 누름⇨출발 폐색등 황색 점등 ④ 출발폐색등 황색점등 ⑤ 출발신호기 진행현시 ⑥ 열차출발⇨51T점유⇨ 출발신호 정지 ⑦ 51T, BT 동시점유⇨ 출발폐색등 적색점등 ⑪ 폐색승인요구버튼 누름 ⑫ 출발폐색등 소등	열차운행	② 장내폐색등 황색점등 ③ 폐색승인버튼 누름 ⇨ 장내폐색등 황색점등 ⑧ AT, 21T 동시점유 ⇨ 장내폐색등 적색점등 ⑨ 열차도착 ⑩ 개통취급버튼 누름 ⑬ 장내폐색등 소등
열차운행 취소시	① 출발신호기 정지현시 ④ 폐색승인요구버튼 누름 ⑤ 출발폐색등 소등		② 장내신호기 정지현시 ③ 폐색취소버튼 누름 ⑥ 장내폐색등 소등
열차운행 중 퇴행 시	② 열차퇴행(BT, 51T) ③ 열차퇴행확인계전기 동작 ⑤ 폐색승인요구버튼 누름 ⑥ 출발폐색등 소등		① 장내신호기 정지현시 ④ 폐색취소버튼 누름 ⑦ 장내폐색등 소등

주) 전원 송전으로 폐색계전기를 작동시켜 폐색을 이루는 방식에서는 황색등 점멸은 제외하고 양 역 취급시 동시에 버튼을 취급하여야 한다.

4 자동폐색방식

자동폐색방식(ABS : Auto Block System)은 폐색구간을 구성하기 위해 노선에 궤도회로 장치를 연속적으로 설치하고 열차가 통과함에 따라 후미 폐색구간의 신호현시를 자동으로 제어하는 폐색방식이다. 이 방식은 역구내 연동장치와 연동되어 폐색제어를 하므로 안전측 동작을 수행한다.

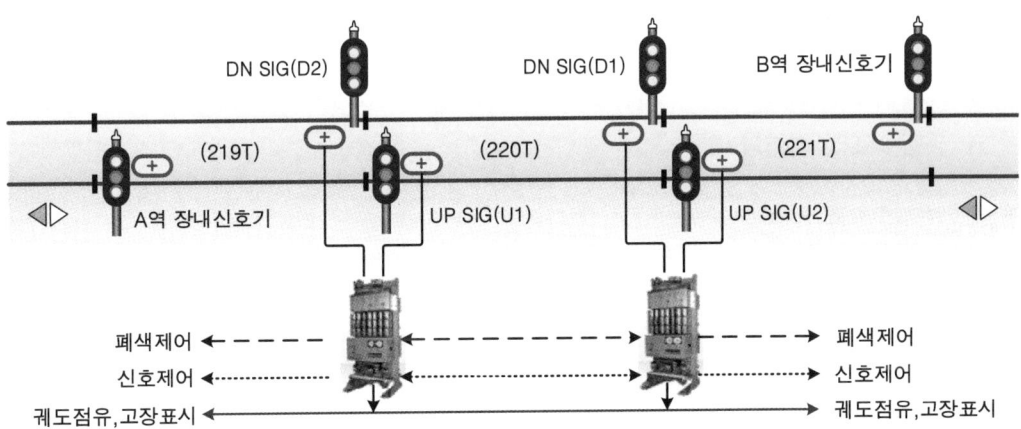

(그림 7-4). 자동폐색제어 시스템 구성도

자동폐색식 신호제어

자동폐색식은 정거장과 정거장 사이에 궤도회로에 의해 여러 폐색구간으로 분할하고 각 구간마다 신호기를 설치한다.
폐색구간에 설치된 궤도회로에 의하여 열차를 검지하고 폐색신호기가 자동으로 정지, 주의, 진행 등의 신호를 현시한다.
복선에서는 열차 방향이 일정하므로 대향 열차는 생각할 필요가 없고 후속열차에 대해서만 신호를 제어한다.
단선에서는 대향 열차와의 안전을 위해서 방향쇄정회로를 설치한다. 방향쇄정회로를 취급하지 않으면 폐색신호기는 정지신호를 현시한다. 방향쇄정회로를 취급하면 취급 진로방향의 폐색신호기는 진행신호를 현시하고 반대 방향의 신호기는 정지신호를 현시한다.

(그림7-5). 폐색유니트

자동폐색식 제어

① 역방향 설비가 없는 복선구간의 자동폐색식은 열차운행 방향이 일정하므로 반대선 열차에 대해서는 고려할 필요가 없으며 후속열차에 대해서만 신호를 제어한다.
② 역방향 설비가 있는 복선구간과 단선구간의 자동폐색식은 반대방향 열차와의 안전을 유지하기 위하여 방향쇄정회로를 설치한다.
③ 단선구간에서는 출발신호를 취급하지 않으면 모든 폐색신호기는 정지신호를 현시하고, 출발신호를 취급하면 취급방향의 폐색신호기는 현시계열에 의해 신호기를 현시하고 반대방향의 신호기는 정지신호를 현시한다.
④ 복선구간에서는 출발신호를 취급하지 않아도 폐색신호기는 현시계열에 의해 신호기가 자동으로 현시한다.

단선구간의 기능

① 출발신호를 취급한 경우에만 그 방향의 관계 신호기와 폐색신호기에 진행을 지시하는 신호를 현시한다.
② 한 방향의 신호기에 진행을 지시하는 신호를 현시하였을 때는 그 구간에 있는 반대방향의 출발신호기와 폐색신호기에는 정지신호를 현시한다.
③ 출발신호기가 현시된 역의 출발신호기를 취소해야만 한 방향 표시등이 해정된다.

복선구간의 역방향 기능

① 역방향 신호설비는 역간을 1폐색 구간으로 하여 ATP(차상신호) 시스템으로 한다.

단선구간 폐색취급

열차운행을 위한 출발신호 현시는 양 역간에서 출발신호기를 먼저 취급한 역이 출발신호가 현시되도록 하되 방향쇄정을 하여 상대역의 출발신호는 현시되지 않도록 한다.
① 폐색신호기의 신호현시는 정지 정위식으로 한다.
② 출발신호를 취급하면 폐색기구함을 거쳐 상대방 역에 신호를 보내어 대향이 되는 출발신호기를 정지신호 현시로 쇄정한다.
③ 열차의 진행에 따라 폐색신호기 정지현시와 동시에 후방 폐색신호 제어가 해정되며 상대역 장내신호기 안·바깥쪽 궤도회로를 동시에 점유한 후 바깥쪽 궤도회로가 여자될 때 폐색신호기 제어는 완전 해정된다.

7장 일반철도 신호시스템

④ 출발신호기를 현시한 후 취소하고자 할 때는 상대역과 협의하여 본 역의 출발신호기를 취소하고 상대역의 취소버튼을 취급하여야 한다.

⑤ 선행열차가 출발 후 후속열차를 출발시키고자 할 때는 출발신호를 취급해야 하며, 이 경우 열차의 진행에 따라 폐색신호기는 현시체계에 맞도록 정지, 주의, 진행 등으로 현시하고 최종 열차가 통과한 후는 정지신호를 현시한다.

단선 자동폐색장치 취급

❖ 단선구간 자동폐색장치의 폐색제어 취급절차는 다음의 예와 같다.

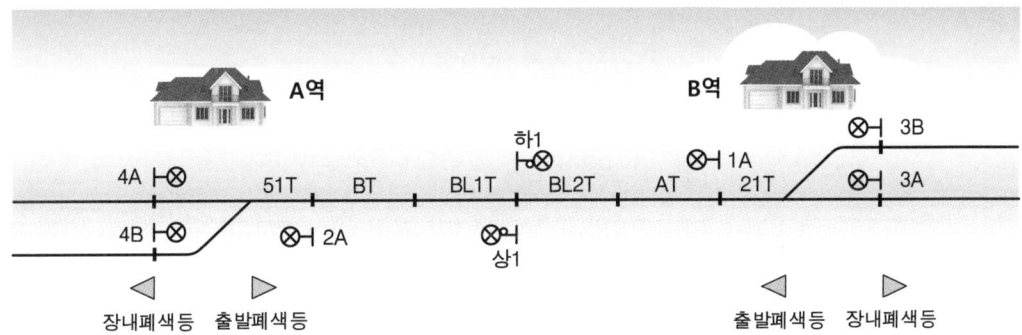

(그림 7-6). 단선 자동폐색 구성도

(표 7-2). 단선 자동폐색장치 취급

운전상태	A 역	역 간	B 역
정상 운행시	① 출발신호기 취급 ③ 출발폐색등 황색점등 ④ 열차출발⇨51T점유⇨ 출발신호 정지 ⑤ 51T, BT 동시점유⇨ 출발폐색등 적색점등 ⑥ BL1T점유, 51T, BT여자 ⑨ 출발폐색등 소등	⑦ BL2T점유, BL1T여자 ⑧ 하1폐색 정지신호	② 장내폐색등 황색점등 ⑩ AT, 21T 점유 ⑪ 장내폐색등 적색점등 ⑫ AT여자⇨장내폐색등 소등
열차운행 취소시	① 출발신호기 정지현시 ⑤ 출발폐색등 소등		② 장내신호기 정지현시 ③ 폐색 취소버튼 누름 ④ 장내폐색등 소등

주) 신호원격제어장치 구간의 제어역과 피제어역 간 자동폐색식은 단선 자동폐색식에 준한다.

복선구간 폐색취급

① 폐색신호기의 신호현시는 진행 정위식으로 한다.
② 출발신호기 및 장내신호기의 주본선에는 진행신호 현시의 자동제어설정설비(TTB)를 설치한다.
③ 자동폐색 신호현시 제어는 열차에 의해서만 제어된다.

복선 자동폐색장치 취급

❖ 복선구간 자동폐색장치의 폐색제어 취급절차는 다음의 예와 같다.

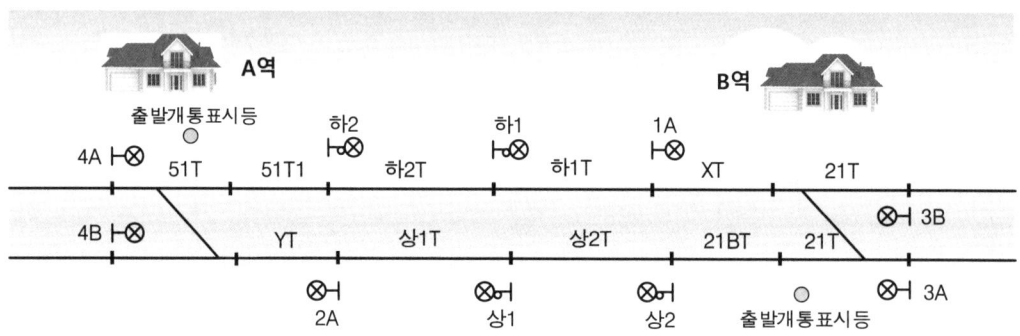

(그림 7-7). 복선 자동폐색 구성도

(표 7-3). 복선 자동폐색장치 취급

A 역	역 간	B 역
① 출발신호기 취급 ③ 출발계통표시등 황색 점등 ④ 열차출발⇨51T점유⇨출발신호 정지 ⑤ 51T, 51T1 동시 점유 ⑥ 하2T 점유 ⑧ 51T1 여자 ⑨ 출발개통표시등 소등	② 전방 폐색구간 확인 ⑦ 하2폐색 정지현시 ⑩ 하1T 점유 ⑪ 하1폐색 정지신호	⑫ 열차 구내 진입

7장 일반철도 신호시스템

▌ 일반철도 구간의 역방향 폐색장치

① 역방향 신호설비는 ATP가 설치되는 구간에 한하여 설치하며, 이때 역방향용 폐색신호기와 ATS는 설치하지 않는다.
② 정방향의 폐색신호는 역방향 설비가 없는 복선구간과 동일하나 출발신호기 또는 역방향 폐색을 취급하면 자동으로 방향쇄정이 된다.
③ 역방향으로 폐색을 취급하면 방향쇄정에 의하여 정방향의 폐색신호기는 정지로 현시하여야 하며 폐색취급 취소 시에는 현시계열에 따라 현시된다.
④ 방향쇄정 시에는 역간 및 상대역 장내신호기 내방 첫 번째 궤도가 여자되었을 경우에 한하여 방향쇄정이 완료된다.
⑤ 역방향으로 열차가 폐색구간을 운행 시 정방향의 신호기 내방을 지나가면 정방향의 신호기는 신호현시 계열에 따라 자동 현시된다.
⑥ 역방향으로 운행하는 열차는 ATP모드로 운행하여야 한다.
⑦ 역방향 신호설비를 하는 경우 폐색주파수 송수신 케이블은 상하선을 분리하여 상호 간섭이 없도록 한다.

☎ 왜, 일반철도는 "지상신호방식"인가?

일반철도는 역간 거리가 길고 폐색구간도 도시철도의 2~3배 정도로 길므로 기관사가 특정 지점마다 신호기를 보며 제한속도 이하로 수동운전하는 것이 용이하다. 이로써 경제적 비용으로 차상장치를 설치할 수 있고 여러 차종이 공용 운행하는 데 적합하다.

ATS(열차자동정지장치)

기본 설명

ATS는 일반철도 구간에서 적은 투자 비용으로 유용하게 사용할 수 있는 시스템이다. ATS는 기관사가 속도신호를 초과하여 열차를 운행할 경우 일정 시간 경보 후 감속하지 않으면 비상제동을 체결하는 것으로서 안전운행 중심의 기관사 백업시스템이다.

1 머리 기술

ATS(Automatic Train Stop)장치는 지상의 신호기에서 지시속도신호를 현시하는 지상신호방식이며 단계적인 속도신호를 현시하는 Speed step 속도제어방식으로서 과속운행 시 비상제동을 체결하는 안전운행 중심의 시스템이다.

ATS는 정지신호를 무시하고 진행하는 경우 경보를 울리는 차내 경보장치가 일본에서 처음 개발되어 1954년 12월에 일부 노선에 적용을 시작하였다. 이후 일본에서는 수차례 철도사고의 교훈으로 많은 개선을 하여 오늘날까지 사용되고 있다.

1956년 5월 경부선에 점제어식 ATS장치를 처음 설치하기 시작하여 1974년 8월 수도권 전철구간에서 속도조사식 4현시 ATS장치가 설치되었다.

ATS 지상신호방식은 일반철도 구간에 적용되는 주력 시스템으로서 과거로부터 사용하던 재래식 신호제어방식이지만, 역간 운행거리가 길고 단일 선로에 열차길이와 제동특성이 다른 여러 차종의 열차를 복합적으로 제어하는 데 효과적이다.

7장 일반철도 신호시스템

2 ATS의 역할

ATS는 각 폐색구간마다 신호기를 설치하고 단계적인 제한속도신호를 신호기에 현시하면 신호기의 현시정보에 따라 제한속도 이하로 기관사가 가감속 취급하는 방식이다.

신호기를 통해 제한속도를 제시하면 기관사는 그 이하의 속도로 운행하도록 취급하고, 제한속도를 초과하면 경보를 통해 정해진 일정 시간 내에 감속하지 않으면 비상제동이 작동하여 안전을 확보하는 과속방지시스템이다.

ATS장치는 동력차 하부에 설치된 차상자(안테나)가 궤도 내에 설치되어 있는 지상자 위를 통과할 때 폐색구간에 진입할 지시속도를 주파수 공진작용에 의하여 차상에서 감응하고 현재의 허용속도와 운행속도를 비교하여 과속여부를 판단한다.

기관사는 신호기 신호현시에 따른 운행속도 준수하고 과속시 감속취급을 하여야 하므로, 기관사의 주위 상황에 대한 정확한 판단과 적합한 행동이 선행되어야 한다.

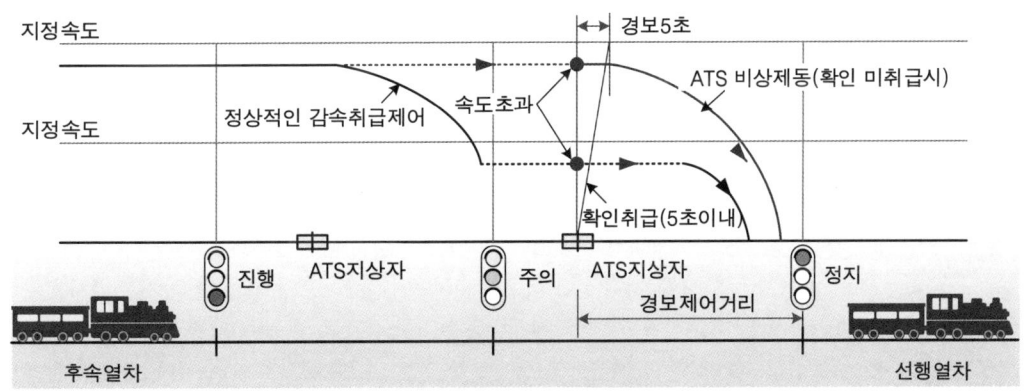

(그림 7-8). ATS장치의 동작개념, 3현시

ATS는 지상신호방식에 의해 기관사가 신호기에 현시된 지시속도 이상으로 정해진 일정 시간 동안 지속 운행할 경우 비상제동을 체결하는 과속방지 백업시스템으로서 일반철도 구간에서 널리 사용되며, 도시철도에서는 사용하지 않는다.

차상자가 지상자를 위를 지날 때 주파수 변주가 일어나며, 차상자가 수신한 신호는 수신기를 거쳐 운전논리부로 전달되는데, 논리부에서는 주행거리계로부터 수신된 현재 열차속도와 지상자로부터 수신한 제한속도신호를 비교한다.

현재 운행속도가 지상자로부터 감응한 제한속도를 초과하면 열차에서 경보를 울리고 확인취급을 하지 않으면 비상제동이 체결된다.

(그림7-9). 지상자와 차상자 도킹

(표 7-4). ATS의 선로별 신호기 현시방식

선로 구분		신호기 현시방식
단 선		▪ 3현시용, 5현시용
복선	단방향	▪ 3현시용, 4현시용, 5현시용
	양방향	▪ 5현시용

(표 7-5). 점제어식과 속도조사식

제어방식	열차제어 및 적용구간
점제어식 3현시	▪ 진행, 주의, 정지 3현시가 현시되며, 진행과 주의신호에서는 제한속도를 초과하여도 비상제동 제어를 하지 않으나 정지신호를 무시하고 운행을 계속하는 열차를 비상정지를 체결하기 위한 열차제어방식이다. ▪ 적용구간 : 중앙선
속도조사식 4현시 5현시	▪ 열차는 지상자 위를 통과 시 속도단계 패턴에 따른 현재의 속도신호를 조사하고 제한속도를 초과하여 운행을 계속할 경우 제한속도 이하로 감속하지 않으면 비상정지를 체결하기 위한 열차제어방식이다. ▪ 적용구간 4현시 : 경인선, 경부2선, 안산선, 경원선 등 전동차 운행구간 　　　　　5현시 : 경부선, 등 고속열차와 일반열차가 병행운전하는 구간

ATS의 비상제동제어

점제어식

점제어방식인 3현시는 진행(G)을 제외한 주의(Y) 신호에 대해서 제한속도를 초과하면 경보만 제공하고 비상제동을 체결하지 않으나, 정지(R) 신호시에 지상자를 초과하여 운행을 계속하면 경보가 울린다.
이때 정해진 시간 내에 확인취급을 하지 않으면 비상제동이 체결된다. 비상제동은 정지신호를 넘지 않는 신호기 외방에 정차하도록 한다.

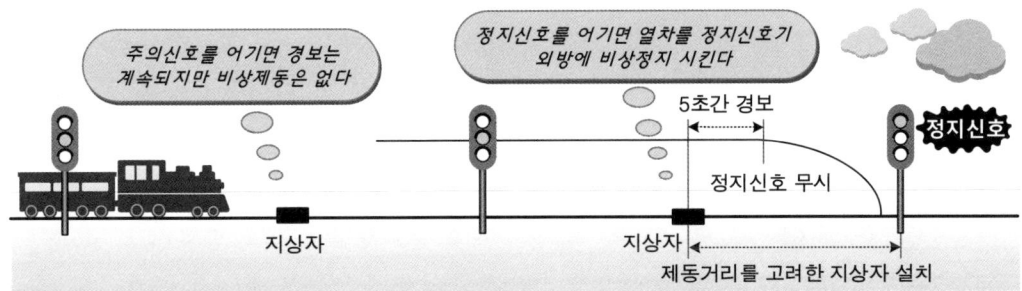

(그림 7-10). 점제어식의 지상자와 제동제어

(표 7-6). ATS 3현시 설치구간

철도노선	적용구간	철도노선	적용구간
경부선	제2본선, 제3본선	태백선	제천~백산
경인선	구로~인천	경원선	용산~신탄리
중앙선	청량리~용문	경전선	마산~광양,
중앙선	서원주~제천	경전선	순천~광주송정
충북선	조치원~봉양	중앙선	청량리~용문
경북선	김천~영주	장항선	천안~익산
대구선	동대구~영천	영동선	영주~강릉
안산선	금정~안산	수색선	수색~가좌
경의1선	문선~도라산	정선선	민둥산~구절

(표 7-7). ATS 4현시 설치구간

철도노선	적용구간	철도노선	적용구간
경부선	제2본선(서울~천안)	중앙선	청량리~용문
경부선	제3본선(용산~구로)	장항선	천안~신창
경인선	구로~인천	수인선	오이도~송도
경의1선	능곡~문선	안산선	금정~오이도
경의2선	DMC~능곡	경원선	용산~소요산

속도조사식

속도조사식인 4현시와 5현시는 각 속도단계에 대한 지시속도신호를 지상자로부터 주파수 공진작용으로 해당 제한속도를 인지하여 과속을 감시하고, 진행(G) 신호를 제외한 그 이하의 속도신호에 대해서 과속시 감속하지 않으면 비상제동을 체결한다.
비상제동은 폐색경계를 넘어 정지하며 정지신호 그 내방에 정차한다.

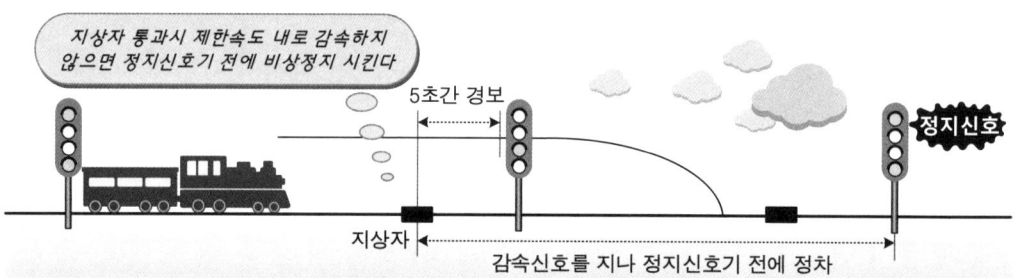

(그림 7-11). 속도조사식의 지상자와 제동제어

(표 7-8). ATS 5현시 설치구간

철도노선	적용구간	철도노선	적용구간
경부선	제1본선(서울~부산)	경전선	삼량진~마산
경부선	제3,4본선(서울~용산)	경전선	광양~순천
경의1선	서울~능곡	중앙선	용문~서원주
호남선	대전조차장~목포	경춘선	망우~춘천
전라선	익산~여수엑스포	마전선	마전~낙동강

3 신호현시 체계

ATS는 폐색구간에서 지켜야 할 적절한 속도신호를 현시하고 기관사가 제한속도를 초과하여 과속을 계속할 경우 자동으로 비상제동을 체결하여 사고를 방지한다.

지상신호방식으로 사용되고 있는 ATS장치는 3현시, 4현시, 5현시의 각각 신호체계에 대해서 제한속도를 부여하며 제한속도를 초과할 경우 열차가 지상자 위를 통과 시 이를 감지하여 경보를 발한다. 경보 후 5초 내에 기관사가 감속 취급을 하지 않으면 열차 스스로가 비상제동을 체결한다.

(표 7-9). 신호현시 별 열차제어속도

3현시 신호현시		4현시 신호현시		5현시 신호현시(동력차)	
신호현시	속도[km/h]	신호현시	속도[km/h]	신호현시	속도[km/h]
진행(G)	Free	진행(G)	Free	진행(G)	Free
주의(Y)	45 이하	감속(YG)	65 이하	감속(YG)	105 이하
정지(R)	정지	주의(Y)	45 이하	주의(Y)	65 이하
-	-	정지(R1)	일단정지 후 15 이하	경계(YY)	25 이하
-	-	절대정지(R0)	정지	절대정지(R)	정지

▓ 3현시 신호방식

3현시 신호방식은 점제어방식으로서 주로 단선구간에서 운용되고 있다. 이 방식은 정지신호 시에만 열차를 통제하는 것으로써 정지신호를 무시하고 계속 진행하는 열차를 비상정지 시켜 질주를 방지한다.

진행신호를 제외한 주의신호 현시에서 열차가 허용속도를 초과하면 이를 감지하여 경보만 울리고 비상제동은 하지 않으나, 정지신호를 무시하고 운행을 계속하면 ATS장치에 의해서 5초간 경보를 하며 이때 기관사가 제동취급을 하지 않으면 자동으로 비상제동이 체결된다.

일단 비상제동이 작동하면 복귀조작을 한 다음 제동밸브에 의하여 점차 정상상태로 복귀한다.

(그림 7-12). 3현시 신호기

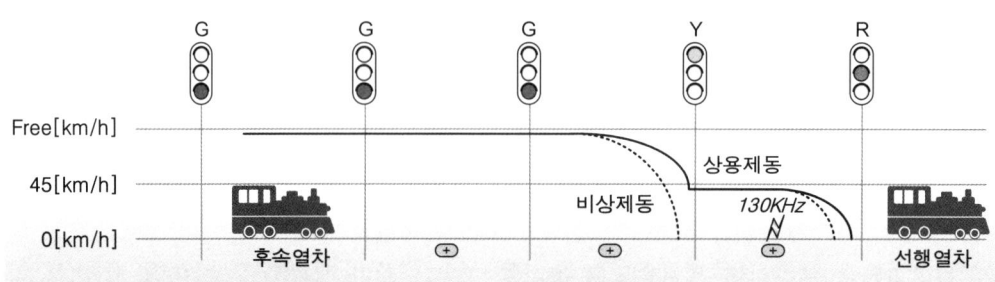

(그림 7-13). 3현시방식 열차운행속도 패턴

4현시 신호방식

4현시 신호방식은 주로 수도권 전동차 운행구간에서 사용되는 다등형 신호방식이다.
4현시 신호방식은 3현시 신호방식과 같은 신호기 1기에 3색 3등으로 구성되며 일단 정지 후 15km/h 이하로 진입을 허가하는 허용신호기의 R1 현시가 있다.
속도조사식인 4현시와 5현시 신호방식은 각 폐색구간에 지정된 신호현시에 대해서 속도조사 기능을 추가하여 각 신호에 대한 허용속도를 단속한다.
정상적인 운전조건에서 해당 구간의 최고속도인 진행속도(G)를 현시하며 전방 궤도조건에 따라 감속신호(YG), 주의신호(Y), 정지신호(R1: 일단정지 후 15km/h 이하 속도 운행), 절대정지신호(R0) 순으로 감속신호를 제어한다.
4현시 방식은 G신호에 대해서는 과속제어를 하지 않으며 그 이하의 속도 R0, R1, Y, YG 현시에서만 과속을 제어한다. 허용신호기가 아닌 장내신호기 또는 출발신호기는 R1 신호를 허용하지 않고 R1, R0 모두 절대정지신호(R)가 되도록 한다.

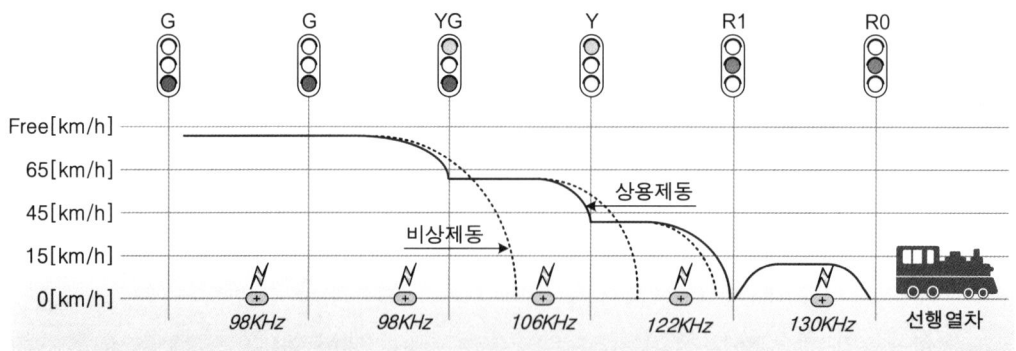

(그림 7-14). 4현시방식 열차운행속도 패턴

7장 일반철도 신호시스템

5현시 신호방식

5현시 지상신호방식은 범용적인 신호방식으로 주로 사용하고 있다. 5현시 신호방식은 3현시와 4현시 신호방식에 비하여 운행의 효율성을 높일 수 있으며, 지상신호방식에서 고속화와 고밀도 운행을 필요로 하는 복선구간에서 주로 사용하고 있다.

그 이유는 단계적인 각 신호패턴에 따라 사전에 감속운행을 하므로 제동거리가 짧아 3현시와 4현시에 비해서 밀도 있는 운전이 가능하다.

5현시 방식은 5개의 운행속도 조건을 제시하는 것으로써 진행신호를 제외한 이하의 신호현시에만 열차의 속도에 대해서 과속을 감시하고 통제한다.

(그림 7-15). 5현시 신호기

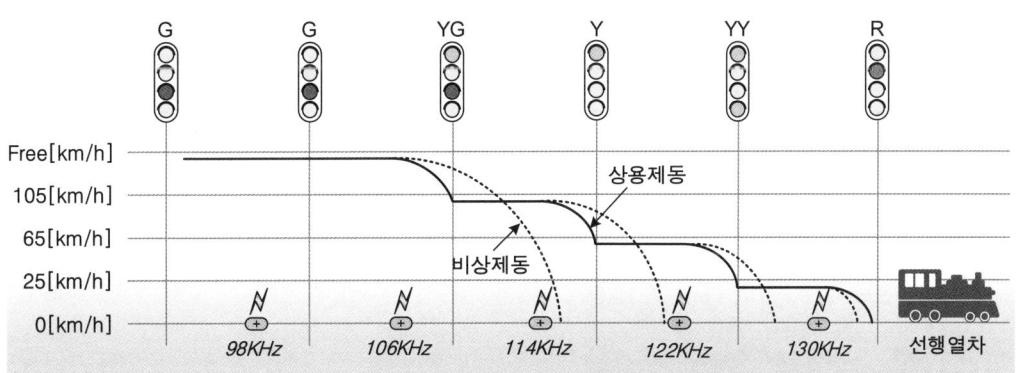

(그림 7-16). 5현시방식 열차운행속도 패턴

4 점제어식 ATS(ATS-S1형)

점제어식 3현시 방식으로서 진행신호나 주의신호에 대해서는 차상장치는 초과속도에 대한 제동제어를 하지 않으나 신호기와 지상자 간의 거리를 열차의 제동성능에 맞게 설치되어 있어 기관사가 전방 정지신호에 대하여 확인조치 하지 않고 진행할 경우 비상제동이 체결되어 정지신호 앞에서 정지할 수 있도록 한다.

지상장치

지상자

지상자의 내부는 코일과 콘덴서로 구성된 130kHz의 공진주파수를 갖는 LC회로로 구성된다. 지상자의 공진주파수는 CR의 접점을 개방한 상태에서 125~131kHz, 선택도 Q값은 50~190이다. 지상자와 차상자 간의 거리는 130~260mm이다.

지상자제어계전기

정지신호를 현시하면 지상자 제어계전기가 낙하하여 지상자는 130kHz의 공진회로를 구성한다. 진행신호를 현시하면 지상자 제어계전기가의 여자로 지상자 코일이 단락하여 공진특성을 잃게 되므로 차상장치에는 영향을 미치지 않는다.

(그림 7-17). ATS지상자

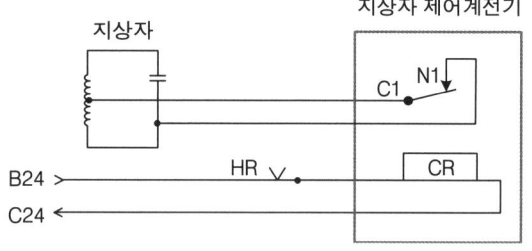
(그림7-18). ATS 지상장치 결선도

차상장치

차상자는 2조의 코일에 의하여 지상자로부터 정보를 수신한다. 결합도의 조정은 조정판을 상하로 이동시켜 할 수 있는데, 조정판이 없으면 자속분포가 많아져 결합도가 커지고 조정판이 사이에 위치하면 자속분포가 변화로 결합도가 변화하는 원리이다.

7장 일반철도 신호시스템

수신기

수신기는 차상자와 결합하여 105kHz의 상시 발진회로를 구성하며 차상자의 임피던스 특성이 변하면 발진주파수가 필터의 작용으로 80~120kHz 대역만을 통과시킨다. 124~132kHz 대역에서는 감쇠가 30dB 이상으로 경보회로와 제동장치회로를 제어한다.

경보기

경보기는 열차의 운전실 내에 설치되어 경보를 수신하였을 경우 수신기의 제어에 의하여 즉시 경보를 울림으로써 기관사에게 감속운행을 알린다.

표시기

운전실 표시기는 평상시에는 백색등이 점등되어 장치가 정상적임을 표시하고, 정보를 수신하면 백색등은 소등하고 적색등이 점등한다.

(그림 7-19). ATS 열차운전실

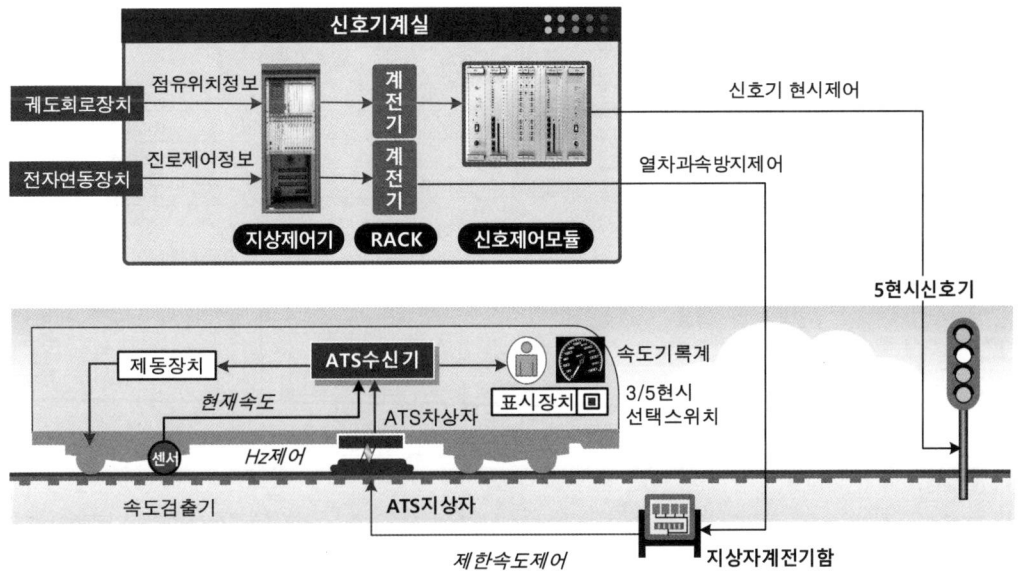

(그림 7-20). 기계실에 궤도회로 집중 설치시 ATS 구성

5 속도조사식 ATS(ATS-S2형)

속도조사식 ATS방식은 지상신호방식에서 4현시와 5현시에 적용된다. 지상자는 4가지(4현시)와 5가지(5현시)의 공진회로를 구성하고 있으며 신호현시에 따라 공진회로가 달라져서 지상자의 공진주파수가 바뀐다.

차상자가 지상자를 위를 지날 때 주파수 변주가 일어나며, 차상자가 수신한 신호는 수신기를 거쳐 운전논리부로 전달되는데, 논리부에서는 주행거리계로부터 수신된 현재 열차속도와 지상자로부터 수신한 제한속도신호를 비교한다.

현재 속도가 수신 받은 제한속도를 초과하면 열차에 경보를 울리고 확인조치가 없으면 비상제동이 체결된다. 비상제동거리는 주행속도에 따라서 달라지며 정지신호 외방에서 정차하도록 한다.

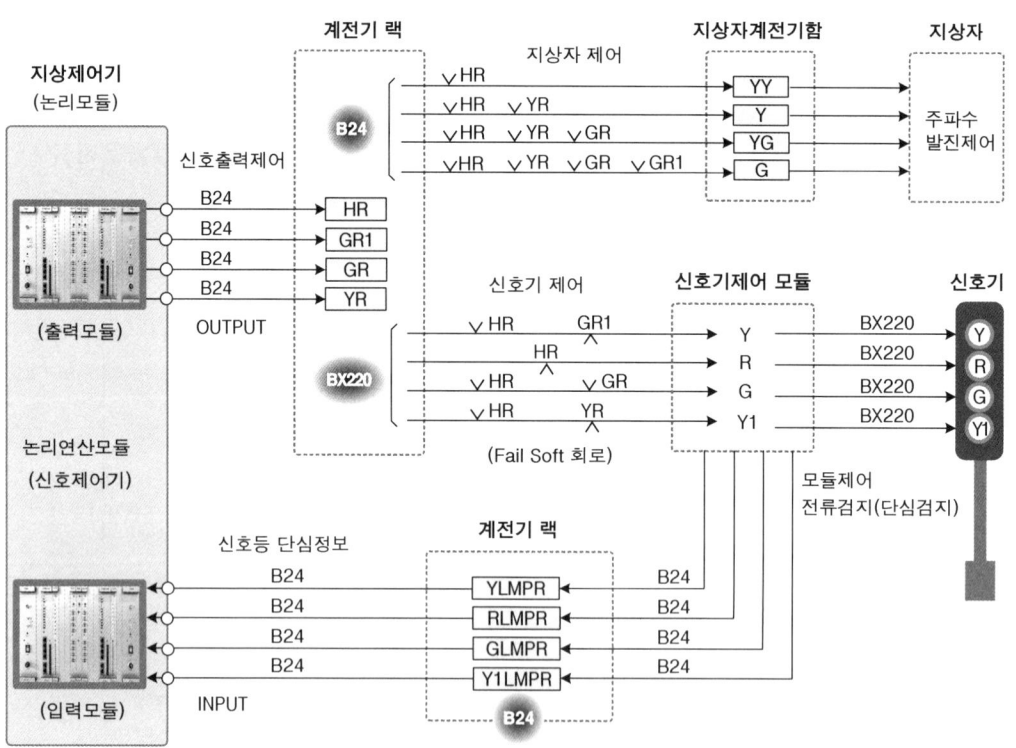

— 신호기계실에 궤도회로 집중 설치시 —

(그림 7-21). 기계실에 궤도회로 집중 설치시 ATS(5현시)

장치의 구성 및 원리

기계실에는 지상제어기 논리모듈, 신호기 제어모듈, 계전기로 구성된다. 현장에는 지상자 제어계전기와 지상자로 구성된다.

신호현시에 따라 동작하는 4개의 지상자 제어계전기는 각각 다른 공진회로를 구성하여 지상자의 주파수 발진을 제어한다. 지상자는 주파수 발진하여 차상자와 결합하여 작용한다.

(그림7-22). 지상제어기 논리모듈

지상자 제어계전기

선로변의 지상자 제어함에 설치되며, 정격전압 DC24V 소형계전기 5개와 콘덴서들로 구성되어 지상자 리드선을 접속하여 제어한다.

신호기가 정지현시(R)일 경우에는 지상자 제어계전기는 모두 낙하하고, 지상자는 130kHz의 공진회로를 구성한다. 진행현시(G)일 경우에는 4개의 계전기가 동작하여 지상자의 공진회로에 콘덴서가 부가되어 98 Hz의 회로가 구성된다.

(그림7-23). 지상자 제어계전기

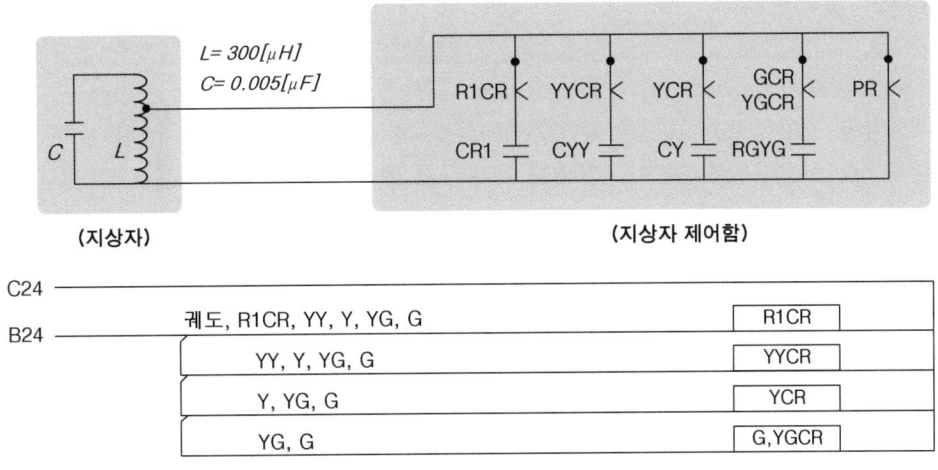

(그림 7-24). ATS 지상자 계전기 제어회로

🟥 지상자

지상자는 선로의 내측에 설치되며 지상자 제어계전기의 동작으로부터 신호현시계열에 따라 전원을 수전하여 주파수를 발진하고 차상자와 주파수 결합으로 공진한다.
지상자의 내부에는 코일과 콘덴서로 이루어져 있으며 130kHz의 공진주파수를 갖는 LC회로를 형성한다.

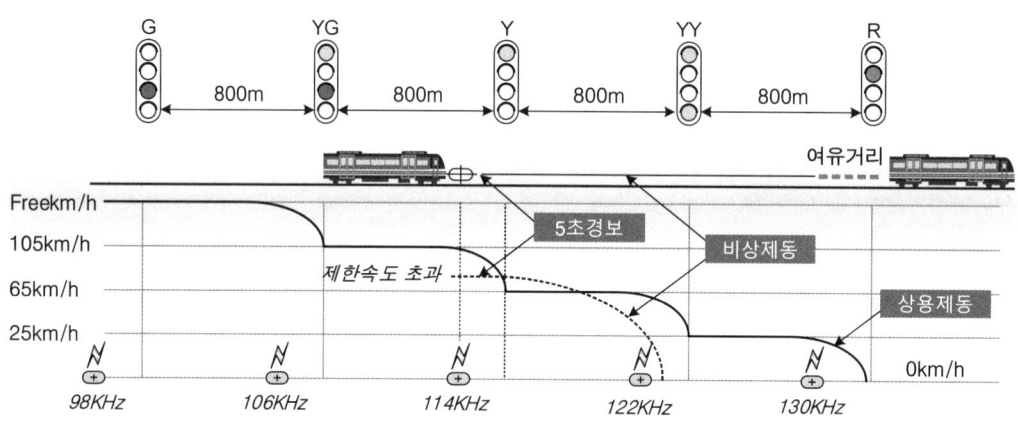

(그림 7-25). ATS 5현시 시스템의 운전곡선

6 ATS 지상자

지상자의 설치방법

열차가 경보시점에서 제동에도 불구하고 정지 신호기를 지나친다면 열차사고를 유발할 수 있다.
3현시용은 정지신호만 단속하므로 경보가 시작하여 해당 폐색신호기의 외방에서 열차가 정차할 수 있도록 지상자와 신호기의 적절한 거리를 산정하여 설치한다. 지상자는 경보개시 지점에 설치하는 것으로써 신호기로부터 설치지점은 l~$1.2l$의 범위로 한다.
따라서 5초 간 경보하는 동안의 주행거리와 그 구간의 최고속도에 따른 비상제동거리(여유거리 포함) 등을 감안하여 적절한 위치에 지상자를 설치한다.

(그림 7-26). 지상자와 신호기

7장 일반철도 신호시스템

신호기와 지상자의 거리 = 5초간 경보시 주행거리 + 제동거리 + 여유거리

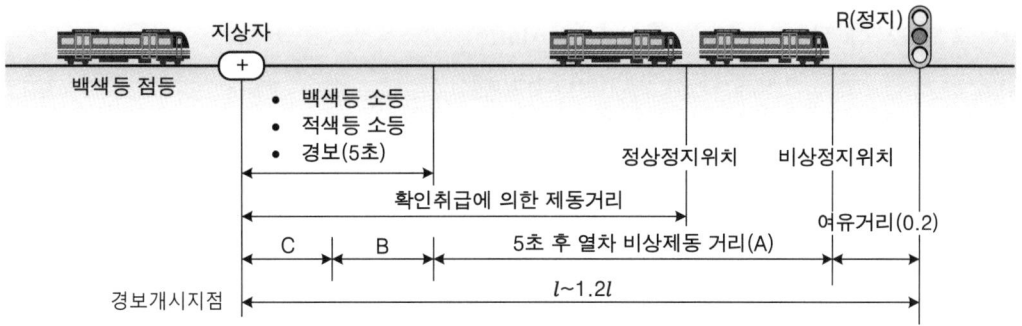

(그림 7-27). ATS-S1형 3현시 경보 개시점 산출

여기서, l : 신호기에서 경보지점까지의 거리[m]
　　　　A : 비상제동거리[m]
　　　　B : 경보가 울리기 시작하여 비상제동이 작용하기까지의 주행거리[m]
　　　　C : 차상자가 지상자 위를 통과하여 경보가 울릴 때까지의 주행거리[m]
　　　　V : 폐색구간의 계획 운전속도의 최대 값[km/h]

지상자 취부위치

점제어식 지상자의 설치거리는 신호기 외방으로부터 열차제동거리와 제동여유거리를 합한 거리의 1.2배 범위로 한다. 속도조사식 지상자는 신호기의 외방 20m를 기준으로 하고 출발신호기를 소정의 위치에 설치할 수 없어 열차정지표지를 설비할 때에는 열차 정지표지의 내방 20m 위치에 설치한다.

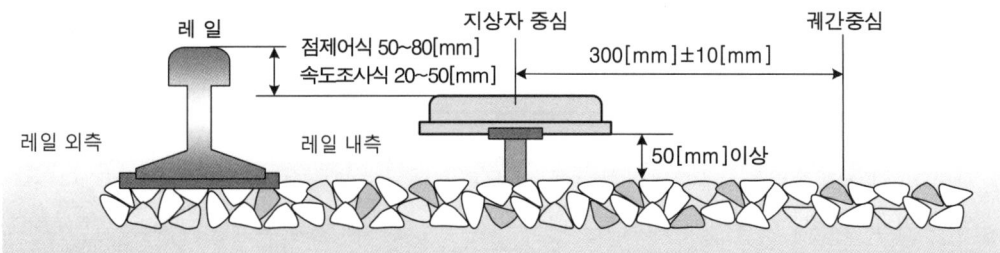

(그림 7-28). 지상자 취부위치

① 궤간 중심간격으로부터 지상자 중심선과의 간격은 열차진행방향으로 다음과 같다.
- 점제어식 : 좌측 300mm ±10mm
- 속도조사식 전동차 : 우측 300mm±10mm
  　　　　　　동력차 : 좌측 300mm±10mm
② 레일 상면으로부터 지상자 상부면까지 높이는 다음과 같다.
- 점제어식 : 50~80mm로 한다.
- 속도조사식 : 20~50mm로 한다.
③ 지상자 밑면과 자갈과의 간격 : 50mm 이상으로 한다.
④ 가이드 레일과의 간격은 400mm 이상으로 한다.
⑤ 지상자와 차상자의 간격은 140~200mm로 한다.
⑥ 차상자는 레일면 상에서 100~300mm로 한다.

지상자 취부방법

① 건널목, 분기기, 레일 이음매 등은 피하여 설치한다.
② 레일 이음매에서 2m 이상 이격하여 설치하며, 레일 이음매부에서 3본 이내의 침목은 피해서 설치한다.
③ 지상자만 설치할 경우에는 리드선이 붙은 상태로 단락되지 않도록 처리한다.
④ 교량의 가드레일 및 안전레일과 탈선방지 가드 부설구간에 설치하는 경우는 지상에 지장이 없도록 한 후 설치한다.
⑤ 탈선방지 레일 구간에서는 소정의 위치에서 10mm의 범위 내로 지상자 표준 설치위치보다 레일 중심에서 이동하여 설치할 수 있다.
⑥ 레일 하부로 지나가는 리드선은 보호관을 설치한다.
⑦ 리드선은 절단 또는 중간 접속을 해서는 안 된다. 그리고 리드선 여분을 지상자 하부에 두어서는 안 된다.
⑧ 지상자 제어계전기가 필요 없는 경우 리드선 끝에 방수형의 단말 방호관으로 보호한다.
⑨ 지상자 제어계전기는 제어계전기함에 수용하여 제어계전기함 취부대에 설치하거나 콘크리트 기둥에 U밴드로 지상면에서 300mm 이상의 높이에 설치한다.

(그림 7-29). 지상자의 취부

ATS 선택도 및 응동특성

ATS 3현시용은 점제어식 신호방식으로서 지상장치는 정지신호에서만 동작하고 차상장치는 단변주 방식에 의하여 동작한다. 4현시와 5현시용은 속도조사식 신호방식으로서 5가지 신호에 따라 동작하는 다변주방식에 의하여 차상장치가 동작한다.

점제어식 공진주파수

점제어식 ATS는 정지신호에 대해서만 작동하므로 지상자는 130kHz 공진회로만을 구성한다. 차상자가 130kHz로 공진하는 지상자 위를 지날 때 130kHz로 발진하므로 차량의 주계전기가 낙하하여 ATS를 동작시킨다.
점제어식은 지상자 제어계전기의 접점을 개방한 상태에서 125~131kHz 범위로 한다.

속도조사식 공진주파수

속도조사식에서 지상자는 130~98kHz 사이의 4~5가지의 공진회로를 구성하고 있다. 신호현시에 따라 공진회로가 달라져 지상자의 공진주파수가 바뀐다.
차상자가 지상자 위를 지나게 되면 주파수가 변주가 일어나는 것은 점제어식과 같다.

(표 7-10). 4현시방식의 공진주파수   허용범위 ±2kHz

신호현시		R0	R1	Y	YG	G
전기동차용	공진주파수[kHz]	130	122	106	98	
	ATS속도제어[km/h]	0	15	45	65	Free

(표 7-11). 5현시방식의 공진주파수   허용범위 ±2kHz

신호현시		R	YY	Y	YG	G
디젤 기관차용	공진주파수[kHz]	130	122	114	106	98
	ATS속도제어[km/h]	0	25	65	105	Free
전기 동차용	공진주파수[kHz]	130	114	106	98	
	ATS속도제어[km/h]	0	25	45	Free	

7 전차선 절연구간 예고장치

절연구간 예고장치는 ATS지상장치에 의해 교류-직류(AC/DC), 교류-교류(AC/AC) 전차선 절연구간 예고신호를 차상에 송신하는 장치이다.

송신기에서 발생한 예고용 신호를 궤도에 설치된 지상자(송신코일)에 의하여 수도권 전동차 ATS차상장치로 전송하고 차상에 탑재된 ATS수신기에 의해 이 신호를 수신하여 절연구간의 위치를 예고한다.

전차선 절연구간 전방에 절연구간 예고장치를 설치하여 기관사에게 주의를 환기시켜 적절한 시기에 전동차 전원장치를 변환함으로써 열차의 안전운행을 도모한다.

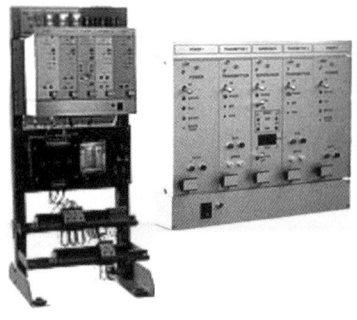

(그림7-30). 절연구간 예고장치

 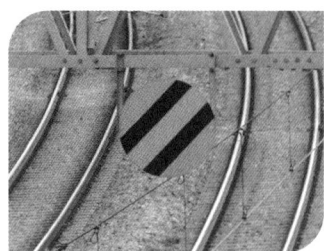 

(A) 타행표지　　(B) 가선절연구간예고표지　　(C) 역행표지 전기기관차용

(그림 7-31). 전차선 절연구간 관련 표지

열차운전취급 및 동작

절연구간 통과시 운전취급

❶ 절연구간 통과 시 운전취급방법

- **AC/DC 절연구간** : 절연구간 접근(타행표시 확인) → 운전간 차단(off) → AC/DC 절환(회생제동 차단) → 절연구간 통과
- **AC/AC 절연구간** : 절연구간 접근(타행표시 확인) → 운전간 차단(off) → 회생제동 차단 → 절연구간 통과

7장 일반철도 신호시스템

❷ 절연구간 통과시 운전간 차단(off)하지 않고 진입할 경우
- 무가압 구간이 감지되면 전동차 주회로(MCB)가 동작한다.
- 제동체결(회생제동) 시에는 발생되는 전류에 의해 아크 발생 및 차량 내 보호회로 작동으로 열차운행에 지장을 초래한다.

▍ 장치의 구성과 동작

전차선 절연구간 예고장치는 아래의 그림과 같이 전차선 절연구간 근접위치(타행표 위치)에 ATS지상자와 송신기를 설치하고 송신기의 이상 유무를 검지하기 위해서 신호취급실 등에 고장표시반을 설치한다.

송신기는 지상설비인 지상자에 68kHz의 주파수를 항상 송신하는 능동(active)방식의 역할을 하고 송신기의 고장 시 무감응을 대비하여 시스템을 2중계화 하고 고장 표시반에서 동작 상태를 확인할 수 있도록 해당 정보를 송신한다.

고장표시반은 상·하선 송신기 1, 2계의 운용, 동작상태 및 고장감시를 하며 각각의 상태에 따라서 해당 LED가 동작하고 고장발생 시에는 음성방송된다.

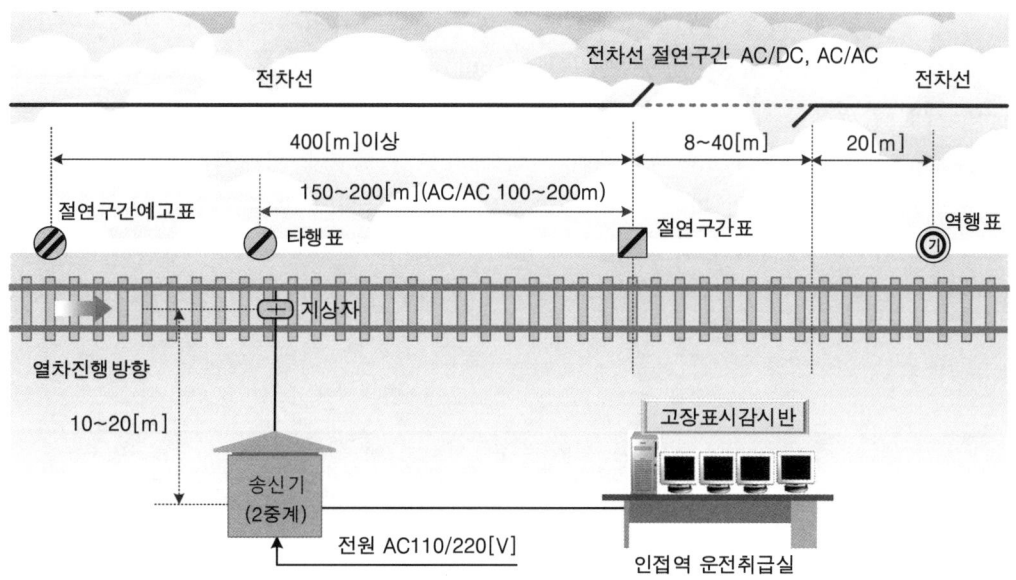

(그림 7-32). 전차선 절연구간 예고장치 구성도

495

차상설비

기존 ATS 수신기에 별도로 68kHz의 필터를 부착하여 절연구간 감응계전기의 동작으로 회생제동을 차단함으로써 열차의 안전운행을 수행한다.

지상설비

기존 ATS 차상설비에 영향을 주지 않기 위해서 LC공진이 아닌 단자 68kHz의 주파수를 송신하는 능동방식으로 송신 코일의 역할을 하며 고장 시에 무감응을 대비하여 2중계로 구성하고 고장표시 감시반을 설치하고 있다.

장치의 동작과정

① 송신기의 주요 동작은 크리스탈 발진기로부터 4.352MHz를 발진시켜 IC로부터 6분주하여 68kHz의 구형파를 만든다.
② 이 구형파를 Low pass filter를 거친 후 증폭하여 LC 공진회로로 정현파를 만든 후 전력 증폭하여 출력한다.
③ 한편 출력 트랜스로부터 얻은 일부의 출력파형을 다이오드와 콘덴서를 이용하여 DC로 정류하고 level detector로 출력상태를 비교하여 그 회로를 계절체 회로로 보내어 계절체 회로를 구동시킨다.
④ 그리고 고장표시 감시반은 송신부의 계절체 계전기 접점에 의해서 출력되는 신호를 포토커플러로 입력받아 level detector에 의해서 검출하여 레벨 하한값 이하로 입력되면 고장표시 계전기가 동작한다.
⑤ 이로써 경보음과 고장 표시램프가 동작하여 절연구간 예고장치의 상태를 알린다.

7장 일반철도 신호시스템

고속철도 절연구간예고장치

절연구분장치는 변전소 앞, 구분소 앞, 선로 곡선반경, 선로 기울기, 급전조건, 차량의 성능 등을 고려하여 열차의 타력운행이 가능한 위치 등 관련 부서 관계자와 협의 후 선정한다. 경부고속선 절연구간과 고속선에 연계된 가선 변경구간에 접근하는 KTX는 ATC 시스템에 의해 제어를 받는다.

절연구간 자동제어 기점은 ACCT 루프케이블(7m)이 되고, 가선변경구간 자동제어 기점은 ALP 루프케이블(7m)이 된다.

○ 전차선 절연구간 거리 = 열차장 + 50m
- KTX-Ⅰ = 390m + 50m = 440m
- KTX-산천 = 200m + 50m = 250m
- KTX-산천(중련: 다중연결) = 400m + 50m = 450m

절연구간예고장치 제어

전차선 절연구간(사구간)을 통과하는 열차는 절연구간예고장치에 의하여 기관사의 취급 없이 자동으로 견인력이 차단되어 타력운행을 하며 사구간을 지나면 견인력이 재개된다.

① ACCT 불연속정보를 수신한 다음 485m를 지나면 견인력이 최소로 감소
② 900m를 지나면 VOB 개방
③ ECCT에서 VOB 개방 확인실행
④ 역행표지 지점을 지나 2초 후 VCB 투입
⑤ VCB 투입 1초 후부터 견인 재개

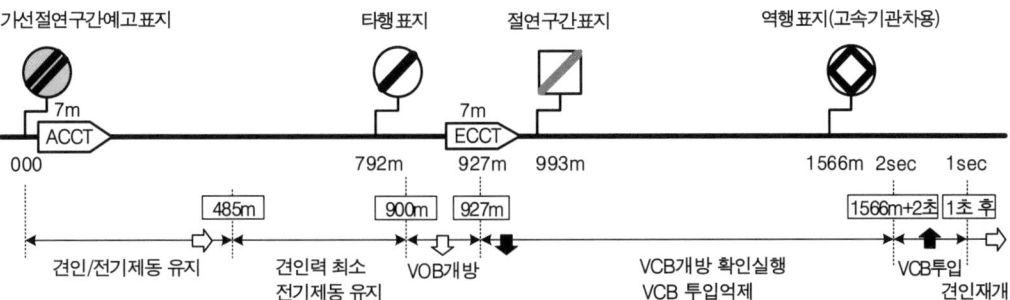

(그림 7-33). 고속철도 절연구간예고장치 구성도

ATP(열차자동방호장치)

기본 설명

ATP는 열차간 충돌과 추돌을 방호하여 안전하게 운행한다는 목적으로 전기신호부터 사용되어 왔으나, 오늘날에는 컴퓨터에 의한 제어로 운행밀도 높이고 있다. 도시철도에서는 ATC의 하부시스템에 포함하며, 일반철도에서는 유럽시스템(ETCS)을 의미한다.

1 일반개념의 ATP

1960년 이후에 AF궤도회로가 실용화되면서 폐색장치는 지상신호 폐색방식(ABS : Automatic Block System)에서 차내신호 폐색방식(ATP)으로 전환이 시작되었다. ATP(Automatic Train Protection)는 당초 자동폐색장치 전체를 포괄적으로 의미하는 용어였으나 현재는 차내신호 폐색장치로 정의된다.

열차운행 시 기관사가 지상신호기의 지시속도 현시정보를 통해서 제한속도 이하로 열차를 취급제어하는 지상신호방식과는 달리 열차운전이 고속화·고밀도화 되면서 기관사가 열차를 운전취급할 수 있는 한계를 넘었기에 컴퓨터가 이를 대신하여 열차 스스로가 방호하며 폐색을 확보하는 장치가 ATP이다.

ATP는 열차의 안전운행을 확보하기 위하여 열차 간의 거리유지, 열차속도 결정, 진로연동 및 속도제한, 비상정지 등을 제어하는 ATC 하부시스템이다.

ATP는 최소 안전제동거리를 확보함으로써 운전시격 단축 및 선로용량을 증대하며 열차의 추돌에 따른 보호를 실행한다.

7장 일반철도 신호시스템

1970년대 초 수도권 전철화 사업에서 도입된 속도조사식 ATS장치는 지상신호기의 보조장치이므로 ATP 기능이 있었다. ATS 5현시방식은 안전운행거리가 5구간으로서 1개의 폐색구간이 800m일 경우 4,000m 이상의 거리를 이격해야 안전운행이 보장된다. 하지만 ATP 차상신호장치는 열차 간의 안전 정지거리가 약 2,000m 정도면 최고속도로 운행이 가능하다.

(그림 8-34). ATP 차내표시기

ATP 용어의 개념

일본의 철도기술로 개발된 ATS가 국내에 도입되면서부터 ATP라는 순수한 의미의 용어가 생겨났으며, 도시철도에서 열차의 밀집도가 높아지면서 열차 간을 방호하며 안전하게 운행한다는 의미에서 ATP라는 용어가 자리 잡았다.

일본에서 ATS의 성능을 개량하여 ATS-P를 만들었으며 ATP의 개발국인 유럽에서는 이러한 ATS와 ATC 등을 가리지 않고 모두 ATP라고 하는 습성이 있다.

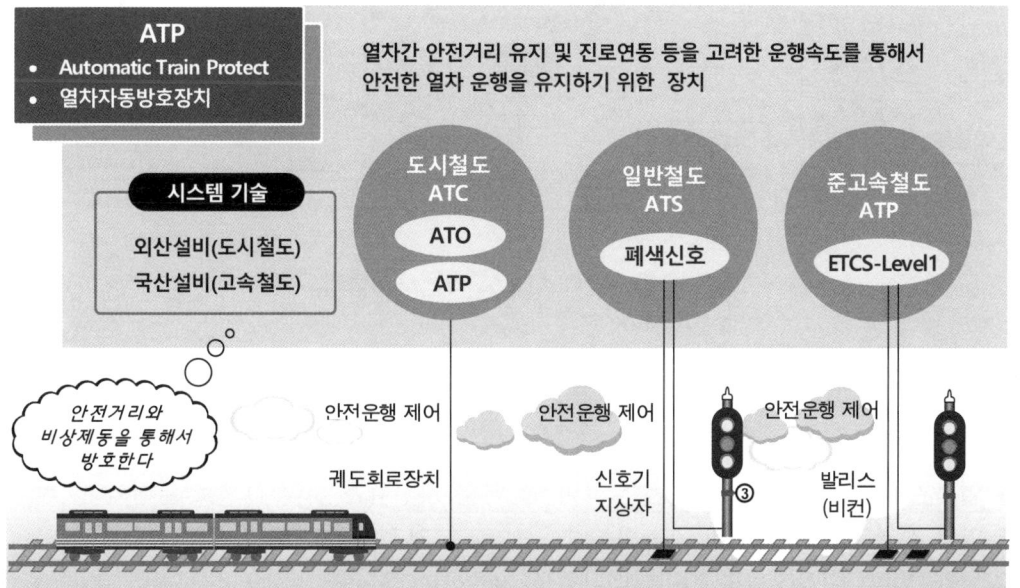

(그림 7-35). 다양한 ATP 개념의 이해

유럽의 EU 전역에서 신호제어의 호환성을 위해 개발된 유럽열차제어시스템 ETCS-Level 1이 2000년대 이후 우리나라의 일반철도에 도입되면서 기술이전에 의해 국산화가 진행되었다. 이때부터 ATP에 대한 개념과 용어의 차이가 국내에 확산되어 ETCS-Level 1이 ATP를 대표하는 설비가 되었다.

ATP의 구성

ATP는 열차의 간격과 속도를 제어함으로써 자동열차방호장치라는 명칭으로 유래되었으나 유럽열차제어시스템 ERTMAS/ETCS가 도입되면서 개념의 차이를 보이고 있다. 도시철도구간은 자동화 운전을 실현하기 위하여 ATC 시스템을 적용하는데 ATC 시스템은 ATP와 ATO가 조합으로 구성된 ATC(ATP/ATO) 시스템을 사용하는 것이 일반적이다. 따라서 ATP는 ATC의 하부시스템으로서 ATC의 일부로 구성된다.

지상 ATC(ATP/ATO)랙은 CPU와 입출력 모듈로 구성되어 인접 설비와 인터페이스하며, 차상 ATC(ATP/ATO)랙은 픽업코일, 비컨안테나, 타코미터 등 하부장치들과 연결되어 지상 ATC(ATP/ATO)로부터 수신된 정보를 처리한다.

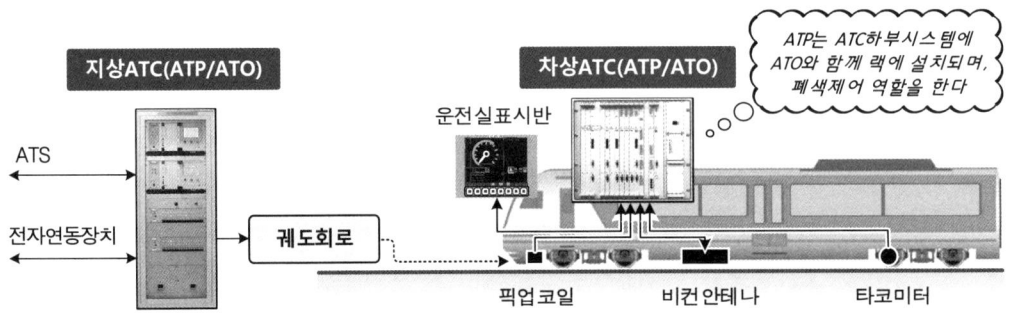

(그림 7-36). ATC(ATP/ATO) 시스템의 구성

2 ATP의 기능

❶ **열차위치검지** : 열차의 위치는 타코미터로부터 수신하는 거리 값으로 결정되며, 선로에 일정 간격으로 설치된 비컨에 의하여 위치 값을 보정한다. 열차의 비컨안테나가 비컨 ID를 수신하고 차상장치의 데이터베이스를 기초하여 정확한 위치를 인식한다.

❷ **열차 안전거리 확보** : 열차 간 추돌방지를 위해 선행열차와 후속열차 사이에 안전거리를 유지하는 기능으로 실제적인 제동성능과 최대허용속도의 관계에 의해 결정된다.

7장 일반철도 신호시스템

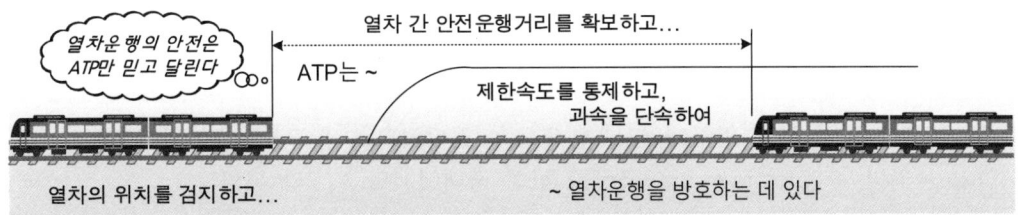

(그림 7-37). ATP의 주요 기능

❸ **과속보호 및 비상제동** : 열차의 최대허용속도와 실제속도를 비교하며 주기적으로 감시한다. 열차가 최대허용속도를 초과할 경우 안전거리 내에서 비상제동을 명령한다.

❹ **진로연동 운행제어** : 관계 진로와 선로전환기에 대한 연동은 열차의 충돌과 탈선방지를 위해 제공되는 기능으로 ATP에 의해 보호된다. 진로연동은 설정된 진로 내에서 다른 열차의 점유여부를 확인한 후 열차가 없을 경우 열차진행을 허용한다.

❺ **역주행 방지** : 열차가 정차 중에 역방향으로 움직이는 것이 감지되면 비상제동을 명령한다. 기관사가 후진운전을 할 경우 50Cm 이상 지속하면 비상제동이 체결된다.

❻ **작업구간 보호 및 제한된 진로보호** : 선로 보수작업을 위하여 자동운행 감시장치에서 선로의 일정 구간에 대하여 작업구간 보호구역 및 제한된 진로보호 설정, 특정구역 저속도(TSR) 설정을 할 수 있다.

(표 7-12). 도시철도의 대표적 신호시스템

ATP 구분		ATP의 제어특징
고정 폐색	속도코드방식	■ ATC속도코드 다단 제어방식 ■ 열차에 속도제어정보를 구형주파수로 전송 ■ 서울지하철 3~8호선, 과천선 및 일산선 등
	Distal data 송신방식	■ Distance to go방식(차상거리연산방식, 1단제동) ■ 열차에 속도제어를 위한 데이터(2진형식) 전송 ■ 인천1호선, 부산2호선, 대구2호선, 공항철도, 서울2호선 등
차내 신호 방식	CS 또는 유로발리스 방식	■ 열차에 디지털 트랜스폰더를 사용하여 정보전송 ■ 차내 컴퓨터에 의해 데이터베이스 구축(Distance to go) ■ KTX혼용 중고속 구간, 경부선 등
	MBS 방식 (Moving Block System)	■ 열차의 주행위치를 타코미터 및 데이터베이스에 의해 거리연산 ■ 열차의 주행정보를 RF 및 유도무선을 통하여 인터페이스 ■ 경전철에 주로 사용(무인운전)

3 ETCS 개념의 ATP

ERTMS/ETCS는 유럽형 열차제어시스템으로서 일반적으로 철도선진국에서 ATP 시스템이라고 불리며, ETCS Level 1을 국산화 하여 국내에서도 ATP라 부른다.

ATP에서 운행정보는 신호기에 현시되거나 연동장치로부터 직접 LEU에 의해 변환되고 발리스를 통하여 열차로 전송된다.

열차의 상태 및 전방 진로 등 열차의 운행정보는 운전실 제어반 화면에 표시된다. 이때 기관사는 통상의 지상신호기도 확인하여야 한다. ATP 시스템은 궤도회로나 차축계수기를 의해서 열차를 검지하고 연동장치에 의해 열차운행이 수행된다. 운행제한은 고정폐색 원리에 의하여 다음 폐색구간의 신호기가 있는 곳까지 허용된다.

ATP는 타코미터에 의해 자신이 노선상의 운행거리를 연산하며, 발리스로부터 수신한 지상 정보에 의해서 차상에서 스스로 목표속도를 연산하며 운행하는 이른바 차상연산방식(DTG : distance to go)이다.

(표 7-13). 국내 ATP(열차자동방호장치) 설치노선 현황

노선명(10km 이상)	연장(km)	사용 개시일	제작사
경부선(서울~부산)	441.7	2011.04.06.	Bomberdier
호남선(대전~목포)	252.5	2010.04.21.	Bomberdier
전라선(익산~여수엑스포)	180.4	2012.05.01.	Bomberdier/Thales
경춘선(망우~춘천)	80.7	2012.02.28.	Thales
대전도심구간	10.4	2013.03.04.	Bomberdier
대구도심구간	14.0	2013.03.04.	Bomberdier
광주선(광주선 분기)	11.9	2010.04.21.	Bomberdier
경의선(서울~화전)	11.5	2011.04.06.	Bomberdier
동해선(모량~포항)	35.1	2015.04.01.	Bomberdier/Thales
평택선(평택~창내)	13.1	2015.04.012	Thales
경강선(판교~여주)	54.8	2016.09.24	Bomberdier
강릉선(서원주~강릉)	120.7	2017.12.12	Bomberdier/Thales
중앙선(덕소~서원주)	69.2	2017.12.12	Bomberdier/Thales

7장 일반철도 신호시스템

일반철도 노선의 경우 국산화 ATS(열차자동정지장치)가 기본적으로 구축되어 있으나, 2000년대부터 기존선 고속화 및 운행 안전성 향상을 위해 ETCS-Level1 기술기반의 열차자동방호장치(ATP)를 지속적으로 구축하여 왔다.

ATP는 국내에서 최고속도 250km/h로 운행을 목표로 적용하여 왔으나, 해외의 사례와 같이 국내의 고속철도 구간에도 300km/h의 속도로 운행을 목표로 계획하고 있다.

ATP(ETCS Level1)시스템을 이용하여 300km/h 이상의 속도로 영업운행 하는 고속철도 구간은 3개국(중국, 사우디, 스페인)으로서 4개 노선에서 운영 중에 있다.

(표 7-14) 국외 국가의 ATP 최고속도 상용화 사례

국 가	User	Supplier	Line Type	Length (km)	Velocity(km/h) Operation	Velocity(km/h) Design
중 국	CR	Siemens/CRSC	VHSL	234	330	350
중 국	CR	Bombardier/CRSCD	VHSL	1704	300	350
사우디	SRO	Siemens	ML	492	300	300
스페인	ADF	Siemens/Thales	HSL	590	300	300

4 ATP 제어

▎ATP의 열차제어

ATP는 250km/h 이하의 준고속 구간에 사용되는 유럽열차제어시스템 ETCS Level 1을 의미하는 것으로써 국내의 일반철도 및 고속철도 구간에서 실용화 되고 있다.

각 폐색의 경계구간 진입 전에 신호기와 발리스가 설치되며, 열차는 다음 폐색구간에서 속도제어를 위한 신호정보(텔레그램)를 발리스로부터 수신하여 운행을 제어한다.

차상 컴퓨터(ATP)는 발리스로부터 수신한 정보를 열차의 제동특성과 차상운행거리를 고려하여 목표거리, 목표속도, 허용속도 등을 열차 스스로 연산하며 운행하는 차상거리연산 방식으로서 이른바 Distance to go 방식을 의미한다.

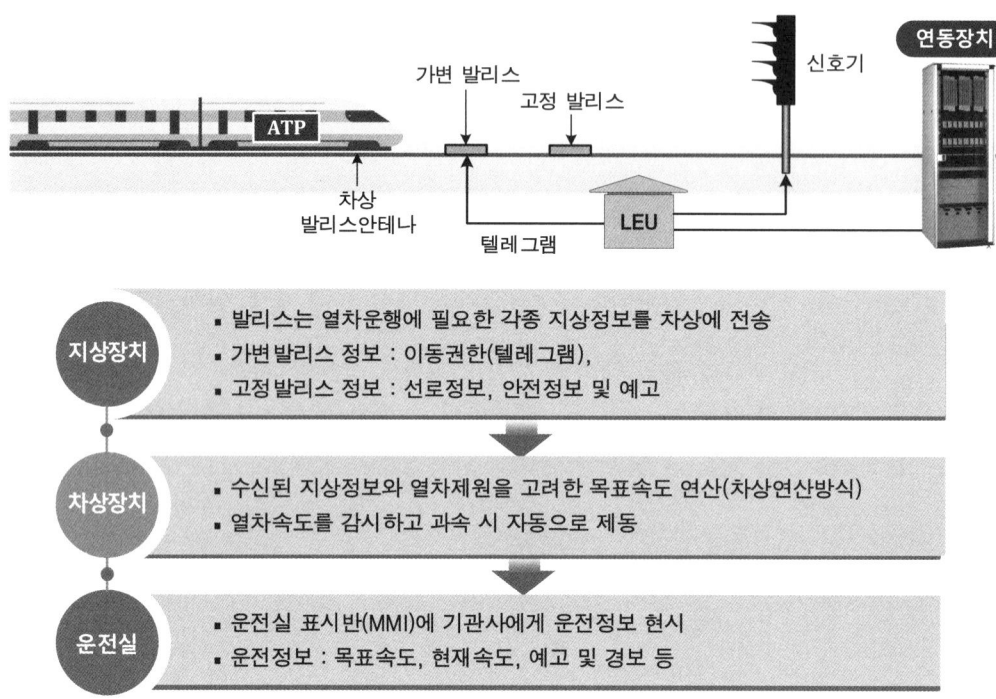

(그림 7-38). ATP(ETCS) 시스템의 제어

5 LEU(선로변 제어유니트)

LEU((Lineside Electronic Unit)는 연동시스템에 의해 제어되는 선로변의 신호기 현시와 진로선별등의 정보를 입력하고, 연동장치로부터 직접 제어되는 신호기의 정보를 입력한다.

관련 시스템에서 입력되는 정보로부터 LEU는 신호기 현시조건과 일치하는 저장된 텔레그램을 선택하며, 직렬링크를 통하여 유로발리스로 반복적인 텔레그램을 갖는 4개의 발리스까지 제어를 할 수 있다.

LEU는 분기선이 있는 역 구내에서는 신호기계실 내 연동장치의 신호기 제어조건에 따라 해당 텔레그램을 발리스로 전송하며, 본선 폐색지역에서는 자동폐색장치의 신호기 현시조건에 따라서 발리스를 제어한다.

(그림8-39). 기계실 LEU

▓ LEU의 주요 기능

❶ **텔레그램 저장기능** : LEU의 기능으로는 엔지니어링 활동에서 생성된 데이터를 PTE(프로그래밍, 테스팅 장비) 장치로 발리스 드라이브의 EEPROM에 다운로딩 한다.

❷ **텔레그램 변경기능** : 신호 변경에 따라 관련 텔레그램을 전송하기 위하여 해당 메모리회로를 통해서 적절한 텔레그램을 선택한다.

❸ **텔레그램 전송기능** : 발리스로 텔레그램을 송신하기 위하여 선택된 텔레그램을 정해진 순서에 따라서 4개의 ASIC에 의해 송신된다.

❹ **비상상황 처리기능** : LEU에서 검지된 정보가 해당 메모리 회로에 저장된 것들 중 포함되지 않거나 LEU 내에서 고장 시 에러 텔레그램을 발리스에 보낸다.

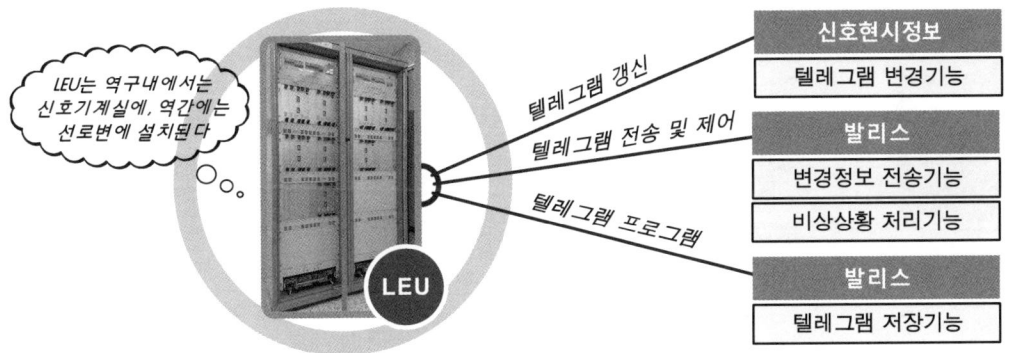

(그림 7-40). LEU의 텔레그램 기능

6 발리스(Balise)

발리스는 차상신호장치에 가변신호정보. 위치 및 궤도정보 등을 제공한다. 해당 폐색구간마다 진입 전에 2개의 발리스를 한 그룹(BG)으로 형성한다. 발리스는 저장하고 있는 정보의 유형에 따라서 고정 발리스(CBF)와 가변 발리스(CBC)가 있다.

CBF는 항상 발리스 자체에 저장되어 있는 텔레그램을 송신하고, CBC는 선로변 신호기에서 현재 신호기 현시를 검지하는 LIU로부터 텔레그램을 수신한다.

발리스로부터 케이블이 파손되었을 경우에는 디폴트(default) 텔레그램을 전송한다.

(그림 7-41). 발리스

(표 7-15). 발리스의 유형별 기능

발리스명	발리스의 기능
고정정보전송장치 (고정발리스)	■ LEU와 연결되지 않으며 단독으로 작용한다. ■ 사전에 입력된 지리적 정보 등 고정정보를 전송한다.
가변정보전송장치 (가변발리스)	■ LEU와 연결되며, LEU에서 전송되는 정보를 송신한다. ■ 신호변환정보 등 가변 텔레그램을 전송한다.
In-Fill용 발리스	■ LEU와 연결되며, LEU에서 전송되는 정보를 송신한다. ■ 도중 상향신호로 변경시 신속한 속도 적용을 위해 정보를 전송한다.

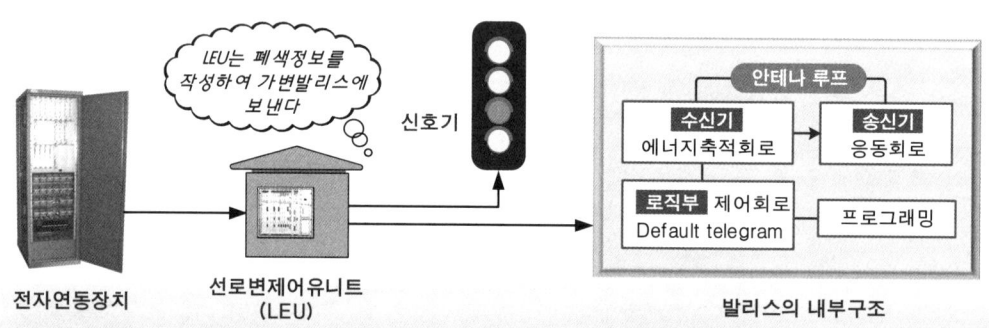

(그림 7-42). 발리스의 내부구성

▨ 발리스의 설치위치

① CBF : 해당 신호기 전방 14m 지점에 설치한다.
② CBC : 해당 신호기 전방 17m 지점에 설치한다. CBF와는 3m 이격한다.
③ 발리스 그룹 간의 거리는 20m 이상, 인접선로 발리스 간에는 3m 이상으로 한다.
④ 선로 종단에는 장내신호기에서 진입하는 과주방지용 발리스를 설치할 수 있다.

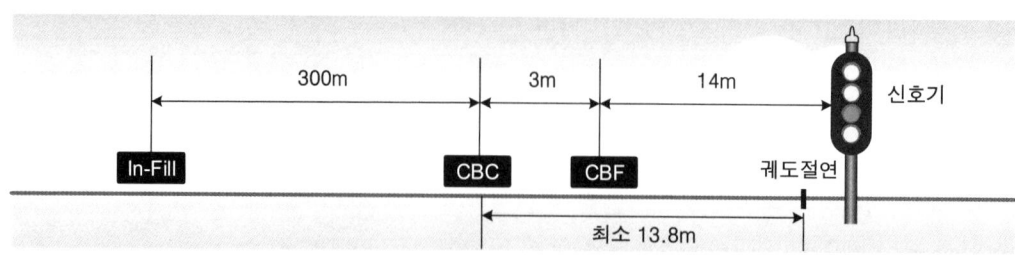

(그림 7-43). 발리스의 설치 위치

⑤ In-Fill 발리스 : 장내신호기 전방 약 300m 지점에 설치하며, 주본선 출발신호기의 경우 메인 발리스와 In-Fill 발리스 간 거리가 50m 이상일 경우 열차정지표지에서 10m 이상 지점에 설치한다.

⑥ 위의 그림에서 발리스(CBC)와 전방 궤조절연 간의 이격거리가 13.8m(≒14m) 이유는 차량의 첫 번째 차축에서 차상안테나 간 최대거리가 12.5m이기 때문이다.

In-Fill 발리스

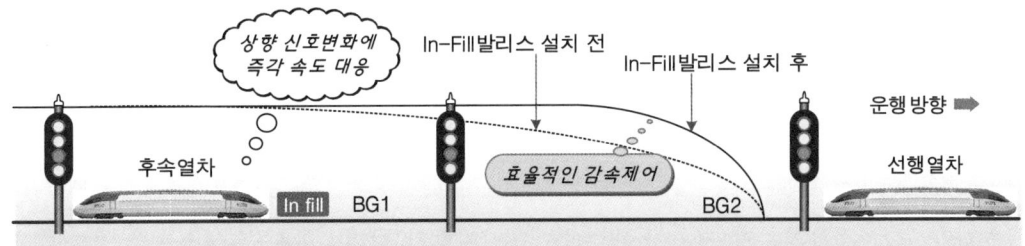

(그림 7-44). 감속구간 감소용 In-Fill 발리스

위 그림에서, In-Fill 발리스를 설치하기 전에는 선행열차의 후방 궤도에서부터 제동이 발생되지만, In-Fill 발리스를 설치함으로써 BG1의 이동권한은 BG2까지 유효하므로 속도의 향상을 기할 수 있게 되어 병목구간에서 감속구간이 줄어든다.

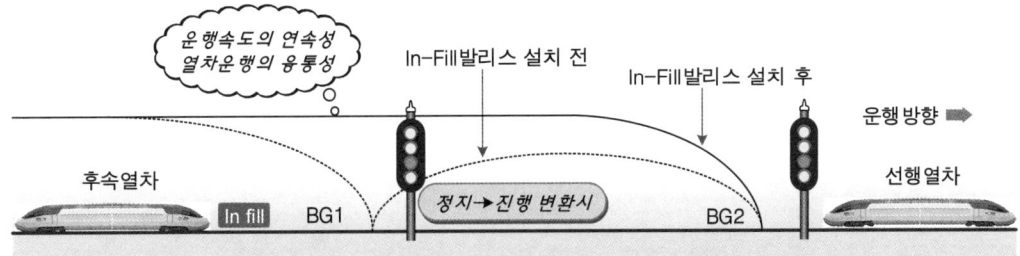

(그림 7-45). 속도 향상용 In-Fill 발리스

위 그림과 같이 선행열차와의 간격에서 열차가 이동 중 정지에서 진행신호로 변경 시 In-Fill 발리스가 설치되지 않은 경우 후속열차는 정지 상태에서 새로운 신호정보를 수신하여 재가속 하지만, In-Fill 발리스 설치 시에는 도중 통과정보를 갱신하여 정지하지 않고 운행을 계속할 수 있다.

In-Fill 발리스를 설치하는 경우

❶ 장내신호기의 경우

열차 운행속도 향상을 위하여 역구내 진로정보에 따른 이동권한, 선로전환기 상태, 구배, 곡률반경 등의 데이터를 장내 진입 전에 차상으로 전송하기 위하여 설치한다.
- 구내 폐색신호기가 있는 경우 : 장내신호기 절연에서부터 300m 이내에 설치
- 구내 폐색신호기가 없는 경우 : 폐색신호기 1호주 내방 50m 이내에 설치

❷ 출발신호기의 경우

신호기와 열차 정차위치의 거리가 먼 경우 출발신호기 발리스까지 운행속도가 25km/h 이내로 비효율적이므로, In-Fill 발리스 통과시 새로운 이동권한을 부여 받아 최고속도까지 가속하기 위하여 설치한다.

메인 가변발리스로부터 30m 이상 떨어진 위치에 설치하며, 설치기준은 다음과 같다.
- 열차정지위치표지가 없고, 승강장이 있는 경우 : 승강장 끝 부분
- 열차정지위치표지가 있는 경우 : 열차정지위치표지 바깥쪽 5m 이내
- 고속열차 운행구간에 열차정지표지 간 거리가 30m 이상 또는 하나의 홈에 고상홈과 저상홈이 설치된 경우 2개까지 설치할 수 있다.

❸ 역방향 장내·출발신호기

- 역방향 장내신호기용 : 선구 특성을 감안하여 궤조절연위치에서 1,200m 이내에 설치
- 역방향 출발신호기용 : 출발신호기용에 따라 설치

7장 일반철도 신호시스템

기본 설명

KTCS-2는 ATP(ETCS Level1) 보다 향상 된 ETCS-Level2를 국산화한 한국형열차제어시스템이다. 지상-차상간 신호정보 전송은 궤도나 발리스에 의하지 않고 무선통신(LTE-R)의한 방식으로서 향후 일반철도와 고속철도 구간에 구축할 전망이다.

1 KTCS-2 신호시스템

KTCS-2는 2014년부터 2018년까지 국토교통부가 국가연구개발(R&D) 과제로 개발한 기술로 2018년 전라선 시범노선(익산~여수EXPO역, 180km)으로 선정하여 2022년에 모든 검증절차를 성공적으로 완료하였다.
KTCS-2는 세계 최초로 철도무선통신망(LTE-R)을 기반으로 개발한 열차제어시스템으로, 해외 신호체계와 호환이 가능하도록 유럽규격을 준용하였다.
KTCS-2는 열차위치 검지를 위해 궤도회로를 사용하는 고정폐색방식으로서 열차간격과 안전운행을 위한 지상-차상 간 신호정보는 철도무선통신망(LTE-R)을 사용하는 한국형 열차제어시스템이다. KTCS-2는 기존 방식과 같이 선행열차의 위치는 궤도회로장치에서 확인되지만 후속열차의 이동가능한 거리나 제한속도 등 열차운행에 필요한 신호정보는 LTE-R망을 통해 실시간으로 전송한다.
KTCS-2 시스템을 전국 노선에 점진적으로 확대 설치하기 위해 일반철도와 고속철도에서 노후된 시스템을 대체하거나 신설구간에 범용적으로 설치할 계획이다.

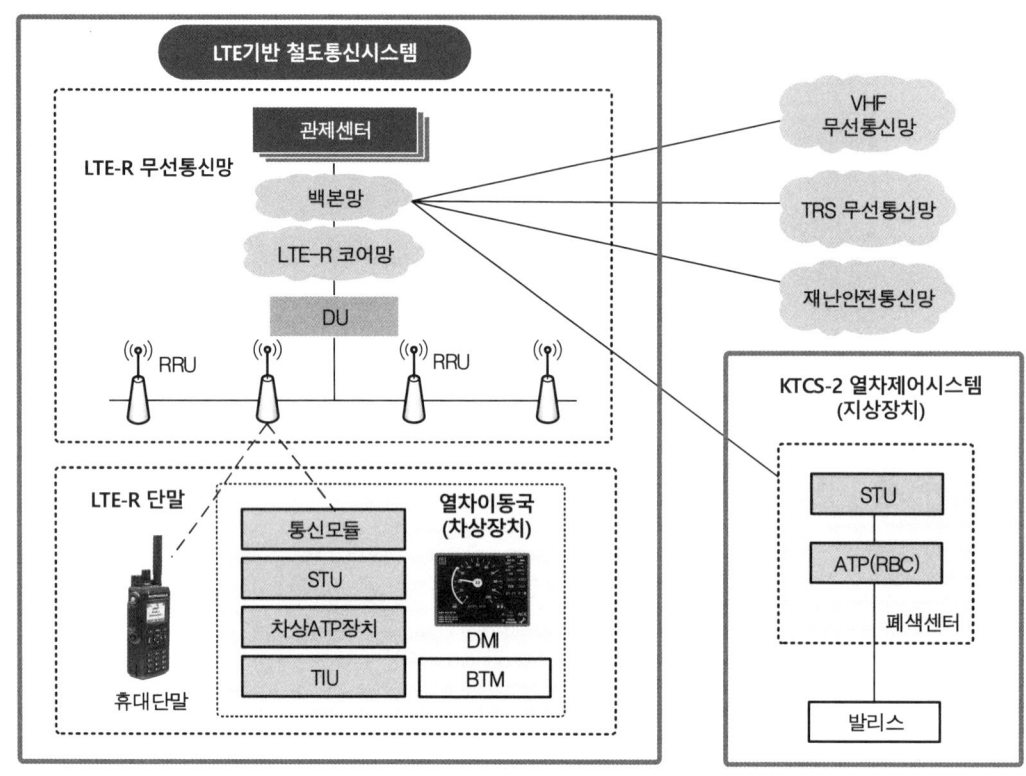

(그림 7-46). 철도무선통신망 구성도

(표 7-16). 철도무선통신망 설비의 역할

설비명	설비 역할
LTE-R 단말	• 철도운영자를 위한 휴대단말과 차상에 열차운행을 위해 설치된 열차이동국으로 구분 • 단말기에서 제공되는 서비스는 철도운영기관에 따름
열차이동국	• LTE-R 철도통신망에 연동되어 열차제어데이터의 전송기능과 열차무선통신 기능 • 기관사의 무선통신서비스 기능과 열차제어 데이터서비스 기능의 분리구성 가능
위치검지장치	• 열차의 선로에 설치되어 선로의 위치정보를 열차에 제공하는 장치 • 일반적으로 궤도회로장치, 발리스를 포함
폐색센터	• 열차의 위치를 실시간으로 모니터링하고 열차의 운행 프로파일을 결정하고 제어권 정보를 생성하여 전송하는 장치
중앙제어장치	• 차상 및 현장 지상설비를 모두 접속하여 중앙제어, 원격감시제어, 운행정보 전송 등에 필요한 모든 장치를 제어

7장 일반철도 신호시스템

KTCS-2 기술사양

- 철도통합무선기술 LTE-R을 적용하여 ETCS-Level 2 기반의 열차제어시스템 개발
- 국내 운영 중인 기존 신호장치(ATS, ATP)와 상호운영 및 연계운행 지원
- 무선통신망 LTE-R에 의해 열차제어정보 송수신(열차 위치보고, 이동권한, 임시속도제한 등)
- 지상장치와 차상장치 간 및 기존 신호장치와 KTCS-2 간의 인터페이스 규격을 표준화

KTCS-2 제어개념

RBC는 여러 신호기계실 중 제어범위 내에 위치한 하나의 신호기계실에 설치되며, 제어범위 내의 각 신호기계실로부터 지상정보를 수신 이동권한을 작성한 후 다시 광전송망을 통해 전송한다. 각 신호기계실에서 수신한 이동권한은 무선전송망을 통해 열차에 전송한다.

열차는 차상거리연산에 의하여 자신의 위치를 인지하며, 이동권한에 의해 선행열차가 점유한 궤도회로 경계구역 또는 목표지점까지 1단 제동제어로 운행한다.

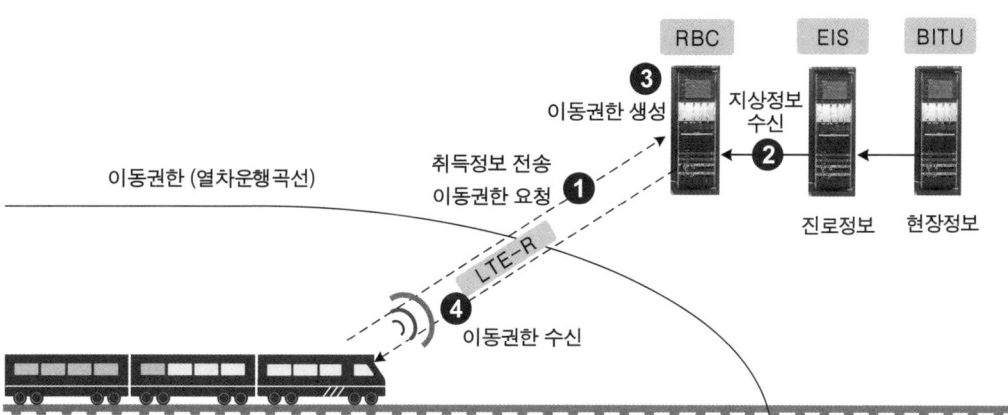

(그림 7-47). KTCS-2 열차제어 개념

신호정보의 신뢰와 보안을 위해서 지상 RBC와 차상 KVC간의 안전한 송수신을 위한 안전세션 연결이 구성되며, 연결된 세션에서 상호가 인증키를 통해 송수신된 메시지를 암호화/복호화해서 메시지를 송수신한다.

2 KTCS-2 시스템 구성

시스템 구성 개요

기존의 ATP는 발리스에 의해서 신호정보를 수신하는 점제어방식이라면, KTCS-2는 무선통신에 의하여 신호정보를 지속적으로 수신하는 연속제어방식이다.

(표 7-17). KTCS-2의 지상장치와 차상장치

지상장치	차상장치
▪ 무선폐색제어센터(RBC)	▪ 차상컴퓨터(KVC)
▪ 안전전송유니트(STU)	▪ 발리스 전송모듈(BTM), 안테나
▪ 키관리센터(KMC)	▪ 운전자표시장치(DMI)
▪ 폐색정보전송장치(BTU)	▪ 안전전송유니트(STU)
▪ 발리스(고정)	▪ 발리스(고정)
▪ 인터페이스장치(통신장치 등)	▪ 속도계, 기록장치(JRU)

KTCS-2

지상장치
- RBC 영역에서 운행 중인 열차인식 및 열차추적
- 각 열차의 이동권한을 결정하고 이동권한 및 지상 데이터 전송
- RBC 경계에서 다른 RBC 사이의 열차 제어권의 전환
- 열차 임시속도, 비상정지 설정 및 해제
- 암호화키 생성 및 변경

차상장치
- 열차의 목표속도 및 거리 결정
- 이동권한(MA) 관리 및 제한속도 프로파일 관리
- 열차속도 및 주행감시
- 운전모드 레벨 결정
- 운전자표시장치 인터페이스

LTE 기반 철도무선통신시스템은 안전한 열차운행을 위해서 관제센터, LTE-R 무선통신망, 폐색센터, 위치검지장치 및 열차이동국과 연동하여 열차제어 서비스를 제공한다.

7장 일반철도 신호시스템

KTCS-2는 관할 제어구역에 운행하는 모든 열차의 이동권한을 RBC에서 집중적으로 작성하여 구역 내의 각 신호기계실에 전송하면 현장의 열차를 제어하는 구조이다.

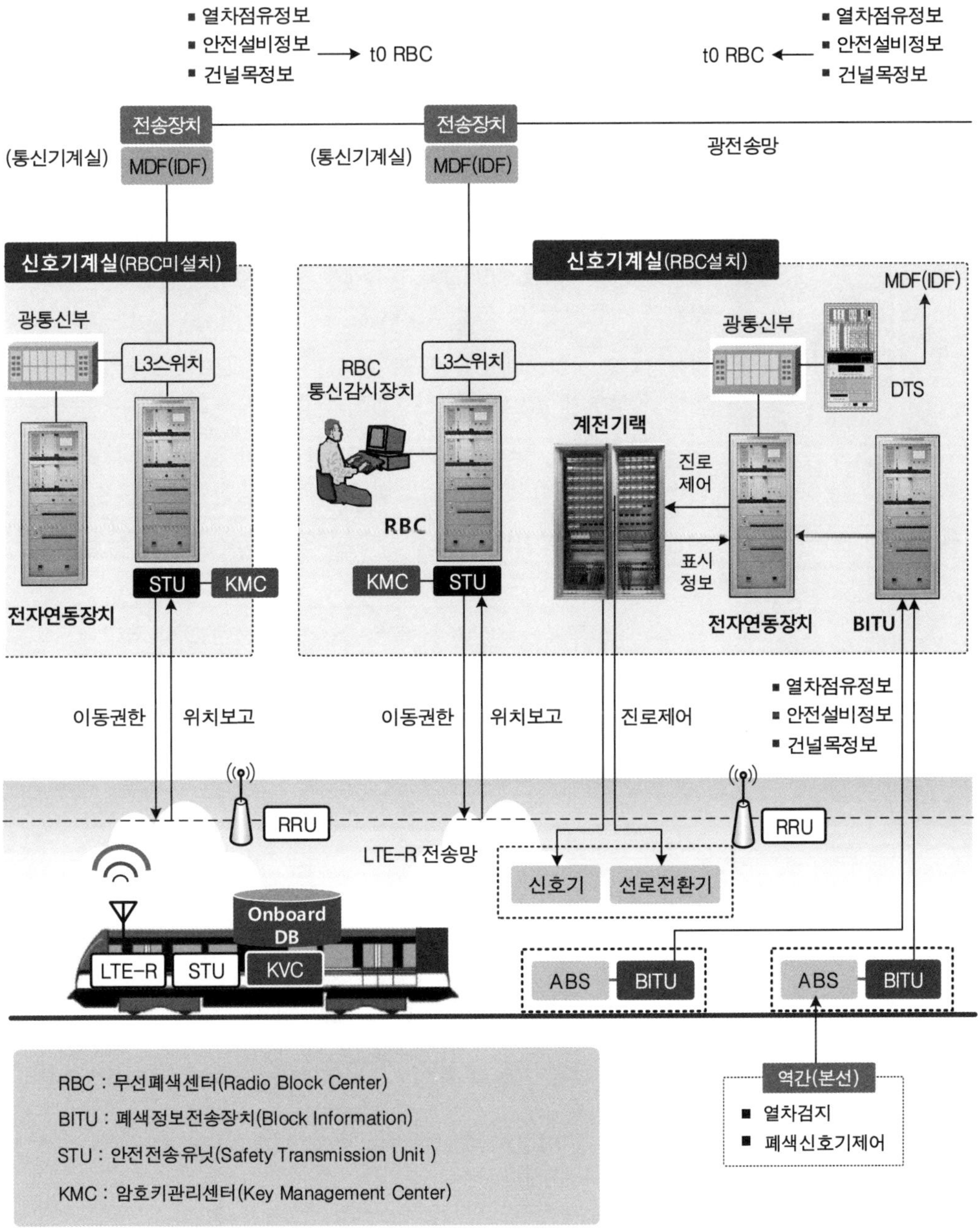

(그림 7-48). KTCS-2 시스템 구성

KTCS-2 열차제어시스템은 크게 지상의 RBC와 차상의 KVC 설비로 구분되며, RBC는 전자연동장치로부터 열차점유정보 데이터를 수신하여 열차의 이동권한을 생성하고 LTE-R 무선통신망을 통해 차상의 KVC에 이동권한 정보를 전송한다.

차상의 KVC는 RBC와 고정발리스로부터 수신한 정보를 이용하여 속도프로파일을 생성하여 DMI에 운행정보를 표시하고 차량의 제어컴퓨터(OBCS)와 인터페이스하여 열차방호(ATP) 기능을 수행한다.

(표 7-18). 장치 별 주요 기능

구 분	장치명	장치 별 주요 기능
지상 장치	지상ATP (RBC)	지상의 연동장치로부터 열차 점유정보 및 진로정보 등을 수신하여 열차의 이동권한 및 제한속도를 연산하는 장치
	안전전송모듈 (STU)	지상장치와 차상장치간 무선으로 송수신되는 정보의 신뢰성 및 보안도를 확보하기 위한 장치(신호정보의 암호화/복호화)
	폐색정보전송장치(BITU)	지장물검지정보, 낙석검지정보 등의 안전설비 정보를 연동장치에 전송하고, 궤도회로 및 안전설비 정보를 연동장치에서 수신
	암호화키관리센터(KMC)	STU에 사용되는 암호화키 생성, 배포, 삭제 등을 수행하며, 보안을 위해 주기적인 암호화키 값을 변경
차상 장치	차상ATP (KVC)	지상의 무선폐색센터(RBC)로부터 열차의 이동권한 및 제한속도를 수신받아 열차를 안전하게 제어하고 방호하는 장치
	운전자표시장치(DMI)	차상ATP와 인터페이스하여 기관사에게 열차운행에 관한 신호정보를 화면을 통해 현시하는 장치
	발리스안테나	선로에 설치된 발리스 위를 통과 시 열차운행에 필요한 데이터를 수신하기 위한 장치
	발리스정보변환장치(BTM)	발리스안테나로부터 열차의 전송받은 지상정보를 변환하여 차상 ATP 장치로 전송
	속도거리연산장치(SDU)	차량에 설치되는 타코미터 및 도플러센서의 정보를 수신받아 열차의 이동속도 및 이동거리를 연산하는 장치
	타코미터 도플러센서	차륜에 설치되며, 차륜의 회전에 의하여 차량운행속도 및 이동거리를 연산하는 장치

7장 일반철도 신호시스템

무선폐색센터(RBC)

주요기능 무선폐색센터(RBC)는 해당 역 연동장치로부터 열차점유정보 및 진로정보 등의 선로정보와 CTC로부터 임시속도조절 등의 관련 정보를 수신하여 열차의 운행제어를 위해 전송할 이동권한을 작성하는 KTCS-2의 주요 제어장치이다.

무선폐색센터(RBC)는 외부 지상장치(CTC, 제어구간 내 전자연동장치, 인접 RBC 등)와 차상컴퓨터(KVC)에서 수신한 정보를 바탕으로 제어영역 내의 열차가 안전하게 운행할 수 있도록 이동권한을 생성하여 무선통신장을 통해 차상신호컴퓨터(KVC)로 전송한다.

선로정보를 제공하고 제한속도 프로파일을 생성하여 RBC 제어영역 열차를 등록 및 해제하며 선행열차의 위치를 보고하고 자기진단을 수행한다. 또한, RBC는 양방향 운전이 가능하다.

RBC는 일정 제어범위(약 60km)의 내 한 개의 신호기계실에 설치되며, 작성된 이동권한은 인접 기계실로 전송한다.

(그림 7-49). RBC

폐색정보전송장치(BITU)

주요기능 폐색정보전송유닛(BITU)는 현장설비(ABS)로부터 궤도회로 내의 열차점유정보와 건널목의 지장물검지장치정보, 낙석검지정보 등의 안전설비정보를 전자연동장치로 전송하기 위한 장치이다.

ATP를 적용한 국내 주요 노선에서는 궤도회로 점유정보는 자동폐색제어유니트(ABS)의 주파수카드에서 실선의 통신케이블을 통하여 전자연동장치로 전송된다.

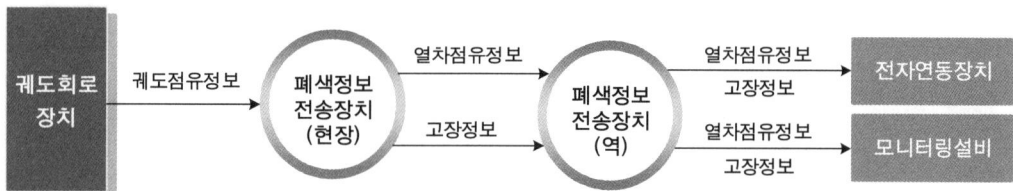

(그림 7-50). 폐색장치-연동장치 간 인터페이스

515

KTCS-2 시스템에서는 궤도점유정보가 열차이동권한 설정의 중요한 요소가 되므로 현재 허용신호로 운용되는 자동폐색방식의 궤도회로 점유정보를 이용하여 이동권한을 부여하는 것은 안전성에 문제가 제기되므로 개선이 요구된다.

○ 폐색정보전송장치(역장치)

역장치는 신호기계실에 설치되며, 해당 폐색구간의 상하선 열차 점유정보를 현장장치로부터 입력받으며 폐색정보는 폐색정보 출력 계전기의 접점을 통하여 전자연동장치와 인터페이스 한다.

○ 폐색정보전송장치(현장장치)

현장장치는 기존 폐색구간 ABS 기구함 근처에 설치하여 해당 폐색구간의 열차 점유정보와 상태정보를 역장치로 전송하는 역할을 한다. 링 네트워크 광통신을 통해 현장의 정보(궤도점유정보, 안전설비 정보)를 역장치로 전송한다.

안전전송유닛(STU)

주요기능 안전전송유닛(STU)은 지상 STU와 차상 STU로 구분되며, LTE-R의 무선구간 내 송수신되는 무선폐색센터(RBC) 및 차상컴퓨터(KVC)의 정보를 암복호화하여 신뢰성 및 보안성을 확보하기 위한 장치이다.

지상 STU는 지상 RBC로부터 수신한 지상정보를 암호화하여 LTE-R 무선망을 통하여 차상 STU로 전송하고, 차상 STU는 LTE-R 무선망을 통하여 수신된 암호화 지상 신호정보를 복호화하여 차상 ATP로 전송한다.

또한, 차상→지상으로 정보전송을 위해 차상 STU는 차상 ATP로부터 차상 신호정보를 수신하여 암호화하고 LTE-R 무선통신망을 이용하여 지상 STU으로 전송한다.

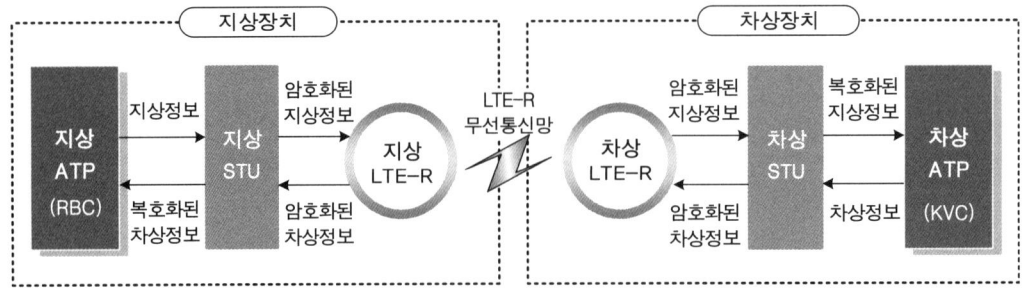

(그림 7-51). 안전전송유닛(STU) 동작 과정

7장 일반철도 신호시스템

지상 STU는 LTE-R 무선통신망을 통해 수신된 암호화 차상 신호정보를 복호화하여 지상 ATP로 전송한다.

암호키관리센터(KMC)

> **주요기능** 암호키관리센터(KMC)는 KTCS-2 열차관리시스템의 지상신호장치와 차상신호장치 간 무선으로 송수신되는 정보의 신뢰성 및 보안성을 보장하기 위하여 지상 및 차상 STU에 사용되는 암호키의 생성, 배포, 삭제 등을 수행하며, 무선통신의 보안을 위하여 주기적인 암호화키 값을 변경하기 위한 필수 장치이다.

암호키는 Subset-037에 따라 전송키(KTRANS), 인증키(KMAC), 세션키(KSMAC)로 나뉜다. 전송키는 인증키를 업데이트할 수 있으며, 인증키는 세션키를 업데이트할 수 있다.

- KTRANS(전송키) : 차상신호장치와 지상신호장치 간 인증키(KMAC) 교환을 보장하기 위해 사용되는 전송키
- KMAC(인증키) : 차상신호장치와 지상신호장치 간 안전한 무선연결을 수립하기 위해 사용되는 인증키

열차는 각각 다른 전송키를 가지고 있으며 모든 전송키는 암호키관리센터(KMC)에 의해 관리되고 안전전송유닛(STU)에 제공된다

암호키관리센터(KMC)는 암·복호화키의 생성, 삭제, 업데이트, 만료기간 설정기능과 키의 주기 및 스케줄 관리를 통한 알림 기능을 한다.

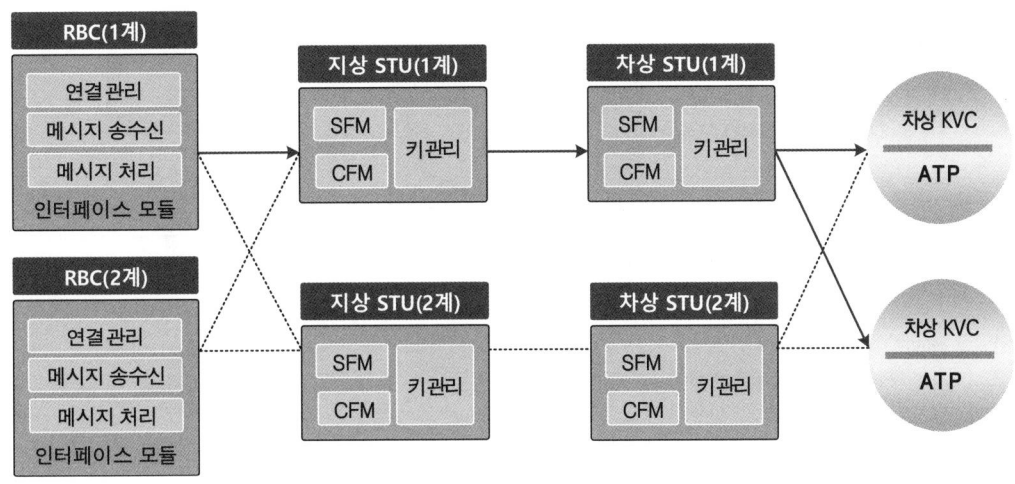

(그림 7-52). 2중계 시스템 전송개념

3 KTCS-2 차상신호장치

차상신호컴퓨터(KVC: Korean Vital Computer)는 열차운행 최고속도 350km/h 이하의 일반, 광역 및 고속철도용 차상신호장치의 중추적 기능을 담당하며, 열차의 안전운행 및 사고방지를 위한 컴퓨터장치이다.

신호기계실의 주요 제어장치인 RBC(Radio Black Center)로부터 이동권한(MA) 및 선로정보를 수신하고 지상 발리스 정보를 판독한다. 열차의 주행과 제동특성 치를 고려한 동적속도 프로파일을 계산하고, 실제속도와 허용속도를 비교하여 과속운행 시 제동을 체결한다.

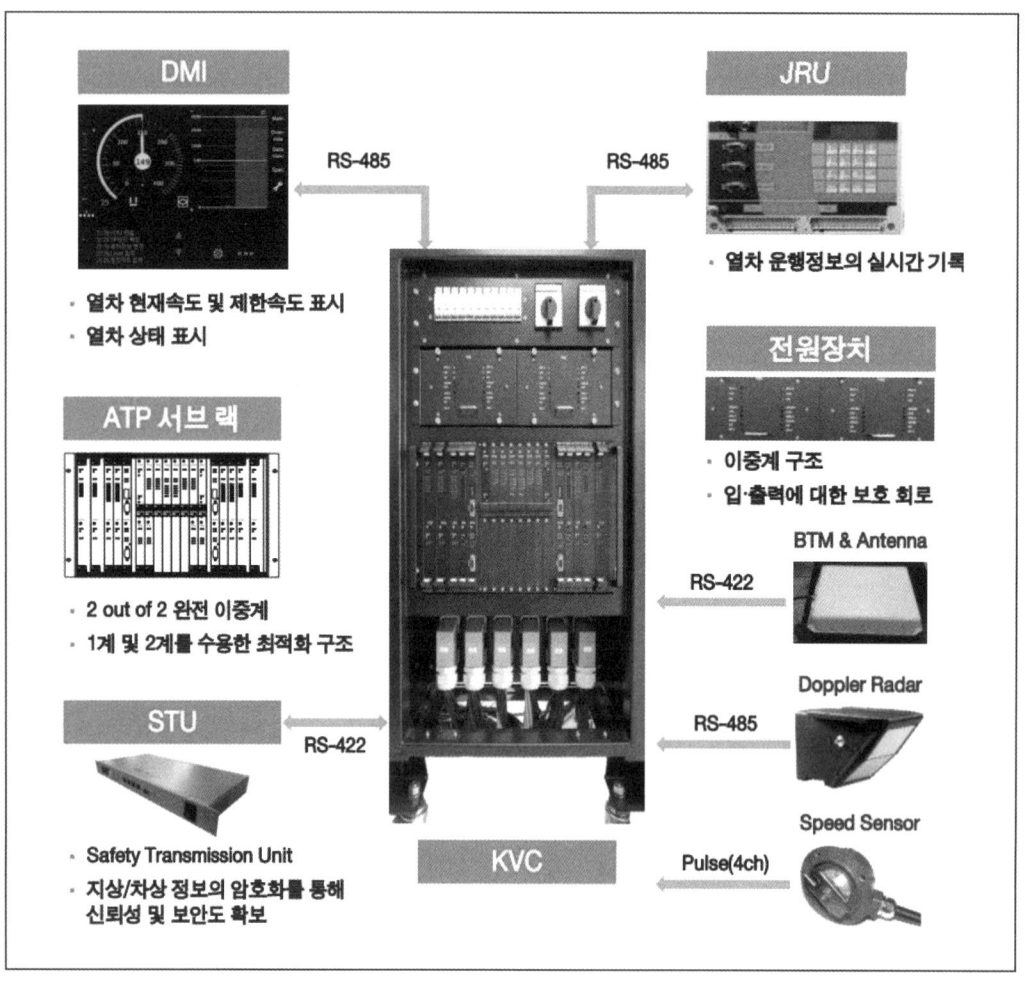

(그림 7-53). KTCS-2 차상시호장치 인터페이스

7장 일반철도 신호시스템

KVC(차상신호컴퓨터)

KVC(차상컴퓨터)는 지상장치로부터 수신한 정보를 조합하여 열차의 운행을 제어하기 위한 핵심장치로 속도센서, 발리스안테나, 차상안테나, DMI 등의 모든 하부장치는 KVC와 인터페이스하여 취득한 정보를 공유한다.

KVC(차상컴퓨터)의 역할

- 열차 속도 및 위치 결정
- 이동권한(MA) 관리
- 최대 제한속도 Profile 결정
- 열차속도 및 열차 이동 감시
- 연속적으로 열차속도 관리 및 방호

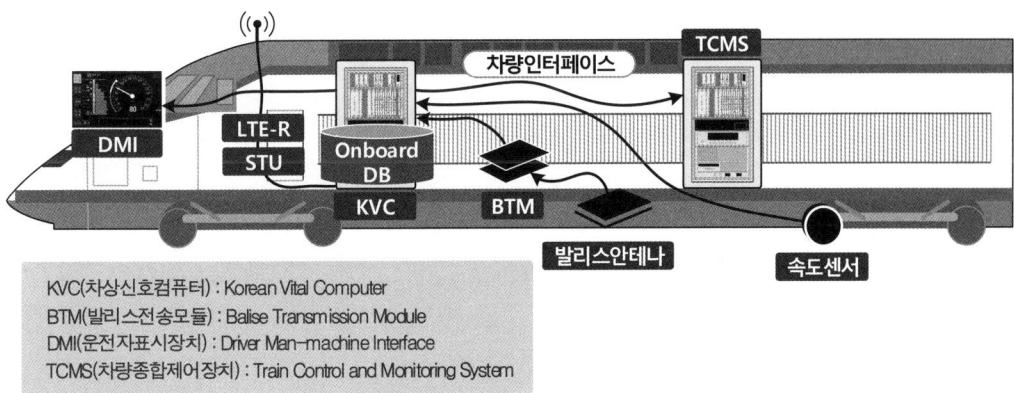

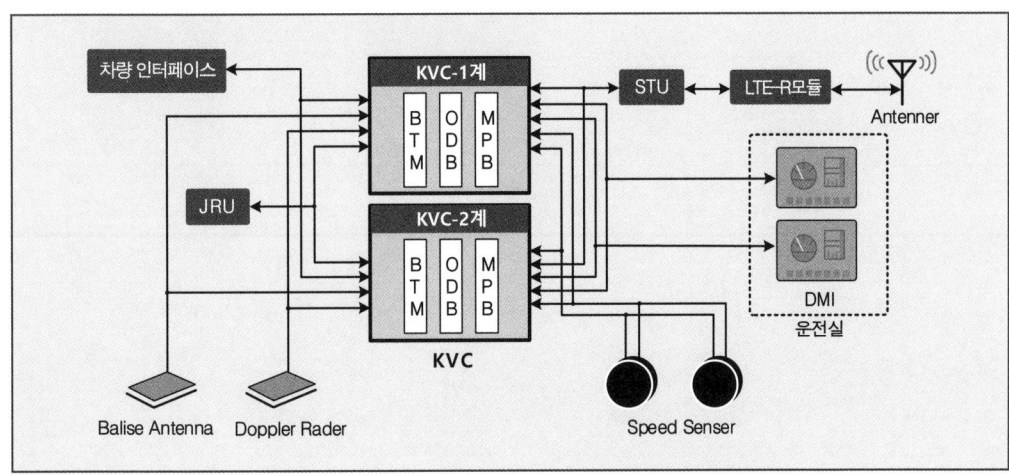

(그림 7-54). KTCS-2 차상신호장치 구성

(표 7-19). KTCS-2 사업추진 현황 ※2023년 현재

노 선	노선 적용구간	적용 열차제어설비
전라선	■ 여수엑스포~오수 : 180km ■ 개통 후 운영 중	■ 기존설비+KTCS-2
GTX-C	■ 덕정~수원 : 74km ■ 사업 진행 중	■ 공용선 : 기존설비(3노선)+KTCS-2 ■ 전용선 : KTCS-2
경부고속철도	■ 1단계(광명~동대구) : 250km ■ 사업 진행 중(2차 개량시기 도래)	■ ATP+KTCS-2 ■ 개통 후 TVM-430 철거

신설선에 KTCS-2를 설치할 경우 모든 전용 차량에 KTCS-2를 탑재하므로 미탑재 차량을 위한 2종 열차제어설비가 필요하지 않으나, 기존선에서 KTCS-2로 개량 시 KTCS-2를 탑재하지 않은 기존 차량을 위해서 KTCS-2와 ATP를 혼용 설치하고 있다.(경부고속선 사례)

☎ KTCS-2 차상장치로 ATP까지 제어한다.

모든 열차에는 노선 간 호환 운행을 위해서 ATS+ATP+ATC(KTX) 차상장치가 탑재되어 있다. KTCS-2(레벨2)는 ATP(레벨1)의 상위 시스템으로서, 열차에 차상 KTCS-2 탑재시 ATP까지 제어되도록 개발되어 있어 별도의 차상 ATP 설치는 필요하

7장 일반철도 신호시스템

기본 설명

철도관제는 철도가 원활하게 운행할 수 있도록 운행정보를 제공하고, 이를 바탕으로 운행이 적절히 이루어질 수 있도록 통제한다. 또한, 적법하고 안전한 운행을 할 수 있도록 지도 감독하고, 사고가 발생하였을 경우 이를 수습하고 지시·감독한다.

1 머리 기술

2006년 5월에 철도교통관제센터가 발족되어 서울지역관제실을 이전하였으며, 같은 해에 순천지역, 부산지역, 대전지역, 영주지역 관제실이 순차적으로 통합되었다, 2010년 8월에는 고속철도 관제실이 통합되었다.

열차집중제어장치는 광범위한 구간의 신호제어를 원격제어 기술로 도입하여 열차운행 상황과 선로상태, 신호설비의 동작상태 등을 한 곳에서 집중하여 제어 및 감시한다. 주컴퓨터에 입력된 스케줄에 따라 각 역의 운행진로를 자동과 수동으로 총괄 제어하며 여객안내정보 등으로 열차운행정보를 여객에게 제공하는 장치이다.

CTC는 주컴퓨터에 입력된 열차 스케줄에 의하여 열차의 자동제어 및 열차의 운행관리, 자동진로제어, 행선안내 기능, 운행상황의 기록 등을 자동화한 것이다.

고속철도 CTC의 경우 현장으로부터 수신되는 안전장치의 동작정보를 신호기계실을 통해 관제실에서 데이터를 수합하며, 안전장치로부터 이례적인 정보가 수신되면 열차 운행속도(ATC속도)를 통해 운행을 통제하는 기능이 있다.

2 건널목 보안장치의 구성

건널목 보안장치는 철도와 도로가 평면 교차하는 개소에서 열차가 진입할 경우 건널목을 횡단하려는 통행자에게 열차의 접근을 경보장치를 통해 알리고 차단간을 하강하여 통행을 차단함으로써 충돌사고를 방지하는 운전보안설비이다.

(그림8-55). 건널목 보안장치   (그림8-56). 건널목 제어유니트

건널목보안장치의 종류

- 제1종 건널목장치 : 경보기, 차단기, 건널목 교통안전표지를 설치하며, 자동으로 작동하거나 안내원이 근무한다.
- 제2종 건널목장치 : 경보기와 건널목 교통안전표지만 설치한다.
- 제3종 건널목장치 : 건널목 교통안전표지만 설치한다.

(표 7-20). 건널목 안전시설 비교

구 분	안전표지	경보기	차단기	안내원
제1종 건널목	○	○	○	○
제2종 건널목	○	○	×	×
제3종 건널목	○	×	×	×

7장 일반철도 신호시스템

(표 7-21). 건널목 종류별 설비의 구성

설비구성 (구분)	단선구간			복선구간		
	1종		2종	1종		2종
	자동	수동		자동	수동	
전동차단기	●	●		●	●	
건널목 경보기	●	●	●	●	●	●
고장표시장치	○	○	○	○	○	○
조명장치	○	○		○	○	
고장검지장치	○	○		○	○	
차단기수동취급장치	○			○		
열차진행방향표시등				○	○	●
경광등	○	○	●	○	○	●
출구측차단봉검지기	○		○	○		○
지장물검지장치	○	○	○	○	○	○
정시간제어기	○	○	○	○	○	○
원격감시장치	○	○	○	○	○	○
건널목정보분석장치	●	●	●	●	●	●
비상신고통화장치	○	○		○	○	

주) ●표는 반드시 설치해야 하는 것
　　○표는 현장여건에 따라 생략할 수 있는 것

3 지장물 검지장치

지장물 검지장치는 열차 접근 중에 건널목 내에 차량 유무를 검지하기 위하여 발광기에서 레이저광선을 방사하면 수신기에서 수광하는 방식이다.
건널목을 횡단하는 차량의 고장으로 건널목 보판 위에 정차하였을 경우 레이저광선이 차량에 의해 차단되어 수신기에서 수광이 불과하므로 이를 검지한 후 건널목에 접근하고 있는 열차의 기관사에게 알려주어 열차를 정지하도록 한다.

▓ 지장물 검지장치 구성

건널목에 발광기와 수광기를 40m 이하 간격으로 하고, 광선 간의 거리는 건널목 종단에서 3m 이하로 한다. 발광기와 수광기의 설치위치는 건널목 종단에서 2m 이하로 한다.
열차가 경보개시구간에 진입하지 않을 때는 발광기의 발광작동은 정지하고 수광기는 수광 가능상태로 한다. 열차가 건널목 경보개시구간에 진입할 때에는 발광기가 동작하여 장애물 검지가능상태로 된다.

(그림 7-57). 지장물검지장치

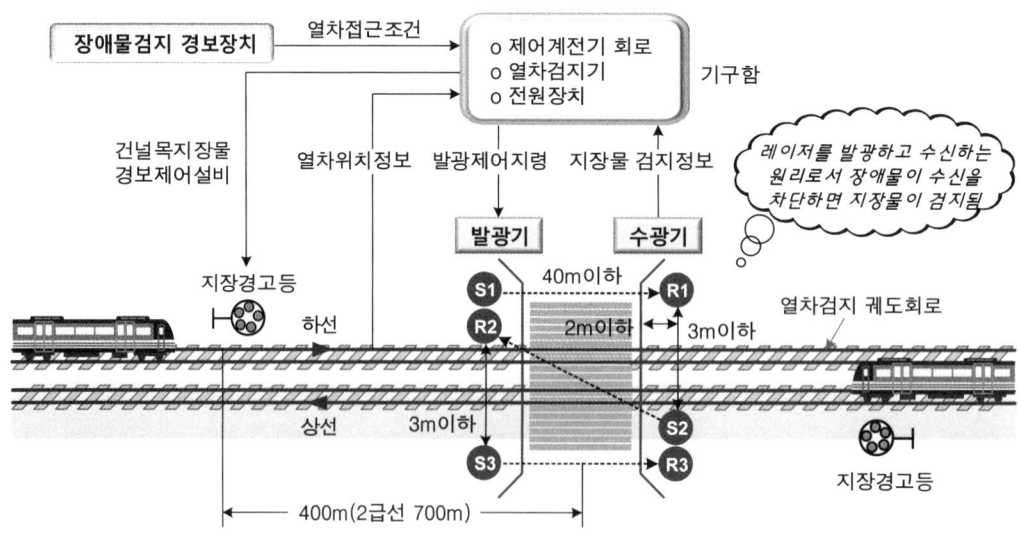

(그림 7-58). 지장물 검지장치의 설치도

7장 일반철도 신호시스템

발광기

발광기의 발진기는 40m로 발진하는 줌 발진기이다. 출력펄스는 드라이버에서 전류를 증폭시켜 레이저다이오드로 흐르고 레이저다이오드는 전류가 흐르고 있는 동안에 레이저광선을 발광하며 레이저광선은 볼록렌즈에서 미세한 빔으로 외부에 출력시킨다.

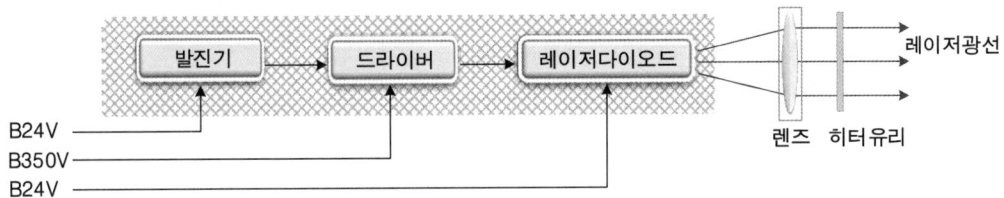

(그림 7-59). 발광기의 계통

수광기

외부에서 입사된 레이저광선은 볼록렌즈에서 빛을 모으고 필터에서 레이저광선만을 골라 수광소자에서 모은다. 수광기는 측면에서 태양광이 들어가면 수광기의 집광소자를 소손시키거나 수광 불능상태가 되는 경우가 있으므로 일출 또는 일몰 시에 수광기 전방 5° 이내에 직사광선이 렌즈면에 들어가지 않도록 하여야 한다.

(그림7-60). 발광기와 수광기

지장경고등

건널목 내측에서 지장물이 검지되면 지장경고등은 5개의 적색등이 순차회전 섬광하여 운행 중인 기관사에게 건널목에 지장물이 있음을 알려준다.

지장경고등은 건널목 주변의 선로상태와 지형조건에 따라 선구 최고속도를 기준점으로 건널목 지점의 전방까지 최소 제동거리를 확보할 수 있는 지점에 설치한다.

525

4 출구측차단간 검지기

출구측차단간 검지기는 열차가 건널목에 접근하여 건널목 경보기가 동작 중에 일단정지 신호를 무시하고 자동차가 차단기 하강 직전 건널목 내에 진입하여 출구측차단기의 하강으로 빠져나가지 못하고 갇히는 사고를 방지하기 위하여 진입한 차량이 빠져 나갈 수 있는 시간 동안 출구측 차단간을 하강하지 않도록 하는 장치이다.

장애물 검지센서는 건널목 내에 일정 크기 이상의 물체를 검지하고 이동 물체의 방향을 판별한다.

(그림 7-61). 건널목 정지위반 사고

▎물체의 감지원리

건널목의 보판 내에 N극과 S극의 자계장을 형성시켜 자계장에 물체가 존재할 때에는 자력선의 왜곡이 발생되며, 자력선의 왜곡에 의해 자계의 크기(밀도)가 증가하게 된다.

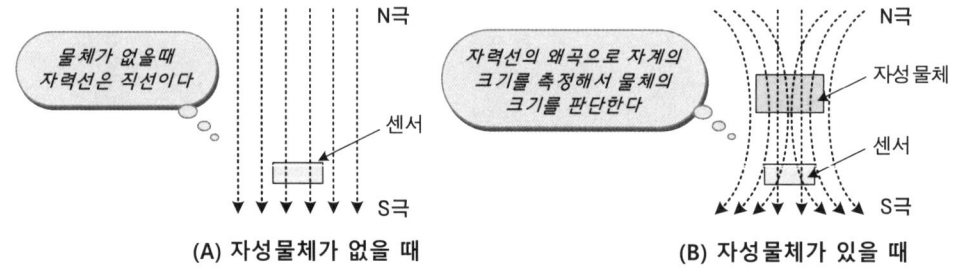

(그림 7-59). 자성물체와 지자계의 왜곡

이 때에 자계의 크기를 측정하여 변화된 양에 대하여 측정 알고리즘에 대응시키면 일정 범위에서 물체의 유무를 판정할 수 있으며, 주변 환경을 특수 상태로 유지시 물체의 자화 정도를 측정하거나 물체의 크기를 측정할 수 있다.

건널목 보판 위에 물체의 크기가 기준값 이상이 되면 출구측 차단기를 하강시키지 않는다.

(그림7-62). 출구측차단간 유니트

7장 일반철도 신호시스템

5 정시간제어기

건널목 경보기를 제어할 때 열차 접근시점에서 고속열차와 저속열차의 경보시간이 큰 차이가 있을 경우 건널목 보안장치에 대한 신뢰도를 저하시켜 통행자가 고장으로 잘못 인식하고 횡단하는 사고를 방지하기 위하여 열차의 속도를 감지하고 경보시간을 적절하게 조정하기 위한 설비이다.

건널목 정시간제어기는 건널목에 진입하는 열차의 속도를 검지하여 고속열차와 저속열차가 각각 건널목에 도달하는 예정시간을 컴퓨터(CPU)가 계산하여 고속열차인 경우 즉시 건널목 경보장치를 동작시키고 화물열차와 같은 저속열차인 경우 적절하게 건널목 차단 개시 시간을 조정한다.

정시간제어기의 경보시간

정시간제어기는 열차속도를 검지하여 고속열차의 경우 즉시 경보를 개시하고, 저속열차의 경우에는 열차가 건널목에 도달하는 시간을 감안하여 경보시간이 약 40초가 되도록 한다.

건널목 경보시간은 구간 최고속도를 고려하여 30초를 기준으로 하고 최소 20초 이상 확보한다.

다만, 차단기가 있는 개소에서는 차단기가 하강된 후 열차의 앞부분이 건널목에 도달할 때까지 15초 이상 확보한다. 역 구내조건을 사용 제어하는 건널목은 60초를 초과하는 경우 최소와 최대의 차이가 40초 이하가 되도록 한다.

(그림7-63). 정시간제어기

열차 검지

차륜검지기는 비접촉식 자기근접센서를 응용하여 인접한 두 센서에 열차 통과 시 차륜을 검지하고 속도를 계산하여 건널목 제어유니트로 정시간 경보신호를 출력한다.

정시간제어기는 건널목 경보개시 시점에 차륜검지기 2조를 1.5~3m 간격으로 설치하여 열차의 진입을 검지한다. 두 검지기를 차륜이 통과할 때 발생하는 펄스 간의 시간을 측정하여 열차의 속도를 계산한다.

선로횡단 소요시간 계산

건널목의 경보시간은 건널목을 통행하는 보행자와 모든 차량을 기준으로 계산한다. 경보시간이 너무 짧을 경우에는 예기치 않은 열차의 진입으로 사고가 발생할 수 있으므로 통행자나 차량 등이 건널목을 충분히 횡단할 수 있는 시간을 고려해야 한다. 이와 같이 건널목을 횡단하는데 소요되는 시간을 T(sec)라 하면 다음과 같다.

$$T = \frac{2L_1 + L_2(n-1) + L_3}{V} + t \text{ [sec]}$$

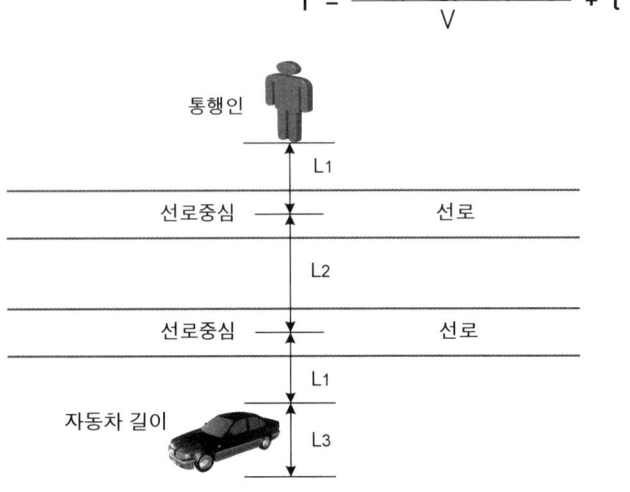

여기서,
 L_1 : 외측 궤도중심에서 통행인 정지위치까지 거리[m]
 L_2 : 복선 이상시 선로간격[m]
 L_3 : 자동차의 길이[m]
 n : 선로의 수
 t : 안전 확인에 요하는 시간[m]
 V : 건널목 횡단속도[m/sec]

(그림 7-64). 건널목 횡단거리의 계산

건널목 도달시간 계산

차륜검지기에 의하여 열차의 건널목 접근을 검지하고 열차가 건널목에 도착하기까지의 도달 시간은 다음과 같이 계산한다.

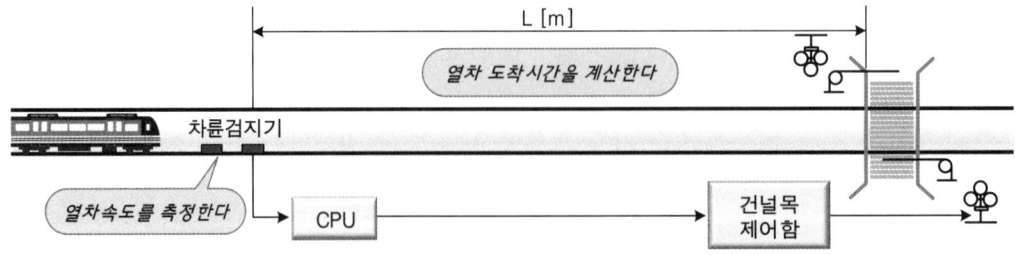

(그림 7-65). 건널목 정시간제어기의 구성

7장 일반철도 신호시스템

- 열차의 건널목 도달시간 $T = \dfrac{L}{V} \cdot 3.6$ 에서

- 열차의 제어구간 길이 $L = \dfrac{T\,V}{3.6}$

  여기서, T : 차륜검지기~건널목까지 열차의 도달시간, 경보시간[sec]
  L : 차륜검지기~건널목까지의 거리[m]
  V : 차륜검지기에서 검지된 열차의 속도[km/h]

- 예를 들어, 건널목 구간을 운행하는 열차의 최고속도가 108km/h이고, 경보시간이 30sec일 경우 경보제어구간의 길이는 다음과 같다.

  열차의 제어구간 길이 $L = \dfrac{T\,V}{3.6}$ 에서

  $$L = \dfrac{108 \times 30}{3.6} = 900\text{m}$$

- 이 구간을 저속도 열차가 36km/h로 주행할 경우 경보시간은 다음과 같다.

  열차의 건널목 도달시간 $T = \dfrac{L}{V} \cdot 3.6$ 에서

  $$T = \dfrac{900}{36} \cdot 3.6 = 90\text{sec}$$

위의 계산에서 그 구간을 운행하는 열차의 최고속도를 기준으로 하므로 건널목으로부터 900m 전방에 건널목 정시간제어기를 설치한다. 한편 이 건널목 구간을 36km/h로 저속열차가 접근할 경우 경보시간은 90초가 되어 고속열차와의 차이는 60초이다.
이때 고속열차와 저속열차의 경보시간이 60초 차이가 나므로 건널목 보안장치에 대한 신뢰도를 저하시켜 통행자가 고장으로 잘못 인식하고 횡단사고가 발생될 수 있다.

6 건널목 보안장치의 설치

건널목보안장치 설치기준

① 철도건널목의 설치는 열차통과 횟수, 도로교통량, 건널목 투시거리, 열차운행속도 등을 감안하여 1종, 2종, 3종으로 구분하여 설치한다.
② 철도 선로와 접속도로와의 교차각은 45° 이상으로 하고, 양방향의 접속도로는 선로 중심(복선의 경우는 최외방 선로)으로부터 30m까지 직선으로 하고 그 구간의 종단 상·하구배는 3‰ 이하로 해야 한다. 다만, 도로 교통량이 적은 곳, 지형조건, 기타 특별한 사유로 인하여 부득이 하다고 인정되는 곳은 예외로 하고 있다.
③ 평면교차로에서의 교차각을 45° 이상 확보, 건널목 양방향으로 30m 연장 및 종단 구배 3‰ 이하로 한 것은 도로의 시설기준에 규정하여 자동차운전 및 건널목 시야 거리 확보를 기준한 것으로 구조적으로 안정성이 확보되어야 한다.
④ 열차의 투시거리는 당해 선로의 최고 열차속도로 운행할 때 제동거리 이상 되는 경우로써 시속 100km/h 이상은 700m 이상, 시속 90km/h는 500m 이상으로 하고 그 외는 400m 이상을 확보하여야 한다.

건널목 경보기의 유지보수(조정)

① 경보종의 타종 수는 기당 매분 70~100회로 조정하여야 하며, 음량은 경보종 1m 전방에서 60~130dB를 유지하여야 한다.
② 경보시간은 열차 최고속도를 고려하여 30초를 기준으로 하고 최소 20초 이상을 확보하도록 하며, 차단봉이 하강된 후 열차의 앞부분이 건널목에 도달할 때까지 15초 이상을 유지하도록 한다.
③ 경보등은 도로 우측에 설치하며 확인거리는 특수 경우를 제외하고 45m 이상으로 한다.
④ 경보등의 단자전압은 정격값의 0.8~0.9배를 유지하여야 한다.
⑤ 경보등의 점멸횟수는 50±10회/분이며 현수형은 계속 점등되도록 한다.
⑥ 차단기는 도로 우측에 설치하고 궤도중심에서 차단기까지의 거리는 2.8m로 하며, 차단개시 시간은 경보기가 동작한 후 3초 이상으로 한다.

(그림 7-66). 건널목 경보기

⑦ 경보종 코일의 전류는 정격 값의 ±10% 이내로 하며, 경보기 제어유니트 절연저항은 전기회로와 대지 간 1MΩ 이상으로 한다.
⑧ 잠바선에서 0.06Ω의 단락선으로 단락시켰을 때 2420형의 계전기는 낙하되고, 2440형의 계전기는 여자하여야 한다.

전동차단기의 설치

① 전동차단기는 도로의 우측에 설치하되 내측 궤도중심으로부터 차단봉까지 2.8m로 한다. 지장물이 있을 경우 현장 여건을 고려한다.
② 건널목을 차단했을 때 차단봉의 높이는 도로면에서 차단봉의 중심까지 일반형은 800±100mm, 장대형은 1,000±100mm로 한다.
③ 전동차단기 설치기준
- **일반형** : 4.5m, 6m, 8m이며, 편도 2차선 도로 이하에 설치
- **장대형** : 8m, 10m, 12m, 14m이며, 편도 2차선 도로 이상에 설치

(그림 7-67). 전동차단기

06 철도교통관제센터

> **기본 설명**
>
> 철도관제는 철도가 원활하게 운행할 수 있도록 운행정보를 제공하고, 이를 바탕으로 운행이 적절히 이루어질 수 있도록 통제한다. 또한, 적법하고 안전한 운행을 할 수 있도록 지도 감독하고, 사고가 발생하였을 경우 이를 수습하고 지시·감독한다.

1 머리 기술

2006년 5월에 철도교통관제센터가 발족되어 서울지역관제실을 이전하였으며, 같은 해에 순천지역, 부산지역, 대전지역, 영주지역 관제실이 순차적으로 통합되었다, 2010년 8월에는 고속철도 관제실이 통합되었다.

열차집중제어장치는 광범위한 구간의 신호제어를 원격제어 기술로 도입하여 열차운행 상황과 선로상태, 신호설비의 동작상태 등을 한 곳에서 집중하여 제어 및 감시한다. 주컴퓨터에 입력된 스케줄에 따라 각 역의 운행진로를 자동과 수동으로 총괄 제어하며 여객안내정보 등으로 열차운행정보를 여객에게 제공하는 장치이다.

CTC는 주컴퓨터에 입력된 열차 스케줄에 의하여 열차의 자동제어 및 열차의 운행관리, 자동진로제어, 행선안내 기능, 운행상황의 기록 등을 자동화한 것이다.

고속철도 CTC의 경우 현장으로부터 수신되는 안전장치의 동작정보를 신호기계실을 통해 관제실에서 데이터를 수합하며, 안전장치로부터 이례적인 정보가 수신되면 열차 운행속도(ATC속도)를 통해 운행을 통제하는 기능이 있다.

7장 일반철도 신호시스템

2 CTC 시스템의 구성

▌CTC 서버

CTC 서버는 FT(Fault Tolerant)로 구성하여 열차번호 추적, 자동진로제어, 지연열차관리, 자동제안, 열차스케줄 관리를 한다. CTC 구역을 고속철도와 일반철도로 구분한다. 고속철도는 1개의 CTC 서버를 사용하고, 일반철도는 3개의 CTC 서버를 설치하여 전국을 3개 구간으로 분할하여 사용한다.

실적관리 컴퓨터에 의하여 각 열차의 운행계획 및 실적관리와 필요한 보고서를 출력하고, 해당 내용을 통합관리시스템으로 전송하는 업무를 수행한다.

▌컴퓨터 시스템

열차제어용 컴퓨터

통합관제실에서 제어하는 구간을 3개 이상으로 관할 구역으로 분산하여 제어하도록 구성하며, 현장 역의 원격제어 및 열차추적, 열차번호제어, 자동진로제어 등의 CTC 기능을 수행하고 이와 관련된 연동데이터를 구축한다.

CTC 서버는 관할 구역별로 별도 구성하며, 인접한 서버의 고장을 감지하여 고장난 서버의 관할 범위까지 CTC 기능을 수행한다.

운행관리용 컴퓨터

CTC 서버와 동일한 규격의 스케줄 관리 서버와 신호취급(Regulation) 컴퓨터로 구성된다. 스케줄 관리 서버는 다이아 DB, 로그 DB 등 필요한 모든 데이터를 데이터베이스로 구축하고 관리한다.

신호취급 컴퓨터는 경합검지 및 자동제안 등의 조정기능을 구역별로 담당한다. 운영관리용 컴퓨터는 현장의 열차운행 상태, 조건 등을 연산하여 최적의 운행방안과 다이아 등을 작성하여 처리한다.

통신 컴퓨터

통신서버는 별도로 구성하며, 기존의 C-DTS에 의한 폴링방식에서 터미널 서버(RS422 멀티포트 지원)와 L-DTS를 1:1 방식으로 구성하여 현장의 데이터를 빠르게 처리한다.

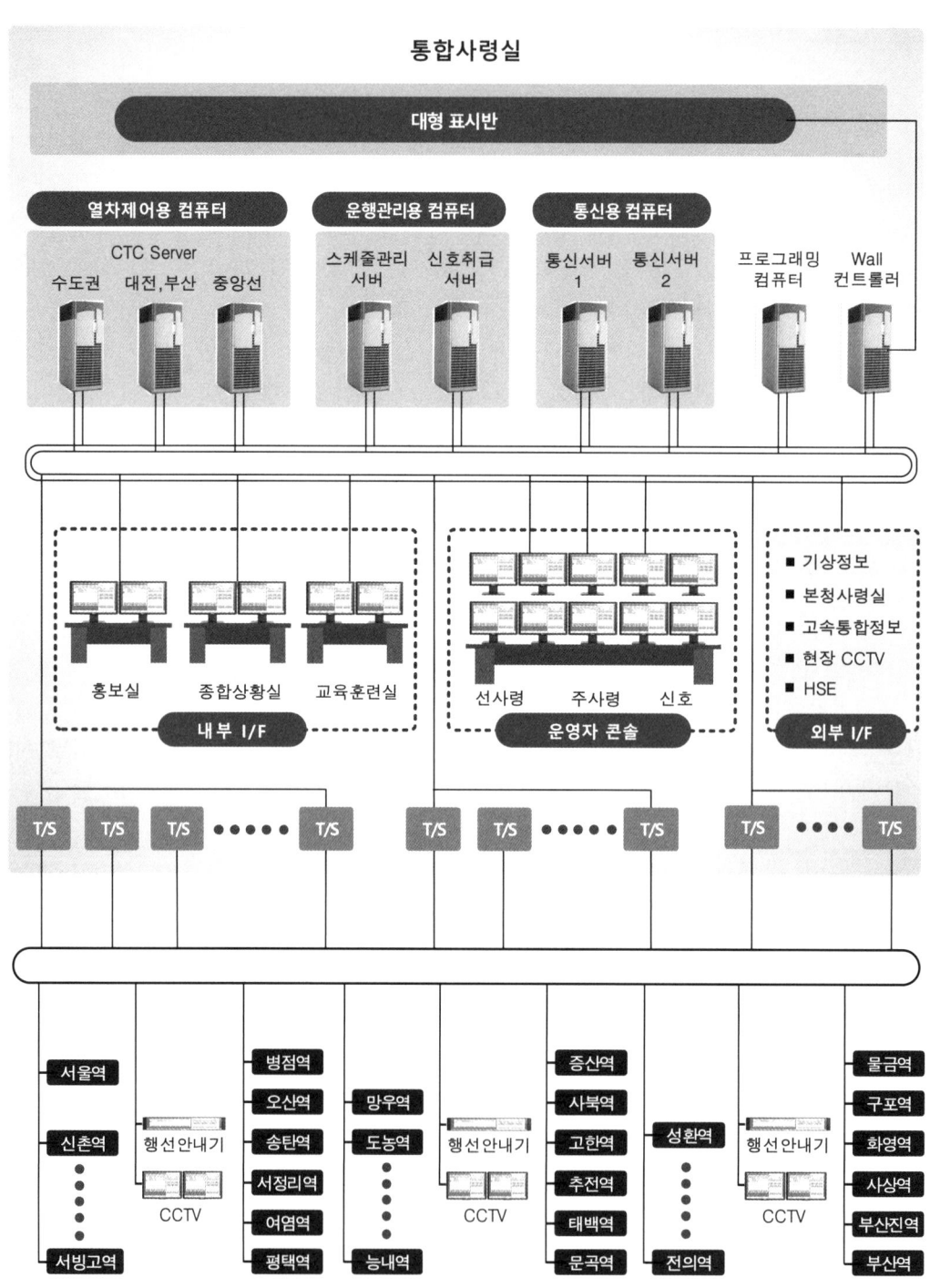

(그림 7-68). 철도교통관제센터 시스템 구성

프로그래밍 컴퓨터

프로그래밍 컴퓨터는 역 모양변경, 기능 추가 및 변경에 따른 소프트웨어의 수정에 대한 시뮬레이션과 교육실 설비의 교육용 서버 기능을 담당하며, 이를 수행할 수 있도록 데이터베이스와 프로그램을 구축한다.

L-DTS

L-DTS는 현장의 각 역에 설치되며, 이 L-DTS들은 관제실의 통신 서버와 연결되어 정보를 송수신한다. L-DTS는 통신서버에 연결되어 관제실과 정보를 송수신하며 현장 정보를 수집하고 현장 신호설비를 제어하기 위해 연동장치와 연결되어 있다.

L-DTS는 CPU모듈, 입력모듈, 출력모듈, 전원모듈로 구성된다. 통신서버와는 9600 bps의 속도로 정보를 교신한다.

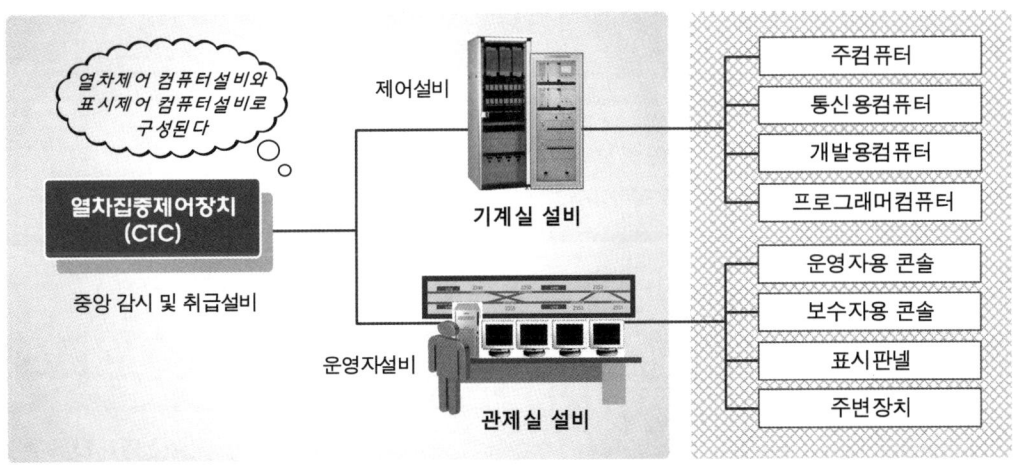

(그림 7-69). 열차집중제어장치 구성

관제실 운영자 설비

운영자 콘솔 (Operator Console)

- ATC 및 IXL을 원격제어하고 열차운행 스케줄 입력 및 변경을 할 수 있다.
- 관제사에 의해 열차번호 부여 및 변경, 열차운행 감시, 열차운행 관리기록 입출력 등을 할 수 있다.

유지보수용 컴퓨터 (Maintenance Console)

각 역의 신호기계실 설비 및 현장설비의 상태를 모니터링 할 수 있으며 고장 등의 정보가 수신되면 알람 기능이 있다. 유지보수 컴퓨터는 단일계로 구성되며 설비의 고장 원인 분석, 고장 통계, 기록관리 등을 한다.

표시판넬 (CMP)

- 궤도상 운행 중인 열차위치 및 열차번호 표시, 진로의 구성상태 표시
- 궤도회로·선로전환기·신호기 등의 동작상태 표시, 열차제어설비(TCS)상태 표시
- SCADA, 기존 CTC 표시, 안전설비상태 표시

3 CTC의 주요 기능

❶ 열차운행계획 관리

- 열차운행계획(다이아)의 작성, 전송, 출력
- 열차운행계획 프로그램 기본정보 관리
- 열차운행 변경 시 운행계획의 수정

❷ 열차운행상황 표시

- 선로 상에 열차의 이동 및 정지 검지
- 열차검지와 열차번호를 표시반에 현시
- 진로상태 및 기타 필요한 현장 정보

(그림 7-70). 철도교통관제센터

❸ 신호설비의 감시 및 진로제어

- 원격제어에 의한 신호설비의 동작 및 장애 상태변화 감시
- 진로제어 : 열차운행스케줄에 의한 자동취급, 운영자에 의한 수동취급

❹ 운영 및 유지보수 기능

- 경보관리, 데이터 저장관리, 보고서 및 통계관리, 출력관리
- 데이터처리장치 운영기록 관리, 시스템 감시장치 관리
- 외부 시스템 관리, 오프라인 운영관리

08 도시철도 신호시스템

Railway Signal System

- 도시철도 신호제어방식
- ATC 속도코드방식
- ATO(열차자동운행장치)
- Distance to go 방식
- KTCS-M 시스템
- 승강장 인터페이스
- ATS(자동열차감시장치)
- 경전철 열차제어
- CBTC 시스템
- 자기부상철도
- 트램 신호제어

기본 설명

도시철도는 노선의 특성상 도심을 통과하는 짧은 노선에서 빈번하게 운행하여 수송력을 발휘하여야 하므로 신호시스템 역시 이에 적합한 제어를 위해 가감속 제어와 빈번한 승객취급을 원활히 할 수 있도록 ATP/ATO를 통합한 ATC 시스템이 일반적이다.

1 머리 기술

국내의 도시철도 열차제어시스템은 ATC에 의하여 열차운행을 제어하는 장치로서 ATC장치에 대한 핵심기술을 철도선진국으로부터 시스템을 도입하였다.

도시철도는 일반철도와 달리 급속한 개발과 변천으로 도시철도 운영사에서는 건설시기와 노선별로 서로 다른 기종의 제작사 시스템이 설치되어 왔다.

도시철도 열차제어시스템의 특징은 하나의 노선에는 해당되는 단일 기종의 열차만 운행하기 때문에 노선별 다양한 기존의 시스템이 설치되어도 문제되지 않지만 시스템 유지관리에 불리한 점이 있다.

도시철도는 역간 거리가 짧고 대부분 지하로 건설되기 때문에 고속도 운행이 불리하며, 빈번한 가감속과 승객취급으로 인하여 기관사의 업무 피로도와 실수를 경감하기 위해서 ATC(ATP/ATO) 시스템에 의한 자동화 운전을 하고 있다.

차상ATC는 지상ATC에서 작성한 신호정보를 궤도로부터 연속적으로 수신하며 열차운행을 제어하기 때문에 지상정보의 변화에 따라 즉시 대응할 수 있어 도시철도 구간의 밀집운전과 안전운행에 매우 유리하다.

8장 도시철도 신호시스템

도시철도 신호시스템의 특징

① **최소운전시격 향상** : 첨두시간(혼잡시간)에 포화된 승객의 불쾌감을 해소하기 위해서 최소운전시격을 단축함으로써 수송능력을 향상한다.
② **열차운행 자동화(ATO)** : 역간 짧은 정거장 운행으로 인하여 승강장 정차, 출발, 출입문 개폐, 잦은 가감속으로 인하여 기관사의 피로와 실수를 예방할 수 있다.
③ **슬림화된 시스템** : 시스템의 자체 처리능력의 향상과 전자화, 전산화, 인터페이스 등에 의한 기술의 발달로 시스템의 면적 및 수량이 축소되었다.
④ **안전성 향상** : ATO에 의한 자동화 운전과 시스템 정밀제어에 의한 안전측 동작으로 인적오류 및 시스템 고장에 의한 오류 및 사고를 방지한다.
⑤ **신개발 시스템 출시** : 선로용량 확보, 시스템의 안전성과 신뢰성을 위하여 지속적으로 시스템이 개발되고 진화되어 무선통신에 의해 열차운행을 제어하는 추세이다.

도시철도 신호제어의 특징

도시철도는 인구가 집중된 도심을 중심으로 노선이 설계되고 열차운행의 밀집도를 높이기 위해서 최소운전시격을 단축하여 수송효율을 높이는 시스템 성능에 주력하여왔다. 그러다 보니 운전시격 단축과 자동화 운전에 기술개발에 박차 여러 발전을 거듭하여 개통 시기에 따라 다양한 시스템이 도시철도에 적용되고 있다.

전국 도시철도 신호시스템은 철도선진국의 기술을 도입하여 각 지역의 도시별, 노선의 개통 시기 또는 연장노선에 따라 각양각색의 제어기술이 적용되어 있다.

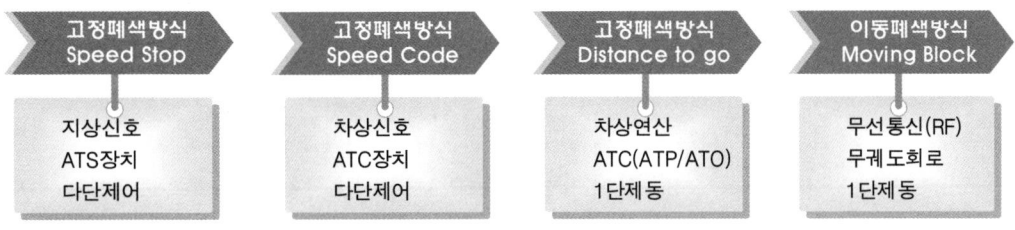

(그림 8-1). 폐색시스템의 발전과정

2 도시철도 신호시스템의 발전

(표 8-1). 신호제어방식의 발전과 제어 특징

제어설비	최초 사용	제어 특성
1. ATS (열차자동정지장치) ■ 지상신호방식	1969년도 개통 : 서울~부산 1974년도 개통 : 서울지하철 1호선	■ 일반철도에 사용, 서울지하철 1,2호선에 적용 ■ 지상신호방식으로서 운행간격 단축 불리 ■ 다단속도제어방식, 과속운행에 대한 단속제어 ■ 경제적인 설비로서 열차기종 호환성 유리
2. ATC (열차자동제어장치) ■ 속도코드방식	1985년도 개통 서울지하철 3호선	■ 도시철도에 사용(현재는 단종) ■ 차상신호방식의 다단 속도제어방식 ■ 열차에 지시속도주파수를 전송하여 속도제어 ■ 오늘날에도 성능이 우수함
3. 차상연산방식 ■ ATC(ATO/ATP) ■ ATP(ETCS)	1999년도 개통 인천지하철 1호선	■ 도시철도에 사용, 준고속 ATP(ETCS) ■ 차상에서 자신의 운행거리와 목표속도를 연산 ■ 1단 제동제어에 의해서 열차 운행속도 제어 ■ 오늘날 도시철도에서 주로 사용
4. 이동폐색방식 ■ RF CBTC	2011년도 개통 신분당선	■ 도시철도(중전철, 경전철)에 사용 ■ RF-CBTC(궤도회로 없는 무선통신방식) ■ 지상에서 차상으로 이동권한을 부여(전송) ■ 운행거리 연산에 의하여 1단 제동제어

도시철도 신호시스템 적용

① 처음으로 자동신호제어가 시작된 ATS는 일본에서 도입되어 일반철도에 널리 사용하였으나 국내 최초로 지하철이 개통된 1974년도에 서울 1호선에도 적용되었다.
② 1985년도에는 서울지하철 3호선에 국내 최초의 차상신호장치인 ATC속도코드방식이 도입되어 폐색신호기 없이 운행되었다.
③ 1995년도에 서울지하철 5호선부터 점차 ATC속도코드방식에 ATO 자동화운전 시스템을 부가하여 기관사의 운전부담 및 사고율을 덜게 되었다.
④ 1999년도에 차상연산방식(DTG)이 인천지하철 1호선에 처음 도입되었으며, 지상정보를 차상 ATC에 전송하면 열차 자신의 운행거리와 목표속도를 연산한다.

8장 도시철도 신호시스템

⑤ DTG방식은 고정폐색에서 이동폐색으로 발전하는 단계가 되어 2011년도에 신분당선에서 처음으로 이동폐색이 운영되었으며 오늘날 경전철에 널리 사용되고 있다.

▒ 도시철도 신호제어의 변천

도시철도 시스템은 ATC에 의해서 제어된다. 역 간 거리가 짧고 폐색구간이 짧음으로써 조밀한 열차제어를 하여 선로용량을 증대할 수 있기 때문이다. 이를 위해서는 지상으로부터 차상에 신호정보를 연속적으로 전송할 수 있는 ATC 장치는 대응에 신속히 제어하므로 안전하다.

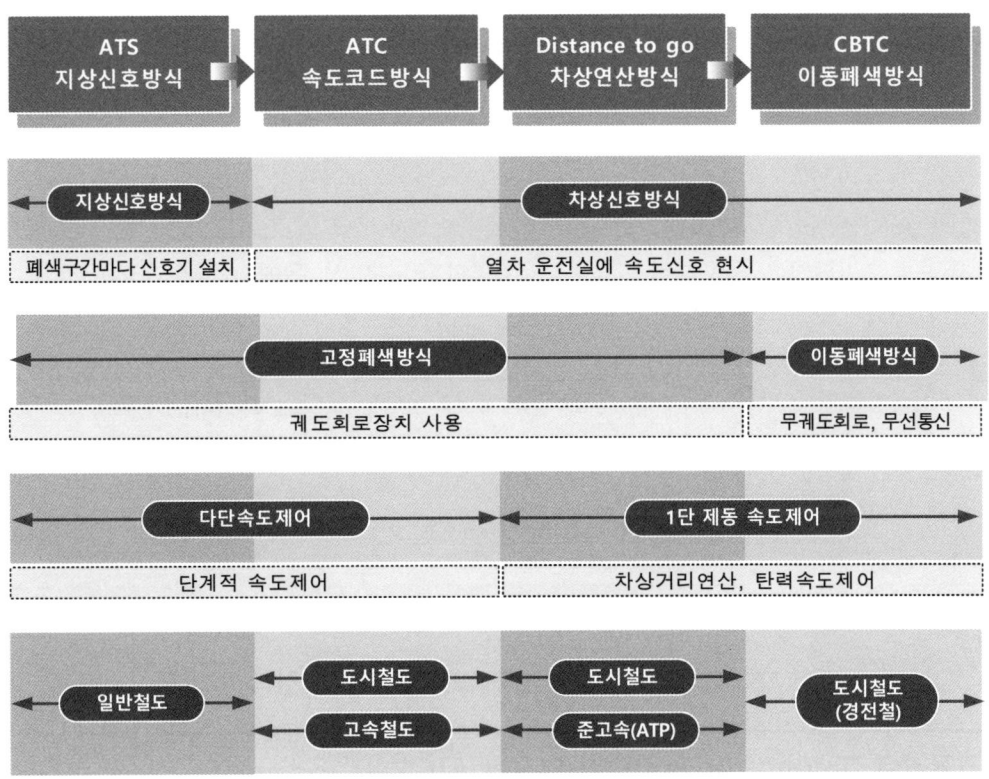

(그림 8-2). 신호설비의 단계별 역할

3 고정폐색 ATC 제어방식

궤도회로장치를 통해서 차상에 전송하는 ATC 신호정보의 형태에 따라 Distance to go 방식을 '디지털 ATC방식'이라 하고, ATC속도코드방식을 '아날로그 ATC방식'이라 한다.

고정폐색 ATC속도코드방식 (아날로그 ATC방식)

고정폐색 ATC속도코드방식은 지상→차상에 ATC속도신호를 보낼 때 각 속도단계에 따른 속도코드주파수를 전송하는 방식으로써 '아날로그 ATC방식'이라 한다.
ATC속도코드방식은 지상신호장치가 주체가 되어 열차의 속도를 제어하며 분할된 궤도회로를 운행하는 열차의 위치를 검지하여 각각의 속도코드를 부여한다.
신호기계실에서 선행열차와의 운행간격과 분기구간의 진로에 따라 부여된 속도코드주파수를 작성하고 궤도를 통해 차상으로 전송하여 속도를 제어하도록 한다.
ATC속도코드방식은 안전성과 신뢰성은 높으나 아날로그방식의 오래된 기술로써 현재는 단종된 시스템이다. 우리나라와 일본에서는 과거로부터 ATC라고 부르며, 대표적으로 서울 수도권에서는 서울지하철 3~8호선, 일산선, 분당선 등에서 사용되고 있다.

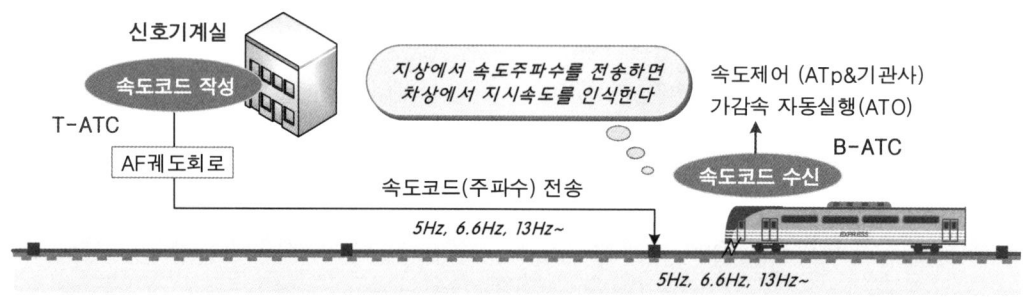

(그림 8-3). 지상연산방식의 AF속도코드방식

고정폐색 Distance to go방식 (디지털 ATC방식)

약칭으로 'DTG방식'이라고도 하며 지상→차상에 ATC속도신호를 보낼 때 디지털코드로 작성하여 정보를 전송하는 방식으로써 '디지털 ATC방식'이라 한다.
이 방식(DTG)은 궤도회로를 기본으로 하는 고정폐색 원리의 차상연산방식이다.
차상ATC는 자신의 운행거리위치 뿐만 아니라 자신의 목표속도까지 연산한다.

8장 도시철도 신호시스템

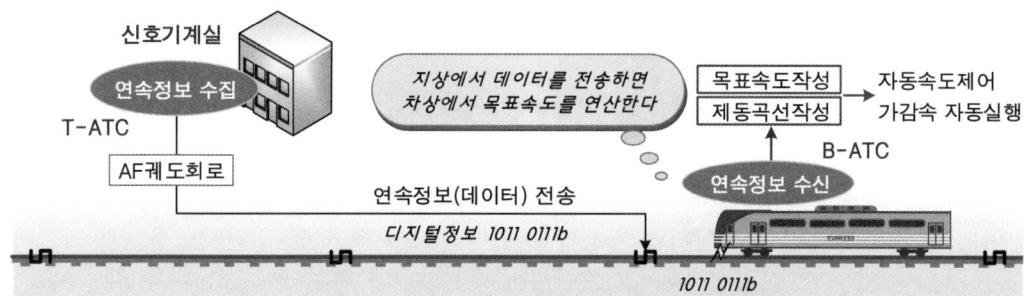

(그림 8-4). 고정폐색 Distance to go방식

지상으로부터 연속정보(궤도회로)와 불연속정보(루프코일, 비컨)를 수신하고 차상에서 목표속도와 목표제동곡선을 작성하여 열차 스스로 운행을 제어한다.

기존과 같은 계단식 속도제어가 아닌, 목표정지점 또는 최소안전거리를 연산하여 접근 운행하며 정지점에 가까워지면 한 번의 제동(1단제동)으로 열차를 정지시킨다. 이로 인하여 목표정지점까지 단계적인 감속제어가 없으므로 평균속도를 향상할 수 있다.

다단제어 없이 탄력적인 속도제어로 목표정지점에서 1단 제동제어를 함으로써 저속운전 속도손실을 보상할 수 있다.

DTG방식은 인천1호선, 대전지하철, 서울2호선에는 Siemens사 시스템이 사용되고, 대구2호선, 공항철도, 서울9호선에서 Alstom사 시스템이 사용되고 있다.

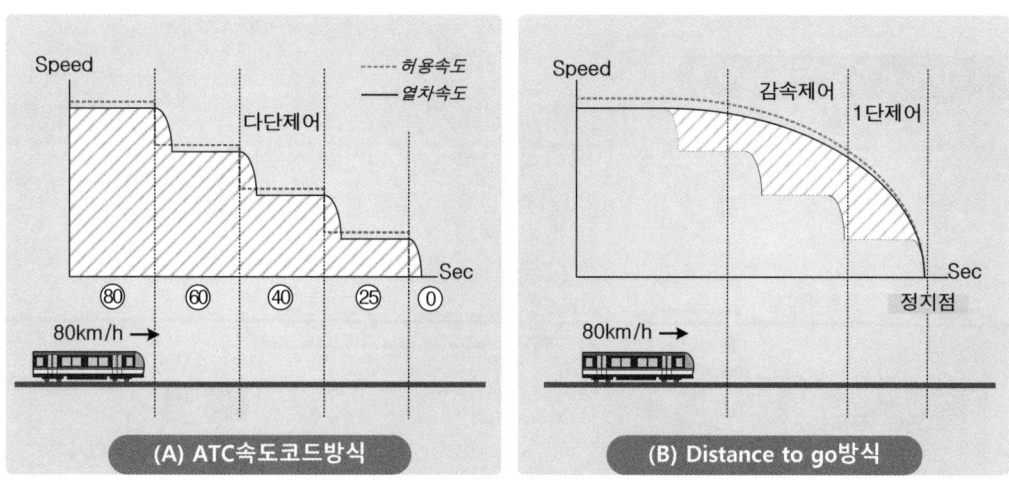

(그림 8-5). 아날로그 ATC방식과 디지털 ATC방식

543

폐색제어 연산주체

도시철도에서 사용되고 있는 두 시스템은 고정폐색방식으로서 궤도회로 단위로 열차를 검지하는 점은 동일하지만 간격제어에 있어서 궤도회로 단위로 접근한다는 점과 거리연산에 의하여 접근한다는 점에서 차이가 있다. 이것은 폐색제어에 필요한 신호정보를 수집하여 연산의 주체인 지상장치와 차상장치에 따라 속도제어 및 접근제어를 한다.

ATC속도코드방식 연산주체

- 신호기계실에 폐색제어시스템이 집중화되어 차상을 제어하는 지상주체식이다.
- 지상에서 안전거리에 적합한 속도코드신호를 작성하여 차상에 전송한다.

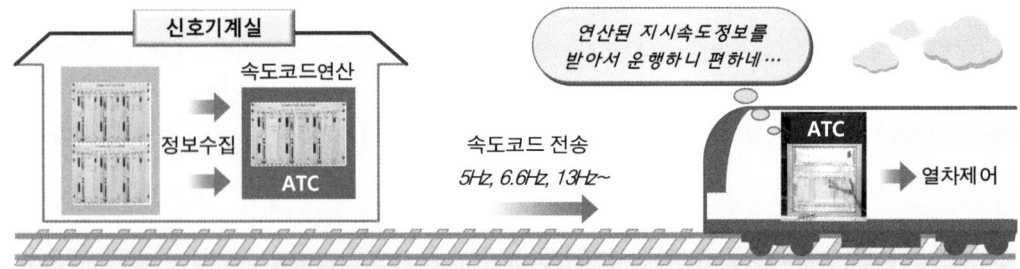

(그림 8-6). 고정폐색 ATC속도코드방식의 연산주체

DTG방식 연산주체

- 지상ATC와 차상ATC가 역할을 분담하여 차상에서 연산하는 차상주체식이다.
- 지상의 데이터를 차상에 전송하여 차상ATC에서 속도신호를 연산한다.

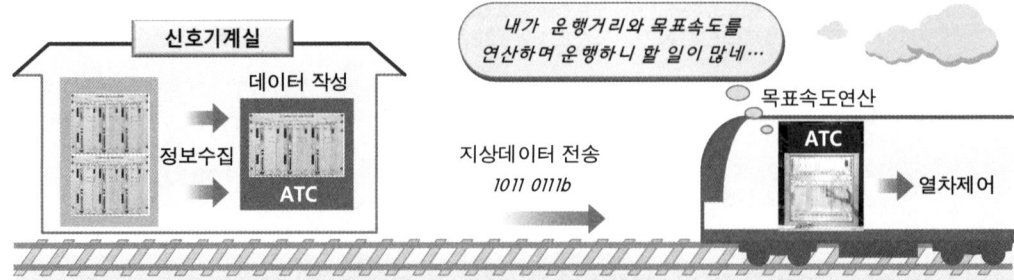

(그림 8-7). 고정폐색 Distance to go방식의 연산주체

8장 도시철도 신호시스템

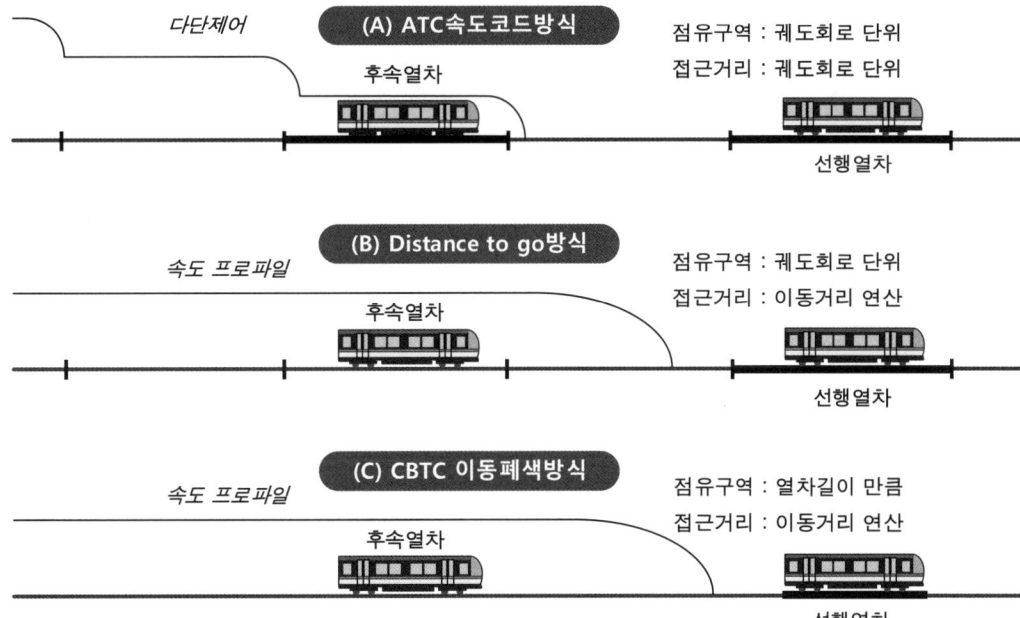

(그림 8-8). 도시철도 폐색방식의 비교

(표 8-2). 도시철도의 열차제어시스템

열차제어방식	적용노선	특 징
ATS (열차자동정지장치)	■ 국철구간(일반철도) ■ 수도권 경인선, 안산선 ■ 서울 1호선, 2호선	■ 지상신호방식(수동운전) ■ 중앙선 : 3현시 ■ 경부선, 서울1호선 : 4,5현시 ■ ATO 자동운전에 불리함
ATC속도코드방식	■ 서울도시철도 구간 (3,4,5,6,7,8 호선) ■ 일산선, 과천선, 분당선 ■ 부산1호선, 광주1호선	■ 차상신호방식 ■ 지상장치에서 속도코드 선정 ■ AF궤도회로(속도코드 전송) ■ ATO 자동화운전 가능
Distance to go (차상연산방식)	■ 대구2호선, 공항철도, 서울9호선 : ALSTOM 제작사 ■ 인천1호선, 대전1호선, 서울2 호선 : SIEMENS 제작사 ■ 부산2/3호선, 광주2호선	■ 차상거리연산방식 ■ 차상에서 목표속도와 제동곡선 작성 ■ AF궤도회로(연속정보 전송) ■ 자동화와 무인운전의 중간개념
이동폐색방식 (MBS)	■ 신분당선, 부산김해경전철, 의정부경전철, 용인경전철, 부산4호선, 대구3호선, 인천2호선	■ 거리연산, 무인운전방식 ■ 무선통신방식 : 열차검지, 정보전송 ■ 경전철에 적용, 20~30km 단거리

(표 8-3). 도시철도의 열차제어시스템 현황 (2021년 기준)

구 분		신호설비	영업속도	전차전압(V)	제작사	연장(km)	개통(년)
서울교통공사	1호선	ATS	110	DC1500	국산	200.6	1974
	2호선	DTG	90	DC1500	Siemens	60.2	1980
	3호선	ATC	90	DC1500	US&S	38.2	1985
	4호선	ATC	80	DC1500	US&S	31.1	1985
	5호선	ATC/ATO	80	DC1500	US&S	60.0	1985
	6호선	ATC/ATO	80	DC1500	US&S	36.4	2000
	7호선	ATC/ATO	80	DC1500	US&S	61.3	1996
	8호선	ATC/ATO	80	DC1500	US&S	17.7	1996
	9호선	DTG	80	DC1500	Alstom	31.7	2009
부산지하철	1호선	ATC/ATO	90	DC1500	일본교산	40.6	1985
	2호선	DTG	100	DC1500	Adtranz	45.2	1999
	3호선	ATC/ATO	100	DC1500	일본교산	18.1	1999
	4호선	CBTC	60	DC750	일본교산	12.7	2011
인천지하철	1호선	DTG	80	DC1500	Siemens	30.3	1999
	2호선	CBTC	80	DC750	Thales	29.1	2016
대구지하철	1호선	ATC/ATO	80	DC1500	GRS	28.4	1997
	2호선	DTG	80	DC1500	Alstom	31.4	2005
	3호선	CBTC	70	DC1500	Hitachi	23.1	2015
광주지하철	1호선	ATC/ATO	100	DC1500	일본교산	20.5	2004
	2호선	CBTC	70	DC750	일본신호	41.8	2023
대전지하철		DTG	100	DC1500	Siemens	22.7	2006
신분당선		CBTC	90	AC25000	Thales	31.29	2011
용인경전철		CBTC	80	DC750	Bombardier	18.1	2013
부산김해경전철		CBTC	70	DC750	Thales	23.4	2011
의정부경전철		CBTC	80	DC750	Siemens	10.5	2012
우이신설경전철		DTG	70	DC750	US&S	11.4	2017
김포경전철		CBTC	80	DC750	일본신호	23.6	2019

8장 도시철도 신호시스템

기본 설명

지상 ATC는 지상의 모든 정보를 수집하여 열차의 운행간격 및 목표속도를 위한 폐색 제어정보를 작성하여 열차에 연속적으로 전송한다. 차상 ATC로 전송하는 연속정보는 고정폐색에서는 AF궤도회로를 이용하고 이동폐색에서는 무선통신을 이용한다.

1 머리 기술

ATC(Automatic Train Control)는 궤도회로를 통해 차상에서 속도제어 정보를 연속적으로 수신하여 열차운행을 제어하는 차상신호방식으로서, 일반적인 의미로 과거로부터 ATP를 포함하고 있다. 또한, 오늘날의 도시철도에서는 차상연산방식을 기반으로 하여 열차운행을 자동화함에 따라 ATC는 ATP/ATO 시스템을 포함하고 있다. ATC장치는 지상으로부터 속도제어 정보를 지속적으로 전송하여 실시간으로 허용속도를 인지하여 차상의 운전실에 표시하고 실제 운행속도와 비교하여 허용속도를 초과하면 제동을 체결하거나 허용속도 내로 스스로 감속제어를 한다.

오늘날의 ATC 시스템은 ATO가 부가되어 자동모드 운행에서 운행속도가 허용속도를 초과하지 않도록 열차 스스로 가감속 제어를 하여 정속도 운행을 한다.

도시철도 구간에서 사용하던 과거의 ATC장치는 AF궤도회로를 이용한 속도코드방식으로서 아날로그 ATC라고 불리던 지상 주체식이었으나, 오늘날에 사용되는 디지털 ATC는 차상연산방식(DTG)에 의한다.

547

WIDE 철도신호기술

ATC제어의 안전성

도시철도 ATC

도시철도의 모든 열차는 ATC에 의해 제어되며, ATC에 의해 안전운행이 보장된다. 도시철도 구간에서는 역간 거리가 짧고, 모든 열차가 일정한 길이의 열차장이므로 열차의 운행량을 증대하기 위해서 궤도회로의 길이는 일반철도에 비하여 절반 정도 짧게 구성된다. 이로 인하여 선행열차와 후속열차 간의 안전 운행간격을 단축할 수 있다.
열차는 궤도회로를 통해 연속적으로 신호정보를 수신하며 운행함으로써 신속하게 대응하며 운전하므로 안전성이 우수하다.

고속철도 ATC

고속열차에서도 ATC장치에 의해 안전운행을 확보하고 있다. 고속철도에 ATP를 적용한다면 다음 폐색구간의 발리스를 만나기 전까지는 아무런 신호정보를 수신할 수 없어 도중에 긴급 상황시 신속한 열차제어가 어렵다. 따라서 국내에서는 300km/h의 고속철도 운행구간에서는 ATC에 의해 안전운행을 보장하고 있다.
하지만 ATP의 성능을 향상한 ETCS 레벨2(KTCS2)와 같이 무선통신에 의해서 지속적으로 신호정보를 열차에 전송한다면 안전운행을 보장할 수 있다.

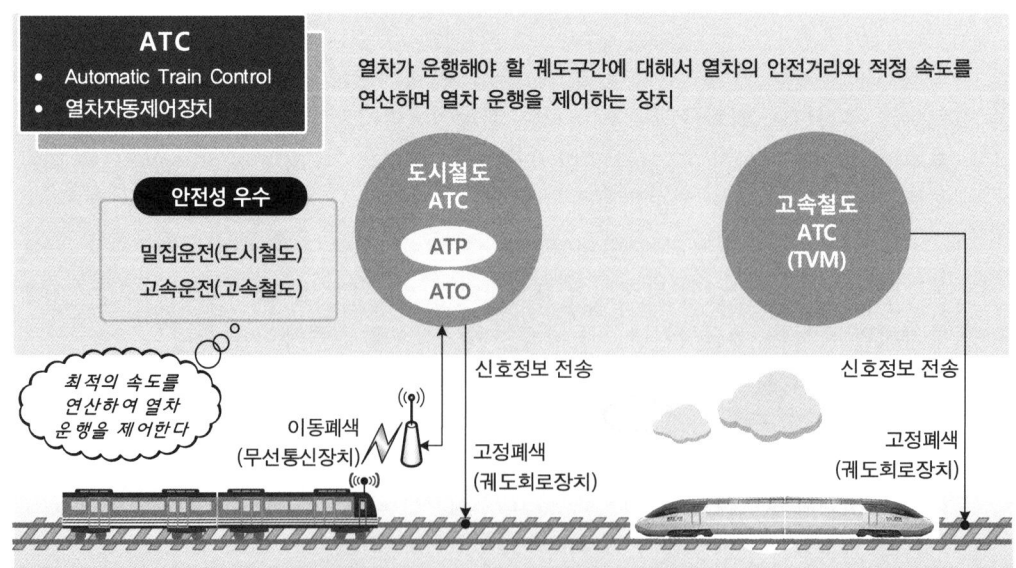

(그림 8-9). ATC장치의 열차제어 방식

2 ATC의 구성과 역할

ATC는 지상ATC장치와 차상ATC장치로 구성된다. 지상ATC에서는 진로정보, 열차위치정보 등 여러 지상정보를 조합하여 차상ATC에 전송하고, 차상ATC는 지상ATC로부터 수신한 지상정보를 토대로 적절한 속도와 안전거리를 연산하며 열차를 제어한다.

즉 ATC는 열차의 운행을 제어하는 장치로서, 열차 간의 적절한 운행간격과 열차가 폐색구간을 운행하여야 할 적절한 속도를 산정하여 열차를 제어한다.

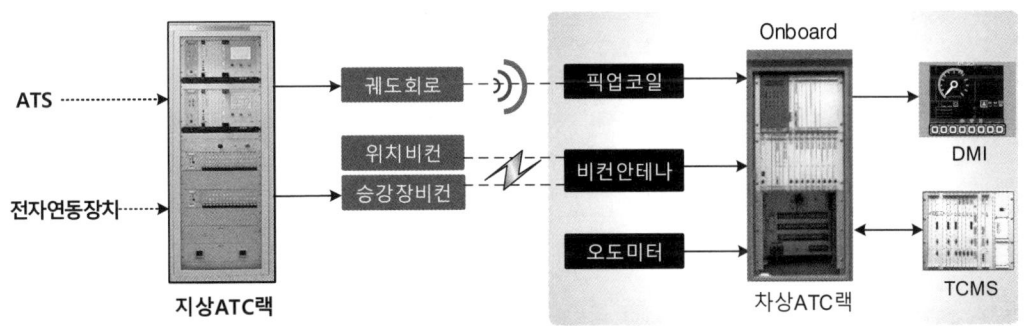

(그림 8-10). 지상ATC와 차상ATC의 구성

ATC의 주요 역할

① 지상정보를 수집하여 속도제어 데이터 생성 (지상ATC)
② AF궤도회로를 이용하여 열차에 속도제어정보를 연속으로 전송 (지상ATC)
③ 제한속도와 운행속도를 비교하여 허용속도 내로 유지 (차상ATC)
④ 지상으로부터 신호정보의 수신 및 목표제동곡선 작성 (차상ATC)

ATC의 하부시스템

오늘날의 신호시스템은 차상에서 열차 자신의 이동거리를 연산하여 궤도 상에서 운행위치를 인지한다. 지상 ATC에서 전송된 정보를 차상 ATC에서 지속적으로 수신하여 목표제동곡선을 작성하고 선행열차와의 안전거리를 차상에서 스스로 제어하는 이른바 차상연산방식으로 발전되었다.

신호시스템의 현대화로 인하여 도시철도 시스템에서 ATC를 상위개념에 두고 하부시스템으로 ATP, ATO, ATS가 있다. 따라서 통상 ATC는 ATP/ATO를 통칭하여 부르며, ATC 시스템은 자동운전제어를 한다.

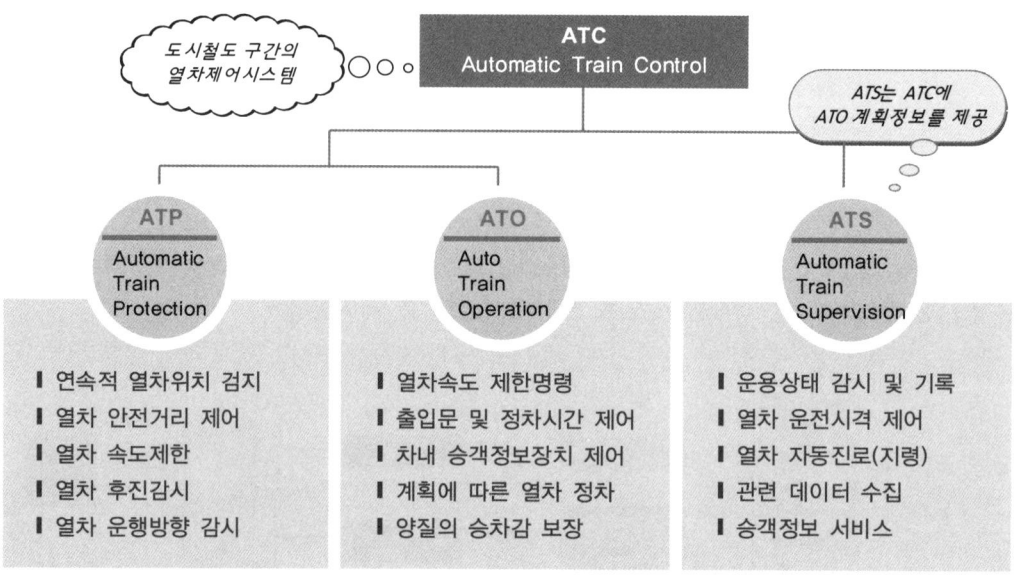

(그림 8-11). ATC의 하부시스템 구성

지상 ATC는 취급자 정보, 진로상태 정보, 궤도회로의 열차검지 정보 등 지상정보를 수집하여 열차가 적절한 속도로 운행하기 위한 연속정보를 작성하여 차상 ATC에 전송하며 자동으로 운행을 제어하는 장치로서 ATO, ATP, ATS의 하부시스템 기능을 갖는다. 이는 지상정보 조건에 따른 경보코드가 선로를 통하여 차상으로 연속적으로 전송되며, 차상에 운전정보를 표시장치에 현시한다.

ATC는 프랑스의 TVM, 독일의 LZB, 프랑스의 SASEM 등이 대표적이다.

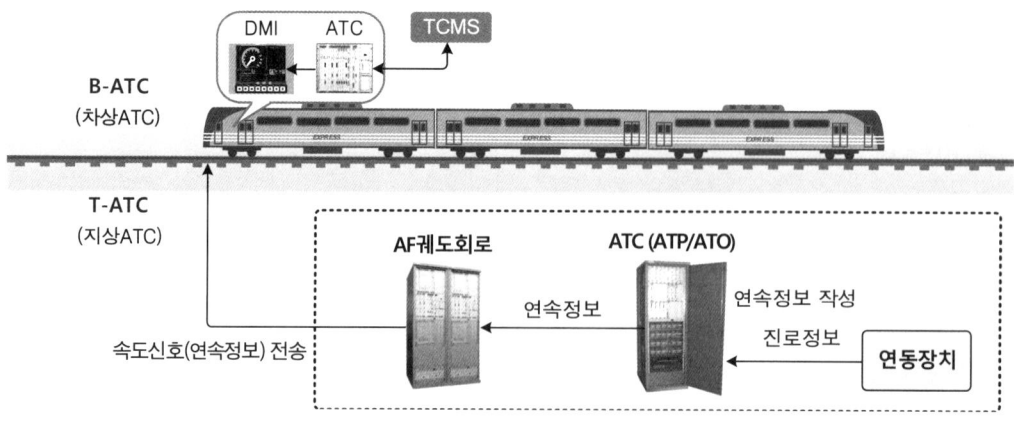

(그림 8-12). 차상연산방식의 ATC제어

3 ATC의 속도제어

ATC의 열차제어

ATC의 기본원리는 AF궤도회로를 통해 열차의 운행위치를 검지하고 운행하는 열차에게 ATC 속도신호를 전송한다. 속도신호 전송은 레일을 이용하여 지속적으로 전송되며, 운행 중인 열차는 차상 Pick-up coil을 통해 정보를 연속적으로 수신한다.

속도신호를 수신한 열차는 제한속도를 인지하고 타코미터로부터 수신한 실제속도를 인지하여 제한속도를 초과하지 않도록 열차 스스로 제어한다.

지상신호방식은 기관사가 신호기의 속도신호에 따라 수동으로 운전하는 방식인 반면에, ATC장치는 차상신호방식으로서 차상 컴퓨터에 의해 열차의 운행이 자동으로 제어된다.

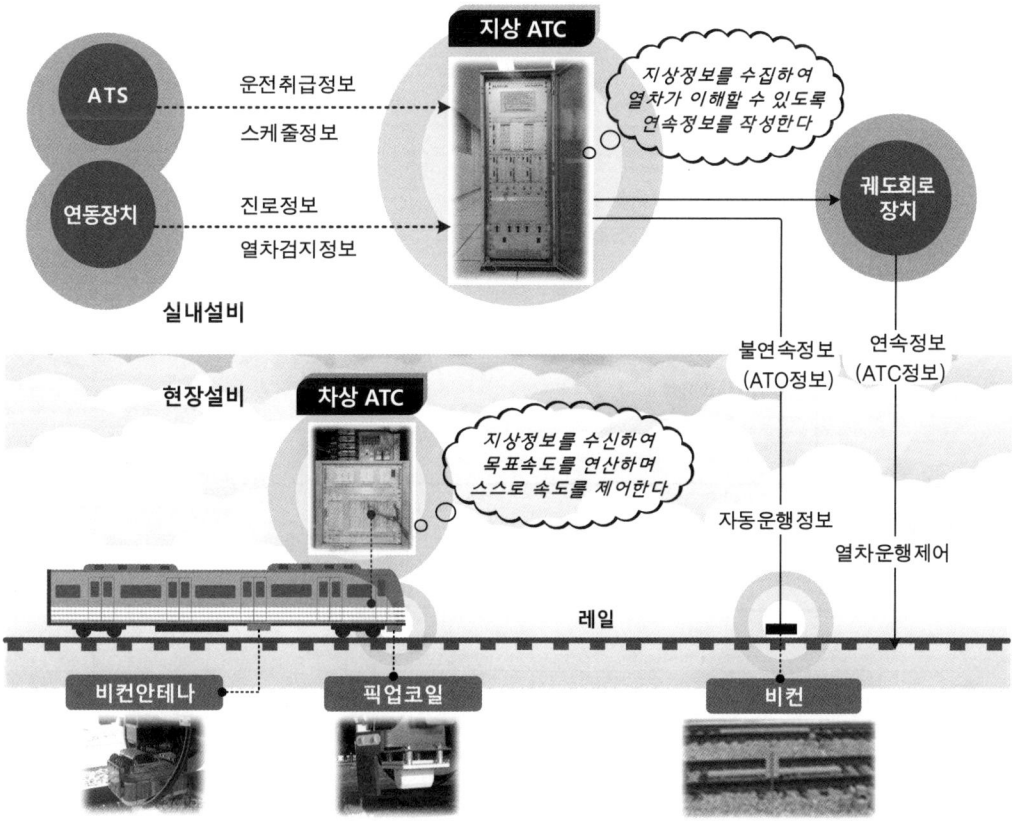

(그림 8-13). ATC 열차제어 인터페이스

ATC의 운전곡선

ATC 운전방식은 ATC 속도제어명령에 따라 제한속도를 초과하지 않도록 스스로 열차의 운행속도를 제어하거나, 제한속도를 초과한 경우 기관사가 일정 시간 내에 감속 취급하지 않으면 즉시 상용제동(일반제동)이 작동한다.

동시에 비상제동을 요청하여 제동률이 2.4km/h/s 이상이 되면 계속하여 상용제동(일반제동)이 작동하며 제동률이 그 이하이면 비상제동이 작동된다.

아래 그림에서 A가 정상적인 비상제동곡선이다. 그러나 차량의 특성 불량으로 인한 제동률 저하를 고려하여 열차 안전운행을 최악조건에서의 제동거리를 필요로 한다.

신호에서 제동거리는 B와 같이 최악조건 상황에서도 안전제동거리가 보장되어야 한다.

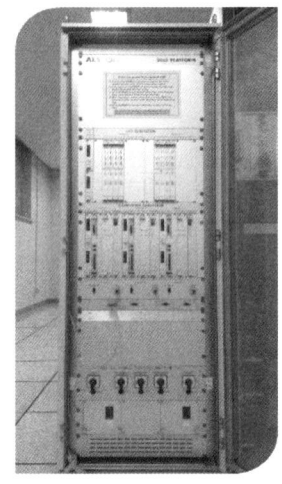

(그림8-14). 지상 ATC

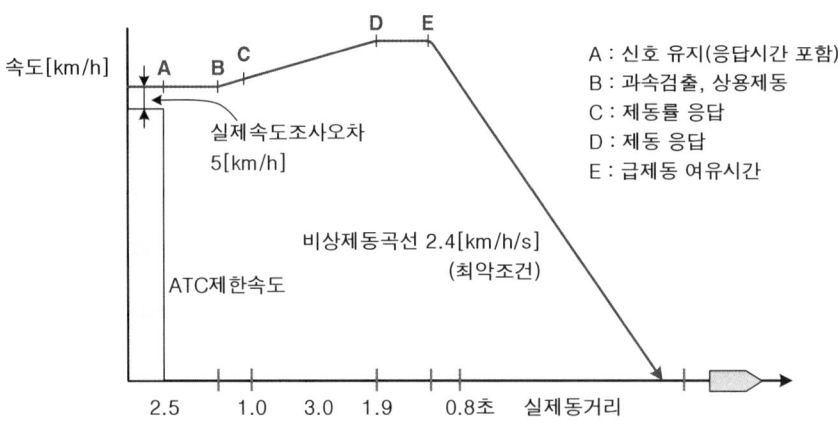

(그림 8-15). ATC 비상제동 운전곡선

 왜, 모든 도시철도 열차제어시스템은 "ATC"인가?

ATC는 연속적인 신호정보 전송으로 즉각적인 대응 운전이 가능하며, ATO와 호환되어 유연한 운전제어를 할 수 있다. 도시철도는 짧은 역 간 거리에 의한 잦은 가감속 및 접근운행 제어특성으로 인하여 안전성, 정밀운전에 ATC가 적합하기 때문이다.

4 ATC 차상장치

ATC는 지상ATC(Track side ATC)와 차상ATC(On-board ATC)로 구분된다. 지상ATC는 지상정보를 조합하여 연속정보를 생성하여 지속적으로 궤도를 통해 전송한다.
궤도를 운행하는 열차의 차상ATC는 지상정보를 수신하며 지상정보와 차상 제원특성을 조합하여 제동곡선을 작성하면서 안전운행을 확보한다.
고정폐색에서 AF궤도회로를 기반으로 열차의 위치를 검지하고, 운행하는 열차에게 레일을 통해 ATC 지상정보를 연속적으로 전송한다. 차상ATC에서 목표속도와 목표제동곡선을 스스로 작성하여 운행하며, 이러한 차상연산방식을 고정폐색 Distance to go 방식이라 한다. 열차운행과 감시기능을 열차가 하는 것으로써 차상ATC는 승무원처럼 정차지점과 속도수준을 판단하고 운행 위치를 계산한다.
이를 위해서는 정적인 선로자료(불변정보)가 필요하다. 열차는 항상 비컨의 절대위치 정보와 주행거리계의 변위 측정으로 선로상에 열차의 위치를 확인할 수 있다.

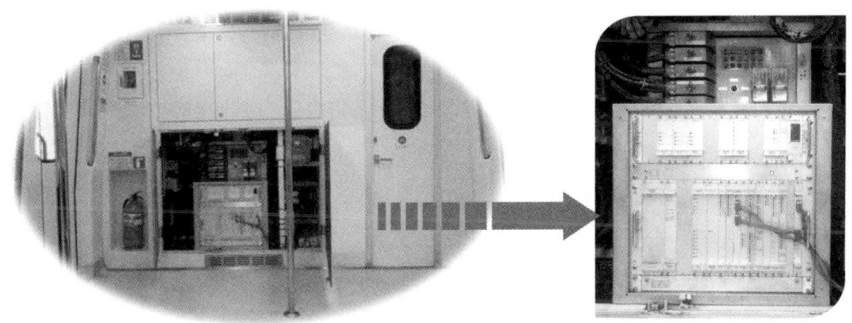

(그림 8-16). 차상 ATC(On-Board) Rack

차상신호장치 ATC 제어컴퓨터는 열차의 전부와 후부 TC차 내부의 운전실 뒷면에 랙 형태로 설치된다. TCMS(열차종합제어장치)와 별도로 인접한 장소에 설치되며, TCMS와 인터페이스하여 신호처리정보에 의해 열차의 가감속 운행을 제어하도록 한다.

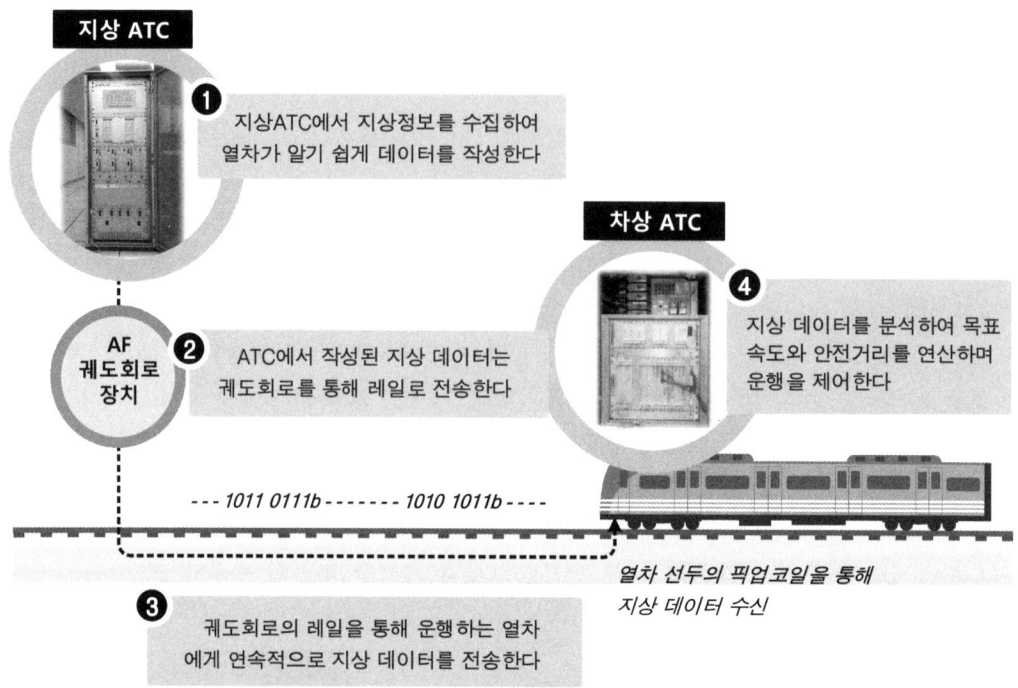

(그림 8-17). 지상ATC와 차상ATC의 제어과정

▨ 제한신호에 의한 감속제어

차상ATC의 속도제어 시스템은 선택된 속도곡선에 따라 열차의 운행속도를 유지하고 각 열차의 제원특성을 감안하여 운전을 제어한다.

열차의 승차감을 향상시키고 원활한 운전과 정차를 위해 가속, 감속 및 저크는 제한된다. 정거장이 아닌 선로 상에서 열차가 정차할 경우 선로 구배에 따른 제동력을 적용하여 열차의 정차상태를 유지한다.

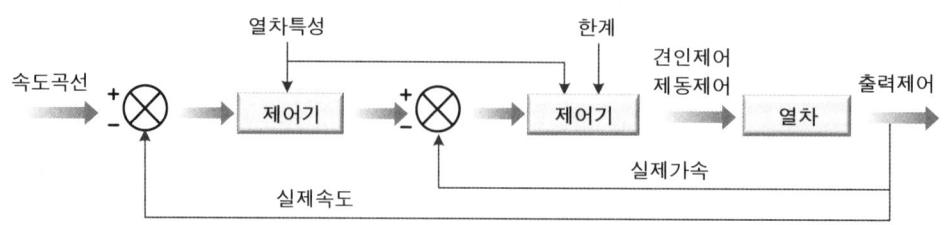

(그림 8-18). ATC 제어 루프

8장 도시철도 신호시스템

ATC(ATP/ATO) 차상제어 역할

❶ 열차속도 측정

열차 속도측정은 차축에 장착된 주행거리계를 통해 바퀴의 각속도를 측정하여 이루어 진다. 부호화를 통한 정보 이중화로 주행거리계 고장검지가 가능하며 고정검지를 못할 확률은 1×10^{-12} 이하이다.

주행거리계는 회전방향을 검지와 제로속도를 매우 정확하게 검지할 수 있도록 구성되어 있다. 검지 가능한 최소 변위는 3cm이다.

❷ 열차위치 확인

Distance to go 원칙을 위해서 열차는 속도와 위치를 항상 인지하여야 한다. 전체 선로 상에서의 열차위치는 연속정보를 통해 수신한 선로 배치정보를 이용한다.

열차가 비컨 위를 통과할 때 열차에 위치식별번호를 전송하며 부호화된 주행거리계를 이용해 열차 변위를 측정함으로써 열차위치정보가 업데이트 된다.

❸ 열차속도 감시

열차속도를 관리하는 ATC는 Distance to go 이론에 기초한다. 각 속도제한과 정지점 위치는 열차가 넘어서는 안 되는 위치에너지와 운동에너지의 합이다. 각 제한적 목표 지점에서 열차의 최소 비상제동 감속률과 선로형태를 감안하여 열차가 현재 위치에서 넘어서는 안되는 최대 전체 에너지의 계산과 최대속도를 정할 수 있다.

❹ 후진 감시

열차를 후진제어를 하지 않았는데 경사면이나 기타 외력으로 열차가 후진하는 것이 감지되면 열차 스스로 비상제동이 체결되어 열차의 안전을 확보한다.

❺ 제로속도 감시

열차가 정지하면 주행거리계는 아주 미세한 각속도를 검지함으로써 열차의 속도를 확인한다. 이를 통해 열차가 앞이나 뒤쪽으로 미끄러지는 것을 방지한다.

이러한 주행거리계의 움직임 측정과 다른 축에 설치된 회전속도계가 측정하는 제로속도 정보를 계속 비교함으로써 차륜의 걸림 또는 주행거리계 축 파손을 감시할 수 있다.

❻ 출입문, 승강장안전문 개폐

열차가 정거장 정위치정차 지점에서 ±50cm 이내에 정차하면 차상ATP가 출입문 열림을 허용한다. 평상시 출입문을 닫는 것은 수동모드로 설정함으로써 승무원의 책임이며, 출입문과 승강장안전문이 모두 닫혔을 경우에만 ATO는 열차의 출발을 허용한다.

❼ 운전정보 제공

차상신호는 전적으로 ATP시스템에 의해 제어된다. 차상신호가 동작할 때에는 항상 속도감시와 ATP 동작이 이루어지며, 승무원에게 열차 운전제어에 관한 정보를 운전실 표시반에 표시한다. 승무원에게 제공되는 표시정보는 열차의 실제속도와 목표속도, 목표거리, 선택 가능한 운전모드, 출입문 개방인증, 경고음 등이다.

차상 ATC의 구성

차상ATC는 TCMS, DMI(Driver Machine Interface screen), 하부장치(픽업코일, 오도미터, 비컨안테나)와 연결된다. 운전실 전부차와 후부차 간 ATC, TCMS는 상호 연결되어 어느 한쪽이 고장 시 자동으로 절체 되어 운전한다. 차상ATC는 TCMS와 인터페이스하여 신호제어에 따라 열차의 운전을 제어하도록 한다.
DMI는 차상ATC와 인터페이스하여 신호제어와 관련된 ATC 운전제어정보를 모니터에 현시하며 기관사가 정보를 입·출력 할 수 있다.

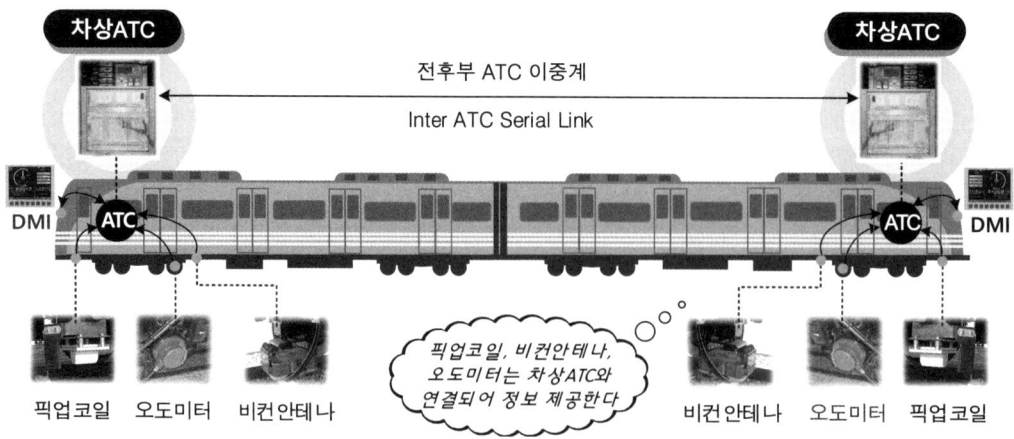

(그림 8-19). 차상ATC장치의 인터페이스

ATC가 TC car 선두차에서 후부차로 절체되면 후부차 ATC는 후부차 측의 Pickup coil로 정보를 수신할 수 없으며, 선두차 운전실측 Pickup coil로부터 정보를 수신 제어하여야 한다. ATC에 의해서 제어되는 경보 및 운영기록은 별도의 로그장치에 시간당 파일로 생성되어 로그분석이 가능하다.

Pickup coil

픽업코일은 열차의 선두 차축 앞부분에 한 쌍이 설치된다. 픽업코일은 궤도로부터 연속정보를 수신하여 차상 ATC장치로 전송하는 안테나 역할을 한다. 수신된 연속정보 데이터는 차상ATP 소프트웨어에 의해 처리된다. 픽업코일로부터 수신한 연속정보는 FSK변조 아날로그 신호로서 차상ATC의 특정 보드에 의해 복조된다.

(그림8-20). 픽업코일

비컨안테나

비컨안테나는 비컨과 무선통신을 하는 차상 불연속정보 전송장치로서 비컨과 차상ATC 간의 점 데이터 전송에 사용된다. 비컨안테나를 이용하여 선로상의 위치정보, 승강장에서 TWC통신, 회차선에서 초기화 등을 위한 통신을 한다. 내부는 PCB들과 논리적 전기소자들로 견고하게 구성되며 데이터는 양방향 고속전송을 한다.

(그림8-21). 비컨안테나

주행거리계

코드화된 오도미터(주행거리계)는 열차의 변위, 속도, 가속도를 측정하는 등의 안전과 관련하여 차량의 움직임을 측정하여 정보를 제공하는 차상설비이다.

축저널(Axle journal)에 연결된 펄스발생기 코드디스크가 코드디스크 둘레에 있는 하나 혹은 여러 개의 광센서를 활성화시킨다. 이 센서들은 속도에 비례하는 주파수를 발생한다. 오도미터는 다음과 같이 5개의 센서로 구성된다.

- 속도측정을 위한 3개의 센서 : C1, C2, C3
- 회전속도계 부호검지용 1개의 센서 : C4
- 다른 센서와 전기적으로 분리된 제로속도용 1개 센서 : C5

차상ATC 컴퓨터의 리던던시

열차에 탑재되는 차상컴퓨터는 열차의 선두부와 후두부의 TC차에 각각 탑재되며 운전실 뒤쪽면에 설치된다. 2중계로 구성되어 운전 중인 차상컴퓨터에서 장애가 발생하면 대기 중인 차상컴퓨터로 절체되어 운행의 지속성을 유지한다. 픽업코일, 비컨안테나, 오도미터 등 하부장치는 운행측 설비만 단일계로 설치되며 차상컴퓨터와 연결된다.
ATC 차상컴퓨터의 2중계는 구성방법에 따라 편성 2중계와 캡(CAB) 2중계로 구분된다.

편성 2중계

○ 열차 전부와 후부에 각각 1대의 차상컴퓨터를 설치하여 전후부 간 2중계로 구성

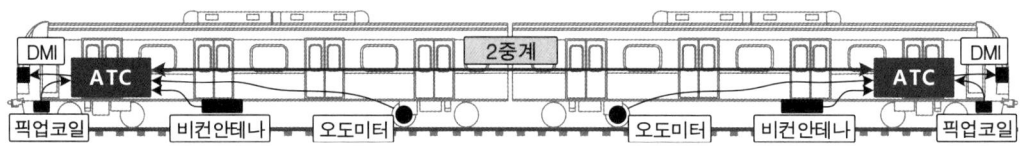

○ 특징
- TC Car에 설치면적이 적게 소요되며, 차량의 중량이 감소된다.
- 차상컴퓨터 수량감소로 설치비용을 절감할 수 있다.
- 후부측 설비로부터 지장을 받을 수 있어 완전한 2중계에 불리하다.
- 전부측 차상컴퓨터 고장으로 후부측으로 절체 시 비상제동이 체결된다.

Cab(캡) 2중계

○ 열차 전부와 후부 TC차에 각각 2대의 차상컴퓨터를 설치하여 2중계로 구성

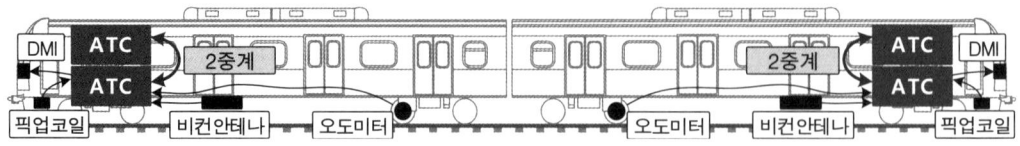

○ 특징
- TC Car에 설비 설치면적 및 차량의 중량이 증가된다.
- 차상컴퓨터 수량 증가로 설치비용이 증가된다.
- 전·후부측 설비와 지장이 없이 독립적으로 완전한 2중계로 구성된다.
- 편성 2중계에 비하여 신뢰성이 높다.

8장 도시철도 신호시스템

ATC 속도코드방식

기본 설명

ATC 속도코드방식은 차상신호방식으로 첫발을 내딛은 신호시스템으로서 전기식 제어에서 전자식 제어로 변천하는 단계이다. 도시철도 구간에서 운전시격을 단축하는 데 유용하게 활용되었으며 시스템 수명주기 이후에도 그 성능을 인정받고 있다.

1 머리 기술

.고정폐색 ATC속도코드(Speed Code)방식은 1985년도에 서울지하철 3호선과 부산지하철 1호선에 처음으로 도입된 국내 최초의 차상신호방식으로서 '아날로그 ATC' 고정폐색방식이라고도 한다.

1990년대 이전에 개통된 도시철도 시스템은 대부분 ATC 속도코드방식 방식이 해외로부터 도입되어 시공되었으며, 당시 철도신호기술에서는 국내에서 최상으로 발전된 시스템이라 할 수 있다.

ATCt속도코드방식은 기존의 지상신호방식에서 폐색신호기에 의해 신호정보를 확인하던 문제점을 개선한 후속 신호시스템으로서 차상의 운전실에 속도신호정보를 현시하는 차상신호방식이다.

이 방식은 오랜 사용 끝에 새롭게 개발된 차상연산방식의 기술에 밀려 현재는 생산이 중단 되었으나, 도시철도 구간에서 오늘날에도 운행효율을 증대하는 데 크게 기여하고 있는 시스템으로서 차상신호방식의 시초이다.

2 열차운행 제어

열차제어 방법

ATS 지상신호의 점제어식 신호제어를 연속제어식으로 개량하여 신호기계실에서 작성된 속도코드를 차상으로 전송한다.
ATC속도코드방식은 AF궤도회로를 이용하여 해당 속도코드 주파수를 연속적으로 궤도(레일)로 송신하면 운행 중인 열차는 픽업코일(안테나)을 이용하여 궤도로부터 주파수를 수신하여 차상 운전실에 속도정보를 표시하며, ATO 부가된 설비에 의하여 지정속도 이하로 자동으로 조절하며 운행한다.

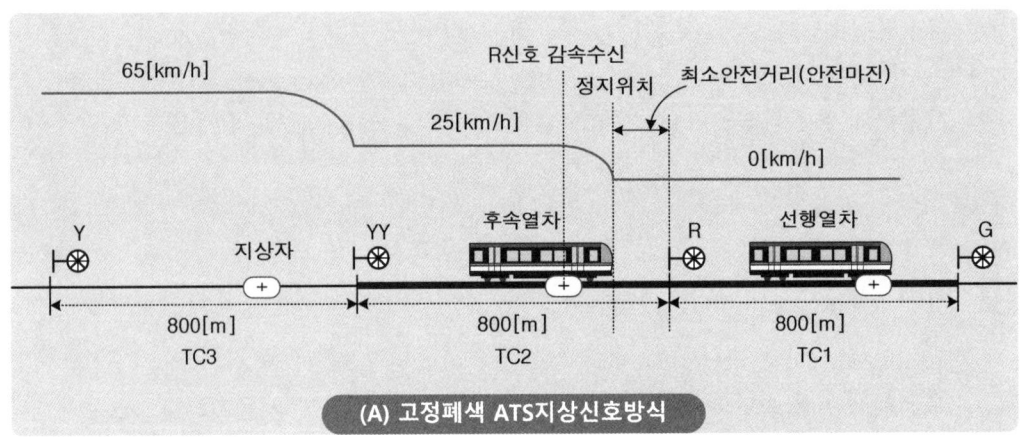

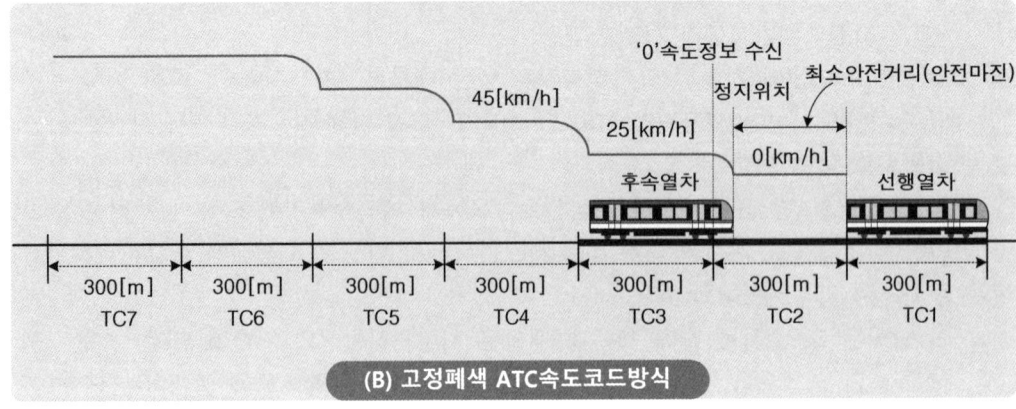

(그림 8-22). ATS방식과 ATC속도코드방식의 제어거리

8장 도시철도 신호시스템

운행제어의 특징 (ATS 지상신호방식과 비교)

① 고정 분할된 폐색구간 단위로 열차의 점유구간과 제한속도가 설정되고 단계적으로 속도제어하는 것은 ATS 방식과 동일하다.
② 다양한 속도단계로서 적절한 속도패턴이 선정되므로 속도대응에 융통성이 있다.
③ 연속적인 속도코드 전송으로 차상에서 ATC에 의해 열차의 운행속도를 제어하며, 안전운행에 즉각 대응할 수 있다.
④ 지상장치와 차상장치 간 정보 인터페이스로 마이크로프로세서의 신호정보 처리에 의하여 ATO 자동화운전이 용이하다.
⑤ ATC속도코드방식은 도시철도에서 보통 8~10량의 고정편성으로 100km/h 이하의 속도로 단일 열차만 운행함으로써 궤도회로의 길이는 약 300m 정도이다.

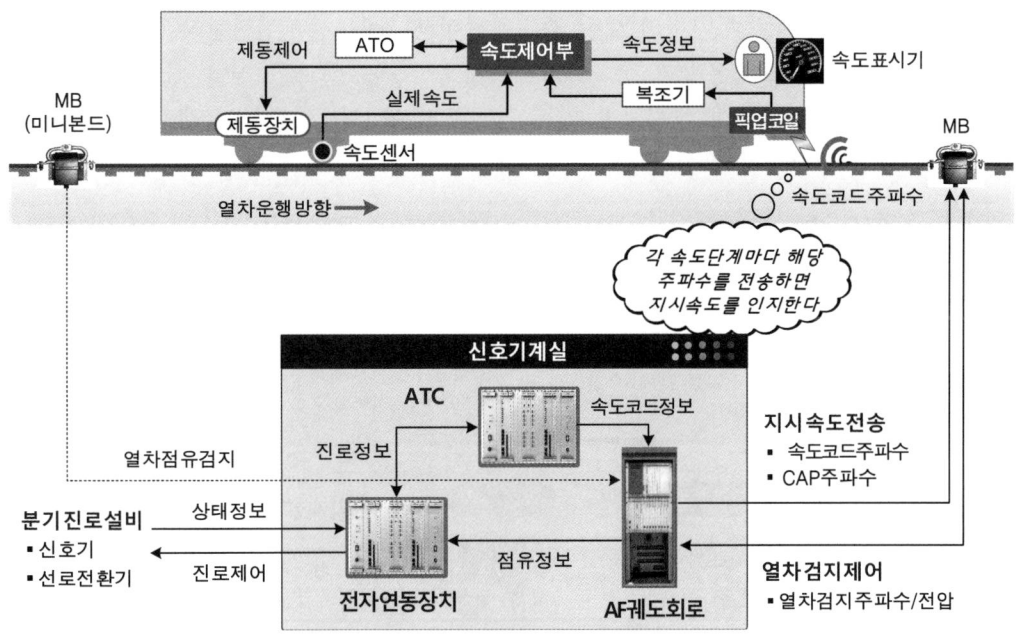

(그림 8-23). ATC 속도코드방식의 제어

열차제어의 원리

ATC속도코드방식은 AF궤도회로를 이용하여 일정하게 폐색구간을 분할하고 선행열차의 궤도회로 점유구간에 따라 사전에 설정된 적절한 속도코드(지시속도)를 선정하여 운행하는 후속열차에게 속도코드주파수를 전송하면 열차는 주파수를 수신하여 차상 운전실에 속도정보를 현시하는 차상신호방식이다.

ATC속도코드방식은 신호정보가 차상 운전실 MMI에 현시되어 기관사에게 운전정보를 제공하며, ATP/ATO가 통합모듈로 설치되어 열차 스스로가 제한속도를 초과하지 않도록 정속도 운전제어를 한다.

제어방법

궤도회로에 의해 검지된 열차의 위치정보와 연동장치로부터 수신된 진로정보를 조합하여 AF궤도회로의 처리장치에서 적절한 속도코드비(지시속도)를 생성한다.

레일을 정보 전송로로 이용하여 속도코드주파수를 지속적으로 송신을 하고, 선로상에 운행 중인 열차는 선두부에 설치되어 있는 픽업코일(Ant)을 이용하여 레일로부터 연속적으로 속도코드주파수를 수신한다.

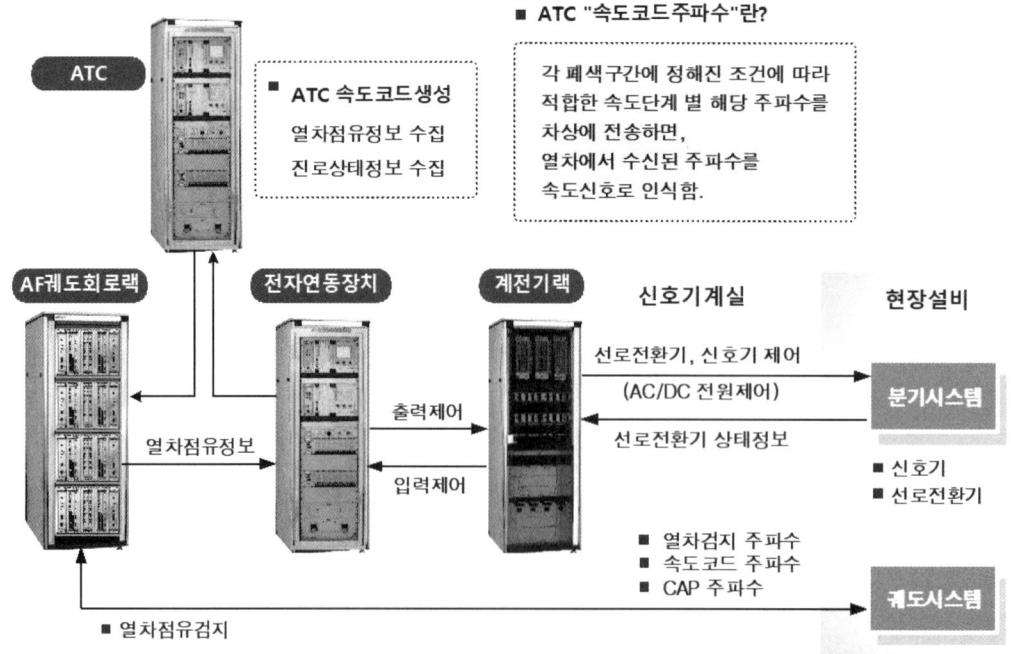

(그림 8-24). ATC 속도코드방식의 제어원리

8장 도시철도 신호시스템

(표 8-4). 지상신호 ATS방식과 ATC속도코드방식

구 분	ATS 지상신호방식	ATC 속도코드방식
신호방식	■ 지상신호방식(폐색신호기 사용)	■ 차상신호방식(신호정보 차내현시)
정보전송	■ 신호기에 지시속도 현시 ■ 지상자를 통해 제한속도 검출	■ 차내 운전실에 신호정보 현시 ■ 차상장치에 의해 속도제어
운전모드	■ 수동운전 모드(ATO 적용불리) ■ 다단속도 제어방식(점제어)	■ 자동운전 모드(ATO 적용유리) ■ 다단속도 제어방식(연속제어)
적용노선	■ 일반철도 구간	■ 도시철도 구간
폐색제어	■ 운전시격 단축불리 ■ 궤도회로의 길이 길다.(약 800m)	■ ATS방식보다 운전시격 단축 ■ 궤도회로의 길이 짧다.(약 300m)

3 열차의 폐색제어

ATC속도코드방식은 고정폐색의 기본원리로서 궤도회로장치를 이용하여 열차의 위치를 블록섹션 단위로 검지하며, 일정 거리마다 분할된 한 개의 궤도회로에는 한 개의 열차만이 점유할 수 있다.

궤도회로 상에서 열차 간의 운행간격과 선로조건에 따라서 안전거리에 적합한 지시속도코드를 선정하여 열차의 차상장치에 전송한다.

지상장치에서는 여러 개로 분할된 궤도회로 단위로 열차를 검지하고 속도코드를 작성하여 차상장치에 전송하며, 속도코드는 궤도회로 구간마다 계단식과 같은 속도패턴으로 단계적인 가·감속 운행제어를 하도록 되어 있다.

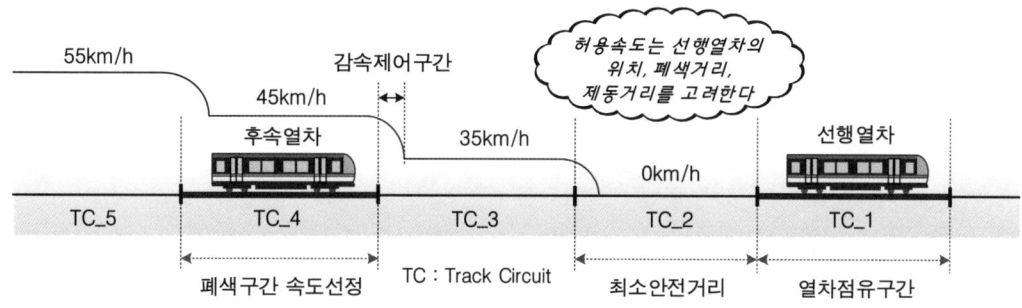

(그림 8-25). ATC속도코드방식 폐색제어

따라서 궤도회로의 길이가 길게 되면 열차의 점유구간이 길게 설정되고 신속한 속도변화에 대응하지 못하므로 저속구간이 길어진다. 이를 해소하기 위해서 도시철도에서는 최적의 운행조건을 고려하여 궤도회로의 길이를 짧게 구성하고 있다.

열차의 다단 속도제어

과거의 ATC 방식에 있어서 위와 같은 설계기법은 열차제어 속도코드를 제한적으로 설정하였으나, 철도신호제어 기술이 발전한 오늘날에는 필요한 속도단계를 제한 없이 설정할 수가 있다.

국내에 최초 도입된 서울지하철 3, 4호선 ATC(ATP)의 경우 속도단계는 100, 80, 70, 60, 40, 25km/h 6단계이며, 서울도시철도공사 5~8호선 ATC(ATO/ATP) 경우 90, 80, 75, 65, 60, 55, 45, 35, 25km/h의 다단계로써 제동거리를 기준할 필요가 없고 오히려 해당 선구의 제한속도(곡선, 기울기 등) 유무를 기준하게 되므로 본 설계기법은 사장(死藏)된 것이라고 할 수 있다.

ATC 속도단계 예시

ATC속도코드방식은 사전에 정해진 여러 개의 지시속도코드를 운행하는 열차에게 적합한 속도단계가 결정되어 전송되며, 지시속도와 속도단계는 각 도시철도에 따라 다르게 설정된다. (본 설명에서는 특정 운영사의 속도코드를 예시한 것이다)

열차 상호간의 간격, 분기선로의 진로구성 등 운행조건에 따라서 정해진 9개의 지시속도 내에서 다양하게 속도단계 변화가 설정된다. 급격한 속도변화 시에도 각 궤도회로마다 조건에 따라 사전에 설정된 지시속도의 변화점에서 승차감이 저하되지 않도록 완만한 속도곡선의 가·감속 제어가 이루어진다.

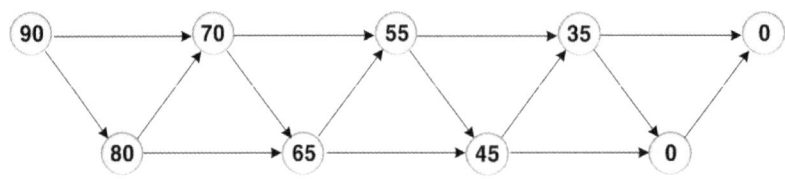

(그림 8-26). ATC속도코드 단계별 변화의 예

8장 도시철도 신호시스템

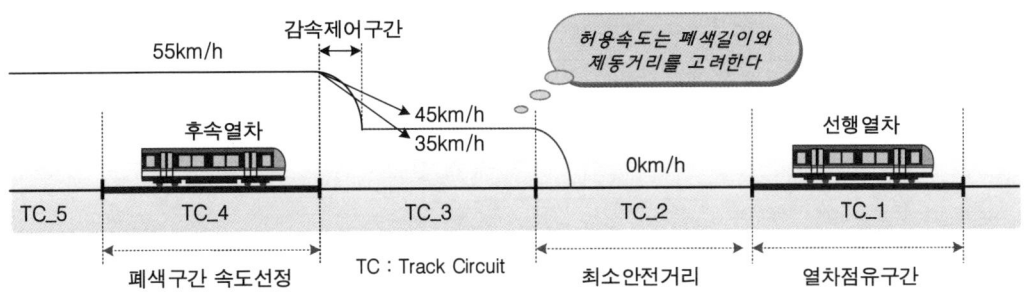

(그림 8-27). ATC속도코드방식 폐색제어의 예

4 속도코드 전송

평상시 각 AF궤도회로에서 열차검지주파수가 설정된 궤도전압을 현장 선로에 전송하며, 선로의 단락 여부에 의해 열차의 위치를 검지한다. 자신의 궤도회로에 열차가 점유하면 CAB signal 주파수를 현장 선로에 전송하여 운행을 허용하고, 선택된 구형파의 지시속도 주파수(Code rate)를 전송하여 열차의 운행속도를 제어한다.

선로로 전송되는 주파수는 변조하여 전송하며, 차상장치에서 수신된 주파수는 복조기에 의해서 본래의 주파수로 처리한 후 속도제어부에 의해서 제어된다.

아래의 그림에 의하면, 평상시 각 궤도회로에서 지정된 열차검지주파수(F1~F4)를 선로에 전송하고 이를 다시 수신하여 열차검지주파수에 적합한 궤도전압을 확인한다.

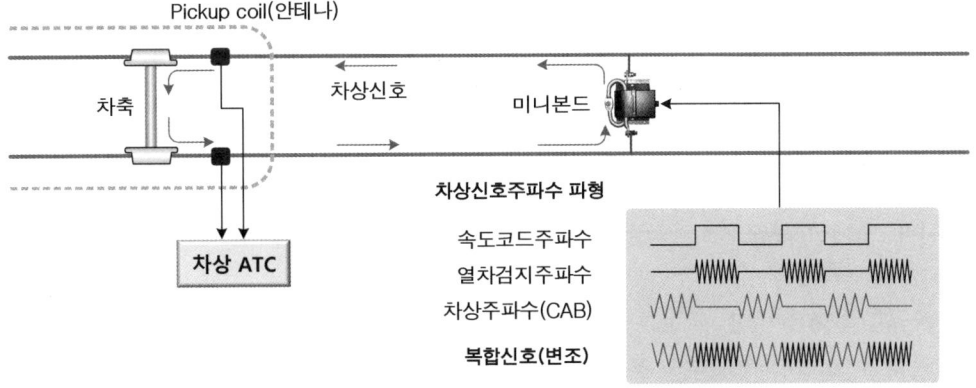

(그림 8-28). ATC속도코드 차상신호의 전송

565

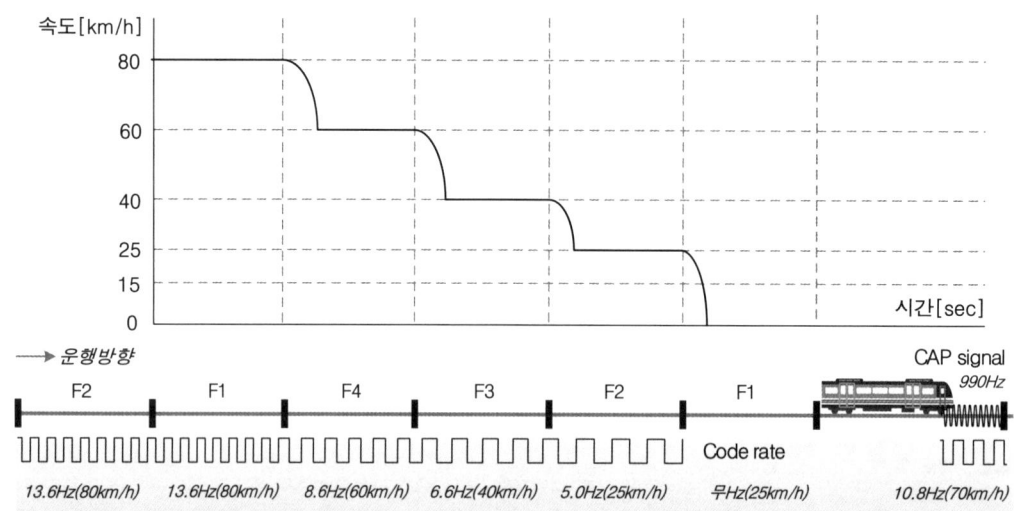

(그림 8-29). ATC속도코드방식의 열차속도제어

궤도회로에 열차점유 시에 차상신호주파수(CAP Signal : 990KHz)가 발생되며 열차가 주행하여야 할 속도코드주파수(Code Rate)와 복합하여 레일로 송신하면 열차에서 안테나 (Pick up Coil)가 이를 수신하며, 수신된 주파수는 정보화하여 열차운행을 제어한다.

속도코드 제어회로

다음의 그림은 ATC속도코드방식의 일례로써, 선행열차의 위치에 따라서 AF궤도회로 모듈에서 3182T에 점유한 후속열차의 속도코드가 선정되는 것을 나타낸다.

예를 들어, 3182T에 점유한 열차가 70 속도코드를 선택하려면 전방 궤도회로 3113T, 3100T에 열차가 없어야 하고 3182T에 점유한 열차의 후미는 3195T를 벗어나야 한다. 여기서 3195T를 벗어나지 못할 경우 60 속도코드가 선택된다.

AF궤도회로의 처리장치에서는 각 궤도의 속도조건에 따라서 구형파의 속도코드주파수를 발진하고 해당 궤도회로에 열차점유 시 반송파의 CAB signal 주파수와 함께 복합하여 차상에 전송한다.

CAB signal 주파수가 전송이 되지 않을 경우 열차는 속도제어를 할 수 없다. 따라서 신호취급자가 비상정지버튼을 취급할 경우 EMS계전기의 낙하로 CAB signal 주파수 발진조건이 되지 않으므로 열차는 비상정지하게 된다.

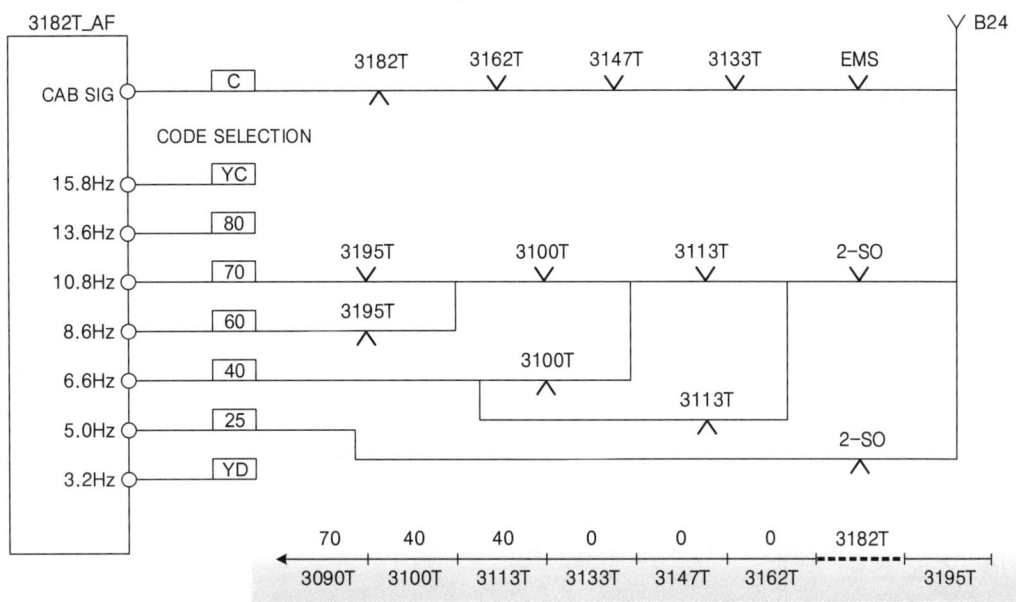

(그림 8-30). ATC속도코드 선정과 운행속도

5 ATC속도코드 단계

기존의 고정폐색방식은 단계적으로 속도를 선정하여 운행하므로 운전시격에 적합하도록 폐색구간을 분할하는 것과 단계적인 속도선정을 함께 고려해야 한다.

ATC속도코드방식은 도시철도 구간에서 사용되는 차상신호방식의 일종으로써, 4단계 속도코드는 지상신호방식의 4현시 구간과 같은 개념이며 주행 최고속도코드에서 정지하기까지 4단계의 속도코드를 설정하는 것이다.

속도코드식 ATC장치를 설치하는 폐색 설계에서 최고속도에서 정지까지의 속도단계를 4단계(V_1~V_4)로 설정하여 가장 효율적인 Crossing-in 방식으로 하기 위한 것으로써 4단계(V_1~V_4) 속도의 제동거리가 균등할 때가 가장 효과적이다.

속도단계 결정방법

폐색분할을 시행하는 목적은 최소운전시격을 확보하여 선로 이용률을 높이는 데 있다. 최고속도 V_1과 그 이하의 속도단계 V_2, V_3, V_4에서 정지하기까지의 제동거리가 동일한 길이로 분할할 수 있는 속도를 찾아내어 폐색거리를 결정하고 안전제동거리의 확보와 최소운전시격 단축을 효과적으로 설계하는 것이다.

제시된 구간에 있어서 속도단계는 V_1, V_2, V_3, V_4의 4단계이며 이 구간의 최고속도 V_1은 교통정책에서 결정하는 것으로써 도시철도의 경우 90km/h, KTX의 경우 300km/h 같은 경우이다. 이와 같이 결정된 최고속도에 따라서 토목, 선로, 차량, 전차선, 신호제어 설비 등의 세부설계가 시행된다.

속도코드 결정시 고려사항

① **열차운행계획** : 운전시격, 승강장 정차시간, 운전곡선
② **선로조건** : 분기기 형태, 선로의 구배, 선로의 곡선반경
③ **차량특성** : 가속력, 감속률(제동특성), 편성량(열차길이), 안전제동거리

6 속도코드 산출

▍속도코드 산출방법

속도단계를 결정하는 경우 운행 최고속도 V_1에서 다음 속도단계 V_2까지 감속시키는데 필요한 제동거리와 V_2에서 정지할 때까지의 제동거리가 균등하도록 구간을 결정하는 것이 가장 효율적인 폐색분할이 되므로, 속도코드를 결정할 때에는 최고속도로부터 제동거리를 감안하여 산출한다.

따라서 중간 속도단계 V_2를 결정하는 관계식은 열차의 감속도, 공주시분 등을 포함하여 다음과 같은 식으로 계산한다.

$$V_2 = \sqrt{\frac{V_1^2}{2} + (V_1 - \frac{\sqrt{V_1^2}}{2})\,t\,\cdot\beta}$$

여기서, V_1 : 역간 열차최고속도[km/h]
V_2 : 단계별 속도[km/h]
t : 공주시간[sec] (ATC에서는 일반적으로 3초 이하)
β : 열차의 감속도[km/h/s]

본 방식은 도시철도(지하철)구간에 적합한 것이다. 정거장 간 거리 1,000m, 최고속도 90km/h 이하, 속도코드식 ATC장치 설치 구간에서 최소운전시격 단축과 지연운전시간 회복을 위주로 한 것으로써 하위 속도에서의 제동거리가 짧아진다.

8장 도시철도 신호시스템

만약, 역간 거리가 수 km인 일반철도 구간에서 최고속도를 250km/h로 하여 운행속도 단계를 4단계로 재편성 한다면 250km/h의 실제 안전제동거리를 4등분하여 적용 속도를 산출하는 방식이 합리적이다.

$$S = S_1 + S_2 + L$$
$$= \frac{V}{3.6}t + \frac{V^2}{7.2\beta} + L$$

여기서, S : 제동거리[m]　S_1 : 공주거리[m]
　　　　S_2 : 실제동거리[m]　L : 제동 여유거리[m]

속도코드 산출 예시

ATC속도코드방식으로 열차를 제어하는 도시철도 구간에서 역간 최고속도 80km/h, 감속도 3.5[km/h/s](상용제동), 공주시분 3sec(상용)를 적용하여 중간속도를 구하면,
V_1=80km/h, V_2=58.7km/h, V_3=43.6km/h, V_4=32.9km/h
로 되지만 실제 선로에 적용한다면 곡선, 구배, 분기기 등의 제한속도를 감안하여 가급적 많이 사용할 수 있고 속도 손실이 적은 코드를 선택하여야 한다.
상기 계산 결과를 정리하여 적당한 속도코드 단계를 선정한다면,
V_1=80km/h, V_2=60km/h, V_3=45km/h, V_4=35km/h
로 하고 곡선, 기울기, 분기기 등의 제한속도 등에 의하여 가급적 사용 빈도가 높고 속도 손실이 적은 코드를 선택한다.
따라서 V_2(60km/h)의 속도를 80km/h와 45km/h의 중간단계인 65km/h로 하며 역간 거리가 길어서 속도가 80km/h 이상으로 운행이 가능한 구간(90km/h)의 속도단계를 감안하여 70km/h를 삽입하며, 65km/h 속도단계와 함께 사용하지는 않는다.

04 ATO(열차자동운행장치)

기본 설명

ATO는 도시철도 구간에서 기관사에 의해 빈번하게 취급되는 열차의 가감속(정속도), 승강장의 정차와 출발, 출입문 개폐 등을 자동으로 제어한다. ATO는 기관사의 피로와 운전취급 실수를 방지함으로써 열차의 승객사고 방지와 운행효율을 향상할 수 있다.

1 머리 기술

도시철도 구간에서는 밀집운전, 짧은 역간 거리, 잦은 여객 취급 등으로 승강장에서 출발과 정지, 열차출입문 개폐 등 빈번한 열차운전취급으로 기관사의 피로와 실수로 인하여 사고가 있을 수 있어 ATO(Auto Train Operation) 자동화 운전으로 운전 효율을 높인다.

ATO는 컴퓨터의 소프트웨어 프로그램을 기반으로 미리 계획된 운행스케줄을 실행하여 자동으로 열차운행을 제어한다.

열차가 정거장을 발차하여 다음 정거장에 정차할 때까지 가속, 감속 및 정거장에 도착할 때 정위치에 정차하는 기능을 자동으로 수행하는 ATC의 하부기능이다.

열차에 발차 지시가 주어지면 자동으로 가속되고 규정 속도에 이르면 다시 타력운전으로 열차를 운행한다. 속도제한을 받으면 자동으로 제동이 동작되며 속도제한이 해제되면 가속하고 제동을 풀어 준다.

8장 도시철도 신호시스템

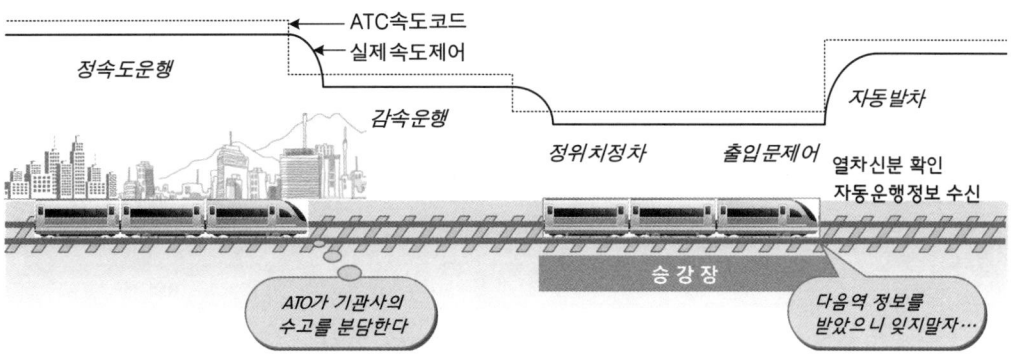

(그림 8-31). ATO의 자동운전제어

ATO의 효과

① ATO는 ATC(ATP/ATO)의 하부시스템으로 특히 도시철도 구간에 적용함으로써 밀집운전 구간의 운전효율에 기대효과가 높은 시스템이다.
② ATO는 도시철도와 같이 역간 거리가 짧고 승강장에서 잦은 운전취급을 하는 경우 기관사의 업무경감, 기관사의 피로로 인한 실수경감, 열차운전사고 예방, 에너지 절감 등의 목적으로 도입되어 기관사의 역할을 분담한다.
③ ATO는 기관사의 수동운전을 대신하여 자동으로 운전제어 함으로써 도시철도 구간에서 무인운전을 실행하는데 기반이 되는 시스템이다.

2 ATO장치의 기능

ATO는 미리 설정된 프로그램에 따라 ATP의 감시하에 속도자동제어, 승강장 정위치정차 및 출발제어, 열차출입문제어 등의 논바이탈 기능을 수행하며, 이러한 제어는 전 역의 승강장에서 다음 역 ATO 운전정보를 사전에 수신한다.

ATO는 종래에 승무원이 수동으로 취급하던 역간 운전속도, 열차 정위치 정지, 출입문 제어, 열차출발, 승객안내방송 등을 컴퓨터로 대치함에 따라 열차운행 상태가 TTC에서 감시되어 안전한 열차운행이 자동으로 실행된다.

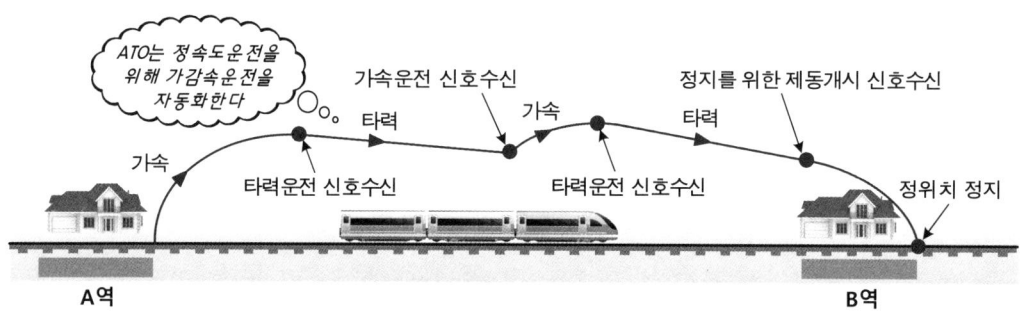

(그림 8-32). ATO 운전패턴 곡선

정속도 운전제어

역 간 운행에서 ATC신호의 운행관리 지시에 따라 지정된 속도로 열차의 주행을 제어한다. 또한, ATO 데이터에 의하여 지시속도에 따라 열차의 실제속도와 지시속도의 차이를 검출하여 지시속도와 실제속도의 차이가 없도록 열차의 운행속도를 제어한다.
ATO 목표속도는 ATC로부터 수신하여 +, - 방식으로 역행력을 제어하며, TWC로 수신되는 정보에 의해 정상운행과 회복운행 중 한 가지를 택하여 운행한다.

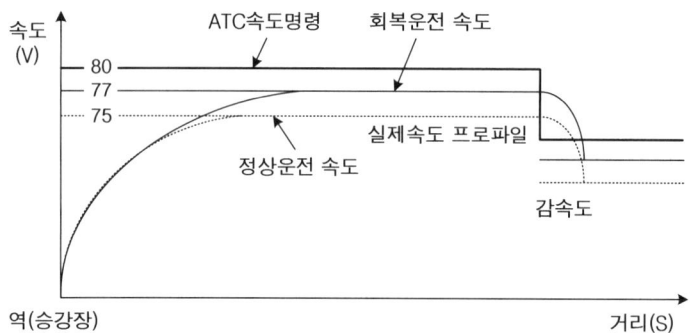

ATO운전속도		[km/h]
ATC속도	회복속도	정상속도
90	87	85
80	77	75
70	67	65
60	57	55
45	42	42
35	32	32
25	22	22
0	0	0

(그림 8-33). ATC에 의한 ATO 운전속도의 예

8장 도시철도 신호시스템

출발제어

기관사의 운전선택스위치에서 자동운전모드 시에는 승강장 정차한 열차의 출입문과 PSD가 닫히고 진행신호가 현시되어야 자동으로 출발을 할 수 있다.

수동운전모드 시에는 출입문을 수동으로 개폐하고 출발버튼을 조작하면 자동적으로 전동방지용 브레이크가 완해 되고 노치가 가속제어 된다. 열차의 출입문이나 PSD가 닫히지 않으면 출발신호는 현시되지 않으며 정지신호를 유지한다.

감속제어

정거장 사이의 곡선 또는 구배 때문에 ATC신호가 감속을 필요로 하는 장소에 있어서는 ATC 변화점 전방에 감속을 하도록 알려주는 감속용 지상자를 설치한다. 속도패턴을 검지한 다음에도 실제 열차속도가 패턴에 접근하기까지는 정속 운행제어가 이루어진다.

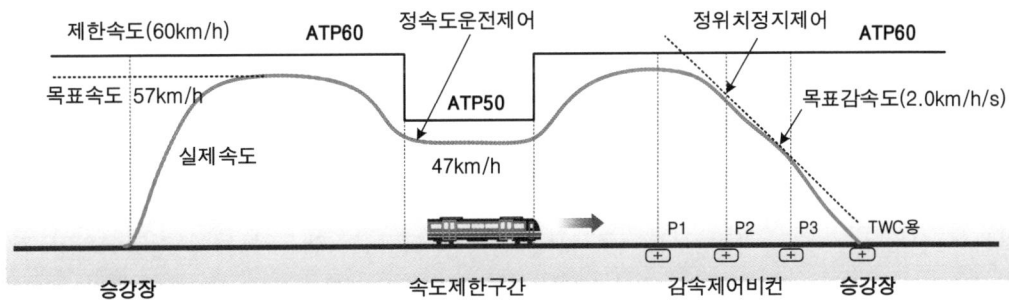

(그림 8-34). 정속도운전 및 감속제어

정위치정차 제어

열차 ID를 통해 열차를 식별하고 운행스케줄에 따라 자동으로 역에 정차하도록 한다.

타코미터에서 연산된 거리에 의해 승강장 정차 지점에 설치된 비컨 위에 정확히 정차하면 TWC를 통해 지상↔차상 간 ATO운행 정보를 교환한다. 비컨안테나는 비컨 중심에서 30cm 이상 벗어나면 TWC 통신이 불가하므로 열차 출입문과 PSD의 개폐제어가 불가하다.

(그림8-35). 정위치정차 비컨 도킹

573

출입문 자동개폐

자동운전모드에서 출입문은 자동으로 개폐되며 필요시 운전자가 수동으로 개폐할 수 있다. 출입문을 개방하기 위해서는 열차가 정위치에 정지상태를 유지해야 지상-차상 간 TWC 통신이 가능하게 되어 출입문 열림명령을 차상에 전송하고, 정해진 시간이 경과하면 출입문 닫힘명령을 전송한다.

종착역 자동회차

회차선이 있는 종착역에 열차가 도착하면 열차 ID를 인식하여 회차할 열차를 확인하고, 진로취급자의 취급 없이 스케줄에 따라 자동으로 입환진로가 구성되어 열차 스스로 운전이 제어된다. 기관사가 후부 운전석으로 이동 중에도 회차선에서 승강장으로 열차는 자동으로 이동을 계속함으로써 회차시간(운전취급시간)을 단축할 수 있다.

3 TWC장치

□ TWC (Train and Wayside Communication : 정보전송장치)

ATO에 의한 자동운전을 수행하기 위해서는 `역 승강장에 열차가 정위치 정차를 하여 열차의 선두부와 및 승강장 선로 선두부에 설치된 도킹시스템을 통하여 지상↔차상 간 제어정보, 상태정보를 전송함으로써 일련의 동작이 이루어진다.

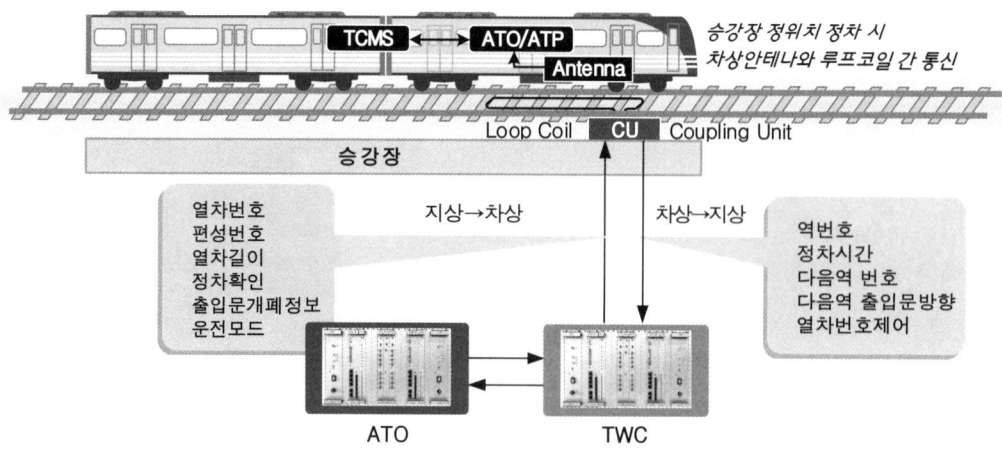

(그림 8-36). ATC속도코드방식의 승강장 ATO정보

8장 도시철도 신호시스템

지상-차상 간 인터페이스를 통하여 열차신원, 현재역, 다음역 정차정보, 출입문제어정보 등을 확인하고 제어조건이 만족하면 승강장에서 출입문개폐(PSD포함), 자동출발 등의 운전을 수행한다. TWC는 이와 같이 열차가 승강장에 정위치 정차하면 ATO 제어를 위해서 지상장치와 차상장치 간 도킹에 의해 정보를 전송하는 시스템이다.

이를 위해서 승강장 선로 선두부에 TWC Loop Coil을 설치하고 열차 하부에는 Loop 안테나를 설치하여 무선통신을 한다.

근래의 TWC에서는 승강장 선로에 설치되는 Loop coil 대신에 1m 길이의 비컨을 설치하여 비컨 중심으로부터 ±50m 범위에서 정차 시에 도킹할 수 있는 제어범위에 있다.

(그림 8-37). TWC 처리장치

▌ Loop Coil을 이용한 TWC 제어

☐ 적용사례 : 서울지하철 5, 6, 7, 8호선

열차가 정거장에 정위치 정차하면 차상 TWC의 송신 안테나가 TWC Loop coil의 중심에 위치하여 차상→지상으로 정보를 전송하고 지상 TWC Loop coil이 이를 유도하여 커플링유니트로 보낸다.

증폭작용을 하는 커플링유니트는 기계실로부터 DC24[V]의 전원을 공급받아 동작하며, TWC Loop coil에서 오는 신호를 증폭하여 24[V]의 전원에 신호를 실어 신호기계실 다중 수신기로 전송한다.

신호기계실의 다중 수신기로부터 수신된 정보는 주파수를 선택하고 복조하여 재차 코딩하며, 신호기계실의 주컴퓨터에 전송하여 자동운전을 실행한다.

열차는 승강장에서 자동운전을 실행하기 위하여 열차의 신분과 필요한 제어정보를 TWC장치를 통하여 차상ATO↔지상ATO 간의 인터페이스를 수행한다.

> **What** ☎ TWC는 어떤 역할을 하는 걸까?
>
> TWC는 ATO의 일부 설비로써, ATO와 차상컴퓨터 간의 정보를 송수신 해주는 정보전송장치이다. 기계실의 제어모듈과 승강장 선로변에 루프코일 또는 비컨이 설치되어 열차가 승강장에 정차 시 ATO와 차상간 정보(PTI)를 중계하는 역할을 한다.

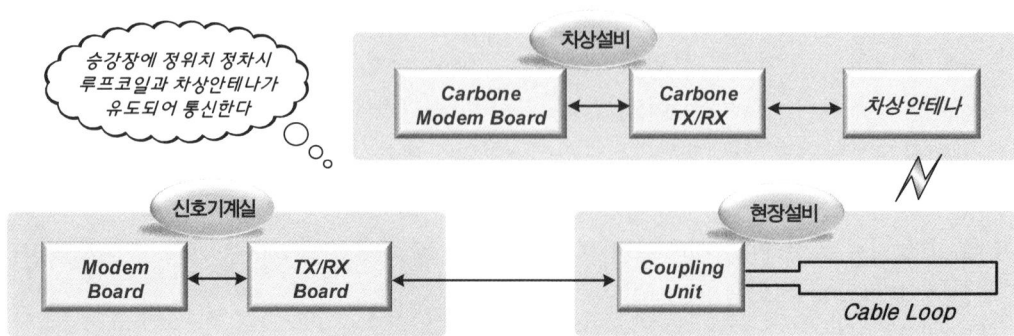

(그림 8-38. TWC 통신의 제어과정

TWC 통신에 의하여 정위치 정차를 인식한 신호기계실의 ATO는 출입문 개폐를 수행하도록 차상에 지령을 전송한다. 출입문이 열리고 정해진 일정 시간이 되면 정차시간 표시등은 기관사에게 발차시간을 예고하여 정시운행을 유도하고, 출발 일정시간 전에 정차시간 표시등이 점멸하면 기관사는 출발조작을 한다.

❏ 적용사례 : Distance to go방식, SEMENSE사

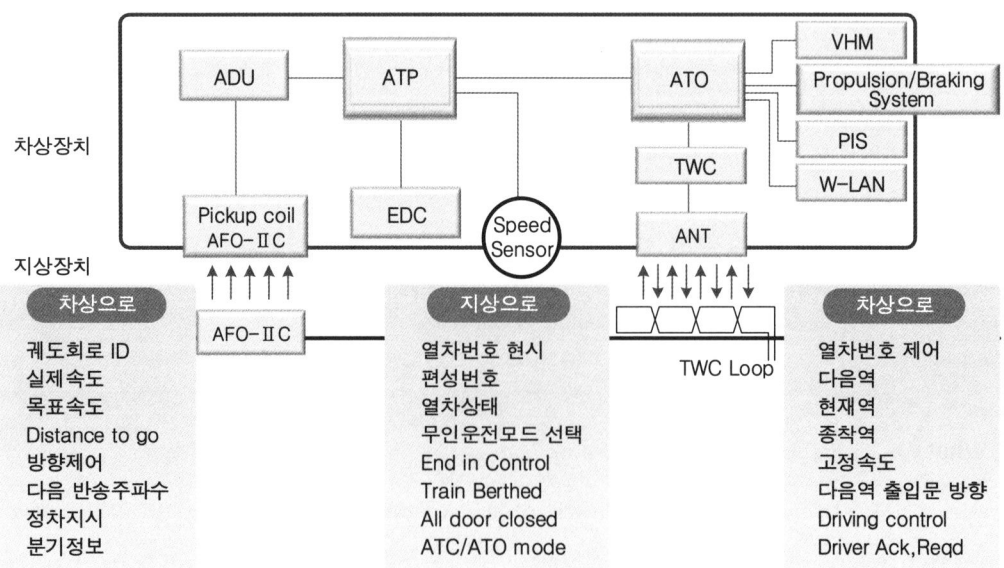

(그림 8-39). TWC를 통한 ATO정보 전송

8장 도시철도 신호시스템

▒ 비컨을 이용한 TWC 제어

❑ 적용사례(ALSTOM사) : 대구2호선, 공항철도, 서울9호선

다음의 그림은 차상연산방식인 고정폐색 DTG(Distance to go) 방식으로서 비컨을 이용한 단방향(Down link) TWC 통신방식이다. 이 방식은 차상→지상으로 정보전송은 차상안테나와 비컨을 통해 단방향 통신의 Down link를 이용하고, 지상→차상으로 정보전송은 승강장 궤도회로를 통하여 연속정보에 포함하여 전송된다.

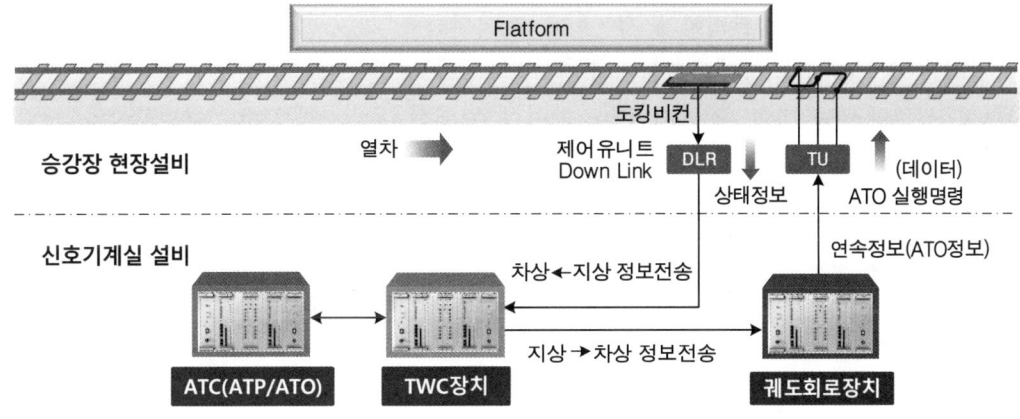

(그림 8-40). 비컨을 이용한 TWC (DTG방식, ALSTOM사)

4 ATO의 운전모드(자동화 등급)

▒ 자동화(ATO) 및 전자동화(Full Auto)

자동화(ATO)시스템은 가속과 감속, 다음 정거장에서 정위치정차, 출입문 개폐를 자동화하고, 정거장에서의 열차출발은 기관사가 취급하는 방식이다.

전자동화(Full AUTO)시스템은 자동화(ATO)시스템에서 출발 취급을 하던 기능을 추가로 자동화한 시스템으로 운전실에 1인이 탑승하는 방식이다.

종착역에서 입환운전은 완전자동으로 실행된다. 대부분의 도시철도가 자동화 및 전자동화방식이 사용하고 있으며, 자동운전을 시행함에 있어 승객의 안전을 위해서 출입문 취급은 열림은 자동, 닫힘은 수동 (일명 자/수) 모드에 의하고 승강장 출발시 출발버튼 취급에 의해 수동으로 출발하고 있다.

무인운전 (Driver less)

무인운전방식은 열차운전을 완전 자동화하여 기본적으로 사람이 열차운전에 전혀 개입하지 않고 다만, 한 사람의 승무원이 탑승하여 열차 내를 순찰하다가 비상시 그 상황 해결에 개입하는 시스템이다. 외국의 경전철, Shuttle line 등에서 사용한다.

무인운행 (Man less ATO Mode)

무인운행방식은 운전실은 물론 열차 내에도 승무원이 전혀 탑승하지 않은 시스템으로 열차 내의 모든 장치를 완벽하게 자동화로 제어된다.

이 방식은 경전철이나 공항전용선에서 주로 채택하고 있는 방식이지만, 최근에는 중형 지하철 신설에서도 건설 후 운영비를 줄이기 위해서 무인운행(Man less)방식의 도입을 적극 검토하고 있다.

〈표 8-5〉. ATC(ATP/ATO) 열차운전모드 실례

운전모드		운전모드 기능
자동운전	AUTO I (Full Auto)	■ ATO에 의한 완전자동운전(전자동) ■ 버튼 취급 없이 열차 자동출발 및 정지, ■ 버튼 취급 없이 열차출입문 자동개폐 ■ 열차 스스로 제한속도 내로 자동운전제어
	AUTO II	■ AUTO I과 같이 ATO에 의한 자동운전은 동일하나, ■ 단, 출발버튼 취급에 의한 열차출발
수동운전(ATP)		■ ATP 통제에 의한 기관사가 수동제어 ■ 기관사가 제한속도 내로 운행속도 조절, ■ 출발버튼 의한 열차출발 및 주간제어기에 의한 열차정지
기지모드		■ ATP가 허용속도(25km/h)하에 기관사가 수동제어 ■ 자동화 기능 없음(수동: 열차 출발 및 정지, 출입문 개폐)
비상모드		■ 열차의 ATC(ATP/ATO) 기능 없이 기관사 감독하에 운전
자동회차모드(ATB)		■ ATO운전이며, 기관사 개입 없이 자동으로 자동회차 수행

8장 도시철도 신호시스템

5 ATO에 의한 자동화 운전

ATC제어방식은 레일을 통하여 정보를 연속적으로 수신하며 운행한다. 이러한 ATC방식은 도시철도 뿐만 아니라 고속철도에서도 ATC를 사용한다.

도시철도는 고속철도와 노선의 특성이 다르다. 역간 거리가 짧고 각 역마다 정차와 발차, 출입문 개폐, 잦은 속도제어를 함으로써 기관사의 피로와 실수가 발생할 수 있어 일반적으로 ATP/ATO 기능을 통합한 ATC를 사용한다.

❖ 도시철도에서 전용으로 사용되는 ATC에는 대부분 ATO기능이 부가되어 있어 자동모드로 운행한다. 따라서 ATO는 다음과 같이 자동화 기능을 수행한다.

- 열차의 승강장 정위치 정차
- 열차의 출입문 및 승강장 안전문 열림
- 열차의 출입문 및 승강장 안전문 닫힘(승객 안전상 기관사가 취급)
- 열차의 승강장 자동발차(승객 안전상 기관사가 취급)
- 열차의 제한속도 이하로 정속도 운행

위의 ATO 기능은 ATC속도코드방식 및 Distance to go방식 모두 사용이 가능하다. 일부 노선의 경우 ATC속도코드방식이라 할지라도 ATO 기능이 없이 ATP 기능만으로 운행하는 경우가 있으며 이 경우에는 자동모드 운행이 불가능하다.

 ☎ 왜, 일반철도에서는 ATO를 적용하지 않는 걸까?

도시철도는 역 간 거리가 짧아 잦은 가감속 제어와 출입문 취급으로 기관사의 피로 경감과 실수 방지에 효과적이나, 일반철도는 역 간 거리가 길고 저상 승강장에서 정밀제어가 필요하지 않으며, 지상신호방식과 ATO와의 호환이 불리한 점도 있다.

기본 설명

Distance to go 방식은 ATC 속도코드방식의 후속으로 개발되었다. 지상 ATC에서 수집한 지상정보를 디지털정보로 변환하여 궤도회로를 통해 차상 ATC에 전송하면, 차상에서 목표속도와 제동곡선을 작성하고 자신의 거리연산에 의해 열차를 제어한다.

1 머리 기술

고정폐색 Distance to go(DTG) 방식은 도시철도 구간에서 주로 사용되는 방식으로써 ATC 속도코드방식에서 유래하여 후속으로 발전되었다. AF궤도회로를 이용한다는 점에서 기존의 고정폐색과 동일하지만, 궤도회로 경계점까지만 접근하는 기존의 방식과는 달리 열차 자신이 차상거리연산을 하며 적절한 속도와 목표제동곡선을 작성하여 목표점 까지 거리연산에 의하여 접근을 제어한다.
고정폐색 Distance to go System은 1980년대 후반에 출시되었으며 고정폐색방식을 기초로 하여 운전시격의 단축 및 궤도회로의 절감을 위해 개발되었다.

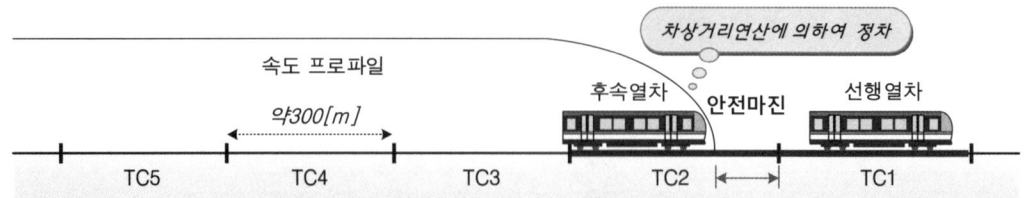

(그림 8-41). Distance to go방식의 폐색제어

이 방식은 궤도회로를 이용한다는 점과 거리연산을 이용한다는 점에서 고정폐색방식과 이동폐색의 중간 개념을 도입한 차상연산방식으로서 'Overlay 방식'이라 한다.

도시철도 구간에서 주로 사용되고 있으며, 국내에서는 제작사의 시스템 구현 방법에 따라 Alstom사와 Siemens사 시스템이 운영되고 있다.

2 열차운행 제어

기존의 고정폐색방식은 신호기계실에서 제한속도를 선정하여 차상으로 전송하였으나 이 방식은 지상장치의 역할을 차상장치에서 연산하는 차상주체식 제어방식이다.

다단제어를 하던 기존 고정폐색방식과는 달리 차상에서 허용속도와 목표제동곡선을 연산하고 목표 정지점까지 1단 제동제어를 함으로써 운행간격을 극대화한 것이다.

고정폐색 Distance to go 방식은 도시철도와 같이 역 간 거리가 짧은 제동구간에서 1단 제동제어를 함으로써 열차의 접근속도 및 접근거리 향상, 승차감을 향상하는 데 효과적인 신호제어방식이다.

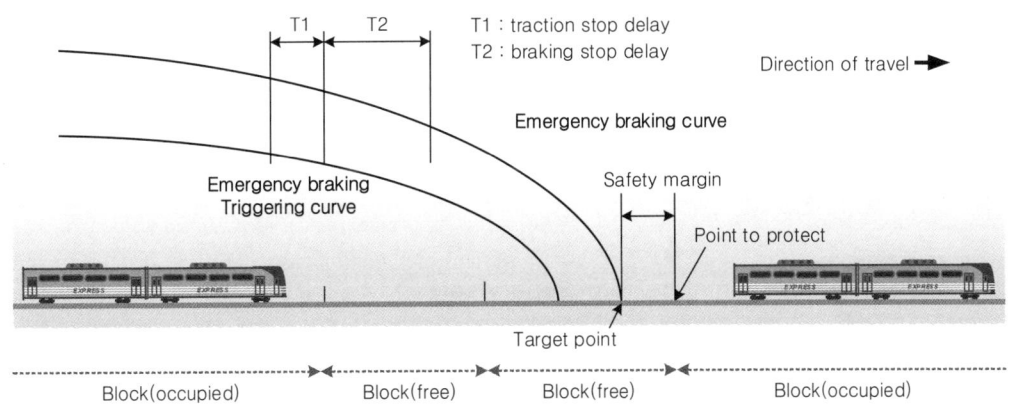

(그림 8-42). 고정폐색 Distance to go방식 이론

또한, 고정폐색의 마지막 버전으로서 고정폐색방식의 용량 한계 내에서 선로이용률을 높이는 데 의의가 있다. 이 방식은 ATO/ATP를 부가하여 열차 스스로 가감속 제어를 자동으로 실행함으로써 기관사의 피로도가 경감된다.

DTG 신호제어방식은 인천지하철1호선, 대전지하철, 서울지하철2호선, 대구지하철2호선, 공항철도, 서울지하철9호선에서 사용되고 있다.

(표 8-6). ATC속도코드방식과 Distance to go방식

구 분	고정폐색 ATC속도코드 방식	고정폐색 Distance to go 방식
열차검지	■ 궤도회로 단위로 열차검지	■ 궤도회로 단위로 열차검지
접근거리 (안전거리)	■ 궤도회로의 길이에 의해 열차점유 구간과 열차 간격제어 설정	■ 전방 궤도회로 후미로부터 거리 연산에 의해 열차간격 제어
정보전송	■ 지상→차상 속도코드주파수 전송 ■ 궤도회로를 통해 정보전송을 한다.	■ 지상→차상 지상데이터 전송 ■ 궤도회로를 통해 정보전송을 한다.
허용속도 연산	■ 신호기계실에서 허용속도 연산 ■ 지상설비 연산주체	■ 차상에서 허용속도 연산, 목표제동곡선 작성(차상거리연산방식)
속도패턴	■ 각 궤도회로에서 단계적인 감속제어로 정지점에 정차한다.	■ 일정 속도로 운행 후 목표정지점 근접 거리에서 1단제동으로 감속한다.
Headway	■ 운전시격 단축에 불리하다. ■ 최소운전시격 3분이다.	■ 운전시격 단축에 유리하다. ■ 최소운전시격 2분 30초이다.

3 시스템의 구성

ATS (Automatic Train Supervisor)

ATS는 통신을 기반으로하는 하드웨어 컴퓨터(서버)로 구성되어 있으며, 각 역의 신호기계실에 설치되는 L-ATS와 관제실에 설치되는 C-ATS로 구분된다.

L-ATS는 전자연동장치와 ATC로부터 해당 역의 설비상태와 열차운행정보를 집중하여 수집하고 감시·제어하며, 수집된 정보는 관제실 C-ATS로 전송한다.

C-ATS는 L-ATS로부터 각 역의 설비상태와 열차 운행정보를 집중 수집하고, 관제사가 사전에 작성한 열차운행 스케줄의 프로그램에 의하여 진로제어를 자동으로 수행하며 열차의 운행을 관리·감시한다.

ATC (Automatic Train Control)

ATC는 ATP/ATO 기능을 포함하여 통칭하며, 지상 ATC와 차상ATC로 구분된다.
지상ATC는 ATS, 연동장치, 궤도회로로부터 정보를 수집하여 상황에 따라 적절한 열차제어를 위한 연속 정보(SACEM정보)를 생성하며, 궤도회로장치를 통하여 지속적으로 차상ATC로 전송한다.

(그림8-43). ATC, ATS, CBI

전자연동장치 (CBI : Computer Based Interlocking)

역구내 분기구간에서 안전한 진로구성을 위하여 선로전환기와 신호기를 제어하며, 양방향 제어를 위해서 인접 역 설비와 인터페이스 한다. 진로취급에 따라 CBI는 SDTC에 열차운행방향(DOT) 정보를 전송하여 궤도회로의 송·수신 제어가 반전되도록 한다.

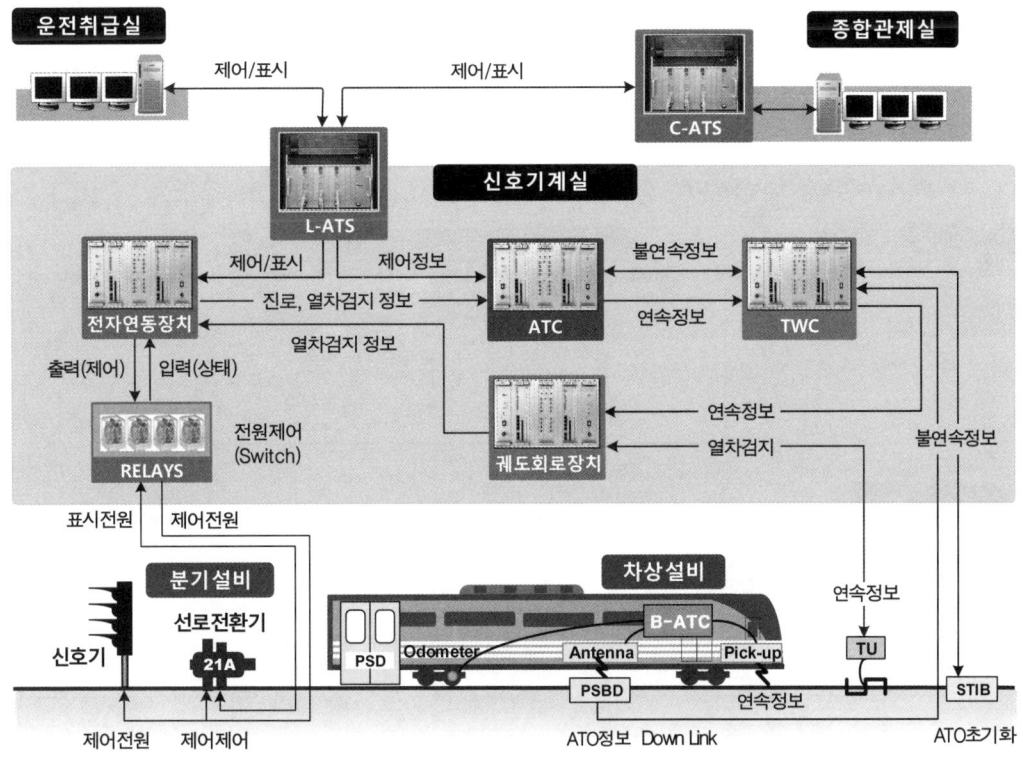

(그림 8-44). Distance to go 시스템 제어

궤도회로장치 (SDTC : Smart way Digital Track Circuit)

AF궤도회로(SDTC)는 단락회로를 이용하여 블록섹션 단위로 열차가 점유한 위치를 검지하고, 열차가 궤도회로 내에 점유하면 지상 ATC에서 대량정보로 생성된 연속정보를 Digital 부호화(텔레그램)하여 레일을 통해 열차에 전송한다.

또한, CBI에서 제어된 진로에 의하여 열차운행방향(DOT)에 따라 송신과 수신이 반전하도록 하여 열차의 선두부에서 연속정보를 지속적으로 수신할 수 있도록 한다.

비컨 (Beacon)

일정한 구간(약 200m)마다 설치되는 위치보정비컨(RB)에 의하여 열차의 절대위치를 보정하며, 역 정차 시에는 승강장 선두부에 설치된 TWC용 비컨(PSBd)에 의하여 ATO 정보를 통신한다.

또한, 기지 출고선이나 회차선에 설치되는 초기화비컨(STIB)에 의하여 열차의 신원을 확인하고 자동운행을 위한 초기화 정보를 인터페이스 한다.

(그림8-45). RB(위치보정비컨)

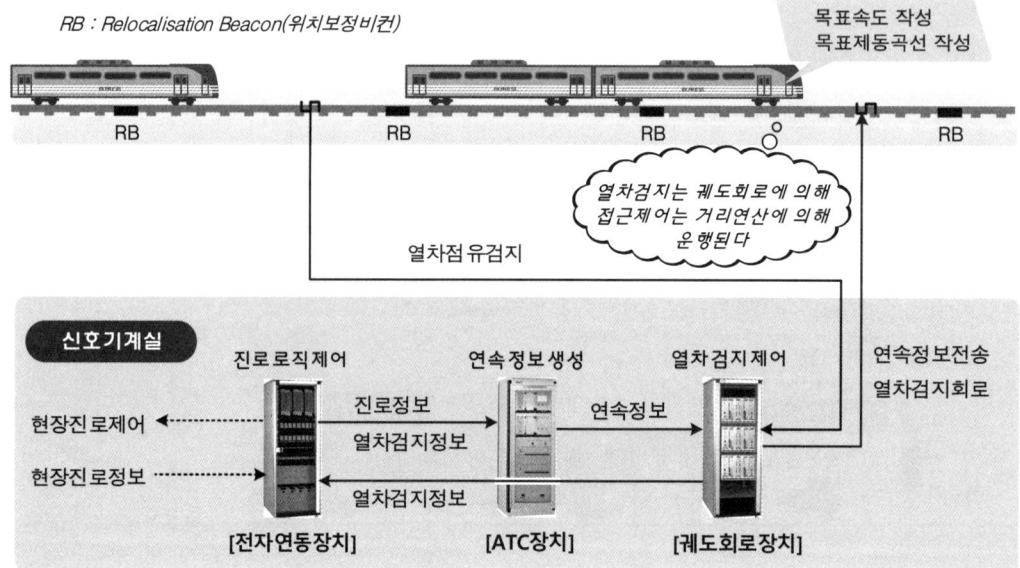

(그림 8-46). 고정폐색 Distance to go방식의 연속정보

8장 도시철도 신호시스템

4 열차제어의 원리

선로상에 운행 중인 열차는 궤도회로로부터 연속정보를 수신하고, 비컨으로부터 불연속 정보를 수신한다. 이러한 정보는 지상ATC로부터 실시간으로 블록섹션의 길이, 위치보정 비컨(RB)의 위치, 궤도회로의 상태, 전방 분기장치의 상태, 다음역 정보, PSD의 개폐상태, 지역 데이터 등의 지상정보를 지속적으로 차상ATC에서 수신하여 ATO 운전제어를 위한 다이나믹 프로파일을 생성한다.

차상ATC는 Pickup Coil을 통해 지속적으로 연속정보를 수신하고 데이터베이스를 바탕으로 열차 스스로가 적합한 속도패턴과 목표제동거리곡선을 작성하여 운행을 제어한다. 선로에 설치된 위치보정비컨으로부터 운행거리를 보정하며 정밀하게 제어한다.

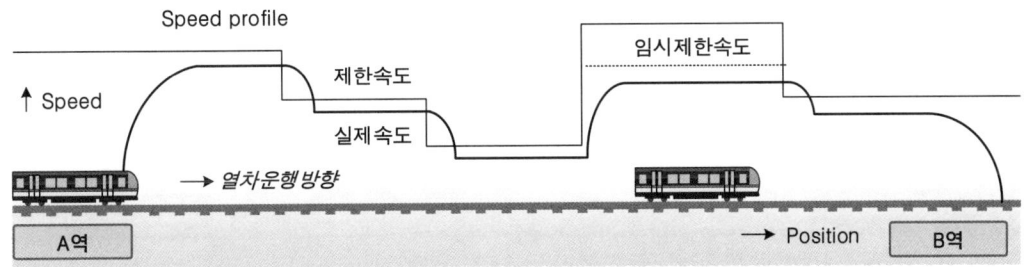

(그림 8-47). 차상ATC의 다이나믹 프로파일 생성의 예

▌ 열차의 운행거리 연산

모든 선로 상에는 보통 200m(구내에는 200m 이하) 간격으로 RB(위치보정비컨)가 설치된다. RB에는 고유의 식별번호와 위치정보가 저장되어 있으며, 열차가 RB 위를 지날 때 절대위치를 검출하고 열차 자신의 운행거리와 일정 오차가 발생하거나 연속적으로 비컨 2개를 미검지할 경우 비상제동을 체결한다.

열차는 오도미터로부터 누적거리를 연산하고 사전에 입력된 노선 데이터베이스를 통하여 열차 자신이 선로상의 주행위치를 정확히 파악한다.

(그림8-48). 열차의 오도미터

열차의 폐색거리 제어

고정폐색 Distance to go 방식은 AF궤도회로를 이용하여 블록섹션 단위로 열차의 위치를 검지한다. 지상 ATC는 블록섹션 번호와 섹션 끝까지의 거리를 표시하는 디지털 신호를 차상 ATC에 보낸다.

차상 ATC에 입력된 데이터베이스는 선로의 배선 형태와 곡선, 구배 등 궤도의 특성을 반영한 제동패턴을 저장하고 있으며, 운행 중 정지점까지 제동패턴을 읽고 현재의 위치와 제동패턴을 비교하고 필요시 제동을 체결한다.

운행 중인 열차의 차상 ATC는 선로상의 운행위치를 정밀하게 연산하고 목표제동거리곡선을 작성하여 선행열차가 점유하고 있는 궤도회로의 경계점으로부터 50m까지 한 번의 제동으로 정차한다.

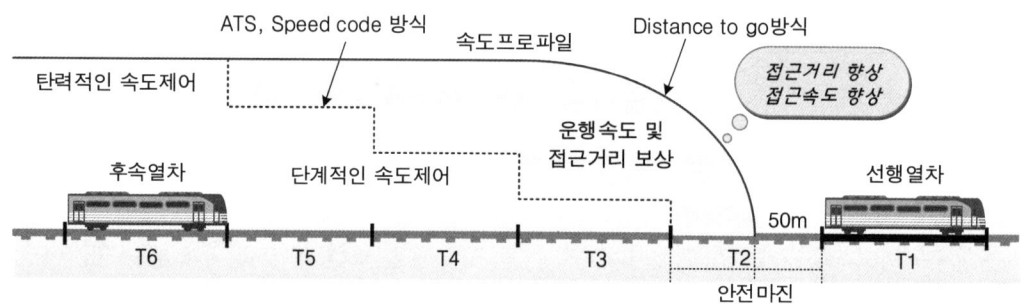

(그림 8-49). 고정폐색 Distance to go방식의 접근운행

운행방식의 특징

궤도회로를 이용하여 열차를 검지하며, 각 궤도회로에서 단계적인 속도패턴을 배제하고 지상으로부터 수신하는 정보에 따라 일정하고 탄력적인 속도로 운행을 유지하며, 차상에서 정밀한 거리연산에 의하여 1단 제동으로 목표정지점에 정차한다.

따라서 1단 곡선형태의 감속패턴으로 제동구간이 단축되어 평균속도를 향상할 수 있으므로 고정폐색이라 할지라도 선로이용률을 증대할 수 있다. 근래에 도시철도 구간에서는 이와 같이 고정폐색 Distance to go방식을 선호하고 있다.

고정폐색방식은 과거로부터 다단 속도제어에 의존하여 왔으나 거리연산에 의하여 1단 제동 운전제어로 발전된 것은 열차제어방식에서 새로운 변화를 가져왔으며, 고정폐색 방식에서 이동폐색방식으로 발전할 수 있는 전환점의 계기가 되었다.

운행제어의 특징

① 거리연산에 의해 열차의 접근을 제어하며 최소안전거리에서 1단 제동제어를 한다.
② 차상에서 지상정보를 수신하여 목표속도와 제동곡선을 작성하는 차상연산방식이다.
③ 전방 궤도회로 종단으로부터 최소안전거리를 연산하므로 접근거리를 단축한다.
④ 일정하고 탄력적인 운행속도로 제어하므로 평균속도를 향상한다.
⑤ 선행열차와 후속열차와의 접근구간 손실을 최소화하여 제어성능을 향상한다.

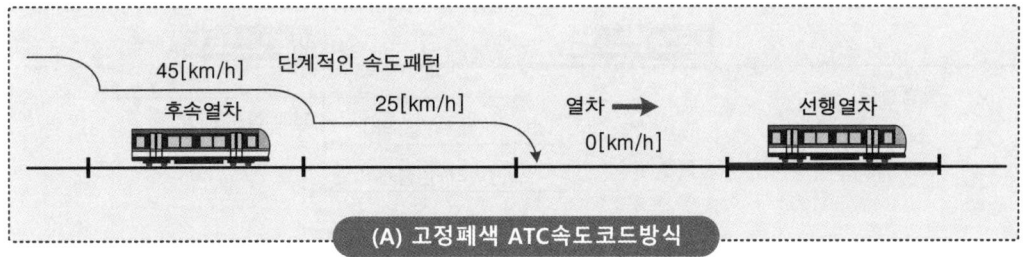

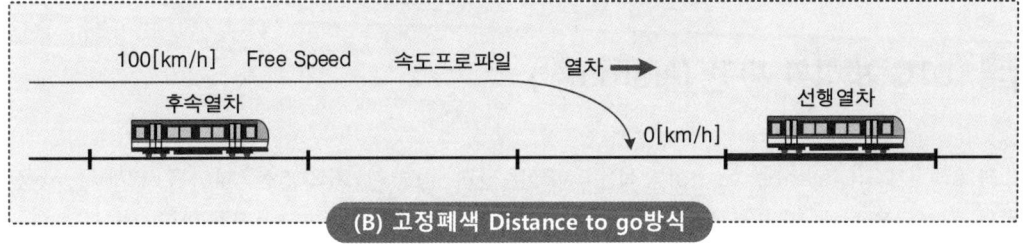

(그림 8-50). 고정폐색방식의 속도 Pattern 비교

Distance to go 방식의 폐색제어

Distance to go 방식의 약어로 DTG 이라고도 하며, DTG방식은 ATC 속도코드방식에서 발전된 시스템으로 접근제어는 궤도회로의 구역 단위에 의하지 않고 목표점으로부터 거리를 연산하여 운행을 제어한다.

차상ATC에서 자신의 운행거리를 연산하여 1단 제동으로 속도를 제어하여 운행하기 때문에 고정폐색방식에서 가장 향상된 폐색제어를 한다.

다음의 그림은 고정폐색 Distance to go 방식으로서, 선행열차가 궤도회로 경계에서 2개의 궤도회로를 점유하고 있을 때 1개의 궤도회로에 가까운 최대 거리손실이 확대되어 간격손실이 발생된다.

후속열차의 접근거리는 선행열차 점유궤도의 경계로부터 후미 첫 번째 궤도회로 안쪽까지 진입할 수 있다.

열차는 선로 상에서 자신의 운행거리를 연산하여 선행열차의 점유 궤도회로 경계로부터 후미 50m까지 접근할 수 있다. 따라서 고정폐색 Distance to go방식은 선행열차의 점유구간에서 불필요한 여분의 손실거리는 있으나, 선행열차 점유구간으로부터 후속열차의 최소안전거리에 대한 운행간격 손실을 최소화 하였다.

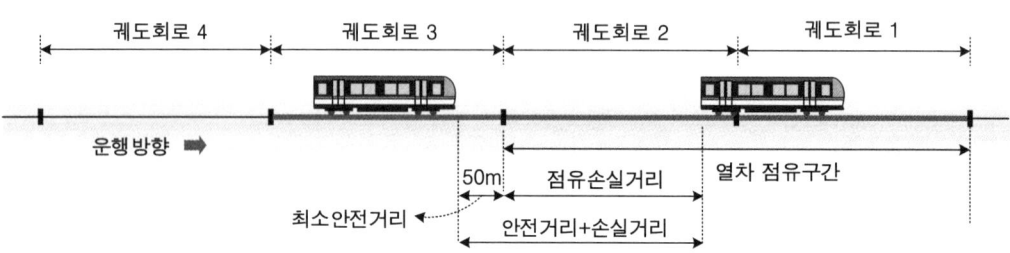

(그림 8-51). 고정폐색 Distance to go의 간격제어 손실거리

5 DTG 방식의 비컨 (Alstom사)

고정폐색 DTG(Distance to go)방식은 ATO운전과 정확한 거리연산 제어를 위해서 사용목적과 선로위치에 따라서 다양한 비컨이 선로에 설치된다. (대구2,공항철도,9호선)

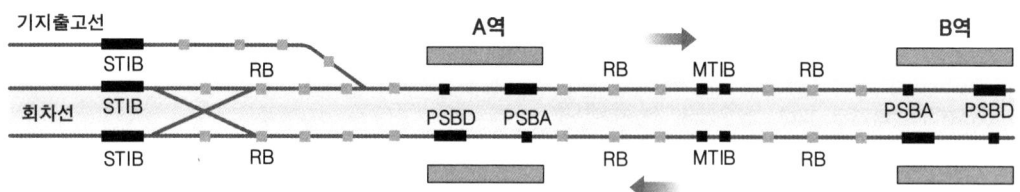

(그림 8-52). Distance to go 시스템의 비컨 배치

RB(위치보정비컨)

고정폐색 Distance to go 방식에서 대표적으로 설치되어 있는 RB(위치보정비컨)는 위치보정을 위하여 ATC 제어를 위한 모든 선로구간에 설치되며, 본선구간에서 역간에는 보통 200m 마다 설치되고 역 구내에서는 이보다 짧은 간격으로 설치된다.

8장 도시철도 신호시스템

역 구내에서는 그 만큼 차상거리 연산을 위해서 정밀한 위치제어를 하기 위해서이다.

RB는 선로에 각각 설치된 위치에 고유의 ID가 입력되어 있어 열차가 RB 위를 지날 때 RB가 설치된 정확한 위치정보를 차상에 알려주는 위치전송 비컨이다. 비컨 교체 시에는 컴퓨터를 접속하여 고유 데이터를 업로드하여야 한다.

(그림 8-53). 비컨 안테나

(표 8-7). Distance to go 방식의 비컨 역할

비컨 분류		비컨의 역할
고정 비컨 (자체 발전)	RB	■ 역 간 약 200m, 역 구내에는 그 이하의 간격으로 설치 ■ 위치 데이터를 통해 열차의 운행거리를 보정(재확인)
	MTIB	■ 역 간 경계지점에 2개의 비컨이 21m 간격으로 1조 설치 ■ 2개의 비컨에 의해서 차륜(휠)의 거리오차를 정확히 보정
	PSBa	■ 정위치정차를 위한 거리 정밀제어용 ■ PSBD로부터 30m 전방에 설치
가변 비컨 (TWC와 연결)	STIB	■ 차량기지의 출고선, 본선의 회차선에 설치 ■ ATO 자동운전 초기화를 위해서 열차정보 인식
	PSBd	■ 열차가 승강장에 정위치정차 시 안테나와 일치한 지점에 설치 ■ 승강장 정차 시 ATO 자동화 제어를 위한 TWC 통신

RB : Relocalisation Beacon(위치보정 비컨)
MTIB : Moving Train Initialisation Beacon(이동열차 초기화 비컨)
STIB : Stationary Train Initialisation Beacon(정지열차 초기화 비컨)
PSBD : Precise Stop Beacon for Docking(도킹용 정밀정지 비컨)
PSBA : Precise Stop Beacon Announcement(정밀정지 비컨 표시)

선로를 주행하면서 열차 자신이 오도미터로부터 누적된 거리와 일정 간격마다 RB로부터 얻은 위치데이터를 통해 열차 자신의 운행위치를 보정하여 안전을 확보한다.

차상에 설치된 비컨안테나는 비컨 ID를 수신하는 수신기, Decoder회로, 송신기 및 마이크로프로세서로 구성된다. 수신된 비컨 ID tag는 절대위치 결정을 위해 ATP장치로 전이중 RS422 직렬 Link를 통해 전송된다.

(표 8-8). Distance to go 방식의 제작사 별 시스템 비교

구 분	Distance to go (Siemens사 시스템)	Distance to go (Alstom사 시스템)
설비 운영사	▪ 인천지하철 2호선(1999) ▪ 대전지하철(2006) ▪ 서울지하철 2호선(2006)	▪ 대구지하철 2호선(2005) ▪ 공항철도(2007) ▪ 서울지하철 9호선(2009)
궤도회로장치	▪ FTGS	▪ SDTC
궤도회로 경계	▪ 튜닝유니트-S본드,	▪ 튜닝유니트-S본드
전자연동장치	▪ SICAS	▪ CBI
ATP/ATO명	▪ LZB700M	▪ URBALIS 200™
관제전송설비	▪ IFC(설계 명칭)	▪ ATS(알스톰사 공식명칭)
ATO정밀정지	▪ ATO 루프코일	▪ 비컨(PSBA)
ATC초기화	▪ S본드 2개 통화 후 활성화 ▪ 정지점 초기화(Fast start up)	▪ 출발점에 설치된 STIB 비컨에 의해 자동 모드로 출발
TWC현장설비	▪ TWC 루프코일	▪ 비컨(PSBD)
분기부 신호전송	▪ 레일에서 직접 전송	▪ 별도의 루프코일을 통해 전송
열차거리 보정	▪ 별도의 보정설비 없음	▪ RB(비컨)에 의해 열차운행거리 보정
현장설비 특징	▪ 루프코일 중심의 현장설비 ① 승강장 선로 전체에 ATO 정밀정지를 위해 루프코일 설치 ② TWC 현장설비와 차상간 통신을 위해 루프코일 설치 ③ ATO운전 초기화 열차 정지점에 루프코일 설치(기지출고선, 회차선) ▪ 분기궤도에서 레일을 통해 직접 ATC정보 전송	▪ 비컨 중심의 현장설비 ① 승강장 정밀정차를 위해서 비컨(PSBa) 설치 ② TWC 현장설비와 차상간 통신을 위해 루프코일 설치 ③ ATO운전 초기화 열차 정지점에 비컨(PSBd) 설치(기지출고선, 회차선) ▪ 분기궤도에서 별도의 루프코일을 통해 ATC정보 전송

8장 도시철도 신호시스템

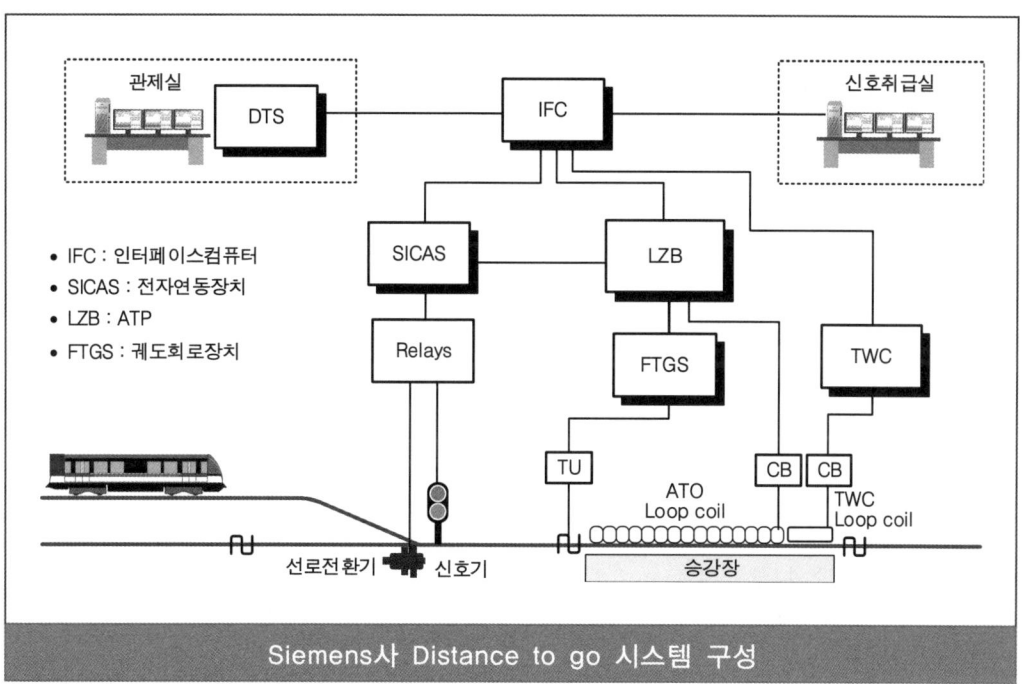

Siemens사 Distance to go 시스템 구성

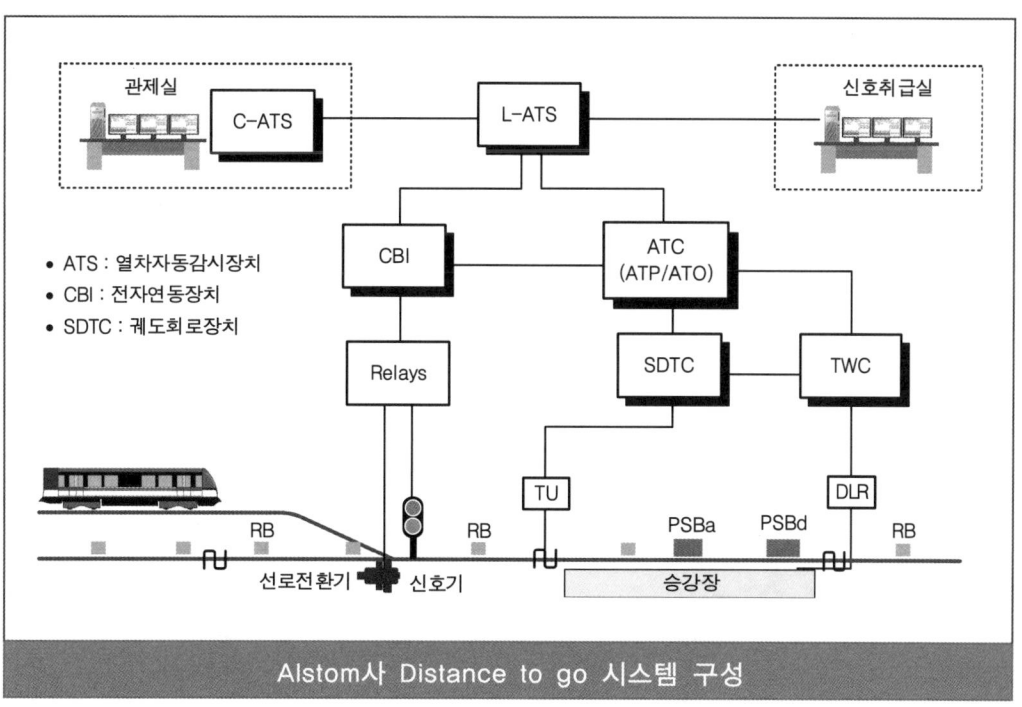

Alstom사 Distance to go 시스템 구성

(표 8-9). 국내 Distance to go 시스템 비교

구 분	Distance to go (Siemens 시스템)	Distance to go (Alstom 시스템)
적용노선 (개통년도)	▪ 인천1호선(1999년) ▪ 서울2호선(2006년) ▪ 대전지하철(2006년)	▪ 대구2호선(2005년) ▪ 공항철도(2007년) ▪ 서울9호선(2009년)
궤도회로명	▪ FTGS	▪ SDTC
궤도회로 경계	▪ 튜닝유니트-S본드,	▪ 튜닝유니트-S본드
전자연동장치명	▪ SICAS	▪ CBI
ATC명	▪ LZB700M	▪
관제 전송설비	▪ IFC	▪ ATS(공식명칭), IFC(9호선)
ATO 정지제어	▪ ATO 루프코일	▪ 비컨(PSBA)
ATC 현장설비	▪ 비컨 미사용 ▪ 승강장에 루프코일(ATO, TWC)	▪ 선로에 다수 기능의 비컨 설치 ▪ RB, MTIB, STIB, PSBA, PSBD
ATC초기화 지점	▪ 출고선, 회차선 출발점에서 S본드 2개 통화 후 자동모드 가능	▪ 출고선, 회차선 출발점에 설치된 STIB 비컨에 의해 자동모드 출발
TWC송신안테나	▪ TWC 루프코일	▪ 비컨(PSBD)
분기부 신호전송	▪ 레일에서 직접 전송	▪ 별도의 루프코일을 통해 전송
열차거리 보정	▪ 별도의 보정설비 없음	▪ 200m 마다 RB(비컨)에 의해 위치 보정

기본 설명

도시철도는 열차의 밀집운행과 안전성을 목적으로 그동안 ATC 기반의 해외 시스템을 선호하여 왔으나, KTCS-M은 무선통신을 기반으로하는 이동폐색(CBTC)으로서, 상용노선에서 개통 이후 시스템의 안전성이 입증되어 향후 탄력을 받을 전망이다.

1 개발현황 및 전망

▮ KTCS-M 개발 목적

- KTCS-M : Korea Train Control System-Metro(한국형 도시철도 열차제어시스템)

KTCS-M은 지상의 궤도회로를 사용하지 않고, 양방향 연속 무선통신기술을 적용해 실시간으로 열차를 제어할 수 있는 차세대 철도신호시스템으로 CBTC 시스템이라고도 하며 CBTC를 국산화한 것이 KTCS-M이다.

국내의 노선에 적용한 CBTC는 탈레스·봄바르디아·안살도 등에서 개발한 외산 시스템이다. 이 때문에 유지·보수가 필요할 때 발빠르게 대응하기 어렵고, 각 제작사 별로 개발한 모델끼리 서로 호환되지 않아 운영 효율성이 떨어진다.

한국형 열차제어시스템 개발의 가장 큰 목적은 더 이상 외산 시스템에 의존하지 않고 국산 신호시스템을 도입하기 위한 기술력 확보에 있다.

KTCS-M은 도시철도에 한정 되지만 정보전송 규칙을 표준화하여 제작사에 관계 없이 설치·운행이 가능하고, 유럽형 열차제어시스템(ETCS)과 달리 국내 단독 규칙을 적용한 순수 한국형 열차제어시스템이다.

KTCS-M은 도시철도 열차제어시스템을 국산화 하여 신림선과 동북선에 적용에 이어 .정부는 일산선(대화~정발산역) 시범사업을 통해 기술의 호환성과 안전성을 검증하고 기술을 상용화하여 국내에 확대 설치할 계획이다.

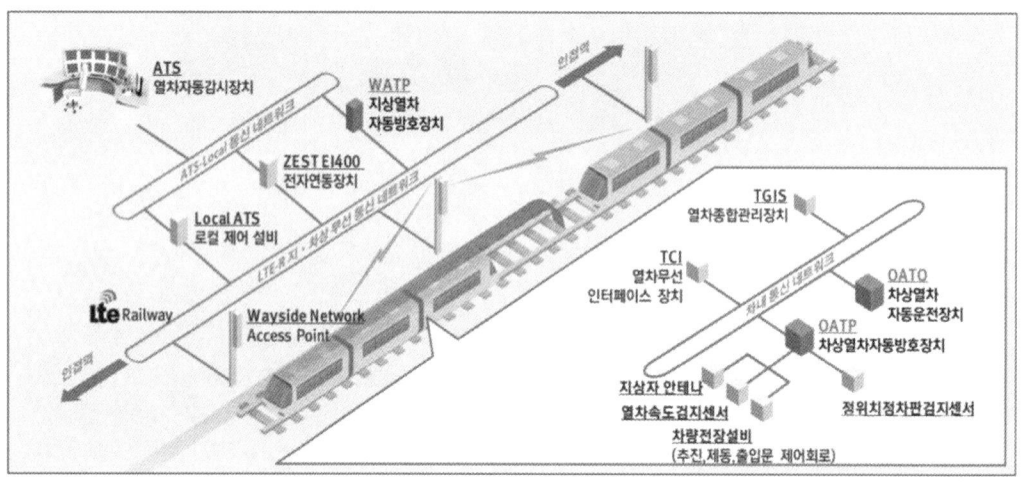

(그림 8-54). KTCS-M 시스템 구성도

KTCS-M 개발 현황

KTCS-M은 IEEE 1474.1의 규격을 사용하는 CBTC를 국산화하는 것으로써, 국토교통부 주관 R&D 사업을 통해 지난 2014년 7월 개발을 완료하여 2015년 12월 한국철도표준규격(KRS)으로 제정되었으며 무인운전 제어를 위한 열차제어시스템이다.

처음 개발 당시에는 한국형 무선통신 열차제어시스템(KRTCS, Korean Radio-based Train Control System)이라는 용어를 사용하였고, KRTCS(KRTCS-1)을 기반으로 2단계(간선 열차 250km/h), 3단계 사업(고속철도 400km/h)을 진행하려 하였으나, KRTCS-2를 ETCS 기반으로 개발하기로 결정되어 계획이 변경되었다.

지난 2010년 한국철도기술연구원 무선열차제어연구단은 국산화·표준화를 목표로 CBTC 시스템 연구·개발에 착수해 2014년 7월 기술개발을 마쳤다. 같은 해 12월엔 표준 규격(KRS SG 0069)까지 만들었다. 하지만 국가 R&D로 KTCS-M 기술이 개발되었으나, 한국형 철도신호시스템 표준화 단계로 나가질 못하였고 2018년 7월에 국토부에서 한국형 철도신호시스템 시범사업 계획을 수립했다.

8장 도시철도 신호시스템

2 시스템 구성

■ KTCS-M 주요 설비

- 열차자동감시장치 (ATS : Automatic Train)
- 지상 열차자동방호장치(W_ATP : Wayside Automatic Train Protection)
- 차상 열차방호장치(O_ATP : Onboard Automatic Train Protection)
- 차상 자동운전장치(O_ATO : Onboard Automatic Train Operation)
- 전자연동장치(EIS : Electronis Inter System)

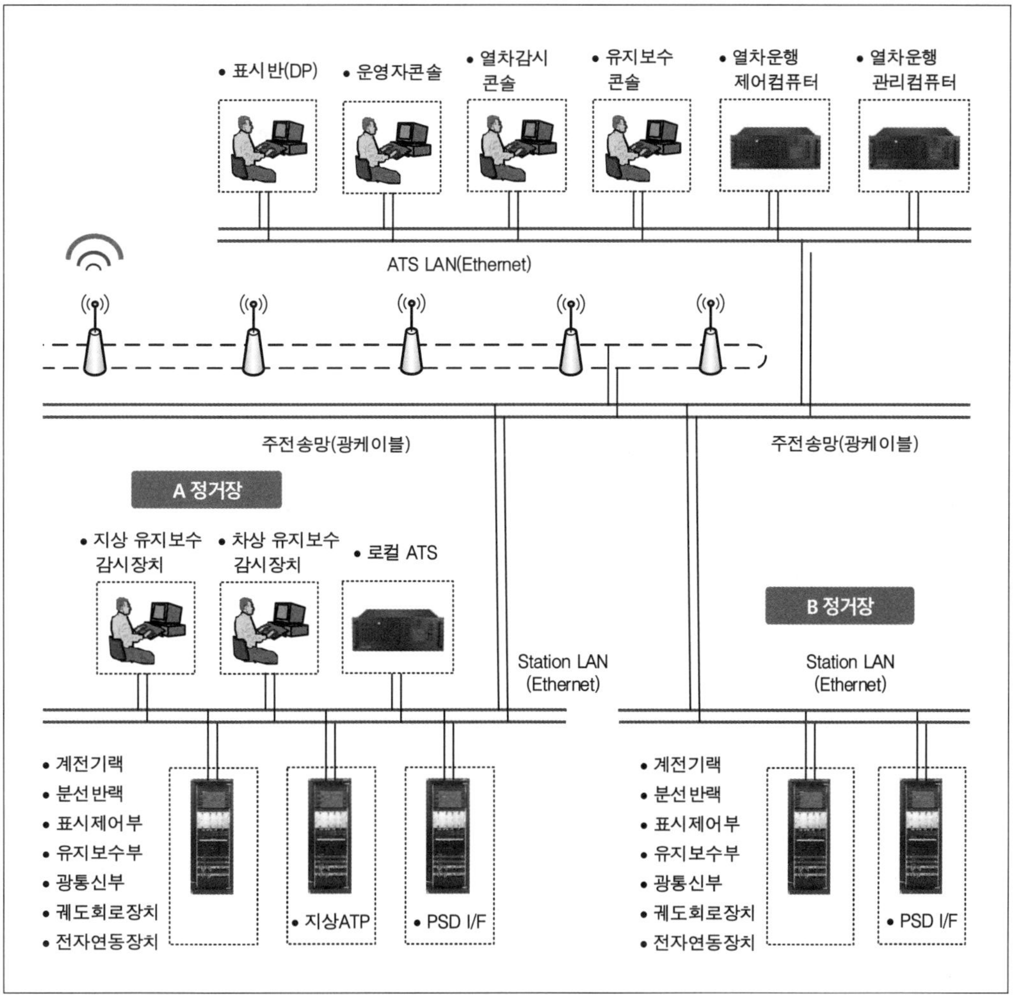

(표 8-55). KTCS-M 시스템(대화~정발산)

07 승강장 인터페이스

기본 설명

도시철도 구간에서는 역간 거리가 짧아서 잦은 운전취급으로 인한 기관사의 피로와 기관사의 실수를 경감하고자 ATO 시스템이 도입되었다. 이로써 열차의 운행효율이 향상되고 승강장에서의 승객 사고율이 감소되며 인건비 절감효과가 있다.

1 정위치 정지제어

▌PSM에 의한 정위치 정지제어

☐ 적용사례 : 서울지하철 5, 6, 7, 8호선

① 열차가 정거장에 정위치 정차하도록 정해진 패턴에 따라 감속제어를 한다. 정지패턴은 선로에 설치된 제1지상자에서 제4지상자까지 차상에서 검지하여 열차의 위치를 검출하고 정지지점까지의 거리와 속도와의 기준패턴이 발생한다.

② P1에서 P4까지의 지상자(PSM : Precision Stop Marker)는 각각 고유의 주파수를 가지고 있어 열차가 지상자 위를 통과할 때 지상자를 식별한다.

③ P1지점은 정차위치로부터 가장 멀리 위치하며 비교적 큰 감속도 패턴이 발생한다. P2지점에서 거리보정을 하고 정거장의 홈에 진입하면 P3지상자에 의하여 정지위치까지의 거리를 다시 보정하여 P4지상자에 의해 정지목표지점에 정확히 정차한다.

④ 지상자는 외부 시스템과 인터페이스 없이 송신용과 수신용 안테나로 구성되고 내부에는 제어회로가 구성되어 있으며 모든 지상자는 무전원으로 사용한다.
⑤ 차상 안테나가 지상자 위를 통과할 때 무선으로 전원이 공급되어 수신용 안테나에 의해 수전되고 송신용 안테나에 의해 데이터가 열차에 전송된다.

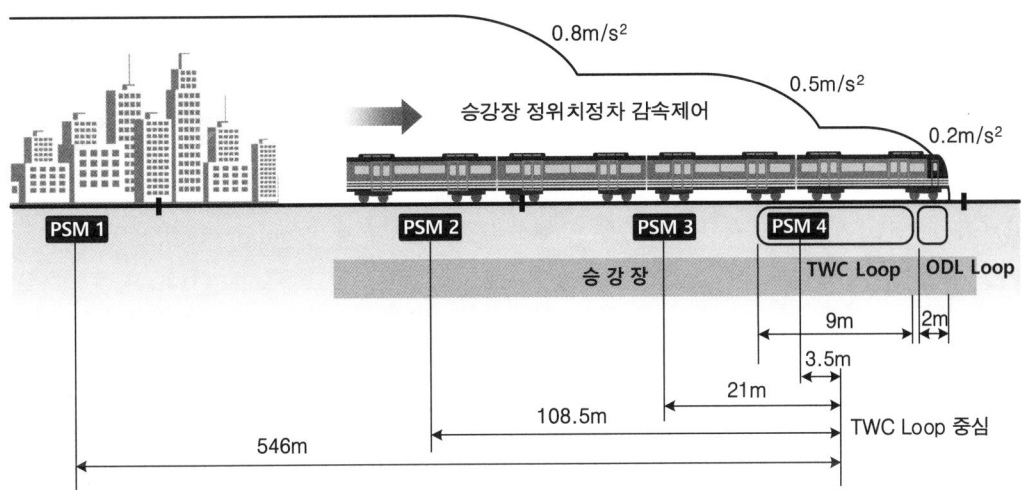

(그림 8-56). PSM의 설치위치

본선구간 일반제어

일반역에서 정위치정지를 수행할 때는 정지점에 도착하기 전에 거리에 따라 4개의 PSM이 사용된다. 각 PSM은 고유 ID를 갖고 있으며, PSM의 설치위치는 열차가 정위치정지점에 정지하였을 때 차량의 TRA 안테나 전단에서 다음의 거리에 설치된다.

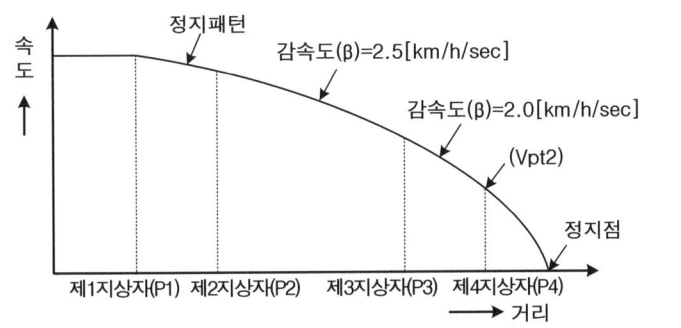

(그림8-57). 정위치정지 감속패턴

(그림8-58). 지상자(PSM)

(표 8-10). PSM 분류별 설치거리

PSM분류	설치거리	정확도
PSM 1	546.0m	± 1.50m
PSM 2	108.5m	±0.30m
PSM 3	21.0m	±0.06m
PSM 4	3.5m	±0.01m

PSM2에서 정지점까지

열차가 PSM1을 통과한 후 부터는 ATC 제한속도, 고정속도, Speed Profile에 의한 속도를 연속적으로 비교하여 그 중 가장 낮은 속도를 ATO 목표속도로 한다. 일반적으로 도착역 승강장 진입 직전부터 Speed Profile에 의한 속도가 ATO 목표속도가 된다.
ATO는 목표속도인 Speed Profile 형태를 따라가기 위해 일반적으로 제동명령의 크기만을 변경하여 열차를 정지점에 정지하도록 제어한다.
열차가 정지점에 도달하면 ATO는 Jerk를 방지하기 위해 제동명령을 서서히 제거하며 열차가 정지했을 때 움직임을 방지하도록 정차제동을 명령한다.

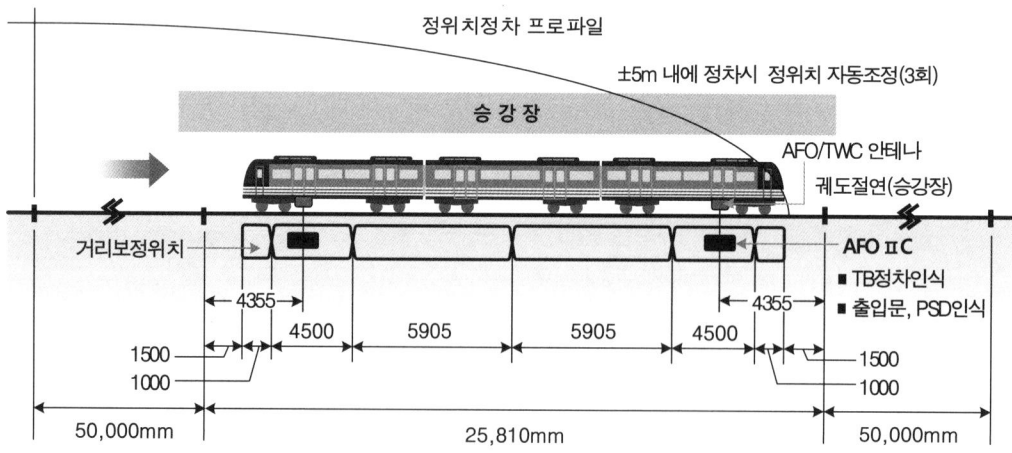

(그림 8-59). PSM의 정지점 제어

8장 도시철도 신호시스템

> 그 외의 구간

열차가 회차 위치에 정지할 때는 PSM6 하나만이 사용된다. 이것은 회차 위치에 정지하는 것은 정밀정지가 요구되지 않고 TWC 루프 안에만 정지하면 성능 및 기능상 문제가 없기 때문이고 정지 정밀도는 ±2.5m이다.

양방향 트랙을 운행할 때는 한 반향의 PSM을 무시하기 위하여 PSM5가 사용된다. 무시 PSM을 수신한 후 ATO는 3.5m 안에 수신되는 PSM은 무시된다. 기지에서 본선으로 진입할 때에는 첫 번째 TWC 루프 바로 다음에 PSM5가 설치된다. 이 PSM은 거리 계산의 동기 및 본선에 진입하기 전에 TRA의 동작을 검사하기 위해 사용한다.

(표 8-11). PSM 분류별 설치거리

PSM분류	설치거리	정확도
PSM 5	0.5m	± 0.30m
PSM 6	21.0m	±0.50m

Distance to go방식의 정위치정지제어

☐ 적용사례(ALSTOM사) : 대구2호선, 공항철도, 서울9호선

① 고정폐색 Distance to go방식은 차내에서 스스로 이동거리를 연산하여 선로 상에서 자신의 운행위치를 인지하며, 위치보정비컨(RB)으로부터 운행위치가 보정된다. 따라서 기존의 P1~P4까지의 단계적인 감속패턴을 위한 지상자는 필요 없다.

② ATS(자동열차감시장치)에 사전에 로딩된 운행스케줄(다이어그램)에 의해서 각 역의 ATC로 전송되며 열차가 승강장에 정차하면 궤도회로의 연속정보를 통해서 다음역 정차 정보를 수신한다.

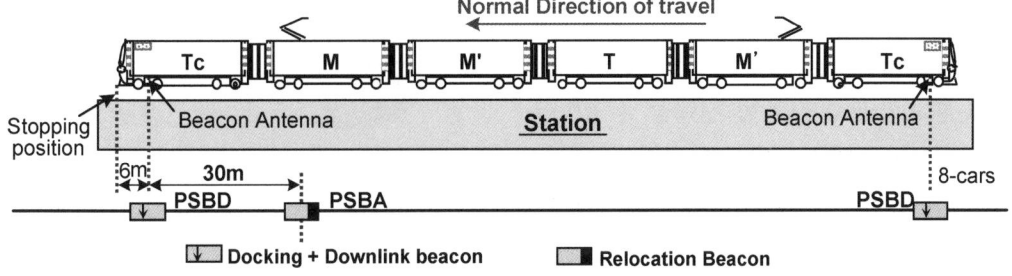

(그림 8-60). Distance to go방식의 정위치정차 비컨

③ 지상→차상으로 다음에 정차할 정거장을 수신한 열차는 차상거리연산방식에 의해 자신의 운행 거리를 연산하여 한 번의 제동으로 승강장에 정확히 정차한다.
④ 열차가 승강장에 진입시 정밀한 정차지점을 연산하기 위해 정위치정차 지점으로부터 30m 지점에 비컨(PSBA)이 설치되어 이동거리를 정밀하게 제어한다.
⑤ 열차가 정위치정차 지점에 정확히 정지하면 선로에 설치된 TWC용 비컨(PSBD) 설치지점과 차상안테나가 일치되어 자동제어를 위한 TWC 통신을 한다.
⑥ 지상설비는 지상→차상으로 정보전송은 궤도회로를 이용하며, 차상→지상으로 정보전송은 TWC용 비컨(PSBD)을 이용한다.
① 정위치 지점으로부터 오차범위 내에 정차해야 TWC 비컨과 통신이 가능하며, 이때 출입문과 PSD는 동일한 위치가 된다.
⑦ 지상→차상으로 전송하는 출입문 닫힘 명령 정보 및 자동발차 정보, 현재 역, 다음 역 정차정보는 승강장 궤도회로를 이용한 연속정보로 전송된다.

(그림8-61). PSBD 비컨

2 열차출입문 제어

ATO장치의 주요기능 중에는 정거장에 자동적으로 정위치 정차하는 기능과 열차의 출입문을 개폐하는 기능이 있다. 열차의 출입문 개폐는 자동개폐와 수동개폐가 있다. 자동개폐는 기관사의 개입 없이 ATO에 의해서 제어되는 것으로써, 열차가 승강장에 정위치 정차하면 사전에 계획된 프로그램에 의하여 승하차할 출입문 방향을 선택하여 지상-차상 간 TWC 통신에 의해서 개폐명령을 전송된다.

수동개폐는 기관사가 출입문 버튼 조작으로 이루어진다. 출입문의 열림과 닫힘 개폐제어를 각각 자동과 수동으로 개별 선택할 수 있다.

각 도시철도 신호제어방식에 따라 ATO 출입문 제어방식에 차이가 있으나 그 개념은 유사하다.

(그림 8-62). 열차출입문 제어

8장 도시철도 신호시스템

▓ 출입문 제어과정

□ 적용사례 : ATP차상신호방식

① ATP는 열차의 출입문개방 및 열차의 출발연동에 대한 안전감시를 하며, 열차 출입문은 ATO 운전모드에서만 자동으로 개폐제어 된다.
② 열차가 승강장에 정위치정차하면 열차의 선두부에 설치된 차상자(안테나)와 지상에 설치된 비컨의 위치가 일치하게 되면 지상-차상간 TWC 통신이 이루어진다.
③ ATO가 역 정차지점에서 출입문 개방명령을 위하여,
- 제로속도가 검지되어야 한다.
- 열차자동방호장치(ATP)는 추진 불능과 기계적 제동작용을 명령한다.
- 승강장에 정위치정차 지점에 있어야 한다.
④ 이후 ATO장치는 열차 출입문제어장치로 출입문 개방요청을 송신하며, 안전 출입문 연동기능은 조건이 만족되면 ATP장치는 열차출입문 개방명령을 출력한다.

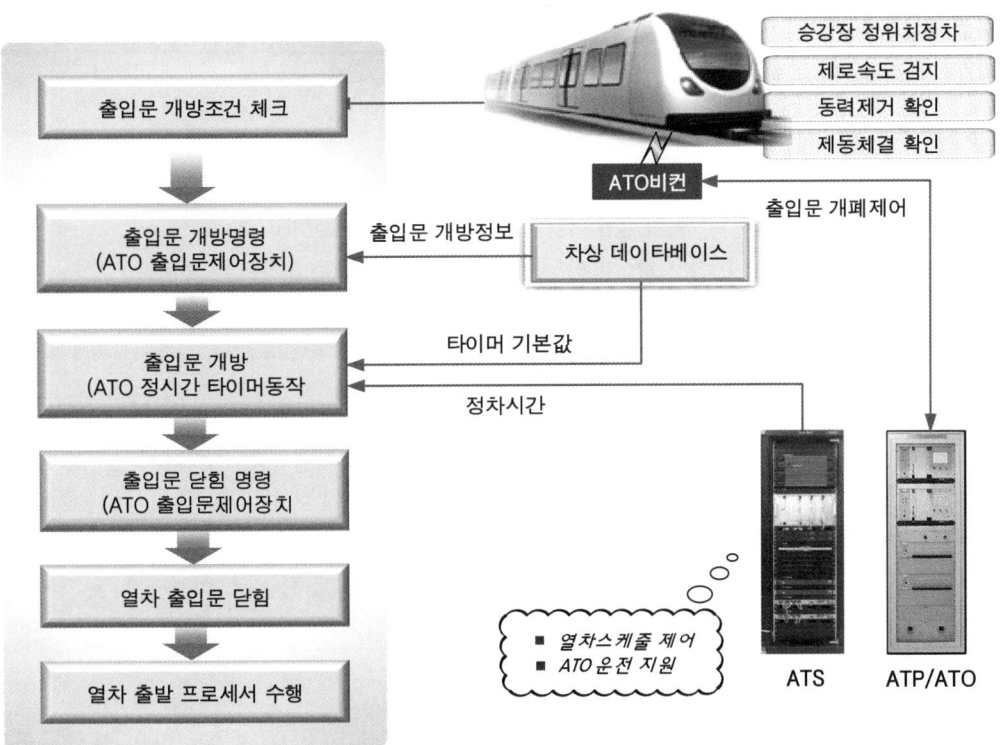

(그림 8-63). 열차출입문 제어절차

⑤ 출입문 개방시 개방시간 설정 값은 ATO 데이터베이스에 고정된 숫자이다. Default 정차는 ATS에서 수신한 정차 또는 대기요청에 의해 우선시 된다.
⑥ 조정된 ATS 정차시간은 역에 정차하여 출입문 열림이 확인되면 ATO장치로 다운로드한다. 타이머가 완료되면 ATO장치는 출입문 폐쇄를 명령한다.
⑦ Recycle 요청시 출입문 개방이 명령되며, 출입문은 미리 정해진 시간 주기를 따라 폐쇄명령 된다. 3번 연속으로 Recycle 요청이 생기면 출입문은 폐쇄되어 명령되지 않는다. 중앙제어요원은 출입문 Recycle을 수동으로 조작할 수 있다.

출입문 자동개폐절차 (서울교통공사)

❑ 적용사례 : 서울지하철 5, 6, 7, 8호선

① ATO장치는 열차속도가 1.8~4.6km/h 이내로 되고, 정지점 1m (PSM4를 수신하고 2.5m 진행 후) 전에 도달하면 ATC로 정지신호를 전송한다.
② ATC는 안전속도(5km/h 이하)를 재확인한 후 TWC를 통해 지상장치로 열차정지신호를 전송한다. ATO는 정지점에 도달하면 열차의 정차제동을 체결한다.
③ 지상장치는 속도코드를 소거하고 Door Loop를 통하여 출입문 열림신호를 차량으로 전송하며 Dwell Light를 점등시킨다.
④ 차량 ATC는 해당 Door Relay를 여자시켜 출입문 회로를 구성하고, 속도코드를 0 코드로 전환하여 열차의 움직임을 방지한다.
⑤ TCMS는 열차속도가 0.5km/h 이하임을 확인하고 출입문을 개방시킨다.
⑥ 지상신호장치는 정차시간 종료 10초 전에 Dwell Light를 점멸시키고 차량 TWC로 출입문 닫힘정보(DCW) 신호를 전송한다.
⑦ 차량 ATC장치는 TCMS로 출입문 닫힘명령을 전송하여 출입문을 제어한다. TCMS는 일부 출입문이 닫히지 않으면 해당 출입문만을 자동으로 재개폐 한다.
⑧ 모든 출입문이 닫히면 ATC장치는 출발허가 지시등을 점등시키며, 운전자가 출발버튼을 누르면 ATO로 속도코드를 전송하여 열차는 자동출발 한다.
⑨ 열차의 속도가 5km/h 이상에 도달하면 ATC장치는 R/L Door 계전기를 소자시켜 출입문 개방을 금지 시킨다.

8장 도시철도 신호시스템

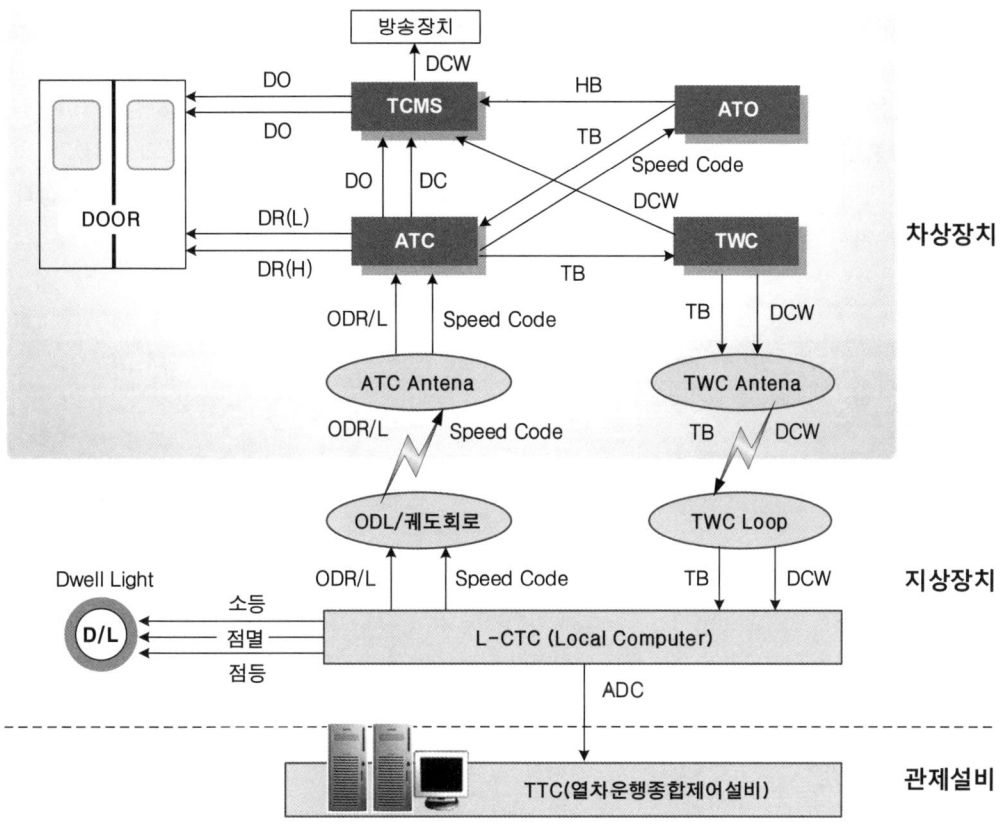

(그림 8-64). 열차출입문 자동개폐절차

3 승강장안전문(PSD) 제어

승강장 안전문(PSD : Platform Screen Door)은 역의 승강장 위에 선로와 격리되는 고정벽과 승객이 출입할 수 있는 가동문을 설치하고 차량의 출입문과 연동하여 개폐되는 장치로서 승강장 안전지원 시스템이다. 열차 출입문과 PSD는 차상과 지상의 서로 다른 장치에서 제어하지만 신호시스템과 인터페이스를 통하여 개폐명령을 제어하도록 함으로써 동작을 일치시킬 수 있으며 안전을 확보할 수 있다.

(그림 8-65). 승강장 안전문(PSD)

따라서 열차가 정확하게 승강장 정지 지점에 정차하지 않거나 열차 출입문과 PSD의 제어가 일치하지 않을 경우 승객에게 불편이나 사고를 유발할 수 있다.

PSD 시스템은 신호설비 ATO 정위치정차 제어에 의하여 자동적으로 승강장 정위치에 정차하고 열차출입문 열림제어에 의하여 객실 출입문이 열린다. 이때 출입문과 PSD가 일치하여야 승객이 원활히 하차·승차를 할 수가 있다. 열차출입문과 PSD가 일치한 상태를 검지하기 위한 상호 인터페이스가 요구되는 것이다.

(표 8-12). 승강장 안전문의 종류

구분	완전밀폐형(PSD)	반밀폐형(PSD)	난간형(APG)
형태	선로와 승강장을 격리하기 위하여 가동문과 고정벽 상단(천정)에도 완전 밀폐됨	선로와 승강장에서 가동문과 고정벽만 밀폐되고 상단은 개방됨	선로와 승강장 간 낮은 형태의 가동문과 고정벽이 설치되고 상단은 완전 개방됨
특징	① 방음, 방풍, 공저효율 향상 ② 승강장에서 추락방지 ③ 지하 대기의 쾌적성 향상	① 자연환기 가능 ② 승강장에서 추락방지 ③ 방음, 방풍, 공저효율 부분	① 자연환기 가능 ② 승강장에서 추락방지 ③ 설치 간단, 공사기간 단축

ATO에 의한 PSD제어

PSD 열림제어

열차가 승강장 선로의 ATO 지상자로부터 정위치정차 오차 허용범위 내에 정차하면 열차 출입문과 PSD의 위치가 일치하게 되며, 지상자와 차상자간 무선통신에 의하여 신호기계실 ATO에서 열차 신원정보를 확인한다.

신호기계실 ATO장치는 열차 출입문 개폐조건이 만족되면 출입문 개폐를 지령하고, 또한 PSD종합제어장치로 PSD 열림을 지령하여 제어하도록 한다.

PSD 닫힘제어

열차의 출입문이 열리면 지상 ATO에 설정된 시간을 카운팅 한 후 차상으로 열차출입문 닫힘지령을 전송한다.

대개 열차출입문 닫힘은 승객의 안전을 위하여 기관사가 수동취급을 하며 이때 차상에서 지상 ATO로 PSD 닫힘지령을 하여 제어한다. 이때 한 개의 도어라도 닫히지 않으면 센서가 이를 감지하여 열림장애를 현시한다.

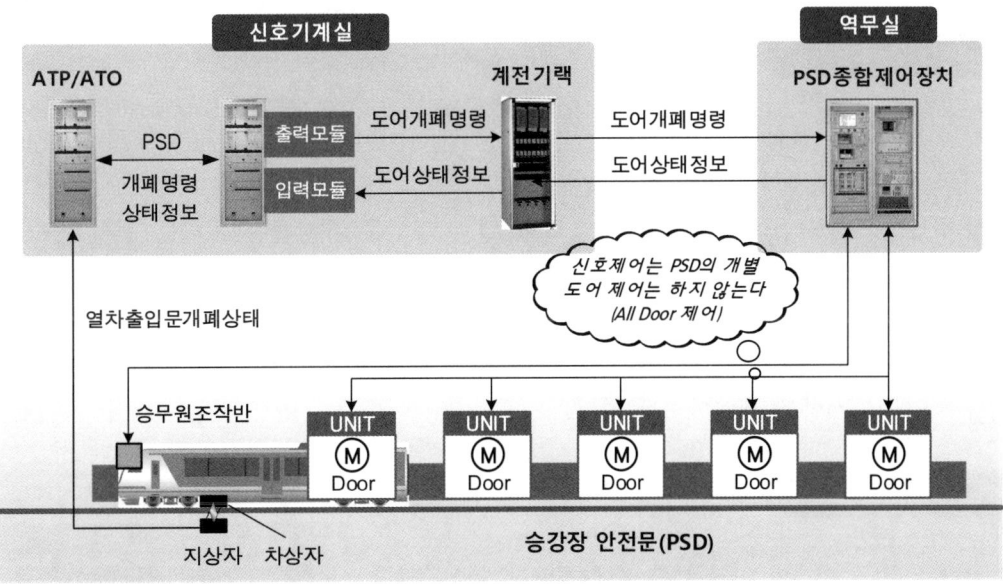

(그림 8-66). ATO에 의한 PSD 인터페이스

표시 및 고장정보

PSD의 개폐, 고장 등 상태정보를 열차운전실, 관제실, 운전취급실 등에 제공한다.
PSD의 상태정보는 PSD종합제어장치→계전기 동작→ATO장치를 통해 전송한다.
열차 출입문뿐만 아니라 PSD의 열림 시에도 열차는 ATO의 자동출발조건이 부당하므로 기관사가 승강장의 개폐스위치를 수동취급하여 출발조건이 정당화된다.

> 📞 **승강장안전문(PSD)은 신호설비와 어떤 연동을 하는 걸까?**
>
> 승강장안전문은 승객이 승강장에서 추락하거나 열차와의 접촉사고를 방지한다. 신호설비는 PSD 설비로부터 개폐정보를 받아 열차가 승강장으로 진입 도중, 승강장에서 진출 도중, 승강장에서 출발시 열림정보가 수신되면 열차에 정지신호를 전송한다.

ATO-CBI(전자연동장치)에 의한 PSD제어

PSD 열림제어

열차가 승강장에 정위치 정차하면 비컨과 차상의 비컨안테나가 일치된 위치에서 도킹하여 지상ATC는 열차의 신원정보를 확인한다.
차상ATC는 제어조건이 정당하게 만족되면 열차 출입문 개방을 제어하고 동시에 PSD 개방지령을 비컨을 통해 지상ATC로 전송한다.
지상ATC는 전자연동장치에 PSD 개방을 지령하여 관계 PSD계전기를 여자시킨다.
계전기의 여자된 접점을 통해 PSD 종합제어반에 DC24V 신호전압을 전송하여 PSD 종합제어반에서 개방을 제어하도록 한다.

PSD 닫힘제어

열차 출입문은 승객의 안전을 위해서 기관사가 수동으로 닫힘취급을 하는 것이 일반적이며, 이때 PSD 닫힘제어도 열림제어와 동일한 경로를 통한다.
PSD 개폐상태는 PSD종합제어반에서 DC24V를 전송하여 신호기계실의 관계 계전기를 여자시킴으로써 전자연동장치에서 닫힘을 인식한다.
전자연동장치에서 PSD 개폐상태를 지상ATC에 전송하면 지상ATC는 궤도회로를 통해 연속정보로 전송하여 차상ATC에서 PSD 개폐상태 정보를 수신한다.
수신된 개폐상태는 운전실 화면에 표시된다.

(그림8-67). PSD종합제어반

8장 도시철도 신호시스템

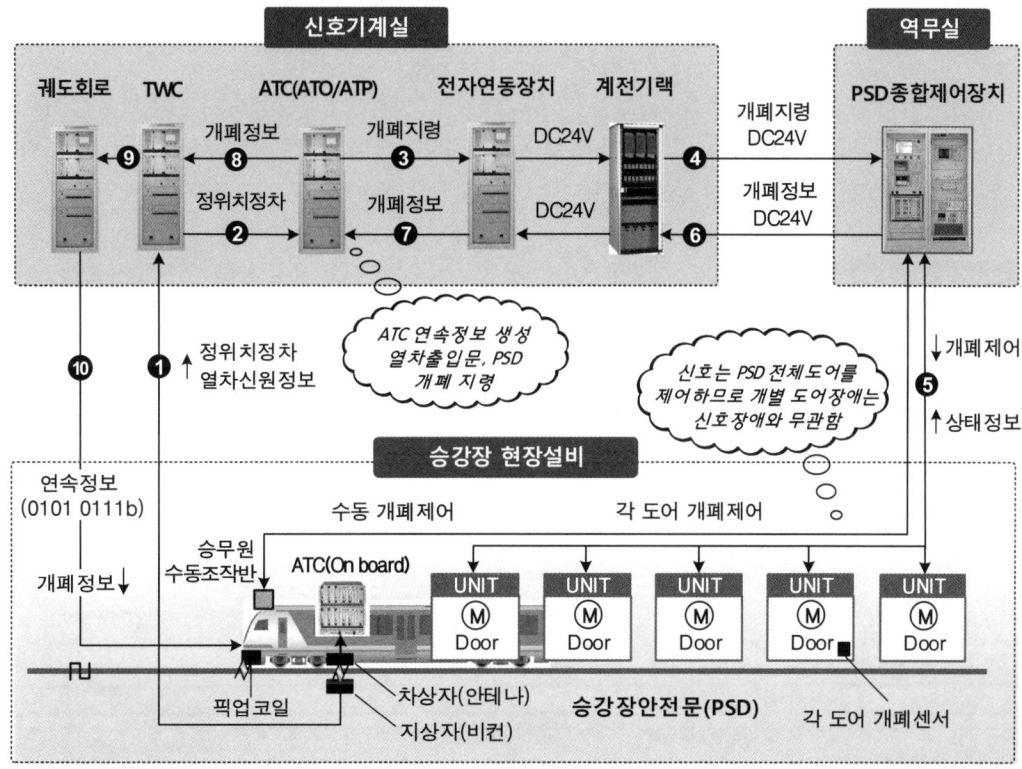

(그림 8-68). ATC에 의한 PSD의 인터페이스

비상개폐제어

열차가 승강장에 정차 시 PSD의 고장이나 신호시스템과 인터페이스 불량으로 인하여 자동으로 열리지 않을 경우 수동개폐스위치(OPD)를 취급하여 PSD를 강제로 비상개폐 할 수 있다. 개별도어 개폐는 불가하고 전체 개폐를 제어할 수 있다.

수동개폐스위치(OPD)는 열차가 승강장 정위치 지점에서 운전실 옆면의 고정벽에 설치되어 있어 기관사는 운전실 창밖으로 손을 내밀어 PSD를 개폐취급 할 수 있다.

승강장 안전운행

열차는 승강장에 접근 중 PSD의 열림이 현시되면 역무실 PSD종합제어장치→전자연동장치→ATC(ATP/ATO)로 정보를 수신하여 ATC지상정보는 정지신호를 전송하여 출발할 수 없도록 한다. 열차가 승강장 발차 시에도 열차의 후미가 승강장을 벗어날 때 까지 PSD가 열리면 동일한 경로로 비상제동이 체결된다.

RF통신에 의한 PSD제어

RF통신제어방식은 일반적으로 ATO 미설치 구간에 사용하는 것으로써, RF차상장치는 RF지상장치로부터 도착역의 PSD 개폐상태정보를 수신하고 전동차의 출입문 개폐와 연동하여 PSD의 개폐기능을 수행한다.

PSD 열림제어

① 열차가 승강장에 진입하면 차상RF장치는 주파수를 변경하여 지상장치와 통신을 하게 되며, 열차의 상태와 승강장 PSD상태를 주고받는다.
② 지상자는 차상무선(RF)장치로 승강장 정위치 정보를 전송하여 열차 출입문의 개방 조건을 만들어 준다.

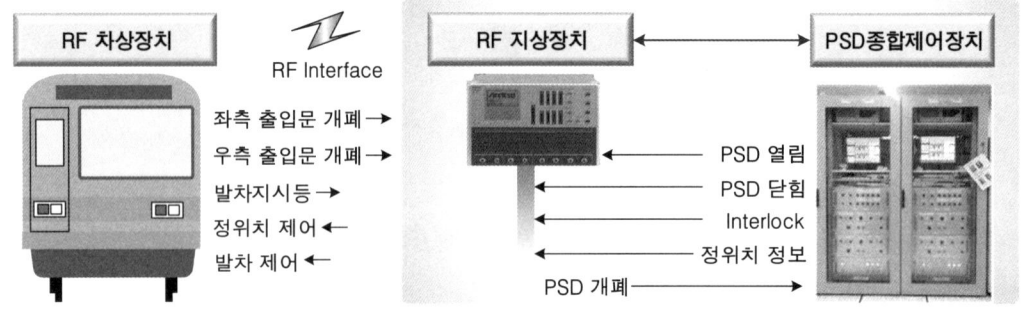

(그림 8-69). RF통신방식의 인터페이스

③ 승무원이 열차 출입문을 열면 차상RF장치는 이를 수신하여 지상장치로 전송하고 지상장치에서는 접점 출력을 통하여 종합제어반으로 제어신호를 보낸다.
④ 종합제어반에서는 각각의 PSD 개별제어반으로부터 열차 출입문 열림신호를 인지하고 개별제어반은 PSD를 개방한다.
⑤ 승무원이 열차 출입문을 닫으면 위의 내용과 같은 흐름으로 PSD 닫힘제어를 하며, PSD가 모두 닫히고 열차가 승강장을 출발하여 감지되지 않으면 지상RF장치는 동작을 종료한다.

8장 도시철도 신호시스템

도어검출장치에 의한 PSD제어

도어검출센서방식 또한 ATO 미설치 구간에 적용한다. 열차 출입문을 마주볼 수 있는 위치에 PSD 센서를 설치하여 센서가 승강장에 정차된 열차의 출입문 개폐상태를 감지하면 PSD도 함께 개폐하도록 하는 방식이다.

PSD 열림제어

전동차가 정위치정차 조건에서 전동차 문 열림을 감지하여 PSD를 개방하게 한다.
센서는 ON 상태에서 OFF 상태로 변화 될 때는 열림을 인식한다.

PSD 닫힘제어

전동차가 정위치 조건에서 센서가 전동차 출입문 닫힘을 감지하면 PSD를 닫힘제어 한다.
센서는 OFF 상태에서 ON 상태로 변화하면 열림으로 인식한다.
닫힘조건은 승객의 승하차가 빈번하게 발생될 수 있어 이 경우 실제의 물체인지 아닌지를 판단하기 위한 절차의 조건이 필요하므로 열림에 비해 응답성이 약간 떨어진다.

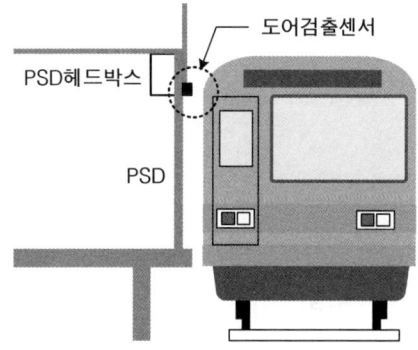

(그림8-70). 도어검출장치 PSD제어

ATS(자동열차감시장치)

기본 설명

ATS(자동열차감시장치)는 각 역에 설치되어 구역 내의 시스템과 열차정보를 수집하는 L-ATS와, 관제에 설치되어 각 역의 시스템과 열차정보를 수집하는 C-ATS로 구분된다. L-ATS와 C-ATS는 상태정보와 진로제어 정보교환을 위해 서로 인터페이스한다.

1 머리 기술

ATS(Auto Train Supervision : 자동열차감시장치)는 차상연산방식이 신기술로 도입된 시기에 개발된 열차운행관리 시스템으로서 현장의 역설비와 관제설비 간의 정보 인터페이스를 주력으로 한다.
기존의 복잡하게 구성된 CTC 시스템을 대신하여 관제의 신호기계실에 별도의 장치 없이 간소화된 컴퓨터 서버와 통신설비로 그 모든 핵심기능을 자동으로 수행한다. 철도신호 제어기술의 발달로 인하여 서양에서는 기존의 CTC 시스템 향상하고 이를 대신하여 ATS라 부른다. ATS는 TTC 제어에 필요한 열차의 자동운행기능들을 수행하며, 고정폐색 Distance to go 방식에서 부터 본격적으로 도입되기 시작하여 오늘날에 도시철도 신호시스템에서 널리 사용하고 있다.
ATS는 자동진로, 열차운행관리 등 전반적인 열차운행관리기능을 제공하는 시스템이다. 전체 신호시스템의 상태감시, 열차의 운행감시, 열차운영 패턴을 유지하기 위해 열차운영 명령에 대한 적절한 통제를 실행하는 기능을 제공한다. 전반적인 열차운행을 감시하는 설비로서 ATC와 인터페이스하며 ATC하부시스템에 포함한다.

8장 도시철도 신호시스템

(표 8-13). ATS의 취급제어 기능

장치	제어	ATS의 취급제어 기능
C-ATS	TTC	**주요 역할 : 관제실에서 운행 스케줄에 의한 자동진로제어** 당일 열차운행계획에 따라 신호설비의 자동진로제어뿐만 아니라 열차감시, 열차추적, 열차행선안내 정보전송, Dwell Time 관리, 설비상태감시 및 기타 필요한 C-ATS 서버에서 자동으로 수행하는 모드이다. 이때 운영자에 의한 수동조작도 가능하다.
C-ATS	CTC	**주요 역할 : 관제실에서 운영자에 의한 수동진로취급** TTC모드로 운영 중에 운영자의 수동조작 개입이 필요하거나, 관제실의 부분적인 장애가 발생하였을 경우에 운영자가 신호진로설비를 수동으로 제어하는 모드이다. 이때 열차운행계획에 의한 자동진로제어는 이루어지지 않으며, 열차감시, 열차추적, 열차행선안내 정보전송, Dwell Time 관리, 설비상태 감시 및 기타 필요사항은 C-ATS 서버에 의해 자동으로 수행된다.
L-ATS	Local AUTO	**주요 역할 : 운전취급실에서 운행 스케줄에 의한 자동진로제어** C-ATS 시스템이나 네트워크 이상 등 비상시 로컬에서 운영하는 모드로서, 당일 열차운행계획에 따라 신호설비의 자동진로제어뿐 아니라 열차감시, 열차추적, 열차행선안내 정보전송, Dwell Time 관리, 설비상태 감시 및 기타 필요사항을 L-ATS 서버에서 자동으로 수행한다. 이때 로컬 운영자에 의해 수동조작도 가능하다.
L-ATS	Local Manual	**주요 역할 : 운전취급실 운영자에 의한 수동진로취급** C-ATS 시스템이나 네트워크 이상 등 비상시 로컬에서 운영하는 모드로서, 로컬 운영자가 신호진로설비를 수동으로 제어하는 모드이다. 이때, 열차운행계획에 의한 자동진로제어는 이루어지지 않으며, 열차감시, 열차추적, Dwell Time 관리, 설비상태 감시 및 기타 필요사항은 L-ATS 서버에 의해 자동으로 수행된다.

2 LATS와 CATS제어

L-ATS(Local ATS)는 각 역의 신호기계실에 설치되며, 역의 신호설비 상태와 열차운행 정보를 수집하고 감시하며, 수집된 정보는 관제실 C-ATS(Central ATS)로 전송한다. C-ATS는 L-ATS로부터 수집된 정보와 관제사가 사전에 업로드한 열차운행 스케줄에 의해 진로를 자동으로 제어하며, 열차의 운행을 관리·감시한다.

따라서 ATS는 운영자를 위한 핵심 시스템이며, 각종 열차운행정보를 제공하는 감시기능과 운영자가 요구하는 명령을 총괄하여 역 설비에 지령한다.

현장의 역 신호기계실에는 L-ATS(Local ATS)가 설치되어 있어 Local 제어 시에도 입력된 열차 운행스케줄에 의해서 설치 역 단위로 자동으로 진로제어가 가능하며, 이 기능은 역의 신호취급자가 취급모드를 선택할 수 있다.

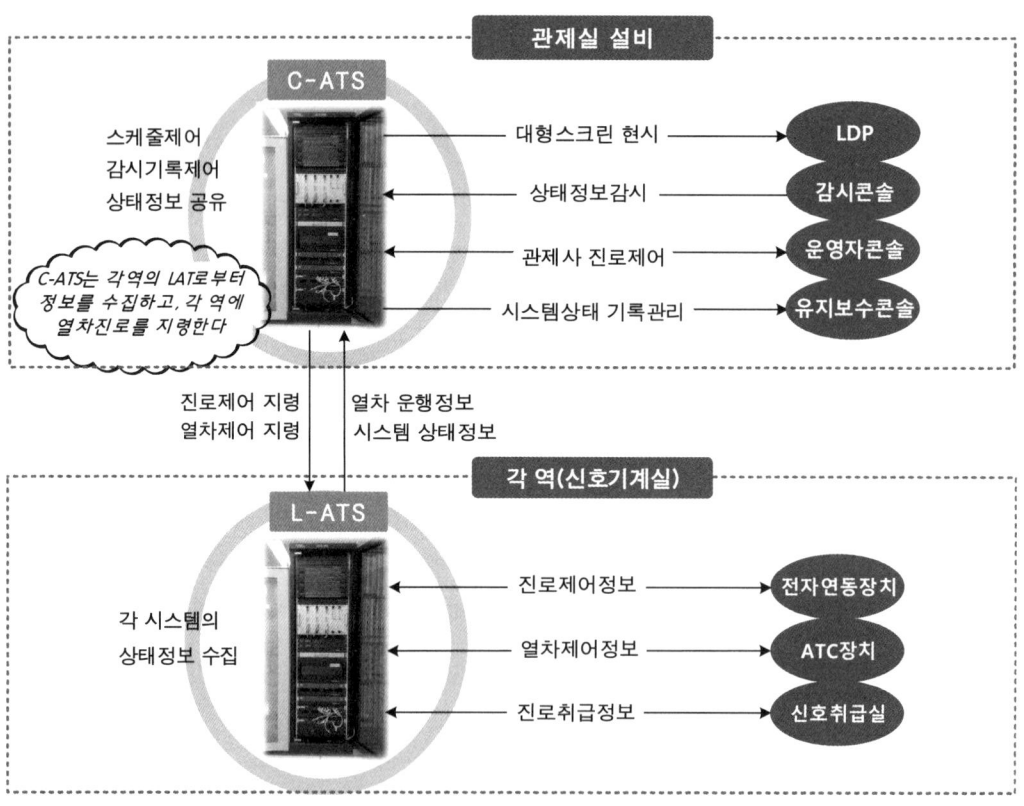

(그림 8-71). LATS와 CATS의 인터페이스

8장 도시철도 신호시스템

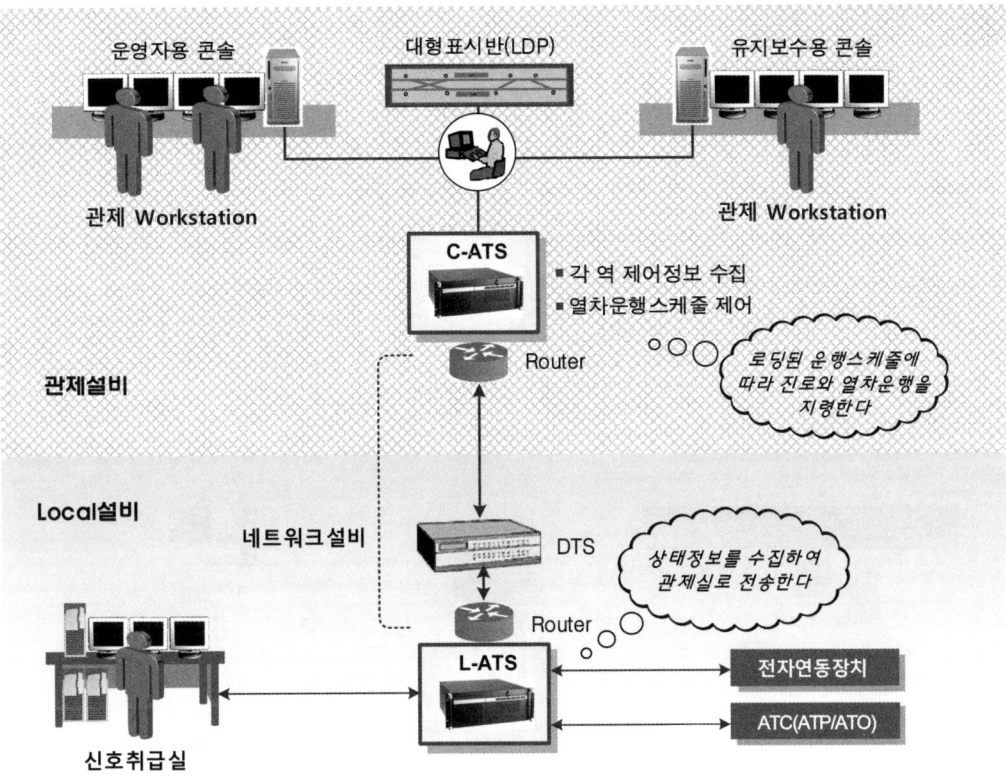

(그림 8-72). ATS의 네트워크 구성

3 ATS의 역할

ATS는 TTC의 역할을 수행하기 위한 관제실의 핵심 신호장치로서, 차상연산방식과 같이 현대화된 시스템에 적용되어 컴퓨터의 프로그램에 업로딩된 열차운행 스케줄에 의해서 자동으로 열차운행을 제어하는 통신기반의 컴퓨터 시스템이다. 또한, 운영자에게 각종 열차운영정보를 제공하고 운영자의 취급한 요구에 의하여 운전명령을 실행한다.

사용자 인터페이스

운행 제어실에는 사용자 인터페이스용 워크스테이션을 통해 열차운행에 필요한 제어모드를 설정할 수 있으며, 열차운행의 감시와 열차서비스 상황을 표시한다. 운영자는 열차운행계획 입력과 수정·변경할 수 있으며, 열차운행계획은 자동으로 전산화하여 처리된다. 운영자는 데이터 처리 및 제어기능 수행을 위해서 마우스로 이용할 수 있다.

자동진로설정(TTC)

프로그램에 의해 작성된 열차운행 스케줄에 의하여 해당 진로지점에 해당 열차가 접근하면 열차 진로를 자동으로 제어하고 운행 도중 진로경합 등의 모순을 검지하여 안전한 운전이 되도록 한다.

열차의 운행계획에 따른 다양한 항목을 점검하고, 운영자의 개입 없이도 워크스테이션에 로딩된 운행스케줄에 의하여 지정된 경로를 주행할 수 있도록 한다.

자동회차모드 설정 시에는 기관사와 신호취급자의 개입 없이 종착역에서 로딩된 열차운행 스케줄에 의하여 자동으로 진로가 설정되고 열차가 운행되도록 하여 상·하선 간 자동으로 입환하는 기능을 한다.

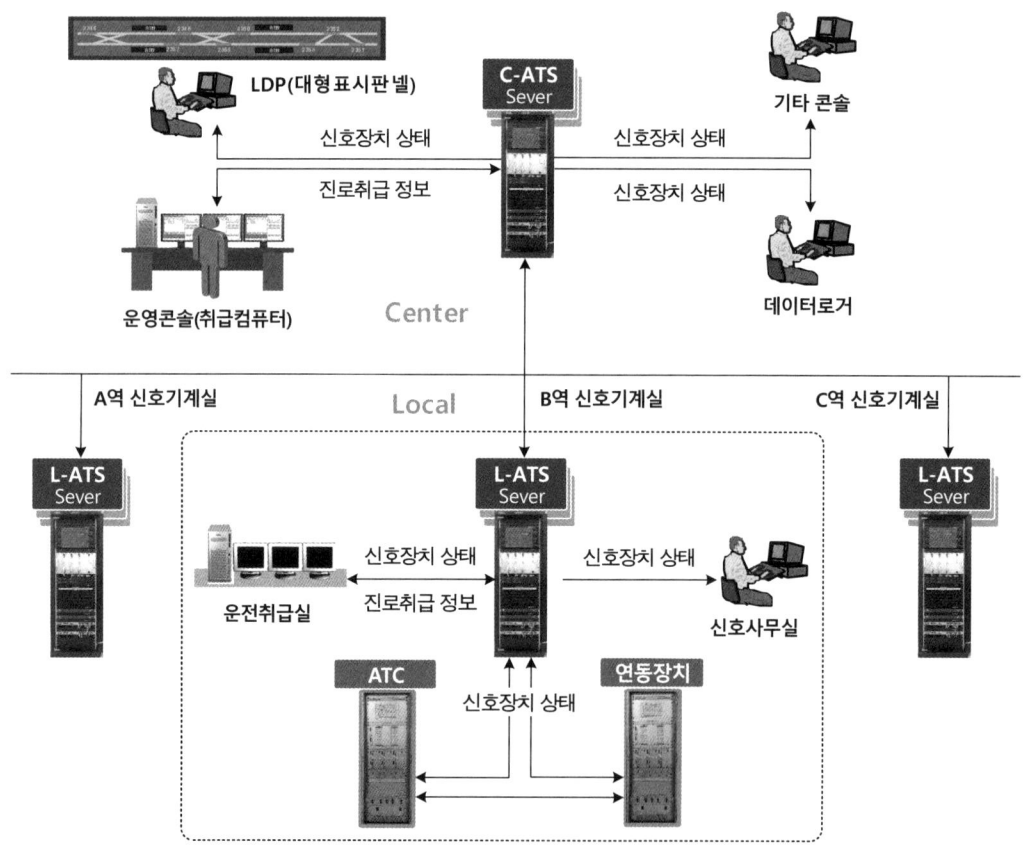

(그림 8-73). ATS의 네트워크와 제어

8장 도시철도 신호시스템

열차식별 확인

열차식별 정보는 미확인 열차를 식별하기 위해 사용되는 것으로써, 차상제어장치에서 지역제어기로 전송된 열차 ID와 운행 중인 열차의 위치정보를 ATS에서 조합하여 열차를 식별한다. 열차가 차량기지를 진입 또는 출입할 때 열차확인 식별이 가능하며, 본선 및 측선의 진로를 제공한다.

열차시격자동조정

ATS는 운행하는 열차의 신원을 식별하고 열차의 운행 스케줄 및 운전시격을 준수하기 위하여 현재 운행 중인 열차의 운행상태를 지속적으로 감시한다. 열차의 운행상태를 실시간 감시하고 역 정차시간과 역 간 주행속도 등을 자동으로 조정하여 전반적인 열차운행을 조정한다. 또 열차운행 스케줄에 의해 어떤 열차가 어느 장소에서 몇 시에 이동할 것인가를 결정한다.

역 정차 기능

열차는 정해진 운행계획에 따라 운행하며 각 정거장에서 사전에 설정된 시간 동안 정차하게 된다. ATS는 특정 역에 대한 통과기능 및 변경된 정차시간을 설정할 수 있다. 동일 선로에 직행열차와 일반열차가 혼합 운행할 경우 열차의 ID를 식별하여 통과열차와 정차열차 등을 구분한다. 역 정차정보는 차상 인터페이스를 통해 표시된다.

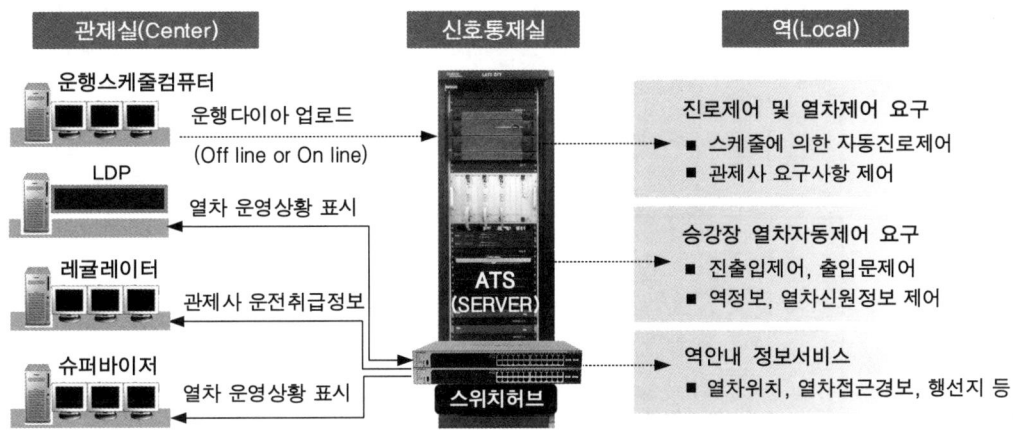

(그림 8-74). ATS의 제어와 기능

615

열차 운전제한

운영자는 사용자 인터페이스상의 명령에 의해 열차운행을 제한하기 위해 특정한 기능을 설정할 수 있다. 열차리셋, 열차정차, 진로취소, 승강장 대기설정, 시스템의 대기설정 및 정지, 특정 구간의 진로설정이 불가능 하도록 하는 블록폐쇄, 특정 구간에 저속도를 설정하는 임시제한속도(TSR) 등의 기능을 수행한다.

정보 서비스

자체 진단기능과 시스템 성능분석·보고기능을 갖고 운영자에게 전반적인 시스템 운영정보를 제공한다.

기록일지관리를 통하여 경보정보, 제어정보, 고장정보 등을 제공하며 문자기록과 그래픽정보를 통하여 시스템의 동작상태 및 열차운행정보 등을 분석할 수 있다. 이러한 기능을 제공하기 위하여 필요한 모든 정보를 시스템에서 지속적으로 데이터베이스에 저장 관리하며 저장된 정보는 설정된 일정 기간 보관된다.

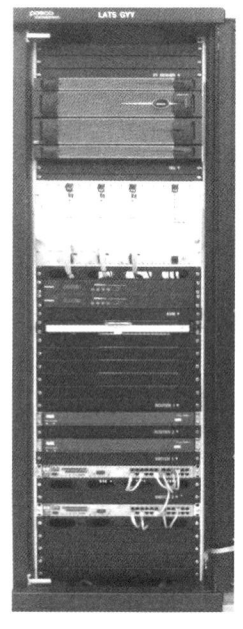

(그림8-75). ATS

What ☎ ATS는 용어대로 열차운행감시를 목적으로 하는 걸까?

로컬 ATS는 모든 신호기계실에서 열차운행, 시스템 등 각종 정보를 수집하여 관제실 또는 모니터링 장치로 전송하고, 관제실의 ATS는 역 ATS로부터 정보를 수신하여 전 노선의 상태정보는 물론 관제사 취급제어 및 업로드된 운행스케줄을 실행한다.

8장 도시철도 신호시스템

기본 설명

경전철은 2~3량의 중소형 차량을 연결하여 운행하므로 열차의 제동거리가 짧고 기동력이 우수하다. 이에 따라서 역 간 거리가 짧은 구간에서 궤도회로에 의한 폐색구간을 구애받지 않고 밀집운전을 하는 CBTC방식으로 무인운행을 하고 있다.

1 머리 기술

신교통 시스템은 무인운전이나 자동화 운전을 전제로 하는 일련의 신형 궤도의 교통수단으로서 흔히 '경전철'이라고 한다.

경전철은 20km 내외의 단거리 도심운행에 효과적으로서 기존의 지하철에 비해 건설비가 저렴하고 공사 기간이 짧으며 개통 후에도 무인운행으로 운영비 절감할 수 있다. 지하철은 편리성과 신속성, 정확성, 대량수송 등의 특징이 있으나 막대한 투자비 문제로 대도시에 주로 건설되고 있다.

이에 비해 경전철은 기존 지하철과는 달리 가벼운 전기철도라는 뜻으로 수송용량이 지하철과 버스의 중간 정도 규모로서 시스템에 따라 교통수요 처리능력이 다양하다. 경전철은 기존 지하철의 지선, 중소도시의 간선, 대도시 및 위성도시를 연결하는 운송 수요 처리에 적합한 교통수단이다.

(그림 8-76). 경전철

617

(표 8-14). 지하철과 경전철의 특징 비교

구 분	지하철(대용량 철도)	경전철(중용량 철도)
구동형태	• 철재바퀴 형태	• 고무바퀴, 철재바퀴, 모노레일, 자기부상열차, 노면전차 등
급구배 주행성	• 최급구배 35‰	• 최급구배 60‰ 내외
가감속 성능	• 가감속 능력 낮음	• 가감속 능력 높음
운전방식	• 유인운전(ATO)	• 무인운전(ATO)
운전시격	• 최소운전시격 2.5분	• 최소운전시격 1분
건설비	• 토목공사비 고가 • 시스템 비용 저렴	• 토목공사비 저렴 • 시스템 비용 고가
운영비	• 높음	• 낮음(자동화 운전)
최고속도	• 최고속도 100km/h	• 최고속도 80km/h

경전철의 특징

① 주로 15~20km 정도의 단거리 도시구간을 운행한다.
② 지하철에 비하여 건설비를 대폭 절감할 수 있다.
③ 가·감속 능력과 주행성능이 우수하므로 역간 거리 단축이 가능하다.
④ 급곡선에서 회전반경과 급경사에 등판능력이 우수하다.
⑤ 주행 중 소음과 진동이 없어 승차감이 좋다.
⑥ 완전 무인화 시스템으로서 운영 인건비를 절감할 수 있다.

2 도시형 자기부상철도(MAGLEV)

자기부상열차는 전자력의 힘으로 레일 위를 떠서 운행하는 방식으로 흡인식과 반발식이 있다. 도시형 자기부상철도는 전자석을 이용한 흡인식이며 중저속에 적합하다.
도시형 자기부상철도의 원리는 전자석 전력공급→전자석에 자기력 발생→U형 레일면과 전자석 간에 흡인력 발생→전자석과 레일 간의 간격이 8mm가 될 때까지 차량의 부상→센서의 Feedback 신호를 이용하여 전자석과 레일 간의 8mm 부상을 유지하도록 제어한다.

8장 도시철도 신호시스템

추진원리는 일반적인 모터가 아닌 직선운동이 가능한 리니어모터를 사용한다. 리니어모터에 3상 교류 전원을 공급하면 추진 레일에서 전자유도현상에 의해 전류가 유도되고 이때 발생하는 전자력의 힘으로 추진력이 발생한다.

바퀴 없이 차체가 궤도를 감싸므로 탈선, 전복 사고의 우려가 없다. 기존의 철도시스템과 호환 운영이 어려운 단점이 있다.

(그림 8-77). 자기부상열차

3 모노레일(Monorail)

모노레일은 기존 도시철도에 적용되는 일반적인 2개의 철제레일을 대신하여 1개의 콘크리트 궤도나 철제빔 형태의 고가 안내궤도를 따라 고무차륜나 철제차륜이 달린 열차가 운행하는 방식이다.

모노레일은 차량의 지지방식에 따라 차량이 궤도 위로 운행되는 과좌식과 궤도 하부에 차량이 매달려 운행되는 현수식이 있다. 차륜은 고무타이어가 주로 사용된다.

모노레일은 오래된 역사를 가지고 있으나 안전성과 편리성, 친환경성이 우수한 교통수단으로 현재에도 다양한 형태의 기능으로 발전하고 있다.

모노레일은 타 교통기관과 충돌이나 탈선의 위험이 없으므로 안전도가 높으며, 하천이나 도로상에 고가구조로 할 수 있으며 건설비가 저렴하고 공사 기간도 짧다. 하지만 일반철도와 상호 호환 진입이 불가능하며 분기장치가 복잡하다.

(그림8-78). 모노레일 과좌식

(그림8-79). 모노레일 현수식

4 AGT(Automated Guidway Transit)

▨ 고무차륜 AGT

기존 도시철도에서 사용되는 철제레일 대신에 콘크리트 또는 철판 형태의 평면궤도 위를 일반 자동차와 유사한 고무바퀴로 주행하는 차량시스템으로서 독립된 안내궤도를 따라 운전한다. 고무차륜을 주행륜으로 사용하므로 가·감속 성능 및 등판능력, 소음 및 진동 특성이 향상된다.

주행장치는 차량이 궤도에 설치된 안내판을 따라서 곡선 또는 분기선로에 유도되도록 안내기능, 조향기능이 있다.

고무타이어 펑크 시에도 차량의 균형이 유지되도록 하여 알루미늄 금속제 보조륜이 내장된 특수 구조로써 유사시 승객 안전에 대비한다.

(그림8-80). AGT 고무차륜과 안내륜

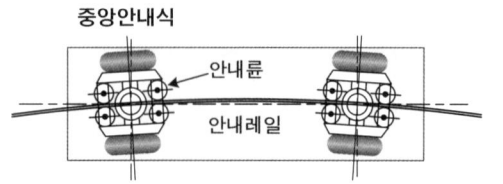 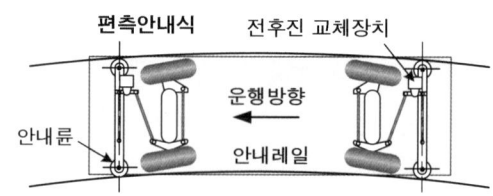

(그림 8-81). 주행조향장치

▨ 철제차륜 AGT

철제차륜 AGT는 기존의 도시철도와 유사하게 노면에 주행궤도를 설치하였으며 주행장치는 차륜-레일 간 소음저감을 위해 고무패드 층이 내장된 철제 탄성차륜을 적용한다. 철제차륜 AGT는 최고속력이 고무차륜보다 높으므로 수송력 또한 약간 높으며, 차륜은 소형 철제 탄성차륜이다.

차량 간 연결부 하단에는 관절대차(연접대차)를 사용함으로써 작은 곡선반경의 선로에서도 유연하게 주행할 수 있으며, 레일을 이용하여 궤도회로를 설치하거나 전차선 귀선으로 활용할 수 있다. 강우나 강설 시에는 슬라이드에 의하여 정위치 정차에 실패할 우려가 있다.

8장 도시철도 신호시스템

(그림8-82). 국내 AGT 고무차륜   (그림8-83). 국내 AGT 철제차륜

5 LIM (Linear Induction Motor) 시스템

LIM(선형유도전동기)은 종래의 원통형 회전식 전동기를 평판 모양으로 선형화시켜 전후 방향으로 수평동작을 반복하는 구동기술을 응용한 것이다. 차량 하부에 장착된 선형유도모터와 레일 가운데 설비된 전자기 작용판의 상호 전자기 현상에 의한 흡인력과 반발력을 이용하여 차량을 주행시킨다. 차륜은 소형 철제 탄성차륜을 사용한다.

차량 높이를 낮출 수 있어 지하나 장대터널 구간에서 토목공사비가 절감된다.

작은 곡선반경에서 주행성능이 우수하며 점착능력이 좋아 급경사에서도 주행할 수 있다.

반면 에너지 효율이 낮으며 곡선로 통과시 안내레일의 마모가 발생된다.

(그림 8-84). LIM 선로주행

6 SLRT (노면전차, Tram)

노면전차는 일반도로의 길바닥에 궤도를 깔고, 일반 차량과 함께 달리는 전기열차이다. 예전의 노면전차는 성능이 좋지 않고 도로의 자동차의 운행을 방해하다 보니 자동차의 급증과 함께 세계적으로 자취를 감추었으나, 유럽 대부분의 도시에서는 인기 있는 준고속 대중교통수단이 되고 있다.

오늘날에는 전용선을 이용함으로써 속도가 향상되고, 저상형으로 설계되어 길가에서 승하차가 용이하며, 전기를 이용하므로 저소음, 무공해로 친환경적이기 때문에 일본, 미국, 유럽 등에서도 재도입되고 있다. 우리나라에서는 일제강점기 시대의 노면전차 이미지 때문인지 선호도가 높지 못한 편이다.

노면전차는 일반도로를 이용하므로 건설비와 운영비는 절감되나, 수송력과 운행속도가 떨어지며 가공전차선 설치로 도시미관이 저해된다.

(그림 8-85). 노면전차(트램)

(표 8-15). 경전철 시스템의 비교

특징 구분	AGT(철제차륜)		AGT (고무차륜)	모노레일	노면전차
	LIM	원형회전모터			
차량수(량/편성)	2~6	2~4	2~6	2~6	2~3
차륜형태	소형철제	철제	고무	고무/철제	철제
최고속도(km/h)	80~90	70~80	60~80	70~80	20~80
초급구배(‰)	50~60	40~60	50~75	80~100	60~90
최소회전반경(m)	70~100	25~40	30~35	50~55	25~35

7 PRT (Personal Rapid Transit)

PRT는 2~6명의 인원이 승차할 수 있는 택시 형태의 경량 차량으로 고가 궤도 위를 시속 40~65km/h 속도로 환승 및 정차 없이 논스톱으로 운행한다.

PRT는 공항, 박람회, 놀이공원, 쇼핑센터 등 유동 인구가 많은 공공장소에 교통수단으로 적합하다. 전용의 궤도 위를 목적지까지 정차하지 않고 직행으로 운행하며 첨단 제어장치에 의해 무인운전으로 운행된다.

PRT는 1970년대부터 제안된 시스템으로 검토되었다가 중단되었으나, 최근 복잡화 되는 도시교통의 해소를 위해서 다시 활발히 논의 되고 있는 추세이다.

PRT는 뛰어난 접근성과 함께 대중교통과 자동차의 장점을 모두 가지고 있어 도시교통 체계에 커다란 변화가 기대된다.

(그림 8-86). PRT

8장 도시철도 신호시스템

국내의 경전철 시스템 방식

경전철은 건설비용의 절감, 공사 기간의 단축, 운영비의 절감효과 등이 있어 국내에서는 점차 경전철 건설이 증가하고 있는 추세이며, 다양한 경전철 시스템의 방식에 따라 지자체에서는 각기 다른 방식의 경전철을 채용하고 있다.

(표 8-16). 국내 경전철 무인운전 노선현황

운행노선	개통년도	노선거리	차량제어방식
부산4호선	2011. 03. 30	12.0km	AGT 고무차륜
부산김해경전철	2011. 09. 16	23.4km	AGT 철제차륜
신분당선	2011. 10. 28	31.0km	중전철 열차
의정부경전철	2012. 07. 01	10.5km	AGT 고무차륜
용인경전철	2013. 04. 26	18.1km	AGT 철제차륜
대구3호선	2015. 04. 23	23.2km	모노레일
인천국제공항	2016. 02. 03	6.1km	자기부상철도
인천2호선	2016. 07. 30	29.2km	AGT 철제차륜
우이신설선	2017. 09. 02	11.4km	AGT 철제차륜
김포경전철	2018. 01. 12	23.67km	AGT 철제차륜
신림선	2022.05.28	7.53km	AGT 고무차륜

> **How** ☎ 경전철은 어떻게 수송력을 증대하는 걸까?
>
> 경량열차는 가감속 성능이 좋아 짧은 역 간 거리에서 중전철보다 등속운전 시간이 길므로 이동폐색방식을 적용하여 접근운행하는 데 유리하다. 이 때문에 2~3량(칸)의 작은 차량으로 자주 운행하여 수송력을 높임으로써 박리다매의 효과를 이용한다.

623

10 경전철 신호제어

기본 설명

경전철은 2~3량의 중소형 차량을 1편성으로 조성하여 운행하므로 제동거리가 짧고 기동력이 우수하다. 이에 따라서 역간 거리가 짧은 구간에서 궤도회로에 의한 폐색구간을 구애받지 않고 밀집운전을 하는 CBTC방식으로 무인운행하고 있다.

1 머리 기술

경전철은 2~3량의 차량을 이용하는 경량 전철로서 기동력과 제동력 제어가 유리하므로 가감속 제어가 우수하다. 이 때문에 역 간 거리가 비교적 짧은 노선에서 열차 간의 밀집운전에 유리하다. 이러한 특성을 고려하여 열차의 폐색제어에 있어서 궤도회로를 사용하지 않은 이동폐색방식을 적용함으로써 차량 특성상 적은 탑승량으로 빈번하게 운행을 제어함으로써 수송력을 극대화 할 수 있다.

이러한 경전철 노선의 특성을 고려하여 이동폐색방식인 CBTC 시스템을 적용하고 있으며, CBTC 시스템의 열차제어는 일반적으로 무선통신(RF) 방식을 이용하여 지상설비와 차상설비 간에 신호정보를 인터페이스하는 방식을 적용하고 있다.

(그림 8-87). 지상제어설비

2 CBTC 운행제어

CBTC(Communication Based Train Control)는 지상 열차제어장치와 차상 열차제어장치 간 열차운행을 통제하기 위한 신호정보를 주고 받을 때 무선통신을 이용하는 제어하는 방식을 말한다. CBTC 제어방식은 궤도회로 없이 열차의 폐색구간이 전진하며 이동한다고 하여 이동폐색(MBS : Moving Block System)방식을 의미하는 말이다.
CBTC(이동폐색방식)은 오늘날 국내의 여러 경전철에서 널리 사용되고 있다.

▒ CBTC 운전패턴의 특징

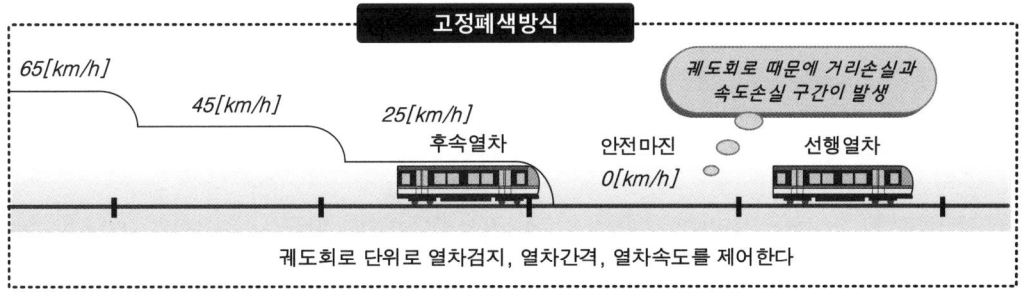

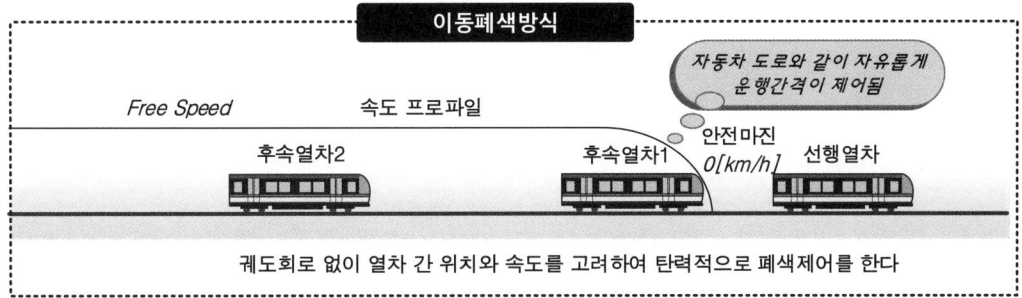

(그림 8-88). 고정폐색과 이동폐색의 운전패턴

이동폐색은 이러한 궤도회로 구간에 제한적으로 운행하는 고정폐색방식을 탈피하여 도로 위의 자동차와 같이 선행열차의 위치와 운행속도에 따라 후속열차의 안전거리와 운행속도가 탄력적으로 전진 이동하는 방식이다.

이동폐색은 고정된 궤도회로의 구간 여분에서 발생하는 운행간격 및 운행속도 손실 없이 제어하므로 운전시격을 단축할 수 있다. 할 수 있다.

CBTC 제어의 특징

① 무선통신을 이용하여 열차위치정보 및 열차제어정보를 전송한다.
② 지상-차상 간 고속·고성능 통신링크의 연속적인 양방향 무선통신을 한다.
③ 열차무선데이터의 실시간 전송으로 열차운행상태를 실시간 원격 감시한다.
④ 열차원격제어(속도제어, 인칭제어, 냉난방제어, 조명제어 등)가 가능하다.
⑤ 무선통신망의 이중화와 제어정보량의 증가로 열차제어의 신뢰성이 향상된다.
⑥ 소프트웨어 중심설비로서 기존 시스템을 병합하거나 추가하기 용이하다.
⑦ 인터페이스 시리즈나 수용 가능한 라이센스 프로그램이 필요하다.
⑧ 프로세서 장치들의 집중화는 특정 사고시 전체 시스템에 영향을 미친다.

(표 8-17). 국내 경전철 열차제어시스템 운영현황

운영노선	노선길이	열차제어	제작사 / 제작국가	신호제어방식
신분당선	30km	▪ 중전철	▪ Thales Seltrac ▪ 캐나다	▪ 2.4GHz, ▪ RF_CBTC, 발리스
용인경전철	18.4km	▪ 리니어모터	▪ Bombardier ▪ 캐나다	▪ 2.4GHz, ▪ RF_CBTC, 이동폐색
의정부경전철	11.8km	▪ 고무차륜 ▪ AGT	▪ Simens ▪ 독일	▪ 유도루프코일 ▪ 고정폐색
부산김해 경전철	23.7km	▪ 철제차륜 ▪ AGT	▪ Thales Seltrac ▪ 캐나다	▪ 2.4GHz, RF_CBTC ▪ 트랜스폰더 가상폐색 ▪ Logic Block
우이신설 경전철	11.4km	▪ 철제차륜 ▪ AGT	▪ Ansaldo ▪ 미국	▪ Distance to go, 궤도회로
대구3호선	23.2km	▪ 과좌식 ▪ 모노레일	▪ Hitachi ▪ 일본	▪ 속도Code.루프코일 ▪ 고정폐색, 궤도회로
부산4호선	12km	▪ 고무차륜 ▪ AGT	▪ 일본교산 ▪ 일본	▪ 유도루프코일, ▪ ATP/TD, 고정폐색
인천2호선	29.1km	▪ 철차륜 LRT	▪ Thales Seltrac ▪ 캐나다	▪ 2.4GHz, RF_CBTC ▪ 트랜스폰더, 이동폐색
김포경전철	23.7km	▪ 철차륜 LRT	▪ 일본신호 Sparcs ▪ 일본	▪ 2.4GHz, RF_CBTC ▪ 무선거리측거+발리스

궤도회로장치 없는 폐색제어

고정폐색방식에서는 궤도회로를 이용한 폐색구간에 의하여 고정적으로 허용속도와 허용운행구간을 블록단위로 정해놓고 운행간격을 제어한다.

열차 간의 간격제어는 선행열차의 차축이 궤도회로를 완전히 통과할 때에만 후속열차가 그 폐색구간을 진입할 수 있다. 이 때문에 불연속으로 안전거리가 변하게 되고 안전운행 거리가 길어져 운전시격 단축에 영향을 미치게 된다.

오늘날의 CBTC 이동폐색방식은 궤도회로를 이용하지 않고 무선통신(Radio)을 기반으로 선행열차의 운행위치와 운행속도 등을 파악하여 폐색구간이 자유롭게 전진 이동하면서 연속적으로 설정된다.

이 때문에 열차의 안전운행간격을 마진 없이 탄력적으로 제어하므로 효율적으로 폐색제어를 할 수 있다.

(그림 8-89). 이동폐색 경전철

CBTC방식에 적용되는 기술

CBTC에 적용되는 기술은 크게 열차의 위치를 검지하는 기술과 지상장치와 차상장치 간 정보를 전송하는 통신기술이다. CBTC 시스템의 제어기술은 소프트웨어의 중심으로 열차운행이 제어되며, 하드웨어적으로는 크게 열차의 위치를 검지하는 방법과 지상시스템과 차상시스템 간의 통신 방법이 주요 기술로 구분된다.

- **열차의 위치검지 방식** : 타코미터와 발리스, 유도루프와 차내 센서, GPS, Radio
- **열차와 무선통신 방식** : 발리스, 유도루프, 누설 도파관, GMS-R, 확산스펙트럼 무선

(표 8-18). CBTC 기술의 특징 비교

제어구분	고정폐색	CBTC(이동폐색)
열차검지 기술	▪ 궤도회로 이용 ▪ 블록단위 검지 ▪ 지상장치에서 위치검지	▪ 타코미터, 트랜스폰더 이용 ▪ 거리연산에 의해 검지 ▪ 차상장치에서 위치연산
정보전송 기술 (지상-차상)	▪ 궤도회로 이용 ▪ 단방향 통신(지상→차상) ▪ 속도제어정보 전송	▪ 무선통신 시스템 이용 ▪ 양방향 통신 ▪ 이동권한정보 전송

3 CBTC 시스템 제어

통신을 기반으로 열차의 운행을 제어하는(CBTC) 이동폐색시스템(MBS)은 기존의 고정폐색방식에서 정해진 폐색구간의 길이에 의해 열차의 운행간격이 제한받는 단점을 개선하여 운행효율을 향상하였다.

이동폐색은 고정폐색과 같이 궤도회로에 의해 폐색구간이 정해지지 않고 선로상의 운행위치를 열차 스스로 판단하여 열차 상호간 안전거리(폐색구간)이 탄력적으로 전진하며 이동하는 이동폐색 시스템이다. 이 때문에 이동폐색시스템은 고정폐색에 비해 열차 사이의 운행 안전거리를 훨씬 단축할 수 있다.

CBTC 방식에서 지상제어장치는 선행열차의 정확한 위치와 속도를 실시간으로 파악하여 선행열차의 운행정보 및 지상정보에 따라 후속열차에게 안전운행 거리에 준하는 이동권한을 전송한다. 이동권한을 수신한 열차는 목표속도를 연산하고 이에 따른 속도프로파일에 의하여 스스로 속도를 제어하고 간격을 유지하며 운행한다.

이러한 시스템은 운영의 효율성 및 시스템의 안전성을 높이고 신뢰성, 가용성, 유지보수성 측면에서 많은 장점이 있으며, 운전시격을 단축하는데 그 의의가 있다.

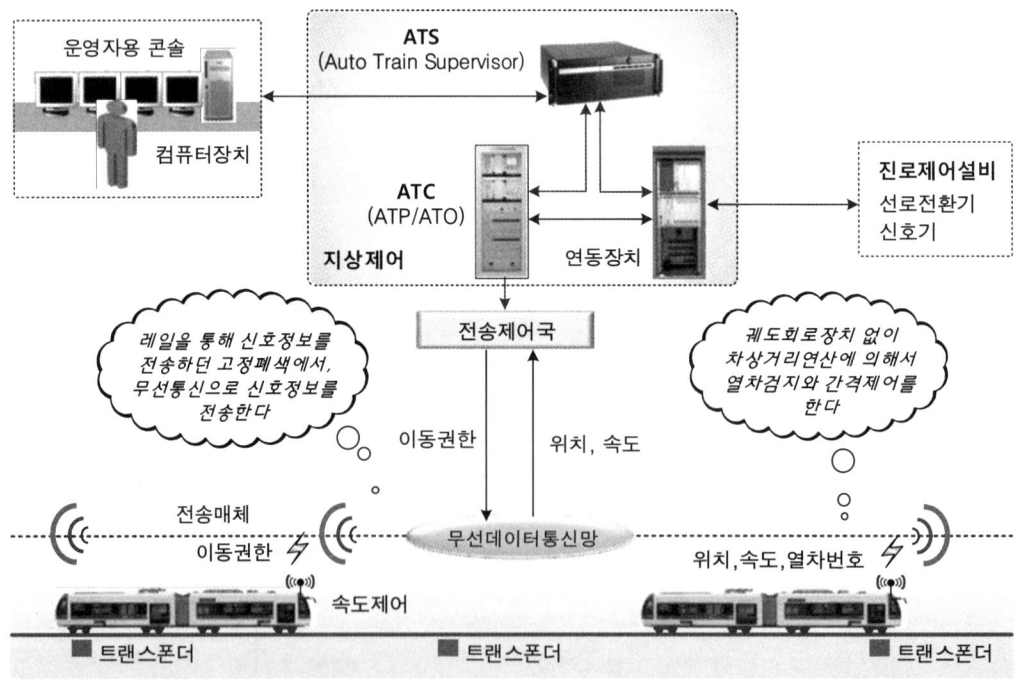

(그림 8-90). CBTC의 열차제어

8장 도시철도 신호시스템

제어 시스템의 구성

RF-CBTC의 이동폐색설비는 궤도회로장치를 사용하지 않는 것과 신호정보 전송을 무선통신에 의하는 것 외에 주요 제어시스템은 고정폐색방식과 큰 차이는 없다.

- ATS(열차자동감시장치) : 운행하는 모든 열차의 스케줄의 생성과 감시
- EI(전자연동장치) : 분기부 제어를 위한 열차의 진로생성
- ATP(열차자동방호장치) : 열차의 이동권한(MA) 생성, 선로의 제한속도 제공
- ATO(열차자동운전장치) : 자동운전제어를 위한 정속도 및 승강장 취급설비 자동화
- DCN(Date Communication Network) : 지상-차상 무선 데이터통신 장치

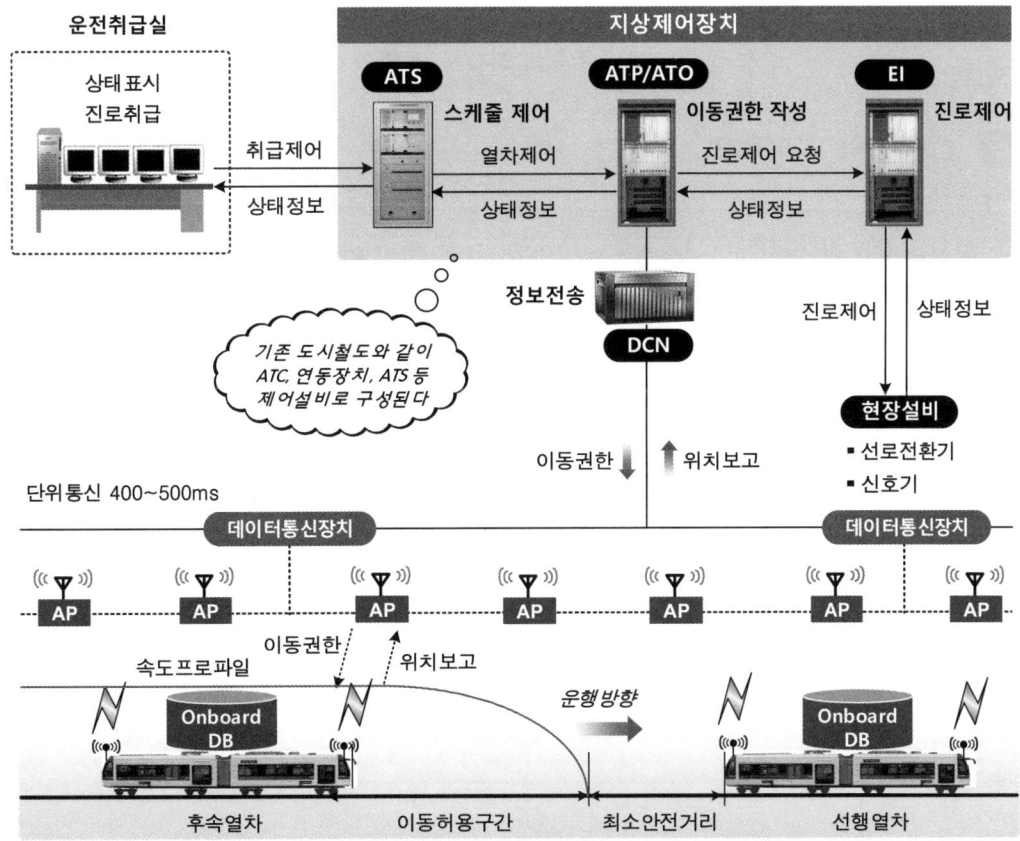

(그림 8-91). RF-CBTC시스템 제어구성도

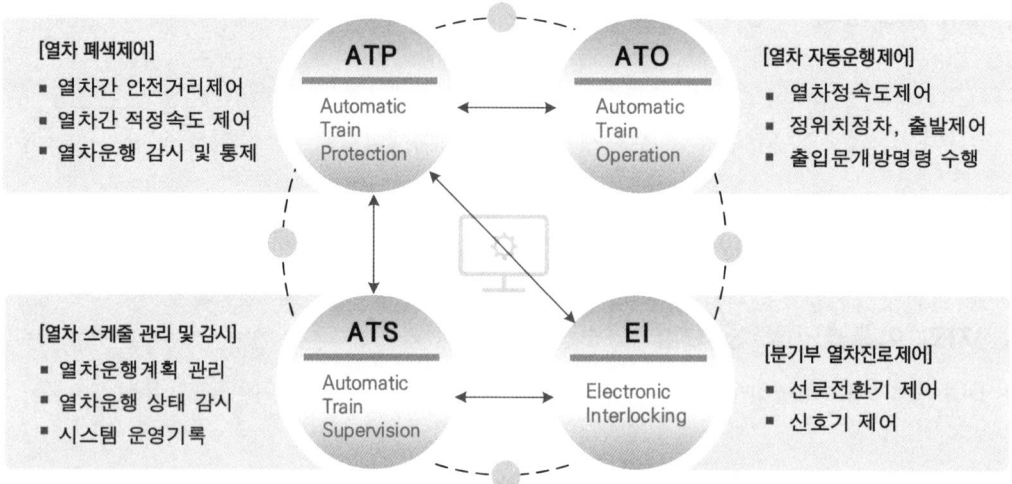

(그림 8-92). 주요 CBTC 시스템의 기능

4 CBTC의 무선제어

무선통신을 이용한 열차제어시스템은 신뢰성이 높은 차상설비와 현장설비에 의해 신호정보가 전송되며, 중앙제어센터에 설치된 컴퓨터는 각 열차의 위치와 속도를 주기적으로 수신한다. 선행열차 위치와 속도, 지상정보를 조합하여 작성한 이동권한(데이터)을 각 열차로 무선통신을 통해 전송하며, 이동권한 수신한 열차의 차상컴퓨터는 열차성능에 맞는 최적의 속도로 제어한다.

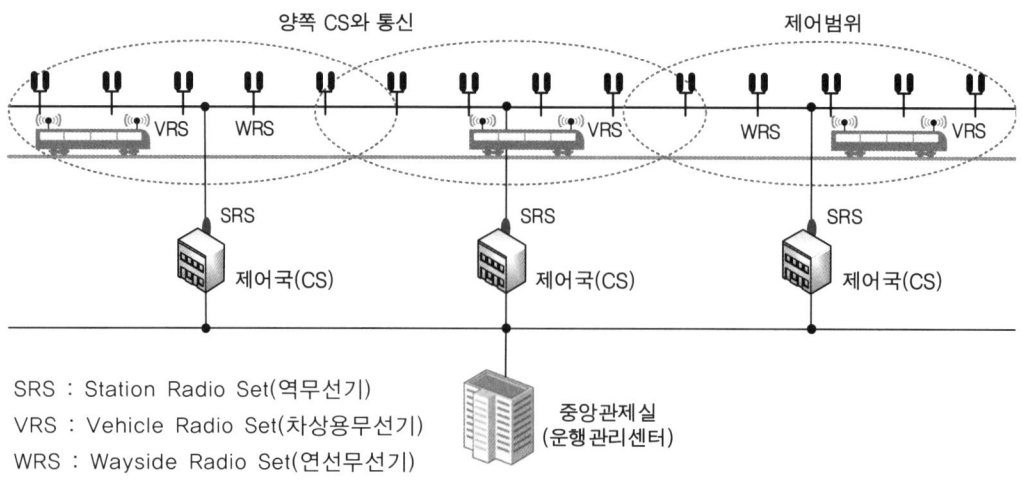

SRS : Station Radio Set(역무선기)
VRS : Vehicle Radio Set(차상용무선기)
WRS : Wayside Radio Set(연선무선기)

(그림 8-93). CBTC구성, NIPPON SIGNAL

8장 도시철도 신호시스템

위의 그림은 분산된 제어구조와 확산스펙트럼 통신기술을 적용한 형태로서 제어센터는 여러 개의 제어실을 관리하여 제어실 제어영역 내 시스템의 안전성을 책임진다. 안전한 제어영역들은 열차의 운행을 허락하기 위해 무선통신을 수행한다.

적절하게 배치된 선로변 시스템은 다른 선로변 시스템과 통신하기 위해서 확산스펙트럼 무선장비와 안테나를 포함하고 있다. 열차 내에 설치되어 있는 차량시스템도 확산스펙트럼 무선장비와 안테나를 포함하고 있다.

▨ 열차의 이동권한 작성 방법

중앙제어센터의 지상제어장치는 지역 제어국으로부터 분기장치 등의 지상정보와 열차의 속도·위치정보를 수신하여 선로상의 각 열차에 적절한 이동권한을 작성하여 차상 제어장치에 전송한다.

지상의 중앙제어센터에서 작성된 이동권한은 각 열차에 전송되어 적절한 운행속도와 안전 접근거리를 무인운전으로 제어하며, ATO에 의하여 역 승강장에서의 정위치 정차와 자동출발, 출입문 제어, 가감속 제어 등 자동운전을 수행한다.

이동권한은 열차의 주행 허가를 위한 폐색제어정보로서 중앙제어센터에서 무궤도를 이용하여 작성하는 방법과 가상궤도에 의해 작성하는 방법이 있다.

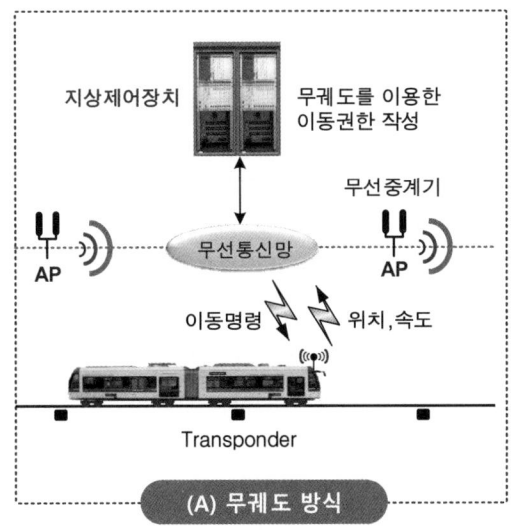
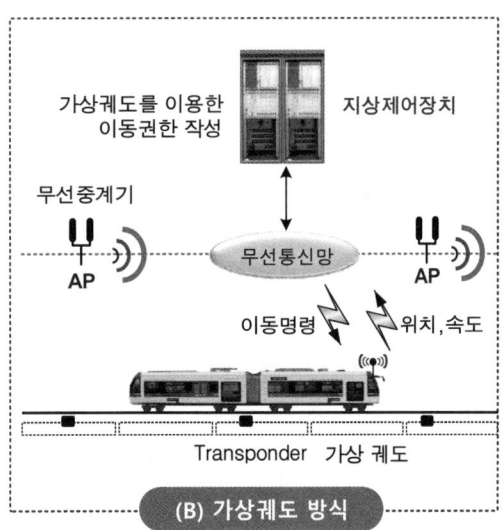

(그림 8-94). CBTC 열차검지 및 이동권한 작성방식

631

> **기본 설명**
>
> 고정폐색방식에서는 궤도회로장치에 의해 폐색구간을 분할하여 폐색구간 단위로 열차를 검지하고 허용속도를 제어하던 방식이었으나, CBTC 시스템은 무선통신장치를 통해서 열차에 정보를 전송하여 폐색구간이 자유롭게 이동하며 설정되는 방식이다.

1 머리 기술

CBTC(Communication Based Train Control)의 이동폐색 제어기술은 1970년대 초 독일의 DB(German Federal Railways)에서 유도루프를 이용한 IL-CBTC방식을 처음으로 상용 서비스를 시작하였으며, 1990년대 초 미국에서는 유도루프를 사용하지 않고 무선매체를 이용하는 RF-CBTC를 개발하였다.

오늘날에 사용 중인 대부분의 RF-CBTC 시스템은 독일에서 개발된 LZB 시스템 기술의 유도루프 통신을 이용한 IL-CBTC 시스템에서 발전되었다.

CBTC 이동폐색 시스템은 지상과 차상간 유도루프를 이용한 시스템과 무선통신을 이용한 시스템으로 구분된다. 유도루프를 이용한 시스템을 1세대 시스템 CBTC인 IL-CBTC(Inductive Loop CBTC)라 하고, 무선통신을 이용한 시스템을 2세대 CBTC인 RF-CBTC(Radio Frequency CBTC)라 부르며, 무선을 이용한 CBTC 시스템을 지능형 열차제어시스템이라 한다.

CBTC 제어는 이동폐색방식에 적용하여 오늘날에 널리 사용하고 있으며, IL-CBTC 보다 RF-CBTC 방식을 주로 선호하고 있다.

2 IL-CBTC

IL-CBTC 시스템은 선로의 내측에 유도루프(IL : Inductive Loop)를 25m 간격으로 교차(Crossover)하여 모든 선로에 설치한다.

유도루프는 선로 상에 교차형식으로 설치되어 있으며, 두 유도선이 균등한 간격으로 서로 넓혀졌다 합쳐지는 형태로 고주파 신호가 흐른다.

차상 안테나가 교차 유도루프를 통과할 때 넓혀진 부분에서는 큰 진폭 성분의 고주파가 차상의 안테나에 유도되고 합쳐진 부분에서는 유도전압이 서로 상쇄되어 진폭성분이 0이 되는 원리에 의해서 진폭이 변하는 위치신호를 발생시킨다. 열차가 유도루프 위의 선로에서 차상 안테나에 의해 지상과 차상 간 통신을 하며 열차 위치를 검지한다. 타코미터와 루프 크로스오버(Crossover)의 조합으로 열차 위치가 결정된다.

열차의 위치자료는 루프의 크로스오버에 의하여 만들어지며, 크로스오버 간 중간에 운행되는 열차의 위치검지는 타코미터에서 연산된 누적거리에 의하여 정밀하게 검지된다.

시스템 고장으로 수동운전할 경우 루프코일에 의하여 열차의 위치확인이 불가능하므로 Axcle counter(차축검지기)에 의하여 열차의 위치가 확인된다.

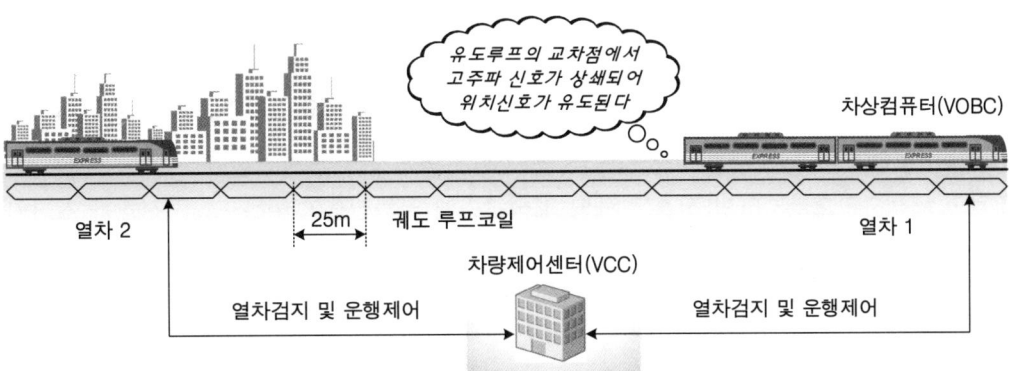

(그림 8-95). IL-CBTC의 열차제어 원리

유도루프에 의한 열차검지

열차검지장치는 차상의 체크인/체크아웃 송신기와 치상의 평행 2선식 유도루프코일(IL : Inductive Loop)을 이용하여 열차를 검지한다. 각 폐색구간마다 포설된 평행 2선식 루프코일은 연속검지가 가능하며 높은 보안성을 유지한다.

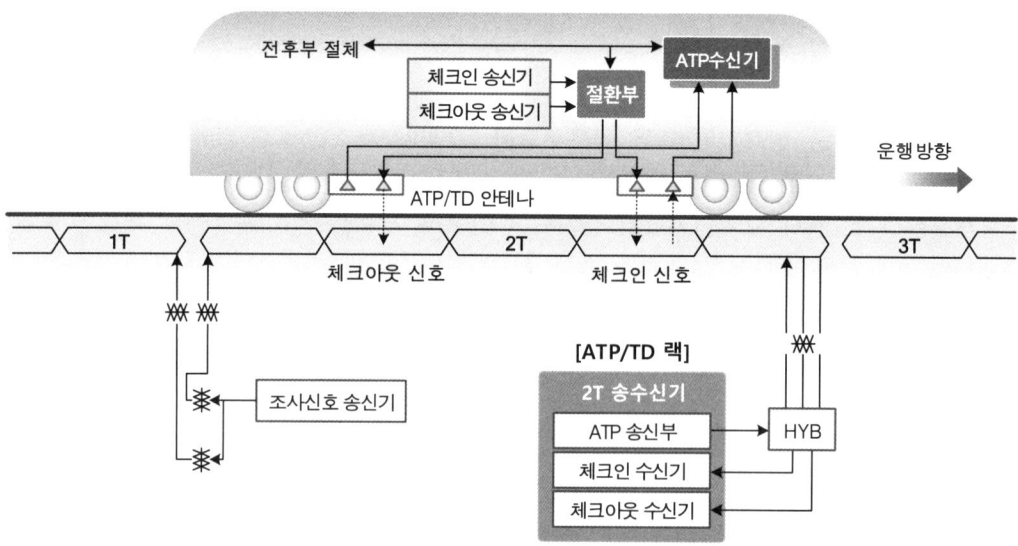

(그림 8-96). 유도루프에 의한 열차검지

Check In / Cheek out 열차검지

Check-in/out에 의한 열차검지는 궤도회로를 사용하지 않는 방법으로써 차상 ATP/TD 장치에서 전송된 열차진입(Check-in) 신호 및 열차진출(Check-out) 신호를 통해 검지된다. 각 폐색구간에 설치된 지상 ATP/TD 루프에 열차진입(Check-in) 신호가 검출되면 지상 ATP/TD는 열차가 폐색구간에 진입으로 검지하고 열차점유로 인식한다.

열차의 폐색구간으로부터의 진출은 해당 폐색구간에 열차진출(Check-out) 신호가 소거되고 진행방향의 전방 폐색구간에 열차진출 신호가 검지되면, 해당 폐색구간에서 다음 폐색구간으로 이동한 것으로 검지하여 해당 폐색구간은 미점유로 된다.

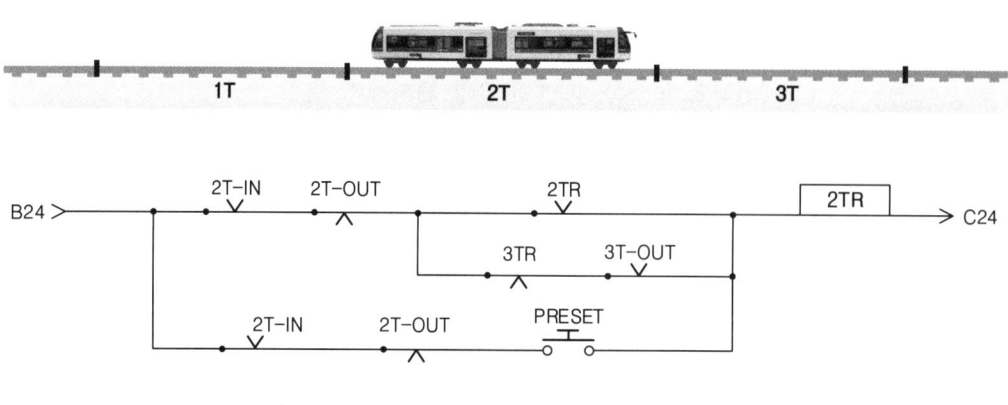

(그림 8-97). 열차검지 계전기 논리회로

634

8장 도시철도 신호시스템

3 RF-CBTC

1990년대 초에 미국에서는 RF-CBTC(무선통신 열차제어시스템)를 개발하여 안전성 증대, 시스템 성능향상, 비용절감 등의 분석하여 시스템 개량사업을 추진하였다.

기존의 고정폐색에서는 같은 기능의 시스템이라도 나라와 제작사 별로 호환성 문제가 있고, 궤도회로에 의하여 열차를 검지하고 속도신호를 차상장치에 전송하는 방식을 사용하였다. 이에 철도선진국에서는 기존 신호시스템들의 문제점을 개선하여 궤도회로에 의하지 않고 열차간격을 제어하는 지능형 열차제어시스템을 개발하였다.

RF-CBTC는 지상의 중앙센터에 설치된 컴퓨터가 각 열차의 위치와 속도를 주기적으로 수집하여 선행열차 위치와 속도제한 지점까지 거리를 열차로 전송하고 차내의 컴퓨터가 열차 성능에 맞는 최적의 속도제어를 한다.

▌ RF-CBTC 적용기술

RF-CBTC는 소프트웨어적으로 열차운행계획을 사전에 프로그램화하여 자동으로 열차운행을 제어한다. 하드웨어적으로는 열차위치를 노선 상에서 정교하게 검지하고, 지상과 차상 간 양방향 무선데이터통신을 이용하여 실시간으로 정보를 송수신한다.

고정폐색에서는 분할된 궤도회로 단위로 열차를 검지하고 접근하므로 유연한 운전제어를 할 수 없으나, 이동폐색은 정교한 열차의 위치를 파악하고 접근제어를 위해서 정확하게 운행거리를 연산한다.

열차의 위치검지는 타코미터에 의한 속도펄스의 누적거리 계산과 선로 상에 일정한 거리마다 설치되어 있는 위치보정비컨으로부터 RF-ID를 이용하여 절대위치를 보정함으로써 열차 위치의 정확도를 확보한다.

(그림 8-98). CBTC제어 경전철

RF-CBTC 장점

① 광케이블을 이용한 AP 간의 연결을 통해 데이터를 고속으로 전송한다.
② 궤도회로장치가 없어 설비가 비교적 간단하므로 유지보수비가 절감된다.
③ 열차의 위치와 동작 정보를 실시간으로 처리한다.
④ 높은 수준의 언어 소프트웨어 채택과 양방향 고성능 통신링크를 제공한다.

635

RF-CBTC 단점

① 무선통신에 주력함으로써 통신의 혼선과 간섭, 해킹에 노출될 우려가 있다.
② 상대적으로 낮은 대역폭이며, 무선통신의 안전성 확보가 요구된다.
③ 무선통신망 고장 시 열차운행의 지장 범위가 확대될 수 있다.
④ 응용설비는 대개 소프트웨어 위주이며 라이센스 프로그램이 필요하다.

(표 8-19). 국외 무선통신을 이용한 열차제어시스템

시스템명	국가(도시)	안전성	무선방식	열차검지
AATC	미국 (샌프란시스코)	이중화 부호검사	스펙트럼확산 2.4-2.485GHz	확산스펙트럼 무선
ETCS	미국	이중화 부호검사	900MHz의 ATCS Link	GPS위성
SELTRAC 100	캐나다	이중화방식 RAM	확산스펙트럼 주파수 호핑방식	타코메타, 트랜스폰더
CARAT	일본 (철도총연)	Fault-tolerant Fail-safe	LCX 400MHz 상월 신간선 실험시스템	GPS위성 트랜스폰더, 타코메타
ATCS	미국, 캐나다	인위적 오류발생 다중루프	열차무선 900MHz	GPS위성 트랜스폰더, 타코메타
CBATC	브라질 (상파울로)	확장성 Fail-safe	분산형 통신 누설케이블 스펙트럼확산	궤도회로 사용, 기존방식과 병행
SACEM	프랑스	연속정보전송의 안전정보	Spectrum 누설유도선 전파안내방식	궤도회로, 타코메타
IAGO	프랑스	다중경로 환경을 발생하지 않음	Waveguide에 따른 RF시스템	Waveguide방식
ASTREE	프랑스	모노프로세서 부호화 FS	열차무선 450MHz 비컨,(1km 2.45GHz)	-

열차제어 방법

RF-CBTC 이동폐색방식은 진보된 열차제어시스템으로 위치 결정이 정교하며, 차상장치와 지상장치 간 양방향 무선 데이터 통신을 사용한다. 열차의 위치와 열차운행에 필요한 모든 정보는 열차와 지상 사이의 무선장치를 통해서 전송된다.

8장 도시철도 신호시스템

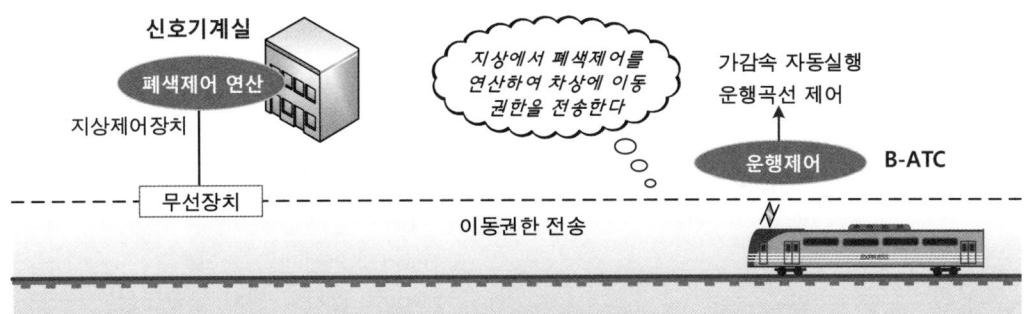

(그림 8-99). 이동폐색 RF-CBTC시스템

지상설비는 선행열차의 위치와 속도 및 전방 궤도정보 상태를 파악하고 이동권한을 작성하여 후속열차에게 주행허가 폐색정보를 전송한다. 주행허가 폐색정보를 수신한 열차는 자신의 차상데이터와 비교하여 최대허용속도를 제어하며, 선행열차와 최소안전거리 또는 목표정지점에 근접하면 한 번의 제동으로 감속 또는 정지한다.

열차의 위치검지는 타코미터에 의한 속도펄스의 누적거리 계산과 선로 상에 일정한 거리마다 설치되어 있는 비컨으로부터 RF-ID를 이용하여 절대위치를 보정함으로써 열차위치의 정확도를 확보한다.

ATP설비는 주행하는 선행열차의 정확한 위치 및 속도가 검지되면 후속열차가 최소 허용거리까지 근접하여 운전하는 것을 제어하고, 전방의 제동거리를 판단하여 가감속을 제어하므로 유연한 열차운행제어를 한다.

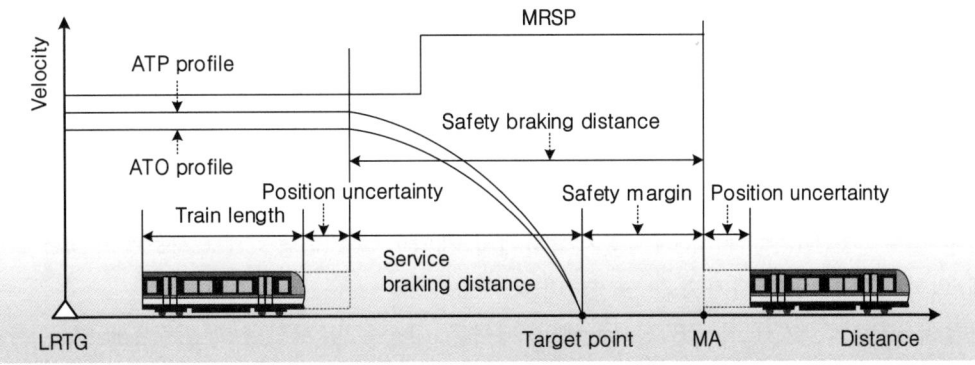

(그림 8-100). CBTC의 속도제어와 안전거리

637

이동폐색에서 역간 최소운전시격은 위 그림과 같이 주행 중인 선행열차를 후속열차가 감속 없이 최대한 접근한 상태에서 두 열차의 시간차이를 의미한다.
최소운전시격(MLH)은 다음 식으로 표현된다.

$$MLH = \frac{Dn + Dsbd + 2Dpu}{Vls}$$

여기서, Dn : 열차의 길이,
Dsbd : 안전제동 거리
Dpu : 열차의 위치 불확실성,
Vls : 선로속도

4 무선통신 열차제어

[NIPPON SIGNAL(일본신호)社 시스템]

일본신호 주식회사(NIPPON SIGNAL사)는 무선에 의한 열차제어시스템 CBTC의 개발을 본격화 하였다. NIPPON SIGNAL사는 1999년에 미국의 신호메이커 HARMON사가 라이선스를 소유한 기본기술 AATC 시스템을 기술제휴에 의해 도입하였다.
그 당시에 이미 샌프란시스코시의 BART(샌프란시스코만 해안 고속철도)에 AATC 시스템이 도입되어 있었으며, 2001년부터는 주요 노선에서 사용이 개시되었다.
당사는 세계 최초의 이 AATC 프로젝트에 협력하고 있으며, HARMON사를 통해 차상장치를 납입하고 있다. 이로써 일본신호는 일본 및 아시아 지역에서의 독점적 제조·사용·판매권을 획득하였다. 일본신호 시스템은 국내의 경전철에도 설치되어 운행되고 있다.

- AATC(Advanced Automatic Train Control)

HUGHES사에서 개발되어 HARMON사가 라이센스를 취득해 판매하고 있는 기술로서 NIPPON SIGNAL사는 이 기술을 취득하고 있다.

무선통신 제어원리

일본 철도신호(NIPPON SIGNAL) 제작사에서 개발한 AATC형 CBTC시스템의 무선통신에 의한 열차위치 검지기술을 설명한다.
다음의 그림은 AATC형 CBTC시스템의 제어존 구성을 표시하였다. 5~10개 역을 하나의 제어존(Zone)으로 설정하고 제어존에서는 하나의 존 콘트롤러(ZC)와 역무선기(SRS)를 설치한다.
열차의 선두와 후미 차량에 차상용 무선기(VRS)와 차상제어장치(VATC)를 설치한다. 연선무선기에는 전원만을 공급하며 이러한 무선기로 무선네트워크를 구성한다.

ZC는 약 0.5초마다 제어존 이내의 모든 열차위치를 검출함과 동시에 선행열차 위치, 연동조건, 속도제한 조건 등에서 각 열차에 대한 지시속도와 지시 가속도를 계산하고 무선 네트워크를 통하여 열차로 송신한다.

열차는 ZC로부터 지시속도와 가감속도에 근거하여 속도조사하면서 속도제어를 한다. 또한, 주기적으로 열차상태의 보고정보를 무선 네트워크를 통해서 ZC로 송신한다.

제어존의 경계 부근은 무선네트워크가 겹치는 구간(트랜지션 존)을 설정한다. 이 구간에 존재하는 WRS와 VRS는 2개의 무선 네트워크에 속하기 때문에 2개의 ZC는 이 구간에 재선하는 열차의 위치검출과 열차로부터 보고정보를 수신할 수 있다.

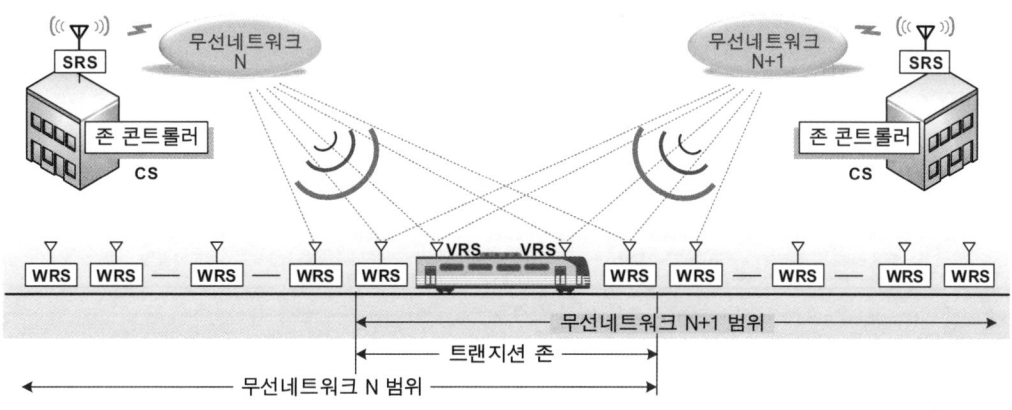

(그림 8-101). 제어존의 범위, 일본신호(NIPPON Signal)

SRS : Station Radio Set (역무선기)   VRS : Vehicle Radio Set (차상용무선기)
WRS : Wayside Radio Set (연선무선기)   ZC : Zone Controller (제어구간)
CS : Control Station (제어국)   SC : Station Computer (제어용컴퓨터)

열차의 위치검지

열차 무선거리 측정에 의한 위치검지

SC는 선로상에 열차가 존재하는 범위를 계산하기 위해 매 500ms 마다 VRS의 절대위치를 측정한다. SC는 VRS 및 WRS에 의해 측정된 거리를 "거리측정 보고"로 수신한다. VRS와 WRS(SRS) 사이의 거리는 두 무선기 사이의 무선통신 지연시간에 의해 측정된다. 무선통신은 여러 경로에 의해 생성되기 때문에 통신 지연시간은 전자파가 다른 무선기에 도달하는 경로에 따라 달라지므로 열차위치를 검지하는데 오차가 된다.

SC는 측정된 거리에 기초하여 각 VRS의 절대위치 값을 계산한다. 거리측정에 의해 계산된 위치는 열차의 전방 및 후방 VRS의 위치가 된다. 열차의 중단 위치는 데이터베이스에 정의된 VRS와 차량 종단의 거리를 사용하여 계산된다.

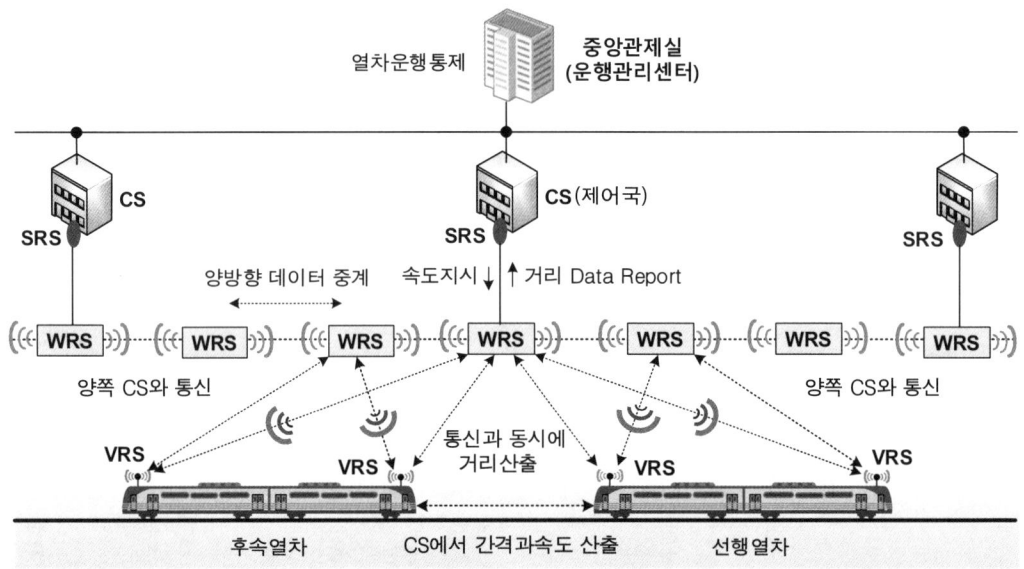

(그림 8-102). CBTC의 무선통신

지상자 및 타코미터에 의한 위치검지

차상장치는 자신의 상태정보를 'ATP보고'로서 SC에 전송한다. ATP보고는 지상자로부터 이동거리를 포함한다. 선로상 차상안테나의 절대위치 값은 열차가 존재하는 범위를 측정하기 위해 계산된다.
차상장치는 주기적으로 열차정보인 'ATP보고'를 VRS에 전송한다. SC는 ATP보고의 유효성을 검증하고 검증을 통과한 정보만을 채택한다. SC는 열차의 TG 위치를 계산한다.

DCS 시스템 제어
DCS : Data Communications System(데이터 통신장치)

무선 네트워크는 지상에 설치되는 SRS, WRS 및 차량에 설치되는 VRS로 구성된다.
WRS와 SRS는 고정된 무선장치이며 VRS는 열차를 따라 이동하는 무선장치이다. SRS와 SC는 유선으로 연결된다.

SC는 연동역에 설치되어 기지국의 위치에서 트랜스시버간의 통신을 관리한다. SC와 차상장치 간의 데이터 통신은 0.5초 간격으로 수행된다. 이 무선 시스템은 데이터 통신뿐만 아니라 열차의 위치를 검지하는 무선거리 측정을 한다. SC와 차상장치 간 정보전송경로인 무선 네트워크는 TDMA(시분할), FDMA(주파수분할), CDMA(코드분할) 등 다중 접속방식의 전송방식을 조합하여 외란에 의한 영향을 완화 시킨다.

CDMA통신은 확산코드로서 PN를 사용한다. 무선 네트워크는 오류 검지를 위해 CRC코드 및 DES 부호를 사용하여 데이터는 통신 도중에 해독되는 것을 방지한다.

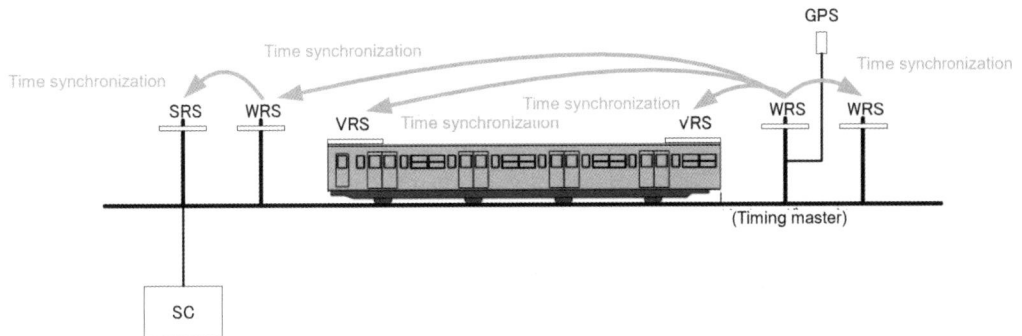

(그림 8-103). 각 무선기의 시간 동기화 개념

데이터 중계

지상과 차상 간의 데이터 통신을 위해 무선 DCS 서브시스템은 선로변을 따라 설치된 트랜스시버(WRS)들 사이에 데이터를 중계하기 위한 기능을 한다. SC는 SRS를 경유하여 데이터를 송신할 때 그 데이터를 중계하는 방향과 주파수, 타이밍을 지시한다.

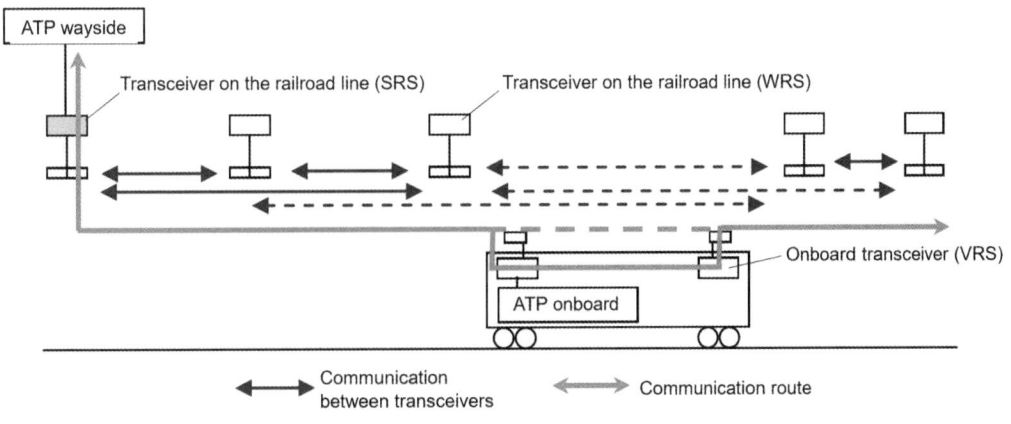

(그림 8-104). VRS 순환중계 이해

또한, 데이터 중계 종점 WRS를 지정(WRS ID)함으로써 그 WRS 다음의 WRS에는 데이터가 중계되지 않도록 한다. 그로 인한 데이터 간의 충돌을 막고 효과적인 무선 네트워크 운영이 가능해 진다.

또한, SC는 데이터 통신을 실행할 때 그 데이터에 대한 응답 데이터의 송신방향, 주파수, 타이밍 등도 함께 지시한다. 이로 인해 응답 데이터 간의 충돌을 방지한다.

(표 8-20). 각 장치의 제어기능

장치명칭	장치의 기능
SC랙	ATP(CBTC) 논리처리 랙, 각 신호기계실에 설치 열차의 위치를 제어하고 열차의 이동권한을 허용
SRS	SC랙과 차상장치 간 통신을 연계해 줌 무선장치로 선로변에 설치되며 SC랙과 광케이블로 연결
WRS	SC랙과 차상장치 간 통신을 연계해 주는 무선장치 SC와의 유선 연결 없이 독립적으로 동작
VRS	SC와 차상장치 간 통신 데이터를 중계하는 무선장치 차상장치와 RS422로 통신
ATS-IF	ATS와 SC랙 간의 정보를 중계해 주는 통신장치
보정 지상자	선로상에 열차의 위치를 보정함, 선로변에 설치되어 차상안테나에 위치정보를 전송

8장 도시철도 신호시스템

자기부상철도

기본 설명

자기부상철도는 초전도체 자석을 이용하여 열차를 부상시키며 선로와 차량간 자석에서 N극과 S극의 극성을 매우 빠른 속도로 변환하여 밀고 끄는 원리에 의해 전진한다. 열차를 레일 위로 띄우는 반발식과 레일 아래에서 위로 끌어올리는 흡인식이 있다.

1 머리 기술

보통 열차는 바퀴와 선로 사이의 마찰력을 이용하여 열차를 앞으로 밀어서 달리지만 자기부상열차(Maglev)는 자력을 이용하여 열차를 공중에 띄워서 달리는 열차이다. 기존의 철도는 철바퀴와 철궤도 사이의 마찰력을 이용하기 때문에 속도가 시속 300km/h를 넘어서면 철바퀴가 궤도 위에서 미끄러지는 공전현상이 나타나 속도를 더 이상 높이는 데 불리하다.

그렇기 때문에 열차를 공중에 띄워서 달리게 되면 보다 적은 힘으로 더 빠른 주행속도를 내는 데 유리하다.

하지만 근래에는 자기부상시스템을 이용하지 않고 선로 상에서 철바퀴의 회전을 이용하여 500km/h의 속도로 주행하는 데 성공한 사례가 있다.

(그림8-105). 자기부상열차

2 자기부상철도의 원리

자석의 양극(N극)과 음극(S극) 사이에는 흡인력이 작용하고 동일한 극 사이에는 반발력이 작용한다. 이 원리를 이용하여 열차의 밑 부분이 N극, 그 아래의 선로에도 N극, 그 앞부분의 선로가 S극이면 열차의 N극과 선로의 S극이 서로 끌어당겨 열차가 앞으로 나가게 된다. 이때 S극을 재빨리 N극으로 바꾸고 선로의 앞부분을 S극으로 만들면 열차는 계속 앞으로 나아가게 된다.

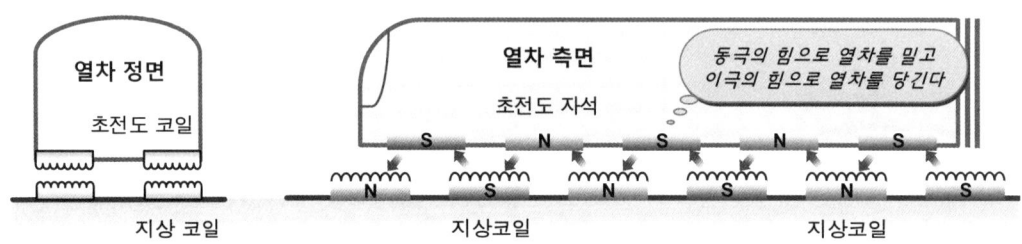

(그림 8-106). 자기부상열차의 부상과 추진 원리

천연자석은 열차를 띄울 만큼 자력이 충분히 강력하지 않기 때문에 전자석을 이용한다. 도선에 전류가 흐르면 도선 주위로 자기장이 형성되고 자기장의 자속을 가로지르는 도체에는 전류가 흐른다. 이러한 원리를 이용하여 도선을 도체에 코일로 감아 전류를 흘리면 도체가 자석의 성질을 갖게 되며 이를 '전자석'이라 한다.

전자석은 코일의 권선 수가 많을수록, 전류가 클수록 자기력이 커진다. 전자석에 아주 많은 전류를 흘려주면 열차를 띄울 만큼 강한 자력이 발생된다.

리니어모터에 의한 추진원리

리니어모터는 일반적으로 가정에서 사용되는 전기이발기나 전기면도기의 왕복운동하는 모터와 같은 원리이다.

열차의 추진장치는 기존의 회전형 전동기 대신에 리니어모터(선형유도 전동기)가 사용된다. 리니어모터는 회전운동을 하는 일반 전동기와 달리 별도의 동력전달장치 없이 직선 운동을 하는 전동기이다.

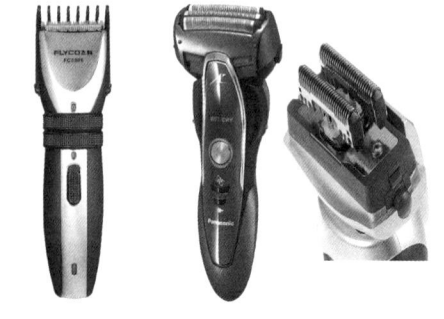

(그림8-107). 일반기기의 리니어모터 사례

추진 안내용 지상코일에 전류를 흐르게 하여 열차 내의 자석과 반발력과 흡인력을 이용한다. 열차의 자석 뒤쪽에 있는 코일과는 반발력이 작용하고 앞쪽에 있는 코일과는 흡인력이 작용하도록 코일에 흐르는 전류의 방향을 차례차례 반전시키며 전진 이동한다.

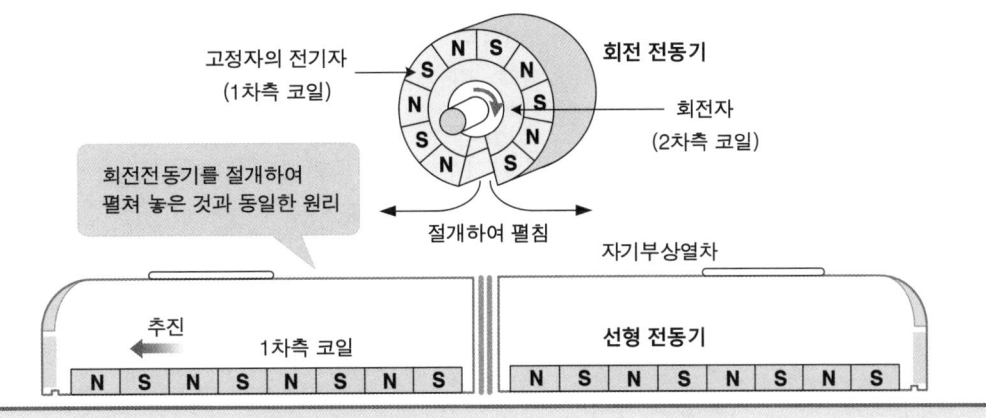

(그림 8-108). 선형유도전동기의 원리

차량의 리니어모터에 3상 교류를 공급하면 궤도의 알루미늄 철판에 전류가 유도되어 전자력의 힘으로 추진하게 되고 전류의 방향을 바꾸면 제동력이 발생한다.
선형동기전동기 방식은 추진력이 매우 크기 때문에 시속 500km/h의 고속용에 적합하며, 전동기의 높이가 1/5 정도로 낮아지므로 차량의 높이를 그만큼 낮출 수 있다.

좌우 안내의 원리

차량을 부상시키는 것 외에 차량을 가이드웨이 상의 중앙으로 안내하기 위해서 자석의 흡인력과 반발력을 모두 이용한다. 차륜 안내의 경우 어떠한 외력의 영향으로 차량의 위치가 좌우로 변화하는 경우에만 힘을 발생하면 된다.

차량이 근접한 방향의 코일에는 반발력이 작용하고 차량이 멀어진 방향의 코일에는 흡인력이 작용하는 전류가 좌우변위에 비례하여 차량을 가이드웨이 중앙으로 안내하는 복원력이 발생한다.

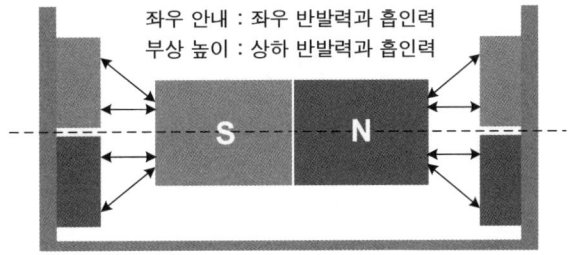

(그림 8-109). 자기부상열차의 좌우안내

3 자기부상의 원리

▒ 반발식 자기부상

반발식 자기부상열차는 초전도체 자석을 이용한 매우 강한 자석으로 보통 10cm 정도 부상하는 것으로써 고속열차에 주로 적용된다. 반발식은 저속에서는 부상할 수 없어 보조 차륜 시스템이 필요하다.

초전도체란 임계온도 이하로 냉각되면 전기저항이 '0'이 되어 사라지는 것을 이용하여 전기저항이 없으면 많은 전류를 흘릴 수 있다. 열차 차체 하부에 장착한 강한 자석과 궤도에 연속적으로 배치한 코일로 구성된다.

코일의 윗면에 강력한 자석이 이동하면 지상코일에 유도전류가 발생하고 전자유도에 의해 이동하는 차량의 자석과 동일한 극성이 되어 둘 사이에 큰 반발력으로 부상한다.

열차 차체에 설치된 전도 자석이 N극일 때 레일 측의 전자석(코일)도 같은 N극 이어서 서로 밀어낸다. 이때 그 앞의 전자석은 S극이므로 열차가 앞으로 나아가는 동안 전자석의 전류 방향을 반대로 하여 N극으로 바꾸게 되면 열차의 부상은 계속 유지된다.

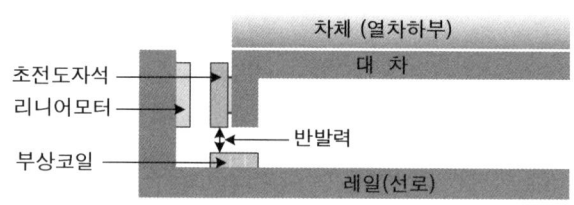

(그림8-110). 반발식 부상시스템

▒ 흡인식 자기부상

흡인식 자기부상열차는 레일 쪽으로 흡인력이 발생하여 차체가 부상된다. 철 등의 자성체 궤도와 열차 차체에 고정되어 자기력의 세기를 제어할 수 있는 전자석으로 구성된다. 전자석에 전류가 계속 흐르면 흡인력이 계속 유지되므로 철체레일 아래에 붙게

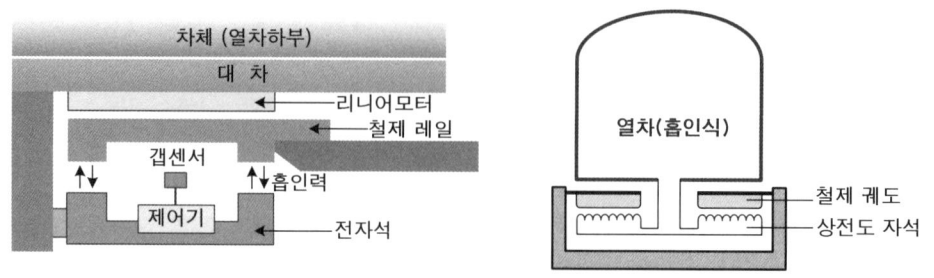

(그림 8-111). 흡인식 부상시스템

8장 도시철도 신호시스템

(그림8-112). 초전도반발식 일본500km/h(좌), 상전도흡인식 중국430km/h(우)

되어 열차는 움직일 수 없기 때문에 전자석이 레일 아래에 붙기 전에 전류를 차단시켜 전자석의 흡인력이 없애고 열차는 부상이 정지되어 열차 자체의 무게로 인하여 아래 방향으로 내려가게 된다. 이때 전류가 계속 차단되어 있으면 흡인력이 없기 때문에 열차 차체는 레일 위에 닿아 움직일 수 없게 되므로 열차가 완전히 레일 위로 내려앉기 전에 다시 전류를 흘려 흡인력을 발생시켜 열차를 부상한다.

흡인력을 작게 하여 틈새가 커지면 전류를 흘려 자기력을 세게 하여 흡인력을 증대시킴으로써 뜨는 높이를 일정하게 유지한다. 이를 위해서 간격센서를 사용하여 부상의 높이를 보통 약 1Cm 정도로 유지한다.

전자석과 레일의 틈새를 검지하여 틈새가 적어지면 전류 차단으로 자력을 약하게 하여 흡인식은 부상 높이가 작고 정밀도가 높은 간격 검지와 즉시 반응하는 제어시스템으로 뜨는 높이를 일정하게 유지한다.

정차 중에도 부상이 가능하므로, 저속에서도 보조차륜이 필요 없다.

(표 8-21). 흡인식과 반발식의 특징 비교

구 분	장 점	단 점
상전도 흡인식 (EMS)	① 승차감이 좋다. ② 부상과 안내가 가능하다. ③ 가이드웨이 구조가 간단하다. ④ 정지 및 부상이 가능하다.	① 부상 높이가 낮다. ② 차량이 무겁다. ③ 분기기 구조가 복잡하다. ④ 부상용 전원이 상시 필요하다.
초전도 반발식 (EDS)	① 구조가 간단하고 차량이 가볍다. ② 운행시 부상용 전원이 필요 없다. ③ 분기기 구조가 비교적 간단하다. ④ 충분한 부상 높이가 보장된다.	① 가이드웨이 구조가 복잡하다. ② 마그네트 비용이 비싸다. ③ 정지 시 부상이 불가능하다. ④ 자장 차폐가 필요하다.

(표 8-22). 각 국가의 자기부상열차

국가	모델명	자기부상방식	용 도
독일	M-Bahn	영구자석식, 지상1차식	중저속 도시교통용
일본	HSST-100L	상전도흡인식, 차상1차식	중저속 대형모델
일본	Linimo	상전도흡인식	HSST 모델응용 도시교통용
영국	BPM	상전도흡인식, 차상1차식	도철도용 무인자동운전
한국	UTM	상전도흡인식, 차상1차식	공항, 경량전철형
중국	Transraid 08	상전도흡인식	상해-푸동공항 33km, 430km/h

4 자기부상철도 분기장치

자기부상열차는 일반열차와는 달리 레일과 비접촉으로 부상하여 운행되는 시스템의 특성상 분기장치의 개발에 여러 각도에서 연구가 진행되고 있다. 분기기는 일체형 거더를 분할하여 굴절되는 관절형태로 구성하여 굴절부의 급격한 꺾임을 방지하기 위한 각도완화장치 장착을 통해 원만한 곡선을 유지하며, 굴절식 거더 이동의 롤러 이동궤적을 원호상태로 유지한다. 관절식 분기기는 고정거더와 이동거더로 구성되며 이동거더 하부에는 거더의 정확하고 원활한 이동을 위하여 기계장치 및 이동 롤러가 설치된다.

(그림 8-113). 관절식 분기장치

분기장치의 종류

치환식 분기장치

치환식 분기장치는 분기선로인 직선형 레일과 곡선형 레일을 동일한 평면상에 함께 일체형으로 설치된다. 진로 제어시 필요에 따라 분기선로가 좌우로 함께 이동하여 분기되도록 하는 방식이다.

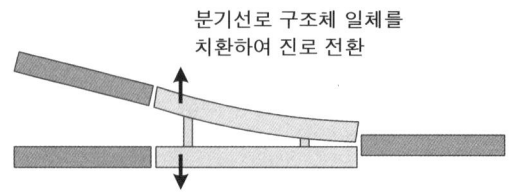

(그림8-114). 치환식 분기장치

관절식 분기장치

관절식 분기장치는 분기되는 선로가 다수의 부분으로 나누어져 있어 서로 관절처럼 연결되어 동작되는 방식이다.
전환 시 관절마디가 휘어져 분기되며 동작유형은 굴절식 분기와 유사하다.

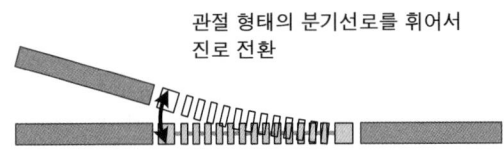

(그림8-115). 관절식 분기장치

굴절식 분기장치

굴절식 분기장치는 분기선로가 거더 및 가이드웨이가 탄성한계 내에서 함께 휘어지며 구부려져서 분기되는 방식이다.
굴절식은 독일의 고속형과 일본의 중저속형에 사용되고 있다.

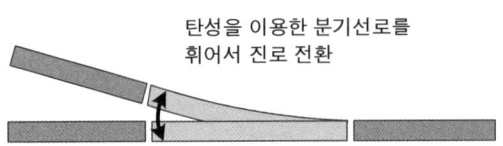

(그림8-116). 굴절식 분기장치

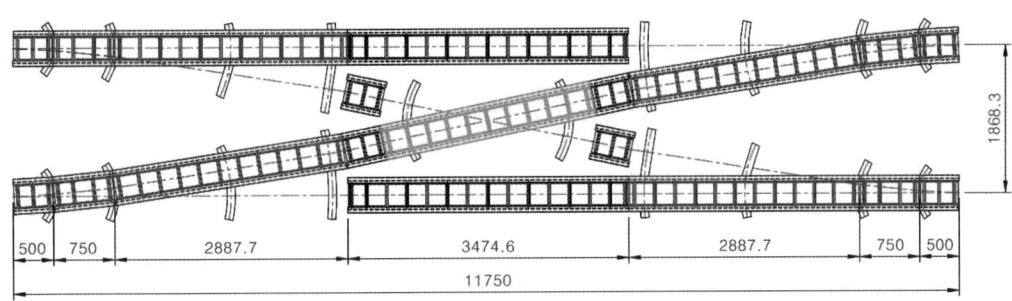

(그림8-117). 굴절식 분기장치의 개념도

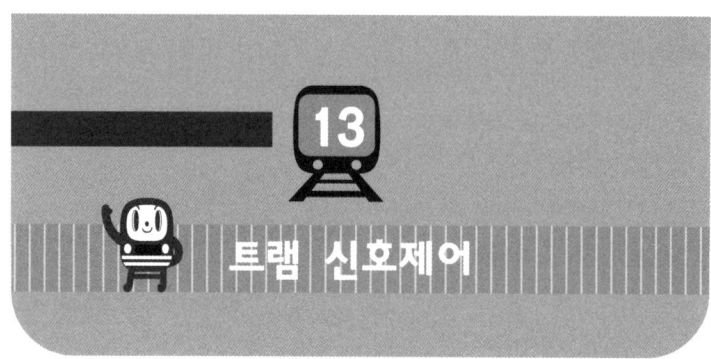

13 트램 신호제어

기본 설명

국내에서 노면전차는 일제 강점기를 떠올리는 과거의 인식을 씻고 새로운 이미지로 변모하려는 단계이지만 서양에서는 이미 인기 있는 대중교통이다. 노면전차의 신호제어는 일반도로의 교통을 고려하여 제어한다는 점에서 철도제어방식과 차이가 있다.

1 트램(TRAM)의 개요

최근 들어 도시교통문제 및 환경문제와 기존 철도시스템의 높은 건설비용과 운용비로 인해 상대적으로 접근성, 경제성, 수송용량이 뛰어난 트램에 대한 관심이 높아지고 있다. 국내에서도 일부 지자체를 중심으로 트램신호시스템 도입을 위한 작업이 본격적으로 추진되고 있는 추세이다.

트램은 일반철도나 지하철과는 달리 트램 궤도와 일반도로가 동일 선상에서 운영됨에 따라 일반 도로교통 신호시스템과의 연계가 필수적이다.

특히 도로와 궤도가 공존하는 교차로의 경우에는 신호시스템의 운영방식에 따라 트램의 운영 효율성에 차이를 보인다.

(그림 8-118). 트램(노면전차)

8장 도시철도 신호시스템

철도신호와 도로신호 간의 정보연계를 수행하는 트램신호장치로 트램과 실시간 무선통신 기술을 이용하여 교차로 신호운영정보를 제공한다.

트램의 접근성(위치, 속도) 및 우선신호 요청 등의 정보를 수집하여 교차로 신호제어기와 연계한 트램 우선신호제어를 수행함으로써 신호교차로에서의 트램의 운영 효율성 및 안전성을 높일 수 있다.

2 트램 신호장치

▣ 트램신호장치의 이해

트램신호장치는 관제시스템, 차상운행지원장치 및 교차로 신호제어기와 연계하여 교차로에 접근하는 트램에게 교차로 안전통과를 위한 운전지원 정보를 제공하고, 트램의 정

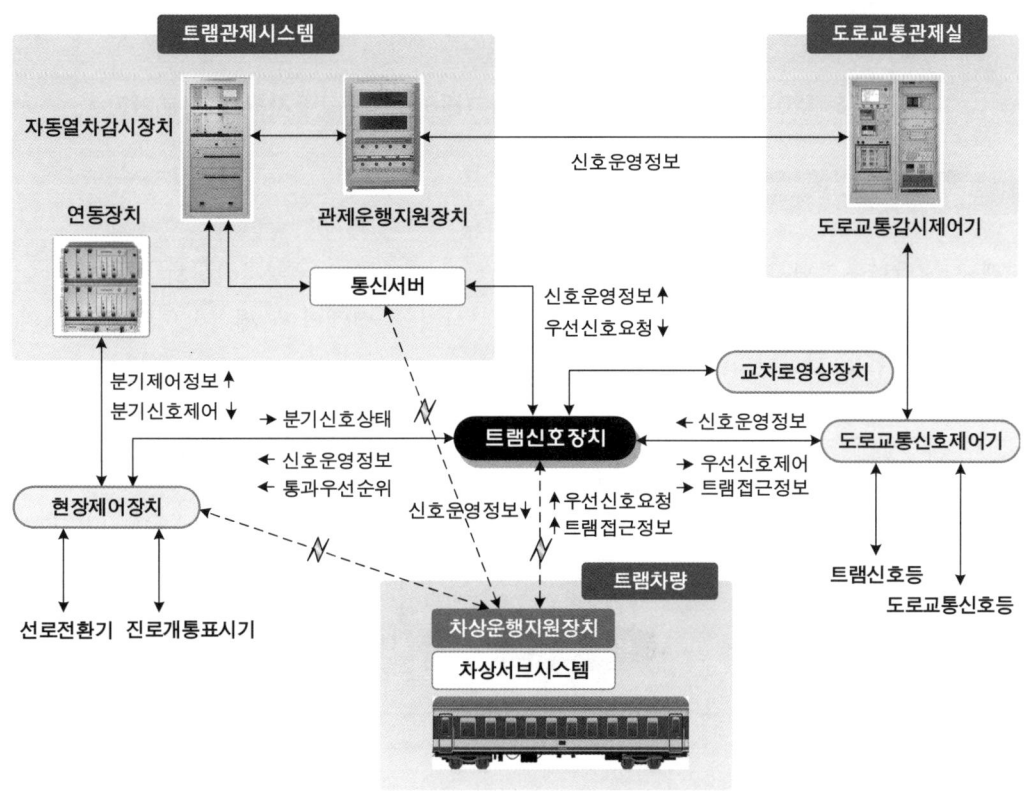

(그림 8-119). 트램 신호시스템의 구성

651

시성을 확보하기 위하여 교차로 통과 시 무정차 통과가 가능하도록 신호제어기와 연계하여 우선신호 제어를 수행하는 현장 장치이다.

트램신호장치의 정보 인터페이스

트램신호장치는 교차로로 접근하는 트램의 실시간 검지정보를 수집하고, 우선신호제어가 필요한 경우 해당 신호제어기를 수집하고 우선신호제어가 필요한 경우 해당 신호제어기로 우선신호를 요청하는 기능을 수행하는 트램 전용 현장장치이다.

(그림8-120). 일반트램 분기기

(그림8-121). 고무차륜트램 분기기

외부장치와 정보연계

트램신호장치는 관제시스템 내의 관제운영지원장치, 트램차상운행지원장치, 교차로신호제어기, 진로제어장치 그리고 영상검지기 등의 장치와 연계하여 제어함으로써 트램의 안정적인 운영을 지원한다.

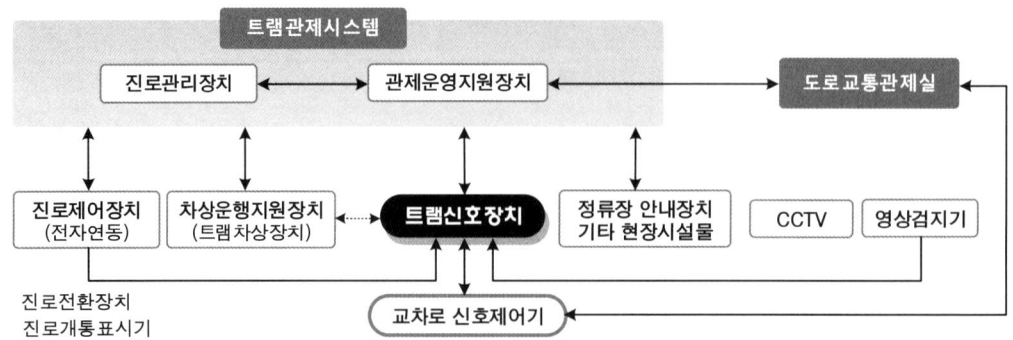
(그림 8-122). 트램신호장치 외부 시스템 연계도

8장 도시철도 신호시스템

관제운영장치와 정보연계

트램신호장치는 교차로 운영정보와 우선신호 수행정보, 교차로 정보정체 등 실시간 신호운영 상황정보를 관제운행지원장치로 전달되고, 반대로 우선신호 정보와 트램운행정보를 수신하여 신호제어기로 연계하는 기능을 수행한다.

교통신호제어기와 정보연계

트램신호장치는 신호제어기와 연계하여 실시간 신호운영 정보를 수집하고 교차로 접근하는 트램의 운영정보를 신호제어기로 연계하여 우선신호 제어가 가능하게 한다.

(표 8-23). 트램신호장치와 교통신호제어기 간 연계정보

구 분	정보종류 및 세부내용	비 고
제공정보	■ 우선신호 요청정보 : 해당 신호제어기로 우선정보 요청 ■ 트램 접근정보 : 교차로로 접근하는 트램접근 정보	이벤트
수집정보	■ 신호 운영정보 : 신호제어기 실시간 신호운영정보 ■ 우선신호 정보 : 신호제어기 우선신호 운영상태 정보	주기정보

차상운행장치와 정보연계

교차로를 접근하는 트램으로부터 실시간 접근정보(속도, 위치)와 우선신호 요청정보(운전자)를 수집하고, 현장의 실시간 신호운영 정보를 제공한다. 또한, 교차로 영상검지장치로부터 교차로 정체정보와 분기용 현장 제어장치로부터 진로상태정보를 수집하고, 교차로 신호운영정보를 제공한다.

3 트램 우선신호

트램 우선신호의 방식

우선신호는 대중교통 차량에 추가적인 녹색시간을 제공하는 방식에 따라 크게 우대신호와 우선신호로 구분된다.

우대신호 (Preemption)

우대신호는 정상 현시를 강제로 종료하여 대중교통에 신호교차로의 통행 우선권을 주기 위한 대중교통 우선처리 신호제어 전략으로, 대중교통 현시를 우선적으로 제공하기 위해 일반적으로 우선신호보다 강제적인 방법을 이용한다.

우선신호 (Priority)

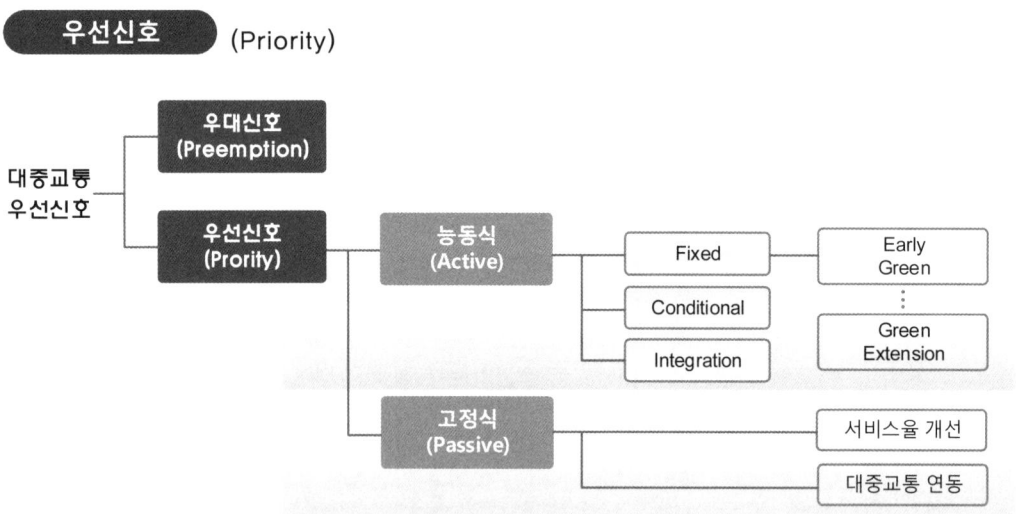

(그림 8-123). 트램교통 우선순위의 분류

우선신호는 정상적인 신호운영 상황을 고려하여 대중교통에 신호교차로의 통행 우선권을 주기 위한 대중교통 우선처리 신호제어 전략으로써, 능동적 우선신호와 고정형 우선신호로 나누어진다.

고정형 우선신호는 대중교통의 운영패턴을 이용하여 대중교통에 유리한 고정적으로 적용하는 방식이다.

능동형 우선신호는 대중교통 검지 시에만 우선신호를 요청하며 대중교통에 유리한 신호시간을 일시적으로 적용하는 방식이다. 능동형 우선신호에는 녹색신호 조기시작, 녹색신호 연장, 좌회전 감응현시, 삽입현시, 현시순서 변경, 현시생략 등이 있다.

(그림 8-124). 트램 신호기

8장 도시철도 신호시스템

기본 설명

신호제어의 발전으로 오늘날에는 역 간 거리가 짧은 도심구간에서 이동폐색이 상용화되었고 열차 스스로 안전을 책임지며 운행을 제어하는 무인운행이 널리 적용되고 있다. 무인운행시스템은 승객에게 신뢰할 수 있는 안전성과 대응체계가 중요하다.

1 머리 기술

무인운전은 열차제어장치의 완전 자동화로 인하여 열차 내에 기관사가 탑승하지 않고 열차 스스로가 안전을 확보하며 운행하는 것으로써, 운영비 절감을 목표로 하는 무인운행시스템의 도입은 현시대에 당연한 추세이다. 무인운전을 하기 위해서는 건설 계획단계에서부터 면밀히 검토하여 승객들로부터 안전성과 신뢰성을 인정받을 수 있어야 한다.

철도경영에서 가장 중요한 것은 승객의 안전으로써 제어시스템의 신뢰성을 확보하고 사고를 미연에 방지할 수 있은 안전시스템으로 건설해야 한다. 열차의 운행장애가 발생하는 경우를 대비하여 승객의 안전을 위한 제반시설은 물론 이에 대한 대응체계가 선행되어야 한다.

(그림 8-125). 무인열차의 내부

무인운전의 장점

① 무인운전은 인간의 실수(Human error)를 최소화 함으로써 안전하다.
② 기관사가 없기 때문에 승객 수 변동에 따른 유연한 열차운영이 가능하다.
③ 운영비용 측면에서 상당한 절감효과를 거둘 수 있다.
④ 종합관제실의 기능을 집중화함으로써 비상상황시 대처가 신속하다.

2 무인운전 시스템

세계대중교통협회(UTP)는 철도차량의 운행 자동화를 총 4단계로 구별한다. 최고등급인 GOA(Grade of Automation) 4단계는 열차의 출발과 도착, 출입문 개폐, 비상상황에 대한 방호 등이 모두 자동으로 이루어지며, 운전원과 승무원이 탑승하지 않는다.
무인운전시스템의 핵심은 신호제어시스템의 기술로써 ATP/ATO는 열차의 무인운전을 자동제어하며, 열차운행은 사전에 입력된 프로그램의 알고리즘에 따라 운행된다.
ATP는 열차 간의 안전거리를 제어하고 열차의 위치추적과 진로감시, 스크린도어 연동 제어를 한다. ATO는 사전에 계획된 운행 프로그램에 의해서 자동발차와 정차, 정속도 운행, 출입문 자동개폐 등 자동화 운전을 제어한다.
모든 열차운행은 양방향 무선통신 열차제어(CBTC) 방식을 기반으로 열차의 운행간격 및 속도, 위치 등을 자동으로 제어하며, 종합관제센터에서 원격으로 통제된다.

(표 8-24). 유인운전과 무인운전 비교

구 분	유인운전	무인운전
차량감시장치/제어	기관사	종합관제, 기동검수(감시)
냉난방/환기 제어	기관사	종합관제
비상탈출문 개방	기관사 또는 없음	종합관제
객실감시	기관사 또는 없음	종합관제(CCTV 감시)
열차운행	기관사	열차제어시스템
출입문취급	기관사 또는 없음	열차제어시스템, 종합관제
기동 및 주박	기관사	열차제어시스템

8장 도시철도 신호시스템

3 시스템 구축 시 고려사항

유인운전은 주행하는 열차에서 기관사가 직접 선로를 감시하며 느끼는 이상 징후 및 예감을 통하여 긴급상황 시 시스템이 감지하지 못하는 부분을 기관사가 사전에 예비 동작을 발휘함으로써 안전운전을 확보할 수 있다.

무인운전을 하기 위해서는 돌발 상황에 대해 운전자를 대신할 수 있는 안전사고 방어시스템이 필수적이며 안전성과 신뢰성이 높아야 한다. 열차운행 시 발생할 수 있는 모든 사고의 개연성을 분석하여 방어시스템을 구축하고 이에 대한 Default 값을 설정하여야 하며 ATO장치가 이를 담당한다.

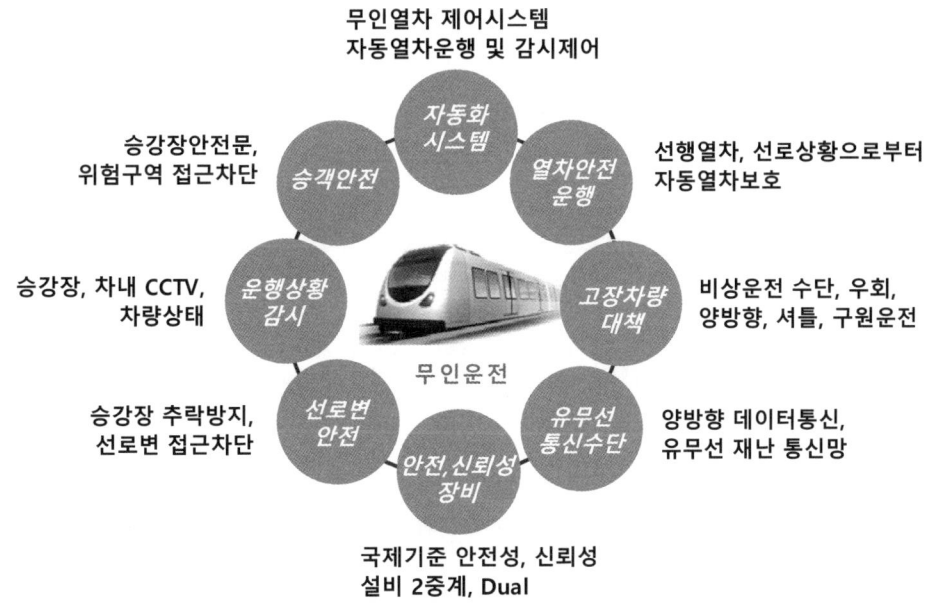

(그림 8-126). 무인자동운전 구축시 요건

신호 측면에서 고려사항

① 정위치 정차, 출입문 개폐, 열차속도, 열차출발·정지, 방향제어 등을 신호시스템과 인터페이스 하여 안전조건이 성립 시에만 정상운행이 가능하도록 한다.
② 주요 차상기기 고장 시 관제에서 원격으로 복귀하는 기능과, 주요 차상기기 상태정보를 지상 관제실로 전송하는 시스템을 설치한다.
③ 선로에 장애물 검지장치를 설치하여 위험요소가 검지되면 접근하는 열차에 자동으로 비상정지하는 안전시스템을 설치한다.

④ 지상역사 진출입 주행로에 우천이나 결빙을 대비하여 제동곡선을 완만하게 제어하도록 하여 슬립·슬라이딩에 의한 비상제동을 방지한다.
⑤ 전동차 내부에 관제실로 전송되는 객실화상 전송장치, 차량 비상정지장치, 승객과 종합관제실 간 비상통화장치, 화재감시장치를 설치한다.

(표 8-25). 열차 무인운전의 안전관리

안전관리	안전 세부내용
안전성 강화	❶ 주요장치의 이중 안전 백업장치 구축 • 역 사이 열차가 정차되는 상황 방지 • TCMS, 제동장치, 방송표시기, 출입문 제어, 보조 전원제어 • 차상장치 동작기록, 자동제어 및 복구, 자체진단 기능 ❷ 종합관제센터의 원격제어기능 • 차상장치 운행 및 열차상태정보 전송 • 실시간 감시 및 원격제어 기능 • 직접 안내방송 기능 ❸ 안전장치 • 승강장 : PSD, 비디오폰, 차상장치, 운행정보 전송 • 차량 내 : 비상탈출문, 화재감지기, CCTV, 비상인터폰 등 • 선로지장물 감지 및 탈선감지 기능 • 이례상황 대비 차량 내 운전자격자 안전요원 탑승
운행장애 발생시 대책	① 모든 역에 현장출동을 위한 비상교통수단 구축 ② 각 역마다 운전장애 발생지역으로의 신속한 출동 ③ 전문 안전요원(기관사 자격보유자) 운영 ④ 비상시 열차 수동운전 ⑤ 열차운행 감시 및 승객 서비스 제공 ⑥ 전동차 운행장애 발생 시 초동조치 기동검수반 운영 ⑦ 운행 중 장애발생시 초동조치
안전운행관리 체계 수립	① 안전관리 시스템 정착 ② 대응, 복구능력 배양 ③ 예방 안전관리 체계 확립 ④ 유지보수관리의 체계성 강화

4 열차운행의 자동화 등급

KRTCS의 자동화 등급 (GOA : Grade of Automation)

시계 열차운행 (GOA0)

열차 운행책임은 기관사와 ATS(열차자동감시장치)에 있다. 이 모드에서는 기관사가 전적인 책임을 지며 기관사의 활동을 감시할 시스템은 필요 없다. 따라서 안전운행을 위하여 기관사의 운전주의를 요한다.

수동 열차운행 (GOA1)

열차 운행책임은 기관사, ATS(열차자동감시장치), ATP에 있다. 기관사는 선두 열차운전실에서 선로를 관찰하며 위험한 상황인 경우에는 열차를 비상정지 시킨다. 기관사는 열차 운전실의 DMI에 표시된 차내신호를 준수하면서 열차의 가속과 제동을 명령하며, 열차제어장치는 기관사의 활동을 지속적으로 감시한다.

(그림 8-127). 경전철 무인운행

반자동 열차운행 (GOA2)

열차 운행책임은 기관사, ATS(열차자동감시장치), ATP에 있다. 기관사는 선로를 관찰하는 열차의 선두 열차운전실에 있으며, 위험한 상황인 경우에는 열차를 비상정지 시킨다. 열차의 가속과 제동은 자동으로 처리되며 열차제어시스템은 열차속도를 지속적으로 감시한다. 기관사는 역에서 열차가 출발하는 것을 책임지며, 열차출입문 개폐는 열차제어시스템이 자동으로 시행한다.

무인 열차운행 (GOA3)

열차 운행책임은 ATS, ATP, ATO에 있다. 선로에 위험상황 시 열차를 비상정지 시키는 기관사가 없기 때문에 추가 인터페이스가 필요하다. 열차 내에서 결함이 발생할 경우 운영요원 탑승이 요구된다. 운영요원은 열차제어시스템 결함이 검지된 경우에 시스템 재설정, 안전한 출발, 출입문 제어를 포함하여 열차를 관리한다.

국제기준의 자동화 등급(IEC62267-1137-CVD)

(표 8-26). 국제기준(IEC62267-1137-CVD) 자동화 등급

열차운전 기본기능	TOS (GOA1)	NTO (GOA1)	STO (GOA2)	DTO (GOA3)	UTO (GOA4)
열차 안전거리 유지	○	○	○	○	○
노선 및 열차 간 안전성 확보	×	○	○	○	○
속도의 안전성 확보	×	×	○	○	○
가속과 감속 조작	×	×	○	○	○
장애물과 사람 충돌방지	×	×	×	○	○
여객 출입문제어	×	×	×	×	○
안전한 출발조건 확보	×	×	×	×	○
열차운영 출고 및 입고	×	×	×	×	○
열차상태 감시	×	×	×	×	○
응급상황관리 및 탐지	×	×	×	×	○

TOS (On Signal Operation : 완전수동 유인운전)

- 기관사가 탑승하여 열차운전
- 기관사는 열차운전에 모든 책임을 진다.
- 대용폐색식에 해당(통신식, 지도통신식, 전령법 등 폐색준용법)

NTO (Not automated Train Operation : 비자동 유인운전)

- 기관사 탑승(지상 또는 차내 신호에 따라 열차의 가감속 취급)
- 신호시스템에 따라 기관사의 운전을 감시하며, 신호 미준수 시 비상제동 체결
- 역에서 열차출입문 닫힘 및 안전한 출발은 승무원 또는 승강장 운영자의 임무

STO (Semi automated Train Operation : 준자동 유인운전)

- 기관사 탑승(운전 중 선로감시 및 위험상황시 비상제동 취급임무)
- 열차의 가감속은 자동제어 되며, 속도는 시스템에 의해 연속적 감시
- 역에서 열차의 안전한 출발은 기관사에 의해 책임

8장 도시철도 신호시스템

DTO (Driverless Train Operation : 무인운전, 완전 자동운전)

- 기관사 없음(열차는 자동운행장치에 의해 자동운행 됨)
- 운영자 승차(선로감시와 위험 상황시 열차정지는 운영자의 책임 아님)
- 역에서 열차의 안전한 출발은 운영자 또는 시스템의 책임

UTO (Unattended Train Operation : 무인운행, 완전 전자동운전)

- 기관사, 운영자 모두 승차하지 않는 완전 무인운행
- 모든 기능은 시스템에 의해 이루어짐

(표 8-27). 국내 CBTC 시스템의 자동화 등급

노선명	자동화 등급	신호시스템	노선길이(km)
신분당선	GOA3(DTO)	Thales Seltrac RF-CBTC	31.5
부산김해경전철	GOA4(UTO)	Thales Seltrac RF-CBTC	23.4
인천2호선	GOA4(UTO)	Thales Seltrac RF-CBTC	29.1
인천공항자기부상	GOA4(UTO)	일본 교산, IL-CBTC	6.1
용인경전철	GOA3(DTO)	CITYFLO 650 RF-CBTC	18.1
소사 원시선	GOA2(STO)	Trainguard MT RF-CBTC	23.4
김포도시철도	GOA4(UTO)	일본신호 RF-CBTC(SPARCS)	23.7
신림선	GOA4(UTO)	KRTCS RF-CBTC	7.8
동북선	GOA4(UTO)	KRTCS RF-CBTC	13.4

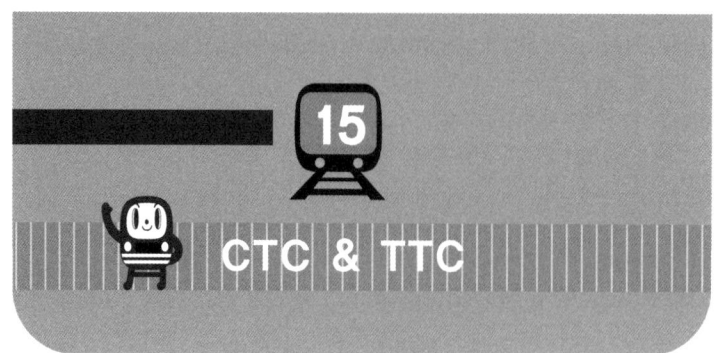

CTC & TTC

> **기본 설명**
>
> CTC는 전 구간의 운전취급설비를 한 곳에 집중하여 진로취급 및 열차의 운행상황을 감시하고 통제하는 원격제어장치이다. CTC방식은 관제사의 취급에 의해서 진로가 제어되며 TTC방식은 컴퓨터에 입력된 운행스케줄에 의하여 자동으로 진로가 제어된다.

1 CTC의 역사

미국철도협회에 의해 CTC라고 명칭이 붙여진 열차집중제어장치는 1927년 미국에서 열차운전방식의 일종으로 개발하여 센트럴 철도의 일부 구간에서 처음 사용하게 되어 철도수송 업무에 획기적인 효과를 가져왔다.

이후 1945년부터 미국에서 CTC가 급속히 발전되어 전 세계로 보급되었다. 열차집중제어장치의 최초 도입 목적은 각 나라마다 차이가 있었다. 미국은 단선에서 운행열차 회수의 증가에 따라 복선화 공사를 하지 않고 선로용량을 늘리기 위하여 CTC를 도입하였다. 유럽 및 일본은 경영합리화에 의하여 열차 제어에 관련된 운전취급요원을 감축시키기 위하여 도입하였다.

우리나라에서는 1968년에 중앙선 망우~봉양 구간에 설치된 것이 최초이다. 이후 수도권 전철 구간에서의 적용이 추진되었으나 지연되어 1977년에 이르러 경인선 전 구간에 적용을 게시하였다 이와 같은 초기의 열차집중제어장치들의 기능은 전체 신호제어설비 및 열차 주행상태를 집중적으로 감시함으로써 열차를 안전하고 효율적으로 운전하도록 하는 것이었다. 그 이후 각 역의 진로를 원격으로 제어하는 기능이 부가되기 시작하였고, 운전취급의 정확하고 신속한 기능이 중요시 되었다.

8장 도시철도 신호시스템

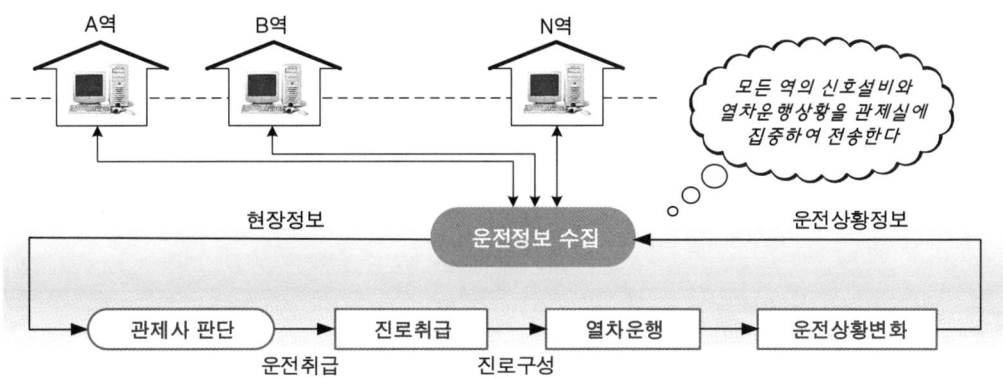

(그림 8-128). CTC의 표시 및 제어정보 흐름

2 CTC의 주요 기능

TTC는 중앙집중제어 수동취급방식인 CTC에서 컴퓨터에 입력된 열차운행 스케줄제어를 추가하여 자동으로 진로를 제어하는 등을 포함하며 주요 기능은 다음과 같다.

신호설비감시 및 제어

- **신호장치의 상태 감시** : 신호기, 궤도회로, 선로전환기 등의 현장설비와 신호기계실 설비에 대한 동작상태 및 고장상태를 원격통신망을 통하여 감시하고 표시한다.
- **자동진로제어** : 종합관제실에서 취급자가 수동으로 진로를 취급하거나 컴퓨터에 입력된 열차운행스케줄에 의하여 자동으로 진로를 제어한다. 제어명령은 원격전송장치를 통하여 해당 역의 신호기계실로 전송되어 진로가 제어된다.

현장설비 상태표시

- 선로상에 열차의 이동 및 정지를 검지하여 열차의 운행위치 표시한다.
- 열차의 이동 위치에 따라 열차번호를 추적하여 선로 화면에 표시한다.
- 취급된 진로의 구성 상태와 신호기, 선로전환기의 동작상태를 표시한다.

(그림 8-129). 종합관제실

663

자동진로제어

- 스케줄에 의해 특정 진로지점에 열차가 진입하면 자동으로 열차진로를 제어하고 운행 도중 진로경합 등의 모순을 검지하여 안전한 운전이 되도록 한다.
- 열차의 운행계획에 따른 다양한 항목을 점검하고, 운영자의 개입 없이도 지정된 경로를 주행할 수 있도록 한다.

운행스케줄 전송관리

- 열차운행계획(Timetable)을 작성하여 전송 및 출력
- 입력된 열차운행스케줄에 의해서 열차운행관리 및 운전정리
- 열차운행계획 변경 시 운행계획 수정 및 편집

정보서비스 제공

- 운영자에게 전반적인 시스템 운영정보를 제공하며 시스템 분석 및 보고기능을 한다.
- 기록일지 관리를 통하여 경보정보, 제어정보, 고장정보 등을 제공하며 문자기록과 그래픽정보를 통하여 시스템 상태 변화 및 열차운행정보 등을 분석할 수 있다.
- 필요한 모든 정보를 시스템에서 지속적으로 데이터베이스에 저장 관리하며, 데이터베이스에 저장된 정보는 일정기간 동안 보관된다.

열차행선 안내제공

- 승강장에 설치된 행선안내게시기에 열차의 행선지와 역간 열차 위치를 표시한다.
- 방송장치를 통해서 열차가 승강장에 접근시 접근경보 및 행선안내를 방송한다.
- 행선안내정보는 신호설비에서 통신분야 설비에 정보제공으로 처리된다.

☎ CTC와 TTC는 어떤 차이인가?

CTC와 TTC는 각 정거장의 정보를 관제로 집중시켜 열차운행 취급을 위한 설비로써, CTC는 운전취급시 관제사가 열차 진로를 직접 전환취급하는 것이고, TTC는 사전에 업로드된 운행다이아에 의해 컴퓨터가 열차 진로를 자동으로 전환되도록 한다.

8장 도시철도 신호시스템

3 CTC의 시스템 구성

주컴퓨터 (Host Computer)

주컴퓨터는 MPS와 DTS를 경유하여 현장으로부터 열차운행에 관련되는 모든 정보를 처리하여 열차운행관리와 현장설비의 제어 및 감시를 한다.

주컴퓨터에는 관제사가 프로그램에 사전에 입력된 열차운행스케줄에 따라 자동진로설정 및 열차운행관리기능, 행선안내기능 등을 하고 있다. 시스템은 2중계로 구성된다.

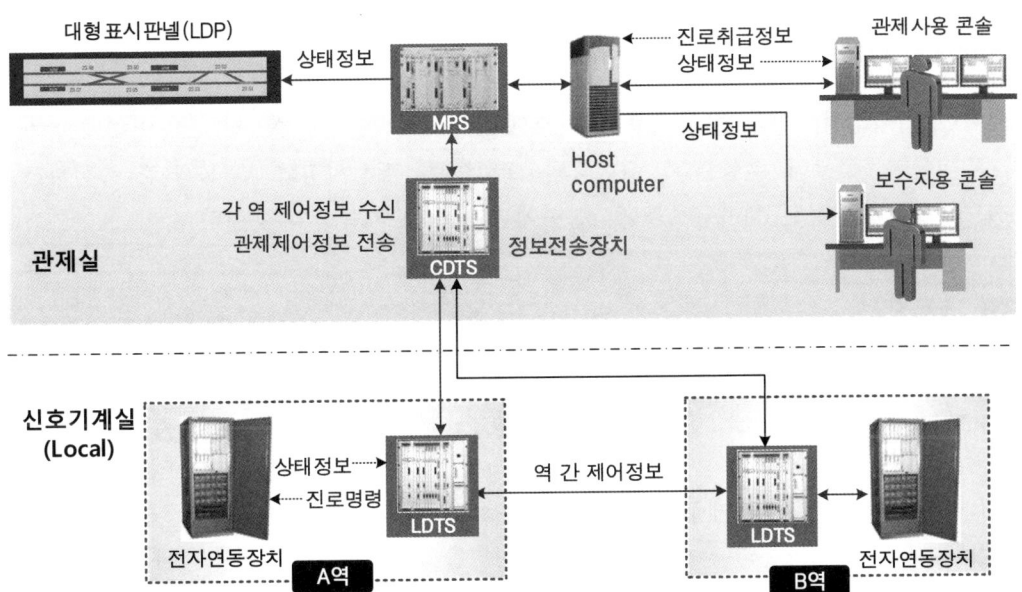

(그림 8-130). 관제실 CTC 시스템 개념도

MPS (Micro Processor System)

MPS는 DTS와 주컴퓨터 사이에 설치되어 DTS와 주컴퓨터 간의 정보를 중계하고 LDP를 구동한다. 주컴퓨터 장애시 운영자는 LDP상의 취급버튼을 이용하여 역 제어가 가능하고 MPS는 제어정보를 CDTS로 전송한다.

또한, MPS는 CDTS로부터 수신된 표시정보를 해독하여 LDP 표시등에 현시할 수 있도록 변환하여 주컴퓨터로 전송한다.

LDP (Large Dispatcher Panel)

LDP는 열차와 제어시스템을 모니터링하기 위한 설비로서, 관제사에게 대형화면에 열차운행정보를 제공한다. 역 구내의 실제 배선을 축소한 선로배선에 따라 신호기, 선로전환기, 궤도회로 등의 상태와 열차위치 및 열차번호 등을 표시한다.

C-DTS (Central-Data Transmission System)

C-DTS는 현장에 설치되어 있는 L-DTS와 통신으로 상태정보를 수집하여 MPS로 송신하고, MPS로부터 수신된 제어정보는 LDP 및 운영자 컴퓨터에 상태표시를 제공한다.

L-DTS (Local-Data Transmission System)

각 역에 위치하며, C-DTS와 상호간에 모뎀을 이용한 멀티드롭방식으로 연결되어 있다. 역 설비들로부터 수집된 정보(현장의 표시정보, 경보사항)를 C-DTS로 송신하고, C-DTS로부터 수신된 제어정보를 역 설비에 전송하는 기능을 수행한다.

4 TTC

TTC(Total Traffic Control : 열차운행종합제어장치)는 전체 노선을 원격기술을 이용하여 수동으로 일일이 열차의 진로를 신호취급하던 CTC방식에서 컴퓨터를 부가하여 서버 컴퓨터에 입력된 열차운행스케줄에 의하여 선로정보와 열차정보를 표시하는 등 열차의 운행상태를 파악하고, 각 역에 정차 시에 열차신분을 인식하여 사전에 작성된 운행계획에 따라서 관제사의 취급 없이 자동으로 열차의 진로를 제어한다.

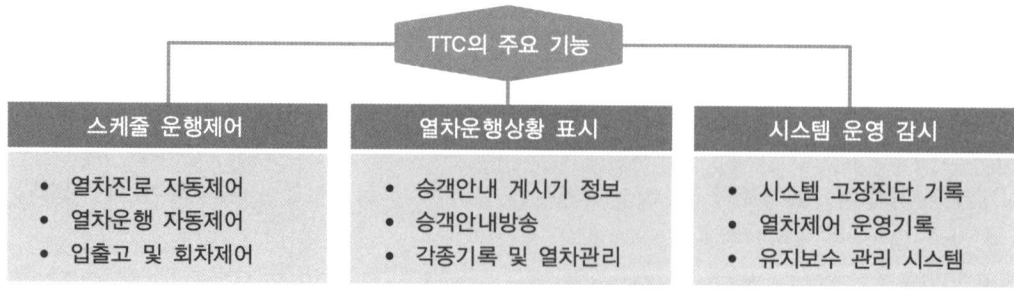

(그림 8-131). TTC의 주요 기능

8장 도시철도 신호시스템

TTC는 모든 도시철도 구간에서 널리 사용하고 있으며, 오늘날에는 관제시스템의 발달로 인하여 ATS(자동열차감시장치) 컴퓨터 서버에 의하여 각 역의 모든 정보가 집중화되어 처리되며, 여기에 허브를 사용하여 정보를 각 관제시스템에 공유하고 있다.
TTC는 CTC기능을 포함하고 있으므로 언제든지 수동으로 신호취급을 할 수 있다.

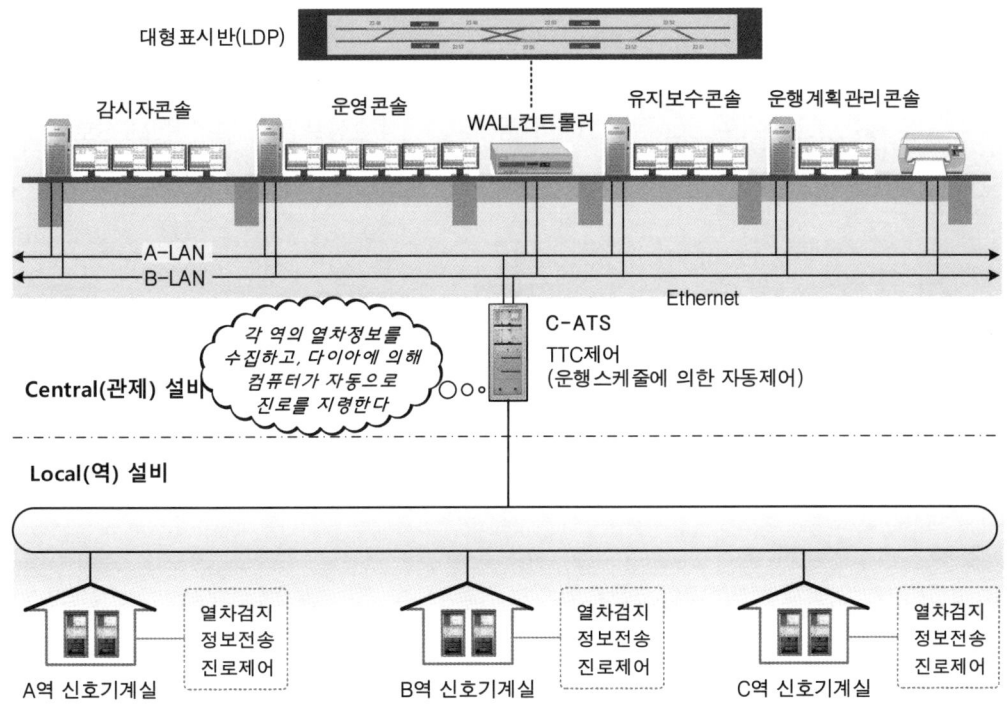

(그림 8-132). TTC 관제설비의 구성도

How ☎ 관제설비가 장애나면 열차는 어떻게 운행할까?

관제는 각 로컬 신호기계실로부터 정보를 집중 수집하여 운전취급을 하는 곳이므로 실제로는 각 신호기계실 설비가 열차를 제어한다, 관제설비 장애시 관제에서 통제는 불가능 하나 각 신호기계실은 정상 동작하며 로컬취급실에서 운전취급을 대신한다.

WIDE 철도신호기술

[Message Text]

09 고속철도 신호시스템

Railway Signal System

- 고속철도 신호설비 일반
- 고속철도 안전설비
- ATC장치(TVM430)
- 궤도회로장치(UM71C/UM2000)
- 연동장치(IXL)
- 고속철도 폐색분할
- 고속선 ATC-ATP 운전

기본 설명

국내에서 최초로 2004년도에 경부고속철도 광명~동대구(1단계 구간) 개통을 시작으로 모든 고속철도 구간에는 ATC에 의해 열차운행을 제어한다. ATC는 안살도STS社의 TVM 계열 시스템으로서 경부·호남·수도권 고속철도 별로 다른 모델이 설치되었다.

1 고속철도 노선현황

- 고속철도는 노선별 단계적인 건설에 의해 서로 다른 모델의 신호설비가 설치되어 있다.

(표 9-1). 고속철도 노선 현황

노 선	구 간	길이(km)	개통일	신호방식	설계속도	운행속도
경부고속선 (1단계)	시흥연결선 ~대구북연결선	223.6	2004	ATC (TVM-430)	350	305
경부고속선 (2단계)	대구남연결선 ~부산연결선	122.8	2010	ATC (TVM-430)	350	305
호남고속선 (1단계)	오송역 ~광주송정역	182.3	2015	ATC (TVM-SEI)	350	305
수도권고속철도	수서~평택	61.1	2016	ATC (TVM-430S)	350	305
경부고속선 (대전,대구 도심)	대전도심구간 대구도심구간	18.2 27.1	2015	ATC (TVM-430)	350	305

9장 고속철도 신호시스템

KTX는 일반선과 고속선을 운행할 수 있도록 모든 차량에는 ATS, ATP, ATC 차상장치가 탑재되어 있으며, 모든 고속선에는 TVM 계열의 ATC가 설치되어 있으나 노선별 모델만 다를 뿐 모든 차량은 동일한 ATC 제어원리에 의해서 제어된다.

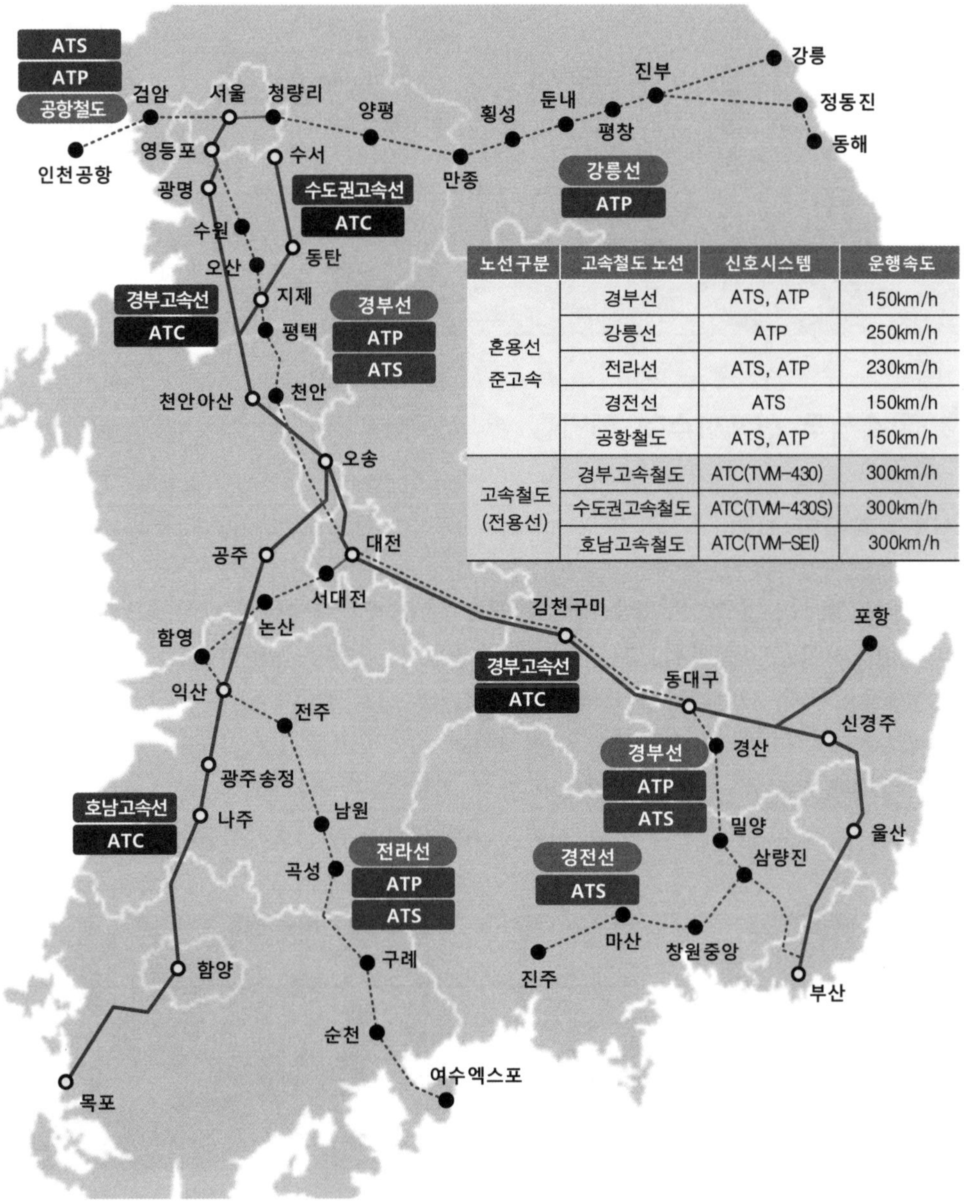

노선구분	고속철도 노선	신호시스템	운행속도
혼용선 준고속	경부선	ATS, ATP	150km/h
	강릉선	ATP	250km/h
	전라선	ATS, ATP	230km/h
	경전선	ATS	150km/h
	공항철도	ATS, ATP	150km/h
고속철도 (전용선)	경부고속철도	ATC(TVM-430)	300km/h
	수도권고속철도	ATC(TVM-430S)	300km/h
	호남고속철도	ATC(TVM-SEI)	300km/h

(그림 9-1). 전국 고속철도 열차제어시스템 현황

(표 9-2). 고속철도 건설기준

구 분	경부고속철도	호남고속철도	수도권고속철도
궤 간	1,435mm	1,435mm	1,435mm
궤도중심간격	5m	4.8m	4.5m
노반최소폭	14m	13.3m	13.0m
최고 설계속도/운행속도	350/300k/m	350/300k/m	350/300k/m
최소곡선반경	7,000m	5,000m	5,000m
최소종곡선반경	25,000mm	25,000mm	25,000mm
최대캔트	180mm	180mm	180mm
최급기울기	25‰	25‰	25‰
복선터널단면적	107m^2	107m^2	107m^2

2 고속철도 신호시스템 제어

신호기계실의 역할

신호기계실 설비는 현장설비 또는 열차운행을 제어하기 위해서 합리적이고 안전한 제어논리를 연산하여 신호정보를 생성한 후 입·출력을 제어하는 설비이다.

신호기계실은 최대 제어거리를 고려하거나 분기부 진로설비가 있는 곳에 진로제어를 위하여 필요한 장소마다 기계실 건물을 설치하여 신호설비를 수용한다.

정거장 구내에 설치하는 신호기계실(STA), 역 간의 도중 분기부 구간에 설치하는 신호기계실(IEC), 역 간 중간 개소의 일정 제어거리에 설치하는 신호기계실(InEC)로 구분된다.

(그림 9-2). 신호기계실 전경

(그림 9-3). IEC 신호기계실 내부

9장 고속철도 신호시스템

〈표 9-3〉. 고속철도 구간 신호기계실의 역할

신호기계실	약어	설치장소	제어설비	설치 목적
역기계실	STA	역 (정거장)	• ATC, • SSI, TFM	정거장과 주변 제어거리 내의 현장설비를 제어하기 위하여 정거장 건물 내에 신호기계실을 설치
연동기계실	IEC	역간 분기부	• ATC • TFM	도중 건넘선과 주변 제어범위 내에 현장설비를 제어하기 위하여 역간 도중에 신호기계실을 설치
ATC기계실	InEC	역간 미분기	• ATC	궤도회로 제어거리 최대 7.5km를 감안하여 정거장 및 연동기계실 외 도중에 신호기계실을 설치

- STA(정거장신호기계실) : Station,
- IEC(연동신호기계실) : Interlocking Equipment Centre,
- InEC(ATC신호기계실, 중간신호기계실) : Intermediate Equipment Centre

고속철도 노선 별 신호시스템 특징

고속철도는 노선마다 개통 시기가 다르고 상이한 TVM계열의 ATC 시스템이 설치되어 있지만 그 구성에 차이가 있을 뿐 동일한 기능으로서 열차의 운행을 제어한다.

〈표 9-4〉. 고속철도 노선 별 신호시스템의 특징

장치명	경부고속철도(2004)	호남고속철도(2015)	수도권고속철도(2016)
폐색방식/열차제어	고정폐색/ATC	고정폐색/ATC	고정폐색/ATC
차상장치	TVM430	TVM-SEI (ATC+연동장치 통합형)	TVM-430S
연동장치	SSI		SSI
궤도회로장치	UM71C 아날로그→ (KD2000 : 디지털방식)	AF궤도회로장치 (UM2000 : 디지털방식)	AF궤도회로장치 (UM2000 : 디지털방식)
선로전환기	1단계(자갈도상) : MJ81 2단계(콘크리트 도상) : Hydrostar/MJ81	MJ81 (콘크리트 도상)	MJ81 (콘크리트 도상)
안전장치	차축온도장치 외 10종	차축온도장치 외 10종	차축온도장치 외 8종

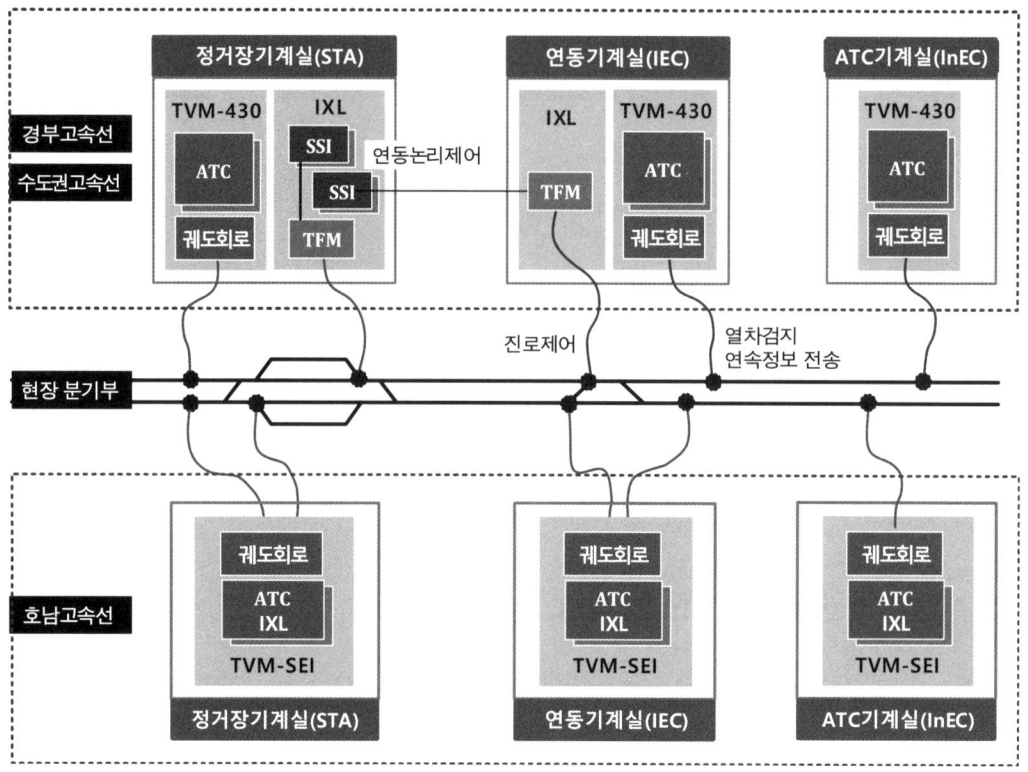

(그림 9-4). 고속철도 ATC구성 및 역할 비교

TVM-430의 연동장치는 정거장 신호계전기실에서 연동역 신호계전기실(IEC)의 진로를 제어하는(분산형) 반면, TVM-SEI는 신호계전기실에서 독립적(집중형)으로 제어한다.

(표 9-5). **TVM430과 TVM-SEI의 신호제어**

주요기능	경부고속철도(TVM-430/SSI)	호남고속철도(TVM-SEI)
열차속도 및 간격제어	정보처리장치(BTR)	정보처리장치(BAP)
열차진로제어	전자연동장치(SSI)	
현장-관제실 간 정보전송	역정보전송장치(FEPLO)	
ATC정보 입출력제어	정보입출력장치(BES)	정보입출력장치(BIP)
연동장치(신호기,선로전환기)	선로변 기능모듈(TFM)	
입출력제어		
궤도회로(인터페이스)	궤도계전기(NS1)	궤도인터페이스장치(BIV)

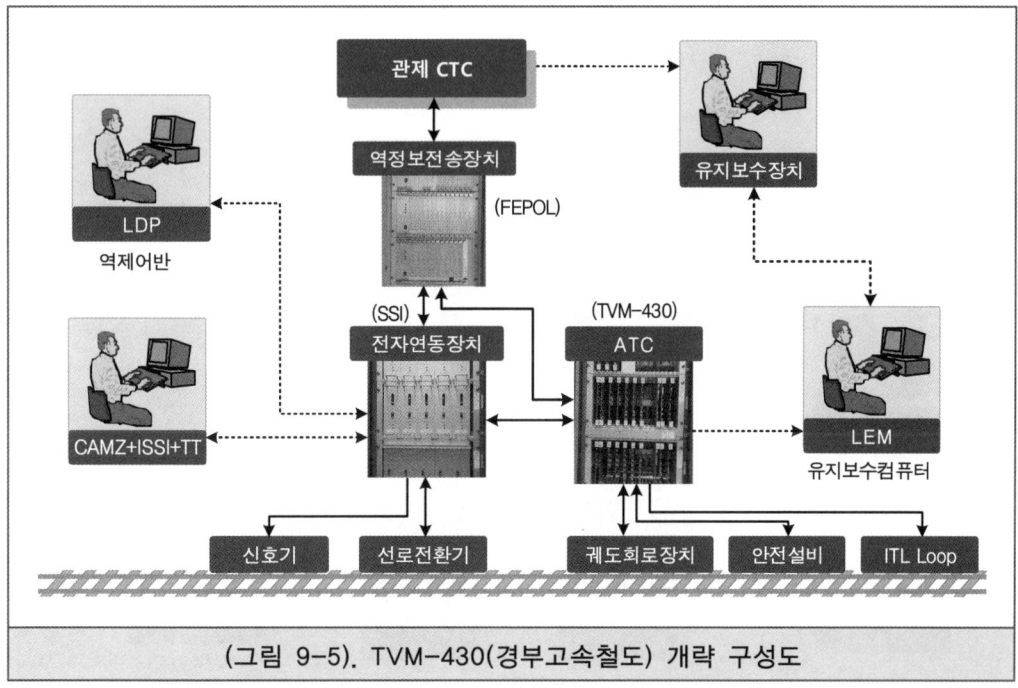

(그림 9-5). TVM-430(경부고속철도) 개략 구성도

TVM 계열의 ATC는 TVM-430(경부고속철도)→TVM-430S(수도권고속철도)→TVM-SEI (호남고속철도)로 시스템이 진보하였다. TVM-430과 TVM-430S의 시스템 구성은 대동소이하지만, TVM-SEI는 ATC와 연동장치가 통합형으로 구성되어 있다.

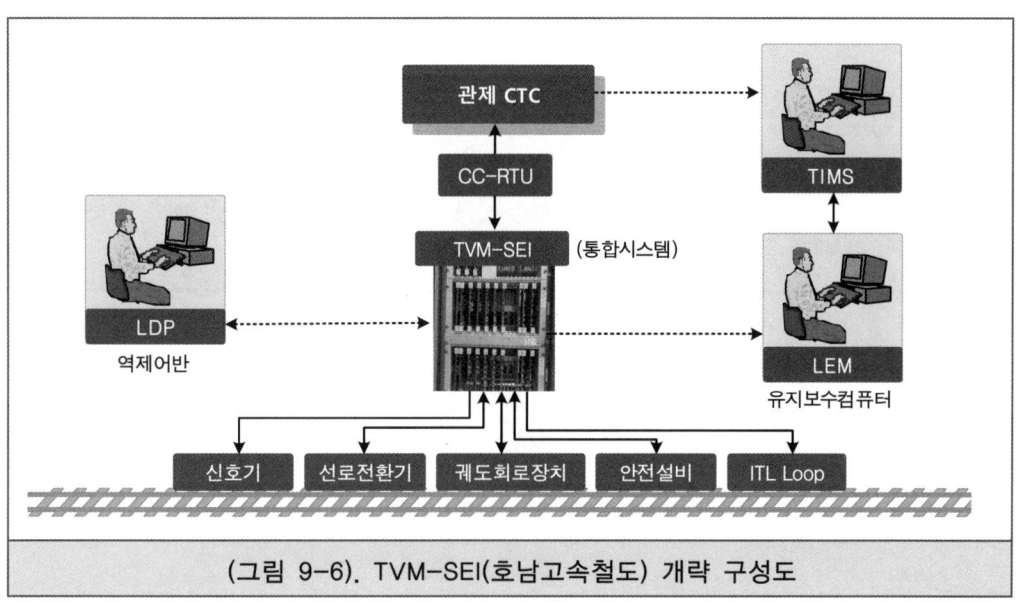

(그림 9-6). TVM-SEI(호남고속철도) 개략 구성도

TVM-430S는 TVM-430과 같이 ATC와 연동장치가 독립적으로 구성되어 있으며, 보드는 TVM-430과 TVM-SEI을 혼용하여 사용한다. TVM 계열의 선로변 설비 구성은 동일하다.

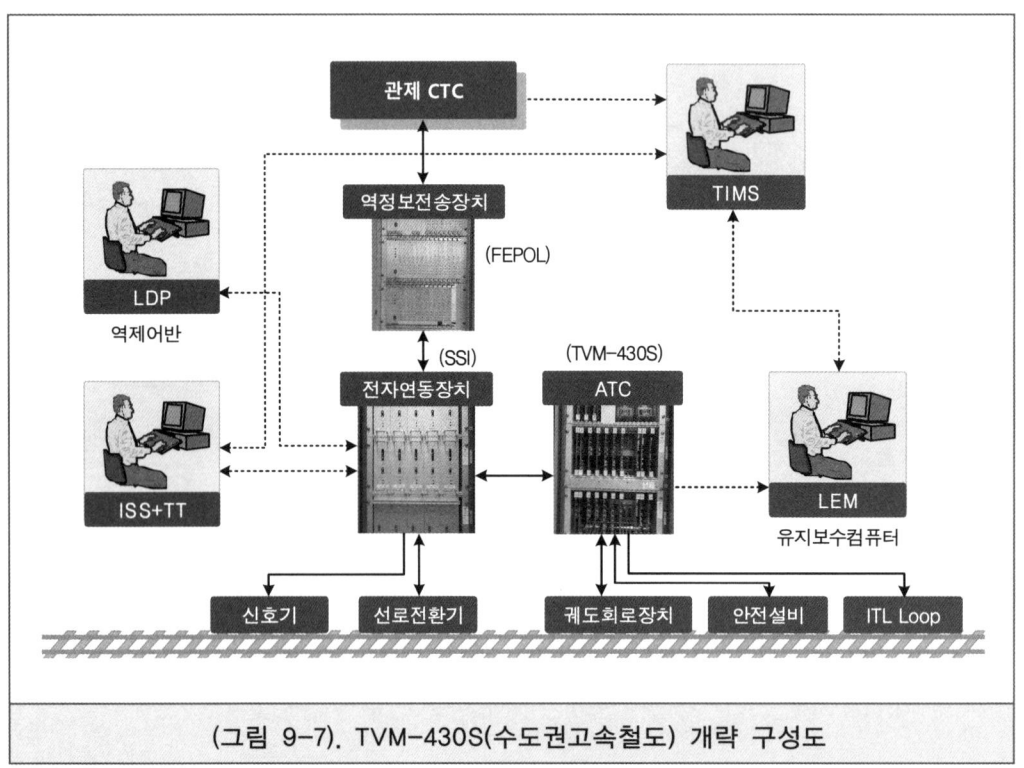

(그림 9-7). TVM-430S(수도권고속철도) 개략 구성도

 향후 고속철도 열차제어시스템 전망은?

국내 고속철도는 설비의 내용연수 초과로 개량 시기가 반복되면서 KTCS-2 시스템 적용은 물론 현재 운행속도보다 향상된 300km/h 이상의 증속운행을 검토하고 있으나, 기존선 증속시 자갈 비산으로 인하여 콘크리트 도상으로 시공해야 하는 과제가 있다.

3 고속철도 차상신호장치

KTX 차량일반

KTX 차량의 내용연수는 25~30년 정도이다. 내용연수 25년부터는 5년 단위로 정밀검사를 실시하여 결정하게 된다. 차상신호장치는 신뢰성과 안전성을 확보하기 위하여 열차의 전후부의 동력차(TC차)에 각각 2중계로 설치되며, 운행 중에 차상신호장치에서 장애가 발생되면 예비계의 차상신호장치로 절체되어 운행을 유지한다.

(표 9-6). 고속철도 KTX 차량 보유현황]

KTX(노선명)	편성구성	편성 수 (92)	사용개시 (편성수)	차상신호장치 구성		
				ATC	ATP	ATS
KTX-1	20량	46	2003~4	Ansaldo	Bombardier	국산
KTX-산천 I	10량	24	2910(19) 2012(5)	Ansaldo	Ansaldo	국산
KTX-산천 II (호남선)	10량	22	2015	Ansaldo	Ansaldo	국산
KTX-산천 II (SRT)	8량	10	2016	Ansaldo	Ansaldo	국산
KTX-산천 II (강릉선)	10량	15	2016	Ansaldo	Ansaldo	국산

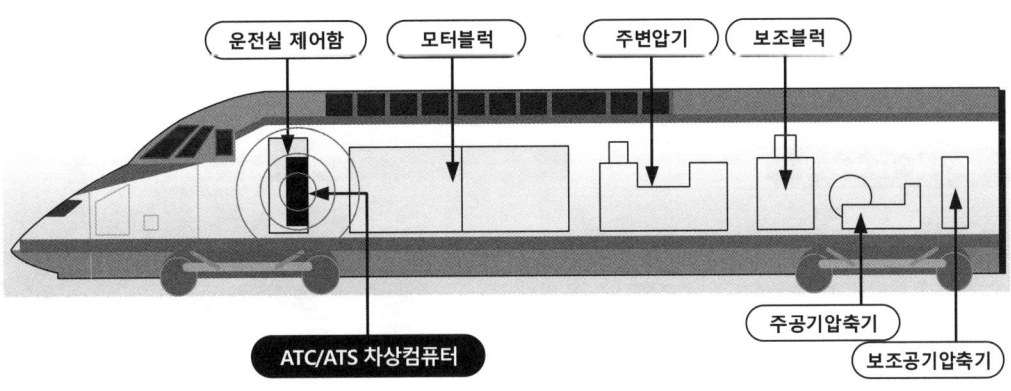

(그림 9-8). KTX 차상신호컴퓨터 설치위치

차상 신호장치 구성

모든 고속열차(KTX, SRT)는 일반철도 구간에서도 혼용운행이 가능하도록 ATC, ATP, ATS 차상신호장치가 탑재되어 구간 별로 신호시스템을 절체하며 운행을 제어한다.

차상신호컴퓨터는 안테나, 타코미터, 운전실 DMI 등과 연결되어 인터페이스 한다. 지상의 열차제어장치로부터 연산된 신호정보를 차상의 신호컴퓨터로 전송하면 신호정보를 해석하여 적절한 속도로 열차운행을 제어한다.

차상신호컴퓨터는 2중계로 구성된다. KTX-1은 ATC/ATS 통합형으로 구성되고 ATP는 별도로 수용되었다. KTX-산천과 SRT는 ATC/ATP/ATS 통합형으로 구성되어 있다.

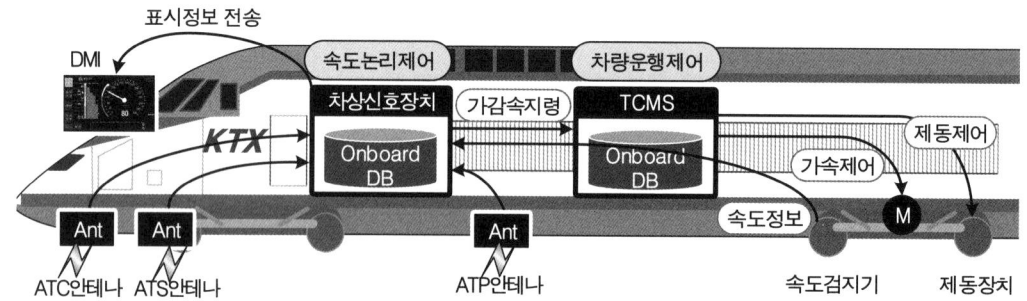

(그림 9-9). 차상컴퓨터와 하부장치의 인터페이스

신호제어 컴퓨터

차상신호컴퓨터는 KTX의 운전실 뒷면의 동력실 내벽에 설치되며, 전후부 각각의 동력실에 2중계 로 설치되어 있어 시스템의 신뢰성을 높였다. 차상 안테나로부터 수신된 지상 신호정보(연속, 불연속정보)를 분석하고 실제 운행속도와 허용속도를 비교하여 과속시 제동제어를 결정한다.

운전실 표시장치

운전실의 기관사에게 신호정보를 제공하기 위해서 목표속도 및 현재속도, 신호시스템 절체정보, 팬터그래프 상승 및 하강정보, 고장감시정보 등 여러 운전정보를 제공한다.

(그림9-10). KTX-산천 운전실

타코미터

열차가 실제 주행하고 있는 현재 속도 데이터를 수집하기 위한 속도검지기로서, 차상 하부의 차륜 측에 설치되어 달리는 열차의 차축 회전수를 검지하여 열차의 주행속도와 운행 누적거리를 계산한 결과를 차상논리장치에 전송하는 기능을 한다.

9장 고속철도 신호시스템

(그림9-11). KTX-1 ATC/ATS 컴퓨터(좌), ATP 컴퓨터(중), 타코미터(우)

차상안테나

ATC 구간에서 레일로부터 신호정보를 수신하기 위해 선두 차륜 앞부분에 각각 연속정보용 안테나 2개와 차량하부 좌우측에 불연속정보용 안테나 2개가 설치된다.
차상에서 열차제어정보를 수신하는 데 있어서 궤도회로로부터 연속정보를 검출하고, 루프케이블로부터 불연속정보를 검출하여 차상컴퓨터로 전달한다.

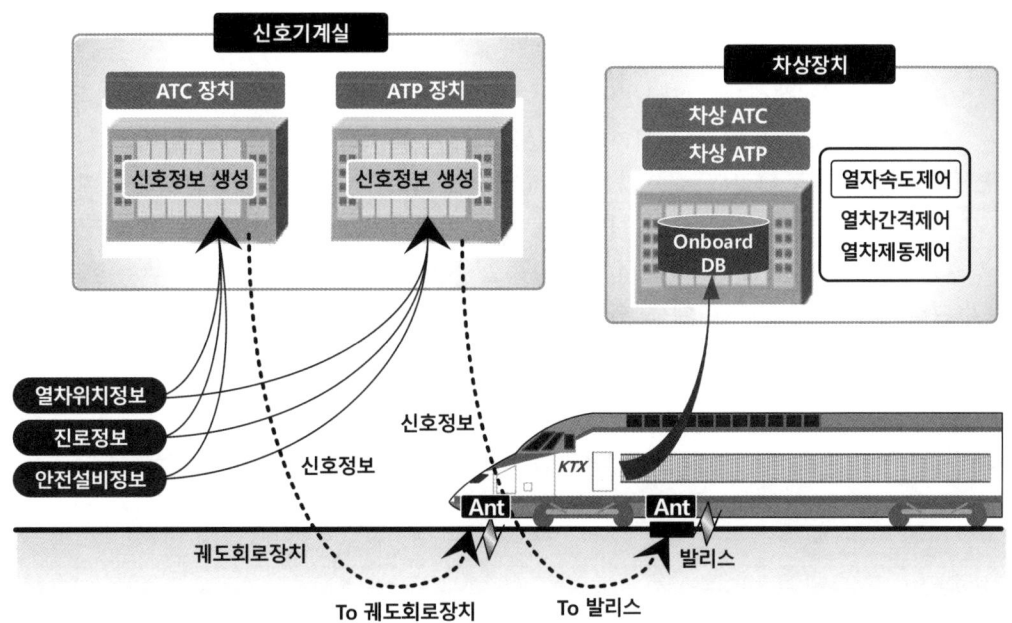

(그림 9-12). 고속철도 차상컴퓨터 인터페이스

기본 설명

고속열차는 최고속도 300km/h로 주행 시 제동거리가 길고 사고지점까지의 도착시간이 짧으므로 이를 대비하여 사전에 위험을 감지하고 대응하지 않으면 대형사고를 유발할 수 있다. 이를 위해서 선로현장에는 여러 안전설비를 설치하여 대비하고 있다.

▓ 고속철도 안전설비의 개요

고속철도 안전설비는 천재지변 또는 기타 열차운행에 지장을 주는 요소를 감지하여 열차를 감속 또는 정지시키거나 운용자에게 주의를 환기시키는 설비이다.
재래선의 경우 열차의 속도가 150km/h 정도이므로 선로상의 운전저해 상황, 즉 산사태, 눈사태 등 지장물이 침입하는 경우 기관사가 전도주시로 대응할 수 있었으나 열차의 최고속도가 300km/h인 고속열차에서는 비상제동 길이가 4km 정도 되므로 선행열차에 대한 폐색 확보는 물론 선로의 건축한계 내에 침입하는 각종 지장물을 사전에 검지하여 ATC에 자동으로 연결하는 시스템이 필요한 것이다.

(표 9-7). 경부,호남 고속철도 안전설비 현황

안전설비	수 량	안전설비	수 량
차축온도검지장치	38	기상검지장치	23
레일온도검지장치	25	지장물검지장치	펜스용 126, 고가용 24
터널경보장치	156	끌림검지장치	23
보수자횡단장치	118	지진감시장치	48

당초에는 고속철도 구간에만 안전설비를 설치하였으나, 2019년에 일반철도 구간에도 안전설비를 설치하는 방안이 수립되면서 점차 일반철도 구간에도 안전설비 설치공사가 점차 진행되고 있다.

(표 9-8). 고속철도 외의 안전설비 설치기준

안전설비 (9종)	속도단계(km/h)							
	100 이하	120	150	160	180	200	230	250
터널경보장치	○	○	○	○	○	○	○	○
지장물검지장치	○	○	○	○	○	○	○	○
끌림검지장치	○	○	○	○	○	○	○	○
보수자선로횡단장치	×	×	○	○	○	○	○	○
차축온도검지장치	×	×	×	×	○	○	○	○
레일온도검지장치	○	○	○	○	○	○	○	○
지진감시설비	○	○	○	○	○	○	○	○
기상검지장치	○	○	○	○	○	○	○	○
분기기히팅장치	○	○	○	○	○	○	○	○

* 2019년 국가철도공단, 일반철도 안전설비 설치기준 수립

1 차축온도검지장치

(HBD : Hot Box Detector)

차축온도검지장치는 선로의 양측에 설치된 적외선 센서로 고속열차의 차축온도를 일정 거리마다 측정하여 차축의 온도가 일정 온도 이상으로 과열될 경우 이를 검지하여 운영자에게 경고를 전송하고 열차의 운행을 감속 또는 정지시킴으로써 열차 및 승객의 안전을 도모하는 장치이다.

CTC장치, ATC유지보수장치, 차량기지의 신호장치와 인터페이스하여 차축이 과열되면 운행을 제어한다.

(그림 9-13). 차축온도검지장치

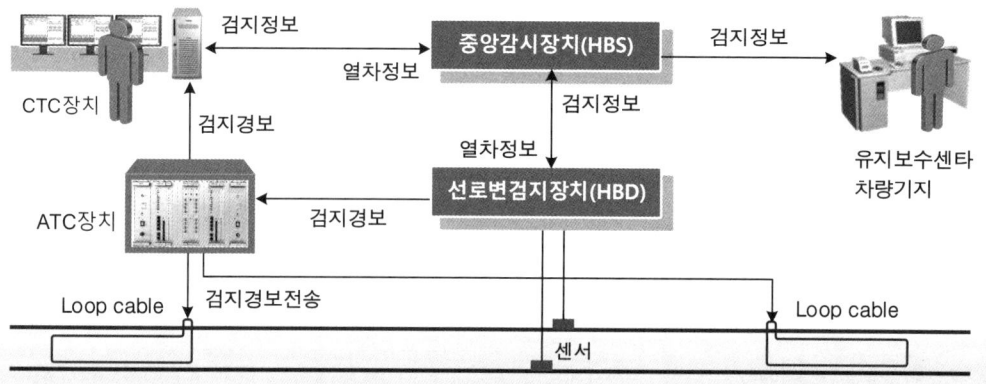

(그림 9-14). 차축온도검지장치 구성도

설비 구성

❶ **차축온도검지기** : 300km/h로 운행하는 양방향 모든 열차의 과열된 차축베어링과 차축의 속도 및 수량, 운행방향을 검지한다.
❷ **차축온도감시장치** : 고속철도 전 노선상에 설치되는 차량온도검지기를 관리한다. 관제실과 통신망을 통하여 차축의 온도상태를 관제실로 전송한다.

설치 장소

① 열차가 최고속도로 운행하는 구간에서 레일의 내측에 설치한다.
② 평균 25~30km의 일정 간격으로 상·하선에 설치된다.
③ 중간 기계실로부터 2km 이내에 설치한다.
④ 역 또는 보수기지 진입 10km 전방에 설치한다.
⑤ 하구배와 곡선구간, 상시 제동구간은 설치하지 않는다.
⑥ 교량, 터널, 고가구간 등 유지보수가 어려운 장소는 설치되지 않는다.

열차 운행제한

❶ **차축온도가 80°C 초과 시** : CTC 사령자가 무선으로 기관사에게 주의경보를 하고 기관사는 인접 역에 정차하여 열차상태를 확인한다.
❷ **차축온도가 90°C 이상 시** : 위험경보가 통보되어 ATC장치와 연동하여 열차에 지장 주지 않도록 감속하여 다음 역 측선에 정차한 후 기관사는 열차상태를 확인한다.

9장 고속철도 신호시스템

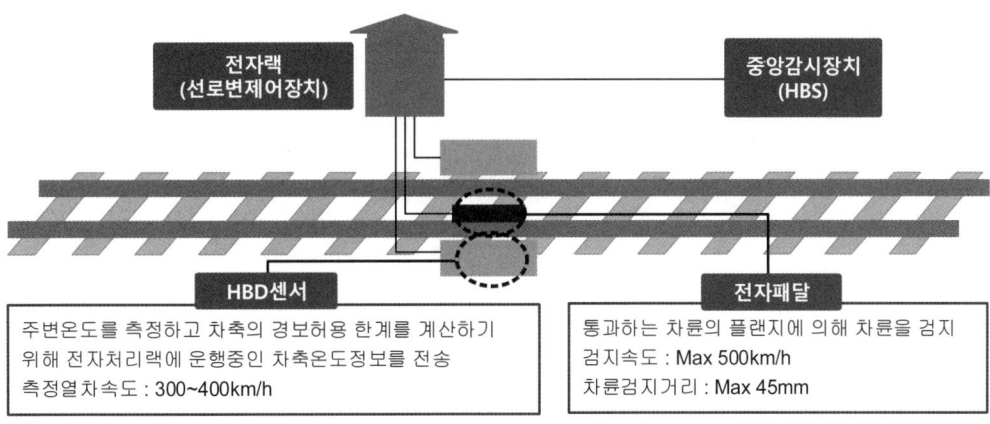

(그림 9-15). 차축온도검지장치 성능

2 지장물검지장치

(ID : Intrusion Detector)

지장물검지장치는 낙석 또는 토사붕괴가 우려되는 경사 지역이나 고속철도 위를 횡단하는 고가차도 등에서 지장물이 선로변에 침입할 우려가 있는 개소에 설치한다.

열차의 안전운행을 저해하는 사태가 발생할 경우에 인접구간을 운행하는 열차에 정지신호를 전송하거나 감속운행을 유도하는 기능을 한다. 지장물검지장치는 LCP, CTC장치에 정보를 전송한다.

(그림 9-16). 검지장치 검지선

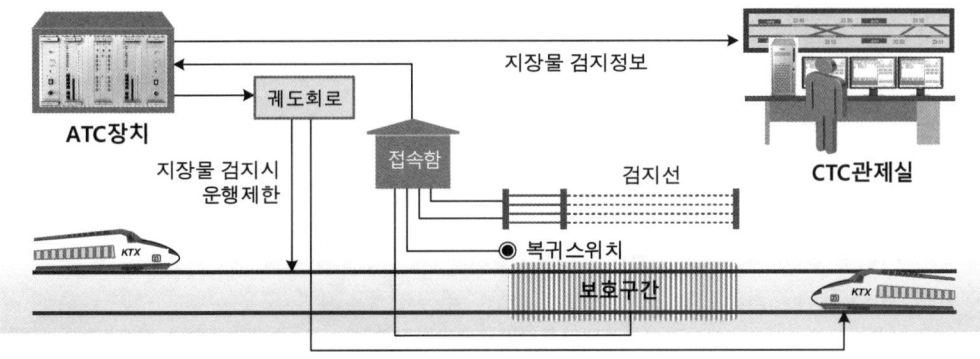

(그림 9-17). 지장물검지장치 구성도

683

설비 구성

① **제어기** : 폐회로에 전류를 공급하고 상태를 감시하며 검지정보를 ATC장치로 전송한다.
② **검지계전기** : 검지케이블이 단락되면 계전기가 무여자되어 이상경보를 제공한다.
③ **검지선** : 2개의 검지선을 병렬로 설치하며, 검지선은 150~300m 간격으로 설치된다.

설치 장소

① 고속철도 위를 횡단하는 고가도로
② 낙석 또는 토사 붕괴가 우려되는 개소 (검지선 2선 구성)
③ 고속철도와 도로가 인접하여 자동차의 침입이 우려되는 개소(검지선 1선 구성)
④ 고속철도와 일반철도의 병행구간으로서 일반열차의 탈선이 우려되는 지역
⑤ 터널의 입·출구 중 낙석이 우려되는 개소

열차 운행제한

- 검지장치는 2개의 검지망회로로 구성되며, 검지선 단선 시 다음과 같이 경보한다.

❶ **1선 단선 시** : 운행 열차를 자동으로 정지시키지 않으나 LCP 및 관제실에 주의경보만 보내주어 무선으로 기관사에게 주의운전을 유도한다.

❷ **2선 단선 시** : LCP 및 관제실에 경보 전송을 하며, ATC장치는 자동적으로 상·하행선 해당 궤도회로에 정지신호를 전송하여 진입하는 열차를 정지시키며, 기관사는 지장물 확인 후 지장을 주지 않을 경우 복귀스위치를 조작하여 운행을 재개할 수 있다.

3 끌림물체검지장치
(DD : Dragging equipment Detector)

끌림물체검지장치는 운행하는 열차 하부의 부속품이 탈락되어 매달린 상태로 주행하는 차량으로 인하여 궤도 사이에 부설된 각종 시설물의 파손을 예방하기 위한 설비이다.

부속품의 이탈로 차체에 돌출된 부분이 끌림물체검지장치와 접촉하면 검지장치가 동작하여 적절한 조치를 취할 수 있도록 경보를 전송한다. 이 장치는 LCP와 CTC장치에 정보를 전송한다.

(그림9-18). 끌림물체검지장치

9장 고속철도 신호시스템

▌설비 구성

① 검지기 : 외부 충격 시 쉽게 이탈할 수 있도록 아연도 주물 재질을 사용한다. 궤간 사이에 3개와 레일 외부 양 측면에 각 하나씩 설치된다. (궤도상 수직으로 5개 설치)
② 검지계전기, 검지 유니트, 기관사용 알람 인식버튼

▌설치 장소

① 각종 기지 또는 기존선에서 고속선으로 진입하는 개소
② 선로 중앙 또는 교량 및 터널입구 개소
③ 약 60km 간격으로 끌림물체검지장치를 레일 내·외측에 설치

▌열차 운행제한

① 끌림검지기 파손 시 ATC장치는 해당 열차에 정지신호 및 CTC에 경보를 전송한다.
② 경보시 기관사는 열차정지 후 열차상태 확인과 끌림물체를 제거한 후 운행을 한다.
③ CTC 관제사에게 보수조치 통보 후 스위치를 조작하여 정지신호를 해제한다.

4 기상검지장치
(MD : Meteorological Detector)

기상검지장치는 급격한 기상 악화 시 집중호우로 인한 지반침하 및 침수, 태풍 및 폭설 등으로부터 열차사고 예방을 하여 안전운행을 목적으로 설치된다. 기상검지장치는 풍향과 풍속 및 강우량, 적설량에 따라 관제실에서 열차속도제한 등의 사전조치를 한다.
고속철도는 약 20km 간격으로 선로 변에 설치되었으며, 수집된 정보는 LCP나 CTC장치에 직접 전송되어 경보를 발생하도록 한다.

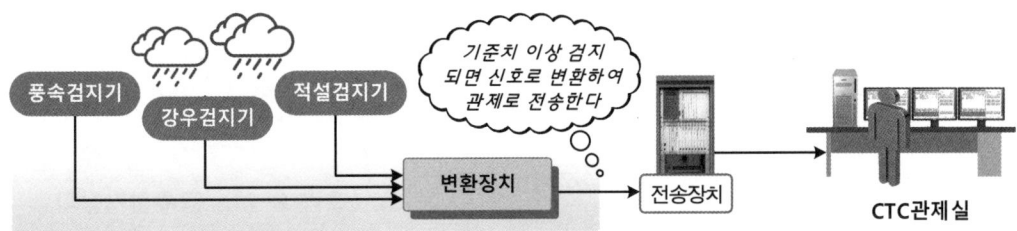

(그림 9-19). 기상검지장치의 정보 전송

685

강우검지장치

선로변의 강우량을 측정하여 집중호우 발생 또는 연속되는 강우로 인하여 지반이 침하하거나 노반의 붕괴사고가 우려되는 경우에 열차를 정지시키거나 서행 운전을 시킬 수 있도록 강우검지장치를 설치한다.
강우량 검지데이터는 CTC 관제실로 전송된다.

(그림 9-20). 강우검지장치

설치장소

① 약 20km 간격으로 선로변에 기상설비 설치가 용이한 장소
② 매년 집중호우 발생 우려개소
③ 연약지반 또는 성토구간으로 지반침하 및 토사붕괴 우려개소
④ 수위의 급속한 상승이 우려되는 개소

열차운행제한

시간당 강우량이 60mm 이상 또는 일일 연속 강우량이 250mm 이상 시 열차운행을 중지시킨다. 강우량의 수위는 6단계로 표시할 수 있다.
① **N5 이하의 수위** : 신호에 영향은 없으나 펌프 가동 등의 조치를 취할 수 있다.
② **N5 이상의 수위** : 승강장 아래가 침수될 정도에서는 90km 이하 속도로 서행한다.
③ **N6 이상의 수위** : 레일 하부까지 침수되는 정도로써 열차를 자동정지 시킨다.

풍속검지장치

풍속검지장치는 선로변의 풍속을 검지하여 강풍 발생 시 열차운전속도를 규제할 수 있도록 하는 장치이다. 감시정보는 연동역과 CTC 관제실로 전송되어 현장설비를 집중 감시할 수 있도록 한다.
풍속검지기는 5% 편차의 풍속[m/sec]과 풍향을 표시하고 동절기에는 풍속계의 결빙을 방지하기 위하여 자동온도검지에 의해 작동되는 히터를 설치한다.

(그림 9-21). 풍속검지장치

설치장소

① 약 20km 간격으로 선로변에 설치
② 하천, 계곡 등 강풍이 우려되는 개소 및 주요 태풍경로

열차운행제한

① 풍속이 20m/sec 이상 시 단계적으로 감속운행 한다.
② 풍속이 30m/sec 이상 시 열차운행을 중지시킨다.

▌적설검지장치

폭설이 내릴 경우 선로변의 적설량을 측정하여 열차 운전속도를 제한하는 장치이다. 검지정보는 연동역과 중앙사령실로 전송되어 현장기기를 집중 감시한다. 적설량 검지방법은 빛의 반사에 의해 검지하고 매 20mm 단위로 적설을 검지하여 측정값을 누적한다.

설치장소

① 열차의 영향을 주지 않기 위해 선로에서 10m 이상 이격된 위치에 설치한다.
② 지형적으로 폭설이 빈번한 개소 및 평균 적설량이 많은 산악지대
③ 눈사태 발생이 우려되거나 상습적으로 강설에 의한 피해가 발생되는 지역
④ 풍향에 따라 다른 곳의 눈이 모여 쌓이는 곳

열차운행제한

① 눈이 덮여 레일 면이 보이지 않을 때 : 30km/h 이하
② 궤간 내 적설량이 7~14cm일 때 : 230km/h 이하
③ 궤간 내 적설량이 14~21cm일 때 : 170km/h 이하
④ 궤간 내 적설량이 21cm 이상일 때 : 130km/h 이하

5 레일온도검지장치

(RTCP : Rail Temperature Control Panel)

레일온도검지장치는 하절기에 레일온도의 급격한 상승으로 인하여 레일이 장출되는 위험을 방지하기 위해 특정 구간의 레일의 온도를 측정한다. 한계 온도 이상으로 레일의 온도가 상승하면 경보표시와 함께 열차운전을 통제하여 열차 탈선 등의 대형사고를 사전에 예방하기 위하여 설치한다.

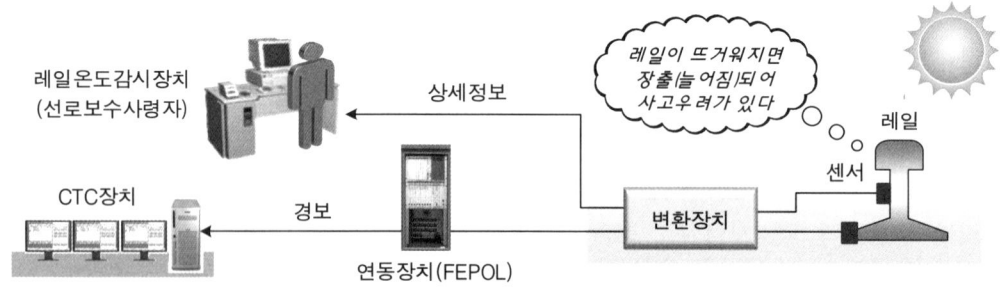

(그림 9-22). 레일온도검지장치의 구성도

설비 구성

Master장치

Master장치는 선로분야 관제실에 설치하여 운영한다. 현장의 온도를 실시간으로 감시하며, 위험 온도까지 상승하면 경보를 발생한다.
일정한 시간(30분)마다 온도를 기록, 저장한다.

Slave장치

(그림 9-23). 레일온도검지장치

① 레일온도 제어함 : 실시간으로 Master장치로 레일온도와 대기온도를 전송한다.
② 레일온도 검지기 : 열저항계방식을 사용하며, 양쪽 레일 측부에 설치한다.

설치 장소

① 곡선, 양지 및 통풍이 안 되는 구간으로 레일온도 감시가 필요한 장소
② 장대레일 교체 및 궤도정비 등 보수작업에 지장이 발생되지 않는 장소
③ 가능하면 축소검지장치 설치개소와 인접한 구간에 설치하여 함께 구성한다.

9장 고속철도 신호시스템

▒ 열차 운행제한

- 40℃ 이상 : 경보음 발생
- 55℃ 이상 : 230km/h 이하
- 60℃ 이상 : 70km/h 이하
- 64℃ 이상 : 운행 중지

6 터널경보장치

(TACB : Tunnel Alam Control Box)

터널경보장치는 터널 내에서 작업하는 보수자의 안전을 위해 작업 시작 전 경보장치의 작동스위치를 ON 시키면 열차가 터널에 진입하기 일정 시간 전에 경보하여 작업자가 조기에 안전한 위치로 대피하도록 한다. 터널 내에서 작업할 경우 터널 입구에 설치된 스위치박스에서 '점검자 있음' 버튼을 누름으로써 동작이 된다. 열차가 접근하면 경보등과 경보기가 동작하고 터널을 완전히 통과하면 동작을 멈춘다.

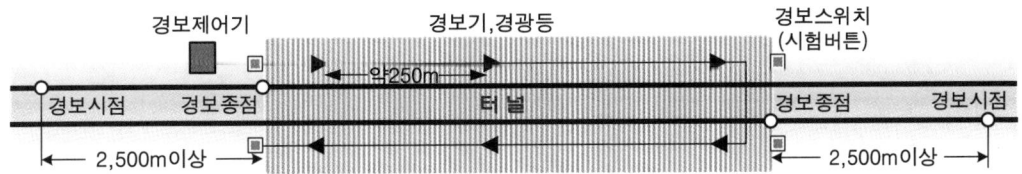

(그림 9-24). 터널경보장치의 설치

▒ 설비 구성

터널경보장치는 터널 양쪽 입구에 경보장치 작동스위치와 표시램프를 설치한다. 시험용 버튼을 설치하여 경보기의 작동여부를 확인할 수 있다.

보수자가 30초의 여유를 갖고 대피하기 위하여 최소한 1,500m 전방 궤도회로에서 열차의 접근을 검지되도록 한다. 상·하선 양방향 어느 쪽으로 열차가 진입하여도 경보를 한다.

 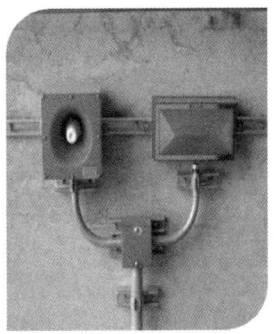

(그림 9-25). 경보스위치(좌), 경보기(우)]

열차 운행제한

① 보수 터널구간의 최소 1,500m 전방에서 열차속도가 170km/h 이하를 유지하도록 해당 신호기계실의 속도제어반에서 열차속도를 제한하고,
② 보수하고자 하는 터널구간의 열차제어 속도는 90km/h로 제한한다.
③ 보수자의 대피 소요시간을 30초를 기준으로 하며, 열차 속도를 고려하여 충분한 여유를 갖는 위치에서 열차검지를 하도록 한다.

7 보수자 선로횡단장치

(PSC : Pedestrian Alam Control Crossing)

보수자 선로횡단장치(열차접근확인장치)는 유지보수자가 자주 왕래하는 개소에 고속으로 운행하는 차량으로부터 사고를 방지하기 위하여 설치한다. 보수자 선로횡단장치는 보수자가 지정된 개소에서 선로를 횡단할 경우 접근하는 열차 유무를 확인하고 접근 열차가 없음을 확인하는 신호가 현시되면 안전하게 선로를 횡단하도록 하기 위한 장치이다.

설비 구성

주제어반

보수자 횡단개소를 전후에 위치한 궤도의 점유정보, 방향계전기 정보, 선로전환기 정·반위 정보를 주제어장치의 I/O모듈을 통하여 입력한다.
해당 선로횡단개소에서 보수자에 의해 확인스위치의 동작 취급이 입력되면 내장된 프로그램과 궤도정보를 비교 및 분석하여 정보를 송출한다.

(그림9-26). 보수자 선로횡단장치

현장제어반

현장 제어함에는 원격 I/O를 처리하는 PLC와 절연변압기를 내장한다.
현장의 확인스위치를 조작하면 현장 제어함은 주제어장치로부터 수신한 궤도점유 정보와 비교하여 이상이 없으면 20초 동안 신호등 점등전원을 전송한다. 확인스위치를 조작할 때에만 신호등이 점등되도록 하고 평상시에는 신호등이 점등되지 않도록 한다.

설치 장소

① 각 역별로 보수자가 자주 왕래하는 개소로서 역구내와 역외 구간으로 구분된다.
② 최소 제어거리는 1,660m로 한다.

동작 원리

① 평상시 신호등은 소등상태를 유지한다.
② 취급버튼을 누르면 약 20초간 신호등이 적색 또는 녹색으로 점등한다.
③ 열차가 제어구간 내에 없을 때에는 녹색, 진입 시에는 적색으로 현시한다.
④ 횡단할 때는 녹색등이 현시되면 지정된 횡단개소에서 한 명씩 신속히 횡단한다.

8 방호스위치(보수자선로횡단장치)
(역구내 방호스위치 TZCP, 폐색구간 방호스위치 CPT)

방호스위치는 선로변을 순회하는 보수자가 선로변 순회보수 및 응급상황 발생 등 선로의 위험요소를 발견하였을 때 고속으로 해당 구간을 진입하는 열차를 정지시키거나 속도를 제한시켜 열차의 안전운행을 확보하기 위한 장치이다.

- 역구내 방호스위치(TZEP : Trackside Zone for Elementary Protection)
- 패색구간 방호스위치(CPT : Trackside Block Section Elementary Switches)
- 비상정지 스위치(EMS : Elementary Stop Button)

설비 구성

속도제한판넬 (SLP)

보수구간의 속도를 제한하고자 할 때 보수자는 신호계전기실의 속도제한 판넬에서 관련 궤도회로의 열차속도를 170km/h 또는 90km/h로 속도를 제한하여 열차로부터 보수자를 보호하기 위한 장치이다.

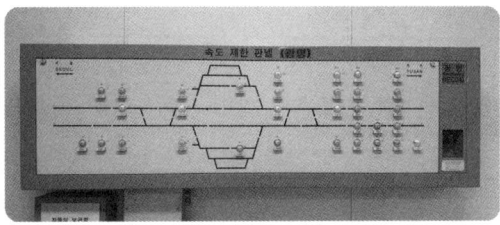

(그림 9-27). 속도제한판넬

방호 스위치

방호스위치에서 열차를 선로 보호구역 내에 진입을 하지 못하도록 사각키를 취급하여 ATC 지상장치를 통하여 정지신호를 발생시킨다.
역구내에는 역구내 방호스위치, 역 간에는 폐색구간 방호스위치가 설치된다.

(그림 9-28). 방호스위치

설치 장소 및 조건

① 선로변에 약 250~300m 간격으로 설치한다.
② 신호기계실 및 역구내와 역 간에 설치한다.
③ 설비의 보수 등으로 인하여 보수자 횡단이 필요한 장소에 설치한다.
④ 최소 제어거리는 1,660m로 한다.
⑤ 시소는 20초를 기준으로 하여 조절 가능하여야 한다.

9 분기기 히팅장치
(PHC : Point Heater Control)

분기기 히팅장치는 동절기에 강설로 인하여 기본레일과 텅레일 사이에 눈이 쌓여 밀착 장애를 유발하거나, 기온 저하로 인하여 기본레일과 텅레일 사이 또는 레일 표면에 결빙을 방지하기 위하여 기본레일 내측에 열선을 설치함으로써 선로전환기의 장애를 방지한다.

(그림 9-29). 분기기 히팅장치

설비 구성

주제어반

- 외부의 신호에 의해 히터에 전원을 공급하거나 차단시키는 역할을 한다.
- 취급실에서 원격수동조작을 위하여 관련 정보를 연동 및 열차제어시스템에 제공한다.
- 전기분야에서 공급받는 전원(3상4선식 380V)을 분기기 별 현장 제어함에 공급한다.

9장 고속철도 신호시스템

현장 제어함

- 선로전환기의 분기부 첨단부에 설치한다.
- 히터 전원공급용 변압기를 설치하여 히터 장치 별로 강압하여 전원을 공급한다.

설치 장소

① 고속철도 전용선 구간의 모든 분기기
② 일반철도 구간의 모든 노스가동분기기, 장내 및 출발 진로의 분기기, 시·종착역의 회차선 및 입·출고선 분기기, 전동차 운행구간
③ 터널 및 지하구간은 입구에서 50m 이내의 분기기
④ 차량기지는 유치선에서 진출하는 분기기

시스템의 기능

상태정보 제공

- 현장 분기기 히터제어반으로부터 상태신호를 수신하여 조작반 표시램프를 점등시킨다.
- 히터 정상 작동 시는 녹색램프를 점등하고 히터 이상 작동 시는 적색램프를 점등한다.

원격 수동조작

- 현장 히터제어반의 선택스위치가 Remote 상태일 때 조작이 가능하다. 운전취급실 취급원은 이 상태를 인지한 후 ON-OFF 푸시버튼을 눌러 조작한다.
- 이 버튼은 PBL Type으로 하여 ON 및 OFF 램프로 현시하도록 한다.

10 지진감시장치

(EAS : Earthquake Alert System)

지진감시장치는 장대교량 및 장대터널 등의 지진에 대한 주요 취약개소에 지진계측설비를 설치하여 노선상의 지진정보를 직접 감시한다. 실시간으로 지진정보를 수집 및 분석하여 일정 기준치 이상 검지될 경우 신속한 경보발령으로 열차의 안전운행을 확보한다. 설치 간격은 역 간 거리 등을 고려하여 12km 이내로 한다.

▨ 설비 구성

지진을 감시하기 위한 센서기 및 기록계, 지진정보를 전송하기 위한 신호변환기, 라우터, 허브 등 단말장치로 구성된다. 통신 전송장비가 동일한 네트워크에 구성되어 관제실 및 신호기계실에서 시스템을 점검 확인하도록 구축된다.

▨ 설치 장소

고속철도 구간 내의 장대교량 및 장대터널, 고속철도 역사 등 지진에 취약한 개소에 지진계측설비 및 감지 센서를 설치

(그림9-30). 분기기 히팅장치

▨ 열차 운행제한

- 황색경보 : 일단정지 후 기관사에게 그 사유를 통보하고 인터벌 구간에 정지신호를 현시하며, 지진이 지나간 것으로 판단되면 90km/h로 주의운전 지시하야 함
- 적색경보 : 모든 열차에 대하여 정지지시 후 전차선로 급전 중지를 지시함, 지진이 지나간 것으로 판단되면 최초 열차에 대해서 30km/h 이하로 시계운전을 함.

(표 9-9). 지진규모별 열차운행 방법(국내기준)

지진규모	진동가속도(gal)	열차운행방법
리히터 1.0~3.9	0~0.14[gal]	운행 : 주의통제
리히터 4.0~4.9	14~65[gal]	황색경보 : 일시정차 후 90km/h 이하로 운행
리히터 5.0 이상	65[gal] 이상	적색경보 : 운행중지 및 전차선 단전

9장 고속철도 신호시스템

11 안전설비 제어거리

▌터널경보장치 제어거리 산정

선로의 대피자를 위한 제어거리는 터널구간을 향해 접근하는 열차의 속도와 작업자의 대피시간을 고려하여 제어거리를 산정한다. 작업자의 대피시간을 30초 기준으로하고 있으며, 터널경보장치 제어거리 산출은 다음 식에 의한다.

$$제어거리(L) = T \times V \times \frac{1,000}{3,600} \ [m]$$

여기서, T : 대피시간[sec], V : 속도[km/h]

따라서, 300km/h 운행시, $L = 30 \times 300 \times \frac{1,000}{3,600} = 2,500[m]$

(표 9-10). 터널경보장치 경보 및 열차제어

철도구분	경보제어	열차감속제어
일반철도	경보기와 경보등 동작	열차제어와 연동하지 않음
고속철도	경보기와 경보등 동작	연속정보에 의해 170km/h로 감속제어

▌선로횡단장치 제어거리 산정

보수자선로횡단장치의 최소제어거리는 1,660m로 하며, 시소는 20초를 기준으로 한다. 열차가 최고속도로 300m/h로 운행 시 열차검지 지점으로부터 선로 보수자가 횡단하는 지점까지 20초에 도달하기 위해서는 제어거리는 다음 식에 의해 산정된다.

$$제어거리(L) = V \times S \times \frac{1,000}{3,600} \ [m]$$

여기서, V : 속도[km/h], S : 대피시간[sec]

$$제어거리(L) = 300 \times 20 \times \frac{1,000}{3,600} = 1,666[m]$$

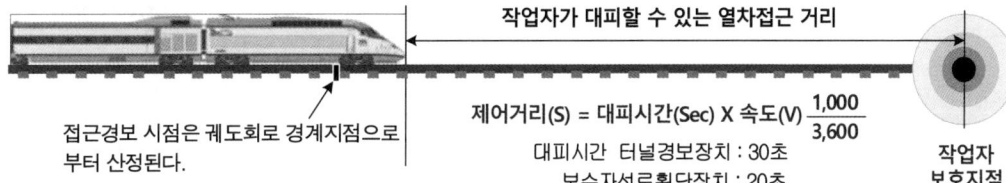

(그림 9-31). 작업자를 위한 열차제어거리

안전설치 제어거리

모든 안전설비가 지장물 검지로부터 제어거리를 산정하여 안전설비의 적정 설치위치를 선정해야 하는 것은 아니다. 작업자의 터널진입 및 선로횡단개소의 경우 지정된 개소로부터 열차접근 경보 및 신호가 필요하므로 사전에 제어거리를 산정하여 설치한다.

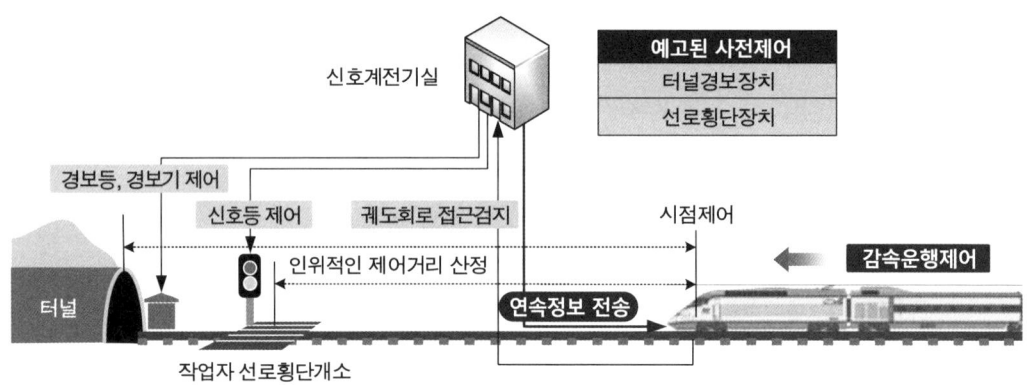

(그림 9-32). 설치거리 산정이 필요한 안전설비

지장물검지장치, 차축검지장치, 끌림물체검지장치, 기상검지장치, 지진검지장치 등은 사전에 설정된 목표 정지점이 없으므로 열차제어거리를 산정하여 설치하지 않고 지장이 우려되는 개소나 필요한 개소에 설치한다.

지장물이 검지되면 ATC는 정도에 따라 감속 또는 비상제동을 체결하도록 궤도회로를 통해 연속정보를 전송한다.

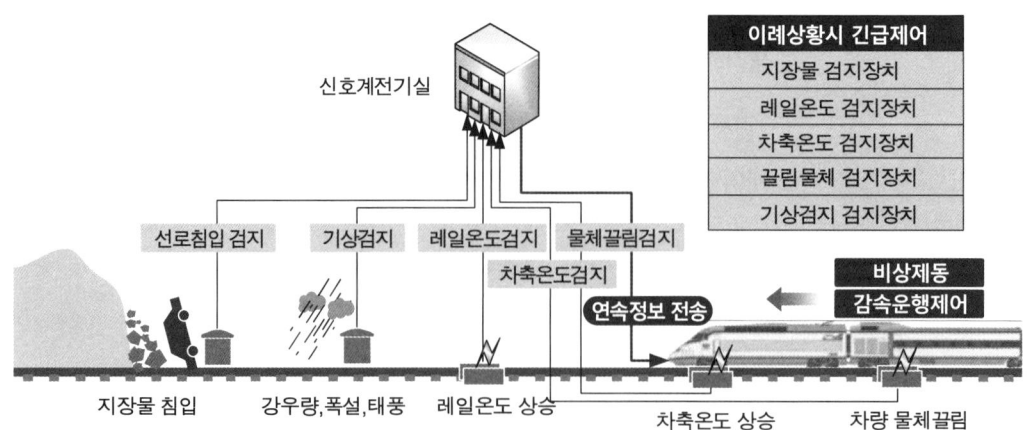

(그림 9-33). 연속정보에 의해 제어되는 안전설비

9장 고속철도 신호시스템

ATC장치(TVM)

기본 설명

ATC장치는 도시철도에서 주로 사용되고 있으나 고속철도에서도 동일한 제어방식으로 사용된다. ATC는 궤도를 통해서 연속적으로 지상정보를 차상에 전송하여 속도를 제어하므로 고속선 구간에서 속도변화에 즉각 대응할 수 있어 안전성이 우수하다.

1 ATC 주요 기능

기존의 지상신호방식 ATS에서는 기관사가 신호기의 현시정보를 보고 미리 정해진 제한속도로 그 구간을 운전하는 방식으로써 열차의 속도를 200km/h를 초과하는 경우 제동거리가 매우 길어지고, 지상신호기의 전도주시가 어려움으로 인위적인 열차제어가 불가능해 진다.

고속철도 TVM(Track Voir Machine) 계열의 ATC시스템은 이러한 문제점을 해결하고 안전도를 향상시키기 위하여 지상에서 열차운전에 필요한 각종 신호정보를 차상으로 송신하여 고속열차를 제어하는 장치이다.

ATC장치는 궤도회로에 의한 열차 유무 검지와 연동장치로부터 전방 진로의 조건 및 개통방향 등을 조합하여 신호조건을 파악한다. 또한, ATC장치는 레일과 루프코일을 전송매체로 이용하여 연속정보와 불연속정보를 차상으로 전송한다.

차상에서는 신호정보를 수신하여 운전실에 허용속도를 표시하고 기관사가 열차의 실제속도가 허용속도를 초과할 경우 열차제동곡선에 의해 자동으로 제동장치를 작동하여 감속시킨다.

지상장치 주요기능

① 열차 간격제어를 위해 속도조건에 필요한 신호데이터를 생성한다.
② 궤도회로를 통하여 속도신호정보(연속정보)를 차상으로 전송한다.
③ 안전설비와 인터페이스하여 열차운행을 제어한다.

차상장치 주요기능

① 궤도를 통해 수신된 속도신호정보를 실시간 처리하여 운전실에 표시한다.
② 속도제어곡선을 생성하여 자동으로 열차제어를 한다.
③ 열차제동곡선을 생성하며, 허용속도 초과시 자동으로 제동장치가 작동한다.

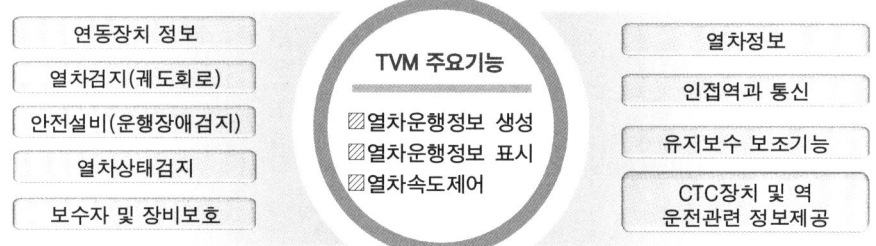

(그림 9-34). TVM 시스템의 주요기능

설비 구성

국내에서 경부고속선은 프랑스(안살도 STS)에서 도입된 TVM430 ATC 모델을 프랑스에서 도입하였다. 폐색구간의 선로조건에 따라 코드를 부여하여 300, 270, 230, 170, 130, 0의 속도단계로 구분하여 운행속도가 선정된다.

(그림9-35). TVM430 ATC   ATC원격속도제어장치   원격복구현장장치

9장 고속철도 신호시스템

ATC는 안전설비, 절체구간 등의 지리적 고정정보와 CPU에서 연산된 속도신호 정보를 지상에서 차상으로 전송한다.

AF궤도회로장치는 ATC장치로부터 전송받은 ATC 신호정보를 레일을 통해 차상 ATC에 연속적으로 전송하고, 분기선로와 같이 특정 지점에서는 루프코일을 이용하여 불연속정보를 차상ATC에 전송한다.

열차의 양측 선두차륜 앞부분에는 ATC안테나가 설치되어있어 양측 레일로부터 전송되는 ATC신호정보를 차상에서 연속적으로 수신하면 차상 컴퓨터에서 신호정보를 해석하여 허용속도 내로 열차운행을 제어한다.

(표 9-11). 고속철도 노선 별 ATC 특징

구 분	TVM-430	TVM-430S	TVM-SEI
구성도	(CTC - FEOPOL - SSI, ATC - 현장설비: 신호기, 선로전환기, 궤도회로장치, 안전설비, ITL루프)	(CTC - FEOPOL - SSI, ATC - 현장설비: 신호기, 선로전환기, 궤도회로장치, 안전설비, ITL루프)	(CTC - TVM-SEI - 현장설비: 신호기, 선로전환기, 궤도회로장치, 안전설비, ITL루프)
설비 구성	• ATC, IXL(연동장치) • UM-71C 궤도회로장치	• ATC, IXL(연동장치) • UM-2000 궤도회로장치	• ATC+연동장치 통합형 • UM-2000 궤도회로장치
연동 장치	• SSI, TFM, FEPOL • STA에서 장치 고장 시 인접 연동기계실 설비까지 장애	• SSI, TFM, FEPOL • STA에서 장치 고장 시 인접 연동기계실 설비까지 장애	• 일체형으로 구성 • 기계실 당 독립적 구성 • 신뢰성 높음.
적용선	• 경부고속철도 구간	• 수도권고속철도(SR) 구간	• 호남고속철도 구간

2 TVM-430 시스템

지상장치의 구성

정보처리장치(BTR)

ATC 처리장치는 궤도회로장치의 열차검지정보, 연동장치의 진로정보, 안전설비 정보 등 각종 정보를 수집하여 폐색구간의 신호정보(연속정보, 불연속정보)를 생성한다.
ATC 신호전류는 각 신호에 대하여 5~50Hz의 변조주파수를 할당하고 이 주파수를 다시 반송파로 변조하여 고주파의 신호전류로 전송된다.

 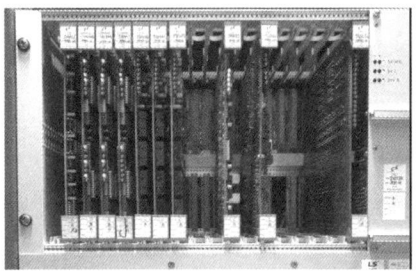

(그림9-36). ATC BTR장치   (그림9-37). ATC BES장치

처리장치와 함께 ATC 주요장치로 구성된 입·출력장치는 처리장치에서 생성한 열차제어정보(연속, 불연속정보)를 조합하여 궤도회로와 루프케이블을 통해 해당 정보를 열차에 전송하도록 한다. ATC 궤도회로의 제어거리는 7.5km로서 신호기계실 간 최대거리는 15km이다.

계전기 인터페이스

궤도회로로부터 검지된 각종 신호정보를 ATC 지상논리장치와 인터페이스 하는 장치로서 각 신호기계실에 설치되며 사용되는 정격전원은 DC24V이다.

(그림9-38). ATC원격복구장치

9장 고속철도 신호시스템

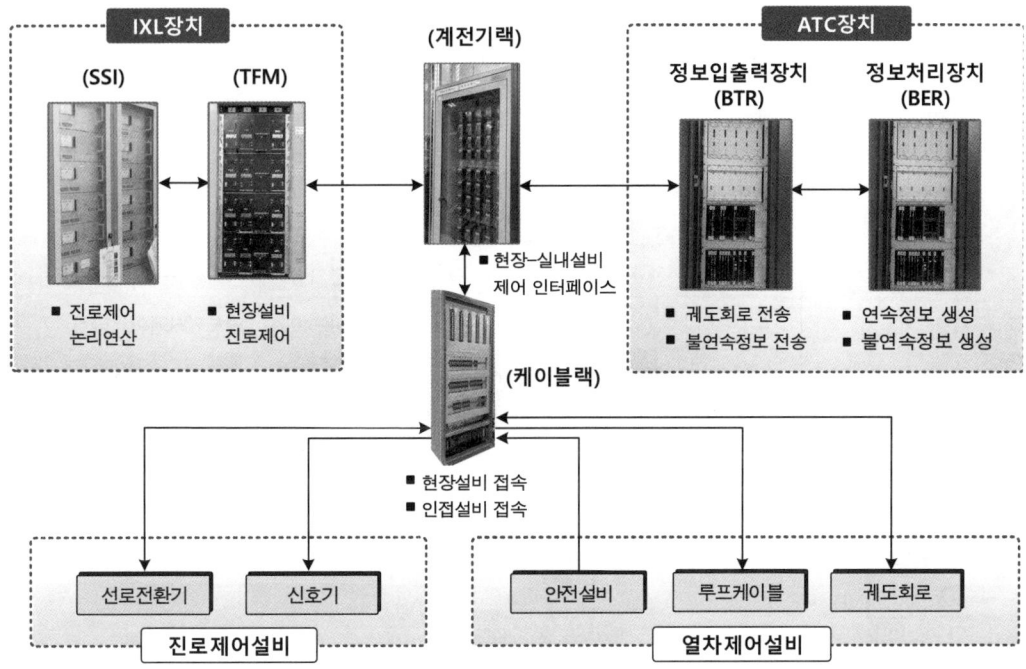

(그림 9-39). TVM-430 시스템의 인터페이스

3 TVM-SEI

TVM-SEI는 호남고속철도에서 사용하며, 열차운행에 필요한 진로에 대한 폐색제어 및 쇄정을 제공하는 Fail-Safe 개념을 연동장치 제어기능을 포함한 열차제어시스템이다.

TVM-SEI는 열차운행의 진로에 대한 폐색제어 및 쇄정을 제공하는 연동장치 제어기능과 열차제어시스템인 ATC 기능을 통합하여 경제적으로 구성하였다.

TVM-SEI는 TVM-430의 ATC 기능들과 연동기능 및 CTC장치와의 인터페이스를 통합함에 따라 기존의 TVM-430 간의 인터페이스(SSI↔ATC장치, FEPOL↔CTC장치 등)가 단일화되어 설비 및 기능이 통합되었으며, 유지보수시스템도 단일화로 구성되었다.

(그림 10-40). TVM-SEI

TVM-SEI는 연속속도제어, 운전시격 계산, 연속정보 전송 등 모든 ATC 기능을 수행하며 기존의 TVM-430시스템을 업그레이드하여 연동장치의 기능을 통합하였다..

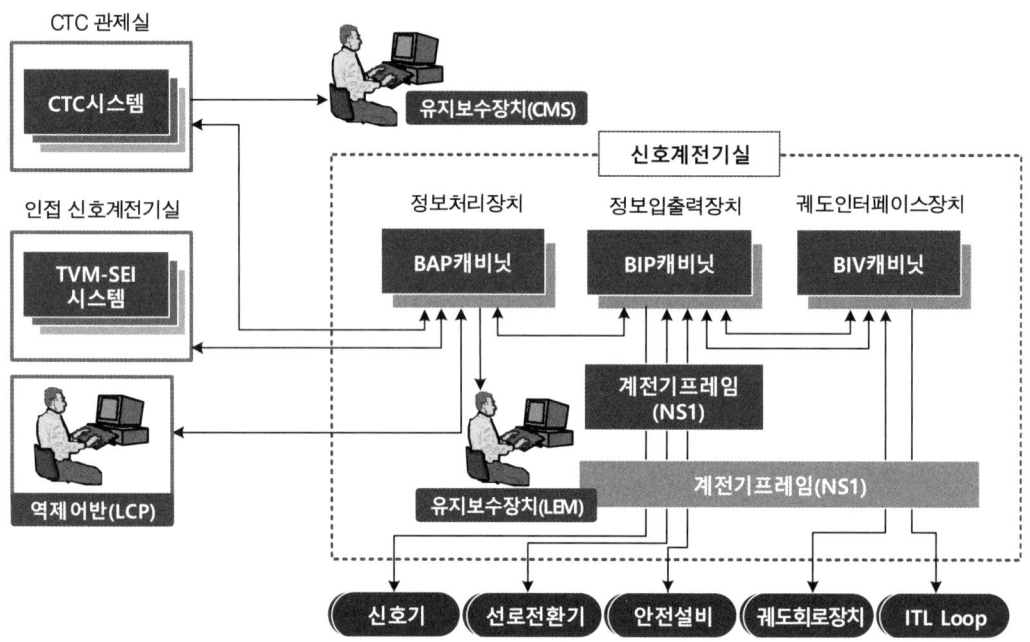

(그림 9-41). TVM-SEI 시스템 구성

실내설비 구성

정보처리장치(BAP)

정보처리장치랙(BAP)은 BIP에서 입력된 정보를 수집하여 논리연산을 처리하여 적절한 신호정보를 생성한다. BAP는 열차제어를 위해서 운행에 필요한 신호정보와 합리적인 진로제어를 위해서 논리연산에 의한 신호정보를 생성한다. 생성된 신호정보는 BIP를 통해 현장설비로 출력된다.

정보입출력장치(BIP)

정보입출력랙(BIP)은 정보처리랙(PAP)과 궤도인터페이스랙(DPIV)과의 바이탈 정보교환을 수행하고 궤도회로장치, 선로전환기, 신호기 등의 현장 신호장치와의 인터페이스를 수행한다. BIP에서 입력된 정보는 BAP로 전송하여 신호정보를 생성하고, 생성된 신호정보는 다시 BIP의 출력을 통해 현장설비에 전송한다.

9장 고속철도 신호시스템

(표 9-12). TVM-SEI 구성 설비

주요 설비	시스템의 구성
정보처리장치(BAP)	• 3개의 정보처리 랙(BAP)
정보입출력장치(BIP)	• 정보 입/출력 랙(BIP)
궤도인터페이스장치(BIV)	• UM-2000 궤도회로장치와 궤도전송장치(PIV)를 통합하는 랙(BIV) • 불연속정보전송 인터페이스 랙(PEP)
유지보수시스템(MAE)	• 중앙 유지보수장치(CME) • 현장 유지보수장치(LME)

궤도인페이스장치(BIV)

궤도인터페이스랙(DPIIV)은 궤도회로를 통하여 차상-지상 간의 정보송신기능을 수행하며, 적용되는 방식에 따라 구성된다. PIV는 불연속 전송 인터페이스로서 구성한다. 궤도회로인터페이스랙의 인터페이스는 연속적인 ATC방식의 TVM-430에 근거되며, 선로변에 설치된 불연속정보전송루프(ITL)를 통해 불연속 정보를 열차에 전송한다.

4 ATC 현장설비

연속정보 전송장치

궤도회로장치는 열차의 위치검지 및 레일 절손을 검지한다. 또한 레일을 전송로로 이용하여 ATC에서 작성된 연속정보를 운행하는 열차에 지속적으로 전송함으로써 차상에서 실시간 신호정보에 의해서 운전에 대응한다.

불연속정보 전송장치(ITL)

절대정지구간, 터널구간, 건넘선 구간, 운전모드 절체구간 등의 특정구역에서 정보전송을 위하여 루프코일을 설치한다.
궤도의 안쪽 좌우측에 설치된 2개의 루프코일을 통하여 차상에 불연속정보를 전송한다. 루프의 길이는 4.5m와 7m로 설치한다.

(그림9-42). 불연속정보전송장치(ITL)

703

최고속도가 230km/h를 초과할 경우 7m 루프를 230km/h 이하일 경우 4.5m의 루프를 설치한다. 루프 간격은 20m 이상이며, 첨단에서 크로싱 끝부분까지는 설치하지 않는다.

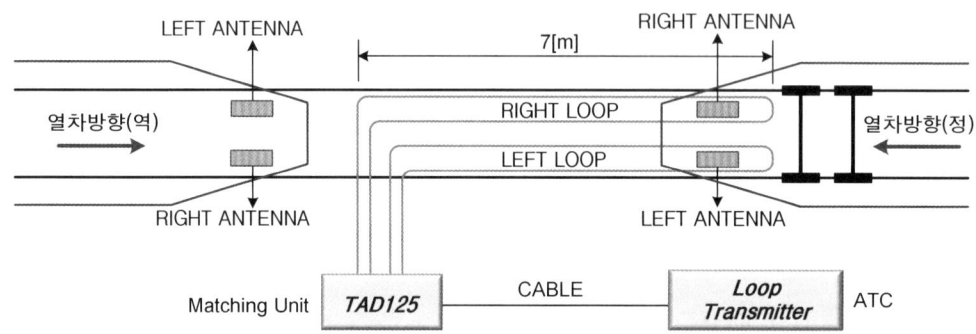

(그림 9-43). 불연속전송정보 시스템

□ 불연속정보전송장치(ITL) 설치개소.

❶ **절대정지구간** : 절대정지표지 1m 후방에 절대정지 정보전송용 루프코일을 설치한다.
❷ **터널구간**
- 터널진입 500m 전방에 터널진입 정보전송용 루프코일을 설치한다.
- 터널통과 500m 후방에 터널통과 정보전송용 루프코일을 설치한다.

❸ **운전모드 절체구간**
- 일반철도→고속철도 진입 : 경계구간 20m 후방에 ATC장치 활성화 루프를 설치한다.
- 고속철 →일반철도 진입 : 경계구간 신호기 250m 전방과 20m 간격으로 ATC 종료정보 전송용 루프 2조를 설치한다.

❹ **건넘선 구간** : 건넘선 구간에서 양방향 운전을 위해서 건넘선 중간에 운행방향 전환용 루프코일을 설치한다.
❺ **차축온도검지장치 설치구간** : 차축온도검지장치 설치개소 2,000m 후방에 차축온도검지장치 정보전송용 루프코일을 설치한다.
❻ **사구간** : 사구간 표지로부터 1,000m 전방에 사구간 예고용 루프를 설치하고 60m 전방에 선로차단기 개방 실행용 루프를 설치한다.
❼ **팬터그래프 하강구간** : 전차선 설치 높이가 변하는 팬터그래프 하강구간에서는 팬터그래프 하강표지로부터 1,000m 전방에 팬터그래프 하강예고용 루프를 설치하고 60m 전방에 팬터그래프 하강 정보전송용 루프를 설치한다.

9장 고속철도 신호시스템

▓ 연속정보 전송

ATC는 레일 위를 주행하는 열차에게 궤도회로로 구성된 레일을 통하여 ATC정보를 전송하면 차상안테나(픽업코일)를 통해 연속적으로 수신하여 열차운행을 제어한다.

차상으로 전송되는 연속정보

① 열차 제동곡선 생성에 필요한 속도정보
- 실행속도(V_e) : 폐색구간 진입속도
- 명령속도(V_c) : 진입한 폐색구간의 끝에서 지켜야 할 속도
- 예고속도(V_a) : 다음 폐색구간의 끝에서 지켜야 할 속도

② 폐색구간의 길이(목표거리)
③ 폐색의 평균구배(경사도)
④ 열차가 운행 중인 선구 등에 관한 정보(네트워크 정보)

▓ 불연속정보 전송

불연속정보는 연속정보의 부가적인 정보로 전송되며 특정 지점에서만 받게 되는 신호정보로서 열차운행에 필요한 지역적인 특성 또는 운행 상황의 변경 등을 루프코일(ITL)을 통해 차상 ATC에 전송한다.

차상으로 전송되는 불연속정보

① ATC지역 진출입 여부(기존선에서 고속선으로 진출입 시 ATC 동작개시 및 종료 정보)
② 양방향 운전을 허용하기 위한 선로 운행방향 변경
③ 터널 진출입 및 정지, 마커 상의 과주정보
④ 절대정지구간 제어 정보
⑤ 전차선과 관련된 정보(절연구간 및 팬터그래프 하강 정보)
⑥ 궤도회로 주파수 채널변경 정보(건넘선용)
⑦ 차축온도검지장치 경보용

기본 설명

AF궤도회로장치(UM71C)는 무절연 궤도로서 열차검지와 ATC 신호정보를 전송하는 역할을 한다. 고속철도는 특성상 열차의 길이가 길고 역 간 거리가 멀어 궤도회로장치 또한 장거리 송수신 제어의 감쇠작용으로 인하여 이를 위한 보상회로가 필요하다.

1 UM71C 궤도회로장치

UM71C는 가청주파수를 사용하는 AF궤도회로방식으로서 경부고속철도의 차상신호방식인 ATC시스템(TVM430)을 구성하는 장치이다. UM71C 궤도회로장치는 열차점유를 검지하고 운행하는 열차에 레일을 이용하여 연속적인 정보전송을 한다.
또한, UM71C는 레일의 절손검지, 전차선 전류의 고주파 성분제거, 전차선 귀선전류의 배제 등의 기능을 수행한다. 궤도회로의 길이는 최소 150m, 최대 1,500m로 한다.

궤도회로 주파수 배열

4가지 궤도회로 주파수는 상선과 하선 별로 구분되어 사용되며, 인접 궤도회로 간에는 서로 다른 주파수를 사용한다. 단 레일 외측 간의 간격이 4.4m를 넘거나 궤도회로 길이가 1,000m 이하일 때에는 그렇지 않아도 된다.

- 궤도1(하선) : F1 = 2,040Hz, F2 = 2,760Hz
- 궤도2(상선) : F1 = 2,400Hz, F2 = 3,120Hz

9장 고속철도 신호시스템

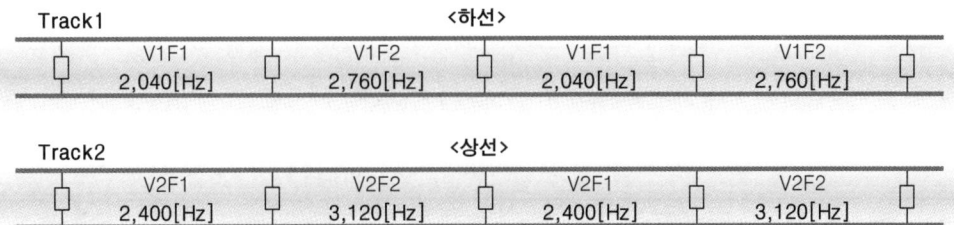

(그림 9-44). AF궤도회로의 주파수 배열도

실내설비 구성

궤도회로 송신기

송신기에서 궤도회로용 주파수와 차상신호용 주파수를 발진, 송출하는 코드발진기의 역할을 한다. 송신기는 궤도회로용 주파수와 연속정보를 위한 차상신호 주파수를 발진하여 현장의 궤도로 송출하는 기능을 한다.

- 신호주파수(ATC차상신호 및 AF궤도회로용)를 변조한다.
- 반송주파수를 변조한다.
- 변조된 주파수를 증폭하여 현장으로 전송한다.

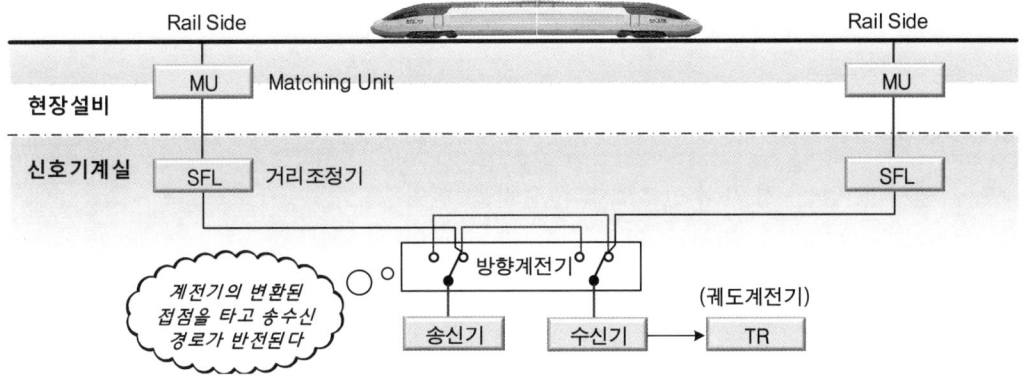

(그림 9-45). UM71C 실내설비 구성도

궤도회로 수신기

현장 레일로부터 수신되는 궤도회로용 AF는 BPF 필터부를 거쳐 증폭 및 복조를 하며 정류회로를 통하여 DC24[V]를 만들어 궤도계전기를 동작시킨다.
궤도회로 수신기는 4가지 반송주파수에 따른 수신기를 사용하여 수신되는 코드신호의 품질과 진폭을 최종 분석하고 신호가 정확한 경우에 궤도계전기를 여자 시킨다.

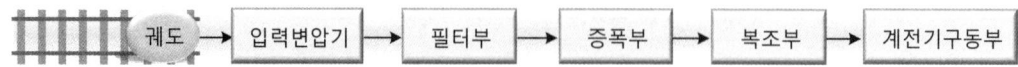

(그림 9-46). 지상 수신기의 구성

거리조정기 (SFL : Symmetrical Fictive Line)

거리조정기는 각각의 송신과 수신회로에 설치된다. 하나의 궤도회로 송신기와 수신기의 케이블의 길이가 동일하게 구성하여 전류를 감쇠시키기 위해 사용되며 운행정보 전송을 위한 회로의 반전이 용이하도록 한다.

❶ 궤도회로 감쇠기능

신호기계실은 최대 15km 간격으로 설치된다. 궤도회로 레일과 가장 먼 거리가 7.5km가 되며 제어거리도 1,000~1,500m 이므로 전송회로의 특성상 임피던스 매칭이 요구됨에 따라 궤도회로 송·수신 케이블의 임피던스 조정을 위한 전류 감쇠기능을 한다.

❷ Traffic 기능(ATC신호의 송·수신 전환)

단선 양방향 운행 시 ATC차상신호의 송신을 위한 회로의 반전(즉 송신단과 수신단의 위치변경)의 기능을 하는 계전기를 구동하는 역할을 한다.

궤도계전기

궤도에 열차가 없는 경우 수신부로부터 전원을 받아 궤도계전기가 여자하며, 열차가 있을 경우 궤도의 단락으로 궤도계전기가 낙하하여 열차를 검지한다.
궤도의 정방향과 역방향의 신호에 따라 궤도회로의 송신기와 수신기의 위치가 반전된다. 즉, 열차가 진행하는 방향에서 마주하는 반대편이 송신부가 되어 신호를 지속하여 송신하게 된다.

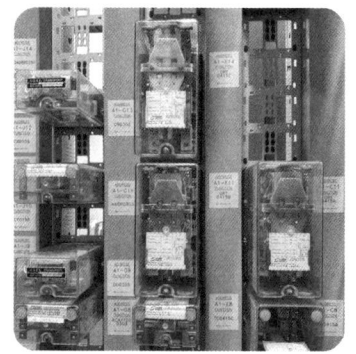

(그림 9-47). 궤도계전기

방향 조정기

KTX 구간에서는 복선이라 하여도 비상시에는 양방향 운전이 가능하다. 이 경우 열차의 진행방향에 따라 궤도 측에 전송하는 ATC신호의 송신기와 수신기의 위치를 변환하게 되므로 송신측이 수신이 되고, 수신측이 송신으로 경로가 변환되어 열차의 운행방향을 반대 측으로 가능하게 하는 계전기이다.

KD-2000 궤도회로장치

KD-2000 궤도회로장치는 경부고속철도 1단계 구간(광명~동대구)에서 사용하고 있는 해외 시스템 UM-71C 궤도회로장치를 대신하여 성능개선과 비용절감을 위한 노력으로 국산화 기술에 의해 고속철도용에 적합하도록 개량한 설비이다.

궤도회로장치는 송신부와 수신부 장치를 업그레이드하여 국산화로 개량하였으며, 현장 선로변 설비의 구성은 기존의 UM-71C 궤도회로장치를 그대로 사용한다.

KD-2000의 송·수신기는 UM-71C 궤도회로장치의 송·수신기와 전기적, 물리적으로 1:1로 교체 및 호환하는 구조이며, 추가적으로 통신기능, 송·수신 레벨표시 기능 등의 제공이 가능하다.

　　(그림9-48). KD2000 송수신기　　(그림9-49). KD2000 디지털수신기

KD-2000의 개량사항

- 기존의 아날로그 구조에서 FM 변·복조부의 단순화로 장애율 감소
- 수신기 입력회로 및 CPU의 2중화로 신뢰성 향상
- 송신기의 FM 변조회로 구조의 단순화로 부품 최소화에 따른 고장률 감소
- 송신기의 전면판에 과전류 검출여부 표시 및 입출력 전압레벨 측정단자 제공
- 송수신 레벨, 주파수 및 동작상태 표시기능 의 제공으로 유지보수성 향상
- 단일 송·수신기로 궤도회로 4개 주파수를 모두 사용 가능

KD-2000 궤도회로장치 구성

송신기

KD-2000의 송신기는 별도의 변조회로를 사용하지 않고 DSP만으로 FM변조를 수행하며, 출력부는 UM-71 송신기와 동일한 구조이다. 송신기는 송신레벨 및 주파수 표시와 궤도회로 감시기능을 제공하고 외부장치와의 통신기능을 제공한다.

수신기

KD-2000의 수신기는 별도의 복조회로를 사용하지 않고 DSP만으로 FM복조를 수행하며, 입·출력부는 UM71C 수신기와 동일한 구조이다.
수신기는 송신레벨 및 주파수 표시와 궤도회로 감시기능을 제공하고, 외부장치와의 통신기능을 제공한다.

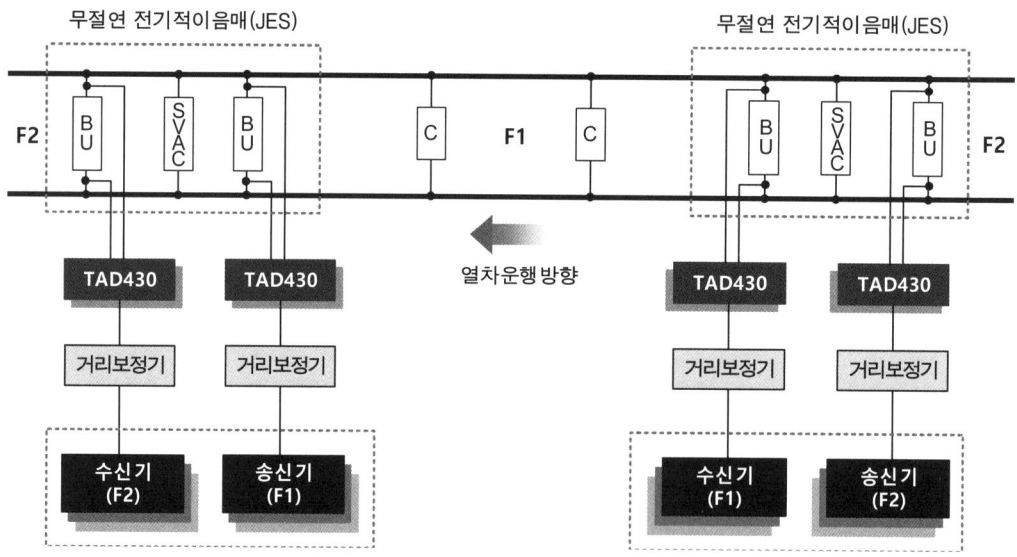

* SVAC: 공심유도자, DB: 블로킹유니트, BU: 동조유니트

(그림 9-50). KD-2000 궤도회로장치 구성도]

2 UM-2000 궤도회로장치

UM-2000의 개요

현재 경부고속철도 1단계(광명~동대구) 구간에 설치된 궤도회로는 아날로그방식으로서 송신부와 수신부 처리보드를 국산화(KD-2000)하여 디지털 궤도회로장치로 개량하였다. 이후에 개통된 호남고속철도와 수도권고속철도에는 디지털 궤도회로방식의 UM-2000을 설치하여 운영하고 있다.

UM-71C와 UM-2000의 UM계열의 궤도회로장치는 안살도 STS에서 개발하였다.

UM-2000 궤도회로장치는 TVM-430장치를 기본으로 ATC 및 연동장치를 통합하여 일체형으로 업그레이드 한 TVM-SEI 장치용으로 개발한 궤도회로장치로서 마이크로프로세서 기술을 사용하여 열차운행을 위한 정보전송 체계를 디지털화한 방식이다.

UM-2000 궤도회로장치는 UM-71C 궤도회로장치와 동일한 선로변 설비를 사용하며, 궤도회로정보를 디지털정보로 처리하기 위하여 디지털방식의 송신기·수신기가 TVM-SEI 장치에 설치된다.

(그림9-51). UM-2000 궤도회로

UM-2000의 구성

송신기

UM-2000 궤도회로장치의 송신기는 사용된 시스템의 어플리케이션에 따라 다른 특징을 가진 주파수(1,500Hz~3,000Hz)의 대역에서 선택 및 주어진 범위 내에서 주파수에 의해 조절되는 반송파 신호를 생성한다.

송신기는 UM71C 궤도회로장치와 동일한 선로변 설비를 수용함에 따라 정보의 전송거리는 안정성 등을 고려하여 최대 7.5km까지 전송하도록 한다.

(표 10-13). UM-2000 송신기와 수신기 기능

구 분	보드의 특징 및 기능
송신기	• 중앙처리장치에 의한 반송파 생성과 FM 변조 • 반송주파수 선택 기능 • 궤도로 연속정보 출력(15V~135V, 15V 단위로 조절 기능) • 궤도로 출력되는 연속정보의 과전류 발생여부 감시 및 차단 • 유지보수를 위한 인터페이스 포트(RS-485) 제공
수신기	• 중앙처리장치에 의한 반송파의 궤도주파수 복조기능 • 수신전압 레벨검지 기능 • 궤도계전기 동작전압 출력 및 차단 • 궤도계전기 여자 지연시간 선택기능

수신기

UM-2000 궤도회로장치의 수신기는 선로변의 정보를 수신하며 기존의 선로변 AF궤도회로장치로부터 아날로그 신호정보를 수신하여 디지털 값으로 변환시키는 장치이다.
수신기는 신호입력 레벨이 주어진 값 이하로 떨어지면 수신기는 0.6초 이하의 한계시간 내에서 관련 궤도장치를 제어하여 궤도점유 상태의 데이터를 송신하도록 구성한다.

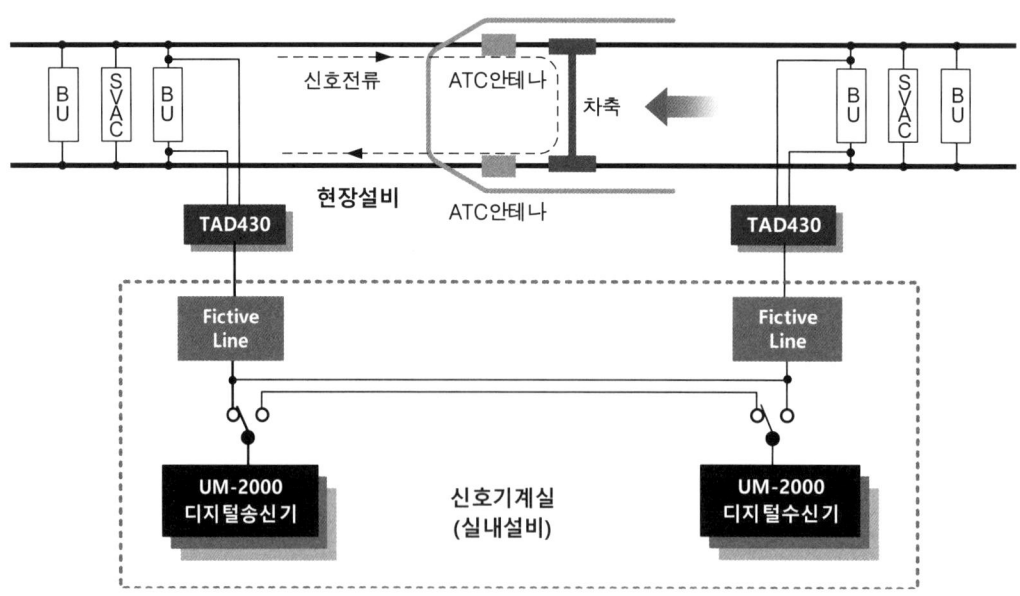

(그림 9-52). UM-2000 궤도회로장치 구성도

3 궤도회로 현장설비

고속철도에서 사용되는 UM-71C와 UM-2000 궤도회로장치의 현장설비는 동일하다. 또한 모든 고속철도(경부/호남/수도권 고속철도)의 궤도회로 현장설비는 동일하다.

전기적 절연(JES)

전기적 이음매는 동일한 궤도상에서 주파수 F1과 F2를 분리하기 위하여 2개의 동조유니트를 설치하고 2개의 TU 사이에 ACI(공심유도자)를 설치한다. TU의 용량성 임피던스는 주파수를 조정하면 수십 [mΩ]의 작은 임피던스를 갖게 된다.
주파수 F1의 등가회로는 F1에서 TU의 용량성 임피던스와 궤도에서 생성된 유도 임피던스가 동조되어 주파수 F2 TU가 매우 적은 임피던스를 가지므로 이 지점으로부터 주파수 F1의 전달을 방지한다.
전기적 절연(JES)는 궤도회로의 주파수 해당 범위를 넘어서 확산되는 것을 방지한다. 궤도회로의 주파수에 대해서 상대적으로 높은 종단 임피던스를 궤도회로의 끝에 제공하며, 두 선로 확장구간의 귀선전류 균형을 유지하는 역할을 한다.

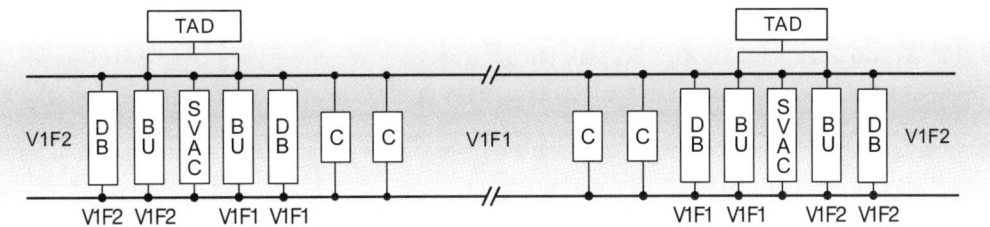

※ SVAC: 공심유도자   DB: 블로킹유니트   BU : 동조유니트

(그림 9-53). 궤도회로의 전기적절연 구성도

(그림9-54). SVAC

(그림9-55). DB

(그림9-56). BU

현장설비의 구성

튜닝유니트 (TU: Tuning Unit : 동조유니트)

송신부에서 발생된 주파수는 케이블을 통하여 현장 궤도에 전송된다. 이때 케이블은 L성분을 가지므로 TU에서는 콘덴서 C값의 조정으로 정전용량을 보상하여 출력된 주파수를 개선한다. TU는 자신의 주파수에 대해 용량성 임피던스를 가지고 인접 주파수에 대해서는 아주 낮은 수십 mΩ의 임피던스를 갖는다.

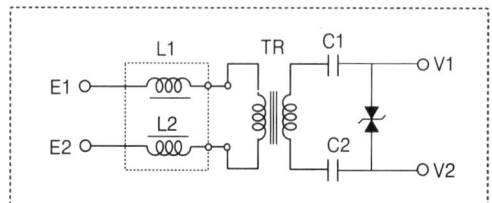

(그림9-57). 정합변성기의 내부회로   (그림9-58). TU의 내부회로

정합변성기 (MU: Matching Unit, 정합트랜스)

정합변성기(MU)는 선로변 기구함 내부에 있는 송신부와 수신부에 각각 설치한다.
정합변성기는 송신기와 수신기 등이 설치된 신호기계실 장비와 동조유니트, 공심유도자 등이 설치된 현장설비 간의 임피던스 매칭 및 절연변압기의 역할을 한다.
정합변성기는 궤도주파수와 관계없이 작용한다.

공심유도자 (ACI : Air Core Inductor)

공심유도자는 손실이 적고 임피던스가 높으며 동조회로의 특성계수를 개선한다. 전차전류를 15A로 제한하여 불평형에 의해 차상수신기에 입력되는 간섭신호를 감소시킨다.
SVA타입과 SVAC 타입이 있다. SVA타입은 유절연식 AF궤도회로에 사용되며, TU와 연결되어 LC공진회로의 Q값을 개선한다.
SVAC타입은 무절연식 AF궤도회로에 사용되며, 궤도회로 고조파 성분을 제한하고 궤도회로 면역성을 위해서 전차전류를 조정한다.

보상용 콘덴서 (Building out Condenser)

보상용 콘덴서는 선로의 캐피시터를 증가시켜 레일의 임피던스를 보상함으로써 신호 감쇠현상을 줄여 전송성능을 향상한다. 보상용 콘덴서의 용량은 22μF이다

[보상용 콘덴서의 전송특성]
- 궤도회로 길이가 연장되는 효과가 있다.
- 궤도→열차로 신호전류의 전송 성능을 향상한다.

[보상용 콘덴서의 설치]
- F1 궤도주파수(2040Hz, 2400Hz) : 60m 간격,
- F2 궤도주파수(2760Hz, 3120Hz) : 80m 간격
- 콘덴서는 분기의 첨단 끝에서 5m 이내에는 설치할 수 없다.

블로킹 유니트 (DB : Blocking Dipole)

블로킹 유니트는 궤도회로의 경계에서 주파수 분할을 개선하기 위하여 궤도회로 양 끝단에 설치한다.

[블로킹 유니트의 설치]
- F1 궤도주파수(2040Hz, 2400Hz) : 30m 간격,
- F2 궤도주파수(2760Hz, 3120Hz) : 40m 간격
- 노반조건에 따라 선로정수의 변화로 설치거리가 상이할 수 있다.

기본 설명

연동장치는 궤도의 상태, 진로의 상태 등의 조건을 조합하여 합리적인 진로를 제어하기 위해 논리연산을 한다. 연산된 결과에 의해서 부당한 진로는 쇄정하고 합당한 진로에 대해서만 현장 진로설비의 전원을 제어하여 안전하게 구동시킨다.

1 머리 기술

연동장치(IXL : Interlocking eXchange Logic)는 정거장 구내의 분기선로 구간에서 안전한 진로설정을 위해서 궤도회로, 선로전환기, 신호기 등과 직접 관계를 맺고 제어 또는 조작을 일정한 순서에 따라 상호 쇄정하여 안전한 진로만을 구성한다.
연동장치(IXL)는 ATC, CTC 등 주변 열차제어시스템과의 연결이 쉽고 인접의 5~6개의 역을 종합하여 제어하고 감시함으로써 열차운행관리 효율을 극대화 한다.
이러한 연동장치는 안전한 열차운행을 위하여 신호기와 선로전환기 및 궤도회로 등과 상호 인터페이스하여 안전한 진로제어를 유도하고 취급자의 착오에 의한 오취급을 방지한다.
연동장치는 분기궤도에서 안전측 진로를 검증하기 위하여 연산로직을 통해 정당한 조건일 경우에만 진로를 제어하는 것을 목적으로 하며, IXL 또한 연산로직을 통해 안전측 진로제어를 주요 목적으로 한다.

2 IXL의 시스템 구성

IXL(연동장치)는 FEPOL에서 인터페이스를 통해 관계 시스템으로부터 정보를 수집하고 SSI로부터 연동논리처리를 하여 TFM에서 현장설비를 출력제어한다.

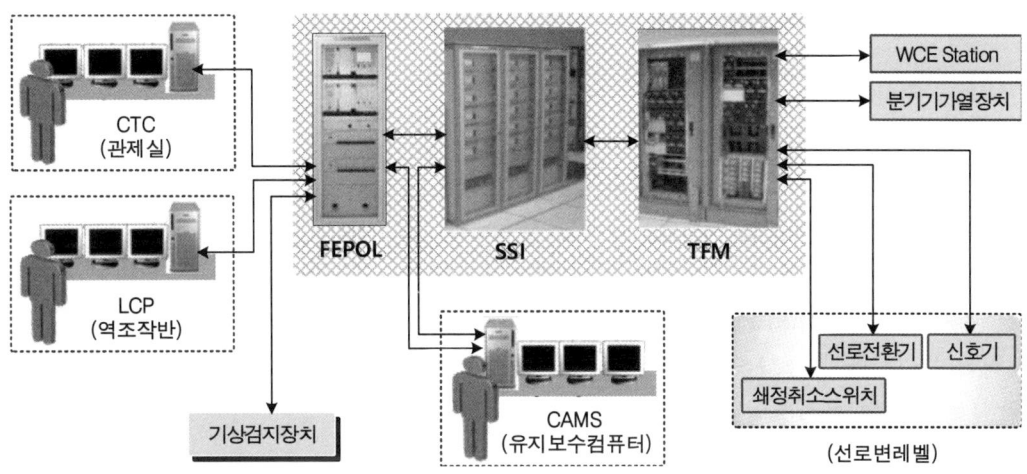

(그림 9-59). IXL의 블록다이어그램

▌ 중앙 레벨 (CL : Central Level)

중앙레벨 설비는 안전성을 갖춘 연동논리를 처리하고, CTC장치와 ATC장치 및 기상검지장치와의 모든 데이터 통신을 수행하며 현장레벨을 관리한다.

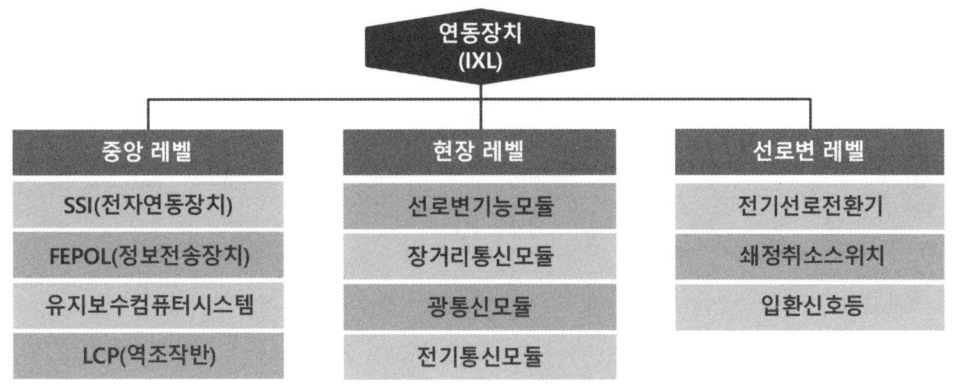

(그림 9-60). IXL의 설비 구성

❖ 중앙레벨 장치의 주요 기능

- 연동장치의 모든 하부시스템 감시와 현장레벨 제어관리
- 외부 시스템으로부터 제어와 표시정보를 수신하여 관련 연동논리 데이터 처리
- ATC 및 중앙관제실 CTC와 데이터 전송을 위한 인터페이스

SSI (전자연동장치)

SSI : Solid State Interlocking System

SSI(Solid State Interlocking)는 신호의 연동논리를 처리하는 중앙연산기로서 역의 신호기계실에 위치하며, 역의 크기와 역제어 하에 있는 연동기계실의 수에 따라 2~3개가 설치된다.

SSI는 정보전송장치(FEPOL)부터 수신한 제어명령을 처리하여 선로변기능모듈을 제어하고 현장설비의 상태를 선로변기능모듈로부터 수신하여 정보전송장치로 전송한다. 연동처리장치의 프로세싱은 2 out of 3 방식으로서 사용 중 하나가 고장 나면 2 out of 2 방식으로 계속 운영되어 시스템의 유용성을 보장한다.

(그림 9-61). IXL의 SSI

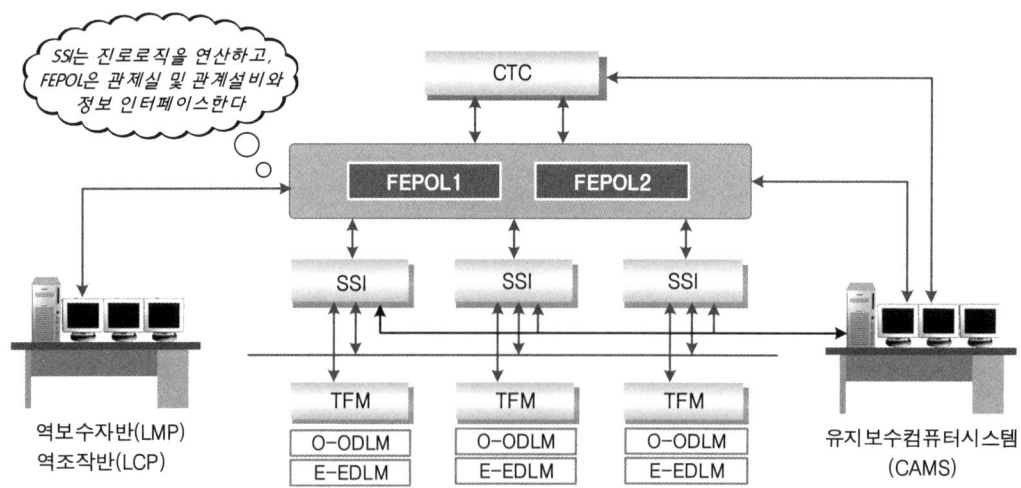

(그림 9-62). IXL의 인터페이스

FEPOL (역정보전송장치)

FEPOL : Front End Processer for Operating Level

FEPOL은 IXL의 정보 인터페이스 시스템으로 개발된 장치로서 중추적인 인터페이스 역할을 한다. 연동처리장치(SSI), 유지보수 컴퓨터시스템(CAMS), 역조작반(LCP) 등 중앙레벨 장치와 기상검지장치(METEO) 등의 CTC 인터페이스를 담당한다.

인터페이스 되는 시스템과의 제어·감시·입출력 관리·원격전송 및 메시지 생성의 기능을 제공한다.

FEPOL는 중앙사령실 및 역조작반(LCP)에 한 취급명령을 연동처리장치로 전송한다.

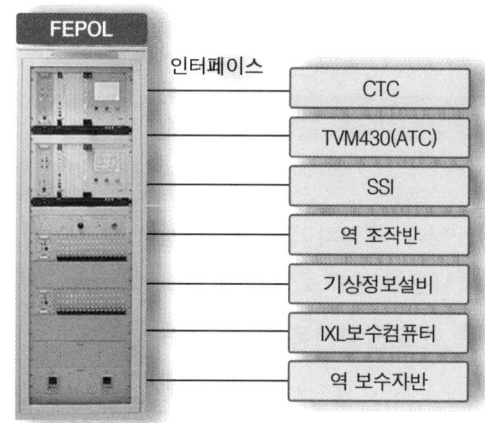

(그림9-63). FEPOL의 인터페이스

유지보수컴퓨터 (CAMS)

CAMS : Computer Aided Maintenance System

실시간 신호설비 감시, 운영기록, 상태재현, 고장정보 등을 제공하므로 정보를 이용하여 신속하게 고장진단과 보수를 할 수 있다. 하나의 유지보수 컴퓨터시스템은 3개의 연동처리장치까지 처리한다.

LCP (역제어반)

LCP : Local Control Panel

역에 설비되는 운전취급 조작반으로서 운전취급자와 기기 간 인터페이스 하여 신호설비의 취급제어 및 열차운행 상황과 신호장치 상태정보 표시한다.

▌현장 레벨 (LL : Local Level)

현장레벨(LL : Local Level)은 연동기계실 및 옥외 기구함에 위치한다. 현장레벨은 연동장치의 선로변 설비, ATC장치 및 궤도회로 등과 Fail safe 인터페이스를 가능하게 한다.

□ 현장레벨 설비의 주요 기능

① 선로변 설비, ATC, 궤도회로 등과 안전측 동작을 위한 인터페이스
② 중앙레벨로부터 제어정보 수신하여 선로변 레벨을 제어
③ 현장설비의 동작 상태를 검지하여 표시정보를 중앙레벨로 전송

선로변 기능모듈 (TFM)

TFM : Track Side Functional Module

TFM은 연동처리장치에서 네트워크를 통해 전송된 메시지를 최종으로 연산하여 현장설비를 제어한다.

❶ 선로전환기용(TFM-PM)

3상의 선로전환기의 동작을 제어하며, 하나의 선로전환기용 모듈로 최대 4대의 선로전환기를 제어한다.

❷ 일반용(TFM-UM)

선로전환기를 제외한 현장 신호기기들과 인터페이스 하며, 출력은 연동취소스위치, 입환신호등 등에 사용되고, 입력은 신호등 제어 확인, 연동취소스위치 버튼확인 등에 사용된다.

(그림 9-64). TFM 모듈

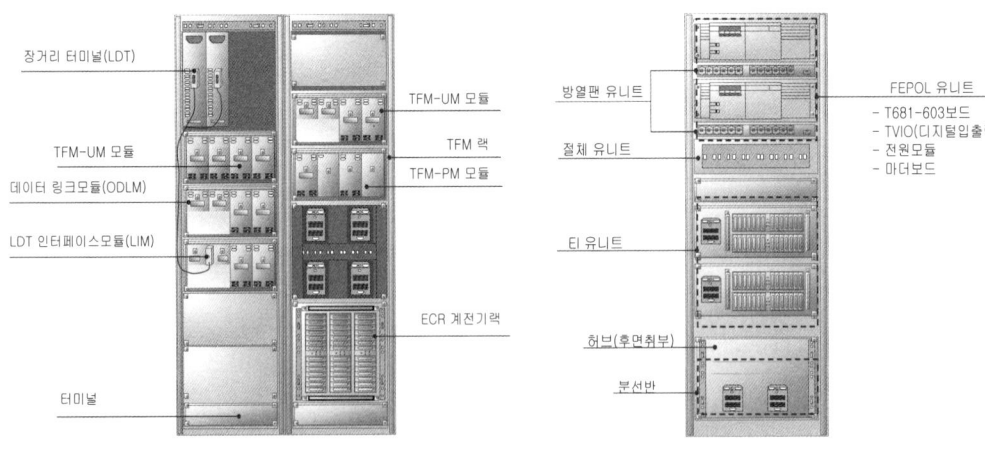

(그림9-65). TFM   (그림9-66). FEPO

9장 고속철도 신호시스템

기본 설명

고속철도 열차는 최대 20량(1편성)으로 최고속도(300km/h) 운행 시 상용제동(일반제동)거리를 고려하여 폐색구간을 분할함으로써 폐색구간이 길어지게 된다. 고속철도는 4단계의 속도코드에 의한 4분할법을 이용하여 폐색구간을 분할한다.

1 고속철도 폐색 개요

국내 고속철도의 폐색분할방식은 1992년 프랑스의 TGV 도입이 결정되면서 프랑스에서 운영 중인 TVM430 폐색분할방식을 적용하고 있다. ATC 차상신호장치는 고속에서도 열차를 안전하고 고밀도로 운행시킬 수 있는 설비로 보통 250km/h 이상의 고속으로 운행되기 때문에 제동거리가 상당히 길어진다.

제동거리는 열차의 감속성능에 좌우되는 요소이며 길어진 제동거리에서도 고밀도 운행을 위한 폐색구간 분할이 필수적이다. 감속을 요구하는 폐색구간 내에서 정해진 속도로 감속하지 못하면 비상제동을 체결하며 폐색구간의 길이는 열차의 상용제동(일반제동) 거리를 고려한다.

(그림 9-67). KTX의 고속주행

721

2 폐색분할 설계사항

▒ 폐색구간 운전원칙

조기경보 폐색구간

Fouling point 다음 구간으로써 그 길이는 제동장치를 동작시키는데 필요한 지연시간이 최대속도에서 그 구간을 지나는데 걸리는 시간보다 짧은 범위에 있도록 설정한다.

제동 폐색구간

제동거리를 설계하는데 있어 제동장치의 동작에 소요되는 시간을 제외한 실제의 제동에 필요한 거리에 의해 결정된다. 제동장치의 제동거리는 선로의 구배에 의한 영향을 고려하여 계산하여야 하며 그 거리를 폐색구간의 개수로 나누어 결정한다.
TGV에서 제동거리 계산을 위한 감속계수는 다음과 같다.

- $0.483 m/s^2$: for $300 km/h 〉 V 〉 210 km/h$
- $0.580 m/s^2$: for $210 km/h 〉 V 〉 0 km/h$

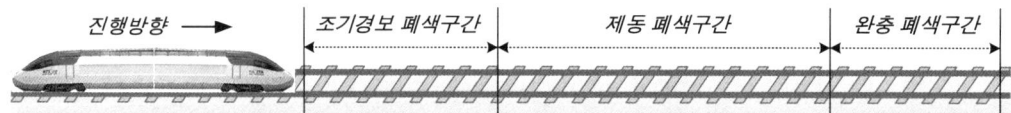

(그림 9-68). 제동거리를 고려한 폐색구간

완충 폐색구간

이 구간은 기관사가 수동으로 제동장치를 조작하는데 따른 오차 여유와 차륜의 미끄러짐 현상이나 거리 측정의 오차 등으로 인해 제동거리가 증가할 가능성에 대하여 안전 여유거리에 의해 설치한다. 이를 위해 평탄한 구간에서 다음과 같이 적용된다.

- 속도 300→270→230→170→0으로 감속 또는 정차하는 경우 : 400m
- 속도 130→0으로 정차하는 경우 : 200m
- 속도 130→0으로 정차하되 최종 500m 구역에서 거리조정 하는 경우 : 100m

속도제어 곡선에 따른 제약조건

속도제어곡선은 제동성능 및 그 폐색구간의 평균 구배에 따라 결정되는데 그 폐색구간 진입 시의 제어속도 Vci와 그 구간의 끝부분에서 제어속도 Vcf 사이를 연결하는 곡선으로 설정된다.

이 제어곡선은 폐색구간의 지정 속도와 연계하여 결정된다. 속도제어에 의해서 수동운전이 방해받지 않도록 다음과 같이 제어속도에 여유를 두고 있다.

- 제한속도가 0~230km/h인 구간 : 10km/h
- 제한속도가 230km/h 이상인 구간 : 15km/h

상용제동에 의한 제약요소

제동력에 의한 열차의 정지거리는 모든 폐색구간에 걸쳐서 분포되어야 하며 제동거리는 상용제동(일반제동)이 시작되는 순간부터 측정되므로 제동적용시간(T_{bs})은 조기경보 구간에서 수행된다.

제동거리가 N_{ca}개의 폐색구간 분할은 총 운동에너지에 대한 비율로 각 폐색구간에서 소모된다는 의미이며, 이 에너지는 각 폐색구간의 진출입 시에 속도의 제곱항들의 차에 의해 측정된다. 그러므로 폐색구간 분할은 속도를 줄이는 모든 정지 시퀀스들을 수행할 수 있도록 필요한 거리를 제공해야 하며 그 원리는 다음 그림과 같다.

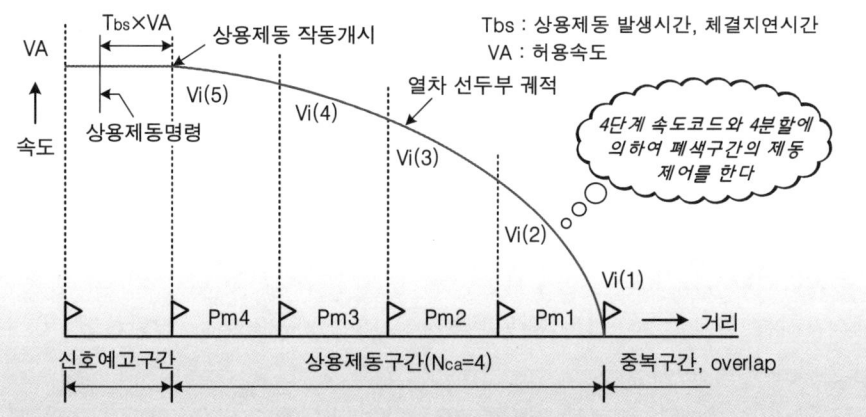

(그림 9-69). 폐색구간 분할 곡선

3 속도코드의 결정 및 폐색분할

폐색분할의 주요 목적은 최소운전시격을 확보하는 데 있다. 가장 효율적인 폐색구간 분할은 상위속도 V1에서 하위속도 V2까지 감속시키는 거리와 V2에서 다음 하위속도 V3까지 감속시키는 데 소요되는 거리가 거의 비슷하도록 분할하는 것이다.

그러므로 폐색분할은 최고속도에서 상용제동거리를 감안하여 산출한다. 최고속도 V1에서 다음 단계인 V2까지의 균등한 제동거리를 가지는 속도를 구하기 위해서는 열차의 감속도, 공주시분 등을 포함하여 다음의 식을 사용한다.

$$V_2 = \sqrt{\frac{V_1^2}{2} + (V_1 - \frac{\sqrt{V_1^2}}{2}) \, t \cdot \beta}$$

여기서, V1 : 단계별 상위속도,
  V2 : 단계별 하위속도
  t : 공주시간(ATC에서는 일반적으로 3초 이하)
  β : 열차의 감속도[km/h/s]

위의 식에서 역간 최고속도 300km/h, 감속도 3.564~5.22km/h/s(상용), 공주시분 3sec로 계산하면 300km/h에서 0km/h로 정지하는 데 소요되는 실제동거리는 상용제동을 사용하여 3,290m가 되며 이 제동거리를 4등분하면 평균 824m가 된다.

□ 각 속도단계에서 제동거리

① 300km/h~270km/h = 739m

② 270km/h~230km/h = 858m

③ 230km/h~170km/h = 817m

④ 170km/h~ 0km/h = 885m

폐색구간 길이 결정에는 속도단계 별 감속하는 거리 이외에 ATC정보를 수신하여 제동장치가 동작하기까지 소요되는 공주시간 3초 동안에 주행하는 공주거리와 충분한 제동 또는 과주거리를 확보할 수 있는 제동여유거리 약 100~200m를 감안하면 "0"구배에서 약 1,200m가 소요된다.

또한, 상하구배 종별에 따른 제동거리를 계산하여 1,000~1,500m까지를 1개 폐색구간으로 분할한다.

9장 고속철도 신호시스템

4분할 방식에 의한 폐색분할

최고속도 300km/h로 운행하는 KTX의 상용제동거리는 약 6,400m이며 비상제동거리는 약 4,000m이다. 따라서 4개의 속도단계 300km/h→270km/h, 270km/h→230km/h, 230km/h→170km/h, 170km/h→0km/h를 4분할방식에 적용하여 4개의 폐색구간 내에서 단계적으로 감속하여 정차할 수 있도록 한다. 그러므로 최고속도 300km/h에서 상용제동거리 6,400m를 반영하여 동일한 제동거리를 갖는 지점으로 4등분하여 폐색구간 길이를 산정하였을 때 1,600m 이상이 적용된다.

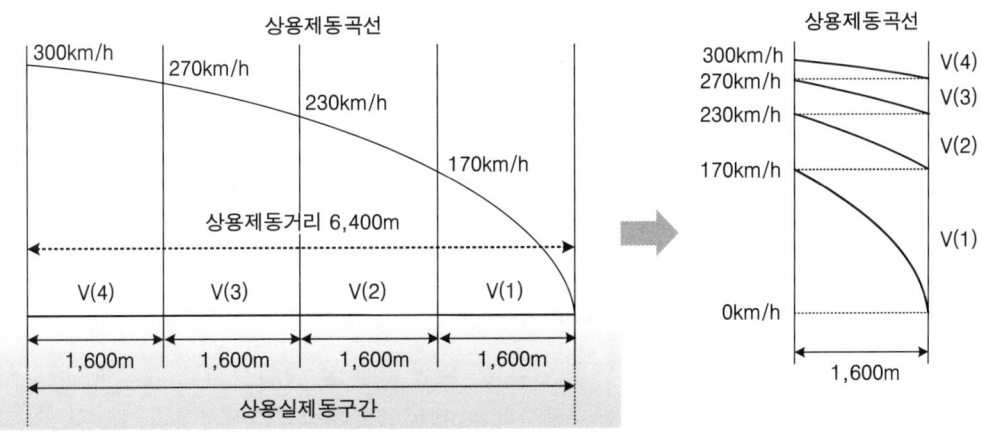

(그림 9-70). 제동곡선 4분할법에 의한 폐색분할

4 운전시격 분석

폐색구간 분할은 각 궤도구간에서 정상 운행방향(정방향)에 대하여 운전시격을 최적화하기 위하여 수행된다. 선행열차 사이의 미점유된 폐색구간 내에서 열차가 주행하여야 하기 때문에 선행열차와 후속열차 간의 간격에는 경고폐색구간, 정지폐색구간, 중복폐색구간, 선행열차(T1)의 길이 등이 포함된다.

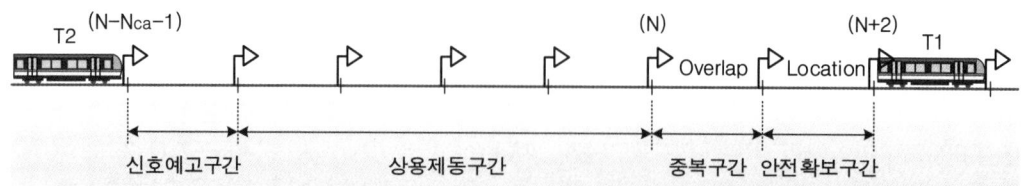

(그림 9-71). 폐색구간의 운전시격 분석

이론상 T1열차와 T2열차 간의 최소운전시격은 다음 공식으로 나타낸다.

$$운전시격 = \frac{신호예고구간 + 정지폐색구간 + 중복구간 + 안전확보구간 + 열차길이}{최대허용속도 \times 0.95}$$

이론상 최소운전시격 산출을 위해 폐색구간의 평균거리는 고속차량의 제동거리와 여유거리, 안전율을 고려하여 1,500m를 적용하며, 후속열차의 기관사가 반응이 없을 때를 대비하여 비상제동거리에 여유거리를 추가하여 7개 폐색간격을 열차의 운행간격으로 설정한다. KTX 1편성 20량을 400m라고 할 때 최소운전시격 산출은 다음과 같다.

$$최소운전시격 = \frac{(7폐색 \times 1500m + 400m) \times 3.6}{300km/h \times 0.95} = 138[sec]$$

운영상 운전시격은 평탄선로에서 15초(여유)를 더한 이론상 운전시격과 같으며, 따라서 138초 + 15초 = 153초이다. 하구배의 운전시격은 제동성능에 부과된 열차의 최고속도 감속에 대한 영향으로 폐색구간의 길이에 의하여 열차간격에 제약을 받는다.

> **기본 설명**
>
> 고속철도는 시스템의 신뢰도와 안전도 향상을 위해서 ATC에 의해 열차의 운행을 제어하며, ATC제어는 연속적인 정보수신으로 긴급 상황시 즉시 안전에 대응할 수 있다. 고속철도와 일반철도의 혼용운행 준고속 구간에는 일반적으로 ATP를 사용하고 있다.

1 ATC 운전

국내의 고속철도 구간에서는 ATC 열차제어시스템이 사용되고, 중고속 구간에서는 ATP 열차제어시스템을 사용하고 있다. ATC는 연속제어방식으로서 AF궤도회로를 이용하여 운행하는 열차에게 폐색제어를 위해 연속정보를 지속적으로 전송하면 차상 ATC에서 폐색구간 내에서 운행할 속도제어정보를 수신한 후 열차의 가감속 운행을 제어한다.
ATC 시스템은 경부고속선과 호남고속선과 같이 KTX만 운행하는 고속전용선에 사용되며, ATP 시스템은 경부선, 호남선, 전라선과 같이 기존의 일반철도에 KTX를 혼용운행하는 경우 또는 일반 전용선에 널리 사용되고 있다.
ATC는 AF궤도회로장치를 통해 연속적으로 신호정보를 전송하는 반면에 ATP는 발리스가 설치된 구간에서만 신호정보를 불연속적으로 전송한다는 점에서 차이가 있다.

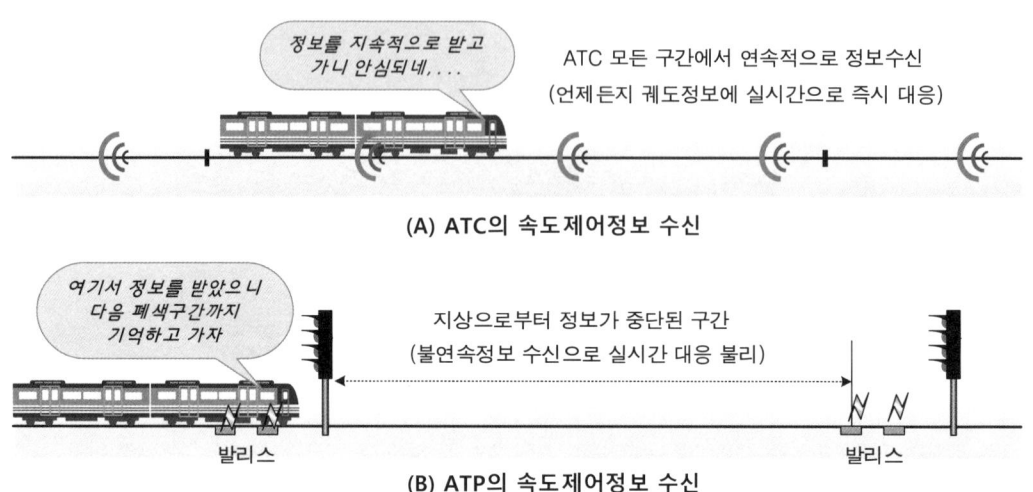

(그림 9-72). ATC와 ATP 시스템의 속도정보전송

ATC 운전제어

국내 고속철도에 설치된 ATC는 TVM 모델로서 ATC는 지리적 정보(구배, 터널, 교량 등), 기후정보, 차축과 열, 절체구간 등의 정보와 약 1.5km 간격으로 분할된 폐색에서 선행열차 위치에 따른 제한속도 정보를 지상에서 차상으로 전송한다.

ATC는 AF궤도회로장치로 구성된 레일을 정보전송로 매체로 사용하여 연속적으로 송신되는 연속정보 신호와 특정 지점에 설치된 루프를 통과할 때 수신되는 불연속정보 신호를 차상 ATC장치에서 수신하여 제동패턴을 생성하고 제동패턴과 열차의 운행속도를 비교하여 속도 초과 시 비상제동을 체결한다.

이때 레일 위를 주행하는 열차의 안테나(Pickup coil)에 의해 수신된 연속정보 신호를 차상 ATC 컴퓨터에 의해 분석되어 속도신호를 차상운전실 표시반에 현시한다.

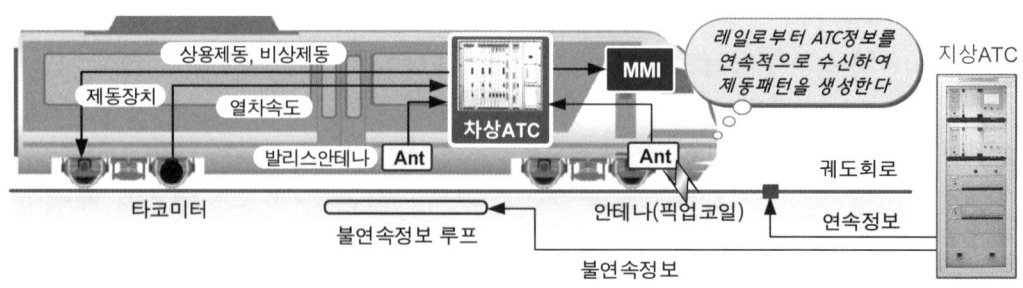

(그림 9-73). ATC 시스템의 열차제어

ATC장치는 연속적으로 지상정보를 차상에 제공하므로 긴급한 상황 변화에도 신속하게 속도제어에 대응할 수 있다. 또한, 운전시격 단축이 용이하고 열차속도가 향상되어 선로이용률을 높일 수 있다.

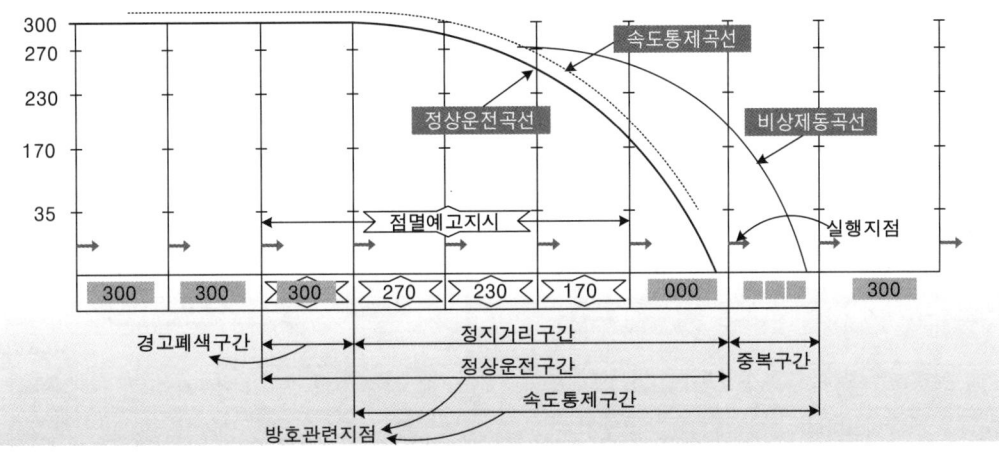

(그림 9-74). 고속철도 ATC의 운전 제동곡선

ATC 장점

① 연속적인 신호정보에 의해 운행되므로 안전성과 효율성이 우수한다.
② 정밀한 제어와 운전속도 향상으로 선로용량이 증대된다.
③ 연속적인 지상정보 수신으로 긴급상황 시 신속하게 대응할 수 있다.

ATC 단점

① ATC는 전체적인 제어설비를 개량하여야 하므로 건설비가 많이든다.
② ATC정보를 순간 수신하지 못할 경우 비상제동이 체결된다.

2 ATP 운전

ATP장치는 열차의 운행속도 향상과 조밀한 운전으로 불연속 정보전송에 의하여 열차제어를 함으로써 주로 열차의 안전운행을 목적으로 한다.
선로의 분기기, 터널, 절연구간, 곡선, 허용속도 등 디지털 정보를 내장한 발리스를 궤도의 폐색구간마다 설치하여 열차운행에 필요한 정보를 열차로 전송하면 차상 컴퓨터에서 열차운전에 필요한 정보들을 MMI에 현시한다.

가변발리스에 의해 수신된 동적 속도프로파일 정보와 고정발리스에 의해 수신된 정적 프로파일 정보를 조합하여 차상 컴퓨터에서 목표제동곡선에 의한 제동패턴을 생성하고 실제속도가 제한속도 초과 시 비상제동을 명령하여 안전운행을 확보한다.

ATP는 동일한 노선에서 열차의 주행성능이 다른 다종의 열차를 운행하는 데 적합하며, ATS 시스템으로 운전이 곤란한 속도대역에서도 가능하다.

ATP는 ATS의 단점인 무응동 검지불능과 열차 운영효율을 목적으로 도입되었으며, 과속방지를 목적으로 하는 ATS와는 달리 지리적 고정정보와 가변정보에 따른 이동권한을 작성하여 발리스를 통해 차상으로 전송된다.

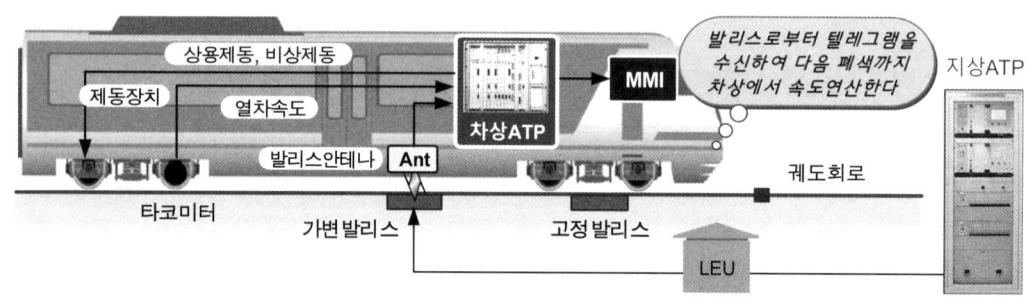

(그림 9-75). ATP시스템의 열차제어

ATP 제어의 특징

다음의 그림은 ATP 시스템의 속도제어곡선을 나타낸 것으로써, 기존의 ATS시스템은 계단식 형태의 제어곡선으로 운전하는 것에 비해 ATP 시스템은 전형적인 제어곡선을 나타내어 운전효율이 향상됨을 알 수 있다.

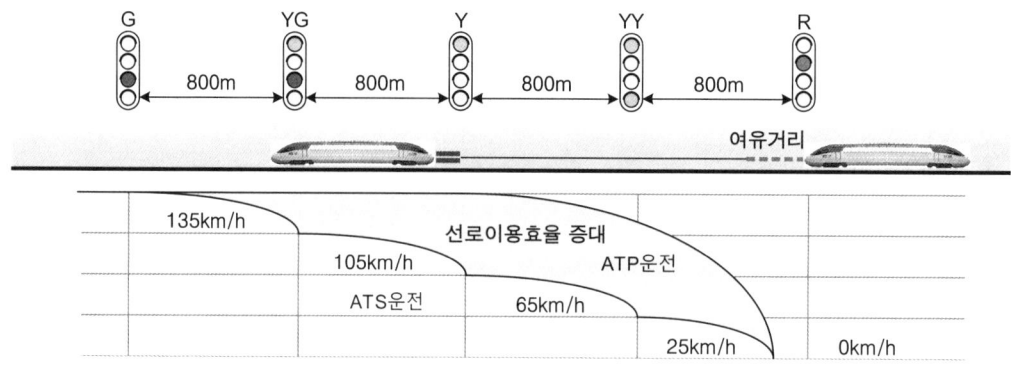

(그림 9-76). ATP시스템의 운전곡선

9장 고속철도 신호시스템

ATP 장점

① 차량특성 및 차량등급이 서로 다른 혼용 운전구간에 적합하다.
② 지상정보를 차상에서 분석하여 목표속도를 연산하여 운행하는 차상연산방식이다.
③ 허용속도 초과 시 경보를 제공하고 감속취급을 하지 않으면 비상제동을 체결한다.
④ 열차검지용 궤도회로장치를 사용하며, 기존 설비개량을 최소화 할 수 있다.

ATP 단점

① 현장설비의 분산 및 가중으로 유지보수의 가중과 장애발생 시에 접근성이 어렵다.
② 운행 도중 긴급한 정보변화에 수신이 어려워 ATC에 비해 안전성이 떨어진다.
③ LEU 및 발리스의 교체시 고유 데이터를 입력하는 등 데이터 관리가 필요하다.

ATP 운전제어 곡선

ATP는 열차의 허용속도를 감시하며 실제속도가 허용속도를 약간 초과하는 것은 허용한다. 일정 허용속도 초과 시 기관사가 감속하지 않으면 ATP 시스템은 상용제동과 견인차단을 요구한다. 만약 상용제동력이 충분하지 않으면 ATP 시스템은 비상제동을 체결한다.

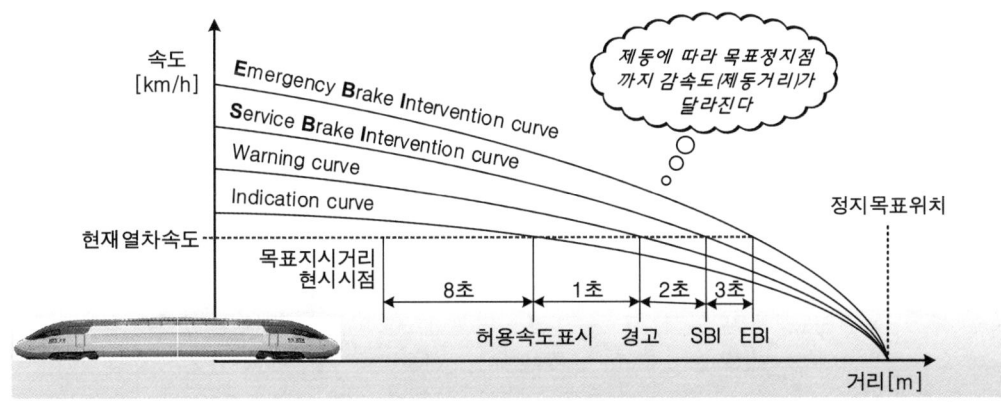

(그림 9-77). ATP의 제동제어

- **허용곡선** : 열차속도가 허용속도를 초과하면 기관사에게 감속할 시간(초)을 허용한다.
- **경고곡선** : 제동은 체결되지 않고 기관사에게 초과속도에 대한 경고음을 알린다.
- **상용제동 간섭곡선(SBI)** : 상용제동 곡선을 초과되면 상용제동을 체결한다.
- **비상제동 간섭곡선(EBI)** : 비상제동 곡선을 초과될 때 비상제동이 즉시 체결된다.

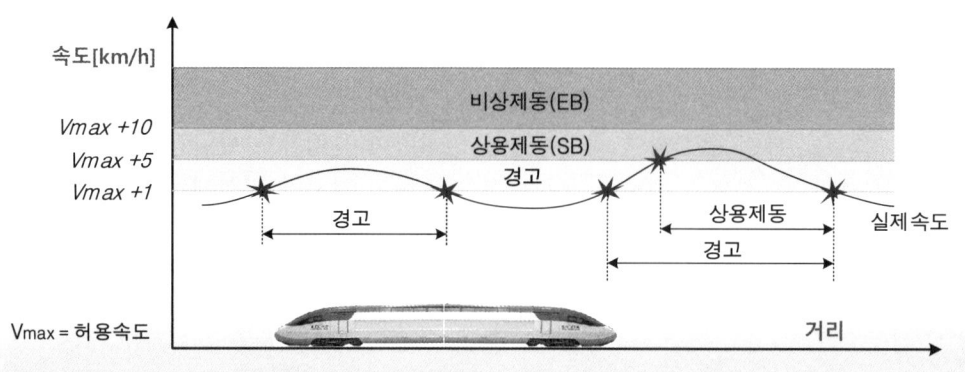

(그림 9-78). ATP의 속도제어

(표 9-14). ATC/ATP/ATS 시스템의 특성 비교

구 분	ATC (TVM)	ATP (ETCS_Level 1)	ATS
적용구간	■ 고속철도 전용선 ■ 고속선 300km/h 이하	■ 고속철도, 일반철도 ■ 250km/h 이하	■ 일반철도 ■ 150km/h 이하
고정정보	■ 루프코일(불연속정보) ■ 구배, 터널 등 정보	■ 발리스(불연속정보) ■ 구배, 터널 등 정보	■ 신호기: 제한속도 정보 ■ 지상자: 과속방지장치
가변정보	■ 궤도회로(연속정보) ■ 제한속도 정보	■ 발리스(불연속정보) ■ 이동권한 정보	
속도제동	■ 현재속도와 제한속도를 비교하여 제동제어	■ 속도 프로파일을 생성하여 현재속도와 비교	■ 현재속도와 제한속도를 비교하여 제동제어
정보전송	■ 연속제어방식 ■ 궤도회로를 통해 신호정보를 연속적으로 전송	■ 점제어방식(불연속제어) ■ 폐색구간 진입 전 비컨을 통해 신호정보 전송	■ 점제어방식(불연속제어) ■ 폐색구간 진입 전 신호기를 통해 신호정보 전송
안전성	■ 운행도중 실시간 긴급 제어정보 수신가능	■ 발리스 외 운행도중 긴급 제어정보 수신불가	■ 신호기 외 운행도중 긴급 신호정보 수신불가
비컨검지	■ 비컨 사용 안함	■ 차상에서 발리스 위치를 사전에 기억하고 검지함	■ 지상자 위치를 사전 기억 없어 제거시 인지 못함

10 신호시공 및 운영

Railway Signal System

- 공사관리 및 철도종합시험
- 신호설비 배선공사
- 신호설비 명칭부여
- 선로의 배차용량
- 폐색구간 분할
- 선로의 공간한계
- 정보전송장치
- 전원장치
- 서지(Surge) 유도장애
- 접지방식
- 전 식

01 공사관리 및 종합시험

> **기본 설명**
>
> 신호설비의 신설공사는 일반적으로 주간작업에 의해서 시행되는 반면, 개량공사는 영업열차의 안전운행을 고려하여 야간작업이 시행되므로 짧은 공사 기간에 작업효율을 높이기 위해서 철저한 작업계획과 절차에 따라 집중적인 작업이 시행되어야 한다.

1 공사관계자의 임무

책임감리는 발주청이 발주하는 공사에 대하여 감리 전문회사가 당해 공사의 설계도서, 기타 관계 서류의 내용대로 시공되는지 여부를 확인하고, 공사관리, 품질관리 및 안전관리 등에 대한 기술지도를 한다.
발주청의 위탁에 의하여 관계 법령에 따라 발주청의 감독권한을 대행하는 것으로 발주청, 시공자, 감리원의 책임과 기본업무에 대하여 관계 법령 및 지침에서 규정하고 있다.

▒ 발주청의 임무

① 발주청은 공사의 계획, 설계, 발주, 감리, 시공, 사후평가 전반을 총괄하고 감리 및 시공계약 이행에 필요한 다음의 사항을 지원 협력해야 하며, 감리용역 계약에 규정된 바에 따라 감리가 성실히 수행되고 있는지에 대한 지도·점검을 실시해야 한다.
- 감리 및 시공에 필요한 설계도면, 문서, 참고자료와 감리용역 계약문서에 명기한 자재, 장비, 비품, 설비의 제공

10장 신호시공 및 운영

- 공사 시행에 따른 업무연락, 문제점 파악 및 민원 해결
- 공사 시행에 필요한 용지 및 지장물 보상과 국가, 지방자치단체, 기타 공공기관의 인허가 등의 조치 또는 협력
- 감리원이 감리계약 이행에 필요한 시공자의 자료제출 및 조사업무의 보장
- 감리원이 보고한 설계변경, 준공기한 연기요청, 기타 현장 실정보고 등 방침 요구의 결정
- 특수공법 등 주요 공정에 외부 전문가의 자문, 감리가 필요하다고 인정되는 경우에는 별도조치
- 기타 감리 전문회사와 계약으로 정한 사항 등 감리용역 발주자로서의 감독업무

② 발주청은 관계법령에서 별도로 정하는 사항 외에는 정당한 사유 없이 감리원의 업무에 개입 또는 간섭하거나 감리원의 권한을 침해할 수 없다.
③ 발주청은 관련 법규에서 규정한 감리대상 공사에 대하여 공사 착공 전에 감리전문회사를 선정하여야 한다.
④ 감리용역 계약내용 및 감리원 배치내용을 관련 법규에 따라 해당 기관에 통보하여야 하며, 감리원의 변경·교체 시에도 관련 법규에 의하여 처리하여야 한다.

감독자의 임무

감독자는 해당 공사의 설계도서, 계약서 및 기타 관계서류 등의 내용을 숙지하고 공사의 특수성을 파악한 후 성실하고 효율적으로 감독업무를 수행해야 한다. 감독자는 해당 공사가 설계도서, 계약서, 공정계획표, 기타 관계서류의 내용대로 시공되는지를 공사시행 단계별로 확인·검측하고 품질·시공·안전·환경관리에 필요한 감독을 하여야 한다.

감독자의 세부업무

① 공사 시행을 위한 시공자의 지도·감독
② 공사에 필요한 제반 사항의 점검·확인·측량입회 등
③ 지급자재 또는 시공자가 반입하는 자재의 검사·공급 및 관리에 필요한 조치
④ 공사에 관련된 문서의 처리
⑤ 하도급관리에 관한 사항
⑥ 기타 공사시행을 위하여 필요한 제반 조치

(표 10-1). 공사관리 용어설명

용어	용어 설명
표준시방서	시설물의 안전 및 공사시행의 적정성과 품질확보 등을 위하여 시설물별로 정한 표준적인 시공기준으로서 공단의 전문시방서 작성과 설계 등 용역업자가 공사시방서를 작성하는 경우에 활용하기 위한 시공기준을 말한다.
전문시방서	공사시방서 작성을 위한 가이드로서 모든 공종을 대상으로 하여 공단이 작성한 종합적인 시공기준을 말한다.
공사시방서	전문시방서를 기준으로 기본설계 및 실시설계 도면에 구체적으로 표시할 수 없는 내용과 공사수행을 위한 시공방법, 자재의 성능·규격 및 공법, 품질시공 및 검사, 안전관리계획 등에 관한 사항을 기술한 시공기준을 말한다.
시공자	관련 법에 의한 공사업 면허를 받은 자로 공사를 시공하는 수급인을 말하며, 하수급인을 포함한다.
감독자	공사의 감독업무를 담당하는 공단 직원 또는 감리원을 말한다.
감리	발주자의 위탁을 받은 감리업체가 설계도서, 기타 관계 서류의 내용대로 시공하는지의 여부를 확인하고, 품질·시공·안전 및 공정관리 등에 대한 기술지도를 하며, 공단의 권한을 대행하는 것을 말한다.
감리원	감리전문회사의 감리자격을 취득한 자가 설계도서 기타 관계 서류의 내용대로 시공하는지를 확인하고, 소관 업무 등에 대한 기술지도를 할 수 있는 자로 감리원 교육훈련을 이수하고 감리업무를 수행하는 자를 말한다.
현장대리인	시공자가 지정하는 기술자로서 당해 공사에 해당하는 자격을 가지고 시공자를 대리하여 당해 공사 현장에 상주하여 공사현장의 운용 및 공사에 관한 일체의 업무를 책임 처리하는 시공관리책임자를 말한다.
공정관리자	공단의 사업에 관련하여 일반 절차를 이해하고, 본공사 수행을 위한 예정 공정표, 실공정 및 만회공정 등을 작성 관리할 능력을 갖추고 공정관리 경험이 풍부한 자를 말한다.
기술자	국가기술자격법에 따라 산업기사 이상의 자격을 가진 자와 관련법 시행령에 의거 특급·고급·중급·초급의 자격증을 가지고, 공사 현장에 있어서 기술상의 업무를 수행하는 자를 말한다.
설계도서	기본설계도, 실시설계도, 설계서, 산출서, 계산서, 공사시방서, 발주자가 필요하다고 인정하여 요구한 부속도면 기타 관계 서류를 말한다.

10장 신호시공 및 운영

감리원의 임무

발주청과 감리전문회사 간에 체결된 감리용역 계약의 내용에 따라 감리원은 당해 공사가 설계도서 및 기타 관계 서류의 내용대로 시공되는지의 여부를 확인하고 품질관리, 시공관리, 공정관리, 안전 및 환경관리 등에 대한 기술지도를 하며, 발주청의 위탁에 의하여 법령에 따라 발주청의 감독 권한을 대행하게 된다.

감독자의 세부업무

① 공사계획의 검토
② 공정표 검토
③ 발주자, 공사업자 및 제조자가 작성한 시공설계도서의 검토·확인
④ 공사가 설계도서의 내용에 적합하게 행하여지고 있는지에 대한 확인
⑤ 관계시설물의 사용 자재의 규격 및 적합성에 관한 검토·확인
⑥ 사용 자재에 대한 시험성적서 검토·확인
⑦ 관계 시설물의 자재 중에 시험성과에 대한 검토·확인
⑧ 재해예방 대책 및 안전관리의 확인
⑨ 설계변경에 관한 사항의 검토·확인
⑩ 공사 진척 부분에 대한 조사 및 검사
⑪ 준공도서의 타당성 검토 및 준공검사
⑫ 설계도서와 시공도면의 내용이 현장조건에 적합 여부와 시공가능성 사전검토
⑬ 현장 조사분석, 기성확인, 행정지원업무
⑭ 현장 시공상태의 평가 및 기술지도
⑮ 책임감리원은 수시보고서, 분기보고서, 최종보고서를 작성하여 발주자에게 제출
⑯ 기타 공사의 질적 향상을 위하여 필요한 사항
⑰ 그 밖에 공사의 품질을 높이기 위하여 필요한 사항

부진공정 만회대책

감리원은 공사 진도율이 계획공정대비 월간 공정실적이 20% 이상 지연(계획공정대비 누계공정 실적이 100% 이상일 경우는 제외)되거나 누계공정 실적이 10% 이상 지연될 때는 시공자에게 부진사유 분석, 만회대책 및 만회공정표 수립을 지시하여야 한다.

감리원은 시공자가 제출한 부진공정 만회대책을 검토 확인하고, 그 이행 상태를 주간 단위로 점검 평가해야 하며 공사 추진회의 등을 통하여 미조치 내용에 대한 필요 대책 등을 수립 조치하여야 한다.

공사 진척도가 계획대비, 일정수준 이상 지연되고 있을 경우 감리원은 지연 만회대책을 수립하도록 시공업체에 지시하여 작성된 계획서를 검토하여 승인하여야 한다.

❶ 작업방법의 생산성 검토

- 투입인원과 장비의 규격 검토 : 작업량 대비 단위 시간당 장비능력 및 투입인력
- 현장조건 대비 인원, 장비의 효율 검토 : 작업장 면접, 작업시간, 기타 현장조건 대비 실제 작업시간
- 작업방법의 검토 : 장비 및 인력의 동선 자재 수급방법

❷ 작업장 수의 확대 검토

- 각 작업장의 동시수행 가능성 검토 : 작업별 인력, 장비의 동선 간섭
- 작업별 공정의 순서 검토 : 동시 수행되는 각 작업장 간의 순서 통제 대책
- 현장 대비 작업장 증가 영향 검토 : 환경, 안전, 관련법규, 현장주변 민원 등 영향

❸ 돌관작업의 검토

- 효율성 검토 : 현장조건 대비 시공자 계획의 효율성, 작업시간 등
- 안전 및 환경보전의 검토 : 관련법규, 현장주위 민원, 심야작업, 대규모 소음, 분진, 진동 등에 관한 대책

(그림10-1). 기계실 케이블작업

(그림10-2). 현장 신호설비

10장 신호시공 및 운영

2 철도종합시험

철도종합시험운행은 철도노선을 새로 건설하거나 기존 노선을 개량하여 운영하려는 경우, 개통 전 정상운행을 하기 전에 철도시설의 정상 여부를 확인하는 최종 검증절차이다.
개통 초기에 발생하는 사고, 장애를 예방하기 위하여 장애원인을 면밀히 분석하여 신호설비의 안전성과 신뢰성을 강화하도록 한다.
사업단계에서 노반, 궤도, 통신 및 차량 등 모든 분야 시험/시운전 준비 완료 후 신호분야 단독시험으로 최소 6개월 이상 시행 예정이다. (국토부 방침 '19,11월)
철도종합시험은 시설물 검증시험과 영업시운전으로 구분한다.

(표 10-2). 철도종합시험의 시험기간 (2019년 개정)

시 험	철 도	노 선	시 험 일	비 고
시설물 검증시험	고속철도	신설	45일 이상	-
		개량	20일 이상	-
	일반철도 도시철도	신설	30일 이상	-
		개량	20일 이상	-
영업시운전	고속철도	신설	45일 이상	-
		개량	20일 이상	-
	일반철도 도시철도	신설	30일 이상	무인운전의 경우 그 기간의 2배 이상
		개량	20일 이상	

(표 10-3). 신호시스템 별 시험개정

구 분	KTCS-2	ATP	ATC	KTCS-2+ATP
최고속도	350km/h	320km/h	320km/h	350/300km/h
신호단독시험	최소 6개월	최소 6개월	필요 없음	최소 6개월
법령개정	필요 없음	필요 없음	기술기준 개정	필요 없음

▒ 종합시험운행 시행계획

철도노선을 새로 건설하거나 기존 노선을 개량하여 운영하고자 할 때에 철도시설의 설치상태 및 열차운행체계의 점검과 철도종사자의 업무숙달 등을 위하여 영업개시 전에 시행하는 것을 말하며, 시설물검증시험과 영업시운전으로 구성된다.

철도시설관리자는 노반, 궤도, 전철전력, 신호, 통신 등 철도시설물의 안전성능과 차량과의 인터페이스 및 운영능력을 확인할 수 있는 종합시험운행 시행계획을 철도운영자와 합의하여 종합시험운행 실시 1개월 전에 수립하여 시행하여야 한다.

시설물검증시험과 영업시운전 기간을 각각 당초 시험기간의 1/2 이상으로 규정하여, 각 단계별로 최소 시험 기간을 확보한다.

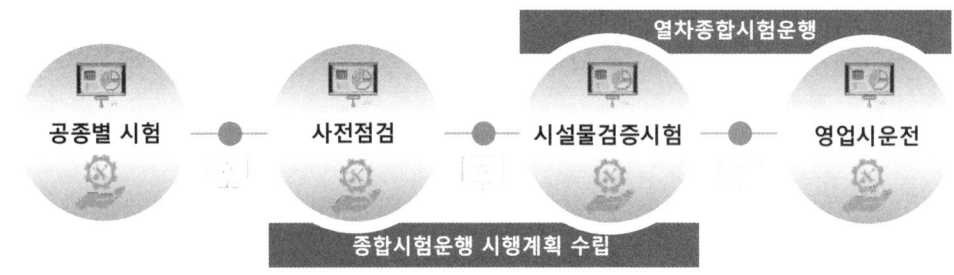

(그림 10-3). 철도종합시험 단계

종합시험운행 시행계획 내용

① 종합시험운행 개요 : 사업개요, 시험기간, 대상구간, 시험열차 종류 및 운행횟수 등
② 종합시험운행의 방법 및 절차
  - 단계별 주요시험 내용 및 항목
  - 시험기준 및 평가기준
  - 사전준비, 시험실시, 결과보고 등 종합시험운행의 상세절차
③ 시험운행 항목별 세부일정을 포함한 종합시험운행의 상세일정
④ 종합시험운행팀 구성
  - 시험운행 조직체계 구성
  - 종합시험운행팀장 및 분야지정, 담당업무 등 시험운행 조직의 임무
⑤ 시험차량 운행계획
  - 시험차량의 종류 및 구성, 운행속도
  - 시험운행열차 기본운행계획 등
⑥ 종합시험운행의 실시에 대한 교육훈련계획
⑦ 관계 기관 협조사항 및 임무(특히 타 기관과 연계노선이 있는 경우)
⑧ 그 밖에 종합시험운행의 효율적인 실시와 안전확보를 위하여 필요한 사항 등

10장 신호시공 및 운영

▌ 철도종합시험 종류

철도종합시험은 사전점검, 시설물검증시험, 영업시운전을 통칭한다. 철도시설의 성능과 안전성을 확인하는 시설물 검증시험과 열차운행체계와 종사자와 업무숙달을 점검·확인하는 영업 시운전으로 구분한다.

공종별 시험

공종별 시험은 철도시설물의 시공 후 시공품질 및 안전성능을 확인하기 위해 종합시험과 별도로 시공부서에서 자체적으로 시행하는 개별시험을 말한다.
현장시험은 현장설치가 완료된 후에 설비의 완전성 검증을 위한 개별적인 현장 정적시험과 주행에 의한 신호설비의 동적시험으로 분류한다.
감독자의 입회를 통해 시험에 대한 검증을 받도록 하며, 차상 및 지상 모두 완벽한 현장설치를 보증하는 종합시험운행의 안정성을 확보하기 위한 것이다.

(표 10-4). 공종별 시험방법

공종별시험	정적시험	동적시험
시험방법	분야 별로 설비를 정적상태에서 검측하는 시험	분야 별로 설비를 동적상태에서 검측하는 시험(전력 및 시험차량 투입 등)
시험내용	• 설비 설치상태, 케이블 연결상태 • 실내설비와 현장설비 간 연결상태 • 장치 별 기능 및 동작시험 • 장치 간 인터페이스	• 열차투입 및 지상장치-차상징치와의 인터페이스 검사

사전점검

종합시험운행 시행 전 시험운행열차의 안전확보와 효율적인 시험을 위하여 종합시험 운행 구간의 분야별 시설물 기능시험 결과 등의 관련 자료 및 분야별 현장시설물 안전점검을 시행하는 것을 말한다.

- 분야별 철도시설의 기능 및 성능시험결과보고서 등 관련서류 검토
- 종합시험운행 가능여부를 확인하기 위한 철도시설에 대한 기능 및 성능시험
- 계통 예정일까지 철도시설의 완공 가능여부 검토
- 철도차량 및 인력지원 등 종합시험운행을 시행하기 위해 검토가 필요한 사항

시설물 검증시험

철도시설관리자는 사전점검을 시행한 후 시설물의 정상상태, 철도시설의 안전상태, 철도차량의 운행적합성, 철도시설과 차량 간의 연계성 등 관련 내용이 포함하여 시설물 검증시험을 시행한다.

해당 노선에서 시설물이 허용하는 설계최고속도까지 단계적으로 철도차량의 속도를 증가시키면서 철도시설의 안전상태, 철도차량의 운행 적합성, 철도 시설물과의 연계성(Interface), 철도 시설물의 정상 동작여부 등을 확인·점검하는 시험이다.

- 시설물 정상작동 상태
- 철도시설의 안전상태
- 철도차량의 운행 적합성
- 철도시설과 차량 간의 연계성

영업 시운전

시설물 검증시험이 완료된 후 영업개시에 대비하기 위하여 열차운행계획에 의한 실제 영업 상태를 가정하고 시운전 열차를 운행하면서 철도시설의 전반적인 성능 확인, 열차운영체계 점검, 종사자의 업무숙달 등을 점검한다.

- 열차운행체계 : 기본 열차 스케줄, 기본 차량 운영계획 등
- 철도종사자의 업무숙달 : 기본 승무원 운영계획, 철도차량운전자 운전지원 절차, 철도차량 운전자 노선 견습 등
- 영업서비스 준비사항 : 운영설비 및 여객 편의설비 점검 등

10장 신호시공 및 운영

기본 설명

현장설비는 기계실 제어설비와 인터페이스하기 위하여 케이블, 접속함, 기구함, 선로전환기, 신호기, 임피던스본드, 비컨 등의 다양한 설비가 설치되며, 열차의 진동과 외부의 충격에 지장이 없도록 견고하게 고정하고 기후변화에도 변형이 없어야 한다.

1 신호용 케이블 설치

신호용 케이블은 궤도회로장치의 송전과 착전, 선로전환기, 신호기, 역간 인터페이스 등에 사용된다. 신호용 케이블은 궤도회로, 신호기, 선로전환기 등 현장설비를 제어하기 위하여 지상구간에서는 트로프를 사용하여 수용되고 지하구간에서는 트레이를 통해서 수용하여 설치된다.

저전류 사용으로 인접 전선로로부터 유도 영향을 받을 우려가 있다. 특히 특고압 전차선과 인접하여 교차하거나 나란히 부설할 경우 강전계에 노출되고 유도장애가 필연적으로 발생된다.

신호용 케이블은 특고압 전선로로부터 충분한 이격거리를 확보하여 설치하는 것이 바람직하며 유도장애의 영향을 최소화하기 위해서 외부 강전계의 차폐와 케이블 상호간에도 차폐효과가 큰 케이블을 선정하여야 한다.

지하철의 경우 일반적으로 알페스 차폐케이블(알루미늄 실드케이블)을 사용하며, 고속철도에서는 강대외장케이블을 사용하여 유도장애를 차단한다.

케이블 설치 시 주의사항

① 시공 전에 포설계획을 수립하여 중간 접속을 최소화하도록 하여야 한다.
② 케이블 포설 시의 할증분은 100m당 3% 이하의 범위로 계상한다.
③ 구조물 등 인상 및 인하개소에는 폴리에틸렌 전선관을 사용하고 특히 강도가 필요한 경우 금속전선관 등으로 높이 약 1.8m까지 방호한다.
④ 선로 노반 밑을 통과하는 경우는 방호관(흄관, 금속관, PVC관 등)에 수용하고 방호물의 상면이 침목 밑면에서 0.6m 이상의 깊이에 매설한다.
⑤ 매설의 깊이는 케이블의 상면에서 0.6m로 하며 전선관 등으로 방호할 경우 방호물 상면에서 0.3m 이상으로 한다.
⑥ 건널목 횡단 시 방호관에 수용하고, 지표면하 0.8m의 깊이(중량물 통과 1.2m)로 한다. 다만, 농로와 같이 중량물이 통과하지 않는 경우 0.6m로 한다.
⑦ 방호관의 굵기는 전선피복의 절연물을 포함한 단면적의 총합계가 관의 내부면적에 40% 이하로 한다. 다만, 서로 다른 굵기의 전선을 수용할 경우 30% 이하로 한다.
⑧ 직매구간 매설 후에는 다음 개소에 매설표를, 접속개소에는 접속표를 설치한다.
- 분기개소 및 궤도횡단 위치
- 직선 구간은 500m 마다

⑨ CTC 회선을 수용한 케이블은 전력케이블 등과 긴 구간 평행하지 않도록 한다.
⑩ 케이블 지지구의 간격은 1~2m로 하고 견고하게 고정하여 설치한다.
⑪ 교류전철 지지물과 매설한 신호 전선로와의 이격거리는 지지물(기초포함)에서 1m 이상으로 한다. 다만, 케이블의 외피에 절연물
⑫ 을 밀착시켜 방호한 경우는 0.3m 이상으로 할 수 있다.
⑬ 교량에 설치하는 신호케이블은 하프파이프 또는 전선관으로 수용하고, 3m 마다 고정 금구로 지지한다.
⑭ 케이블의 취급은 외피에 충격을 주는 일이 없도록 하고, 굴곡허용반경은 케이블 외경의 10배 이상으로 한다.

(그림 10-4). 케이블 시공 작업

(표 10-5). 단선 케이블의 도체저항

전선종별[mm]	0.8	1.0	1.2	1.6	2.0	2.6	3.2	4.0	5.0
도체저항[Ω/km]	35.7	22.8	15.8	8.92	5.65	3.35	2.21	1.41	0.90

(표 10-6). 연선 케이블의 도체저항

전선종별[mm^2]	1.5	2.5	4	6	10	16	25	35
도체저항[Ω/km]	12.1	7.41	4.61	3.08	1.83	1.15	0.72	0.52
전선종별[mm^2]	50	70	95	120	150	185	240	300
도체저항[Ω/km]	0.38	0.23	0.19	0.15	0.12	0.09	0.07	0.06

2 전선로의 설치

① 트로프 신설의 경우는 케이블 점유율(케이블 단면적은 직경을 1변으로 한 정방형) 이 60% 내외를 수용할 수 있는 트로프를 선정한다.
② 역간 직접 매설하는 경우 선로변 노견을 이용하여 깊이 0.6m 이상 매설하여야 한다. 선로를 횡단하는 경우에도 0.6m 이상을 매설하여야 한다.
③ 지하터널에 설치하는 케이블트레이 설치(높이)는 터널의 단면적을 검토하여 최적의 높이로 설치하여야 한다.
④ 트로프는 콘트리트 트로프를 사용하고 T120 미만은 설치하지 않는다.
⑤ 역 구내 선로 횡단개소 등에는 전선관을 사용하여 케이블을 보호하며 전선관 내에 케이블 수용하는 경우에는 전선관 내경 단면적의 30%를 초과하지 않도록 한다.
⑥ 트로프 등의 전선로 방호물은 다른 계통과 상호 공용할 수 있도록 하여야 한다.
⑦ 전철 고상홈 하부 또는 터널을 포함한 지하 구간 및 선로에 근접한 방호벽, 옹벽 등의 장소에 트로프를 설치하기 곤란한 경우 케이블 트레이를 설치한다.
⑧ 구내작업 등으로 인하여 지장이 없도록 케이블 루트 및 시공방법 등을 고려한다.

(그림10-5). 트로프 내 케이블 교체

(표 10-7). 콘크리트 트로프 수용범위

트로프규격	단면적 (mm²)	수용범위 (mm²)	트로프규격	단면적 (mm²)	수용범위 (mm²)
T70	5,250	3,150	T250	42,500	25,200
T120	9,000	5,400	T300	51,000	30,600
T150A	13,500	8,100	T330	69,300	41,500
T150B	18,000	10,800	T400	86,000	51,600
T200A	18,000	10,800	T430	73,100	43,800
T200B	34,000	20,400	-	-	-

(표 10-8). 전선관의 수용범위

전선관 규격	내경(mm)	단면적(mm²)	수용범위(mm²)
Φ30	30	706	211.8
Φ40	40	1,256	376.8
Φ50	50	1,962	588.6
Φ80	80	5,024	1,507.2
Φ100	100	7,850	2,355.0
Φ150	150	17,662	5,298.6
Φ200	200	31,400	9,420.0

3 배선함의 설치

기구함 설치

선로변에 설치되는 전기·전자 제어설비는 기구함에 수용하여 설비를 보호하고 있다.

① 선로변 기구함은 방열형 구조에 적합하여야 하며, 스테인리스스틸 재질을 사용한다.
② 신호기가 터널 안에 설치될 경우 기구함은 터널 외부의 시점종점부에 설치를 원칙으로 하되, 부득이한 경우에는 터널 내부에 설치한다.
③ 기구함은 신호설비의 종류에 따라 적합한 규격을 사용하여야 한다.

(그림 10-6). 기구함

접속함 설치

역간 신호기계실간 또는 신호기계실과 현장 설비 간에 원거리로 배선으로 인하여 케이블을 연장하거나 많은 양의 제어 또는 표시 회선이 필요할 경우에는 적절한 지점에 단자대를 이용하여 연결할 수 있도록 접속함을 설치한다.

① 기초 콘크리트는 두께 50mm로 타설하여 시공한다.
② 신설되는 접속함 내부에는 유지보수를 위하여 조명장치 및 콘센트를 설치한다.
③ 접속함은 크기에 따라 No,2형과 특대형이 있으며, 내부단자는 신호용 5단자 또는 케이블 단면적에 맞는 터미널 블록이 설치되도록 설계한다.
④ 접속함 결선도를 작성하여 접속함 규격과 케이블의 회선을 선정한다.
④ 접속함은 결로를 방지할 수 있는 설비를 갖추어야 한다.

(그림10-7). 접속함 내부

4 신호설비 절연저항

신호설비에 사용되는 각 기기 및 배선설비는 1,000V급 이상의 절연저항계로 측정하여 다음과 같이 절연저항을 유지하여야 한다.

① **신호기기** : 도체부분과 기구와의 사이 5MΩ 이상
② **전기선로전환기** : 코일과 외함 및 도체 부분과의 사이 5MΩ 이상
③ **전기연동기, 조작판** : 도체부분과 다른 금속 부분과의 사이 1MΩ 이상
④ **소형변압기** : 코일 상호간 및 도체 부분과 금속과의 사이 1MΩ 이상
⑤ **전선로와 배선** :
- 전원개폐기 및 접속기기를 개방한 상태로 모선과 대지와의 사이 0.1MΩ 이상
- 심선 상호간 및 심선과 대지와의 사이 1MΩ 이상
⑥ **전원장치** : 도체부분과 금속부분과의 사이 3MΩ 이상
⑦ 이 외의 각종 신호기기는 도체 상호간 및 도체와 외함 사이 1MΩ 이상

(그림10-8). 절연저항측정기

맨홀 설치

① 다음 개소에는 맨홀을 설치한다.
- 주요 케이블 루트의 분기개소 및 선로횡단 개소
- 신호기계실 케이블 인입구
- 역간 신호시설물 인입지점

② 케이블 인입구는 전선관의 외경 또는 콘크리트 외경과 동일하도록 시공하여야 하고 맨홀 외벽과 전선관 사이에는 물이 침입하지 않도록 발포수지제를 사용한다.

③ 맨홀 설치 시에 바닥에 자갈을 400mm 이상 깔고 그 위에 맨홀을 설치한다.

④ 주위 여건에 의해 맨홀 설치가 곤란한 개소에는 핸드홀을 설치상세도면에 의거하여 설치한다.

⑤ 맨홀 및 핸드홀의 뚜껑은 철판 무늬강판으로 제작하여야 하며 손잡이를 부착한다.

⑥ 맨홀 A형 이상 설치 시 사다리 설치 등 유지보수자의 출입이 가능한 구조로 한다.

(그림 10-9). 신호용 맨홀

10장 신호시공 및 운영

기본 설명

일반철도의 표준화된 명칭과 달리 도시철도에서는 선로전환기, 궤도회로 등에 부여하는 고유명칭은 철도운영기관마다 특성을 살려 표현방식을 달리함으로써 노선과 설치 위치에 따라 순번을 정하여 고유설비 위치에 대한 이해도를 높이고 있다.

1 궤도회로의 명칭부여

▧ 정거장 구내에서 명칭부여 (일반철도)

① 도착선의 본선이나 측선인 궤도회로는 역사 쪽으로부터 정해진 선로번호로 한다.
② 도착선의 궤도회로를 2개소 이상으로 분할하는 경우는 번호 또는 기호 끝에 1, 2, 3을 붙인다.
③ 단선 및 복선구간에 있어 최외방 선로전환기와 장내신호기와의 사이에 설치하는 궤도회로는 기점 측을 XT, 종점 측을 YT라 한다. 다만 부득이하게 궤도회로를 분할할 때는 X1T, X2T…, Y1T, Y2T… 등으로 표기한다.

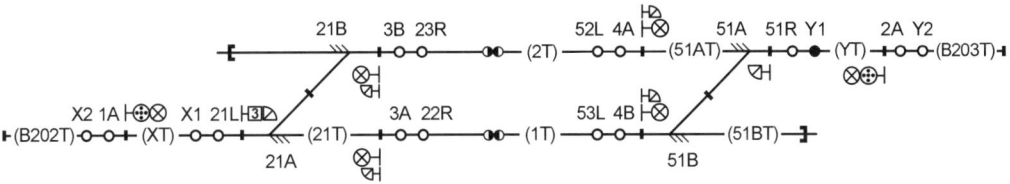

(그림 10-10). 단선의 경우 궤도회로 명칭

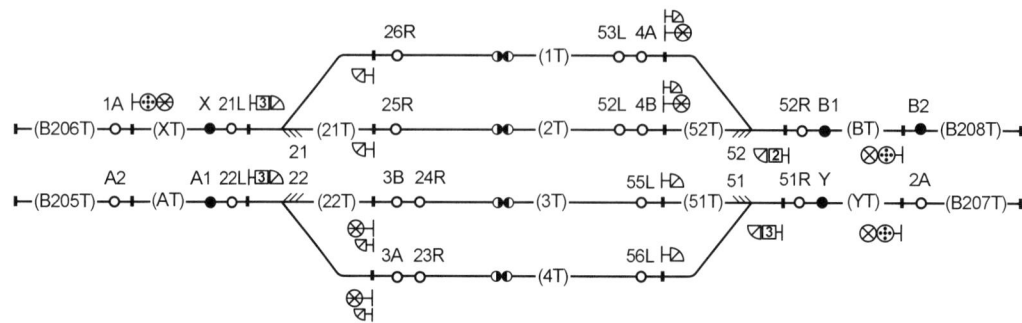

(그림 10-11). 복선의 경우 궤도회로 명칭

④ 선구를 달리하는 개소가 있는 경우에는 주요 선구를 기준으로 위 기준에 의하여 표기한 후 다른 선구의 장내신호기 내방 궤도명칭은 X1T, X2T 또는 Y12, Y2T 등으로 표기한다.

⑤ 2복선 이상인 경우 기점쪽 1A에는 XT, 1B는 X!T, 종점쪽 2A는 YT, 2B는 Y1T 등으로 표기한다.

⑥ 구내본선 및 측선 궤도회로 중 분기부를 포함한 궤도회로는 선로전환기 명칭과 일치시킨다. 다만, 한 개의 궤도회로에 다수의 선로전환기가 설치될 경우 선로전환기 최하위 번호로 표기한다.

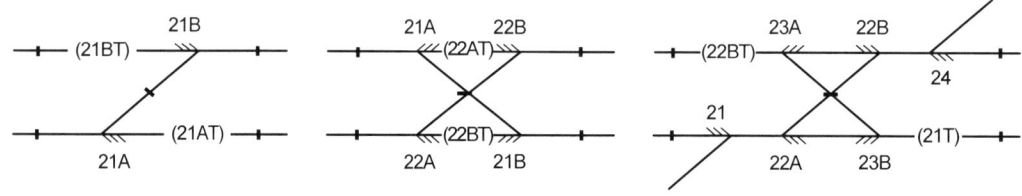

(그림 10-12). 궤도회로 명칭 부여

⑦ 그 외 본선 궤도회로 명칭은 선로번호로, 기타 측선은 도착선 취급버튼 명칭과 동일하게 표기한다.

⑧ 접근궤도회로의 연동폐색구간은 기점 측을 1AT, 종점 측을 2AT로 한다. 접근궤도회로로 분할할 필요가 있을 경우에는 1A1T, 2A2T...로 하고 기타 구간은 폐색궤도회로 명칭으로 표기한다.

⑨ 자동폐색구간의 궤도 회로명은 다음의 "예"와 같이 표기한다.
- 궤도회로 표기방법 : B(폐색) 10(구간명) 13(궤도순서) ⇨ B1013T
- 위 경우 복선 이상에서 하선은 짝수, 상선은 홀수로 표기한다.

⑩ 궤도회로 내 선로전환기가 설비되어 있을 경우에는 그 선로전환기(선로전환기 2대 이상 있을 경우에는 그중 가장 앞선 것)와 같은 번호 또는 기호를 붙인다.
⑪ 기타는 진로선별 취급버튼 명칭과 지점명칭을 사용한다.

정거장 간에서 명칭부여

① 조작판에 표시되는 궤도회로가 표시와는 달리 현장 사정상 다수의 궤도회로로 구성되어 있을 경우에는 기점을 기준으로 A, B, C 등 알파벳 순으로 명기한다.
② 자동구간에서의 접근궤도명은 해당 폐색궤도명을, 비자동구간에서는 장내신호기 명칭을 붙인다.
③ 신호원격제어 구간의 중간 궤도회로명은 아래 그림과 같이 표기한다.

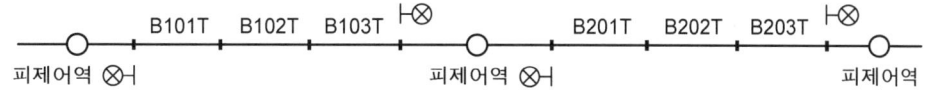

(그림 10-13). 원격제어구간의 중간 궤도회로명

④ CTC 구간의 중간 궤도회로명은 다음의 '예'와 같이 표기한다.
- 예 : B1013T - B(폐색), 10(구간명), 13(궤도순서)
- 위 경우 복선 이상에서 하선은 짝수, 상선은 홀수로 표기한다.

2 신호기의 명칭부여

① 도착점의 취급방향으로 하여 운전방향이 설정되는 것으로 하고 조작자가 앉은 방향에서 좌측으로 향하는 진로의 것은 L, 우측으로 향하는 것은 R로 한다.
② 역사를 중심으로 기점쪽과 종점쪽으로 구분하여 번호를 붙이고 기점쪽을 하위 번호로 한다.
③ **장내신호기** : 기점 쪽은 1A, 1B, 1C...로, 종점 쪽은 2A, 2B, 2C...로 표기한다.
④ **출발신호기** : 진로방향 좌측에 설치된 것을 기준으로 기점으로 진출하는 신호기를 3A, 3B, 3C...로, 종점 쪽으로 진출하는 신호기를 4A, 4B, 4C...로 표기한다.
⑤ **입환신호기** :
- 역의 중심을 향하는 진로를 우선으로 하여 먼 곳부터 21호(기점) 또는 51호(종점)로 하여 순차적으로 번호를 표기한다.

- 역 중심에서 바깥쪽으로 향하는 진로는 그 다음 번호부터 역 중심에서부터 순차적으로 번호를 표기한다.
- 동일 선상에 2기 이상 설치된 경우 역 중심에서부터 순차적으로 번호를 표기한다.
⑥ **엄호신호기** : 기점에서 종점으로 향하는 것을 5A, 8A... 순으로, 종점에서 기점 쪽으로 향하는 것은 6A, 7A... 순으로 표기한다.
⑦ **중계신호기** : 소속신호기 명칭 뒤에 R를 붙인다.
⑧ 신호기 또는 입환신호기가 동일 위치에 설치되어 있는 경우 열차의 진행 방향을 향해 좌측의 것부터 차례로 번호를 표기한다.

3 선로전환기의 명칭부여

선로전환기 위치별 명칭부여 순서 (일반철도)

① 번호 부여는 신호기와 연동되어 있는 선로전환기는 가장 바깥쪽으로부터 정거장 중심을 향하여 순차적으로 부여한다.
② 기점 쪽을 21호부터 50호까지, 종점 쪽은 51호부터 100호까지 부여하되 기점 쪽에서 50호가 넘는 경우에는 10호부터 시작한다.
③ 상선·하선 선로의 동일한 위치에 나란히 선로전환기가 설치되어 있는 경우 하선을 낮은 번호로 하고 상선은 높은 번호로 부여한다.

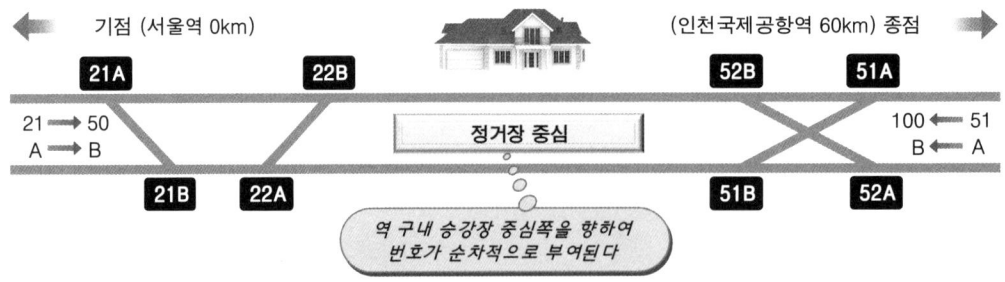

(그림 10-14). 선로전환기 명칭부여 방법

④ 쌍동 또는 삼동 선로전환기는 그 선로전환기를 1조로 하여 1개의 번호를 붙이되 바깥쪽으로부터 기계 선로전환기는 가, 나, 다의 부호를 전기 선로전환기는 A, B, C의 부호를 순차적으로 부여한다.

선로전환기의 정위 반위 방향표기

① 선로전환기의 외함은 검은색으로 하고, 선로전환기의 명칭과 정위·반위(N·R)표기는 흰색의 글씨로 상면 덮개에 다음과 같이 표기한다.
② 선로전환기 쇄정간 덮개에 정위·반위를 표시하는 경우 텅레일이 기본레일에 붙는 방향을 기준으로 정위 방향을 N, 반위 방향을 R로 표기한다.

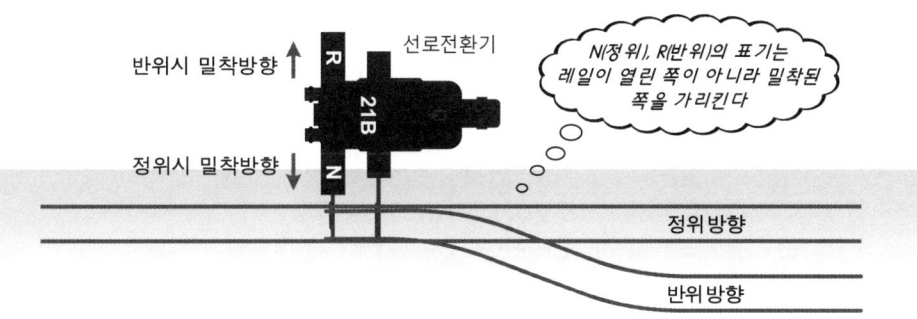

(그림 10-15). 선로전환기의 정위 반위 표기

4 현장설비 외함 명칭부여

① 각종 시설물의 표시에 있어서 기호는 접속함(J), 기구함(R), 축전지 수용함(B), 선로전환기 정위(N) 반위(R) 등으로 표시한다.
② 접속함 및 축전지 수용함의 번호표시는 기점 및 종점 쪽으로부터 역구내 중심 쪽으로 다음과 같이 번호를 표시한다.
- 선로변에 설치되는 접속함은 기점 쪽은 J210, J220, J230... 순으로, 종점 쪽은 J510, J520, J530... 순으로 표시한다.
- 축전지 수용함은 B210, B220, B230... 순으로, 종점 쪽은 B510, B520, B530... 순으로 하고 아래에는 궤도회로명을 표시한다.
- 건널목 보안장치 축전지 수용함은 B1, B2... 순으로 표시한다.
③ 폐색장치용 제어함은 주체 설비를 기준으로 상1, 하1 등으로 표시한다.

(그림 10-16). 접속함

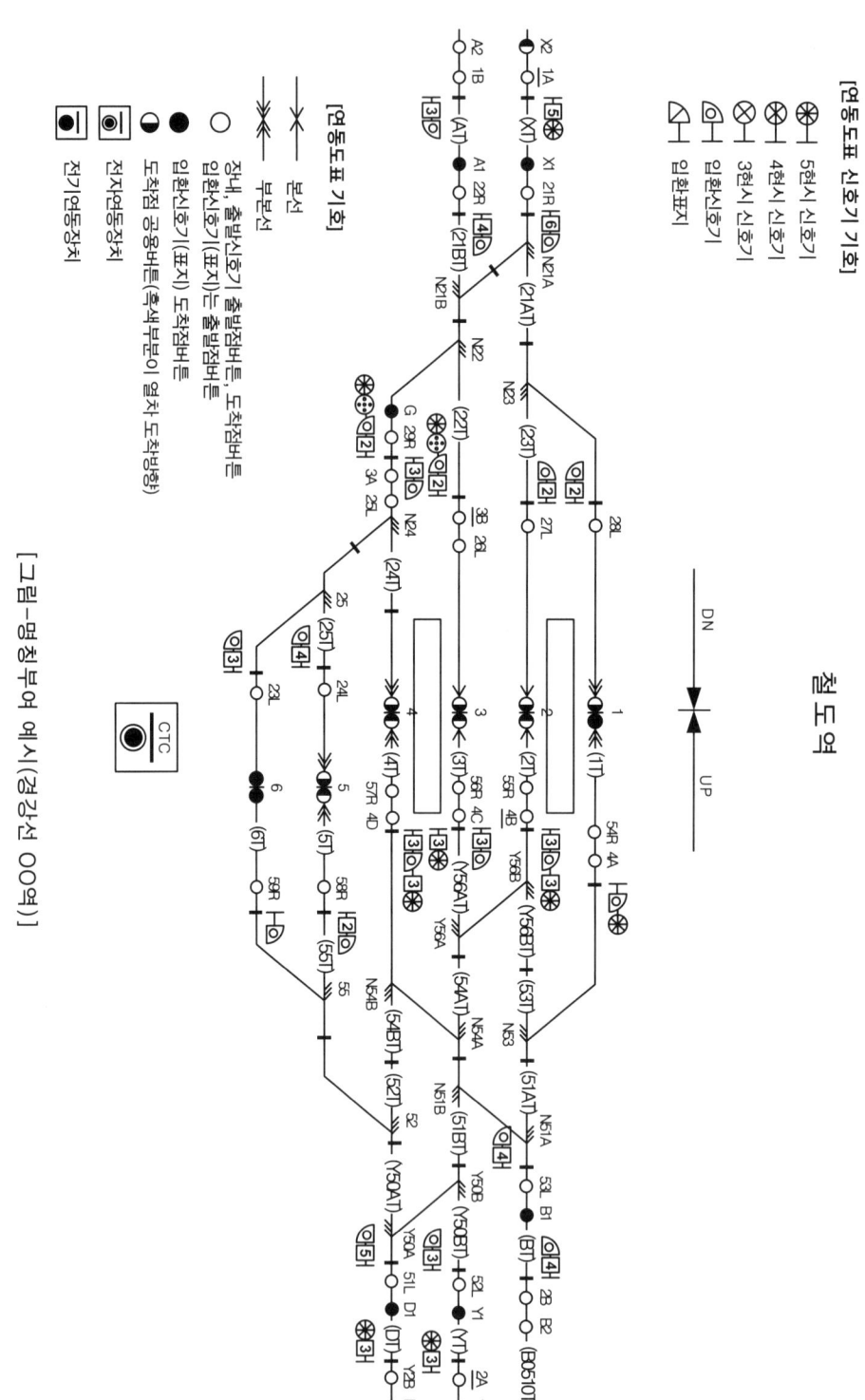

[그림-명칭부여 예시(경감선 OO역)]

10장 신호시공 및 운영

선로의 배차용량

기본 설명

도시철도의 특정 노선에서는 평균 혼잡도가 175%로 나타났다. 전동차 1량의 정원은 160명으로써 혼잡도 100%를 나타낸다. 일부 역 간에서는 최대 210%로 산출되었다. 이는 황금노선임에도 차량의 부족으로 인하여 철도정책을 지적하였다. (2018 기사)

1 선로용량 및 수송능력

선로용량이란 해당 선구의 수송능력을 나타내는 것으로써 정거장과 정거장 간 사이에 있어서 1일 통상적으로 운행할 수 있는 편도 최대 열차운행횟수를 말한다.
선로용량은 최소운전시격에 의하여 산출되는 것으로써 선로의 수송능력을 나타내며, 역간 운행시간, 폐색방식, 열차운행속도, 대피선의 유무 등 여러 조건에 의하여 좌우된다. 대도시의 전차 선구에서는 첨두시간(혼잡시간)의 열차설정 능력이 중요하기 때문에 피크 1시간당 몇 회로 표시한다.
오늘날에는 밀집운전을 하고 있는 도시철도 구간에서 신개발 열차제어시스템을 적용함으로써 최소운전시격이 단축되어 과거에 비하여 선로용량이 많이 높아졌다.

선로용량의 종류

- **한계용량** : 기존 선구의 수송능력 한계를 판단하는 데 사용한다.
- **실용용량** : 보통은 한계용량에 선로이용율을 곱하여 구하고 일반적으로 곡선용량은 이 실용용량을 말한다. (한계용량 × 선로 이용률)

- **경제용량** : 최저의 수송원가가 되는 선구의 열차횟수로써, 수송력 증강대책의 선택이나 그 착공시기에 대한 지표가 된다. (수송력 증강대책 선택, 선로의 열차횟수)
- **선로용량(1일)** : 단선 70~100회, 복선 120~140회,
  복선전철(일반열차 혼용) 200~280회, 복선 전차전용선 340~430회

선로용량 산정 시 고려사항
- 열차의 운행속도 및 운전시분
- 열차의 속도 차
- 열차 종별의 순서 및 배열
- 역간 거리 및 구내 배선
- 신호시스템의 신호제어방식
- 선로시설 및 보수시간
- 열차의 유효시간 대 열차운전 여유시분

선로이용률에 영향을 주는 조건
- 선로 물동량의 종류
- 주요 도시로부터의 거리와 시간
- 여객열차와 화물열차의 횟수 비례
- 열차 시간대 별 집중도
- 열차운전의 여유시간
- 열차회수 및 인접 역간 운전시간 차

철도 수송능력 산정

'철도수송능력'이란 철도 여객과 화물을 수송할 수 있는 능력으로써 일반적으로 철도용량이라고 한다.

철도건설 시의 시설능력 판단과 영업운영 시의 선로, 차량, 운전설비 등의 능력판단의 기준이 되며, 철도수송능력을 판단하려면 철도용량을 검토해야 한다.

열차의 수송능력

철도의 수송능력은 일반적으로 1일 최대 설정 가능한 열차 회수를 나타내는 선로용량(Track Capacity)으로 표시한다.

① 파동 피크 시 1시간 또는 1일당 수송인 수, 톤(ton) 수를 산정하여 '평균승차효율'로 차량정원(고속 70%, 통근열차 150%) 산정
② 적재 톤(ton) 수로부터 수송차량 수를 산정
③ 열차편성과 열차 수를 산정

수송량과 열차횟수 산정

수송량과 열차횟수

일반적으로 수송량(수송인원 또는 톤수)과 열차 횟수의 관계는 다음과 같다.
수송량이 일정하면 1열차의 승차인원에 의해 열차 횟수는 정해진다.

$$1열차\ 당\ 승차인원 = 편성량\ 수 \times 1차\ 당\ 승차인원 \times 승차효율$$

$$승차효율 = \frac{열차승차인원}{1량\ 정원 \times 연결량\ 수} \times 100$$

$$열차횟수 = 수송량 \div 1열차\ 당\ 승차인원$$

편성량 수와 승차효율이 일정하면 수송량의 증가와 열차횟수의 증가는 비례한다.

$$(수송량 + 수송량\ 증가분) \propto (열차횟수 + 열차회수\ 증가분)$$

일정한 수송량에 대해서 열차의 수송력이 작아지면 열차횟수는 증가하고 열차횟수가 작아지면 수송력은 커진다. 이때 수송력의 크기는 동력차의 견인정수, 선로의 유효장, 승강장의 길이, 운전설비 등에 의하여 제한된다.

열차횟수 산정

수송량에서 열차횟수 산정방법에서 여객열차일 경우에는 먼저 여객열차 승차효율을 구하고 1차 평균 수송인원을 산출한다.

$$평균\ 승차효율 = \frac{평균\ 승차인원}{객실정원}$$

다음에 여객 추정 수송량(연인 km)를 1일 평균치로 하여 그것을 1차 평균 수송인원으로 나누면 1일당 차량 km를 얻게 된다.

$$1일당\ 차량\ km = \frac{여객\ 수송량(연인\ km)}{365} \div 1차\ 평균\ 수송인원$$

다음에 1열차 평균의 편성량 수를 가정하면,

$$열차\ km = 차량\ km \div 편성량\ 수$$

$$차량\ 수 = 차량\ km \div 1차량\ 당\ 평균주행\ km$$

화물열차의 경우에도 같은 방법으로 산정하면,

$$\text{열차 km} = \text{연톤 km} \div \text{1차량 평균 수송 톤수}$$

이와 같이 얻어진 열차 km를 1열차의 평균주행 km로 나누면 열차횟수를 구할 수 있다.

$$\text{열차횟수} = \text{열차 km} \div \text{1열차 평균주행 km}$$

2 선로용량 계산

선로용량의 계산은 수송력이 증가함에 따라 단선 통표폐색식을 단선 자동으로 할 것인지, 선로를 증설하여 복선자동으로 할 것인지를 결정하는 데 중요한 역할을 한다.

(표 10-9). 일반적인 선로용량

구분	단선구간	복선구간
용량	70~100일	• 일반열차 전용선 120~140회/일 • 전동차와 일반열차 혼용 200~280회/일 • 전동차 전용선 : 340~430회/일
특징	• 역간 길이가 짧고 균일할수록 큼 • 열차종류가 적고 열차속도가 높으면 큼 • 폐색취급이 간단할수록 큼	• 차량성능개선, 신호방식의 개량 등으로 종래의 복선선로 용량이 향상됨 • 역 착발선로의 다소, 분기기 배치, 제한속도 등에 의해 선로용량 변화

단선구간의 선로용량

단선구간은 역간 하나의 선로로 상·하선 공용으로 사용하게 되므로 하나의 선로로 양방향 운행을 하게 된다. 대향 열차에 대해서는 역간 1폐색구간으로 설정되므로 역간 거리가 길면 선로용량이 저하된다.

단선구간에 있어서 열차의 운행패턴은 정거장에서 저속열차가 고속열차를 대피하는 것과 상행열차와 하행열차가 정거장에서 교행하는 것으로 두 가지가 있으나 교행에 대한 다이아를 적용하여 산출한다.

$$N = \frac{1{,}440}{t + S} \times f$$

10장 신호시공 및 운영

여기서, N : 역 사이의 선로용량 (편도 1일 열차횟수)
t : 역간 운행시분[분](그 구간의 가장 저속열차 기준)
S : 운전취급 시분 (분)
f : 선로이용률(통상 0.55~0.70)
1,440 = 24시간 × 60분

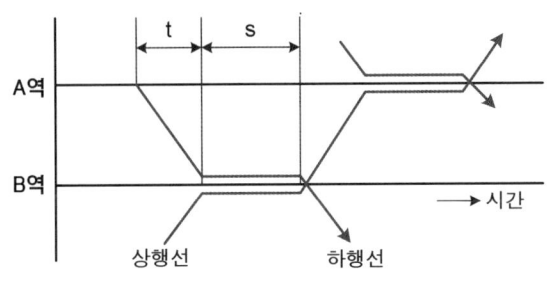

(그림 10-17). 단선구간 선로용량

운전취급시분은 반대쪽에서 오는 열차가 통과하고 선로전환기의 전환과 신호기를 취급하여 대피 중인 열차가 출발할 수 있는 상태로 되기까지의 소요시간이다.

- 폐색취급 시간(S) : 연동폐색식은 보통 2분 30초, 자동폐색식은 1분 30초
- 선로이용률(f) : 1일 24시간 중 열차를 운행하는 시간대의 비율로써 보통 0.5~0.7 사이의 값을 가진다.

▓ 복선구간의 선로용량

간선구간 (서로 다른 열차의 혼용구간)

철도공사 간선구간에서는 저속열차인 화물열차와 고속열차, 고속열차와 고속열차가 동일 선로에 혼용하여 운행하며, 저속열차는 운행 중 각 정거장에서 부본선으로 대피하여 고속열차를 선행 통과시키게 된다. 이 과정에서 저속열차는 부본선으로 대피하여야 하므로 분기부 통과 시 주행속도는 감속하게 된다.

저속열차가 정차 위치에 완전히 정거한 후 선로전환기는 다시 취급되어야 하며, 고속열차가 통과 후에도 다시 진로를 개통시켜야 하는 시간이 필요하게 된다.

$$N = 2 \times \frac{1{,}440}{hv' + (r+u+1)v} \times f$$

여기서, h : 고속열차 상호간의 시격(약 4~6분)
        r : 먼저 도착한 저속열차와 후속 고속열차 사이에 필요한 최소시격(약 3~4분)
        u : 고속열차 통과 후 저속열차 발차까지에 필요한 최소시격(약 2.5분)
        v : 전 열차에 대한 고속열차의 비율(고속열차 회수/편도열차 회수)
        v' : 전 열차에 대한 저속열차의 비율(저속열차 회수/편도열차 회수)
        f : 선로이용률(0.6~0.7)

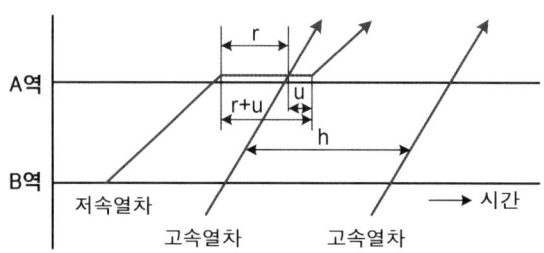

(그림 10-18). 복선구간 선로용량

전동차(통근열차) 구간

통근열차 구간의 열차운행 특성은 첨두시간(Rush hour)라는 특정한 집중 시간대에 최대수송력을 가지고 있으므로 1일을 기준으로 하고 있는 선로용량의 산출은 무의미하다. 따라서 첨두시간의 시간당 최대수송량을 기준으로 사용한다.

통근 전동차 전용구간에서는 고속열차, 저속열차 구분이 없으므로 고속열차 대피에 따라 지연되는 시분을 고려할 필요가 없으나, 앞으로는 선로의 고속화 및 직통열차가 운행되고 있는 추세이므로 열차운행 계획을 감안한다.

$$N = \frac{1{,}440}{h} \times f$$

여기서, h : 최소운전시격[분]
        f : 선로이용률(0.6~0.75)

3 선로이용률

선로이용률은 유효 시간대와 설정 열차와의 종별, 선로보수 등에 따라 열차를 설정할 수 있는 시간으로 1일 24시간에 대한 열차설정 가능 시간의 배율을 말한다.
열차운전은 수요 특성 및 선로보수 등에 따라 유효 운전시간대가 제약되기 때문에 실제 이용 가능한 총 열차횟수와 계산상 가능한 총 열차횟수는 차이가 있다.

$$선로이용률 = \frac{임의\ 선로의\ 이용\ 가능한\ 열차\ 총\ 회수}{임의\ 선로의\ 계산상\ 가능한\ 열차\ 총\ 회수}$$

4 최소운전시격

운전시격이란 안전을 확보할 수 있는 열차와 열차의 운행간격을 시분으로 표시한 것이다. 즉, 어느 지점을 열차가 통과한 후에 다음 열차가 안전거리를 확보하여 그 지점을 통과하기까지의 시간을 말한다. 운전시격에 있어 운행 가능한 최대 회수로서 밀집운전을 할 수 있는 최소시간을 '최소운전시격'이라 한다.

최소운전시격은 선로 이용효율을 나타내는 것으로써 'Headway'라고 하며 선로용량 산출과도 관계가 있다. 최소운전시격은 신호제어방식, 폐색구간의 길이, 열차 길이, 열차의 가감속도, 정차장의 착발선 수, 선로의 구배 및 곡선 등 각종 요소에 의하여 결정되며 정거장의 진출입 및 정차시간 등의 각 지점에서 그 수치가 다르다.
운전시격이 일정하여도 전후 열차의 안전거리는 운전속도에 의해 변화하며 속도가 높을수록 안전거리는 크게 된다.

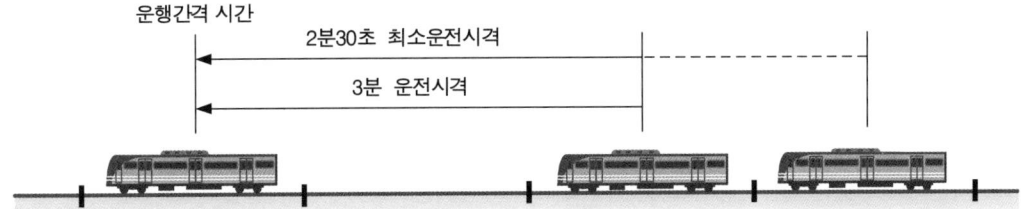

(그림 10-19). 열차 운행의 최소운전시격

설비상 최소운전시격

최소운전시격에는 설정상의 최소운전시격과 설비상의 최소운전시격이 있다. 물리적으로 설정되는 설비상의 최소운전시격에 대하여 여유시분(통근전차구간에서는 10초 정도, 각종 성능의 열차 운전구간에서는 여유시분을 더 가함)을 가한 것이 열차 설정상의 최소운전시격이며, 이것이 그 선로구간의 최소운전시격으로 사용된다.

열차 설정상의 최소운전시격의 예로써 첨두시간(혼잡시간) 대의 1시간당 24편성의 열차가 운행되는 구간에서는 2분 30초가 된다. (3,600초/24편성=150초)

이에 대하여 설비상의 최소운전시격보다 적어도 10초 이상의 여유를 두고 일반적으로 2분 40초 이하로 한다. 이와 같이 여유시간을 적용함으로써 열차의 지연 시 그만큼 완충하여 지연을 줄일 수 있기 때문이다.

최소운전시격 단축방안

도시철도 구간에서 승객이 집중되는 첨두시간(혼잡시간)에 수송률을 높이기 위해서는 최소운전시격의 단축이 중요한 요소가 된다. 이를 위해서는 선로, 차량, 전기, 신호설비 등 철도시스템 모든 분야에서 복합적으로 연관해서 검토해야 한다.

(표 10-10). 운전시격 단축방안

구 분	운전시격 단축방안
일반측면	① 가감속 성능이 우수한 열차를 도입하여 신속하게 운행한다. ② 선로의 곡선 및 기울기를 개선하여 속도를 향상한다. ③ 정거장의 도착선을 증설 또는 상호 사용하여 신속하게 유도한다. ④ 승강장의 선로를 가급적 직선화하여 통과속도를 향상한다. ⑤ 승강장 안전문을 설치하여 통과속도를 향상한다.
신호측면	① 고정폐색에서 궤도회로의 분할을 세분화하여 운행간격을 단축한다. ② 분기부의 통과속도를 향상하여 열차 교행 시 감속운행을 자제한다. ③ 현대화된 폐색제어시스템으로 간격제어와 속도제어를 향상한다. ④ 회차선의 입환을 자동화하여 기관사의 이동시간을 단축한다. ⑤ 지상신호방식에서 구내 폐색신호기를 증설하여 자체시간을 단축한다.

10장 신호시공 및 운영

5 최소운전시격의 산정

도시철도와 같이 동일한 기종의 열차만 운행되는 구간에서는 정차시분, 폐색의 간격, 열차의 정차장, 구내의 진입속도, 열차길이, 열차의 제동력 등에 의해 최소운전시격이 결정된다. 즉 열차가 역간을 등속도로 운행하는 것은 좌우되지 않지만, 역 부근에서 정차하고 있는 선행열차에 후속열차가 접근하는 경우는 최소운전시격 단축에 영향을 끼친다.

▌ 차상신호방식의 최소운전시격

역간 최소운전시격

동일한 방향으로 2개의 열차가 최고속도로 속행할 경우 후속열차가 선행열차에 접근하여 제한속도를 받지 않고 구간 최고속도신호로 운전할 수 있도록 ATC신호 단계의 수만큼 폐색구간이 필요하게 된다.

역 중간에 있어서 선행열차와 후속열차의 관계는 열차의 그 구간에 있어서 최고속도에서의 제동거리 + 여유거리의 간격이 있으면 안전한 운행이 된다. 열차간격 Li는 제동거리 + 여유거리이므로,

$$Li = \frac{V_{max}^2}{7.2(\beta + gm/31)} + \frac{V_{max}}{3.6} \times t + S$$ 까지 접근할 수 있다.

여기서, V_{max} : 역간 최고속도[km/h],
  β : 감속도[km/h/s],
  t : 공주시간[sec]
  gm : 환산구배[‰],
  S : 안전여유거리(10~20m)

이와 같이 계산된 Li[m] 이상의 최대거리를 확보하여야 하며, 이 Li[m]를 주행하는데 소요되는 시간이 이 구간의 최소운전시격이 되며 그 계산은 다음과 같다.

$$최소운전시격(Hi) = 3.6 \times \frac{Li + 열차길이}{Vi}$$

여기서, Hi : 역 간의 최소운전시격[sec],
  Vi : 역 간 열차속도[km/h]

역부근 최소운전시격

역 부근에서는 역에 정차 중인 선행열차와 후속열차가 접근하는 경우로써, 선행열차가 발차하는 시점에서 후속열차와의 간격(Li)은 다음 식으로 나타낸다.

$$Li = \frac{Vs^2}{7.2(\beta + gm/31)} + \frac{Vs}{3.6} \times t + S$$

여기서, Vs : 역에 접근하는 열차속도[km/h], β : 감속도[km/h/s],
t : 공주시분[sec], gm : 환산구배[‰],   S : 안전여유거리(10~20m)

최소운전시격(Hs)은 다음의 식으로 나타낸다.

$$Hs = 3.6 \frac{Ls}{Vs'} \times ts + Sa$$

여기서, Vs' : Vs에서 정차지점까지의 평균속도,   ts : 정차시분,
ta : 선행열차가 발차 후 열차의 후미가 출발진로 내방의 과주구간을 통과해 승강장 구간에 진행신호가 현시되기까지의 시간

역구내 최소운전시격

역 부근의 최소운전시격은 열차가 정차중인 선행열차에 접근하는 후속열차의 속도와 정차장에서의 폐색구간 수에 따라서 다르다. 이를 식으로 나타내면,

$$Li = \frac{V_1^2}{7.2\beta} + \frac{Vs}{3.6} \times t + S$$

여기서, V1 : 역에 접근하는 열차속도[km/h], β : 감속도[km/h/s],
t : 공주시분[sec],   S : 안전여유거리

최소운전시격(Hs)은 다음의 식과 같다.

$$Hs = 3.6 \times \frac{열차간격 + 열차장 + 폐색장}{V_2} \times Vs + Ts + Ta + Tb$$

여기서, V2 : V1에서 정차까지의 중간속도[km/h],
Ts : 정차시간[sec],
Ta : 선행열차가 발차 후 열차의 후미가 출발진로 내방을 통과해 승강장 구간에 진행신호가 현시되기까지의 시간,
Tb : V2에서 정차하기까지의 시간[sec]

지상신호방식의 최소운전시격

지상신호방식에서의 열차의 운행간격은 신호기의 현시 체계에 의하여 열차의 운행이 제어됨으로써 3현시, 4현시, 5현시 방식에 따라서 최소운전시격의 차이가 있다.
또한 정거장에 부근에서는 정거장에 정차하고 있는 열차, 정거장을 진출하는 열차, 정거장을 진입하는 열차에 의하여 최소운전시격이 좌우된다.
3개의 자동폐색신호기에서 선행열차가 3번-2번-1번 신호기를 통과한 후 3번 신호기가 다시 G현시로 변환되고 후속열차가 3번 신호기에 접근하여 G현시를 확인한 지점과 선행열차 간의 거리를 주행시간으로 환산한 것이 최소운전시격이다.
선행열차와 후속열차 간의 최소운전시격은 운전시격도에 의하며, 실제 운전할 수 있는 최대 총 열차회수는 신호기의 간격, 신호현시계통, 착발선 수, 차량의 성능, 정거장에 정차시분 등을 감안한다.

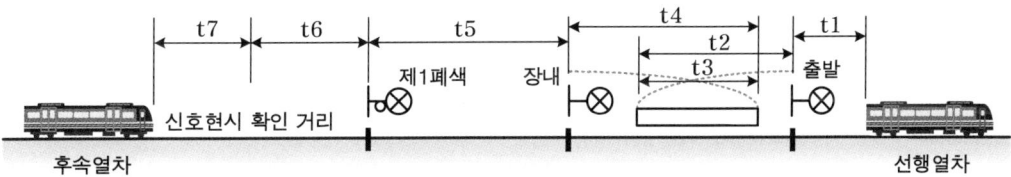

(그림 10-20). 운전시격 산출도

위의 그림에서, 착발선이 1개 선로인 3현시의 운전시격은 선행열차가 출발신호기를 지난 시점을 유념하여 최소운전시격(T_R)은 다음 식에 의하여 표시된다.

$$T_R = t_1 + t_2 + t_3 + t_4 + t_5 + t_6 + t_7$$

여기서, t_1 : 신호현시가 변화하는 시분
t_2 : 선행열차가 발차 후 후부가 출발신호기의 안쪽에 진입할 때까지 시분
t_3 : 승강장 정차시분
t_4 : 열차의 앞부분이 장내신호기 안쪽에 진입 후 정차할 때까지의 시분
t_5 : 열차가 후방 제1폐색신호기와 장내신호기 사이를 주행하는 시분
t_6 : 열차가 계획속도에 의해 제1폐색신호기의 신호현시(주의: 45km/h)로 감속하는데 요하는 거리를 계획속도로 주행하는 시분
t_7 : 승무원이 신호현시를 확인하고 제동할 때까지 시분(약 3초)

열차는 상시 진행신호를 확인하면서 운전해야하기 때문에 후속열차가 폐색신호기의 확인지점에 도착한 시점에 선행열차는 출발신호기 안쪽에 진입하고 장내신호기, 폐색신호기의 신호현시도 변화하지 않으면 안 된다.

따라서 아래 그림과 같이 선행열차에 이어서 후속열차의 시간곡선을 작성하여 최소운전시격을 정한다.

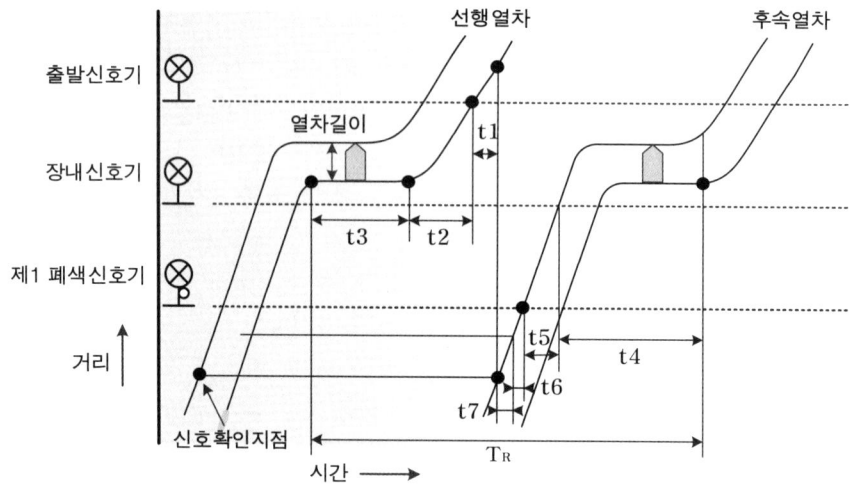

(그림 10-21). 시간곡선에 의한 최소운전시격

기본 설명

고정폐색에서 폐색분할은 열차의 운행간격을 좌우하는 중요한 요소로서 향후 교통수요를 고려하여야 하며, 또한 첨두시간(혼잡시간)에는 제한된 고정 폐색구간 내에서 최소운전시격을 단축하기 위하여 신호시스템의 제어능력을 최고로 발휘하여야 한다.

1 머리 기술

열차는 하나의 동일 선로 상에서 일정한 방향으로 순차적으로 운행함으로써 열차 상호 간에 안전거리를 확보하여 이례상황 시에도 충돌·추돌을 방지하고, 열차의 운행효율을 증대하기 위해서 구분된 하나의 선로구간에 하나의 열차만이 점유하도록 하는 최소단위의 열차운행 구역을 '폐색구간'이라 한다.

폐색구간의 분할 목적은 고정폐색에서 열차의 최소 안전운행구간 설정과 속도향상 구간을 증대하여 열차의 운행효율을 향상하기 위한 것이다.

폐색구간 분할시 고려사항

폐색구간에서 선행열차의 운행위치 조건에 따라 후속열차는 최소 2개 폐색구간 이상이 Free speed로 운행할 수 있도록 하여야 열차의 최적 운행효율을 기대할 수 있다.

폐색구간은 고정폐색에서 열차운행에 미치는 중요한 요인으로써 열차의 안전운행은 물론 열차의 수송량이 좌우되며 선로 상에 어떠한 위치에서도 선행열차와 후속열차 상호 간의 안전을 보장하는 최소운전시격으로 수송량이 결정된다.

열차운행의 효율적인 폐색구간 분할을 위해서는 필요한 요소를 정의하여 선로이용률을 향상시키고 장래의 수송수요 증가에 대응할 수 있도록 한다.

폐색분할 고려사항

선로이용율과 안전운행을 고려하여 폐색구간을 적절하게 분할하여야 하며, 이를 위해서 일반적으로 시뮬레이션을 활용하고 있다.

열차의 운전속도, 운전시분, 주행거리 등의 상호관계와 선로조건을 고려하여 합리적으로 분할한다. 또한 선구에 운행하는 열차 중 최악 조건의 제동거리를 고려해야 하며, 동일 조건하에서 제동거리가 가장 긴 열차를 기준으로 폐색구간을 분할한다.

(표 10-11). 폐색구간 분할 시 고려사항

주요항목	세부내용
선로조건	① 곡선구간 통과에 따른 속도제한 ② 하구배의 제동거리 및 상구배의 구배저항 영향 ③ 분기선로 구간에서의 속도제한 ④ 선형 및 종단도
차량성능	① 열차의 가속력 및 감속력, ② 열차의 공주시간 및 공주거리 ③ 열차저항 및 열차의 길이 ④ 상용제동거리를 결정하는 상용제동 특성
정거장	① 정거장 중심 및 정차위치 ② 역 정차시간 및 여객 승하차 시간 ③ 대피선 및 통과선의 사용 여부(역의 운전경로)
신호설비	① 신호시스템의 최소운전시격 및 최고허용속도 ② 식별이 용이한 신호기 건식위치 ③ 폐색구간의 신호현시 단계

2 4구간 폐색분할

폐색구간의 분할은 균등분할과 5구간 분할 원칙에 따라 열차가 항상 진행신호를 보고 운전할 수 있도록 하여야 한다. 또한, 열차의 운전속도, 운전시분, 주행거리 등의 상호관계가 선로의 조건을 고려하여 분할되어야 한다.

아래 그림과 같이 선행열차의 후방 신호기가 진행신호로 되는 5번째 신호기의 바깥에 후속 신호기가 있도록 시간 T_0 이상의 간격으로 후속열차를 설정한다. 후속열차가 진행신호를 보고 진행할 수 있는 5폐색구간을 확보하였을 때 선행열차와 후속열차와의 시간적 관계를 T_0로 표현하며, T_0는 그 선구에 있어서 최소운전시격이 된다.

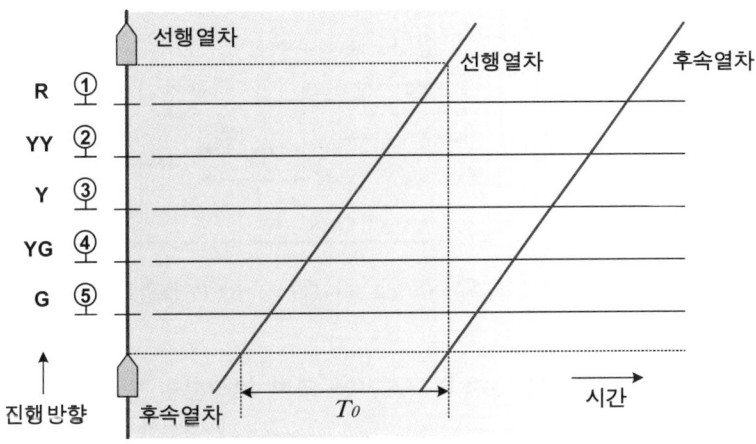

(그림 10-22). 4구간 폐색분할의 원칙

3 폐색구간 분할방법

폐색구간은 선구의 균등분할과 5구간 분할원칙에 의해 구분되며 열차별 제동거리가 다르므로 폐색구간의 분할은 선구에 운행하는 여러 종류의 열차 중에서 제동거리가 가장 긴 열차를 기준으로 하여 폐색구간을 분할한다.

5현시 구간의 폐색구간 길이는 다음의 그림과 같이 다음의 조건을 동시에 만족하는 값이어야 하며, 이 경우 제동거리의 여유를 감안하면 폐색구간은 600~800m 정도가 된다. 따라서 신호기의 확인거리는 열차의 제동거리를 고려하여 결정하는 것으로 비상제동에 의하여 산출하는 것이며 신호현시의 확인거리는 600m 이상으로 한다.

① L_4 >65km/h→0으로 정지요구 거리 : 비상제동을 작동하여 R전방의 여유거리에서 열차가 완전히 정지할 수 있는 거리 이상으로 한다.

② $L_1 + L_3$ >105km/h→0으로 정지요구 거리 : 비상제동을 작동하여 R전방의 여유거리에서 열차가 완전히 정지할 수 있는 거리 이상으로 한다.

③ L_3 >65km/h→25km/h로 감속요구 거리 : 상용제동으로 감속하여 YY전방의 여유거리에서 열차가 25km/h로 감속할 수 있는 거리 이상으로 한다.

④ $L_2 + L_1$ >150km/h→105km/h로 감속요구 거리 : 상용제동으로 감속하여 Y전방의 여유거리에서 열차가 65km/h로 감속할 수 있는 거리 이상으로 한다.

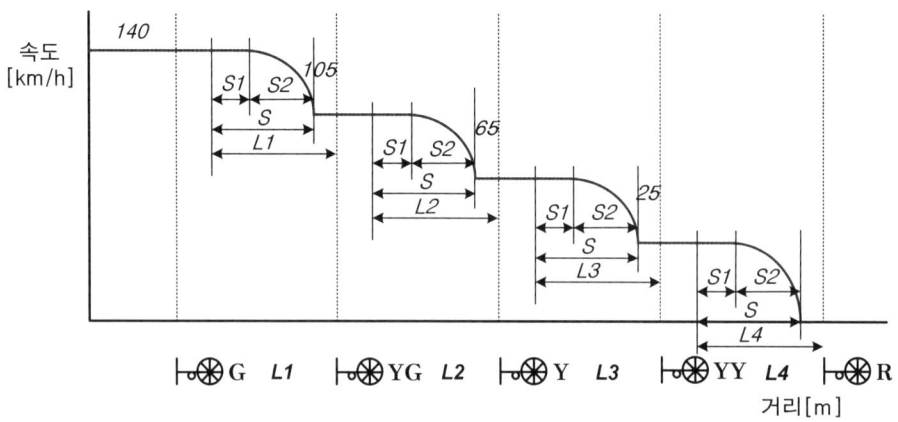

(그림 10-23). 신호현시조건에 의한 폐색분할 방법

여객열차의 제동거리

① 열차가 진행신호 (G : 150km/h)에서 정지신호(R : 0 km/h)로 감속하는 데 필요한 상용제동(일반제동) 거리는 다음과 같다.

$$S = (\frac{V^2max}{7.2\beta} + \frac{V}{3.6} t) \times 1.2 = (\frac{150^2}{7.2 \times 1.8 \sim 2.0} + \frac{150}{3.6} \times 5) \times 1.2$$

$$\fallingdotseq 2,333 \sim 2,125 \ [m] = 2.224 \ [m]$$

② 열차가 진행신호(G : 150km/h)에서 정지신호(YG : 105km/h)로 감속하는 데 필요한 상용제동거리는 다음과 같다.

$$S = \frac{V_1^2 - V_2^2}{7.2\beta} = \frac{150^2 - 105^2}{7.2 \times 1.8 \sim 2.0}$$

$$\fallingdotseq 885 \sim 797[m] = 840[m]$$

이므로 1폐색구간 거리는 840m 이상으로 설계한다. 이 경우 선로 최고속도 150km/h 에서 정지하는 데 필요한 3폐색구간(YG→Y→YY→R) 거리는 840m×3구간 = 2,520m 이므로 150km/h에서 정차 시까지 상용제동거리 2,224m를 확보할 수 있다.

10장 신호시공 및 운영

폐색구간의 길이가 다른 경우

고정폐색구간의 단계적 속도제어에서 폐색구간 길이가 짧아질수록 폐색구간 수는 증가하게 되며, 열차를 연속하여 운행할 경우 열차 간의 운행간격을 단축할 수 있다.
최소 폐색구간 길이는 최대 제동률에서 제동률이 0에 이를 때까지 거리이고, 그 거리는 제동장치의 응답지연시각과 같다.
폐색구간의 길이는 열차속도와 관계없이 열차가 그 폐색구간을 15~20초 사이에 통과할 수 있는 거리로 설정되며, 따라서 기관사는 매 15초~20초마다 허용속도 내로 열차속도를 제어하여야 한다. TGV 경우 300km/h의 속도로 1,500m의 궤도회로(폐색구간) 구간을 통과하는 데 소요되는 시간은 18초이다.
폐색구간 분할에 있어서 구배는 제동력·견인력 작용으로 고려되어야 하므로 상구배에서는 폐색구간이 짧아지게 되고 하구배에서는 폐색구간이 길어지게 된다.

중간속도 단계를 이용한 균등분할

일반적으로 폐색분할을 시행하는 목적은 최소운전시격을 확보하는 데 있으며, 이때 신호현시별 중간속도단계를 결정하게 된다. 폐색구간 분할은 균등분할과 4구간 분할원칙에 의하여 열차운행 최고속도(상위속도) V1에서 하위속도 V2까지 감속시키는 데에 소요되는 제동거리와 V2에서 다음 하위속도 V3까지 감속하는 데 소요되는 제동거리가 거의 비슷하도록 결정하는 것이 가장 효율적이다.
또한, 열차의 운전속도, 운전시분, 주행거리 등의 상호관계와 선로조건을 고려하여 합리적으로 분할하여야 한다. 중간속도 단계를 결정할 때에는 최고속도로부터 제동거리를 감안하여 산출하며, 중간속도단계 V2의 결정은 다음 식과 같다.

$$V_2 = \sqrt{\frac{V_1^2}{2} + (V_1 - \sqrt{\frac{V_1^2}{2}}) \, t \cdot \beta}$$

여기서, V_2 : 중간속도단계[km/h], 단계별 하위속도
V_1 : 열차최고속도[km/h], 단계별 상위속도
t : 공주시간[sec]
β : 열차의 감속도[km/h/s]

아래 그림은 기본적인 폐색구간을 분할을 나타내는 것으로 최고속도 V1에서 정차하는 데 까지 소요되는 제동거리의 약 1/2 구간을 V3로 선정하고 V1과 V3사이 V3와 정지지점 사이를 2등분하여 V2와 V4의 속도단계를 지정한다.

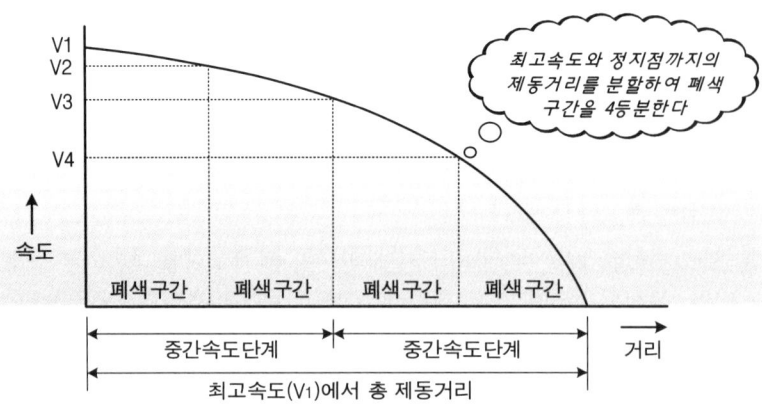

(그림 10-24). 폐색구간의 4분할

이와 같이 각 속도단계별 감속 소요거리를 같게 하면 어떤 상황의 열차운전에도 적용할 수 있는 기본적인 폐색분할이 된다. 이러한 기본 속도단계 외에 승차감 향상, 선로조건에 따른 감속요인 등에 대비하여 속도단계를 선정하는 것이 바람직하다.

4. 폐색신호기 위치선정

폐색신호기는 지상신호방식에서 각 폐색구간의 경계지점마다 설치하는 신호기로서, 적절한 속도신호 정보를 신호기에 현시하여 폐색구간(안전제동거리)의 확보와 최소운전시격(Headway)의 실현이라는 두 가지 목적으로 건식된다.

폐색제어는 열차 간의 추돌을 방지하기 위하여 선행열차의 이동에 따라서 후속열차의 운행속도와 안전한 폐색구간 간격을 자동으로 확보하는 역할을 한다.

최소운전시격을 확보하기 위해서는 적절하게 폐색구간을 분할하여 폐색신호기를 설치하고, 정거장 간 폐색구간 수를 늘리고 폐색신호기를 증설하는 것이다.

폐색신호기의 설치위치 결정

운전시격

선로 구내를 주행하는 열차의 종별, 역 구내의 배선 상황 등에 유의하여 열차 다이아로부터 운전간격을 구하고 이를 역 간마다 결정한다.

10장 신호시공 및 운영

열차길이

단일 선로에 여러 기종의 열차가 혼용운행하는 경우에는 해당 구간을 대상으로 운행하는 열차 중 전체 길이가 가장 긴 열차에 의한다.

신호현시 확인거리

선행열차의 통과 후 후부 폐색신호기가 진행현시를 현시하였을 때 후속열차가 제동을 하지 않고 접근할 수 있는 거리를 구한다. 5현시의 경우에는 ATS 지상자가 응동 가능한 최고속도 140km/h에서 105km/h로 감속을 요하는 거리는 다음에 의한다. 다만, G현시를 지나서 YG현시로 접근하는 경우이며 구배는 없는 경우이다.

$$S = S_1 + S_2 + L = \frac{V}{3.6} t + \frac{V^2}{7.2\beta} + L$$

여기서, S : 제동거리[m], S_1 : 공주거리[m], S_2 : 실제동거리[m]
 t : 공주시간[초], 과속검지 후 실제 감속시작 전까지의 시간
 L : 제동 여유거리[m], V : 세통 개시 전 속도[km/h]
 β : 감속도[km/h/s], (1m/s/s = 3.6km/h/s)

(표 10-12). 45km/h 감속 시 필요거리

열차 종별	최고속도 [km/h]	공주시분 [sec]	감속도 [km/h/s]	필요한 거리[m] (제동거리+공주거리)
KTX	140	7	2.1	567+390=957
여객열차(예 8량 편성)	140	7	3.0	396+390=786
전기동차(열차, 간선형)	140	6.3	3.0	396+390=786
전기동차	110	2(4)	3~3.5	50~61=111
화물열차(예 40량 편성)	85	8.5	1.3	제외(제한속도 미만)

신호현시 소요시분

열차가 어느 신호기 내방에 진입했을 때 후방 2의 신호현시가 Y로부터 G로 변화하는 데 필요한 시분으로 한다. 일반적으로 1초 이내로 하고 여유를 감안하여 2초로 한다. 따라서 시간 t_1으로 주행하는 거리 L_1은 다음과 같다.

$$L_1 = t_1 \times V$$

단, V[m/sec]는 열차 속도로 한다.

시간-거리에 의한 폐색신호기

자동폐색식 구간에 폐색신호기를 많이 설치하면 폐색구간을 단축시켜 운전시격을 짧게 하기 때문에 많은 열차를 운행할 수가 있다. 일반적으로 후속열차의 운행을 원활히 하기 위하여 항상 진행신호 현시로 운행할 수 있게 한다.

그러므로 2개 구간 개통까지의 운행시간(T)이 그 구간의 최소운전시격(T_R)보다 짧게 하는 지점에 폐색신호기를 설치하게 된다.

설치위치의 선정은 아래 그램에서 3현시방식과 같이 거리-시간 곡선을 이용하고 최소운전시격 T_R은 $T_R>T$를 만족시켜야 한다. 신호기 사이를 운행하는 시간 t와 같게 곡선반지름과 터널 및 교량 등의 지장물 유무를 검토하여 신호기 위치를 선정해야 한다.

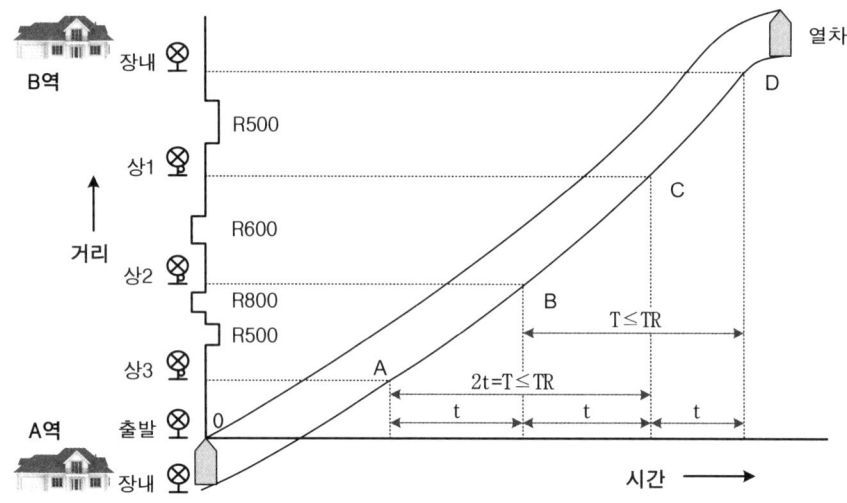

(그림 10-25). 폐색신호기의 설치위치 선정

10장 신호시공 및 운영

기본 설명

열차가 선로 주변 시설물과 접촉하지 않고 안전하게 주행할 수 있도록 선로 주변의 시설물들은 일정거리 이상을 이격하여 설치하는 한계를 규정하고 있다. 선로전환기, 신호기, 접속함, 기구함 등의 현장설비도 건축한계를 고려하여 설치하여야 한다.

1 건축한계와 차량한계

건축한계

차량한계와 건축한계는 차량과 시설물 사이에 일정한 공간을 확보하여 어떤 경우에도 서로 접촉하지 않고 안전하게 차량을 운행할 수 있도록 하기 위한 것이다. 선로변에 구조물을 설치할 경우 열차가 선로를 안전하게 주행하도록 궤도상에 일정한 공간을 유지하기 위하여 차량한계 외에 확보하여야 할 최소공간을 '건축한계'라고 한다.
건축한계의 크기는 꼭 필요한 차량한계가 정해지고, 여기에 차량 주행 시 상하좌우로 동요하고 궤도틀림, 또한 승무원과 승객이 차창에서 신체의 일부를 내놓은 경우도 있어 차량 외측에는 어느 정도의 여유를 두어야 한다.

차량한계

차량한계는 차량을 운전하는 경우 차량의 최외곽부가 선로상에 설치된 구조물에 접촉되지 않도록 규정한 좌우상하의 공간적인 한계를 말한다.

차량한계는 직선로에서 차량이 정지상태에 있을 때 이 한계를 넘을 수 없도록 하는 치수상의 제약으로써, 차량이 직선궤도 위에 똑바로 선 위치에서 각종 차량 단면의 크기를 제한하는 최대의 범위이다.

차량의 크기, 즉 차량의 단면은 클수록 수송력 증대에 유리하지만 경제적, 주행 시의 편의성 등을 고려하여 일정한 한계가 정해져 있는데 이를 '차량한계'라고 한다.

건축한계와 차량한계는 상호 간 접촉하지 않도록 한계 범위를 각각 정하고 있다. 차량이 주행 중의 동요나 스프링의 변위 등에 의해 차량한계를 침범하여도 건축한계와의 사이에 일정한 여유 공간을 두어 안전을 확보하고 있다.

(표 10-13). 차종별 차량한계 (단위 : mm)

차 종	차체길이	연결면 거리	너비	높이
일반차량	–	–	3,600	4,500
대형전동차	19,500	20,000	3,200	4,250
중형전동차	17,500	18,000	2,800	4,250
경전철(고무차륜)	9,140	9,640	2,450	3,700
경전철(철제차륜)	25,600	26,400	2,700	3,600

직선구간의 건축한계와 차량한계

열차의 편위를 감안하여 건축한계에서 200mm를 이격하여 차량한계가 설정된다. 따라서 건축한계와 차량한계 사이에는 완충구간인 200mm가 있게 된다.

- 레일면상의 높이는 비전철 구간에서 5,150mm, 전철구간에서는 6,450mm이다.
- 궤도면상 높이의 차량한계는 일반차량의 경우 4,800mm이며, 전기운전을 하는 차량의 한계는 집전장치를 편 경우에 있어서 6,000mm이다.
- 궤도중심에서 차량한계는 좌우 1,700mm이며, 열차표시의 한계는 1,800mm이다.

(표 10-14). 건축한계와 차량한계

구 분	건축한계[mm]	차량한계[mm]
높 이	5,150	4,800
너비 (폭)	4,200	3,600
궤도중심~승강장까지 거리	1,675	1,600

10장 신호시공 및 운영

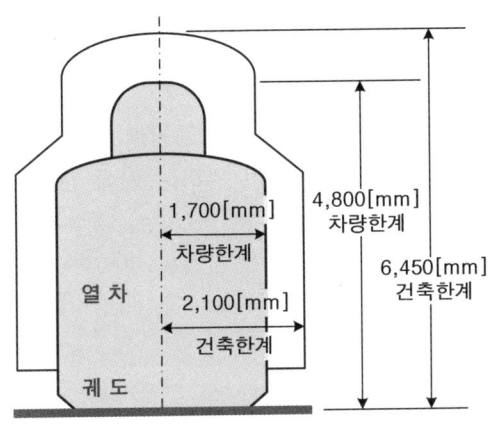

(그림10-26). 건축한계 · 차량한계

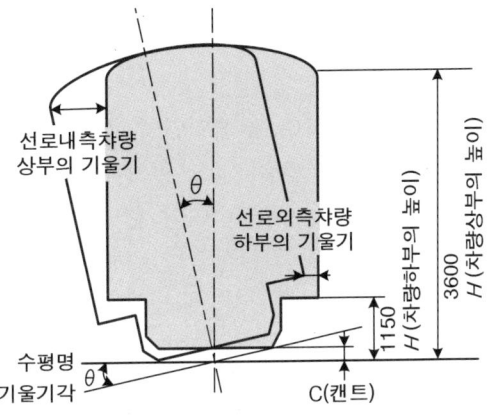

(그림10-27). 곡선부의 차량 기울기

▓ 곡선구간의 건축한계

곡선의 내측에 있어서는 캔트에 의한 차량경사 때문에 확대 치수를 고려해야 한다. 곡선로에 있어서 차량의 중앙부는 곡선 안쪽으로 편위 되므로 곡선 부근의 건조물과 차량의 간격을 차량의 편위만큼 곡선로의 건축한계 폭을 확대할 필요가 있다.

곡선구간의 건축한계는 다음의 공식에 의하여 산출된 양과 캔트에 의한 차량 경사량 및 슬랙량을 더하여 확대하여야 한다. 다만, 가공전차선 및 그 현수장치를 제외한 상부에 대한 건축한계는 이에 의하지 않을 수 있다.

$$W = \frac{50,000}{R} \text{ [mm] (전동차 전용선인 경우 } \frac{24,000}{R} \text{ mm)}$$

여기서, W : 선로 중심에서 좌우측으로의 확대량[mm]
R : 선로의 곡선반경[m]

그리고 곡선의 외측에 있어서는 내측과 반대로 건축한계를 축소하는 것이 가능하다. 일반적으로 곡선반경 R[m]의 곡선 내측에서의 건축한계 E는,

$$E = 2,100 + \frac{50,000}{R} + \frac{3,600A}{(1.435+S)} + S \text{ [mm]}$$

곡선의 외측에서의 건축한계 E는,

$$E = 2,100 + \frac{50,000}{R} + \frac{1,250A}{(1.435+S)} + S \text{ [mm]}$$

여기서, A : 캔트(Cant) S : 슬랙(Slack)

2 궤도중심간격

궤도가 2선 이상이 부설되었을 경우에는 궤도와 궤도 사이에 일정한 공간을 확보하여 열차의 교행에 지장이 없고 열차 내의 승객에게 위험이 없도록 하기 위하여 인접 선로간에 안전한 간격을 유지하여야 한다. 또한, 정거장 내에 병렬로 유치되어 있는 차량 사이에서 차량정비 및 입환작업을 위해 인접한 두 선로의 중심 상호간의 간격을 규정으로 정해두고 있는데 이를 '궤도중심간격'이라고 한다.

(그림 10-28). 궤도중심간격

정거장 내 궤도중심간격

① 정거장 내에 나란히 설치하는 궤도의 중심간격은 4.3m 이상으로 한다.
② 6개 이상의 선로를 나란히 설치하는 경우에는 5개 선로마다 인접 선로와의 궤도의 중심간격이 6.0m 이상인 하나의 선로를 확보한다.
③ 고속선의 경우 통과선과 부본선 간의 궤도중심간격을 6.5m로 한다.
④ 곡선구간에서 궤도중심간격은 차량 편기, 캔트 및 슬랙에 의한 경사량 만큼 확대해야 하며, 여기에 건축한계 확대량을 더하여 확대한다.
⑤ 정거장 내에서는 신호기, 전차선로 지지주 설치 등을 감안하여 확대한다.

(표 10-15). 정거장 내 설계속도의 최소궤도중심간격

설계속도V	최소 궤도중심간격
200 < V ≤ 350[km/h]	4.8m
150 < V ≤ 200[km/h]	4.3m
V ≤ 150[km/h]	4.0m

10장 신호시공 및 운영

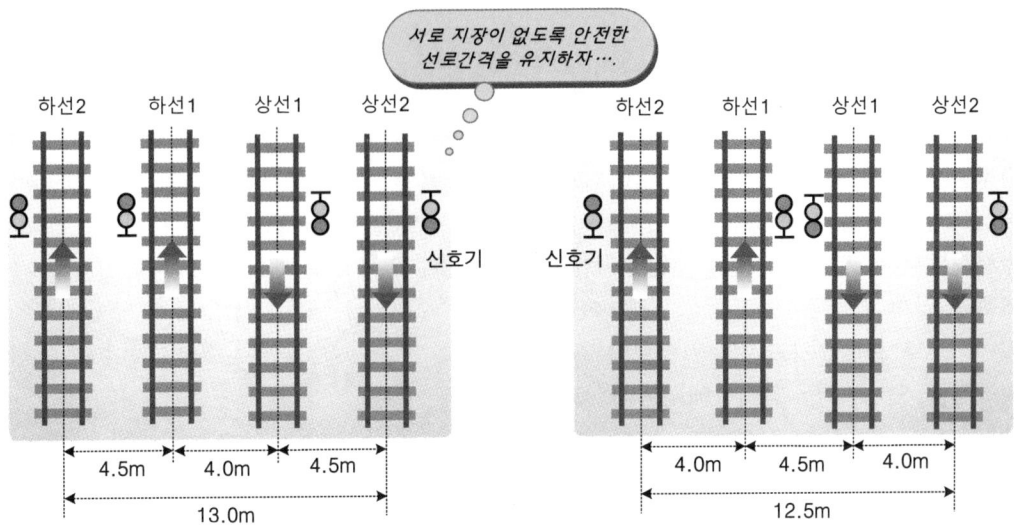

(그림 10-29). 궤도중심간격 2, 3, 4급선

정거장 외 궤도중심간격

① 2개의 선로를 나란히 설치하는 경우 궤도의 중심간격은 고속선은 5.0m 이상으로 한다. 이 경우 1급선은 4.3m 이상, 2급선·3급선·4급선은 4.0m 이상으로 한다.
② 3개 이상의 선로를 나란히 설치하는 경우에는 서로 인접하는 궤도의 중심간격 중 하나는 4.5m 이상으로 한다.
③ 정거장 외의 구간에서 2개의 선로를 나란히 설치하는 경우에 궤도의 중심간격은 설계속도에 따라 다음 표의 값 이상으로 한다.

(표 10-16). 정거장 외에서 설계속도에 의한 최소 궤도중심간격

설계속도 V[km/h]	궤도의 최소 중심간격
250< V ≤350	4.5m
150< V ≤250	4.3m
70< V ≤150	4.0m
V ≤70	3.8m

3 유효장(Clearance)

유효장이란 정거장 내에 선로에서 열차 또는 차량을 수용함에 있어 인접선로에 대한 열차착발 또는 차량 출입에 지장 없이 그 선로가 수용할 수 있는 최대길이를 말한다. 단, 본선의 유효장은 인접 측선에 대한 열차 착발 또는 차량출입에 제한을 받지 않아야 한다. 일반적으로 선로의 유효장은 차량접촉한계표 간의 거리를 말한다.

일반적으로 화물열차가 여객열차보다 길기 때문에 여객전용 역 이외의 정거장에서는 화물열차의 길이에 따라 유효장이 결정된다. 본선의 최소 유효장은 선로구간을 운행하는 최대 열차길이에 따라 정해지며 최대 열차길이는 선로의 조건, 기관차 견인정수 등을 고려하여 결정한다.

(그림 10-30). 차량접촉한계표

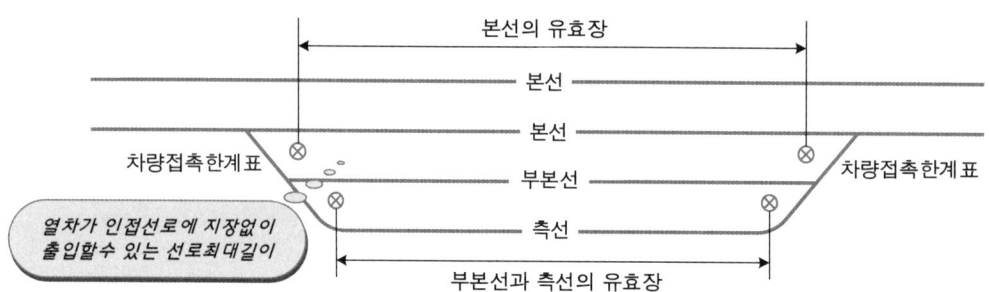

(그림 10-31). 차량접촉한계표에 의한 유효장

▌선로 유효장 설정

본선의 유효장은 화물열차의 길이를 기준으로 하며 다음 식으로 산정한다.

$$E = \frac{l \cdot N}{a \cdot n(1-a) \cdot n'} + L + C$$

여기서, E : 유효장[m], l : 화차 1량의 평균길이
N : 기관차 견인지수, a : 영차율
n : 영차의 평균 환산량 수
n' : 공차의 평균 환산량 수
L : 기관차 길이, C : 여유길이

10장 신호시공 및 운영

여기서 여유거리 C는,

- 화물열차의 여유거리(35m) : 과주여유거리 20m(전후 각 10m) + 신호 주시거리 5m + 연결기의 신축여유거리 5m
- 여객열차의 여유거리 : 과주여유거리 4량 이하 10m, 5량 이상 20m + 신호 주시거리 10m
- 측선의 유효장 구하는 식에서 여유거리는,
  인상성 20m + 기관차 대기선 50m(중련고려 : 다중연결) + 객차 유치선 : 20m

▓ 본선 유효장

* 선로 양단에 차량접촉한계표 또는 절연장치 사이 길이 중 작은 값으로 한다.

❶ 차량접촉한계표만 설치된 경우

- 차량을 유치하는 선로의 양 끝 차량접촉한계표 상호 간의 길이로 한다.

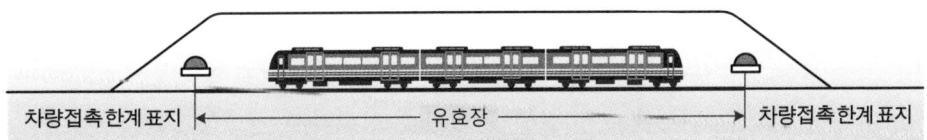

❷ 차량접촉한계표와 출발신호기가 설치되어 있는 경우

- 출발신호기가 설치되어 있지 않은 곳의 차량접촉한계표와 출발신호기가 설치되어 있는 곳의 출발신호기까지 길이로 한다.

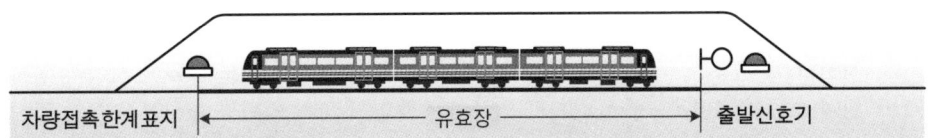

❸ 궤도회로와 차량접촉한계표·출발신호기가 설치되어 있는 경우

- 궤도회로 절연장치가 차량접촉한계 내방 또는 출발신호기 외방에 설치되어 있는 경우 절연장치까지 길이로 한다.

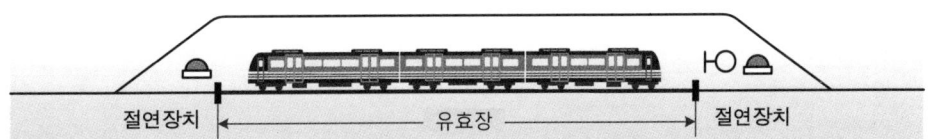

측선 유효장

① 양단에 분기기가 있는 경우는 전후의 차량접촉한계표 간의 길이로 한다.
② 선로의 끝에 여러 종류의 차막이가 설치되어 있을 때는 차량접촉한계표로부터 차막이의 연결기받이 전면까지의 길이로 한다.
③ 유효장 시종단의 측정방법은 최내방 분기기가 열차에 대하여 대향인 경우 보통 분기기에서는 포인트 전단으로 한다. 궤도회로가 있는 경우 레일이음매와 위치를 거의 일치시킨다.
④ 최내방 분기기가 열차에 대하여 배향인 경우 차량접촉한계표 위치로 한다. 궤도회로가 있는 경우 절연이음매의 위치로 한다.

(그림10-32). 차량접촉한계와 절연이음매

선로 유효장 내의 분기기 설치

① 본선 유효장 내에는 안전확보를 위해 분기기를 설치하지 않도록 계획한다.
② 부득이한 경우에는 다음과 같이 설치할 수 있다.
- 입환작업이 적은 화물적하선을 분기할 때
- 입환작업이 적은 유치선을 분기할 때

> **What** ☎ "차량접촉한계표"가 무슨 표시인가?
>
> 차량접촉한계표는 두 선로로 분기하거나 교차하는 경우 두 선로의 안쪽 지점에 설치되며, 차량접촉한계표를 중심으로 양쪽의 선로에서 분기 방향을 향하여 열차가 동시에 진입하면 차량이 서로 접촉할 수 있는 구역의 한계점을 나타내는 표시이다.

10장 신호시공 및 운영

07 정보전송장치

> **기본 설명**
> 신호시스템은 주변 설비 또는 역 간 설비와 인터페이스를 통하여 정밀한 열차제어를 한다. 주변 설비와의 인터페이스는 LAN을 이용하며, 역 간 또는 관제설비와의 인터페이스는 광통신을 이용함으로써 정보전송의 신속성, 대용량성, 안정성에 유리하다.

1 OSI 7계층

OSI(Open System Interconnection)란 개방형 시스템 간의 연결을 의미한다. 즉, 같은 종류의 시스템끼리만 통신이 가능한 것이 아니라 시스템의 종류와 시스템 구현방법, 시스템 규모 등의 조건에 제약을 받지 않고 서로 다른 시스템끼리도 통신이 가능하도록 하는 것을 의미한다.

따라서 두 개의 서로 다른 네트워크 구조를 갖는 컴퓨터끼리 데이터를 송신·수신을 할 경우 OSI-7계층을 맞추어야 한다. OSI-7계층은 기종이 서로 다른 컴퓨터 간의 정보교환을 원활히 하기 위해 국제표준화기구 ISO에서 표준화된 네트워크 구조를 제시한 기본모델로써, 네트워크를 이루고 있는 구성 요소들을 계층적 방법으로 나누고 각 계층의 표준을 정한 것이다. OSI 7계층은 실제로 사용하는 모델이 아닌 참조모델로서 OSI 참조모델이라고도 한다.

각각의 계층을 다른 계층과 독립적으로 구성한 것은 한 모듈에 대한 변경이 전체 모듈에 미치는 영향을 최소화하기 위해서이다.

(표 10-17). OSI-7계층 모델과 역할

계층	계층명	기능 및 역할
1계층	물리계층	■ 매체 접근에 있어 기계적, 전기적인 물리적 절차를 규정 상위계층인 데이터링크 계층에서 형성된 데이터 패킷을 전기신호 또는 광신호로 변환하여 송신·수신을 한다. 허브, 라우터, 카드, 케이블 등의 전송매체를 통해 비트들을 전송한다.
2계층	데이터링크 계층	■ 인접 개방형 시스템 간의 정보전송, 전송오류제어 시스템 간의 오류 없는 데이터 전송을 위해서 네트워크 계층에서 받은 데이터 단위(패킷)를 프레임으로 구성하여 물리계층으로 전송한다.
3계층	네트워크 계층	■ 정보교환 및 중계기능, 경로선정, 유통제어 데이터가 전송될 수신측의 주소를 찾고 수신된 데이터의 주소를 확인하여 내 것이면 전송계층으로 전송한다. 라우팅 프로토콜을 사용하여 최적의 경로를 선택하는 기능을 제공한다.
4계층	전송계층	■ 송수신 시스템 간의 물리적 안정과 균일한 서비스 제공 데이터 전송을 위해 송신측은 세션계층에서 받은 데이터를 패킷 단위로 네트워크 계층으로 전송하고 수신측은 다시 순서대로 재조립한다.
5계층	세션계층	■ 응용프로세스 간의 연결 접속 및 동기제어 응용프로그램 계층 간의 통신에 대한 제어구조를 제공하기 위해 응용프로그램 계층 사이의 접속을 설정, 유지, 종료시켜준다. 통신장치들 간 동기화해서 데이터의 단위를 전송계층으로 전송할 순서를 결정한다.
6계층	표현계층	■ 정보의 형식 설정과 부호교환, 암호화, 해독 송신측은 수신측에 맞는 형태로 변환하고 수신측은 응용계층에 맞는 형태로 변환한다. 보안을 위하여 송신측에서 암호화하고 수신측에서 복호화하며, 전송률을 높이기 위하여 데이터를 압축하는 역할을 한다.
7계층	응용계층	■ 응용 프로세스 간의 정보교환, 전자사서함, 파일전송 파일전송, DB, 원격접속, 메일전송 등 응용서비스를 네트워크에 접근하는 수단을 제공하여 서로 간에 데이터를 교환할 수 있도록 한다.

10장 신호시공 및 운영

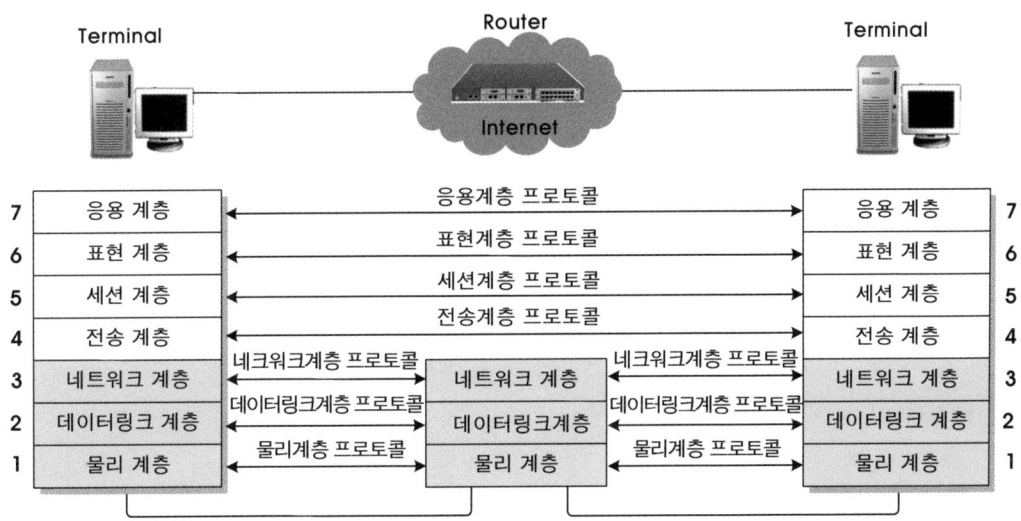

(그림 10-33). OSI 7계층의 통신 프로토콜

2 광통신

통신에는 구리선을 사용하는 것이 일반적이었으나, 빛을 이용하여 신호를 전달하는 방법은 이미 1960년대부터 신기술로 사용하였다. 그동안 몇 번의 발전과정을 거쳐 광섬유를 사용하는 새로운 통신기법이 현재는 멀티미디어의 중심축이 되었다.

광섬유 속에서는 빛이 1초 동안에 수억~수십억 회나 점멸하면서 통과하므로 같은 굵기의 구리선에 비해 수만 배 이상의 정보를 전달할 수 있다. 이와 같은 광통신은 육지뿐만 아니라 바다 속에서도 설치하여 대륙 사이의 통신에서도 이용하고 있다.

▌ 광통신의 특징

① 낙뢰나 고압선에 의한 전기장의 영향을 받지 않으며 잡음이 적다.
② 거의 손실이 없어 적은 에너지의 사용으로 장거리로 전송할 수 있다.
③ 초고속의 데이터 전송이 가능하며, 대용량의 정보를 전송할 수 있다.
④ 전기장이나 자기장을 발생하지 않으므로 도청이 불가능하며 혼선이 없다.
⑤ 전선보다 매우 가벼워 취급이 용이하며, 수명이 길다. (위성 : 10년, 광 : 25년)

광전송의 기본원리

광통신은 굴절하는 전반사의 원리를 이용하여 빛을 전송한다.

빛이 물속에서 출발하여 공기 중으로 나갈 때 특정 각도 이상에서 공기 중으로 빛이 진행하여 빠져나가지 않고 모두 물속으로 되돌아오는 것과 같이 전부 반사하는 원리이다.

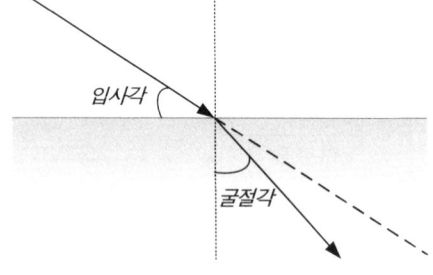

굴절율(n) = $\dfrac{\text{진공 중 빛의 속도}}{\text{매질 내 빛의 속도}}$

(그림 10-34. 빛의 굴절

광통신은 광케이블(광섬유)이 핵심요소로써, 광섬유 광학시스템은 전기적인 신호를 적외선의 광신호로 변환하고 변환된 신호를 광섬유 상에 입사 또는 전달시킨다. 목적지에서는 도달된 이 광신호를 검출하고 다시 전기적인 신호로 변환하여 출력한다.

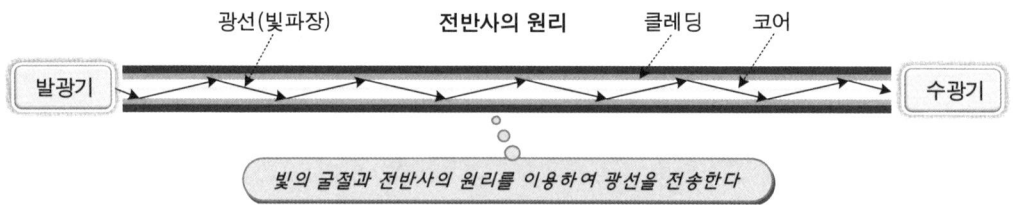

(그림 10-35). 광케이블의 광신호 전송

광통신 시스템의 구성

변조회로

입력되는 전기신호를 고속으로 스위칭하고, 다중화 및 짧은 신호파로 변조하여 발광소자(광변환 소자)로 보낸다.

발광소자

발광기로서 입력된 전기신호를 광(빛)으로 변환하는 것이다. 발광소자인 반도체 레이저 다이오드와 발광 다이오드에 의해 전광변환을 하여 광파를 만든다. LD와 LED가 사용되며 광케이블에 접속된다.

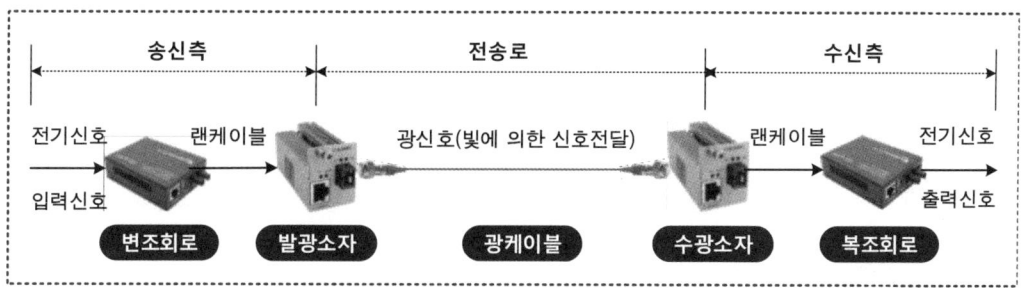

(그림 10-36). 광통신 시스템의 기본구성

광케이블

광케이블은 2중의 구조로써 중심부에 코어와 그 바깥쪽에는 클래딩으로 구성되어 있다. 코어는 광섬유의 중심물질로서 레이저광선이 잘 통하도록 내부에 빛을 전파하는 역할을 한다. 클래딩은 코어 외부에 접해 있는 물질로서 진행하는 빛(레이저광선)을 전반사의 원리에 따라 누설되는 것을 막는다.

입사된 빛이 코어를 지나서 코어와 클래딩 경계면에 도달하게 되면 일부는 투과하고 나머지는 굴절, 반사하게 된다. 코어를 통해 빛이 진행하게 되는데 코어 내에서는 전반사가 진행되어 빛은 거의 손실 없이 긴 광섬유를 통하여 수신측에 도달하게 되며, 중계기나 증폭기 없이 100km 이상을 전송한다.

(그림 10-37). 광섬유의 구조

수광소자

빛을 다시 전기신호로 환원하는 광전소자이다. 포토커플러, 광전트랜지스터 등이 사용된다. 포토커플러는 발광부와 수광부가 서로 전기적으로 절연되는 장점을 이용하였다.

외광을 차단하고 기계적인 강도를 더하기 위해 그 둘레를 검은색 수지로 두껍게 덮었으며, 빛을 이용하기 때문에 잡음에 강하다.

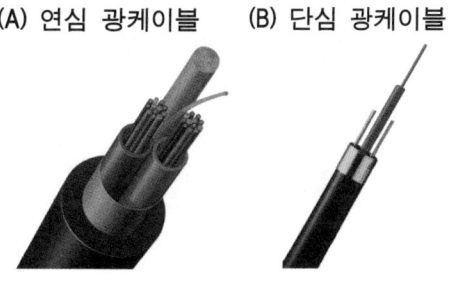

(그림 10-38). 광케이블의 형태

복조회로

빛에서 변환된 전기신호는 당초의 입력과 같은 신호로 복조되어 출력하게 된다.

광섬유의 케이블 모드

단일모드

단일모드(Signal Mode) 광섬유는 코어의 직경이 약 9~10㎛로 코어와 클래딩의 굴절률을 적게 한 것이다. 특수 레이저 광원을 사용하여 빛이 섬유의 축을 따라서만 들어오므로 모드 분산이 미세하여 광대역 장거리 전송에 사용된다.
단일모드는 코어의 직경이 작기 때문에 광섬유 간의 접속이 어렵다.

다중모드

다중모드(Multi Mode) 광섬유는 코어의 직경이 50~100㎛로 단일모드보다 심의 직경이 크며, 서로 다른 여러 각도로 많은 양의 광이 동시에 도파 되므로 많은 데이터를 전송할 수 있다. 다중모드는 코어의 직경이 크므로 접속이 용이하고 가격이 저렴하지만, 모드 분산현상에 의해 전송속도와 장거리 전송에 불리하다.

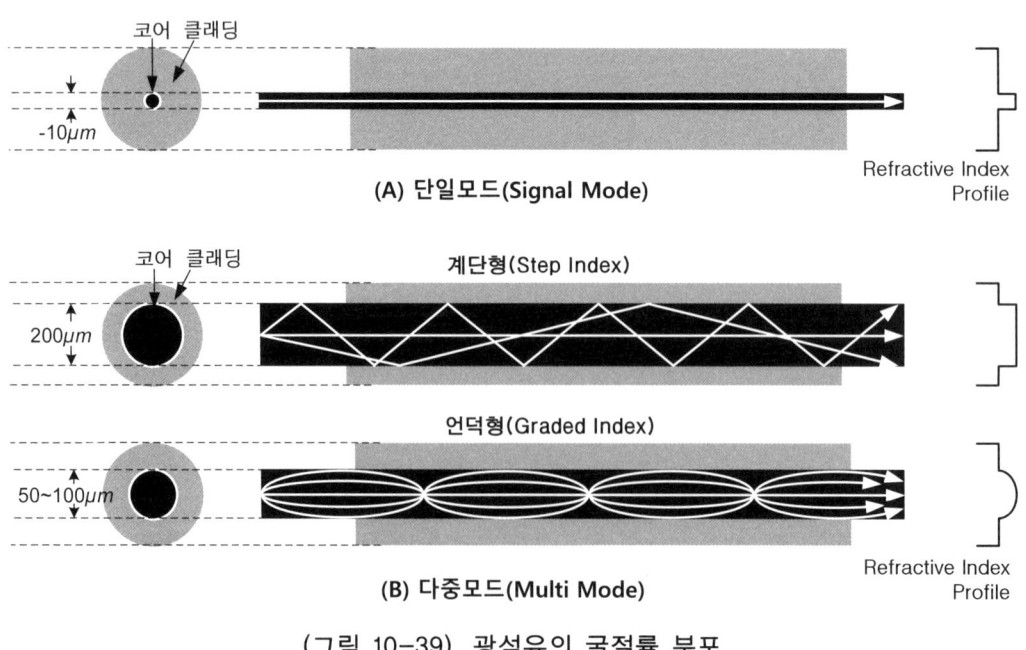

(그림 10-39). 광섬유의 굴절률 분포

(표 10-18). 대표적으로 사용되는 광커넥터

광커넥터	커넥터의 특징
	■ LC(Lucent Connector) SC커넥터에 비해 2배 정도 작은 크기로, 통신장비 포트의 밀도를 높이고, 특히 SFP와의 결합에 최적화되어 있는 커넥터로 현재 가장 많이 사용된다.
	■ SC(Subscriber Connector or Square Connector) 플라스틱 구조로 매우 우수한 커넥팅 능력을 가지고 있으며, Push-Pull 방식으로 광섬유의 표면 손실을 현저히 줄여주는 특징이 있다.
	■ ST(Straight Tip) 커넥터가 돌아가지 않게 설계된 메탈 형태 구조로 BNC 커넥터와 유사하다. 스프링이 장착되어 있어 진동이 있는 현장에서는 부적합하다.
	■ FC(Fiber transmission system Connector) SC 커넥터에 비해 페룰 단면의 손상이 발생할 수 있으므로 커넥팅 작업시 주의를 요한다. 나사 형태의 고정구조로 진동이 발생되는 곳에 효과적이다.

3 꼬임선(LAN선)

꼬임선(Twisted-pair cable)은 가느다란 동선을 플라스틱 절연체가 감싸고 2개의 선이 꼬인 형태이며, 아날로그와 디지털 전송이 모두 가능하다. 매체 자체의 신호감쇠가 심하여 전송거리가 짧다. 일반적으로 1~2km의 거리를 수백 kbps~1Mbps 정도로 전송하며, LAN과 같은 디지털 신호를 전송할 때는 약 100m 정도의 거리가 한계이다

구조적 특징

① 케이블 내부의 특정 도선을 색깔 있는 플라스틱으로 피복하였다.
② 두 선을 서로 꼬아서 간섭에 대한 영향을 줄인다.
③ 각 쌍은 1인치 당 꼬인 회수가 서로 다르게 하여 전자기적 간섭을 최소화한다.
④ 외곽 전체 또는 2선씩 쌍으로 각각 알루미늄 은박으로 피복을 씌웠다.
⑤ 피복에 실드를 함으로써 피복의 차폐재를 접지할 수 있다.

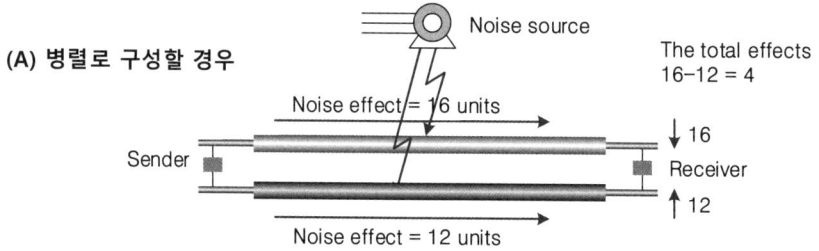
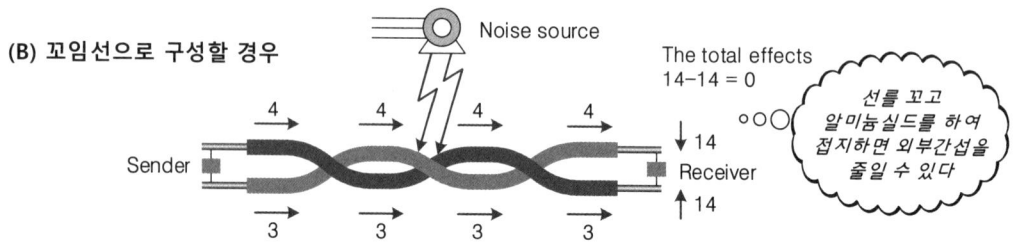

(그림 10-40). 케이블 구성에 따른 잡음효과

꼬임선의 종류

- UTP : Unshielded Twisted Pair
- FTP : Foiled Twisted Pair
- STP : Shielded Twisted Pair

외부 간섭에 가장 좋은 케이블의 순서는 S-STP, STP, FTP, UTP이다. 대부분의 경우 UTP를 사용하며, 실드 케이블의 경우 사용 및 설치가 좀 복잡하다. 만약 실드에 접지가 되지 않을 경우 아무런 장점이 없고 오히려 문제가 될 수도 있다.

여러 LAN 케이블의 모양은 유사하지만 피복에 따라 구성과 성능에 차이가 있다.

UTP는 전선과 피복만으로 구성되어 있으며, FTP는 전체의 케이블에 하나의 알루미늄 은박으로 씌웠다. STP는 각 쌍의 케이블마다 알루미늄 실드를 하여 접지하였으며, 여기에 전체 피복에 또 하나의 실드를 한다.(S-STP)

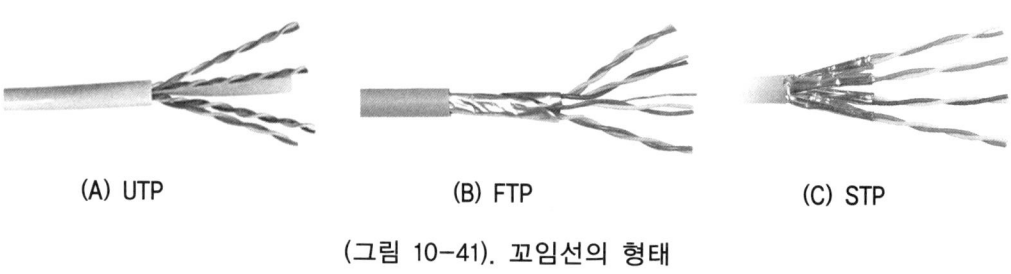

(A) UTP   (B) FTP   (C) STP

(그림 10-41). 꼬임선의 형태

(표 10-19). 꼬임선의 분류 및 특징

케이블 분류	케이블 특징
 UTP	두 선간의 전자기 간섭을 줄이기 위하여 단순히 케이블을 2선씩 쌍으로 꼬아놓은 형태이다. 전자기 간섭을 막기 위한 별도의 알루미늄 은박 피복과 실드가 없이 단순히 전선과 피복만으로 구성되어 있다. 그럼에도 현재 가장 많이 사용하는 이유는 가격이 저렴하기 때문이다. 보통 일반적인 LAN케이블이 이에 해당되며, 사무실 배선용으로서 구내 전화선이나 통신망의 전송매체로 사용된다.
 FTP	2선씩 쌍으로 꼬아놓은 4가닥의 선을 전자기 간섭을 막기 위하여 전체 케이블에 하나의 알루미늄 은박 피복을 씌운 케이블이다. 실드 처리는 되어 있지 않다. (실드는 차폐재를 통해 접지 역할을 하는 것) 즉, FTP는 UTP의 바깥쪽에 하나의 알루미늄 은박을 씌운 것으로써 Screened (S-UTP)라고도 한다. UTP에 비해 절연이 탁월하다. FTP는 공장 배선용으로 많이 사용된다.
 STP	STP는 2선씩 쌍으로 꼬아져 있는 케이블마다 알루미늄 실드가 있는 케이블이다. STP 외곽에 편조 실드(보호망)를 씌워 2중으로 실드가 되어 있으면 S-STP라고 한다. 즉, S-STP는 FTP와 STP의 장점을 모아 제작한 것이다. 실드는 연선으로 된 케이블 겉에 차폐재가 추가되는데 차폐재는 접지의 역할을 한다. 따라서 외부의 노이즈를 차단하거나 전기적 신호의 간섭에 탁월한 성능이 있다.

(표 10-20). 꼬임선의 특징 비교

구 분	STP/FTP케이블	UTP케이블
케이블 구조	▪ 꼬인 회선을 전도층이 감싸고 있음	▪ 별도 전도층이 없고 회선만 꼬임
에러 발생률	▪ 잡음이나 충격에 강하며, 전자기장의 영향이 거의 없다.	▪ 전기장치나 자기장치에 의해 데이터 유실이 있을 수 있다.
전송거리 전송속도	▪ 150m ▪ MAX 155Mbps	▪ 100m ▪ MAX 100Mbps
사용환경	▪ 사무실, 공장, 옥외, 고압전류가 흐르는 곳이나 충격이 우려되는 곳	▪ 옥내용으로 전자기장의 영향이 없는 곳에 사용

카테고리 (Category, CAT)

대역폭이란 데이터를 전송하기 위한 통로라고 볼 수 있습니다. 즉, 대역폭이 높으면 높을수록 많은 양의 데이터를 빠르게 옮길 수 있다. 대역폭에 2차선 도로와 4차선 도로를 빗대어 설명하자면 이해하자면, 2차선에서 막혔던 차량들이 4차선 도로가 나오면 속도를 낼 수 있는 것과 같은 원리로 CAT 중 등급이 높을수록 속도가 빨라진다.

Category(CAT)는 미국전자산업협회(EIA)에서 품질에 따라 UTP/STP 케이블의 표준 등급을 규정한 것이다. 케이블의 종류와 표준등급은 케이블의 표면에 인쇄되어 있다.

현재에는 일반적으로 CAT.5, CAT.5E가 많이 사용되고 있으며, 점차적으로 CAT.6 사용이 증가되고 있는 추세이다.

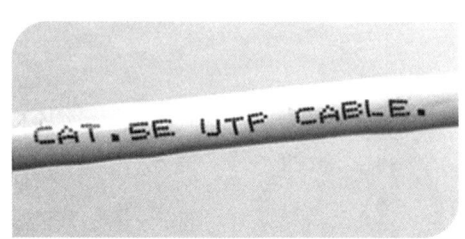

(그림10-42). 랜케이블의 CAT 표기

(표 10-21). 회선 성능에 따른 카테고리 등급

등 급	전송속도 및 대역	사용 네트워크 및 용도
Category 4	■ 14Mbps ■ 20MHz	■ Token-Ring, 10Base-T ■ 거의 사용 안함
Category 5	■ 100Mbps ■ 100MHz	■ 100Base-T, 1000Base-T, 155Mbps ATM ■ 고속 전화 + 데이터망
Category 6	■ 1Gbps ■ 250MHz	■ 100Base-T, 10GBase-T ■ 초고속 전화 + 데이터망
Category 7	■ 10Gbps ■ 600MHz	■ 100Base-T, 10GBase-T ■ 초고속 전화 + 데이터망

4 LAN 네트워크 설비

▌ 라우터 (Router)

라우터는 사용 환경이 서로 다른 둘 이상의 네트워크 간 데이터 전송을 위해 최적의 통신 경로를 설정해 주며, 데이터를 해당 경로를 따라 다른 통신망으로 전송한다. 라우터는 브리지의 기능을 포함하며 전화국의 교환기와 비슷한 개념이다.

내부 네트워크를 외부와 연결할 때는 외부 네트워크에서 사용하는 프로토콜이나 컴퓨터 기종, OS 등의 정보를 알 수 없다. 라우터는 이러한 알 수 없는 네트워크를 연결한다.

(그림10-43). 라우터

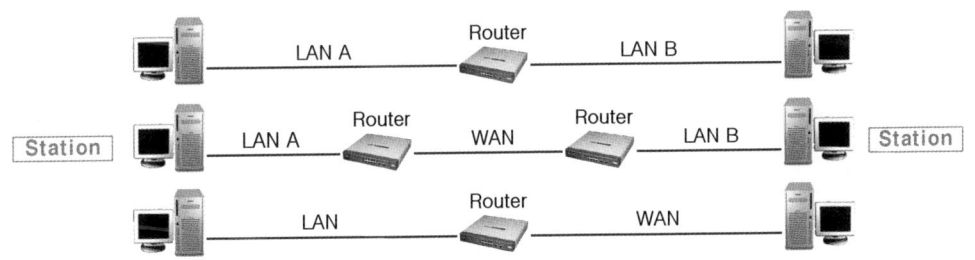

(그림 10-44). 라우터를 이용한 LAN 인터넷 워킹

▌ 브리지 (Bridge)

브리지는 하나의 LAN을 이더넷이나 토큰링과 같이 서로 같은 프로토콜을 쓰고 있는 다른 LAN과 연결시켜 준다. 각 LAN에 연결되어 있는 스테이션들은 프로토콜을 바꾸지 않고서도 LAN이 확장되는 효과가 있다.

즉, 브리지는 누군가에게 보낸 메시지에 대해 LAN 상의 각 메시지들을 조사한 다음 같은 건물 내에 있는 LAN으로 보내야 할지, 혹은 길 건너 다른 빌딩 내의 LAN으로 보내야 할지를 판단한다.

(그림10-45). 브리지

허브 (Hub)

허브(Dummy Hub)

허브는 전송속도를 각 노드가 공유하므로 한 시점에서 한 노드만이 통신이 가능하다. 따라서 많은 노드가 통신을 시도하면 각 노드는 속도가 정해져 있는 매체를 공유하므로 각 포트 당 속도가 느려지는 트래픽 병목현상이 발생된다.

스위치(Switching Hub)

스위치는 사용자 시스템 간에 1 : 1 연결에 의해 통신이 이루어진다. 각 사용자 장치들에게 10Mbps의 전송속도가 제공되려면 허브는 사용자 장치들의 개수(N)만큼의 용량(N×10Mbps)을 확보하여야 한다. 허브는 모든 패킷을 모든 포트로 중계를 하지만, 스위치는 각 패킷을 필요한 포트에만 전달하기 때문에 효과적이다.

(A) 일반허브   (B) 스위치허브

(그림 10-46). 허브와 스위치

□ 일반허브와 스위치허브의 차이점

여러 컴퓨터에 데이터를 전송하는 경우 허브보다 스위치의 속도가 빠르다.
예를 들어, 전송대역 10Mbps에 5대의 컴퓨터를 연결하였다면, 허브는 각 컴퓨터의 대역폭은 2Mbps이고, 스위치는 5대 모두 10Mbps 대역폭을 적용한다.

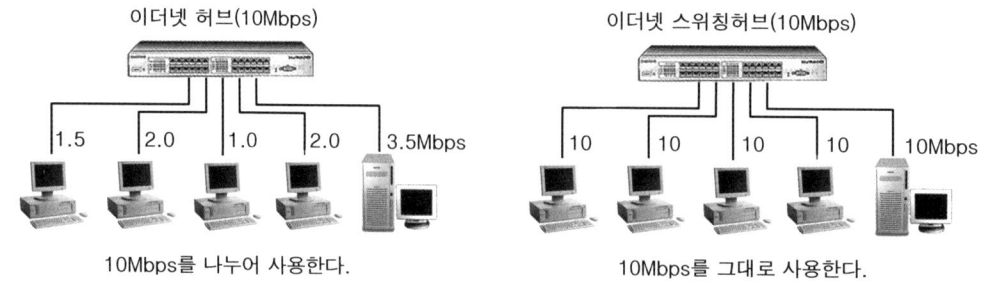

(그림 10-47). 일반 허브와 스위칭 허브의 차이

10장 신호시공 및 운영

❖ 신호시스템은 관제설비와 로컬설비 간에 정보 인터페이스를 위해서 오늘날에는 L2, L3, L4 스위치를 사용하고 있으며 그 역할은 다음과 같다.

(표 10-22). 스위치의 주요 역할

스위치	스위치의 주요 역할
L2 Layer2	• 그냥 스위치로서 데이터만 뿌려주는 허브 역할만 함. 라우팅은 불가능함. • MAC 정보를 보고 스위칭함(이더넷, 프레임릴레이, ATM 등에서 스위칭)
L3 Layer3	• 허브+라우터의 역할(스위칭허브 기능에 라우팅 기능이 추가됨) • IP정보를 보고 스위칭함.
L4 Layer4	• TCP/UDP 프로토콜에서 스위칭. TCP/UDP포트를 보고 적절한 서버로 스위칭함. • IP+포트를 보고 스위칭함. 균등하게 분배함.
L7 Layer7	• 실제 어플리케이션 데이터를 보고 스위칭함. L4는 패킷의 헤더정보만 확인함. • 패킷의 IP, 포트, 쿠키, 플레이로드 정보 등을 종합검사하여 연속적인 서비스 제공

게이트웨이 (Gateway)

게이트웨이는 라우터처럼 서로 다른 네트워크를 최적의 네트워크 경로를 찾아 패킷을 보내주는 역할을 한다. 게이트웨이는 라우터보다 포괄적인 개념이다.
두 컴퓨터가 네트워크 상에서 서로 연결되려면 동일한 통신 프로토콜을 사용해야 한다. 게이트웨이는 이와 같이 프로토콜이 다른 네크워크 상의 컴퓨터와 통신하기 위해 두 프로토콜을 적절히 변환하여 주는 변환기 역할을 한다.

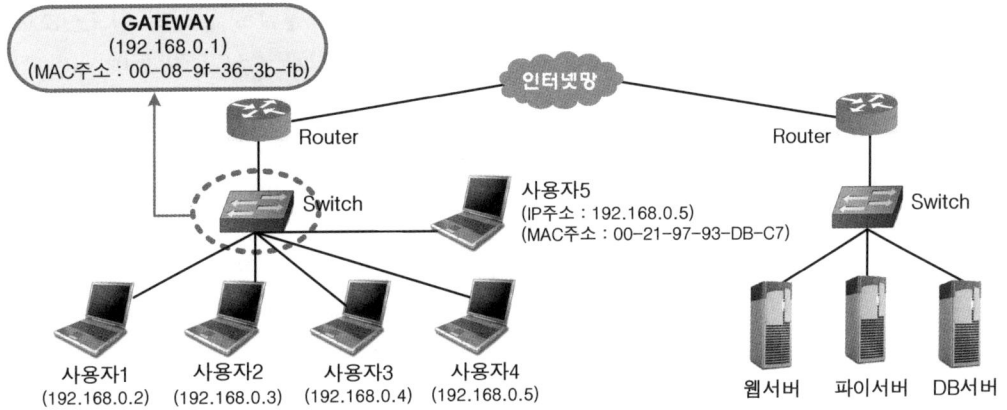

(그림 10-48). 게이트웨이 구성의 예

795

08 전원장치

기본 설명

UPS는 외부전원의 차단으로 인하여 제어시스템이 정지할 경우를 대비하여 일정시간 동안 지속하여 전원을 공급하는 무정전전원장치다. 신호시스템의 정지는 열차의 위험 운행과 열차운행에 막대한 지장을 초래하므로 UPS의 역할이 매우 중요하다.

1 UPS(무정전전원장치)

UPS(Uninterruptible Power Supply)는 예상치 못한 수전단의 정전이 발생하거나 전원의 불안정, 서지전압 및 노이즈로부터 분리하여 안정적인 양질의 전원을 충전된 일정시간 동안 계속하여 공급하는 장치이다. 최근 첨단 전자산업의 급속한 발달로 인하여 철도신호에도 컴퓨터 시스템이 본격적으로 도입되어 전자연동장치, ATC장치, CTC장치 등에 각종 반도체 소자들이 소형화·정밀화 되는 추세이다. 이에 따라 전원의 불안정(전압 및 주파수 변동, 순시전압 강하, 서지, 순간정전 등)으로 인한 정밀 부하기기의 오동작, 중요한 데이터의 유실 및 파손 등 시간 및 경제적으로 막대한 손실을 초래하게 된다.

UPS는 이러한 전원 이상으로부터 시스템을 보호하고 항상 안정된 전원을 공급하여 열차 운행에 안전을 도모한다.

(그림 10-49). UPS 시스템

10장 신호시공 및 운영

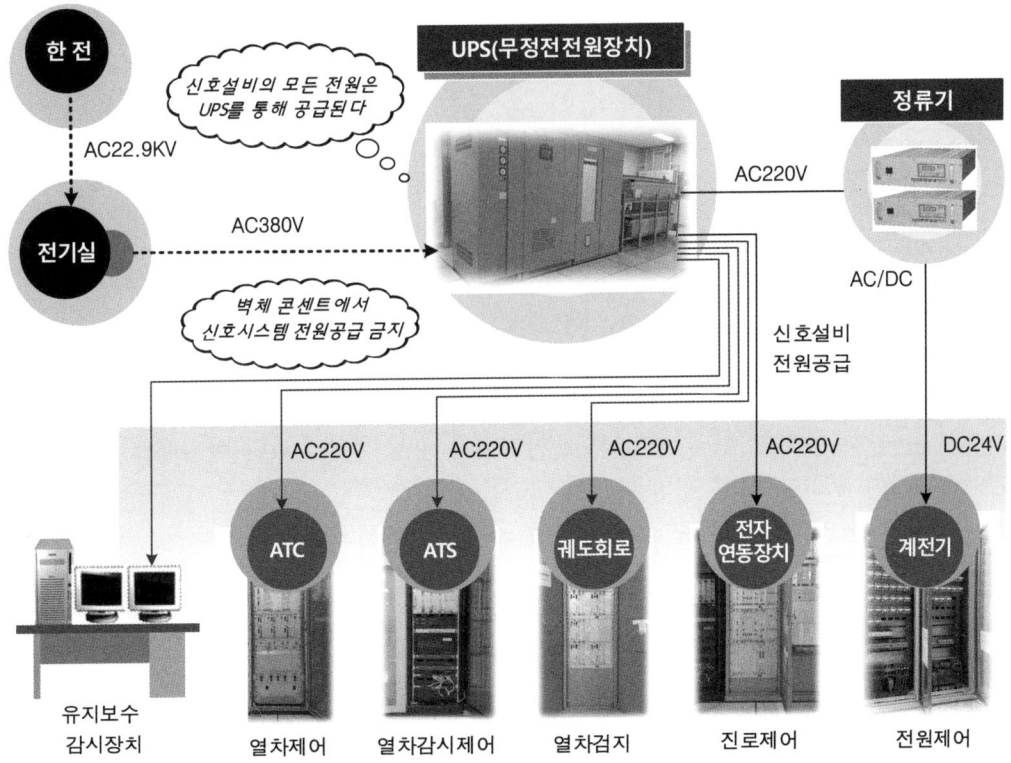

(그림 10-50). UPS의 전원분배

UPS의 구성

입력부 (Input)

입력 측에는 충분한 용량의 복권변압기가 설치된다. 1차측 AC전압을 적절한 전압으로 변환하여 정류부 측으로 공급하는 기능을 하며, 변압기 종류에 따라 1차측 전압과 정류된 DC전압을 전기적으로 분리하는 기능도 한다.

정류부 (Converter)

정현파 AC전압을 DC전압으로 변환하여 인버터 측으로 공급하는 기능을 하며, UPS에서 가장 많이 사용하는 정류방식은 Diode Full Bridge, SCR 위상제어, IGBT SVPWM 방식이 있으며 정류방식에 따라 특성 및 제어방식이 다르다.

797

인버터부 (Inverter)

컨버터의 반대 기능으로서 DC전압을 AC전압으로 변환하는 기능을 한다. 인버터부는 용도 및 특성에 따라 Transistor, FET, IGBT 등의 전력소자가 주로 사용되나, UPS에서는 TR과 FET의 장점을 가진 IGBT 소자를 많이 사용한다.
인버터의 구성은 IGBT, 인버터 트랜스, 저압 진상콘덴서 등으로 구성된다.

동기절체스위치 (Static switch)

사용 소자로는 Thyrsistor(SCR)로 구성된다. 인버터와 바이패스 간 전압은 정상동작 상태에서는 상시 동기화 되어 운전되며, 인버터에 고장이 발생되면 바이패스 전원으로 4mses 이내에 무순단 절체 된다.

축전지반 (Battery rack)

정전이나 정류부 고장으로 인하여 정상적인 DC전원의 공급이 안 될 때 축전지에 충전된 전압이 공급되어 인버터가 동작한다. 축전지 방전용량은 한계가 있으므로 종지전압까지 방전되면 UPS는 Shunt Down 되어 동작이 정지된다.

UPS의 절체 동작

UPS는 AC 입력전압을 정류부(컨버터)에서 DC전압으로 변환한 후 다시 인버터부에서 AC전원으로 변환되어 UPS의 AC 출력전압을 부하에 공급한다.
이때 UPS의 출력전압은 상시 안정된 품질의 전원을 부하에 공급하며, 순간정전 시에도 대기 중인 축전지 전압에 의해 인버터부에서 지속적으로 AC전압을 부하에 공급한다.
정전 시에는 상시 부동충전 된 축전지를 통하여 인버터부에 DC전원을 공급하며, 축전지가 종지 전압까지 방전되는 일정시간 동안 AC전압을 출력하여 부하에 공급한다.

정상(상용) 운전

상용/예비의 AC전원이 정류기에서 직류로 변환한 후 인버터로 연결된다. 이때 정류기 출력은 축전지와 연결하여 축전지를 규정된 전압까지 충전한다. 인버터에 입력된 직류는 다시 정현파의 교류로 변환하고 변압기와 필터를 거쳐 부하에 AC전원을 공급한다.

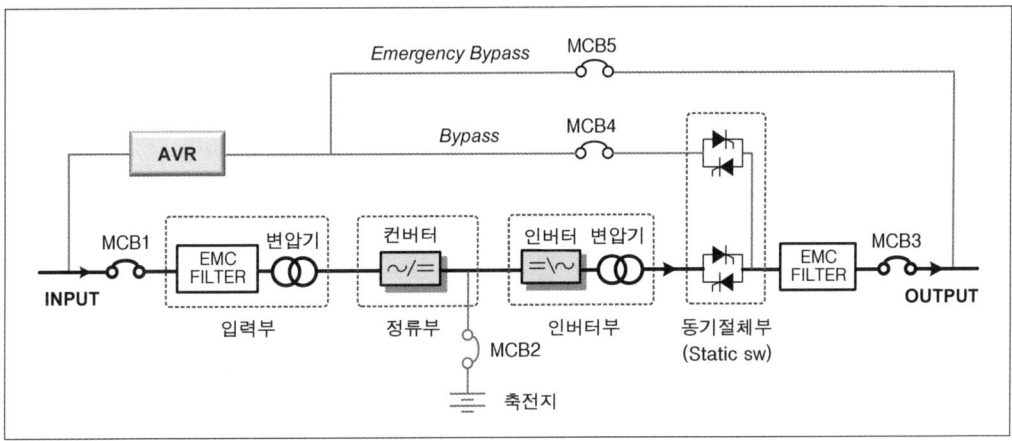

(그림 10-51). 평상시 UPS의 운전경로

정전 시 운전

UPS 입력 전원이 차단되면 정류기에서 직류전압을 출력할 수 없으므로, 평상시 부동충전 되어 대기 중이던 축전지에서 직류전원이 인버터로 공급된다. 인버터에서 부하에 무순단으로 전원을 공급하고 축전지 방전시간 동안은 정상적으로 전원을 공급한다.

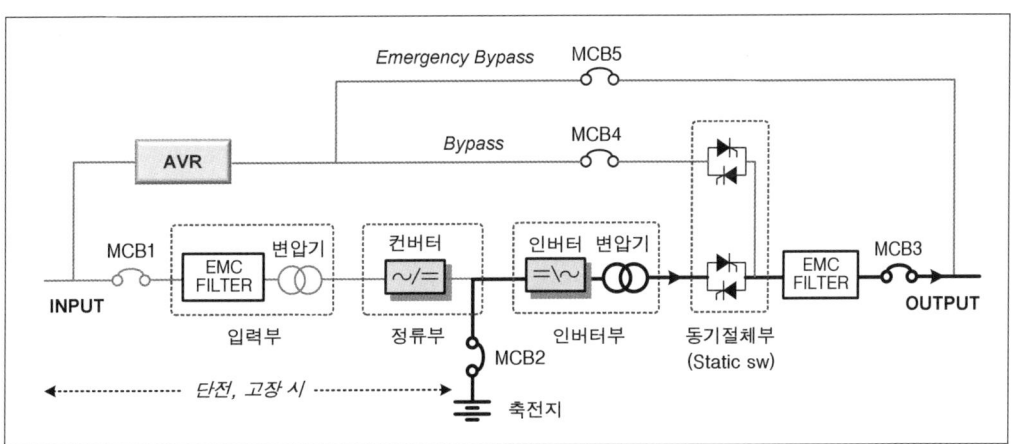

(그림 10-52). 정전 시 UPS의 운전경로

정상운전 복귀

비상전원으로 사용하던 축전지를 통한 전원공급을 중지하고, 상용 AC전원이 정류부와 인버터를 통해 무순단으로 부하에 안정된 전력을 공급한다. 또한, 방전된 축전지는 규정된 전압까지 부동충전을 통해 최적의 상태로 충전한다.

Bypass 운전

과부하 또는 인버터 고장 시에는 동기절체스위치에 의하여 Bypass 라인으로 자동절체되어 부하에 전력을 공급한다. 무순단으로 절체됨으로써 부하에 영향을 주지 않으며, 이때 Bypass 라인은 AVR장치로부터 정전압의 안정된 출력이 공급된다.

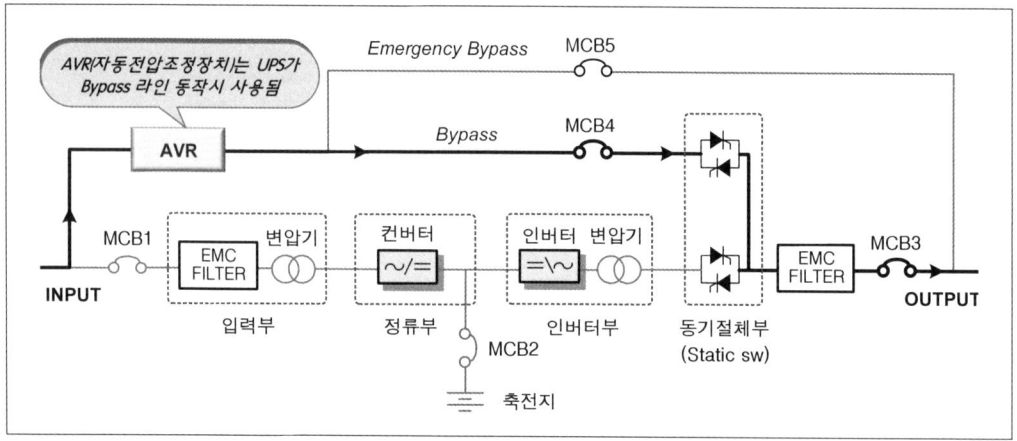

(그림 10-53). 바이패스 시 UPS 운전

점검 시 운전

UPS의 출력이 정지하거나 수리 시에는 Bypass로 절체한 후 CB5 ON으로 Emergency Bypass 병렬운전이 되도록 한다. 이때 Bypass(CB4)를 OFF하면 UPS를 우회하여 부하에 전원을 지속하여 공급한다.

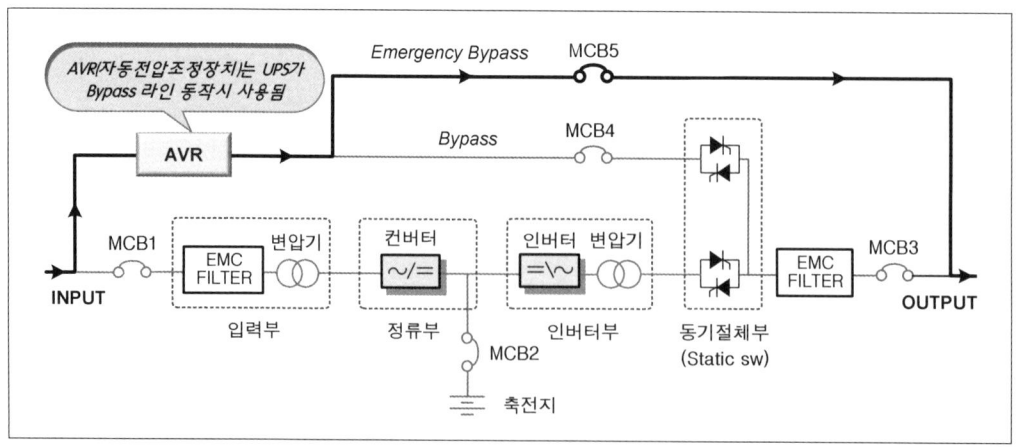

(그림 10-54). 점검보수 시 UPS 운전

2 UPS 용량산정

UPS는 용도에 맞는 적절한 기기의 선정과 향후 증설계획까지 고려해야 한다. 용량 정전 보상시간 뿐만 아니라 UPS의 급전방식, 시스템 구성과 경제성까지 고려해야 한다.

▧ UPS 출력 사용량 계산

UPS 출력용량 : 3상4선식 380/220V, 100KVA
UPS 부하전류 : R-76A, S-76A, T-76A일 경우 다음 식에 의하여 계산된다.

3상 사용량 계산

$$\frac{Ri + Si + Ti \times V}{\sqrt{3}} = \frac{(76+76+76) \times 380}{1.732} = 50,023VA = 50KVA, 즉, 50\%의 사용량$$

단상 사용량 계산

100/3 = 33.3이므로 단상 시 한 상당 33.3KVA이며, 계산하면 33,333VA/220V = 151A, 즉, 현재 부하가 한 상당 76A이므로 151/2 = 75.5 즉, 50%의 사용량이 된다.
결론은 3상 계산과 단상 계산의 결과는 같음을 알 수 있다.

▧ UPS 최대전류 계산

UPS 용량: 10KVA, 입력: 3상4선 380V/220V, 축전지 용량: 100AH×20[Cell]
입력역률: 0.98, 출력역률: 0.8, 종합효율: 85[%], 정류기 효율: 0.95,
Over Load: 125% 시에 UPS의 최대 입력전류와 최대 출력전류의 계산은 다음과 같다.

최대 입력전류 계산

UPS 입력용량을 먼저 계산한 후 축전지 충전용량과 Over Load 값을 산출한다.

- 입력용량 산출 = $\frac{(출력용량 \times 출력역률)}{(입력역률 \times 효율)} = \frac{(10,000 \times 0.8)}{(0.98 \times 0.85)} = \frac{8,000}{0.83} = 9,638.6[VA]$

- 충전용량 산출 = $\frac{(충전용량 \times 충전전류)}{정류기\ 효율} = \frac{10 \times 260}{0.95} = 2,736[VA]$

- 입력최대용량 산출 = 입력용량+충전용량 = 9,638.6+2,736 = 12,374.6[VA]

- 입력최대전류 산출 = $\dfrac{입력최대용량 \times O/L}{380 \times \sqrt{3}}$ = $\dfrac{12,374.6 \times 1.25}{380 \times 1.732}$ = $\dfrac{15,468.3}{658.16}$ = 23.5[A]

최대 출력전류 계산

출력전류 계산 시에는 부하설비의 역률을 감안한 값이 최대 출력전류가 된다. 즉, 유효전력 값이 장비의 출력용량이 된다.

- 부하역률이 1일 경우,

  $\dfrac{100,000VA}{\sqrt{3} \times 380}$ = 151.9A

- 부하역률이 0.8일 경우,

  $\dfrac{100,000VA \times 0.8}{\sqrt{3} \times 380}$ = 121.52A

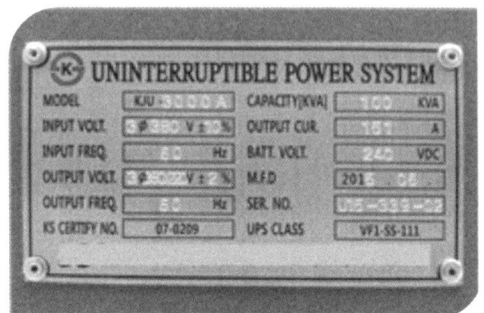

(그림10-55). 신호기계실의 UPS용량

UPS는 주요 시설에서 순간정전이나 상시정전으로 인하여 시스템이 정지할 경우 막대한 손실을 방지함으로써 시스템의 안정적인 동작을 도모하기 위해 필수적이다.
UPS의 축전지 정전보상 시간은 관제실 설비 3시간, 고속철도 2시간, 일반철도 1시간을 적용하고 건널목설비는 10시간 방전률로 적용한다.

2 축전지

화학에너지를 전기에너지로 변환시키는 것을 방전이라 하고 또 다른 전원으로부터 전기에너지를 공급하여 화학에너지로 변화시켜 축적하는 것을 충전이라 한다.
이와 같이 충전과 방전을 반복하며 사용하는 전지를 축전지라고 한다.
축전지는 양과 음의 전극판과 전해액으로 구성되어 있어 화학작용에 의해서 직류기전력을 생기게 하여 전원으로 사용한다.

(그림10-56). UPS용 축전지 그룹

10장 신호시공 및 운영

일반적으로 신호시스템에서 사용되는 알카리 축전지는 UPS용으로 널리 사용되고 있으며, 상시 부동충전이 되어있어 무정전 전원을 위해서 방전을 대기하고 있다.

▌축전지의 원리

납축전지는 납(Pb)을 묽은황산에 담근 전지이다. 황산(H_2SO_4)을 물과 혼합하면 수소이온(H^+, 양이온)과 황산이온(SO_4^{2-}, 음이온)으로 이온화 된다.
(+)극과 (-)극을 서로 연결하면 납과 황산이온이 반응하여 황산납으로 변하고, 전자를 남겨 전자가 이산화납 쪽으로 흐른다. 이산화납도 황산이온과 반응하여 황산납으로 변하면서 산소를 남기고, 산소는 수소와 붙어 물(H_2O)로 변한다.

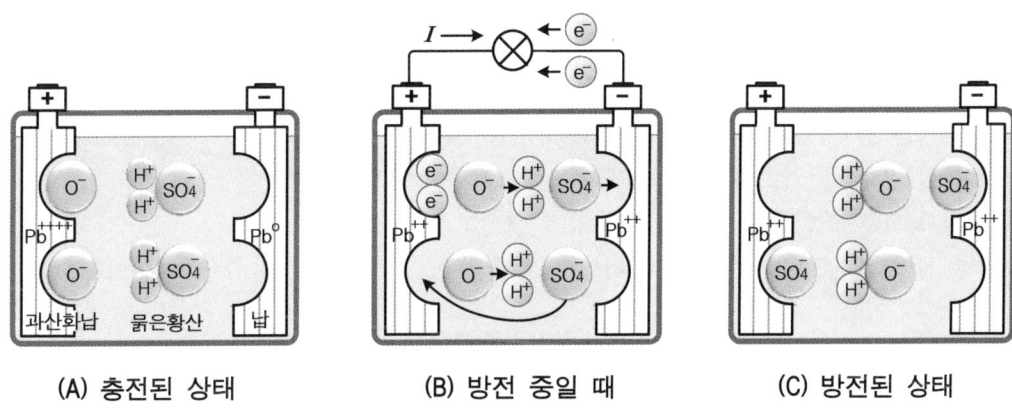

(그림 10-57). 납축전지의 충전과 방전의 원리

▌축전지 종류

연축전지 (lead storage battery)

연축전지는 양극에 이산화납(PbO_2), 음극에는 납(Pb)을 사용하고 전해액으로 황산(H_2SO_4)에 넣은 것이다.
황산 속의 음극판에서 발생한 전자가 양극판으로 이동하려 하고 양극판과 음극판에 회로를 구성시켜 부하 측에 연결하면 전기가 흐른다. 충전상태에서 양극은 이산화납, 음극은 납이지만 방전을 계속하면 양극과 음극은 같은 황산납($PbSO_4$)으로 되고 동시에 물이 생겨서 전해액 비중이 저하된다.

(그림10-58). 연축전지

803

(표 10-23). 연축전지의 충방전

충전상태	방전상태
PbO_2 + $2H_2SO_4$ + Pb 양극　전해질　음극	$PbSO_4$ + $2H_2O$ + $PbSO_4$ 양극　전해액　음극

알카리축전지 (Alkali storage battery)

알카리축전지는 양극에 수산화니켈, 음극에 카드늄, 전해액은 알칼리 용액을 사용한다..

충전 시에는 양극 활물질인 수산화니켈 $NI(OH)_2$은 고급 산화물 $NI(OH)_3$가 되고 음극판의 활동물질은 수산화카드뮴 $Cd(OH)_2$에 금속 상태인 카드늄으로 환원된다.

방전 시에는 양극 활물질은 저급 수산화니켈 $NI(OH)_2$로 환원되고 음극 활물질은 수산화카드뮴 $Cd(OH)_2$으로 산화된다. 전해액은 공기 중의 탄산가스(CO_2)를 흡수하는 성질이 있고 탄산가스가 액 중에 유입되면 탄산가리(K_2CO_3)가 생성되어 저항이 증가한다.

(그림10-59). 알카리축전지

(표 10-24). 알카리축전지의 충방전

충전상태	방전상태
2NiooH + $2H_2O$ + Cd 양극　전해질　음극	$Ni(OH)_2$ + $Cd(OH)_2$ 양극판　　음극판

(표 10-25). 연축전지와 알카리축전지의 비교

구 분	연축전지	알카리축전지
정격전압	▪ DC2.0V	▪ DC1.2V
과·충방전	▪ 극판 활물질의 탈락, 황화현상 발생	▪ 과충전·충방전 특성이 우수
충전시간	▪ 충전시간이 길다.	▪ 충전시간이 짧다.
자기방전	▪ 0.5[%/일]	▪ 10[%/월]
가스발생	▪ 부식성 가스 발생(내산성 처리)	▪ 부식성 가스 없음(특수처리 불필요)
전해액 보충	▪ 4개월마다 보충	▪ 18개월마다 보충

3 인버터회로

인버터는 직류를 교류로 변환하는 장치로서, 직류로부터 원하는 크기의 전압 및 주파수를 갖은 교류를 얻을 수 있으므로 유도전동기의 속도제어는 물론이고 효율제어, 역률제어 등이 가능하며 예비전원, 컴퓨터용의 무정전 전원, 직류 송전 등에 응용된다.

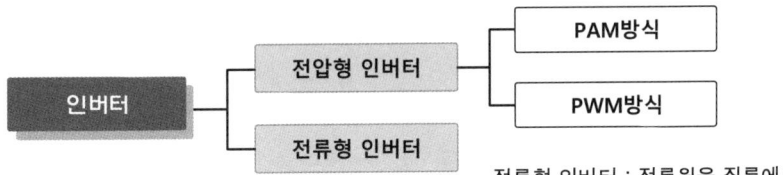

(그림 10-60). 인버터의 분류

▓ 전압형 인버터

컨버터부에서 평활회로에 의해 정류된 DC전압을 제어하여 AC전압으로 역변환하며, 출력측 전류가 변해도 항상 일정한 전압을 공급하는 방식이다.

제어성이 우수하고 다수의 인버터제어가 가능하며 범용성이 높다. 현재 대부분의 인버터는 전압형인버터 방식을 사용한다. 주 소자로는 IGBT를 사용한다.

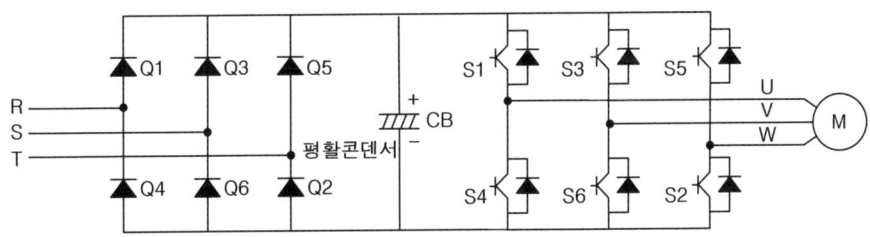

(그림 10-61). 전압형 인버터 회로

PAM방식 (Pulse Amplitude Modulation : 펄스진폭제어)

PAM방식은 교류의 진폭을 변조하는 방식으로써 전압제어는 정류부에서 하며, 인버터부에서는 전압제어는 하지 않으며 주파수 제어만 하여 출력에 공급한다.

이 방식은 인버터 스위칭 주파수가 낮기 때문에 소음이 적지만 제어부가 복잡하다. 현재 PAM방식은 대부분 사용하지 않는다.

PWM방식 (Pulse Width Modulation : 펄스폭제어)

PWM방식은 한 주기 내의 펄스의 폭을 제어하여 전압 및 주파수를 제어하는 방식으로써 펄스의 전압은 일정하고 폭만 제어한다. 현재 대부분 IGBT 제어방식은 PWM 제어방식을 채택하고 있다. PWM 방식에는 부등펄스방식과 등펄스방식이 있으며 현재 부등펄스방식이 사용된다.

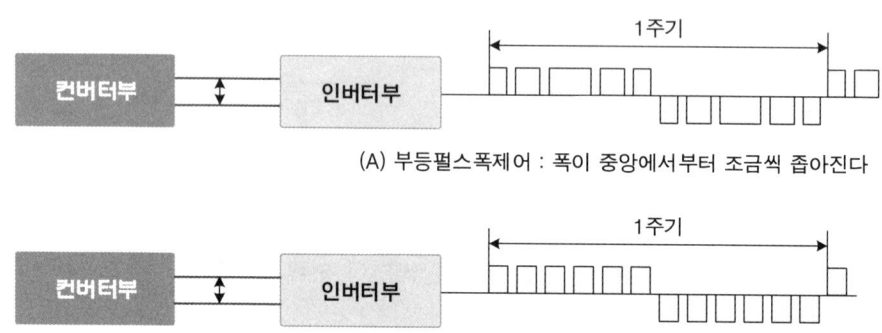

(그림 10-62). PWM 제어방식

▒ 전류형 인버터

정류된 DC전압의 전류를 제어하는 방식으로써 입력 및 출력 전압이 바뀌어도 항상 일정한 전류를 공급하는 방식이며 대전류 방식에 유리하다. 전압형과는 달리 정류부 측에 평활용 콘덴서가 없으며, 고임피던스 리액터만 있다.

정류부에서 인버터 출력전류의 크기를 제어하며 인버터에서 주파수를 제어한다. 주로 SCR 소자를 사용한다.

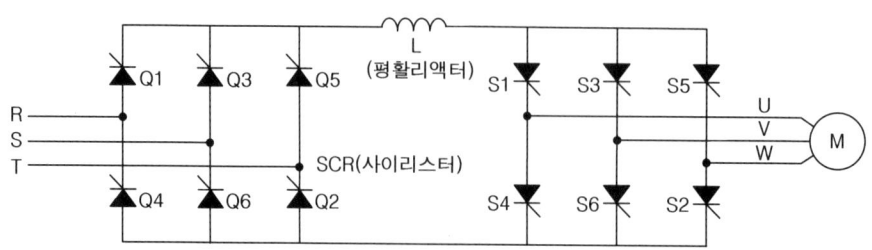

(그림 10-63). 전류형 인버터 회로

10장 신호시공 및 운영

09 서지 및 유도장애

> **기본 설명**
>
> 신호기계실의 설비는 대부분 전자보드로 구성된 마이크로프로세서로서 서지에 취약하다. 기계실 설비와 현장설비 간 인터페이스용 케이블은 현장설비로부터 유입되는 서지를 차단하기 위해서 기계실의 케이블프레임 랙에 보안기(SPD)가 설치된다.

1 서지(Surge)의 개념

서지(Surge)란 전기적인 선로나 회로를 따라 유입되어 급속히 증가하고 서서히 감소하는 특성을 지닌 전류, 전압 또는 전력의 과도적인 파형이다.

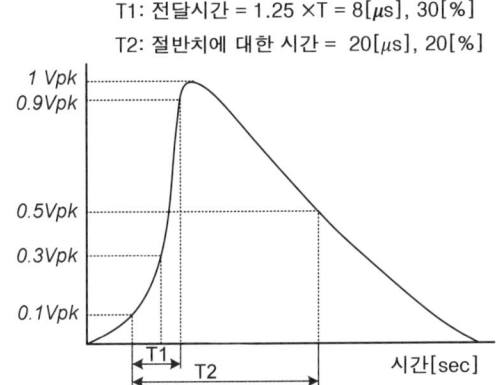
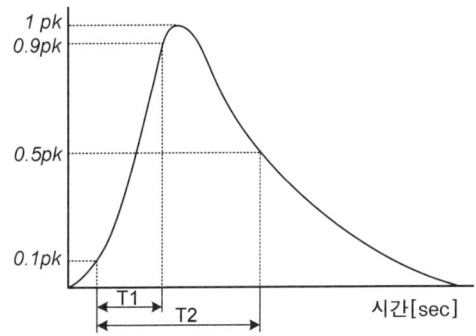

(그림 10-64). 유도뢰 임펄스 전압파형(좌) 전류파형(우)

807

서지는 원래 AC전압이 평상시의 공급전압 범위보다 5~6[%] 정도 상승한 상태를 말하며, AC전압의 사인파형 사이클로 표현되고 보통 8cycle 정도 지속하다가 사라진다. 서지는 정보통신장비, 제어시스템, 전산시스템 등에 데이터의 프로세싱 에러와 시스템 하드웨어의 소손 등 많은 손해를 일으키는 주요한 원인이다.

서지보호기(SPD)

SPD(Sur Protective Device : 서지보호기)란 말 그대로 서지로부터 장비들을 보호하는 보호장치이다. 서지보호기는 전압 임펄스나 스파이크와 같은 과도서지전압이 기기에 도달하기 전에 회로의 전단에서 차단하여 기기를 보호한다.
서지보호기를 설치하는 목적은 계통에 서지전류가 유입될 때 그 전류가 부하를 통해 흐르지 않고 서지보호기 자신을 통해 흐르도록 하여 부하에서 발생하는 전압강하가 과다하게 상승하는 것을 막아서 부하를 보호하는 것이다.

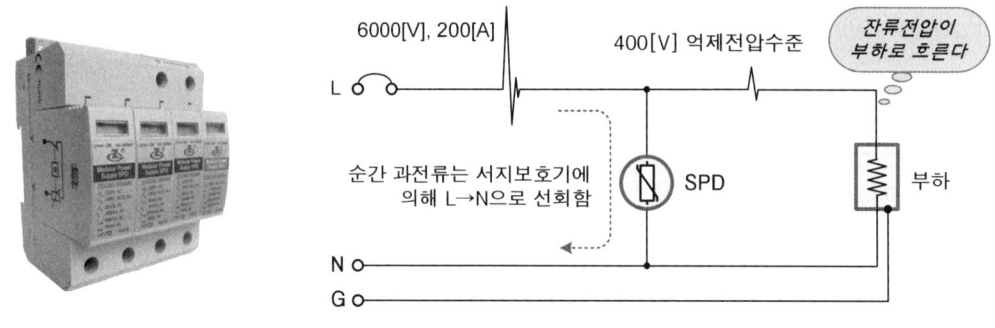

(그림 10-65). SPD(좌), 서지억제 개념도(우)

신호용 보안기(SPD)

보안기는 피보호 기기의 통상적인 동작전압은 감지하지 않고 뇌서지 전압과 같은 과전압이 발생 시에만 동작하고 뇌서지 전류를 방류시킴으로써 발생한 과전압을 충분히 낮은 제한전압까지 억제한다.
즉, 평상시에는 개방하고 과전압 발생 시에는 단락되는 스위치 기능이다.

(그림 10-66). 신호용 보안기

10장 신호시공 및 운영

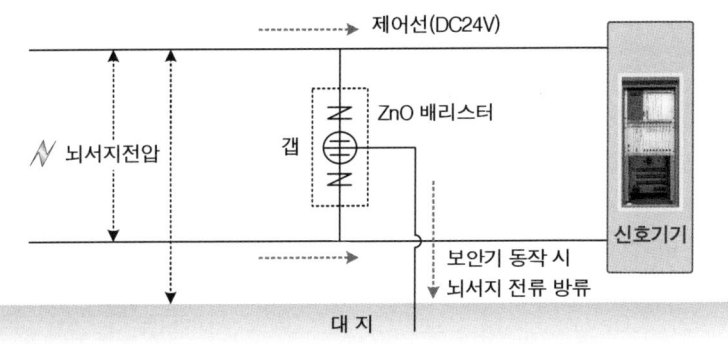

(그림 10-67). 신호설비용 보안기(SPD)의 원리

보안기를 적용할 때는 보안기가 가진 제한전압이 피보호 기기의 내서지 전압보다 낮아야 하고 보안기의 방전개시전압이 피보호 기기의 통상적인 동작전압보다 높아야 한다. 보안기가 단락된 상태에서 고장나면 신호설비가 오동작 할 우려가 있으므로 철도신호설비의 뇌해대책에 사용되는 보안기는 아래의 그림과 같이 갭식 피뢰소자와 ZnO(산화아연) 배리스터로 불리는 반도체식 피뢰소자의 조합으로 구성되고 있다.

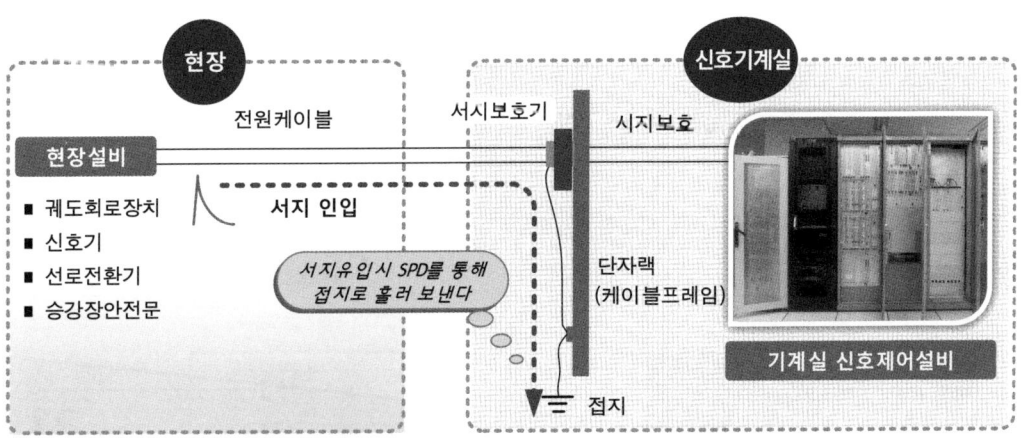

(그림 10-68). 서지보호기의 서지보호 원리

신호설비 뇌해대책

유도뢰는 통신시설로부터 떨어진 장소에서 낙뢰가 발생하여 강전자계에 의해 통신선에 매우 큰 전압이 유기되는 현상이다. 통신선과 컴퓨터의 낙뢰피해는 뇌서지 전류가 통신선에 유입되면서 접지 임피던스에 의해 전위가 수천~수만 볼트 상승한다.

신호설비 보호기기 설치

① 보안기는 다른 기기나 배선과는 격리시킨다.
② 서지방지용 절연변압기는 CTC 전원, 열차번호 및 전원부(정류기 포함) 이외에는 사용하지 않으며, 입출력선은 별도의 루트로 배선하고 덮개로 단자를 보호한다.
③ 신호설비 랙에서 건조물과의 절연은 다음에 의한다.
- Rack 하단에는 목재대, FRP/고무판 등의 절연체를 설치하고 취부용 볼트가 밑받침을 관통하지 않도록 하거나 관통 시 절연체를 사용한다.
- 철재 케이블랙을 사용한 경우에 있어 계전기랙 또는 천정벽 등과 접촉하는 부분에는 비닐관 등으로 절연한다.

(그림10-69). 랙하단 절연체

④ 접지는 각 보호용 기기 종별에 따라 설비하고 다른 기기와 공용하지 않는다. 다만, 다음의 경우에는 공용할 수 있다.
- 단선 구간으로 상·하 폐색신호기를 동일 개소에 설치한 경우 각 ATS 제어케이블에 대한 보안기의 접지
- 고가 위 등에서 접지선이 약 50m 이상 길어지는 경우에는 접지하지 않는다.

⑤ 기기의 접지저항은 30Ω 이하로 한다. 다만, 서지방지용 절연변압기의 접지는 제1종 접지(10Ω이하)로 하고 다른 제1종 접지와 공용하여서는 안 된다.
⑥ 전력 또는 통신 관계의 접지는 공용할 수 없으며 이격거리는 5m 이상으로 한다.

(그림10-70). 신호용 보안기

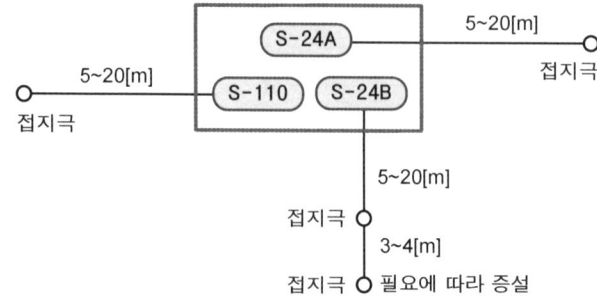

(그림10-71). 기구함 보안기의 방사형접지

㉗ 보안기의 접지선은 접지동선(GV) 8mm²를 사용한다.
㉘ 교류 전원측에 사용하는 보안기(S-110) 및 선조변압기의 중성판(또는 혼촉방지판)의 접지저항이 커지면 서지 이행율이 증가하므로 10Ω 이하로 하며, 보안기(S-110)의 접지는 다음의 경우를 제외하고 생략한다.
- CTC장치 또는 신호원격제어장치에 사용할 때,
- 한전 저압변압기와 기기 간이 가공으로 100m 이상일 때,
㉙ 건널목 제어자용 보안기(S-110)의 레일접지는 기점을 등으로 하여 좌측 레일로 한다.

2 전차선로 유도장애

전철화 구간의 궤도는 귀전선과 궤도회로의 구성으로 전차선로와 신호선로를 공용으로 사용한다. 전기철도는 동력장치에 많은 양의 전기에너지를 사용하게 되어 레일전위 상승으로 신호설비에 영향을 준다. 특히 AC25kV 전차선과 인접한 신호설비에는 정전유도가 발생하고 전차선 및 레일과 평행으로 부설된 신호케이블에는 전자유도가 우려된다.

전차선로에 의한 영향

트롤리선을 흐르는 전류에 의한 전자력과 레일에 흐르는 귀선전류에 의한 자력선은 전류방향이 서로 반대이므로 전류의 크기가 동일하면 자력선은 소멸된다.
그러나 레일에 흐르는 귀선전류의 일부는 대지로 누설되며, 통신선과 트롤리선 그리고 통신선과 레일 간의 거리가 서로 다르므로 자력선의 강도 차이에 의한 전류의 차와 자력선이 연선에 근접한 통신선에 영향을 준다.

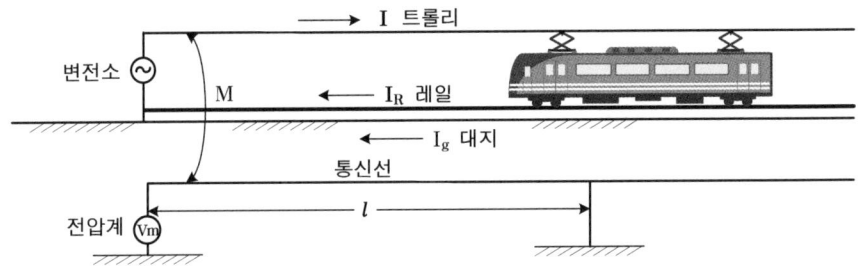

(그림 10-72). 전차선로의 전자유도

전철측 유도장애대책

흡상변압기에 의한 방법

흡상변압기(BT)는 권선비 1:1의 변압기로 일정 간격으로 선로에 배치하고, 그 1차측을 전차선에 접속하며 2차측은 부급전선 또는 레일에 접속한다.

아래 그림에서 변전소 A로부터 C점까지는 레일 및 대지에 흐르는 전류는 부하에 의한 전류와 흡상변압기에 의한 전류에 의해서 완전히 소멸되고 전류는 모드 부급전선을 통하여 변전소로 귀환하므로 전자유도는 경감된다.

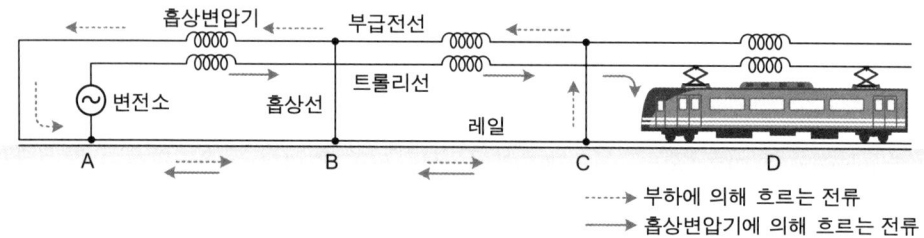

(그림 10-73). 귀선전류의 흡상회로

아래 그림에서 부급전선 대신에 레일을 이용하므로 부하가 존재하지 않는 구간에서도 대부분의 전류가 레일로부터 대지로 누설되고 유도장애방지 효과가 작다.

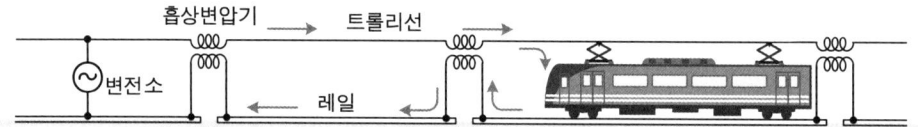

(그림 10-74). 흡상변압기의 유도장애 경감

단권변압기에 의한 방법

단권변압기(AT)는 1:1의 권선비로서 권선의 중앙을 레일에 접속하고 양 단자의 어느 한 편과 레일과의 사이에 전압을 전기운전에 적합한 전압으로 선정하여 트롤리선에 급전하고, 다른 한 단을 급전선에 접속한다.

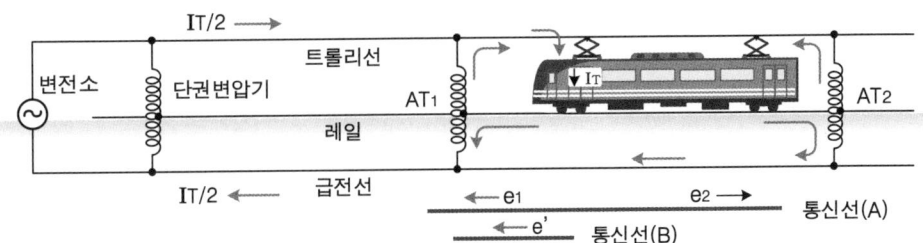

(그림 10-75). 단권변압기의 유도장애 경감

3 전동차의 노이즈

VVVF의 역할

VVVF(3VF, Variable Voltage Variable Frequency)는 교류전동기(특히 유도전동기)를 가변속하기 위한 인버터 제어기술이다. 교류유도전동기는 직류전동기와 같은 브러시가 없기 때문에 구조가 간단하지만, 전압의 세기로 회전속도를 제어하는 직류전동기와는 달리 회전속도를 주파수로 제어한다. 이 때문에 VVVF는 유도전동기에 가해지는 전압과 주파수를 동시에 조절하여 교류전동기의 토크와 회전속도를 제어하는 인버터 기술이다.

유도전동기는 회전속도를 주파수에 의존하기 때문에 가변속도를 필요한 곳에는 사용이 불가능하므로 유도전동기의 극수를 변환하여 속도를 변환하였다.

VVVF는 이러한 단점을 개선하여 인버터의 출력전압과 주파수를 연속적으로 변화시켜 교류 전동기의 속도를 연속적으로 제어한다.

(그림 10-76). 전동차의 VVVF

VVVF 제어차의 노이즈

전기열차에서 고주파 잡음의 발생원인은 차량동력용 전력변환장치의 제어과정에서 발생된다. 즉 초퍼제어, 인버터제어의 GTO 및 IGBT 사용, 회생제동장치 제어, 정류장치, 에어컨 등의 제어과정에서 고주파 잡음이 발생한다.

VVVF 제어차는 전차선 단상 AC25kV 또는 DC1,500V를 수전하여 인버터에서 3상 교류로 변환하여 견인전동기의 3상 농형유도전동기를 구동한다. 이때 발생하는 주파수는 초퍼제어와 같이 일정하지 않고 운행속도에 따라서 저주파에서 가청주파수까지 존재하여 인버터 전류에 의해 고주파 잡음이 궤도회로에 영향을 준다.

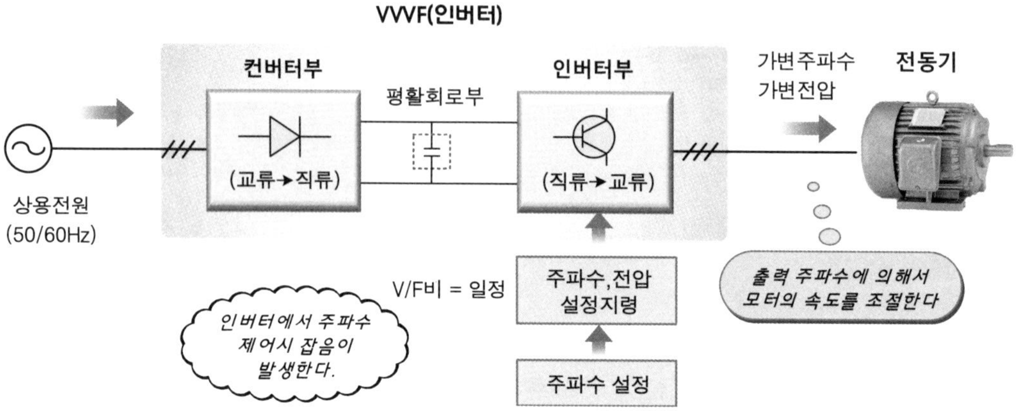

(그림 10-77). 인버터의 제어회로

VVVF 차량의 유도잡음은 속도와 함께 변하며 특정 주파수에 머물지 않고 시시각각 변하면서 일시적으로 나타나며 순간적이고 불규칙 장애를 유발한다.

특히 열차의 출발이나 제동 시에 전차전류가 불평형이 되는 경우 견인전류와 회생전류에 포함된 노이즈가 궤도회로에 유기되어 장애를 일으킨다.

회생제동 취급 시 견인전동기를 발전기로 동작시켜 모터 회전력에 부하가 걸리고 제동력이 발생하면서 발전한다. 이 발전된 전기를 전차선으로 보내 변전소로 귀환시키는 과정에서 고주파 잡음으로 인하여 궤도회로에 장애가 발생되기도 한다.

10장 신호시공 및 운영

접지(Ground)

기본 설명

전기를 사용하는 설비는 접지를 통하여 시스템의 장애를 방지하고 인명을 보호하고 있다. 접지는 시스템과 대지를 전기적으로 접속하여 이상전압 시 신속하게 대지로 유도하여 전위상승을 0으로 억제함으로써 시스템에 영향이 없도록 보호한다.

1 접지 일반

접지(Ground)는 신호 및 통신설비, 전력설비, 피뢰설비를 대지와 전기적으로 결합하고 대지의 0 전위와 동일하도록 하여 낙뢰, 지락사고, 서지 유입 시 신속하게 대지로 분산시켜 접지점에서 전위 상승을 0으로 억제함으로써, 인명과 재산을 보호하는 데 목적이 있다.

철도 전기설비에서 고장은 필연적인 것이며, 특히 지락고장이 발생하면 고장전류가 대지로 흐르게 되어 전기설비의 내부 및 주변에 전위차가 발생하므로 인체의 안전이나 설비의 절연에 위험을 초래한다. 더욱이 최근에 전기차량의 출력 증가로 전력사용이 급격히 증가함에 따라 고장용량도 증가하고 있으므로 상대적으로 고장전류에 의한 대지전위의 상승이 커져서 인체의 안전이나 절연 등에 미치는 위험도가 커지고 있다.

(그림 10-78). 수막처리동봉

(표 10-26). 접지목적과 접지방법

접지 구분	접지의 목적
기기접지	▪ 전기기기의 절연 열화로 인한 감전이나 화재 등을 방지하기 위하여 비충전 금속부분을 접지
계통접지	▪ 고압 또는 특고압과 저압의 혼촉으로 인한 2차측 전로의 재해를 방지하기 위하여 접지
낙뢰보호용 접지	▪ 뇌방전 전류를 안전하게 피하기 위하여 피뢰침이나 피뢰기를 접지
잡음방지용 접지	▪ 전자기기 등에서 잡음으로 인한 오동작이나 고조파 에너지 유출이 다른 기기에 침해하지 않도록 잡음에너지를 대지로 흐르게 하는 접지
기능접지	▪ 전자기기 등에서 기준 전위를 안정화하기 위한 접지. ▪ 전파 송신용 안테나가 기능적으로 동작하기 위한 접지
정전기방지용 접지	▪ 마찰 등으로 인한 정전기를 안전하게 피하도록 하기 위한 접지
전식방지용 접지	▪ 전기방식용으로서 대지를 회로의 일부에 포함하여 구성하는 접지

▌ 접지저항

접지전극에 접지전류(I)가 유입되면 접지전극의 전위는 접지전류가 흐르기 전에 비해 E[V]만큼의 전위상승이 일어나는데 이때 E/I[Ω]를 '접지저항'이라 한다. 접지전극은 대지의 토양과 접촉하는데 토양은 흙입자, 물, 공기로 이루어져 있으며 전기전극은 금속으로 된 전극으로 접속하는데 여기에 존재하는 전기저항이 접지저항이다.

동일한 형상의 접지전극을 각기 다른 대지에 매설한 경우에 접지저항 값이 서로 다르게 나타나는 것이 일반적인데, 이는 접지저항에 영향을 주는 인자가 다르기 때문이다.

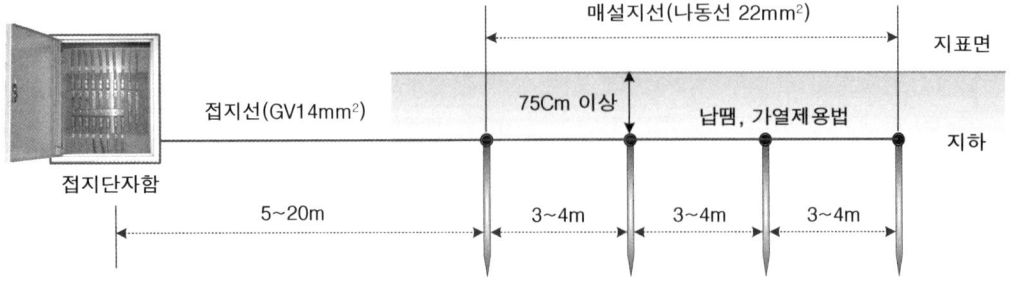

(그림 10-79). 접지설비의 시공방법

10장 신호시공 및 운영

2 접지방식

▌독립접지

독립접지 방식

여러 신호설비가 복합적으로 구성되어 있을 경우 각 설비·장치 별로 개별적인 접지장치를 설치하는 것을 '독립접지'라고 한다.
노이즈와 서지에 따른 접지 문제로 인하여 기기의 정상적인 동작이 가능하도록 하는 기능성 접지가 중요시 되면서 회로마다 독립적으로 접지하는 경우가 있다.

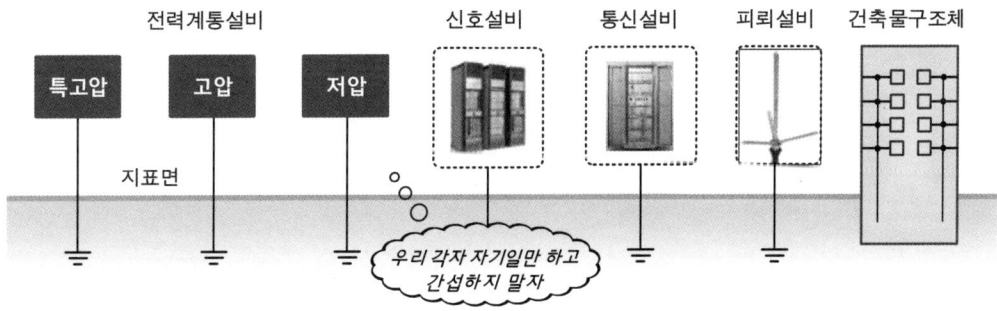

(그림 10-80). 독립접지의 구성도

독립접지 장점

① 다른 설비에 접지전류가 흘러도 전위상승에 의한 영향을 주지 않는다.
② 접지의 성능 악화나 접지 손상시 독립적으로 설비 보호가 된다.
③ 사고발생 시 해당 접지부분만 골라 잘라내면 원인 규명이 가능하다.
④ 접지가 각각 독립적으로 전위상승, 유도뢰 등이 없으므로 안정적이다.

독립접지 단점

① 접지전류 유입시 설비 간 전위차 발생으로 설비의 장애 우려가 있다.
② 접지저항을 낮추기 어렵고, 접지선과 접지봉이 증가되어 구조가 복잡하다.
③ 개별적인 접지공사로 이격거리가 필요하므로 접지면적이 넓어야 한다.
④ 고층빌딩에서는 접지선이 안테나 효과로 노이즈가 발생할 수 있다.

공통접지

공통접지 방식

공통접지방식은 특고압, 고압, 저압 등 전력계통의 접지전극을 일괄 접속하여 공통으로 사용하고, 전력계통의 접지와 분리하여 피뢰설비, 통신 및 제어설비 등의 접지를 별도로 시행하는 접지방식을 말한다.
고압 및 특고압과 저압 전기설비의 접지극이 서로 근접하여 시설되어 있는 변전소 또는 이와 유사한 곳에서는 공통접지시스템으로 할 수 있다.

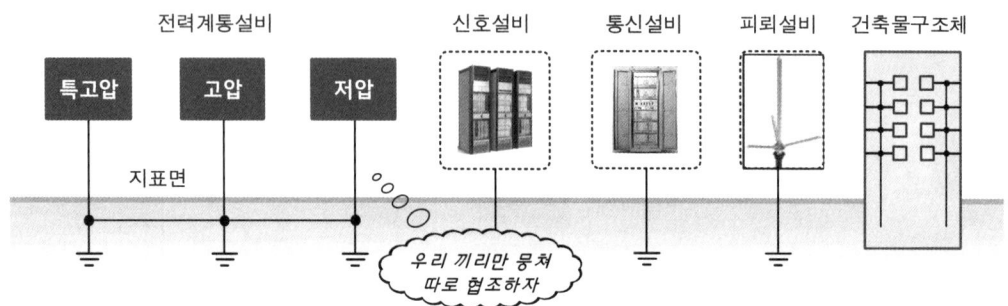

(그림 10-81). 공통접지의 구성도

공통접지 장점

① 접지선이 짧아지고 접지배선 및 구조가 단순하여 보수점검이 용이하다.
② 각 접지전극이 병렬로 연결되므로 합성저항을 낮추기 쉽고, 건축의 철골구조체를 연결하므로 접지성능 및 보조효과가 향상된다.
③ 여러 접지전극을 연결하므로 서지나 노이즈 전류 방전이 용이하다.
④ 여러 접지전극을 연결하므로 등전위 구성으로 장비 간의 전위차가 발생되지 않는다.
⑤ 접지전극 및 접지봉 수를 줄일 수 있어 시공비가 절감된다.

공통접지 장점

① 접지전극의 손상 및 접지성능 약화시 다른 계통으로 파급 위험이 있다.
② 설비간 연결된 접지배선이 너무 길면 설비간 접지 전위차가 발생된다.
③ 다른 설비에서 접지전류가 발생되면 접저전극의 접지저항에 의해 전위가 상승된다.
④ 개별접지와 공용시 효과가 감소되고, 노이즈 침투 가능성이 있다.

통합접지

통합접지 방식

통합접지방식은 특고압, 고압, 저압 등 전력계통의 공통접지와 피뢰접지, 통신접지, 수도관, 가스관, 철근 및 철골 등 모든 접지도체를 통합하여 접속하는 접지방식이다. 대형건물 등 구조체 접지가 대표적인 방식으로 통합접지에서는 낙뢰에 의한 과전압으로부터 전력기기를 보호하기 위하여 서지보호장치(SPD)를 반드시 설치하여야 한다

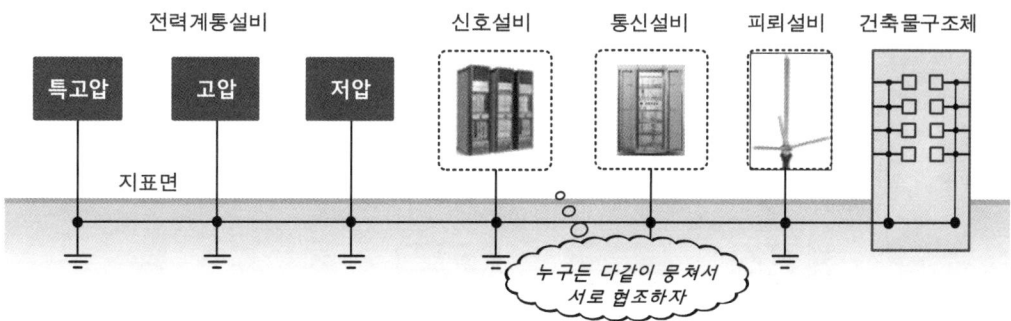

(그림 10-82). 통합접지의 구성도

통합접지 장점

① 모든 도체를 접지하므로 감전의 우려가 없다.
② 건물 내 철근이나 도전체를 접지극으로 사용할 수 있다.
③ 낮은 저항값을 용이하게 얻을 수 있다.
④ 접지의 신뢰성이 향상된다.
⑤ 접지계통이 단순화되고 보수점검이 용이하다.

통합접지 단점

① 통신접지와 공용되므로 노이즈 침투 우려가 있어 SPD를 설치하여야 한다.
② 건물 내 모든 도체를 접지하여야 하는 관계로 시공비가 높다.

(그림 10-83). 접지설비 시공

○ 전기설비기술기준 제18조 6항(2021.01.01 제정)에 따른 공통접지와 통합접지 도입

구 분		접 지 방 법
독립 접지	접지 방법	접지를 각각 독립적인 접지 전극으로 시공하는 방식으로 다른 접지로부터 영향을 받지 않고 장비나 시설을 보호하기 위한 접지
	접지 구성	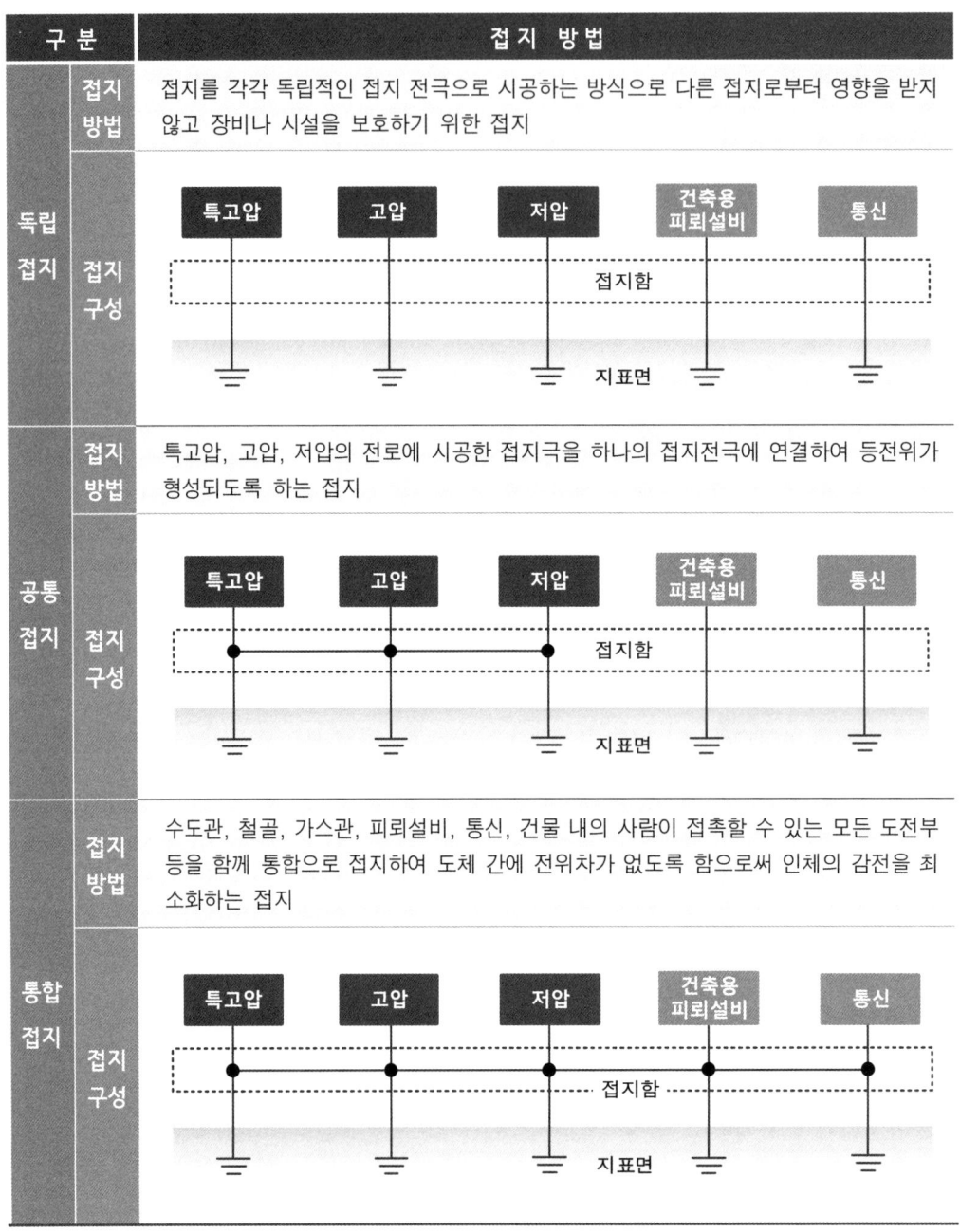
공통 접지	접지 방법	특고압, 고압, 저압의 전로에 시공한 접지극을 하나의 접지전극에 연결하여 등전위가 형성되도록 하는 접지
	접지 구성	
통합 접지	접지 방법	수도관, 철골, 가스관, 피뢰설비, 통신, 건물 내의 사람이 접촉할 수 있는 모든 도전부 등을 함께 통합으로 접지하여 도체 간에 전위차가 없도록 함으로써 인체의 감전을 최소화하는 접지
	접지 구성	

10장 신호시공 및 운영

3 신호설비 접지

등전위접지는 전기작업지역, 안전보호지역, 피뢰접지, 정전기 방지 등의 접지를 한 조의 내부 등전위 네트워크로 구성하여 연결된 공용접지로서, 각각의 시스템 간의 전위차를 해소시킨다. 각 장비 간에 전위차가 발생하게 되면 어느 한 장비에 피해를 끼칠 수 있으므로 모든 장비의 모든 금속부분을 상호 결합하여 전위를 같게 한다.

오늘날의 신호시스템은 컴퓨터와 전자모듈이 도입되고 전철화가 진행되면서 보안접지의 강화는 물론 신호시스템 성능확보를 위해 기능접지(3Ω 이하) 개념이 도입되고 있다. 이에 공동접지와 등전위 접지방식으로 개량이 진행되고 있다.

등전위 접지가 필요한 이유

철도시스템은 전기, 신호, 통신, 설비, 차량의 하부시스템이 조화롭게 성능이 발휘하여야 열차를 안전하게 운행할 수 있으며, 하부시스템 간에는 필요한 전원공급과 운용상에 데이터를 상호 교환하여 목적을 달성하게 된다.

이러한 데이터의 상호 교환은 시스템 간의 전위가 존재하거나 서지가 유입되면 쉽게 장애를 유발하므로 공용접지를 시행하여 전위를 같게 해 주는 등전위가 필요하다.

등전위 접지는 낙뢰 시 과도임피던스 특성이 좋아 전위상승이 낮아지며 유도뢰, 직격뢰 피습 시 전위 상승이 낮아 서지와 노이즈의 근본을 제거할 수 있다.

현재 사용하고 있는 1종, 2종, 3종, 특별 3종 저항치의 과학적 근거가 없다고 보고 일본에서도 이를 인정하여 모든 관련 규격을 공통 등전위 접지로 바꾸고 있다.

신호시설물 접지대상

접지 대상 신호시설물

접지는 공용접지(매설접지)를 원칙으로 한다. 접지대상물과 접지단자함 또는 단독접지와는 1 : 1로 접속하여야 하며, 접지대상 시설물끼리 연결하여서는 안 된다.

① 신호기 : 신호기주, 신호기구류, 신호교, 신호기용 작업대, 사다리
② 기구함, 접속함 : 외함 및 보안기
③ 건널목 보안장치 : 경보기주, 경보기, 차단기, 제어유니트
④ 연동장치 : 계전기랙, 궤도랙, 분선반랙, 폐색랙

⑤ 선로전환기장치 및 철관장치 : 전철표지, 전철리버, 전철쌍동기, 절연부, 접속간 등을 레일과 절연하여 접지한다.
⑥ 실내설비의 각종 랙(일반철도 전자연동장치 제외)
⑦ 신호기계실에 낙뢰에 대한 보호설비
⑧ 조작판
⑨ AF궤도회로장치의 튜닝유니트
⑩ 전원 배전반의 2차측
⑪ 철제 전선로

접지 생략 신호시설물

① 합성수지제품 신호기류
② 지상에 설치한 표지류
③ 직류전철화 지하구간에서의 기구함

(그림 10-84). 신호설비의 접지

신호 접지극의 이격거리

① 고압용 기기 및 접지극 : 5m
② 접지극과 건물 및 구조물(목조는 제외) : 1m
③ 매설 케이블 : 1m

신호설비의 접지저항

신호시설물과 유지보수 작업자를 낙뢰, 지락 및 각종 유도로부터 보호하기 위하여 접지설비를 설치하고 규정된 접지저항 값 이하를 유지하여야 한다.

(표 10-30). 신호설비 접지저항

접지저항	신호설비
10Ω 이하	▪ 신호기계실, 폐색제어유니트, 건널목제어유니트 ▪ 신호전원 배전반 2차측, 제어함
50Ω 이하	▪ 전철화구간의 신호기, 기구함, 접속함, 경보기, 차단기 등
100Ω 이하	▪ 비전철화의 구간 신호기, 기구함, 접속함, 경보기, 차단기 등

10장 신호시공 및 운영

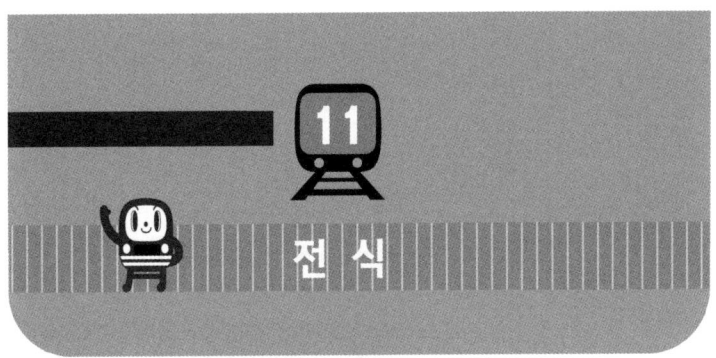

기본 설명

전식은 DC 전철구간에서 발생되며 축전지와 같은 원리로서 지하수가 전해작용을 하여 금속을 부식시키는 현상을 말한다. 열차가 통과할 경우 운전전류에 의하여 레일과 대지 간의 전위차가 발생하여 전식되며 신호 현장설비에도 그 영향을 끼친다.

1 전식의 발생원인

전식은 직류 전철구간에서 발생하는 것으로 전동차 운전전류에 의해 레일전위가 상승하면서 대지로 전류가 일부 누설되어 지하수가 전해작용을 하여 철이 부식되는 현상이다. 레일전위에 의한 전식은 레일과 대지 간의 전위차로 인해 발생한다. 주행 레일에서 누설전류는 대지를 통하여 변전소 부근에서 다시 레일로 유입되어 변전소로 귀환된다. 선로에 인접하여 지중매설 금속체가 있으면 누설전류는 대지보다 낮은 금속체를 통하여 변전소 부근에서 유출되어 레일로 귀환한다.

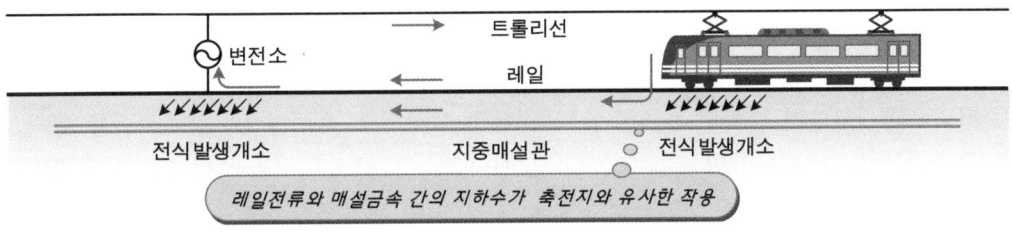

(그림 10-85). 매설금속과 누설전류

전식량은 이론적으로 패러데이법칙에 따르며 다음의 관계식이 성립된다.

$$M = Z i t [g]$$

여기서, M : 전식량(전해량)
　　　　Z : 금속 전기화학당량 [g/C]
　　　　i : 통과전류 [A],
　　　　t : 통전시간 [s]

레일 누설전류는, $I = \dfrac{V}{W}$ [A/km]

여기서, V : 레일전위 [V],
　　　　W : 레일 누설저항 [Ωkm]

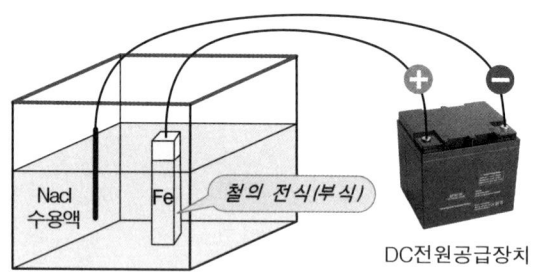

(그림 10-86). 전기부식(전식) 실험

따라서 V=50V, W=10Ωkm이라면 누설전류 I=5A/km으로 된다. 누설저항 W의 값은 1km당 1~100Ω으로 평균 10Ω 정도였으나 최근 도상이 좋아짐에 따라 높아졌다.

전식의 발생개소

① 레일로부터 전류가 유출되는 개소
② 레일 전압이 높고 레일 접지저항이 낮은 개소
③ 습기가 많은 장대레일 구간

전식의 특징

(그림 10-87). 전식된 볼트

① 부식량은 흐르는 전기량에 비례한다.
② 침목 또는 타이플레이트는 접촉부분과 같이 국부적으로 발생한다.
③ 전식 생성물이 발생한다.

2 전식의 방지대책

선로측 방지대책

① 터널 내는 도상이 습하므로 누수방지를 위해 도상의 배수시설 및 방수처리를 한다.
② 콘크리트 도상, 노반강화 등에 의해 누설컨덕턴스를 감소하고 누설전류를 작게 한다.
③ 선로전환기 고정볼트에 레일전위가 미치지 않도록 절연체결 또는 절연도상을 한다.
④ 차량기지에는 전철귀선이 접지저항이 작은 구조물과 접촉되지 않도록 한다.

⑤ 레일과 침목 체결부에 절연패드를 사용하여 절연을 하고, 배수처리를 한다.
⑥ 보조귀선의 설치, 레일본드의 용법처리 또는 장대레일화로 귀선저항을 작게 한다.
⑦ 복선선로 이상에는 상·하선 간 크로스본드를 설치하여 레일 전압강하를 경감한다.

전철측 방지대책

① 귀선의 극성을 정기적으로 전환시켜 전기화학반응을 중화시킨다.
② 변전소의 수를 증가하고, 급전구간을 축소하여 누선전류를 감소시킨다.
③ 가공절연귀선을 설치하고 레일 내의 전위경도를 감소시켜 누설전류를 작게 한다.

매설관에 대한 방지대책

① 지중 금속체의 표면에 절연저항이 높은 절연도료를 도포하여 대지와 절연한다.
② 지중 금속체의 접속부를 전기적으로 절연하여 금속체로 유출입 되는 전류를 감소한다.
③ 매설 금속체를 도체에 의해 차폐하고 금속체로 유출입 되는 전류를 감소한다.
④ 지중 금속체와 레일의 근접교차를 피하고 가급적 이격하여 매설한다.

배류법의 방지대책

직접 배류법

직접 배류법은 지중매설 금속체와 레일을 직접 배류선으로 접속하는 방법이다. 간단하고 설비비가 가장 적게 드는 방법이지만 변전소가 하나밖에 없고, 또 배류선을 통해 전철로부터 피방식 구조물로 유입하는(역류가 없는 경우)에만 사용한다.
전철 시스템이 단순했던 초창기에 일부 적용이 되었던 방법이며, 지금과 같이 시스템이 복잡하고 누설전류의 유출입 지점이 복잡한 상황에서는 적용하기 어렵다.

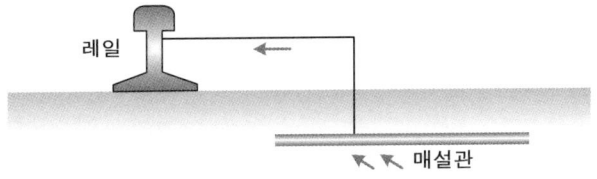

(그림 10-88). 직접 배류회로

선택 배류법

선택 배류법은 지중매설 금속체와 레일 사이를 전기적으로 접속하여 매설관의 전식을 방지한다. 지중매설 금속체와 레일 사이에 레일전위가 부(負)일 때만 전기가 통하도록 도중에 방향성을 갖도록 하는 다이오드와 전류 제한용 저항기를 삽입하여 금속체에 발생한 고전위 전류를 레일로 회수한다.

이 방식은 접지나 별도의 전원이 필요 없으므로 가장 많이 사용한다. 궤도회로 구간에서는 임피던스본드 중성점에 접속하여야 하며, 배류기에 의한 크로스본드 회로가 생기지 않도록 하여야 한다.

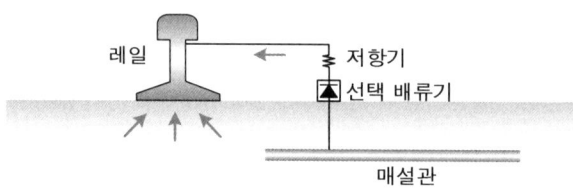

(그림 10-89). 선택 배류회로

(표 10-31). 배류방식의 장단점 비교

종류	장점	단점
선택배류법	① 건설비 및 유지비가 적다. ② 전철과의 상대적 위치에 따라서 효과가 클 수 있다. ③ 열차운행시 자연부식도 방지한다.	① 타 매설물에 간섭이 크다. ② 효과 범위가 제한된다. ③ 열차운행 정지하거나 레일전위가 높은 경우 전식방식이 불리하다.
강제배류법	① 효과 범위가 넓다. ② 전압, 전류의 조정이 용이하다. ③ 열차 운행정지 시에도 방식이 된다.	① 타 방식법의 병행 적용이 어렵다. ② 신호장애를 유발할 수 있다. ③ 전원이 필요하다. ④ 배류점 부근에서 과방식이 될 수 있다.

강제 배류법

강제 배류법은 지중매설 금속체와 레일 사이에 다이오드 전파정류회로를 설치하고 외부전원을 인가한다. 레일을 접지 양극으로 하여 양극에서 대지로 전류를 흘려서 매설관으로 다시 유입시킨다.

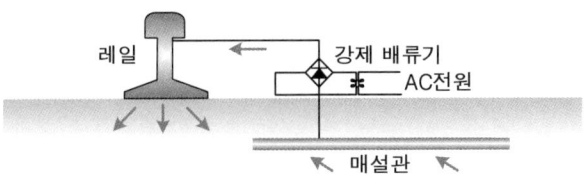

(그림 10-90). 강제 배류회로

레일 전위가 정(正)에서 밀어내는 전류에 의하여 전식이 우려될 때는 전원을 통해 배류회로를 구성한다. 이때 레일 전위가 상당히 높을 때 통과하므로 출력전압은 이 전압보다 높은 전압이 사용된다.

또 레일 전위가 시간에 따라 변동하므로 일반적으로 정전류형이 사용되고 있다. 이 방식은 전식방지 효과가 가장 크지만 신호설비에 영향을 끼치므로 신중을 기해야 한다.

[Message Text]

철도전문 실용 용어 해설

철도전문 실용 용어

( ) : 우리말 순화용어.

■**가고** 합성전차선의 지지점에서 전차선과 조가선 간의 수직 중심간격.

■**가교(임시다리)** 공사기간 중의 대체 교통로, 공사용 통로, 재해복구용 응급로 등으로 사용하기 위해 일시적으로 가설하는 간이 교량.

■**가공전차선** 전기차에 전기를 공급하기 위해 궤도 위의 공중에 설치되어 있는 전기선 또는 구조물의 총칭.

■**가공지선** 낙뢰로부터 가공전차선을 보호하기 위해 전선로 상부에 설치하는 접지전선.

■**가도교(도로횡단 철도교)** 도로를 횡단하여 그 상부에 철도를 설치한 다리.

■**가동크로싱** 크로싱의 일부가 움직여 궤간선의 결선부를 없게 함으로써 차량 통과시 소음과 진동이 적고 차륜이 안전하게 주행하도록 한 크로싱. 고속철도에 사용.

■**가동노스크로싱** 크로싱의 노스 일부가 좌우로 이동하는 구조로서 노스의 선단부가 양측 윙레일 측면에 밀착하여 차량의 진행방향으로 개통시킴.

■**가동둔단크로싱** 가공하지 않은 전단면에 단척 레일을 그대로 사용. 일단은 크로싱의 교점위치에서 제자리 회전만 하고 타단은 좌우로 이동하여 차량의 진로방향으로 개통시킴.

■**가동브래키트** 전차선을 지지하는 철재 지지물로서 전주와의 결합부가 회전할 수 있어 전선의 신축 이동에 대응할 수 있음.

■**가드레일(탈선방지 철길)** 열차의 탈선방지 또는 레일 마모방지를 위하여 주행선 레일의 안쪽에 레일과 병행하게 설치하는 레일.

■**가상기울기** 선로에 있어서 실제로 적용하는 구배 외에 운전계획상 필요한 가상의 구배. 제한구배, 표준구배, 평균구배, 보조구배 등.

■**가선(공중전선, 전기선 설치)** 가공식 전차선로 조가방식의 일반적 약칭, 강체 커티너리 조가방식과 직접조가방식인 전조가선 등이 있음.

■**가용성** 신뢰성과 유지보수성을 통합한 시스템의 넓은 의미의 신뢰성을 나타내는 척도. 기기가 어떤 기간 중에 기능을 유지하고 있는 확률.

■**간선(주요노선)** 철도망 중 주요 선로로서 철도 수송량이 많은 선로. 일반적으로 철도망의 골격을 형성하는 주요한 노선.

■**간선철도** 철도노선 중 수송량이 많은 주요 선로. 철도망 중에서 뼈대가 되는 중요한 선로.

■**간이역** 역장을 배치하지 않고 간단한 설비만을 설치하여 여객 또는 화물을 취급하는 역.

■**강화노반** 노반의 강도 저하와 분니를 방지하고 열차 통과시 탄성 변형량을 한도 내로 하기 위하여 지지력을 크게 한 노반.

■**개못** 레일을 침목에 고정시키는 못. 두부가 ㄱ자형으로 구부러져 레일 저부를 누르는 구조. 그 형상이 개머리를 같아 개못이라 함.

■**개집표구(표내는 곳)** 열차를 타기 위해 승차권을 제시하거나 사용한 승차권을 확인하는 출입구.

■**개착박스** 터널 입구가 낮거나 지반이 불량할 때 땅을 파고 콘크리트 박스를 되메우는 구조물.

■**개찰(표검사)** 출발역에서 역무원이 여객이 소요한 승차권의 정당여부를 확인하는 것.

■**개통대** 열차가 인접역에 도착하여 출발하지 않거나 신호기를 통과하지 않아 후속열차가 정차상태로 대기하는 상태.

■**객차** 철도차량의 일종으로 여객 또는 소화물을 수송하기 위한 차량.

■**객화차** 객차와 화차를 반반으로 만든 차량으로 여객을 승차시킬 수 있고 화물을 적재하여 운행할

철도전문 실용 용어

수 있는 철도차량.

■**거더** 대들보. 구조물의 하중을 받기 위해 기둥과 기둥 사이에 건너지른 보. 철도교량의 상부 구조물. 빔, 드와프, 플레이트 등.

■**거리표** 열차운행의 안전과 선로보수의 편의를 위하여 선로기점으로부터 종점방향으로 1㎞ 거리표와 그 중간에 200m마다 거리표가 있음.

■**건널목가드레일** 건널목의 통행이 편하도록 본선레일과 같은 높이로 궤도 내측에 부설한 레일로서 차륜의 윤연로를 보호하도록 설치.

■**건널목경보기** 열차가 건널목에 접근할 때 통행자에게 접근을 알려 통행정지를 예고하는 장치. 경보종, 방송장치, 경보등이 설치됨.

■**건널목장치** 철도선로가 도로와 평면적으로 교차하는 부분에서 도로를 횡단하는 자동차와 보행자의 주의를 환기시키고 열차가 사고 없이 안전하게 통과하도록 하는 장치.

■**건널목정시간제어기** 건널목에 접근하는 열차의 속도를 측정하여 건널목 경보개시 시간을 적절하게 제어하는 장치.

■**건널목제어기** 경보시점과 경보종점에 궤도회로 또는 제어자를 설치하여 건널목의 경보장치를 제어하는 기기.

■**건널목차단기** 열차가 건널목에 접근할 때 차량 및 보행자의 안전을 위하여 건널목의 통행을 차단하는 장치.

■**건넘선** 상선과 하선이 나란히 설치된 두 선로를 열차가 건너가기 위하여 쌍동 선로전환기를 이용하여 서로 연결시킨 선로.

■**건축한계(건축한계선)** 궤도 상에서 선로변 구조물과 일정한 공간을 유지하여 열차가 접촉하지 않고 안전하게 운행하도록 설정한 거리한계선.

■**건축한계축소표** 규정된 건축한계 보다 축소되어 있어 무개차, 유개차, 평판차의 활대품 적재와 운전주의를 위하여 터널 교량 등의 건축한계 축소구간에 세우는 표지.

■**검사선** 차량을 정기적으로 검사하기 위한 측선으로서 차량의 하부검사를 위한 선로.

■**검사피트** 차량 하부의 주행장치를 검사하기 위하여 작업자가 밑으로 들어가서 검사할 수 있도록 선로 가운데를 파서 만든 검수시설.

■**검수(정비)** 검사하여 정비하고 수선하는 것.

■**게이지블럭** PC침목용 체결장치의 일종으로, 레일 저부와 스프링크립 간에 설치되어 궤간을 조절할 수 있음.

■**게이지스트라트** 궤간 축소를 방지하기 위해 내뻗는 구조로써 주로 크로싱부에 사용됨.

■**게이지스트리스** 레일의 궤간 축소를 방지하기 위하여 좌우 레일의 복부에 받치는 강봉.

■**게이지타이** 레일의 궤간틀림이 발생하기 쉬운 개소에 궤간 확대방지를 위하여 좌우 레일의 밑부분을 연결하는 강봉.

■**격간운행(감축운행)** 열차의 운행 횟수를 줄여 열차운행을 감소하는 것.

■**견인력** 기관차가 주행하면서 당기고 미는 견인작업에서 작용하는 힘. 끌어당기는 힘.

■**견인전동기** 열차가 주행할 수 있도록 회전력을 발생시켜 차륜에 전달하는 전동기. 직류직권전동기, 동기전동기, 유도전동기 등이 있음.

■**견인정수** 기관차 형식에 따라 선별, 운전 속도별로 견인할 수 있는 최대 차중률로 표시한 차량수. 기관차에 정해진 운전속도로서 끌 수 있는 최대 차량 수.

■**경간(기둥거리)** 교량에 있어 교대 또는 교각의 전면 간의 거리. 동일 선로상 한 지지주에서 인접한 지지주와의 간격.

■**경두레일(강화철길)** 레일의 무리부분(두부)을 열처리하여 경도를 높이고 차륜으로 인한 내마모성을 향상시킨 레일. 급곡선 궤도에 사용.

■**경량전철(경전철)** 가벼운 전기철도라는 뜻으로 지하철과 대중버스의 중간 정도 수송능력을 갖춘 2~4량으로 편성된 소형전철.

■**경합탈선** 차량, 선로, 운전조건 단독으로는 탈선이 되지 않는 조건에서도 서로 탈선을 일으키는 방향으로 겹쳐 경합하는 탈선. 올라탐 탈선, 튀어오름 탈선, 윤중감소에 의한 탈선 등.

철도전문 실용 용어

■**계전기** 전원이 인가되면 전자석에 의해 기계적인 일로 변환하여 접점을 개폐하는 스위치와 같은 원리. 신호장치에 널리 사용됨.

■**계중기(저울)** 철도차량 또는 무거운 화물의 중량을 재는 장치.

■**계획속도** 기점에서 종점까지의 거리를 중간역에서 정차시간을 포함한 주행시간으로 나눈 평균속도. 표정속도.

■**고망간강크로싱** 보통레일의 크로싱은 노스레일 선단부에 차륜이 격돌하여 마모로 수명이 단축되므로 보통레일 보다 망간성분을 높임.

■**고상홈(높은 승강장)** 높은 승강장. 수도권 전철 구간의 전동차 홈은 레일면에서 1,150mm 이상 높이로 함.

■**고속철도** 열차가 주요 구간을 200 km/h 이상의 속도로 주행하는 철도로서 건설교통부장관이 지정 고시하는 철도.

■**고압임펄스 궤도회로** 교류 전철구간에서 임펄스를 이용하여 구성된 궤도회로. 신호전류는 궤조절연에 의하여 차단되며 전차전류는 임피던스본드에 의하여 연속 귀환됨.

■**고압살수차** 레일 및 침목, 도상, 벽체 등을 고압살수 및 배수로 침입으로 지하 터널 내 공기질을 개선하는 장비차량.

■**고정축간거리** 동일 대차 내의 첫째 차축과 맨 마지막 차축의 중심간 거리. 일반적으로 궤간보다 작지 않도록 하고 있으며 우리나라 국철에서는 4.75m 이하로 규정함.

■**고정축거** 차축거리. 대차에서 서로 평행한 차륜의 거리. 둘 이상의 차축이 고정된 프레임으로서 일체로 된 좌우동유간이 없는 차축 중 첫째 차축과 마지막 차축의 중심간 수평거리.

■**고정크로싱** 크로싱 각부가 고정되어 어떤 방향이든 차량이 결선부를 통과하므로 차량의 진동과 소음이 크고 승차감이 떨어짐.

■**고정폐색** 궤도회로장치에 의하여 일정 거리마다 폐색구간을 분할하여 열차를 검지하고, 선행열차와의 운행간격에 의해 각 폐색구간마다 속도신호를 지정하여 열차를 제어하는 방식.

■**고탄소강레일** 탄소강 레일의 내마모성을 증가시키기 위해 탄소의 함유량을 늘린 레일. 고속철도에서 사용.

■**곡선당김장치** 곡선로에서 전차선을 곡선 횡장력에 의해 곡선의 내측으로 장력이 작용하므로 곡선의 외측으로 잡아당겨 전차선 지지 및 편위를 주는데 사용되는 장치.

■**곡선저항** 열차가 곡선부를 통과할 때 원심력에 의하여 차륜과 레일 간에 마찰저항 및 내궤와 외궤의 레일길이 차이로 인한 마찰저항.

■**공간간격법** 열차와 열차 사이에 일정한 거리를 두고 열차를 진입시키는 운전통제 방식. 열차 간의 운행간격 확보로 안전함.

■**공기저항** 열차가 주행할 때 전면에는 공기의 압축 후면에는 흡기 차량의 연결부는 공기의 와류 등으로 열차운행에 방해되는 저항.

■**공기제동** 마찰제동. 차량에서 생산한 압축공기를 공기관을 통해 각 차량에 보내어 공기력으로 차륜과 회전체를 압착하여 열차를 제동함.

■**공전(헛돌기)** Slip. 열차출발 혹은 가속시 열차의 견인력이 점착력보다 클 때 차륜이 레일 위에서 헛도는 현상.

■**공주거리** 제동을 명령하는 순간부터 제동이 실제 걸리기 시작하기까지 주행한 거리.

■**공차(빈차)** 차내에 여객 또는 화물을 적재하지 않고 있는 객화차.

■**과선교(철도횡단 구름다리)** 철도선로를 건널 수 있도록 만들어진 구름다리. 교면의 높이는 교량의 접속 부분의 종단 선형에 의하여 결정됨.

■**과주여유거리** 과주보호구간. 차량의 제동성능 저하, 기관사의 과실 등으로 열차가 정지위치를 초과하여 정지하더라도 이로 인하여 사고를 방지하기 위해 설정한 구간.

■**관절대차** 연접대차. 차량과 차량의 연결 개소마다 1개의 대차를 설치하여 2대의 차량을 지지하고 연결하는 대차.

■**광궤(넓은 궤도)** 한 선로에서 양 레일이 간격(궤

철도전문 실용 용어

간)이 1,435mm(표준궤간)보다 넓은 것. 양 레일의 폭이 1,524mm 이상.
■**광산철도** 주로 광물 수송을 위한 철도.
■**광역철도** 2개 이상의 광역시도 지역을 연결해서 운행하는 철도.
■**구분장치** Section. 전차선로에서 사고 또는 보수작업으로 인하여 정전시켜야 할 경우 그 영향을 사고구간 또는 작업구간을 한정시키고 기타 구간은 가압하기 위한 장치.
■**교측보도(다리옆 보도)** 장대교량이나 내다보기 불편한 교량 한편에 설치한 폭 1.0mm 정도의 통행보도.
■**구배(기울기)** 선로의 기울기, 선로의 경사.
■**구원열차(견인열차)** 사고, 고장 등으로 운행도중 정차한 열차를 연결하여 견인하기 위해서 운행하는 응급출동 열차. 고장열차를 연결하여 운행하는 열차.
■**구배저항** 열차가 상구배로 운행할 때 지구의 중력과 반대 방향으로 진행하는데 이 중력을 이기기 위한 힘에 대한 저항.
■**국부틀림** 장대레일에서 적은 범위의 곡선반경이 틀어진(비뚤어진) 것. 자량의 흔들림을 일으켜 장대레일의 장출사고를 일으킴.
■**균형속도** 견인력과 열차저항이 똑같이 되는 등속주행의 속도로써 더 이상 속도를 증가할 수 없음. 최고속도를 좌우함.
■**궤간(레일간격)** 한 선로에서 마주하는 두 레일 간의 안쪽에서 가장 짧은 거리. 레일두부 면으로부터 아래 쪽 14mm 지점에서 상대편 레일 두부의 동일점까지의 내측 간 최단거리.
■**궤간선** 하나의 선로에 대하여 좌우 궤간을 나타내는 선을 말하고 레일 두부의 내측에 있어서 레일면하 14mm의 위치에 상정됨.
■**궤간정정** 어긋남이 생긴 궤간에서 레일을 가로 방향으로 이동하여 궤간을 정정하는 작업. 궤간의 허용틀림 치수를 바로잡는 것.
■**궤간틀림(철길간격 어긋남)** 궤간이 규정된 치수를 벗어나 있는 궤도의 상태. 좌우 레일 간격의 틀림.
■**궤광** 레일에 침목을 체결한 것으로 사다리 모양의 형상으로 되어 있는 것. 공장에서 침목 위에 레일을 조립한 구조물.
■**궤도** 레일, 침목 및 도상과 이들을 부속품으로 구성된 열차 또는 차량의 이동로
■**궤도검측차** 궤도의 궤간, 수평, 고저, 방향 등 틀림과 레일마모 상태를 정밀하게 측정하는 검측장비차량.
■**궤도계수** 궤도를 단위 [cm] 침하시키는데 필요한 압력. 궤도역학에서 궤도 강도를 계산하는데 필요한 계수.
■**궤도계전기** 궤도회로장치에서 송신기→레일→수신기의 전압으로 여자되는 계전기. 궤도계전기의 동작에 의해서 열차점유를 판별함.
■**궤도수용력** 궤도를 이루고 있는 궤도재료, 궤도구조 등의 정도로 열차하중이나 차량하중을 수용할 수 있는 능력.
■**궤도틀림** 열차의 반복하중에 의해 특히 도상의 각종 변위와 변형으로 궤도의 궤간, 수평, 방향, 고저, 평면성 등의 틀림.
■**궤도틀림지수** 선로에서 어느 한정 구간에 대한 궤도틀림 양부의 상태를 표시하는 지수. 각각의 궤도틀림을 측정하는 경우 일정치 이상의 틀림이 몇% 존재하는가를 나타내는 수치.
■**궤도침하(궤도꺼짐)** 열차운행으로 인하여 궤도가 가라앉는 현상으로써 노반의 연약으로 인한 노반침하와 도상 연약으로 인한 도상침하.
■**궤도중심** 좌우 레일 간의 중심. 궤도를 부설할 때 필요. 궤도상의 타 시설물과 연관 관계 있음.
■**궤도중심간격** 나란히 설치되어 인접한 선로의 궤도중심선 간의 거리. 양 궤도상을 운행하는 차량의 접촉을 피하고 작업에 따른 대피에 지장이 없도록 정해진 간격.
■**궤조절연(궤도절연)** 궤도회로로 구성된 레일을 전기적으로 분리시키기 위하여 레일 이음매부에 절연물을 설치하여 궤도회로의 경계를 절연.
■**궤도정규** 선로 시공기면 윗부분, 즉 궤도부분의

철도전문 실용 용어

도상두께, 폭, 경사, 침목두께, 길이, 레일궤간 등 각 부분의 주요치수를 도시한 것.

■**궤도응력** 궤도를 구성하는 레일, 침목, 도상에 열차의 하중(외력)을 가했을 때 저항력.

■**궤도회로장치** 고정폐색방식에서 레일을 전기회로로 구성하여 선로 상의 열차를 검지하며, 레일을 통해 신호정보를 열차에 전송하기도 함.

■**궤도틀림** 궤도가 통과 열차의 하중과 기상변화의 영향을 받아 궤도의 궤간, 수평, 방향, 고저, 평면성 등이 틀어지는 현상.

■**귀선** 운전용 전기를 통하는 귀선레일, 보조귀선, 부급전선, 흡상선, 중성선, 보호선용 접속선 및 변전소 인입귀선을 총괄한 선.

■**규소강레일** 실리콘을 재료로 제조한 특수레일. 규소가 증가하면 강도는 높지만 균열이 발생하기 쉬우므로 특수용도로 사용함.

■**균형속도** 동력차의 견인력과 열차저항이 서로 균형을 이루어 열차가 등속운전을 할 때의 속도.

■**균형캔트(적정 기울기)** 곡선부에서 차량이 궤도에 작용하는 수직하중과 원심력과의 합력선이 궤도중심에 일치하도록 한 캔트량.

■**급전구간(전기공급 구간)** 차단장치에 의하여 구분할 수 있는 급전회로의 1구간을 말함.

■**급전구분소(전기공급・차단소)** SP. 변전소와 변전소 사이에 설치하여 한쪽 변전소가 고장으로 전기공급이 중단되는 경우 연장급전을 하기 위하여 개폐장치, 단권변압기 등이 설치됨.

■**급전방식(전기공급방식)** 전철용 변전소로부터 전차선, 급전선 또는 전차선 부급전선을 통해 전기차에 전력을 공급하는 방식.

■**급전선(전기공급선)** 전철용 변전소로부터 합성전차선에 전력을 공급하는 전선.

■**궁선** 건넘선. 열차가 정거장에서 선로를 서로 바꾸거나 다른 선로로 건너가기 위해 분기와 연결시킨 선.

■**기관차** 동력원 및 운전장치가 탑재되어 있지만 여객 또는 화물 수송설비를 갖추지 않고 객차 또는 화차를 견인하여 운행하는 차량.

■**기대선** 기관차를 바꾸어 달기 위하여 열차가 착발하는 본선 근처에서 기관차가 일시적으로 대기하는 측선.

■**기본레일** 1개의 선로가 2개 방향으로 갈라질 때 주로 사용되는 선로의 고정된 레일로서 직선측 레일을 말함. 분기기의 포인트 부를 구성하는 텅레일이 밀착하는 레일.

■**기준레일** 궤도 정정작업을 할 때 기준이 되는 레일. 직선 구간에서는 시점 쪽에서 종점 쪽을 향하여 좌측레일, 곡선구간에서는 내측 레일을 기준으로 함.

■**기재갱** 터널 내부에 설치된 구난 대피소

■**기회선** 기관차의 연결 위치를 바꾸어 달거나 기관차를 회송할 경우 정차장 구내에서 기관차 전용으로 이동하는 선.

■**끌림검지장치** 열차 하부의 부속품이 이탈되어 매달린 상태로 주행하는 경우 레일 사이에 설치된 각종 시설물의 파손 등을 검지하여 열차운행을 통제하는 안전설비.

■**끝닳음용접** 레일의 이음매부의 결선부 충격으로 끝닳음이 발생되는 부분을 살붙이기 용접을 하고 연마하여 레일 본래 상태로 하는 것.

■**나사 스파이크** 스크류 스파이크. 궤도에서 레일을 침목에 체결하기 위해 몸통이 나사모양으로서 침목에 박아 레일을 체결.

■**낙륜탈선** 궤도를 운행 중인 차량의 차륜이 레일에서 떨어져 선로를 벗어난 탈선.

■**너클(걸쇠)** Knucle. 차량 서로를 연결하여 주는 연결기의 일부분으로서 상하로 움직여 차량을 연결하여 주는 고리 역할.

■**노면전차(노면전차)** 도로상의 일부에 부설한 레일 위를 주행하는 전차.

■**노반** 궤도를 지지하는 기반. 차량에서 하중을 부담하며 그 강약은 궤도에 중대한 영향을 줌. 흙, 쇄석 또는 콘크리트 등이 사용됨.

철도전문 실용 용어

■**노스** 분기기를 구성하는 크로싱부에서 서로 교차하는 부분의 윤연로를 확보하기 위한 궤간선의 결선부로서 코 모양의 선단부.

■**노스가동분기기** 크로싱부에 선로전환기를 설치하여 노스가 이동함으로써 일반 분기기의 최대 약점인 결선부를 없애고 레일을 연속시키는 분기기. 고속철도에서 사용.

■**노치(속도조절기)** Notch. 운전실에서 기관사가 열차의 속도를 제어하는 조정핸들. 가감간.

■**뉴트럴섹션** Neutral section. 데드섹션 참조.

■**내방** 대상물을 진입한 안쪽 선로구역, 신호기 내방 : 신호기를 지난 신호기 뒤쪽의 선로구역

■**다이아(열차운행도표)** 열차 운용계획을 도표로 나타낸 것으로 가로축에 시간, 세로축에 거리를 표시하여 시간적 추이에 의한 열차의 운행상태를 일목요연하게 사선으로 나타낸 운행도표.

■**다이아몬드크로싱** 두 선로가 평면교차하는 개소에 사용하며 직각 또는 사각으로 교차하도록 부설된 분기기.

■**단권변압기** AT. 하나의 권선을 1차와 2차로 공용하는 변압기로서 교류전차선로에서 전압강하 및 유도장해 등을 경감시킴.

■**단독운전** 단행 참조

■**단동선로전환기** 분기선로에서 진로를 구성함에 있어서 선로전환기가 쌍을 이루지 않고 한 개의 분기만 개별로 제어하는 선로전환기.

■**단말보조급전구분소(ATP)** 전차선로의 말단에 가공전차선의 전압강하 보상과 유도장해의 경감을 위하여 단권변압기를 설치한 곳.

■**단부열처리레일** 레일 끝닳음을 방지하기 위해 이음매 충격이 발생하는 레일 끝부분을 열처리하여 경도를 높게 한 레일.

■**단선운전** 복선운전 구간에서 한쪽 방향의 선로에 열차사고, 선로고장, 작업 등으로 인하여 그 선로로 열차를 운행할 수 없을 때 다른 방향의 선로를 이용하여 상하 열차를 운행시킴.

■**단척레일(짧은 철길)** 표준레일보다 짧은 레일로서 1개의 길이가 20m보다 짧은 레일.

■**단행** 객화차량을 연결하지 않고 기관차 단독으로 운행하는 것. 단독운전

■**단행열차** 동력을 가진 기관차 또는 동력차만으로 조성한 열차.

■**답면(바퀴 접촉면)** 차량의 바퀴(차륜) 부분 중에서 열차주행 시 레일면과 직접 접촉하는 부분.

■**답면구배(접촉면기울기)** 윤축의 좌우차륜에 회전반경차를 갖고 매끄럽게 곡선을 통과시키기 위해 만든 답면의 기울기

■**답면제동** 차륜의 답면에 제륜자를 압축공기의 힘으로 압착하여 그 마찰력으로 제동을 거는 방식. 철도차량에서 가장 많이 사용됨.

■**대용폐색방식** 폐색장치의 고장 등의 이유로 상용폐색방식을 사용할 수 없을 때에 대신해서 사용하는 폐색방식.

■**대차(차량주행장치)** 열차가 레일 위를 주행할 수 있도록 차체 전체를 받치고 직접 주행하는 장치. 디스크제동과 답면제동이 설치되며, 동력차의 대차에는 견인전동기가 설치됨.

■**대피선** 정차장에서 열차를 대피시키는 선. 후속열차가 선행열차를 추월할 때, 선행열차가 출발하기 전에 후속열차가 진입할 때, 화물열차의 정리로 장시간 역에 정차할 때 등.

■**대향** 분기기에 있어서 하나의 선로에서 두 개의 선로로 분기되는 방향. 첨단 쪽에서 바라보는 방향. 배향의 반대.

■**데드섹션** 뉴트럴 섹션. 교류와 직류가 만나는 곳이나 위상이 서로 다른 교류구간 등 서로 다른 전기방식에서 일정한 절연간격을 두어 계통을 구분. 사구간으로서 타력운행하는 구간.

■**델타선** 삼각선. 삼각선 참조

■**도상(철길지자 구조)** 레일 및 침목으로 부터 전달되는 열차하중을 노반에 넓게 분산시키고 침목을 고정시키는 역할. 자갈도상과 콘크리트도상이 있음.

철도전문 실용 용어

■**도상갱환** 도상은 열차 하중과 다지기 작업 등으로 자갈이 깨지거나 토사가 혼입되면 자갈의 강도가 약화되고 배수가 불량하게 되므로, 체가름을 하거나 새로운 도상으로 교체하는 작업.

■**도상계수** 도상을 단위 양만큼 침하시키는데 필요한 압력도. 도상재료가 양호할수록, 다지기가 충분할수록, 노반이 견고할수록 값이 큼.

■**도상단면** 침목 저면의 압력을 균등하게 노반에 분포시키기 위한 도상두께와 길이, 침목, 폭 등 시공기면 위에 형성되는 도상의 단면.

■**도상압력** 열차하중에 의한 침목에서 도상으로 전달되는 힘으로써 도상의 위치에 따라 다름.

■**도상저항력** 도상자갈 중의 궤광을 궤도와 평행 또는 직각 방향으로 수평 이동하려 할 때 침목과 자갈 사이에 생기는 최대 저항력.

■**도상침하곡선** 열차의 반복하중에 의해 발생되는 도상의 이완에 의한 수직 침하곡선.

■**도선** 가드레일, 윙레일 등의 플렌지웨이에서 차륜의 배면을 유도하는 선. 궤간선에 대응한 선.

■**도시철도** 도시교통의 원활한 소통을 위해 도시교통권역에서 건설·운영하는 지하철, 전철, 경전철, 모노레일 등을 말함.

■**도유기** 열차가 곡선부를 주행할 때 레일과 차륜의 마모를 방지하기 위해서 레일에 기름을 뿌리는 기구. 곡선부 또는 차량에 설치하는 방법이 있음.

■**도착선** 열차의 도착을 주목적으로 하는 선로로서, 조차장의 도착선에서 도착검사를 하고 견인기관차에 의해 제동관의 연결·해체 작업을 함.

■**돌방(이동 중 차량분리)** 입환시 동력차를 뒤에 연결하여 밀면서 이동 도중 차량을 떼어내는 행위.

■**돌방입환** 기관차 앞에 화차를 연결하여 뒤에서 밀면서 차량을 떼어내는 입환. 동력차로 추진하여 이동 중 차량을 해방하는 것.

■**동력객차** 동차. 차량의 공간이 동력장치와 승객 탑승설비 구역으로 나누어져 동력차와 객차의 기능을 동시에 수행하는 차량.

■**동력분산식열차** 디젤엔진이나 전기모터 같은 동력원인 다수의 차량에 분산 배치되어 구성된 열차. 전기동차, 디젤동차 등.

■**동력집중식열차** 동력원이 탑재된 기관차가 동력원이 탑재되지 않은 객차 또는 화차를 견인하도록 구성된 열차. KTX, 새마을호, 무궁화호.

■**동력차** 원동기를 가지고 있어 스스로 움직일 수 있는 차량. 동차와 기관차로 구분됨.

■**동륜** 동력차에서 모터가 설치되어 실체 차량을 주행시킬 수 있는 원동력을 가진 차륜.

■**동정** 선로전환기 전환시 텅레일이 좌우로 움직이는 공간(거리)으로써 기본레일과 텅레일 사이의 간격.

■**동차(동력차량)** 동력객차. 전동차나 디젤동차와 같이 동력을 갖고 있으면서 승객이 탑승하는 차량. 동력분산식 열차.

■**동하중** 구조물에 진동 또는 충격 등 동적효과를 유발시키는 하중의 총칭. 열차하중.

■**두부열처리레일** 급곡선부에는 편마모로 인하여 레일의 갱환주기가 잦아 레일 두부를 열처리하여 경도를 높인 레일. 곡선 외측에 설치하여 수명을 연장함.

■**둔단포인트** 분기기의 포인트부는 텅레일로 보통레일을 사용하고 레일의 접속이 원활하지 않아 충격을 주기 때문에 최근에 사용이 적음.

■**드로퍼** 가공전차선로에서 전차선과 조가선 사이에 서로 지지하기 위해 설치하는 구조물. BT급전방식에서 사용함.

■**디스크제동** 차축에 붙어 있는 디스크 원판과 실린더 공기압에 의해 작동되는 브레이크패드 사이의 마찰력으로 제동.

■**디젤기관차** 디젤전기기관차의 약칭. 경유로 디젤기관을 구동시켜 객차와 화차를 견인하는 차. 국내의 디젤기관차는 디젤엔진에서 전기를 만들어 구동력으로 사용.

■**디젤동차** 경유를 연료로 하여 디젤기관의 원동기를 구동시켜 여객을 수송하는 차량.

■**디젤전기기관차** 디젤유를 연료로 사용하여 기관에서 구동발전기를 회전시켜 발생된 전기로 견인전동기를 회전시키는 동력차.

철도전문 실용 용어

- **DTS** 정보전송장치. 역과 관제실 간의 표시 및 제어정보, 열차번호 등의 정보를 전송하는 신호제어설비.

- **량(칸)** 열차를 조성함에 있어 연결된 각 차량의 수를 나타내는 단위. 도시철도의 경우 열차 1대당 (1편성 당) 6량~10량으로 구성됨.
- **RAMS** 시스템의 신뢰성, 가용성, 유지보수성, 안전성의 복합어. 어느 한 시스템에 있어서 장기간 운영에 대한 특성.
- **루프코일** 분기부 및 특정 구간에서 열차에 ATC 또는 ATO 정보를 전송하기 위해 선로의 내측에 설치한 케이블
- **레일거더** 여러 개의 레일을 서로 짜서 교량의 상부 구조물 등으로 사용하는 것. 수해응급복구 등 주로 임시구조로 사용.
- **레일경좌** 레일이 열차하중에 의해 기존 위치로부터 안쪽 또는 바깥쪽으로 기울어지는 것.
- **레일교환(철길교체)** 레일의 훼손, 마모, 부식이 심할 때 또는 강도 강화를 목적으로 레일을 다른 레일로 바꾸는 것.
- **레일굴곡기** 레일의 휨, 버릇교정, 분기기의 간격붙임 등에 사용하는 레일작업용 기계.
- **레일만곡기** 갱 내외에서 레일을 설치할 때 구부리거나 펼 때 사용되는 기구. 짐크로우. 짐크로우가 발명. 짐크로우 참조.
- **레일버릇** 레일을 운반, 보관, 하화 등 각종 유지관리 작업 중 레일이 구부러지거나 휨 등이 생겼을 때 이를 오래 방치했다가 바로 잡고자 할 경우 원래의 휨상태로 변형하려는 성질.
- **레일본드** 두개 레일의 이음매부에서 신호전류, 전차전류가 잘 흐르게 하기 위하여 동선(전선)을 연결한 것.
- **레일버팀대** 레일 지지재. 열차가 곡선부를 통과할 때 레일이 그 외측으로 밀리는 것을 방지하기 위해 궤간 밖에 설치된 목재블록.

- **레일빔** 궤도 아래를 일시 굴착하거나 궤도에 근접하여 공사할 경우에 레일이 침하할 우려가 있는 경우의 공사대용 빔.
- **레일삭정(레일면 다듬기)** 레일마모 또는 끝닳음 발생시 레일 표면을 다듬는 것.
- **레일연마차** 레일 수명연장 및 소음, 진동감소를 위해서 손상된 표면을 연마하여 승차감을 향상시키는 장비차량.
- **레일온도검지장치** 하절기에 레일온도의 급격한 상승으로 레일장출 위험을 방지하기 위하여 레일온도를 검지하는 안전설비.
- **레일앵커(철길 고정장치)** 레일의 밑 부분과 침목의 윗면 사이에 부착하여 서로 지지되며, 레일이 미끄러져 이동하는 것을 방지하는 쇠붙이.
- **레일이음매(철길 이음매)** 일정한 레일 길이의 한도로 인하여 이음개소 양쪽 끝방향의 단부를 연결한 부분.
- **레일장출(철길 뒤틀림)** 온도 상승에 의해 레일이 팽창하여 길이방향 압력이 횡저항력보다 커져서 레일이 횡방향으로 급격히 부풀어 나오는 현상
- **레일저부** 레일 바닥면, 침목과 접촉하는 면.
- **레일전환** 레일 두부의 한쪽이 마모나 부식 되었을 때 레일의 내구연한을 연장시키기 위해 부설한 상태에서 180° 방향전환 하는 것.
- **레일진체** 레일두부 한쪽의 마모 부식 등으로 사용가치를 상실한 레일의 내구연한을 연장시키기 위하여 부설된 레일의 좌우측을 서로 바꾸어 부설하는 것.
- **레일체결장치** 레일을 침목 또는 다른 레일지지 구조물에 결속시키는 장치.
- **레일축력** 레일의 길이방향으로 작용하는 힘.
- **레일탐상차(철길 검사차량)** 육안으로 점검하기 어려운 레일 내부의 균열, 기포 및 구조적 결함 상태 등을 초음파를 이용하여 정밀하게 탐상하는 기계장비.
- **랙레일** 급경사의 철도에서 특수 장착된 기관차의 톱니바퀴와 맞물리게 제작된 톱니가 달린 레일 위로 운행. 등산철도에 사용.

철도전문 실용 용어

■**루프코일** Loop coil, 분기 궤도회로에서 다수의 절연구조로 인하여 별도의 케이블을 설치하여 ATC정보를 차상에 전송하는 현장 신호설비.
■**리던던시** Redundancy. 장치 또는 회로를 여분으로 중복 설치하여 장치의 고장시 절체하여 기능을 계속 유지할 수 있도록 하는 다중계 방식. 병렬운전. 신호제어에 주로 사용.
■**리드(부)** 분기기에서 한쪽 방향으로 열차를 유도하기 위하여 설치한 설비, 첨단부와 크로싱부 사이의 레일부분.

■**마모방지레일** 급곡선부 외궤 레일의 두부내측은 차륜에 의해 마모가 심하므로 이를 방지하기 위해 곡선 내궤의 내측에 설치한 레일.
■**막자갈도상** 수해응급, 특별선, 건설선에서 노반이 안정되지 않아 도상침하의 우려가 있을 때 채질하지 않은 모래가 섞인 자갈도상.
■**망간크로싱** 분기기의 크로싱 전체를 1개의 고망간 주강으로 만든 크로싱. 고가, 내충격성 좋음, 내구연한이 연장됨.
■**망간강레일** 망간을 10~15% 정도 함유시킨 레일. 내구연한이 길며 마모가 심한 곳에 사용.
■**멀티풀타이탬퍼(자갈다짐 장비)** 기계 진동방식에 의하여 약한 도상자갈을 다짐으로 궤도의 안정화 및 궤도틀림을 정정하는 기계장비.
■**면틀림** 한쪽 레일의 길이 방향의 높이 차이. 고저틀림. 레일 상면에서 길이방향의 요철.
■**모노레일** 일반적인 2개의 레일을 대신하여 1개의 콘크리트 궤도나 철제빔 형태의 고가 안내궤도를 따라 운행하는 철도방식.
■**모타카** 철도 현장시설물을 작업하려는 목적으로 작업자와 각종 자재를 운반하기 위한 일반적인 철도작업차량.
■**목침목** 레일을 고정 지지함과 동시에 차륜의 하중을 도상에 넓게 분포시키기 위해 레일 밑에 깔아 놓은 목재. 분기부, 교량, 급곡선부에 사용.

■**무개차** 화물을 수송하기 위한 차량으로서 화물칸의 뚜껑이 없는 화차.
■**무도상궤도** 침목 및 레일 등으로만 구성되어 있고 자갈이 없는 도상으로 된 궤도.
■**무절연궤도회로** 궤도회로가 구분된 경계점에서 레일을 절단하여 궤도절연을 하지 않고 AF(가청주파수)를 사용하는 궤도회로.
■**미니본드** AF궤도회로장치에서 양 궤도의 경계점 가운데에 설치되며, 주파수 특성을 이용하여 레일 경계를 구분함. 도시철도에 사용.
■**민자역** 철도경영자 이외의 외부 투자자가 공사비의 일부 또는 전부를 출자하여 역사 본체를 건립하고 그 일부를 출자사가 이용하는 역.
■**밀착검지기** 선로전환기 동작에 의해서 기본레일과 텅레일의 밀착상태를 레이저 센서를 이용하여 검지하는 선로전환기의 일부 구조품.

■**바라스트콤팩트** 침목과 침목사이 및 도상어깨의 표면 다지기를 하여 침목을 도상 내에 고정시키고 도상저항력을 증대하는 장비.
■**바라스트크리너** 도상작업장비로서 자갈치기 작업을 하기 위한 기계장비.
■**반복선** 차량운행의 방향 전환을 위하여 시종단역에 설치한 본선 외의 선로. 차량운행의 방향을 바꾸어 출발할 수 있는 선로.
■**반위** 본선에서 다른 진로로 분기되는 방향. 주요 선로에서 건넘선 등으로 분기되는 방향.
■**반향곡선** 곡선 방향이 서로 다른 두 개의 인접한 곡선. 곡선 방향의 급변으로 차량의 원활한 운행을 위해 양 곡선 사이에 상당 길이의 직선(완화곡선)을 삽입함.
■**발리스** 유럽형 열차제어시스템(ATP)에서 현장 선로의 일정 구간에 설치되어 지상정보를 차상에 전송하기 위한 비컨의 일종.
■**발뢰신호** 예기치 않는 지점에 접근하는 열차를 정차시키는 경우 레일에 뇌관을 설치하여 폭음으

철도전문 실용 용어

로 알리는 특수신호의 일종.
■**발염신호** 예고치 않는 지점에 열차를 정차시키는 경우 신호염관의 적색화염으로 신호를 알리는 특수신호의 일종.
■**발전제동** 기관차의 견인전동기의 회로를 일시적으로 발전기로 변경함으로써 전기자의 자속을 저지시켜 방해하려는 힘을 이용하여 열차속도를 줄이는 제동방식.
■**방부침목** 목침목의 수명을 연장시키기 위하여 주약 가공시킨 침목.
■**배장기(궤도장애물 제거기)** 열차가 선로 상에 주행할 때 열차 하부로 유입되는 장애물을 제거하기 위해 동력차의 앞부분에 설치한 장치.
■**배향** 분기기에 있어서 분기된 두 개의 선로에서 하나의 선로로 합류하는 방향. 대향의 반대.
■**백게이지** 크로싱의 노스레일과 가드레일의 플랜지웨이 간의 간격. 노스레일 선단의 원호부외 답면과의 접점에서 측정한 거리.
■**변전소** 발전소로부터 전기를 수전하여 수요처에 맞도록 전기를 변환하는 곳. 교류를 직류로, 전압의 크기를 154kV에서 66kV, 33kV로 3상을 2상, 단상으로 바꿈.
■**병렬급전소** PP. 전차선로의 상선과 하선을 병렬로 연결하기 위하여 개폐장치와 단권변압기를 설치. 교류 전차선로에서 발생되는 유도장애를 경감시키고 전압강하를 보상함.
■**보기대차** 대차가 그 중심을 축으로 하여 수평면 내에서 차체와 자유롭게 움직이며, 한 차량에 2개의 대차가 양쪽에서 지지하는 방식.
■**보류쇄정** 신호기의 진행신호 현시 후 신호를 취소할 경우 신호기 외방에 열차점유와 관계없이 정지신호 후 일정시간이 경과해야 해정.
■**보선(선로유지보수)** 철도선로는 항상 열차하중과 가상작용으로 점차 손상되어가므로 철도 영업상 열차운행에 지장이 가지 않도록 선로를 유지 보수하는 것.
■**보정구배** 구배 중에 곡선이 있을 경우 곡선저항과 동등한 구배량 만큼 최급구배를 완화시키기

위해 곡선저항을 선로구배로 환산하여 실제의 선로구배에 가산한 구배. 환산구배.
■**보조구배** 구배가 급하여 보조기관차를 사용하는 구배. 평면입환하는 화물 조차장에서 인상선으로부터 적환장을 향하여 설치하는 구배.
■**보조급전구분소** SSP. 변전소와 변전소 사이가 멀어서 전차선 작업이나 정전 발생시 정전구간이 길어지므로 정전구간을 분리하기 위하여 개폐장치와 단권변압기를 설치한 곳.
■**보조도상** 수송량이 큰 선로에 도상두께를 크게 해서 압력을 노반에 균등하게 분포시키거나 연약지반에서 배수가 잘 되기 위해 도상 하부에 자갈, 석탄재, 호박돌 등을 깔아놓은 것.
■**보조레일** 가드레일. 본선로 곡선이나 구배구간에서 열차의 탈선을 방지하거나 사고를 최소화하기 위해 주로 본선레일 내측 또는 외측에 평행하게 일정 간격으로 설치한 레일.
■**보호선** 단권변압기(AT) 빙식에서 애자의 부(-)측 또는 비 등을 연결하여 귀선레일에 접속하는 가공전선으로 대지에 대해 절연한 전선.
■**본무** 1개 열차에 2 이상의 동력차를 사용하는 경우 열차운전의 책임을 지고 최전부에 연결된 동력차.
■**복복선** 2개의 복선 선로로서 두 쌍의 궤도가 나란히 구성되어 있는 선로.
■**복선기(탈선복구기)** 차량이 탈선되었을 때 레일에 깔아 놓고 탈선된 차량을 복구할 경우 사용되는 기기.
■**복심곡선** 방향이 같으면서 반경이 다른 곡선이 서로 접하는 곡선.
■**복진(레일밀림)** 열차의 주행과 온도 변화의 영향으로 레일이 전후방향으로 이동하여 밀리는 현상.
■**복진방지장치** 열차의 주행과 온도변화의 영향으로 레일이 전후 방향으로 이동하는 것을 방지하기 위하여 레일과 침목 간, 침목과 도상 간의 마찰 저항을 크게 하는 방법.
■**복합레일** 레일 두부를 내마모성이 큰 특수강으로 제작한 레일로서 두부에 고탄소, 복부에 크롬

철도전문 실용 용어

강, 저부에는 저탄소강을 사용한 것.

■**본드이음매(본드선)** 레일을 전기회로로 구성할 때 레일을 상호간 도선으로 연결하여 전차전류 및 신호전류가 잘 통하도록 접속한 케이블

■**본선(본선)** 주본선. 정거장 내에서 동일 방향의 선로가 2개 이상 있을 때 가장 중요한 선로. 상본선, 하본선, 도착선, 출발선, 통과선, 대피선 등.

■**부급전선** 레일에 흐르는 귀선전류를 흡상변압기에 의해 흡상하고 변전소에 되돌려 보내기 위하여 귀선과 레일에 병렬로 접속시킨 전선.

■**부동구간** 장대레일의 온도상승에 의한 신축에서 양단 부 각 100m 정도에서만 변화되고 중앙부에서는 신축하지 않는 구간.

■**부동충전** 축전지를 통해 상시 전압을 출력할 수 있도록 대기하고 상시 충전하는 충전방식. UPS의 축전지 충전방식.

■**부본선** 본선 이외의 모든 선로. 유치선, 입환선, 안전측선, 피난선, 인상선, 검사선 등.

■**부수차(무동력 차량)** 고정편성 열차(디젤차. 전기동차)에서 동력 없이 다른 원동기 장착차에 의해서 단순히 견인되는 객화차.

■**부정기열차** 여객 또는 화물 수송수요의 증가에 대비하여 부정기적으로 운행하는 임시열차.

■**부족캔트** 내측 레일을 기준으로 외측 레일을 높게 하여 원심력과 중력과의 합력선이 궤간의 중앙부에 작용하도록 하여야 하나 열차속도에 비하여 캔트가 부족한 것.

■**분기부대곡선** 분기기 구간에서 곡선 및 분기기 후방에 생기는 곡선.

■**분기가드레일** 차량이 대향분기를 통과할 때 크로싱의 결선부에서 차륜 플랜지의 이선진입 방지, 노스 단부의 손상방지, 차륜의 안전한 유도를 위하여 반대측 주레일에 설치.

■**분기기** 열차가 한 궤도에서 다른 궤도로 위치를 바꾸기 위해서 분기되는 구간에 선로를 전환시키기 위한 궤도상의 진로설비.

■**분기기번호** 크로싱 번호. 분기기의 크로싱에서의 두 선로가 교차하는 각도의 정도를 나타내는 번호. 크로싱번호 참조.

■**분니현상** 노반 또는 도상 내에 혼입한 토사가 빗물 또는 지하수 등으로 인하여 진흙이 되어 열차 통과 시 하중에 따라 도상 내에서 도상 표면으로 분출되는 현상.

■**불연속정보** ATC장치에서 신호정보를 차상에 전송할 때 특정한 지점에서 비컨 또는 루프코일을 통해 전송되는 정보.

■**불용레일** 레일은 외력의 반복작용과 레일내부의 결함 등으로 인하여 사용이 불가능한 상태로 되는 레일.

■**VVVF제어** 가변전압 가변주파수제어. 유도전동기에 공급하는 전류를 대용량 반도체를 이용하여 전압과 주파수를 조절함으로써 전동차의 속도를 제어하는 방식.

■**블록침목** 좌우 레일에 별도로 부설하는 블록형상의 침목으로 레일을 지지하는 것. 콘크리트에 매입하여 사용. 일반철도에 잘 사용 안함.

■**비상제동(비상제동)** 열차운행 중 이례상황 시 긴급하게 열차를 정지시키고자 할 때 급제동하여 제동거리를 최소화하기 위한 제동.

■**비상차(복구차량)** 사고복구 등 비상출동 시에 편성되는 차량. 기중기, 유차, 공구차, 선로복구차, 비상객차, 레일적재차 등.

■**비승비강** 열차가 진행 중에 있을 때 여객이 뛰어 타거나 뛰어 내리는 행위.

■**사구간(절연구간)** 전차선로에서 교류와 직류, 교류 구간의 위상이 다른 경우 접속부의 일정 거리를 전기가 통하지 않도록 한 구간. 타력운전으로 통과함.

■**사설철도(사유철도)** 국가 이외의 자가 영업을 목적으로 자기 비용으로 철도를 건설하여 경영하는 철도.

■**사행동** 열차는 주행 중 차륜과 레일의 상호작용에 의해 선로조건에 따라 상하좌우 진동과 흔들림

철도전문 실용 용어

이 발생하는데, 차량의 진행방향으로 볼 때 뱀이 기어가는 형상과 같은 행동.
■**삭도(하늘철길, 쇠줄철길)** 공중에 설치한 와이어로프에 궤도차량을 매달아 여객 또는 화물을 운송하는 시설.
■**삼각선** 차량의 방향을 전부와 후부의 위치를 반대로 전환시키기 위하여 삼각형 모양으로 설치한 선로. 델타선.
■**삼지분기기** 1궤도를 1개의 포인트에서 3방향으로 나누는 분기기. 주요한 궤도를 중심으로 하여 좌우 편개분기기를 합쳐 놓은 것.
■**상대식승강장** 상하선 선로에 대해 각각 별도의 승강장을 설치하여 양쪽에서 서로 마주 보도록 하는 승강장 구조.
■**상대식이음매** 좌우 레일의 이음매가 동일위치에 있는 이음방식. 열차의 상하 움직임과 소음이 심하여 이음매부의 열화도가 큼.
■**상례작업** 선로차단공사에 의하지 않고 열차운행 중에 선로의 정비 및 보수를 하는 일상적인 선로작업.
■**상용제동(일반제동)** 열차 운전자에 의해 제동하거나 자동운전장치 제어에 의해 일반적으로 사용하는 제동
■**상용폐색방식** 평상시 신호시스템 제어에 의하여 열차의 운행을 통제하는 것과 같이 정상적으로 상시 사용하는 폐색방식.
■**상치신호기(상설신호기)** 일정한 장소에 고정 설치되어 있는 신호기. 주신호기, 종속신호기, 신호부속기.
■**상판** 분기부에서 침목과 레일 사이에 깔아 놓는 철판으로 분기부의 열차하중을 침목에 분포시키기 위해 사용.
■**상호식이음매** 한쪽 레일의 이음매가 다른 쪽 레일의 중앙부에 있도록 배치한 이음방법. 이음매부 통과시 진동과 소음이 적음.
■**선두부(열차머리)** 차량이 연결된 열차의 맨 앞머리 부분.
■**선로** 열차운행을 위한 궤도와 이를 받치는 노반 또는 구조물로 구성된 시설. 열차의 하중을 지지하며 이동하기 위한 주행로의 총칭.
■**선로방비** 선로 내에 사람, 동물 및 기타 장애물의 침입을 막기 위해 설치한 설비. 경계설비, 비탈면보호설비, 낙석방지설비 등.
■**선로연변(선로주변)** 차량을 운행하기 위한 궤도와 이를 지지하는 노반으로 구성된 선로의 주변지역
■**선로연장** 선로의 길이. 분기부는 포인트 선단, 선로종단은 차막이를 기준으로 함.
■**선로용량(선로이용 일일 최대횟수)** 정거장과 정거장 사이에 있어서 1일 통상적으로 운행할 수 있는 편도 최대 열차운행 회수. 해당 선구의 수송능력을 나타냄.
■**선로유효장(열차수용길이)** 정거장 내에서 열차를 정차하기 위한 선로의 수용 최대길이.
■**선로이용률** 유효 시간대와 설정 열차의 종별, 선로보수 등에 따라 열차를 설정할 수 있는 시간으로 1일 24시간에 대한 열차 설정가능 시간율.
■**선로장애** 선로시설의 결함 또는 선로 내의 장애물로 인하여 열차운행에 지장을 초래하는 것으로 철도사고에 해당되지 않는 것을 말함.
■**선로전환기** 분기부 선로에 설치되며, 동력으로 첨단레일을 이동시켜 열차운행을 위한 진로의 방향을 전환하는 장치.
■**선로제표(선로표지)** 선로의 연번에 선로상태를 표시하는 표지. 거리표, 구배표, 곡선표, 기적울림표, 차량접촉한계표, 건널목표 등.
■**선로차단** 선로의 보수작업, 선로절체 또는 선로전환공사 등의 경우 대형작업 시 열차통행을 일시 중단하는 것.
■**선로차단공사(선로사용중지공사)** 선로를 일시 절단하거나 장애로 인하여 열차운전에 적합하지 아니한 상태에 있게 하는 공사 및 이에 따르는 작업.
■**설계속도** 해당 선로를 설계할 때 기준이 되는 상한속도. 선로의 설계속도는 해당 선로의 경제성, 건설비, 선로의 기능, 미래 교통수요 등을 고려

철도전문 실용 용어

하여 결정됨.
■ **설정유간** 자유 신축상태에서 정척 또는 장척 레일을 일정 간격으로 레일체결장치를 체결했을 때 레일과 레일이음매 간의 벌어진 간격.
■ **섬식승강장** 하나의 승강장에서 양쪽 면에 상하선 선로가 설치된 섬 모양의 승강장. 양쪽 선로에서 열차가 동시에 착발할 수 있음.
■ **소운전(근거리 운행)** 도착 화차의 역까지 근거리 수송 또는 소요차량 이동. 여러 곳에 있는 차량을 한곳으로 집결하기 위해 운행하는 열차.
■ **속도충격율** 차량의 주행에 따라 궤도면의 부정, 차량의 동요, 캔트의 불균형 등에 의해 윤중이 동적으로 증가하는 경향을 표시한 것.
■ **속행열차(후속열차)** 동일 방향으로 계속하여 2개 이상의 열차가 운전하고 있을 때 뒤따라서 운전하는 열차.
■ **쇄석도상** 깬 자갈을 재료로 사용한 도상.
■ **수용바퀴 구름막이(바퀴 구름막이)** 유치된 차량의 구름을 막기 위해 레일과 유치 차량의 차륜 사이에 설치하는 나무토막 기구.
■ **수제동기(수동 제동기)** 공기제동을 사용할 수 없을 경우 차량의 이동을 방지하기 위해 수동으로 동작시켜 제륜자가 차륜에 밀착하도록 하는 장치.
■ **수차(운반기구)** 선로보수 작업용 운반하역 작업에 필요한 수동 작동 운반대.
■ **수평틀림** 좌우 양 레일 간의 높이 차이. 곡선부에서 캔트가 있는 경우는 설정한 캔트량에 대한 증감량을 말함.
■ **수평열** 레일의 길이 방향으로 레일 두부와 복부에 있어서 수평하게 발생한 균열손상.
■ **수화물(손짐)** 승차권을 소지한 여객이 여행에 필요한 일정 품목을 1인 1개에 한하여 수화물차에 탁송하는 화물.
■ **슬랙** 차량이 곡선부를 원활하게 통과할 수 있도록 바깥쪽 레일을 기준으로 안쪽 레일을 외측으로 확대하는 것. 승차감 향상, 탈선방지, 레일마모 방지의 효과.
■ **스위치백(갈지자 선로)** 선로의 고저 같은 산간 지방의 급기울기를 완화시켜 열차운행을 가능하게 하는 방법으로 선로가 Z자형으로 설치되어 있음.
■ **스위치타이탬퍼** 분기부의 특수한 구조에 대하여 도상다지기 작업을 하는 대형보선장비. 궤도정정작업과 다짐봉 경사가 가능함.
■ **스카다** SCADA. 전력원격제어설비. 원거리의 광범위한 지역에 분포된 설비를 통신망을 이용해 원격으로 한 곳에서 집중적으로 감시, 제어, 계측, 운용을 하는 설비.
■ **스크류스파이크** 나사스파이크 참조.
■ **스크린도어(승강장 안전문)** PSD. 지하철이나 경전철 승강장에 고정벽과 자동문을 설치하여 차량의 출입문과 연동하여 개폐하도록 만든 장치.
■ **스파이크** 레일 또는 타이플레이트를 침목에 박아 멈추게 하는 큰 못. 레일과 침목을 결속하기 위한 큰 못. 개못.
■ **스프링포인트** 강력한 스프링의 작용으로 평상시에는 정위로 개통되며 개통되지 않은 배향의 경우에는 차량이 첨단레일을 벌리면서 나옴.
■ **슬라이드** Slide. 활주. 활주 참고.
■ **슬래브궤도(콘크리트 궤도)** 자갈궤도의 단점을 보완하기 위해 침목과 자갈 역할을 아스팔트나 콘크리트 등으로 대신한 것.
■ **슬립** Slip. 공전. 공전 참조.
■ **승강구(차량 출입문)** 여객이 객차에 타고 내리도록 발판으로 만들어진 객차의 출입구.
■ **승계운전(교대운전)** 열차가 시발역에서 종착역까지 장거리 운행함에 따라 도중 역에서 기관사를 바꾸어 교대운전을 하는 것.
■ **승월분기기** 분기선 사용이 드문 경우에 본선에는 2개의 기본레일을 사용하고, 분기선에는 한쪽은 보통 첨단레일을 다른 한쪽은 특수 형상의 레일을 사용하는 분기기.
■ **시간간격법** 선행열차가 통과 후 일정 시간이 경과하면 후속열차를 통과시키는 열차통제방식. 선행열차가 도중 정차시 추돌위험.
■ **시계운전(육안운전)** 열차의 운전을 자동운전

철도전문 실용 용어

(ATO)으로 하는 것이 아니라 기관사의 육안에 의존하여 운전하는 것.
■ **시공기면** 노반의 윗 표면. 궤도를 직접 지지하는 노반은 천연 지반의 경우도 있지만 일반적으로 자연의 지반에 흙을 더 돋거나 혹은 깎아서 만드는데 이러한 노반표면을 말함.
■ **시발역(출발역)** 열차운행의 기점이 되는 역.
■ **시사스크로싱** 2조의 건넘선을 교차하여 중복시킨 것으로 4조의 분기기와 1조의 다이아몬드크로싱을 조합한 구조.
■ **시운전** 선로를 새로 부설했거나 중대한 선로보수를 한 경우와 전차선, 신호설비 등 각종 설비를 설치하고 사용개시 전 최종 확인하는 것.
■ **신뢰성** 사용 기기가 주어진 조건하에서 규정된 기간 동안 고장 없이 의도한 기능을 만족스럽게 수행할 수 있는 확률을 나타낸 것.
■ **신축이음매** 장대레일을 접속하는 이음매로서 추운 겨울이나 무더운 여름에 레일이 신축함에 따라 레일의 이음매 부분을 비스듬히 사선으로 된 텅레일을 겹쳐놓은 레일.
■ **신호기내방** 신호기의 방향과 마주볼 때 신호기를 통과한 안쪽 구역. 신호기의 배면 구역.
■ **신호기외방** 신호기의 현시 방향을 향할 때 신호기를 통과하지 않은 바깥쪽 구역.
■ **신호모진(신호위반)** 정지신호가 현시하였을 때 열차가 정지신호 지점을 통과할 수 없으나 이를 무시하고 통과하였을 때.
■ **신호보안장치(신호장치)** 열차의 안전운행과 원활한 간격제어를 위하여 열차의 속도 및 진로 등을 제어하는 장치.
■ **신호본드** 궤도회로 구성 시 신호전류가 잘 흐르도록 레일이음매의 양쪽을 연결하는 동선.
■ **신호소(신호취급소)** 역간 도중에 열차의 대피를 위한 선로시설 없이 운행선 변경을 위한 분기기가 설치되어 있어 분기기를 취급하기 위한 장소.
■ **신호장(열차 대피소)** 역과 같이 여객 취급 시설이 없는 정차장으로서 역간 거리가 길 경우 도중에 열차 교행 또는 대피 등 운전정리를 하기 위하여

설치한 장소.
■ **신호현시방식(신호표시방식)** 각 운전 상황 별, 신호현시 체계, 분기기 제한속도 등을 고려하여 운영되는 신호현시 체계.
■ **SIL** Safety Integrity Level. 안전무결성 등급. 안전무결성 참조.
■ **실당** 정차해야 할 지점에서 정차하지 못하고 지나쳐서 정차하는 것.
■ **실제동거리** 열차가 제동을 하는 경우 공주거리를 제외한 실제 감속이 시작하여 완전히 정차하기까지의 소요거리.
■ **실차(실물열차)** 모형이나 시뮬레이션이 아닌 실물차량의 줄임말로 현차라고도 함.
■ **쌍동선로전환기** 분기 진로의 구성에 의해서 두 대의 선로전환기가 양쪽 분기점에서 쌍을 이루어 1조로 함께 동작하도록 회로를 구성.
■ **CBTC** 무선통신기반 열차제어시스템. 궤도회로장치 없이 무선통신을 이용하여 지상-열차간 정보를 전송하며, 열차 운행간격이 탄력적으로 전진 이동하며 가변되는 이동폐색방식.
■ **CTC** 열차집중제어장치. 광범위한 각 역의 신호취급설비를 관제실로 집중화하여 한 곳에서 열차운행에 대한 현장상황을 감시하고 취급하는 신호 원격제어설비.

■ **IRIS(고속철도 통합정보시스템)** 고속철도의 원활한 운용을 위한 통합정보시스템.
■ **안전무결성** 안전시스템이 주어진 시간동안 모든 운전상태에서 요구되는 안전기능을 만족스럽게 수행할 수 있는 확률.
■ **안전측선** 정차장 내에서 2개 이상의 열차가 동시에 진출입할 경우 과주하여 충돌 등의 사고발생을 방지하기 위한 측선. 안전측선 종단에는 속력 흡수를 위한 자갈더미와 차막이를 설치.
■ **안전가드레일** 열차가 탈선하였을 경우 추락하지 않고 본선 레일을 따라 주행할 수 있도록 유도하

철도전문 실용 용어

기 위해 설치한 보호레일. 위험이 큰 레일의 반대쪽 레일 안쪽에 설치.

■**압상구배** 험프 조차장에서 입환 기관차로 화차를 끌어올리기 위한 구배. 입환 기관차의 능력에 맞도록 차량이 편성된 1개 열차를 끌어올릴 수 있는 정도의 구배.

■**RCM** 신뢰성 기반 유지보수. 설비의 각 부품단위로 고장해석 및 성향분석을 통해 부품의 교체시기를 사전에 판명하고 교체함으로써 설비보전 및 생산성을 극대화하는 기법.

■**RC침목** 콘크리트는 압축은 강하지만 인장이 약하므로 철근을 보강한 콘크리트 침목. PC침목 개발에 밀려서 거의 사용하지 않음.

■**양개분기기** 직선 궤도로 부터 좌우 측의 선로가 동일한 각도로 벌어지는 분기기. 기준선과 분기선 측의 선로조건이 같은 경우에 적용.

■**언더패스** 도로가 철도 또는 다른 도로와 교차할 경우 그 밑을 입체교차로 통과하는 것.

■**엄호신기** 정차장 외에서 방호를 요하는 지점을 통과하려는 열차에 대하여 그 신호기 내방으로 진입의 가부를 지시하는 신호기.

■**S본드** AF궤도회로장치에서 양 궤도의 경계점에 S자 형태로 케이블이 설치되며, 주파수 특성을 이용하여 레일 경계를 구분함.

■**에어섹션** 전차선에 절연물을 넣지 않고 절연해야 할 전차선 상호간의 평행부분을 일정간격으로 유지시켜 공기의 절연을 이용한 구분장치.

■**에어조인트** 다른 구분장치들이 전기적 구분을 목적으로 하고 있음에 반해 전기적으로는 접촉하면서 전차선을 기계적으로 구분하여 주는 장치.

■**AGT** 철제차륜 또는 고무타이어가 부착된 소형 경량 차량이 전용궤도에 설치된 가이드웨이를 따라 주행하는 경전철시스템.

■**AF궤도회로** ATC 제어에 사용되며, 가청주파수를 이용하여 궤도회로의 경계를 구분하는 무절연 궤도회로. 열차 검지기능과 ATC정보를 차상에 전송하는 기능을 함.

■**AFC** 역무자동화시스템. 이용객의 편의 증진을 위해서 승차권 예약, 발매, 개집표, 여객안내, 여행정보안내, 각종 회계정산 및 통계자료 생산 등의 역무처리를 자동화하는 시스템.

■**ATS** 열차자동정지장치. 지상신호방식. 신호기를 통해서 제한속도를 현시하고 기관사가 제한속도 초과 시 일정시간 경보할 때 까지 감속취급하지 않으면 비상제동이 체결되는 장치.

■**ATC** 열차자동제어장치. 지상의 정보를 수집하여 생성된 신호정보를 차상에 전송하여 열차의 속도를 제어하는 장치. 도시철도에서 주로 사용.

■**ATO** 열차자동운전장치. 사전에 입력된 컴퓨터 프로그램에 의해서 기관사의 취급 없이 가감속, 정위치정차, 출입문 개폐, 승강장 발차 등을 자동으로 제어하는 장치. 도시철도에서 사용.

■**ATP** 열차자동방호장치. 열차 상호간 운행간격과 운행속도를 제시하는 컴퓨터 시스템으로서 열차의 운전을 방호하는 장치.

■**MJ81선로전환기** 81년도에 프랑스에서 개발. 고속철도용 선로전환기. 노스가동분기기에 사용되어 크로싱부에도 선로전환기가 설치됨. 리드부가 길고 높은 전환력과 전환시간이 짧음.

■**여객설비** 여객 또는 소화물 등을 취급하기 위한 설비. 역사, 역광장, 여객통로, 승강장, 수소화물 설비 등이 있음.

■**여객열차** 승객을 수송하기 위한 열차. 주로 여객 및 수송화물, 우편물을 수송하는 열차의 총칭. 객차열차, 혼합열차, 전동열차로 구분.

■**역대합실(맞이방)** 열차를 이용하는 여객을 위하여 역 건물 내에서 대기할 수 있도록 한 장소.

■**역전간** 축을 거꾸로 돌게 하는 장치를 역전기라 하며, 기관차의 전진・후진 방향을 결정하는 조작 장치. 역전기.

■**역행운전(동력운전)** 엔진 또는 전동기로 동력을 발생하여 열차를 주행하는 운전.

■**연결기** 기관차와 기관차, 기관차와 객화차 등을 서로 연결하는 장치. 열차를 편성하기 위하여 각량의 차량을 연결하는 장치.

■**연결선** 열차의 운행 노선이 다른 두 선로를

철도전문 실용 용어

열차가 서로 이동할 수 있도록 연결된 선로.
■**연동도표** 정차장 구내의 궤도회로 점유구역에 따라 진로를 안전하게 제어하고 쇄정하는 관계를 연동장치에 의해 일목요연하게 정리한 도표.
■**연동역** 역 내에 분기선로가 설치되어 있어 선로전환기 등의 진로를 제어할 수 있는 역.
■**연동장치** 분기선로의 진로제어 시스템으로서 선로전환기, 신호기를 논리적으로 안전하게 진로를 제어하기 위한 장치.
■**연락운송(연계운송)** 장거리 여러 구간의 운송에 있어서 각 구간의 운송인들이 공동으로 운송을 맡아 구간이 바뀔 때의 승차권의 교환 및 탁송환 등을 필요로 하지 않는 운송.
■**연락정차장** 하나의 선구의 중간 정차장에서 다른 선구가 시작되는 정차장. 2 이상의 선로가 집합하여 연락 수송을 하는 정차장.
■**연선전화기(선로변전화기)** 역간 선로 옆에 설치된 구내 전화기로서 선로의 유지보수자를 위해서 일정 거리마다 설치됨. 구내 전화번호 이용.
■**연속식이음매판** 이음매판의 하부 플랜지를 아래쪽으로 180° 구부려 레일의 저면까지 싸서 강성을 크게 하고 타이플레이트 역할까지 겸함.
■**연속정보** ATC장치에서 열차의 속도를 제어하기 위해 궤도회로로 구성된 레일을 통하여 연속적으로 차상에 전송되는 지상정보.
■**연속제어방식** ATC 정보전송 방식으로서 궤도회로의 일부로 구성된 레일을 통하여 열차에 연속적으로 지상정보를 전송하는 방식.
■**연장급전** 2개소 이상의 급전점에서 급전할 수 있는 급전구간을 1개소의 급전점에서 급전하는 방식.
■**연접대차** 두 차량이 접하는 연결부에 1개의 대차를 설치하여 차체를 지지하는 방식.
■**연착(지연)** 열차가 기정 도착시간보다 정거장에 늦게 도착하는 경우를 말함.
■**열차다이아(열차운행도표)** 운전관리를 위해서 일반적으로 가로축에는 시간, 세로축에는 거리를 표시하여 열차의 주행궤적을 그려서 주행상황을 일목요연하게 나타낸 도표.
■**열차상간(열차간격)** 선행열차와 후속열차와의 운행간격으로써 역 사이에 열차가 운행하지 않는 시간. 선로보수 및 기타 작업에 있어서 긴요한 시간임.
■**열차집중제어장치** CTC 참조.
■**열차저항** 열차가 주행할 때에 대항하여 열차의 진행을 방해하는 힘. 출발저항, 주행저항, 구배저항, 곡선저항, 터널저항, 가속도저항 등
■**열차조성** 정차장 외 본선을 운행할 목적으로 차량을 상호 연결하여 열차를 편성하는 것.
■**열차퇴행(열차후진)** 열차가 운행도중 사고 등 특별한 경우 최초의 진행방향과 반대방향으로 운전하는 행위.
■**열차행선안내게시기** 승강장에 설치되어 열차의 접근신호, 도착예고, 출발예고, 도착지연 등의 내용을 표시하는 장치.
■**열처리레일** 레일은 고탄소강으로 되어 있어 열차의 반복 통과에 따라 마모되는데 내마모성을 증가시키기 위하여 레일의 일정 부위를 열처리하여 경도를 높인 레일.
■**영차(실은 차량)** 차내에 여객 또는 화물을 적재하고 있는 객화차.
■**예비타당성조사** 사회간접자본 등 대규모 재정 투입이 예상되는 신규사업에 대해 경제성, 재원조달 방법 등을 검토해 사업을 판단하는 절차.
■**오버랩** Overlap. 열차가 역구내에 진출입시 과주여유구간 내에 있는 선로전환기를 진로쇄정에 포함시켜 연동함. 또는 일정시간 쇄정.
■**완급차(승무원 탑승차량)** 차장변, 공기압력계 및 수제동기를 갖추고 공기제동기를 사용할 수 있는 차량.
■**완목식신호기** 기계식 신호기로서 신호기주 상부에 날개모양의 암이 설치되어 주간에는 위치 야간에는 등광색에 의해서 신호를 나타냄.
■**완충기(충격 완화기)** 열차의 출발, 정지, 주행 중 가감속시 차량 간 연결에 의하여 발생되는 가속도의 충격을 흡수하여 승차감 개선을 위한 장치.

철도전문 실용 용어

■**완충레일** 장대레일 끝부분의 신축을 보통 이음매의 유간 변화로 처리하기 위해 장대레일 끝부분을 연속해서 부설한 25m 이내의 레일.

■**완화곡선** 열차가 직선과 곡선이 접하는 구간을 진입할 때 진행방향이 급변하면 차량의 동요가 발생되므로 직선과 원곡선 사이에 서서히 변화하는 선로의 곡률.

■**완화곡선장** 완화곡선의 구간으로서 시점부터 종점까지의 곡선거리.

■**외방** 대상물을 지나기 전 바깥쪽 선로구역, 신호기 외방 : 신호기를 진입하기 전 바깥 선로구역

■**외방분기기** 곡선 궤도로부터 외측(원중심의 반대편)으로 분기하는 분기기. 본선의 곡선 반경 300m 이상에서 적용.

■**우두레일** 레일 두부를 크게 하여 마모에 대한 수명을 연장하기 위해 개량된 것. 레일 횡방향의 안전성에 문제로 실용화. 되지 못함.

■**운전명령** 사장 또는 관제사가 열차의 운전에 관계되는 상례 이외의 사항을 지시하는 것.

■**운전선도(열차운행도표)** 열차의 운전속도, 운전시분, 주행거리, 전기소비량 등 열차의 운전상태를 동력차의 성능, 선로조건 등에서 이론적으로 나타낸 선도.

■**운전시격(운행간격)** 안전을 확보한 열차와 열차 간의 운행간격 시분. 선행열차와 후속열차 간의 운전을 위한 배차시간의 간격.

■**운전장애** 열차운전에 지장을 준 것 중에서 운전사고에 해당되지 않는 것. 차량탈선, 차량파손, 차량화재, 열차분리, 송전고장, 차량일주, 이선진입, 신호취급 위반, 위규운전, 선로장애, 신호장치 고장, 차량고장, 열차퇴행 등.

■**운전정리** 사고 등으로 열차의 운전이 중단되었을 때, 열차가 지연되거나 지연의 우려가 있을 때, 열차운행을 정상적으로 회복시키기 위한 일련의 준비작업.

■**운전휴지(운행중지)** 열차의 운행을 일시 중지하는 것

■**원곡선** 선로의 곡선중심에서 일정한 길이의 반지름을 갖는 곡선. 원호에 의한 곡선.

■**원방신호기(예고신호기)** 장내신호기의 투시거리가 짧을 경우 장내신호기 상당거리 외방에 설치하여 장내신호기의 현시상태를 예고함.

■**원심하중** 곡선궤도의 선로에서 열차가 주행할 때 열차의 원심력에 의한 하중.

■**윙레일** 분기부의 크로싱을 구성하는 앞 끝이 구부러진 날개 모양의 레일.

■**유간** 레일은 온도상승 또는 하강에 따라 이음매부의 신축작용을 원활하게 할 수 있는 레일 상호간의 틈(간격).

■**유간정정** 부설된 레일을 순차로 이동시켜 유간을 적정하게 정정하는 작업.

■**유개차(덮개차)** 화물을 수송하기 위한 차로서 비나 눈을 막도록 지붕이 있는 화차.

■**유도신호기** 정차장에 선착한 열차가 정차 중일 때 장내신호기가 정지신호를 현시하더라도 후속 열차를 정차장 내로 진입을 유도하는 신호기.

■**UIC(국제철도연맹)** 철도차량 및 운전방식의 규격화와 향상 등을 목적으로 1922년에 설립된 국제적 조직인 국제철도연합회.

■**유전** 기관차가 기관에 부하를 주지 않고 기관이 가동되어 있는 상태. 차의 공회전.

■**유절연궤도회로** 인접한 궤도회로와 경계를 구분하기 위하여 절단된 레일 사이에 절연체를 삽입하여 전기적으로 분리하는 궤도회로.

■**유치선** 역구내에서 열차를 유치(일정시간 정차)하기 위한 측선. 본선을 운행하는 열차의 소통을 위하여 열차의 출입고 대기 및 이례상황 시 열차를 임시로 정차하기 위한 선로.

■**UPS** 무정전전원장치. 시스템의 지속적인 운영을 위하여 정전시 부동충전된 축전지에 의하여 방전되는 일정시간 동안 시스템에 전원을 중단 없이 공급하기 위한 전원장치.

■**U타입** 지상에서 지하(터널)로 들어갈 때 사용되는 터널 구조물.

■**유효장** 정거장 내에서 인접한 선로의 열차에 지장을 주지 않고 안전하게 열차가 정차할 수 있는

철도전문 실용 용어

선로의 길이. 보통 차량접촉한계표 상호간 거리. 출발신호기 있는 곳은 출발신호기까지.

■**윤연로** 열차 차륜의 플랜지가 고정크로싱을 통과할 때 레일두부 측면에 접촉되어 플랜지를 유도하는 크로싱 길. 플랜지웨이.

■**윤중(바퀴 수직무게)** 윤하중. 열차주행 시 차륜이 레일면에 수직으로 작용하는 힘.

■**이동폐색** 궤도회로 없이 무선통신을 이용하여 열차의 운행간격과 속도를 제어하는 것으로써 폐색구간이 탄력적으로 전진 이동함.

■**이론교차점** 크로싱 교점. 분기기의 크로싱부에서 두 궤간선의 교점. 포인트부에서는 기본레일 궤간선과 텅레일 궤간선의 교점.

■**이선진입(다른선로 진입)** 분기기 등에서 열차가 정당한 진행방향의 선로로 진행하지 않고 다른 선로로 진입하는 경우.

■**ERTMS** 유럽연합(EU)이 중심으로 되어 구상하고 있는 유럽 전역을 대상으로 한 통일적인 수송관리 및 열차제어시스템.

■**EMU(전동차)** 수도권과 지하철 구간에서 운행되고 있는 동력분산방식의 전동차. 즉 주동력원으로 전기를 사용하고 고정화된 차량편성에 승객 탑승용 설비를 가진 전기동차 차량들의 일컬음.

■**이음매침목** 레일이음매 부분에 사용하는 목침목. 이음매부의 차량 충격 등 큰 하중을 감당하기 위하여 보통침목보다 폭이 약간 큼.

■**이음매판** 레일과 레일을 접속하고 상호 지지하기 위한 연결판. 보통 이음매판, 이형 이음매판, 절연 이음매판이 있음.

■**이정** 완화곡선을 부설할 때 원곡선의 양 접선을 곡선의 양쪽으로 이설하는 것.

■**ETCS** 국제철도연합(UIC)이 중심으로 되어 1991년부터 개발을 진행하고 있는 열차제어시스템. 유럽 각 국가에 통일적으로 적용 가능한 시스템을 목적으로 함.

■**이형이음매판** 단면 형상이 다른 두 레일을 접속하기 위한 이음매판. 레일의 두부 면을 같은 높이로 하기위해 중앙부에 단차를 붙임.

■**인상선(정리선)** 회차선. 종착역에서 운행을 마친 열차가 승강장 위치를 변경하기 위해 따로 만들어진 선로로 들어가 건넘선 등을 통해서 다시 시발 승강장으로 나오는 선로. 인상선은 일본어에서 유리됨.

■**일반철도** 고속철도와 도시철도법에 의해 도시철도를 제외한 철도.

■**일주** 선로를 주행하는 차량이 제어를 실수하여 레일에 따라서 한계 밖의 위험한 곳까지 주행한 것.

■**임계속도(한계속도)** 차량의 고유특성으로 일정 속도가 되면 차량의 동적 안전성이 급격히 나빠지는데 이때의 속도.

■**임시신호기** 선로의 고장 또는 다른 이유로 열차가 평상시와 같이 운전을 할 수 없을 경우에 서행운전을 하기 위한 신호기.

■**임시열차** 특별한 필요에 의해 일시 운행되는 열차로 정기열차에 대비하는 열차. 운전시각 및 운행일이 정기적이지 않은 미확정 열차.

■**임피던스본드** 궤도회로를 경계 구분하기 위해 레일의 경계지점에 설치되어 신호전류는 차단하고 전차전류는 연속하는 신호장치.

■**임항철도** 철도 간선에서 분기하여 항만에 이르는 수륙연락을 위한 철도. 항만지대에 설치한 철도로부터 간선에 연락되는 철도선.

■**입환(차량정리)** 열차의 분리 및 결합, 차량의 선로변경, 차량의 연결순서 변경 등을 하는 작업. 차갈이.

■**입환선** 열차를 조성하거나 해방(분리)하기 위하여 차량의 입환작업을 하는 측선으로 수개의 선로가 병행하여 구성됨.

■**입환신호기** 입환을 요하는 차량에 대하여 신호기 내방으로 진입가부를 지시하는 신호. 무유도등이 설치되며 수송원의 유도가 필요 없음.

■**입환표지** 입환신호기의 일종으로 형태는 비슷하지만, 무유등은 설치되지 않으며 수송원의 유도에 의해 입환하는 신호기.

철도전문 실용 용어

- **자갈선** 도상자갈의 채집, 적재, 수송을 위하여 정차장 또는 본선에서 분기되어 도상자갈의 채석장까지 연장한 선로.
- **자기부상철도** 전기를 이용한 강력한 자력으로 열차를 부상시키고 왕복운동을 하는 리니어모터에 의해서 자석의 극성을 빠른 속도로 변환하여 이동하는 원리의 철도.
- **자동신호기** 지상신호방식에서 궤도회로를 이용하여 열차검지 유무에 따라 자동적으로 속도신호를 현시하는 신호기.
- **자동열차방호장치** ATP. ATP 참조
- **자동열차운행장치** ATO. ATO 참조
- **자동열차정지장치** ATS. ATS 참조
- **자동열차제어장치** ATC. ATC 참조
- **자동장력조정장치** 온도 변화에 따라 전차선과 조가선의 신축량을 자동으로 조정하여 합성전차선의 장력을 일정하게 유지시키는 장치.
- **자동폐색** 폐색구간에 설치된 궤도회로를 이용하여 열차점유 위치에 따라 자동적으로 폐색 신호기가 동작하는 방식. 지상신호방식.
- **자유신축** 레일의 온도 변화에 따라 물체의 선팽창계수에 비례하여 신축하는 현상.
- **자중(빈차무게)** 차량 자체의 중량, 즉 공차시의 중량, 적재하지 않은 상태의 차량 중량으로 컨테이너 등에서는 물건을 넣지 않은 겉포장의 무게라고도 함.
- **장내신호기(진입신호기)** 정거장의 진입선로에 설치하는 신호기로서 정거장에 진입할 열차에 대하여 신호기 안쪽으로의 진입 가부를 지시하는 신호기.
- **장대레일** 1개의 길이가 200m 이상인 레일. 고속철도는 300m 이상. 레일이음매부의 약점을 해결하기 위하여 레일을 연속 용접하여 이음매를 없앤 것.
- **장대터널** 연장 5km 이상의 터널.
- **장력조정장치** 전주에 달린 추의 무게에 의하여 합성전차선을 적절하게 장력(인류. 잡아당기는 힘)을 조절하는 장치.
- **장물차(평판차)** 지붕과 옆면이 없고 상판만 있는 화차로 그 길이가 일반 화차보다 길어 특별히 용적을 많이 차지하는 화물을 수송하는데 사용. 자동차, 중장비 등을 수송.
- **장척레일** 1개의 길이가 25m~200m인 레일.
- **장출** 온도가 과대하게 상승하거나 도상 횡저항력이 부족할 경우 궤광이 늘어나면서 옆으로 휘는 현상. 좌굴.
- **재용레일** 일단 사용하였다가 발생한 레일로 마모상태, 길이 등을 다시 사용할 수 있는 레일. 단면에 청색으로 표시.
- **저상홈(낮은 승강장)** 높이가 낮은 승강장, 레일면에서 500mm.
- **적재정규** 무개화차에 적재한 화물이 차량한계 밖으로 나가는 것을 검사하는 설비.
- **적화장** 화물을 화차에 적재하는 장소.
- **전기기관차** 궤도 위의 전차선으로부터 팬터그래프에 의해 전기를 공급받아 전동기를 구동으로 차륜을 회전시켜 주행하는 차.
- **전기시계** 중앙의 모시계 시스템이 각의 시계에 통일된 시각정보를 전송함으로써 모든 철도시설이 동일한 시간을 표시토록 하는 시계.
- **전기연동장치** 다수의 계전기에 의해서 논리회로를 구성하고 계전기의 동작조건에 따른 전기회로에 의해서 분기부 현장설비인 신호기와 선로전환기를 제어하는 장치.
- **전기철도** 전기를 동력원으로 하는 열차 또는 차량을 운전하는 철도. 전철의 줄임말.
- **전동차** 전기동차. 전기를 동력원으로 하여 견인전동기를 동작하는 동력장치와 승객용 객실을 함께 갖춘 차량.
- **전복탈선** 차량의 중력과 열차에 걸리는 수평력의 합력 작용선이 궤간 외로 작용함으로써 열차가 선로를 이탈하여 뒤집힌 상태.
- **전식** 직류전철구간에서 전동차의 운전전류에 의해 레일 전위가 상승하면서 대지로 전류가 일부

철도전문 실용 용어

누설되어 지하수가 전해작용을 함으로써 철이 부식되는 현상.
- **적하(짐 싣고 내리기)** 철도차량에 화물을 싣고 내리는 것.
- **전용철도** 사용자 전용의 철도. 철도법에서 전용철도라 함은 영업목적이 아닌 특수목적을 위하여 설비한 철도. 예: 제철소의 철도
- **전자연동장치** 마이크로프로세서(컴퓨터)에 의해서 제어할 진로조건을 논리연산하고 정당한 출력에 의해서 분기부 현장설비의 신호기와 선로전환기를 제어하는 장치.
- **전진기지** 철도시설물을 건설하기 위하여 장비를 유치하고 궤도재료를 보관, 가공하여 현장으로 운반하기 위한 장소.
- **전차대(차량 회전기)** 기관차 등의 방향전환을 위한 설비로 360도 회전이 가능함.
- **진차선** 차량의 집전장치와 접촉하여 차량에 전기를 공급하는 전선. 전주의 브래킷에 일정 높이로 조가선과 함께 지지한 전선.
- **전차선로** 가공전차선, 급전선로, 귀선로 및 이에 부속하는 시설을 총괄한 것. 일반철도는 교류 25,000V, 도시철도는 직류 1,500V 적용.
- **전철변전소(SS)** 전기차량 및 전기철도설비에 전력을 공급하기 위해서 구외로부터 전송된 전기를 구내에서 전압을 변성하는 장소.
- **전철전력설비** 전기철도에서 수전선로, 변전설비, 스카다, 전차선로, 배전선로, 건축전기설비와 이에 부속되는 설비를 총괄한 것.
- **전호(인력신호)** 철도운전 통제할 때 형, 색, 음 등에 의하여 종사원 상호 간의 신호에 의해 의사를 전달하는 것.
- **전화** 증기 또는 디젤 등의 동력을 다시 전기로 변환하는 것, 즉 전기기관차나 전동차를 사용할 수 있도록 하는 것.
- **절대신호** 신호기가 정지신호를 현시하였을 경우에 반드시 정지하여야 하는 신호기. 장내, 출발, 입환, 유도, 엄호신호기 등.
- **절연구분장치** 뉴트럴섹션. 뉴트럴섹션 참조.
- **절연이음매** 두 레일이 절단된 접합부에 절연재를 삽입하고 볼트를 체결하여 레일을 전기적으로 구분하는 이음매. 궤도회로의 경계회로 구성.
- **점제어방식** 열차가 일정 지점에 설치된 현장신호설비로부터 정보를 수신하여 다음 지점에서 정보를 수신하기 까지 열차를 제어하는 방식.
- **점착력(마찰력)** 차륜과 레일 간에 생기는 마찰력. 차륜이 레일에서 미끄러지지 않고 회전을 계속할 수 있는 것은 점착력 때문.
- **점착계수(마찰계수)** 동력차의 바퀴와 레일과의 사이의 마찰계수. 레일 및 차륜답면 사이의 마찰계수.
- **접근쇄정** 장내신호기가 진행신호를 현시한 후 열차가 신호기 외방(바깥)의 일정 구간에 진입하였을 때 그 진로를 취소하여도 일정 시간 경과할 때까지 선로전환기를 쇄정.
- **접착절연레일** 궤도에서 취약개소인 절연이음매를 강화하기 위하여 레일의 접합부에 절연재를 삽입하고 강력한 접착제를 접착하여 열차 충격강도와 전기절연을 구비한 레일.
- **접착절연이음매** 절연이음을 강화하기 위하여 레일과 레일의 맞댐 부분 및 레일과 이음판 사이에 절연재를 삽입하여 강력한 접착제로 일체화한 레일의 절연이음.
- **정기열차** 사전에 계획된 운전시각표에 의해 항시 정기적으로 운행되는 열차.
- **정산수입** 각 역의 운수취급 수입에 연도내 수입액을 더하고 연도 내 지출액 및 취급수입에 의한 제 반환금을 차입한 수입.
- **정위** 상시 개통되어 있는 선로의 방향으로써 출발지부터 목적지까지 열차 운행회수가 많은 주요 선로방향.
- **정척레일** 1개의 길이가 25m인 레일.
- **제동거리** 제동변 핸들을 제동위치에 이동시킨 때부터 정지할 때까지 주행한 거리, 공주거리와 실제동거리를 합한 거리.
- **제륜자** 열차 제동을 위해서 압축된 공기로 차륜의 답면에 접촉시켜 마찰력을 이용하여 열차를

철도전문 실용 용어

정지시키는 구성품. 브레이크슈.
- **제어차** 전동열차에서 운전실을 가지고 있으며 기관사가 운전제어를 할 수 있도록 제어기기가 장치된 차량. TC car.
- **제동관** 제동에 필요한 압축공기가 통하는 관.
- **제동하중** 기관차나 차량이 선로에서 급정차 할 때에 생기며, 선로길이 방향으로 수평하게 작용하는 종하중의 하나.
- **져크** 갑작스러운 가속도 변화량에 의해서 울컥거리며 차량의 충격이나 승차감 저하는 것.
- **제한기울기** 제한구배. 운전구간이 견인중량을 제한하는 기울기. 열차의 운전에 대해 가장 큰 저항을 주는 상기울기.
- **제한속도** 선로조건, 차량성능, 신호조건 등 기타 사유에 의하여 최고속도를 제한할 필요가 있을 때의 열차속도.
- **조가선(전차선 높이 유지선)** 가공 전차선이 처지지 않도록 같은 높이로 수평하게 유지시켜주는 역할을 하며, 드로퍼, 행거를 이용하여 전차선을 지탱함.
- **조립크로싱** 보통레일을 깎아서 볼트, 간격재 등으로 조립한 고정크로싱.
- **조성(열차 재배열)** 철도수송을 위해 수송목적에 맞도록 차량의 연결순서를 변경하거나 차량을 연결 또는 분리시켜서 열차를 꾸미는 작업.
- **조차** 화차의 일종으로 액체(주로 유류), 시멘트 분말, 고압가스 등을 수송하기 위해 대차 위에 탱크가 설치된 차량.
- **조차선** 화차를 행선지 별로 분별하고 열차를 조성하기 위하여 설치한 선로. 분별선.
- **조차작업** 조차장 내에서의 입환과 편성 등을 하는 작업. 기본작업은 열차도착→분해·분별→조성→열차출발.
- **조차장(열차 배열소)** 철도에서 객차나 화차의 분리·연결을 조절하는 곳으로 특별히 차량의 입환이나 열차의 조성만을 위해 설치한 정거장.
- **조체선** 객차의 연결순서를 변경하거나 고장차를 빼내거나, 또는 객차의 증결과 해방(분리)을 하기 위한 선로.
- **조합침목** 합성침목. 철근 콘크리트침목 이외에 콘크리트 또는 목재와 철재 등의 이종 재료의 장점을 조합하여 만든 침목.
- **종곡선** 구배의 변화 점에서는 굴곡이 급하면 열차에 충격을 주며 열차 좌굴현상으로 탈선의 우려가 있으므로 기울기의 변경점에서 급굴곡을 완화하는 선로곡선.
- **종단곡선** 구배(기울기)가 시작되는 변경점에 설치하는 수직면 내의 곡선, 종곡선.
- **종렬** 레일의 길이방향에 대하여 평행하게 생기는 레일의 손상.
- **종속신호기(보조신호기)** 주신호기의 신호현시 상태를 예고하기 위하여 주신호기 외방에 설치하는 신호기.
- **종침목** 횡침목과 반대로 레일 방향과 나란히 부설하는 침목. 탄갱, 검사피트와 같이 궤간 내에 공간이 필요한 경우에 사용.
- **종침목궤도** 침목을 레일과 동일한 방향으로 사용한 궤도. 궤간의 유지를 고려해야 함.
- **좌굴** 장출. 장출 참조.
- **좌굴강도** 좌굴을 일으킬 가능성이 있는 부재가 안정성을 확보할 수 있는 최대하중. 궤도의 좌굴현상에 대한 저항력을 허용되는 축압력.
- **좌굴저항** 좌굴에 저항하는 도상 횡저항력.
- **좌굴하중** 좌굴축압력. 온도상승에 의한 레일의 축압력이 좌굴강도보다 클때 급격한 줄틀림이 발생하여 궤도가 좌굴하려는 축압력.
- **주간제어기** 운전실에서 기관사가 동력차량의 시동이나 역행의 전환, 속도제어, 운전방향 변경 등의 주행에 관한 제어를 수동으로 조작하기 위한 핸들. 마스콘(Mascon).
- **주레일** 크로싱 반대쪽의 가드레일이 근접하여 부착된 레일. 크로싱부에서 가드레일에 접하는 외측 2선의 레일.
- **주물크로싱** 일반적으로 고망간강을 주조하여 만든 크로싱. 망간크로싱은 주강을 단일체로 만듦.
- **주박소(열차대기소)** 열차를 정차시켜 새로 투

철도전문 실용 용어

입되기 전에 묶어가는 곳.

■**주본선** 정차장 내에 있어서 동일 방향의 열차를 운전하는 본선로가 2개 이상 있을 경우에 그 가운데에서 가장 중요한 본선.

■**주약침목** 목재를 방부처리한 목침목.

■**주입침목** 목침목의 결점인 부식을 방지하기 위한 방부처리로서 크레오소트유를 가압 주입한 침목. 주약침목.

■**주행저항** 열차가 평탄한 직선 선로를 바람의 영향을 받지 않는 상태에서 등속도로 주행할 때 열차의 진행을 방해하는 저항.

■**줄맞춤작업** 궤도는 직선부에 있어서는 똑바르고 곡선부에서는 같은 반경의 곡률을 유지하도록 하는 선로보수작업.

■**줄틀림** 방향틀림. 레일 측면의 길이방향의 불규칙, 즉 궤간선에 있어서의 레일 길이방향의 정위치에서 벗어난 틀림.

■**중간 건넘선** 역과 역 사이의 구간에서 열차의 주행선로인 상행선과 하행선의 진로를 바꾸기 위해 선로전환기가 설치된 선로.

■**중계레일** 레일 종별이 서로 다른 레일을 접속하기 위하여 1개의 레일 양단을 다른 단면으로 제작한 레일.

■**중계신호기** 지형 또는 다른 이유로 신호기의 신호현시를 인식하기 어려울 경우에 주신호기의 외방에서 그 신호현시를 중계함.

■**중력입환** 화차를 높은 곳에서 낮은 곳으로 굴려 그 중력을 이용하여 조성하는 입환.

■**중력조차장** 조차장이 하구배로 구성되어 중력만으로 상방에서 화차를 굴려 입환하는 조차장.

■**지도통신식** 단선구간에서 대용폐색방식의 일종으로 폐색구간 양 끝의 정거장에서 전화기로 양 역장이 합의 후 지도표를 발행하여 기관사가 휴대하고 운행하는 방식.

■**지배구배** 기존의 선로에서 동력차가 최대로 견인력을 필요로 하는 구배. 제한구배와 일치.

■**지상신호방식** 각 폐색구간마다 설치된 폐색신호기에 의해서 기관사에게 속도신호를 현시하는

방식. 열차자동정장치(ATS)에 의해 제어.

■**지상자** 지상신호방식인 ATS에서 선로의 제한 속도정보를 열차로 전송하기 위해 각 신호기 진입 전 궤도에 설치한 송신기(비컨).

■**지선** 간선이나 본선에서 분기하여 주로 지방적 교통에 제공되는 선로.

■**지장물검지장치** 선로를 횡단하는 고가차도나 낙석이 우려되는 비탈면에서 선로에 침입하는 장애물을 검지하는 안전설비.

■**지적환호** 신호기, 선로전환기, 운전관련 표지나 지시 등의 상태 또는 폐색취급 시 눈으로 확인하고 손가락으로 가리킨 다음 환호하는 것.

■**지표철도** 지상에 설치한 일반적인 철도. 철도는 시공기면의 위치에 의해 고가철도, 지표철도, 지하철도로 분류.

■**직결도상(직접설치 철길)** 레일을 도상에 직접 체결함. 재료의 수명연장, 보수작업의 경감, 경제성이 있음.

■**직결선** 운행노선이 다른 두 선로가 하나의 선로로 합류하도록 연결된 선로. 혼용운전을 위하여 두 선로가 하나로 합류하는 선로.

■**직결궤도** 침목은 사용하지 않고, 레일을 도상 또는 구조물에 직접 체결하는 궤도구조.

■**진로구분쇄정** 신호기의 진행신호 현시에 의해 열차가 그 진로에 진입하였을 때 열차가 구분된 궤도회로를 통과함에 따라 그 후미 구간의 선로전환기가 순차적으로 해정.

■**진로쇄정** 신호기의 진행신호 현시에 의해 그 진로에 열차가 진입하였을 때 열차가 그 진로를 완전히 통과할 때까지 관계 선로전환기를 쇄정.

■**진로표시기** 하나의 신호기에서 2개 이상의 진로를 공용으로 현시할 때 진행할 진로를 등배열 또는 문자로 현시함.

■**진분분기기** 분개분기기. 직선궤도에서 좌우 부등각으로 나누어지는 한 분기기, 직선궤도가 좌우 비대칭의 2방향으로 나누어지는 분기기.

■**짐크로우** 레일을 휘거나 휘어진 레일을 바로잡는 레일 굴곡기. 레일 횡방향의 버릇 고치기

철도전문 실용 용어

또는 분기기의 조립용 레일 만들기에 사용.
■**집전장치** 열차 외부에서 전기차의 내부로 전력을 인입하는 장치. 팬터그래프가 널리 사용.

■**차단공사** 차단작업, 해당 선로의 열차 운행을 중지하고 시행하는 선로 현장공사.
■**차량** 선로 상에서 여객 또는 화물의 운송에 사용되는 차. 원동기가 정착되어 스스로 운행할 수 있는 동력차와 동력차에 견인되는 객차와 화차, 특수차로 구별. 철도차량 1량.
■**차량한계** 차량을 운전하는 경우 차량의 최외곽부가 돌출되어 선로상에 설치된 구조물에 접촉하지 않도록 규정한 좌우상하의 공간적 한계.
■**차량접촉한계** 양 선로가 분기되는 지점에서 두 열차가 서로 근접할 때 열차끼리 서로 접촉하지 않도록 하는 최소간격.
■**차량접촉한계표** 인접한 선로의 분기점에서 다른 차량과의 접촉을 피하기 위해 선로와 선로 사이에 세워 접촉한계를 나타내는 표지.
■**차륜(바퀴)** Wheel. 동력을 전달받아 차량이 레일 위를 구르게 하는 바퀴.
■**차륜공전(바퀴 헛돌기)** 가속시 차륜의 회전속도가 레일과 접촉면 사이의 순수 구름 접촉속도보다 빠른 경우 바퀴만 헛도는 현상.
■**차륜막이(바퀴 구름막이)** 유치된 차량의 움직임을 막기 위해서 차륜이 위치한 레일 면에 설치하는 장치.
■**차륜삭정(바퀴깍기)** 차륜 선반에 의해 답면, 플랜지, 림부 등 차륜 각부의 성형을 하기 위해 깎는 것.
■**차막이(차막이)** 선로의 종점에 있어서 차량의 일주를 방지하기 위하여 설치하는 설비. 종단에 자갈무덤이나 흙무덤을 설치하여 열차의 충격을 완화함
■**차막이표지** 선로의 종단을 알리기 위하여 설치하는 표지. 본선의 종단, 차량 입환이 빈번한 측선

의 종단에 설치.
■**차상신호방식** 신호정보를 지상 신호기에 의하지 않고 차내 운전실에 신호정보가 표시되어 기관사에게 운전조건을 제시하는 방식.
■**차상컴퓨터장치** 지상신호장치로부터 지상신호정보를 수신하고 해석하여 목표속도를 연산하고 가감속 제어를 하는 차상신호컴퓨터.
■**차장률** 차량길이의 단위로서 14m를 1량으로 하여 환산함. 이 경우 연결기는 닫힌 상태로 함.
■**차중률(차량무게율)** 열차 1량의 총 중량(자체중량+적재중량)을 기관차는 30톤, 객차는 40톤, 화차는 43.5톤으로 나눈 값.
■**차축** Axle, 대차에서 좌우에 설치된 양쪽 차륜을 세트로 고정하고 지지하기 위하여 두 개의 차륜 사이에 설치되는 막대 축.
■**차축온도검지장치** 선로의 양측에 설치된 적외선 센서로 열차의 차축온도를 일정거리 마다 측정하여 열차를 통제하는 안전장치.
■**철관장치** 전철레버의 동작을 선로전환기에 전달하는 장치. 선로전환기의 전환력을 균등하게 전달하기 위해 선로측면에 길게 설치한 철관.
■**철사쇄정** 선로전환기가 포함된 분기 궤도회로 내에 열차가 점유하였을 때 진로취급을 하여도 선로전환기를 전환할 수 없도록 쇄정.
■**첨단포인트** 가장 많이 사용되는 포인트로서 2개의 첨단레일을 설치. 열차의 주행을 원활하게 하나 첨단부의 선단이 손상되기 쉬움.
■**첨단레일** 분기기의 포인트부에 있어서 레일 첨단(끝부분)이 얇게 삭정되어 진로방향을 전환하도록 가동하는 레일. 텅레일.
■**첨두시간(혼잡시간)** 열차에 승객이 가장 많이 탑승함으로써 혼잡도가 높은 출퇴근 시간
■**촉지도(점자 안내도)** 시각장애인을 위해 점자 처리된 건물 내부 안내도 및 시설물 안내도, 기본적으로 점자 처리되어있으며 음성지원 및 직원호출 기능을 넣을 수 있음.
■**최고속도** 진로의 상태 및 궤도회로의 조건과 차량의 성능에 의거한 최고 설계속도(5초 이상

철도전문 실용 용어

■**최급구배** 기관차에 따라 견인되는 열차를 운전하는 선로에 있어서 본선의 최급구배는 설계 견인중량의 구분에 따라서 정해짐.

■**최대축중** 차량 최대 허용하중을 축수로 나눈 것. 1개 차축이 부담할 수 있는 최대중량으로 차량 최대허용하중을 축수로 나눈 것.

■**최소곡선반경** 설계속도 별 곡선구간에서 열차가 최고속도로 안전하게 주행할 수 있는 최소한의 곡선반경. 열차속도와 캔트의 상관관계에 의해서 설정됨.

■**최급기울기** 열차의 운행구간 중 가장 급한 기울기. 일반적으로 선로등급 별로 최급기울기의 한도를 표시함.

■**추진운전(밀기운전)** 기관차나 동차를 최전부로 하지 않고 중간이나 후부에 연결하여 운전하는 경우.

■**최소운전시격(최소운전시간간격)** 안전을 확보하여 운행할 수 있는 열차 간의 최소 운행간격 시간. 열차 간의 운행시간을 단축할 수 있는 최소시간. 첨두시간에 의해 수송량을 좌우함.

■**축거** 대차에 있어서 앞바퀴 차축의 중심에서 뒷바퀴 차축의 중심까지 거리.

■**축상(차축상자)** 차축을 보호하며 회전하는 데 윤활작용을 하도록 패드를 넣어둔 상자.

■**축압** 열차의 주행에 있어서 레일의 길이 방향으로 작용하는 힘.

■**축저널** 차축에서 차량의 중량을 직접 받으며 회전이 용이하도록 차축의 양단에 베어링이 접촉하여 습동할 수 있도록 가공됨.

■**축중(차축 수직무게)** 열차의 바퀴는 1쌍이 하나의 축에 고정되어 있으므로 하나의 축이 받는 무게가 양쪽 바퀴에 분배되어 차체에서 축에 가해지는 무게.

■**출발선** 정차장에서 조성이 끝난 열차가 출발할 때까지 대기하며 차량검사, 제동관 연결, 견인기 관차 연결, 제동기 시험 등을 하는 선로.

■**출발신호기** 정차장에서 진출하려는 열차에 대하여 해당 신호기의 내방(안쪽)으로 진입 가부를 지시하는 신호기.

■**출발저항** 정지하고 있는 열차가 수평 직선궤도에서 출발할 때 받는 저항(방해하는 힘).

■**측선** 본선(주본선) 이외의 모든 선로.

■**치궤조식 철도** 주행레일 외에 치형 또는 사다리형의 래크레일을 설치하고 동력차의 치차에 의해 급구배선을 운전하는 철도. 등산철도용.

■**침목** 철도의 도상 위에서 레일을 직접 지지하고 궤간을 유지함과 동시에 하중을 넓은 범위로 분포시켜 도상에 전달하는 것.

■**침목할열** 목침목이 건조하여 수축하는 등으로 인하여 갈라지는 현상.

■**카터나리** 조가선에 행거나 드로퍼로 전차선을 잡아매어 전차선의 처짐을 조가선이 흡수토록 함으로써 전차선은 레일 상면으로부터 고저차 없이 일정한 높이가 되도록 하는 구조.

■**캔트(좌우 철길높이 차이)** 열차가 곡선 선로를 주행할 때 원심력이 작용하여 차량이 외측으로 쏠리게 되므로 이를 방지하기 위하여 곡선의 외측 레일을 내측 레일보다 높게 하는 것.

■**KROIS(철도운영 정보시스템)** 철도운영 정보시스템으로 차량·열차, 화물운송, 승무원 관리, 운송정보, 차량기계 등의 업무를 모듈화하여 각각의 분야별 업무를 처리하고 필요한 정보를 산출할 수 있는 전산시스템.

■**KRTCS** 한국형 무선기반 열차제어시스템. 철도통신망을 하나로 통합하고 기존 유선방식의 열차제어시스템을 LTE-R 무선통신을 기반으로 하는 국가철도 통합무선망의 기술.

■**콘크리트 도상(콘크리트 궤도)** 자갈 또는 쇄석 대신에 콘크리트로 만들어진 도상.

■**크로싱** 분기기를 구성하는 경우 운행방향이 다른 두 개의 궤간이 서로 교차하는 부분.

■**크로싱각** 분기기의 크로싱에서 두 선로가 분기

철도전문 실용 용어

하여 교차하는 각도.
■**크로싱번호** 철차번호. 크로싱의 교차각도 크기를 나타내는 번호. 크로싱 번호가 크면 크로싱각이 작아지고 리드부의 길이와 반경이 길어짐.
■**클러치** 선로전환기 전환시 모터의 전환력을 적절히 조절하여 충격 및 반발력을 완화하기 위한 선로전환기 내의 일부 구조품.
■**키볼트** 분기기의 텅레일과 기본레일을 볼트로 강제 체결하여 선로전환기를 동력으로도 전환할 수 없도록 하는 기구. 장기간 사용을 정지하거나 공사 중이거나 특별한 경우에 사용.

■**타력기울기** 타력구배. 타행구배. 제한기울기보다 급한 기울기라도 연장이 짧은 경우 열차의 주행 타력에 의하여 넘을 수 있는 기울기.
■**타력운전** 타행운전 참조.
■**타행운전(무동력 운전)** 타력운전. 동력에 의해 진행하던 열차가 관성에 의해서 무동력으로 운전하는 것.
■**타이패드** 열차 주행시 레일에 발생하는 진동을 흡수하기 위하여 레일, 침목, 타이플레이트 사이에 설치하는 고무제 완충판.
■**타이플레이트** 레일과 침목의 사이에 삽입되는 구조강 평판. 레일로부터의 평균 압력을 감소시켜 침목으로 파고드는 것을 방지.
■**타절** 운행을 중단함. 시발역에서 종착역까지 운행하지 않고 도중역에서 운행을 중단함.
■**탄성분기기** 텅레일의 이음매부에 이음매판을 이용하지 않고 용접을 하는 구조로써 레일의 탄성을 이용하여 분기를 전환.
■**탄성체결** 열차 주행시 레일에 발생하는 고주파 진동을 흡수하기 위하여 탄성을 높게 하는 체결.
■**탄성체결장치** 레일을 PC침목에 체결할 때 열차의 진동하중에 대응하여 레일 아래에 궤도패드와 판스프링을 설치하여 탄성을 이용하는 체결.
■**탄성침목** 진동소음의 저감과 궤도보수의 생력화를 위한 침목. PC 침목의 밑면 및 옆면에 탄성재를 피복한 침목.
■**탈선계수** 정상궤도에서 열차의 탈선현상을 레일 상에 작용한 수직윤중과 횡압력의 관계에서 정한 계수. 횡압이 크면 탈선계수가 큼.
■**탈선분기기** 타 차량과 사고를 방지하기 위해 차량을 탈선시키기 위한 분기기. 크로싱이 없음.
■**탈선선로전환기** 열차가 다른 선로로 잘 못 진입하였을 때 충돌과 기타 운전사고를 방지하기 위하여 열차를 일시 탈선시키는 선로전환기.
■**탈선방지가드레일** 급곡선부에서 횡압에 의해 외측 레일에 편마모가 심하고 차륜의 플랜지가 외측 레일에 올라타는 것을 방지하기 위해 곡선 내측에 설치하는 호륜레일.
■**터널경보장치** 터널 내에서 작업하는 보수인력의 안전을 보장하기 위하여 열차가 터널에 접근할 때 자동적으로 경보를 발생하는 장치.
■**터널저항** 열차가 터널 내에서 주행하는 경우 터널 내에 정지하고 있는 공기를 밀고 나갈 때 발생되는 풍압저항.
■**텅레일(방향전환레일)** 분기부의 첨단부에 설치된 가동레일로서 레일 끝에서 혀모양으로 뾰쪽하게 깎아서 만든 레일. 첨단레일.
■**토공정규** 궤도 노반의 단면 형상의 표준을 나타낸 것. 도상의 형상, 치수, 시공기면 폭, 절토, 성토의 경사 등을 규정한 것.
■**토크백** 운전취급실과 선로변 작업자의 통화를 위해서 분기선로의 선로전환기 인근에 설치한 통화장치. 마이크와 스피커 설치됨.
■**통과신호기** 기계식 신호장치에서 장내신호기 하위에 설치하며, 열차가 정차장에 정지하지 않고 통과 가부를 현시하는 신호기.
■**통산거리** 여행 중 도중 하차하는 경우 또는 화차운송에 있어 도착역 변경으로 도중 역 또는 변경 역에 대한 거리에 구애받지 않고 시발역에서 종착역까지 통산한 거리.
■**통표(운전허가증)** 과거의 통표폐색식의 운전 구간에서 기관사가 역간 운행 시 소지하여 운행하

철도전문 실용 용어

는 일종의 운전허가증.
- **퇴행운전(후진운전)** 열차가 도중에서 최초의 진행방향과 반대의 방향으로 운전하는 경우.
- **트롤리(철길수레)** 보선작업시 보통 레일과 거더 등 중량물의 궤도재료를 운반하기 위한 운반하역작업 기계장비. 궤도모타카, 핸드카, 밀차, 궤도자동차, 궤도자전차 등
- **트롤리선** 가공전차선. 차량의 집전장치와 접촉하여 전기를 공급하기 위해서 궤도의 상부를 따라 가설된 나전선.
- **특발(대체열차 출발)** 지연열차의 도착을 기다리지 않고 따로 열차를 조성하여 출발시킴.
- **특수강레일** 탄소강에 다른 원소를 첨가하여 특수한 성질을 부여한 강을 사용한 레일. 종래보다 내마모성을 강화하여 중요한 선로부분이나 마모가 심한 개소에 사용.
- **특수신호** 자연재해 또는 예고치 않게 열차를 긴급하게 방호하기 위하여 경계를 필요로 할 때 빛, 음향에 의해서 하는 신호.
- **TWC** ATO 자동화 운전을 위해서 열차가 승강장 도착시 지상↔차상 간 신호정보를 인터페이스 하기 위한 신호전송장치.
- **TCMS** 중앙집중식 차내 정보제어를 위한 마이크로컴퓨터로서, 차내 장치들을 집중적으로 제어 및 모니터링하는 열차종합제어장치
- **TCR(유라시아 횡단철도)** 중국의 렌윈항에서 시작하여 카자흐스탄과 러시아를 거쳐 유럽에 연결된 철도.
- **TSR(시베리아 횡단철도)** 러시아의 모스크바부터 블라디보스토크를 가로지는 9,288km의 세계 최장의 시베리아 횡단철도.
- **TTC** 전 구간을 관제실에서 수동으로 원격제어하던 방식을 컴퓨터 프로그램에 의해서 자동으로 진로를 제어하는 장치. 도시철도에서 사용.
- **틸팅열차** 열차가 곡선선로를 주행할 때 차량의 초과 원심가속도를 상쇄시켜 스스로 기울여 운행하는 열차. 곡선로에서 캔트 없이 스스로 기울여 속도를 향상함.

- **파단** 레일의 이음부에 생기는 훼손으로서 주로 이음매 볼트 구멍으로부터 발생하는 균열.
- **파상마모(물결모양 마모)** 도상이 과도하게 견고한 개소와 콘크리트 도상 등 레일의 지승체가 견고하여 탄성력이 부족시 레일길이 방향으로 수 cm 간격으로 발생하는 파형의 마모.
- **파저** 레일 저부가 레일 못과 침목이 지나치게 밀착하여 파손되는 것.
- **팬터그래프(집전장치)** 전기기관차의 지붕에 설치하여 열차 이동 시에도 지속적으로 전차선과 접촉하며 열차에 전기를 받아들이는 장치.
- **페일세이프(안전장치 작동)** Fail safe. 시스템의 일부에 고장이나 잘못된 조작이 있어도 안전장치가 반드시 작동하여 사고를 방지하는 것.
- **편개분기기** 직선 선로로부터 좌측 또는 우측의 한 방향으로만 분기하는 분기기. 기준선은 직선이고 분기선은 곡선형태의 분기기.
- **편마모(한쪽마모)** 레일의 측면 마모. 곡선부에서 사량의 전량력과 원심력 횡압에 의한 차륜플랜지의 마찰로 외측레일의 내면측이 마모되는 현상.
- **편성(열차편성, 열차, 대)** 영업운전을 할 수 있도록 여러 차량에 의해 세트로 조성하여 만들어진 하나의 열차. 예로써 25편성은 열차 25대.
- **편성번호** 운행 스케줄에도 변경되지 않는 열차의 고유 신분을 나타내는 차량번호.
- **편위** 열차가 이동 중 팬터그래프의 습동판 편마모를 방지하기 위하여 전차선이 궤도중심에서 좌우로 반복하는 거리.
- **평균속도** 역 간 주행하는 열차의 속도로써 일정 거리의 운전거리를 중간의 정차역 등의 정차시분을 제외한 순수 주행시간으로 나눈 속도.
- **평면성틀림** 평면에 대한 궤도의 비틀림. 궤도상의 일정 거리에 있는 2점 간의 수평틀림의 대수차로 나타냄.
- **평면입환** 평면에서 기관차를 정지시키고 차량

철도전문 실용 용어

을 연결 또는 해방하는 입환으로 일반적으로 쓰이는 방법.

■**폐색구간(열차운행 제한구간)** 열차의 운행구간을 구분하기 위하여 설정된 선로구간으로 2개 이상의 열차가 진입할 수 없도록 함. 궤도회로장치에 의해 구성됨.

■**폐색신호기** 지상신호방식에서 폐색구간에 진입하려는 열차에 대하여 운행간격에 따라 속도신호를 현시하는 신호기.

■**폐색장치** 정차장 상호 간에서 선행열차와 후속열차가 추돌을 방지하기 위하여 일정한 안전거리를 확보하도록 제어하는 장치.

■**폐색준용법** 시계운전에 의한 방법. 신호기 또는 통신장치의 고장 등으로 상용폐색방식과 대용폐색방식을 사용할 수 없을 때 시행.

■**포인트** 열차를 한 궤도에서 다른 궤도로 운행시키기 위하여 분기기의 시작점에서 방향을 유도하는 설비. 선로전환기.

■**포스트션트** Post shunt. 사후단락. 열차의 후미가 궤도회로의 경계를 통과하였는데도 근접한 후방 궤도회로가 단락(점유)하는 현상.

■**표정속도** 운전구간의 거리를 도중 정차 시분을 포함한 전체 운전시간으로 나눈 열차속도.

■**표준구배** 인접하는 정거장 간 1km 떨어진 두 지점을 연결하는 구배 중 최급 상승구배 또는 하강구배.

■**표준궤간** 한 선로에서 두 레일 간의 거리를 나타내는 궤간이 표준치인 1,435mm인 것. 세계 각국이 표준궤간을 사용.

■**표준기울기** 어느 구간 내에서 1km를 이격한 2점을 연결하는 많은 직선 기울기 중에 가장 급한 기울기.

■**프리션트** Pre shunt. 사전단락. 열차가 전방 궤도회로의 경계부에 근접하였을 때 사전에 전방 궤도회로가 단락(점유) 되는 현상.

■**플랜지(Flange)** 차륜이 레일 위를 회전하면서 진행하도록 유도하기 위하여 차륜의 바깥부분을 감싸는 큰 둘레의 돌출부분.

■**플랜지웨이(Flange way)** 차륜이 분기기의 크로싱부 등을 통과할 때 차륜 플렌지가 지나도록 하는 좁은 폭의 레일통로.

■**피난선** 정차장 인근의 본선에 급구배가 있을 경우 열차고장과 운전 부주의 등으로 열차가 도중에 정차장 내로 역행할 경우 다른 열차와 충돌사고를 방지하기 위한 측선.

■**피임터널** 산간지방에 철도를 부설할 경우 산 위에서 돌이 굴러 내려오는 것을 피하기 위해 설치한 인공터널.

■**PC침목** 고강도의 강선을 사용한 콘크리트제 침목으로서 인장력을 주고, 콘크리트에 압축력이 작용하고 있다가 실하중이 작용하면 상쇄되어 균열이 생기지 않도록 한 침목.

■**픽업코일** 레일로부터 ATC정보(지상정보)를 열차에서 연속적으로 수신하기 위한 차상 안테나. 열차의 전부와 후부 선두차륜 앞에 설치됨.

■**PF궤도회로** DC 전철구간에서 상용주파(PF)의 전기회로를 이용하여 열차를 검지하는 궤도회로. 도시철도에서 분기선로에 사용함.

■**하붕(짐 무너짐)** 화차에 적재한 화물이 수송도중에 무너지는 것.

■**하수강** 터널, 교량하부, 선상역사 등에서 전차선로 상부에 지지물을 취부하여 가선되는 경우에 사용되는 철재구조물 설비.

■**하화장(짐 내리는 곳)** 화차로부터 화물을 하화하는 장소. 적화장과 겸하는 역과 적화장과 구분하여 별개 장소를 따로 지정이용하는 경우가 있음.

■**합성전차선** 조가선(강체포함), 전차선, 행거, 드로퍼 등으로 구성한 가공전선.

■**합성제륜자** 합성수지를 주체로 하여 성형된 제륜자, 레진 제륜자.

■**합성차** 차량의 반은 보통차 나머지 반은 특별차로 조성한 여객차량.

■**할입** 차량이 분기기의 배향 쪽에서 진입한 후

철도전문 실용 용어

다시 대향에서 들어오는 것, 이때 후진 시 탈선사고가 발생함.
■**할출** 선로전환기가 정당한 방향으로 개통되지 않았는 데에도 열차가 분기기의 배향 쪽에서 진행하는 것.
■**해결(떼고 잇기)** 화물열차를 목적지까지 운전하면서 목적에 따라 중간 역에 화차를 분리해서 놓고 필요한 화차를 연결하여 출발하는 것.
■**해방장치(분리장치)** 차량간 연결된 연결기의 쇄사슬을 벗기는 장치
■**해정** 선로전환기와 신호기가 하나의 진로를 구성하여 쇄정된 상태에서 진로를 변경할 수 있도록 허용하는 것. 쇄정을 푸는 것.
■**핸드카** 수동식으로 핸들을 상하로 조작하면서 핸들 하부의 기어가 차축기어를 회전시켜 구동하도록 하는 것으로 작업인원과 기계를 운반하는 보선작업용 장비차.
■**핸드홀** 맨홀과 같이 유사한 용도이나 케이블의 곡선로 또는 부득이한 경우 도중에 홀을 만들어 케이블 작업 및 점검이 용이하도록 함.
■**행거** 가공전차선로에서 조가선에 전차선을 지지하기 위하여 양선 사이에 설치. AT급전방식에서 사용함.
■**허용신호기** 정지신호일지라도 일단 정지 후 15km/h 이하의 속도로 진입을 허용하는 신호기. 자동폐색신호기.
■**험프** Hump, 역 구내나 조차장에 험프(작은 언덕) 입환을 하기 위하여 많은 구배.
■**험프입환** 입환기관차가 입환하고자 하는 차량을 끌고 작은 상구배 선로에 올라가 행선이 다른 차량을 별도로 분류하여 중력에 의해 밑으로 굴려서 내려 보내는 입환방법.
■**현가장치(완충장치)** 철도차량의 대차 프레임에 차륜과 스프링을 고정하여 노면의 진동이 직접 차체에 닿지 않도록 하는 완충장치.
■**현차(실제 운행열차)** 열차에 의해 실제 수송한 객차 또는 화차의 편성량 수. 중량에 의해 환산된 량 수에 대응. 실제 운행열차.

■**현차시험** 실제 차량을 이용하여 수행하는 시험. 속도향상을 위한 시험이나 새로운 기능의 확인 등을 위해 수행하는 시험.
■**협궤(좁은 궤도)** 궤간 거리가 표준치인 1,435mm(표준궤간)보다 좁은 궤도. 양 레일의 폭이 1,062mm로서 영국과 일본에서 사용.
■**호퍼차(깔때기 모양 화물차)** 적재하는데 편리하도록 깔때기 모양으로 만든 화차. 주로 석탄수송에 많이 사용됨.
■**혼합열차** 같은 열차에 여객과 화물을 수송하도록 객차와 화차를 조성한 열차. 여객수송을 위하여 설정된 열차에 화물차를 일부 연결한 것.
■**혼합제동** 열차가 고속주행을 하는 경우 전기제동을 사용하여 일정한 속도로 낮춘 후 보완적으로 공기제동을 사용하여 정지시키는 제동.
■**홈붙이레일** 레일 두부의 편측에 차륜의 윤연로가 달려있는 레일.
■**화물적하선(화물적재 철길)** 화차를 열차에서 해방시켜 화물 적하장에 차입하여 화물의 적재 및 하역작업을 하는 측선.
■**회송열차** 수송 대상물을 수송하지 않고 수송장비를 수송하기 위하여 빈 차량을 운행하는 것.
■**화차** 여객을 제외한 화물을 수송하는 차량으로 유개차, 무개차, 냉장차, 조차, 장물차 등.
■**화차조차장** 화물을 신속하게 수송하기 위하여 행선지가 다른 다수의 화차로 편성되어 있는 화물열차의 재편성 작업을 하는 장소.
■**환산구배** 구배에서 곡선이 있는 경우 구배저항의 산정에서 곡선저항을 더하는 구배율.
■**환산량수** 기관차의 견인력을 감안하여 객화차의 중량을 기초로 차량을 환산한 량 수. 객차는 40톤, 화차는 43.5톤을 1량으로 함.
■**환산키로정** 선로의 구배 및 곡선을 고려한 실제 선로의 거리로 산출한 것.
■**환상선** 순환선. 선로의 노선 모양이 원형으로 되어있어 순환하는 선.
■**활주** Slide, 열차 제동시 정지하려는 힘이 레일과 차륜 사이에 작용하는 마찰력보다 클 때 발생하

철도전문 실용 용어

는 차륜이 레일 위에서 미끄러지는 현상.
- **활하중** 구조물에 영구적으로는 가해지지 않는 하중. 동하중.
- **회생제동** 견인전동기의 회전방향을 바꿔서 발전기로 동작시켜 회전을 방해하는 힘으로 제동. 제동력으로 사용 후 남은 전류는 변전소로 보냄.
- **회송열차** 대상물의 수송 없이 수송 장비를 수송하기 위하여 빈 차량을 운행하는 것.
- **회차** 종착역에서 열차가 반대 방향의 선로로 운행하기 위해서 선로를 바꾸어 이동하는 것.
- **횡압(가로힘)** 열차 주행에 따른 차륜으로부터 레일에 작용하는 횡방향의 힘.
- **횡침목(가로침목)** 보통침목. 레일에 직각 방향으로 좌우 레일을 건너질러서 부설하는 침목. 대부분의 침목은 횡침목임.
- **월승** 여객이 소지한 승차권에 표시된 도착역을 지나서 계속 여행하는 것.
- **흡상변압기** BT. 교류전차선로에서 통신유도장해 경감을 위하여 급전회로에 직렬로 연결하여 레일에 통하는 운전전류를 부급전선으로 흐르게 하는 변압기.
- **흡상선** 흡상변압기방식에서 부급전선과 귀선 레일을 접속하는 전선.

참고문헌

1. 철도설계지침 및 편람(신호제어편), 한국철도시설공단, 2019
2. 철도설계지침 및 편람(토목/궤도편), 한국철도시설공단, 2018
3. LTE 기반 철도통신 시스템 구조, 한국정보통신기술협회, 2016
4. 철도관련 법제개선 연구, 국토해양부/한국교통연구원, 2009
5. 철도의 건설기준에 관한 규정, 국가법령정보센터, 2014
6. 철도건설공사 전문시방서(신호편), 한국철도시설공단, 2010
7. 철도설계 기준(시스템편) 한국철도시설공단, 2015
8. 철도건설규칙, 국토해양부/한국철도시설공단, 2009
9. 정보통신공사업 활성화 기반구축 표준공법 개발연구, 한국정보통신산업연구원, 2017
10. 철도의 건설기준에 관한 규정, 국토해양부/한국철도시설공단, 2014
11. 도시철도건설규칙. 국가법령정보센터, 2014
12. 철도업무편람, 국토교통부, 2016
13. 도시철도 신호체계 개선 및 운영 효율화 방안 연구, 한국교통연구원, 2011
14. 공항철도(주) 신호운영매뉴얼, ALSTOM/IKFC, 2006
15. 무선통신기반 열차제어시스템 기술동향, 한국전자통신연구원, 2012
16. 차상신호 APT 시스템, 철도공사 인재개발원, 2011
17. 열차위치 검지 및 정위치 정차 기술, 민승곤, 2017
18. 철도와 EMC, 전기학회 합동연구, 2013
19. 철도신호제어시스템, 테크미디어, 김영태, 2006
20. 신호제어설비 유지보수지침, 한국철도공사, 2011
21. 철도기술용어해설집, 골든벨, 백남욱 외1, 2005
22. 승강장 스크린도어(PSD) 설명서, 현대엘리베이터(주), 2006
23. 철도신호기기, 태영문화사, 김기화 외1, 2006
24. 철도신호지, 한국철도신호기술협회, ~2015
25. 계전기 취급설명서, 유경제어(주)
26. 철도관련법 및 운송약관, 태영문화사, 선우영호, 2007
27. 밀착검지기 설명서, 세화(주)
28. 철도신호설비 시설지침, 한국철도시설공단, 2010
29. 김포도시철도 관리자교육 국외출장보고서, 김포도시철도사업단, 2014
30. 철도신호공학, 동일출판사, 박재영 외2, 2009
31. 철도신호설비시설지침, 한국철도시설공단, 2010
32. 철도시스템의 이해, 태영문화사, 김기화 외3, 2007
33. 철도기술총서, 골든벨, 백남욱 외2, 2007
34. 전기철도 공학, 웅보출판사, 김종겸 외1, 2006
35. 철도건설규칙, 국가법령정보센터, 2005
36. 공항철도(주) TLDS 유지보수매뉴얼, 신우이엔지, 2006

와이드 철도신호기술 저자약력

■ 이만필
- 1991년 한국철도공사(전차선로 유지보수)
- 1993년 서울교통공사(철도신호설비 유지보수)
- 2006년 공항철도(신호R&D, 고장분석관리)
- 2011년 철도신호기술사(93회)
- 2015년 서울과학기술대학교 대학원(석사)
- 2020년 이호기술단(철도신호시스템 설계)

기초부터 실무까지

와이드 철도신호기술

1판 1쇄 발행	2012년 10월 1일	
2판 1쇄 발행	2013년 6월 15일	
3판 1쇄 발행	2015년 5월 10일	
4판 1쇄 발행	2016년 11월 10일	
5판 1쇄 발행	2019년 1월 10일	
6판 1쇄 발행	2020년 6월 20일	
7판 1쇄 발행	2021년 11월 10일	
8판 1쇄 발행	2023년 02월 20일	

지은이 | 이만필
펴낸이 | 박 용
펴낸곳 | 도서출판 세화
등 록 | 1978. 12. 26 (제 1-338호)
영업부 | (031)955-9331~2   **편집부** | (031)955-9333   **FAX** | (031)955-9334
주 소 | 경기도 파주시 회동길 325-22(서패동 469-2)

정가 60,000원

ISBN 978-89-317-1198-1   13530

※ 파손된 책은 교환하여 드립니다.

본 도서의 내용 문의 및 궁금한 점은 더 정확한 정보를 위하여 저자분에게 문의하시기 바랍니다.
저자분께서 정성스럽게 대답해주실 것입니다.
저자: 이만필 (이메일 : mp4426@naver.com)